国家出版基金项目
NATIONAL PUBLICATION FOUNDATION

中国古代科技文化
及其现代启示

（上册）

汝信 李惠国 主编

中国社会科学出版社

下　册

目　录

上　册

第二章 中国古代科技文化的孕育和形成
——先秦诸子

中国社会科学院哲学研究所 刘丰（84）

第六章　中国古代医学的认识论、方法论和价值取向

中国中医科学院　张志斌　郑金生　张洪林（331）

前　言

中国社会科学院　汝信　李惠国

　　《中国古代科技文化及其现代启示》是国家社会科学基金的委托研究项目，为此我们成立了课题组，现在出版的这部著作是我们课题组的一项成果。它旨在说明辉煌灿烂的中国古代传统文化具有独特的科学技术文化传统；梳理出中国历史上科学技术文化发展的脉络及其特点；通过选取对数学、天文学、农学、医药学和工程技术等学科领域发展的研究，探讨中国古代科学技术文化具有怎样独特的认识论、方法论和价值取向；揭示传统文化中的儒家文化、道家文化、佛教文化和科学技术文化的关系；考察中外文化交流对我国科学技术发展的影响，这些方面的研究可以进一步昭示我国古代科学技术文化对我们当代科学技术的发展和社会的进步有哪些启示和借鉴。

　　在源远流长辉煌灿烂的中华文化中，科学技术文化具有重要的地位和作用，对中华文明和人类文明的发展做出了杰出贡献，产生了深远影响。在历史上，中国曾经是许多重大科技发现和发明的发祥地，在许多学科和工程技术领域都取得过杰出成就。李约瑟在其名著《中国科学技术史》序言（第一卷）中指出，"在公元 3 世纪到 13 世纪之间，中国曾保持令西方望尘莫及的科学技术水平"，"中国的这些发明和发现往往超过同时代的欧洲，特别是 15 世纪之前更如此"。① 这些发明和发现推动了世界科技文明的进步，对世界人民的物质文化生活和社会发展做出了巨大的贡献。但 16 世纪以后，欧洲诞生了近代科学，中国的文明却没有能够产生

---

　　① ［英］李约瑟：《中国科学技术史》第一卷总论第一分册，科学出版社 1975 年版，第 33 页。

与欧洲相似的近代科学。

据英国学者罗伯特·坦普尔《中国——发明和发现的国度》一书统计，现代世界赖以建立的基本的发明创造，迄至 15 世纪有一半以上源于中国，这充分说明中国古代科学技术的辉煌成就，只是在 15 世纪之后中国科技的发展由于种种原因发生停滞而远远落后了，这是一个沉痛的历史教训。情况如表 1：

表 1　　　　　　　　　　中国古文科技发明统计

年代	科技发明（件）	中国		世界其他国家	
		件	百分比	件	百分比
公元 1—400 年	45	28	62%	17	38%
公元 401—1000 年	45	32	71%	13	29%
公元 1001—1500 年	67	38	57%	29	43%
公元 1501—1840 年	472	19	4%	453	96%

中国古代科技成就的取得是与中华科学技术文化所具有的独特的传统、认识论、方法论和价值取向分不开的。梳理中国古代科学思想的独特历史道路，对其独特的观念、认识论、方法论和价值取向给予现代的科学阐释，揭示出它们对当代科学技术的发展所具有的启迪和借鉴的意义，这是我国传统文化研究不可或缺的重要内容。

远在 16—18 世纪在中国生活的欧洲传教士们就开始注意到中国传统文化中的科学技术有其独特的传统。意大利人利玛窦在 1584 年的一封信中讲，中国人有自己的一套认识自然和解释自然的知识体系，其发达程度并不次于西方。18 世纪一些欧洲启蒙运动的思想家莱布尼茨、孟德斯鸠、伏尔泰、休谟、狄德罗等也注意到中国科学技术的独特传统。著名科学家和科技史专家李约瑟认为，不同的古代文明中都有可称之为科学的知识传统，它对近代科学的形成具有不可忽视的作用。他认为中国文化传统中保存着"内在而未诞生的最充分意义上的科学"，强调中国科学文化传统对未来科学的意义。他非常崇尚中国传统科技文化中的有机自然观，他认为未来的科学革命，会在一种有机自然观的基础上产生。美国物理学家卡普拉把现代物理学与中国传统科学思想做了比较，认为二者在很多地方相似。耗散结构创立人、诺贝尔化学奖获得者比利时科学家普利高津（Ilya

Prigogine，1917—2003 年）作为"复杂科学"创始人之一指出，中国文化"具有一种远非消极的整体和谐，这种整体和谐是由各种对抗过程间的复杂平衡造成的"。协同学创立人、德国物理学家哈肯（Hermann Haken，1927 年——　）说，他创立协同学是受中医等东方思维的启发，认为协同学和中国古代思想在整体性观念上有深刻的联系。他们二人主张，新的自然观将是西方和东方两种传统的综合。

　　世界著名数学家、中国科学院院士吴文俊的研究表明，中国的古代数学和西方的数学，走的是完全不同的道路，有不同的思想方法，是两个完全不同的系统。他认为，从内容来讲，西方的数学，就是证明定理。而中国的古代数学，主要内容是解方程。代表性的作品，西方就是《几何原本》，中国是《九章算术》。整个数学的体系，西方的数学核心是推理论证，而中国数学的体系是一种为解决问题、着重具体计算的一种运算方法的体系，与西方数学的演绎体系完全不一样。西方数学体系的目标是推理论证，我们古代数学的目标是解决各式各样的具体问题。西方数学的特色是公理化，我们古代数学的特色可以叫作机械化。我们为了解决各式各样的问题，引进各式各样的算法，我们古代的数学可以说是一种算法的数学。在这种意义上，中国的古代数学也就是一种计算机的数学。在我们进入计算机时代，这种计算机数学或者是算法的数学，刚巧符合我们时代的要求，符合时代的精神。所以从这个意义上来讲，我们最古老的数学也是计算机时代最适合、最现代化的数学。中国古代和西方两种不同类型的数学，走的是不同的道路，有不同的体系，这两种不同的体系都有它非常成功之处，各有各的优点。现在，我们当然要兼容两家之长，要优势互补。①

　　在本书第一章中董光璧教授总结说，中国科学文化传统对于新科学范式的建立会有某种启迪。生成论的自然观、比类互补的逻辑推理和模型化的理论构造，可望对未来科学有所补益。在自然观方面，虽然构成论使现代科学取得了巨大的成功，但基于构成论的思维方式也遇到了很大的困难。早在 20 世纪 50 年代德国物理学家海森伯格（Werner Karl Heisenberg，1901—1976 年）就主张在粒子物理学研究中放弃构成论而采用生成论，尽管当今的大多数物理学家仍然沉迷在构成论的迷雾之中，但从构成

---

　　①　吴文俊：《计算机时代的东方数学》，见路甬祥、郑必坚主编《世纪机遇——中国科学与人文论坛演讲录》第 1 辑，高等教育出版社 2004 年版，第 183—194 页。

论向生成论转变的趋势已成定局。在逻辑推理方面，虽然形式逻辑体系作为科学推理的基础迄今还没有发生动摇，但科学理论中的诸多悖论无疑表明了其局限性。以归纳法和演绎法为支柱的逻辑体系只包含了从特殊到普遍和从普遍到特殊的推理，需要补充从特殊到特殊和从普遍到普遍的推理，中国传统科学所普遍使用的类比推理和互补推理恰好能弥补形式逻辑的这种缺失。在理论构造方面，虽然公理化一直作为众多科学家追求的目标，但美国数学家哥德尔（Kurt Gödel，1906—1978 年）的不完全定理实际上已摧毁了这一理想，模型化重新成为理论建构的主要方法的时代已经到来。

英国天文学家沙里斯（M. Shallis）1985 年在《复活》（*Resurrection*）第109 期上发表题为《新科学的诞生》（"The Birth of a New Science"）的文章，主张新科学应是合乎伦理道德的科学。尽管建立新科学的中心尚未找到，但他认定了前进的目标，他说："你若问，是否有什么迹象表明，这样一种新科学将要问世，我的信念是：前进的唯一道路是转过身来重新面向东方，带着对它的兴趣以及对其深远意义的理解离开污秽的西方，朝着神圣的东方前进！唯有到那时，我们才算达到了一个新的转折点……不管怎样，重新面向东方是可能的。但是改变方向的代价将是巨大的和创伤性的。"

中国文化价值的精髓是"和谐理念"和"中庸之道"，它既是伦理价值也是一种方法论。作为伦理价值它强调和谐，作为方法论它避免极端。当代科学技术文明的困境要求科学与人文精神相结合。科学史家萨顿早就发出"科学必须人性化"的呼吁。李约瑟认为，"中国的伟大贡献或许可以通过恢复基于一切人类经验形式的人道主义准则，而从这种死亡的躯体上挽救我们"。如果说以儒学为主流的中国传统文化价值有其现代性的一面，那么中国伦理价值科学化就是必要的，给科学注入价值，以使科学精神和道德理想结合起来。

近一百年前，国学大师王国维在《观堂别集·国学丛刊序》中就讲道："中西之学，胜则俱胜，衰则俱衰。风气既开，互相推动。且居今日之世，讲究今日之学，未有西学不兴而中学能兴者，亦未有中学不兴而西学能兴者。"百年后的今天，中学与西学、东方与西方、世界各国各民族的文化之间，相互学习、相互启发、相互借鉴、相互促进、共同繁荣，已开始成为科学技术和文化发展的大趋势。

我们课题组在研究过程中获得的共识和遵循的基本理论原则是：

第一，实事求是，不赶时髦。我们坚持研究工作必须贯彻历史唯物主义原理，坚持实事求是的原则。"一切划时代的体系的真正的内容都是由于产生这些体系的那个时期的需要而形成起来的"。[①] 任何一种思想和观点归根结底都是在一定历史条件下，为解决当时的问题而形成的，绝不能将古人的思想观点现代化，任意加以拔高。一个时代的科学，不但隶属于这个时代的传统，包括其自身的方法、价值和积累的知识在内，而且隶属于它的那个历史时代。本书不是论述中国科学技术的历史，而是通过历史材料的研究，总结提炼出我国古代科学技术文化发展的独特传统及其认识论、方法论和价值取向。因此，研究中遵循的是，论为主线、史为辅线、史论结合、以史证论、论从史出的基本原则。每一观点，都要有确凿的历史事实为依据。

第二，文化多元论，科学一元论。要坚持文化多元论科学一元论的观点。历史上，自然科学知识是分别在不同国家和民族的不同社会文化背景下发展起来的。古代埃及、巴比伦和希腊，中世纪的阿拉伯文明都对人类文化和科学技术的发展做出了贡献，自欧洲文艺复兴时代以来，许多国家的科学技术发展都是在与文化变革的交互作用下进行的。每个国家的科学技术进步和文化的创新都各有其特点，但都对人类所共有的科学大厦做出了贡献。我们要系统研究各国的经验，博采各国所长。我们既要看到科学是无国界的，比如科学的原理和公式，对每个国家来说都是一样的，是人类文明共同的成果和财富，它跨越各种文化的界限，将为越来越多的人所共有，同时还要看到每个国家独特的文化传统、价值观、思想和行为模式将构成其科学文化的各自独特的方面。正是各国文化传统的独特方面，决定了其独特的文化基因，进而将能促进其形成重要的文化优势。

第三，继承传统，改革创新。继承传统与改革创新相结合。世界上任何一种文化都需要发展变革。无论是从历史来讲，还是从现实来讲，没有文化的发展更新，就没有民族本身的发展进化。传统既有积极的一面，又有消极的一面，不能把它绝对化。只有发展传统才能维护传统，必须明确，文化传统和传统文化是两个不同的概念，文化传统是应该发展的，而传统文化是应该保存的。中国古代科学技术文化传统中蕴含的伟大的古老智慧，我们去研究它，绝不是为了说明中华民族历史上多么辉煌，我们研

---

① 《马克思恩格斯全集》第3卷，人民出版社1960年版，第544页。

究它们，是为了深入发掘它的伟大价值，对于当代的意义，并给予现代的科学阐释，从而继承和弘扬它，以发展21世纪中国的创新文化，增强民族的文化自觉，即形成一种民族文化自觉的意识，民族文化自尊的态度，民族文化自强的精神，激发广大人民的创新热情和培育广大人民的创新能力。古老的智慧，只有赋予它以现代的内容与形态，才会被广大人民群众所掌握，才会变成推动社会进步的伟大物质力量。

第四，弘扬民族文化自觉，借鉴国际经验。任何民族在其现代化发展道路上，都必须唤起自己的民族文化自觉，在现代化的发展进程中，创造性地继承与发展自己民族的优秀文化。中华民族古代文明凝结了中华民族世世代代的智慧与理论成果和实践成果，中华民族在世世代代的历史发展中不断地从中吸取思想的智慧，应对世事变化。今天，中国现代化建设也要不断吸收历史智慧，继承与弘扬它，激发广大人民的创新热情和培育广大人民的创新能力。要有一种文化自觉的意识，文化自尊的态度，文化自强的精神，同时，也要看到每个国家和民族都有自己独特的文化传统和伟大的智慧。中国古代科技成就的取得是与中华文明特别是汉唐至宋元时期中华文明对世界文明具有一种开放的心态、广阔的胸怀和强大的吸纳力分不开的，中国古代科学技术不仅对人类文明的发展做出了巨大贡献，而且在其历史发展中不断地吸纳了世界各国的科技文化成果。重视中外文化交流也是我国古代科学技术文化传统的重要方面。它给我们的重要启示是，我们要有高远的全球视野，虚心学习各个国家和民族的伟大智慧。我们只有系统研究各国的经验，博采各国所长，才能充分吸收人类文明的科学成果。

近现代科学技术主要源于古希腊传统的数理科学，采取的是一条与中国传统科学技术不完全相同的进路。明末以来，近代科学在西方取得了长足的进步，然而中国却没能跟上世界科技发展的步伐，近代科学在中国的传播和发展，经历了艰难曲折。其原因，既有封建王朝的自大心理、僵化思想、封闭心态和锁国政策，也有文化传统上的抵触和冲突。建设21世纪具有中国特色的有利于科技发展的创新文化，还必须充分借鉴和吸收世界各国创新文化发展中的经验和有益成果。每个国家和民族都有自己独特的文化传统和伟大的智慧。多元文化的共存和并茂，各种文化的相互尊重、相互交流、相互学习、相互融合，是创造一个美好和谐世界的前提和基础。我们弘扬中华传统文化的伟大智慧，同时要虚心学习各个国家和民族的伟大智慧。世界上每个国家和民族都是平等的。历史上，古代埃及、巴比伦和希腊，中世纪的阿拉伯文明都对人类文化和科学技术的发展做出了贡献，从欧洲文艺复兴时代以来，意大利、英国、法国、德国、俄国、美国和日本的科学技术发展都是在与文化变革的交互作用下进行着。每个国家的科学技术进步和文化的创新都各有其特点，但都对人类所共有的创新文化的发展做出了贡献。我们要系统研究各国的经验，博采各国所长。我们既要看到一种国际性的创新文化的核心内容正在出现，它跨越各种传统文化的界限，将为越来越多的人所共有；同时要看到每个国家独特的文化传统、价值观、思想和行为模式将构成创新文化的各自独特的方面。正是我国文化传统的独特方面，决定了其独特的创新文化，它将成为我国创新优势和竞争优势的重要源泉，进而将能促进其形成重要的专业化优势。我国可以充分发挥优秀的中华传统文化赋予我们的独特文化优势，不断创新我国的产品和服务。优秀的中华文化传统是我国确立创新优势和竞争优势的重要源泉，对此，我们必须要有充分和足够的认识，我们要树立高度的民族文化自觉，加强中国创新文化的建设，培养中华民族的创新意识，构建和倡导具有中国特色社会主义的创新文化体系，增强我们的民族自信心，振奋民族精神，激发民族创新活力。我们认为，中国古代优秀的科学技术文化传统是 21 世纪创新文化建设的一个重要的文化资源，有必要对它们进行深入的发掘和系统的整理，并通过创造性的历史转换，来充分吸取中华文化的精华，继承和发展民族的智慧，把其中的积极因素转化为今天我国社会主义创新文化建设的宝贵财富。这对于 21 世纪中国和世界科学技术的发展具有重大的价值。

我们这个课题是一项跨学科的综合性研究，涉及内容较为广泛，课题的完成有赖于来自不同单位的各方面专家的通力合作。课题组成员都是本书所涉及的各个学科领域的专家，充分尊重每位专家的研究成果和见解，保持每位专家的独特的研究和写作风格，是我们课题组遵循的一个原则。在此书付梓之际，我们十分感谢并深切怀念课题组的两位顾问——中国科学院院士席泽宗教授和著名哲学家、中国传统文化大家任继愈教授。席泽宗教授在逝世前一个月，还参加了课题组召开的研讨会，并热情洋溢地做了两个多小时的学术演讲，这是他生前的最后一次演讲。我们根据录音整理成文，收入本书。我们还要感谢中国社会科学院的曹启璋女士和本书的责任编辑中国社会科学出版社的黄燕生女士、王琪女士，她们参加了课题组的许多工作，为本书的出版付出了辛劳和智慧。

本书各部分的作者如下：

前言　　　　　　　　　　　　　中国社会科学院　汝信　李惠国

演讲　中国传统文化中的创新精神　中国科学院院士　席泽宗

绪论　科学技术与人类文明进化　中国社会科学院　李惠国

第一章　中国古代科技文化传统　中国科学院自然科学史研究所　董光璧

第二章　中国古代科技文化的孕育和形成——先秦诸子　中国社会科学院哲学研究所　刘丰

第三章　中国古典数学的发展路径、方法论和价值取向　中国科学院自然科学史研究所　郭书春

第四章　中国传统天文学的独特体系　中国科学院大学人文学院　宁晓玉

第五章　中国古代农学的认识论、方法论和价值取向　中国农业大学　杨直民　张法瑞　张湘琴

第六章　中国古代医学的认识论、方法论和价值取向　中国中医科学院　张志斌　郑金生　张洪林

第七章　中国古代工程技术的认识论、方法论和价值观研究　中国科学院大学　李伯聪

第八章　中国古代名辩学奠定了科学发展的逻辑基础　中国社会科学院哲学研究所　刘培育

第九章　中国古代科技转型期——明清时代的科学与哲学　中国科学院大学　尚智丛

第十章　儒家文化与科学技术　厦门大学哲学系　乐爱国

第十一章　道教文化与科学技术　四川大学道教与宗教文化研究所　盖建民　孙伟杰

第十二章　佛教文化与科学技术　上海师范大学　李申

第十三章　中国古代的科学政策　上海师范大学　李申

第十四章　中外文化交流与科学技术的发展　中国社会科学院科研局　孙晶

中国传统文化中的创新精神[①]

中国科学院院士　席泽宗

　　演讲详细地讲解了中国传统文化当中的创新精神，从汤武文王开始，特别强调日新日新又日新，又讲到《易经》里革卦的变革思想，革故鼎新，还有《易经》里的与时偕行的思想，一直延续到现在。这样一条创新精神的脉络，梳理得十分清楚。演讲进一步分两条线来讲中国传统文化的启示，一条是从价值观、从科学家应当具备的修养来看；另一条是从认识论来看"格物致知"的意义。《尚书》《大学》讲到，"大学之道在明明德，在亲民，在止于至善"："古之欲明明德于天下者，先治其国；欲治其国者先齐其家；欲齐其家者先修其身；欲修其身者，先正其心；欲正其心者，先诚其意；欲诚其意者，先致其知；致知在格物。物格而后知至，知至而后意诚，意诚而后心正，心正而后身修，身修而后家齐，家齐而后国治，国治而后天下平。"这样一条线，讲的是非常清楚的，我们一定要心正意诚，然后知至，然后修身齐家治国平天下。另外讲"格物致知"，这是中国古代对自然的认识论，从《大学》里的"格物致知"一直讲到朱子，朱子讲得很清楚："所谓格物致知者，言欲致吾之知，在即物而穷其理也。盖人心之灵，莫不有知，而天下之物，莫不有理。惟于理有所未穷，故其知有所不尽也。是以大学始教，必使学者即凡天下之物，莫不因其已知之理而益穷之，以求尽乎其极。至于用力之久，而一旦豁然贯通焉，则万物之表里精粗无不到，而吾心之全体大用无不明

---

　　①　2008 年 11 月 28 日席泽宗院士的演讲及答问。本演讲根据录音整理，未经本人审阅，请中国科学院自然科学史研究所所长张柏春修改审定。

矣。此谓物格，此谓知之尽也。"演讲对中国古代传统文化的科学意义做出较为全面而正确的评价和比较清晰的梳理，从《论语》到《孟子》，一直到《周易》的变革思想，及怎么样用《周易》的变革思想来应对当今变化的世界，对中国古代文化科学思想的脉络，对古代科学认识论、价值观、方法论都梳理得非常清楚。谈到怎么样正确对待中国的传统文化，特别是讲到现在没有一成不变的模式，也没有最后的真理。

　　非常高兴受到邀请来这里发言。当时我答应了，可以讲一次，但是讲这些，对我来说也很困难，因为我的眼睛完全不行，让我写稿子，自己写了以后，回头来看自己也不认识，让别人打字再来看，就很费劲，所以有困难。我就准备腹稿，根据我的记忆来谈。但在会议期间，上礼拜四晚上，突然感冒了。我虽然年纪大了，感冒还是很少的，几年也不一定有一次。这次还挺厉害，礼拜五、礼拜六，高烧38度，我想这个事情可能就讲不成了。幸亏到了礼拜一就好了，体温降到36度多，恢复正常了，今天还是可以来跟大家见面，愿意尽这一点绵薄之力吧。

　　汝信刚才讲了四点指导性意见，我听了以后感觉很好。这个课题如果按照汝信先生的四条原则往下走，能够做得很好的。我很拥护汝信先生的四条原则，希望我还能再学习学习。

　　我的眼睛不行，后面的人我看不到，但是最前排，一个是李申同志，一个是董光璧同志。我受这两位同志的启发很大，我的许多观点也都是从他们这儿转过来的。李申是我的《科学思想史》这一卷主要的作者。这本书去年得了中国社会科学院的"郭沫若中国历史学奖"的二等奖，主要归功于李申。我在思想史、科学史综合研究方面，有许多的观点、见解都取自这两位的意见，所以这次也是很好的请教的机会。

　　现在讲创新。我们要建立创新型的国家，这是很大的事情。我就从中国传统文化中的创新精神的题目来说一说，可能还是有意义的。说中国的创新，当然是很多了。拿胡锦涛主席的话来说，新中国成立以后，社会主义能够集中力量做大事、搞创新，最典型的范例就是"两弹一星"的成功，一直到现在也要学习"两弹一星"的经验。"两弹一星"的一种说法就是原子弹、氢弹、人造卫星，当然这个说法不确切，好像原子弹、氢弹算一回事，导弹算一个"弹"，然后是人造卫星。不管怎么说，原子弹、氢弹算一件也好、两件也好，业务总指挥彭桓武先生把做原子弹、氢弹的经验总结成两句话，贴在办公室里，作为他的座右铭。头一句话是"日新日新又日新"，下一句话就是"集体集体再集体"。我说你这不是传统文化加社会主义吗？他说：对呀，我也崇拜传统文化。彭先生对传统文化有很深的造诣，古诗作得很好，是中关村诗社的社长。就说原子弹、氢弹，在联合国五个常任理事国里面，从造成原子弹到造成氢弹，所用时间最短的是我们国家，用了三年的时间；最长的是法国，用了八年。其他的成就不算，从原子弹到氢弹，用的年份是代表着一个水平，而这个是我们国家最快。原因在什么地方呢？彭桓武就是两句话，"日新日新又日新，集体集体再集体"。这不是说一说的，他有深刻的体会。他认为，中国造原子弹，那么多的大学毕业生，那么多的工人起了很大的作用。最近几年，他本人成绩很大，得到了"功勋科学家"的称号，得了各种奖金，这些钱他都没有装到自己的腰包里，也没有捐到哪里去，他把这些钱都分给原来参加这些工作的工人等这些不起眼的人。他说这些人干了一辈子，工资都很低，他们才是真正的英雄，这些钱应该分给他们。他把这些钱分了以后，送到每一个人的家里去。所以"集体集体再集体"这句话，他是亲身体会，而且亲身在做。他吃饭很简单，生活用品都很少。

这首诗的头一条"日新日新又日新"，这话是从哪里来的？中国的历史，是"唐尧虞舜夏商周"，唐尧、虞舜都是人，干了一段时间就找一个人做下任。到夏禹的时候，就是"夏传子，家天下"，奴隶社会开始。但是"家天下"之后，多少代之后就变质了。本来第一个人可能很好，后来就腐败，就不好了。然后汤武就革命了，"革命"这两个字就从这儿开始的。汤武革命把夏朝最后一个后代给伐掉了，他传了多少代以后，又不好了，后来就是"武王伐纣"。现在有"夏商周断代工程"，就是研究这个年代。汤武革命是历史上很大的事，汤做了天子。这个开国之君是很好的，在他的洗澡盆上刻了几个字，"苟日新，日日新，又日新"。彭桓武以这句话为制造原子弹、氢弹的座右铭。汤武是为了警惕子弟，不要他们变坏了。这是公元前1600多年的事情，现在三千多年了，汤武洗澡的盆子早就没有了，但是在一本书上写下来了。

有本书叫《大学》，书里开始的一句话就是"大学之道，在明明德，在亲民，在止于至善"。所谓"大学"，就是15岁以后要学习的内容，就是大人学的。小学就是扫地、怎么做算术这些。大学就是学大道理，"治国平天下"。"明德"是一个词，就是说人生来是善良的。哲学史上从来是两派，人性是性善还是性恶。孟子这一派是认为性善的，认为人生下来以后，他要受社会的传染，要变坏，就像一个明珠一样。这个珠子露在外面就不明了。要学习，就要想办法，这块明珠就要擦明。"明明德"，头一个"明"是动词，就是擦明；第二句话，"在亲民"，对自己来说，要"明明德"，而对周围的人，对其他的老百姓，要"亲民"，要让他不要变坏，也要不断地创新。《大学》第一部分，只有 205 个字，这句话是总纲，后面有八个条目，然后是"在亲民"。"在亲民"就要有解释了，有三段内容。第一段话说，汤之《盘铭》曰："苟日新，日日新，又日新。"汤王洗澡的盆子上说，日新日新又日新，天天都要创新。第二段话说"周虽旧邦，其命惟新"。周朝后来革命把商朝伐掉了，把纣王给杀了。周是在西安西边的一个小国家，这个国家是旧的，但是天命要它立新。它要再来创新，不能再用旧的那一套。商是"苟日新，日日新，又日新"。周虽然是一个旧的国家，但是还要再来创新。后来老百姓在洛阳附近建了新城，然后这些人做"新民"，也要有新的面貌出现，这是真正的创新精神。

《大学》这本书也是个创新，是《礼记》里面的一篇。《礼记》形成是从战国到汉朝。中国有儒法斗争，儒家是以礼治国的，讲仁义说道德的，而法家用法律治国。儒家讲的礼就多了，死老人有礼，结婚也有礼，小孩子 18 岁了也有礼，每天都有礼。从战国到汉朝，讲礼节的书很多。到了汉朝，大的《礼记》有 85 篇之多，小的《礼记》也有四五十篇。刚才说的这些精彩东西就混在里面，很少有人看。你拿一摞出来，让人看，很难。

到了宋朝的朱熹，过去都大批说朱熹怎么坏，在座的年轻人可能不知道，我们都知道。朱熹是大儒，大唯心主义，被批得一塌糊涂。胡适写了一篇文章《中国哲学里的科学精神和科学方法》，认为朱熹是王充以后中国第二个伟大的哲学革新家。胡适主要是说什么呢？从汉朝开始，儒家经典是大家顶礼膜拜的，但是朱熹提出了一个大胆的怀疑。所谓儒家六经就是《诗》《书》《礼》《易》《乐》《春秋》，《书》是政治作品文集。秦始皇焚书先是把这部书烧掉。到汉朝怎么办？就找了一个老头子，比我现在的年龄还大，九十多岁了，他说他能把《尚书》背下来。汉朝找人跟他学，他说，别人记。这个有 33 篇，是用汉朝的文字写下来的。后来在济南发现了孔子家墙壁里有古文《尚书》，多出 29 篇，后来又丢了。到了东晋的时候，有人说又找到了。《尚书》分两派之争。到了唐朝，搁在一起，都认为是经书了。唐朝起，大家都念这个经书，确信不疑。到了宋朝，朱熹说这个古文《尚书》靠不住，怀疑是假的。这就厉害了，具有造反精神了。一部经书，今文 33 篇，说古文的 28 篇是假的，小一半都是假的了，等于今天说《马克思恩格斯全集》里有一半都是别人写的，这就是很大的一件事情了。他这个发现引起大家都来考证这个古文，一直到清朝乾隆的时候，才确定地查出来，这个古文《尚书》都是从哪里抄来的。所以朱熹是大的革命家。

但是我觉得，朱熹还有更大的一部分重要的工作，胡适对他重视得不够。朱熹不但对古文《尚书》提出了怀疑，而且对《周易》这本书也提出了新见解，把本来大家不注意的东西，他做了肯定。《大学》从汉朝以来一千多年都没有人看，不知道是怎么回事。他拿出来以后，说这是一本书，原来只有一篇文章。他自己编了一个《四书集注》，就是把《论语》《孟子》《大学》《中庸》集在一起。《中庸》现在看来也是非常重要的，讲的是治学方法，一直到现在都是大家非常推崇的。把《大学》《中庸》摆在里面，读《论语》之前是要先读这些的，这样知道的人就多了。《大学》不但有创新精神，而且提出了"格物致知"。原来儒家做学问，都是讲为人处世、治国平天下。朱熹在《大学》里找了"格物致知"四个字出来。"大学之道，在明明德"，"明明德"就是修身养性，然后"在亲民，在止于至善"。怎么做到这个事情？就是"诚心正意，格物致知，修身齐家治国平天下"，这就是八个纲，而且这八件事情不是平行并列的。诚心正意就是做人做鬼的问题。心不诚、意不正，天天说假话，就不是人，就是鬼。他对"格物"解释说凡事都是物，凡物都有理，有理就要研究，就要扩充知识。如果不"格物致知"，就是在那里做梦，要干什么就是瞎碰，也许碰对了，就做得成，也许碰错了还不知道是错的。"诚心正意，格物致知，修身齐家治国平天下"就变成一大套东西了。对"格物致知"，在《大学》里就没有解释。朱熹自己来解释，"格物致知"就是从已知的东西推测未知的东西，来扩充知识，有了知识之后再做事情，"修身齐家治国平天下"。这个东西讲得很透。后来在《朱子语论》中第十五卷、第八卷有两卷专门讲，讲得细致得很。"格物"凡是皆有，凡是皆是物。他的"物"包括一草一木，山为什么长这么高，水为什么往下流，船为什么在水里走，车为什么在陆上走，这都一个一个地研究。讨论自然方面，在他之前，中国没有这么大的学问。到了元朝之后，搞自然科学的人都认为自己是在"格物致知"。一直到现在，我们的基础科学也是这样。他把《大学》取出来，单独列为一本书，这个事情就是创新，而且影响了中国后来的科学发展。

朱熹把《大学》从《礼记》的一大堆的东西里拿出来，单独成了一本书，搁在《四书》的头部，这是重要的事情。还有一个重要的事情，就是《中庸》。《中庸》也是《礼记》里的一篇，据传是孔子的孙子做的。这也是没有人看的书，大家都不注意。但是朱熹把它拿出来了。任何哲学家的活动也都是受政治环境和历史条件支配的。在朱熹把《大学》《中庸》拿出来之前，比朱熹早一百年的沈括就注意到《中庸》这本书的重要性。沈括说《中庸》里讲的治学方法，我能不能做到是一件事，但是一定要按这个做。《中庸》中讲了一套治学方法，就是现在大家都知道的"博学之、审问之、慎思之、明辨之、笃行之"，一共是15个字，孙中山把它说成十个字，就是"博学、审问、慎思、明辨、笃行"，把它作为广东大学（后来的中山大学）的校训，校歌里也用这十个字。到后来讲自然科学，竺可桢也讲这一套。他认为治学方法、科学方法在《中庸》里面就全有了。社会科学方面，侯外庐讲治学方法，也是讲这15个字。

这一套方法，朱熹不但拿了出来，而且做了很多的解释。就"博学"来讲，他认为，学不单纯是看书，看书是学，但是更重要的是考察，去看山看水，去做调查，用现在的话来说，就是收集信息。朱熹把这些都看得很重。孔子说："学而不思则罔，思而不学则殆。"如果一个人天天收集材料，也做不了学问，他要思考。然后是提问，这个"问"是很重要的，"审问之"。中国"学问"两个字，有人认为"学"是次要的，"问"是重要的，能提出问题才行。朱熹说，你看一本书觉得没有问题，也要找问题，有了问题之后，解决问题。"辨"就是看这个材料对不对，然后是"行"，你认为对的再去做。这五个步骤在《中庸》里有，朱熹做了大量的解释工作。现在有人研究过，把爱因斯坦的科学方法，把波普尔的一套科学哲学的公式来对照了以后，认为差不了多少，针对性还是很强的。所以，朱熹把《中庸》里这一套方法拿了出来，把《中庸》这本书拿了出来，我认为这对中国的认识史、科学发展史是很重要的一步。把《大学》和《中庸》这两篇文章从《礼记》里挑出来，单独编成书，而且编在

《论语》《孟子》的前面，宋朝以后就是"四书五经"嘛。这四部书和五部经典是并列的，对我们认识世界，对知识领域的扩充有很大的促进作用。这以后就谈方法，谈研究物，当然物也还是包括认识，治国平天下也是重要的部分。这是一个很大的进步。

现在认为，《中庸》本身就是一个方法。中国科学院技术科学部有一位唐稚松是清华哲学系毕业的，他搞了一套计算机逻辑语言系统，这一套系统引起了很大的重视。他说我这套系统用的就是《中庸》的方法，还有《三国演义》里的方法，再有就是《周易》这三个系统做成的，得了 1989 年的自然科学一等奖。以后日本《朝日新闻》上发了很大的一篇文章，说唐稚松的贡献是 21 世纪计算机科学大事，是东方文明的很大贡献，具体的东西都是西方的，但是出发点和哲学思想是东方的。日本人就认为，这是东方文明对计算机科学在 21 世纪的很大的贡献。还有一篇东西发表在朱伯崑编的《国际易学研究》里面。作为一个哲学的方法，一个系统性的东西，《中庸》还是很重要的一件事情。

传统文化是什么？现在文化这个词用得很滥，任何东西都可以挂上"文化"两个字。现在地摊上很多书，都挂着传统文化，里面很多东西跟我们说的传统文化就完全没有关系。有一本书叫《传统文化天文历法》，里面都是二十八宿，大家的说法也都不一样。我们说的传统文化，就是指经典著作，四书当然是了。《大学》《中庸》这两部是很重要的，还有《论语》和《孟子》。对孔子打倒了好多次，"打倒孔家店"，又回到孔家店，再抬出孔家店，现在是全世界都建立孔家店，都建立孔子学院了，这是否定之否定。说孔子完全没有要打倒的东西也是不对的。美籍华人陈香梅是美国参议院民主委员会的，是陈纳德的夫人。她有一次去美国的一个地方演讲，就说孔子不好，说孔子不重视妇女，孔子说"惟女子与小人难养也"。有一个华侨就提出来："这个话我也认为是不对的，但是要看跟他同时代的人怎么讲的。"美国什么时候妇女才有了参政权和选举权？跟孔子同时代的希腊哲学家是苏格拉底，他说妇女不好的话，跟孔子差不多，甚至更厉害。美国妇女参政也没有多少年。社会在进步，时代是在进步的，我们也不能说孔子这句话是对的，但是要跟他同时代的人来对比，看看怎么样，得有这样的态度。

《论语》这本书我倒是做过一些研究，写了一篇文章，叫《孔子与科学》。我研究孔子，认为孔子思想对发展科学是没有什么坏处的，有益处的东西还是不少的。他的教育思想，《论语》里精彩的东西，可供今天应用的东西还是很多的。比如说孔子喜欢颜回，颜回这个人是最老实听话的，给人的印象，好像孔子最喜欢唯唯诺诺、不敢说话的人。孔子在《论语》里说："吾与回言，终日不违，如愚。"我谈一天话，他都没有不同的意见，就像傻子一样。但是孔子对颜回这个人并不赞成，他说："回也，非助我者也！"说颜回这种做法对我没有帮助。但是有几个人，子路这些给孔子提意见的人，孔子还是很欣赏的。孔子做学问，就是"无臆、无必、无固、无我"，就是说不能主观意见，不能固执己见，不能唯我独尊。这些东西还是可取的。《论语》这本书也还是值得看的。

孔子以后分两派，荀子这一派是唯物的，孟子是唯心的。从性善性恶分两派，孟子是性善派，朱熹后来也继承了这个。孟子也有了不起的地方。在中国的古书里，要说有民本思想，有大无畏精神的，孟子是最值得学习的。《孟子》说"尽信书不如无书"。要看书，都去信的话，还不如不看书，这个话就厉害了。对于今天来说，就是有本书你来看看，知道它是怎么回事，实际上还要你来判断。《孟子》说做皇帝的，要有做皇帝的样子，假如皇帝是一个贪污犯，孟子说就可以杀，杀了以后没有听说是杀君。过去《春秋》里把杀字分两种，一个是杀得合理的，就是杀。他虽然是皇帝，但是他是贪污犯，我只听见杀一个贪污犯，没有听见杀皇帝。还有认为杀得不对的。后来欧洲人看了《孟子》以后说这个书不得了啊，16世纪的欧洲对于君权、对于宗教主能不能废除都是争论不休的，中国在孟子那时候居然就敢说，皇帝犯了罪也一样杀，就是杀了一个坏人，并不是杀了皇帝。

《孟子》这部书在科学方面，有求故思想。"苟求其故，千岁之日至，可坐而致也。"也就是说，以前冬至、夏至可以算出来，要研究它的道理，追究原因，问个为什么，可以算出来。孟子自己会不会算是另一回事，但是他有这个信心，这个信心鼓励了中国历法的发展。后来明朝时说，中国一套历法史就是两个字。一个是"故"，大家都在计算历法，都在找原因，问为什么。一直到了近代科学以后，李善兰翻译赫歇尔的《谈天》，这是中国人接触到的第一部近代天文学的比较全面的一部书。李善兰就连说三句话，哥白尼求其故怎么样，开普勒求其故怎么样，牛顿求其故怎么样。他用三句话，从哥白尼到牛顿，把近代的天文学关于天体力学的历史都说得清清楚楚，他说都是"善求其故也"。还有一个字是"革"，这是借用了《周易》的革卦，是从汤武的革命开始的。"革"就是"change"。最近一件大事，美国人奥巴马搞选举，到处喊"change"，翻译成汉字就是"易"。当然不是说奥巴马看过《周易》。奥巴马能够选上美国总统，有那么大的轰动，把美国的白宫的"白"变成"黑"了，这是全世界的大事。他就用一个字，就是"易"这个字。当然，他可能不知道这本书，但是真理是一样的，"人同此性，性同此理"。中国传统文化能够发挥的地方还是很多的。

　　《周易》这本书今年就有人批判，说这一套完全是伪科学。我从来不对任何学问，说它不对。发现有不合适的地方，不轻易扣帽子。传统的文化，也不是说哪个都好。任何一本书都不能说没有错，不能要求任何人说的话都是对的，那是不可能的事。所以没有最后的真理，也没有一成不变的模式。我和《周易》还有一些关系。对《周易》的看法，辩论得最厉害的时候，闹伪科学闹得最厉害的时候，丘亮辉找我去了，在我门口就碰到了何祚麻。何祚麻说你还搞《周易》啊？丘亮辉问他，你说《周易》是怎么回事？何祚麻就反问，你认为《周易》是怎么回事？丘亮辉就说，阁下是不是清华毕业的？何祚麻说是的。那么清华校训是什么？"厚德载物、自强不息"，现在还贴在清华，到处宣传。丘亮辉说这八个字是不是伪科学？是不是错了？何祚麻说，这八个字我还是赞成的。就说，那么《周易》里至少这八个字是对的。他说，能够为我们今天用的还不止这八个字。何祚麻服了，两个人谈得很好，说这个事情大家不要扣帽子，不要打棍子，任何东西都要具体分析。我们生活在这样一个环境里，有几千年的文化，你说完全抛开不管，你不管它，它还要管你的。他们两个那天还是谈得很好的。

　　《周易》这本书，是儒家经典里很重要的一本哲学著作。当然我不赞成说《周易》里面连近代的 DNA 也有。你今天发现了什么东西，就到《周易》里去找，这个办法是不行的。作为一本哲学著作，它的精神还是可以的。就说"苟日新，日日新，又日新"，那个跟今天彭桓武需要的，也不一定具体一样的，但这个精神还是可以传承的，还是应该具体问题具体分析，不做结论。胡锦涛同志在博鳌论坛上有一个讲话，说"没有一成不变的模式，没有最后的真理，大家都在前进"。以前认为美国这一套、西方这一套就完美无缺了，都要跟它接轨。现在不这样想了，国际金融体制要改革。我们认识世界是很少的。对整个宇宙来说，宇宙大爆炸已经 170 亿年，我们现在才几千年，从认识的东西来说，现在 97% 的物质我们还不知道是什么，暗物质、暗能量，理论物理学家讨论时，都不知道是什么东西。我们才知道百分之几的物质世界，就说我们穷尽一切了？这个事情不能这么说。我们传统的文化也是如此，别的国家也有它的优点，我们都可以尊重。

（下面用 20 分钟的时间进行提问和回答。）

提问： 席先生讲得非常好，深入浅出，对我们很有启发，怎么样认识中国古代的传统文化及其科学思想。我的问题是，您讲了朱熹非常大胆，非常创新，把《大学》和《中庸》拿出来作为经典，这在宋代是很有趣的现象，宋代把很多古代过去认为不重要的著作给经典化，为什么宋代会出现这样的情况？包括王安石把《孟子》也提得很高，司马光比较注重《春秋》，认为要以史为鉴，资治通鉴，但是王安石要"法先王易"，您认为朱熹把《孟子》《大学》《中庸》拿出来作为经典，和宋代的学术环境有没有什么关系？您有什么看法？

席泽宗： 这个具体值得研究，我原则上同意刚才汝信先生的意见，任何一个哲学家的行为都不是偶然的。从历史场合来看，当时学术和科学发展到了一定的程度。我在我那本书里曾经谈到，唯物主义理论化不是凭空出来的，而是从那时候的社会需要出来的。具体到宋朝的问题，还可以具体研究。朱熹把《大学》《中庸》突出得这么厉害，其实沈括就已经意识到了《中庸》的重要性，他比朱熹早了一百年。

提问： 我觉得，您讲的我也非常同意，确实在中国的传统文化里，它一点也不缺乏创新的精神和意识，包括方法，都可以看得到。"易"的哲学嵌进去，中国哲学最根本的就是变化，但是我们始终回避不了李约瑟的问题，为什么有这么创新的思想和精神在里面，可是特别是到了近代以来，始终没有产生出新的科学来，或者现代科学的蓬勃发展的创新我们就没有，这是怎么个问题？李约瑟还是从社会的角度来考虑，不知道您对这个问题是怎么看的？

席泽宗： 这个是老问题了。还有其他的社会现象放在一起来看。比如说文艺复兴时期，欧洲那一套，当时追求变化，就是创新思想。这一套精神科学是有很多，但是当时还有别的东西都配合起来了，这要综合在一起来研究。我刚才说胡适那一篇文章，从中国传统文化理解科学精神和人文精神。欧洲追求这些精神，最早是文艺复兴时期人文学家提出来的，不是科学家。那时候，整个欧洲的宗教革命等一大堆的问题积累起来爆发的。胡适那篇文章很好，还可以看一看。这个事情以前我们不知道，有一个哲学家大会，前面开过两次，都是讨论中国为什么没有近代科学，都说西方有逻辑，中国没有。第三次胡适去了，他写了一篇文章，就讲中西哲学到底是同的多还是异的多，那两个会的材料我们以前都没有看过。

提问：您这里有这个材料吗？

席泽宗：胡适第三次去，是批判前面的两次会上的一种诬蔑中国人的论断的。胡适这篇文章，上海复旦大学编的《胡适学术文集》里有，但是会议的材料，我们都不知道。这是跟当时欧洲的综合问题合起来看的，我们现在看的是科学史这一点。

提问：去年《人民日报》海外版发表两篇文章，有关中国天文学的问题，一个说中国天文学主要是占星术。中国科技大学教授也发表了文章，他认为中国天文学不仅仅是占星术，还有许多历法的知识。您对这个讨论怎么看？

席泽宗：说中国天文学就是占星术的这个话太武断了。不说别的，就说天文志、历法志里，天文志里占星术的多，但是历法志里的这一套原理，就是刚才说的追求革新、追求为什么，还有检验真理的标准，从汉朝开始，一直贯彻。检验真理的标准这一条，在中国历法史里是很厉害的。一直到清朝，西方的科学进来以后，双方比试行不行，还是大家算出来，你去比，看对不对。大家对于要不要西方的方法，有不同的意见，但是检验谁对谁错的标准，这是双方都没有争论的。这个标准是从汉朝就一直延续下来的。占星术是中国天文学里很大的一部分，但是说中国天文学就是占星术，完全是错误的。

汝信：利用这个机会，我也跟席老请教，刚才也有提到李约瑟那个书的，李约瑟那本书当时是中国科学院牵头翻译的，中间讲到先秦的一卷，跟哲学关系，跟先秦的哲学派别关系特别密切，交给中国社会科学院负责翻译，我也参加了这个工作。但是李约瑟一个主要的问题就是对儒家的评价。多少年前，我最后校订那一卷的时候，就感觉到李约瑟对儒家的评价，对中国科技的发展，他认为不起好作用，没有太大的贡献，相反他对道家、墨家很推崇，评价比较高。当时我感觉到，李约瑟的观点能不能成立，或者有一些偏颇。今天听了席老的讲话，给我很大的启发，对儒家不能做这么片面的论断，革新的思想在儒家的经典里也有很多的阐述。我后来想到，这个问题到底应该怎么看，应该怎么评价？是不是儒家本身也有一个发展的过程，特别是发展到后来，成为一种官方哲学以后，它本身也是走向保守僵化，但是应该说原始儒家的思想中间确实有变化革新的这一面。在长期历史的发展过程中，后来确实有僵化、保守的东西占了主导的地位，引起了不好的后果。是不是能这么理解？儒家在历史上发展这么长时间，到后来成了官方的意识形态体系以后，当然是被当时一些封建的王朝作为用来巩固现存秩序的意识形态的工具了，这样可能对一些新事物，对一些科学技术的发展起到了非常不好的作用。对李约瑟的书是不是可以这样理解？我感觉到席老的话对我有很大的启发，就是什么事情都应该有具体的分析，不应该脱离当时的时间、条件和地点。具体的分析不要做一个绝对化的结论，认为哪个学派如何如何。对儒家在整个中国两千多年的历史中起到什么样的作用，可以有不同的观点，可以有自由讨论的余地。绝对化地下结论，恐怕是不大科学的。今天我听了席老的讲话，这一点上给了我很深的启发。

郭书春：我很同意席先生的看法。儒学联合会要讨论儒学和科技的关系，山东大学一位教授说，你们讨论这些东西，不请搞科学史的人来是不行的。我和董光璧一起去的。我在会上发表一篇文章，基本观点是，儒家作为一个学派，很多思想方法对中国的发展是起到了积极作用的。但是理论方面，如果儒家被统治阶级利用，成了桎梏人们思想的工具，这时候作用是相反的。别的我不知道，中国古代数学的几个最高潮的时候，都是儒家统治地位被削弱的时候，魏晋南北朝、宋元，宋元尽管有道学，但还不像明清时期占统治地位。我很同意，应该把儒家这个学派本身和统治阶级利用作为统治人们思想工具的时候分开来讨论，所以我很同意汝信和席老的观点。

提问：刚才听了席老师关于《中庸》的说法我很受启发，我最近了解到的问题，在宋代，对《中庸》的认识有个过程。实际上，宋代初年的时候，对《中庸》的论述，最早的不是儒家，而是佛教的两个著名的僧人，他们两个人都有专门的著作。而儒家，第一个是司马光，后来是"二程"、朱熹，影响了中国后期封建社会的发展。席先生说的我非常赞成。我觉得有这样的问题，我看到一篇关于宋代的儒林的文章，讲到儒家的含义，作者认为，在宋代王安石变法的时候，曾经有儒家的经学、教育、科学三位一体化的趋势，但是王安石变法在宋哲宗时期失败了。朱熹也有这样的理念，但是仍然没有成功。一直到明朝，在编撰《性理大全》的时候，才真正将儒家的经学、教育、科学三位一体化，大量的儒家知识分子向这方面靠拢。从这个角度来理解的话，可能对后代的知识分子怎么样研究科学、思考问题的方法和价值取向会产生更大的影响。我想，朱熹这个理论在明朝的时候真正发挥作用，对后来的发展产生更大的影响。所以我同意席老的话，我们对儒家也应该划分不同的阶段来认识和评价，可能更有客观性。

绪　论

科学技术与人类文明进化

中国社会科学院　李惠国

科学技术不仅是器物形态的文化，而且也是一种观念形态和制度形态的文化，它是推动人类文明进化的强大动力。农耕文明时期中国取得了辉煌的科学技术成就，对人类文明发展做出了巨大贡献。

第一节　科学技术与人类文明进化

一　文化及其观念和制度的形态

广义的文化，是指一定时期某个社会或社会群体的全部生活方式的总和，包括器物形态的文化、制度形态的文化和观念形态的文化三个层次。观念形态的文化和制度形态的文化，主要指社会所特有和嗣承的观念模式、价值模式、行为模式和制度模式，既包括价值观、态度、信念、行为规范和人们普遍持有的见解等，也包括与之相适应的社会体制和制度。文化规定并潜移默化地影响着人的基本素质和心理性格的形成，对人类的社会性活动有着深刻和内在的影响。

观念形态的文化包括价值观、思想、态度、信念、行为规范和人们普遍持有的见解等。文化的核心是由观念和价值体系构成的。这种观念和价值体系是通过学习过程在这一社会和某个群体的人群的嗣承中代代相传的，这一社会和群体中的每一个人都自觉或不自觉地遵循着世代相传下来的被模式化了的思想、价值和行为规则。文化对经济、社会、政治乃至家庭和个人都有着深刻的、无法规避的影响。

制度形态的文化是指一定的社会或社会群体所具有的组织形式、体制、制度、规则、法规或法律等。"文化是制度之母"，就是说观念形态的文化决定了制度形态的文化，它为社会和社会群体的体制建设、制度、法规、法律的形成和制定提供思想理论和价值观的基础；同时它通过体制建设和各项制度、法规和法律的制定和执行，引导着人们的价值取向，规范人们的行为，以保障文化价值观在社会和社会群体中得以维系和传承。

世界上没有一种文化是不需要发展变革的。无论是从历史来讲，还是从现实来讲，没有文化的发展更新，就没有民族本身的发展进化。传统既有积极的一方面，又有消极的一方面，不能把它绝对化。只有发展传统才能维护传统。

二 科学和技术

科学是反映自然界的现象和事物的本质联系及其运动变化规律的知识体系，科学也是组织科学活动的社会建制。科学知识体系是借助于一定的认识方法获得的，以概念、定理、假说等理论形式加以表述的；作为知识形态存在的自然科学，具有客观性、系统性、普遍性、精确性、预见性和探索性等特征。科学是在漫长的人类社会实践活动中历史地形成和不断发展着的。在农耕文明时期，人们是通过生产实践经验、观察和日常生活经验来获取对自然的认识的，近现代科学进一步将实验作为科学认识的基础。客观世界处于不断发展和变化的状态之中，社会实践是不断向前发展的，人类的认识能力在逐步提高，对世界的认识不断深化，因此，任何科学认识都不是处于静态之中，而是处于动态变化中，科学要不断地通过实验对其已有的认识进行重新认识，从中发现错误或疏漏，从而获得新的见解。所有的科学理论必须具有可通过实验和观察进行证伪的要素。科学本质上就是这样一种思维方法，进行批判性思考，通过实验进行证伪。科学最重要的是给人们提供了这样认知世界的观念和方式方法。

技术是实现社会和经济目标的一种手段，它是针对经济和社会的特定需要，用于控制社会各个生产要素以生产产品和提供社会服务的有关的知识、技能和手段。技术是社会生产力的重要组成部分。

"技术"这一术语当它17世纪在英国首次出现时，仅指各种应用技艺。到20世纪初，技术的含义渐渐扩大，它涉及工具、机器及其使用方法和过程。到20世纪后半期，技术被定义为"人类改变或控制客观环境的手段或活动"。人类在制造工具的过程中产生了技术，而现代技术的最大特点是它与科学相结合。

工程是多种技术的复合体。工程是应用科学原理使自然资源最佳地转化为结构、机械、产品、系统和过程以造福人类的专门技术。传统上有四个主要的工程学科，即土木、机械、电气和化学工程，每个学科又有若干各具特点的专业分支。四个主要学科中以土木工程最为古老，它是由古代社会所采用的技术发展而来的。古代的工程还没有科学原理可为依据，只能凭生产活动中积累的经验，靠试错方法和放大样来进行工程建设。

科学与技术在历史上是相对独立地分别发展起来的，各自遵循自己的发展道路。它们追求的目的不同，表现形式不同，形成了各自独特的文化传统。科学与技术有密切的联系，也有很大的不同。科学所追求的目的是达到一种对自然界的真理性的认识。科学的社会目标是发现客观规律，对客观世界的种种现象和过程做出描述、解释和预见。它只是回答"是什么"和"为什么"的问题。技术所追求的目的是提供某种技能和手段以满足社会的某种特定需要。它回答的是"做什么"和"怎样做"的问题。

科学和技术都是一种社会资源，但特点不同。科学的价值是永远不会贬值的，科学原理具有普适性，不受时间和空间的限制。从空间来看，一个自然科学的原理无论在哪个国家都是普遍适用的，任何时候科学真理都保持自己的价值不变。技术这种社会资源则不同，它的特点是随时间和空间变化，易于贬值。在某一领域新的技术出现后，原来的技术就要贬值，甚至被淘汰。所以新的技术出现以后，必须迅速地创造使新技术发挥作用的条件，尽快推广这种新技术，把这种技术的潜力充分发挥出来，否则，一旦更新的技术出现，它就迅速贬值。技术的价值随时空变化而变化。从空间来看，任何一项技术都是在一定的社会经济、自然资源的条件下，为满足某种特定需要产生的，所以技术由一个国家转移到其他国家的时候，必须根据接受新技术的国家的资源、社会经济和劳动力的条件在形式上有所变化，才能发挥作用。任何一种技术只有和一定的社会经济条件、资源条件相匹配，才能产生良好的社会经济效果。

科学和技术还有一点不同的是，科学研究所追求的只是先进性，即预见性和探索性，要努力站在认识的最前沿。技术的应用不只要追求先进性，还要考虑到经济的合理性和社会的适应性。

明确了科学与技术的这种区别，下面我们将在人类文明发展的各时期中说明科学与技术的关系在历史上是怎样发展的。

三　人类文明的历史进程

文明是人类社会实践活动的产物，是人类社会整体演变进化的一种状态。人类社会的演变、进化过程，既是一个人类应对自然环境的挑战和冲突的过程，也是一个处理人类社会内部的矛盾、冲突的过程。在这个过程中，人类要想掌握主动权、争取生存和发展，就必须认识和顺应自然界的发展规律，把握和顺应社会历史的发展规律。人类社会文明，在时间上是动态的、连续的，是一个有其起源、成长、衰落进而向新文明过渡的历史过程；在空间上是分立的、多元的，是一个由不同地区、不同国家、不同民族形成的多种文明形态共生、共存，进而相互影响、相互渗透、相互作用而形成的一个统一整体。

文明演变、进化的动力是人类物质生产方式的变革，而物质生产方式的变革是由社会生产力的发展推动的。科学是社会生产力的知识形态，它要通过技术和工程转化为社会生产力的物质形态，即直接的、现实的生产力。因而，科学技术是文明演变的强大动力。而科学技术又是在一定的社会经济和文化背景下发展的。科学技术史在一定意义上可以说，就是人类社会文明进步的历史。在科学技术发展的历史上，那些产生过巨大作用、有着巨大影响的科学技术，就是社会文明演进的时代标志。

人类社会文明史，经历了原始文明、农耕文明、工业文明，从 20 世纪末 21 世纪上半叶开始向生态文明过渡。

关于社会文明史的这种划分，需要作两点说明：首先，这是从科学、技术、工程、产业的技术特征和人类社会生产方式特征的角度对人类社会历史进程所做的阶段划分规定，并未涉及由生产关系组成的一个社会的经济基础及在经济基础上形成的上层建筑和意识形态等方面。作为一个时代自然意味着在人类发展史上占据一定的历史过程和历史地位，因而它不可能是某种单一的历史过程，它必然充满着复杂性、多样性，存在多方面的本质规定性。因此我们这里的论述绝不意味着排斥从政治、经济、文化等角度对社会文明史的各时代的不同内容、本质、特征的更多揭示和把握。其次，这种划分是就人类社会发展总的历程来说的，世界的各大洲、各个国家和民族进入各时代的具体时间是存在很大差异的，各个国家和民族的每个文明时代的科学特征、技术特征、工程特征、产业特征也有很大不同。

1. 原始文明时期

原始文明时期，人类生活完全依靠大自然赐予，狩猎采集是人类社会的主要活动，也是最重要的生产劳动。石器、弓箭、火是原始文明的重要发明，当时的工程技术活动就是制造石器和简单的生活用具、简陋的居穴等。打制石器可以说是人类最早的技术活动，原始文明时期的技术工程活动经历了漫长的演化过程。在旧石器时代早期，人们最初的工具是一些简单砸打的器具。在旧石器时代中期，出现了较为细致地雕琢出的带尖角和刃面的工具。在旧石器时代后期，双面刃已经很普遍了。后来，又出现了较为复杂的工具弓箭、鱼钩和针线等。弓箭这种工具不同于旧石器时代的其他石器，因为它不再是"简单工具"而是"复合工具"了，并且还利用了弹性物质的张力。原先，技术活动的对象物是单一的，技术活动的操作主体是个人。及至弓箭、鱼钩和针线等的出现，技术活动的对象物就不止一个了，技术活动的对象、内容、过程都更加复杂。同时技术活动主体的组织形式也在逐渐演化。历史学家认为，原始社会可分为两个时期，其前期为原始群时期，后期为氏族公社时期。[①] 有理由推测，在旧石器时代晚期的生产技术活动中，劳动分工进入了一个新阶段。原始社会的物质生产活动是直接利用自然物作为人的生活资料，对自然的开发和支配能力极其有限，形成听天由命的被动观念。当时的神话和传说体现着人类对自然的认识。巫术也是源于人们对自然界的力量和现象的渴望和求知，希冀消灾灭祸、医治病痛、满足需求。这里面就包含了人类当时对自然界的认识。在这种意义上可以说科学与神话、巫术同源。

2. 农耕文明时期

农耕文明时期，农耕和畜牧是人类生产方式的第一次革命，人不再被动地依赖自然界提供的现成食物和生活资料。对自然力的利用已经扩大到某些可再生能源（如畜力、水力等），铁器使人类劳动产品由"赐予接受"变成"主动索取"。发展农业离不开灌溉，所以，水利工程技术就成为农耕文明的显著标志。它集中反映了当时的生产力水平、科学技术的发展状况。住宅和城堡建筑工程技术，特别是封建君主宫殿和宗教神庙的建筑工程技术成为农耕文明的综合性"时代"标志。它们集中反映了当时的经济活动规模、社会等级制度、科学技术水平、文化艺术和思想意识。

---

① 氏族产生于旧石器时代晚期。

在人类历史上，农耕文明从公元前 8000 年起，一直延续到公元 17 世纪。

农耕文明首先在中国和幼发拉底河、底格里斯河、印度河和尼罗河流域诞生。巴比伦和古埃及文明时期的科学、古希腊和雅典的自然哲学、亚历山大时期的古希腊科学、古代印度的科学都曾创造了农耕文明的一度辉煌。从罗马陷落（455 年）起，到教皇西尔威斯特二世（999—1003 年）西方第一次学术复兴，这一时期是欧洲的"黑暗时代"，科学沦为宗教的奴婢，在自然哲学领域是比较贫乏的时期，但在技术领域还是有进步的。在中世纪，公元 634—1085 年，阿拉伯国家的科学技术为农耕文明做出贡献。中华文明在整个农耕文明时期科学和技术都在不间断地发展之中，李约瑟博士在《中国科学技术史》中写道：在公元 3—13 世纪，中国曾保持令西方望尘莫及的科学技术水平，那时中国的发明和发现远远超过同时代的欧洲。在天文学、数学、农学和医药学方面，以及指南针、造纸、活字印刷术和火药等技术发明对人类文明做出了杰出贡献。但 16 世纪以后，欧洲诞生了近代科学，中国的文明却没有能够产生与欧洲相似的近代科学。

在农耕文明时期，科学与技术是分离的，它们各自独立发挥社会作用，都有自己独特的文化传统，它们的发展往往是脱节的。技术的进步往往依靠传统技艺的提高和改进，只凭经验摸索前进。科学理论也经常是跟在实践之后来概括和总结人们在生产技术活动过程中积累起来的经验材料。因此，常常出现这样的情况：在科学理论上还没有搞得十分清楚的东西，在技术上却可以实现它；而科学上已发现了的东西，在技术上却很久不能应用。关键性的技术突破常常同理论科学没有直接联系。在巴比伦和古埃及文明时期，僧侣传统和工匠传统之间就缺乏接触，有知识的人看不起工匠的劳动。希腊哲学家多数把从事手工艺看作是有失身份的事。在古代科学家的眼里看不起工匠和手工业者的工作，例如阿基米德已经发现了水库中水的压力由顶至底增加的规律，水坝的最佳断面是三角形。但他不屑于参与水坝工程修建工作，认为用一定数量的低级坝工以及不必改进的工艺就可以满足筑坝的需要。这种把科学与技术分割开来的态度在古代很有代表性，并且这种观点和态度一直持续到中世纪很长一段时间。在中国古代也是如此，汉武帝罢黜百家、独尊儒术后，历代读书人只知背诵和注解儒家经典，应试科举，眼里根本没有生产技术。种种重要的发明都是一些小炉匠式的手工业工匠创造的，他们文化程度不高，他们的主要才能就是在长期的生产实践中积累了大量经验，有独创性，有进取精神。基础科学刚一出现之时，科学和技术发明之间的联系常常是异常微弱的。

3. 工业文明时期

工业文明时期，工业文明的曙光最早出现在欧洲的英国。这是人类运用科学技术控制和利用自然资源取得空前胜利的时期。工业文明经历了几次工业革命。第一次工业革命是纺织机、蒸汽机的革命；第二次工业革命是电力、内燃机的革命；第三次工业革命是原子能、空间技术的革命；第四次工业革命是信息革命。

发生在1760年至1830年的第一次产业革命是人类社会发展史上的一个分水岭，在第一次产业革命中形成的大工业生产取代了农业成为社会经济发展的最坚实的基础，它实现了从传统农业社会转向现代工业社会的最重要变革。第一次产业革命，既是人类社会发展史上的一次生产方式的巨大变革，同时也是一场深刻的生产关系和社会关系的巨大变革。

产业革命是指由于一系列技术的巨大创新引起的社会生产力的飞跃及生产的组织管理形式、经济结构、生产方式方面的革命性变革，从而导致社会的全面变革。它表现为社会经济的发展中具有一定质的规定性的特定阶段。

产业革命本身包含着技术革命，技术革命是它的前提也是它的技术内容。技术革命的价值不通过产业革命是实现不出来的。产业革命的概念渊源于马克思主义经典作家，在19世纪40年代恩格斯在《英国工人阶级的状况》和《共产主义原理》中最早提出了产业革命概念。恩格斯当时讲，18世纪下半叶，由于蒸汽机和各种纺纱机、织布机及一系列其他机械装备的发明引起了产业革命，它最早发生于英国，后来相继发生于世界各文明国家。产业革命改变了以前的生产方式，引起了市民社会中的全面变革。1848年，约翰·斯图亚特·穆勒在《政治经济学原理》中也使用了产业革命这个概念，1850年，卡尔·马尔洛也用过这个概念。在这以后，马克思在《政治经济学手稿》（1861—1863年）和在《资本论》1867年德文版第一卷里谈了产业革命问题。马克思说明了第一次产业革命的内容、本质及其技术经济特征，指出了产业革命既改变了生产方式，也改变了生产关系。在此以后，1884年英国历史学家阿洛德·托因比在《英国产业革命讲话》这部书里，为历史上发生的英国的产业革命做了比较详细和系统的分析。

第一次产业革命从 18 世纪 60 年代延续到 19 世纪中期，有其远期和近期的原因，这样算来，它就是一个历时较长的历史过程。这次产业革命发源于英国，以珍妮纺纱机、瓦特改良蒸汽机等为代表的一系列重大技术创新展开的技术革命引发了从手工劳动向机器生产转变，新的能源如水力和蒸汽动力取代了畜力和人力，大量新原材料，如铁矿石和煤，开始广泛应用到工业领域，并且引起了生产组织形式的重大变化，以机器生产为主的工厂制取代了手工工场。这场变革随后传播到整个欧洲大陆，19 世纪传播到北美地区，后来，又传播到世界各国。产业革命的发生是经济发展的客观要求，其经济发展的前提是，农业发展的重大变化、资本的积累和大量流动劳动力的形成。从 15 世纪末起，世界新航路开辟，英国正处在大西洋航运的中心线上，对外贸易大大发展，羊毛出口和毛纺织业迅猛发展。16、17 世纪，英国工场手工业得到发展，城市兴起，对农产品的需求大增，掀起大规模圈地运动的高潮。结果，消除农业中的封建制度和小农经济，使资本主义经济深入农村，对农业进行了资本主义改造，促进了农业和农村生产力的发展；为资本主义发展提供了自由劳动力；加快了英国城镇化的进程；为英国资产阶级革命准备了阶级条件；为英国产业革命的出现奠定了经济社会基础。从 1640 年开始的英国资产阶级革命，废除了封建制度，消除了不利于资本主义发展的束缚，为产业革命创造了政治前提。在工场手工业长期的发展过程中，以生产经验为基础，积累了大量的生产技术创新，为大机器生产的出现准备了技术条件。工业机器生产体系的形成，从 16 世纪就开始孕育。可以说，文艺复兴和 16—18 世纪的科学革命为产业革命创造了有利于技术进步和创新的文化氛围。被当作第一次产业革命基础的那些著名的发明，虽然都是由那些伟大工匠总结出来的半正式的实用知识，但是科学上的革命其意义在于它帮助拓展了经验技术的知识基础，并因此创造了一个有利于技术可持续发展的环境。不仅仅如此，它们也从多方面扩大了知识的范围，并且由于人们能更加方便和便宜地获取知识，它也促进了知识的深化。历史学家阿斯顿认为：发端于弗朗西斯·培根、被天才的波义耳和牛顿发扬光大的英国科学思想巨流，是工业革命的主要源泉。18 世纪的人们对于通过观察和实验的方法求得工业进步的可能性的信念，在很大程度上是受了牛顿的影响。①

　　从农耕文明向工业文明的转变是一个较长的历史过程，既然产业革命的远因，可以追溯到文艺复兴和大西洋新航路的开辟，那么从农耕文明向工业文明的转变也应从此开始，第一次产业革命完成了这一历史性的转变。生活在第一次产业革命时期的人们并没有充分意识到他们正处于一场剧烈的不可逆转的大变革之中，把产业革命看作是一系列突然大幅提高经济增长率的事件是不符合历史事实的，产业革命所带来的经济社会效益增加刚开始大都是缓慢的，其效应是在长时期中慢慢显现的。在产业革命中，技术上的大变化已开始逐步显现，如通用零件、连续加工工艺、标准产品的规模生产等，但一直到19世纪后半叶才得到大规模的广泛应用。19世纪中叶以前的英国经济没有受到大的影响，1830年以前，生产力增长较小，人均收入增长缓慢，真正的经济增长直到19世纪40年代中期才实现。

　　工业文明从19世纪70年代起开始了第二次产业革命的历程。在1871年至1914年第一次世界大战爆发前期间，欧洲各国间没有发生军事冲突，出现了前所未有的和平发展时期。科学研究取得长足进展，获得了一系列的重大技术成果，并直接应用于工业生产。原有的工程技术有了坚实的科学理论支撑，不仅规模扩大，而且有重大革新面貌改观，在科学技术成就的基础上出现了许多新型的工程，这些工程形成的一批新兴产业迅猛发展，使产业和经济结构产生了巨大变革。第二次产业革命在欧洲大陆以德国为中心扩展开来，随后美国也发展成为工业文明的中心。数学和自然科学的长足发展，直接导致了一系列的工业技术发明创造。在电磁学发展的基础上，发明出了发电机和电动机，电能作为最方便的能源迅速普及开来，电力和电网工程出现了，开启了人类"电气化"的新时代。热力学的发展，不仅提高了蒸汽机的热效率，还导致内燃机的发明，这样才有了汽车工程技术及后来的航空工程技术，从而促进了石油的开采和炼制；化学的发展又为石油化工工程的发展奠定了科学基础。电磁学的发展，还导致了电话、电报和无线电的发明，从而人类历史上通信也成为一种工程。这一时期中，炼钢技术的改进，化学在工业中的广泛应用，尤其是内

---

　　① ［英］克里斯·弗里曼、弗朗西斯科·卢桑：《光阴似箭（从工业革命到信息革命）》，沈宏亮译，中国人民大学出版社2007年版，第182页。

燃机的发明与应用，不仅使原有的重工业部门（钢铁、采煤、机器制造等）有了进一步发展，作为科学技术革命直接产物一系列崭新的工程技术的崛起，形成和发展起来了一系列新的产业部门，如电力、电器、化学、石油、汽车、飞机制造、邮电等，使世界工业生产又有了崭新的发展。这样就形成了世界范围的第二次产业革命。第二次产业革命几乎影响了世界经济的每一个方面，经济的发展，促进了交通运输和国际贸易的发展，也推动了农业生产的发展。生物学、化学及农业机械的发展，使各工业化国家的农耕技术有了进一步提高，粮食产量有了显著增长。19 世纪末至 20 世纪初期，新兴工业几乎在所有工业化国家迅速扩张，大规模生产和"流水线"的生产形式也已形成。大企业的组织结构的出现和生产组织管理形式的创新，泰勒主义崛起，是这一时期的一大特点。20 年代，美国资本主义工业文明展示了前所未有的繁荣和极度贪婪，30 年代美国的经济大萧条，对世界经济产生负面影响，德国是欧洲受害最深的国家。20 世纪上半叶，两次世界大战给世界人民带来巨大灾难和痛苦，同时推动了科学研究与军事技术进步的紧密结合，大力发展了各种军事工程技术，如汽车、装甲车辆、飞机、水面舰艇、潜艇、雷达、原子弹等，并带动了冶金工程和石油化工工程的发展。战后这些军事工程技术迅速向民用扩散。汽车的大规模生产、石油勘探开采和石化工程的大发展，推动了 20 世纪经济的机械化。第二次世界大战及以前积累起来的技术的不断创新和进一步的工程化，这些工程不断体系化、系统化、结构化形成的产业的空前大发展，形成了 20 世纪 50 年代至 70 年代中期的长达 25 年的世界经济的高速增长和繁荣。

第二次产业革命与第一次产业革命相比较，一个最大的特点就是科学的作用大大增强。进入"电气化"时代以后，科学与技术的联系越来越密切，工程技术演化为以科学为基础的现代形态。工程技术的发展与科学日益紧密地联系起来了，这主要表现为三个方面。一是科学技术的成果，直接导致新的工程技术的诞生；二是科学技术的新成果，迅速被原有的工程技术采纳；三是科学理论扩大了原有工程技术的科学知识基础。

19 世纪科学获得了长足发展，科学逐步确立成为一种社会事业，在第二次产业革命历程中，科学研究作为一种独立的社会建制发展起来，科学家与工程师成为两种不同的社会职业。19 世纪末 20 世纪初开始的现代物理学革命拉开了 20 世纪现代科学技术革命辉煌发展的序幕。第二世界大战以后，科学技术革命迅猛发展，原子能得到了广泛的和平利用，核电工程技术迅速发展，虽然核电工程在发达国家已形成庞大的产业部门，但社会的整个产业结构未有重大变化。

20世纪70年代科学技术革命进入新阶段，以微电子学、计算机信息科学、分子遗传学等为代表的高科技的发展，使工业文明发展进入第三次产业革命新时期。高技术迅速形成一系列崭新的工程，诸如微电子工程、计算机信息工程、生命遗传工程、航天工程、海洋开发工程、激光光导纤维工程等。这些高科技工程展现出广阔的经济前景，迅速体系化、系统化、结构化，形成了高科技产业群，并且有些高科技产业进一步发展成为国民经济的主导产业。不仅如此，高科技还广泛向传统工程技术领域渗透，使传统工程技术及其产业旧貌换新颜。第三次产业革命的浪潮席卷全世界，深刻地改变着产业结构、经济结构。计算机信息技术的广泛应用，改变着第二次产业革命中形成的生产组织管理结构和生产组织管理方式。第三次产业革命正在改变着社会结构和人们的工作方式、交往方式及生活方式，虚拟现实、虚拟社会正在变为社会的现实。在第三次产业革命的进程中，工程的演化和新产业的形成完全是以高科技成果为基础的，因此，技术创新的产业化发展就成为第三次产业革命的主要特征。工程的演化具有了深度科学化、高度复合化和迅速产业化的趋势。技术创新的产业化发展，形成了一系列的知识工程，进而发展出各种知识产业，人类的工业文明开始进入"知识经济"的新时代。

关于第四次工业革命——信息革命，近年来国内外学术界论述很多，这里不再赘述。

科学技术的紧密联系和相互促进是工业文明时期的一大特征。现代的技术发明明显地越来越依靠科学。科学与技术的关系已密不可分。现代技术完全是建立在科学理论的基础之上的，科学技术化、技术科学化是现代科学技术发展的鲜明特征。历史上分别发展的科学传统和技术传统，融合为统一的科学技术传统。

科学技术作为人的创造能力的社会表现，是人类文化的重要组成部分。科学技术在其历史发展中形成的思维方式、价值取向、行为规范和传统，体现着科学技术作为社会现象的文化内涵，是科学技术实现其社会文化职能的最重要的形式。

人类社会发展的历史证明：科学技术不仅改变了世界，也改变了人类本身。在科学技术漫长的历史发展中，特别是进入工业文明时期以来，科学技术发展中形成的科学精神、企业家精神、优良传统、认知方式、行为规范和价值取向，其中包含着科学态度、科学方法、设计方法、科学作风诸因素，是作为文化形态的科学技术的最重要的组成部分，并深深地影响了人类近代文化和社会的发展，表现为科学作为推动社会进步的巨大革命力量。科学技术作为精神创造活动，这种独特的思维方式已经发展成为人类的一种普遍思维方式。科学技术作为一种文化形态提高着人的认识能力，影响着人的价值取向，形成了一系列先进的行为规范，对人类精神生活产生了决定性影响。科学技术作为精神生产方式，其发展对整个人类文化的内容、结构、形式及发展方向有着日益巨大而深刻的影响。同时，科学发展和技术创新也须臾离不开相应的文化支撑，离不开良好的社会文化氛围。

科学技术作为一种社会事业，已形成庞大而复杂的社会建制，并有其独特的体制、运行机制、管理制度和法规。因此，科学技术作为一种独特的制度文化形态，已成为当今制度文化的重要组成部分。作为制度形态的科学技术文化，包括科学技术事业作为一种社会事业和社会建制，其本身所具有的体制、运行机制、管理制度、法律、法规和政策等，以及国家和社会对科学技术事业给予支持、进行管理的一系列的相关的体制、协调机制、管理制度、法律、法规和政策等。前者诸如在科学技术共同体内部的评价、荣誉、奖励、竞争、成果共享等各项制度和规则，后者如国家的各项有关科学技术的政策、规划、投入等。制度构成了科学技术活动的最重要的环境选择和保障机制，它调节着科学技术资源的配置，导引着科学技术共同体的价值取向，规定着相应的评估标准和激励方式，通过持续不断的作用，逐步形成科学技术共同体成员的行为模式，并影响着全社会对科学技术事业的态度和看法。科学技术作为一种社会建制，在整个社会建构中，是一种积极的、活跃的、革命的因素，在诸多的社会建制中，其组织结构、运行机制相对来说是比较先进的、合理的，它对其他的社会建制的发展起着某种示范和带动作用。

科学技术对社会既可以产生巨大的积极、正面的影响，如果对科学技术的成果利用不当，也可能产生负面的、消极影响。要运用哲学特别是先进的生态伦理思想来驾驭科学技术的发展，使之更好地为人类服务，体现善良、正直、美和真理的要求，旨在使科学技术与自然、社会，与人和谐发展。

4. 生态文明时期

生态文明时期，从20世纪末和21世纪前半叶世界处在人类文明转变的历史关节点上，新的科技革命和新的产业革命是引领人类文明进步的主导力量，将形成一种崭新的经济形态，这将是资源和能源节约型的绿色的经济形态。21世纪正处在人类社会从工业文明向生态文明过渡的历史转变的关节点上。确立人与自然和谐的新理念，树立新的生态文明观，以环境伦理和生态伦理规范人们的行为，逐步形成新的绿色的生活方式和消费模式，已经成为人类社会发展的迫切需要。科学技术将具有全新的特质，那就是具有全面智能化、绿色低碳化、资源节约化、高度人性化的特质。

第二节　农耕文明时代中国的社会
经济发展与科技进步

历史学家认为新石器时代的主要特征是，开始制造和使用磨制石器，发明了陶器；出现了原始农业、养畜业和手工业。

农业的出现是人类历史上的一次伟大转变，狩猎者和采集者开始变成了饲养者和种植者。原始农业出现后，农耕文明开始萌芽。后来，铜器和铁器出现，人类走出石器时代，进入农耕文明时代。进入农耕文明时期后，人类逐渐学会了驯养野生动物、种植植物，这就大大减少了人类对大自然的直接依赖。原始农业（种植业和畜牧业）的出现，也为发展其他领域的生产创造了条件。在原始农业发展的基础上，原始的手工业及其他一些家庭副业也逐渐发展起来。这样，由于生产的发展，就提出了定居的需要，并且提供了定居的可能，于是人类逐渐变为定居生活。长期定居的结果，便形成了村落，进而发展成城市和集镇。由于定居生活的需要还促进人们发明了陶器。起初，陶器用于盛水、煮食物和存储粮食，后来逐渐成为人们日常生活的必需品。

最早进入农耕文明的是尼罗河流域、底格里斯河—幼发拉底河流域、印度河—恒河流域、中国的黄河—长江流域。这四大古老农耕文明中，我国是人类历史上农耕文明最发达并且延续时间最长的国家，创造了辉煌灿烂的中华文化，其中科学技术也是相当发达的，对人类社会发展做出了重大贡献。

一　先秦时期

约在公元前 6000—前 3000 年，人类逐渐学会了开矿和冶炼制造铜器。青铜发明后，人类历史逐渐进入新的阶段——青铜时代（the Bronze Age）。目前考古所发现的最早铜器出土于西亚地区。1975 年我国甘肃东乡林家马家窑文化遗址（约公元前 3000 年前后）出土一件青铜刀，这是目前在中国发现的最早的青铜器。我国的商代（前 1600—前 1046 年）已确切地进入了青铜时代。考古资料证明，商代已广泛使用青铜器。商周时期，我国的青铜冶炼和铸造技术达到了很高的水平，出土了很多令人叹为观止的青铜器。农业在商代已占支配地位，实行了井田制，大量使用奴隶从事农业劳动，并且出现了青铜农具。在商代制陶业已经较发达，还出现了纺织业。在河南安阳殷墟出土的商代文字，是迄今发现的我国最古老的文字，而且记载了一些当时人们观察到的日食、月食和新星等天文现象，并有十进制记数，一、十、百、千、万等。

西周（前 1064—前 771 年）建立了分封制度和宗法制度，并发展了商代的井田制度。农业技术有了进步，井田里开挖了排水、引水渠，懂得人工灌溉，农作物品种大量增加，产量也有提高。王室和各诸侯都拥有许多奴隶作为工匠在手工业作坊劳动，青铜器铸造和陶器制造是主要的手工业。西周历法和天象观测也有进步，开始创立观测天象变化的 28 宿。还有了我国历史上第一次关于日食的记录。

农耕和畜牧是人类生产方式的第一次革命，人类从此不再被动地依赖自然界提供的现成食物和生活资料。原始农业使人类劳动产品由"赐予接受"变成"主动索取"。农耕文明在人类社会的历史长河中又经历了一个漫长的历史发展过程，其中冶铁工程技术的出现和发展，使铁农具在农业上得到广泛应用，是生产力发展的一大飞跃。这一飞跃发生在春秋时期。我国是世界上最早发明生铁（铸铁）冶炼和铸造技术的国家。在公元前 6 世纪的春秋晚期，已能冶炼生铁和铸造铁器，在公元前 5 世纪的春秋战国之际，已能锻造铁工具。在公元前 4 世纪铁器的使用已推广到社会生产和生活的各领域。铁器的广泛大量使用，使大面积开荒和兴修水利成为可能，春秋时期还发明了牛耕方法，这就大大提高了农业生产力。农业的发展，又促进了手工业和其他副业的发展，从而出现了农耕文明的经济繁荣和社会进步，致使春秋时期（前 770—前 476 年）成为中国社会制度大变动的时期，奴隶制度向封建制度转变。

战国时期（前475—前221年），中国已确立了封建制度。争雄的各国都先后实行了变法改革，使封建土地所有制的社会经济有了相当大的发展。

农业生产发展离不开防洪和灌溉，铁制工具的大量广泛使用，催生了大型水利工程技术的发展。公元前1000年的末期，石头和泥土修建的水坝在地中海地区、中东、中国和中美洲等地都出现了。中国是农耕文明最辉煌的国家，战国时期的水利工程技术有很大发展，各诸侯国相继兴建了水利工程。如公元前256年修建的都江堰水利工程，以无坝引水为特征，变害为利，使人、地、水三者高度协和统一，是至今仍在使用的一项伟大的"生态工程"。

由于农业生产力的发展，有了较多剩余劳动力，就促进了手工业的发展，制陶和冶炼（铜和铁）技术发达起来了，纺织技术也有很大进步。由于冶炼（铜和铁）工程的需要，出现了采矿工程。由于农业和手工业的发展需要，人类对自然力的利用扩大到畜力、水力、风力等可再生能源。战国时期，手工业和商业都有很大的发展。官营手工业的衰落和私营手工业的发展及民间商业的活跃和发达，大大提高了劳动生产的积极性，促进了手工业生产规模的扩大和品种门类的增加，导致了技术的进步。春秋战国之交的《考工记》记述了前此手工业技术的发展状况和器物制造的规程，其中也反映了当时人们在力学和声学方面获得的知识。

《韩非子·有度篇》记载，战国时人们已使用"司南"辨别方向，这是世界上最早发明的指南工具。

伴随手工业和商业的发展，作为经济、政治和文化中心的城市形成并逐步扩大，建筑工程技术有了很大发展。城市、封建君主宫殿等建筑工程技术集中反映了当时的经济活动规模、社会等级制度、科学技术水平、文化艺术和思想意识状况，成为农耕文明的综合性、标志性的"时代"工程。春秋战国时期各诸侯国的都城建筑都具有相当的规模和确定的形制。在中国古代，皇宫及皇城工程建筑，从秦朝开始就具有庞大规模和辉煌宏伟的气势，体现着封建帝王的至高无上的权力和严格的封建等级制度。春秋战国之交，出现了建筑机械方面的能工巧匠的代表人物鲁国人公输般（又称鲁班），人们把当时已有的土木工程器械的发明都归结到他的名下，还传说他发明了攻城器械云梯和水战器械钩具，甚至还有能乘风飞行的木鸟和自动行走的木车马。可见当时土木工程建筑技术发展的状况。几千年来，人们都把他奉为土木工匠的鼻祖。

春秋战国时期，在社会制度大变革的背景下，各国竞相变法革新，争强称霸，于是就出现争夺出谋划策的人才的竞争，社会上出现了一大批"士"的知识阶层，民间讲学游说之风兴起。诸子百家学派形成的"百家争鸣"局面，大大激励了人们对自然界和社会生活的各种现象及其规律性进行探讨和研究的兴趣和热情。《史记·太史公自序》中，司马迁讲他的父亲司马谈在论《六家要旨》中把诸子百家分为六家，即"阴阳""儒""墨""法""名""道德"。汉代历史学者班固（32—92 年）在《汉书·艺文志》中讲，在刘歆（约前 46—23 年）的《七略》中，把诸学派分为"儒""道""阴阳""法""名""墨""纵横""杂""农""小说"十家。他认为"小说"家不如前九家重要。

墨子（约前 468—前 376 年）早年是制造器械的工匠，其弟子大多也属社会下层，代表着小生产者和小私有者的利益。在春秋战国时期影响很大，称为"孔墨显学"。他们在各家中是最为重视科学技术研究的学派。《墨子》一书，据《汉书·艺文志》记载原有 71 篇，留下来的只有 53 篇。今本《墨子》为汉代刘向（约前 77—前 6 年）校订，其中的《经上》《经下》《经说上》《经说下》《大取》《小取》六篇为战国时期的后期墨家的著作，通称《墨经》亦称《墨辩》。《墨经》中探讨了许多科学技术、认识论和逻辑学的问题。《墨经》提出，"久"和"宇"作为时间和空间范畴，"异时"和"异所"构成"宇宙"，宇宙是无限的。它还提出了时间、空间和运动的统一的观点。探讨了力的平衡、杠杆和滑轮的工作原理。它还记载了光学的小孔成像实验，探讨了平面、凸镜、凹镜成像及光源与影子的关系等光学问题。

名家奠定了中国古代科学的逻辑基础，本书有专章论述。

阴阳家源自商周以来的方术。术数或法术原是迷信，但包含有古代科学的萌芽。阴阳家试图以自然的力量来解释自然界的各种现象。农家注重生产技艺，重视农事。

《周易》是一部重要的哲学著作，可以说它奠定了中国古代科学发展的哲学基础。《周易》由《易经》和《易传》两部分构成。《易经》由六十四卦的卦辞和三百八十四爻的爻辞构成，它形成于殷周之际。它认为自然界也与人和动物一样，是由两性——阴和阳产生的。它从各种复杂的自然现象和社会现象中抽象出阴（－－）和阳（－）两个基本范畴，阴代表阴性、柔弱、顺从、忍耐、包容、安静、退守等特性及具有这些特性的事物，阳代表阳性、刚劲、矫捷、运动、进取等特性及具有这些特性的事物，世界就是在这两种对立力量（阴阳）"相感""相推"和"相荡"的作用下生成着、变化着，向前推移。变化发展的观念是贯穿《易经》的一个基本思想。《易传》是孔子的后代门徒陆续编撰至战国时期完成的，它对《易经》的解释，形成了自己的哲学理论体系，成为战国时期一大哲学流派。《易传》的作者们虽然属于儒家，但其观点并非只是来源于以孔孟为代表的儒家，其哲学思想反映了战国时代哲学发展的面貌，并非孔孟正统派。将《易传》的思想皆归于孔子，这是汉代尊孔论的偏见。探究和阐释事物的变化发展为《周易》之宗旨，"一阴一阳之谓道……生生之谓易……通变之谓事……"（《系辞上传》），"易穷则变，变则通，通则久"（《系辞下传》）。这正是《周易》所揭示的自然现象和社会变化发展的法则。它认为，事物的发展变化不可能总是一帆风顺，也不可能总是障碍重重，往往是顺畅和障碍交替出现；事物的变化发展，达到顶点，就要向相反方向转变，物极则反；事物的发展变化，是一个革故鼎新的过程；"阴"和"阳"的相互作用是事物发展的动因，"阴"和"阳"的相互作用具有复杂性和多样性；这两种力量"相感""相推""相摩""相荡"，不是一方消灭另一方，而是形成一种和谐；以阴阳处于高度和谐的境地为万物存在的根本条件，把和谐视为天地化育万物的宇宙法则，人类社会和自然界发展的基本动力。从《周易》开始，和谐理念、"中和"思想就逐渐成为中国哲学思想一以贯之的基本主题。老子哲学发展了天人合一的思想，主张人与自然和睦相处；在儒家思想里"中""和""中庸""中恕之道"成为儒家思想的基本理念。《周易》还认为人的思想行为要"顺动""随时"和"与时偕行"。《周易》对中国古代科学和哲学的发展具有深远的影响。由此我们可以看到，战国时期的儒家学说是开放的、具有革新精神的。但是，到了汉代朝廷采纳了董仲舒的"罢黜百家，独尊儒术"以后，儒家学说就变得越来越封闭和保守了。

春秋战国时期，天文历法有很大进步。《春秋》一书记录了37次日食的观察，其中30次已证明是可靠的，还记载了公元前613年出现的哈雷彗星。战国时期的甘德和石申观测了金、木、水、火、土五个行星的运行及其出没的规律。他们观测恒星的记录，是世界最早的恒星表。春秋末和战国时期通行的"四分历"，一年为 365 又四分之一日，早于欧洲几百年。一年划分为 24 个节气，对农业生产有重要的指导作用。

到战国时期，中医学有了重大发展。《黄帝内经》已成书，它由《素问》和《灵枢》两部分构成，共 18 卷，初步建立了中医学的理论体系，并一直指导着中医学的临床实践。

二　秦汉时期

公元前 221 年，秦始皇在兼并六国的战争之后，在全国范围内建立了封建专制主义的中央集权，彻底废除分封制，实行郡县制。在全国设立 36 个郡，后增至 40 余个。为了加强对全国各地的控制，大量修筑道路，即"驰道"，并统一车轨的宽度，车轮宽度不得超过 6 尺，即"车同轨"。由于战国时期，各国"言语异声，文字异形"不利政令推行，秦始皇统一了文字，还统一了度量衡制度和货币。秦始皇北击匈奴，迫使匈奴北退 700 余里，修筑长城，有效地保护了中原的农业生产和人民的安定生活。统一开拓了东南沿海、岭南和西南地区，加速了民族融合。这些举措有利于经济的发展，有利于文化和科学技术的发展和交流。

西汉初期，为恢复遭受战争破坏的生产和社会经济，实行了"休养生息"政策，"稀力役而省贡献"（《汉书·陆贾传》）。及至文帝、景帝时期，出现生产和经济发展、社会稳定和富庶的局面，史称"文景之治"。当时，实行了这样一些值得注意的政策：减轻赋税和徭役，促进农业发展。刘邦实行十五税一制，即税额为农民耕作收入的十五分之一。景帝时减为三十税一，后来它就成为汉朝的经常制度。为了鼓励人口繁殖，在人口税上，惠帝实行了鼓励早婚的政策。文景时代，还实行了减轻徭役的制度。文帝"弛山泽之禁"，百姓可利用山林河湖，从事生产活动。为防谷贱伤农，文帝采纳了晁错的"入粟拜爵"之策，即鼓励商人买粟输边，授予爵位。文帝还倡导节俭，以抑制奢靡之风，大大减少了国库开支和人民的负担。这些举措有力地促进了生产的恢复和发展以及经济的繁荣。至西汉末年，国家人口达到 5900 多万，垦田 800 余万顷，国库充盈。

汉武帝开拓疆域，北征匈奴，统一西南，出使西域，开辟丝绸之路，沟通和开辟了汉朝与外域文明的经济、文化和科学技术的交流。张骞两次出使西域后，汉武帝每年派往西域的使节团，少则五六个，多至十余个，每团都有百余人至数百人组成。当时的丝绸之路有南北两条，南路可到大月氏（今中亚阿姆河）和安息（今伊朗）；北路可到大宛（今乌兹别克斯坦东部的费尔干纳）、康居（今哈萨克斯坦境内的巴尔喀什湖以西至咸海一带）和奄蔡（今咸海至里海一带）。汉朝的丝织品、先进的生产技术（如冶铁技术、耕作技术、凿井技术等）和文化传入西域和中亚；西域和中亚的技术和文化也传入中国。如苜蓿、葡萄种植技术、葡萄酒酿造技术和西域的一些作物牲畜品种（如胡桃、石榴、西瓜、骆驼、汗血宝马等）。自汉朝始，中国开始了走向世界的历史进程，不同文明之间的经济、技术和文化交流，加速了华夏文明的进步，为科学技术发展创造了较为有利的社会环境。

汉武帝重视农业生产，农业生产的兴盛，促进了农业科学技术的进步。汉武帝的搜粟都尉赵过发明了"代田法"，大力推广先进的耕作方法和新农具。汉成帝时，氾胜之发明了"区种法"，还编写了一部农书《氾胜之书》。

汉武帝为发展农业生产，大量兴建水利灌溉工程，坎儿井就是这时发明的。

汉武帝时期，实行盐、铁、酒官方专卖制度，冶铁作坊的规模都很大，有力地促进了冶铁生产的发展和冶铁技术的进步。西汉时期已出现了一种炼钢新技术，比欧洲早1900多年。

西汉时期的纺织业非常发达，纺织技术也有很大进步。

汉武帝时期，由于经济的发展和社会的稳定和富庶，形成了科学技术发展的一次大发展。

汉武帝之后，官僚、贵胄、地主和富商大量兼并与掠夺农民的土地，政治腐败致使水利工程年久失修，水旱虫灾不断，大量农民破产流亡，社会阶级矛盾加剧，导致农民起义在各地频繁发生。王莽的复古改制，非但未能缓和社会矛盾，反而导致赤眉、绿林的更大规模农民起义，推翻了王莽政权。刘秀打败了赤眉、绿林的农民起义军，先后荡平了地方封建割据势力，于公元40年，建立了东汉政权。

东汉初年，吏治清明，恢复了三十税一等薄赋轻徭制度，精兵简政，节约开支，释放奴婢，发展农业生产，兴修水利，治理黄河，很快使东汉的经济在西汉的基础上有所发展。由于人口向南方流动，北方的先进生产技术传入南方，江南地区的经济发展起来，中国经济重心从东汉开始逐渐向南方转移。东汉时期，农业生产技术和耕作方法有很大进步。水力鼓风炉的发明，是冶铁技术的一大进步，降低了成本，扩大了产量，使铁农具大大普及，出现了许多新农具，促进了农业生产的发展，进而促进了手工业和商业的发展。水力鼓风炉的发明和使用，比欧洲早 1300 多年。风车也在农业和手工业中得到运用。机械制造技术有了较全面的发展，自动记载行车里程的里鼓车、指南车、鼓风器械、纺织器械等的发明，都促进了生产力的发展。

东汉大败匈奴及班超出使西域，重新恢复了与西域的交通，使东汉与西域在经济、技术和文化方面的交流继续发展。

东汉前期，形成了科学技术的又一次大发展。

在天文学和历法方面，秦汉时期有了很大的发展。司马迁（前 145 或前 135 年—?）的《史记·天官书》，不仅详细完整地记述了前此人们对天象的观测和记录，收录了 558 颗恒星，而且总结为五宫二十八宿的完整星系体系。汉代出现了大科学家张衡（78—139 年），在他的《灵宪》这一科学著作中提出了他的宇宙生成和演化理论，并指出，"宇之表无极，宙之端无穷"。在他的《浑天仪图注》中，发展和进一步完善了战国时期提出的"浑天说"，并为浑天仪的制作提供了理论依据，他发明制造了测量天文演示天象的浑天仪和测定地震的地动仪。公元前 104 年，汉武帝启用了学者们制定的新历法《太初历》，这是天文学发展的一项重要成就，是当时最先进的历法，是当时社会发展和生产力水平提高的一个重要标志。东汉初年又实行了四分历，东汉末年天文学家刘洪又编制了《乾象历》，它代表了秦汉四百余年历法修订的最高水平。

汉代在数学方面也取得重大进展。《周髀算经》，书中第一部分，一般认为是春秋以前的人留下来的，只有 265 个字，其余的主要部分是汉朝人写的，成书的年代约在西汉成帝与东汉桓帝的百余年间。该书不仅是天文学"盖天说"的代表著作，也是重要的数学著作。《九章算术》是秦汉时期数学方面的集大成之著作，标志着中国古代数学体系的形成。其基本内容在西汉后期（前 1 世纪中叶）形成，最后成书于东汉前期（1 世纪）。

秦汉时期，实现了国家统一，开拓了疆域，域内外的交通方便许多，域内外的经济文化和科技交流频繁起来，为地理学的发展提出了社会需求并提供了条件。秦代相当重视地图的绘制和收集工作，汉代有制作较为精确的地图。汉代地理学有了较大发展。

　　秦汉时期，医学和药物学有了长足发展，基本形成了古代中医体系。成书于西汉时期的《难经》，概括、总结并进一步丰富了先秦时期流传下来的大量的、内容丰富而零散的医疗经验。它以问答的形式探讨了 81 个疑难问题，提出了"奇经八脉"和"右肾命门"的中医经络脏腑理论，还提出了"七冲门"和"三焦无形"的人体结构说。东汉早期，中医药专著《神农本草经》问世，它是经过秦汉以来许多医学家的收集、整理，全面系统地总结了战国以来药学知识和用药经验的集大成之作。全书收录 365 种药物，其中植物药 252 种，动物药 67 种，矿物药 46 种。它将药物分为上、中、下三品，主治病症达 170 余种。东汉末年，名医张仲景（2 世纪中叶—3 世纪初）的《伤寒杂病论》问世（《金匮要略》是其中的杂病部分）。

　　秦汉时期，炼丹术有很大发展，秦始皇和汉武帝为了"长生久视"，使炼丹术大行其道。虽然它的目的和理论是荒诞的，但也给人们提供了对自然现象进行观察研究的机会，客观上促进了化学、冶金学、药物学的发展，产生了一些发明创造。

　　西汉时期已有了用蚕丝和植物纤维造的纸。东汉前期，公元 105 年，宦官蔡伦，改进了西汉以来的造纸技术，扩大了造纸的原料，把造出的纸献给和帝。从此造纸技术广泛推广产量大增，并逐步传播到世界各国。它对文化和科学技术的发展和传播有着非常大的意义，是中国技术发明对世界的四大贡献之一。

　　秦汉时期，也发生了一些不利于和阻碍社会发展和科学技术进步的事件，而且其历史影响是深远的，教训是惨痛的。

　　秦始皇的"焚书坑儒"。公元前 213 年，秦始皇采纳丞相李斯的建议，实行禁绝私学，焚烧书籍。凡私人所藏《诗》、《书》、百家语及其他各国历史记载，皆于三十日内烧之；有敢谈论《诗》《书》者杀头，"以古非今者"灭族；禁绝私学；凡《秦记》、医药、卜筮、种树之书及国家博士官府所藏的《诗》、《书》、百家语，皆不烧。公元前 212 年，由于方士侯生和卢生不满秦始皇派人寻求仙药的行为而发议论，引起秦始皇大怒，在咸阳捕杀了 460 人。这是文化专制的野蛮行径，使中国古代文化典籍遭受巨大毁灭性损失，压制了思想、学术自由，严重阻碍了思想、学术、文化的发展。

　　秦始皇焚书，禁止民间私藏书籍，《诗》、《书》和六国历史记载等几乎全被销毁，嗣后项羽的军队火烧咸阳，秦朝的官藏书籍也被焚毁。致使西汉初年，难觅古本文献，《诗》、《书》和历史知识的传授，全凭教师和学者的记忆进行口授，再记录成书。这样形成的书籍，不可能完全客观真实地恢复过去诗、书、历史记载的原貌，往往带有口授者个人不同理解的主观色彩。依据不同口授者的讲述，记录而成的同样题目的书，内容和观点也就各不相同。

罢黜百家，独尊儒术。公元前134年，汉武帝采纳了董仲舒的意见，以儒术治理天下，将原来政府中的非儒家的博士遣散。至此，只有接受儒家思想教育的儒生才能在政府中供职。公元前124年，汉武帝从公孙弘、董仲舒之请，在长安设立太学，为太学生传授儒家经典，毕业后可入仕途。自此，中央和各级地方政府的官员多为受过儒学教育的人。从而确立了儒学的官学地位，居统治地位的儒学掌控了教育事业。儒家一家独尊，取得了思想文化正统地位。汉武帝明令要求朝廷议政"具以《春秋》对"，"以经义对"，儒家经典成了国家政治和施政的理论指导。非但如此，董仲舒还积极倡导"《春秋》决狱"，这样儒学经典就具有了法律效力。"经义断狱"，为实施思想文化专制开了先河。罢黜百家，独尊儒术，对中国科学技术的发展产生了非常不利的影响，教育事业以传授儒家经典进入仕途为宗旨，科学技术就不被读书人所重视，科学思想和理论研究不可能取得应有的地位。曾与儒家同为显学的墨家，最为关注科学技术研究，并对科技发展做出过重大贡献，但从秦汉时期起，就被尘封了，直至清代晚期，才又引起学者的注意。

董仲舒的"天人感应"和西汉末年谶纬迷信的流行，也是不利于社会发展和科学技术进步的因素。东汉时期的唯物主义哲学家王冲（27—97年）对谶纬迷信和天人感应进行了尖锐的批判，其著作《论衡》对力学和磁学及雷电等自然现象也有涉及。

汉代的教育分官学和私学两类。秦代严禁私学和游宦，汉初，特别是在公元前191年正式废除秦代的"挟书律"后，私学很兴盛。汉武帝罢黜百家，独尊儒术，兴太学，教学内容主要是儒家经典，同时下令各地方设立官办郡国学校。但中央太学和地方官学招纳生员有限，并且官学中缺乏蒙学教育机构，所以大多数青少年，就不得不就读于私学。且由于古文经学不能在官学讲授，这样古文经学的学者，只能从事私人讲学，以抗衡官学。结果私学学校在数量和就读人数上大大超过官学。私学有较大的独立性和自主性，教学内容多种多样，医学及各种方技也多由私学传授，古代的科学技术知识是依靠私家传授才得以延续和发展的。汉代的私学还特别重视气节修养，不慕禄位，不畏强权，敢于批判社会现实。

三　三国、晋、南北朝时期

三国时期（220—280 年）魏、蜀、吴均注意增强国力，奖励农桑，兴修水利，重视手工业的发展，经济都取得了一定的发展。蜀在西南民族地区推广汉族的先进生产技术，为其经济开发做出贡献。吴国为开发江南和东南沿海地区及开辟与台湾、海南岛、辽东的海上交通做出贡献。魏对中原经济发展作出努力并重新把辽东收入版图。

西晋（265—316 年）短期统一了全国的政权，十分荒淫、腐朽和残暴。以占田制取代了屯田制，加强了对农民的剥削。晋武帝分封王国的制度，又酿成 16 年的八王之乱（291—306 年），给人民带来贫穷、痛苦和灾难，导致几十万人死亡。西晋后期，匈奴、鲜卑、羯、氐、羌等民族（史称"五胡"）的反抗斗争和八王之乱、连年大旱饥荒所造成的流民起义此起彼伏。

公元 316 年，西晋灭亡。北方分别被"五胡"等少数民族的贵族统治者占领，形成五胡十六国（304—439 年）的长达 135 年的分裂局面。长江以南是东晋的偏安王朝（317—420 年）。东晋政权内部北方世族地主与原来的江南大族地主之间存在激烈矛盾；同时在扬州的中央政权与在荆州的镇将形成了"荆、扬之争"，这两大矛盾，使东晋政权无心也无力北伐。公元 383 年的淝水之战，东晋获胜，阻止了北方入侵，使江南的经济文化免遭摧残。但统治者内争不断，盘剥人民，社会矛盾激化，酿成持续十余年的农民起义，终致东晋灭亡。

南北朝（420—589 年）继续南北分裂的局面。北方先后经历北魏、东魏、西魏、北齐、北周几个朝代，史称北朝。南方先后经历了宋、齐、梁、陈四个朝代，史称南朝。

西晋末，大量北方汉族人不断流入南方，把先进的农业技术和纺织技术传入南方，南方经济逐渐有了很大发展，到南朝时已出现了一批手工业和商业较为繁荣的城市。

在北魏短暂统一北方期间，孝文帝为缓和阶级、民族和各种社会矛盾，实行了均田制和新的租调制的经济改革及三长制的社会组织形式户籍制度改革。并迁都洛阳和推行汉化政策。这样，就一定程度上减轻了农民负担，解放了一大批被大族地主压榨的农户，对恢复北方的农业生产发挥了积极作用。并有助于减少民族矛盾，促进民族融合，推动北方少数民族经济文化发展。

政权大分裂的时代，同时也是民族大融合的时代。这几百年来，华夏文化并没有在政权的不断更迭、地方的分裂和连年的战乱中被中断，恰恰是华夏文化消解着民族的对立和冲突，促进了民族的大融合。民族的大融合必然促成新的大统一，华夏文化的大繁荣和社会经济的大发展，为隋统一全国和盛唐的到来奠定了基础。

从三国到南北朝这360余年间，华夏文化没有中断，科学技术也在艰难中行进。

三国期间，有许多技术发明。诸葛亮设计制造的所谓"木牛""流马"，就是独轮车和四轮小车。独轮车在欧洲千年后才得到应用。诸葛亮还设计了一种新型的一次发射十支箭的连弩。魏国的马钧改进了提水用的翻车，名为龙骨水车，大大提高了灌溉效率；他还改进了纺织机械织绫机，生产效率提高了四五倍；又设计制造了指南车。其时水力磨坊已广泛使用，魏、蜀、吴都有不少运河、水库等水利工程建设。

裴秀（224—271 年）可以说是中国古代科学制图学之父，他在《禹贡地域图》中创立"制图六体"，即绘制地图的六项基本原则。他主持完成了见于文字记载的最早的地图集《禹贡地域图》18 篇。

三国时期的魏国和西晋之间的大数学家刘徽为汉代的《九章算术》作注，完成了九卷本的《九章算术注》一书，之后他又写了第十卷单独成书为《海岛算经》。

西晋时期对南方的植物学和矿物学也进行了广泛的研究，有嵇含的《南方草木状》、万震的《南州异物志》和杨孚的《南裔异物志》等著作问世。

三国西晋的名医皇甫谧写了《针灸甲乙经》，西晋的太医令王叔和写了《脉经》。

战乱期间，人们生活艰辛漂泊不定，需要精神和心灵的安慰，于是佛教由印度传入中国，宣扬避世的道教兴盛。道教的养生术和炼丹术流行，客观上促进了化学和医学的发展。东晋的葛洪（283—364 年）是道教学者、炼丹家和医药专家。他的著作有《抱朴子外篇》50 卷、《抱朴子内

篇》20 卷、《神仙传》10 卷和医药专著《肘后救卒方》。他的炼丹术对化
学也有贡献。南北朝时期的道教学者陶弘景（约 456—536 年）著有《本
草经集注》和《肘后百一方》等医药专著。

南朝的科学家祖冲之（429—500 年）在数学、天文学和历法方面都
有杰出贡献。郦道元（？—527 年）是杰出的地理学家，其著作《水经
注》是中国和世界古代的地理学名著。

北朝的贾思勰（约 473—551 年）是杰出的农业科学家，其著作《齐
民要术》系统地收集、总结和论述了前此黄河中下游地区的农业生产经
验和农业科学技术成果。

四　隋唐时期

隋朝（581—618 年）虽然只有短暂的 37 年的历史，但它结束了 360
余年的割据分裂局面，实现了全国统一，有其巨大的历史意义。隋文帝先
后实行了一系列改革措施。首先是定都长安，把南方门阀豪族迁到长安，
并平定了南方豪族的叛乱，打击和削弱了门阀豪族势力，巩固了中央政
权。在经济上实行均田制，对土地兼并加以限制，并减轻租赋徭役，扩大
了自耕农民的数量，提高了农民的生产积极性，促进了农业生产力的发
展。在社会上实行三长制，以加强户籍管理，隋朝先后进行了两次人口检
查，隋文帝颁布了"输籍之法"，由政府规定各级民户应缴的赋税徭役数
额，减少了豪强地主对农民的盘剥，调动了农民向政府纳税的积极性。隋
文帝还实行了改革官制，在中央政权设三省六部制，地方官员由中央异地
任免，三年一换，加强巩固了皇权，还把东汉末年以来的州、郡、县三级
制改为州、县两级制，并县裁冗员，精简了机构，提高了工作效率。隋文
帝废除了魏晋以来的九品中正制，隋炀帝设立进士科，实行分科取士的科
举制度，改变了"上品无寒门，下品无世族"的局面，扩大了封建政权
的阶级基础，巩固了中央政权。唐代进一步发展完善了这一制度。隋文帝
还制定了新法律《开皇律》，废除一些酷刑，可逐级上诉至朝廷，死刑须
经三次奏请，由中央的大理寺复按。它奠定了此后各朝代的法律基础。

这些改革措施的实行，促进了隋朝的经济社会发展，人民生活较为安
定。人口由 410 万户增加到 890 万户，耕地面积由 1900 万顷增至 5500 万
顷。到隋文帝晚年，粮食物资储备，"计天下储积，得供五六十年"（《贞
观政要》卷八《论贡赋》）。隋炀帝继位，有了经济基础，就在洛阳建筑

东都城；开凿南起余杭北至涿郡全长 2700 多公里的大运河，促进了南北交通经济社会文化的交流和发展，加强了国家的统一。

隋朝存在的时间不长，但科学技术还是取得了一些成就。在天文历法方面，刘焯（544—610 年）制定了当时最精密的《皇极历》，由于保守派的反对，未被隋朝采用，但从唐朝起他的许多创新为后人所采用。耿询制造了用水力转动的浑天仪和可移动的精巧的计时仪器刻漏。公元 7 世纪初，王孝通著有数学著作《缉古算经》，主要解决土方体积和勾股问题，及一元三次方程的数值解法。隋炀帝期间，巢元方等人奉诏主持编撰《诸病源候论》（50 卷），是中国现存的第一部不载方药以论述各科病症病因和症候为主的医学著作，书中还记述了肠吻合术、大网膜结扎切除术、血管结扎术等外科手术的方法和步骤。隋晚期，孙思邈（约 581—682 年）著有《太清丹经要诀》，这是一部炼丹术的著作，列出 18 种秘方，炼制 14 种不同的丹药。隋朝设立了太医署，不仅是医务行政机构，而且还招收学生，传授医术，兼有医学院的作用。

在工程方面，李春设计建造了世界闻名的中国现存的赵州（今河北省赵县）桥。在隋朝最终开通了大运河，全长 2700 余公里。

由于隋炀帝大兴土木，过度消耗了大量人力、物力和财力，加重了人民负担，他的骄奢淫逸挥霍无度的巡游生活，炫耀武力三次征伐高丽，使得民不聊生，酿成隋末农民大起义。公元 617 年，太原留守李渊起兵反隋，于 618 年称帝，建立唐朝，隋朝灭亡。

唐朝（618—907 年）建立后，于公元 624 年平定了各地的农民军和地方割据势力，统一了全国。唐朝初期，接受了隋后期的教训，励精图治。公元 627—649 年唐太宗在位期间，基本承续了隋文帝改革举措，并进一步改进、制定推行了一系列政治、经济、军事等制度和法令，使社会经济得到巨大发展，人民生活安定，史称"贞观之治"。

经济上，唐王朝继续实行均田制，农民得到"受田"，出现不少自耕农，调动了生产积极性，促进了农业生产的恢复和发展；颁布租庸调法，租庸调按丁征收，规定了徭役的最高役期，使农民有较多时间从事生产活动。轻徭薄赋的政策，使农业获得很大发展，农业生产技术有很大进步。贞观时期全国耕作技术和灌溉技术显著提高，大力兴建引水、排水、蓄水等水利工程。耕地扩大，粮食产量大增，国家粮库充盈，至公元 749 年，国家粮库达 9600 万担。人口增加，"贞观之治"二十余年间，增加一百万户。

政治上，唐王朝完善了隋朝的官制改革。中央政府仍为三省六部制，中书省掌制令决策，门下省掌封驳审议，并增有讽谏之职，鼓励群臣犯颜直谏。地方政府仍为州（有时为郡）、县两制。同时设立中央对地方的监察制度。唐完善了隋的科举制度，设制举和常举，前者由皇帝亲自主持不定期举行，后者年年由吏部（后改礼部）主持。士人可不拘门第资格。虽然算学也列为一科，但考试科目重点在儒家经典和诗赋。武则天时还增设了"武举"考试。科举比九品中正制是一大进步，但忽视经济和科学技术等实用之学，不利于创新人才的培育。

唐代重视教育，普遍设立官学，有中央官学和府、州、县的地方官学。中央官学最盛时达八千人，不少邻国也派人来唐求学。所授科目均以经学为主，也有算学科目。地方官学也含有医药方技学校。

实行府兵制，设置了一套庞大的、经常的而又能自给的兵力储备体系，服现役者可免租税劳役，收到寓兵于农之效。兵力的强盛，使唐得以恢复在西域的统治，加强和巩固了西部边防；收复辽东加强了对东北的管辖；加强了唐朝对西藏和云南的权力，促进了汉、藏两个民族的友好团结，开发了云南地区，促进了西南各民族的融合。

农业的大发展，不仅物资丰富起来，而且提供了更多的劳动力，这就促进了手工业发展和技术的进步。唐朝的手工业比以前各朝都要发达。分官营和私营两类。官营的手工业，是为满足皇宫、政府、军队所需和营造，其规模庞大，按部门设立机构由官员掌管。中央政府设有少府监、将作监、军器监等。少府监，职掌纺织、印染、朝廷日用品、工艺品、仪仗、祭祀品等的生产，下设中尚署、左尚署、右尚署、织染署、掌冶署。还职掌训练工匠，根据不同工种的技术复杂和难易程度，培训期分别定为一至四年等，由教者传授家传技艺，并由考官进行季考和年终大考，工匠的制品都署本人的姓名。由此可见唐代手工业分工很细，技术要求很高。将作监职掌土木工程的政务，木工、土工、舟车工、石工、陶工等分别设专署管理。少府监和将作监，从全国的工匠中选拔工匠，是技术水准最高的。军器监职掌军械制造。

唐代私营手工业比以前朝代也有显著发展。南北方交流频繁和对外贸易的扩大，是手工业发达的重要原因。纺织业是民间最广泛的手工业。织妇和农夫对盛唐的经济发展，做出同样的贡献。纺织技术有很大进步，民间出现一些具有卓异特技的纺织术，如缭绫、轻绢、轻纱等。染色业也有了新技术，有柳氏女所创的印花法。

冶铸业也很发达。冶炼技术和铸造技术都有很大提高。

伴随着商业和对外贸易的发展，海运和河运交通促进了造船业的发展和造船技术的进步。唐德宗时，造出人力踏两轮的战舰。还发明了海船的涂漆加固并降低了摩擦系数。

陶瓷业发展到新阶段，技术进入了由陶到瓷的完成阶段。社会上已普遍使用瓷器，制瓷窑遍布各地，邢州窑和越州窑是南北诸窑的代表。唐三彩就是唐代的一种名瓷。

磨面、制糖、印刷、造纸业的发展，也带动着技术进步。已出现一轴能转动五具磨的大型水磨。雕版印刷技术已达到较高水平。雕版印刷术，唐初已发明，后期已经大量印刷书籍。

在建筑工程方面，有许多重大成就，城市、宫殿、寺塔等工程都称著于世。

唐朝的水陆交通和海上交通很发达，进一步发展了驿传制度，在水陆交通要道上，每30里设一驿站，备有船只或马匹，全国共有1600多处驿站。伴随着农业和手工业的发展，商业和对外贸易也繁荣兴盛起来。西北的陆路"丝绸之路"和东南海上从广州直到阿拉伯的商船队及山东、江浙往来日本、朝鲜的商船队使海上贸易也兴旺起来。

唐代，伴随社会经济的发展，不仅技术有了显著进步，科学也取得许多成就。

天文学和历法方面，天文学家僧人一行（张遂，683—727年）在唐玄宗时，主持大衍历的测算和编撰工作，完成了有关历法方面的巨著52卷，大衍历成为直至明朝末历代修历所效仿的格式。一行是世界上发现恒星移动现象的第一人，比哈雷早千年；他也是世界上实际测量子午线长度的第一人。他还与人合作制造了有计时功能的水运浑天铜仪。李淳风也先后制成《乙巳元历》和《麟德历》，并著有《天文大象赋》和《晋书·天文志》，还制作了黄道浑仪。公元758年，改太史监为司天台，有人员800余。

唐代较为重视数学。李淳风还奉诏与他人合作注解算经十书（《周髀算经》《九章算术》《孙子算经》《缉古算经》等），后颁布为国子监算学馆教材。唐高宗于公元655年，在国子监内设算学馆收学生30人专门学习数学，就以十部算经为主要教材。唐代在科举中设明算科，及第者在吏部诠叙，给予从九品下的官阶。

在医学方面，孙思邈（581—682 年）总结前人著述，结合自己的临床经验，著有《备急千金要方》（30 卷），《千金要方》和《千金翼方》（30 卷），收集了 5300 多个药方和 800 余种药物。高宗时，苏敬（599—674 年）等 23 名医官奉命编撰了《新修本草》54 卷，收载 850 种药物，是世界上第一部由国家颁布的药典。公元 739 年，陈藏器为增补、解纷、考辨《新修本草》撰写了《本草拾遗》10 卷。王焘（约 670—755 年）汇集了此前的医学资料编撰了《外台秘要》40 卷，收录 6900 余个药方。吐蕃医学家宇陀·元丹贡布（藏族，708—833 年）结合汉医理论，吸收外来医学成果，编撰了藏医学经典著作《据悉》，即《四部医典》。

公元 755 年，爆发了安史之乱，唐朝走向衰落。藩镇割据，宦官专权，朋党之争，黄巢起义，公元 907 年唐朝灭亡。五代十国（907—1279 年）是唐朝末年藩镇割据的继续和发展。北方黄河流域经历了梁、唐、晋、汉、周五个朝代；十个国，一个在太原，其余九个在长江流域及其以南地区。

五代十国期间，战乱和暴动频仍，社会动荡，人民流离失所，经济衰退。此时，南方比北方相对稳定一些，战祸少一些，北方人民向南方流动，给南方带来生产技术和劳动力，经济重心逐渐南移，从此南方的经济发展超过了北方。只要社会安定，经济就会发展，技术就会进步。此间，南方的农业发展，促进了水利工程建设。著名的钱塘江捍海石塘就是一例。

五　宋元时期

五代的乱局到后周时有所好转，周世宗柴荣进行了经济、军事、吏治改革，国力充实，力图实现统一。公元 960 年，后周的禁军统帅赵匡胤发动兵变，建立北宋王朝。

北宋（960—1127 年）于公元 963 年开展了军事行动，结束了割据纷争的局面，统一全国。至公元 979 年，实现了全国大部分地区的统一。但与北宋形成对峙的有北面契丹族的辽政权和西北面党项族的西夏政权。云南的大理和西藏的吐蕃也未在中央政权的管辖范围。同时，北宋兴修水利工程，开垦荒地，广拓田亩，发展生产，整治运河水陆交通，增加财政收入。为防止割据局面重演，实行了"强干弱枝"政策，竭力加强中央集权，将政权、兵权、财权、司法权均集中于皇帝一人。提倡文人政治，严禁军人干政，守内轻外。这些政策措施对维护国家统一和发展社会经济发挥了作用。但北宋一直长期实行这样的政策，后来就致使兵多将弱，作战能力不强，行政效率低下，地方无所作为。北宋中期社会矛盾尖锐，公元1069年王安石实行变法。他在财政上推行青苗法、农田水利法、募役法、市易法、方田均税法；军事上实施置将法、保甲法；教育上颁行"三经新义"，改革科举制度，主张应举的员生要放下经典和诗文，而勤学历史、地理、经济、法律和医学等。王安石很重视科学技术，在中国历史上是难能可贵的。变法的目的是改变"积贫积弱"局面，振兴经济，富国强兵。变法虽然因遭受保守派阻挠而失败，但在新法推行的前后十几年间，还是起了些作用。

北宋消除了割据纷乱的局面，实现了全国的统一，前期社会较为安定，社会经济就有了进一步的发展。农业有大的发展，农民开辟了许多新农田，南方以山田、圩田为多，垦田面积大大增加。1021年，全国垦田面积达524万余顷，到公元1064—1067年，垦田为1000余万顷。农业生产工具进一步改进，出现人力推动的踏犁，插秧的秧马。南方已普遍使用龙骨车戽水和引水上山的筒车。各种农作物品种得到推广，水稻抗旱力强、成熟快，可不择地而生。经济作物的种植如茶、棉、甘蔗等都有发展。农业亩产量也有提高，一般农田一担，稻田在2—3担。

宋朝有发达的手工业，技术进步显著。丝织业很发达，出现一些专业作坊，丝织品品种繁多，蜀锦的技术水准很高。制瓷业发展迅速，官窑和私窑都很发达。

伴随农业、手工业的发展，商业出现前所未有的繁荣，城市经济发达，乡村的集市贸易十分活跃。北宋政府征收的商税比唐朝增加许多，宋太宗时每年为400万贯钱，宋仁宗时增加到2200万贯钱。铸币量从唐朝较高年份每年32万贯铜钱，到宋神宗时达到600万贯铜钱。对外贸易也比唐朝发达。

北宋期间，在黑龙江和松花江一带的女真族逐渐强大起来，1115年，大败辽军，称帝立国，国号为"大金"。金灭辽之后，大举南下，于1127年，俘虏宋朝的徽、钦二帝，掠走百姓10万余人，北宋灭亡。

同年，宋高宗即位，后迁都于临安，这个南方的偏安的政权，史称南宋。

南宋（1127—1279 年）与北方的金形成隔江对峙的局面。北方人民不断大量流入南方，使南方人口大增。公元 1159 年为 1684 万人，到 1179 年已达 2950 万人。在相对稳定中，南宋的经济还是有所发展。农业、手工业、商业均很发达。

整个宋朝的经济发展超过了唐朝，又重文轻武，十分重视教育的发展，还改进了科举制度。宋初，国子监是全国最高学府，到仁宗后成为掌管全国学校的总机构。官学较唐朝更加平民化。宋朝的中央官学中设律学（法律）和医学。王安石变法，大举兴学，提出以学校养士替代科举取士，宋太学生最多时达 3800 人。宋神宗时，在州府设立学官管理学校。宋朝确立了书院制度，有公立也有私立，可以自定教材、自由讲述，不受官府条例约束。著名的书院有白鹿洞、岳麓、应天府、石鼓、嵩阳等书院。南宋时书院多达 40 余所。

宋朝科学技术的发展达到中国农耕时代的最高峰。宋朝丝棉纺织业发达，技术有很大进步，已经有了纺车、弹弓、织机。宋代制瓷技术相当高超，景德镇、龙泉等名窑的瓷器堪为精品。制纸技术的提高，不仅拓宽了原料来源，而且能生产出各种品质优良的书写和印刷书画用纸。冶铁技术已广泛采用煤，提高了铁的质量。北宋时造船业已有较大发展，到南宋就更为发达，技术已达到制造大型海船的程度，配有指南针。宋的造船技术和航海技术居世界领先地位。在建筑工程方面，李诫在 1100 年完成的著作《营造法式》堪称中国古建筑工程的经典之作。

宋代最著名的是印刷术、指南针和火药的三大技术发明。在唐初发明雕版印刷术的基础上，北宋中期，1041—1048 年，毕昇发明了活字印刷术，用胶泥刻成一个个单字烧硬，用它们排版印刷，这一革命性的技术发明，后传入东亚和欧洲，在四百多年后，德国的符腾堡才制成字母活字。

在战国时，已发明"司南"，到北宋时，已广泛使用指南针，沈括还发现了地磁偏角。北宋末年，指南针已应用于航海。到南宋时，发明了罗盘针，即把指南针装置在刻有度数和方位的圆盘上，广泛用于海上航行。后传入阿拉伯和欧洲。

火药最初是道家在炼丹过程中发明的，唐末用火药制造了"飞火"，是用抛石机发射的攻城火器。宋朝改进了火药的配方，大量用于制造火器。公元 1044 年，曾公亮（999—1078 年）与丁度（990—1053 年）编撰的《武经总要》（全书 40 卷）成书，其中记载了三种主要的火药配方和工艺流程及各种火器的制造方法。公元 1132 年，陈规发明了长竹竿火枪。公元 1259 年，安徽的寿春府又制出了能发射弹丸的突火枪。火药的制作大约在 13 世纪传入阿拉伯，欧洲在 14 世纪初才从阿拉伯获得这一技术。

宋朝在科学上也获得了很高的成就。宋朝是中国数学高度发展的时期，其成就远远高于同时代的欧洲。北宋数学家贾宪的《黄帝九章算法细草》创立了"增乘开方法"，可以进行任意高次幂的开方，还制成了一个二项式定理系数表。南宋大数学家秦九韶（约 1195—1264 年）精通天文历法，于 1247 年完成了《数书九章》，共 18 卷 81 题。杨辉在 1267—1275 年这 15 年间完成了《详解九章算法》《日用算法》《乘除通变本末》《田亩比类乘除解法》《续古摘奇算法》五种共 21 卷数学著作。他还总结自己的多年经验，写成了《习算纲目》这一数学教育著作，具体给出各部分数学知识的学习方法、时间顺序和参考书目。北方金代的数学家李冶（1192—1279 年）著有数学著作《测圆海镜》对"天元术"（一元高次方程）做了系统论述。中国的代数学在宋朝时期达到最高峰，遥遥领先于世界。

北宋时期，杰出的科学家沈括（1031—1095 年）的著作《梦溪笔谈》，总结了北宋及其以前的各门科学的成就。著名科学技术史家李约瑟列表分析了该书的内容，论述到的科学技术有：论易经阴阳和五行、数学、天文学和历法、气象学、地质和矿物学、地理和制图、物理学、化学、工程冶金及工艺、灌溉和水利工程、建筑、生物科学及植物学和动物学、农艺、医药和制药。他认识到"这本书作为中国科学史的里程碑的重要性"。①

宋朝医学也有杰出的成就。沈括和苏东坡合著了《苏沈良方》。北宋王惟一设计铸造了两个针灸铜人，标定穴位和穴名，并写成《铜人腧穴针灸图经》，制成石刻流传。北宋杨子建的《十产论》和南宋陈自明的《妇人大全良方》均为妇产科名著。宋时国家曾命令全国著名医家进献效

---

① ［英］李约瑟：《中国科学技术史》第一卷第一分册，科学出版社 1975 年版，第 290—291 页。

验秘方，经太医局试验，然后制成药剂出售。宋代经百年几代人的努力，编撰了《太平惠民和剂局方》。北宋民间医生唐慎微编撰了《经史证类备急本草》，收录药物1746种，后屡为政府修订颁行。南宋法医学家宋慈著有《洗冤录》，为世界首部法医学著作。1111年前后，12位名医编撰了御医百科全书《圣济总录》。

元朝（1271—1368年）蒙古族是一个有悠久历史的民族，成吉思汗统一了在蒙古大草原上的各个部落后，于1206年建立了奴隶制的蒙古汗国。先后灭西夏、金、西辽，西征至欧洲的匈牙利、地中海，中东至巴格达、叙利亚、伊朗，南抵印度洋。1271年，忽必烈改国号为"大元"，命名新都城为大都（今北京）。多次伐宋，1279年南宋彻底灭亡。人民遭受民族和阶级双重压迫，南北方人民不断进行反抗活动。

元统一全国后，改变了轻视农业的态度和做法，在恢复和发展农业生产上采取了一些措施。政府设立管理农业的机构，规定不得打猎践踏农田，不得占农田为牧场，开垦荒田，兴修水利，推广种植棉花。忽必烈命令组织人编写《农桑辑要》，并颁行全国。元比较重视手工业的发展。总的来说，元的社会经济还是有所发展。元的水陆交通发达，是历史上古代驿站最发达的时期。商业和对外贸易也很兴旺，与亚洲、欧洲、非洲都有经济、文化和科技交流。

元代科学技术的发展也未中断。大科学家郭守敬（1231—1316年）在科学技术方面主要有三大贡献，"一曰水利之学，二曰历数之学，三曰仪象制度之学"。他奉命修历，为了实测，制作了一系列观测仪器；又在全国设立了27个测景所，在观测的基础上研究制定了《授时历》，确定365.2425日为一年，与现代的精确测算误差仅为26秒。还在北京建立了天文台。数学家朱世杰著有《算学启蒙》和《四元玉鉴》。

金元时期有四大医家，金代是刘完素、张从正、李杲，元代是朱震亨（1281—1358年）。朱震亨的医学著作有《伤寒论辨》《外科精要发挥》《格致余论》《局方发挥》《本草衍义补遗》等。

王祯是元代著名的农学家和农具专家。他于1313年完成《农书》，这是中国农学史上第一部兼论南北、注重技术方法比较、从全国范围总结农业生产经验的农书。书中的"农器图谱"部分，是流传至今的中国最早的图文并茂的人畜（水）力农具典籍。还有鲁明善著的《农桑衣食撮要》也是重要的农书。

六　明清时期

在元末农民大起义中朱元璋取得政权称帝，于 1368 年建立明朝（1368—1644 年）。为消除元末战乱造成的社会经济破坏，明初实行了一些恢复发展社会经济的政策措施：放还战乱中的奴隶为民，庶民之家不准养奴婢，解除佃户的贱民身份，改善手工业匠户的地位，以提高劳动生产积极性；奖励垦荒，鼓励种植桑棉；实行军队屯田自养，减少军费开支；兴修水利，减轻商税。这样社会经济得以恢复和发展，出现了繁荣景象。

明中期以来，政治日趋腐败，宦官专权，剧烈的土地兼并、赋役和地租加重，使得民怨沸腾，农民起义此起彼伏。这样就导致了张居正的改革。张居正从 1572 年为内阁首辅起，执政十年，实行种种改革。整顿吏治，整饬边防，兴修水利，清丈土地，推行一条鞭法，减轻了农民负担，摆脱了部分劳役束缚，对封建国家的人身依附关系有所松弛，赋役一概征银，促进了商品经济的发展。这就使得明朝中后期社会经济蓬勃发展。

明前期社会经济的发展主要还是耕织结合的传统经济的发展，而张居正改革后社会经济的发展主要标志则是商品经济的发展。商品经济在农业经济中逐渐发展起来，农业生产从前期的量的增长和规模扩大，转变为劳动生产率的提高，经济作物的扩大，促进了商业性农业的发展。这样，手工业生产的规模、能力、工具、工艺、分工、劳动组织、管理经验都比前期大有提高和改进。手工业已从农业的副业转变为独立的手工业，有的手工作坊已转变为手工工场。在农业和手工业新的发展基础上，出现了商业的空前繁荣，商人的群体和集团出现了，各地市场连为一体，商品交换空前活跃，全国性商业市场形成，国外贸易大有发展。城市、市镇、集市的发展和兴起是明代商品货币经济繁荣的综合体现。明代中后期发达的商品流通、雄厚的商人资本和贸易自由程度的增大，促进了社会分工和产品向商品的转化，促进了商品生产者分化为资本所有者和劳动力所有者，对传统的封建经济结构和运行机制产生了较强的分解和冲击作用，为资本主义生产关系萌芽提供了历史前提。

遗憾的是明末的黑暗政治、党争、社会和阶级矛盾加剧酿成农民起义，明朝灭亡，满族入侵，丧失了社会经济向资本主义发展的可能。

明代的科学技术发展出现了一个新情况，西方传教士陆续来到中国，传入了西方的科学技术知识，对中国古代的科学技术开始产生影响。崇祯年间，由徐光启、李天经主持修订历法，就聘请传教士汤若望、罗雅各等参加，著成了《崇祯历书》。书中较系统地介绍了欧洲的天文学著作，吸收了欧洲历法的成果。它比《大统历》准确，和日月星辰的运行及节气的变化都相符合。但明未来得及实行，到清初，由汤若望进呈颁行，改称《时宪历》，一直用到清末。

徐光启（1562—1633 年）不仅主持完成了《崇祯历书》，还和传教士利玛窦合作翻译了《几何原本》，又翻译了《泰西水法》，介绍了欧洲取水、蓄水等的方法和器具。他在农学方面完成了巨著《农政全书》60卷，70 余万字。他深谙欧洲的先进技术，多次上疏，建议引进欧洲的火炮制造技术。

与徐同时期，利玛窦和李之藻合作翻译了《同文指算》，传入了中国以前所没有的西方笔算法。汤若望还著有《远镜说》，传入了西方光学知识，解释了望远镜原理、制法和用法。《远西奇器图说》（由传教士邓玉函口授，王征笔译）介绍了西方力学原理及其应用器械。西方的地理知识和火炮制造及使用等知识也都传入中国。

李时珍（1518—1593 年）完成的《本草纲目》共 52 卷，190 余万字，记载了 1892 种药物，有动植物插图 1100 余幅。不仅对药物学和医学做出了重大贡献，而且对博物学和植物分类学也做出了贡献。

宋应星（1587—1666 年）的杰出著作《天工开物》共 16 卷，全面真实地记述了中国古代农业和手工业各个部门所取得的技术成就及其生产过程和工艺。他对物理学的一些理论问题也有探讨。

徐霞客（1586—1641 年）不应科举，一生游历考察各地山川，写成《徐霞客游记》20 卷，40 万字。该书不仅是重要的地理学著作，而且对西南地区的石灰岩地貌的记载也是世界上最早的，在科学上有很高的价值。

明朝在工程技术方面取得许多成就。北京的皇城（今故宫）、天坛、明长城堪称建筑工程技术成就的代表作品。明代的冶炼技术有很大提高，已使用焦炭炼铁。造船技术已是世界先进水平，郑和七下西洋的巨大海船及其庞大的舰队创造了当时航海技术的奇迹。

1644 年，清军击溃李自成的农民起义军，进占北京，多尔衮于 10 月 1日颁诏称帝建立清朝（1644—1911 年）。清军先后消灭了李自成和张献忠的军队及明朝的残余势力，镇压了各地人民的反抗斗争。1662 年抗清的郑成功率军击败荷兰军队，收复台湾。1681 年，清朝历经 8 年平定了三藩之乱。1683 年，台湾归顺清朝。历经康熙、雍正、乾隆三代完成了统一大业。

明末清初，长达几十年的战乱，社会经济遭受严重破坏，恢复农业生产是当务之急，为此，康熙、雍正、乾隆采取了一系列的政策措施。为鼓励人民开垦无主荒地，康熙把垦荒免税放宽到 10 年。全国耕地面积不断扩大，1661 年为 540 余万顷，到 1766 年已达 780 余万顷。清政府还治理战乱造成的河患，修筑海塘。施行减免赋税，摊丁入亩，废除子孙世代为匠户的匠籍制度。颁令允许八旗家奴"独立开户"、赎身为民和出旗为民。这些措施有利于解放生产力和推动社会进步。

以上政策措施使康熙、雍正、乾隆三朝社会经济得到恢复和发展。粮食产量明显增长，经济作物种植面积扩大，手工业也迅速发展起来，特别是民营手工业有较大发展，丝织和棉织业、制瓷业都有新的发展，技术和工艺水平也有提高。制盐、糖业、造纸、印刷、造船业、矿冶业等均有发展。

清朝时期，正是西方资本主义发展和工业革命蓬勃展开的时期。1651 年，霍布斯出版《利维坦》，提出"社会契约"论。1690 年洛克出版《政府论》，认为统治者只拥有有限权威，他们的统治必须受到平衡的政治体制和权力分立的制约。18 世纪欧洲思想启蒙运动深入发展，大多数国家的王室统治者遭受到严厉批评和反对，社会上民主情绪高涨。而清朝统治者却在加强封建思想统治，推行文化专制主义，提倡尊孔与推崇理学，大兴文字狱，不许对清朝有任何怨怼之言。文网之密远过前代，人民动辄以文字得罪，横遭奇祸，家亡族灭。科举的八股文考试严重束缚人的思想和才智的发展。禁海和闭关锁国政策不仅限制了贸易和经济发展，也限制了科学技术和文化的交流。吏治败坏，统治集团奢侈腐化，社会和阶级矛盾尖锐，各族人民起义此起彼伏。

这一时期，西方的近代科学蓬勃发展，技术革命和产业革命风起云涌，西方从 17 世纪开始进入工业文明时代，但中国的社会经济和科学技术总体上仍在农耕文明时代的水平上。

清代在天文历法和数学方面取得了一些成就。天文学家王锡阐（1628—1682 年）兼采中西之长，著有《晓庵新法》（6 卷）等书。他提出了日月食初亏和复圆方位角计算的新方法，发明了计算金星、水星凌日的方法，还提出了细致计算月掩行星和五星凌犯的初、终时刻的方法。他特别重视天文观测的实践。

梅文鼎（1633—1721 年）不肯为官，毕生从事天文和数学研究。他的天文学著作有四十余种，其主要成就在数学方面，《梅氏丛书辑要》收有他的数学著作 13 种 40 卷，取中西之长，建树颇多。在康熙帝的支持下，于 1690—1721 年在法国传教士译稿的基础上，由梅文鼎的孙子梅瑴成等人编成了《数理精蕴》这部介绍西方数学知识的百科全书。

明安图（？—1765 年），蒙古族，著有《割圆密率解法》，证明和扩充了用解析方法求圆周率的公式。在天文学和大地测量学方面也有贡献。

在医学方面，王清任（1769—1832 年）所著《医林改错》一书，对脏腑解剖学大胆探索，进一步充实活血化瘀理论，并广泛应用于临床各科诊治。

清朝在建筑工程技术方面取得很大成就。宫殿、园林、皇陵、庙宇独具风格和特色。古代中国的建筑工程技术发展到清代已日趋程式化，在建筑设计方法上有重大创新，即建筑式样的设计立体模型化、形象化。在这方面作出最大贡献的是宫廷匠师雷氏家族。雷氏家族从事了整个清朝的所有宫廷、皇家陵园建筑，人称"样式雷"。

从明万历帝至清康熙帝百余年间，西方传教士把西方的科学技术知识传入中国。康熙皇帝对自然科学有浓厚兴趣，他向传教士南怀仁学习几何学、天文、物理、测量和医学，还在宫中设立研究化学和药学的实验室，请传教士在内廷讲学。康熙皇帝组织领导全国地图的测绘工作，由朝廷派员与西方传教士组成测绘队，从公元 1708 年开始，到 1718 年，终于绘制成了《皇舆全图》。这不仅在中国是创举，当时在世界也名列前茅。后来，乾隆皇帝派人测绘新疆各地，完成了《西域图志》。1762 年，乾隆皇帝又命人在这两个图的基础上，最后绘制成了《皇舆全览图》。这一成就说明了中国古代科学吸收近代西方科学技术，中学与西学结合是一条发展科学技术的正确道路。

可是，1723 年雍正皇帝下令把西方传教士赶出中国，从此，西方近代的科学技术知识的传入停顿了百余年。而此时正是西方近代科学技术飞速发展的时期，中国的科学技术被远远地甩在后面。

1840 年的鸦片战争中国战败了，后来的第二次鸦片战争也战败了，对中国是个极大的警醒。一些具有进步思想的知识分子提出了改良朝政和向西方学习的主张，如龚自珍（1792—1841 年）、魏源（1794—1857

年）、林则徐（1785—1850 年）等人。

19 世纪 60—90 年代，清朝上层统治集团内部出现了"洋务派"，掀起一股兴办洋务的热潮。"洋务运动"的主要代表人物是曾国藩、李鸿章、张之洞和恭亲王奕䜣等人。他们不仅向西方购买近代的武器和战舰，还兴办各种近代的工厂、矿山、铁路、电报和电话等实业。清朝公派留学生去国外学习西方的科学技术，并设立译书馆，翻译出版有关西方近代科学技术的书籍。近代科学技术和近代工业在中国逐渐发展起来。中国开始了从农耕文明向工业文明转变的艰难历史进程。

从工业文明时期近现代世界科学技术发展的历史经验来看，科学技术的发展与社会文化变革具有深刻的关联。近现代科学的出现，源于欧洲文化内部的巨大转折，之后，世界科学技术中心的每一次形成，以及由此而导致的新的经济中心的形成，无不伴随着文化变革。欧洲文化传统之外的其他民族，在接受、发展科学技术的同时，也都伴随重大的有时候甚至是剧烈的文化变革。近代科学主要源于古希腊传统的科学思想，通过欧洲文艺复兴运动和启蒙运动，获得了长足的发展。14—16 世纪，始于意大利的欧洲文艺复兴运动，在观念上直接对中世纪以来的思想文化禁锢，具有巨大的突破和解放作用。它在倡导回复历史传统的同时实现了推进人类文明的进步。这是一个发现"人"和"自然"的时期。"人"的发现，人性的高扬是对"神性统治"的反叛，"自然"的发现，对自然规律的探索是对"上帝万能"的否定。前者是在人文领域中发动的思想解放运动；后者是在科学领域中发动的科学革命运动，二者互动交融，相互支持，互相配合，互相激荡，极大地推动了社会历史的进程。直至现今这种多元、互动和开放的整体文化氛围以及人文主义价值观，仍渗透在政治、科技、法制等方面，对世界具有巨大的文化影响。随后，英国、法国、德国科学技术的发展，是与欧洲的启蒙运动相伴随的。科学理性和人文精神在启蒙运动时期得以高扬和广泛传播，使得从文艺复兴开始的反对宗教神学统治的斗争取得了彻底的胜利，为科学的发展营造了良好的思想文化氛围。

清代末期的洋务运动只想在保持清朝的腐败制度的情况下，通过购买西方的科学技术实现工业化，是根本行不通的。农耕文明向工业文明的转变，农耕文明时期的古代科学技术向工业文明时期的近现代科学技术的发展，必然伴随着经济、社会、思想和文化的变革。

戊戌变法就是在这种变革的形势要求下发生的。1895 年，康有为和梁启超等联络了在京应试的举人1300余人议论天下大事，草拟了一万数千言的条陈，这就是有名的《奏请拒和迁都练兵变法以保疆土延国命书》（又名《公车上书》）。这篇充满爱国激情的上书，有一个基本观点，就是以"开创之势"而不是以"守成之势"去应对变革的要求。它说："窃以为今之为治，当以开创之势治天下，不当以守成之势治天下；当以列国并立之势治天下，不当以一统垂裳之势治天下。盖开创则百度更新，守成则率由旧章；列国并立则争雄角智，一统垂裳一则拱手无为。"面对列国并立的激烈竞争，必须以开创和竞争的态势去应对挑战，它反映了19世纪末一批知识分子的基本看法。它还讲："凡一统之世，必以农立国，可靖民心；并争之势，必以商立国，可侔敌利，易之则困敝矣。""且夫古之灭国以兵，人皆知之；今之灭国以商，人皆忽之。"它还特别强调教育的重要性，提出教育强国的观点："才智之民多则国强，才智之士少则国弱。"认为应改革科举制度，遍开书院，分立学堂，大力提倡西方的科学技术知识和经济贸易知识，培养各类实用人才。① 这些思想在当时的中国起着振聋发聩的作用。但戊戌变法失败了，中国从农耕文明向工业文明的转变仍在艰难痛苦中缓慢前行。

---

① 丁守和等主编：《中国历代奏议大典》第4卷，哈尔滨出版社1994年版，第786—795页。

第 一 章

中国古代科技文化传统

中国科学院自然科学史研究所　董光璧

引言——文化中的科学

人类学意义上的"文化"是相对"自然"而言的，它包括人类的一切活动及其创造物。自然演化偶然地产生了人类，人类自觉地创造了灿烂的文化。自然是人类的生存条件，文化是人类的生存方式。文化的发展经蒙昧和野蛮而达于文明，文明经历了农业文明到工业文明的转变，而"科学"正是这一转变的产物。

严格意义上的科学，即以逻辑推理、数学描述和实验检验为特征的知识体系，是通过"科学革命"而诞生于 17 世纪欧洲的。科学的源头被追溯到古代希腊文明，并因而有"古希腊科学"之说。人们也在文明比较的意义上谈论其他古代科学，如"古阿拉伯科学""古印度科学"和"古中国科学"。

英国农学家和科学史学家丹皮尔—惠商（William Cecil Dampier-Whethan，1867—1952 年），在其著作《科学史及其与哲学和宗教的关系》（*A History of Science and Its Relation with Philosophy and Religion*，1929 年）第一章"古代世界的科学"中说，"在历史的黎明期，文明首先在中国以及幼发拉底河—底格里斯河、印度河和尼罗河几条大河流域从蒙昧中诞生出来"。比利时—美国科学史家萨顿（George Sarton，1884—1956 年）的文集《科学史和新人文主义》（*The History of Science and the New Humanism*，1935 年）刊载的一篇随笔《东方和西方》（"East and West"，1930 年），强调"西方全部形式的科学种子来自东方"。

图 1-1　16 世纪的版画

在世界历史的"轴心时代",印度、中国和希腊三个文明中心率先产生了理性的科学文化。在古希腊科学繁荣和近代科学诞生之间的中世纪千余年间,希腊科学衰退而阿拉伯科学和中国科学兴旺发达,并且正是希腊科学传统和中国技术传统在阿拉伯汇合并渐次传往欧洲而促成了科学的诞生。

文艺复兴时期佛罗伦萨画家施特拉丹乌斯(Johannes Stradanus or Giovanni Stradano or Jan van der Straet,1523—1605 年),在他的木刻画《新发现》(Nova Reperta,1580 年)中绘制了九项所谓古人不知的"新发现",即美洲大陆图、磁罗盘、火炮、印刷机、马镫、机械钟、愈疮木、蒸馏器和蚕丝。20 世纪的科学史研究表明,除两项(发现美洲大陆和治疗梅毒的热带木)外,其余各项都有其中国的先驱。

《马可·波罗游记》(Livre des merveilles du monde,1299 年)曾引发欧洲人几个世纪的东方情结。东印度公司的商船和随船东进的传教士无意中创造了一个欧洲"中国潮"。商人们贩运到欧洲的中国丝绸、瓷器、茶叶和漆器等技术产品,来华传教士们介绍中国的众多书信和著作,激发了一代欧洲人的科学创造的灵感。

各科学传统之间的差异不在科学内容本身方面，因为自然规律不因发现它的民族不同而改变，其差异主要表现在科学规律的获得和表述方面，根源在于科学理性的哲学基础，包括自然观原理、方法论原则、价值观取向。科学并非总是沿着既定的方向发展。英国生物化学家和科学史学家李约瑟（Joseph Terence Montgomery Needham，1900—1995 年）以其多卷本《中国科学技术史》（*Science and Civilization in China*，1954 年以来陆续出版）鼎力推荐中国科学文化，并预言其对于未来的世界科学的意义。

发生在 20 世纪下半叶的当代科学思想的三大转向，即从物质论到信息论、从构成论到生成论和从公理论到模型论，恰好与中国科学传统之特征契合①，这或许昭示中国科学传统的未来意义？

第一节　传统的形成和发展

中国地处欧亚大陆的东端，从青藏高原伸展到太平洋。数千万年前的青藏高原是一片海洋，几百万年前才隆起成为高原。发源于这里的黄河和长江就是孕育中华五千年文明的摇篮。传说中的三皇五帝业绩大体上有了考古证据的支持，夏、商、周三代的历史面目越来越清楚，文字记载的历史留下了科学文化传统形成和发展的轨迹。

早在帝尧时代，中国古人就开始了有组织的"历象日月星辰"的科学活动。夏代产生了"五行"观念，殷周之际形成了阴阳观念，西周末年又产生了"气"的观念。春秋战国时期的百家争鸣奠定了科学理性的哲学基础。秦汉时期，以阴阳五行学说和元气论为哲学基础，数学、天学、地学、农学和医学五大学科各自形成了自己的科学范式，并为中国科学传统特征的形成奠定了基础。在中国传统科学的积累过程中，先后在南北朝、北宋和晚明时期呈现三次发展高峰。在中国也曾有科学现代化的三次尝试，随先后发生的"靖康之变"（1127 年）、"甲申鼎革"（1644 年）和"虎门销烟"（1839 年）的演变而夭折，最终以引进西学的方式走向现代化。

---

① 董光璧：《科学思想的三大转向》，收载曹南燕编《在清华听讲座》（之二），清华大学出版社 2005 年版，第 104—121 页。

一 百家争鸣的科学理性

春秋战国时期（前 770—前 221 年）的周王室失去了对诸侯国的控制权，百余诸侯国之间频繁征战形成所谓的春秋五霸和战国七雄，即齐、宋、晋、秦、楚五霸和齐、楚、燕、韩、赵、魏、秦七雄。政治权力的分散提供了人才流动的机会和自由思想的空间，百家争鸣的稷下学宫在齐国应运而生。齐桓公田午（前 400—前 357 年）出于政治需要，标榜"尊贤至士"以招揽治国人才。各派著名学者荟萃齐都稷下，"不治而议"的士人出谋划策、制造舆论。各诸侯国国君争相效仿田齐养士，士人得以像鸟儿"择木而栖"那样选择国君。齐宣王时期的稷下学宫"数百千人"，不同政见和不同学术观点兼容并包，各家各派的学者都同样受到礼遇。与齐威王和齐宣王政见不同的鲁人孟轲（前 372—前 289 年）两次赴稷下讲学，倾向法家思想的赵人荀况（前 313—前 238 年）三为稷下学宫的祭酒。

百家争鸣时代是德国思想家雅斯贝斯（Karl Jaspers，1883—1969 年）在其著作《历史的起源与目标》（*Vom Ursprung und Ziel der Geschichte*，1949 年）中提出的轴心时代（Axial Age，前 800—前 200 年），几大古代文明的文化经典几乎同时在此期间形成。中国、印度、波斯和希腊的哲人们的著作，为各自的文明定下了文化基调。德国—奥地利—美国思想家沃格林（Eric Voegelin，1901—1985 年）的多卷本巨著《秩序与历史》（*Order and History*，1956—1985 年），给予中国文化在轴心时代所出现的思想跃进以很高的评价。思想的自由造就了一批杰出的思想家，形成了儒、墨、道、法、阴阳、名、纵横、杂、兵、小说诸家。各家之间的彼此诘难和互相争鸣，形成中国思想和文化最为辉煌灿烂的时代。其思想自由竞争的精神，成为后世历代士人效法的典范。

百家争鸣时代最重要的文化遗产是五部经典的形成，即保存有丰富的中国上古历史资料的《诗》《书》《礼》《易》《春秋》。相传为鲁人孔丘（前 551—前 479 年）整理并用于教学，宋人庄周（约前 369—前 286 年）及其后学的著作集《庄子》，首先称它们为"经"并谓《诗》以道志、《书》以道事、《礼》以道行、《易》以道阴阳和《春秋》以道名分。这五经中的《易》尤为重要，成书于战国时期的解《易》著作《易传》，系统地阐发了百家共识的天人合一观。中国历史学家钱穆（1895—1990

年）认为，天人合一观是整个中国思想的归宿，也是中国传统文化对世界的最大贡献。

在百家争鸣中殷周以来的思想观念经历了一次理性的重建。信仰的"天命观"转向了理性的"天道观"，亦即人格神的"主宰之天"开始自然化和人文化。这种理性重建区分了"天道"和"人道"，"仰观天文，俯察地理"的观察精神通过《易传》的传播而得以发扬。郑人子产（？—前522年）倡导人道要遵循天道和顺应自然的"则天说"，鲁人子思（前483—前402年）阐明了人类要参与并帮助自然演化的"助天说"，赵人荀况则提出人类要依据自然规律驾驭自然的"制天说"。遂有"人性"和"物理"的分途而治，"生成论"的变化观、"感应论"的运动观、"循环论"的发展观等宇宙秩序原理亦被提出，为中国传统科学的产生和形成奠定了理性的基础。

二　五大学科范式的形成

美国中国科学史学家席文（Nathan Sivin，1931年—　）认为，中国有多种多样的科学，却没有形成一个统一的"科学"概念。在中国古代科学家的心目中，没有一个各学科相互联系的整体科学形象，除了数学与天文建立起联系外，天算家在朝廷里计算历法，医生在社会上为人治病，道士在山中炼丹，并不感到有彼此发生技术上的联系的必要。中国传统科学的定型是各自独立的，但是有大体一致的宇宙图像。

秦（前221—前206年）、汉（前206—220年）时期的中国，不仅完成了诸如造纸、指南车、记里鼓车、手摇纺车、织布机、水碓、龙骨水车、风扇车、独轮车、钻井机、浑天仪和候风地动仪等多项重大技术发明，以及万里长城等巨大工程的修建，而且在以刘安（前179—前122年）为代表的汉代新道家和以董仲舒（前179—前104年）为代表的汉代新儒家思想的影响下，以阴阳五行学说和气论为哲学基础，数学、天学、地学、农学和医学五大学科各自形成了自己的科学范式。

约成书于西汉时期的《九章算术》，划分为方田、粟米、衰分、少广、商功、均输、盈不足、方程、勾股九章，包括了现在初等数学中的算术、代数和几何的大部分内容。它总结了秦汉以前的数学成就并确立了中国数学的发展范式，即从实际问题出发建立模型的数学观、形数结合的数学理论体系和逻辑与直观结合的数学推理方法。后世中国数学著作多宗《九章算术》体例，成为汉代以降两千年之久数学之研究和创造的源泉。《九章算术》中有关分数、比例和正负数的概念和运算早于印度 800 年和早于欧洲千余年，它与古希腊《欧几里得几何原本》相媲美而东西辉映。

西汉末年氾胜之（生卒年不详）所著《氾胜之书》（具体成书时间不详）两卷十八篇，现存传本仅为原书的一小部分。书中所总结的耕作栽培总原则，包括"趣时""和土""务粪""务泽""早锄""早获"六个技术环节。该书反映了铁犁牛耕基本普及条件下的中国农业科学技术水平，同时开创了中国农书中作物各论的先例。它那以总论和各论描述农作物栽培的范式，成为其后重要综合性农书所沿袭的写作体例。

东汉张衡（78—139 年）著《灵宪》并制浑天仪，阐述宇宙如何从混沌的元气演化出浑天结构的物理过程，包括天地的生成、天地的结构以及日月星辰的本质及其运动等诸多问题。它把中国古代天文学水平提升到一个前所未有的新阶段，并且作为主导范式一直指引着中国传统天文学的发展。在世界天文学史上《灵宪》亦属不朽之作，它所代表的思想传统与同一历史时期托勒密（Ptolemy，90—168 年）的《至大论》（*Almagest*）所代表的西方古代宇宙结构亘古不变的思想传统大异其趣，却与现代宇宙演化学说的精神契合相通。

东汉班固（32—92 年）所著《汉书·地理志》，可分为卷首、正文和卷末三部分。卷首全录前代地理著作《禹贡》和《周礼·职方》两篇，作为主体的正文以郡县为纲目详述西汉疆域、区划地理概况，卷末辑录了以《史记·货殖列传》为基础的刘向（前 77—前 6 年）的《域分》和朱赣的《风俗》。《地理志》的体例特征是将自然地理和人文地理现象分系于相关的政区之下，从政区角度来了解各种地理现象的分布及其相互关系。班固首创的这种"政区地理"模式和人文地理观为后世正史和地方志所尊奉，奠定了以沿革地理和疆域地理为主的中国传统地理学范式的基础。

伪托轩辕的《黄帝内经》完善于东汉，包括《素问》九卷八十一篇和《灵枢》九卷八十一篇，合计十八卷一百六十二篇计二十万言，总结了春秋战国时期以降的医疗经验，阐述了中医学理论体系的基本内容。它以藏象、经络和运气等范畴，建立了一种对生理、病理和治疗原理给予整体说明的模式。作为中国现存最重要的医学理论典籍，成为中国两千年来传统医学理论范式，为中医学的发展奠定了基础。中医学史上的著名医家和医学流派，都是在《黄帝内经》理论体系的基础上发展起来的。

三　中国传统科技发展的三次高峰

在儒道互补推进的文化背景下，中国传统科技的继续发展呈现三次高峰，每次高峰期都是明星灿烂、巨著迭出，在百年左右的时期内出现数名杰出人物，他们在科学技术史上都有一定的地位。

以魏晋玄学为特征的新道学思想解放运动，催生了 5 世纪中叶到 6 世纪中叶中国传统科学技术的第一次高峰。南朝宋（420—479 年）数学家祖冲之（429—500 年）计算圆周率 π 值到七位小数，这一精度的记录保持近千年之久，直到 1427 年才有阿拉伯数学家阿尔·卡西（Al-Kashi，约 1380—1429 年）得到比之更精确的数值。北齐（550—577 年）天文学家张子信（生卒年不详）经 30 多年的观测发现了太阳和五星视运动的不均匀性（约 565 年），为后世的太阳和五星运动研究开辟了新方向。北魏（386—534 年）地理学家郦道元（约 470—527 年）的《水经注》（成书年代不详）开创以水道为纲综合描述地理的新形式。北魏农学家贾思勰（约 479—544 年）的《齐民要术》（成于 533—544 年）标志着中国古代农学体系的形成。南齐（479—502 年）医药学家陶弘景（456—536 年）的《神农本草经集注》（494 年）将人文原则的"三品"分类法改为依药物自然来源和属性的分类法，开辟了本草学的新理论体系。

以理学为旗帜的新儒学的理性精神，在 11 世纪中叶到 12 世纪中叶的北宋时期，把中国传统科学技术推向顶峰。沈括（1031—1095 年）的《梦溪笔谈》（1086—1093 年）记载的布衣毕昇（约 970—1051 年）发明胶泥活字（约 1045 年），军事著作家曾公亮（998—1078 年）和丁度（990—1053 年）主编的《武经总要》（1044 年）记载的火药配方和水罗盘指南鱼的制造方法，是影响世界历史进程的三大技术发明。数学家贾宪（生卒年不详）在其《黄帝九章算经细草》（约 1050 年）中创造的开方作法本原和增乘开方法，600 年后才有法国数学家帕斯卡（Blaise Pascal，1623—1662 年）达到同一水平。天文学家苏颂（1020—1101 年）在其《新仪象法要》（1094 年）中，描述了他与韩公廉（生卒年不详）等人合作创建的水运仪象台，其中有十几项属于世界首创的机械技术，包括领先世界 800 年的擒纵器。建筑学家李诫（1035—1110 年）著《营造法式》

（1100 年），全面而准确地反映了当时中国建筑业的科学技术水平和管理经验，作为建筑法规指导中国营造活动千年左右。医学家王惟一（987—1067 年）主持铸造针灸铜人并著《铜人腧穴针灸图经》（1027 年），对针灸技术的发展起到了巨大的推动作用。

在实学功利思想的影响下，16 世纪中叶到 17 世纪中叶的晚明时期，以综合为特征的一批专著展现了中国传统科学技术的最后一道光彩。医药学家李时珍（1518—1593 年）的《本草纲目》（1578 年）提出了接近现代的本草学自然分类法，该书不仅为其后历代本草学家传习，并传到日本和欧洲诸国，被生物进化论创始人达尔文（Charles Robert Darwin，1809—1882 年）等现代科学家引用。音律学家、数学家和天文学家朱载堉（1563—1610 年）的《律学新说》（1584 年）用数学解决了十二平均律的理论问题，领先法国数学家和音乐理论家梅森（Marin Mersenne，1588—1648 年）半个世纪，并受到德国物理学家亥姆霍兹（Hermannvon Helmholtz，1821—1894 年）的高度评价。天文学家、农学家徐光启（1562—1633 年）的《农政全书》（1639 年）对农政和农业进行系统的论述，成为中国农学史上最为完备的一部集大成的总结性著作。县学教谕和科技著作家宋应星（1587—1666 年）的《天工开物》（1637 年）简要而系统地记述了明代农业和手工业的技术成就，其中包括许多世界首创的技术发明，从 17 世纪末就开始传往海外诸国，迄今仍为许多国内外学者所重视。旅行家和地理学家徐弘祖（1586—1641 年）的《徐霞客游记》（1640 年）描述了百余种地貌形态，在喀斯特地貌的结构和特征的研究领域领先世界百余年。医学家吴又可（1582—1652 年）在其著作《瘟疫论》（1642 年）中提出"戾气"说，认为瘟病乃天地间异气从口鼻入侵所致，与200 年后法国化学家和微生物学家巴斯德（Louis Pasteur，1822—1895 年）的细菌学说有颇多相似之处。

第二节　自然观原理

自然观是人们对自然界的总看法，大体包括关于自然界的本原、结构和演化规律以及人与自然的关系等方面的根本看法，其核心内容可以用"宇宙秩序原理"来概括。探索现象背后的"秩序"是科学思想的源头，这在世界各民族都是共通的。希腊文"宇宙"一词即意为"秩序"，与中文"道"字的含义大体一致。中国传统哲学的基本精神是关注道德哲学、政治哲学和人生哲学，但也从来没有放弃对外在自然现象的追求和探索。先哲们的这种追求和探索，形成了三大宇宙秩序原理，即生成原理、感应原理和循环原理。

图1-2　熹平易经残石拓片

一　生成原理

生成原理主张"变化"是"生成"的，大千世界的事事物物都是从一个本原生化而来。这种生成原理在《道德经》中表述为"道生一，一生二，二生三，三生万物"。在《易传·系辞》中表述为："易有太极，是生两仪，两仪生四象，四象生八卦，八卦定吉凶，吉凶成大业"，并且以筮法的操作将其具体化，以体现自然演化步骤①。这连续生成的思想发展到北宋形成两种不同的太极生化模式：邵雍（1011—1077 年）的先天图生化模式和周敦颐（1017—1073 年）的太极图生化模式。这两种模式

---

① 程贞一：《关于中国对自然步骤的抽象认识》，载陈美东等主编《中国科学技术史国际学术讨论会论文集》，中国科学技术出版社 1992 年版，第 182—191 页。

持续影响中国古代传统学术思想千余年。邵雍先天图生化模式以其先天易卦图式为基础，说明从本原开始的一系列的分叉衍生图像。其先天图说重新安排了八卦方位和六十四卦顺序，并绘之为伏羲先天图。邵氏先天卦序的指导原理是：

> 太极既分，两仪立矣，阳下交于阴，阴上交于阳，四象生矣。阳交于阴，阴交于阳，生天之四象，刚交于柔，柔交于刚，而生地之四象，于是八卦成矣。八卦相错，然后万物生焉。故一分为二，二分为四，四分为八，八分为十六，十六分为三十二，三十二分为六十四。故曰分阴分阳，递用柔刚，易六位而成章也。十分为百，百分为千，千分为万；犹根之有干，干之有枝，枝之有叶；愈大则愈少，愈细则愈繁，合之斯为一，衍之斯为万。（《皇极经世书·观物外篇》）

程颢（1032—1085 年）将邵氏的方法称为"加一倍"法，朱熹（1130—1200 年）称为"一分为二"法。朱氏注释说，伏羲画卦，仰观俯察，远求近取，其观、察、求、取的对象就是天地万物的生化。他以太极即一理为据说：两仪未分之时存在的只是一混然的太极，这太极之中包含着两仪、四象、八卦和六十四卦之理。太极分为两仪，所分之两仪也各具太极之理。两仪分为四象，其所得之四象实为这两仪的"两仪"。依此类推，一分为二地连续"二分"本质上不过是"太极分两仪"的重演。邵雍创造了数学上合理的易卦衍生次序，朱熹又赋予它自然事物生化的明确意义，使之成为一个完美的分叉生化模式。

周敦颐太极图生化模式与邵雍的生化模式不同，周氏的模式把五行观念纳入其中。周敦颐创"太极图"并著《太极图说》附之于图。周氏的太极图是一个五位生化图式。第一位太极只是一个圆圈，表示无极而太极的本体。第二位是由中央的一个小圆圈和其外左右黑白对称的二圈组成，表示阳动阴静的图像。第三位是五行，木火水金在四维，土居中位，曲线连接成环网。第四位也只是一个圆圈，注"乾道成男，坤道成女"以象后天八卦。第五位又是一个圆圈，注"万物生化"而象万物。这太极图生化模式，由太极而有阳动阴静，继而又生水火木金土。木属阳配春，火属阳配夏，金属阴配秋，水属阴配冬，土为冲气而兼行四气。这样水火木金土五行顺布，而有四时运行。阴阳五行气化交合而生万物，人亦为造化产物，与天地同体而独秀。这是一个依太极自然之理、本然之妙而不假安排的生化图式。

朱熹是这两个生化模型的最有力的阐释者和推广者。他说："太极所说，乃生物之初，阴阳之精，自凝结成两个，后来方渐渐生去。万物皆然。如牛羊草木，皆有牝牡，一为阴一为阳。万物有生之初，亦各自有两个。"（《医旨绪余·太极图抄引》）他认为："凡天下事，一不能化，惟两而后能化。且如一阴一阳，始能生化万物。虽是两个，要之亦是推行乎一尔。"（《侣山堂类辨·辨两肾》）他的这些阐释，是在强调生化的阴阳互动机制的普遍性。

以模型方式提供的生化原理，只是形式化的图像。模型中的元素都是可变的，可因实际现象而做出适当的替代。因此，模型的内容来自其实际应用。其在自然研究中的影响可举在宇宙论和医学中的应用为例。

在宇宙论方面朱熹运用太极生化模型提出了一个离心式宇宙起源假说，并依据这一假说力驳历法家关于天运图式的右旋说，主张左旋说。他以一气有阴阳两种状态的新观点，静为阴而动为阳，阐释生化的对立势力，提出："这一气运行，磨来磨去，磨得急了，便拶得许多渣滓；里面无处出，便形成个地在中央。气之清者便为天，为日月，为星辰，只在外常周环运转。地便在中央不动，不是在下。"（《类经图翼·运气》）这个"地心"宇宙旋涡生成假说，虽不能与600年后德国哲学家康德（Immanuel Kant，1724—1804 年）的"日心"星云假说相提并论，但在中国历史上是空前的，对以往的气化宇宙补充了一个生成的动力机制。正是以此物理机制为据，他接受了张载（1020—1077 年）的七曜左旋说。他说："天道与日月皆是左旋。天道日一周天而常过一度、日亦一周天，起度端，终度端，故比天道常不及一度。月行不及十三度四分之一。今人却云月行速、日行迟，此错说也。"（《医旨绪余·命门图说》）有学者评论说，朱熹的左旋说是落后的观点，并因其学生们的传播而产生了广泛的影响。左旋说和右旋说两者都是基于运动的相对性解释天体的视运动，虽然在解释现象方面左旋说不如右旋说（参见阮元《畴人专传》"王锡阐"），但从两个假说在各自理论体系中的自洽性看，左旋说是优越的。历法家的右旋说主张，七曜如磨盘上的蚂蚁随天左旋的同时在磨盘上右行，除此比喻没有任何物理根据支持。而左旋说在张载那里，虽言天地七曜都顺气左旋，以七曜顺迟来解释所见为右旋，但只停留在运动学水平而未及动力学。朱熹则是从宇宙形成的动力学机制，阐明所有天体物理运动方向的一致并对视运动做出解释的。

在医学领域，太极图生化模式有力地推动了命门学说的发展。"命门"概念最早见之于《内经》，但到《难经》才有了明确的规定：是右肾，藏精系胞，为原气之别使。宋以降，受理学太极说影响，新命门说纷纭。孙一奎（1522—1619 年）假定命门为两肾间的动气，非水非火，"乃造化之枢纽，阴阳之根蒂，即先天太极，五行由此而生，脏腑以继而成"（《医旨绪余·命门说》）。张介宾（1562—1639 年）假定命门在两肾之中，作为人身之太极，由太极以生两仪，而水火具焉，消长系焉，"故为受生之初，为性命之本"（《类经图翼·求正录》）。赵献可（1573—1644年）假定命门在两肾之间，"乃一身之太极，无形可见"（《医贯·内经十二言论》）。这些不同的命门说，都是以太极图生化模式为指导的。诸命门说的提倡者，根据太极生阴阳、化五行、育万物的原理，寻找和阐明人身之太极，以理解生命活动的根本。之所以有许多不同的命门说被提出，正表明生化模型作为形式化原理的功能。但不论取何命门说，其生阴阳、化五行的基本模式是不变的。

二　感应原理

感应原理主张"运动"根源于"感应"，即事物之间以气为中介相互关联，其基本规则是同类相感。荀子的"水火有气而无生，草木有生而无知，禽兽有知而无义，人有气、有生、有知且有义，故为天下贵也"（《荀子·王制》）的四级分类法，认为世界上一切事物都含有气，为建立以气为中介的关联原理提供了基础。《易传》最早提出气的感应观念，《易传·感卦象》有"二气感应以相与……天地感而万物化生……观其所感，而天下万物之情可见矣"；《易传·乾卦文言》提出"同声相应，同气相求……各从其类"，而《易传·系辞上》则给出"感而遂通天下之故"的概括。这是感应原理的最初表达形式。

吕不韦（前 292—前 235 年）主编的《吕氏春秋》和刘安（前 179—前 122 年）主编的《淮南子》进一步将感应原理具体化。《吕氏春秋·应同》说："类固相召，气同则合，声比则应，鼓宫而宫动，鼓角而角动。平地注水，水流湿。均薪施火，火就燥。山云草莽，水云鱼鳞，旱云烟火，雨云水波，无不皆其所生以示人。故此龙致雨，以形逐影。"《淮南子·览冥训》将《吕氏春秋》的"类固相召，气同则合"发展为"阴阳同气相动"，认为"若夫以火能焦木也，因使销金，则道行矣。若以慈石之能连铁也，而求其引互，则难矣。物故不可以轻重论也。夫阳燧之取火于日，慈石之引铁，蟹之败漆，葵之乡日，虽有明智，弗能然也。故以智为治者，难以持国，唯通于太和而持自然之应者，为能有之"。

董仲舒（前179—前104年）的《春秋繁露·同类相动》对感应原理做了系统的论述。为理解古人之思路，不予加减而照录如下：

> 今平地注水，去燥就湿；均薪施水，去湿就燥；百物去其所与异，而从其所与同。故同气则会，声比则应，其验然也。试调琴瑟而错之，鼓其宫，则他宫应之，鼓其商，则他商应之，五音比而自鸣，非有神，其数然也。美事召美类，恶事召恶类，类之相应而起也，如马鸣则马应之，牛鸣则牛应之。帝王之将兴也，其美祥亦先见，其将亡也，妖孽亦先见，物故以类相召也，故以龙致雨，以扇逐暑，军之所处，以给棘楚，美恶皆有从来以为命，莫知其所处。天将阴雨，人之病故为之先动，是阴相应而起也；天将欲阴雨，又使人欲睡卧者，阴气也；有尤者，亦使人卧者，是阴相求也；有喜者，使人不欲卧者，是阳相索也；水得夜，益长数分；东风而酒湛溢；病者至夜，而疾益甚；鸡至几明，皆鸣而相薄，其气益精；故阳益阳，而阴益阴，阴阳之气可以类相益损也。天有阴阳，人亦有阴阳，天地之阴气起，而人之阴气应之而起；人之阴气起，天地之阴气亦宜应之而起，其道一也。明于此者，欲致雨，则动阴以起阴，欲止雨，则动阳以起阳，故致雨，非神也，而疑于神者，其理微妙也。非独阴阳之气可以类进退也，虽不祥祸福所从生，亦由是也，无非已先起之，而物以类应之而动者也。故琴瑟报，弹其宫，他宫自鸣而应之，此物之以类动者也，其动以声而无形，人不见其动之形，则谓之自鸣也；又相动无形，则谓之自然，其实非自然也，有使之然者矣，物固有实使之，其使之无形。《尚书传》言："周将兴之时，有大赤鸟衔谷之种，而集王屋之上者，武王喜，诸大臣皆喜。周公曰：茂哉！茂哉！"天之见此以劝之也。

以上所录，无论是《吕氏春秋·应同》的"类固相召，气同则合"，还是《淮南子·览冥训》的"阴阳同气相动",特别是《春秋繁露·同类相动》的"美事召美类,恶事召恶类"和"阴阳之气可以类相益损",虽然是以自然物"召类"现象立"感应"原理,但其主旨则是以此原理为据论说天与人的关系,把灾祥之降说成是由于气的传递对人事做出的反应。这种思想随着董仲舒的儒学理论成为官方意识形态而产生广泛的影响。如西汉末大臣王音(？—前14年)说:"天地之气,以类相应,遣告人君,甚微而著。"(《因雊鸲上言》)翼奉说:"人气内逆,则感动天地。天变见于星气日蚀,地变见于奇物震动。"(《因灾异应诏上封事》)此谓"天人感应"论。至东汉,王充(27—97年)把感应论从"天人感应"论扭转向"自然感应"论,使感应原理成为自然研究的一条指导原理。王充研究了许多被称为天降灾异的现象,如日月食、雷电等,认为都是有规律可循的自然现象,并非天对人做出的反应。在批评天人感应论的过程中他发展了自然感应原理,提出气的感应是一种力,感应有主有从,感应的强弱与距离有关。他主张"天地,含气之自然也"(《论衡·谈天》),"天地合气,万物自生,犹夫妇合气,子自生矣"(《论衡·自然》),强调"同类通气,性相感动"(《论衡·偶会》)。然而他认为,天人之间的感应同物与物的感应道理同一,但因感应原则是大能动小而小不能动大,且近者强烈而远者微弱,天能影响人但人不能影响天。虽然王充的自然感应论把"象类"列入可感应的对象,而失其科学性。如在《论衡·乱龙》中,他把土龙致雨、孟尝客为鸡鸣以开秦关、木囚判罪正否、禹铸金鼎入山林以避凶殃、慈石钩象亦能掇芥、叶公画龙致真龙、悟司之事、门神桃人、鲁班木鸢似鸟翔、木鱼饵鱼、匈奴畏郅都木像、涕泣图画之母、孔门弟子拜貌像孔子若真等十五事,以人伪致真的"象类"感应效验论,实为感应原理泛用之表现。但是,气论的自然感应论在中国传统的"物理之学"中仍得以运用和发展。

由感应原理解释电磁现象有一串历史记载。《淮南子·览冥训》记"慈石引铁"作为"览观幽冥变化之端,至精感天通达无极"之例,并未对此予以解释。王充论"司南之杓,投之于地,其柢指南"(《论衡·是应》),始对磁现象做出感应论的解释:"顿牟掇介,磁石引针,皆以其真是,不假他类;他类肖似,不能掇取者,何也? 气性异殊,不能相感动也。"(《论衡·乱龙》)自汉代发现指南杓的指向性以后,经改进而于7—8世纪出现了指南针。《太平御览》卷九四九明确记载有指向用的

"悬针"，以丝线悬吊磁针。在沈括（1031—1095 年）的《梦溪笔谈》中记载了四种结构的磁针罗盘。《宋史》卷二○六附载的《一行地理经》记载唐代张遂（673—727 年）已发现磁北极偏 2 度多，《梦溪笔谈》也有记载。12 世纪的寇宗奭（生卒年不详）在《本草衍义》中还对磁偏角提出一种感应论的解释，认为磁针常偏向罗盘之丙位是因为丙属火而辛属金，金属针本应偏辛位，但丙火克金而使生偏差。18 世纪的范宜宾（生卒年不详）在其《罗经精一解》中，按伏羲卦的阳趋左而阴趋右之说，提出南方有随阳上升的影响使其偏左而北方有随阴下降的影响使其偏右，这也属感应论的一种解释。

潮汐现象的解释问题，亦成为感应原理的用武之地。王充首先注意到潮汐与月亮盈亏的关联，"随月盛衰，小大满损不齐同"（《论衡·书虚》）。唐代的封演（生卒年不详）《封氏闻见记》有《说潮》专篇，认为"月，阴精也，水阴气也。潜相感致，体于盈缩也"。而封演稍后的窦叔蒙（生卒年不详）也著《海涛志》，其论以月为阴类宗主和海是水之家，阴与阴感动而有海涛起。后有卢肇（818—882 年）著《海潮赋》，他虽承认月与水的同类感召，但认为海涛起因于太阳夜间入海的水火相激、阴阳相荡，月亮的作用在于通过其与日的会合、分离的影响调节海涛的大小。五代时的邱光庭（生卒年不详）则以大地吐纳阴阳二气而升降为基础，认为朔望日阴阳交会，地吐气多并下沉而起大潮，因先感后应的时间差而导致大潮不恰在朔望日。宋代学者多袭邱氏潮汐说，反驳卢氏说。元末史伯璇（1299—1364 年）作《管窥外编》，在论及海潮时，以月距地面遥远，"水无从月之理"，怀疑潮水涨落起因于月水感应。就感应原理运用于潮汐研究之纷争，足见科学化之不易。

在传统医学领域，感应原理被强调到不适当的程度。把人体看作个小天地，在天与人之间做出种种牵强的比附，以寻找气的作用。在传统中医学理论中，人体的生理、病理以及诊治和预防原则，都是以气的中介作用为基础的。天气变化影响人体生理活动，天气过分是致病的原因，诊断是候人体之气，药物的作用是由于它在体内气化而沿经脉传递，针灸的作用在于刺激气穴。感应原理在医学中的运用最有意义之处，或许是原始时间医学观念的形成。中医学依据天人节律的统一性，推论并研究了人身体的年节律、月节律、日节律，甚至还有"超年节律"，作为诊断、治疗的一种依据。

三　循环原理

循环原理主张"发展"是"循环"的，一切自然过程都是终而返始的。它是中国先哲们对自然界的种种周期运动现象的一种概括，并在阴阳概念的基础上将其提升为宇宙秩序的一个原理。最初见于《老子》，《易传》进一步将其模式化。在《老子》那里，循环作为道的一种规律，"有物混成，先天地生；寂兮寥兮，独立而不改，周行而不殆，可以为天下母；吾不知其名，字之曰道"（《老子》第二十五章），以"道曰大、曰逝、曰远、曰反"来刻画其循环过程的特征。《易经》的八卦和六十四卦是以阴爻（－－）和阳爻（—）两种符号组成两种基本循环模式。《周易》的经、传之文用"无往不复""原始反终""往来无穷"诸语强调循环思想。《易传·系辞上》说："圣人设卦观象，系辞焉而明吉凶，刚柔相推而生变化。是故，吉凶者得失之象也。悔吝者，忧虞之象也。变化者，进退之象也。刚柔者，昼夜之象也。六爻动三极之道也。"

历代鸿儒无不崇尚循环原理。荀子说："始则终，终则始，若环之无端，舍是而天下以衰矣……始则终，终则始，与天地同理。"（《荀子·王制》）唐代文学家刘禹锡（772—842 年）说："法为清母，重为轻始。两位既仪，还相为庸。嘘为雨露，噫为雷风。乘气而生，群分汇从。……纪纲或坏，复归其始。"（《天论》下）北宋邵雍说："万物皆反生，阴生阳，阳生阴，阴复生阳，阳复生阴，是以循环无穷也。"（《皇极经世书·观物外篇》）南宋朱熹说："动静无端，阴阳无始；说道有，有无底在前，说道无，有有底在前，是循环物事。"（《朱子语类》卷九十四）罗钦顺说："通天地，亘古今，无非一气而已。气本一也，而一动一静，一往一来，一阖一辟，一升一降，循环无已。"（《困知记》）黄宗羲说："大化之流行，只一气充周无间……循环无端，所谓生生之为易也。"（《黄梨洲文集·与友人论学书》）

"循环"作为研究工作的指导原理对中国学术思想的影响是复杂而又深远的。在科技方面，古代学者以循环原理为指导对自然界中种种周期现象的观察和利用硕果累累。如对日月和行星视运动周期的精确观测以及协调这些周期而编制种种历法，又如依据循环原理所获得的关于人体经络和血气循行环路，再如受循环原理启迪而沿五运六气说确定的中原地区气候变迁的 60 年大周期，还有农业生产中的轮作制等，诸如此类的自然科学领域内的诸成就，多为现代学者所认同。但邹衍的"五德终始"和董仲舒的"三统"王朝更替说，以及邵雍的历史循环论，因与历史进化观相悖而遭现代学者唾弃。但现代学者从数学以及通过当代最新科学成果的印证，发现了以阴阳为基础的五行循环结构的系统意义。

奥地利—美国学物理学家和文化学者卡普拉（Fritjof Capra，1936年— ）的见解具有代表性。他在其著作《转折点》（*The Turning Point——Science, Society and the Rising Culture*，1982）中说：

> 中国人引进极性相反的阴和阳，给这一循环思想一个明确的结构，用两极规定变化的循环：阳极生阴，阴极生阳。……自然的和生命的现象都具有相反的两极形相。它们不属于不同的类，而是属于单一整体的极端。……没有什么事物只是阴或只是阳。一切自然现象都是两极之间的一个连续振荡的显示，一切转化都逐渐并且在一个完整的过程中发生。自然秩序是阴阳之间的动态平衡过程。

> 对于阴阳符号，中国人使用了一个"五行"系统……"行"意味着"行为"或"做"，并且与木、火、土、金和水相联系的五个概念，表示在一个很明确的循环秩序中相继并且相互影响的量……中国人从"五行"导出一个延扩到整个宇宙的相似系统。感官、天气、颜色、声音、身体部位、感情的状态、社会关系以及各种各样的现象都被分为与"五行"相应的五种类型。当"五行"理论与阴阳循环一起运用时，结果是一个精巧的系统，其中宇宙的每个方面都被描述为一个动态图像整体的一部分。

以上述卡普拉的论述代替我们对五行循环系统的描述，意在显示中西学者的共识。对卡普拉的论述还需补充的是，可以数学地证明，以生克两种循环构成的五行系统，是最简单的稳定系统。

循环原理的哲学意义在于它可以解决进化和退化的矛盾。19 世纪中叶，生物学和物理学分别提出了各自的自然演化理论。生物进化论依据生物表型的比较研究，论证物种演化的总趋势是由简单到复杂的方向发展，并且推广这一结论，认为自然界的发展是从无机到有机，从无生命到有生命。而人文学者又接过生物进化论，把它转变为有科学支持的社会进化论，认为自然界发展出生命后的重大进化是由动物发展出人类，人类的发展形成不断进步的社会。但是，物理学提供的理论却恰恰相反，根据对热现象的研究，孤立系统的演化趋势是达到熵极大的平衡状态，把这种演化论推下去得出，按照一切运动都最后耗散为热，那么整个宇宙将最终达到熵极大的热死状态。生物进化论为人类提供了一个乐观的前景，而热力学的熵原理则预言了一个人类的末日。面对这种矛盾，有两种解决问题的途径：一个是审查局部科学原理运用于整个宇宙的合理性，另一个是借用循环论消解矛盾。德国思想家恩格斯（Friedrich von Engels，1820—1895年）否认熵原理对宇宙的适用性，提出宇宙大循环假说克服这种悲观的宇宙热寂说。他假定放射到太空中的热一定会通过某种途径转变为另一种形式，使已死的太阳重新转化为炽热的星云，进而开始新的进化，直至出现智慧的花朵。而朱熹的宇宙循环假说却是恩格斯宇宙大循环假说的前驱。人们非常熟悉朱熹的以气论为基础的"离心宇宙模型"，鲜知他的太极循环说。朱熹的"太极"概念有三义：就理的层面说，太极为至理；就数的层面说，太极为数之源，即大衍之数五十或去一不用之"一"；就万物总根源层面说，太极为造化之枢纽。他认为"太极分开，只是两阴阳，括尽了天下事物"，这阴阳同体的太极概念是他的宇宙循环说的基础。他把周敦颐的"无极而太极"的一次生成图式，改造成太极生灭的循环："太极之前有太极"；混沌开光明生，"光明之前是黑暗，黑暗之前有光明"；宇宙就是太极生灭、明暗交替的无尽之循环。在《朱子语类》中记载了朱熹的这些思想。

从科学的层面看，宇宙循环假说是有意义的吗？只要想一想我们的科学原理至今只有物质之间的转化和守恒、能量之间的转化和守恒，只要物质和能量的种类是有限的，终归要被耗尽而达终点；只有宇宙大循环原理在物质和能量有限的条件下才有"回天"之力。自然科学要寻找各种循环原理，克服物质、能量乃至信息的耗尽危机，给人类以乐观的科学根据。这种宇宙大循环是科学上可能的吗？现代宇宙学中的尚不成熟的负质量概念，为建立宇宙大循环的科学图式提供了一条有用的线索。假定宇宙中只存在具有正质量和负质量的两种物质，它们分别只具有引力和斥力，就可以在不违反动量守恒、能量守恒，并且在与广义相对论相容的条件下，提供物质自己运动和冷的星球重新炽热的物理机制，为科学的宇宙循环图像建立提供线索。由此看来，循环原理可能在现代科学中获得新的生命力。

第三节　方法论原则

中国传统文化中没有方法论专著，但《易传·系辞上》第十一章有方法之意味："蓍之德圆而神，卦之德方以知……神以知来，知以藏往……明于天之道，而察于民之故……见乃谓之象，形乃谓之器，制而用之谓之法……"东汉荀爽（128—190 年）注释说："观象于天，观形于地，制而用之可以为法。"唐代孔颖达（574—648 年）注释说："言圣人裁制其物而施用之垂为模范。"如果我们不完全局守词义，还是可以发现易学中有关获取知识的方法论原理的，从对传统科学影响考察，我们将其归纳为三论：象数论、比类论和实验论。

一　象数论

象数论主张以符号系统及其内蕴的数学规则，表征事物的变化和关联。以阴爻（--）和阳爻（—）两个符号组合而成的"八卦"和"六十四卦"符号系统及其以自然数奇偶性为基础的数字学，作为象数由历代易学家持续不断地研究而被发展，其神秘的魅力之所以经久不衰，在于人类对于符号的追求。

《易》之为书的基础是先人创造的八卦和六十四卦符号系统。卦爻辞是作为占验记录而系之于卦象符号的。当《易传》的作者们借这本占筮书阐释某些哲理时，并没有贬低卦象符号的作用和意义，主张"立象以尽意，设卦以尽情伪"（《易传·系辞上》）。他们明确地规定了八卦符号的基本象征意义，给出六十四卦序的类因果说明，提出关于发明和发现程序的"制器尚象"观。

六十四卦三百八十四爻这一特殊的符号系统，其组合变换能给人以无穷的想象余地，为表征复杂系统的巨大信息量提供了可用的形式。仅就这种形式系统的变换的复杂程度说，现代科学中的任何一个符号系统都是望尘莫及的。因此，历代都有一批易学家力图将其发展为容纳社会、人生和自然的包罗万象的象数宇宙图式。汉代易学中形成象数派，至宋代又分裂为数学派和象学派，到元明时期形成易图学。在以象数原理为指导思想的易学这一支派的发展历史中，易学与科学的互动最为明显。一方面，易学吸收科学知识解易；另一方面，科学则以象数观构建科学理论；同时易学象数研究本身的一部分属于名副其实的科学——原始组合科学。

就天文学说，汉代兴起的卦气说是以历法成就为其科学基础的；而卦气说由于刘歆的提倡，曾成为张衡和张遂等天文学家探讨历理的出发点。虽然以易衍历的企图未成功，但易卦作为历法表示系统却沿用千余年之久。而且以象数为媒介的历律融通思想，不但形成历律合帙数代的历史事实，而且推动着京房（前 77—前 37 年）等人探索满足旋宫转调的音律系统，启迪朱载堉（1536—1610 年）创建十二平均率。

就数学来说，易学吸收数学知识解易，虽未造成有如卦气说那样的效果，李光地（1642—1718 年）以勾股解河洛图，焦循（1763—1820 年）以代数比例和二项式定理解易，也都不无新意。易学关于数的形上讨论，把古人对数的研究引向数术和数学两种不同的进路。刘徽（225—295 年）以来一些古代数学家把河图洛书看作数学的远源，无疑是对易学形上观的某种认同。秦九韶（1208—1261 年）发现大衍筮法的同余结构并进而发明作为一次同余式求解程序的"大衍求一术"是数学史上的一个奇迹。

沿象数思想的一系列有关易图的研讨，相当一部分属于组合数学的范畴。其中最引人注意的是从九宫数开始的河洛理数研讨导致纵横图的研究。扬雄（前 58—18 年）的《太玄》符号系统的三进制数表的含义和邵雍易图的二进制数表的含义今已成为定论。而易学中的"飞伏"说、"复变"说、"错综"说作为符号分类原理，各种"卦变"说作为符号生成法则，诸多卦序说作为符号排序规则，诸如此类的象数学说的数学意义越来越明朗。

"立象以尽意，设卦以尽情伪"的象数原理的本质在于，它是一种符号原理。这一原理的提出以及象数符号系统的长足发展，反映了中华民族对于抽象符号的能力和兴趣。被誉为近代科学之父的伽利略（Galileo Galilei，1564—1642 年）曾说，哲学是写在宇宙大书中的，虽然这本书时时刻刻向我们打开着，但是除非人们先学会书里所用的语言，掌握书里的符号，否则不可能理解这本书。他说自然之书是用数学语言写的，符号是三角形、圆形和别的几何图形，没有这些符号，人类连一个字也不会认识，人们仍将在黑暗的迷宫中徘徊。德国哲学家卡西勒（Ernst Cassirer，1874—1945 年）进一步在符号创造了人类的意义上崇尚符号的功能，在其著作《论人》（*An Essay on Man*，1944 年）中说："对于理解人类文化生活形式的丰富性和多样性来说，理解是很不充分的名称。但是，所有这些文化形式都是符号的形式。因此，我们应当把人定义为符号的动物来取代把人定义为理性的动物。只有这样，我们才能指明人类的独特之处，也才能理解对人开放的新路——通向文化之路。"

但是，创造世界最古老符号系统的中国人，却没能借助象数原理和象数符号系统创造出适于近代科学的符号系统。这给中西文化比较研究留下一个历史难题。

二　比类论

比类论是一种以功能模型为参照对事物进行分类和类比推理的理论，源于《易传》，在对于自然现象的研究中被广泛应用并发展，形成由据象归类、取象比类和运数比类为构架的系统性的方法论。

一般来说，《周易》是象、数、义、理统一的一种极特殊的理论体系。《周易》中的"象"所指，既是事物的外在形象更意味着一种象征，在大多数场合它意指经验的形象化和象征化，或者说是模型。规定着经验形象和象征符号关系的是"数"。"义"是象征在数的关系中所呈现的意义及其凝结成的概念。意义和概念进一步发挥为命题和判断并系统化，便形成"理"。比类论就是这种象、数、义、理统一的构架下的一种方法论。

1. 据象归类

在中国历史上，作为具有相同属性的事物之汇集的"类"的概念，有较长的演变历程。在商周时期"类"这个词是作为祭名出现的，如《尚书·尧典》中"肆类上帝，禋于六宗"。后又转义为善，如《周书》中"言行不类，始终于悖"。至春秋时期开始向逻辑范畴转变，如《左传》中"非我族类，其心必异"和《国语》"物象天地，比类百则"。在《墨子》有关逻辑的论述中，"类"与"故"和"理"形成三个基本范畴。《易传》把卦爻系统所蕴含的分类思想明确陈述出来。《易传·系辞》开宗明义："天尊地卑，乾坤定矣，卑高以陈，贵贱位矣。动静有常，刚柔断矣。方以类聚，物以群分，吉凶生矣。在天成象，在地成形，变化具矣。是故刚柔相济，八卦相荡。"卦爻系统是表达"类聚""群分"的符号系统。这种符号系统是据象归类的模型。若联系《易传·系辞下》的"《易》者，象也。象也者，像也"和"爻也者，效此者也。象也者，像此者也"理解，卦爻符号的模型意义显然是清楚的。《易传·说卦》关于八卦象的论说，是据象归类的一种示范。

《易传》之后，孟子倡"知类"（《孟子·告子》），荀子论"统类"（《荀子·儒效》），分类思想愈明。秦汉时期，五行学说被吸收到易学中以后，阴阳、五行和易卦成为据象归类的基本参照模型。因为阴阳消长、五行传变、八卦相荡，这种参照模型是动态的。这种功能性的动态参照模型，在建立中医学的经络和脏象理论过程中曾起过重要作用。这种据象归类思想，在邵雍手里发展为阴阳刚柔、日月星辰、水火土石、草木走飞等的"四元"分类法，在江永手里形成"河图为物理根源图"。

2. 取象比类

"比类"一词虽早出《国语》，但作为一种推理方法陈述出来则在《内经》："善为脉者，必以比类奇恒，从容知之。""不知比类，足以自乱，不足以自明。"（《素问·示从容论》）《内经》提出两种具体的比类方法："别异比类"和"援物比类"，后人概称之为"取象比类"。《素问·五藏生成论》论说"脉之小、大，滑、涩、浮、沉，可以指别；五藏之象，可以类推"；《素问·疏五过》复言"别异比类，犹未能以十全"。"别异比类"方法可依脉象辨五脏是否正常，并非十全十美。《素问·示从容论》倡导"夫圣人之治病，循法守度，援物比类，化之冥冥"，即从远缘事物中寻找相通之处，以作类比推演。

中医学以六爻系统为参照模型建立五脏六经循环系统和以五行系统为参照模型建立脏象体系，是"取象比类"方法早期应用之典型。后世张介宾（1563—1640 年）又发展出以卦爻系统为参照模型类推病情演变，即"以卦象测病情"（《类经附翼·医易》）。

历代儒学大师发挥《易传》"古者包牺氏之王天下也，仰则观象于天，俯则观法于地，观鸟兽之文，与地之宜，近取诸身，远取诸物，于是始作八卦，以通神明之德，以类万物之情"和"引而伸之，触类而长之，天下之能事毕矣"（《易传·系辞下》）的思想，完善"比类"理论。荀子强调"以类行杂，以一行万"（《王制篇》）、"以类度类"（《非相篇》）、"推类而不悖"（《正名篇》）等。董仲舒提出"以比贯类"（《春秋繁露·玉杯篇》）。程颐（1033—1107 年）赋予"格物致知"以演绎推理的含义，主张"格物穷理，非是要尽穷天下之物，但于一事上穷尽，其他可以类推"（《遗书》卷十五）。朱熹把类推看作是"从上面做下来"的演绎和"从下面做上去"的归纳的结合。王夫之（1619—1692 年）提出"比类相关"的推理方法："或始同而终异，或始异而终同，比类相关，乃知此物所以成彼物之利"（《张子正蒙注》）。

在儒学比类论发展的过程中，"比类"的推理方法在自然研究中得到广泛的应用。沈括（1011—1095 年）创立垛积术，宋应星（1587—约1666 年）提出声波说，是"比类"方法成功应用的典型。在传统医学中有成功的应用，也有牵强的比附。汉代的"分野"说，显然也是"比类"的一种"成果"，但很难说它有什么科学价值。诸多不成功，一方面是由于应用者失慎，却忘了"类不可必推"（《淮南子·说林训》）；另一方面是比类论本身的不完善，诸如"相似缺补""相似归并""渐近归并"等类比推理形式尚没有概念清晰的区分。

3. 运数比类

象与数的关系是运数比类的根据。《易传》"极其数，遂定天下之象"（《系辞上》）和"极数知来之谓占"（《系辞上》）原本为论占筮，但在数学家手里却可沿数与形（象）的关系衍生出运数比类的推理方法。这种方法成功的应用，又加深了学者对象与数关系的认识。

《周髀算经》立圭表观日影，依勾股定理推断日地距离，据圆周率测量日月周天行度。今天的中学生都懂得其中的道理，并能成功地操作。但是，在中国历史上，它是"运数比类"推理方法的科学示范。赵爽（3世纪人）注《周髀算经》而援《易传》论"知道"说："引而伸之，触类而长之，天下之能事矣，故谓之知道也。""运数比类"推理方法在发展科学中的作用，刘徽的数学研究提供了又一范例，下面予以稍详的介绍，以此示明它的基本精神和意义。

刘徽（225—296 年）在其《九章算数注》中，明确阐述了类推作为数学研究方法的意义。他在序言中说："事类相推，各有攸归，故枝条虽分而同杆者，知发其一端而已。"序言的结尾则直接引《易传》语作总结："触类而长之，则虽幽遐诡伏，靡所不入。博物君子，详而览焉。"若想了解其如何借助比类方法获得丰硕科学成果，莫过看他对"率"的概念的阐述及其运用。刘徽注《九章算术》，实质上是以"率"的概念为基础，重构其理论体系。我们似可把刘徽的数学成就称为"率论"。

刘徽对"率"给出明确的定义："凡数相与者谓之率。率者，自相与通。有分则可散，分重叠则可约也。等除法实，相与率也。"（《九章算术注·方田十八》）这里的"相与"即相关，"通"即相通，"分"指分数，

"散"指散分，"约"指约分，"法"为除数，"实"为被除数。这个定义是说，具有分数关系的数可称之率。也就是说，刘徽以相比关系定义了"率"。但必须注意，古算中率的概念不意指两个数的比值，而是着眼可比关系。如圆的周长与其直径相关，故而可称"周率"和"径率"。至此，我们已初步领略了刘徽"率"的概念中的"比类"意义。

刘徽的率论有两个基本法则，即齐同术和今有术。齐同术即通分法，今有术即四项比例算法。他以率的概念重建齐同理论，是以数的分类为出发点的。他说："方以类聚，物以群分。数同类者无远，数异类者无近。远而通体者，虽异位而相同也；近而殊形者，虽同列而相违也。"（《九章算术注·方田九》）这里刘徽援引《易传》类聚群分观说明同类数方可比较和运算的道理。对于分数来说，"同者，相与通同，共一母也"，即分母相同的分数可以视为同类数。所以齐同方法的实质就是化异类为同类，变相违为相通的数量变形方法，将错互不通之率转变为相通之率。关于今有术，刘徽的注释在比类的意义上扩大其方法论的地位。他说："此都术也。凡九数以为篇名，可以广施诸率，所谓告往而知来，举一偶而三偶反者也。诚能分诡数之纷杂，通彼此之否塞，因物成率，审辨名分，平其偏颇，齐其参差，则终无不归于此术也。"（《九章算术注·粟米》）强调着眼于寻找事物间的比率关系，推广而用之。他把今有术视为率论通向应用的桥梁。

在率的概念基础，刘徽把齐同术和今有术改造成解决数学问题的通法。他把《九章算术》中的分数、衰分、均输、盈不足、方程等诸多程式，都当作一组率或几组率的组合，把一切数学演算都最终归结为"乘以散之，约以聚之，齐同以通之"三种基本演算。刘徽不仅以其率论重建了《九章算术》的理论体系，奠定了不同于西方的中国数学体系的代数特征，而且他还以率论为指导首创"割圆求"和"重差术"。运数比类方法在数学研究中发挥了它的巨大效用。

三　实验论

实验论为《易传》中"仰观俯察"思想所衍生，从"观察"进到"效验""测验""试验""质测""实测"等概念并发展而成的一种科学方法论，主张以实事检验假说，由实践获取真知识，凭实证确认理论。

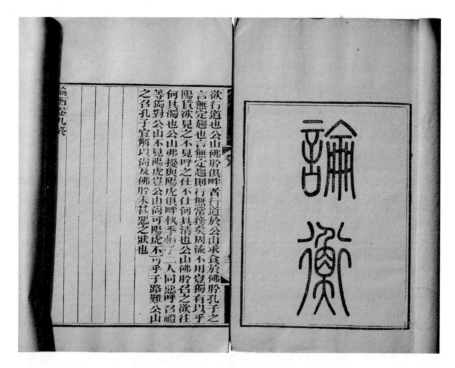

图 1-3 　《论衡》书影

"实验"一词出于王充（27—97 年）的《论衡·乱龙篇》。该篇借董仲舒"土龙招雨"说事，列举十五种象类效验，论述"气类相感"自然之理。其中说道："此尚因缘昔书，不见实验。""实"者，真也；"验"者，证也。在中国思想史上，王充的"效验"说、沈括的"测验"说、宋应星的"试验"说、方以智的"质测"说、严复的"实测"说，相袭递进而形成自然科学的实验方法论。

1. 效验

以直接或间接的经验事实，推定论事真伪的一种方法。在中国传统科技和思维发展的基础上，王充明确提出"凡论事者，违实不引效验，则虽甘义繁说，众不见信"（《论衡·知实篇》）和"事莫明于有效，论莫定于有证"（《论衡·薄葬篇》）的方法论观点及命题。在其《论衡·雷虚篇》中，他以五种效验辨伪"推人道以论之"的雷为"天怒"的妄说，论证他自己提出的"雷火"说：

　　何以为验之？雷者火也。以人中雷而死，即询其身，中头则须发烧焦，中身则皮肤灼燌，临其尸上闻火气，一验也。道术之家，以为雷烧石色赤，投于井中，石焦井寒，激声犬鸣，若雷之状，二验也。人伤于寒，寒气直腹，腹中素温，温寒分争，激气雷鸣，三验也。当雷之时，电光时见，大若火之耀，四验也。当雷之击，时或燔人室屋及地草木，五验也。夫论雷之为火有五验，言雷天怒无一效。然则雷为天怒，虚忘之言。

　　此段为王充对其雷火假说的论证。此种论证的实质在于，以经验事实验证假说，以雷之声、光和灼烧如火为验，支持其雷火说。此例论证虽不严密，如以腹鸣类比雷声，终可为"效验"说之一论证典范。

　　2. 测验

　　"验"的概念加一"测"字，把"效验"说又向前推进一步，增加了操作和数量的内涵。虽然汉武帝时编制太初历的天文学家们就提出"历本之验在于天"（《汉书·律历志》），南北朝时祖冲之（429—500 年）也曾论说"唐篇夏典，莫不揆量，周正汉朔，咸加核验"及"夫甄耀测象者，必料分析度，考往验来，准以实见"（《宋书·律历志》），但直至宋代才有沈括明确提出科学的"测验"概念：

　　　　前世修历，多只增损旧历而已，未尝实考天度。其法须测验每夜昏、晓、夜半月及五星所在度秒，置簿录之，满五年，其间删去云阴及昼见日数外，可得三年实行，然后以算术缀之。（《梦溪笔谈》卷八象数二）

　　沈括的"测验"概念为其后天文学家郭守敬（1231—1316 年）采用并发展。郭提出："历之本在于测验，而测验之器莫先仪表。"（《元史·郭守敬传》）测量仪器的重要性被明确地提出来。沈括还把"测验"提高到"验量"：

　　　　熙宁中，议改疏洛水入汴。予尝因出使，按行汴渠，自京师上善门量至泗州淮口，凡八百四十里一百三十步。地势，京师之地比泗州凡高十九丈四尺八寸六分……验量地势，用水平望尺、干尺量之，不能无小差，汴渠提外，皆是出土故沟水，仿相通，时为一堰节其水，候水平，其上渐浅涸，则又为一堰相齿如所陆，乃量堰之上下水面，相高下之数会之，乃得地势高下之实。（《梦溪笔谈》卷二十五杂志二）

3. 试验

与"效验"和"测验"概念相比，试验概念内涵之特征在于，它属于创造现象的实践，春秋战国时期《墨经》中关于小孔成像等光学现象的描述，《汉书》中有关"埋管飞灰"候气的描述，王充《论衡》记载的指南"司勺"装置，丹书和医典有关火药配方的记述，沈括的琴弦共振设计等，都是人工创造现象以获取知识的实践，但未有概念性的概括。至明代，朱载堉不仅在历法研究中沿用"测验"概念，主张"欲求精密，则须依凭象器测验天"（《律历融通·黄钟历议》），而且在律学研究中提出"试验"（《律学新说·密率求圆幂第一》）的概念。其后有宋应星（1587—约1666年）主张"穷究试验"（《天工开物·膏液》），他除做了许多试验外，还设计了一个思想试验：

> 人育于气，必旁通运旋之气而后不死。气一息不四通，谓之气死，而大命尽焉。试兀坐十笏阁中，周匝封糊，历三饭之久，而视其人，人死矣。（《论气·水尘》）

宋应星的这个有关呼吸的思想试验，其方法论意义，不仅在于控制过程的实验内涵，而且把实验视为一种理性推理的工具。

4. 质测

在西学东渐之初，对自然科学经验方法的一种汉语概括。方以智（1611—1671年）著《物理小识》，其论及编录缘起时说："每有所闻，分条别记……（诸书）所言或无征，或试之不验，此贵质测，征其确然耳者，然不记之，则久不可识，必待其征实而后汇之……"此意已甚明，但他在《物理小识·自序》中，所给定义更精：

> 物有其故，实考究之，大而元会，小而草木蠢蠕，类其性情，征其好恶，推其常变，是曰质测。

王夫之（1619—1692 年）赞之说："密翁与其公子为'质测'之学，诚学思兼致之实功。盖格物者即物以穷理，惟'质测'为得之。"（《搔首问》）在方以智看来，考天测地、象数、律历、音声、医药皆为"质之通者"，而专言治教者为"牢理"。这无疑有益于将自然研究从儒学中独立出来发展。

5. 实测

初为焦循（1763—1820 年）对推步测天方法的推广概念，后由严复（1853—1921 年）在其译著《穆勒名学》（1903 年）中将其格定为具有归纳意义的认识方法。焦循在其《易图略·序》中介绍他如何以测天之法测易而得到旁通、相错、时行三个概念时说：

> 余初不知何为相错，实测经文、传文，而后知比例之义出于相错，不知相错则比例之义不明。余初不知其何为"旁通"，实测其经文、传文，而后知升降之妙出于旁通，不知旁通则升降之妙不著。余初不知何为时行，实测其经文、传文，而后其变化之道出于时行，不知时行则变化知道不神。未实测全《易》之先，胸中本无此三者之名。既实测于全《易》，觉经文、传文有如是者乃孔子所谓相错，有如是者乃孔子所谓旁通，有如是者乃孔子所谓时行。

很明显，焦循这段话实质上是说，他运用归纳法获得作为解易原理的三个概念。严复将归纳法称作"实测内籀之学"，与焦循不尽相同。焦循受中国传统天文学的启发达到"实测"的概念，而严复则是受西方自然科学和归纳法的启发而强调"即物实测"并提倡"实测内籀之学"的，并且有几分对抗中国传统"心成之说"的寓意。

至此，通过对"实验"概念的语源以及"效验""测验""试验""质测""实测"诸概念厘定的历史介绍，儒学传统的实验论发展脉络大体已明。可以结论，经历代学者的发展，通过外延的缩小和内涵的扩大，最终与近代自然科学实验方法论接轨。

第四节　价值观取向

科学中所蕴含之价值的社会实现，依赖于群体和个体的价值观取向。从古希腊到科学已经成为文明基础的当代，有关学科学价值问题的诸多讨论中，法国数学家彭加勒（Jules Henri Poincaré，1854—1912 年）面向公众的著作《科学的价值》（*La valeur de la science*，1905 年）和美国物理学家费曼（Richard Feynman，1918—1988 年）在美国科学院工作会议上的公开演讲《科学的价值》（"The Value of Science"，1955 年）以及美国人类学家克拉克洪（Florence Kluckhohn，1905—1960 年）和斯特罗德贝克（Fred Strodtbeck，1919—2005 年）的专著《价值取向的变奏》（*Variations in Value Orientations*，1961 年），可以作为我们讨论古代人的科学价值取向的现代参照。我们谈论古代科学问题只是在溯源意义上，而谈论中国古代科学问题是在与希腊文明类比的意义上。科学的三副面具，作为系统化知识的科学、作为人类特殊活动的科学和作为社会建制的科学，无不涉及价值问题。它们包含在克拉克洪和斯特罗德贝克的五类价值取向问题中：人性（Good，Evil，Mixed）、时间（Past，Present，Future）、活动（Being，Being-in-becoming，doing）、人际关系（Individualistic，Collateral，Hierarchical）和天人关系（Submisseve，Mastery，Harmonious）。与希腊传统的现代文明相比较，工业文明的价值观取向强调人性恶、以未来为中心，做（doing）、个体自由，征服自然，而农业文明的中国古人则强调人性善，以现在或过去为中心，存在（being）、集体合作，顺应自然。我们将通过"制器尚象"、"天工开物"和"道术一本"三个命题的讨论，领略中国古人对待科学技术问题的价值取向。

一　制器尚象

"制器尚象"语出《易传·系辞上》："易有圣人之道四焉，以言者尚其辞，以动者尚其象，以卜筮者尚其占。"这里将"制器尚象"列为易之"四道"之一。形而上者谓之道，形而下者谓之器，主张取象自然形构制器以行人道。《易传·系辞下》下述的一段话可视为《易传·系辞》作者对"制器尚象"的一个注释：

古者包牺氏之王天下也，仰则观象于天，俯则观法于地，观鸟兽之文与地之宜，近取诸身，远取诸物，于是始作八卦，以通神明之德，以类万物之情。作结绳而为网罟，以佃以渔，盖取诸离。包牺氏没，神农氏作，斫木为耜，揉木为耒，耒揉之利以教天下，盖取诸益。日中为市，致天下之民，聚天下之货，交易而退，各得其所，盖取诸噬嗑。神农氏没，黄帝尧舜氏作，通其变，使民不倦，神而化之，使民宜之。易，穷则变，变则通，通则久，是以自天祐之，吉无不利。黄帝尧舜垂衣裳而天下治，盖取诸乾坤。刳木为舟，剡木为楫。舟楫之利，以济不通，致远以利天下，盖取诸涣。服牛乘马，引重致远以利天下，盖取诸随，重门击柝以待暴客，盖取诸豫。断木为杵，掘地为臼，杵臼之利，万民以济，盖取诸小过。弦木为弧，剡木为矢，弧矢之利，以威天下，盖取诸睽。上古穴居而野处，后世圣人易之以宫室，上栋下宇，以待风雨，盖取诸大壮。古之葬者，厚衣之以薪，葬之中野，不封不树，丧期无数，后世圣人易以棺椁，盖取诸大过。上古结绳而治，后世圣人易之以书契，百官以治，万民以察，盖取诸夬。

这里将上古的十多项重大发明，网罟、耜耒、集市、衣裳、舟楫、服牛乘马、重门击柝、杵臼、弧矢、宫室、棺椁、书契，归之为包牺、神农、黄帝、尧、舜五帝以及后世圣人们受卦象启迪而发明的。

"器"并非仅指器械、物件之类的物质实体，按照"形而上者谓之道，形而下者谓之器"的二分法，它应包括一切显道之事物。它既代表一定规格的典章制度，又代表科技上包括理论和器械的一切创制。所以《易传》作者把集市、丧葬、文书也列入"制器"之列。《易传·系辞下》将"象"理解为卦象，其实它绝非仅指卦象。《易传·系辞上》对"象"有一段说明文字："圣人有以见天下之赜，而拟诸其形容，象其物宜，是故谓之象。"卦象不过是自然物象的一种符号。面对纷纭杂陈的万物，圣人要理出个条理、找出秩序，需先有所"拟"，也就是取象。在这样宽泛的"器"和"象"概念下，"观象制器"作为创造理论、制定典章、发明器物的一种指导原理和运作程序是可能的。

汉代易学象数派以卦气说解易，将六十四卦系统配四季、二十四节、七十二候和三百六十五又四分之一日。这种以六十四卦建立历法表示的形式系统，实为先秦"制器尚象"说在天文历法领域的一种实践。这种借易卦符号系统将历法表示形式化的尝试受到张衡和张遂等天文历法大家的重视，影响千余年之久。京房开创的音律易卦表示系统，推动了音律学旋宫转调的研究。

中国传统医学不仅引入阴阳五行学说，而且依易学六爻系统建立的脏腑经络学说，六脏、六腑和六阳经、六阴经构成一个循环系统。在数学领域，赵爽"依经为图"，发展"制器尚象"思想，著《勾股圆方图注》，首创数学图解法，为后学留下了"勾股圆方图""日高图""七衡图"等。刘徽继承赵爽，著《九章算术注》，依"物类形象，不圆则方"的思想，把数学研究的"形象"思维发展为"析理以辞，解体用图"的数学方法论纲领。

"制器尚象"思想最有成效的发展是天文图、地理图特别是工程图。在天文图方面，三国时的陈卓把甘德、石申和巫咸的星表绘制成记有1464 颗恒星的星图，当代出土的马王堆汉墓帛书又有 29 幅彗星图。

在地图方面，《尚书》和《周礼》已有记载，马王堆汉墓也出土了地形图和驻军图实物。晋人常璩著《华阳图志》，裴秀（223—271 年）提出的"制图六体"方法一直沿用到明末。至宋代，图学已经发展到成熟阶段。吕大临（1040—1092 年）编《考古图》"探其制作之原，以补经传之阙亡，正诸儒之谬误"；李诫（1035—1110 年）撰《营造法式》"别立图样，以明制度"；曾公亮（998—1078 年）著《武经总要》绘制图样"以纪新制"；苏颂（1021—1101 年）的《新仪象法要》有机械图和星图约 60 幅；代表性的图学专著为郑樵（1104—1162 年）的《通志·图谱略》（1161 年）。郑樵在《通志·总序》中说："河出图，天地有自然之象，图谱之学由此而兴。洛出书，天地有自然之文，书籍由此而出。"在《通志·图谱略》中，他强调"非图无以见天象"，"非图无以见地之形"，"非图无以作室"，"非图无以制器"，"非图无以明章程"，"非图无以明制度"，"非图无以别经界"，"非图无以正其班"……这是自《易传》以来，科技领域"制器尚象"思想发展的脉络。

1934 年历史学家齐思和（1907—1980 年）在《燕京史学年报》（第 2 卷第 1 期）上发表《黄帝之制器故事》，其师顾颉刚（1893—1980 年）在《燕大月刊国学专学》上发表《周易卦爻辞中的故事》，认为《易传·系辞下》之圣人观象制器篇为后儒窜入之文，胡适（1891—1962 年）致函表示不赞同顾说，齐思和又撰文重申。1938 年张承绪在其著作《周易象理论》中给出制器十三卦图。将上古的诸多重大发明归功于圣人依六十四卦象而作故不可信，但"制器尚象"思想不可疑。中国哲学史家冯友兰（1895—1990 年）在其《中国哲学史新编》中指出："《易传》中这种观象制器的思想，实际上是说，通过对自然现象规律的观察，人类发明生产工具，这有以人力改造自然的意义。"胡适把《易传·系辞下》第二章看作一种文化起源学说，《古史辨》所载他的文章说，观象之象并非专指卦象，卦象只是物象的符号，见物而起意象，触类而长之。近年我国台湾学者刘君灿把"制器尚象"看作中国传统科学技术特色的标志，他的著作《谈科技思想史》也以"制器尚象的类学"为副标题。

二　天工开物

"天工开物"说为宋应星在其《天工开物》中体现的一种技术经济观，主张通过人巧与自然力的互补结合开发物产、繁荣经济，以技术是沟通人类与自然的桥梁的见识发展了儒学的"天人合一"的思想。"天工开物"语源《尚书》和《易传》。《尚书·皋陶谟》有"无旷庶官，天工人其代之"语，意为不要空废官职而应代天行事。《易传·系辞上》有"夫《易》开物成务，冒天下之道，如斯而已者也"语，说《易》是一部开启智慧、成就事业的书。宋应星将《尚书》的"天工"与《易传》的"开物"结合成"天工开物"，作为其规谏统治者行有益生人之政务的"技术概论"性著作之书名，概括地表达其书所要倡导的基本思想。

虽然宋应星对"天工开物"语并无正面的直接解释，但从其《天工开物》书却可窥其寓意。经当代学者研究，其寓意可归类为三点：

（1）崇尚天工，认为自然界蕴藏有丰富的资源和人所不及的潜力。《天工开物·序》开宗明义说，"天覆地载，物数号万，而事亦因之曲成而不遗，岂人也哉！"书中崇尚自然力的词句多处可见，诸如"以见天心之妙""造化之巧已尽""人力不至于此"等。最典型的要算《燔石·序》中的话："矾现五色云形，硫为群石之将，皆变化于烈火，巧极丹铅炉火，方士纵劳唇舌，何尝肖天工之万一哉！"

（2）赞誉人巧，认为"人为万物之灵"（《乃服》）、"人巧造成异物"（《乃粒》）。在《天工开物》中，他记述了 30 种技术创造，赞精巧的提花工艺为"天孙机杼，人巧备矣"，誉各种水利设施为"汲灌之智，人巧已

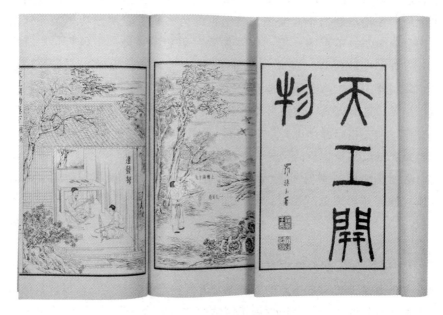

图 1-4　《天工开物》书影

无余""水碓之法巧绝"（《乃粒》）。

（3）主张人巧与自然力协调，以人力补天工，以天工助人力。五谷不能自生，靠"生人生之"（《乃粒》）；草木之实的膏液不能自流，需"假媒水火、凭借木石，而后倾而出焉"（《膏液》）。自然界的万物"巧生以待"（《作咸》）"人工运旋"（《野议·民财议》），"或假人力，或由天造"（《作咸》），"天泽不降，则人力挽水以济"（《乃粒》），连蜜蜂都采花酿蜜"使草木无全功"（《甘嗜》）。

这种崇尚天工、赞誉人巧、主张天工与人工互补的思想，并非宋应星独有。传统的"天人合一"观和"经世致用"思想的广泛传播，在诗文中都有反映。在唐代，诗人沈佺期（约656—714年）写下"龙门非禹凿，诡怪乃天功"（《过蜀龙门》）这样崇天工的诗句，而诗人高适（702—765年）则写下"用材兼柱石，开物象高深"（《题杨主簿新厅诗》）赞人巧的诗句。宋代有陆游（1125—1210年）的"天工不用剪刀催，山杏溪桃次第开"（《新燕诗》），元代有赵孟頫（1254—1322年）的"人间巧艺夺天工，炼药燃灯清昼同"（《松雪堂集·赠放烟火者》），明代有帅念祖（1723 年进士）主张"以人力尽地利，补天工"（《区田编》）。《物理小识》（1643 年）、《古今图书集成》（1725 年）、《授时通考》（1742 年）、《滇南矿厂图略》（1840 年）、《植物名实考》（1848 年）、《格物中法》（1870 年）、《云南通志》（1877 年）、《蚕桑萃编》（1899 年）等书引述宋应星，也表明其编著者在某种程度上接受宋氏的"天工与人工"互补观。这种"互补"说对"天人合一"观的发展在于，把技术看作天人联系的中介，为其从人生哲学向技术论发展开辟了道路。

在 17 世纪和 18 世纪之交，《天工开物》传到日本，它的翻刻、训点和注释出版，其影响几乎占据整个江户时代（1608—1868 年）。在 19 世纪初，宋应星的"天工开物"思想被佐藤信渊（1769—1850 年）发展并形成一种"开物之学"。佐藤作为江户时代的大思想家，为提倡"经世济民"著述四十余种，学涉天文、农学、医学、采矿、造船、经济、兵法、植物及史地、外交诸多领域。在其有关著作中，不仅《天工开物》被多所引用，而且"天工开物"的技术经济思想也被发挥。在《山相秘录》（1827 年）中他倡导："主国土者宜审勤经济之学，究明开物之法，探索山谷，知其领内所生物品，不以空徒虚名、旷废天工。"在《经济要录》（1827 年）中也论述"夫开物者，乃经营国土，开发物产，富饶宇内，教育人民之业者也"。他的这些思想又在日本发展为"开物之学"并形成"开物学派"，以致取《易传》"开物成务"之义改"洋书调所"为"开成所"（1863 年），后迁名"开成学校"（1865 年）为东京大学的前身。

日本学者三枝博音（1892—1963 年）在中西对比的意义上高度评价了宋应星的"天工开物"的技术思想。他认为，技术本来就是人类与自然协调的产物，只有把"天工"和"开物"结合起来理解技术，才能说对技术有真正的理解；而这种把技术视为沟通人类与自然界的桥梁的思想，是东洋人世界观的特征，欧洲人大概写不出"天工开物"这类书名的著作。

三　道术一本

中国古人对"道"与"术"、"学"与"艺"，既有区分又认为"道术一本"，但并非无所偏重，而是强调"道本术末""德上艺下"，主张"道以御术"和"艺以明道"。这样一种思想观点的形成，有一个历史演变的过程。它的意义，由于"道"的含义的非单一性，而有广狭两层意思，狭义上指学理指导技艺，广义上意味着道德指引科技。这种观点虽非源于易学，但通过易学的"三才"之道而产生广泛的影响。

"道"字的原始含义为道路，周代即已向抽象化方向发展，《尚书·洪范》的"王道"已有政令、规范和法度的意思。春秋时代"道"开始向"规律"的含义演化，《左传》有了"天之道"之说。《老子》中的"道"，则既是宇宙的本原，又是事物的规律，"道"下落为"德"。老子强调"万物尊道而贵德"（《老子》五十一章）。孔子将德艺并举："志于道，据以德，依于仁，游于艺。"（《论语·述而》）从而德与艺的关系被提出来。

《礼记·大学》提出至善与格物的关系："大学之道，在明明德，在亲民，在止于至善。……欲明明德于天下者，先治其国；欲治其国者，先齐其家；欲齐其家者，先修其身；欲修其身者，先正其心；欲正其心者，先诚其意；欲诚其意者，先致其知；致知在格物。"《礼记·中庸》论人道与天道、德性与知识的关系。对于天道与人道，第二十章"诚者，天之道；诚之者，人之道"，为子思引孔子之言，在第二十二章他做出解释说："唯天下至诚，为能尽其性；能尽其性，则能尽人之性；能尽人之性，则能尽物之性；能尽物之性，则可以赞天地之化育；可以赞天地之化育，则可与天地参矣。"这里，"赞天地之化育"意谓帮助天地化育，"与天地参"即人与天地并立，人要帮助天地化育才能与天地并立。对于德性与知识，主张"君子尊德性而道问学，致光广大而尽精微，极高明而道中庸。"《礼记·乐记》则提出"德成于上，艺成于下"的技艺从属于道德的观点。

《易传·系辞上》提出"一阴一阳之谓道"的命题，把阴阳相互作用看作普适规律。《易传·系辞下》还提出"三才"之道："《易》之为书也，广大悉备，有天道焉，有人道焉，有地道焉，兼三才而两之……"《易传·说卦》有进一步的解释："立天之道曰阴与阳，立地之道曰刚与柔，立人之道曰仁与义。"《易传·系辞上》提出德与业的关系："盛德大业"和"崇德广业"的思想。

"道术"一词首出《庄子·天下篇》："古之所谓道术者，果恶乎在？曰：无所不在。"西汉初陆贾（约前240—前170年）和贾谊（前200—前168年）都曾论"道术"。陆贾著《新语》，其中有《道基篇》。在该篇中，他将《中庸》讲"三才"关系的"参天化育"说提高为"道术"："天生万物，以地养之，圣人成之，功德参合而道术生。"天地人"三才"相济相成作为"道术"，越来越被阐发为治国平天下的德治原则。贾谊著

《新书》，其中有《道术篇》论述"道"与"术"的关系："道者，所以接物也。其本者谓之虚，其末者谓之术。虚者，言其精微也，平素而无设储也。术也者，所以制物也，动静之数也。凡此皆道也。"道本术末、道术非二的思想大体具备。

三国时期的数学家赵爽进而将道术关系发展为"以道御术"。他在注《周髀算经》时援引《周易》论"道术"说："夫道术，圣人之所以极深而研几。惟深也，能通天下之志；惟几也，故能成天下之务。"《周髀算经》认为"道术所以难通"因为"既学矣，患其博"，"既博矣，患其不习"，"既习矣，患其不能知"。他论"知道"说："问一类而以万物达者，谓之知道。"晋代葛洪（283—363 年）论"道术"主张"体道以匠物，宝德以长生"（《抱朴子·释滞》）"寓道于术"的思想，与"以道御术"思想类似。他的炼丹活动是他"寓道于术"的实践。

宋明理学家以"理"说"道"。易学家邵雍强调以"理"观"物"，认为"远乎理则入乎术，世人以数入术故失于理也"（《皇极经世书·观物外篇》）。数学家秦九韶主张"数与道非二本"，"大则可以通神明、顺性命，小则可以经事务、类万物"（《数书九章·序》）。数学家李冶也把算学这种技艺看作道之所在："由技兼于事言之，夷之礼，夔之乐，亦不免为一技；技近乎道者言，石之斤，扁之轮，非圣人之所与乎？"（《测圆海镜·序》）医药学家把医术看作"仁术"，名医朱震亨认为"士苟精一艺，以推及物之仁，虽不仕于时，犹仕也"，宋代明相范仲淹有"不为良相，当为良医"之说。宋以降，道器之辨、德艺之争起。文学家苏轼（1037—1101 年）"道者，器之上达者也；器者，道之下见者也，其本一也"；南宋哲学家叶适（1150—1223 年）以"周官言道兼艺"为据论说，"上古圣人之治天下至矣，其道在于器数……无考于者，其道不化"（《进卷·总义》），"道术相通""德艺相济"的思想颇浓。明清功利实学思潮盛，"经制之学"和"经济之学"被提倡，"通经致用"和"明道救世"的思想上升。方以智以《礼记·中庸》为据论说，"成己，仁也；成物，知也。性之德也，合内外之道也，故时措之宜也"（《物理小识·自序》）。清代朴学曾导致数学的复兴，仍以"艺明道"为指导。乾嘉学派大师钱大昕说："数为六艺之一，由艺以明道，儒者之学也。自世之学者卑无高论，习于数而不知其理，囿于今儿不通乎古，于是儒林之实学下同方技，虽多运算如飞，又遏足贵乎。"①

这样的科学技术观，对于中国古代传统科学技术的发展有极为深远的影响。这种影响有利也有弊，其弊端最为鲜明者是妨害了科学技术专业的形成。例如，6世纪末，颜之推所撰《颜氏家训》的《杂艺》篇中说，"算术亦六艺要事，自古儒士论天道、定律历者皆通之。然可以兼明，不可以专业"。虽有沈括主张"人之于学，不专则不能，虽百工其业至微，犹不可兼而善"，终难扭转大势，以致科技长期沦为儒学的附庸。但"道术相通""德艺相济"的思想，在当今科学技术的社会危机举世瞩目的新形势下，却有极为重要的意义。

第五节　中国科学传统的现代意义

科学诞生后的继续发展是一个世界化的过程，各文明区的科学现代化都是这总进程的一部分。各文明孕育的古代科学传统也是接受和发展世界化科学的基础。中华悠久文明中的科学传统，不仅对科学的成长做出了贡献，而且有可能对科学的未来发展提供启示。

一　历史记录的科学价值

由于中国人对历史的重视所形成的隔代修史习惯，而得以保存了完整记录中国五千年文明的二十五史和数千种地方志。由于"天人感应"观念的存在又使中国人特别注意灾异现象的实录。正史和地方志补充以野史、笔记，形成了相当客观的自然史"信息库"。在前科学时代，中国古人就运用统计分析方法寻找某种规律性认识以指导人类的活动。在中国，依天象记录制定历法和利用物候规律指导农事是司空见惯的，徐光启的《治蝗疏》所总结的蝗灾时空分布曾指导明清两代灭蝗行动。在国外，18世纪有法国数学家和天体力学家拉普拉斯（P. S. de Laplace, 1749—1827年）利用中国黄赤交角观测值支持他的天体力学理论（1796年），19世纪有德国地理学家洪堡（A. von Hunboldt, 1792—1859年）援引中国古老的记录为其人与环境统一的地学思想做论据，以及英国进化生物学创始人达尔文（Charles Darwin, 1809—1882年）引用中国历史资料支持他的生

---

① 李锐：《三统术衍铃》跋。

物进化论（1868 年），但对中国历史记录科学价值的真正认识还是在 20 世纪。

　　中国自然史记录的科学意义在当代天文学领域最受重视。瑞典天文学家伦德马克（Kunt Lundmark，1889—1958 年）的《历史记录和近代子午观测所得的疑似新星表》（*Suspected New Stars Recorded in Old Chronicles and among Recent Meridian Observations*，1921 年），将中国 1054 年观测到的天关附近的客星列入其中。1928 年美国天文学家哈勃（Edwin Powell Hubble，1889—1953 年）确定其在蟹状星云旁边，1942 年梅耶尔（N. V. Mayall）等确认这颗星是超新星，1954 年又发现蟹状星云中存在射电源，于是超新星爆发与蟹状星云及其射电源的关系问题一时成为天文学的中心话题之一，中国史籍所载天关客星在其中成为重要角色。由于苏联科学家的请求，席泽宗（1927—2008 年）当时受命中国科学院副院长竺可桢（1890—1972 年），查集中国历史上有关新星的记录，于是《古新星表》编成（1956 年）并从而得以认证蟹状星云是天关客星这颗超新星爆发的遗迹。这一轰动世界的成功触发了中国学者运用历史记录进行天文学研究的诸多工作。中国对"彗孛流陨"有全面和持续的记录，太阳黑子记录 100 多次，彗星记录 600 多次，日食记录 1000 多次，流星雨记录数千次。《中国古代太阳黑子研究与现代应用》（1990 年）是中国天象记录研究的重要成果。

　　天象记录的研究和应用引发了对灾异等其他历史记录研究和应用的热情。竺可桢的古气候研究卓有成效。他在 1925 年就发表了《南宋时代我国气候之揣测》《中国历史上气候之变迁》《日中黑子与世界气候》《中国历史上的旱灾》四篇论文，持续的探索终获举世关注的成果——《中国近五千年来气候变迁的初步研究》（1972 年）。它不仅推动了中国的也推动了世界的历史气候学研究，《中国近五百年旱涝分布图》（1981 年）是这方面研究的代表性成果。其他如三卷本的《中国地震历史资料汇编》（1983—1987 年）和《中国古代潮汐资料汇编》（1978 年），特别是《中国古代重大自然灾害和异常年表总汇》（1992 年），标志着历史记录研究已经达到系统化进行的阶段。历史记录在实际工作中也发挥了一定的作用，如黄河小浪底大坝程高设计和长江葛洲坝防洪设计都利用了历史记录，前者以黄河 1843 年洪水的复原研究为依据，后者以 1870 年洪水下游的荆州大堤不决口为前提；而历史地震活动特征与地质构造结合已经作为预报中长期地震的重要依据。

历史记录研究的当代发展，在中国正在形成方法论意义上的一门新学科——历史自然学，即对历史记录进行统计分析以达到某种程度的规律性认识。因为对于认识其现象不可重复的对象数据统计乃为最重要的途径，还因为历史记录填补了实时监测资料和史前地质资料之间的空白，所以有它独立存在的根据。更广泛地说，由于环境问题而兴起的自然系统研究这类课题中的历史演化不可或缺，这是历史自然学兴起的大背景。

二　传统科学范式的新际遇

在欧洲，希腊科学的三个传统——数学传统、逻辑传统和实验传统，在理论思维和工匠实践相结合下，形成了 16—17 世纪的科学革命，造成了一个统一的近代科学范式。在产生于欧洲的科学的世界化的过程中，中国科学逐渐淹没在这一世界潮流之中。以今天的科学和社会现状检讨我们的诸传统学科，数学、天学、地学、农学和医学，显然会发现它们的种种缺陷，但也发现当代科学思想的三大转向与中国科学传统特征的契合。这表明了中国科学传统的生命力，特别是数学和医学的传统范式遇到了新的际遇。

现代数学一直有两种对立的倾向——构造性数学和非构造性数学，德国数学家康托（Georg Cantor，1845—1918 年）以来，非构造性数学似乎占了压倒优势。所谓构造性数学倾向算法化，而非构造性数学倾向即公理化。由于计算机运用于信息加工必须使数学规律算法化，发展构造性数学。因而，信息时代给了算法化和代数化的中国传统数学的范式以新的际遇。自《九章算术》以迄宋元，中国数学传统都是以算法为中心发展的，并且是以把几何问题化为代数问题求解为其特征的。中国数学家吴文俊（1919 年—　　）将中国传统数学的构造性和几何代数化方法用于定理的机器证明获得成功。其思路是把几何问题化为代数方程组，以整序原理消元求解，从而判断定理的成立与否。吴文俊机械化的定理证明方法的一个突出应用是，由开普勒行星三定律自动推导出牛顿万有引力定律。定理机器证明的吴文俊原理和求解高次联立方程组吴文俊消元法的创立，已使中国在机械化数学领域处于领先地位，亦表明中国传统数学范式的新生。

中医学是唯一延续到今天而与现代医学并存的中国传统科学中的一个学科。这并非因为中国缺少现代医学，亦非完全人为地强行保护的结果，而是它作为现代医学的补充而不可或缺。但作为中医理论基础的经络学说和草药配伍至今尚不能得到很好的科学理解,而"望闻问切"的诊断方法和"八纲辨证"施治却又有效,似乎理论不过是经验的点缀。同样以人体为对象,西医与中医各成体系所造成的困惑是否到了该解决的时候?在中国西医、中医和中西结合医"三驾马车"的局面是否能够整合统一?关键在于当今的科学与社会是否为中医学的模式提供了际遇。所谓医学模式即关于健康和疾病的总观点。当代正处在从生物医学模式向社会医学模式转变期,这种转向为中医学模式的新生提供了际遇。因为中医学范式本质上主张生物心理社会医学模式。不过《内经》开创的这种模式未为后人所重视,人们只强调它的人体整体性以及人体作为小宇宙与大宇宙的协调,而忽视了它的心身和人与社会和谐的方面。在医学模式意义上,充分用现代科技手段建立统一的医学已经提到日程上来。有人已经提出以生态原理、自组织原理和意念反射原理为支撑的统一医学框架。

三　传统文化的后现代性

一般来说,知识有三个台阶:经验知识、概念知识和综合这两者的合理性的知识。经验知识是科学真理的重要基础,但只有当它是对对象本质正确反映时才是有意义的。概念知识对于对象的本质知识之形成最为重要,但概念的基本意义也是可错的、不完全的或误解的。因而需要把这两者合理地综合起来,而这个任务的实现有赖于文化和哲学的背景。

已故中国计算机和软件科学家唐稚松(1927—2008 年)在他的研究中感到,软件研究已经发展到了需要找出一种指导它的思想方法的新哲学基础的阶段。20 世纪 70 年代后期开始的直接以逻辑语言写程序的研究,在 80 年代初取得了突破,以一阶逻辑或以递归泛函为基础的各种程序与以往的各种高级程序语言有本质的不同,它们均建立在严格的逻辑或数学的基础上。它们的出现标志着计算机程序范式的分裂。因而提出各种范式重新归于统一的问题。唐先生适时地加入这种统一工作的行列。他以儒学的"中庸之道"作为综合这个领域中的技术经验和概念知识的适合的哲学方法,创立了以时序逻辑为核心的 XYZ 软件系统,其基础部分硬化在机器中还可以形成 XYZ 机。这是真正走向逻辑机的最早工作之一,受到同行的重视。①

图 1-5 玻尔族徽

唐稚松的成功表明自觉运用中国文化价值的科学意义。中国的文化价值已被为数不少的有远见的科学家注意。丹麦物理学家玻尔（Niels Bohr，1885—1962 年）的族徽选取中国的阴阳鱼太极图为其核心元素。协同学创立人、德国物理学家哈肯（Hermann Haken，1927年— ）和耗散结构创立人、诺贝尔化学奖得主比利时科学家普利高津（Ilya Prigogine，1917—2003 年）都主张，新的自然观将是西方和东方两种传统的综合。英国天文学家沙里斯（M. Shallis）1985年在《复活》（*Resurrection*）第 109 期上发表题为《新科学的诞生》（"The Birth of a New Science"）的文章，主张新科学应是合乎伦理道德的科学。尽管建立新科学的中心尚未找到，但他认定了前进的目标，他说："你若问，是否有什么迹象表明，这样一种新科学将要问世，我的信念是：前进的唯一道路是转过身来重新面向东方，带着对它的兴趣以及对其深远意义的理解离开污秽的西方，朝着神圣的东方前进！唯有到那时，我们才算达到了一个新的转折点……不管怎样，重新面向东方是可能的。但是改变方向的代价将是巨大的和创伤性的。"

中国文化价值的精髓是"中庸之道"，它既是伦理价值也是一种方法论。作为伦理价值它强调和谐，作为方法论它避免极端。当代科学技术文明的困境要求科学人性化。科学史家萨顿早就发出"科学必须人性化"的呼吁。李约瑟认为，"中国的伟大贡献或许可以通过恢复基于一切人类经验形式的人道主义准则，而从这种死亡的躯体上挽救我们"。如果说以儒学为主流的中国传统文化价值有其现代性的一面，那么儒学伦理价值科学化就是必要的，给科学注入价值，以使科学精神和道德理想结合起来。

在这里我们有必要从新的视角评论中国的长城和运河两大工程。秦始皇统一中国后动用 30 万民工，历时 10 年，修筑了绵延万里的长城。隋朝

---

① 唐稚松：《时序逻辑程序设计与软件工程（上）》，科学出版社 1999 年版。

统治者先后两次，每次都动用数百万民工，开凿贯通南北五千里的大运河。从科学视角看，这两大工程都是世界罕见的系统工程。经历代增补的长城，高 4 米宽 3 米，"五里一燧，十里一墩，三十里一堡，百里一城"，随山盘旋，如一条巨龙。经历朝护修的运河，穿三江五湖，沟通五水十泽，两岸榆柳大道。这两大工程的设计和施工非周密测算和精心调度难以完成。万里长城起到了防御外族入侵和保卫丝绸之路的历史作用，今天虽然已经失去了原来的作用，但仍是中华民族智慧和和平理念的象征。大运河上，"弘舸巨舰，千轴万艘，交贸往还，昧旦永日"，给两岸重镇带来多少繁荣。科学技术若不注入道德理想，哪里会有惠民的功能！

结语——科学背后的文化

科学诞生在近代欧洲而没有诞生在中国，而且科学世界化的潮流似乎已渐渐淹没了中国科学传统。但是这并不表明中国科学传统失去了其未来的意义，李约瑟不把传统的中国科学视为近代科学的一个失败的原型，在其《中国科学技术史》第 5 卷《化学及相关技术》之第 2 分册《炼丹术的发明和发现：金丹与长生》的导言中指出，中国文化传统中保存着"内在而未诞生的最充分意义上的科学"，强调中国科学文化传统对未来科学的意义。

当代科学所面临的三大挑战，人类生存环境的恶化、高技术评估的困难和科学与人文发展的不平衡，将在很大程度上影响科学未来发展的方向及其特征。有种种迹象表明，科学可能不再完全沿着 17 世纪确定下来的路线前进。科学的社会运用已开始成为科学内部问题，价值理性将成为科学规范的重要组成部分，科学的总体范式也已在转变之中。

在科学的当代演变中一种新的科学类型在形成中，与传统理解的科学相比未来的新科学可能有四个极为重要的观念特征。第一，传统理解的科学主张科学只揭示能由任何科学探索者重复的知识，而这科学的新类型把不可再现的行为视为科学探索的重要对象。第二，传统理解的科学把科学的社会运用问题视为科学之外的社会问题，而这科学的新类型则把它包括在科学探索的过程之中。第三，传统理解的科学忽视或把价值因素看得十分平淡，使得沿着价值自由度方向的探索简单化，而科学的新类型则必须考虑价值因素，因而使科学理性除了逻辑理性、数学理性和实验理性以外又增加了价值理性。第四，传统理解的科学知识系统不关涉自身，而科学的新类型的知识系统则要求关涉到系统本身的知识。

中国科学文化传统对于新科学范式的建立会有某种启迪。生成论的自然观、比类互补的逻辑推理和模型化的理论构造，可望对未来科学有所补益。在自然观方面，虽然构成论使现代科学取得了巨大的成功，但基于构成论的思维方式也遇到了很大的困难。早在 20 世纪 50 年代德国物理学家海森伯（Werner Karl Heisenberg，1901—1976 年）就主张在粒子物理学研究中放弃构成论而采用生成论，尽管当今的大多数物理学家仍然沉迷在构成论的迷雾之中，但从构成论向生成论转变的趋势已成定局。在逻辑推理方面，虽然形式逻辑体系作为科学推理的基础迄今还没有发生动摇，但科学理论中的诸多悖论无疑表明了其局限性。以归纳法和演绎法为支柱的逻辑体系只包含了从特殊到普遍和从普遍到特殊的推理，需要补充从特殊到特殊和从普遍到普遍的推理，中国传统科学所普遍使用的类比推理和互补推理恰好能弥补形式逻辑的这种缺失。在理论构造方面，虽然公理化一直作为众多的科学家追求的目标，但捷克—美国数学家哥德尔（Kurt Gödel，1906—1978 年）的不完全定理实际上已摧毁了这一理想，模型化重新成为理论建构的主要方法的时代已经到来。

今天的人类已经在哲学深度上认识到，物质、能量和信息是世界的三大要素，科学和技术就其本质而言无非认识和利用物质变化、能量转换和信息控制。人类文明史经历了物质主导的农业文明时代和能量主导的工业文明时代，正在进入信息主导的新文明时代。当今世界正处于比特取代原子的历史关头，前者的思想源头是古希腊原子论而后者的先驱是中国古老的《易经》。

信息主导的未来社会的实现是一个创造新文化的过程。任何传统都面临科学论证的考验。在全球性新文化的缔造过程中，如何向世界提供我们文明中的最佳遗惠，是一个为人类做贡献的严肃问题。寻找新文化的种子，以在现代科技文明的基础上，发展新的科学和新的人文与价值体系，是当代人的历史责任。

在如何建构后现代科学的话题中，一些学者注意到中国文化传统中的后现代性价值。人类意义世界所做出的这种价值选择，在某种程度上意味着历史转折时代的传统回归，中国文化传统中的某些思维方式和价值取向可能会重新获得其生命力。中国科学传统正在为当代科学逐渐确认其地位，未来科学的发展将可能表现出中西两种传统互补的特征。

第 二 章

中国古代科技文化的孕育和形成
——先秦诸子

中国社会科学院哲学研究所　刘丰

春秋战国时期出现的百家争鸣，是中国古代思想文化发展过程中极为活跃的一个时期。诸子思想中关于宇宙自然、社会政治以及人性等问题的看法各不相同，由此而展开了激烈的争论，并形成了百家争鸣的局面，这对于中国古代文化的发展产生了决定性的影响。同时，先秦诸子思想相对来说还处于未分化的状态，包罗万象，尤其是儒家、道家、墨家、法家、阴阳家、名家的思想中包含有丰富的关于科学的认识，对中国古代科学及科学思想的发展有至关重要的影响与作用。因此，从中国古代科学史的发展来看，先秦是中国古代科技文化的孕育和形成时期。

第一节　先秦诸子科学思想的哲学基础

我们研究先秦诸子哲学思想中的科学内涵，以及诸子科学思想与哲学的关系，首先应该探讨的问题就是先秦诸子科学思想的哲学基础。在很大程度上，先秦诸子科学思想的哲学基础也就是整个中国古代科学思想的哲学基础。我们认为，先秦诸子科学思想的哲学基础就是中国传统哲学天人合一下的阴阳五行结构。

中国古代的思想上升到最高的哲学问题，就是探讨"天人关系"。讲到天人关系，研究者一致认为，"天人合一"是中国古代思想的核心命题，天人之间的"合一"关系是中国文化的主要特征之一。其中，"天"

"人"的含义都比较复杂，"天"既有自然之意，又有道德含义以及某种神秘因素；"人"既可以指个人，又可以指社会，也可以指人类，等等。而"合一"的方式，更是多种多样，有从原始巫术、宗教礼仪一直发展至天人感应的神秘的"天人合一"，也有如《周易》所代表的自然规律与人事法则一致的"天人合一"，等等。这样复杂的"天人合一"，既是中国哲学的主要内容和重要特征，同时也孕育出光辉灿烂且独具特色的中国古代科学。

阴阳五行思想产生的源头很早，从《左传》等书中可以看到，它在春秋战国以来已经影响很大，诸子都不同程度地与它有关。顾颉刚先生说阴阳五行是"中国人的思想律，是中国人对于宇宙系统的信仰"[①]，我们可以这样来理解，阴阳五行从殷周产生、发展之际，就融入了中国思想当中，是春秋战国诸子思想的思想背景，更是中国古代科学思想的哲学基础。因此，从整体上说，阴阳五行思想并不属于哪家哪派，它是整个诸子思想共同的"思想律"。20 世纪二三十年代，梁启超、顾颉刚在论述阴阳五行思想起源于战国末期的时候，[②] 同时就有学者指出，阴阳五行作为一种思想，有着悠远的历史渊源，它经过了漫长的历史发展之后，才在战国末期形成蔚为壮观的社会思潮。[③] 我们认为，这种看法更符合历史的实际。阴阳五行作为一种影响深远的思想，必然有深厚的思想基础和历史源头，不可能是无源之水。而先秦所谓的"阴阳家"（即阴阳五行家）确实产生很晚，是战国末期以邹衍为代表的一个思想派别。阴阳家以阴阳五行名家，但它之所以成家，并不在于它专讲阴阳五行，而是在于它宣扬一套五德终始的"政治气候学"[④]。因此，我们区分阴阳五行思想和阴阳家，可以更清楚地认识阴阳五行思想的发展和它与诸子思想的关系。

---

① 顾颉刚：《五德终始说下的政治和历史》，载《古史辨》第五册，上海古籍出版社 1982 年版，第 404 页。

② 参见梁启超《阴阳五行说之来历》，顾颉刚《五德终始说下的政治和历史》，均见《古史辨》第五册。

③ 参见吕思勉《辨梁任公〈阴阳五行说之来历〉》，范文澜《与颉刚论五行说的起源》，均见《古史辨》第五册。

④ 李零：《道家与中国古代的"现代化"》，载《道家文化研究》第十辑，上海古籍出版社 1996 年版。

一　顺天守时的天人合一

从诸子哲学的整体来看，"天人合一"的主要特征是"以天应人，以人合天"。这也就是中国古代从《夏小正》发展至《月令》系统的顺天守时的天人合一。

《夏小正》和《月令》保存于今本《大戴礼记》和《礼记》当中，它们所代表的中国古代传统思想的"天人合一"，就是指人事活动应该顺应自然规律，与自然节律的变化相一致。这种思想根源于农业社会对自然节律的认识，原是一种朴实的自然观念，是人类获得的最初关于自然的知识。

1. 民事与天时的相合

以《夏小正》为典型的顺天守时的思想，根本特征在于民人的人事活动应该与自然节律一致，这是中国古代哲学"天人合一"思想最初的表现形态，也是中国古代科学思想的最初萌芽。

《礼记·礼运》篇记载孔子和弟子子游的对话：

> 言偃复问曰："夫子之极言礼也，可得而闻与？"孔子曰："我欲观夏道，是故之杞，而不足征也，吾得《夏时》焉。我欲观殷道，是故之宋，而不足征也，吾得《坤乾》焉。《坤乾》之义，《夏时》之等，吾以是观之。"

从孔子的话中可知，《夏时》是夏代之礼的主要内容。它的内容应该相当于今本《大戴礼记》中的《夏小正》。

《夏小正》虽然按孔子说属于夏礼，它的成书也在春秋以后，但它所包含的内容则非常古老，是古代先民在漫长的历史发展中逐渐积累的顺应自然的经验知识。我们可以自然地设想，在人类社会之初漫长的千百万年中，原始先民与大自然的关系是亲密一体的。他们仰观"天文"，俯察"地理"，把人类自身的生老病死、生产劳动与自然界的交替变化有机地联系起来，由此形成了顺天守时的自然观念。这一思想就反映在《夏小正》当中。《夏小正》内容古朴，主要分为三部分：①天象：包括气候与星象的记录，如正月"时有俊风"，三月"参则伏""越有小旱"，五月"参则见""初昏大火中"，十月"初昏，南门见"等。②物候：包括动植物的生长变化，如正月"启蛰""雁北乡""田鼠出"，三月"田鼠化为鴽"，五月"良蜩鸣"，十月"黑鸟浴"等。③人事：包括每个月份的农桑、祭祀、礼俗等各类活动，如正月"农纬厥耒""农率均田"，三月"妾子始蚕""执养宫事"，十二月"虞人入梁"等。由此可见，《夏小正》基本是按照十二个月天象、物候的自然变化，安排了人事方面的活动，但是，总体上说，它还显得很零乱，内容也不均一，所记事多少不等，如正月二十三条，而六月仅三条，十一月仅四条。又如天象方面，二月、十一月、十二月更是付诸阙如。这一方面可能在流传的过程中有佚失，同时也与观察不完善有关。

在殷墟甲骨中有完整的干支表，说明殷人对时令有明确的认识。甲骨中一片干支表上刻有"月一正曰食麦……"（《殷虚书契后编》卷一下），郭沫若认为即《礼记·月令》"孟春之月食麦与羊"之"食麦"①，饶宗颐则认为是《夏小正》"祈麦实"之礼。②两位学者的具体看法不同，但都认为这是殷人顺天守时观念的反映。又同片甲骨中还有"二月……"一句，郭沫若认为："'二月'下一字为父，父乃斧之初字。又其下一字不识，然其字从木，要当为二月中之行事。"③可见此片甲骨刻辞与《夏小正》《月令》颇为类似。由于卜辞的性质所限，我们从中不可能发现大量这类记载，但显而易见，殷人是有顺天守时这种观念的。因此郭沫若说"此殆当时之时宪书也，亦即中国最古之时宪书"④。说它"最古"，只是说它是目前发现最为古老的，而其观念则有着悠久的渊源，是在成年累月的观察经验中形成的用于指导生活和生产劳动的一种朴素观念。这是"天人合一"最古老的形式，也是它的基本含义。

《夏小正》基本上是按照自然变化来安排人事，这是积极的一方面；同时也存在另一方面的内容，这就是禁忌，即由于自然的原因而不宜做某事。记载这方面内容的是古代的历忌之书。《汉书·艺文志·数术略》"五行类"收有《四时五行经》二十六卷、《阴阳五行时令》十九卷，就是这类书。《隋书·经籍志》子部"五行类"也录有许多这类的书，可惜

①　郭沫若：《甲骨文字研究·释干支》，载《郭沫若全集》考古编第一卷，科学出版社1982年版，第161页。

②　饶宗颐：《殷代贞卜人物通考》，香港大学出版社1959年版，第257页。

③　郭沫若：《甲骨文字研究·释干支》，载《郭沫若全集》考古编第一卷，第161—162页。

④　同上书，第161页。

都已佚失。现存这类历忌之书最早的当为长沙子弹库楚帛书。① 据学者研究，楚帛书分为《四时》《天象》《月忌》三部分，其中《天象》篇主要论证了顺应时令和知岁的重要性，如果置闰月有误，会造成四季失常，以及日月星辰运行的紊乱和各种自然灾害。民人知岁，天则降福，民人不知岁，天则降祸。因此，民人应该对天地山川诸神虔诚祭祀。如果民人不知岁，祭祀不周，上天便会降下灾祸，使农事不顺。《月忌》篇主要讲十二个月的禁忌，涉及出师、征伐、会诸侯以及娶嫁、筑室、畜生等日常生活行为，如正月忌杀，忌壬子、丙子日，忌做事和北向征伐；四月不可以做大事（祭祀、征伐等）；八月忌盖房、娶妇；十二月忌攻城；等等。《月忌》虽然也包含一些所宜之事，如二月可以出师征伐、筑城，九月可以盖房，十一月可以攻城等，但这些内容只是少数，它主要讲的还是各月的禁忌。② 子弹库楚帛书成书于战国中期以前，③ 但它的渊源却也同样非常古老。其中虽然掺入了阴阳五行思想，但反映的思想由来已久，它与《夏小正》一类书同时并存，用于指导现实生活。当然，由于古书的缺失，我们还不能完全恢复从《夏小正》到子弹库楚帛书之间思想发展的轨迹，但同时也不能因为其成书年代而否定其思想的原始性。

2. 时政与天时的相合

以《夏小正》和楚帛书为代表的顺天守时的思想，基本上是围绕着人的日常生活而展开的（子弹库楚帛书虽然也涉及诸侯的出师、征伐等政治活动，但属于少数），它们不像后来的《月令》是以政令和天时相配合，因此，二者之间有着本质的区分。这种区别是由于历史发展而造成的。我们可以用"绝地天通"来作为显示这种区别的标志。

《国语·楚语下》记载了楚昭王和观射父的一段对话，其主旨是说上

---

① 李零的《长沙子弹库战国楚帛书研究》一书指出，楚帛书"性质当与古代的历忌之书相近"，这个结论是正确的。参见《长沙子弹库战国楚帛书研究》，中华书局1985年版，第46页。

② 参见李零《长沙子弹库战国楚帛书研究》；李学勤《楚帛书中的天象》《楚帛书中的古史与宇宙论》《再论帛书十二神》，均收入李学勤《简帛佚籍与学术史》，（台湾）时报文化出版企业有限公司1994年版。

③ 1973年湖南省博物馆发掘了出帛书的墓葬，由出土器物证明此墓属战国中晚期之际。陈梦家先生在1964年写的《战国楚帛书考》一文中认为此墓为公元前350年前后，应是正确的。参见湖南省博物馆《长沙子弹库战国木椁墓》，《文物》1974年第7期；陈梦家《战国楚帛书考》，《考古学报》1984年第2期。

古原始宗教发展经过了民神不杂、民神异业—民神杂糅、家为巫史—绝地天通、民神异业三个阶段。显然，这个过程中前后两个阶段是相同的。这种发展并非宗教自然演化的过程，观射父是把后来神民异业的状态赋予了上古。所以，上古宗教的发展实际是一个从人可以直接与神沟通到民神异业的过程。其中的关键是重、黎"绝地天通"，使民神分离。对于这段著名的史料，学者可以从宗教学、文化人类学、历史学的不同角度予以解释。我们认为，应该把重、黎"绝地天通"放在整个中国上古历史的发展中来考察其意义。颛顼、重、黎时代，正是中国从原始社会迈向阶级社会的时代，也是文明和国家形成的时代。因此，颛顼派重、黎"绝地天通"，实行宗教改革，与国家的形成有着密切的关系。具体来说，"绝地天通"以后，由专职巫师垄断了与神交通的权力。而在文明之初，巫、王合一，因此，与神直接交流的巫同时也就是王。这也就是说，巫觋被统治者独占了，通天通神成为统治者的特权。[①] 这样，在顺天守时的四时教令中，王成为中心，民事与天时的相合变成了政令与天时相配合，民众与天沟通要以巫、王为中介。

在《尚书·尧典》当中就可以看到由王"敬授人时"的记载：

> 曰若稽古帝尧……乃命羲、和，钦若昊天，历象日月星辰，敬授人时。
>
> 分命羲仲，宅嵎夷，曰旸谷。寅宾出日，平秩东作。日中，星鸟，以殷仲春。厥民析，鸟兽孳尾。
>
> 申命羲叔，宅南交。平秩南讹，敬致。日永，星火，以正仲夏。厥民因，鸟兽希革。
>
> 分命和仲，宅西，曰昧谷。寅饯纳日，平秩西成。宵中，星虚，以殷仲秋。厥民夷，鸟兽毛毨。
>
> 申命和叔，宅朔方，曰幽都。平在朔易。日短，星昴，以正仲冬。厥民隩；鸟兽氄毛。

---

① 对重、黎"绝地天通"的神话做这种解释的主要有：徐旭生《中国古史的传说时代》（增订本），科学出版社 1960 年版；杨向奎《中国古代社会与古代思想研究》，上海人民出版社 1960 年版；张光直《中国古代王的兴起与城邦的形成》，载《燕京学报》新三期，北京大学出版社 1997 年版。

帝曰："咨，汝羲暨和，期三百有六旬有六日，以闰月定四时成岁。"

这里所记载的也是把天象、历数、物候和人事紧密联系在一起，把自然界和人类社会看成一个整体。但与《夏小正》和楚帛书不同的是，《尧典》所说的是帝尧命令羲、和掌管天地，又命他们的四个儿子分别掌管春夏秋冬四时，由他们观测天象，根据四时气节"敬授人时"。这样，原始的顺天守时的观念，已经成为统治者的权力。从《左传》《国语》等文献可以看出，至春秋时期，政治举措要与时令相符，是当时的一种普遍认识。

《左传·僖公五年》记载：

五年春王正月辛亥朔，日南至。公既视朔，遂登观台以望，而书，礼也。凡分、至、启、闭，必书云物，为备故也。

据杨伯峻先生的注，每年秋冬之际，天子颁发第二年的历法与诸侯，历法所记，重点是每月初一为何日及有无闰月，谓之"班朔"。诸侯于每月朔日，必以特羊告于庙，谓之"告朔"。告朔之后，仍在太庙听治一月之政事，谓之"视朔"，亦谓之"听朔"。《左传》所记，是说国君于二分、二至及四立之日，必登台以望天象，占其吉凶而书之。如有灾凶，早为之备①。古人极其重视季节的变化和与之相应的政治活动之间的关系。如果国君的政令、祭祀等行为不按照天时的变化而改变，则是非礼。"闰以正时，时以作事，事以厚生，生民之道于是乎在矣。不告闰朔，弃时政也，何以为民？"（《左传·文公六年》）由此可见，按时行政是为政者的首要大事，是"生民之道"。因此，"赏以春夏，刑以秋冬"（《左传·襄公二十六年》），国君一年的政事安排要与自然天时相符合。如《国语·周语中》说："先王之教曰：'雨毕而除道，水涸而成梁，草木节解而备藏，陨霜而冬裘具，清风至而修城郭宫室。'"修筑道路、桥梁、宫室等活动都要在秋冬季节进行，一方面是因为秋冬季为农闲时节，同时也由于古人认为，秋冬季大地封闭，适于修筑。从《春秋》经、传来看，鲁国

---

① 杨伯峻：《春秋左传注》（修订本），中华书局 1990 年版，第 302—303 页。

在秋冬季筑城就比其他季节要明显得多。① 这是政事与节气相符合的一个明显例子。

至战国中晚期形成的《月令》把以王为中心的四时教令更加系统化。按王梦鸥的解释，"所谓'月'，乃包举天时；所谓'令'，即其所列举之政事。故合'月''令'而言，恰为'承天以治人'之一施政纲领"②。这个说法是恰当的。《月令》是为即将出现的统一的中央集权的政权制定行政月历。它以一年十二个月为纲，把五方、五行、天象、帝神、五色、音律、祭祀、物候、人事等各方面的内容都安排进去，但其中心是王居明堂以行政令，要王的政治要与天时、自然相符合，否则就会带来灾异。

与《月令》同时属于战国中后期的《管子》当中的《四时》《五行》《幼官》《轻重己》等篇，也是按照四时、五行的框架，把天时、物候、政事包括进去。《管子·五行》篇说："以天为父，以地为母，以开乎万物，以总一统。"这是给君王提出的要求，要君王把天道、地道、人道统一起来。因此，在四时政令中要以天子为中心。《五行》篇按五行把一年分为五个阶段，每段七十二日，都以"天子出令"为核心。《幼官》篇也属于明堂阴阳，它也是以四方、四季为纲，以君王为中心，将一年的政事统领其中。它在开篇讲到的"五和时节"，虽然在一年中并不占据位置，但却并非形同虚设，而是四季之治的总纲。因此，《四时》篇总结说："圣王务时而寄政焉，作教而寄武，作祀而寄德焉。此三者圣王所以合于天地之行也。""是以圣王治天下，穷则反，终则始。德始于春，长于夏；刑始于秋，流于冬。刑德不失，四时如一。"四时政令是以王为中心，"圣王务时而寄政"是《月令》系统的核心。

如果我们将《月令》系统的文献（包括《管子》中的《四时》《五行》等篇）和《夏小正》、子弹库楚帛书相比较，可以清楚地发现，前者是以王为中心，而后者则是以民间的日常生活为主。这种区分是历史的发展所造成的。但是，这并不是说在商周以后，《夏小正》等书及其反映的

①　参见日本学者井上聪的统计。见井上聪《先秦阴阳五行》，湖北教育出版社1997年版，第167页。

②　王梦鸥：《礼记月令校读后记》，载《三礼论文集》，（台湾）黎明文化事业股份有限公司1982年版，第251页。

思想就不存在了；相反，它们依然在民间继续流行，只是它们的重要性已经被《月令》等以君王为中心的四时教令所取代。在国家形成、王权确立以后，王在顺天守时的"天人合一"系统中占据了核心地位，是沟通天人的中介。这种以王为中心的四时教令也就是中国古代的"政教合一"。它把政治、宗教、伦理、法律、自然等一切现象都包括在这个整齐的模式之中，其核心是政治。

二 "天人合一"的哲学基础是阴阳五行学说

中国古代哲学中"承天以治人"的"天人合一"思想从《夏小正》发展到《月令》，其天象、物候、人事方面的安排越来越趋向严密、整齐，完整地反映出中国古人对于自然的一种看法，即认为自然规律同社会秩序、人事活动是相应的，其中蕴含着深刻的一致性。这种天人合一的思想结构以阴阳五行为构架，把四季、帝神、五音、十二律、五味、五色、五性以及物候、人事安排、祭祀、禁忌等方面的内容都包罗进去，形成一个无所不包的世界图式。这个严密、完整的关于世界整体的构想，成为后来中国科学发展的理论模式。

1. 阴阳与五行思想

一般认为，阴阳和五行是分头起源、独立发展的两种思想，直至战国时期才合流，进而形成战国后期强大的阴阳五行思潮。

阴阳观念本来是由人们对自然现象长期观察而形成的。"阳"字在甲骨文中就已经出现，本指太阳能够照射到的地方。"阴"字甲骨文未见，但作为一种与阳相对应的自然现象，阴的观念应该是存在的，[①] 即为太阳照射不到的地方。这种二元对立的思想是阴阳观念的本义。

文化人类学通过对原始神话的研究表明，原始初民存在普遍的二元对立思维法则。当代著名学者张光直先生对商王世系的研究，认为殷代文化中存在二分现象。"殷礼中的二分现象，与殷人观念中的二元现象，甚至古代中国人的一般的二元概念，显然有相当的联系。"[②] 我们认为，张光

---

① 黎子耀先生认为，甲骨文中亦有"阴"字出现。甲骨文中"阳、冰最为习见。""冰"即为阴。"改冰为阴，取义于《诗经·七月》篇中的凌阴，阴为冰窖。"此说可供参考。参见黎子耀《阴阳五行思想与〈周易〉》，《杭州大学学报》1979 年第 1—2 期。

② 张光直：《殷礼中的二分现象》，载《中国青铜时代》，生活·读书·新知三联书店 1983年版，第 219 页。

直先生的这一论断是有相当根据的。因此，殷代文化中存在阴阳二分思想的萌芽。

就五行观念来说，殷代也有萌芽。经过胡厚宣等甲骨专家的研究，已经证明殷人有东西南北四方和中央的观念。这是五行思想最早的雏形。另外，甲骨文中还有"帝五臣正""帝五工臣""帝五臣"等，他们都是上帝的臣正。丁山认为，殷人上帝的五臣就是后来明堂月令的五方神（句芒、祝融、后土、蓐收、玄冥）①。陈梦家认为，卜辞的帝五臣正、帝五工臣和《左传·昭公十七年》记载的郯子的一段话有关。郯子讲到的五鸟官是历正、司分、司至、司启、司闭；五鸠是司徒、司马、司空、司寇、司事。前者执掌天时，后者执掌人事。五鸠五工正相当于卜辞的"帝五工臣"，发展而为后来晋大史蔡墨所说的"五行之官"（《左传·昭公二十九年》）；而凤鸟相当于卜辞的"帝史凤"②。这些说法不一定完全正确，还有待进一步的研究。但是，从卜辞中可见，殷人对四方之神都有祭祀，说明他们有四方神灵的观念，这与卜辞"帝五臣正""帝五臣"是有关系的。总之，"五"在殷人思想中是一个重要的观念。庞朴先生说"'五'的观念，是殷人的一大神圣观念"③，这个观点应该是正确的。

这样，我们就可以来看文献中关于"五行"的最早记载。"水、火、木、金、土"五行最早见于《尚书·洪范》。学者们普遍的看法是，确定了《洪范》篇的成书年代，也就可以初步确定五行的时代。20世纪"古史辨"派学者认为《洪范》是战国末期的作品，④ 而现在则又有学者据新的资料认为成书于西周⑤。本书认为，《洪范》的成书年代可以再深入研究，但其中反映的思想可能更早，应该是商代的思想。《左传》三引《洪范》（见文公五年、成公六年、襄公三年），《说文》六引《洪范》，皆曰《商书》，可见《洪范》古在《商书》。又《汉书·儒林传》："迁书载《尧典》、《禹贡》、《洪范》、《微子》、《金縢》诸篇，多古文说。"《微

---

① 参见丁山《中国古代宗教与神话考·帝五丰臣与四中星》，上海文艺出版社1988年版，第136—142页。

② 参见陈梦家《殷虚卜辞综述》，中华书局1988年版，第572页。

③ 庞朴：《阴阳五行探源》，《中国社会科学》1984年第3期。

④ 参见刘节《〈洪范〉疏证》，载《古史辨》第五册。刘节此文影响最大。

⑤ 金景芳：《西周在哲学上的两大贡献》，载《古史论集》，齐鲁书社1981年版；李学勤：《周易经传溯源》第一章第二节"《洪范》卜筮考"，长春出版社1992年版，第15—27页。

子》一篇今在《商书》，班固把《洪范》列在《微子》之前，可见他也认为《洪范》应在《商书》当中。《洪范》开篇虽讲武王访于箕子，可是中心内容是由箕子叙述的，由此也可知《洪范》是箕子转述的商人的思想。丁山指出，《洪范》成书可能较晚，但其中反映的政治思想，却与甲骨文所记载的殷商制度多相暗合。《洪范》所传五纪、八政、稽疑、庶徵，大抵合于甲骨文记载的殷商王朝习俗风教。[①] 李学勤在研究了《洪范》所记载的卜筮以后，也认为它"可能确是箕子所传述的殷人的思想"[②]。其实，就"五行"来说，《洪范》并没有神秘的意味，只是列出"五行"为水、火、木、金、土，"水曰润下，火曰炎上，木曰曲直，金曰从革，土爰稼穑。润下作咸，炎上作苦，曲直作酸，从革作辛，稼穑作甘"。这里只是讲出五行的功能，并把五行与五味联系起来，这只是一些经验知识的总结，丝毫没有后代学者所附会的相生、相克等内容。所以，殷人具有这样的"五行"思想应该是不值得惊奇的。

从上可知，殷人有重"五"的观念，已有了五方的思想，这是五行思想的雏形。殷代也有了水、火、木、金、土"五行"，但这只是一种非常朴素的思想，并没有和五方相混杂，没有后代阴阳五行说的图式。所以，我们认为，殷代文化中已有了五行思想与阴阳思想的萌芽。

殷周之际虽然发生了剧变，但文化上还是有传承的。其中之一就是周人继承了商代阴阳对立的思想。就现有资料来看，西周金文中已有"阴阳洛""其阴其阳"这样阴阳对举的记载，《诗经·大雅·公刘》也有"既景逎冈，相其阴阳，观其流泉"。这些"阴阳"都与地理位置、方位有关，还是阴阳的本义。但是，我们从思想上来看，周人是有阴阳对立观念的。其中以《周易》最为明显。

《周易》经文成书于西周时期，其中虽没有阴阳并举的实例，但已经蕴含了阴阳对立的思想。《周易·损卦》六三爻辞："三人行则损一人；一人行则得其友"，过去一般仅从字面去理解。刘长林先生认为，这句爻辞含有深刻的哲学思想，"意谓事物总要结成对子存在，总是以对立统一

---

① 丁山：《中国古代宗教与神话考·五行思想之唯物辩证观》，龙门联合书局 1961 年版，第 113、116 页。

② 李学勤：《周易经传溯源》第一章第二节"《洪范》卜筮考"，长春出版社 1922 年版，第 27 页。

的方式向前运动"①。这一解释应符合《周易》本身所含有的思想，说明《周易》经文中已经包含着阴阳对立的思想。此外，在易卦中也包含有阴阳对立的观念。易卦来源于数目的奇与偶，这在考古发现中已经得到了证实。甲骨文、金文中由数字组成的"奇字"，经几代学者的努力，后由张政烺先生论证为易卦，已基本为学术界所接受。张政烺先生通过对卦例的分析，认为在出现的数字中，以一、六为最多，而二、三、四则不见。这是由于古汉字的数字二、三、四都是积横画为之，写在一起不易辨认，所以筮者便利用奇偶的观念，把二、四写为六，三写为一。从中可以看出当时已开始重视数字之奇偶，而不重视数值。易爻仿乎数，数有奇偶，则爻有阴阳。所以，这已表明一种抽象观念的存在，一、六已具有符号的性质，是阳爻、阴爻的萌芽。② 张政烺先生的这一看法基本是正确的。"数字卦"中一、六习见是事实，但阴爻是否即由六演变而来，学者还有不同的看法。李零先生后来据更多的资料，认为阴爻来源于"八"而非"六"。③ 这些不同观点的争论，这里不论。但有一点是可以肯定的，即《周易》易卦来源于这些"数字卦"，其中包含有数字奇偶的观念。而数字的奇偶实际就是阴阳。因此，把"数字卦"翻译成《周易》的易卦，是可以解释得通的。如最早出土刻有"数字卦"的中方鼎，其两个"数字卦"为"七八六六六六"和"八七六六六六"，对应为《周易》的"剥"卦和"比"卦，两卦的关系，依《左传》和《国语》的筮例，当为遇"剥"之"比"。李学勤先生对中方鼎铸造的背景和铸器人详细考证之后，认为器物上的两卦用《周易》的遇"剥"之"比"来解释是完全合乎情理的。④ 当然，现在还没有直接资料证明中方鼎中占卜用的一定是《周易》，但它与《周易》的解释若合符节，恐非偶然，它说明这些"数字卦"中的奇偶数字与易卦是有对应关系的；反过来，这也说明《周易》易卦的阴阳观念应是来源于"数字卦"的奇偶。因此，我们认为，《周易》整个结构中贯穿着阴阳对立的思想。后来《易传》用阴阳来解《易》

① 刘长林：《中国系统思维》，中国社会科学出版社1990年版，第61页。
② 参见张政烺《试释周初青铜器铭文中的易卦》，《考古学报》1980年第4期；《易辨》，载《中国哲学》第十四辑，人民出版社1988年版。
③ 李零：《中国方术考》，人民中国出版社1993年版，第242页。
④ 李学勤：《周易经传溯源》第三章第四节"中方鼎与《周易》"，长春出版社1992年版，第153—160页。

是完全自然的，它把《周易》本来所蕴含的思想用明确的哲学术语表述了出来。"《易》以道阴阳"是对《周易》思想最好的概括。

孔子曾经指出，周代文化是对殷代文化"损益"后的产物，其"益"的部分应该就是阴阳对立的思想；而所"损"的部分，则是殷人观念中的"五行"思想。殷人尚"五"，已经具有了"五行"思想的萌芽。而周人之所以没有吸收殷人的"五行"思想，据庞朴先生的解释，"五行"思想首先表现在空间的五方，这是一种领有天下的政治观念，周人最初自称为"小邦周"，对殷称"西伯"，因此他们不可能接受殷人的五方思想。[①] 这种解释适用于克商之前和克商后的一段时间。但在周人统一天下、形成"溥天之下，莫非王土"的观念以后，还没有形成自己的五方、五行思想，还需作进一步的探讨。但基本的事实则是，在可靠的西周文献中，并没有关于"五行"的记载。以前学者研究五行思想的发展，总是对西周时期或避而不谈，或语焉不详。其实，周人本来就没有"五行"思想。

西周末期以后，王官失守，以前存于王官的关于殷人"五行"思想的资料，可能被一些史官所发现，因此"五行"思想再次受到重视。《国语·郑语》记载西周末年的史伯论"和同"，其中说到"故先王以土与金木水火杂，以成百物"。这里的"五行"已具有较为抽象的普遍含义。《国语·周语上》又记载太史伯阳父用阴阳二气的变动来解释地震。太史伯阳父即《郑语》的太史伯。由此可见，西周末年以来，阴阳、五行又成为史官们的思想范畴，这与礼学掌于史官是一致的。从《左传》中我们看到，春秋时期五行有了很大的发展，形成了五行、五方、五材、五味、五色、五神等一系列关于五的组合，这是五行思想的真正形成。此后，它便与阴阳思想迅速合流，成为思想史上蔚为壮观的阴阳五行潮流。

2. 阴阳五行思想的合流

殷人的文化中已经包含有阴阳和五行思想的萌芽，经过商周之际的损益和西周的发展，在春秋战国时期，阴阳和五行思想进一步完善，成为人们认识世界的一个完整的图式。

以往学者研究阴阳五行思想的合流，一般依据《左传》和诸子书。其实，在《管子》《礼记》等这些前人注意不多的文献当中，包含着丰富的阴阳五行及其发展演变的资料，从中可以清楚地看出阴阳五行合流

---

① 庞朴：《阴阳五行探源》，《中国社会科学》1984 年第 3 期。

的轨迹。比如儒家文献《礼记》，过去一般认为多属汉人的作品，但随着郭店楚简的发现及相关研究的进展，学术界对《礼记》一书有了新的看法，基本承认它是先秦时期七十子及其后学的作品。在《礼记·礼运》篇中我们可以看到，阴阳五行已经完全合流，阴阳五行图式更为完整：

> 故天秉阳，垂日星。地秉阴，窍于山川。播五行于四时，和而后月生也。是以三五而盈，三五而阙。五行之动，迭相竭也。五行、四时、十二月，还相为本也。五声、六律、十二管，还相为宫也。五味、六和、十二食，还相为质也。五色、六章、十二衣，还相为质也。故人者，天地之心也，五行之端也，食味、别声、被色而生者也。
>
> 故圣人作则，必以天地为本，以阴阳为端，以四时为柄，以日星为纪，月以为量，鬼神以为徒，五行以为质，礼义以为器，人情以为田，四灵以为畜。

《礼运》篇中"播五行于四时"的阴阳五行思想已经成型，所差的只是具体的安排。而具体的物候、人事方面的内容，又是从《夏小正》以来数千年形成的经验知识。因此，二者的结合也就是自然的了。这就是《月令》的出现。

郑玄以为《月令》是"本《吕氏春秋》十二月纪之首章也，以《礼》家好事抄合之"。《月令》建立了一个完整的阴阳五行图式，它将一年四季的气候、天象、物候与五日、五帝、五神、五行、五方、五色、五音、十二律、五虫、五味、五臭、五数、五祀以及政令、农事和祭祀完全联系在一起，用来指导农事和政治。其中既有从自然的变化和人类的经验得到的知识，也有随意的拼凑、比附，但这个完整的图式反映了古人整体的世界观。

三　有机的自然观

中国古代"天人合一"的思想，在阴阳五行的图式中反映的最为典型，它将自然规律同人类社会的规律完全结合在一起，认为自然界和人类社会存在有机的联系，这是中国古代对于自然的一种独特的认识。以

《月令》的孟春月为例：

　　孟春之月：日在营室，昏参中，旦尾中。其日甲乙，其帝太皡，其神句芒，其虫鳞，其音角，律中大簇，其数八，其味酸，其臭膻，其祀户，祭先脾。

　　东风解冻，蛰虫始振，鱼上冰，獭祭鱼，鸿雁来。

　　天子居青阳左个，乘鸾路，驾仓龙，载青旂，衣青衣，服仓玉，食麦与羊，其器疏以达。……立春之日，天子亲帅三公、九卿、诸侯、大夫以迎春于东郊，还反，赏公、卿、诸侯、大夫于朝。命相布德和令，行庆施惠，下及兆民。……乃命大史守典奉法，司天日月星辰之行，宿离不贷，毋失经纪，以初为常。是月也，天子乃以元日祈谷于上帝。乃择元辰，天子亲载耒耜，措之于参保介之御间，帅三公、九卿、诸侯、大夫躬耕帝藉。……是月也，不可以称兵，称兵必天殃。兵戎不起，不可从我始。毋变天之道，毋绝地之理，毋乱人之纪。

　　《月令》其他月的安排结构与此相同。在这个图式当中，天象、自然界的变化以及人事活动，都是彼此相互关联、相互配合，依阴阳的消长、季节的转化而相应地发生变化。《吕氏春秋》甚至认为，自然界有一个"类固相召，气同则合，声比则应"的规律，即自然与社会之间是一种同类相和的关系。在《月令》所建立的庞大的结构中，虽然也保留了一些传统宗教的、非科学的成分，如政令与时令之间神秘的感应关系，四季、五方、五色、五数、五行之间的搭配也无必然的关系，纯粹是主观拼凑，但总体上说，这个严密的图式在最大程度上体现了当时人们所具有的自然科学知识，并力图把自然变化和人类活动结合在一起，为自然现象和人事活动安排出一个统一的月令表。

　　由《月令》所体现出来的中国古代的自然观我们可以看出，中国古代思想认为自然界的一切事物不是孤立的、外在的，而是一个有机的、普遍的、统一的整体，因此一些西方学者称中国古代的自然观为"有机的自然主义"或"有机的哲学"。这种"有机哲学"是中国古人对自然的一种深刻的认识，导致了中国在很早的时候就出现了类似今天的环境保护思想。如孟子说："数罟不入洿池，鱼鳖不可胜食也；斧斤以时入山林，材

木不可胜用也。"(《孟子·梁惠王上》)《逸周书·文传解》中也有:

> 山林非时不升斤斧,以成草木之长;川泽非时不网罟,以成鱼鳖之长;不麛不卵,以成鸟兽之长。畋猎唯时,不杀童羊,不夭胎牛,不服童马,不驰不骛,泽不行害,土不失其宜,万物不失其性,天下不失其时。

类似的主张在《国语》《礼记》等古籍中多有反映,说明这是中国古代一种普遍的认识。我们虽然不必把这些主张和今日的环保主义相比附,但这些主张确实反映出中国古人认为自然是类似于生命的一个有机体。

中国古代将自然和人类社会联系、比附在一起,当然有其深刻的合理性,并且对今天人们对自然、对科学的认识依然有所启示,但是另一方面,把自然规律和人类的社会伦理合一,使自然界蒙上了一层神秘的色彩,同时也妨碍了人们对于自然的客观认识。

第二节　先秦诸子哲学中的科学内涵

先秦时期的哲学与文化是中国传统哲学与文化的源头,先秦时期的科学以及科学思想的发展尽管还处于萌芽时期,但是决定中国后世科学发展的一些基本因素都已经在诸子的思想当中产生了。因此,我们对诸子思想中,有利于或促进后来科学发展的一些思想,从以下几个方面做一论述。

一　气论

气论是中国古代的自然观,也是中国古代朴素唯物主义哲学的主要理论。在春秋战国时期,"气"被用来说明世界万物的本原或元素,被用来解释世界的秩序和万物的普遍联系。张岱年先生曾指出:

> 在中国哲学中,注重物质,以物的范畴解说一切之本根论,乃是气论。中国哲学中所谓气,可以说是最细微最流动的物质……西洋哲学中之原子论,谓一切气皆由微小固体而成;中国哲学中之气论,则

谓一切固体皆是气之凝结。亦可谓适成一种对照。①

作为哲学范畴，气指构成万物的原始材料。……气是中国哲学中的无知概念。……中国古代哲学中讲气，强调气的运动变化，肯定气是连续性的存在，肯定气与虚空的统一，哲学都是与西方的物质概念不同的。②

气论不仅是中国古代哲学中最为重要的理论之一，同时也是与中国古代科学关系最为密切的哲学思想之一。李存山先生指出：气论哲学是在中国古代的生产和科学技术的实践基础上产生和发展的，它反过来又对中国古代的生产和科学技术起规范、指导作用。"气"概念不仅是哲学概念，而且渗透到中国古代各门具体科学，特别是天文学、医药学等学科中，在这个意义上可以说它是具有深远影响的、起过重大历史作用的概念。至今，中国传统的医学和健身体育等仍然在使用它，而且新兴的人体科学正把它作为科学研究的对象。③

从这段话中我们可以认为，气是中国古代哲学中最具有科学内涵的一个范畴，同时它也确实对中国古代的科学发展起到了重要的作用。

气的概念同中国古代其他哲学范畴一样，也是古代先民从各种原始的具体含义中抽象出来的。从文字来说，经古文字学家的研究，甲骨文中就有气字，但其意义还与后世的哲学含义相差甚远。李存山先生在对现存各种文献研究之后，认为"气概念的原始意义是烟气、蒸气、云气、雾气、风气、寒暖之气、呼吸之气等气体状态的物质。哲学上的具有普遍意义的气概念便是从这些具体的可以直接感受到的物质升华发展而来的"④。气的思想虽然起源很早，但作为一种哲学概念，是在西周末期出现的。《国语·周语上》记载：

　　幽王二年，西周三川皆震。伯阳父曰："周将亡矣！夫天地之气，不失其序；若过其序，民乱之也。阳伏而不能出，阴迫而不能蒸，于是有地震。今三川实震，是阳失其所而镇阴也。阳失而在阴，

---

① 张岱年：《中国哲学大纲》，中国社会科学出版社1982年版，第39页。

② 张岱年：《开展中国哲学固有概念范畴的研究》，《中国哲学史研究》1982年第1期。

③ 李存山：《中国气论探源与发微》，中国社会科学出版社1990年版，第5页。

④ 同上书，第30页。

川源必塞；源塞，国必亡。"

　　这就是历史上著名的伯阳父论地震。西周末年发生地震，但是伯阳父并没有像传统那样归之于天神，而是认为地震是由"天地之气"的失序所引起的。伯阳父认为，自然界的阴阳二极的正常运动形成了自然界的秩序，如果打破这个秩序，就会引起诸如地震这样的灾难。很显然，伯阳父是从自然界本身来解释一些自然现象，虽然他也夸大了地震的作用，将自然现象同政治兴衰联系在一起，但是他用物质世界的自身原因来解释自然现象，用气来解释世界的变化，这标志着一种新的理论的形成，在当时也具有科学意义。

　　春秋时期，这种新的认识得到了进一步的发展。据《左传·僖公十六年》记载，宋国发生了一些罕见的现象，宋国国君宋襄公认为这是上天显示凶吉的征兆，但内史叔兴却认为，这些罕见的现象与人事无关，只是自然界的"阴阳之事"。显然，内史叔兴将自然界的一些异常现象归结于阴阳之气的变化，这是对伯阳父的继承与发展。我们从现存有关资料可以看出，春秋时期，人们越来越注重从自然界本身来解释自然。当时流行的说法是，天有六气，地有五行。如医和说：六气就是"阴、阳、风、雨、晦、明也"（《左传·昭公元年》），五行即金、木、水、火、土。《国语·周语下》记载单襄公之言曰："天六地五，数之常也。"韦昭注曰："天有六气，谓阴、阳、风、雨、晦、明也；地有五行，金、木、水、火、土也。"可见这在当时已成为一种普遍的看法。这表明气论已有了进一步的发展，成为人们认识自然的一种重要观念。

　　老子对春秋以来已经非常流行的气的观念作了进一步的升华，将气看作万事万物的本原。《老子·四十二章》：

　　　　道生一，一生二，二生三，三生万物。万物负阴而抱阳，冲气以为和。

　　这是中国哲学史上最早的关于宇宙生成的理论。老子认为道为万物的本原，而"万物负阴而抱阳，冲气以为和"，就是阴阳二气融合为"三"，以生万物。"这是中国哲学史上第一次明确提出以'气'为化生万物的元素的思想。"①

《易传》继承了老子自然化生万物的思想，认为万物都是由天地之气构成的，说"天地感而万物化生"，"天地交而万物通也"，"天地相遇，品物咸章也"，"天地纲缊，万物化醇"，等等。这里的天地就是天地之气，因此《易传》的意思就是天地之气化生万物。《易传》还进一步提出，"水火相逮，雷风相悖，山泽通气，然后能变化，既成万物也。"（《说卦》）这是说，天地万物都是由水、火、雷、风、山、泽等六种自然物质构成的，六种物质的变化形成了世界。

《易传》还继承了老子道生万物的宇宙生成论，说：

> 易有太极，是生两仪，两仪生四象，四象生八卦，八卦定吉凶，吉凶生大业。（《系辞上》）

这里的太极也就是道，两仪即天地，四象即四时，所以《系辞》说的其实也就是借用筮法象数来表达了一种哲学上的宇宙生成论。这里所讲的与"天地纲缊，万物化醇"一样，都是讲述了一种气一元论的思想体系。

二　辩证思维

科学的发展首先依赖于人类思维的方式。可以说，人类社会各文明所取得的科学成就的不同，在很大程度上受到思维方式的影响。中国古代哲学中深厚的辩证思维，是中国古代科学思想的主要特征之一。

有学者指出："辩证法在我国的哲学史上有两大系统：一个流派或系统尚柔，主静，贵无，这是老子哲学开创的；一个流派或系统尚刚，主动，贵有，这是《易传》开创的。这两大流派在中国哲学史的发展中都有很大影响。"② 在中国古哲学史上，儒、道两大派都具有丰富的辩证思想。

道家哲学中包含了丰富的辩证法思想。老子说："有无相生，难易相成，长短相形，高下相倾，声音相和，前后相随。"（《老子·二章》）老

---

① 李存山：《中国气论探源与发微》，中国社会科学出版社 1990 年版，第 80 页。
② 任继愈主编：《中国哲学发展史》（先秦），人民出版社 1983 年版，第 273 页。

子比较系统地揭示出万物的存在是相互依存的，他列举了美丑、难易、长短、高下、前后、有无、损益、刚柔、强弱、祸福、荣辱、智愚、大小、生死、轻重等都是对立的统一。

老子还指出自然界和人类社会现象的变化，都是向着相反的方向发展。老子说："正复为奇，善复为妖"，"祸兮福之所倚，福兮祸之所伏"（《老子》五十八章）。老子还看到了物极必反的道理，指出事物强大了就必然会引起衰老，"物壮则老，是谓不道，不道早已"（《老子》三十章）。老子进一步把事物向相反的方向发展的规律概括为"反者道之动"（《老子》四十章）。

儒家哲学中也包含丰富的辩证法思想。孔子曾说："吾有知乎哉？无知也。有鄙夫问于我，空空如也。我叩其两端而竭焉。"（《论语·子罕》）孔子这里说的是从无知到有知的一个认识方法。所谓"叩其两端而竭焉"，按照赵纪彬先生的解释："'端'字为极始根源，而'两端'则是极始根源中的自己矛盾；'端'字为根本概念，而'两端'则是根本概念中的自论相违。"[①] 这个说法是很有道理的。按照这样的说法，孔子的意思就是，要从事物的自身矛盾中来认识事物。这样的认识过程是具有辩证法含义的。儒家强调中，重视中庸，强调的都是要避免极端。孔子主张"绝四：毋意，毋必，毋固，毋我。"（《论语·子罕》）这里的"毋必""毋固"，就是说不肯定一切，不固执极端。因此，儒家重视的中庸，从伦理上来说是一种完美的美德，但是其中也含有认识的标准的含义。孔子说"过犹不及"（《论语·先进》），强调"中行"。他在教学中也因材施教，"求也退，故进之；由也兼人，故退之。"（《论语·先进》）冉求做事退缩，因此孔子鼓励他大胆进取；子路做事鲁莽，所以孔子要他谨慎行事。这样的中庸其实并不是东拼西凑的折中主义，而是一种真正把握适当分寸的辩证法。《荀子》书中记载了这样一个故事：

　　孔子观于鲁桓公之庙，有欹器焉，孔子问于守庙者曰："此为何器？"守庙者曰："此盖为宥坐之器，"孔子曰："吾闻宥坐之器者，虚则欹，中则正，满则覆。"孔子顾谓弟子："注水焉。"弟子挹水而注之。中而正，满而覆，虚而欹，孔子喟然而叹曰："吁！恶有满

① 赵纪彬：《论语新探》，人民出版社 1976 年版，第 237 页。

而不覆者哉！"子路曰："敢问持满有道乎？"孔子曰："聪明圣知，守之以愚；功被天下，守之以让；勇力抚世，守之以怯，富有四海，守之以谦：此所谓挹而损之之道也。"（《荀子·宥坐》）

"欹器"是一种可以倾斜易覆的器皿，它空着的时候倾斜，注水后则正立，但水满则覆。孔子从中悟出了一个道理，"恶有满而不覆者哉"，即水满则覆，物极必反。用今天的话来说，事物的发展如果超出了它的限度就会向着相反的方向发展。孔子从"欹器"中领悟出的道理其实也就是中庸，既不要过，也不要不及，这也是符合辩证法原则的。但是，孔子接着说的一套"持满"之道，虽然也是物极必反的道理，但它又完全是一种道德论。因此，儒家的辩证法，也可以称为伦理辩证法，它关心的问题首先是道德的。这也是中国古代思想文化重视伦理的又一体现。

荀子的思想在主体上属于儒家，但他又继承了诸子百家的很多内容，其中尤以道家因素最多，因此他的思想在儒家范围内显得浑厚而充实。

荀子继承了稷下道家的精气说，认为气是万物的本原。他说："水火有气而无生，草木有生而无知，禽兽有知而无义，人有气有生有知亦且有义，故最为天下贵也。"（《荀子·王制》）在荀子看来，虽然水火、草木、禽兽以及人类在本质上各不相同，但他们都有共同的物质基础"气"。而气的特点是"大参乎天，精微而无形"（《荀子·赋》）。荀子还用自然界中的云气来形容气："精微乎毫毛，而充盈乎大寓。忽兮其极之远也，攭兮其相逐而反也，卬卬兮天下之咸蹇也。德厚而不捐，五采备而成文，往来惽憊，通于大神，出入甚极，莫知其门。天下失之则灭，得之则存。""托地而游宇，友风而子雨，冬日作寒，夏日作暑，广大精神，请归之云。"（《荀子·赋》）这些都是荀子对云气的描绘。从这里也可以看出，荀子的思想是从对自然的观察和思考中而得来的。

荀子从气论出发，认为"万物各得其和以生，各得其养以成"（《荀子·天论》），事物的变化是由于气的变化。因此，自然界的一些奇异现象，如"星队木鸣"，"牛马相生，六畜作祆"，当时人们大多不能做出科学的解释，认为是灾异的征兆，但荀子却认为这是"天地之变，阴阳之化，物之罕至者也。"（《荀子·天论》）荀子对这些奇异现象排除了神秘的解释，而从自然界本身的变化运动来说明，这本身就是符合辩证法的。

与此相联系的，荀子还多从自然与人事相关的角度去解释自然和人类社会，从而否定了鬼神等超自然力量的存在。荀子说：

> 天行有常，不为尧存，不为桀亡。应之以治则吉，应之以乱则凶。强本而节用，则天不能贫；养备而动时，则天不能病；修道而不贰，则天不能祸。故水旱不能使之饥，寒暑不能使之疾，祆怪不能使之凶。本荒而用侈，则天不能使之富；养略而动罕，则天不能使之全；倍道而妄行，则天不能使之吉。故水旱未至而饥，寒暑未薄而疾，祆怪未至而凶。受时与治世同，而殃祸与治世异，不可以怨天，其道然也。故明于天人之分，则可谓至人矣。（《荀子·天论》）
>
> 治乱，天邪？曰：日月、星辰、瑞历，是禹、桀之所同也，禹以治，桀以乱；治乱非天也。时邪？曰：繁启、蕃长于春夏，畜积、收臧于秋冬，是禹、桀之所同也，禹以治，桀以乱；治乱非时也。地邪？曰：得地则生，失地则死，是又禹、桀之所同也，禹以治，桀以乱；治乱非地也。（《荀子·天论》）

荀子的这些言论，彻底说明了社会的治乱兴衰完全在人，而不是由于其他的因素。这些光辉的思想否定了超自然的神灵的存在，既是古代科学发展的产物，同时又对科学的发展有积极的影响。

三 人文主义

战国诸子哲学思想的历史源头是西周礼乐文明，而西周礼乐文明又是中国上古三代礼乐文明发展演进的最终成果。西周礼乐文明的特征奠定了诸子哲学的思想特征和价值取向。进一步说，西周礼乐文明的鲜明的人文主义特征，决定了诸子哲学的人文主义取向。

礼乐是中国古代文明的一个显著特征。商周以来，礼仪虽然名目繁多，但它基本还是围绕着人的生活而展开的，人是各种礼仪的中心，表现出鲜明的人文主义特征。礼乐文化的人文主义特征对中国古代科学与哲学的发展有至关重要的影响。

商代的礼仪还缺乏完整、直接的记载。从卜辞来看，商代有名目繁多的祭祀礼仪，后世所谓的五礼当中，只有吉礼可以据以考证。我们认为，商代只有祭礼可考，并不能据此认为其他礼仪就不存在。据当代学者的研究，许多礼仪形式（如冠礼、籍礼、乡饮酒礼等）可以上溯到原始社会的礼俗。① 但是，由于商代宗教笼罩了一切，商代文化在整体上还属于"祭祀文化"，因此，只有祭祀礼仪得到了充分的发展，而其他礼仪则存在于自发的状态之中。殷周之际，文化发生了巨大的变化，陈来先生据荷兰学者埃利提出的有关宗教进化的分类体系，认为殷周之际的宗教变革是从"自然宗教"发展为"伦理宗教"②，这是一个很有启发的观点。西周的宗教形态与商代的显著区别之处就在于周人的宗教当中注入了与人相关的"德性"的观念。再加上周初的"制礼作乐"，各种礼仪全面兴盛，与殷礼相比，周礼当中宗教礼仪相对减少，而人际礼仪的内容则大量增加，整个文化形态由此从商代的"祭祀文化"演变成了西周的"礼乐文化"。此时虽然也有宗教祭祀礼仪，但它们在性质上已经是"神道设教"，属于以人际礼仪为中心的礼乐文化。

　　周代"礼乐文化"反映在文献当中，就"三礼"来说，《仪礼》最为全面。《礼记·昏义》说："夫礼始于冠，本于昏，重于丧、祭，尊于朝、聘，和于乡、射。此礼之大体也。"这里把礼的主要内容划分为冠、昏、丧、祭等几个方面，说明礼仪是以人的日常生活为主。按照戴德本的《仪礼》次序，《仪礼》所记载的各类礼仪正好符合《昏义》篇的划分：

　　（一）冠——1.《士冠礼》，3.《士相见礼》；

　　（二）昏——2.《士昏礼》；

　　（三）丧——4.《士丧礼》，5.《既夕礼》，6.《士虞礼》，17.《丧服》；

　　（四）祭——7.《特牲馈食礼》，8.《少牢馈食礼》，9.《有司彻》；

　　（五）乡——10.《乡饮酒礼》，11.《乡射礼》，12.《燕礼》；

　　（六）射——13.《大射》；

　　（七）聘——14.《聘礼》，15.《公食大夫礼》；

　　（八）朝——16.《觐礼》。

　　《丧服》一篇本列于最后，一是因为它贯通上下，二是因为此篇有子夏传，与其他各篇不同。但按照性质，它应属于"丧礼"一类。

---

① 如杨宽先生《古史新探》中的一系列文章。

② 参见陈来《古代宗教与伦理——儒家思想的根源》第四章第十节"从自然宗教到伦理宗教"，生活·读书·新知三联书店1996年版，第146—152页。

由此看来，《仪礼》虽然有可能残缺，[①] 但它基本上包括了礼仪的各个方面，涵盖了一个人日常生活的主要内容，因此具备了"礼之大体"。由这些礼仪来看，它以人（主要是贵族男子）为中心，围绕着人的生活而展开。当时，人生活的各个方面都有各种礼仪作为指导，所谓"经礼三百，曲礼三千"也不是毫无根据的夸张。据邹昌林主要依据《仪礼》《周礼》和《礼记》的考证，就可以考出当时的礼仪名目八九十项，其中与生活最为密切相关的有：

第一，人生礼仪：祈子礼、胎教之礼、出生礼、命名礼、保傅礼、冠礼、笄礼、公冠礼、昏礼、仲春会男女礼、养老礼、丧礼、奔丧礼、祭礼、教世子礼、妇礼。

第二，生产礼仪：籍礼、射礼、蚕桑礼、养兽礼、渔礼、蒐礼、田猎之礼、献嘉种礼、御礼、货礼、饮食之礼。

第三，交接之礼（即宾礼和嘉礼）：士相见礼、乡饮酒礼、燕礼、乡射礼、大射礼、聘礼、公食大夫礼、觐礼、投壶之礼、大盟礼、宗、遇、殷、见之礼、脤膰、贺庆之礼。[②]

由此我们可以看出，从西周礼乐文化兴盛以来，人就处在由各种礼仪构成的社会关系之中。美国学者芬加瑞特（Herbert Fingarette）指出，中国古代人的生活以礼仪为中介，"人是仪式的存在"（man as a ceremonial being）[③]。这个看法是很恰当的。礼仪犹如一张社会之网，而个人则是网中之结；礼连接起了人与人之间的关系，而个人则处于各种礼仪关系之中。因此，就人与他人的关系来说，是通过礼联系起来的。这样，就产生了中国古代独特的关于个人的思想，即反对"原子"式的个人，认为"人"是处于各种礼仪关系中的社会之人，"我"与"他人"的社会关系无法分开；也就是说，没有完全独立的"我"，"我"是通过与他人的"关系"表现出来的。这种关于个人的独特的看法，是中国古代人文主义的一个显著特征。关于这一点，当代美国学者郝大维（David L. Hall）和

---

① 如《士冠礼·记》："无大夫冠礼而有其昏礼"，"公侯之有冠礼也"，可知当时有《公冠礼》《大夫昏礼》；《聘礼》："公于宾，壹食再飨"，"大夫来使，无罪，飨之"，"有大客后至，则先客不飨、食，致之"，"食"即《公食大夫礼》，"飨"即《飨礼》，今佚。

② 参见邹昌林《中国礼文化》，社会科学文献出版社 2000 年版，第163—164 页。

③ Herbert Fingarette, *Confucius—The Secular as Sacred*, Harper & Row, Publishers, 1972, p. 15.

安乐哲（Roger T. Ames）的观点更有启发性。他们在合著的《汉哲学思维的文化探源》（*Thinking from the Han：Self，Truth，and Transcendence in Chinese and Western Culture*）一书中，提出了"焦点—区域式自我"，用来理解中国古代关于个人、自我的看法。所谓"区域"，按他们的理解："由特殊的家庭关系，或社会政治秩序所规定的各种各样特定的环境构成了区域"，这其实就是我们所说的"社会关系"；而所谓"焦点"，就是"区域"中的个人，"区域聚焦于个人，个人反过来又是由他的影响所及的区域塑造的"①，"焦点自我是不可能独立的。焦点自我的结构与连续性是内在的，是其固有的，来自于环境并且将始终与环境不可分离"②。用"区域—焦点"这样一对范畴较好地说明了处于礼仪关系中的个人与社会的关系。礼使个人社会化了，而社会化了的个人又是处在礼的社会关系之中。"实行和体现礼的传统既是将一个社群成员社会化，又是使一个人成为社群的一个成员。礼使特殊的个体接受共同的价值，使他有机会整合到社群中去，以维持和充实社群。"③ 他们还引述了社会心理学家乔治·赫伯特·米德（George Herbert Mead）关于自我与社会相互贯通的论述：

> 完整的自我的统一性和结构，反映了作为一个整体的社会过程的统一性和结构……一个社会群体的组织与统一同社会过程中出现的任何一个自我的组织与统一是同一的，自我在社会过程中出现，而群体参与了这一社会过程，或者说，它推进了这一社会过程。④

这在理论上说明了自我与社会的互动关系。这样，我们可以从理论和现实两个方面来理解中国古代关于个人的思想。

孔子认为没有脱离社会关系而独立存在的个人，人处在礼仪关系之中。《论语·公冶长》记载：

---

① ［美］郝大维、安乐哲：《汉哲学思维的文化探源》，施忠连译，江苏人民出版社1999年版，第44页。

② 同上书，第48页。

③ 同上书，第36页。

④ ［美］米德：《心灵、自我与社会》，芝加哥大学出版社1934年版，第144页；见［美］郝大维、安乐哲《汉哲学思维的文化探源》，施忠连译，江苏人民出版社1999年版，第47页。

子贡问曰："赐也何如?"子曰："女,器也。"曰："何器也?"曰："瑚琏也。"

朱熹注曰："器者,有用之成材。夏曰瑚,商曰琏,周曰簠簋,皆宗庙盛黍稷之器而饰以玉,器之贵重而华美者也。子贡见孔子以君子许子贱,故以己为问,而孔子告之以此。然则子贡虽未至于不器,其亦器之贵者欤?"① 这是通行的解释,但从孔子的整个思想以及这里子贡的发问来看,还是有讨论的余地的。其实,孔子在这里是以祭器瑚琏做比喻,认为如同器物只有在礼仪中才成为礼器一样,人也只有通过礼仪,在由礼仪联系成的社会关系中才成为真正的人。对此,芬加瑞特(Herbert Fingarette)有很精辟的论述。他说,瑚琏作为一种祭器,它之所以神圣,并不在于它的有用(盛食物)或者它的漂亮,而是因为它是礼仪中必备的器物。它的神圣是由于它参与了礼仪和神圣的仪式。如果把它从仪式中的角色分离开来,这件器物只是一个普通的装谷物的罐子而已。因此,"通过比较,孔子的意思是说,个人只是由于在礼仪中的角色才具有最终的地位(ultimate dignity)和神圣的尊严(sacred dignity)"②。芬加瑞特非常重视礼在"成人"中的重要作用。他认为,人只有在礼仪中才成为人。"就其本身而言,个人或一个团体都不是创造和维持人的最终尊严的充分条件。是生活的仪式方面赋予了在仪式表演中负有角色的个人、行动和目标以神圣性。"③ 这样看来,孔子思想的主旨并不是什么"发现个人"或重视"个人的价值"。独立的个人在孔子看来是无意义、无价值的。因此,孔子说:"己欲立而立人,己欲达而达人"(《论语·雍也》),自己的"立""达"要以"立人""达人"为前提,自己的修身要以"安人""安百姓"为归宿(《论语·宪问》)。总之,人只有通过礼仪和他人联系起来,成为社会中的人,"我"只有在通过与"他人"的关系中才显现出来的,这才是孔子关于"人"的看法。反之,对于那些离群索居的"独立"的人,孔子认为"鸟兽不可与同群,吾非斯人之徒与而谁与?"(《论语·微子》)

---

① 朱熹:《论语集注》,《四书章句集注》,中华书局 1983 年版,第 76 页。

② Herbert Fingarette, *Confucius— The Secular as Sacred*, p. 75.

③ Ibid. , p. 76.

孔子对于人的这种看法，奠定了儒家的基本方向。孟子非常重视个人与他人的关系，认为理想的状况应是"老吾老以及人之老，幼吾幼以及人之幼"（《孟子·梁惠王上》）。荀子明确地说，人的本质就在于"群"："人之生不能无群"（《荀子·王制》）。这些看法都是从孔子而来，是儒家关于个人的总的看法。

儒家重视个人，儒家所有的思想都是围绕着个人与社会的关系而展开的。儒家否定了超越世界的存在，儒家的世界观是一个世界，也就是现实世界。儒家虽然没有完全否定神的存在，如孔子说"祭神如神在"，但儒家更重视人的世界，或者说在处理人与神的关系时主张先人而后神。

当孔子的弟子子路向孔子请教事奉鬼神之事时，子曰："未能事人，焉能事鬼？"（《论语·先进》）孔子还说："务民之义，敬鬼神而远之。"（《论语·雍也》）庄子说儒家"六合之外，圣人存而不论"（《庄子·齐物论》），这对儒家的概括是非常准确的，对超越神的问题不作过多的探讨与深究，这是儒家的基本态度。把神作为工具，是进一步把神人文化的表现。墨家"尚鬼"，但墨子认为天神犹如"轮人之规""匠人之矩"（《墨子·天志中》），这也是认为天神其实相当于人的工具。后来《易传》提出"圣人神道设教"，也是主张把神道作为一种工具来对待。因此，中国古代的哲学虽然并没有完全否定神灵世界的存在，但在主流上都倾向于把神作为工具来看待，其目的依然是人。这是中国古代哲学人文主义的显著特征。

先秦哲学重视人文主义的另一表现是对人性的探讨。先秦诸子的思想涉及哲学、政治、军事、教育、文学、艺术以及科学等很多领域的问题，且各家各派对这些问题关注、探讨的程度深浅不一，但从总体上来说，诸子共同关注的一个问题就是人性论。关注人性、重视人性，成为诸子哲学的一个重要特征，同时也是中国传统文化的一个显著特征，是中国传统人文主义的重要体现。

人性学说的兴起，首先针对的是商周时期（尤其是商代）神学统治的思想界而言的。春秋战国以来，"人"成为思想家们关注、研究的中心问题。

在先秦典籍如《尚书》《诗经》等当中，还散见有"性"字（也作"生"）。但最早提出"人性"一词的是春秋时期的单襄公。他说："夫人性，陵上者也，不可盖也。求盖人，其抑下滋甚，故圣人贵让。且谚曰：

'兽恶其网，民恶其上。'《书》曰：'民可近也，而不可上也。'……是以圣人知民之不可加也。"（《国语·周语》）这里，单襄公把反对欺压看作是人的本性。从《左传》《国语》等典籍来看，春秋时期人们已经开始探讨人的本性，认为人性具有某些方面的特征和本质。如有人认为追求富贵是人的本性，"富，人之所欲也"（《左传·襄公二十八年》），有人认为希望富贵、害怕死亡是人的本性，"民之恶死而欲富贵以长没也，与我同"（《国语·吴语》），还有人认为人所具有的情感就是人的本性，"思乐而喜，思难而惧，人之道也"（《国语·晋语》），等等。

由此可见，春秋以来，人们已经在探索人之为人的普遍共同的本质问题，这也就是中国古代哲学史上人本主义的兴起。而人性问题之所以在春秋时期兴起并得到广泛的关注与讨论，是与这一时期的社会变革以及思想发展相关的。

到了战国时期，人性问题更成为百家争鸣的主要问题之一。各个学派对人性提出了各不相同的看法。归纳起来，主要有：孔子的"性相近，习相远"说；道家的人性自然说；孟子的性善说；墨子的人性自利自爱说；荀子的性恶说；法家的人性好利说。这些说法都是当时影响比较大的。此外，还有告子提出的"性无善无不善说"，世硕提出的人性兼有善恶说，《管子》书中提出人性随水性说，还有人提出"性可以为善，可以为不善"，"有性善，有性不善"，等等。以上这些看法，都是战国时期人们提出的新的见解。在这些观点当中，有些在历史上只留下了一些简短的记载，如告子的人性说就是作为孟子所批驳的对象而被保存下来的。而有的观点则阐述详细，并在后世产生了很大影响，如孟子的性善论和荀子的性恶论。

我们从诸子对人性的看法以及他们的论述来看，先秦诸子基本上都是从人的自然性与社会性的关系上来探讨人性问题的。有的用人的自然性来排斥人的社会性，如道家；有的用人的社会性来排斥人的自然性，如儒家；而有的则认为二者是统一的，或既矛盾又统一。虽然我们从今天的立场来看，先秦诸子的人性论还是很简单的，并没有完全抓住问题的本质，但在当时的历史条件下，诸子能够从人的自然性和社会性的关系来揭示人的本质，还是有相当的意义和价值的。

对人性的重视和探讨，是先秦哲学的一个重要方面和特征，它表明中国哲学自始就关注的是人而不是神，关注的现实而不是超越的世界。这种人文主义的价值取向，对科学的产生和发展是有利的。

但是同时我们也必须指出，中国传统哲学重视人，重视道德，道德高于知识，道德压倒了知识，这又束缚了人们对自然的探索，使中国知识界长期局限于心性、理气之辩，从而导致了中国科技最终的落后。

四　诸子思想中与科学有关的重要思想

先秦诸子大都类似于"百科全书"式的，他们虽然不是专业的科学家，也没有提出系统的科学主张，但他们的思想中无疑包含有很多科学内容，他们的认识是建立在当时人们所取得的自然科学的知识之上的，比如惠施所说的"至大无外，谓之大一；至小无内，谓之小一"，"无厚不可积也，其大千里"等（《庄子·天下》篇记载了惠施的"历物之意"十大命题），惠施虽然对这些命题没有做进一步的论证，但可以肯定的是，惠施的这些看法包含有深刻的科学内涵，有的还需要我们用今天的科学知识做解释。由此我们可以看出，诸子思想中有一些内容与科学的发展密切相关，如对于时空、真理等的看法，这些观念对科学的发展是必要的，而且从中也反映出古代思想家在对自然、科学的玄想中包含的真知灼见。

1. 时空

中国古代哲学在最初发展的时候，就开始追问天地宇宙的形成、时间的延绵等深刻的自然哲学问题，而对这些问题的思索，必定会引起科学的探索。

屈原《天问》首先就提出了深刻的自然哲学的问题：

> 曰遂古之初，谁传道之？上下未形，何由考之？冥昭瞢暗，谁能极之？冯翼惟象，何以识之？明明暗暗，惟时何为？

《庄子·天下篇》也记载："南方有倚人焉，曰黄缭，问天地所以不坠不陷、风雨雷霆之故。"此外，《庄子·天运篇》也提出了同样的问题：

> 天其运乎？地其处乎？日月争于其所乎？孰主张是？孰纲维是？孰居无事而行是？意者其有机械而不得已邪意者其运转而不能自已邪？云者为雨乎？雨者为云乎？孰隆施是？孰居无事淫乐而劝是？风起北方，一西一东，有上彷徨，孰嘘吸是？孰居无事而披拂是？

这里的问题是，天是运转的吗？地是静止的吗？日月是相互争夺它们的位置吗？谁主宰和施行这些？谁为之树立纲维？谁闲着无事干这些事情？我想是本身有机关使它们不能自已，还是它们的运转根本无法停下来呢？

这些思想是人们对自然很深刻的思索。在对天地日月的探索的基础之上，《庄子》书中进一步探讨了时间和空间的问题。庄子凭借着当时人们已经取得的一些自然科学方面的知识以及他宏伟的想象和抽象的思辨能力，提出了宇宙无限的主张。

庄子说："彼其物无穷，而人皆以为有终；彼其物无测，而人皆以为有极。"（《庄子·在宥》）庄子认为，时间是无限的，"有长而无本剽者宙也"（《庄子·庚桑楚》）。"宙"即古往今来的时间，"无本剽"即没有开端和结束。《庄子》书中提出时间没有始终是极其深刻的看法。《庄子》书中还借孔子和冉求的对话，进一步说明了这个道理。

> 冉求问于仲尼曰："未有天地可知邪？"
>
> 仲尼曰："可，古犹今也。"……
>
> 仲尼曰："……无古无今，无始无终。未有子孙而有子孙，可乎？"……
>
> 仲尼曰："……有先天地者物邪？物物者非物。物出不得先物也，犹其有物也，犹其有物也，无已。"

《庄子》书中还表达了空间无限的观念。

> 天下之水，莫大于海……而吾未尝以此自多者，自以比形于天地而受气于阴阳，吾在于天地之间，犹小石小木之在大山也，方存乎见少，又奚以自多！计四海之在天地之间也，不似罍空之在大泽中乎？计中国之在海内，不似稊米之在大仓乎？号物之数谓之万，人处一焉；人卒九州谷食之所生，舟车之所通，人处一焉；此其比万物也，不似豪末之在于马体乎？（《庄子·秋水》）

这里的意思是说，每个人都是万物之一，而九州在天地之间，也仅仅如一粒米在大仓之中。这里的比喻虽然还有些不够严谨，但庄子所要表达的意思还是清楚的，而且也是非常深刻的。

阴阳家邹衍对于时空，主要是空间地理，也有独特的认识。邹衍提出，中国是"赤县神州"，赤县神州之外还有广阔的天地，与赤县神州相连的还有八个州，这九州构成了一个区域。全世界共有九个类似的区域。也就是说，中国只占了全世界的八十一分之一（《史记·孟子荀卿列传》）。邹衍的说法当然是一种推想或猜测，但在当时却打开了人们的眼界。邹衍推理的方法是"先验小物，推而大之"（《史记·孟子荀卿列传》）。虽然"其语闳大不经"（《史记·孟子荀卿列传》），但他的这些看法打破了旧有的观念，而直接去研究自然界。这在中国古代科学发展的历程上是应该值得肯定的。

从庄子、邹衍等人对宇宙时空的认识来看，他们的认识是非常深刻的，表明中国古代思想中对宇宙的认识从混沌的玄想发展为理性的探索。虽然囿于时代所限，他们的认识还不够精确，表述也不严谨，但能够认识到宇宙时空的无限，表明中国古代哲学、科学都已经向前迈出了重要的一步。

2. 真理

科学的发展也就是对真理的无穷的探索过程；真理又是检验科学探索的标准。科学与真理是联系在一起的。

中国古代哲学家对真理的认识与探索，与知行观联系在一起，属于认识论的一个方面。先秦诸子在这方面的探索与思考，也取得了很大的成就，对后世科学技术的发展，起到了重要作用。

儒家、道家、墨家都重视"真""真知""智"，这些认识与真理有关。

一般来说，道家所说的"真"并不是逻辑意义上的真，也不是经验科学的真，而是一种道家理想的精神状态或境界。这个意义上的"真"不在我们研究的范围之内。庄子哲学持一种"不谴是非"的相对主义态度，怀疑和否定真理的客观性，这种看法虽然对于人们警惕主观认识的片面性有一定的启示作用，但从总体上说，他的相对主义哲学对古代科学的发展没有什么积极作用。诸子哲学中的真理认识对科学发展有积极作用的，是墨家提出的"三表说"、儒家荀子的"解蔽说"以及法家韩非的"参验说"。这里主要论述儒家的看法。

孔子提出"知之为知之，不知为不知，是知也"（《论语·为政》），是一种实事求是的科学态度。

荀子继承了儒家的传统，强调理论只有得到事实的验证才是真正的知识。荀子说"知有所合谓之智"（《荀子·正名》），这是说，人的主观认识符合客观实际的标准，才是真正的知识，才是真理。这里的"智"就是真理。主观认识符合客观实际，就是要有"符验"，对此荀子解释说：

> 故善言古者必有节于今，善言天者必有征于人。凡论者，贵有其辨合，有符验，故坐而言之，起而可设，张而可施行。（《荀子·性恶》）

荀子这里说的"符验"就是事实的验证。这段话的意思是说，善于谈论古代的一定要在现今的事实上得到验证，善于谈论天道的一定要在人事上得到验证。一切言论，贵在与事实相符合，贵在得到事实的验证。有学者对此评论道：这段话其实"是对先秦时代哲学战线争论的'古今'、'天人'和'名实'三个重大问题的总结"。"荀子的'贵有其辨合，有符验'的观点，提出了一个重要的方法论原理：理论和事实的统一，理论的正确与否要通过事实的验证。这是一种朴素唯物主义的观点。"①

对于百家争鸣的各个学派以及各派提出的各种主张与看法，荀子认为，这些学派与观点虽然"持之有故，言之成理"，但实际上都有片面之处，都有所"蔽"。所谓"蔽"，就是认识受到蒙蔽、遮蔽，这就是荀子所说的"凡人之患，蔽于一曲，而暗于大理"（《荀子·解蔽》）。"故为蔽：欲为蔽，恶为蔽，始为蔽，终为蔽，远为蔽，近为蔽，博为蔽，浅为蔽，古为蔽，今为蔽。凡万物异则莫不相为蔽，此心术之公患也。"（《荀子·解蔽》）人由于主观、客观等各种原因，在认识上都会受到不同程度的蒙蔽，这就造成了对真理认识的不全面。荀子提出，要获得正确的认识，必须要"解蔽"，也就是要克服片面性。荀子说：

> 圣人知心术之患，见蔽塞之祸，故无欲、无恶、无始、无终、无近、无远、无博、无浅、无古、无今，兼陈万物而中县衡焉。是故众

---

① 方立天：《中国古代哲学问题发展史》，中华书局1990年版，第746页。

异不得相蔽以乱其伦也。(《荀子·解弊》)

荀子认为，事物之间的差异会造成人们认识上的片面。只有同时把握事物的各个方面，加以比较衡量，才能获得正确的认识。显然，荀子的看法在当时是进步的。荀子看到了人们的认识容易具有片面之处，因此他强调要全面认识事物，不要受到各种主客观因素的制约与限制，这样才不会受到各种现象的蒙蔽，从而能够得到全面的知识。荀子的"解弊"主张，对古代科学以及科学思想的发展，是有积极意义的。

荀子的弟子韩非提出了"偶参伍之验，以责陈言之实"(《韩非子·备内》) 的主张。所谓"参验"，就是参照比较。这其实是对荀子说法的进一步发挥。韩非说：

参伍之道：行参以谋多，揆伍以责失。……言会众端，必揆之以地，谋之以天，验之以物，参之以人。四征者符，乃可以观矣。(《韩非子·八经》)

这是说，认识要综合考察地利、天时、物理、人情等各个方面，如果这些方面都得到了验证，那就是可观的言论了，也就是获得了正确的认识。除此之外，参验还包括了事实，也就是说要用事实来检验认识是否正确。韩非说："循名实而定是非，因参验而审言辞。"(《韩非子·奸劫弑臣》) 这是说，要看名实之间是否一致来判断是非，根据实际效果来检验言论是否正确。根据实际情况来验证言辞或理论的正确性，无疑也是科学的。

第三节　先秦诸子哲学的特点及未能充分发展科学的原因

先秦时期诸子思想当中有很多内容都和科学的发展有关，或者对后世的科学发展起到了某种刺激作用，例如前文提到的关于时空、真理的认识。但中国古代科学的发展有自身的特征，也有局限，这也与先秦时期所决定的中国文化的发展方向有密切关系。也就是说，诸子思想中的一些具体内容和特征，对中国古代科学的发展起到一定的制约或妨碍作用。指出和研究这些因素，一方面对于我们全面认识和评价中国古代哲学、科学及其关系是有意义的，同时也对于我们今天科学的发展有所启示。

一　重视现实的价值取向

先秦时期百家争鸣，各家各派在关于自然、社会、政治等各方面都提出了各自的看法，互相争论，形成中国历史上一个思想文化发展的高峰。诸子虽然"道不同不相为谋"，但他们的思想又具有一致性。司马迁对先秦诸子以及各学派有非常精辟的概括：

> 夫阴阳、儒、墨、名、法、道德，此务为治者也，直所从言之异路，有省不省耳。（《史记·太史公自序》）

这是说，儒、墨、道、法各派，虽然提出了各不相同的主张，但他们在根本上都是一致的，他们关注的都是社会的兴衰治乱。诸子"务为治者"的这一特征，也形成了中国传统文化重视现实、重视社会政治的特征。

李泽厚先生将儒学以及整个中国传统思想文化的主要特征之一概括为"实用理性"。根据李泽厚先生的看法，实用理性"首先指的是一种理性精神或理性态度。与当时无神论、怀疑论思想兴起相一致，孔子对'礼'作出'仁'的解释，在基本倾向上符合了这一思潮。不是用某种神秘的狂热而是用冷静的、现实的、合理的态度来解说和对待事物和传统；不是用禁欲或纵欲式的扼杀或放任情感欲望，而是用理智来引导、满足、节制情欲；不是对人对己的虚无主义或利己主义，而是在人道和人格的追求中取得某种平衡。对待传统的宗教鬼神也如此……一切都放在实用的理性天平上加以衡量和处理"①。

李泽厚先生将传统文化的核心精神概括为"实用理性"，在学术界产生了很大的影响，成为人们认识、研究中国传统思想文化的一个有力的切入点。还有学者进一步区分了中国的实用理性与康德的实践理性、杜威的实用主义的共同点以及主要区别，认为人的理性是唯一的，但"当理性

---

① 李泽厚：《孔子再评价》，载《中国古代思想史论》，人民出版社 1986 年版，第 29 页。

对于道德行为问题产生作用时，称它为实用理性。""它是主体对道德意识、认识原则或实践经验的内心体验，关注的是主体自我的履践问题。"①总之，实用理性是中国传统哲学的重要特征。

正如李泽厚先生所言，实用理性具有极端重视现实实用的特点。"它不在理论上去探求讨论、争辩难以解决的哲学课题，并认为不必要去进行这种纯思辨的抽象（这就是汉人所谓'食肉不食马肝，不为不知味'）。重要的是在现实生活中如何妥善地处理它。"② 例如孔子对于鬼神的态度就很好地说明了这一点。当孔子的弟子向孔子请教关于鬼神、生死等这些超越的问题时，孔子肯定地说："未知生，焉知死"（《论语·先进》），"敬鬼神而远之"（《论语·雍也》），儒家这种极其重视现实的态度就是实用理性。庄子后来把儒家的特征概括为"六合之外，圣人存而不论"，是很恰当的。

中国古代的很多科技发明在很长时间内都在世界文明中处于领先地位，对人类文明的发展做出了巨大的贡献，这与中国传统哲学的实用理性相关。但我们仔细分析，这些成就大多与人们的社会实践密切相关。超出社会生活之外的一些纯粹的理论问题、超越性的问题，中国古代思想并不重视。

我们在前文曾经指出，中国古代科学思想的哲学基础是阴阳五行结构。在这里，阴阳、五行并非纯粹的哲学范畴，而是在彼此的关系当中注重它们的功能，并且与社会现实联系在一起。《易经》当中由阴阳构成的八卦，代表了天、地、雷、风、水、火、山、泽八种自然物，但《易经》并不注重这些自然物本身，而是注重它们表现在外的功能，由此才可以把功能相近的事物归于同一类，实现"方以类聚，物以群分"（《易传·系辞上》）的以类驭物的思想。《洪范》当中所说的"润下""炎上""曲直""从革""稼穑"云云，也是抓住了五行的基本功能，这是五行思想区别于古希腊的元素说（恩培多克勒认为世界是由火、水、土、气四种元素所构成）和古印度的种子说（认为地、水、风、火为世界的根源）最为显著的地方。《尚书大传》记载了武王伐纣时士兵们的歌词："水火者，百姓之所饮食也；金木者，百姓之所兴作也；土者，万物之所资生

---

① 代钦：《儒家思想与中国传统数学》，商务印书馆 2003 年版，第 75 页。
② 李泽厚：《孔子再评价》，载《中国古代思想史论》，人民出版社 1986 年版，第 30 页。

也，是为人用。"从思想史的角度来看，殷周之际具有这样的思想是完全可能的，因为它并无太多抽象的哲学思考，而只是从百姓日用的角度说明了五行的功能。在《月令》当中以四时、五行、五方为基础的搭配，也都是以类型归类，注重的是它们彼此的功能。

科学认识离不开知识。从中国古代哲学讨论的问题来看，是"行"重于"知"，更加重视的是实践，而不是知识。这一点以儒家最为明显。儒家思想特别重视现实，重视实用。在知行问题上，儒家更重视行。孔子就曾明确地指出，学的目的是为了行，也就是为了实践。孔子说："学而时习之"（《论语·学而》），曾子也说："传不习乎"（《论语·学而》），这里的"习"，除了复习的意思之外，更重要的是实习，也就是实践。这是和儒家对于知识的独特的看法有关的。在孔子看来，所谓学虽然也包括"多闻""多见"的直接获得感性经验和历史文献知识，但更多的，是道德意义上的知识。孔子说："弟子入则孝，出则弟，谨而信，泛爱众而亲仁。行有余力，则以学文。"（《论语·学而》）又说："君子食无求饱，居无求安，敏于事而慎于言，就有道而正焉，可谓好学也已。"（《论语·学而》）"贤贤易色，事父母能竭其力，事君能致其身，与朋友交言而有信，虽曰未学，吾必谓之学矣。"（《论语·学而》）从这些言论可以看出，孔子所谓的学，并不是为了获得纯粹的知识，而是为了道德的提升。也可以说，在儒家看来，知识即道德。但这种道德并不是高深的道德哲学，而是体现在社会日常生活中的人伦日用。后来荀子也说："不闻不若闻之，闻之不若见之，见之不若知之，知之不若行之，学至于行而止矣。"（《荀子·儒效》）这说明学习的最高目的是实践，而不是纯粹的理论探索。后来伪古文《尚书》提出"知之非艰，行之惟艰"，是中国古代对于知行问题上的主流看法。由此也反映出中国传统哲学重视现实的价值取向。

中国古代思想文化重视现实的特征，也同样体现在中国古代的科学中。重视现实的价值取向，对古代科学技术的发展所起到的作用，可谓利、弊均在，这需要我们在具体的研究当中，根据不同的历史时期、不同的科学内容，做实事求是的具体分析和评价。

二 诸子哲学中的反智论

很多学者研究中国古代的政治传统时都指出，中国的政治传统中有一层反智的气氛。虽然给反智论下一个确切的定义并不容易，但它大概包含两个方面的内容：一层是对于"智性"（intellect）本身的憎恨和怀疑，认为"智性"以及由"智性"而来的知识学问对人有害而无益；另一层含义是对代表"智性"的知识分子的鄙视以及敌视。根据学者的研究，反智在中国传统思想文化的各个方面都有体现，而不是仅仅局限于政治领域。我们可以说，中国传统思想中的反智倾向，对于中国古代科学技术的发展，有相当的制约和阻碍作用。

先秦时期具有反智倾向的主要是道家和法家。老子主张"绝圣弃智，民利百倍"（《老子》十九章）。又说："古之善为道者，非以明民也，将以愚之。民之难治，以其智也。故以智治国，国之贼；以不智治国，国之福。"（《老子》六十五章）

老子的这些主张是明确地主张愚民，反对民众拥有智慧和知识。老子认为，民众一旦有了知识，"智慧出，有大伪"（《老子》十八章），就丧失了本真，而且难以治理，不好控制。

庄子的反智倾向比老子还要激烈。庄子认为，人的知识、智慧以及仁义道德都是违反人真实的本性的，而且会破坏人性。因此要对人的知识、智慧等彻底否定。庄子说：

> 故绝圣弃知，大盗乃止；玉毁珠，小盗不起；焚符破玺，而民朴鄙；掊斗折衡，而民不争；……毁绝钩绳而弃规矩，攦工倕之指，而天下始人有其巧矣。（《庄子·胠箧》）

先秦诸子一般将人的认识能力和思想意识称为"心""知""思"等。《庄子》书中在个别地方也承认"心""知"的作用，但总体上对"心""知""思"是批判的。庄子认为，人的知识、智慧以及心计等的活跃与发展，会破坏人性，是社会祸乱的根源。《庄子》书中认为，人类的原始状态是无心计无知识的，这时候人过着无忧无虑的生活。这是人最理想、最完满的状态。但是，自从黄帝、尧、舜等圣人来到人间，这种和平的生活状态就被破坏了。他们搅动了人心，"心""知"使人争名夺利，破坏了自然秩序。心知一出现，人们都会竞相追求，这不但破坏了人性，而且还造成"亡国戮民无已"之祸害（《庄子·徐无鬼》）。"举贤则民相乱轧，任知则民相盗。"（《庄子·庚桑楚》）

庄子还指出，人的思考、心计等一切有为之举还有损于人的生形，因此不要以思虑来伤害形生。《庄子》书中说："全汝形，抱汝生，无使汝思虑营营。"（《庄子·庚桑楚》）又说："道之于貌，天与之形，无以好恶内伤其身。"（《庄子·德充符》）"无为名尸，无为谋府，无为事任，无为知主。"（《庄子·应帝王》）

庄子对知识采取否定的态度，从理论上来说，就是《庄子》书中的相对主义认识论。

庄子的相对主义首先认为世间万物都是变幻不定、转瞬即逝的，并非真实的存在。庄子说：

> 物之生也，若骤若驰，无动而不变，无时而不移。何为乎？何不为乎？夫固将自化。（《庄子·秋水》）
>
> 万物皆种也，以不同形相禅，始卒若环，莫得其伦，是谓天均。（《庄子·寓言》）
>
> 一受其形，不亡以待尽，与物相刃相靡，其形尽如驰，而莫之能止，不亦悲乎！（《庄子·齐物论》）

这里的意思都是说，世间一切都是变动的，都是暂时的、相对的。因此庄子提出了著名的"齐物论"，

庄子认为，从"道"的立场来看，事物的大小、长短、高低、贵贱等差别都是不存在的，"万物一齐"。他说：

> 天下莫大于秋毫之末，而泰山为小；莫寿于殇子，而彭祖为夭。（《庄子·齐物论》）
>
> 以道观之，何贵何贱？……何少何多？……万物一齐，孰短孰长？（《庄子·秋水》）

《秋水》篇还进一步说：

> 以道观之，物无贵贱；以物观之，自贵而相贱。……以差观之，因其所大而大之，则万物莫不大；因其所小而小之，则万物莫不小。知天地之为稊米也，知毫末之为丘山也，则差数睹矣。以功观之，因

其所有而有之，则万物莫不有；因其所无而无之，则万物莫不无。知东西之相反，而不可以相无，则功分定矣。以趣观之，因其所然而然之，则万物莫不然；因其所非而非之，则万物莫不非。知尧桀之自然而相非，则趣操睹矣。

这是庄子相对主义非常著名的一段表述。在庄子看来，事物的贵贱、大小、是非等客观区别都是不存在的，是由人的主管认识所决定的。这样，庄子以他的相对主义为基础，认为人要获得客观、正确的知识是不可能的，由此也就否定了客观知识以及客观真理的存在，否定了人的认识能力，从而得出了不可知论的结论。庄子举例说：

且吾尝试问乎女：民湿寝则腰疾偏死，鳅然乎哉？木处则惴……四者孰知天下之正色哉？（《庄子·齐物论》）

庄子认为，所谓"正处""正味""正色"这些客观的知识是不存在的，我们之所以能感觉到"正处""正味""正色"，那是从我们各自的角度出发的，所以一切知识都是相对的，没有客观统一的标准。

庄子幻想通过否定人类文明的办法来恢复人的"本性"，在人的本初的自然状态下，人与万物群生，"民如野鹿"（《庄子·天地》），人的知识、心计降低到最低程度，"民愚而朴，少私而寡欲"（《庄子·山木》）。在这种自然状态之下，人类完全依靠自然本能而生活，人类的任何知识、发明都不需要，"山无蹊隧，泽无舟梁"（《庄子·马蹄》）是人类的理想状态。

庄子否定了真理的客观标准以及真理的存在，抹杀了是非标准的界限，否定了人探求客观世界、获得知识的意义，这种相对主义的理论对于中国古代科学的发展有一定的限制，产生了很大的消极影响。

无论在政治领域，还是在思想文化方面，先秦法家都是反智论的最典型的代表。法家将中国古代的反智倾向贯彻得最为彻底。法家认为，君主为了治理国家，其中一项重要的内容就是要使民众变得愚昧无知。《商君书》认为，民众愚昧是加强君主权力的基本因素。书中说：

无以外权爵任与官，则民不贵学问，又不贱农。民不贵学问则愚，愚则无外交，无外交，则国安而不殆。民不贱农，则勉农而不偷。国安不殆，勉农而不偷，则草必垦矣。(《商君书·垦令》。原文有误，此处从高亨校本。)

法家重视耕战，认为耕战是强国之本，除此之外都对治理国家没有任何实际用处。因此这里提出的主张，是要人民不重视学问，愚昧无知，这样就不会轻视农事，也不会和别的国家有交往。能做到这些，国家就不会有危险，而且荒地也能得到开垦，这就实现了富国强兵的目的了。

《商君书》还认为，百家争鸣的各家，如诗书谈说之士、处士、技艺之士、商贾之士等，于现实没有任何益处，应该严加禁绝。其中"诗书谈说之士"显然是指以儒家为代表的诸子。《商君书》还提出"壹教"："所谓壹教者，博闻、辩慧、信廉、礼乐、修行、群党、任誉、清浊，不可以富贵，不可以评刑，不可独立私议以陈其上。坚者被。锐者挫。虽曰圣知巧佞厚朴，则不能以非功罔上利，然富贵之门，要存战而已矣。"(《商君书·赏刑》)法家的"壹教"，其实就是要统一思想。

此外，属于法家的著作《管子·法禁》篇也主张"一国戚，齐义士"。春秋战国时期士人是各个学派的代表，是各种理论、主张的提倡者，而这里所主张的"齐义士"，明显是要加强思想的统一和专制。如何才能"齐义士"？《管子》书中提出了很多残酷的办法。《法法》篇说："居傲易令，错仪画制作仪者，尽诛。"又说："强者折，锐者挫，坚者破。引之以绳墨，绳之以诛戮。"对于一切持法家以外的学说均视为"不牧之民，绳之外也，绳之外，诛。"这里的意思非常明确，就是要用"诛""挫""折""破"等各种残酷的手段，达到统一思想的目的。

韩非继承并发展了前期法家的这些主张，更进一步提出统一思想的主张。韩非是法家的代表人物，他特别强调法的重要性，主张全国百姓都要知道、了解君主制定的各种法令，而且人们的思想和行动都要以法令为准，都必须"以法为本"(《韩非子·饰邪》)。韩非明确地说：

故明主之国，无书简之文，以法为教；无先王之语，以吏为师；无私剑之捍，以斩首为勇。是境内之民，其言谈者必轨于法，动作者归之于功，为勇者尽于军。(《韩非子·五蠹》)

韩非的意思是说，普通民众只能遵守法令，除法之外不能有任何书籍，有关历史、文化的典籍、知识都于现实没有任何实际用处，所以应当严加禁绝。用现实的法令来规范人们的思想，无疑是思想专制的集中表现。韩非明确地说："言行而不轨于法令者必禁。"（《韩非子·问辩》）"禁奸之法，太上禁其心，其次禁其言，其次禁其事。"（《韩非子·说疑》）韩非认为，为了要人们的言行都遵守法令，最好的办法就是"禁其心"，让人们从思想意识的深处符合法令的规定。把人的思想活动都要限定在法令的规定范围之内，这是非常严酷的文化专制，这对于扼杀人的思想活力、人的创造性，产生了极其恶劣的影响。后来韩非的弟子李斯终于实现了韩非的主张，"焚书坑儒"，对于加强思想专制、断绝历史文化传统，扼杀人们的创造，都起了非常关键的作用，并且在历史上产生了极坏的影响。李斯在给秦始皇的著名的奏议中说：

> 古者天下散乱，莫之能一，是以诸侯并作，语皆道古以害今，饰虚言以乱实，人善其所私学，以非上之所建立。今皇帝并有天下，别黑白而定一尊。私学而相与非法教，人闻令下，则各以其学议之，入则心非，出则巷议，夸主以为名，异取以为高，率群下以造谤。如此弗禁，则主势降乎上，党与成乎下。禁之便。臣请史官非秦记皆烧之。非博士官所职，天下敢有藏《诗》、《书》、百家语者，悉诣守、尉杂烧之。有敢偶语《诗》《书》者弃市。以古非今者族。吏见知不举者与同罪。令下三十日不烧，黥为城旦。所不去者，医药卜筮种树之书。若欲有学法令，以吏为师。（《史记·秦始皇本纪》）

李斯的"焚书"主张是法家的传统。《韩非子·和氏》篇就提到，商鞅主张"燔诗书而明法令"。李斯在这里主要是从维护统一的中央专制集权的角度来主张实行"焚书"、打击诸子百家的，这一政策的实行，除了加强中央集权，避免"主势降乎上，党与成乎下"的局面的形成以外，对自春秋战国以来形成的百家争鸣、思想自由活跃的氛围，也是致命性的打击。

秦实行的"焚书"政策，是为了消灭学术异己，统一思想，而后来实行的"坑儒"，更是从肉体上消灭持不同见解的学者。这固然是法家反智主张的极端体现，但也反映出法家为加强思想统治所采取的残酷手段，从中可以看出中国古代政治对理性主义的高压打击。其实，不仅法家有这样的做法，儒家也有类似的主张。《礼记·王制》篇说：

> 析言破律，乱名改作，执左道以乱政，杀。
> 作淫声、异服、奇技、奇器以疑众，杀。
> 行伪而坚，言伪而辩，学非而博，顺非而泽，以疑众，杀。（《礼记·王制》）

儒家这里的看法是，对于以奇技淫巧破坏礼制的人，可以诛杀。儒家本来是尚贤的，对于德行方面的优秀人才主张任用，但这里的这些看法，是有些过分了。

与儒家所说的"析言破律，乱名改作，执左道以乱政，杀"相应的，是春秋时期的一个著名故事。《吕氏春秋·离谓》记载："子产治郑，邓析务难之。与民之有狱者约，大狱一衣，小狱襦绔。民之献衣襦绔而学讼者，不可胜数。以非为是，以是为非，是非无度，而可与不可日变。所欲胜因胜，所欲罪因罪。郑国大乱，民乃喧哗。子产患之，于是杀邓析而戮之，民心乃服，是非乃定，法律乃行。"《列子·力命》篇也有类似的记载："邓析操两可之说，设无穷之辞……子产执而戮之，俄而诛之。"虽然也有学者考证子产杀邓析不可信，[①] 但这一传说也应该有类似的故事为基础的。邓析类似于后世精通法律条文的律师，他的言行其实就是儒家所说的"析言破律，乱名改作"，最后因乱政而被诛。从历史顺序来看，子产、邓析的时代要远远早于《王制》篇写定的时代，或许《王制》篇所讲的就是对子产、邓析的故事的总结。

经过了秦的焚书和坑儒的历史事变，先秦时期思想活跃的局面结束了。而思想界的一统，必然是对理性和创造的压抑。儒家的道德学问成为正统，而科学技术则被视为与人伦道德关系不大的奇技淫巧，在中国传统文化中处于边缘的位置。

---

① 《吕氏春秋》毕沅校："邓析、子产并不同时。张湛注《列子》云，子产卒后二十年而邓析死也。"见陈奇猷《吕氏春秋校释》卷十八，学林出版社1984年版，第1181页。

三　与政治的特殊关系

中国传统思想文化中有关政治的内容占了绝大的比例，也就是说，社会政治是中国传统文化当中的重要内容。这从前文所讲到的中国文化中的人文主义、重视现实的价值取向中都可以看出。与此相应的是，中国古代科学也并非西方意义上的纯粹的科学，它也与现实的政治有着密切的关系，并且时刻受到现实政治的影响。

先秦诸子的哲学思想不是纯粹的哲学思辨，他们所具有的一些科学思想或科学内容，也不是纯粹的科学，而是都受到社会政治的影响与制约。这是中国古代哲学思想的一个特征，也是中国古代科学的特征。

我们曾经指出，中国古代对于自然界的认识的模式是阴阳五行结构，但在这种自然认识中，阴阳、五行之间的地位并非完全平等，它们之间也存在等级区别。这是由于中国古人把社会人事也完全纳入阴阳五行的框架中，这样必然会把社会的等级差别与阴阳五行之间的关系联系起来。在阴阳这对关系当中，《易传》认为，阳为天、为君、为男、为君子，阴为地、为臣、为女、为小人，"天尊地卑，乾坤定矣"，这是阴阳之间的永恒关系，阳尊阴卑既是自然的规律，又是人间的法则。在五行当中，土的地位远远高于其他四行，这是农业时代的必然认识。西周末年的太史伯就说："以土与金木水火杂，以成百物"（《国语·郑语》），已经从较为普遍的层次上提高了土的地位。在《月令》四时与五行的安排中，土虽然不居一时，但它占据中央，具有统领全局的作用。因此，《白虎通·五行》篇引《乐记》佚文说："春生夏长，秋收冬藏，土所以不名时者：地，土之别名也，比于五行最尊，故不自居部职也。"后来董仲舒也说：

> 土者，天之股肱也。其德茂美，不可名以一时之事，故五行而四时者。土兼之也。金木水火虽各（当作"名"）职，不因土，方不立，若酸咸辛苦之不因甘肥不能成味也。甘者，五味之本也；土者，五行之主也。①

---

① 董仲舒：《春秋繁露·五行之义》，见苏舆《春秋繁露义证》，中华书局1992年版，第322页。

《白虎通·五行》篇说：

> 土所以王四季何？木非土不生，火非土不荣，金非土不成，水非土不高，土扶微助衰，历成其道，故五行更王，亦须土也。王四季，居中央，不名时。[①]

> 行有五，时有四何？四时为时，五行为节。故木王即谓之春，金王即谓之秋，土尊不任职，君不居部，故时有四也。[②]

这些经典的论述清楚地表明，五行当中也存在等级区别，土在五行之中居于最高地位。从总体上说，阳永远居于支配地位，土为五行之主，它们都是君主的象征，成为论证君主制、等级制度合理性的理论依据。因此，中国古代科学认识的哲学基础阴阳五行结构虽然是自然、人事无所不包，但它归根结底还落在了现实社会，阴阳五行的结构是现实社会的政治原则，是为了使社会各等级"皆安其位而不相夺也"（《礼记·乐记》），是"政教之本"（《礼记·乡饮酒义》）。

总之，阴阳五行虽然是从人们对自然的认识中归纳、抽象而来的概念，并且成为古代科学发展的理论基础，但它并非纯粹的科学概念，阴阳五行与社会政治之间有密切的关系，甚至就是社会政治的一个层面的反映。从这个方面来看，中国古代科学的发展与社会政治是密切联系在一起的。这一特征也决定了古代科学的发展不可能走一条依科学自身发展所决定的道路，而是与社会的治乱兴衰一起在历史中沉浮。

---

① 陈立：《白虎通疏证》，中华书局1994年版，第190页。
② 同上书，第194页。

第 三 章

中国古典数学的发展路径、
方法论和价值取向

中国科学院自然科学史研究所　郭书春

引　言

　　数学在中国古代常称为"算术"，也称为"算学""算法""数学""数术"等。不过后二者有时含有象数学的内容。我们这里所讲的当然是现代意义上的"数学"。实际上，中国古典数学著作的主流都属于这个范畴，反映中国古代主要数学成就的著作，几乎没有象数学的内容。

　　清末以前到底产生过多少数学著作，无法精确统计，有人估计现存近2000种，不过，其中98%以上产生于明清时期，尤其是清末。也就是说，现存元末以前的数学著作仅20余部。但是，就是这20余部著作使数学成为中国古代最为发达的基础学科之一，取得了若干具有世界意义的辉煌成就，自公元前3世纪古希腊数学衰微前后到14世纪初领先于世界先进水平1700余年，是此时世界数学发展的主流。14世纪中叶之后，中国数学急剧衰落，遂失去了数学强国的地位，并且与世界先进水平的差距越来越大。明末（16世纪末）西方数学传入中国，中国数学经历了300余年的中西会通，中国古典数学在20世纪初中断，融入了统一的世界数学。[①]

　　中国古典数学之所以从春秋战国至宋元取得辉煌的成就，原因是多方面的，但是，它有着自己独特的方法、思想和计算工具，是其重要因素。

---

① 郭书春主编：《中国科学技术史·数学卷》，科学出版社 2010 年版。

中国古典数学理论密切联系实际，以及构造性、机械化等特点对当今的数学研究仍有启迪作用，它的某些思想和方法甚至可以用于中小学数学教学，有益于克服中国数学全盘西化后给中小学数学教材带来的某些弊病。吴文俊受中国古典数学的构造性、机械化的启发，开创了数学机械化研究的新方向。许多中小学用《九章算术》和刘徽的率的思想改革数学教材，效果良好。继承中国古典数学的优秀基因，必定会加快我国在 21 世纪由数学大国变为数学强国的进程。同时，回顾中国古典数学的成就、发展路径和特征以及价值取向，探讨中国历史上数学的发展与社会制度的变革、生产力的发展、社会思潮和文化演进的关系，汲取必要的经验和教训，对提高民族文化自觉，增强民族自信心，振奋民族精神，加强中国创新文化建设，培育中华民族的创新意识，激发民族创新活力具有其理论意义和现实意义。

下面谈一些不成熟的看法，以期抛砖引玉。

第一节　中国古典数学发展的基本概况

一　中国古代数学发展的三个高潮

中国古代数学的发展，即使是在元中叶以前的辉煌时期，也是有高潮、有低潮，而不是一帆风顺的。具体来说，在夏、商、西周三代萌芽，初步建立了数学学科之后，有春秋战国西汉基本框架的确立，魏晋南北朝理论基础的奠基，宋元筹算高潮这三次大的高潮。[①] 而在这三次高潮之后，都有不同程度的衰微。而元中叶之后的这次衰微，导致中国丧失数学强国的地位长达 700 余年。

1. 中国传统数学的萌芽——初步形成数学学科

中国文明社会的早期夏、商、西周三代没有数学著作流传到今天。不过，完成当时世界上最方便的记数制度——十进位值制记数法，创造当时世界上最方便、最先进的计算工具——算筹（见图 3-1），是两项具有世界意义的重大成就。中国古典数学长于计算，与古希腊数学具有不同的形态，与此两项创造有密不可分的关系。人们还发明了作图工具规、矩

---

① 郭书春：《中国古代数学与封建社会刍议》，《科学技术与辩证法》1985 年第 2 期。又见《中国改革开放二十年》（下），中央文献出版社 1999 年版。

（见图3－2）。据《周髀算经》① 记载，公元前11世纪的西周初年，商高在答周公问时，阐发了数学在测天量地中的作用，以及"用矩之道"和规矩方圆等知识，使周公发出"大哉言数！"的赞叹。当时数学已成为贵族子弟教育的主要科目"六艺"② 之一，表明此时数学基本形成了一个学科。③

图3－1　西汉旬阳算筹　　　　　图3－2　新疆阿斯塔纳唐墓
出土的伏羲女娲执规矩织帛

2. 中国古典数学的第一个高潮——春秋至西汉基本框架的确立

春秋战国、秦、西汉奠定了中国作为一个统一国家在体制、事功、疆域、物质文明和思想文化等方面的基础，奠定了中华民族的文化心理结构，也奠定了中国古典数学的基础。春秋战国时期中国社会发生急剧变革，思想界展开百家争鸣，数学也得到很大发展。《周髀算经》记载的发

---

① （西汉）《周髀算经》，赵爽注，刘钝、郭书春点校，见郭书春、刘钝点校《算经十书》，辽宁教育出版社1998年版；修订本，（台北）九章出版社2001年版。本章凡引《周髀算经》的文字，均据后者，恕不再注。

② "六艺"指西周贵族子弟学习的礼、乐、射、御、书、数六个学科。

③ 钱宝琮主编：《中国数学史》，科学出版社1964年版。《李俨钱宝琮科学史全集》第5卷，辽宁教育出版社1998年版。

生在公元前 5 世纪春秋战国之交的陈子答荣方问，以及从《左传》中两次筑城①的记载所反映的数学内容，等等，都表明我们的先民在分数四则运算，比例和比例分配，面积和体积的计算，以及勾股测望等方面已有相当的成就。《九章算术》②（见图 3 - 3）的主体部分③和秦简《数》④（见图 3 - 4）、《算书》⑤、汉简《算数书》⑥ 的绝大多数内容是在春秋战国时期完成的，中国古典数学达到第一个高潮。秦和西汉初年编订《数》《算书》《周髀算经》《九章算术》《算数书》等著作是这个高潮的总结。《九章算术》和秦汉数学简牍在世界数学史上首创了分数四则运算、比例和比例分配算法、盈不足算法、开方法、线性方程组解法、正负数加减法则、解勾股形和勾股数组等成就，中国数学在整体上走在了世界的前面，有的超前其他先进文化传统数百年，甚至上千年。《九章算术》确立了中国古典数学的基本框架，具有理论密切联系实际的风格，以算法为中心，并且算法具有构造性、机械化的特点。它不仅影响了此后约两千年间中国和东方的数学发展，而且标志着中国（还有后来的印度和阿拉伯地区）取代地中海沿岸的古希腊成为世界数学研究的重心，标志着以研究数量关系为主，以归纳逻辑与演绎逻辑相结合的算法倾向取代以研究空间形式为

---

① 《左传·宣公十一年》，《左传·昭公三十二年》。阮元校：《十三经注疏》，中华书局 1982 年版。

② （西汉）《九章算术》，郭书春汇校，辽宁教育出版社 1990 年版。《汇校九章算术》（增补版），郭书春汇校，辽宁教育出版社，（台北）九章出版社 2004 年版。《九章算术新校》，郭书春汇校，中国科学技术大学出版社 2014 年版。本章凡引《九章算术》及刘徽、李淳风的文字，均据《九章算术新校》，恕不再注。

③ 关于《九章算术》的编纂，历来是学术界聚讼的重大问题。在现存资料中，首先谈到《九章算术》编纂的是刘徽。他说："周公制礼而有九数。九数之流，则《九章》是矣。往者暴秦焚书，经术散坏。自时厥后，汉北平侯张苍、大司农中丞耿寿昌皆以善算命世。苍等因旧文之遗残，各称删补。故校其目则与古或异，而所论者多近语也。"自清中叶戴震整理《九章算术》起，便否定刘徽的论述。此后诸说蜂起。实际上，关于《九章算术》体例以及它所反映的物价的分析，都证明刘徽的论述是正确的，而否定刘徽的各种说法，都与历史事实或文献相矛盾。

④ （秦）《数》，肖灿整理。见朱汉民、陈松长主编《岳麓书院藏秦简》（贰），上海辞书出版社 2011 年版。

⑤ 北京大学的香港校友收购的一批秦简，赠送母校。其中有 400 余支数学简，正在整理中。

⑥ （西汉）《算数书》，见江陵张家山汉简整理小组，《江陵张家山汉简〈算数书〉释文》，《文物》2000 年第 9 期；郭书春《〈算数书〉校勘》，《中国科技史料》第 22 卷第 3 期。本章中所引《算数书》之文字，均据后者。

主，以演绎逻辑为主的公理化倾向，成为世界数学发展的主流。[1]

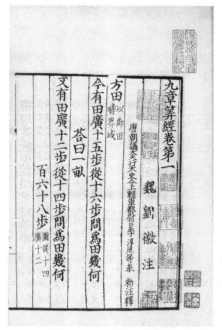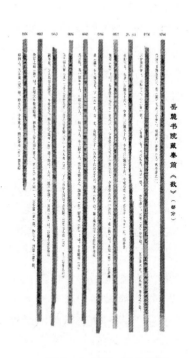

图3-3　《九章算术》书影（宋版）　　　　图3-4《数》部分竹简

西汉末年至东汉数学发展的情形不太清楚，数学上创造性的成果不如战国时期多，两汉时期人们的抽象思维能力不如战国时期强，则是无疑的。[2] 西汉完成编纂的《九章算术》等著作都没有推理和证明，是其严重缺点，也是当时抽象思维能力低下的反映。

3. 中国传统数学的第二个高潮——魏晋南北朝数学理论的奠基

东汉末年至魏晋南北朝，庄园农奴制占据了经济政治舞台的中心，以谈三玄（《周易》《老子》《庄子》）为主的辩难之风兴起，儒家的统治地位被削弱，烦琐的两汉经学被送进历史博物馆。深受辩难之风影响的魏刘徽撰《九章算术注》（公元263年，见图3-5）。他在其序言中说"析理以辞，解体用图"，提出了许多严格的数学定义，并以演绎逻辑为主要方

① 吴文俊：《吴文俊论数学机械化》，山东教育出版社1995年版。本章凡引吴文俊先生的话，均据此，恕不再注。

② 冯友兰：《中国哲学史简编》，第4册，人民出版社1986年版，第44页。

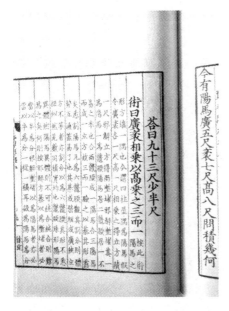

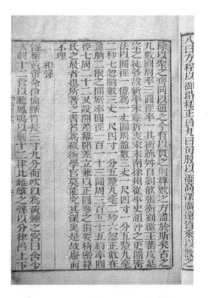

图 3 - 5　《九章算术注》书影（宋版）　　**图 3 - 6　《隋书·律历志》书影（清武英殿版）关于祖冲之的记载**

法全面证明了《九章算术》的算法，奠定了中国古典数学的理论基础。他对圆面积公式和刘徽原理的证明在世界数学史上首次将极限思想和无穷小分割方法引入数学证明，其割圆术和"求微数"的思想为祖冲之的工作提供了理论基础和数学方法，奠定了中国古代在圆周率精确值的计算上领先世界数坛千余年的基础，而解决多面体体积理论的刘徽原理实际上是在思考 20 世纪数学大师希尔伯特（Hilbert，1862—1943 年）的第三问题（1900 年）所涉及的内容。中国数学进入了第二个高潮。南朝祖冲之（429—500 年）父子在刘徽基础上将圆周率精确到 8 位有效数字，并提出密率 $\frac{355}{113}$（见图 3 - 6）；在《九章算术》和刘徽注的基础上提出祖暅原理（等价于西方的卡瓦列利原理），彻底解决了球体积问题。祖冲之应该有更多更大的数学成就，可惜他的《缀术》（一作《缀述》，一说系祖冲之父子合著）因隋唐算学馆学官"莫能究其深奥，是故废而不理"，① 遂失传。这一时期人们还提出了一次同余方程组解法、百鸡术等新的研究方向。

隋唐设算学馆，唐初李淳风（602—670 年）等整理十部算经（后称为《算经十书》），是个贡献。然而，总的来说，隋唐数学远远落后于魏晋南北朝，除历法制定中的内插法外，几无创造。

4. 中国古典数学的第三个高潮——宋元筹算高潮

中国古典数学的第三个高潮是筹算高潮，发生在唐中叶至元中叶时期。北宋贾宪（11 世纪上半叶）撰《黄帝九章算经细草》，进一步抽象《九章算术》的算法，创造"开方作法本源"即贾宪三角，以及"增乘开方法"，奠定了宋元数学高潮的基础。13 世纪下半叶形成了南宋统治下的长江下游和金元统治下的太行山两侧南北两个数学中心。南方中心现仅存秦九韶（1208—约 1261 年）、杨辉（13 世纪）的著作。秦九韶撰《数书九章》（1247 年，见图 3 - 7），提出"大衍总数术"，完善了一次同余方程组解法，还提出正负开方术，将以贾宪创造的增乘开方法为主导的高次方程的数值解法发展到相当完备的程度。杨辉撰《详解九章算法》（1261 年）、《杨辉算法》（1274—1275 年），在总结改进民间的乘除捷算法，高阶等差级数求和，纵横图研究等方面有贡献。北方中心创造了设未知数列方程的方法"天元术"，研究发展了勾股容圆知识，明末之后仅存李冶（1192—1279 年）的著作《测圆海镜》（1248 年，见图 3 - 8）、《益古演段》（1259 年）。它们是现存最早的使用天元术的著作，对天元术的完善做出了贡献。《测圆海镜》集前此勾股容圆知识之大成。元统一中国后的朱世杰自燕京（今北京）周游全国，汲取两个中心的长处，在扬州先后刊刻《算学启蒙》（1299 年）和《四元玉鉴》（1303 年，见图 3 - 9），在天元术、二元术和三元术（分别是二元和三元高次方程组解法）的基础上，创造"四元术"即四元高次方程组解法，并在沈括（1031—1095 年）、杨辉、王恂（1235—1281 年）、郭守敬（1231—1316 年）等的基础上将高阶等差级数求和问题和高次招差法发展到相当完备的程度。如果说《九章算术》是中国古代最重要的数学著作，那么《四元玉鉴》就是水平

① （唐）李淳风：《隋书·律历志》，见（唐）魏徵等《隋书》卷十六，中华书局 1973 年版，第 388 页。

最高的数学著作。这些成就大多超前其他文化传统几个世纪，有的是欧洲近代数学大师们才解决的。同时，自唐中叶起人们改进筹算的乘除捷算法，导致珠算盘最迟在南宋产生。珠算盘在明代最终取代了算筹，完成了计算工具的改革，至今在中国、朝鲜、日本和东南亚地区人们的生产生活中发挥着有益的作用。

可是，在《四元玉鉴》之后，中国数学一落千丈，出现了明代大数学家看不懂宋元重要数学成就，汉魏南北朝宋元的重要数学著作失传的可悲局面。阿拉伯、日本和西方数学先后超过了中国，我国失去了数学强国的地位。

图 3-7　《数书九章》书影　　　　图 3-8　《测圆海镜》书影
（清《宜稼堂丛书》版）　　　　（清《知不足斋丛书》版）

5. 中西数学融会贯通及中国古典数学的中断——明末至清末的数学

明末清初，西方几何学、三角学和对数等初等数学知识传入中国，开始了中西数学融会贯通的阶段。有清一代对数学之重视程度，从事数学研究的人之多，在中国历史上是空前的。许多人也非常执着、刻苦，有人甚至考中进士后外派县太爷，却辞官不就，一心研究数学，精神可嘉；然虽有成就，有的成果也超过了汉魏宋元，却只是在初等数学领域中徘徊。西方则在 17 世纪创造解析几何、微积分，进入变量数学阶段，突飞猛进，

图 3 - 9　《四元玉鉴》书影

我国与西方数学的差距反而越来越大，由明末清初只相差三四十年，到清末民初落后约两百年。中国古典数学亦在 20 世纪初中断。

二　中国古典数学在世界数学史上的地位

那么，中国古典数学在世界数学史上到底占据什么地位呢？我们认为，自公元前 3 世纪至公元 14 世纪初，中国数学居于世界的前列，是当时世界数学研究的重心，属于世界数学发展的主流。

1. 世界数学研究的重心的几次大转移

原来，人类进入文明社会以来，世界数学研究的重心发生了几次大的变化。① 众所周知，人类最先进入文明社会的是约公元前 31 世纪开始的尼罗河流域的古埃及，以及随后约公元前 24 世纪开始的两河流域的古巴比伦。数学最先在这两个地区发展起来，尤其是古巴比伦的数学长于计算，有人认为他们讨论了二次方程及其解法，以及勾股问题。

公元前 7 世纪，希腊地区进入文明社会，统治者重视数学研究，几

---

① 郭书春：《略谈世界数学重心的三次大转移》，《科学技术与辩证法》1986 年第 1 期。又见李文林《数学史教程》，高等教育出版社 2000 年版，第 366 页。

何学得到高度发展。古希腊取代巴比伦成为世界数学研究的重心，以研究空间形式为主，形成了严谨的公理化体系。尽管希腊数学传统还向后延续了一段时间，应该说，在公元前2世纪罗马帝国占领泛希腊地区之后，就衰微了。随后不久，欧洲进入了被称为数学上"黑暗的中世纪"。

古希腊数学达到并越过它的高峰的时候，正是《周髀算经》《九章算术》《数》《算书》《算数书》等著作形成的战国时期。战国数学与古希腊数学东西辉映。大约在《九章算术》编定时（约公元前3—前1世纪），中国取代古希腊，成为世界数学研究的重心。随后印度、阿拉伯地区的数学也发展起来。中国古典数学在14世纪中叶开始衰落，阿拉伯数学却一直繁荣到15—16世纪。中国古典数学衰落之后，在《九章算术》和宋元数学基础上发展起来的日本和算，也取得了若干超出中国古典数学的成就。中国、日本、印度、阿拉伯数学都长于计算。

16—17世纪，随着古希腊数学著作的发现，以及包括中国数学在内的以计算为中心的东方数学的传入，欧洲数学伴随着文艺复兴，度过了中世纪的黑暗，进入变量数学时代。从此，欧洲以及20世纪的苏联、美国一直占据着世界数学研究的中心和重心的位置。并且，数学已经失去了文艺复兴以前的民族或地区的特色，成为世界统一的数学。第24届国际数学家大会在北京的成功召开，说明我国已经重新成为数学大国，并且将在21世纪成为数学强国。

2. 中国古典数学属于世界数学发展的主流

在西方占有主导地位的数学史家认为世界数学的发展只有单一的希腊演绎模式，从而将中国古代数学排除在世界数学主流之外，[①] 这是极不公正的。吴文俊指出："在历史长河中，数学机械化算法体系与数学公理化演绎体系曾多次反复互为消长交替成为数学发展中的主流。"从而从理论上回答了什么是世界数学发展的主流的问题。中国古代数学是机械化体系的代表，因而属于世界数学发展的主流，是世界数学发展主流的两个主要倾向之一，并且在从公元前3世纪至公元14世纪初，中国古典数学一直占据世界数学发展的主流地位。

---

① ［美］M. 克莱因：《古今数学思想·序》，上海科学技术出版社1979年版，第Ⅴ页。

第二节　中国古典数学的特点

一　重视应用——经世务，类万物

1. 中国古典思想关于数学作用的论述

与古希腊数学将数学看成纯粹是人类思维的产物，鄙薄一切实际应用不同，中国古典数学一直重视实际应用，并在实际应用中不断得到发展。《周易·系辞下》云：古者包牺氏"始作八卦，以通神明之德，以类万物之情"。① 这句话后来被刘徽引用，成为中国传统思想关于数学作用的经典看法。《汉书·律历志上》云："数者，一、十、百、万也，所以算数事物，顺性命之理也。"② 其含义与《周易·系辞》的话没有什么不同。秦九韶说：数学"大则可以通神明，顺性命；小则可以经世务，类万物"③。不言而喻，秦九韶的"大者"由《系辞》和刘徽的"通神明"与《汉书》的"顺性命"构成，其"小者"的阐述，"类万物"就是《系辞》和刘徽的原话，而"经世务"则是通过"算数事物"实现的。

2. 经世务，类万物

然而，实际上，汉魏至宋元的中国古典数学著作并不关注"通神明，顺性命"的问题，其内容几乎都是为解决人们生产生活中的实际应用问题提供数学方法。中国古代有作为的数学家无一例外地将主要的精力放在"经世物，类万物"，也就是"算数事物"上。《周髀算经》记载了发生在春秋战国之交陈子答荣方问：

> 昔者荣方问于陈子曰："今者窃闻夫子之道④，知日之高大，光之所照，一日所行，远近之数，人所望见，四极之穷，列星之宿，天地之广袤，夫子之道皆能知之。其信有之乎？"……陈子曰："然。

---

① （周）《周易·系辞下》，《十三经注疏》，中华书局 1980 年版，第 86 页。

② （东汉）班固：《汉书·律历志上》卷二十一上，中华书局 1975 年版。本章凡引用《汉书·律历志》的文字，均据此，恕不再注。

③ （南宋）秦九韶：《数书九章·序》。《宜稼堂丛书》本。影印收入郭书春主编《中国科学技术典籍通汇·数学卷》第 1 册，河南教育出版社 1993 年版。本章凡引秦九韶的文字，如不说明，均据此，恕不再注。

④ 这里的"夫子之道"指数学。

此皆算术之所及。"

《孙子算经序》认为数学可以"推寒暑之迭运，步远近之殊同；观天道精微之兆基，察地理从横之长短"。① 就是说，数学是用来度长短，量多少，权轻重，推寒暑，步远近，察地理的。秦九韶对数学作用看法的转变很有代表性。本来，他是接受传统思想关于数学作用的认识的，并且将"通神明，顺性命"看成"大者"。但是，数学研究的实践，改变了他的看法，坦诚对"所谓'通神明，顺性命'，固肤末于见；若其小者，窃尝设为问答以拟于用"，遂撰成名著《数书九章》。他写的《数书九章序》，尤其是最后的九段系文淋漓尽致地阐发了数学在社会生产生活各个领域中的应用。他说：

> 昆仑旁礴，道本虚一。圣有大衍，微寓于《易》。奇余取策，群数皆捐。衍而究之，探隐知原。数术之传，以实为体。其书《九章》，唯兹弗纪。历家虽用，用而不知。小试经世，姑推所为。述大衍第一。
>
> 七精回穹，人事之纪。追缀而求，宵星昼晷。历久则疏，性智能革。不寻天道，模袭何益？三农务稽，厥施自天。以滋以生，雨膏雪零。司牧闵焉，尺寸验之。积以器移，忧喜皆非。述天时第二。
>
> 魁隗粒民，甄度四海。苍姬井之，仁政攸在。代远庶蕃，垦葘日广。步度庀赋，版图是掌。方圆异状，衰窊殊形。寋术精微，孰究厥真。差之毫厘，谬乃千百。公私共弊，盍谨其籍。述田域第三。
>
> 莫高匪山，莫浚匪川。神禹莫之，积矩攸传。智创巧述，重差夕桀。求之既详，揆之罔越。崇深广远，度则靡容。形格势禁，寇垒仇墉。欲知其数，先望以表。因差施术，坐悉微渺。述测望第四。
>
> 邦国之赋，以待百事。晐田经入，取之有度。未免力役，先商厥功。以衰以率，劳逸乃同。汉犹近古，税租以算。调均钱谷，河葘之扞。惟仁隐民，犹己溺饥。赋役不均，宁得勿思。述赋役第五。
>
> 物等敛赋，式时府庾。粒粟寸丝，褐夫女红。商征边籴，后世多

---

① （晋）《孙子算经》，郭书春点校，见郭书春、刘顿点校《算经十书》，辽宁教育出版社1998年版。又，繁体字修订本，（台北）九章出版社2001年版。

端。吏缘为欺，上下俱殚。我闻理财，如智治水。澄源浚流，维其深矣。彼昧弗察，惨急烦刑。去理益远，吁嗟不仁。述钱谷第六。

　　斯城斯池，乃栋乃宇。宅生寄命，以保以聚。鸿功雉制，竹个木章。匪究匪度，财蠹力伤。围蔡而栽，如子西素。匠计灵台，俾汉文惧。惟武图功，惟俭昭德。有国有家，兹焉取则。述营建第七。

　　天生五材，兵去未可。不教而战，维上之过。堂堂之阵，鹅鹳为行。营应规矩，其将莫当。师中之吉，惟智仁勇。夜算军书，先计攸重。我闻在昔，轻则寡谋。殄民以幸，亦孔之忧。述军旅第八。

　　日中而市，万民所资。贾贸𡌧𥊁，利析锱铢。蹲财役贫，封君低首。逐末兼并，非国之厚。述市易第九。

　　秦九韶的九段系文形象概括地描绘了数学在国计民生各个方面的应用。[①]

　　制定准确的历法，对国家的统治者和老百姓都是头等大事。任何历法颁行久了，就会粗疏。不过，发挥人们的聪明才智，可以改革。而改革历法必须遵循天体运行的规律，不能因袭旧有的东西。历法的制定与改革必须以数学知识为基础，也给数学提出了新的问题。传统历法计算中要用到一次同余方程组解法，但因为方法不完备，历算家虽然使用这种方法，但不知道其中的原理，还以为是线性方程组解法。秦九韶精通历算，创造大衍总数术，取得了近代数学大师欧拉、高斯等才达到或超过的成就，圆满解决了这个问题。

　　雨雪多少直接影响到农作物的丰歉。因此，测定雨雪量是当时各州县的重要任务，常设有量雨器、量雪器。不过流行的测算方法是错误的，结果同一个地方的一次降水用不同的器具会得出不同的雨雪量，所谓"积以器移"，令人啼笑皆非。秦九韶发现了这个问题，提出了正确的计算方法。

　　随着南宋经济的发展，户口的增加，人们不断开荒，整治沿海沿湖新涨的沙田、湖田和人造圩田。这些田地的形状大都不规则，很多人计算面积的方法是错误的。秦九韶认为，错误的计算方法会"差之毫厘，谬乃千百"，于公于私都不利。秦九韶对田域类问题都提出了正确的计算方

───────────────

　　① 郭书春：《秦九韶〈数书九章序〉注释》，《湖州师范学院学报》2004年第26卷第1期。

法，有的运用当时最先进的正负开方术和三斜求积公式求解。

测望历来对制定历法，规划水陆交通，绘制准确的地图是至关重要的。《数书九章》除了继续关注这些问题外，还适应抗金、抗蒙战争的需要，设计了"望敌圆营""望敌远近""望知敌众"等三个有关军事的测望问题。

赋役对任何政权都是不可缺少的。但是当时一方面赋役过于沉重，贫苦的劳动者不堪重负。另一方面豪强地主隐田逃税，使国家赋役流失。同时，由于计划不周，或计算方法错误，造成严重的浪费。针对这些情形，秦九韶认为赋役既要"取之有度"，使贫苦的劳动者能够承受得了，也应公平合理，避免豪强地主逃避赋役。因此，他主张精确测算土地面积，按土地的肥瘠制定赋税量。还要"未免力役，先商厥功"，在各项工程开工之前，先计算出工程量及根据各地区的不同因素所分配的工作量。

财政收入是任何政权的生命线。在外患不断，亟须加强军备时，尤为重要。秦九韶认为理财应该像大禹治水那样，"澄源浚流"。他认为，一方面要防止官吏的欺瞒豪取，出现国家与民众资殚财尽的情况；另一方面，也要防止不体察下情，动不动就动刑的情形。他设计的钱谷类问题，有的要用大衍总数术求解，有的题目还反映了豪强地主大斗收租，加重对佃客剥削的黑暗现实。

建城池，筑宫殿，盖房屋，开河筑堤，修桥建坝，是文明社会的重要事务。秦九韶认为事先不进行设计与规划，会"财蠹力伤"。他赞赏汉文帝因灵台建造费用太高而感到恐惧的心情，主张"唯俭昭德"。他提出的营建类问题涉及筑城、修坝、开河以及建筑宫室、天文台等各方面，有的也要用到大衍总数术。

南宋的国内商业、海外贸易很发达。秦九韶认为，国内外贸易，"万民所资"，是国家和亿万民众所需要的。但是，商人逐利，囤积居奇，待价而沽，无限制地聚敛财富，并不是国家的福音。他设计了十个这类题目（市物类九个，大衍类一个），有的题目还反映了高利贷者的残酷剥削。

3. 施仁政，实现公平负担的工具

传统思想中为了"齐家治国平天下"，主张施仁政。在封建社会，广大人民承受着残酷的地租、高额的高利贷剥削，以及沉重的赋税负担，生活在水深火热之中。针对这种情形，秦九韶与许多正直的官吏和知识分子一样，强烈反对政府和豪强的横征暴敛，主张施仁政。《数书九章序》的九段"系"中，明确提到"仁"或"仁政"的有"苍姬井之，仁政攸在"（田域）、"惟仁隐民，犹己溺饥"（赋役）、"彼昧弗察，惨急烦刑。去理益远，吁嗟不仁"（钱谷）、"师中之吉，惟智仁勇"（军旅）四处，在与平民百姓关系最密切的田亩、赋役、钱粮、军旅等几个方面，都谈到了"仁"或"施仁政"的问题。施仁政的思想贯穿于整个《数书九章》之中。秦九韶恪守传统道德的恕道，将自心比人心，认为下层受欺压、盘剥的民众需要仁政，就像自己溺水需要救援，自己饥饿不堪需要食物一样紧迫。因此，他反对官吏、豪强横征暴敛，反对大商贾囤积居奇，更反对官吏不体察下情，随便对老百姓动刑，造成"惨急烦刑"的可悲局面。而且，秦九韶把数学方法看成施仁政，防止官吏和豪强巧取豪夺，欺压平民百姓的有力工具。

　　施仁政的一个重要方面就是各种负担公平合理。古代有各种赋税。比如各县共要缴一定的赋税，由于各县的户数不同，缴纳距离的远近不同，粟价、工价也不同，显然，要各县均摊，缴纳同样数量的粟作为赋，是不合理的。那么，怎样才能做到公平合理呢？《九章算术》的均输术解决了这个问题。我们以《九章算术》均输章第三问为例说明这个问题。此问（略去答案）是：

　　　　今有均赋粟：甲县二万五百二十户，粟一斛二十钱，自输其县；乙县一万二千三百一十二户，粟一斛一十钱，至输所二百里；丙县七千一百八十二户，粟一斛一十二钱，至输所一百五十里；丁县一万三千三百三十八户，粟一斛一十七钱，至输所二百五十里；戊县五千一百三十户，粟一斛一十三钱，至输所一百五十里。凡五县赋输粟一万斛。一车载二十五斛，与僦一里一钱。欲以县户输粟，令费劳等。问：县各粟几何？

　　　　术曰：以一里僦价乘至输所里，以一车二十五斛除之，加以斛粟价，则致一斛之费。各以约其户数，为衰。甲衰一千二十六，乙衰六百八十四，丙衰三百九十九，丁衰四百九十四，戊衰二百七十，副并为法。所赋粟乘未并者，各自为实。实如法得一。

刘徽认为，这里要"以出钱为均"。僦（租赁）一辆载25斛的车，每1

里 1 钱。那么，用 1 里的僦价 1 钱分别乘各县运输的里数，就得到各县僦一车到输所所用钱。以 25 斛除之，就得到运输 1 斛到输所所用钱。再加 1 斛粟的价钱，便分别得到各县运输 1 斛到输所所需的费用：甲县 1 斛的费用 20 钱，乙县、丙县各 18 钱，丁县 27 钱，戊县 19 钱，这称为钱率。这就意味着，如果使甲县 20 户共出 1 斛，乙县、丙县各 18 户共出 1 斛，丁县 27 户共出 1 斛，戊县 19 户共出 1 斛，或者以分数表示，就是使甲县 1 户出 $\frac{1}{20}$ 斛，乙县、丙县各 1 户出 $\frac{1}{18}$ 斛，丁县 1 户出 $\frac{1}{27}$ 斛，戊县 1 户出 $\frac{1}{19}$ 斛，则"计其所费，则皆户一钱，故可为均赋之率也"。然而，计算各县所承担的赋粟的率的时候，既有户算之率的因素，亦有远近贵贱之率的因素。要得到各县的列衰即分配比率，就得用各县的钱率除户数，于是甲 : 乙 : 丙 : 丁 : 戊 = 1026 : 684 : 399 : 494 : 270。那么利用衰分术，便求得：

$$甲县当出粟 = \frac{10000 \times 1026}{1026 + 684 + 399 + 494 + 270} = 3571\frac{517}{2873}斛,$$

$$乙县当出粟 = \frac{10000 \times 684}{1026 + 684 + 399 + 494 + 270} = 2380\frac{2260}{2873}斛,$$

$$丙县当出粟 = \frac{10000 \times 399}{1026 + 684 + 399 + 494 + 270} = 1388\frac{2276}{2873}斛,$$

$$丁县当出粟 = \frac{10000 \times 494}{1026 + 684 + 399 + 494 + 270} = 1719\frac{1313}{2873}斛,$$

$$戊县当出粟 = \frac{10000 \times 270}{1026 + 684 + 399 + 494 + 270} = 939\frac{2253}{2873}斛。$$

刘徽指出，以各县所当出粟分别乘本县 1 斛的费用，除以本县的户数，就得到每户当出的钱为 $3\frac{1381}{2873}$ 钱。各县皆如此，概莫能外，确实做到了"费劳等"，是公平合理的。

4. 数学方法在军旅中的应用

应当特别指出数学在战争中的作用。进入文明社会以后，人类的纷争就没有间断过。国内的不同割据政权之间，中央政府和地方军阀之间，经常发生战争，还有大大小小的农民起义。而且，中原地区历来以农为本，还不断受到北方游牧民族的侵扰。聪明的军事家都重视数学方法在军事问题中的应用。关心国计民生的数学家也自觉地用自己的数学知识为战争服务。北周的《五曹算经》中设有"兵曹"卷，尽管其数学方法都非常浅近，甚至不用分数，但开数学著作设军事问题之先河。秦九韶更认为大敌当前，"兵去未可"，不能放弃战备。他反对寡谋轻敌，主张做好军事训练和军需供应，特在《数书九章》设"军旅类"，设计了有关军营布置、队列变换、军需供应、兵器制造、敌情侦察等题目，并且要用到勾股、重差、开方等比较高深的方法。比如"望敌圆营"问（在"测望"类）需要开四次方，并且是用当时先进的增乘开方法完成的。这是秦九韶亲自参加抗金、抗蒙战争，将数学知识用于战争实践，并在战争中进行数学研究的结晶，而不是向壁虚构。

二　推自然之理以求自然之数——实事求是的思想路线

中国传统数学既以实际应用为目的，那么，数学家在研究数学问题的时候，当然是自觉不自觉地贯彻了实事求是的思想路线。南宋秦九韶说：

> 数术之传，以实为体。

明确道出了数学的研究对象是自然界存在的客观事物。中国古代数学知识就是依托于人们生产生活中的实际应用承传发展。"以实为体"像一条红线贯穿了中国传统数学的始终。

《周髀算经》载殷末周初数学家商高在回答周公"数安从出"的问题时说：

> 数之法出于圆方。圆出于方，方出于矩。

商高又说：

> 万物周事而圆方用焉，大匠造制而规矩设焉。

说明数学方法都是从规、矩、方、圆而来。后来刘徽以更准确的语言阐述了这种思想：

> 虽曰九数，其能穷纤入微，探测无方。至于以法相传，亦犹规矩度量可得而共，非特难为也。

规是中国古代画圆的工具，矩是画方的工具。规矩在这里指几何图形，我们通常所说的客观世界的空间形式。度量是指度量客观事物的长短、容积和重量的标准，即度量衡，所谓"同其数器，壹其度量"。①《汉书·律历志》也说"度长短者不失毫厘，量多少者不失抄撮，权轻重者不失黍絫"。度量即我们通常所说的客观世界的数量关系。刘徽认为，世代相传的数学方法都是客观世界的空间形式和数量关系的统一。刘徽的话不仅概括了中国传统数学中数与形相结合，几何问题与算术、代数问题相统一的特点，而且基本反映了 19 世纪及其以前的数学的特点。恩格斯在总结 19 世纪之前的数学时说：

　　纯数学是以现实世界的空间的形式和数量的关系——这是非常现实的资料——为对象的。②

毋庸多言，刘徽关于数学方法的论述与恩格斯的看法是高度一致的。

数学的发展既然是"以实为体"，那么，在进行数学研究的时候，必须遵循研究对象的客观规律，从中找出它们的数量关系。金元数学家李冶说：

　　数本难穷，吾欲以力强穷之，彼其数不惟不能得其凡，而吾之力且惫矣。然则数果不可以穷耶？既已名之数矣，则又何为而不可穷也！故谓数为难穷，斯可；谓数为不可穷，斯不可。何则？彼其冥冥之中，固有昭昭者存。夫昭昭者，其自然之数也。非自然之数，其自然之理也。数一出于自然，吾欲以力强穷之，使隶首复生亦末如之何也已。苟能推自然之理，以明自然之数，则虽远而乾端坤倪，幽而神情鬼状，未有不合者矣。③

① （周）《周礼·夏官·合方氏》，《十三经注疏》，中华书局 1980 年版，第 864 页。
② ［德］恩格斯：《反杜林论》，人民出版社 1956 年版，第 37 页。
③ （元）李冶：《测圆海镜》，见郭书春主编《中国科学技术典籍通汇·数学卷》第 1 册，河南教育出版社 1993 年版。本章凡引李冶的文字，均据此，恕不再注。

　　李冶的这段话有明显的道家"道法自然"的印记。李冶认为，数学方法都来自自然。他承认，数学确实是难以研究的，如果不分青红皂白，一味蛮干，不仅不能得到预期的效果，反而自己会精疲力竭，即使隶首[①]复生也是无能为力的。那么数学是不可以研究吗？回答是否定的。因为在邈远不清的事物中，总有明显的东西存在。这明显的东西中必定有其数量关系，即使没有明显的数量关系，也有其自然规律。如果能推究其自然规律，发现其数量关系，那么不管什么复杂、深奥、困难的问题，都可以迎刃而解。显然，李冶继承发展了刘徽"以法相传，亦犹规矩度量可得而共"的思想，既反对了数学不可研究的不可知论，又指出了"推自然之理，以明自然之数"的研究方法，把我国对数学的认识提高到一个新的阶段。

三　类以合类——算法统率例题的体例

1. "应用问题集"辨

　　学术界通常以"应用问题集"来概括中国古代数学著作，特别说"《九章算术》是一部应用问题集"。一般来说，"应用问题集"的概括没有多少问题。但是，如果这一概括会引起许多误解，那就另当别论了。比如，许多没有读过《九章算术》或者读过但不求甚解的人便由"《九章算术》是一部应用问题集"想当然地说《九章算术》都是一题、一答、一术，而且"术"都是应用问题的具体解法。有人还嫌不够，更加上"概莫能外"四个字。这种说法是根本不符合事实的。

2. 《九章算术》的体例

　　实际上，《九章算术》的题、答、术的关系，或者说《九章算术》的体例，相当复杂，大体来说有以下几种情形[②]：

　　（1）关于一类问题的抽象性术文统率若干例题的形式，往往是一术多题或一术一题。这是《九章算术》的主要内容所采取的形式。这里又有不同的情形：

　　第一种是先给出一个或几个例题，然后给出一条或几条抽象性术文，

---

　　①　隶首，相传是黄帝的臣子，《世本》云"隶首作数"。

　　②　郭书春：《古代世界数学泰斗刘徽》，山东科学技术出版社 1992 年版，又，繁体字修订本，（台湾）明文书局 1995 年版，再修订本，山东科学技术出版社 2013 年版。

而例题中只有题目、答案，没有具体演算的术文。以《九章算术》方田章合分术及其例题为例：

> 今有三分之一，五分之二。问：合之得几何？
>
> 　　答曰：十五分之十一。
>
> 又有……
>
> 又有……
>
> 合分术曰：母互乘子，并以为实。母相乘为法。实如法而一。不满法者，以法命之。其母同者，直相从之。

显然，三道例题都只有题和答，而没有各自的术；合分术是这三个例题共有的总术，而不是某个例题特有的。有的著述从《九章算术》都是"一题、一答、一术"的成见出发，以"方田章第 9 题的术"指称合分术，显然是不恰当的。《九章算术》的方田章、粟米章的两条经率术、其率术、反其率术，少广章的开方术、开圆术、开立方术、开立圆术，商功章除城、垣、堤、沟、堑、渠术，刍童、曲池、盘池、冥谷术之外的内容，均输章的均输粟术、均输卒术、均赋粟术等四术，盈不足章的盈不足术及其其一术、两盈两不足术及其其一术、盈适足不足适足术等术，勾股章的勾股术、勾股容方、勾股容圆以及测邑五术等，都属于这类情形，共有 73 术，106 道例题（商功章还有六术及其例题因为附于其他题目之后，未计在内）。

第二种是先给出抽象的术文，再列出几个例题；而例题只有题目、答案，亦没有演算术文。以《九章算术》商功章刍童术及其例题为例：

> 刍童、曲池、盘池、冥谷皆同术。
>
> 术曰：倍上袤，下袤从之。亦倍下袤，上袤从之。各以其广乘之。并，以高若深乘之，皆六而一。
>
> 今有刍童，下广二丈，袤三丈。上广三丈，袤四丈。高三丈。
>
> 问：积几何？
>
> 　　答曰：二万六千五百尺。
>
> 今有曲池……

以下是关于曲池、盘池、冥谷的例题。同一章的城、垣、堤、沟、堑、渠术及其例题亦如是。这里的例题也是只有题、答，而没有各自的术。而术是各个例题的总术，只不过与第一种相反，总术在前，例题在后。这种体例共有 2 术，10 道例题。

第三种是先给出抽象性的总术，再给出若干道例题；而例题包含了题目、答案、术文三项。其中的术文是总术的应用。以《九章算术》粟米章今有术及 31 个粟米互换题目为例：

> 今有术曰：以所有数乘所求率为实，以所有率为法。实如法而一。
> 今有粟一斗，欲为粝米。问得几何？
> 答曰：为粝米六升。
> 术曰：以粟求粝米，三之，五而一。
> 今有粟二斗一升，欲为粺米。问得几何？
> 答曰：粺米一斗一升五十分升之十七。
> 术曰：以粟求白米，二十七之，五十而一。

下面还有 29 道同样类型的例题，不赘。在这里，每个题目都有题、答、术，而术都是今有术的应用。属于这类情形的还有衰分章的衰分术、返衰术及其 9 个例题，少广章少广术及其 11 个例题，盈不足章使用盈不足术解决的 11 个一般算术问题，以及方程章方程术、正负术、损益术及其 18 个例题①，共有 7 术（盈不足术不再计在内），80 道例题。

这三种情形共有 82 术，196 道例题，约占《九章算术》全书的 80%。尽管其表达方式有差异，却有三个共同特点：

首先，在这里术文是中心，是主体，题目是作为例题出现的，是依附于术文的，而不是相反。

其次，在这里，作为中心的术文非常抽象、严谨，具有普适性，换成

---

① 乍一看来，方程章不属于这一类。但实际上，方程术尽管是第 1 问的术文，但正如刘徽所指出的，它是"都术"（普遍方法），因为太复杂，当时没有能力概括出更抽象的术，"故特系之禾以决之"。所以后面的 17 问的术统统说"如方程"。损益术在第 2 问的术中，是列方程的方法，凡是后面的问题需要时都说"损益之"。正负术是非常抽象的术文，在第 3 问之后。后面凡遇到正负数时均说"以正负术入之"。因此，笔者将这 3 条总术及 18 个题目列入这一类。

现代符号就是公式或运算程序。

还有，这些术文具有构造性、机械化的特点。

因此，我们将之称为术文统率例题的形式。

很遗憾，后来的数学著作基本上没有沿袭这种体例。

（2）应用问题集的形式，往往是一题一术。其术文的抽象程度也有所不同：

第一种是关于一种问题的抽象性术文。以均输章凫雁问为例：

今有凫起南海，七日至北海。雁起北海，九日至南海。今凫、雁俱起，问：何日相逢？

答曰：三日十六分日之十五。

术曰：并日数为法。日数相乘为实。实如法得一日。

其术文虽未离开日数这种具体对象，但没有具体数字的运算，可以离开题目而独立存在，将凫、雁换成其他的鸟类或运动的器物，将南海、北海换成其他的地点，将七、九换成其他数字，都可以应用这条术文。就是说，它对同一种问题都是适应的。在均输章此问之下，长安至齐、牝牡二瓦、矫矢、假田、程耕、五渠共池等的术文，以及粟米章今有术的 31 道例题的术文，衰分章衰分术、返衰术的九道例题，勾股章的持竿出户等问也都是这类性质的术文。

第二种是具体问题的算草。《九章算术》中衰分章的非衰分题目，均输章的非均输类的大部分题目，勾股章的解勾股形题目及"因木望山"等四个题目都是如此，以勾股章开门去阃问为例（略去答案）：

今有开门去阃一尺，不合二寸。问：门广几何？

术曰：以去阃一尺自乘。所得，以不合二寸半之而一。所得，增不合之半，即得门广。

术文以题目的具体数字入算，它是不能离开题目而独立存在的。

这部分内容共有 50 道题目，全部在衰分章的非衰分类问题，均输章的非典型均输类问题，以及勾股章的解勾股形等问题。显然，这些内容是以题目为中心的，术文只是所依附的题目的解法甚至演算细草，计算程序

是正确的，尽管第一种的术文，对某一种问题具有普适性，却不具有
《九章算术》大多数术文那样高度的抽象性、广泛的普适性等特点。

3. 秦汉数学简牍的体例与《九章算术》雷同

值得注意的是，这几种不同形式，在秦简《数》、汉简《算数书》等
秦汉数学简牍中都有。比如《算数书》的合分术便是：

　　　　合分　合分术曰：母相类，子相从；母不相类，可倍、倍，可
三、三，可四、四，可五、五，可六、六，七亦辄。倍、倍，及三、
四、五之如母。　母相类者，子相从。其不相类者，母相乘为法，子
互乘母，并以为实，如法成一。今有五分二、六分三、十分八、十二
分七、三分二，为几何？曰：二钱六十分钱五十七。其术如右方。有
曰：母乘母为法，子羡乘母为实，实如法而一。　其一曰：可十、
十，可九、九，可八、八，可七、七，可六、六，可五、五，可四、
四，可三、三，可倍、倍，母相类止。母相类，子相从。

合分术有4道术文，1道例题。4道术文中两两重复①。此外，约分术、径
分术、羡除术、郓都术、刍童术、旋粟术、困盖术、圌亭术、井材术、以
圌材方术、以方材圌术、启从术、大广术、里田术等都属于这种体例。

又如少广条的少广术及随后的例题：

　　　　少广　求少广之术曰：先直广，即曰：下有若干步，以一为若
干，以半为若干，以三分为若干，积分以尽所求分同之，以为法。即
耤直田二百卌步，亦以一为若干，以为积步。除积步如法，得从一
步。不盈步者，以法命其分。

　　　　少广　广一步、半步。以一为二，半为一，同之三，以为法。即
值二百卌步，亦以一为二。除如法，得从一步，为从百六十步。因以
一步、半步乘。　下有三分，以一为六，半为三，三分为二，同之十
一。得从百卌步有十一分步之十，乘之田一亩。　下有四分，以一为
十二，半为六，三分为四，四分为三，同之廿五。得从百一十五步有

---

　　① 由此及别的原因，笔者认为，《算数书》不是一部系统编纂的著作，而是从许多已有的
著作中摘编而成的。

廿五分步之五，乘之田一亩。　下有五分，以一为六十，半为卅，三分为廿，四分为十五，五分为十二，同之百卅七。得从百五步有百卅七分步之十五，乘之田一亩。下有六分，以一为六十，半为卅，三分为廿，四分为十五，五分为十二，六分为十，同之百卅七。得从九十七步有百卅七分步百卅一，乘之田一亩。　下有七分，以一为四百廿，半为二百一十，三分为百卅，四分为百五，五分为八十四，六分为七十，七分为六十，同之千八十九。得从九十二步有千八十九分步之六百一十二，乘之田一亩。　下有八分，以一为八百卅，半为四百廿，三分为二百八十，四分为二百一十，五分为百六十八，六分为百卅，七分为百廿，八分为百五，同之二千二百八十三，以为法。得从八十八步有二千二百八十三分步之六百九十六，乘之田一亩。　下有九分，以一为二千五百廿，半为千二百六十，三分为八百卅，四分为六百卅，五分为五百四，六分为四百廿，七分为三百六十，八分为三百一十五，九分为二百八十，同之七千一百廿九，以为法。得从八十四步有七千一百廿九分步之五千九百六十四，乘之成田一亩。下有十分，以一为二千五百廿，半为千二百六十，三分为八百卅，四分为六百卅，五分为五百四，六分为四百廿，七分为三百六十，八分为三百一十五，九分为二百八十，十分为二百五十二，同之七千三百八十一，以为法。得从八十一步有七千三百八十一分步之六千九百卅九，乘之成田一亩。

显然，下一条"少广"的九道题目是上一条"少广"中的"少广术"的应用。属于这类情形的还有分乘分术、石衡术、误券术、粺毇术、粟求米术等条。

这类抽象性术文及其例题在《数》《算数书》中占有一半以上的篇幅。它们在表述上，大多数比《九章算术》古朴；有的，比如赢不足术，不如《九章算术》的盈不足术那么严谨；有的，比如粟求米术，只是《九章算术》的今有术的应用之一。但是，这类术文就其抽象程度与应用广泛，以及在当时的数学中所起的作用而言，与《九章算术》的若干抽象性术文是不分轩轾的。

当然，与《九章算术》一样，《数》《算数书》等秦汉数学简牍中还有一些属于应用问题集类型的题目及其术文。

4.《九章算术》术文的层次

由上面的分析可以看出，《九章算术》及《数》《算数书》等秦汉数学简牍的术文是有不同的层次的：第一个层次是一类问题的抽象性总术，第二个层次是一种问题的术文，第三个层次是题目的演算细草甚或抽象性总术的应用。而且第一个层次的术文及其例题占有最多的篇幅。有的著述不分青红皂白地说《九章算术》共有多少多少术，不作具体分析，不仅没有什么意义，而且会误导读者。

四　位值制

也许与我们的民族历来重视弄清一个人在家庭、在社会、在官场应该处于的地位，要求处理好上下左右的关系，所谓"君君臣臣，父父子子"有关，位值制在中国传统数学中有特殊的作用。

1. 十进位值制记数法

中国在世界上最早发明了十进位值制记数法。算筹记数法采用位值制，《孙子算经》云："一从十横，百立千僵，千十相望，万百相当。"《夏侯阳算经》进一步对数字 5—9 的筹式表示做了说明："满六已上，五在上方。六不积算，五不单张。"① 同一个数字，若作纵式，放在个位上就是个位数，放在百位上就是百位数，放在万位上就是万位数……若作横式，放在十位上就是十位数，放在千位上就是千位数，放在十万位上就是十万位数……如图 3 - 10 所示。用这种纵横相间的算筹及用空位表示 0，可以表示任何自然数。这种记法十分便于进行加减乘除四则运算，加之汉语中的数字都是单音节，容易编成口诀，促进筹算的乘除捷算法向口诀的转化，并导致最迟在南宋产生珠算盘。

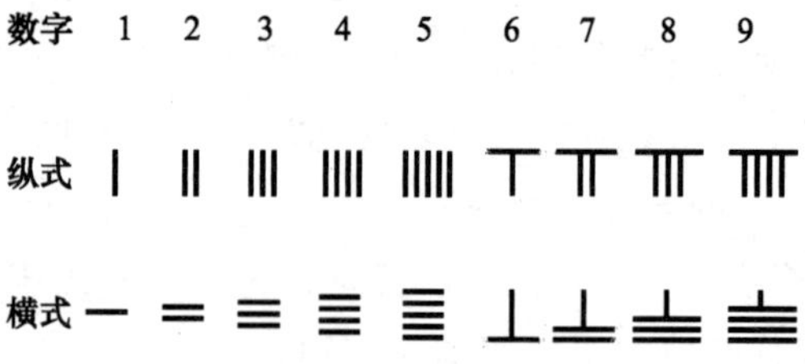

数字　1　2　3　4　5　6　7　8　9

纵式

横式

图 3 - 10　算筹数字

---

① （唐）《夏侯阳算经》，郭书春点校，见郭书春、刘顿点校《算经十书》，辽宁教育出版社 1998 年版。又，繁体字修订本，（台北）九章出版社 2001 年版。

　　算筹利用位值制不仅可以表示整数，还可以表示分数，负数，小数。分数的分子、分母上下排列。负数的算筹的纵横排列表示与正数没有区别，在《九章算术》和刘徽时代，或"正算赤，负算黑"，"或以邪正为异"，就是以红筹表示正数，黑筹表示负数，或者正置的筹表示正数，斜置的筹表示负数。宋元间常在负数的末位画一斜线。

　　在数学史上，小数的产生比分数晚得多。一般认为，唐中叶的赝本《夏侯阳算经》有完整的小数概念，是世界上最早的。南宋秦九韶《数书九章》（1247 年）、元李冶《测圆海镜》（1248 年）都是在整数部分下注以单位名称，如 1863.5 寸，就表示成 1863 5 。
寸

　　2. 数学表达式中的位值制

　　算筹借助于位值制也可以表示一元方程（古代称为开方式），记成竖式，常数项在上，未知数的系数在下，其幂次自上而下依次递增，如一元高次方程 $a_n x^n + \cdots + a_2 x^2 + a_1 x = A$ 就表示成图 3－11 的左式。算筹还可以表示多项式，与开方式类似，也记成竖式，不过要在未知数的一次幂旁记一"元"，或在常数项旁记一"太"字。多项式 $a_n x^n + \cdots + a_2 x^2 + a_1 x + A$ 在《测圆海镜》中，表示成图 3－11 的中式，在《益古演段》及其后的著作中表示成图 3－11 的右式。

图 3－11　方程与多项式的表示

　　在天元多项式和开方式中，未知数各项的幂次完全由其位置确定。具体来说，天元多项式中各系数的幂次，完全由该系数与"元"（天元的简称，一次项）或"太"（太极的简称，常数项）的相对位置确定。而两个等价的多项式"如积相消"得到的开方式中与传统的开方式一样，是不出现"元"字的。

　　综上所述，位值制在一元高次方程、线性方程组和多元高次方程组的表示和运算中的优越性更加明显。不必标出未知数，由其在筹式中的位置便知道是哪个未知数，并知道该未知数的幂次，而且在运算中，不特别说明，某个位置所表示的未知数及其幂次是不会改变的，非常方便。

　　这种表示方式对进行多项式的加减乘除运算，特别方便。比如，用未知数的幂次乘或除一个多项式，只要将"元"字上下滑动即可。

　　线性方程组（古代称为方程）用算筹借助于位值制表示成分离系数的形式。现今的线性方程组：

$$a_{11}x_{11} + a_{12}x_{12} + \cdots + a_{1n}x_{1n} = A_1$$

$$a_{21}x_{21} + a_{22}x_{22} + \cdots + a_{2n}x_{2n} = A_2$$

$$\cdots\cdots$$

$$a_{n1}x_{n1} + a_{n2}x_{n2} + \cdots + a_{nn}x_{nn} = A_n$$

在中国古代就表示成：

$$
\begin{array}{cccc}
a_{n1} & a_{n-11} & \cdots & a_{11} \\
a_{n2} & a_{n-12} & \cdots & a_{12} \\
\vdots & \vdots & \vdots & \vdots \\
a_{nn} & a_{n-1n} & \cdots & a_{1n} \\
A_n & A_{n-1} & \cdots & A_1
\end{array}
$$

未知数也由其位置决定。

　　二元、三元、四元高次方程组的表示也使用算筹借助于位值制表示出来。它们分别有天、地 2 个未知数（称为二元术），天、地、人 3 个未知数（称为三元术）和天、地、人、物 4 个未知数（称为四元术）。在一个四元式中，常数项居中，旁边记一"太"字，天元幂系数居于"太"字下方，地元幂居于左方，人元幂居于右方，物元幂居于上方。天、地、人、物四元的幂次由它们与"太"字的位置决定：距"太"字的距离越远，其幂次越高，并且不必记出天、地、人、物等字。相邻两元幂次之积记入相应行列的交叉处，不相邻之元的幂次之积无相应位置，记入某一夹缝中。一个筹式相当于一个多元方程式，二元方程组列出两个筹式，三元方程组列出三个筹式，四元方程组列出四个筹式。《四元玉鉴》卷首"四元细草"给出了天元术、二元术、三元术和四元术的解法范例，其"三才运元"是：

今有股弦较除弦和和，与直积等。只云股弦较除弦较和与句同。问：弦几何？

朱世杰"立天元一为句，地元一为股，人元一为弦。三才相配"，列出三个三元式（以阿拉伯数字代替算筹数字）[1]：

今式：
$$\begin{matrix} 0 & -1 & 太 & -1 \\ & & 1 & \\ -1 & 0 & -1 & 0 \end{matrix}$$

云式：
$$\begin{matrix} -1 & 太 & -1 \\ 0 & 1 & 1 \\ 0 & -1 & 0 \end{matrix}$$

三元之式：
$$\begin{matrix} 1 & 0 & 太 & 0 & -1 \\ 0 & 0 & 0 & 0 & 0 \\ 0 & 0 & 1 & 0 & 0 \end{matrix}$$

这也是一种借助于位值制的分离系数表示法，对于列出多元高次方程组及其消元都很方便。记天元一（勾）为 x，地元一（股）为 y，人元一（弦）为 z，这就是今之三元联立方程组：

$$-x - y - z + xyz - xy^2 = 0 \qquad 今式$$
$$x - y - z - x^2 + xz = 0 \qquad 云式$$
$$x^2 + y^2 - z^2 = 0 \qquad 三元式$$

只是由于平面只有上、下、左、右四个方向，最多只能列出四元，高于四元的方程组便无能为力。

四元术的核心是四元消法，就是将四元式消成三元三式，再消成二元二式，最后化成一元一式，即一元高次方程，最后利用增乘开方法求解。

3. 运算中的位值制

位值制的思想不仅体现在数学表达式中，而且贯穿于运算和求解的过程中。比如在除法运算中，被除数称为"实"，除数称为"法"。"实"和"法"所在的位置，在运算中仍称作"实"和"法"，而不管它们做过什么变换。

开方法是由除法脱胎出来的，《九章算术》的开（平）方术中的"实""法"的意义与除法完全相同。后来发展为开立方及求解高次方程的开方术，其常数项仍称为"实"，一次项系数《九章算术》中称为"法"或"方法"，刘徽称为"方"或"方廉"，最高次项系数《九章算

① （元）朱世杰：《四元玉鉴》，影印收入郭书春主编《中国科学技术典籍通汇·数学卷》第1册，河南教育出版社1993年版。又，英汉对照《四元玉鉴》（*Jade Mirror of the Four Un-knowns*），朱世杰著，郭书春今译，陈在新英译，辽宁教育出版社2006年版。本章凡引朱世杰的文字均据后者，恕不再注。

术》称为"借算"，刘徽称为"隅"，后来大都沿用，也有称为"下法"的。至于最高次项和一次项之间各项的系数，《九章算术》称为"中行"，刘徽称为"廉"或"长廉"，后来统称为"廉"。四次及其以上的方程还区分为上廉、下廉，甚至有一廉、二廉……的名称。实际上，这些名称不仅在开始列出的初始方程中使用，而且在求解过程中，不管这些系数怎么变化，都仍然保持原来的名称。换言之，仍然是由一个数在算式中的位置确定所依附的未知数的次数。

位值制在中国传统数学中发挥了极其重大的作用。

五　规矩度量可得而共——几何问题代数化

刘徽指出，中国传统数学方法是"规矩、度量可得而共"，就是说，几何问题都用算术、代数方法解决。吴文俊特别重视中国传统数学中几何问题代数化的思想特征。他指出："几何问题的代数化与用代数方法系统求解，乃是当时中国数学家主要成就之一。"自《九章算术》起，所有的面积、体积以及勾股测望等即我们今天归之于几何的各种问题，都要化成算术、代数问题求解。

1. 二次方程的推导

我们首先以《九章算术》勾股章的"出邑南北门"问推导二次方程的方法为例说明这个问题。此问（略去答案）是：

> 今有邑方不知大小，各中开门。出北门二十步有木。出南门一十四步，折而西行一千七百七十五步见木。问：邑方几何？
>
> 术曰：以出北门步数乘西行步数，倍之，为实。并出南、北门步数，为从法。开方除之，即邑方。

如图 3 - 12（1），设邑方 FG，北门 D，北门外之木为 B，南门 E，折西处为 C，西行见木处为 A，设 FG 为 x，BD 为 k，EC 为 l，AC 为 m，《九章算术》的术文表示用二次方程

$$x^2 + (k+l)\ x = 2km \tag{1}$$

求邑方 FG。刘徽用两种方法推导这个开方式。

其第一种方法基于率的理论，刘徽说：

　　此以折而西行为股，自木至邑南一十四步为句，以出北门二十步为句率，北门至西隅为股率，半广数。故以出北门乘折西行股，以股率乘句之幂。然此幂居半以西，故又倍之，合东，尽之也。

由于勾股形 $ABC \approx$ 勾股形 FBD，因此 $BD : FD = BC : AC$，而 $FD = \dfrac{1}{2}x$，

$BC = k + x + l$，故 $k : \dfrac{1}{2}x = (k + x + l) : m$，于是便得到（1）式。

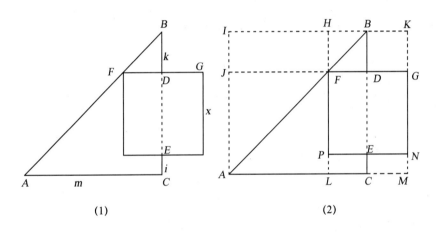

(1)　　　　　　　　　　　　　　(2)

图 3 – 12　邑方出南北门

第二种方法是使用出入相补原理进行证明：

　　此术之幂，东西如邑方，南北自木尽邑南十四步。之幂各南、北步为广，邑方为袤，故连两广为从法，并以为隅外之幂也。

如图 3 – 12（2），刘徽考虑自木 B 至邑南 C 为长，邑方 FG 为宽的长方形 $KMLH$，其面积为 $x^2 + (k + l)x$。它是长方形 $BCLH$ 面积的 2 倍。而由于勾股形 ABC 与 ABI 相等，AFL 与 AFJ 相等，FBH 与 FBD 相等，因此长方形 $DCLF$ 与 $FJIH$ 面积相等，故长方形 $BCLH$ 与 $DJIB$ 面积相等。后者的面积为 km，从而得出了上述二次方程。

　　同时，我们看到，在建立开带从平方式的过程中，实际上用到了如积相消，是为后来宋元时期如积相消并进而成为天元术思想的先河。

2. 勾股容圆

我们再看看勾股容圆和以天元术解决勾股容圆问题的方法。

勾股容圆是勾股形和圆的各种相切关系，这是中国数学史上的一个重要课题。它源自《九章算术》勾股章的勾股容圆问。宋金时期，道教洞渊派的学者在此基础上研究了同一个圆和各种勾股形的相切关系，给出了由勾股形的三边求圆径的 9 种公式，称为"洞渊九容"。李冶又补充了 1 种，共 10 种容圆关系，并在此基础上演绎成《测圆海镜》。这 10 种容圆关系是：

勾股容圆即内切于勾股形的圆径公式：

> 以勾股相乘，倍之为实。并勾股幂，以求弦，复加入勾股共，以为法。

此即《九章算术》的勾股容圆公式：

$$d = \frac{2ab}{a + b + c}$$

勾上容圆即圆心在勾上而切于股与弦的圆径公式：

> 以勾股相乘，倍之为实。并勾股幂，以求弦，加入股，以为法。

此即公式：

$$d = \frac{2ab}{b + c}$$

股上容圆即圆心在股上而切于勾与弦的圆径公式：

> 以勾股相乘，倍之为实。以勾股幂求弦，加入勾，以为法。

此即公式：

$$d = \frac{2ab}{a + c}$$

勾股上容圆即圆心在勾股交点而切于弦的圆径公式：

> 以勾股相乘，倍之为实。并勾股幂，如法求弦，以为法。

此即公式:

$$d = \frac{2ab}{c}$$

弦上容圆即圆心在弦上而切于勾与股的圆径公式:

以勾股相乘,倍之为实。以勾股和为法。

此即公式:

$$d = \frac{2ab}{a+b}$$

勾外容圆即切于勾与股、弦的延长线的圆径公式:

以勾股相乘,倍之为实。以弦较共为法。

弦较共即 $c + (b-a)$,此即公式:

$$d = \frac{2ab}{c + (b-a)}$$

股外容圆即切于股与勾、弦的延长线的圆径公式:

以勾股相乘,倍之为实。以弦较较为法。

弦较较即 $c - (b-a)$,此即公式:

$$d = \frac{2ab}{c - (b-a)}$$

弦外容圆即切于弦与勾、股的延长线的圆径公式:

以勾股相乘,倍之为实。以弦和较为法。

弦和较即 $(a+b) - c$,此即公式:

$$d = \frac{2ab}{(a+b) - c}$$

勾外容圆半即圆心在股的延长线上而切于勾、弦的延长线的圆径公式:

以勾股相乘，倍之为实。以大差为法。

大差即 $c-a$，此即公式：

$$d = \frac{2ab}{c-a}$$

股外容圆半即圆心在勾的延长线上而切于股、弦的延长线的圆径公式：

以勾股相乘，倍之为实。以小差为法。

小差即 $c-b$，此即公式：

$$d = \frac{2ab}{c-b}$$

这 10 种公式中哪 9 种是洞渊的"九容"，哪 1 种是李冶补充的，自清末以来百余年间，研究《测圆海镜》的学者一直众说纷纭。

《测圆海镜》在卷一之首给出了"圆城图式"（见图 3-13）和"识别杂记"。这个圆城图式是不是洞渊原有的，也是无法判断的。很可能是洞渊已经有其雏形，李冶又作了补充。圆城图式是用纵横分别平行的 4 条线将勾股形天地乾分割成 14 个勾股形。连同勾股形天地乾共 15 个勾股形，其中有两对（日山朱与天日旦，月川青与川地夕）分别是全等的，故不全等的勾股形只有 13 个，李冶称之为"十三率勾股形"。李冶深入研究了它们与圆径的关系。此外，在勾股形的弦外还有一个勾股形月山巽，圆城图式共 16 个勾股形。

用天、地、日、月、山、川、乾、坤、巽、艮等汉字表示点是该图的突出特点，这在以往是没有过的。这相当于现今之用字母表示点，是圆城图式的重大创造。

"识别杂记"共 692 条命题，每条可看作一个定理或公式、定义，阐明了诸勾

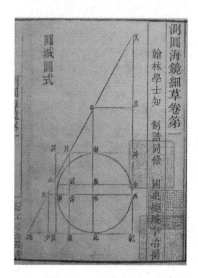

图 3-13　圆城图式

股形各边及其和、差、积之间的关系，绝大多数是正确的。其中"诸杂名目"是整个识别杂记的理论基础。尤其是最后的 10 条基本公式，是全书大多数算题的演算所必须依据的。

3. 以天元术推导高次方程

《测圆海镜》以天元术为主要方法[①]列出一元方程解决了大多数勾股容圆问题。我们卷三第 5 问为例：

或问乙出南门东行七十二步而止，甲出西门南行四百八十步，望乙与城参相直，问答同前。[②]

法曰：以东行幂乘甲南行为实，乙东行幂为从方，甲南行步内减二之东行步为益廉，一步常法，得半径。

草曰：立天元一为半城径，以减南行步，得 $480\begin{smallmatrix}-1元\end{smallmatrix}$，[③] 为小股。又以天元加乙东行，得 $72\begin{smallmatrix}1元\end{smallmatrix}$，为小勾。又以天元加南行步，得 $480\begin{smallmatrix}-1元\end{smallmatrix}$ 为大股。乃置大股在地，以小勾乘之，得下式：$\begin{smallmatrix}1\\552\\34560\end{smallmatrix}$ 元。合以小股除之，今不受除，便以为大勾。内寄小股分母。又置天元半径，以分母小股乘之，得480元。以减大勾，得 $\begin{smallmatrix}-1\\72\\34560\end{smallmatrix}$ 元，为半个梯底，于上。以乙东行七十二步为半个梯个梯头。以乘上位，得 $\begin{smallmatrix}2\\144\\5184\\2488320\end{smallmatrix}$ 元，为半径幂。内寄小股分母。寄左。然后置天元幂，又以分母小股乘之，

---

① 自清中叶《四库全书》馆臣和阮元起，学术界均将《测圆海镜》说成是李冶为阐发天元术而作的著作，这是不妥的。《测圆海镜》尽管是现存最早含有天元术的数学著作，但李冶撰著它的目的是研究勾股容圆。天元术只是李冶使用的主要方法，是当时数学界共有的知识。

② 《测圆海镜》全部问题的基本假设都在卷二开首给出："假令有圆城一所，不知周、径。四面开门，门外纵横各有十字大道。其西北十字道头定为乾地，其东北十字道头定为艮地，其东南十字道头定为巽地，其西南十字道头定为坤地。所有测望杂法一一设问如后。"以下所有 170 个问题分别给出各种附加条件后所提出的问语、答案都同于第 1 问："问径几里？""答曰：城径二百四十步。"故均云"问答同前"。

③ 此一天元式表示 $-x+480$。以下各天元式的意义可以类似得到。

得 $\dfrac{-1}{480}$ 0元，为同数。与寄左相消，得 $\dfrac{1}{-336}$ 4184 2488320 ①，以立方开之，得

一百二十步。倍之，即城径也。合问。

"法"给出了开方式，表示三次方程

$$x^3 - 336x^2 + 4184x + 2488320 = 0$$

遂将一个几何问题化成了求解一元高次方程的代数问题，给出了通过"立天元一"即设未知数推导出这个方程的方法。由此可见，天元式的运算方法与现在多项式的运算类似。天元多项式的加减，是将同次幂的系数相加或相减。常数乘天元式是用常数乘天元式的各项系数。以天元或天元幂乘、除一个天元多项式，只要将其中的"元"字上下移动适当的步数即可。当时人们还掌握了两个天元式相乘，就是用一个天元式的各项分别乘另一天元式的各项，然后合并同类项。多项式除多项式是不能进行的，李冶称之为"不受除"。若遇到以天元式为分母的情形，便采用寄分母的方法。而在求另一等价天元式时，以该分母乘之、除之，在如积相消时将其消去。②

六　构造性与机械化

1. 计算程序的构造性与机械化

吴文俊先生说："我国古代数学，总的说来就是这样一种数学，构造性与机械化，是其两大特色。"

所谓构造性数学是指构造性地，即从某些初始对象出发，通过明确规定的操作展开的数学理论。而非构造性观点主要考虑对象的一些性质，如

---

① 自清中叶起，人们认为在开方式中还需要在常数项旁标以"元"字，甚至有人认为，在天元术中，天元多项式与开方式的表示没有什么不同，都是误解。实际上，在天元术中，两个等积的多项式一经相消（称为"如积相消"），成为开方式，即一元方程，便与传统开方式的表示方式一致，不再标以"元"字。

② 梅荣照：《李冶及其数学著作》，载钱宝琮等《宋元数学史论文集》，科学出版社 1966 年版。

存在性、可能性等问题，不大关心如何求出解答或将可行的方法予以有效地实现。然而，在实际上，人们更关心如何求解，而对存在性兴趣不大。在 1981 年第一届全国数学史年会（大连）上，吴文俊以打苍蝇比喻构造性数学和非构造性数学，非常形象。他说，非构造性是要证明房间里存在苍蝇，存在几只苍蝇，至于怎么打苍蝇，是不关心的。而构造性是要想出打苍蝇的办法，把苍蝇打死。吴文俊说："中国古代数学基本上是构造性的。"《九章算术》《算数书》中的分数四则运算法则、衰分术（比例分配方法）、盈不足术、开方术、正负术（正负数加减法则）、方程术（即线性联立方程组解法）、各种面积体积公式和解勾股形方法等，刘徽对圆面积公式、刘徽原理的证明方法等算法和求圆周率程序等，贾宪、秦九韶的求高次方程正根的增乘开方和正负开方术，秦九韶的大衍总数术（一次同余方程组解法），李冶、朱世杰等使用的天元术，金元李德载、刘大鉴、朱世杰等创造的二元术、三元术和四元术等，都是典型的构造性方法。

吴文俊先生说："机械化的思想则贯穿于整个中国的古代数学。"什么是机械化？吴文俊先生说："所谓机械化，无非是刻板化和规格化。"他又说："数学问题的机械化，就要求在运算或证明过程中，每前进一步之后，都有一个确定的、必须选择的下一步，这样沿着一条有规律的、刻板的道路，一直达到结论。"上面提到的各种方法都具有规格化的程序，是典型的机械化方法。

2. 机械化举例

我们仅以开方术和贾宪三角的增乘方求廉法、秦九韶的大衍求一术等为例分别说明中国古代数学的算法和证明中的机械化。

（1）开方术

今天之凡求一元方程的正根，中国古代都称为开方术。这是最为发达的分支。《九章算术》提出了开方术和开立方术，是世界数学史上最早的多位数开方程序。开方术即今天之开平方法。其开方术是：

> 开方术曰：置积为实。借一算，步之，超一等。议所得，以一乘所借一算为法，而以除。除已，倍法为定法。其复除，折法而下。复置借算，步之如初。以复议一乘之，所得，副以加定法，以除。以所得副从定法。复除，折下如前。若开之不尽者，为不可开，当以面命

之。若实有分者，通分内子为定实，乃开之。讫，开其母，报除。若母不可开者，又以母乘定实，乃开之。讫，令如母而一。

这是一个具有普遍性的开平方程序：

①作四行布算：第一行是"议得"。第二行布置积，称为实，即被开方数。第三行布置法。在最下一行的个位上布置一枚算筹表示未知数的平方，称为"借算"。

②根据实的位数，将借算自右向左移动，隔一位移一步，移到不能再移时为止。借算移动几步，根就是几位数。

③议得根的第一位得数，使其一次方乘借算为法，而以法除实时，其商的整数部分恰好为第一位得数。同时，借算自动消失。①

④为求根的第二位得数，将法加倍，作为定法。将法退一位。再在下行个位上置借算。

⑤像②那样，将借算自右向左隔一位移一步。到不能再移时为止。

⑥复议得根的第二位得数，在旁边以它的一次方乘借算，加到定法上，以定法除余实，使商的整数部分恰好为第二位得数。重复上述程序，直到得出商的最后一位。

在这个程序中，不管是借算的"步之"，还是定法的求得，都有确定的程序，并且，求下一位得数的程序都重复前一位得数的做法，非常刻板，是典型的机械化程序。

《九章算术》的开方术经过刘徽、《孙子算经》等的改进，到北宋贾宪总结出立成释锁法，与现今之开方法基本一致。"立成"是唐宋历算家设计的供计算人员使用的算表，"释锁"是将开方比喻为打开一把锁。

（2）贾宪三角

贾宪创造"开方作法本源图"作为立成释锁法的立成，今称"贾宪三角"②，如图 3 - 14 所示。

---

① 每求得一位得数后，"借算"自动消失，求第二位得数时，需复置借算。有的著作将"以除"理解成以第一位得数的平方减实，为求下一位得数，将借算退位，是以刘徽的改进取代《九章算术》本来的程序。

② 有的著述和教科书将它称为"杨辉三角"，是以讹传讹。杨辉指出："贾宪用此术。"

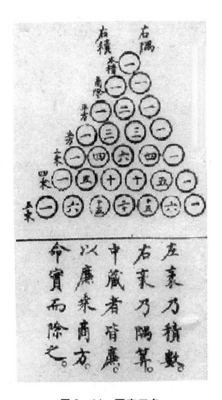

图 3 - 14 贾宪三角

贾宪还提出了求贾宪三角中各廉的方法：

增乘方求廉法草曰释锁求廉本源：列所开方数，如前五乘方，列五位，隅算在外。以隅算一，自下增入前位，至首位而止。首位得六，第二位得五，第三位得四，第四位得三，下一位得二。复以隅算如前升增，递低一位求之。

求第二位

六旧数 五加十而止。 四加六为十。 三加三为六。 二加一为三。

求第三位

六　　**十五**并旧数。十加十而止。 六加四为十。 三加一为四。

求第四位

六　　　十五　　　**二十**并旧数。十加五而止。　四加一为五。

求第五位

六　　　十五　　　二十　　　**十五**并旧。　五加一为**六**。

上廉　　二廉　　　三廉　　　四廉　　　下廉①

其中仿宋体为法，是求二项式展开式各廉即贾宪三角各层的普遍方法；小字宋体为草；粗体是笔者所加，表示计算的结果。这是以求$(a+b)^6$（称为五乘方）的展开式各廉即贾宪三角第七层的细草为例说明"增乘方求廉法"的应用。不考虑隅算，则几乘方就列几个1，那么五乘方列五位（隅算一在外），自隅算起自下向上（因将原文竖排改为横排，此处变成自右向左）递加（即增乘），递加到6，为第一位得数。计算第二位得数时，仍自下向上递加，低一位而止，得到15，如此继续下去，到不能递加为止，即：

⇐递加
隅算

	1	1	1	1	1	1
第一位	**6**	5	4	3	2	1
第二位	6	**15**（止）	10	6	3	1
第三位	6	15	**20**（止）	10	4	1
第四位	6	15	20	**15**（止）	5	1
第五位	6	15	20	15	**6**（止）	1

这样得到

1　　　6　　　15　　　20　　　15　　　6　　　1

就是贾宪三角的第七层。显然，在这里，只要记住每次都要"低一位而止"，则求每一位得数的方法都是相同的。同时，只要记住几乘方就在第一行列几个一，则求每一层的方法都是一样的，就是说，用这种求廉法可以求出贾宪三角的任意一层。总之，这种求廉法具有极强的程序化和刻板化。

贾宪又将这种增乘方法推广到开方术中，创造了增乘开方法，比阿拉伯地区和欧洲早了几百年。它通过由根的前一位得数自下而上随乘随加，

---

① （明）《永乐大典》，卷16344，见郭书春主编《中国科学技术典籍通汇·数学卷》第一册，河南教育出版社1993年版。

得出减根方程，以求下一位得数。这是比立成释锁法利用贾宪三角的系数得出减根方程更整齐、更程序化、更机械化的一种方法。

总之，整个开方术和求解高次方程都是机械化的方法。

（3）大衍求一术

南宋秦九韶在《数书九章》大衍类中明确、系统地阐述了剩余定理，即大衍总数术。一次同余方程组的问题是：若 A_i 是两两互素的正整数，R_i 也是正整数，$R_i < A_i$，正整数 N 满足同余方程组 $N \equiv R_i \pmod{A_i}$，$i = 1，2，\cdots，n$，求 N。大衍总数术的主体部分是：如果能找到一组正整数 k_i，使 $k_i \dfrac{\prod\limits_{j=1}^{n} A_j}{A_i} \equiv 1 \pmod{A_i}$，$i = 1，2，\cdots，n$，则 $N \equiv \sum\limits_{i=1}^{n} R_i k_i \dfrac{\prod\limits_{j=1}^{n} A_j}{A_i} \pmod{\prod\limits_{j=1}^{n} A_j}$。现代数学大师高斯（$Gauss$，1777—1855 年）在《算术探究》（1801 年）中也提出了这个定理。秦九韶将诸 A_i 叫作定数，$\prod\limits_{j=1}^{n} A_j$ 叫作衍母，$\dfrac{\prod\limits_{j=1}^{n} A_j}{A_i}$ 叫作衍数，诸 k_i 叫作乘率。求乘率的方法叫作大衍求一术，是大衍总数术的核心[①]。秦九韶系统阐述了大衍求一术：

> 大衍求一术云：置奇右上，定居右下，立天元一于左上。先以右上除右下，所得商数，与左上一相生，入左。然后乃以右行上下以少除多，递互除之，所得商数随即递互累乘，归左行上下，须使右上末后奇一而止。乃验左上所得以为乘率。

设奇数为 G，置于右上，定数为 A，置于右下，1 置于左上。递互除之即今之辗转相除，记商数依次为 $q_1，q_2，q_3，\cdots，q_n$，余数依次为 $r_1，r_2，r_3，\cdots，r_n$，则右行上下依次如左侧诸式，递互累乘归于左行上下者如右侧诸式：

---

① 自清中叶以来，人们常将秦九韶关于一次同余方程组的解法称为"大衍求一术"，这是不准确的。秦九韶将同余方程组解法称为大衍总数术，包括将诸定数不是两两互素的情况化约为两两互素的方法，大衍求一术和计算 $N \equiv \sum\limits_{i=1}^{n} R_i k_i \dfrac{\prod\limits_{j=1}^{n} A_j}{A_i} \pmod{\prod\limits_{j=1}^{n} A_j}$ 三部分内容。大衍求一术只是它的一部分。以它指称同余方程组解法，是以偏概全。

$$A = Gq_1 + r_1 \qquad\qquad c_1 = q_1$$
$$G = r_1 q_2 + r_2 \qquad\qquad c_2 = q_2 c_1 + 1$$
$$r_1 = r_2 q_3 + r_3 \qquad\qquad c_3 = q_3 c_2 + c_1$$
$$\cdots \qquad\qquad\qquad\qquad \cdots$$
$$r_{n-2} = r_{n-1} q_n + r_n = r_{n-1} q_n + 1 \qquad c_n = q_n c_{n-1} + c_{n-2}$$

此时若 $r_n = 1$，则 c_n 就是所求的乘率。

显然，求乘率的大衍求一术也具有程序化、刻板化的机械化数学的特点。

上面的例子有力地说明了，在高次方程数值解法，同余方程组解法等分支中，不管是算法还是数学证明，都是典型的机械化数学。中国古典数学的其他分支，如筹算和珠算，分数四则运算和率的理论，正负数的运算，盈不足术，方程术即线性方程组解法，天元术即列方程的方法，四元术即多元高次方程组解法，垛积术即高阶等差级数求和方法，圆面积公式的证明和求圆周率精确近似值的程序，刘徽原理和多面体体积理论，解勾股形问题，测望问题和重差术，等等，都具有规格化的程序，也是典型的机械化方法。所以吴文俊说："中国的古代数学基本上是一种机械化的数学。"

吴文俊说："中国古代数学的大多数成就具有构造性、算法化和机械化的性质，因此大多数的'术'可以无困难地转化为程序用计算机来实现。"根据这种认识，吴文俊开创了数学机械化理论。

吴文俊多次预测中国古典数学在 21 世纪对现代数学发展的作用。他说："由于近代计算机的出现，其所需数学的方式方法，正与《九章》传统的算法体系若合符节。《九章》所蕴含的思想影响，必将日益显著，在下一世纪中凌驾于《原本》思想体系之上，不仅不无可能，甚至说是殆成定局，本人认为也决非过甚妄测之辞。"这些精辟论述正是依据《九章算术》的机械化特点而得出的，它指出了 21 世纪中国数学发展的方向。

第三节　极限和无穷小分割思想

一　刘徽之前的无穷和无穷小思想

1. 中国古代的无穷和无穷小思想

世界各民族文化的早期都产生了无穷和无穷小的思想。中国古代也不例外。首先说无穷的概念。《墨子·经上》第 41 条云：

> 经：穷，或有前不容尺也。
>
> 经说：穷，或不容尺，有穷；莫不容尺，无穷也。①

钱宝琮的理解是："用尺来度量路程，如果量到前面只剩不到一尺的余地，那末，这路程是'有穷'的。如果继续量过去，前面总是长于一尺，那末，这路程是'无穷'的。"这里尽管是讲一维上的有限与无限，但显然借助这个命题可以判定各个方向上的有限和无限。于是任何空间区域的有限性和无限性也就可以判断了。

《庄子·秋水》北海若在答河伯是否真的"至精无形，至大不可围"的问题时说：

> 无形者，数之所不能分也；不可围者，数之所不能穷也。

说明"不可围"的"至大"（无穷大）不能为任何数所穷尽，"无形"的"至精"（无穷小）不能用任何数来表示，在某种意义上已经意识到有限的数量和无穷是两种不同性质的量。所以北海若又说"何以知毫末之足以定至细之倪？又何以知天地之足以穷至大之域？"②

关于无穷小的概念，墨家学派和辩者有更深刻的理解。《墨子·经下》第 60 条云：

> 经：非半弗斱则不动，说在端。
>
> 经说：非斱半，进前取也。前，则中无为半，犹端也。前后取，则端中也。斱必半；毋与非半，不可斱也。

"经"是说，分割一根条形物，先割去一半，再割去余下的一半，如此不

---

① （战国）《墨子》。浙江书局辑：《二十二子》，上海古籍出版社 1985 年版。本章凡引《墨经》的文字，均据此。

② 郭庆藩：《庄子集释》，中华书局 1982 年版。本章凡引庄子及名家的文字，均据此，恕不再注。

断地割下去，最后会达到不能再分割的地步，这就得到一个"端"。"经说"是说，由于分割的方式不同，得到的"端"的位置也不同：从其一端往另一端分割，则"端"在两头；从其两头向中间分割，则"端"在中间。它的数学意义是把一条线段连续平分，先去其半，再去其余下一半的一半，如此继续下去，最后会得到一个点。而由于分割的方式不同，所得到的点的位置也不相同。这实际上是无限分割。

墨家从经验抽象得出分割会到达一个终结的结论。后来的辩者则认为这是一个永远不会终结的无限过程，提出"一尺之捶"的命题来反驳。《庄子·天下篇》引述辩者的命题：

　　　一尺之捶，日取其半，万世不竭。

墨家和辩者的辩诘类似于古希腊的实无穷和潜无穷的争论，墨家的观点接近于实无穷，辩者的观点接近于潜无穷。

2. 古希腊数学没有使用极限思想

许多科普读物说古希腊数学家，尤其是阿基米德在数学证明中使用了极限思想和无穷小方法，而将微积分看成只是在古希腊数学的基础上发展起来的，是古希腊数学严密推理模式的产物。这是一种误解。古希腊思想家和数学家有深刻的无穷小思想。公元前5世纪的安提丰在解决数学三大难题之一化圆为方时，最先提出边数不断增加的圆内接正多边形逼近圆面积的思想。但是，他并没有把圆看成圆内接正多边形序列的极限。后来，布赖索（约公元前450年）又在圆外作外切多边形序列，并且认为，圆面积就是圆内接多边形与外切多边形面积的平均值。这一思想后来被欧多克斯（约公元前408—前355年）和阿基米德所发展，17世纪的数学家将其称为穷竭法。但是，由于古希腊学者无法解决实无穷和潜无穷的争论，便不得不将无穷和无穷小排斥在推理和证明之外。在他们看来，圆内接正多边形可以接近圆，要多么接近就多么接近，可是永远不能成为圆，总还有一个剩余的量。正如微积分学史家波耶指出的："希腊数学家从未像我们取极限那样把上面讲过的步骤进行到无穷。"① 因此，阿基米德等伟大的数学家尽管解决了若干非常复杂的求积问题，但是，他们在继续若干次

---

① ［美］波耶：《微积分概念史》，上海人民出版社1977年版。

分割之后，不是用极限思想，而是用双重归谬法，证明某一要求积的面积或体积既不能大于也不能小于某一数值，来解决求积问题的。

二　刘徽的极限与无穷小分割方法

吴文俊说："微积分的发明从 Kepler 到牛顿有一段艰难的过程。在作为产生微积分所必要的准备条件中，有些是我国早已有之，而为希腊所不及的。"美国数学史家史密斯认为，微积分的发展有四个主要步骤：第一步是用穷竭法从可公度的量过渡到不可公度的量。第二步是无穷小方法。第三步是牛顿的流数法。第四步是极限。[①] 这四个步骤是正确的，但是，由于所掌握的中国古典数学知识的贫乏，科学史家们将这四个步骤与中国古代联系时却常常偏颇。他们一般认为中国与古希腊一样，只做到了第一步。而实际上，中国传统数学不仅完成了第一步，也完成了第二步、第四步。我们以刘徽对《九章算术》圆面积公式和刘徽原理的证明来说明这个问题。

1. 圆面积公式的证明

《九章算术》提出了圆面积公式：

半周半径相乘得积步。

用现代符号写出，就是：

$$S = \frac{1}{2}Lr \tag{2}$$

其中 S，L，r 分别是圆面积、圆周长和半径。刘徽之前是以圆内接正六边形的周长作为圆周长，以圆内接正十二边形的面积作为圆面积，使用出入相补原理，推证这个公式的。刘徽认为，这种推证基于周三径一，因而实际上并没有严格证明圆面积公式，遂提出了使用极限思想和无穷小分割方法的证明方法（见图 3 - 15）。他说：

又按：为图。以六觚之一面乘一弧半径，三之，得十二觚之幂。若又割之，次以十二觚之一面乘一弧之半径，六之，则得二十

① Smith, E. D., *History of Mathematics*, Vol. 2, 1925, Ginn, New York.

四觚之幂。割之弥细，所失弥少。割之又割，以至于不可割，则与圆周合体而无所失矣。觚面之外，犹有余径。以面乘余径，则幂出弧表。若夫觚之细者，与圆合体，则表无余径。表无余径，则幂不外出矣。以一面乘半径，觚而裁之，每辄自倍。故以半周乘半径而为圆幂。

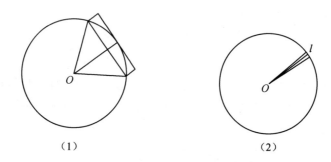

（1）　　　　　　　　　　（2）

图 3 - 15　刘徽对圆面积公式的证明

这是对《九章算术》圆面积公式（2）的一个完整的证明。如图 3 - 15 所示，刘徽首先使用了几个极限过程。他从圆内接正六边形开始割圆。设第 n 次分割得到正 $6 \cdot 2^n$ 边形的面积为 S_n，刘徽认为

$$S_{n+1} < S < S_n + 2 (S_{n+1} - S_n) \tag{3}$$

同时，

$$\lim_{n \to \infty} S_n = S$$

$$\lim_{n \to \infty} \left[S_n + 2 (S_{n+1} + S_n) \right] = S$$

刘徽考虑与圆合体的正无穷多边形，将它分割成以圆心为顶点，以每边为底的无穷多个小等腰三角形，每个的高是 r，设每个的底边长为 l，面积为 A。显然

$$lr = 2A$$

所有这些小等腰三角形的底边之和为圆周长：$\sum l = L$，它们的面积之和为圆面积：$\sum A = S$。因此，

$$\sum lr = Lr = \sum 2A = 2S$$

故 $S = \dfrac{1}{2}Lr$。[1] 完成了证明[2]。

刘徽接着说：

> 此以周、径，谓至然之数，非周三径一之率也。

因此需要求周、径的"至然之数"，即圆周率。他在批评了前人沿用"周三径一之率"的错误之后，提出了求圆周率近似值的程序。他仍从直径为 2 尺的圆内接正六边形开始割圆，得到圆内接正 12、24、48、96、192边形，援引勾股定理，计算出它们的边长以及正 96 边形的面积 $S_4 = 313\dfrac{584}{625}$寸^2，正 192 边形的面积 $S_5 = 314\dfrac{64}{625}$寸^2。刘徽求出差幂 $S_5 - S_4 = 314\dfrac{64}{625}$寸$^2 - 313\dfrac{584}{625}$寸$^2 = \dfrac{105}{625}$寸^2，然后说：

> 加此幂于九十六觚之幂，得三百一十四寸六百二十五分寸之一百六十九，则出于圆之表矣。故还就一百九十二觚之全幂三百一十四寸以为圆幂之定率，而弃其余分。以半径一尺除圆幂，倍所得，六尺二寸八分，即周数。……令径二尺与周六尺二寸八分相约，周得一百五十七，径得五十，则其相与之率也。周率犹为微少也。

就是说，刘徽由公式（3）并且通过计算证明了

$$314\dfrac{64}{625}寸^2 < S < 314\dfrac{169}{625}寸^2 \tag{4}$$

因此取 314 寸^2 作为圆面积的近似值。将这个近似值与半径 1 尺代入公式（2）的逆公式 $L = \dfrac{2S}{r}$，求出圆周长的近似值 6 尺 2 寸 8 分。将圆的直径与

---

① 郭书春：《刘徽的权限理论》，《科学史集刊》第 11 集，地质出版社 1984 年版。郭书春：《九章算术译注》，上海古籍出版社 2009 年、2010 年、2013 年、2014 年、2015 年版。

② 可是自 20 世纪新文化运动起至 70 年代末以前，几乎所有关于刘徽割圆术的文章都没有认识到这一点。这些文章都无视其中"以一面乘半径，觚而裁之，每辄自倍，故以半周乘半径而为圆幂"这关键的 25 个字，而将前面的极限过程与后面的求圆周率程序黏合在一起，说其极限过程是为了求圆周率。甚至一篇逐字逐句用现代汉语翻译圆田术注的文章，对上述几句画龙点睛的话，竟然也略而不译。

周长相约，便得到圆周率$\frac{157}{50}$。①

十分明显，刘徽的圆田术注亦即人们常说的割圆术，其主旨是证明《九章算术》的圆面积公式（2）。由于认识到《九章算术》在应用公式（2）时使用"周三径一之率"不准确，才需要求圆的周、径的至然之数，即圆周率。同时，他求圆周率的方法，是以被他首先证明了的圆面积公式（2）为基础的。刘徽在证明公式（2）时用到了极限思想与无穷小分割方法，而在求圆周率时，并未用到极限思想和无穷小分割，只是极限思想在近似计算中的应用。刘徽的整个圆田术注，论点明确，论据充分，逻辑清晰，没有任何费解之处。

2. 刘徽原理的证明

刘徽用极限思想和无穷小分割方法对刘徽原理的证明更加高明。一个长方体沿相对两棱剖开，就得到两个堑堵。将一个堑堵沿某个顶点到相对的棱剖开，就得到一个阳马，一个鳖臑。显然，阳马是直角四棱锥，鳖臑是四面皆为勾股形的四面体。如图 3 - 16 所示。《九章算术》给出了阳马的体积公式：

$$V_y = \frac{1}{3}abh \tag{5}$$

又给出了鳖臑的体积公式：

$$V_b = \frac{1}{6}abh \tag{6}$$

我们知道，自《九章算术》起人们是用出入相补原理推导多面体体积公式的。刘徽认识到，用传统的出入相补方法是无法严格证明上述两个

---

① 由于没有认识到刘徽的目的在于证明《九章算术》的圆面积公式（2），在 20 世纪 70 年代末以前人们将刘徽求圆周率的程序也统统搞错了。人们用 $314\frac{64}{625} < 100\pi < 314\frac{169}{625}$ 取代不等式（4），并且说"刘徽舍弃不等式两端的分数部分，即取 $100\pi = 314$，或 $\pi = \frac{157}{50}$"。这里没有用到圆面积公式（2），而实际上使用了圆面积公式 $S = \pi r^2$，其中 $r = 10$ 寸。这种解释不符合刘徽的程序是显然的，而且还会把刘徽置于犯循环推理错误的境地。我们知道，刘徽在求出 $\pi = \frac{157}{50}$ 之后，用此圆周率值修正了《九章算术》中与 $S = \pi r^2$ 相当的圆面积公式 $S = \frac{3}{4}d^2$，其中 d 为圆的直径。按照上述这种解释，这无异于说，刘徽用由一个公式求出的圆周率来修正这个公式本身。这当然是一个循环推理。而实际上，刘徽从未犯循环推理的错误。

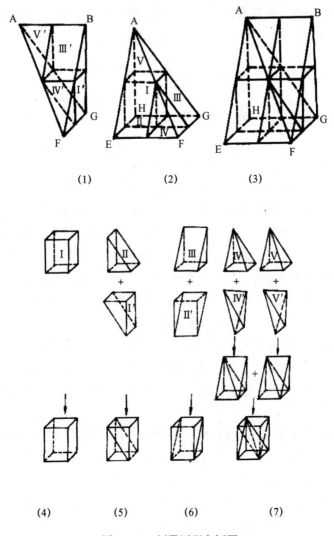

图 3 - 16　刘徽原理之证明

体积公式的。他只好另辟蹊径。为此刘徽提出了一个重要原理：

> 邪解堑堵，其一为阳马，一为鳖腝。阳马居二，鳖腝居一，不易
> 之率也。

即在一个堑堵中，恒有

$$V_y : V_b = 2 : 1 \tag{7}$$

吴文俊把它称为刘徽原理。显然，只要证明了刘徽原理，由于堑堵的体积公式 $V_q = \dfrac{1}{2}abh$，则（5）、（6）两式是不言而喻的。

刘徽认为，当 $a = b = h$ 时，用棊验法既可以证明（7），也可以直接证明（5）、（6）两式。而当 $a \neq b \neq h$ 时，用棊验法"则难为之矣"，刘徽用无穷小分割方法和极限思想证明了它。他说：

> 设为阳马为分内，鳖腜为分外。棊虽或随修短广狭，犹有此分常率知，殊形异体，亦同也者，以此而已。其使鳖腜广、袤、高各二尺，用堑堵、鳖腜之棊各二，皆用赤棊。又使阳马之广、袤、高各二尺，用立方之棊一，堑堵、阳马之棊各二，皆用黑棊。棊之赤、黑接为堑堵，广、袤、高各二尺。于是中攽其广、袤，又中分其高。令赤、黑堑堵各自适当一方，高一尺，方一尺，每二分鳖腜，则一阳马也。其余两端各积本体，合成一方焉。是为别种而方者率居三，通其体而方者率居一。虽方随棊改，而固有常然之势也。按：余数具而可知者有一、二分之别，即一、二之为率定矣。其于理也岂虚矣。若为数而穷之，置余广、袤、高之数各半之，则四分之三又可知也。半之弥少，其余弥细，至细曰微，微则无形，由是言之，安取余哉？

可能受手头棊的限制，刘徽在这里仍然使用了 $a = b = h$ 尺的棊，而没有使用 $a \neq b \neq h$ 的棊。可是，刘徽明确说明"虽方随棊改，而固有常然之势"，因此，他这些论述完全适用于 $a \neq b \neq h$ 的一般情形，并且就是为一般情形而提出的。因此，我们按一般情形阐述。如图 3 – 16 所示，刘徽的做法相当于用三个互相垂直的平面分别平分由阳马与鳖腜拼合而成的堑堵的长、宽、高，如图 3 – 16（3）所示。那么，其中的阳马被分割成一个小长方体Ⅰ，两个小堑堵Ⅱ、Ⅲ，两个小阳马Ⅳ、Ⅴ，如图 3 – 16（2）所示，鳖腜被分割成两个小堑堵Ⅱ′、Ⅲ′，两个小Ⅳ′、Ⅴ′，如图3 – 16（1）所示。显然，小堑堵Ⅱ与Ⅱ′、Ⅲ与Ⅲ′可以分别拼合成与Ⅰ全等的小长方体，如图 3 – 16（5）（6）所示。小阳马Ⅳ与小鳖腜Ⅳ′，小阳马Ⅴ与小鳖腜Ⅴ′可以分别拼合成两个与小堑堵Ⅱ、Ⅲ、Ⅱ′、Ⅲ′全等的小堑堵，它们又可以拼合成与Ⅰ全等的第 4 个小长方体，如图 3 – 16（7）

所示。显然，在前三个小长方体Ⅰ、Ⅱ-Ⅱ′、Ⅲ-Ⅲ′中，属于阳马的和属于鳖腝的体积的比是 2：1，即在原堑堵的 $\frac{3}{4}$ 中（7）式成立。而在第 4 个小长方体中（7）式是否成立还未知。然而，第 4 个小长方体中的两个小堑堵与原堑堵完全相似，因此，上述分割过程完全可以继续在剩余的两个小堑堵中施行，那么又可以证明在其中的 $\frac{3}{4}$ 中（7）式成立，在其中的 $\frac{1}{4}$ 中尚未知，亦即在原堑堵的 $\frac{1}{4} \times \frac{1}{4}$ 中尚未知。这个过程可以无限继续下去，第 n 次分割后只剩原堑堵的 $\frac{1}{4^n}$ 中（7）式是否成立尚未知。显然，$\lim\limits_{n \to \infty} \frac{1}{4^n} = 0$。这就在整个堑堵中证明了（7）式，即刘徽原理成立。[①]

刘徽原理是刘徽多面体体积理论的基础。在完成刘徽原理的证明之后，刘徽说：

> 不有鳖腝，无以审阳马之数，不有阳马，无以知锥亭之类，功实之主也。

刘徽认为，鳖腝是刘徽解决多面体体积问题的关键。刘徽为求方锥、方亭、刍甍、刍童、羡除等多面体的体积，都要通过有限次分割，将其分割成长方体、堑堵、阳马、鳖腝等已被证明了体积公式的立体，然后求其体积之和解决之。

刘徽将多面体体积问题的解决最后归结为鳖腝即四面体体积，可见，刘徽把鳖腝看成多面体分割的最小单元。这种思想，以及鳖腝体积的解决必须借助于无穷小分割的实践，也就是把多面体体积理论建立在无穷小分割基础上的思想，与现代数学的体积理论惊人地一致。近代数学大师高斯提出了多面体体积的解决不借助于无穷小分割是不是不可能的猜想。以这

---

　　① 郭书春：《刘徽的体积理论》，《科学史集刊》第 11 集，地质出版社 1984 年版，第 51—53 页。又见郭书春《古代世界数学泰斗刘徽》，山东科学技术出版社 1992 年版，第 226—234 页；又，繁体字修订本，（台北）明文书局 1995 年版，第 226—234 页；再修订本，山东科学技术出版社 2013 年版。

个猜想为基础，希尔伯特在 1900 年提出了《数学问题》中的第三个问题[①]。不久，希尔伯特的学生德恩（Dehn，1878—1952 年）给了肯定的答复。刘徽在公元 3 世纪就开始考虑 19、20 世纪数学大师们所考虑的问题。

三　微积分不是古希腊数学推理模式的产物

我们回到微积分。微积分产生的动因有四个：求运动物体在任意时刻的速度和加速度或其逆问题；由透镜设计引发的求曲线的切线问题；由炮弹和行星运动引发的函数的极值问题；求物体的重心及万有引力问题[②]。就是说，用数学方法解决运动学、光学问题，导致了微积分的产生。中国古典数学虽然没有发展到探讨这些问题的阶段，然而，用数学方法解决实际问题，数学理论密切联系实际，正是中国古代数学的传统，而不是古希腊数学的传统。希腊数学家把数学看成纯精神的活动，鄙视数学的任何实际应用。显然，如果 16、17 世纪的欧洲数学家恪守希腊的数学传统，那么，他们永远跨不进微积分学的大门。正是以中国数学为其源头和重要组成部分的东方数学，包括数学方法和用数学解决实际问题的传统，传到欧洲，与发掘出来的古希腊数学相结合，导致数学模式和数学家的数学观的改变，才开辟了文艺复兴后欧洲数学的繁荣，并开辟了通向微积分的道路。

东方数学的传入也改变了欧洲数学家研究的方向。古希腊数学以研究空间形式为主，讨论图形的性质，几乎不涉及图形的数量关系，而中国和东方数学则以研究数量关系为主，即使是几何问题，也必定化成算术或代数问题，求出它们的数值，这就是几何问题的代数化。而几何问题的代数化，正是微积分的先导——解析几何产生的必要条件。吴文俊说："这种几何的代数化为解析几何的出现迈出了重要的、也是决定性的一步。"吴文俊回顾了笛卡儿拟议中的一个适用于解决一切类型问题的普遍方法，大致是：第一步，把任一问题化为一数学问题；第二步，把任一数学问题化为一代数问题；第三步，把任一代数问题化为一解单

---

① ［德］希尔波特（David Hilbert）：《数学问题——在 1900 年巴黎国际数学家大会上的讲演》，李文林、袁向东译，载《数学史译文集》，上海科学技术出版社 1981 年版，第 60—84 页。

② ［美］M. 克莱因：《古今数学思想》第 2 册，上海科学技术出版社 1979 年版。

独一个方程的问题。笛卡儿没有完成他的设想，却在《几何学》中阐述了现在被称为解析几何的概念和方法。笛卡儿在这里没有引入坐标，也没有正负数概念，实质上只是一种有系统的代数几何化方法，对近代数学和整个科学产生了重要影响。吴文俊指出："回顾我国从秦汉到宋元间数学发展的历程，可谓我国传统数学所走过的道路正好与笛卡儿的计划若合一契；反过来，笛卡儿的计划，也无异于为中国传统数学作了一个很好的总结。"

　　最后，微积分是不是古希腊数学严密推理模式的产物呢？回答也是否定的。古希腊数学使用公理、定义、定理的表达方式，历来被尊为推理严密的楷模。其实，正如吴文俊所指出的，"公理、定义、定理的表达方式，并不能保证逻辑推理严密无间。欧几里得《几何原本》在逻辑上弊病甚多，这在 19 世纪数学批判性浪潮中已多所指摘"。实际上，17 世纪为微积分做出贡献的大多数数学家，如卡瓦列利（Cavalieri，1598—1647 年）、费尔玛（Fermat，1601—1665 年）、帕斯卡（Pascal，1623—1662 年）、巴罗（Barrow，1630—1677 年）等，并不关心严密化问题，才迈出了通向微积分的步伐。卡瓦列利在回答别人的责难时说："严密是哲学所关心的，而不是几何所关心的事情。"① 微积分的创造者牛顿、莱布尼茨甚至都没有清楚地理解也没有定义微积分的基本概念。牛顿在《分析》中宣称："既然假定 0 是无限微小，那么，它就可以代表量的瞬，与它相乘的诸项对于其余诸项来说就等于没有。"但是，这样就使自己陷入进退两难的困境。后来，在《曲线求积法》中，他试图建立没有无穷小的微积分，而代之以基本的和最终的比。然而这种做法却遭到更多的批评。② 莱布尼茨的方法与牛顿有所不同，但他也没有把微积分的基本概念弄明白。他说："考虑这样一种无穷小量将是有用的，当寻找它们的比时，不把它们当作零，但是只要它们和无法相比的大量一起出现，就把它们舍弃。"显然，牛顿、莱布尼茨都没有把微积分学建立在稳固的、严密的基础之上。实际上，在两个世纪后极限论建立之前，谁也说不清楚，为什么舍弃无穷小是合理的。不难想象，牛顿、莱布尼茨等如果恪守古希腊数学推理严密化的规范的话，是不可能建立微积分的。事实上，在微积分建立后，正是

① 转引自［美］M. 克莱因《古今数学思想》第 2 册，上海科学技术出版社 1979 年版。

② ［英］斯科特：《数学史》，商务印书馆 1981 年版。

受古希腊几何学束缚的数学家们怀疑微积分学的全部工作。

中国古典数学理论密切联系实际，没有发生导致古希腊数学转向的争论。例如，中国古代不讨论正方形的对角线与其边长（即$\sqrt{2}$与1）是否有公度的问题，刘徽在开方不尽时提出继续开方，"求其微数"，以十进分数表示无理根的近似值，这是中国古代在圆周率近似值方面取得重大成就的计算基础，也避免了古希腊那样将计算排除在外的转向。又如，中国古代没有陷入潜无穷小与实无穷小的争论，刘徽认为无限分割圆内接正多边形，最终必定会"至于不可割，则与圆周合体而无所失矣"，无限分割锥体，最终必定会"微则无形"，因而敢于将极限过程进行到底并进行无穷小分割，没有发生古希腊那样因对潜无穷小和实无穷小争论不休而将极限思想和无穷分割排除在数学之外的结局。显然，微积分学创造者的思想和推理模式与中国古典数学尤其是刘徽更为接近，而与古希腊数学是根本不同的。吴文俊说："对近代数学起着决定作用的解析几何与微积分，实质上都是机械化思想而非公理化思想的产物。"他又说："我们甚至不无理由可以这么说，微积分的发明乃是中国式数学战胜了希腊式数学的产物。"

第四节　中国古典数学的理论研究

一谈到古代的数学理论，人们往往只想到古希腊数学，尤其是它的公理化体系，并且以此为标准来评判其他文化传统的数学：凡是没有形成公理化体系的，就被认为没有理论。因此，即使是对中国古代数学成就十分推崇的学者，也多认为"在古代中国的数学思想中，最大的缺点是缺少严格求证的思想"，中国古代数学中没有形式逻辑，尤其没有演绎逻辑。"在从实践到纯知识领域的飞跃中，中国数学是未曾参与过的"[1]，因而没有数学理论。笔者认为，刘徽的《九章算术注》全面证明了《九章算术》

---

① ［英］李约瑟：《中国科学技术史》第三卷，科学出版社1978年版。其中关于中国数学缺少"严格求证"的说法，是李约瑟转引日本的中国数学史家三上义夫的话。见三上义夫（Mikami, Y.），*The Development of Mathematics in China and Japan*（《中国和日本数学之发展》），Teubner, Leipzig, 1913。

的公式、解法，它是以演绎逻辑为主的①。那种关于中国古代数学没使用演绎逻辑的说法，是没有读或者没有读懂刘徽《九章算术注》的反映②。研究古希腊数学的著名学者罗界（G. Lloyd）爵士在说明了刘徽与欧几里得的不同之后说："但是这并不意味着对结果的有效性和对寻求系统化的缺失。"③而笔者认为刘徽主要使用了演绎逻辑。

一　《九章算术》等著作的理论研究

我们回到《九章算术》。尽管它没有数学推理和证明，是数学理论研究方面的极大缺憾，但是，也不能说没有理论。"理论"是个历史的概念。在远古，人们只认识3个苹果、3个梨的时候，有人抽象出"3"，它不仅可以表示3个苹果、3个梨，还可以表示3个别的什么东西，这就是了不起的理论贡献。

说中国古代数学没有理论的根据主要是《九章算术》等所有的数学著作都是应用问题集，是具体问题的具体解法。前已指出，《九章算术》的主体部分是抽象性术文统率例题的形式。显然，这类抽象性术文是中国古代数学理论研究的一个重要方面。那些说中国古代数学没有理论的学者，显然是对中国古代存在这类极其抽象的术文视而不见，更不知道这类术文及其例题在中国古代最重要的数学著作《九章算术》中还占据了大部分篇幅。

将一类各种不同的数学问题，抽象成一类数学模型，进而归纳出抽象性的术文，这是深刻的数学理论创造。实际上，提出抽象性术文是先秦数学的一个重要特点。陈子答荣方问中针对荣方对陈子关于学习数学的教诲"归而思之，数日不能得"说：

①　郭书春：《刘徽〈九章算术注〉中的定义及演绎逻辑试析》，《自然科学史研究》第2卷第3期（1983年7月），第193—203页。郭书春《古代世界数学泰斗刘徽》，山东科学技术出版社1992年版，第268—320页；又，繁体字修订本，（台北）明文书局1995年版；再修订本，山东科学技术出版社2013年版。

②　GUO Shuchun, The Nine Chapter on Mathematical Procedures and Liu Hui Mathematical Theory, *Seki*, *Founder of Modern Mathematics in Japan A Commemoration on His Tercentenary*, Eberhard Knobloch, Hikosaburo Komatsu, Dun Liu, Editors, Springer Volume 39, 2013.

③　G. Lloyd：Préface pour *LES NEUF CHAPITRES*：*Le Classique mathématique de la Chine ancienne et ses commentaries*（K. Chemla et Guo Shuchun）. 2004, 2005, Dunod Editeur.

子之于数未能通类。夫道术，言约而用博者，智类之明。问一类而以万事达者，谓之知道。今子所学，算术之术，是用智矣，而尚有所难，是子之智类单。夫道术所以难通者，既学矣，患其不博；既博矣，患其不习；既习矣，患其不能知。故同术相学，同事相观，此列士之遇智、贤不肖之所分。是故能类以合类，此贤者业精习智之质也。

笔者曾经认为，"这种思想实际上规范了中国传统数学的形式与特点。"①这种看法是有片面性的。倘若陈子时代根本不存在"言约而用博"，"问一类而以万事达"的数学方法，不存在"类以合类"的数学著作，陈子是不可能在人们掌握这些数学知识之前先验地做出如此深刻的概括的。因此，应该说，陈子的话首先是"当时存在的数学的总结"②，然后才是对后来的中国传统数学的形式与特点起了规范作用。当时存在的数学，既包括《九章算术》在先秦以"九数"为主体的某种形态，也包括《数》《算书》《算数书》《算术》等秦汉数学简牍所源自的各种数学著作。春秋战国时期的数学家对人们掌握的数学知识，对不同类的数学模型的解法进行分析、归纳，在"通类"的基础上，进行了"类以合类"的艰苦工作，综合成若干"问一类而以万事达"的抽象性术文，成为《九章算术》的雏形和其他著作。

遗憾的是，先秦数学的这种"类以合类"的思想在秦汉之后，除了刘徽的《九章算术注》进而进行数学定义和数学证明之外，没有被完全继承下来。以后编纂的数学著作，大多采用应用问题集的形式。比如《孙子算经》中几乎找不到任何抽象性的术文；《张丘建算经》的抽象程度比《孙子算经》高一些，但大都是关于一种问题的术文，几乎没有关于一类问题的抽象性术文。

二　刘徽的定义

刘徽继承了墨家给数学概念做出定义的思想，改变了《九章算术》

① 郭书春：《校点〈算经十书〉说明》，见《算经十书》（一），辽宁教育出版社1998年版。

② 郭书春：《关于〈算经十书〉》，见郭书春、刘顿点校《算经十书》，（台北）九章出版社2001年版。

对概念约定俗成的做法，给许多数学概念以明确的定义。

刘徽的数学定义多数是发生性定义，即定义本身说明了所定义的对象发生的由来。比如："凡数相与者谓之率"，"今两算得失相反，要令正负以名之"，"凡广从相乘谓之幂"，等等。刘徽的发生性定义最妙的是关于"方程"的定义。

刘徽的定义有几个共同的特点。首先，被定义的概念与定义的概念的外延相同。如正负数与"两算得失相反"，幂与"广从相乘"，率与"数之相与"，方程与"各列有数，总言其实""每行为率""皆如物数程之""并列为行"，等等，其外延都相同，既没有犯外延过大的错误，也没有犯外延过小的错误。换言之，这些定义都是相称的。

其次，刘徽的定义中，定义项中没有包含被定义项，定义项中的概念都是已知的，没有犯循环定义的错误。这对于一部不是按照自己的体系，而是给已有的著作作注的著作来说，在循环定义泛滥的古代，尤为难能可贵。

再次，刘徽的定义都没有使用否定的表述，没有使用比喻或者含混不清的概念，并且简明清晰。

总之，刘徽的定义基本上符合现代数学和逻辑学关于定义的要求。

三　刘徽的演绎推理

说中国传统数学没有理论，主要是说没有演绎推理。实际上，只要读懂了刘徽注，就会发现刘徽在数学命题的证明中主要使用了演绎推理，其中有三段论、关系推理、假言推理、选言推理、联言推理、二难推理等演绎逻辑最重要的推理形式，还有数学归纳法的雏形。这里主要讲三段论、关系推理、二难推理和数学归纳法。

1. 三段论和关系推理

三段论是演绎推理的性质判断推理中极其重要的一种，刘徽注的许多推理是典型的三段论。试举几例：

例1　盈不足术刘徽注云：

　　注云①若两设有分者，齐其子，同其母。此问两设俱见零分，故

----

① 清戴震删去"注云"二字，系不知而作，笔者在汇校《九章算术》中恢复《永乐大典》本、杨辉本原文。

齐其子，同其母。

其推理形式是：若两设有分数者，须齐其子，同其母。此问两设俱有分数，故此问须齐其子，同其母。其中含有三个概念：两设俱有分数（中项），齐其子，同其母（大项），此问（小项）。中项在大前提中周延，结论中的概念的外延与它们在前提中的外延相同，还有，大前提是全称肯定判断，小前提是单称肯定判断，结论是单称肯定判断。可见，这个推理完全符合三段论的规则。

例 2　刘徽在证明方程术的直除法即一行与另一行对减不改变方程的解时云：

举率以相减，不害余数之课也。

其推理形式可以归结为：举率以相减，不害余数之课。直除法是举率以相减，故直除法不害余数之课。大前提是全称否定判断，小前提是单称肯定判断，而结论是单称否定判断。

关系推理实际上是三段论的一种，在刘徽的推理中所占的比重自然特别大。而在关系推理所使用的关系判断中，又以等量关系为最多。试举几例。

例 3　方田章圆田术刘徽注对圆田又术"周、径相乘，四而一"的证明是：

周、径相乘各当以半，而今周、径两全，故两母相乘为四，以报除之。

其推理形式就是：已知 $S = \frac{1}{2}Lr$（等量关系判断），及 $r = \frac{1}{2}d$（等量关系判断），故 $S = \frac{1}{2}Lr = \frac{1}{2}L \times \frac{1}{2}d = \frac{1}{4}Ld$（等量关系判断）。

例 4　刘徽在推断圆囷（圆柱体）与所容之丸（内切球）的体积之比不是 4∶π 时说：

按：合盖者，方率也，丸居其中，即圆率也。推此言之，谓夫圆
囷为方率，岂不阙哉？

其推理形式是：已知 $V_{hg}:V_w=4:\pi$（等量关系判断），及 $V_{yq}:V_w\neq V_{hg}:V_w$（不等量关系判断），故 $V_{yq}:V_w\neq4:\pi$（不等量关系判断）。其中 V_{hg}，V_w，V_{yq}分别为牟合方盖、球、圆柱体的体积。

2. 二难推理

二难推理是将假言推理与选言推理结合起来的一种推理，又称为假言选言推理。其大前提是两个假言判断，小前提是选言判断。例如刘徽证明圆田又术 $S=\dfrac{1}{12}L^2$ 不准确时说：

六觚之周，其于圆径，三与一也。故六觚之周自相乘幂，若圆径自乘者九方，九方凡为十二觚者十有二，故曰十二而一，即十二觚之幂也。今此令周自乘，非但若为圆径自乘者九方而已。然则十二而一，所得又非十二觚之类也。若欲以为圆幂，失之于多矣。

它有两个假言前提：一个是若以圆内接正六边形的周长作为圆周长自乘，其十二分之一，是圆内接正十二边形的面积，小于圆面积。另一个是若令圆周自乘，其十二分之一，则大于圆面积。还有一个选言前提：或者以正六边形周长自乘，十二而一，或者以圆周长自乘，十二而一。结论是：或失之于少，或失之于多，都证明了《九章算术》该公式不准确。

3. 数学归纳法的雏形

数学归纳法是演绎推理的一种。《九章算术》与刘徽的许多方法都是递推。刘徽的割圆术和证明刘徽原理的方法更是无限递推。无限递推是数学归纳法的核心。谨以后者为例。

刘徽先通过第一次分割证明了在整个堑堵的$\dfrac{3}{4}$中阳马与鳖臑的体积之比为 $2:1$，而在其$\dfrac{1}{4}$中尚未知，这相当于在 $n=1$ 时，刘徽原理在堑堵的

$\frac{3}{4}$ 中成立。刘徽认为第一次分割可以无限递推："置余广、袤、高之数各半之，则四分之三又可知也。"然后刘徽说："按余数具而可知者有一、二分之别，即一、二之为率定矣。"这相当于若 $n = k$ 时，刘徽原理在堑堵的 $\frac{1}{4^{k-1}} \times \frac{3}{4}$ 中成立，则刘徽原理在堑堵的 $\frac{1}{4^k} \times \frac{3}{4}$ 中成立。刘徽无法严格地表达出数学归纳法，但是他用"情推"明确阐发了无限递推的思想，所谓"数而求穷之者，谓以情推，不用筹算"，这正是数学归纳法的基本要素。

总之，演绎推理的几种最主要的形式，刘徽都使用了。这不仅在数学著作中是空前的，而且在严谨和抽象程度上，中国古代其他思想家与其比较起来，可以说没有居其右者。

4. 刘徽的反驳

反驳是证明的一种。反驳主要运用矛盾律。如对《九章算术》弧田术的反驳，弧田术是一个全称判断。刘徽举出半圆这种弧田，证明由弧田术算出的半圆面积小于半圆。这是上述判断的一个矛盾判断，由后者为真，证明了前者为假，符合矛盾律。

刘徽对《九章算术》开立圆术的反驳也应用了矛盾律。刘徽设计了牟合方盖，指出球与外切牟合方盖的体积之比为 $\pi : 4$，这是一个真命题，因而与之矛盾的命题"球与圆柱的体积之比为 $\pi : 4$"不可能为真，必为假。于是《九章算术》开立圆术不正确。

四 刘徽的数学理论体系

学术界有一个耳熟能详的提法，说《九章算术》建立了中国古代的数学体系。这种提法似是而非。一个数学体系应该包含概念，由这些概念联结起来的命题，以及使用演绎逻辑方法对这些命题的论证。而《九章算术》只有概念和命题，没有留下逻辑论证；当时实际上存在的某些推导和论证，是以归纳逻辑为主的。因此，《九章算术》并没有建立中国古代数学的体系，只是构筑了中国古典数学的基本框架。在这个基本框架中，各章的方法之间，甚至同一章不同方法之间，除了均输术是衰分术的子术之外，几乎看不出它们的逻辑关系。另外，九章的命名（即九数）有的按方法，有的按应用，分类不合理。而且，有几章在内容上有交错。

刘徽以演绎逻辑为主要方法全面证明了《九章算术》的公式、解法，因此，到刘徽完成《九章算术注》，中国古典数学才形成了数学理论体系。

逻辑方法的改变，必然导致一个学科内部结构的相应改变。事实上，刘徽的数学理论体系不是《九章算术》数学框架的简单继承和补充，也不仅是为这个框架注入了血肉和灵魂，而且包括了对这个框架的根本改造。有的著述笼统地说"《九章算术》和刘徽的数学体系"，将《九章算术》与刘徽混为一谈，实在是不伦不类。

近代人们常把数学形象地画作一株大树，通常是一株大栎树。实际上，早在 1700 多年前，刘徽就提出了数学之树的思想。他说：

> 事类相推，各有攸归，故枝条虽分而同本知，发其一端而已。又所析理以辞，解体用图，庶亦约而能周，通而不黩，览之者思过半矣。

刘徽的数学之树"发其一端"，"端"实际上就是数学之树的根。这个"端"是什么呢？刘徽说：

> 虽曰九数，其能穷纤入微，探测无方。至于以法相传，亦犹规矩度量可得而共，非特难为也。

规矩代指几何图形，即我们通常所说的空间形式；度量代指数量关系。因此，规矩、度量可以看成刘徽数学之树的根，数学方法由之产生出来。世代相传的数学方法应当是客观世界的空间形式和数量关系的统一。刘徽的话很形象地概括了中国古典数学中数与形相结合，几何问题与算术、代数问题相统一这个重要特点。根据刘徽的《九章算术注序》及其为九章写的注中形诸文字者，我们大体可以将刘徽的数学之树的面貌勾勒如下：

数学之树从规矩、度量这两条根生长出来，统一于数，形成以率为纲纪的数学运算这一本干。刘徽以《九章算术》的长方形面积公式、长方体体积公式（刘徽未试图证明，可视为定义）及他自己提出的率和正负数的定义为前提，以今有术为都术，以衰分问题、盈不足问题、开方问题、方程问题、面积问题、体积问题、勾股测望问题等作为主要枝条。又分出经率术，其率术和返其率术，衰分术和返衰术，重今有术，均输术，盈不足术和两盈两不足术、盈适足不足适足术，多边形面积，圆田术、圆周率和曲边形面积，刘徽原理和多面体体积公式，截面积原理和圆体体积公式，勾股术和解勾股形诸术，勾股容方和勾股容圆术，一次测望问题和重差问题，开方术和开立方术，正负术，方程术和损益术、方程新术，不定方程等方法作为更细的枝条，形成了一株枝叶繁茂、硕果累累的大树，形成了一个完整的数学体系。如图 3 - 17 所示。

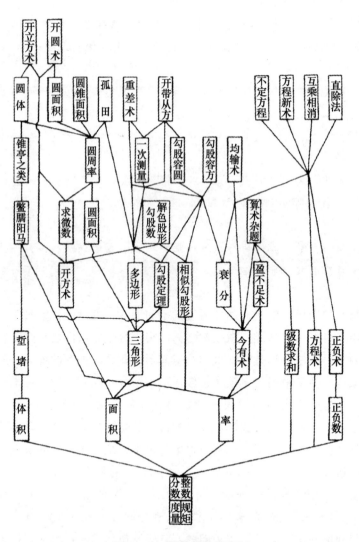

图 3 - 17　刘徽的数学之树

在这个体系中，刘徽主要是使用演绎逻辑，从而将数学知识建立在必然性的基础之上。在这里，数学概念和各个公式、解法不再是简单的堆砌，而是以演绎推理和数学证明为纽带，按照数学内部的实际联系和转化关系，形成了有机的知识体系。

这个体系"约而能周，通而不黩"，全面反映了当时中国人所掌握的数学知识，略知《九章算术》的人即可看出九章的分布。而刘徽数学理论体系不是《九章算术》框架的添补，而是对《九章算术》的改造。

需要指出的是，说刘徽对《九章算术》框架的改造，不是说在形式上，而是在实际上，在刘徽的头脑中。在形式上，刘徽没有改变《九章算术》的术文和题目的顺序。在这种情况下，刘徽的《九章算术注》中没有任何循环推理，说明刘徽逻辑水平之高超。在文献注疏中以互训为重要方法的中国古代，这更是难能可贵的。可以说，刘徽的《九章算术注》在内容上是革命的，而在形式上却是保守的。然而，任何坏事在一定条件下可以变为好事。正是这种保守的形式，而不是撰著一部自成系统的高深著作，使刘徽的数学创造避免了像祖冲之的《缀术》那样因隋唐算学馆的学官"莫能究其深奥，是故废而不理"而失传的厄运。

第 四 章

中国传统天文学的独特体系

中国科学院大学人文学院　　宁晓玉

天文学研究的对象是宇宙空间的一切物质，大至河外星系，小至星际间的原子、分子，研究它们的空间分布、物理状态、化学组成、运动变化、起源演化等问题。现代天文学已经发展成为一门内容十分丰富的科学，尤其是近现代，随着观测手段的不断提高，从地面到太空，从光学波段到全波段，电磁波、中微子、引力波、宇宙线等，现代天文学已经获得了许多惊人的新发现，展示出揭示宇宙奥秘的巨大能力；而且现代天文学已经与众多学科如物理、化学等紧密结合，相互交融，相互促进。它的每一次重大突破，都对整个基础前沿学科，乃至对于人类文明的进程带来极大的震撼。可以说现代天文学已经成为现代科学的前沿阵地之一。

然而，现代科学领域内的任何一门学科都有它起源和发展的历史。源头也可能是多个，发展径迹也可能大相径庭，但是如果它们研究的对象一致，所要解释的现象和解决的问题一致，甚至解决问题的总体思路也一致，那么无论它所取得成就如何、优劣如何，带有如何明显的民族特征，都不能否认它是这门学科的前身，都会在各自的发展过程中或多或少地孕育着现代科学的某些特征。从这一点来说，无论是以建构精致的宇宙几何模型为目的的古希腊天文学，还是用代数方法拟合来推算日月星辰运动位置的中国古代天文学，它们都包含着现代天文学思想、方法和价值的萌芽。本章将试图从中国历法的诞生、中国古代的宇宙理论、中国古代几个天文历算家的天文实践和思想来分析中国古代传统天文学所展示出来的科学特征。

第一节　中国古代天文成就概述

中国是世界上天文学发展最早的国家之一。如果把 1987 在河南省濮阳市西水坡发现的蚌塑龙虎、北斗墓作为中国先民最早感受天文现象的遗迹（见图 4 - 1），那么中国天文学源头至少可以追溯到 7000 年前。最近几年对

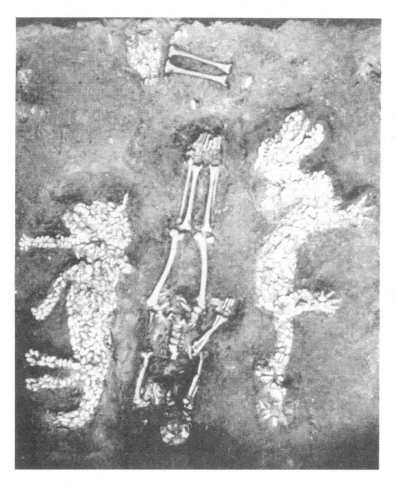

图 4 - 1　河南濮阳西水坡龙虎、北斗墓

陶寺遗址的考古发掘证实中国早在公元前 2000 年前就有了比较专业的天文观测台。殷商甲骨文中有了完整的六十干支法、历法知识和一些特殊天象

的记录。此后经过春秋战国和历朝历代，一直到明末清初时期西方天文学传入，中国传统天文学都在相对独立地发展着，与古希腊的行星天文学形成了世界天文学发展的两大主流。在这七千年的历史发展中，中国天文学在历法制定、仪器建造、宇宙论和天象记录方面，取得了辉煌的成就。

　　历法是中国古代传统天文学中最重要的领域。"我国古代历法还包含更丰富的天文学内容，例如，有关日月食和五大行星运行的推算。这些天象的推算不但是由于我国古代对天文学的重视，而且也由于它们是验证历法的准确性的一个重要手段。甚至我国历法史上好几次改历的直接原因就是由于日食等的预推差错。从一定程度上说，我国古代的编历工作，可以说是一种编算天文年历的工作。"① 我国从殷商时期就开始使用阴阳合历，它不同于埃及、希腊和罗马只关心太阳运动的阳历，也不同于阿拉伯国家只关心月亮运动的纯阴历，它需要同时兼顾日月两种运动。虽然阴阳合历并没有纯阳历在为农业生产服务上来得简单、直接，但是由于它要求对日月运动认识必须足够精确才能制定出历法，所以它的使用间接地促进了中国对这两个天体运动的认识，如我国使用的回归年长、朔望月长的精度就曾经在世界上处于领先地位。从唐代一行编制大衍历开始，中国历法就形成了立法规整的七章结构：步气朔、步发敛、步日躔、步月离、步晷漏、步交食、步五星，并一直为后世所效法。在中国传统天文学的历史上，"历经多次改革的中国古历，先后编撰出百余种，在编历的过程中逐步建立起一套工作程序，这就是从研制仪器开始，坚持观测取得数据，按各种数学方法处理后建立一套计算公式，有推算出过去某年之日食，以兹跟事实比较，再做出修改。这无疑是一整套科学的工作方法，是我国科学思想宝库中的一件珍品"②。

　　天文学是一门观测的科学，它的发展和进步与天文仪器及观测技术的不断进步分不开。生活于东汉至三国时期的我国数学家赵君卿说："夫高而大者莫大于天，厚而广者莫广于地。体恢宏而廓落，形修广而幽清，可以玄象课其进退，然而宏远不可指掌也。可以晷仪验其长短，然其巨阔不可度量也。"③ 天高地阔，星体遥远，人类无法近距离地对它们进行直接测量，必须借助一定的工具方能完成，这种人类了解宇宙的愿望和需要推

---

① 《中国天文学史》整理研究小组编著：《中国天文学史》，科学出版社1981年版，第71页。
② 刘金沂、赵澄秋：《中国古代天文学史略》，河北科学技术出版社1990年版，第8页。
③ （宋）王溥：《唐会要上下》，中文出版社1978年版，第10页。

动了天文观测仪器的发展。众所周知，由于我国的天文历算从一开始就是为农业和皇家统治服务的，因此它具有明显的官办特征，这就使得国家有能力组织财力、人力和物力建造大型的天文仪器和装备精良的天文台。远在西方第谷在丹麦国王腓特烈二世的支持下建造观星堡的三百年前，元代郭守敬、王恂等人就设计建造了当时在世界上堪称一流的天文台——元大都天文台，台上装备了郭守敬新创制的简仪、仰仪、玲珑仪、四丈的高表与浑仪等传统的测天仪器浑仪。凭借这些精良的天文仪器，郭守敬天体测量的精度大大提高了。我国历代的天文学家对仪器的建造和设计非常重视，制造的天文仪器种类繁多，测角类的有表、圆仪、浑仪、简仪（见图4-2）和仰仪等；计时用的有日晷、漏壶等；演示类的有浑象、假天

图4-2 简仪

仪等以及大型的综合仪器如唐代的水运浑天和宋代的水运仪象台。另外构思精巧、用途广泛、规模宏大也是我国古代天文仪器特征。

完整的、系统的古代天象记录是中国古代天文学的重要成就之一。这些记录还以其时间跨度长、种类齐全、观测精准而著称于世，并在现代天文学研究中发挥作用，如：中国古代超新星记录的发现和证认曾经在天体物理学界引起轰动；长期的日月食及五星位置记录被应用于地球自转长期变化研究；古代太阳黑子和极光记录对太阳活动周期的确认具有不可替代的作用；哈雷彗星的历次回归和其他周期彗星轨道根数的古今对比，证实了古代天象记录的精确和可靠①。长期勤勉、精确的天象观测和记录，使

———————

① 庄威凤主编：《中国古代天象记录的研究与应用》，中国科学技术出版社2009年版，第375页。

中国形成了天是发展、演化的"天变"观念，与古希腊天是完美的、不变的观念截然不同。"现在，全世界公认，中国是欧洲文艺复兴以前天文现象的最精确的观测者和记录的最好保存者。"[①] 著名天文学史家朱文鑫在他的著作《历代日食考》中说过："我国历史之记载有二千余年历史，治历者得之以验历法之疏密，步天者得之以测月行之迟疾，读史者得之以考史传之年月，其用至广而其效甚宏也。"[②] 他很好地概括了留存至今的古代天象记录，在史学和科学两方面的学术价值。以国家"九五"重点攻关项目"夏商周断代工程"为例，古代日月食记录就为几个重要的时间"点"和"段"的确定做出了贡献。

与古希腊天文学的成就相比较，中国传统的宇宙理论的发展相对比较薄弱，没有一个比较系统的理论，能够如托勒密体系那样比较理想的解释行星运动的各种视现象，但是它也有一些特征，"浑天说""盖天说"也是对天地结构和运动的描述，日月五星的"左旋说"和"右旋说"在某种程度上也解释行星运动的"左中有右""右中有左"的现象。"中国的宇宙论有四大问题：结构、运动、空间范围和演化。"[③] 我国的宇宙理论别具特色，而最大的特点还在于对行星运动的动力学原因的探讨，而希腊的几何体系，在很长一段时期内则不试图回答这个问题。试图解决中国宇宙论四大问题的人不仅是专业的天文学、历算家，还包括哲学家和思想家，他们从不同角度对这些问题做了回答。

中国传统天文学在管理上还具有官办特点，帝尧时期便设有专职官员观天以授民时（见图 4 - 3），此后周代的灵台，汉以后的太史监、司天监、钦天监是帝国专门的天文机构，机构内部分工明确，各司其职，同时还兼具教育、培养天文学专门人才。这些机构为朝廷编算历书、安排农事、政务与祭祀活动，预报日月食、五星逆留凌犯，及时发现异常天象，并为统治者提供占验解释。

第二节　从观象授时到中国历法

从一开始，人类的生存就取决于应付自然环境的能力，这不仅包括人

---

① 席泽宗：《科学史八讲》，联经出版事业公司 1994 年版，第 134 页。

② 朱文鑫：《历代日食考》，商务印书馆 1934 年版，第 6 页。

③ 薄树人：《薄树人文集》，中国科学技术大学出版社 2003 年版，第 12 页。

类为了取得生活必需品，发展出了令人惊奇的技术；还包括他们主动认识所处的自然环境，从而调节自己的生活和生产已达到与自然相适应的能力。认识到农牧业生产和季节与天象变化之间的关系自然也就是其中之一了。

早期人类判断季节可能并不是根据星象，而是根据观察所熟悉的自然界的变化，其中最简单、直接的就是观察植物荣枯、河水冰封解冻、鱼汛花期、鸟类的迁徙等现象。大量的物候观察使他们建立起了季节变化与物候之间的联系，原始的"物候历"就这样产生了。物候观察是大量的经验总结，有一定的科学性。它的缺点是：只适用于狭小的地域范围，并且气候的骤冷骤热变化，也都会对物候变化产生影响。因此物候历只能是大致定性地标志季节，据以定农时很不准确。物候历在人类历史上使用了很长一段时间，并且很深地印入史前时期先民的生活中，即使历法进入观象授时的阶段，物候历还和天象历一并使用。宋代王应麟在《玉

图 4 - 3　命官授时图

海》卷十中说："尧之作历，仰观象于天，俯观事于民，远观宜于鸟兽"，可见在尧的时代，人们使用的是一种星象、物候掺杂在一起的历法。

随着人类活动范围的拓展，农牧业生产规模的扩大，有必要探寻比物候历更加准确的能够指示四时变化的自然现象。先民开始意识到天象的循环往复给人们最为深刻的时间流逝印象，并且它们的循环运动和自然界的四季变化有一定的联系。太阳的东升西落、月亮的圆缺便成为远古人类最先可以利用的计时标尺：人们根据太阳及其星空的周日运动建立了"日"的概念，观察月相的变化有了"月"的概念。当人们通过更加长期的观察积累发现，每经过大约 12 个月，自然界就寒来暑往循环一回，这就是太阴年，由此也就诞生了最为原始的太阴历。我国最早也可能是使用太阴历的。太阴历记录四时变化也很不准确，12 个月只有 354 天和 355

天，比回归年相差 11 天，这样积累两三年，误差就会达到一个月。

　　人们需要寻找比太阴年更为准确的时间周期。当人们意识到季节的变化和太阳一种缓慢的周期运动有联系的时候，人们对天上的日月星辰的运动就格外感兴趣了，并认识到星空的变化也遵循相同的规律。

　　　　这种对天的兴趣有以下几个原因。首先是农业的原因，因为即使从极偶然的观察中也能看出农业的季节，即播种和收获的时间，与太阳的运动、某些恒星和星座相对太阳的位置有着明显的关联。另一个是宗教的原因，因为人们总是把天和神，尤其把太阳和月亮与神联系在一起。第三个是占星的需要，第四个原因是历法的需要。[①]

　　观察到太阳这种长期、缓慢的周年运动需要经历更加漫长的时期。它是一种怎样的经验积累过程呢？这个我们只能凭借天文考古和现在的经验推测。长期居住在一个地方的人，如果在每天早上和晚上，参照他居住地周围环境，如山岗、树木或者某个高耸的建筑物来观察太阳，就会发现太阳的出入方位存在着周期性变化。这种变化就是太阳的周年运动，是自然界四时变化的直接原因，也是农牧业生产最为重要的时间周期——回归年。在我国古代典籍《山海经·大荒东经》中就记载着这种观察太阳升起和落下方位以判断季节的方法。[②]　不过，《山海经》记载很难判断其年代，并且它的内容夹杂着太多的神话和传说因素在里边。

　　近几年对传说中五帝之一帝尧都陶寺遗址的考古发现为这种方法的使用提供了有力的证明。2003 年中国社会科学院考古所与山西省考古所合作，对陶寺遗址大城祭祀区夯土建筑遗址进行了发掘，发现在祭祀区位于大城中心点以东、以南各 620 余米处，以中期大城南城墙为依托，向东南方向接出一个大半圆形建筑。

---

　　① ［美］戴维·林德伯格：《西方科学的起源》，王珺等译，中国对外翻译出版公司2001 年版，第 17 页。
　　② 郑文光：《中国天文学源流》，科学出版社 1979 年版，第 51—52 页。

众多天文学史专家审读了发掘报告并对实地进行了踏勘，一致认为该遗址与祭天和观测日出确定季节有关。……古代文献和遗物皆证实，用日中影长来测定季节日期，是中国古代一贯的传统，这与世界其它文明的史实有明显的区别。古代中国文献中，极少有观测日出日落方位来定季节的线索，也未发现过有关的遗迹，刘次沅曾指出这一特殊性。因此，ⅡFJT1（考古编号——引者按）的发现，对于中国天文学史的研究具有特别重大的意义。它所处的考古文化背景和初步天文分析的结果，都指出它存在于40个世纪以前。[①]

陶寺古观象台遗址的发现表明：中国古代确实存在过这种观察太阳升落方位以定四时的方法。这种方法的缺点是受到很大的地域限制，一旦观察者离开他熟悉的观察环境，所积累的观察经验也就不太适用了。另外从现代天文学观测的角度来看，它还受到季节、气候、大气折射等诸多因素的影响。

大约到公元前12世纪，中国开始应用圭表观测中午日影的长度变化以确定冬至和夏至的时刻，该法的运用为回归年长度的测量奠定了基础。这种立竿测影的方法最早可能源自观察树的影子，或者是建筑物的影子的经验，经过进一步发展和进步就演化成了中国古代最为悠久的天文观测方法——圭表测影（见图4-4）。能够使用工具去认识自然界，是人们认识水平进一步提高的标志。仅凭观察立在地上的杆子，人们就可以获得大量的信息：首先观测太阳升起和降落时表影的方向可以确定南北方位，测定一年太阳在正南方时表影的变化可以确定节气，观察一天内表影的变化可

图4-4　北京古观象台的圭表

① 武家璧、陈美东、刘次沅：《陶寺观象台遗址的天文功能与年代》，《中国科学：物理学力学天文学》2008年第9期。

以定时刻等。定节气是古人立表测影最重要的目标之一。

元代许谦在《读书丛说》云：

> 仲叔专候天以验历：以日景验，一也；以中星验，二也；既仰观而又俯察于人事，三也；析因夷隩，皆人性不谋而同者，又虑人为或相习而成，则又远取诸物，四也。盖鸟兽无智而圉于气，其动出于自然故也。①

这里的"以中星验"是另外一种确定四时的方式，它是早期人类一种较准确地观象授时方法。《尚书·尧典》上云："日中星鸟，以殷仲春；……日永星火，以正仲夏；……宵中星虚，以殷仲秋；……日短星昴，以正仲冬。"虽然学者们对四种天象的观测年代众说纷纭，但是大家普遍认为：四仲中星的记载明确表述了古人敬顺上天，并通过鸟、火、虚、昴的中天观测来确定春分、夏至、秋分和冬至四个节气，这是中国观象授时方法的一大进步。

我国古代的观象授时基本上是两个系统：一个是观察赤道附近恒星出入地平线或者是中天现象，如上面所说的四仲中星的观测方法就是属于这一种；另一个是就观察终年不落的北斗绕北极回转来确定节气。在我国黄河流域中下游地区观察天空，凡是赤纬大于36度的恒星便会常年不落。北方天空最显眼的北斗七星就在这部分天区内。它的七颗亮星组成了一个可以绕北极旋转的勺子，古人可以观察勺柄的指向来定季节。《鹖冠子》上就说："斗柄东指，天下皆春；斗柄南指，天下皆夏；斗柄西指，天下皆秋；斗柄北指，天下皆冬"，就是对后一种方法的经验总结。在这样大量、丰富、细致和长期积累的经验基础之上，经过分析综合和概括，人们逐渐认识了全天恒星的布局以及它们周而复始的绕天极运转的规律性。自此，人类观象授时就进入了定量化的时代。

有文字记载的我国历法始自甲骨文中的殷历。殷代历法是用干支记日，以太阴记月，以太阳记年，朔望月有大小之分，用闰月调整季节的阴阳合历。闰月的设置是太阴历的一项重大改革。有了置闰规则，太阴历就转变为阴阳合历，即在大的范围内基本上与依据太阳周年运动而定的回归

---

① 许谦：《读书丛说》，中华书局1985年版，第14页。

年相一致。所谓大范围是说，实行太阴历两三年后，明显地感到时令推迟了，便在当年年末或适当时刻再加上一个月，这样可以避免误差积累下去，时令相差过远，影响农业的生产。我国自古以来就使用朔望月的传统，这最初确实是与人们的生产习惯有很大的关系，后来由于一些重大的祭祀活动也被安排在朔日，于是"朔日"便具有了政治和神秘的色彩，"正朔"也就成了一个统治权力的象征备受封建王朝的重视。《史记·历书》所谓："王者易性受命，必慎始初，改正朔，易服色，推本天元，顺承厥意。"《周礼》里有对于朔日致祭有一套繁文缛节。《左传·文公六年》里指出："闰月不告朔，非礼也。闰以正时，时以做事，事以后生，生民之道，于是乎在矣。不告闰朔，弃时政，何以为民也。"于是历法的制定和颁布就和政治统治结合在一起，中国天文、历算成为皇家垄断下进行的一项事业。这也成为中国古代天文学有别于世界其他文化的一个特征。

农业生产发展的需要对天文学形成了强大的推动力。到了我国的春秋后期，出现了以 365.25 日为一个回归年长，以十九年七闰为闰周的四分历，标志着我国的历法彻底摆脱了对观象授时的依赖而进入了比较成熟的发展阶段。也就是说，人们已经可以根据已掌握的日月五星的运动规律来预先推算将来的节气和农时而不会发生太大的误差。正如孟子所说"千岁之日至，可坐而致也"。并且此时期的历法已经有了比较明确的二十四节气概念。二十四节气是我国古代劳动人民的一项重要的创造，它的产生反映了历法的制定和发展与农业生产密切相关。因为阴阳历的使用可以使一些重要的生活活动的月份大致固定下来，这种固定对于指导生产来说有很大的方便，但是它只能适应比较粗放、低下的生产活动，长期的生产实践让人们认识到，必须发展出一种完全反映太阳周年运动的历法，这样就产生了节气的概念。节气概念的本质就是把太阳周年运动均匀地划分成若干等份，每个节气就标志着太阳在一周年运动的一个固定的位置。这样，各种生物、气候等现象都可以用节气做标准，它们的发生、活动等时间就有了相对的固定。由直接观测天象确定时令发展为以二十四节气定时令，这是我国天文学史上一项重大的里程碑式的变革，它形成了另外一套历法系统，即一套太阳历系统。

纵观我国历法从原始物候历阶段，到观象授时阶段，再到科学步算的发展过程，它循着一条人类对自然界正确的认识过程。郑文光在《中国天文学源流》中对此进行了精辟的论述：

　　统观我国古代观象授时的历史：从观察物候到观察天象，又从观察天象到二十四气的制定，并根据二十四节气不断改革历法，我们的祖先沿着一条正确的认识路线越来越准确地掌握大自然四时变化的规律。二十四气的诞生，是观象授时走向更普遍、更概括、经过抽象化而上升为理论的阶段。从此，观象授时就为二十四气取代了。可以说，到了这时，观象授时才完成自己的历史任务，退出了历史舞台。

　　……

　　从我国古代观象授时的起源、发展和演变，我们可以看到，我国天文学从一开始就是紧密地为农牧业生产服务的。由观察自然界物候的大量经验的积累，到结合观察天体的方位以定四时；由狭隘的地域性的天象记述，到普遍化和定量化的观象授时系统的建立；由主要依靠直接观察恒星而安排农时，到抽象化和理论化阶段而定出二十四气，我国早期为农牧业生产服务的天文学走过漫长的，不断前进的道路。[①]

　　因此中国历法的发展是一个从观测经验的积累，到掌握日月五星运动规律，再到能够预推日月五星的运动的过程。这个过程和世界上其他人类发现自然规律，从方法论上来说，没有什么大的差别。

第三节　中国古代的宇宙理论

　　从观象授时到历法的诞生，反映了人们通过由观测自然界所获得的经验积累，逐步总结、归纳出日月星辰运动规律，再把所认识到的规律运用到生产和生活实践的过程。这种主动认识自然界，并在此基础上主动调节自己的生活和生产，以达到和自然界的变化相适应和相和谐的过程是科学形成初期的一个主要目的。C. G. 亨佩尔在《自然科学的哲学》中说：

　　　　科学除了能帮助人们寻找控制环境的办法之外，同时还在回答人们的另一种迫切的追求，这种追求虽然不那么利害攸关，但却同样深刻和同样持久：这就是人们力图对于他们自己生活于其中的这个世界

---

　　①　郑文光：《中国天文学源流》，科学出版社 1979 年版，第 71—72 页。

取得越来越广博知识和越来越深入的理解。①

在漫长的中国天文学发展历程中，我们既可以看到中国古人从观测日月运动到制定出越来越精确的历法用以预报节气、预测日月五星在天空的位置以及日月食发生的可能性等，运用科学帮助人们寻找控制环境的方法的例子；也能看到中国古人对于天地结构及其日月五星运动所进行更深层次的追问。

只是当现代科技文明已经主导了人们的生活，并给人们创造出极大的便利和丰富的物质。此时，人们往往会厚今薄古，认为中国古代的科学技术太落后，和现代的有天壤之别；当人们认识到现代科技文明的源头在西方，更具体一点说是在古希腊时，人们又不免厚彼薄此，把中国传统的科技批得一无是处。这两种心理因素合在一起，会对中国古代科技文明的认识和评价产生非常不利的影响。20世纪七八十年代，当中国科学史研究以弘扬中国古代的科技成就、发掘中国科技的世界第一、增强民族自豪感为价值取向时，这种不利影响尚不明显。但是现在，中国科学史研究价值趋向多元化，其不利影响就表现得比较突出了。当前对中国古代有无科学的质疑和激烈辩论，很大程度上是站在现代科技文明的基础上，拷问中国古代文化中的理性成分和中国古代学者的智力生活。对于中国古代天文学，辉煌的历法成就是被普遍接受和承认的。至于说到天文理论问题的探索和成就，一般的看法是中国传统天文学缺乏理论探索的成分。讲究实用、缺乏理论遂成为针对中国古代天文学的定论。但是抛开一些民族虚无主义情绪，以及过于强烈的辉格史研究倾向，仔细考察中国古代学者在一些天文理论问题上所付出的努力、所取得的成果、所面临的困难以及所处的社会环境和文化氛围，我们便会对中国古代学者在天文学理论方面的成就形成较为客观、公正的理解和看法。

中国古代天文学提出了许多有价值的理论问题。最为人所熟知的就是中学课本中讲到的"两小儿辩日"②的故事。

---

① ［美］亨佩尔（Hempel, C. G.）：《自然科学的哲学》，陈维抗译，上海科学技术出版社1986年版，第2页。

② 见《列子·汤问》。

> 孔子东游，见两小儿辩斗，问其故。
>
> 一儿曰："我以日始出时去人近，而日中时远也。"
>
> 一儿"以日初出远，而日中时近也。"
>
> 一儿曰："日初出大如车盖。及日中，则如盘盂，此不为远者小而近者大乎？"
>
> 一儿曰："日初出沧沧凉凉，及其日中如探汤，此不为近者热而远者凉乎？"
>
> 孔子不能决也。两小儿笑曰："孰为汝多知乎？"

简单的故事情节却提出了一个复杂的天文现象。不必说，两千多年前的孔子被问得哑口无言；即便是今天，要解决两小儿的矛盾也不是三言两语就可以说得清的，需要利用天文、气象、光学和几何学知识才能给出圆满的答案。

《庄子·天运》篇有：

> 天其运乎？地其处乎？
>
> 日月其争于所乎？
>
> 孰主张是？孰维纲是？
>
> 孰居无事推而行是？
>
> 意者其有机缄而不得已邪！
>
> 意者其运转而不能自止邪！

屈原的《天问》已经成为千古奇文。东汉王逸为《天问》作注时曾认为：屈原遭流放时，在山间无意中发现了许多楚国先王宗庙祠堂中的壁画。壁画涉及很多内容，包括天文、地理、四方奇闻逸事，以及春秋以前楚国的历史。愤懑中的屈原受壁画触动，写下了气势恢宏的《天问》篇。《天问》中对天的问询如下：

> 遂古之初，谁传道之？
>
> 上下未形，何由考之？
>
> 冥昭瞢暗，谁能极之？
>
> 冯翼惟像，何以识之？

明明暗暗，惟时何为？

阴阳三合，何本何化？（宇宙起源和演化的观念——引者注，下同）

圜则九重，孰营度之？

惟兹何功，孰初作之？

斡维焉系，天极焉加？

八柱何当，东南何亏？

九天之际，安放安属？（天地结构和其物理机制的探索）

隅隈多有，谁知其数？

天何所沓？十二焉分？

日月安属？列星安陈？

出自汤谷，次于蒙汜。

自明及晦，所行几里？（日月的运行）

夜光何德，死则又育？（月相的变化）

根据王逸的说法和《天问》对宇宙的设问（涉及宇宙的起源、天地结构、天体运动及其运动原因、月相的变化等问题）①，《天问》不仅仅是诗人浪漫瑰丽想象的结果，还是对中国古人思考的宇宙普遍问题的诗意表达，或者至少是两者结合的产物。《天问》中的天文问题被后世的一些学者继承和探索着，如宋代的朱熹、明清时期的王锡阐和梅文鼎等。席泽宗先生把这两段话理解为向中国古代天文学提出的最本源的哲学问题。他说：

> 《庄子·天运》和《楚辞·天问》中的这两段话问得十分深刻。前者讨论天体的运动问题和运动的机制问题。为了回答这一问题，就要研究天体的空间分布和运动问题，这是天体测量学、天体力学和恒星天文学的任务。后者讨论宇宙的起源和演化，是天体物理学、天体演化学和宇宙学的任务。②

---

① 陈美东：《中国科学技术史·天文学卷》，科学出版社 2003 年版，第 78 页。

② 席泽宗：《科学史八讲》，联经出版事业公司 1994 年版，第 164 页。

一　言天三家——天地结构的讨论

天地结构是中国传统文化中的核心问题之一，古代学者或从人与自然的关系出发，讨论天地的繁育之功、生养之德，天地对人事的支配和影响；或把天地作为一个客观对象，讨论天地的形状与大小、天地之间的位置关系、天地的起源于演化以及天地的运动方式等方面的问题。前一个问题成了自然哲学讨论的对象，而后者则成了中国古代天文学赖以建立的基础。中国古代天文理论所要解决的首要问题也是天地结构和日月五星的运动，这和古希腊天文学的情形基本一致。对天地结构的探讨表现为"浑天说"和"盖天说"的争论，对日月五星运动的解释则表现为"左旋说"和"右旋说"的对立。这两个问题相辅相成，从两汉到明清时期的近两千年的时间中，被不同的学者讨论着。

对于日心学说诞生之前的古代人来说，他们观察到的天象和现代人看到的没有两样：整个天体包括恒星、日月五星以及天上那些看不见的标志点如黄极、春分点等都在以 24 小时一周的速度自东向西做周日旋转，旋转轴指向南北极；日月五星不仅做周日旋转，同时它们在恒星背景上又缓慢地自西向东运动，这种东行运动又各自不同：日有快慢变化，月不仅有快慢而且有月相变化，五星有迟疾留退的变化。古今观察者不同之处是：古代人对地球运动的概念全然不知。对于没有地球运动观念的古人（无论是古希腊人还是中国人），要解释日月五星运动的每一种运动都面临着极大的困难。以天体的周日运动来说，遥远庞大的天体怎么可能会以 24 小时一周的速度高速旋转，并且这种旋转还是那样的整齐划一？要解决这个问题，设计一个完全透明及内部镶嵌着恒星、五星的球壳或者是半球壳，并且让这个巨大的球或者半球以 24 小时一周绕南北极旋转的模型是最容易也是最直观的办法。古代中国和希腊在这个问题上走着几乎相同的路径。

中国关于天地结构的理论，最主要、影响比较大的就是盖天说、浑天说和宣夜说。盖天说有两种，分别是《周髀算经》里的盖天说和周髀家说。《周髀算经》里的盖天说被认为是盖天说的经典理论。它认为天地的结构是：天以北极为中心，地以正对北极的极下地为中心，天地都是中心高，四周逐渐变低的凸起曲面，形成了"天象盖笠，地法覆盘"，天在上，地在下的位置关系；天地相互平行，相距八万里，天北极高于冬至日道六万里，冬至日道高于极下地二万里；天盖周日平转一周，平转轴是北极与极下地的联机。借助于这样的天地结构，这种盖天说能够成功地解释白天和黑夜的交替变化、地球上的寒暑变化以及为什么冬天昼短夜长、夏天昼长夜短等现象。

周髀家说虽然和《周髀算经》学说名称上相差不多，内容却大相径庭。周髀家说认为：天圆如张盖，地方如棋盘；极在天之中，而在人之北，所以知天之形如倚盖；天形南高北下，日出高故见，日入下故不见。为了解释日月的东升西落及其在恒星间的位置移动，周髀家说采用了一种"蚁行磨石之上"的方便的比喻，认为天如同旋转的磨石，每天从东到西转动，而日月五星就像磨石上的蚂蚁，自西向东缓慢地爬行。由于天转动的速度比日月五星东行的速度快，所以尽管日月五星向东运行，实际上被天盖拖着向西落。周髀家说认为之所以出现昼夜交替的现象是因为天盖带着太阳运行到了地下，但它同时又提出了一套夹杂阴阳思想的解释："日朝出阳中，暮入阴中，阴气暗冥，故从没不见也。"对于冬天昼短夜长、夏天昼长夜短的现象，它也采用了类似的解释，认为："夏时阳气多，阴气少，阳气光明，与日同晖，故日出即见，无蔽之者也，故夏日昼长。冬时阴气多，阳气少，阴气暗冥，掩日之光，虽出犹不见也，故冬日短也。"

两家盖天说虽然在一定程度上解释了些天象，但两者存在的缺陷也是显而易见的。西汉末期的扬雄曾经提出了八条批评盖天说的意见，被《隋书·天文志》称作"难盖天八事"。扬雄的大多数批评一语中的。盖天说不仅在理论上存在很大的矛盾，而且根本无法满足定量天文计算的需要。《周髀算经》的学说本来还想把盖天说建立在定量化的基础上，但结果并不成功，置实际天象和自身的理论逻辑于不顾，只是一味地拼凑数据。

浑天思想的起源可以追溯到战国时期的思想家慎到。他说："天体如弹丸，其势斜倚。"慎到所说的天的形状是一个球形的，有别于盖天说半球形的天。与慎到差不多同时代的名家惠施还提出了"天与地卑"的思想。现代天文史家对这句话进行了这样的诠释：这句话不仅包含有伦理哲学上的意义，而且也表现了一种对自然现象的理解①。当人们在观测到满

---

① 郑文光、席泽宗：《中国历史上的宇宙理论》，人民出版社1975年版，第68页。

天星斗从西边没入地平线，又从东边的地平线上升起的时候，自然也会产生星斗所在的天空有可能比地低的看法。这样看来惠施的思想已经孕育着浑天说的萌芽。浑天说形成一种比较明确的宇宙体系则要推迟到汉代。汉武帝进行太初改历的时候，一位来自民间的天文学家落下闳就在浑天说宇宙思想的基础上建造了浑仪这架天文仪器。东汉的张衡则是浑天说思想的集大成者。他在《浑天仪图注》中说："浑天如鸡子。天体圆如弹丸，地如鸡中黄，孤居于内，天大而地小。天表里有水，天之包地，犹壳之裹黄。天地各乘气而立，载水而浮。"

半边天在地上，半边天在地下，日月星辰附在天壳上，随天周日旋转。这就是浑天说的天体运行论。漂浮在水中的地带来难以解决的问题，当天转到地下，附着在天壳内壁上的日月星辰如何从水中穿过呢？这就是东汉哲学家王充向浑天说提出的问题。早期的浑天说对此一问难除了附会阴阳五行之说加以解说以外，也没有更好的办法。直到宋朝的儒学大家张载在他的《正蒙》篇中阐述了"地在气中"的思想后，这个问题才得到很好的解决。

浑天说的出现从根本上克服了盖天说的明显不足，它不仅能比较准确地解释常见的各种天象，而且能作为精确预报天体动态的基本依据，为古代数理天文学提供了较为广阔的前景。浑天说在西汉制定太初历的时候已经被官方正式采纳。到东汉至三国时期，经过张衡、蔡邕和陆绩等人的继续发展，已经基本成熟。以后的历法家都认同浑天说。浑天说也成为一种占据统治地位的天地结构学说。但是作为宇宙结构体系来说，浑天说也存在不足之处。虽然天球概念是一个方便、直观的帮助人们理解天的工具，但是它毕竟不是真实的存在。

盖天说和浑天说一开始就争论不休、辩难不止。关于两家学说的内在矛盾和困难以及两派辩难的历史，过去有很多人做过研究。[①] 有一点可以肯定，这两个在中国天文理论占主流的学说中，都没有明确提出地圆的概

---

① 钱宝琮：《盖天说源流考》，《科学史集刊》1958 年第 1 期；薄树人：《再谈〈周髀算经〉中的盖天说》，《薄树人文集》，第 63—69 页，中国科学技术出版社 2003 年版；陈美东、张衡：《〈浑天仪注〉新探》，《社会科学战线》1984 年第 3 期。

念。至于中国历史上是否出现过地圆学说也没有足够的证据来定论。[①] 有一个事实可以充分说明地圆观念不被明末的学者所知。当耶稣会士利玛窦把确凿不疑的地球概念以及由此绘制出来的《山海舆地图》展现给中国明代的士大夫时，他们大为折服，竞相传播。利玛窦为此感到十分惊讶，他说："他对中国整个思想界感到震惊，因为几百年来，他们才从他那里第一次听到地是圆的。"[②] 传入的地圆说在明清时期引起的争论和影响，读者也可参看该文。由此至少可以断言：即使中国历史上有过地圆的概念，这一概念也没有被广泛传播，成为构建中国天文理论的基石。

中国还有一个比较先进的宇宙论就是宣夜说。严格来说，它不能算是一种宇宙结构体系，因为它并没有讨论天地关系，也不涉及地球的形状和位置。它讨论的只是天的性质和天体的运动，为人们描述了一个比起盖天说和浑天说更为真实和生动的宇宙图景。《晋书·天文志》对宣夜说的描述说：

> 宣夜之书云：唯汉秘书郎郗萌，记先师相船运，天了无质，仰而瞻之，高远无极，眼瞀精绝，故苍苍然也。譬之旁望远道之黄山而皆青，俯察千仞之深谷儿黝黑。夫青非真色，而黑非有体也。日月众星，自然浮生虚空中，其行其止皆须气焉。是以七曜或逝或往，或顺或逆，伏见无常，进退不同，由乎无所根系，故各异也。故辰极所常居其所，而北斗不与众星同没也；摄提、填星皆东行，日行一度，月行十三度；迟疾任情，其无所系著可知矣，若缀附天体，不得尔也。

这样，宣夜说就认为，根本就没有什么"天穹"，从大地往上，只是延伸到无限远处的气体，而日月星辰都在气体中漂浮、游动。在宣夜说那里，天的界限被打破了，在人们面前展开的是一个茫无涯际，无穷无尽的宇宙空间。这种观念在人类认识宇宙的历史上是一个很了不起的思想。另外，

---

① 薄树人：《近来天文学史界有关张衡的若干争论》，《薄树人文集》，中国科学技术出版社 2003 年版，第 519—524 页；金祖孟：《试评"张衡地圆说"》，《自然辩证法通讯》1985 年第 5 期。李志超、华同旭：《论中国古代大地的形状概念》，《自然辩证法通讯》1986 年第 2 期；还可以参考《中国天文学史文集》编辑组编，《中国天文学史文集》第四集、第五集，科学出版社 1986 年版。

② 林金水：《利玛窦输入地圆说的意义与影响》，《文史哲》1985 年第 5 期。

宣夜说还强调了气对日月星辰运动和静止的作用。正是有了气的推动，日月五星才可以运动不坠。杨泉在《物理论》中进一步说："夫天，元气也。浩然而已，无它物焉。"宣夜说这种星际空间充塞着气体的思想也在其他学派的宇宙论中得到发展。张载说："恒星所以为昼夜者，直以地气乘机左旋于中，故使恒星河汉，回北为南，日月因天隐见。太虚无体，则无以验其迁动于外也。"① 这一段谈的是恒星昼夜出没，周天回转，都是由于地球自转所致。只因为"天"是无形的，无法直接指导地动还是天动。最值得注意的是，"地气乘机左旋于中"即地球的自转是由于"气"的旋转。这是试图寻找地球运动原因的尝试。

自两汉魏晋时期的"论天六家"兴盛一段时间以后，就很少有专门从事历算学或者是天文观测的人对天地的结构、日月五星的运行进行更深层次的论证了。这样就造成了宇宙理论从天文学领域中分离了出去的结果。分离的原因众说纷纭：一般人们认为中国的天文学是在非常实用的目的之下发展起来，其主要是为了敬授民时为生产服务和预报交食为皇家占卜吉凶服务这两个目的。一旦这两个基本目的能够达到，皇家司天机构的人员也就满意了，因此没有了发展理论的动力。另一个是从中国天文学知识体系中找原因。众所周知，中国传统的天文学是用代数的方式来拟合日月五星的运动，这样观测到日月五星在某些特定位置上的确切位置，其他时刻的位置就能采用内插法来计算。它不像古希腊几何模拟的方法，对地、日、月、五星的相对位置有要求。因此在中国的宇宙理论中就一直没有产生过日月五星距离地球有远近的观念。

中国传统的宇宙理论到宋代发生了很大的变化。首先继续讨论宇宙结构的人不再是比较专业的天文历算家，或者至少是从事过天文观测的人员，而是像张载、朱熹、邵雍那样的理学家或者是哲学家；其次宋代理学家们所讨论的宇宙论话题，大多关心的是在他们的哲学框架内是否能够自圆其说，而不关心他们的宇宙学讨论是否与实际的天象相符合或者是比起以前的理论更能解释天体的运转。最后，宋代的理学家们更多地关注了天体运动的物理机制问题，如他们吸收了宣夜说的进步成分，把"气"作为推动天体运动的力学因素。从以上三点来看，宇宙理论最终完全成为自然哲学讨论的话题。尽管他们的哲学讨论存在不注重观测天象结果的缺

---

① 张载：《张横渠集·正蒙·参两篇第二》。

陷，但是他们对宇宙的哲学思辨给传统的天文宇宙理论增加了新的内容。

张载《张横渠集·正蒙·参两篇第二》专门讨论了天地结构和日月五星的运动等问题，根据后人的研究，其观点大概如此：

> 天、恒星、日、月、五星皆包围于地之外，运旋不止，地居于它们的中心。恒星与天处于同一层次，也是离地最远的层次，并向左旋，其速度也最快，一日一周天。……地与日、月、五星均在气中，地既在左旋，势必带动气左旋，也势必带动日、月、星辰一起左旋，由于日、月、五星左旋的速度比天与恒星慢，所以看起来，它们好像在逆天而右行。①

西方的宇宙体系大约从公元前 5 世纪毕达哥拉斯学派那里就主张天球是分层的，最接近地球的是月亮，其次依次是水星、金星、太阳、火星、木星和土星，最外层是恒星天。这种和现代天文学很接近的排列次序最先也没有任何的观测依据，而是古希腊人随意的猜测。以后不管是托勒密体系、哥白尼体系还是第谷体系，他们都接受了排序。但是在中国古代的"谈天六家"的宇宙论中，天球分层的概念都不曾被清晰地表达过，即使和托勒密体系看起来最为接近的浑天说，也没有明白地说明七曜与地球之间的距离有远近之别。到了宋元明时代，随着理学家们对宇宙结构探讨的深入，天球分层的概念逐渐变得明晰起来。最先表达这个概念的人是朱熹。朱熹结合张载的"气旋说"，对《天问》中的"圜则九重，孰营度之"做进一步发挥，提出了天体分层最初的想法。

> 《离骚》有九天之说，注家妄解云，有九天，据某观之，盖天运行有许多重数，里面重数较软，至外面则渐硬，想到第九重，只是硬壳相似，那里转得又念紧矣。②

由此可见，朱熹认为天是无形质的气绕大地旋转而成的。这个气旋转的速度因距离大地的远近而有别，距离近者，速度慢；距离远者，速度越

---

① 陈美东：《中国科学技术史·天文学卷》，科学出版社 2003 年版，第 462 页。
② 同上书，第 506 页。

快，由此天也就分出了九个不同的层次。

　　他并没有给出天体层次说的更明确论述。不过，就从朱熹已有的论述，兼及他所推崇的张载的左旋说来看，朱熹所说已经涉及了如下思想：天体是分层次分布的，计有九重。第九重为天壳，第八重为恒星，其下依次是土星、木星、火星、太阳、金星和水星、月亮。[①]

　　我国清代著名历算家王锡阐在《晓庵新法》自序中说："至宋而历分两途：有儒家之历、有历家之历。儒者不知历数，而援虚理以立说；术士不知历理，而为定法以验天。"王锡阐对中国古代天地结构学说发展历史的概括还是比较中肯的。张载、朱熹对中国传统宇宙论的思考，大约可归于王锡阐所谓的"儒家之历"之列，多是"援虚理以立说"，但是他们对宇宙分层的最初思考、对气在推动日月五星运动方面的作用的论述，则为明清时期的中国学者在西方天文学中的"七政异天"之说的启发下，建立起新的宇宙模型；尤其是他们强调天体运动力学原因这一点，对于探讨几何模型的动力学机制——这一西方天文学一直回避的问题，产生了深刻的影响。

二　日月五星的左、右旋问题——天体的运动问题

　　盖天说和浑天说是中国最具有代表性、流传最广、影响也最大的宇宙论，两者不仅对天地的结构进行了比喻性的说明，同时也对运行其间的日月五星的行迹进行了大致的解释。围绕着日月五星的东行和西落，历史上曾经出现了两派截然相反的学说——左旋说和右旋说。恒星自西向东的周日视运动是地球自转的反映，而日月五星周日视运动则是地球自转和日月五星运动的合成运动。古人将天体的自东向西旋转称作左旋；把其自西向东旋转称为右旋。恒星附着于天球上，与天一起自西向东转，因此在中国古人心目中，天和恒星是左旋的。问题是运行于其中的日月五星是左旋的还是右旋的？围绕此问题的争论，形成了两种截然相反的学说——日月五星的右旋说和左旋说。两派的争论在中国上千年的历史进程中不绝于耳，参与其中的有专门从事天文历算活动的人，有著名的学者，甚至中国的最高统治者也参与了论争。据记载，元代科举考试时，日月五星的左、右旋

问题成为考题之一，明太祖朱元璋也曾召集大臣们讨论日月左、右旋的问题。

在最早出现的盖天说里，固体的天穹罩着大地，其上镶嵌着恒星。天穹自东向西带着恒星做周日运动。日月、五星只是依附在天穹上，并不是固定在天穹上。

> 天旁转如推磨而左行，日月右行，随天左转。故日月实东行，而天牵之以西没。譬之于蚁行磨石之上，磨左旋而蚁右去，磨疾而蚁迟，故不得不随磨以左回焉！

这是日月五星右旋说的主要论点。在浑天说那里，天穹变成了整球，包地于其内，恒星镶嵌在球的内侧，跟随天球一起向西运动，日月五星皆依黄道向东运动。无论是盖天说中的天穹，还是浑天说的整球，都是一层薄薄的球壳，恒星和七曜都在上面运动，没有远近之分。历代的历法家都将右旋说作为历法的基本理论，以日月五星右旋的有关度值作为计算各种历法问题的基本数据。因为有历法家的支持，右旋说在宋元明之前，在历史上一直占据主导地位。

左旋说的产生，当不晚于西汉。左旋说主张日月星辰俱自东向西运动，不过运动快慢不同。恒星最快、太阳稍慢、月亮则最慢。《宋书·天文志一》载明了左旋说的理由：

> 列宿日月皆西移，列宿疾而日次之，月最迟。故日与列宿昏俱入西方，后九十一日，是宿在北方，又九十一日，是宿在东方，九十一日，在南方。此明日行迟于列宿也。月生三日，日入而月见西方；至十五日，日入而月见东方，将晦，日未出，乃见东方。以此明月行之迟于日，而皆西行也。

无论是左旋说还是右旋说，在解释日月五星相对于恒星背景的运动方面，都同样有效。可以说日每天相对于恒星东行一度，也可以说日每天西行不及恒星一度。不过，两派学说同样都有缺陷：右旋说不能解释日食现象。因为日食发生是因为月掩日，月能掩日则说明月在日之下。月在日下，则月必然不能附着于天球，因此月如蚁附磨石就不能成立了。事实上，在整个右旋说的发展过程，一直都摆脱不了"蚁行磨上"的比喻，甚至到了明末编纂的《崇祯历书》也在借用这个方便、直观的比喻。使用这一比喻，就必须坚持日月五星附着于天球的观点，也就最终难以克服右旋说内在的缺陷。而左旋说大概也是因此而产生的。左旋说根本不用考虑日月五星是否附着于天，天球与七曜运动速度的差异就可以解释其运动"左中有右"的现象。但是，随之而来的却是更多的矛盾：冬天太阳将升于东南而没于西北，夏天太阳将升于东北而没西南，这显然和天文事实相违背。再有，太阳、月亮的运动迟疾变化是周期性的，如果以其周日运动为真正的运动，那么一天之内绝不能发生太阳和月亮运动有什么周期性的变化。仔细分析右旋说之所以始终不能摆脱"蚁行磨上"的比喻的原因是"磨"或者"天球"给所有天体运动"右中有左"提供了最为方便、最为直接的力学原因，试想，没有天球的带动，所有的天体怎么可能出现整齐划一的东升西落现象？

左旋说在宋元明之后大为流行。如前面所提到的，宋代的理学大家张载是主张日月五星左旋说的。而宋代另外一个理学大家朱熹最先信奉右旋说，后在一位弟子的影响下，转而以左旋说为是。在朱熹那里，左旋的气自然就成了七曜左旋的动力。朱熹基本上完整地从物理学机制上解释了天体左旋的原因，至于其是否符合天象，是否能够解释到他那个时代已经发现的各种天象，他似乎没有仔细考虑过。

朱熹之后，日月五星左旋说与天体层次说还在发展着，及至明代的黄润玉更指出：

> 天之南北二极如倚杵，天体如磨，极如磨心。天体浑是一团气。如磨转，但近心处不大转，在外气愈远愈急。其星为天体，在最远处，次日、次纬星、次月，在内气中至极。……"此天之气近地者缓，渐远渐急。七政行迟者在缓气中，行急者在急气中。"[1]

后人评价黄润玉的宇宙模型道：

> 这是张载、朱熹以来，关于天体层次说和左旋说机理的明确而简

---

① 陈美东：《中国科学技术史·天文学卷》，科学出版社 2003 年版，第 508 页。

要的论述，将天体的左旋明确地统一不同层次的气的左旋和气的推动之下，建立起了明确的天体运动的力学机制。①

但是黄润玉的左旋说仍然还没有和天文观测结合起来，这成了中国宇宙理论最大的缺憾。

左、右旋之说到了明末比起两汉和宋元时期都有了很大的进步，但仍然存在不能解决的矛盾和缺陷。恰在此时，西方的宇宙模型，包括亚里士多德的水晶球模型、第谷模型传入中国，并激起了中国学者很大的研究热情。他们试图在西方宇宙模型的基础上进一步讨论日月左右旋问题。王锡阐著有《五星行度解》《日月左右旋问答》等文章，在第谷体系的基础上论证了日月右旋五星之中，金水二星右旋，火木土三星左旋的新观点。另外他还运用一种"磁吸引力"的概念去解释日月五星不均匀运动的原因。梅文鼎则力图借用亚里士多德的水晶球模型为传统的左旋说辩护，解决了传统左旋说日月五星只能沿赤道运动的缺点，但同时带来了新的疑问。关于天体运行的动力机制，他继承张载、朱熹的思想，认为"宗动天以浑颢之气，挈诸天左旋"。清代另一位讨论宇宙论的大家是揭暄。他在《璇玑遗述》中创立了一个新的元气旋涡理论，被称为新浑天说。揭暄的宇宙模型打破了宇宙的边界，比起以前的浑天说是一个很大的进步，有人甚至把它和笛卡儿的旋涡宇宙相提并论，并认为两者有某些相似性。揭暄也讨论了日月左右旋的问题，在槽丸、盆水等直观实验的基础上，论证了左旋说的合理性。此三人之后，尚有黄百家、安清翘等人在西方宇宙模型的框架内继续着日月五星左右旋的话题。总之，清初的中国学者试图将中国传统的自然哲学思想与传入的西方几何学体系结合起来创立新的宇宙模型，并在此基础上解决传统的日月五星左右旋的矛盾和缺陷。他们的努力把中国传统宇宙论向前推进了一大步。

三 中国的宇宙演化理论

"气"，犹如"道"一样，是中国古代文化体系的最基本概念。用现代的语言，人们很难给这些词语一个明确的解释。因为它们在古代文化的每个领域内，似乎都有自己特定的意义，但同时它们似乎又有着某种联系，并和最

---

① 陈美东：《中国科学技术史·天文学卷》，科学出版社 2003 年版，第 508 页。

初的"气"的特征息息相关；另外，即便是在某一个历史时期，这些词语与前代相比也已发生了变异，既继承了前代的某些意义，又带着这个历史时期的文化气息。这便如老子所说："道可道，非常道；名可名，非常名。"

《黄帝内经·素问·气交变大论》中说："善言气者，必彰于物。"意思说懂得气和气的作用的人，必能对物质世界有深刻的了解。由此可见，在中国古代，气是人们解释自然变化的核心概念之一。气的思想对中国古代传统天文学影响特别大，前面我们已经简单论述了气在讨论行星运行的物理机制方面的作用。在天地宇宙起源和日月星辰的构成方面，气的思想也同样重要。

老子的《道德经》"道生一，一生二，二生三，三生万物"，传达出了这样一个意思，万物都是从无到有的，而从无到有要经历一个过程，这个过程可以分为几个阶段，"道"是万物的根本。老子的思想为后世的天地起源说提供了直接的思想依据：天地也是从无到有的，这个过程也要经历若干复杂的阶段。老子所谓的第一性质的"道"与产生万物之间还有一定的距离，因为这个"寂兮寥兮，独立而不改，周行而不殆，可以为天下母"的"道"并非是物质性的，它怎能形成宇宙万物呢？战国时期有个宋钘、尹文学派，他们是在齐国稷下之门讲学的"百家争鸣"中的一家，他们提出，宇宙万物都是由"气"或"精气"构成的。《管子·心术上》上说："凡物之精，比则为生。下生五谷，上列为星；流于天地之间，谓之鬼神；藏于胸中，谓之圣人，是故名气。杲乎如登于天，杳乎如入于渊，淖乎如在于海，卒乎如在于屺。"

这里的"气"或"精气"，它不同于人们呼吸的气，也不是天空的云气，而是一种细微的物质。它和自然界的"气"一样没有固定的形式，小得看不见、摸不着，但可以在任何地方存在，也可以转化为各种具体、有形的东西。这就是《管子》中所说的："动不见其形，施不见其得，万物见以得然。"如果把老子的非物质性的"道"和稷下学派物质性的"气"结合起来，那么就会产生从逻辑上说得过去的天地起源和万物生成的理论。两汉时期的学者就是在先秦诸子思想的基础上，形成了具有代表性的天地起源和日月星辰演化学说。

最早出现的是《淮南子·天文训》里的一套日月星辰由"气"构成的思想。

天墜未形，冯冯翼翼，洞洞灟灟，故曰太昭。道始于虚廓，虚廓生宇宙，宇宙生气，气有涯垠。清阳者薄靡而为天，重浊者凝滞而为地。清妙之合专易，重浊之凝竭难。故天先成而地后定。天地之袭精为阴阳，阴阳之专精为四时，四时之散精为万物；积阳之热气生火，火气之精者为日；积阴之寒气为水，水气之精为月；日月之淫为精者为星辰。

这是我国现存最早的、最为完整的天地生成和演化学说。它认为天地初始是一片混沌，然后是"道"产生了。这个"道"和老子《道德经》中第一性质的"道"应该可以认为具有相同的属性。有了这个第一性的"道"，空廓中才能生出宇宙，宇宙中生出元气。天地日月星辰，全都是在这无所不包的元气中生成的。太阳是火的精气，月亮是水的精气，过剩的精气变为星辰。《淮南子·天文训》中的天体演化思想已经完全排除了"神力"干预的天体演化假说了。如果再把西汉司马迁以及三国杨泉关于银河系的演化和起源纳入《淮南子·天文训》的天体演化体系中，我们就可以看到一个比较清楚、完整的中国古人对于天体宇宙演化的思想图景。《史记·天官书》说："星者，金之散气。""汉者，亦金之散气。"即认为当元气分开为天和地的时候，有星星点点的元气迸溅出来，就成了恒星和银河，星星和银河都是气体组成的。三国杨泉在《物理论》中说得更清楚明白："气发而升，精华上浮，宛转随流，名之曰天河，一曰云汉，众星出焉。"可见银河就是气体的流淌，并从中生出一颗颗恒星来。[①]

作为已经熟悉现代科学概念和理论浑大体系的人都会认为中国古人对天地结构、日月星辰运行、宇宙构成的思考太过于肤浅了，也太不成体系了。一言以蔽之，中国古代天文学理论和我们现代天文学理论相差太远了，甚至不能以"科学"称之。对于这样的论断，首先提出质问的就是，什么是科学，判断科学的标准是什么？对于科学的本质、"科学"一词的定义，几个世纪以来，科学家、历史学家、哲学家以及其他的相关人士都在进行着激烈的争论。虽然仍然没有达成共识，但人们普遍承认：科学是人类借以获取对外界环境控制的行为模式；科学是理论形态的知识体系。照此来说，当人们抬头观察天空，通过掌握日月运动的规律来为自己的生

---

① 席泽宗：《"气"的思想对中国早期天文学的影响》，《科学史十论》，复旦大学出版社2003年版。

产和生活服务，便是具有了一般意义上的科学特征；当人类对天空和天体运动的认识进一步深化，可以用代数或是几何的方式预先推算天体的位置时，也就是人类具有了控制外界的能力。再进一步，当人们用已经形成概念、观念建立起原始的天地结构、天体运动、天体构成和天体演化的思想时，以上两个科学的基本特征就都已经具备了。生活在科学几乎支配一切的现代人怎能苛求古人在知识还不完备的情况下建立起像样的科学理论呢？林德伯格在他的《西方科学的起源》中就告诫研究科学发展历史的人们说：

> 如果科学史家只把过去那些与现代科学相仿的实践活动和信念作为他们的研究对象，结果将是对历史的歪曲。这一歪曲之所以在所难免，因为科学的内容、形式、方法和作用都已发生了变化。这样，历史学家面对的就不是一个过去实在的历史，而是透过不完全相符的网格去看历史。如果我们希望公正地从事历史研究这一事业，就必须把历史真实本身作为我们研究的对象。①

第四节　中国古代天文学家的实践与思想

人是思想的载体。一个时代的思潮正是几个著名和无数无名的学者互相发挥、互相阐述、互相完善、积聚众多思想力量而成。可惜的是，主流的思潮往往会使非主流的真知灼见湮没无闻，比如古希腊的原子理论、地动思想等，但是只要那些闪光的思想存在过，它们似乎也不会轻易地被彻底忘记，有的在经历几个世纪后会被人重新想起，有的则如涓涓细流，从古至今，虽未形成江河，却也不绝于世。

在这里，笔者试图以几个在古代天文学领域中做出卓越贡献的人物来说明：他们对于天文研究的看法或者实践其实和现代科学的精神相去不远。需要说明的是，现代科学诞生之前，人类历史上从未出现过科学家这种社会角色，也没有一个独立的社会组织从事关于自然界的系统探究。人类关于自然的知识，分散在思想家、学者、历算家、星占家、术士、医生

---

① ［美］戴维·林德伯格：《西方科学的起源》，王珺等译，中国对外翻译出版公司2001年版，第3页。

等不同职业人群的头脑和著作之中。所以把中国古代从事天文观测和历法制定的人称作天文学家只是为了我们现代人在表述上的方便。不能把他们和现代的天文学家等量齐观的另外一个原因是这些人的研究和成就并不仅仅局限于天文历算领域，即使是曾经担当国家重要司天机构首要官员的司马迁、张衡、郭守敬，他们一生的贡献，也不仅仅是天文历算方面：司马迁的主要成就是撰写了被称为"史家之绝唱，无韵之离骚"的《史记》；张衡在中国文学史上也享有很高的声誉，他的《二京赋》《思玄赋》是脍炙人口的文学杰作；郭守敬首先是一个水利专家，元代北京城的水利治理很大程度上都受惠于他。即使是身在乡野的清初历算家王锡阐，他一生主要精研历算，同时在理学、音韵学等方面也有讲究。

一　张衡的实践与思想

张衡（78—139 年）字平子，河南南阳人，东汉时期伟大的天文学家（见图 4–5）。因他晚年在河南河间做过几年相，后人也称他为张河间。张衡的祖父张堪是光武帝刘秀时期累有战功的名臣，早年就有"圣童"之称。张衡出生时，祖父已经去世，家境也日渐贫困，但张衡还是继承了祖父的遗风，从小就胸有大志、刻苦向学。16 岁后，张衡离开家乡到外地游学，他先到了西汉的古都长安附近地区考察历史古迹，调查民情风俗和社会经济情况，

图 4–5　张衡（78—139 年）

后又至京城洛阳参观太学，求师访友。汉和帝永元十二年（公元 100 年），担任南阳太守鲍德的主簿。在此期间写了《东京赋》和《西京赋》，流传到今天。安帝永初二年（公元 108 年）鲍德调离南阳后，张衡去职留在家乡，用了三年时间钻研哲学、数学、天文，积累了不少知识，声誉大振。永初五年他再次到京城，担任郎中与尚书侍郎。元初二年（公元 115 年）起，曾两度担任太史令，前后凡十四年，在天文学上取得卓越的成就。1956 年，时任中国科学院院长的郭沫若在张衡修葺一新的墓碑上这样评价张衡："如此全面发展之人物，在世界史中亦所罕见"，"万祀千龄，令人景仰"。

张衡留下了两部重要的天文著作，一部是《灵宪》，另一部是《浑天

仪图注》。在《灵宪》里，张衡总结了当时的天文成就，并在很多方面发表了他独到的见解：他主张宇宙在空间和时间上是无限的，"宇之表无极，宙之端无穷"。他继承了东汉京房和王充的关于月光的正确见解，认为月亮光是太阳光的反照，月食是因为地球遮住了太阳光的光线才发生的。《浑天仪图注》是浑天说的一部经典著作，它是当时有关浑天说理论的集大成作品，也是张衡为自己所创制的浑天仪所写的说明书。张衡的浑天仪是一种用来演示天象、类似于现在的天球仪的仪器。这架仪器是个球形，里面的铁轴贯穿球心，相当于地球的自转轴。轴和球的两个交点就是天北极和南极。球的外表面上刻有二十八宿的宿度、赤道和黄道，赤道和黄道上还刻有二十四节气。最为了不起的是，张衡把这个浑象（见图4-

图4-6　浑象

6）和漏壶联系在一起，用漏壶中的水作为动力，推动齿轮，带动浑象一天绕轴自转一周。因此这架仪器（见图4-7）就可以自动和天保持同步，人在屋子里看着仪器，就可以知道某颗星正从东方升起，某颗星正从西方落下。这架仪器也就名副其实地成了世界上第一架水运天文钟。以上是张衡对中国天文学做出的主要成就。

事实上，对于张衡这样一位通才式的人物需要进行综合式的研究。这种研究当然不是对他在文学、天文学、仪器制造等方面的各种成就进行简单的累加，而是要把他在这些不同领域内的卓越成就融会贯通起来，寻找出张衡做出这些成就的思想渊源和文化渊源。有一句阿拉伯谚语这样说："与其说人如其父，不如说人酷似其时代。"因此，这种综合研究还必然与当时的文化环境相适应，而不是与我们现代的文化环境和思想框架相一致。过去我们习惯于对张衡的天文学成就大加赞赏，而对张衡表现在他的文学词赋中的强烈的宗教情绪甚至于迷信的观念很难理解，认为这是他思想局限的表现。张衡的文学作品充满了神奇瑰丽的想象，它们主要是围绕着宗教神话人物和活动展开的。并且，在张衡的科学著作中，还保留了大量的宗教祭祀和神话传说的痕迹，例如《灵宪》中，他一方面说明对日月星辰的观察结果，又经常地提到"紫宫""五帝""黄神"和"西王母"等人物，让人感觉他是把宇宙间的日月天地神格化了。正是由于这些原因，现代学者便把张衡宗教情感和科学精神对立了起来。

近几年，奥地利学者雷立柏（Leopold Leeb）的著作《张衡，科学与宗教》就对张衡作品中科学和宗教的矛盾进行了深入的研究。[1]雷立柏详细考察了张衡文学和科学作品中的宗教神话因素。他认为，张衡大量地描写了汉代的宗教活动，并且在他的描写中表现出了他对宗教活动的好感和尊敬。这种思天、敬天的思想结合了神话与对大自然的兴趣，使得张衡的眼光不同于古代的荀子。荀子为了防备"错人而思天"，反对"大天而思之""从天而颂之"。荀子认为，一个"至人"，要"明于天人之分"，他必然"不为而成，不求而得。夫是之为天职。如是者虽深，其人不加虑焉，虽大不加能焉，虽精不加察焉"。荀子的这些说法表现出了一种基本的"内在超越"的倾向，甚至根本不超越的现象。而张衡则不同。他认为对于能降祸福于人的神明应该"思慕"他、"颂扬"他、"探求"他，这样就要对他们加以思考，加以考察。并且在张衡的文学作品中还表现出了"人的不足"，以及人类在伦理道德方面的脆弱。由此，雷立柏断言："张衡的宗教因素具有'外在超越'的某些倾向与韵味。"接下来，雷立柏引用了冯友兰关于西方基督教"外在超越"精神和科学兴起关系的论断：

"后来的基督教教导人们如何侍奉外在的神。人不再是一个自满

---

[1]　［奥］雷立柏（Leopold Leeb）：《张衡，科学与宗教》，社会科学文献出版社2000年版，第23页。

自足的存在者，而是一个罪人。因此，欧洲的精神多在证明上帝的存在方面下功夫。哲学家们通过亚里士多德的逻辑与对自然界的研究而证明上帝。按照大部分的经院哲学家来看，哲学与科学的作用是解释《圣经》的内容。现代欧洲继承了这种对外界的知识与检验精神，它只替换了'上帝'为'自然'，替换了'创世论'为'机械论'罢了。"宗教信仰的力量使欧洲人的注意力由内转向外，使人们成为"证明者"与"检验者"。现代科学的基本精神与西欧中世纪对外在世界的兴趣和中世纪的学术方法是一贯的。

从这样的论证逻辑不难看出，雷立柏认为张衡作品中描写的神话和宗教色彩，正表现出了他对大自然的强烈兴趣以及对于一个外在于人之外的神明的敬仰和探究，而这种"外在超越"的精神和中世纪基督教对现代科学诞生所起的作用一样，他们在研究的对象和研究的方法上是保持一致的，所不同的是基督教的目的是证明上帝的存在，而现代科学是为了揭开自然的法则。除了以上的论证外，雷立柏还分析了张衡作品中所表现出的他对观察的爱好、他的外向精神的特点。最后，雷立柏得出结论说：

> 从以上的精神因素、文化因素与宗教因素来看张衡的世界观，也许可以更恰当地说明张衡为什么能成为一个相对成功的科学家，为什么他能比别人多一些向外在世界的"超越"，为什么他能够想出一个很大的宇宙，从一个鸟瞰的角度看世界。张衡对宗教现象的兴趣不能简单地说阻碍了他的科学研究，而是在某种意义上启发与指导了他对自然现象的探索。

二　郭守敬的实践与思想

郭守敬（1231—1316 年），字若思，元代顺德邢台（今河北邢台）人（见图 4-7）。郭守敬少承祖父教诲，对天文历算、水利工程、各种仪器的制造产生了很大兴趣。年事稍长，又师从刘秉忠学习，结识了后来和他一同参与改历的少年才俊王恂。元世祖年间，郭守敬经张文谦推荐出仕元廷，任提举诸路河渠、副河渠使等职，参与了华北的水利工程。至元十三年，元世祖忽必烈在统一前夕，命令制定新历法。张文谦主持成立了新的制历机构——太史局，王恂负责推算，郭守敬负责仪器的制造和观测。

四年之后，新的历法制定成功，元世祖命名为《授时历》。

授时历因为精确的观测、精密的推算以及废除上元积年等诸多创举成为中国古代传统历法的登顶之作。虽然郭守敬有如此卓越的贡献，可是留给后人来研究他的科学思想的资料却非常少。陈美东在《郭守敬评传》后记里所言："在郭守敬一生中虽然也著作等身，但大多已佚而不存，可供分析的素材十分有限。……确实，郭守敬的科学技术思想与人生哲学，隐含在他的天文历法、仪器制造与水利工程的具体成果中。我们可以从这些具体成果的文字描述中，或从物化了的天文仪器水利工程遗存中，去探悉

图 4 - 7　郭守敬（1231—1316 年）

思想内涵和哲学深意。"① 这句话一方面道出了研究古代天文历算家天文思想的困难所在，另一方面，指出了克服这种资料困难的门径之所在。

郭守敬曾言："首言历之本在于测验，而测验之器莫先仪表。"而我国现代天文学奠基人之一张钰哲曾道："观测，主要依靠观测，是天文学实验方法的基本特点。不断地创造和改革观测手段，也就成为天文学家的一个致力不懈的课题。"古代人、现代人，他们相距近千年，可他们对研究天象手段的意见和思想却不谋而合。事实上，关于什么是历法的根本，中国古代有长期的争论：一种是"以律起历"，认为历法应该建立在黄钟律历之数的基础上；另一种是"历本之验在于天"，认为历法必须建立在实测天象的基础上，历法的精密程度应该接受天象的检验。前者在汉代后发展成了"律历容通说"。班固在《汉书》中将律历合为《律历志》，就是充分阐发刘歆提出的律历融通的思想并把它定式化。为了进一步验证这一假说，《汉书》中还提到了一种叫作"候气"的实验。"候气"又叫作"埋管飞灰"，《后汉书·律历志》这样记载道：

① 陈美东：《郭守敬评传》，南京大学出版社 2003 年版，第 403 页。

候气之法为室三重，户闭，涂衅周密，布缇幔。室中以木为案，每律各一，内庳外高，从其方位，加律其上。以葭莩灰布其内端，案历而候之。气至者灰动，其为气动者其灰散，人及风所动者，其灰聚。殿中候，用玉律十二。唯二至乃候灵台，用竹律六十。候日如其历。

后代有不少人都做过这个实验，《隋书·志第十一律历上·候气》就记载后齐的信都芳能以管候气，"人往验管，而飞灰已应"。宋代著名学者朱熹、蔡元定也曾经讨论过这种"候气"实验。沈括在他的《梦溪笔谈》中还针对"候气"说提出了一种解释。

郭守敬显然是接受第二种历本思想并把它彻底执行起来的。除了上面直接地表述以外，他在一生中创制了许多巧夺天工的天文仪器也是一个有力的证明。这些仪器从功用上大致可以分为三类：测天用仪器，如简仪、高表、景符、窥几等；演示用仪器，如玲珑仪、日月食仪、浑象等；天文仪器校正用的仪器，如候极仪、悬正仪、正方案等。这些仪器装备了堪称世界第一的元大都天文台。杨桓在《高表铭》中说："时在于天，术何以得？制器求之，乃见天则。"简短几句话，对制造天文仪器、进行天文观测、发现天体运行的规律性和制定相应的方法以反映这种规律性，这四者之间的关系作了很好的概括，也恰当地反映了郭守敬的基本思路。对于郭守敬从测天到制历的总体思路，陈美东作了更为细致的阐发，他说："郭守敬首先对日、月、五星的实际运动状况作尽量多和尽量准确的测量，这些测量既是描述日月五星运动状况的基础，又可以从中探索日月五星运动变化的规律性，继而运用数学的方法去摹写这种规律性，也就是运用数学方法去拟合日月五星运动的状况，从而达到准确地描述任意时刻日月五星等天体运动状况的目的。"[1]

郭守敬在最后十年似乎没有多大作为，有人甚至批评他本人高官厚禄，养尊处优，只知逢迎统治者，在科学上却一直消沉，继他制作了七宝灯漏、水浑莲运浑天漏等机械之后就再没有创造出一件对社会有价值的东西。甚至授时历已经发生了误差，郭守敬也不思解决，而是听之任之。其实，郭守敬晚年把自己很大精力投到了"候气"说的实验上，"公（郭守

---

① 陈美东：《郭守敬评传》，南京大学出版社 2003 年版，第 176 页。

敬）又尝欲仿张平子为地动仪及候气密室，事虽未就，莫不究极指归"。①
用现代的科学观念来判断，"候气"说是建立在一个荒诞不经的理论基础
之上，由它而设计的实验同样也不可能得到具体的结果。郭守敬晚年的
"误入歧途"不禁让人联想到了被认为是"理性科学之父"的牛顿晚年对
炼金术的研究。很多年来，因为害怕给牛顿崇高的科学声誉带来损害，他
一生撰写的一千多页六十五万字的炼金术手稿一直被束之高阁，甚至被视
而不见，直到最后被公开拍卖，西方的科学家和哲学家们才不得不重新面
对牛顿的炼金术手稿。

> 迄今为止，人们对于牛顿炼金术的研究已形成了两种不同的研究
> 形态。其一用科恩的话来说就是，"牛顿跟某些'炼金术流派'相
> 联系是否可能是他的科学中的创造性力量，或者把他的所谓炼金术
> 主义从他的施政科学中分离出来是否合理"，"对于这个课题的研
> 究会对牛顿整个人格和他的科学灵感的复杂性提供有价值的透彻的
> 认识"。……其二则是将牛顿炼金术士为他作为一个"完整的人"
> （佩格尔语）所进行的正常的有理智的活动来加以研究，因而必须在
> 历史文化背景中全面地探讨牛顿炼金术与他的科学、神学以及当时的
> 各种思想流派之间的种种关系……②

牛顿炼金术手稿的发现使得对牛顿研究呈现出了一种多元化、复杂化
的局面，也进一步使得当代科学史家认识到我们对于生活在过去的人的科
学实践活动的研究似乎太过于简单粗暴了。在对郭守敬的研究中，我们同
样犯有西方科学史家研究牛顿那种同样的错误：倾向于用现代天文学家的
概念把郭守敬同他融为一体的传统文化中割裂出来，甚至过分地运用现代
生活的经验把郭守敬从古代的社会中隔离了出来。这样一来，很多本来对
于古人很自然、很合理的思想和实践活动，就会看起来那么的格格不入。
事实上，"以律起历""律历容通说"是建立在古代易数和气论哲学
基础上的。如前文所述，"气"的概念在中国古代难得有一个明确的定
义，并且不同历史时期的哲学家、科学家、思想家从各自的研究领域丰富

---

① 陈美东：《郭守敬评传》，南京大学出版社 2003 年版，第 178 页。
② 袁江洋：《牛顿炼金术手稿的历史境遇》，《自然辩证法通讯》2012 年第 6 期。

着它的内涵，并以它为基本概念讨论各自的宇宙论和哲学观点。易学就更加不用说了，到现在依然是中国人热衷讨论的话题。在郭守敬的时代，他所需要解决的问题以及用于讨论问题的基本概念和理论必然是在古代思想框架之内进行的。换一个角度来说，如果用更宽泛的科学研究规范来考虑、用更宽容的历史眼光来审视郭守敬晚年的活动，也还是符合现代科学精神的。"历之本在于测验"是科学精神的反映，是贯穿郭守敬天文活动的宗旨；但他同时也不轻率地否定对立的观点，而是用自己十多年的精力，用实验证明去求证，这不也是一种实事求是的科学精神的反映呢？

三　王锡阐的实践与思想

王锡阐（1628—1682 年），字寅旭，号晓庵，江苏吴江人，中国明末清初时期的天文历算家。明清易代之时，王锡阐 17 岁，他两次自杀，绝食七天，准备和明朝同生死，后因父母逼迫才生存了下来。此后，他便弃绝科举，做了一个彻底明代遗民。王锡阐性格耿介，不与俗合，但他却不是一个孤芳自赏者，每有人与他谈论古今及其学问问题，他则滔滔不绝。他与很多的明代遗民都保持着交往，如顾炎武、张履祥和吕留良等。

明末历法失修，朝廷几次有改历之议，可是由于明朝廷长期执行严厉的"历禁"政策，使得民间无人敢染指天文历法之事；而钦天监的官员们只一味因循旧法，不思进取，造成了国内几乎无人能够通晓古历，更别说胜任改革历法的重任了。明万历年间，耶稣会士利玛窦看准了中国历法危机这一时机，通过传播西洋天文学，引起中国士大夫阶层的兴趣和好感，从而在中国站稳了脚跟，并为耶稣会传教事业奠定了基础。他以后的传教士遵循他的传教方针，积极参与中国的历法改革。在徐光启、李之藻等人的努力下，中国朝廷最终下令准许耶稣会士参与中国的历法改革，以西洋天文学和中国的传统历法"会通"归一来制定新的历法。这次历法改革的结果就是编纂了全面介绍西方天文学成就的百余卷的丛书《崇祯历书》。由于明清鼎革的社会大动荡，《崇祯历书》没有得到完全出版印行。顺治二年，耶稣会士汤若望删改《崇祯历书》成 103 卷，并易名《西洋新法历书》呈献给新建的清政府。《西洋新法历书》得到了大量的印行，成为有清一代学习西方天文学的"教科书"。王锡阐也正是在这种情况下接触到了西洋天文学。

徐光启（见图 4-8）在主持编纂《崇祯历书》改革前曾道："欲求

超胜，必先会通，会通之前，必须翻译，翻译即有端绪，然后令甄明《大统》，深明法意者参详考定，熔彼方之材质，入大统之型模。"①这一主张无疑是一个很美好的学术理想：既不废传统历法，又可取西洋天文学的长处。这样取长补短、中西兼顾，岂不会产生一个两全其美的历法？在这个美好理想的指导下，徐光启为尚未编成的历法给予了厚望："可为目前必验之法，又可为二三百年不易之法，又可为二三百年后测审差数因而更改之法，又可令后之人循习晓畅，因而求进，当复更胜于今也。"但是，这个美好的理想从一开始实践起来就困难重重：首先徐光启和李之藻一开始接触的就是西洋天文学，他们对中国传统的历法没有做过深入的研究，而通晓中法的朱载堉、邢云路、范守己等人已经相继去世，入"熔彼方之

图 4 - 8　徐光启
（1562—1633 年）

材质，入大统之型模"的工作实际上无法进行。在此次改历和《崇祯历书》的编纂过程中，耶稣会士虽然不能起到主导的作用，但是由于中国学者不懂拉丁语，更不懂专业的西方天文学，因此翻译什么和不翻译什么完全是由耶稣会士而定，这导致所编的《崇祯历书》也最终成为全面介绍西方天文学的百科全书，"会通"思想的体现仅限于正朔闰月使用中法，而日月五星运动的历表都翻译自西法，其他的会通只是涉及中西度量之间的换算。因此"会通"而致"超胜"的目的没有达到。

　　徐光启"会通中西"的思想极大地影响了薛凤祚、王锡阐、梅文鼎这些清初的历算家，他们试图通过自己的研究继续实践这一学术理念，其中成就最突出的就是王锡阐。王锡阐的代表作就是《晓庵新法》，这本书在乾隆朝被收录进了《四库全书》，这是官方对王锡阐历算成就的认可。在《晓庵新法·序》中既批评了徐光启的不彻底，又表明了他创制新法的目的，他说：

---

　　①　（明）徐光启撰，王重民辑校：《徐光启集》，上海古籍出版社 1984 年版，第 374 页。

　　且译书之初，本言取公历之材质，归大统之型范，不谓尽堕成宪而专用西法如今日者也。余故兼采中西，去其疵颣，参以己意，着历法六篇。

　　《晓庵新法》所要解决的问题依然是中国传统历法所限定的问题，即步气朔、步日躔、步月离、步五星、步交食等问题，在章节的编排上与中国的传统历法保持了一致，并且王锡阐为了从形式上更接近中法，整部书不见一张图表，只用语言描述。但它已然不再是一部传统意义上的中国历法：它使用的数学工具是西方新传入的三角学和球面几何学；在计算日月五星的加减差（日月五星平均运动和实际视运动之差）时，已经完全放弃中国传统历法中所采用的代数拟合的方法，而采用了西方的本轮—均轮体系；另外，他还在西方天文学，尤其是开普勒木候仪测定日月食方位方法的启发下，发明了"日月光魄定向"之方法，用来计算交食的方位，并还把它推广运用到金星凌日的计算上。传统历法中，日月交食方位的记录从汉代就开始了，但都是在实际观测基础上的记录，并未见有人计算过日月交食方位，更不要说计算金星凌日了。根据席泽宗先生的考证，此方法虽不是世界首创，但也算是比较早的。"日月光魄定向"之方法为后来的梅文鼎和《历象考成》中日月食方位的方法产生了直接的影响。①

　　王锡阐计算日月五星加减差时所使用的本轮—均轮体系，是传教士介绍的西方经典天文学的内容，是王锡阐独自在神思默悟《西洋新法历书》"历指"部分的内容基础上创建的一套系。相比于"历指"，王锡阐建立的小轮体系更加统一、自洽。《五星行度解》是王锡阐的另一部重要天文学著作（见图4-9）。在以前，学者基本上认为《五星行度解》中的体系就是第谷体系，王锡阐只是对它进行了微不足道甚至是一种退步的改正。但是王锡阐修改第谷体系却大有深意。在《五星行度解》中，王锡阐修正了第谷体系——让内外行星转向不一致，把第谷虚体轨道改为实体，完整地解释了五星视运动，这在中国天文学史上尚属首次。② 让内外行星转向不一致，反映了王锡阐虽然从形式上接受了第谷体系，但在理解

　　①　宁晓玉：《〈新法算书〉中的日月五星运动理论及清初历算家的研究》，中国科学院研究生院（国家授时中心），2007年。

　　②　宁晓玉：《试论王锡阐宇宙模型的特征》，《中国科技史杂志》2007年第2期。

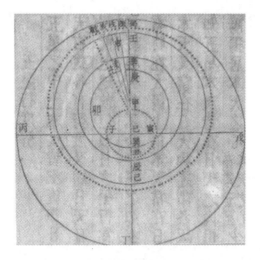

图 4 - 9　《五星行度解》中的宇宙体系

上却偏向了地心系统，拒绝了第谷体系的日心成分。把第谷五星轨道概念改成实体，引进了"磁引力"，在第谷的几何体系中讨论五星运动的力学原因，这是一种难得的进步，因为在西方数理天文学中，行星运动的动力学原因是个避免讨论的问题。也必须看到《晓庵新法》中的行星模型源自第谷门徒郎乔蒙塔努斯，王锡阐对第谷体系的两个修正也反映了他拒绝接受 15—16 世纪西方天文学革命的两大成果。①

　　因此，《晓庵新法》是《西洋新法历书》最简练、最精到、最系统的注解。《五星行度解》是王锡阐在"会通"中西宇宙理论各自优点，并有所发挥的著作。这都是王锡阐在深刻理解西方天文学的基础上做出的，再加上他没有师授，只能从《崇祯历书》悟入，他所表现出的聪明才智无疑让后世景仰。王锡阐对五星运动理论和宇宙体系的构建，对天体运行力学机制的思考，对天文观测的重视，对占星术之流的鄙视，无不反映出他是一位在中西天文学交流背景下具有现代科学精神的天文历算家。因此王锡阐和其他八位中国科学家如刘辉、祖冲之、沈括等同列《科学家传记词典》，并和第谷、开普勒、牛顿等大科学家的名字一起永垂史册是有充分理由的。

---

①　宁晓玉：《王锡阐与第谷体系》，《自然辩证法通讯》2013 年第 3 期。

第五节　中国传统天文学的落幕

尽管中国古代天文学成就斐然，在几千年的连续发展过程中，形成了完备、精确的历法体系，保持了世界上绵延时间最长天象记录传统，建造了精美绝伦的天文仪器，发展出了独具特色的中国宇宙理论，但是，在中国的明代，天文学连同中国传统的数学、农学、医学一起衰落了。这表现在以下四个方面：有明一代没有进行过一次改历活动，这和以往持续了比较长的朝代相比是绝无仅有的。虽然明代在定鼎之初就颁布了大统历，但大统历实际上就是墨守郭守敬授时历的成规，在明初就有了很大的误差，更何况再继续使用一百多年；明代实行严厉的"历禁"政策，"习历者遣戍，造历者殊死"，使得明代通晓天文历算的人才匮乏；明代在天文仪器的制造方面也只是仿造宋元旧器，没有任何创新，且规模比较小；严格的思想钳制，也使科学研究和对宇宙理论的思考受到阻碍，在天文学理论方面，几乎没有什么新的思想。[①]

明朝万历年间，耶稣会士利玛窦（见图 4 - 10）来到中国，向中国输入了西方天文学，由此便展开了中国传统天文学和西方近代天文学的合流，一直到 20 世纪二三十年代，这个转轨和合流才基本结束。话虽如此说，但是我们不得不承认，现代中国的天文学已经和我们中国古代天文学没有多大关系，中国古代天文学已经带着它曾经辉煌的成就退出了历史舞台，成为历史学家关注的对象。面对中国天文学，广而言之是中国古代的科学，这样的悲剧结局，我们自然就会想到李约瑟提出的那个闻名全球的问题："中国科学为什么在近代落后了？近代科学为什么没有在中国诞生？"自从这个问题提出以后，历史学家、哲学家、社会学家、科学家、心理学家甚至经济学家，凡是关心中国的前途和未来的人，都对这个问题抱有兴趣，发表的论文不下 260 篇，出版的专著多达 30 余种。金观涛、樊洪业、刘青峰三人在《文化背景与科学技术结构的演变》一文中也曾经尝试着回答这个问题。在他们比较了中国古代天文学和古希腊天文学差异之后指出：

---

① 刘金沂、赵澄秋：《中国古代天文学史略》，河北科学技术出版社 1990 年版，第 12 页。

图 4 - 10　利玛窦与汤若望

　　对比一下中国和古希腊数学与天文学的发展，我们可以发现一个重要差别，古希腊的天文学主要是在几何学影响和哺育之下发展起来的，而中国则反过来是天文历法影响着数学的发展。科学史上它表现为希腊科学是几何式的而中国则以代数算术见长。就古代科学内同本身的发展而论，这种差别不会带来太大的损害。……但是，对于原始科学结构的建立来说，其含义就大不相同了。①

　　这里的几何学就是欧几里得的几何学体系。现在越来越多的科学家、科学史家普遍承认欧几里得几何学中的公理化体系对现代科学的示范作用：欧氏几何学体系的作用在于它集中地代表了原始科学结构的理论雏形，它为近代科学结构（主要指构造性自然观）的建立起到了模板的作用。《几何原本》塑造的公理化思想体系，以及由此为起点依循演绎逻辑推理的模式，是西方数学的重要组成部分和西方数学的标志，也是人类思想文化史上的一大贡献。20 世纪的伟大物理学家爱因斯坦这样描述第一次接触《几何原本》给他留下的印象：

---

　　① 中国科学院自然辩证法通讯杂志社编：《科学传统与文化中国近代科学落后的原因》，陕西科学技术出版社 1983 年版，第 40 页。

　　12 岁时我经历了平生中第二桩奇妙的事情，与第一桩的极不相同：学期初我获得一本小书，是讲述欧几里得平面几何的……那种清晰与确定，给我的印象深刻的难以形容。……希腊人首次让我们看到，如何在几何上凭着纯理性思考达到这种程度的确定与纯洁，实在教人非常惊讶。[①]

他还于 1953 年给美国加州斯威策（J. E. Swizer）的一封信中这样说道：

　　西方科学的发展是以两个伟大的成就为基础，那就是：希腊哲学家发明的形式逻辑系统（在欧几里得几何学中），以及（文艺复兴时期）发现的通过系统的实验有可能找出因果关系。[②]

在同一本书中金、樊、刘三人再次提到：中国春秋战国时期墨家的《墨经》在命题、定义和定理方面，很大程度上类似于欧几里得的《几何原本》，如果发展下去，就有可能形成满足近代科学技术结构规范的体系。可是随着百家争鸣时代的结束，墨家衰亡了，《墨经》也被埋入了历史尘埃中，几何学体系理论模式则被彻底遗忘。那么，是什么原因造成了中国几何学体系理论模式的缺失呢？

　　几何学的知识被纳入到更为实用的天文学体系里与测量技术中去了，独尊儒术后带来的理论技术化倾向无疑加强了这一结合。其结果是，中国的数学理论模式几乎是以天文学和计算数学为中心而形成的。对后世科学理论建立起到示范作用的不是《墨经》，而是《周髀算经》。显而易见，就原始科学结构形成而言，天文学远比几何学不利，古代天文学中实验受控程度远低于几何学，在其和理论体系本身不完备的条件下，由于天文历法的实用要求促使整个数学（包括几何）朝着算术化的方向发展，其结果愈加不利于几何学中构造性理

[①]　肖文强：《"欧先生"来华四百年》，《科学文化评论》2007 年第 6 期。
[②]　席泽宗：《欧几里得〈几何原本〉的中译及其意义》，《科学文化评论》2008 年第 2 期。

论体系的成熟。

　　天文学理论由于本身的特点决定了只有当原始科学结构在几何学中形成后才能在其中建立类似几何学的理论体系（古希腊正是如此）。否则，它会长期停滞在历法算术和混沌的原始宇宙模型之中。……历史表明，中国科学理论中的技术化倾向、春秋战国后期社会结构的巨大变化和墨家学说的流产，使得原始科学结构的确立失去了历史的机会，它对以后科学技术发展的影响是巨大的。

　　《文化背景与科学技术结构的演变》的作者把中国科学自身缺陷归结类似于欧氏几何学体系的缺失，而这种缺失是由于几何学被纳入了实用的天文学中去的缘故。正是由于天文学和数学这两门在中国古代发展得最为充分也最受重视的学科没有建立起一个健康的原始科学结构的模式，中国科学也就始终停滞在经验性的观察上面，而对各个学科领域理论体系的建构，则始终停留在比较原始、简单、粗浅的状态。

第 五 章

中国古代农学的认识论、
方法论和价值取向

中国农业大学　　杨直民　　张法瑞　　张湘琴

中国古代农学蕴含着丰富的认识论、方法论内容。经过漫长的孕育过程，在约 2500 年前奠定了中国传统农学的根基。农学的发展过程，展现着中国古代农学不同于西方古代农学的演进特点。中国古代有着以北方旱区精耕细作农学体系构建、南方水田地区精耕细作体系形成以及旱地水田精耕细作农学体系交融为脉络的前进历程。农区、农牧结合区、牧区在农学各发展阶段中各有其相应的表现形式，不断呈现出独具特色的理论思维和技艺创造。就中国古代农学演进历程所涉农、林、渔、牧生产及加工制作等领域，提炼阐述中国古代农学认识论、方法论和价值观方面的见解，从认识层次和深度、调控手段和措施演进的角度作农学历史述略，对建设人与自然和谐发展小康社会的可持续农业是有参考、借鉴意义的。

第一节　研究状况与走势

一　中国古代农学蕴含着丰富的认识论和方法论内涵

在人类活动约 300 万年[①]的漫长历程中，中国先民较早地从单纯采集、猎取天然动植物产品，约于距今 1 万多年的新石器时代，迈向驯养动

---

① 近年有 600 多万年的说法。《中国大百科全书》第二版（2009 年）"人类起源与演化"条目称：直立行走形成于大约 600 万年前；最早制造工具的证据出现在 250 万年前；其他特征则是在古猿变成最初人类之前已经以萌芽状态在发展。

物、栽培植物的肇始农业的阶段。最初的农业生产技术简单、效率低，经过约 7000 年的生产技术经验积累，到距今约 3000 年，由于有了文字记载，使人们的认识得到不断提高。到公元前 3 世纪，较完整的、知识形态的、载于《吕氏春秋》中的农学文献的出现，为中国古代农学奠定了发展基础。其后是在此基础上的延伸和增拓。中国古代农学的演进，深受中国古代哲学思想的影响；中国古代农学的发展，也为中国古代哲学的进步添注了重要内容和推力。

20 世纪 80 年代，知名农学家金善宝（1895—1997 年）、沈其益（1909—2005 年）、陈华癸（1914—2002 年）在为《农业哲学基础》（科学出版社 1991 年版）写的"序言"中称："农业哲学属于哲学范畴，它是一门探讨农业生产和农业科学的本体论、认识论和方法论，归纳、概括出农业生产和农业科学中的基本观点和理论思维方式的学科。"序言中说：农业哲学的根本观点，在农业生产方面，有农业的本质，农业的演化和发展规律，农业与社会、自然、科学技术发展的关系，农业未来的发展趋势，以及农业各部门之间、农业和其他产业与社会需求之间的辩证关系等。在农业科学方面，基本的观点包括：农业科学发生、发展的规律，农业科学技术与社会经济发展的关系以及农业科学研究的方法论等。探讨这些基本观点，是促进农业生产和农业科学发展所必需的。该书第三篇"农业科学及其研究方法"中讲述农业科学及其研究方法的历史发展，对中国古代农学发展的认识论和方法论内容曾有约略的论述[1]。

二　中国古代农学的认识论、方法论、价值观研究的起步与拓展

张湘琴的《农业科学哲学思想的辩证发展》一文，对 20 世纪前期中国古代农学的认识论、方法论、价值观研究的发展，进行了概括分析。[2]

1.20 世纪初"由农学演创哲学"的提法触动中国学界

19 世纪末 20 世纪初，凭借经验积累、手口相传，操用人力、畜力工具，以自给自足为目标的中国传统农学，与源自西方采用实验科学方法、利用工业能源和产品，以商品生产为目标的实验农学出现了交汇过程。清

---

① 金善宝、沈其益、陈华癸主编：《农业哲学基础》，科学出版社 1991 年版，第 113—119 页。

② 张湘琴：《农业科学哲学思想的辩证发展》，《北京农业大学学报》1987 年增刊。

政府废除科举八股取士的教育与人才选拔制度，设置初、中、高等普通或实业各类农业学校，并派遣出国留学生，使得农业教育、科学的根基作用得到发挥。①

在中国现代农学徐徐起步之际，西欧已在全面推动现代农学的发展，突出的有：遗传学、育种科学从淹没到复苏，动植物生理学、农业化学、农业机械学也蓬勃兴起。农业科学的发展迫切需要对既往的成就做出提炼概括，也需要对发展做出合理的推说。瑞士学者克兹茅斯基（R. Krzymowski）于 1919 年出版的《农业哲学》就是这方面的成功之作。它主要从农业科学技术思想的角度，系统地论述了有关农业生产和经营中的各种研究方法及其相互间的关系，认为理论与经验、归纳与演绎、历史（纵的、发展的）与地理（横的、静态的）、实验研究与非实验研究、调查统计与推断、比较与分析等必须并用，不能片面强调某一方法或某一侧面。认为农业应分为"营养的农业"与"自然现象的农业"，指出理解农业仅利用自然科学是不够的，必须同时利用经济学，认为研究农业要有综合、全面的观点，对自然科学与社会科学不能有所偏颇。主张学技术的人要懂经济，学经济的人要懂技术。20 世纪 30 年代中国学者刘运筹等人对《农业哲学》一书曾作了较高评价。1937 年刘运筹在该书的中译本"序"中称克兹茅斯基不囿于一隅之见，由农学演创哲学，"深感著者立论精博，无抱残守缺入主出奴之见"。就当时一些农业学者闭门研究的弊端，痛陈："农学者既分门别户，敝帚自珍若此，更何从而肯涉及农业哲理?!"

2. 20 世纪 40 年代，曾激起农学认识论、方法论研习的兴趣

20 世纪 40 年代，延安自然科学研究院曾建立农业生物科系，注重农业情况的调查研究和农学理论的辩证分析，强调理论研究结合解决实际问题。在重庆，爱国知识分子也曾组织过讨论科学哲学问题的"重庆自然科学座谈会"，林学教授梁希（1883—1958 年）曾于《群众》周刊（1941 年第 6 卷，第 5—6 页）上发表了《用唯物辩证法观察森林》的文章，文中指出：林学是以唯物论为根据的。强调林学由森林而生，森林不由林学而生。没有森林，林学根本不能成立。梁希指出，林学发达以后，林业也可因此推动和改良，然森林到底是本源，本源不明，还有什么林

---

① 石元春、张湘琴：《20 世纪中国学术大典·农业科学》，福建教育出版社 2002 年版，第 1—35 页。

学？这里最值得注意的是，梁希认为林学研究应该借助于辩证法的思想。梁希指出，森林和周围一切条件即使是政治也有密切的联系，我们如果把它孤立起来，单独地研究栽培，不考虑一切环境，恐怕造林要失败。即使一时造成，也要被毁坏的。还提到，我们在山林中所见到的水、沙、岩石、花草、树木，时时在运动着，时时在变化着，绝没有永久停止的。提醒人们观察事物要看发展、看变化、看希望所在。说森林是百年大计，研究森林的人必须目光远大，处处不要忘记大自然的发展过程，对于活生生、有希望、有前途的事物要注意，不要专顾眼前。表现了一代农林科学开拓者对农业科学哲学的积极探求精神。

3. 1949 年以后，曾一度出现对农学进行哲学研究的热潮

约从 1955 年起，一些农学家和农业科技工作者开始自觉地学习《自然辩证法》，一度出现农业科学家学哲学的高潮，哲学家也颇为注意吸取农学成就，学科交叉结合，曾很密切。1956 年《自然辩证法研究通讯》杂志创刊之后，许多农学家参与了关于农业生产辩证法和农业科学辩证法问题的研究讨论。农业科学哲学的论著，诸如阐述土壤统一形成学说在哲学上的意义、探讨农林牧三业的制约关系、植物生长中的促与抑、遗传学中遗传变异现象、农业生产中的两点论等方面的文章书籍接连出现。1958 年毛泽东提出土、肥、水、种、密、保、工、管农业的"八字宪法"，曾有力推动了对农业科学哲学问题的研究探讨。农业"八字宪法"虽把几个农业增产因素单列，容易引致简单化地认识和处置问题。但注意到它们之间的联结与综合，就可取得优异效果。可惜缺乏进一步研究和学术上的自由探讨。其后，农业科学哲学领域出现不少从哲学高度来探讨农业增产总要求与农业生产技术中各个因素相互关系、相互作用的文章。如："农业八字宪法矛盾观""论土壤的矛盾运动""小麦高产途径的商榷——兼论穗、粒、重的矛盾"，等等。这些文章活跃了人们的思想，推动人们自觉运用马克思主义哲学原理来分析、探索农业生产和农业科研中一些根本性、哲理性的问题。限于条件，当时对农业生产管理、体制、结构、农业教育等方面的哲学问题还较少论及。

应该提到农史学家在农业科学技术史和古代农学典籍研究中推崇哲学探讨的重要作用。植物生理学家、农史学家石声汉（1907—1971 年）在《从〈齐民要术〉看中国古代的农业科学知识》（科学出版社 1957 年版）一书总结中写到：任何人读完《齐民要术》之后，对于我们祖国古代农

业科学造诣之高、发明发现之多、材料之丰富，不能不由衷地惊叹欢呼。
为什么我们祖国古代的劳动人民能有这样伟大的创造呢？回答是：有中国
的哲学作为基础。书中说：我们祖国古代的人，从朴素的宇宙观出发，认
为一切自然物，都有它们的本性，有它们自然的道理，是自然体系中不可
分割的一部分；对一切自然的、人为的事物，都要探本溯源，讲究它们之
间的联系，从来不肯孤立地、片面地看问题。作为农业生产对象的植物，
在古人朴素的宇宙观中，是活的有机体，是大自然体系中不可分割的一部
分。它们所表现的对时间空间的本性要求，正是它们自然的道理。石声汉
《从〈齐民要术〉看中国古代的农业科学知识》这部书出版的同时，他据
之写出了英文本，仍由科学出版社出版。石声汉的见解对国外学术界有着
广泛影响。

三　20世纪后30年中国农业科学哲学研究迈上新阶梯

1. 20世纪80年代，改革开放推动农业科学哲学研究较快发展

约从1958年起，中国农业生产上有着片面追求单位面积粮食高产
"放卫星"，盲目推行作物"密植"，不顾客观条件差异去深翻土地等举
措。1966年至1976年"十年动乱"期间，"四人帮"极力歪曲马克思主
义哲学理论，在农业生产指导和农业教育科研领域随意决断。他们片面强
调种植业而忽略林、牧、渔、副各业全面发展，没有根据地提高增产指
标，推行"一刀切"的农业措施，拆散、下放大部分农业院校和科研单
位，制造农民与农业科学家的对立，出现了一连串的混乱和瞎指挥现象，
把贬损农业科学哲学推到了极致的程度。1976年粉碎"四人帮"以后，
随着全国自然辩证法学术研究和农史研究的恢复发展，农业科学哲学和农
学史的研究、探索才迈上了新的阶梯。

作为一级学会的中国自然辩证法研究会，曾针对过去人们所忽视的问
题，从农业生产本质特点、农业发展战略、区域农业发展战略思想、农业
的宏观与微观、传统农业科学技术向现代化转变等方面，组织学术研究，
并多次召开学术讨论会，推动农业科学哲学的研究在全国范围内向纵深发
展。1980年以来，相继出版了《农学辩证法的若干问题》（人民教育出版
社1980年版）、《自然辩证法·农业系统论》（山西人民出版社1984年
版）、《农业科学方法概论》（甘肃人民出版社1984年版）、《农业的微观
与宏观》（中共中央党校出版社1985年版）、《农业科学与哲学》（山东人

民出版社 1985 年版）、《林业哲学与森林美学问题研究》（科学出版社 1992 年版）、《农业技术论》（中国农业出版社 1994 年版）等一系列有关农业科学哲学方面的著作。

在较为充分研究、探讨的基础上，由金善宝、沈其益、陈华癸三位知名农学家任主编、中国十多所高等农林院校 35 位自然辩证法教师通力合作撰写出《农业哲学基础》（科学出版社 1991 年版）专著。此书分别就农业的本质、特点和层次结构，农业演化过程和发展规律，农业系统内部外部矛盾运动，农业科学体系结构和发展规律，农业生产、农业科学研究和农业管理的方法论原则，农业教育中的哲学问题，农业现代化中战略决策和科学管理的辩证法，农业科学体系中各分支领域的哲学问题等，做了较为系统的阐述。可以说，20 世纪 80 年代以后，学术界撰写的农业科学哲学论文和著作，其数量之多，题材范围之宽，材料之丰富，论点之新颖，学术水平之高，是远非昔日可比的。

2. 农史学界对农学认识论、方法论的关注和探讨

20 世纪 80 年代以后，农史界也把研究注意力投到探讨农学认识论、方法论方面。梁家勉主编的《中国农业科学技术史稿》（农业出版社 1989 年版）在许多章节列有农学文献与农学思想条目，勾勒出中国几个历史阶段中农业科学思想发生发展的特点。游修龄主编的《中国农业百科全书·农业历史卷》（中国农业出版社 1995 年版）中设置了中国传统农学思想的几个长条目，表明这方面的研究已经受到重视。阎万英编著的《中国农业思想史》（中国农业出版社 1997 年版）和钟祥财的《中国农业思想史》（上海社会科学院出版社 1998 年版），在研究中国历史上农业领域的指导方面，或影响经济关系、生产技术发展、变革或阻滞其发展的主张，或在研究中国古代农业思想的层次比较方面都各具特色。由于中国古代宏观农业的基本指导理论是"农本论"，论述单个生产单位经营管理的微观农业出现较晚，从指导理论上也推崇"农本说"，中国农业思想史论述内容侧重于农业政策和农业管理。其与中国古代农学认识论、方法论、世界观的研究属于不同治学领域。不过，从其中也可以得到一些有益的启发。

2000 年，董恺忱、范楚玉主编的《中国科学技术史·农学卷》（科学出版社 2000 年版）问世。该书列有第七章"'三才'理论与传统农学思想的形成"、第十九章"隋唐宋元时期农学思想与农学理论"、第二十三

章"明清时期传统农学思想的演化"等。特别应当注意的是知名农学家、农史学家，浙江大学游修龄（1920—　）教授为此书写的"序"。他在序言中说"不再谈本书的结构内容、优缺点之类"，称："读者自会有所评价。""这里我想就本书的出版发表一些感想。"游修龄给出的"感想"，包括：万年的历程、"三才"思想和中西观念的对立、自然变化和农牧消长、传统农业的问题、现代农业与传统农业的比较及展望等内容。实际上可以看作是一个独具风格的、更高水平的中国农学史写作提纲。对中国农学史以及农学思想史、农业科学哲学的研究，将有绵亘许久的影响。

四　迈入 21 世纪，中国古代农学研究有着新的走势

1. 新时期对古代农学认识论、方法论研究提出新需求

中华文化源远流长、博大精深，农业科学技术是中国古代文明的重要组成部分。中国是世界古代农业科学技术许多重大发现和发明的发祥地。中国古代农学有其独特的认识论、方法论和价值取向，对之进行深入发掘和系统整理，对于 21 世纪中国和世界科学技术的发展具有相当的价值。

2. 历史学、考古学新成果为古代农学认识层次探索开拓了新途径

近些年中国历史学、考古学等众多学科取得许多研究成果。"夏商周断代工程"中不少先进技术手段的采用，从天文学和古籍记载的缜密考察、甄别中给出"武王伐纣"日程表的最优解。"夏商周断代工程 1996—2000 年阶段成果报告简本"对殷建都安阳时仍处世界性气候回暖期做了描述。在河南安阳殷墟出土的动物遗存中有犀牛、亚洲象、貘、马来貘、獐、竹鼠、黑鼠、麋鹿、圣水牛、扭角羚、猴等多种动物遗骨。据甲骨文记载，今河南沁阳西北，曾是商王朝狩猎区之一，表明当时在黄河以北有犀牛活动。殷都安阳一带，当时沼泽湖泊很多，常见动物中有象类亚热带动物，说明殷商时期气候较现今温暖[①]。在历史学、考古学等学科取得重要推进的情况下，从农时物候方面，对《夏小正》以及《尚书》中的一些涉及农耕、养殖的记载可以进行再认识。而殷墟考古发掘中不断有车马坑的发现。王畿的道路更加宽阔。现今殷墟博物苑内就有揭示马车实物和道路遗存，道路由黄土夯成，宽 8.35 米，上有 4 条车辙痕迹，两边各有

---

① 张纯成：《生态环境变迁与早期黄河文明中心转移》，《自然辩证法研究》2007 年第 10 期。

1.8 米宽的人行道①。可以期待有关那时生产、生活的遗物面世，给农业技术认识层次提供新的资讯。

3. 农学思想史的研究有了新的推展

2001 年，郭文韬的《中国传统农业思想研究》（中国农业科技出版社）出版。这是一部以诸子经典和古代农书为基础，阐释中国古代农业思想发展变化的专著，其中有不少涉及古代农学演进的阐释。其中就春秋战国、秦汉时期述及的农业思想有"元气论""阴阳说""五行说""圜道观""中庸观""天人观"等内容。2006 年，杨直民的《农学思想史》（湖南教育出版社）印行。《农学思想史》为路甬祥主编的《学科思想史丛书》之一，是研究世界范围重要农学理论思想发展历史的专著。它阐释农业科学技术发展的历史轨迹，研究重要农业科学理论和思想发生、发展、继承、演变的逻辑过程。通过对农业科学技术思想阶段的划分，重要学说、见解辨析，重要农业科学家哲学观点和方法论的载叙，廓清农业科学思想发展的脉络，认识不同历史时期及不同国家、地区出现的农业科学技术思想内容与特点，探索农业科学技术发展规律，以求在农业生产建设、农业技术开发、农业科学研究探索以及农业学术交流中汲取经验、教训方面有所裨益。书中以若干章节表述中国古代农学发展中认识论、方法论、价值观方面的相关内容。

4. "全球重要农业文化遗产"项目运作为农学认识论研究提供新视角

2002 年以来，在全球环境基金等的支持下，联合国粮农组织启动了保护全球重要农业文化遗产的项目，并在世界各地选择了五个不同类型的传统农业系统作为首批试点，中国浙江省青田县稻鱼共生系统名列其中。有关方面呼吁应当重视对于农业文化遗产的保护，尽快制定国家农业文化遗产标准，尽快建立农业文化遗产清单②。近年关于"全球重要农业文化遗产""全球重要农业遗产""农业文化遗产""农业遗产""世界农业遗产"的研究讨论正在升温③。从一些文章中述及的案例，如我国浙江青田

---

① 郝建生主编：《殷墟申遗全记录之文物篇·车马坑》，《安阳日报》珍藏版，2006 年 7 月 10 日，第 67 页。

② 闵庆文：《关于"全球重要农业文化遗产"的中文名称及其他》，《古今农业》2007 年第 3 期。

③ 韩燕平、刘建平：《农业遗产几个密切相关概念的辨析——兼论农业遗产的概念》，《古今农业》2007 年第 3 期。

的稻鱼共生系统、菲律宾伊富高的稻作梯田系统、秘鲁的安第斯高原农业系统、智利的智鲁岛农业系统、阿尔及利亚和突尼斯的绿洲农业系统等，可以联想到中国的许多农业项目能够列进世界农业遗产名单。按照粮农组织的估计，全世界至少有 200 个传统农业系统有资格评为全球重要农业文化遗产并需要进行保护。中国在其中应取得相当的份额。这方面活动的展开，将有助于中国古代农学遗产的发掘、整理，并将古代农学的研究与农业文化遗产保护、景观展示和旅游等结合起来，为农学认识论、方法论的探索提供新的视角。

第二节　中国古代农学漫长的孕育途程

一　一万多年前启动了农业，农学有着两三千年的认识史

人类起源于约 300 万年以前，现代人类起源于约 10 万年以前。与人类活动相关的远古人吃什么、穿什么，也常会引起人们的兴趣。《剑桥世界食物史》（*The Cambridge World History of Food*）以大量的篇幅研讨人类的祖先吃的是什么，以及那时可食的动物植物资源有哪些。[①] 仅用远古人类种群活动范围有限、受地理环境和植物动物资源影响很大、人们"饥即求食""饱即弃余"等话语作析解已嫌不足。这个漫长时期如何作阶段细分，不同阶段的人类求食内容当会多种多样。约 79 万年前，火的应用给熟食创造了条件；约 20 万年前，石块、泥丸、树木枝杈和骨、蚌、绳索等器物的使用，使人类采集、渔猎活动不断添加着新内容。在地球冷暖期交换、食物供求出现矛盾、人类智力跃升的情况下，研创农业种植和动物养殖，是一种必由之路。可以说，采集渔猎阶段，不同地域的人们取食活动的模式甚为近似。农业肇始的阶段，地区的技艺流程没有明显的差异，对天、地、人关系的认识也没有什么大的不同。

二　农业起源研究的认识论意义

农业起源、栽培植物与饲养动物起源研究对于人类认识自己在农业方面的创造力、认识动植物资源和环境、认识非自然生态变化的起点的诸多

---

① Editors Kenneth, F. Kiple, Kriemhild Conee Ornelas, *The Cambridge World History of Food*, Cambridge Univ. Press, 2000.

事项意义深远。J. R. 哈兰（Jack R. Harlan）曾称：农业起源问题相关专题书籍的调查显示，关于该问题有 38 种互不相同的观点。从 20 世纪后期起，这些已成为中国农学史界关注的热点。1959 年面世的《中国农学史》上册（科学出版社），由于全书内容阐释以古农书为主体，适当结合其他有关文物和实地调查材料，进行整理分析研究，阐明中国农学和农业技术的发展过程和规律，对农业起源、栽培植物与饲养动物起源尚少涉及。至 20 世纪 80 年代，随着学术探索、考古材料发掘、国际学术交流的进展，情况发生很大变化。《中国农业科学技术史稿》一书中已将农业的起源、原始种植业、原始畜养业各列专节阐释。金善宝、沈其益、陈华癸主编的《农业哲学基础》设有专章讨论"农业的起源与发展"。《中国农业百科全书·农业历史卷》刊载了"农业起源理论"长条目。《中国科学技术史·农学卷》一书的第一章第一节讲述"中国农业的起源"，涉及有关农业起源的传说、考古发现所见的原始农业、中国农业起源和原始农业的特点等内容。陈文华所著《中国古代农业文明史》（江西科学技术出版社 2005 年版），虽不属农学史的论著，但所述内容新颖、广泛，对农业起源、栽培植物起源、饲养动物起源有生动的描述。该书用丰富的文献记载和大量的考古学、民族学、民俗学材料，以宏观的历史视角，重点阐述农业在发生、发展过程中所形成的文化现象及其演变、进化的历程。论及农业生产、科学技术、文化艺术、宗教祭祀、农事节日、饮食文化、农事诗、耕织图、价值观念、思维方式、民族性格等各个方面。该书设有专节阐说"中国农业的起源和发展"，对"农业的发明""作物的栽培""家畜的驯化""农具的创造"表述了独到的见解。

农业的起源、栽培植物与饲养动物的起源，是内容紧密关联，却属不同性质的学科领域。其一，从时间来说，栽培植物、饲养动物起源是一个过程，而农业的起源是一个事件。即是说，在一个地区或一个民族，从历史上看，农业的出现，虽然它后来也会不断丰富并有所发展，但只能是一次。而栽培植物、饲养动物则是人类在自然选择的基础上不断干预而出现的，它是一个从不间断的过程。其二，从空间来看，栽培植物、饲养动物起源需要有物种适应生态条件，具有遗传稳定性，才能形成中心。如瓦维洛夫提出的八个栽培植物起源中心都在山区，因为山区具有地理阻隔，易于特定物种产生，其遗传性稳定。物种又有能向周围扩散的变异性，才能充分发展。而农业起源，则需在土质较为肥腴、集聚人口相对容易的地区兴起。其三，农业本身是包含着生产力和生产关系两个方面的复杂事物，对农业起源的研究，总的来说，还是属于历史学科的范畴。因为人类从事农业生产，除自身的条件，还需具备土地、农具、种子等生产手段。这些生产手段的利用和占有，除了受技术和文化水平的影响以外，还和社会发展阶段乃至社会组织形式有着密切关联。而栽培植物、饲养动物起源，虽有着不同于生物学等的特点，为了弄清栽培植物、饲养动物的祖先类型、年代、发祥地、传播途径，需借助历史学、考古学、民族学、语言学、文献学等学科的帮助。但这些学科，终究只能作为辅助手段，因为它所侧重的还是在于野生植物、野生动物在人类对其认识深化、采取干预措施而进入栽培、饲养过程的生理、形态乃至生态上的变化，因而它不能不归属于自然科学的范畴①。

仅从栽培植物起源来看，这方面研究已日益引起各国学术界的广泛重视。因为人们不仅可以从中寻找人类改造自然的痕迹，认识远古时期农业技术发展的脉络，而且可以通过对主要农作物起源中心、传播途径的探索，收集大量的选育新品种的原始材料。可使野生物种中的矮秆、抗病、耐寒、适应性强等性状，为各种选种目的服务。中国是世界上最大、最古老的农作物起源中心之一。据有关专家对666种世界上重要粮食作物、经济作物、蔬菜、果树等栽培植物的起源中心和种类分布情况的分析，认为起源于中国的有136种，占20.42%②。1949年以后，中国考古发掘出来的历史遗物证实，中国种植粟、水稻至少已有六七千年或更久远的历史。陕西西安半坡遗址发现有一个加盖陶罐，里面装着粟粒，还挖掘出窖藏粟谷堆以及罐藏芥菜类的种子，据科学测定，距今约六千年。1973年在浙江余姚河姆渡村发现的新石器时代村落遗址，水稻遗物堆积，层层叠压，平均厚度约50厘米。水稻的秆、叶、根、稻粒尚能分辨清楚，局部范围几乎全是稻谷或稻壳，鉴定为人工栽培的籼稻，据测定，距今已有6960年左右。中国长城内外，大江南北，由东部沿海到西部高原，有许多新石器时代遗址发现有谷类作物种子或陶器上有麻绳及麻布片印痕，和这些一

---

① 杨直民、董恺忱：《我国古代在栽培植物起源方面的贡献》，《中国古代农业科技》，农业出版社1980年版，第254—283页。

② Vavilov, N. I., *The Origin, Variation, Immunity and Breeding of Cultivated Plant*, Chron. Bot. 13 (1949/50).

起出土的有石制、骨制、蚌制工具，人们可以据考古遗物探知人工栽培作物初期活动的情形。

三　中国农业肇始的神话传说

中国古代经典、著述中有关农业起源的种种神话、传说相当丰富。《周易·系辞》中载有"包牺氏没，神农氏作。斫木为耜，揉木为耒。耒耜之利以教天下"，"神农氏没，黄帝、尧舜氏作，通其变使民不倦，神而化之，使民宜之"等语句。《淮南子·修务训》中则说："古者民茹草饮水，采树木之实，食蠃蜹之肉，时多疾病毒伤之害。至于神农乃始教民播种五谷，相土地宜燥湿肥硗高下，尝百草之滋味，水泉之甘苦，令民知所辟就。当此之时，一日遇七十毒。"《白虎通·号篇》所述为："古之人皆食禽兽肉，至于神农，人民众多，禽兽不足，于是神农因天之时，分地之利，制耒耜，教民农作，神而化之，使民宜之，故谓之神农也。"上述几段话把农业的起源、肇始农业的原因和过程、早期农业包括的内容和技术环节做了表述，神农氏属神而化之的归趋。从科学的观点看，农业的起源是个漫长的历史过程，不可能由某一个人单独发明。而古籍的叙述中常常集中于少数几位英雄圣杰。据陈文华《中国古代农业文明史》转引，有关神农的记载多达53种。[①]

对于农业起源等方面的神话传说，游修龄所撰《农业神话和作物（特别是稻）的起源》一文颇值重视。文中称：中国的民间神话传说，研究的人不是很多，涉及研究农业神话的可以说还是空白。之所以出现这种情况，是因为人们认为农业神话不是历史，又没有纪年，而且内容多属"荒诞""迷信"，不值一顾。他认为这种看法是不正确的，指出：大量的农业神话搜集、分析、对比，常常可以提供其他学科不能提供的有益的启发，更何况还有文化民族学等其他的意义。[②]

四　农业考古成果对古代农学认识层次的重要推进

1. 考古遗存在认识粟的起源与发展上的意义

20世纪50年代以来，中国考古学在农业领域取得显著进展。1955

---

① 引自宋兆麟《中国原始社会史》，文物出版社1983年版，第131页。
② 游修龄：《农业神话和作物（特别是稻）的起源》，《中国农史》1992年第3期。

年，中国考古研究所发表的陕西西安半坡新石器时代村落遗址的发掘报告，即揭示出粟和芥菜类种子的遗存，种子还用罐存的方式保存。1977年，河北武安磁山遗址发现了大量谷物的遗存，在约80个窖穴内都发现

图 5 - 1　陕西西安半坡出土新石器时期粟粒和贮放粟粒的陶罐

资料来源：引自陈文华编著《中国农业考古图录》。

有粮食堆积，一般堆积厚度为 0.3—2 米，有 10 个窖穴堆积在 2 米以上，取标本用灰象法作分析，发现有粟。发掘出土的植物果实有炭化的榛子、胡桃、小叶朴等。河南新郑裴李岗新石器时期农业遗址分布的中心地域是华北平原南端西缘与伏牛山东麓的接壤地带，其磨制石器、陶器和农业的发展水平，大体与磁山文化相当，磨制石器属于生产工具的有石铲、斧、镰，谷物加工工具有石磨盘和磨棒。从裴李岗等遗址出土的大量农业生产工具和谷物加工工具来看，当时已有比较发达的农业。裴李岗遗址第二次发掘曾出土少量炭化谷物，据初步观察可能是粟，出土的家畜骨骼有猪、狗、羊等。甘肃秦安老官台大地湾新石器时期遗址出土的农具有石斧、铲、锛、刀等。大地湾遗址发现坑底部有两处红烧土残迹，还有许多木炭和少量炭化的植物种子，经植物种子经鉴定分析，分别属于禾本科的稷和十字花科的油菜，其木炭经 C^{14} 测定为距今 6770 ± 80 年。山东滕州辛遗址

的一个窖穴中发现炭化粟，并在该遗址出土的许多陶钵、陶碗的底部发现粟壳的痕迹。当时饲养的家畜以猪为主。根据北辛遗址测定的 7 个 C^{14} 数据，北辛新石器遗址的年代为距今 5700—6700 年。

从上可以看出，黄河流域在新石器时代，各遗址中都出土数量较多的石斧、石铲、石锛等用于砍伐和翻土的工具，说明其农业已越过"焚而不耕"的"火耕农业"阶段，而进入"锄耕农业"阶段。那一时期，粟作农业已基本遍布黄河流域，从西起甘肃秦安大地湾、东抵山东滕州北辛等新石器时代遗址中发现粟、稷等农作物遗存，其中以河北武安磁山遗址发现的炭化粟数量最多。在粟作农业的诞生及早期发展阶段，人们所饲养的家畜有猪、狗、羊，鸡可能作为家禽饲养。猪作为一种主要家畜，其骨骼已开始用于随葬。粟的大量窖藏表明种粟已可获得较高的产量。

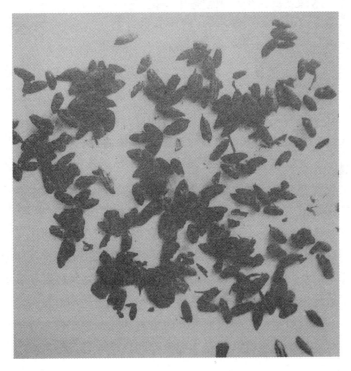

图 5 – 2　浙江余姚河姆渡出土新石器时期稻谷

资料来源：引自陈文华编著《中国农业考古图录》。

2. 新石器时期稻谷的发掘改写了水稻种植认识史

1973 年，浙江余姚河姆渡新石器时代遗址出土的炭化稻谷和骨耜以及葫芦、薏苡等植物遗存，为中国长江流域下游远古农业的面貌揭开了新的一页。中国学者游修龄等根据发掘材料，对中国栽培稻的起源、分化与传播做出透辟的分析，他鉴定河姆渡出土的稻谷为栽培籼稻。游修龄就太湖流域出土的距今 4000—5000 年稻谷、吴县（今苏州市吴中区）草鞋山出土粳稻更早达 6000 年，虽以粳为主，但也有籼的存在，河姆渡的籼稻测定距今 6725±140—6960±100 年的情形，提出了籼稻在越过钱塘江至长江南岸已经到了它的北界，出现籼粳交叉分布，再往北便是粳稻的地带的见解①。河姆渡遗址出土的稻谷，在确定长江流域及其东南地区以稻文化为代表的水田农业起源与发展上重要地位的同时，也为水稻起源、发展以及栽培技术演变的深刻认识创造了契机。

1973 年和 1977 年中国考古工作者在浙江余姚河姆渡新石器时期遗址进行两次发掘，出土了距今 6000—7000 年的种稻谷的骨耜等水田作业农具。1988 年，湖南澧县彭头山遗址出土了丰富的距今 8000 年的稻谷遗痕，加上长江中下游多点发现 4000—6000 年前稻作遗存的报道，到 80 年代后期，在国际学术界才确立了中国是亚洲栽培稻起源地之一的地位，中国水稻长江中下游起源说成为当时的主流见解。但从 1994 年以后，中国农业考古学界又取得重要研究进展，1994 年淮河下游江苏高邮龙虬庄遗址出土了距今 6000—7000 年的大量炭化稻。1994 年在淮河上游河南舞阳贾湖遗址发现了大量距今 7000—8000 年以上的炭化稻米。1996 年长江中游湖南澧县八十垱遗址，继彭头山遗址后也出土了距今 8000 年以上的炭化稻。据这些新材料，中国学者王象坤等提出长江中游—淮河上游是中国稻作发祥地的新观点。② 他们明确阐释中国稻作起源地必须具备的前提条件是：①该地发现中国最古老的原始栽培稻。②该地同时发现栽培稻的野生祖先——普通野生稻。③该地或其附近有驯化栽培稻的古人类群体及稻作生产工具。④该地当时具备野生稻生存的气候与环境条件。

---

① 游修龄：《从河姆渡遗址出土稻谷试论我国栽培稻的起源、分化与传播》，《作物学报》1979 年第 8 期。

② 王象坤、孙传清主编：《中国栽培稻起源与演化研究专集》，中国农业大学出版社 1996 年版，第 2—7 页。

　　从稻作起源看，考古发掘、测定断代、鉴定分析，直到综合研究，都已建立起较完备的方法与手段，这方面的社会影响越来越大。随着人们关注本地区、本民族历史上创造能力的演进，农业考古发掘的每一项新成果，都会引起颇大的社会反响。浙江余姚河姆渡即在原发掘遗址建立起较具规模的博物馆。

　　在中国，农业考古保持着蓬勃发展的势头。从 1979 年起创办的《农业考古》杂志刊载大量学术论文。在古代农学孕育方面，探索文献是一个重要途径。不过，仅凭数百部农书和历史文献典籍来研究农学历史和农学思想史有着很大的局限性，特别在研究农业起源和农业技术、农学的早期发展方面更难以入手①。周秦以后，文字记载不断增多，但农具、植物畜禽品种、农耕方法等仍不易将研究引向深入，往往付诸猜测推论。考古调查和发掘，揭示出极为丰富的实物资料，可据以修正旧有的结论，或拓出农业历史研究的新领域，写出新的篇章。农业考古也逐渐发展成为一门独立的学科。

五　"农"的概念、"学农"的需求和"良农"的出现

1. 变动中的"农"的概念

　　20 世纪 50 年代以来，历史学、考古学、经济学、农业史、农学等多学科的研究探索，能够确定中国农业生产与农业技术起源于距今一万年左右的新石器时期。对距今 6000—9000 年前后的陕西西安半坡、浙江余姚河姆渡、河北武安磁山、河南新郑裴李岗等新石器时期重要遗址发掘的器物研究表明，那时农业生产已具相当规模，使用较锋利的石、木、骨、蚌质器具，有大型粮食窖穴，种植多种植物，饲养多种动物，并已懂得积储种子。农业生产和技术经验积累到一定阶段，借助于文字的记载流传和铁质农具的应用推广，才有可能出现具有初步科学形态的农业科学理论，农学的阐释才有可能逐渐走向深化。

　　尽管人们从事农业生产和技术活动历时已久，从历史文献上给出"农"的概念却始自公元 1 世纪班固撰的《汉书·食货志》，其中称："辟土殖谷曰农"，强调了农业垦辟土地、播种作物的一面。从古今中外的字典、辞书上查阅"农"的阐释，可以看出土地利用及增殖作物、畜禽的

---

　　①　陈文华：《中国古代农业科技史图谱》，农业出版社 1991 年版，第 1 页。

大同，又可找到由于时代、地域带来的歧异。中国 11 世纪西夏《文海》
这部辞典则把"农"字解释为"农耕，灌溉之谓"。在农业运作上，强调
有水，能够灌溉，说明在中国西部这一干旱地区水是农业中的关键因素。
在西方，曾把谷物的增殖看成是农业的基本内容。现代有人把农业阐释
为：利用动植物的生命机能，通过人工培育以取得产品的社会生产部门。
或者称农业为：利用生物有机体进行物质循环和能量转换，以获取人类所
需产品的物质生产活动。表明农业是一个不断发展变化着的动态概念。这
也给古代农学认识论、方法论的探索与研究提供了广阔的场景。

　　2. 提出"农之子恒为农"的主张

　　中国春秋末期起，奴隶制趋于崩溃，封建制逐渐兴起，铁农具开始使
用并推广起来。"学农"成为一种迫切的社会需求，当时各诸侯国争战不
已，诸侯霸主打出"尊王攘夷"口号，其真实意义可以理解为保卫和巩
固华夏农业区。① 由于纷争绵延，各国统治者一般都不得不重视发展农业
生产，而增加农业生产，主要是扩大耕地面积。处于江南多雨偏湿区域的
楚国，进行大规模沼泽地排水造田工程，目的是开拓农业生产，充实国
力。公元前 613 年—前 591 年，楚令尹孙叔敖兴建芍陂（在今安徽寿
县），利用原有湖泊，引蓄淠河水进行灌溉，开中国修筑大型陂塘蓄水工
程的先声。陂塘工程为维持、提高农业生产，增强抗御灾害能力提供了
保障。

　　在认识到"公作则迟"，奴隶生产积极性难以提高，而"私作则速"，
推行封建土地所有制后，个体经济农民从事农业生产的积极性有所提高，
在农业生产工具多所改进的背景下，社会的专业分工趋于明显。春秋时期
齐国思想家、政治家管仲（约前 730—前 645 年）提出将民众划分为士、
农、工、商四种，主张"四民"分业，甚至将"四民"的人口固定地集
居起来。② 为提高各种职业民众的技能，管仲提出具体的培养训练要求。
对农人的要求为"察其四时，权节其用，耒、耜、枷、芟。及寒，击槁
除田，以待时耕。及耕，深耕而疾耰之，以待时雨。时雨及至，挟其枪、
刈、耨、镈，以旦暮从事于田野"。对春种秋收、诸种农事作业和农具的

---

　　① 王毓瑚：《我国历史上农业地理的一些特点和问题》，史念海主编《中国历史地理论丛》
1991 年第 3 期。

　　② 《国语·齐语》。

运作，都有所提及。管仲认为，通过分业、集居，专业培养训练，农人的子弟可以"少而习焉，其心安焉，不见异物而迁焉。是故其父兄之教，不肃而成，其子弟之学，不劳而能。夫是，故农之子恒为农，野处而不昵"。① 现今这种"分业""集居""恒定"的主张可能被视作"画地为牢"的浅见，但在 2600 多年前的古代，对稳定农业生产技术队伍、提高农业技艺水平，却有相当的作用。

管仲的主张，相当的部分收到《管子》一书。由于《管子》为中国战国时期编成，其中或掺有汉儒的作品，成书年代其说不一。不过与《国语·齐语》和《左传》结合研究、采用，春秋时期管仲的一些见解是可以得到确认的。《国语·齐语》"管仲"章节有"美金以铸剑戟，试诸狗马；恶金以铸锄夷斤斸，试诸壤土"的话语。于《管子·轻重乙》则载"一农之事，必有一耜、一铫、一镰、一鎒、一椎、一铚，然后成为农"的说法。表明当时已颇为关注铁质农具和农业生产技艺的制约联系。管仲在农业管理方面，主张"相地而衰征"，也认识到按土地的好坏、生产能力的大小，厘定收纳赋税的多少。对"私田"的出现与发展，民众对土地的依恋和生产技术的关切，是对农业有力的促进。到孔丘（公元前 551 年—前 479 年）时期，私人办学的风气趋于兴盛。孔子以诗、书、礼、易、春秋教导学生，他与学生们的对话收到《论语》里面。《论语·子路第十三》中载有樊迟向他的老师孔子提出"请学稼""请学为圃"的请求。孔子也承认自己缺乏实践经验，从事农圃技艺"不如老农""不如老圃"的情形。

3. "积耕耨为农夫"和"良农"的出现

在农事作业上，技术讲求与否，对生产和收获影响较大。成书于战国时期的《管子·霸言》中有"其人如耕者，而非耕也"，"地大而不耕，非其地也"。指出耕作技术讲求与否，效果明显不同。一个人样子像在耕地，但达不到作业的要求，不能称其为耕地；土地面积大而不耕治，算不成田地。耕作质量牵系着农业生产优劣。《管子·八观》进而阐述了农牧生产水平和民众饥饱、国家贫富的关系，说："行其田野，视其耕耘，计其农事，而饥饱之国可知也"；"行其山泽，观其桑麻，计其六畜之产，而贫富之国可知也"。观察一个国家，到田野、山川看看耕耘种养情况，

---

① 《国语·齐语》。

合计一下农、畜物产，对这个国家的饥饱、贫富就可以作出判断了。在农业生产为主要经济部门的古代，从农畜桑麻生长繁衍中调查得出的结论有其权威性。

重视农业和农业生产经验的积累，才会更有利于农业优良技艺的诞生。《荀子·儒效》提到"积耕耨为农夫"，"相高下、视硗墝、序五种，君子不如农人"。《荀子·修身》则指出："良农不为水旱不耕，良贾不为折阅不市。"这里"良农"是一个重要概念，说明农业技术已摆脱初期经验积累的状态。《荀子·富国》提到人们了解规律性的东西，加强制驭，可得到"高者不旱，下者不水，寒暑和节，而五谷以时熟"，或"岁虽凶败水旱，使百姓无冻馁之患"的收效。社会生产的提高和分工的深化，必然促进当时占主要地位的农业部门涌现出理论形态的东西。《战国策·齐策》曾提到，若要使著名将军曹沫"释其三尺之剑，而操铫耨，与农人居垅亩之中，则不若农夫"。人们承认社会分工和分工有导致农业技术水平悬殊的实际效果。

六　事农的"天道"观、"地道"观、"人道"观

在农业生产逐渐发展提高的过程中，人们从植物、动物的生长、发育获得收获物的反复实践中，对天、地、人的关系，不断加深认识。

1. 《尚书》中"天工，人其代之"的模仿自然思想揭示

《尚书·虞书·皋陶谟》载有"无旷庶官，天工，人其代之"的话语。《易·系辞》中述及圣王"仰则观象于天，俯则观法于地，观鸟兽之文，与地之宜"，了解万物形象、变化的实际体验，提炼出"天生神物，圣人则之，天地变化，圣人效之"的认识。这种认识在阐发人类从事农业通过"圣人"引领模仿自然，种植植物、饲养畜禽，使之生生不息方面有经典意义。

2. 《周易》发展起来的"天人谐调"说

《易·系辞》载有："易之为书也，广大悉备，有天道焉，有地道焉，有人道焉，兼三才而两之，故六六者非它也，三才之道也。"在中国，先秦的学术思想与当时农业生产水平密切相关，其对农业生产也有不可低估的影响。[①] 在天、地和人的关系上，有因任自然的顺天说，改造自然的制

---

① 郭文韬：《中国传统农业哲学略论》，《古今农业》1996 年第 1 期。

天说；在天、地、人、物等方面，有强调观察事物与事物间的统一关系的天人谐调说；这些认识都有相当久远的渊源，在不同的历史时期，有着重要的显现。《周易》认为"天地之大德曰生""生生之谓易"，"夫大人者，与天地合其德"。在小农经济主要依赖自然资源和季节变化，使用耒耜等简单农具的条件下，要求人与天、地的和谐统一，将寒暑往来、阴阳变化、五行生克、象数推演，力求给予符号、图形的解释。这种认识在后来演化为多种流派，并于农业科学技术发展中有着重要影响。

朱伯崑（1923—2007 年）在《易学与中国传统科技思维》一文中指出，历史上任何划时代的科技进步，都是同它所依据的思维方式分不开的，研究中国科技史，要研究易学发展的历史；研究中国科技观的特色，更要研究易学思维的特点；文中就易学科技思维的特征提出了观象论、功能论、对待论、流转论、整体论、辅相论。[①] 认为此六论相互关联，自成体系，在世界科技史上独树一帜。结合农业生产和农业科学技术思想探索的特点，从易学中可以找出其蕴含的深湛内容，其中有从观察和经验结合看天、地、人三才，求其发展与和谐的思想；有阐述阴阳性质并利用阴阳转化的思想；有选择金、木、水、火、土诸要素，并取其五行相生相克推演，观察生物、环境及人的认识与干预相互关系的思想；有权衡事物强弱、大小、优劣势态，取其刚柔分而得中的人力调控、制驭思想等。

3. 老庄的"天道无为"见解

老子与庄子是思想渊源密切相关的思想派别。《老子》书中有丰富的事物相互依存、转化的辩证见解。书中所说："草木之生也柔脆，其死也枯槁"，"合抱之木，生于毫末"，反映了人们对事物发展中量的积累可以引起性质变化的观点。老子通过农业生产实践，看到了植物的幼苗虽然柔弱，但它能从柔弱中逐渐壮大；待到成长壮大，又要渐趋枯槁、死亡。他把强弱、生灭看作循环往复的无尽过程。他认为世界的总根源，是无所不在的"道"。"道"是"独立而不改，周行而不殆"的。从"道"产生的天地万物也是在变化着。人在这种变化中无能为力，只能顺应。书中说"天地尚不能久而况于人乎？"庄子也认为"道"为万物本原，他一方面对世界的存在抱极端怀疑的态度，同时却认为人对客观世界只能听其自然。《庄子·逍遥游》中述及农田灌溉时提到："时雨降矣，而犹浸灌；

---

① 朱伯崑：《易学与中国传统科技思维》，《自然辩证法研究》1996 年第 5 期。

其于泽也，不亦劳乎！"认为顺应自然即可，对于庄稼生长，人类在自然界面前只能听从其安排。

4. 荀子"制天命而用之"的主张

荀子认为，世界上万事万物的产生和变化，是一种自然变化的结果，在《荀子》"礼论"篇中称："天地合而万物生，阴阳接而变化起。"在"天论"篇中提到：研究天，是因为可以预期、推测天象的变化；研究地，是因为可以因地制宜地播种，从而使农作物生长、蕃息；研究四时，是因为可以依据季节变化来安排活动；研究阴阳，是因为可以适应客观规律的变化来处理事物。《荀子》称，"天有其时，地有其财，人有其治"。认为最好的途径是人们能够参助，配合自然的化育。如果放弃了人的努力，单纯期望自然的赐予，就会陷入困惑。《荀子》在农业生产技术方面留有许多语汇，如"楛耕伤稼"，"田秽稼恶"，"繁启蕃长于春夏，畜积收藏于秋冬"。而最精辟、犀利的应属"从天而颂之，孰与制天命而用之"，可据以引申出把握自然变化规律加以控制、利用的古代农学中"制天命而用之"的主张。

七 "授时""物候""水土""地力""时禁"诸说的产生和发展

早期农业生产基本上是一种适应、模仿自然的过程。每天的日出日没，每月的月缺月圆，每年的冷暖干湿、刮风行雨、草木荣枯变化，和人们的饥饱、悲喜、存亡密切相关。从实际观察体验积累的经验中，人们取得了年度、季节变化的规律性认识，为进行和管理农业生产摸索出行之有效的途径。《易·系辞》即载有"天地变化草木蕃""与四时合其序"的见解。

1. 授时的观念与星辰指时，观测定时方法的出现

明代学者顾炎武（1613—1682 年）在《日知录》"天文条"中指出："三代以上，人人皆知天文，七月流火，农夫之辞也；三星在户，妇人之语也；月离于毕，戍卒之作也；龙尾伏辰，儿童之谣也。"流火中的"火"为"大火"，是星名，即"心宿"，"流"是移动的意思，每年阴历五月间，黄昏时星在中天，六月以后，"大火"逐渐西移，为天气转寒的先兆。《尚书·尧典》即有咨汝羲暨和"期三百有六旬有六日，以闰月定四时成岁""钦若昊天，历象日月星辰，敬授人时"的记载。《尧典》"日中星鸟，以殷仲春"，"日永星火，以正仲夏"，"宵中星虚，以殷仲

秋"，"日短星昴，以正仲冬"，是以日月星辰位置变化标示农时季节的案例。

随着考古发掘和学术研究的进展，2007 年天文学史专家陈久金根据陶寺祭祀遗址揭示出的帝尧时的观象台、观象台观测柱缝和观测点夯土柱基设置，提出以观测日出方位"定季节"的论点，其定季节的目的是确定农时和制订历法。论文认为尧时已有春分、夏至、秋分、冬至的概念和确定四时的方法。对使用观象台及通过观测柱缝显示日出方位定四时和帝尧时可能实行的是一年十个阳历月的说法进行了探讨。认为这种推理虽不能成为定说，但作为一家之言，应该是可以成立的。[①]

观测定时是人类对农时季节认识的重要发展。《周礼·地官·司徒》书中有"以土圭之法测土深，正日景以求地中"，土圭是一支直的木杆，可以量测土的深度，古代主要是用树立起来的木杆，加上度量杆影的刻度尺，以木杆在地面上投影不断变化的方位和长度，确定日间的时刻。也可用其日影长度，判定一年间日影最长、最短的时日。随着时代的演进变化，圭表所用材料向石质或金属方向发展，刻度也有多种样式，观测的材料可作为帝王或官府向民众发布农时节令信号的一种依据。中国黄河流域公元前 770 年—前 476 年春秋时期，已经用圭表测日影的方法定出春分、夏至、秋分、冬至四大节气。

2. 相关事物的经验观察和物候说的产生

除了日出日没，月缺月圆，斗转星移，寒暖转化，草木荣枯，人们取食、种植、养殖的日常接触最多的活动中，相关事物的经验观察，往往在人们的技术发展形成上产生一定影响。农时、物候知识在《夏小正》一书中有所反映。农史学家王毓瑚（1907—1980 年）认为：《夏小正》相传是夏朝时代的作品。从农学孕育的角度来说，它可视为先秦时期的一种农家历，书的内容特别突出的是关于物候的记载，为反映中国古代民众智慧积聚程度的重要标志之一。书中记载着随着一年十二个月变化的气候与习见动植物等相对应变化的情况。闵宗殿（1933—　）提到其中有动物物候 37 条，植物物候 18 条，非生物物候 5 条。动物物候涉及 11 种兽类，12 种鸟类，11 种虫类和 4 种鱼类；植物物候涉及 12 种草本，6 种木本；

---

① 陈久金：《试论陶寺祭祀遗址揭示的五行历》，《自然科学史研究》2007 年第 3 期。

非生物因素包括旱、冻、风、雨等物候征象。① 以习见的物候现象指示农时，在远古的农业技术发展中极具重要性。

《夏小正》是中国现存最早的将古代天文、气象、物候、农事结合叙述的月令式著作。经文 400 余字，叙事极简略。现今对其天文记载的考察，有利于对历史年代进行定位，对书中动、植物名称的厘定，可以解决历代所释纷纭的问题，探求书中所载物候与农业、渔猎、采集的关联，可以找出其对后世农业生产的影响。研究书中的精华、妙句，可以明了中国早期农业生产所取得的成就和达到的水平；据之赋予新的认识，确定其应有的历史地位，吸取可资借鉴的经验教训。② 但若根据《夏小正》的简略记述，给出"中华民族的先人早在 4000 年前，在处理人与自然关系时，就已懂得按照自然界运动的节律来调整自己的活动，自觉地把自己的活动纳入到整体自然界的运动中去"；"这种整体思维的特点，就是把天、地、人物视为由农业生态子系统、农业技术子系统、农业经济子系统组成的农业生产大系统"；"只有将天象的变化，气候的更迭，物候的变迁，农事的活动构成和谐与统一的有机体，人们才能在农业生产大系统中立于不败之地，并取得主导地位"等结论是拔高了古人。③ 实际上，把农业生态作为农业生产大系统下的子系统，错置了生态与农业的主从关系。而人们读遍《夏小正》也难以找出其"将天地人物视为由农业生态子系统、农业技术子系统、农业经济子系统组成的农业生产大系统"④ 的论据。

就《夏小正》作为物候历书来看，后世曾给予一定注意。有些物候标识，特别是候鸟来去，虫鸣起止，后世常有引述增益。《左传·昭公十七年》载"玄鸟氏司分者也，伯赵氏司至者也"，玄鸟即指家燕，其春来秋去，示人春分、秋分的相应农事季节；伯赵即伯劳，它夏天鸣叫，临冬停止，可用以标志夏至、冬至的节令。随着人们经验的不断积累，认识也在逐渐加深。《诗经·豳风·七月》的诗篇中，也有对全年各月份物候与农事活动的描述。公元前 475—前 221 年战国时期，《逸周书》"时训解第五十二"有立春、惊蛰、雨水、春分、谷雨、清明、立夏、小满、芒种、

---

① 闵宗殿：《中国农史系年要录》，农业出版社 1989 年版，第 22 页。

② 游修龄：《〈夏小正〉的语译和评估》，《自然科学史研究》2004 年第 1 期。

③ 郭文韬：《试论〈夏小正〉及其天地人物的和谐与统一》，载《古代文明第一辑》，文物出版社 2002 年版。

④ 游修龄：《〈夏小正〉的语译和评估》，《自然科学史研究》2004 年第 1 期。

夏至、小暑、大暑、立秋、处暑、白露、秋分、寒露、霜降、立冬、小
雪、大雪、冬至、小寒、大寒等二十四节气。其中惊蛰与雨水、谷雨与清
明的次序与现今不同。同书还有每5天分出一物候标记的72候。在中国
农学发展的历史上农时物候说的影响极为深远。[①] 1313年，元代王祯《农
书》"授时篇第一"中载有"授时指掌活法之图"。将12个月、二十四节
气、72候画为可以运转的圆图，农事早晚，各书于每月之下，依据各地
南北远近寒暖不同，可以灵活应用。

3. 不断增新的水土学说

《尚书·舜典》即载有："汝平水土""播时百谷"的事项。水土是
农业发展的根基与命脉。战国时期成书的《管子》，其"禁藏篇"指明：
"夫民之所生，衣与食也；食之所生，水与土也。"认为牵系衣食来源的
农业，与水土的关系至为重要。

（1）《禹贡》中的平治水土和《周礼》中的土、壤观念。

中国历史上的传说里，夏代以前，属于洪荒时代。《尚书·尧典》
中，提到洪水滔天的景况，群臣荐举姒姓崇伯鲧率众治水。到《尚书·
舜典》中，因鲧治水不力，天下不服而受诛。舜帝接受四方诸侯举荐鲧
子禹任司空，禹一再推让，最终仍受命治水。禹采取与民众一起，同甘共
苦，走遍全国各地进行情况调查，形成因势利导、疏江导河、平治水土、
发展农业的构思，并取得了成功。《尚书·禹贡》即是载叙禹根据丰富的
经历和直接、间接的材料，按照全国山脉、河流、薮泽的分布，记述九州
各个地方的土壤、物产、田地等级，所交贡赋和运送贡赋通道等有关农业
生产和农民活动的内容。

反映西周以后典制的学术思想、成书于战国时期的《周礼·地官司
徒》载大司徒之职文有：以土宜之法，辨十有二土之名物，以相民宅，
而知其利害，以阜人民，以蕃鸟兽，以毓草木，以任土事。辨十有二壤之
物，而知其种，以教稼穑、树艺的叙述。这里土宜之法阐释了因地制宜进
行生产的见解，辨十有二土、辨十有二壤，说出了土与壤的异同。郑玄注
《周礼》称"壤亦土，变言耳"，认为壤也是土，是由它变化来的。接着
陈述的看法非常重要。"注"中说，"以万物自生焉，则言土；土、吐
也"。认为土是自然生长、吐生万物的物体。"注"中说："以人所耕而树

---

① 董恺忱、范楚玉主编：《中国科学技术史·农学卷》，科学出版社2000年版，第245页。

艺焉，则言壤；壤，和缓之貌。"讲明经过人类耕作合于种植需求的称壤，其质地和畅、松缓。《周礼》所述，表明当时人们对土与植物着生的自然存在和耕作、种植等人为因素的成壤过程，已有清楚的看法，从而奠定了认识、区分、改良、利用土壤的基础。

（2）土壤分类与土地分级认识的不断深化。

在不同地区、不同质地土壤上种植各类作物，人们碰到相同相异的土壤，事物发展到相当繁复的程度，不进行分类已无法加以认识和区别，土壤分类是在农学进展中最早的科学技术分支之一。由于土地使用和贡赋的发展，土地分级的思想产生得也很早。

①《禹贡》中的土壤分类。

这时的土壤分类是根据全国各地山川、地形、土壤的颜色、质地、含水量、着生植被、含盐碱程度和肥力状况加以区分的。邓植仪（1888—1957年）、王云森（1896—2002年）对中国上古时期土壤鉴别分类、土地利用等撰有专文探讨。[①]《禹贡》按地区把土壤种类、物产、贡赋结合起来，将土壤种类分为：壤、黄壤（黄颜色、质地柔和）、白壤（白颜色、质地柔和）、赤埴坟（红颜色，埴为黏意，坟为松软膨胀意，草木丛生）、坟垆、黑垆、白坟、涂泥（泥泞，可草盛木高）及青黎（青黑颜色，质地疏松）九大土类。

②《周礼》书中土壤分类的叙述。

周王朝自建立起，为发展农业生产，在国家典章、制度、官员职事建设等方面，多反映以农业为基础的构思，《周礼》即为其凝聚之作。该书对土壤的认识与利用、土壤规划和土壤分类等也有重要发展。在《禹贡》划分的九大土类的基础上，依照自然条件和土壤特点，《周礼》对各州的农业布局做出了更具体的农、林、牧安排：a. 冀州，其谷宜黍、稷，其畜宜牛、羊。b. 兖州，其谷宜四种（稻、麦、黍、稷），其畜宜六扰（马、牛、羊、鸡、犬、豕）。c. 青州，其谷宜稻、麦，其畜宜鸡、犬。d. 徐州，其谷宜三种（黍、稷、稻），其畜宜四扰（马、牛、羊、豕）。e. 扬州，其谷宜稻，其畜宜鸟兽。f. 荆州，其谷宜稻，其畜宜鸟兽。

---

① 邓植仪：《有关中国上古时代（唐、虞、夏、商、周五朝代）农业生产的土壤鉴别和土地利用法则的探讨》，《土壤学报》1957年第5卷第4期。王云森：《中国古代土壤分类简介》，《土壤学报》1979年第16卷第1期。

g. 豫州，其谷宜五种（黍、稷、菽、麦、稻），其畜宜六扰。*h.* 梁州，其谷宜五种，其畜宜五扰（马、牛、羊、犬、豕）。*i.* 雍州，其谷宜黍、稷，其畜宜牛、羊。

书中根据土地的地势，在《禹贡》土壤分类的基础上进一步划分了土地的五个类型，规划了五个土地类型区域的植物、动物生产。当时在九大土类的基础上，进一步划分土地类型是有利于发展生产的。其中指出：山林（高山峻岭之地）、川泽（江河湖泽之地）、丘陵（岗陵之地）、坟衍（平原低湿之地）、原隰（高原低湿之地），各有其适宜的种植、养殖的植物和动物。书中还有据产量将土壤分为上地、中地、下地，以及根据土壤肥瘠定出不易（土地连种）、一易（休闲一年种植一年）、再易（休闲两年种植一年）加以分等的记载。

《周礼·地官司徒》"草人"里面还提到土化之法，即化之使美的土壤改良方法。叙及将不同粪肥施用于数种不同质地土壤的内容。其关于不同质地的土壤曾提到：骍刚（地色赤土刚强）、赤缇（浅红色）、坟壤（膨松）、渴泽（故水处）、咸潟（斥卤）、勃壤（粉解）、埴垆（黏疏）、强㯺（强坚）、轻爨（轻脆）九种。

③《管子·地员篇》土壤分类与土地分级的方法论意义。

《管子·地员篇》是战国时代的作品。其内容叙述包括平原、丘陵、山地以及九州之土。提出：凡草土之道，各有谷造，或高或下，各有草土的主张。书中认为土壤的情况与所着生的植物种类有关，所以着重叙述地势高低、水泉深浅、土质类型以及土壤上所生长植物的种类。土壤及其适宜栽培的作物之间存在一定的规律性，以及在不同的地形部位上分布着不同的植物和土壤。从这种认识出发，在《禹贡》《周礼》土壤分类的基础上，根据地形、植被、地下水等成土条件和土壤色泽、质地、结构、孔隙、盐碱性等性质特点以及肥力状况，对当时全国九州的土壤作了较为详细的区分，并给出了"土种"概念。

九州一般地区的土壤，以肥力为主要标准，并根据上述成土条件和土壤性质，区分为上土、中土、下土3等，等下分级，每级包括2至5个土类，每个土类包括3个土种，共计3等7级18个土类90个土种。每个土类的性质和适宜的作物与果木，都做了具体的叙述，并以上土中的粟土、沃土、位土为标准，对各土类的生产能力进行了估价。

《管子·地员》这一著作现今已从土壤、植物生态、农学等多种学科角度得到了研究。游修龄认为《管子》的"地员篇"是最早提到相当于现今品种概念的中国古代文献典籍。① 与水稻有关的有：五蘟、五壤、五墟、五鴻、五桀等五种土壤。其下面各举两个适宜种植的水稻品种名称。五蘟，其种（大）稴藕，细稴藕；五壤，其种大水肠、细水肠；五墟，其种大邯郸、细邯郸；五鴻，其种稜稻、黑鹅、马秩；五桀，其种白稻。这种见解为古代农业经典的探讨开拓了思路。

4. 关于水利灌溉的认识与运用

（1）对灌溉用水的认识层次不断加深。

《管子·水地篇》中曾这样写道："地者、万物之本原，诸生之根菀也；水者、地之血气，如筋脉之通流者也。"把土认为是根本，把水看成像血液一样，将土与水对植物的作用，作了生动、形象的描绘。

洪水有极大的破坏力，危害严重。但是中国古代劳动人民逐步掌握了它的规律，化水害为水利，引导洪水灌溉农田。战国时期，黄河下游有大片盐碱地（古称"斥卤"），不能利用，当时有一个名叫史起的人，领导民众挖灌排水渠，利用漳水灌溉洗盐，使邺郡种上水稻，盐碱地长出好庄稼。当时《吕氏春秋·乐成篇》记叙的民歌就有"邺有圣令，时为史公，决漳水，灌邺旁，终古斥卤，生之稻粱"的嘉句。《汉书·沟洫志》中有《白渠歌》，歌词说："泾水一石，其泥数斗，且溉且粪，长我禾黍。"说的也是引洪灌溉。现今在黄河中上游地区，人们熟练地掌握引洪灌地、放淤，把洪灌和清灌巧妙结合起来的技术，继承、发展了化害为利、丰产稳产的传统农学经验。

远古人们就利用流泉河溪开凿水井、灌浇作物。春秋战国以来，修建不少处大型农田水利工程，如秦国时建成的四川都江堰。

（2）都江堰农田水利灌溉工程的认识论、方法论意义。

都江堰是公元前256年在蜀郡太守李冰主持下建成的农田水利灌溉工程。据《水经注》载"江水又东别为沱，开明所凿也"，表明开明凿玉垒山，为岷江分洪减灾，为修建都江堰的先驱。《史记·河渠书》中称：秦孝文王时蜀守李冰"凿离堆，避沫水之害，穿二江成都之中，此渠皆可行舟，有余则用浸溉"，实现了防洪、灌溉、漂木、行舟的综合效用。

---

① 游修龄：《中国稻作史》，中国农业出版社 1995 年版，第 78—81 页。

岷江是长江上游的一条重要支流，发源于四川北部高山地区。当春夏时节，山洪爆发，江水奔腾而下，从灌县进入成都平原。行洪时，由于河道狭窄，极易酿成灾害。洪水退却后，则是砂石百里。都江堰的建设解决了化害为利的问题。渠首工程主要有：鱼嘴分水堤、飞沙堰溢洪道、宝瓶口进水口等部分。[①] 选址建造都很巧妙合理。堰首分水鱼嘴选建得当，可借助岷江出山口的特殊地形和水脉水势，因势利导，实现无坝引水。在把江水分成内外两江的同时，又巧妙利用内低外高的地势和水期汛枯的时令条件，使枯水期有六成水入内江灌溉农田，四成流入外江。汛期外江水量自动调至六成以行洪，内江水量减为四成。飞沙堰是前人"识水性以治水"的杰作，因为它较低，可使洪水冲带的底沙从堰底滚入外江，以免堵塞灌渠。另在鱼嘴和宝瓶口间造成"壅水沉沙"效应。由于那里沉沙集中，便于每年岁修施工。宝瓶口建在岷江都江堰所在河湾段左侧凹岸，因山势，就地形，凿开宽20米、高40米、长80米的出口通道，将水输至灌区。这个秦时灌溉农田约300万亩的农田水利灌溉工程，两千多年来一直发挥着效益，至20世纪末，农田灌溉面积已增至1000万亩。在中国列入《世界遗产名录》35项自然与文化遗产中，都江堰是与农业有关的重要项目。[②]

5. "尽地力之教"的农学思想内涵

维持并增进地力，是中国传统农学中贯穿古今的重要内容。公元前4世纪，战国时期魏相李悝为提高农业生产，曾倡行"尽地力之教"。《汉书·食货志》中称："是时，李悝为魏文侯作尽地力之教，以为地方百里提封九万顷。除山泽邑居三分去一，为田六百万亩。治田勤谨，则亩益三斗；不勤，则损亦如此。地方百里之增减，辄为粟百八十万石矣。"书中提到"食，人月一石半，五人终岁为粟九十石"。李悝把治田勤谨当作"尽地力"的关键手段，600万亩土地面积上的增损为180万石，折合成10万人的一年口粮。

公元前4世纪《商君书》"算地篇"曾叙及当时土地与人口的状况，

① 熊达成：《都江堰水利系统工程的辩证法》，《大自然探索》第一辑，四川人民出版社1982年版，第146—153页。

② 闵庆文：《关于"全球重要农业文化遗产"的中文名称及其他》，《古今农业》2007年第3期。

"地狭而民众"和"地广而民少"两种情形都已明显存在，指出"地狭而民众"的地区，"民胜其地者务开"，强调提高耕作质量，提高土地效益；"地广而民少"的地区，"地胜其民者事徕"，强调招募移民从事开垦，防止土地闲置。"尽地力"的主张在中国农学史上有很好发挥。战国晚期《吕氏春秋》"任地""辩土"等篇曾重点论述。汉王充《论衡》中写有专篇，构建起"地力人助"的不朽学说。[①]

6. 保护动植物自然繁衍"古训"和寓意深远的"以时禁发"说

春秋时期，春夏季节保护鸟兽虫鱼繁殖和树木生长已有古训。《国语·鲁语》载有鲁宣公夏天张网捕鱼，被大臣里革将网割断。在农林渔牧历史发展中留下"里革断罟"的著名典故。里革提到：古时候大寒过后，在地里蛰伏过冬的动物开始活动，掌管水产的官员就给人们讲解如何使用渔网和捕鱼工具，让人们在河里捕捞大鱼，抓获鳖蛤，祭祀宗庙，然后让国民捕捞，用以帮助阳气的生发。书中指明："鸟兽孕，水虫成，兽虞于是乎禁罝罗"，"且夫山不槎蘖，泽不伐夭，鱼禁鲲鲕"，是说鸟兽怀孕孵卵、鱼虾生长时期，主管官员禁止人们置放捕兽、捉鸟、捞鱼的网罗，山上不砍幼树嫩枝，在草泽不割初生的草木，禁止捞鱼子、抓小鱼，为的是繁殖各种生物，并称这是"古之训也"。

战国时期成书的《管子》，其"禁藏"篇述及当春三月，"毋杀畜牲，毋拊卵，毋伐木，毋夭英，毋拊竿，所以息百长也"。其"主政"篇提到"修火宪，敬山泽林薮积草，天财之所生，以时禁发焉"。主张阳春三月禽兽孕育孵卵、竹木花草滋生之时，不要宰、杀、伐、掘。要把握时令，管住用火焚烧山林的事，以取得财富的增加。《荀子》"王制"篇中称："草木荣华，滋硕之时，则斧斤不入山林；不夭其生，不绝其长也；鼋鼍鱼鳖鳅鱣孕别之时，网罟毒药不入泽，不夭其生，不绝其长也。"《孟子》"梁惠王"则有"不违农时，谷不可胜食也；数罟不入洿池，鱼鳖不可胜食也；斧斤以时入山林，林木不可胜用也"。这些精辟语句，是"以时禁发"认识的凝练，所涵盖的自然保护主张，一直为后世所珍重。

---

①　杨直民：《我国古代的地力说》，《中国农史》1983 年第 1 期。

第三节　《吕氏春秋》中"农论"是
中国传统农学的奠基石

一　《吕氏春秋》的农学解读

在中国古代农学研究文论中，认为《吕氏春秋》"上农""任地""辩土""审时"等篇为农学奠基之作，已成共识。实际上，对《吕氏春秋》散见于"十二纪""八览""六论"各篇中的相关内容，从农学角度进行解读还是有意义的。

张双棣等《吕氏春秋译注》（吉林文史出版社 1993 年版）"前言"中认为《吕氏春秋》"基本上反映了主持人吕不韦的思想"。吕不韦以秦相国之位、仲父之尊编书，为的是"把自己在秦国实行的政策理论化。作为统一的秦帝国的治国纲领"。"使自己的主张定于一尊，从而维持秦国的长治久安，也维持自己的地位和权力。"

西汉司马迁《报任安书》中把《吕氏春秋》与《周易》《春秋》《国语》《离骚》等相比并。东汉班固《汉书·艺文志》指明《吕氏春秋》"兼儒墨，合名法，知国体之有此，见王治之无不贯"。东汉高诱《吕氏春秋》序亦称："此书所尚以道德为标的，以无为为纲纪，以忠义为品式，以公方为检格，与孟轲、孙卿、淮南、扬雄相表里也"，均给予很高评价。宋人黄震把《吕氏春秋》在后世被忽略，很少有深入研究的原因归结为："今其书不得与诸子争衡者，徒以不韦病也。"[1] 在农业为主要生产门类的战国时期，《吕氏春秋》作为统一的秦帝国的治国纲领，所述多要涉及农业内容。《吕氏春秋·上农》即指明：凡民自七尺以上者属诸三官，农攻粟、工攻器、贾攻货。认为天地间的生物在周而复始地循环运动，其"圜道篇"中有所谓"物动则萌，萌而生，生而长，长而大，大而成，成乃衰，衰乃杀，杀乃藏，圜道也"。在"疑似篇"书有："舜为御，尧为左，禹为右，入于泽而问牧童，入于水而问渔师，奚故也，其知之审也"，认为人是可以认识事物的，向有直接经验的牧童、渔师请教，可以了解放牧、渔捞方面的情形。"当赏篇"提到："民无道知天，民以四时寒暑日月星辰之行知天。"而在"十二纪""纪首"阐释中，载有较

---

[1]　（宋）黄震：《黄氏日抄》卷十。

多物候、农事内容，叙说天时气候正常和反常的诸种情形，为后世农学认识论、方法论、价值观方面留下精湛的内容。

二　《吕氏春秋》"十二纪""纪首"的农学价值

《吕氏春秋》"十二纪"包括春、夏、秋、冬四季，每季分孟、仲、季三月，阐释四季十二个月的天文、历象、物候等自然现象，规范国君每月在衣食住行等方面所应遵守的事项，以及顺应时气在郊庙祭祀、礼乐征伐、农事活动等方面应发布的政令。在内容上参照春生、夏长、秋成、冬藏之意，对诸子百家的论说，择其精要，兼收并蓄。书中除描述了"立春""立夏""立秋""立冬"节气，还记载了"蛰虫始振""始雨水""日夜分""时雨将降""小暑至""日长至""白露降""霜始降""日短至"等既具物候特征又含农时节气意味的名称。书的"首时篇"指出："水冻方固，后稷不种；后稷之种必待春，故人虽智不遇时无功。""义赏篇"强调："春气至则草大产，秋气至则草木落，产与落或使之，非自然也。故使之者至，物无不为，使之者不至，物无可为。"说明草木生长与凋落，受时令季节支配，不能由草木本身决定的道理。"召类篇"也阐说"譬之若寒暑之序，时至而事之，生之。圣人不能为时，而能以事适时，适于时者其功大"。在农学论说中更书有"审时篇"。

《吕氏春秋》"贵信篇"中说到农时节令遇到反常的情形："天行不信，不能成岁，地行不信，草木不大。春之德风，风不信，其华不盛，华不盛，则果实不生；夏之德暑，暑不信，其土不肥，则长遂不精；秋之德雨，雨不信，其谷不坚，则五谷不成；冬之德寒，寒不信，其地不刚，则冻闭不开。天地之大，四时之化，而犹不能以不信成物，又况乎人事？"《吕氏春秋》"十二纪""纪首"给出每月正常的一般规律性气候状况，还在每月正常农时气候描述之后，如孟春给出"行夏令""行秋令""行冬令"等异常气候的警示。张双棣等《吕氏春秋译注》、张玉春等《吕氏春秋译注》（黑龙江人民出版社 2003 年版）均将"行（夏）令"释为：推行应在（夏天）施行的政令。实际上，这里指的是宇宙律令，即前述"天行不信""地行不信"，每个月除了正常天时节候呈出，还会有三种异常气候偶现。论说异常天时气候对生态、农业、社会的灾害性影响，是其为重要的认识层次。① 《吕氏春秋》认为，在一个月份里出现其他季节的时令，是表现气候异常的主要原因。它深刻地触及了中国这样的季风地区气候多变，灾情或大或小，频繁搅扰国计民生的难题，至今在农学及相关领域仍具有启示和指导意义。

三　《吕氏春秋》中的养畜记述和相畜学说的认识论、方法论意义

1. "十二纪"中载有按季节安排牲畜配种、保护怀孕母畜等内容

在《吕氏春秋》书中未设畜产的专篇，但一些篇章中载有零星片段。"季春纪"有"合累牛腾马，游牝于牧。牺牲驹犊，举书其数"的载叙。指春季将公牛公马放入牧场，与母畜一起，便于交配。准备供祭祀用的马驹、牛犊要记载它们的数量。早在公元前4世纪《商君书·去强》篇中所写"强国知十三数"，就列有知"马、牛、刍藁之数"。认为要想强国，不知国十三数，会是"地虽利，民虽众，国愈弱"。《吕氏春秋》"仲夏纪"要"游牝别其群，则絷腾驹"，将怀孕的母马与马群分开，拴系住公马。"仲冬纪"规定：农有"牛马畜兽有放佚者，取之不诘"。冬天牛马畜兽在野外放佚，有人赶走，不予追究。由"重己"篇"使乌获疾引牛尾，尾绝力殚，而牛不可行，逆也。使五尺竖子引其椾，而牛恣所以之，顺也"的记叙，可以推知给牛穿鼻环、小童牵牛已是常见的事。

2. 养马强调选育良种　突出"相马"技艺

"贵卒"篇"所为贵骥者，为其一日千里也，旬日取之，与驽骀同"，指明选育良马目的是选出一日行千里的上乘马。"赞能"篇称"得十良马，不若得一伯乐"。"分职"篇"夫马者，伯乐相之，造父御之，贤主乘之，一日千里"。进一步阐发相马、驯养、骑乘三者的相互关系。《吕氏春秋》"观表"篇对相马高手作了概括，称"古之善相马者，寒风是相口齿，麻朝相颊，子女厉相目，卫忌相髭，许鄙相尻，投伐褐相胸胁，管青相唇吻，陈悲相股脚，秦牙相前，赞君相后。凡此十人者，皆天下之良工也……其所以相者不同，见马之一征也。而知节之高卑，足之滑易，材之坚脆，能之长短"。指明各位相马专家虽只从一个侧面评价马匹，但均可据之权衡整个马匹的质量。

---

① 张家诚：《〈吕氏春秋〉有关气候论述的科学意义》，《自然科学史研究》1990年第4期；樊志民：《秦农业历史研究》，三秦出版社1997年版，第136—143页。

有了良马，还要看怎么役使。"审分"篇有"人与骥俱走，则人不胜骥矣；居于车上而任骥，则骥不胜人矣"，"王良之所以使马者，约审之以控其辔，而四马莫敢不尽力"的叙述。"执一"篇也称："今御骊马者，使四人，人操一策，则不可以出于门闾者，不一也。"对驾驭马匹、骑乘，还是驾车，如何用笼套缰绳调控，都有切要的说法。

由于选育、调教实行上乘的标准，其后良马有着批量出现的可能。《初学记》卷二十九引崔豹《古今注》谓始皇有名马：追风、白兔、蹑景、奔电、飞翩、铜爵、神凫等，除铜爵命名含义不详外，其余皆形容其神速快捷，当属骑乘型良马。

3. 秦兵马俑的发掘提供了新认识

20 世纪 70 年代以来发掘的秦皇陵兵马俑，已被誉为"世界八大奇迹"。兵马俑一号坑出土的是步兵车战混合阵形，马身齐耳通高 1.5 米，头到尾根长 2 米。马体低矮，马耳稍短，四肢粗壮，颈粗头重，前胸阔圆，蹄甲较大。二号坑出土骑乘战马齐耳通高 1.72 米，身长 2.03 米，不仅体形高大，马耳也稍长，腿胫细长。马头显得轻秀彪悍，背短而直，马的整体清瘦有神。而秦皇陵西侧出土的铜马车，则是仿自秦皇御用良马。据其形制比例推算，马高 1.8 米，体长 2.2 米，为秦马之最高大者。可见秦马种已呈多样化。[①]

秦国的畜牧业大致是实行舍饲与放牧相结合的生产方式。官营畜牧业的发展，促进了畜牧管理制度的完善。西北边郡农牧结合的生产结构，促进了牧业由游牧向畜牧方式发展，推动了畜牧技术的进步。半农半牧区农业生产的逐步发展，为畜群舍饲提供了条件，避免了游牧状态下遇雨雪、旱灾时因乏食而羊马半死的被动局面。牲畜由单纯食野草发展到配饲精料，有利于改变畜种品质、提高生产率。据秦陵马厩坑出土资料，秦厩马匹已实行分槽单养、专人负责，十分重视草料调和，注意饮水。尤值得注意的是出土器物中有陶灯十八盏、铁灯一盏，说明秦已十分重视夜间饲养工作，这是畜牧技术走向精细化的重要标志之一。[②]

4. 秦订《厩苑律》等为中国养畜业立法的开端

秦以立法形式保障畜牧业发展，秦律中不仅有《厩苑律》《牛羊课》

---

① 郭兴文：《论秦代养马技术》，《农业考古》1985 年第 1—2 期。
② 《秦始皇陵马厩坑钻探清理简报》，《考古与文物》1980 年第 4 期。

等畜牧专项条款，而且《田律》《仓律》《效律》《金布律》《司空》等其他多种法律中也包含不少涉及畜牧生产、管理的内容。这是中国目前已知的最早的有关畜牧业的成文立法。① 其项目涉及牛马户口登记、注销制度；牧场建设管理；饲料征收支付；牲畜调教使役；畜牧牝牡比例；繁殖率的规定；饲养工作的考核、奖惩；甚至对诸侯国牲畜入境检疫都有详细规定。秦畜牧法比较集中地反映了当时畜牧业的生产、管理、科技水平。

四　《吕氏春秋》四篇"农论"是中国传统农学的奠基石

1. 影响深远的中国古代农学原创论说

《吕氏春秋》是公元前 3 世纪中国战国时期秦相吕不韦主持下集多位门客编纂的一部大型著作。据该书"序意"提到成书于秦王政八年（公元前 239 年）。《史记》"吕不韦列传"说，吕不韦"使其客人人著所闻，集论以为八览、六论、十二纪，二十万言"。《汉书·艺文志》把该书列到"杂家"范围。班固指出"杂家者流，盖出于议官，兼儒墨，合名法，知国体之有此，见王治之无不贯"。可以说，《吕氏春秋》汇集了儒家、道家、墨家、法家、名家、兵家、农家等各家思想，内容上兼收并蓄。在《吕氏春秋》的最后，把四篇农业论文收进"士容论"，反映当时农业生产与科学技术理论，已发展到不能轻视的地步。《吕氏春秋·士容论》中"上农""任地""辩土""审时"等农业典籍，将公元前 3 世纪以前中国的农业生产技术经验作了概略的总结，提出若干重要发展、改进农业生产技术的问题，从几个方面给予条分缕析的阐发，将零散的技术环节，汇集成知识形态的认识。20 世纪，农学界、历史学界较为一致地认为，中国传统农学肇始于战国时期，其标志是《吕氏春秋》"上农""任地""辩土""审时"等篇农论的撰成。②

1956 年夏纬瑛《〈吕氏春秋〉上农等四篇校释》一书问世，有了研究《吕氏春秋》几篇农论的更好条件。③ 夏纬瑛（1889—1987 年）据"任地"一开始就用"后稷曰"的口气提出问题，"上农"也引后稷话

① 樊志民：《秦农业历史研究》，三秦出版社 1997 年版，第 178—182、196—199 页。

② 杨直民：《〈吕氏春秋〉中四篇农论是中国传统农学的奠基石》，载《农史研究（第 8 辑）》，农业出版社 1989 年版，第 50—55 页。

③ 夏纬瑛：《〈吕氏春秋〉上农等四篇校释》，农业出版社 1956 年版，序言、后记。

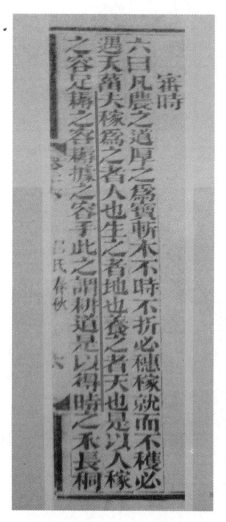

图 5-3　公元前 3 世纪吕不韦集门客撰出《吕氏春秋》，其中"上农""任地""辩土""审时"等农论被视为中国传统农学的奠基之作

资料来源：引自沈镇昭等主编《中华农耕文化》。

语，认为《吕氏春秋》"上农"等四篇大致都取材于早已失传的《后稷农书》。王毓瑚在《先秦农家言四篇别释》一书中，认为"古籍中从未见提过以'后稷'题名的这样一部书"，"因此这个问题还是以存疑为是"。尽管学者们对几篇农论由来看法有异，但把它们作为先秦农业代表性著作，却是比较一致的。[1] 涉及此四篇农论的整理研究可分几类。①历代学者校释《吕氏春秋》时所列有关的内容。据陈奇猷《吕氏春秋校释》载，该校释本所据旧刻本《吕氏春秋》12 种，引用诸家校说凡 126家。夏纬瑛、王毓瑚、陈奇猷校释此四篇农论，引用各家校说合计有 35家。应该说这还只是部分引说。各家互有长短，许多疑团可据以排解。②作为农书整理校释的，有夏纬瑛的《〈吕氏春秋〉上农等四篇校释》、王毓瑚的《先秦农家言四篇别释》。③对四篇农论作了今译的，有王毓瑚的《先秦农家言四篇别释》一书附录中的"四篇今译"。此外王范之《吕氏春秋选注》中有"上农"篇的今译。日本学者藤田剑峰校注《吕氏春秋》，载于 1939 年日本出版的《国译汉文大成》中。其中的断句、释义，对日本学者治中国农史颇有影响。如"任地"篇有"五耕五耨必

---

[1]　王毓瑚：《先秦农家言四篇别释》，农业出版社 1981 年版，第 53—61 页。

审，以尽其深殖之度"的断句和译文，天野元之助讲授《中华农业史概论》时亦如此引述。④就《吕氏春秋》四篇农论开展的分项或综合性研究。

万国鼎（1897—1963年）在《〈吕氏春秋〉的性质及其在农学史上的价值》一文中，曾给几篇农业论文以很高的评价，①同时指出"它的内容偏于理论，使我们不能知道栽培技术的细节，但是理论性的资料也有它的长处，能够在篇幅很小的遗存古文献中，更真切地反映农业科学水平"。就《吕氏春秋》"上农"等篇论述农学渊源的国内外著述日丰。对这些论著的研究已超越农史学界，向经济学、科学哲学等领域迅速发展。就《吕氏春秋》这部大型著作来看，它的各部分不一定有密切的横向联系，但一些篇章中若干见解对于阐释其他篇章内容或许不无补益。《吕氏春秋》"长攻"篇中，"譬之若良农，辨土地之宜，谨耕耨之事，未必收也，然而收者，必此人也"，即道明了研究、遵循农业生产规律和实际收成的辩证关系。农业生产是涉及人们吃饭穿衣的大事。众多人的实践，长期的经验积累，作物生长在原野与明显的季节推演，使人们归纳提炼出的农业科学技术原理带有明显的实践和地域特点。

2. 强调"务耕织为本教"，提出农学中的10个大问题

《吕氏春秋》突出了"重农"和"以人为本"的思想。文中提出，古代明智的君王统领属下臣民的方法，首先要使他们从事农业。书的"上农"篇中援引后稷的话，"所以务耕织者，以为本教也"，把民众从事耕织当作教化的根本。而在"孝行"篇更强调"所谓本者，非耕耘种植之谓，务其人也"。为此，做出许多政策规定。农忙时不得兴土木、不准办嫁娶，年轻人不得干园子活，力量不够不得开拓耕地，农民不得从事商业活动。同时规定在草木滋长、鸟兽鱼鳖孕育期禁止伐木、烧草、网鱼、捕兽、捉鸟。书中主张农、工、商各有其业，宜各治其事。绝不能以兴土木、治水、战事等来耽误农时。如果侵夺民众的农时，就要出现大的饥荒。

在重农的认识引领下，在"任地篇"突出提出当时农业生产也是农业技术与科学范围的10个重大问题。这10个问题是：①你能把下洼地当

---

①　万国鼎：《〈吕氏春秋〉的性质及其在农学上的价值》，《农史研究集刊（2）》，1959年，第175—185页。

成垄高地用吗？②你能把田间的秽杂清除并引来水润吗？③你能让田面上的土稳定而将水顺沟流走吗？④你能使播下的种子保持湿润而在土里感到安适吗？⑤你能使杂草不滋生吗？⑥你能让田地里到处都吹到和风吗？⑦你能让植株的蘖节多而主茎坚挺吗？⑧你能使作物穗子既大而又坚实均匀吗？⑨你能使谷粒很圆而糠皮薄吗？⑩你能做到让碾出的谷米有油性、吃着有劲道吗？所提出的是涉及改良土壤、扩大耕地面积、保持水土、精细耕种、防除杂草、进行田间管理、选择良种、使作物生长发育旺盛、谷物出米率高和富有营养等重大而持久性的农学命题。

3. 在"天""地""人"三方面强调人的作用

《吕氏春秋》"审时篇"指出："夫稼，为之者人也；生之者地也；养之者天也"，在种庄稼中，把人的作为摆在显著位置。"任地篇"也提到：天下时，地生财，不与民谋。把天时地利的自然变化看成是不以人的意志为转移的客观过程。表明中国以月令为代表的围绕农业生产活动安排并用以指导和调整农事活动的思想已经趋于成熟。中国先秦思想家对太极、阴阳、五行是熟知的。《吕氏春秋·大乐》称太一出两仪，两仪生阴阳。阴阳变化，一上一下，合而成章。混混沌沌，离则复合，合则复离，是谓天常。天地车轮，终则复始，极则复反，莫不咸当。日月星辰，或疾或徐，以尽其行。四时代兴，或寒或暑，或短或长，或柔或刚。万物所出，造于太一，化于阴阳。"圜道篇"认为，太一就是道，道也者至精也，不可为形，不可为名，强之为名，谓之太一。该篇认为日月星辰，四时寒暑，万物"物动则萌，萌而生，生而长，长而大，大而成，成乃衰，衰乃杀，杀乃藏"，这些容易觉察的变化，可以用精气的循环往复来加以阐发。"观表篇"述说圣人之所以过人，以先知，先知必审征表，强调对事物的情况了解与调查研究。认为无征表而欲先知，尧舜与众人同。"疑似篇"还举例讲尧舜禹驾车入于泽而问牧童，入于水而问渔师，其道理是牧童、渔师熟悉草原、水网的情况。在时代的约束和认识的总体水平上，可以窥知《吕氏春秋》四篇农论中对人、对事物的认识、探求与干预能力的表述已达相当高的程度。

（1）养之者天也和因时制宜的见解

《吕氏春秋·审时篇》在结合农作物种植上，阐明禾、黍、稻、麻、菽、麦等得时生长发育良好，先时容易徒长茎蔓，后时则纤弱多粃，在作物种植技术方面，首先给出"得时""先时""后时"概念。得时与失时是由人们农事操作是否能够把握要领而体现的。在《吕氏春秋》"序义篇"中阐明：盖闻古之清世，是法天地。强调上揆之天，下验之地，中审之人。天曰顺，顺维生；地曰固，固维宁；人曰信，信维听，三者咸当，无为而行。"应同篇"叙说金、木、水、火、土相生相克的关系，也讲，天为者时，而不助农于下。类固相召，气同则合，声比则应。表明天是无意志的自然事物，四时出现要求人们应和，如不按时耕种，天也帮不了忙。在中国的战国时期，需要有圣王代天帝敬授民时，体现国君法天地，根据季节变化而发布重要农事号令，调理停当就无为而行，不要过多干预农事操作；官员学者阐述时令推演和五行生克，起承启、说教、督导的作用；农民具体把握农时应用，以此构成农时的运作体系。这里农民的农时应用，已具关键作用。"任地篇"称农民应"皆时至而作，竭时而止"，时令把握得好，老弱劳动力都可以用得上，并能发挥事半功倍的效果。认为：不懂事的人，农时未到强着去做，农时过了追着去做，合宜的农时却不当回事，结果什么也做不好，早熟品种不能早熟，晚熟品种不能晚熟，得不到什么收成。"审时篇"概括说，是故得时之稼兴，能增加产量，失时之稼约，要减少收成。以数量相等的植株、相等容量的谷、相等容量的米来比较，得时的庄稼得谷多、谷出米多，米做成饭吃下去耐饥而且有香甜味道，久食让人耳目聪明。表明人们对"养之者天也"和相关的因时制宜的认识已相当深刻。

（2）生之者地也和因地制宜的主张

土地是农业生产的基础条件。天时，人们难以调节控制；土地，在一定范围内人力可以发挥干预的作用。早在公元前4世纪，《荀子·富国》中就提到"高者不旱，下者不水，寒暑和节而五谷以时熟，是天下之事也，若夫兼而覆之，兼而爱之，兼而制之，岁虽凶败水旱，使百姓无冻馁之患，则是圣君贤相之事也"。还说："今是土之生五谷也，人善治之，则亩数盆，一岁而再获之。"指明开田辟土中，如何使高地不旱，下洼地不浸水，种植的五谷及时成熟。圣君贤相如何督导民众克服水旱灾害，民众侍弄庄稼做得好，一年可以有两年的收成，或可解释为一年种植两茬作物。在战国时期，中国农业种植区已是人多地少与人少地多两种局面共存。《商君书·算地》开篇就说，"凡世主之患，用兵者不量（衡量）力，治草莱者，不度（度量）地。故有地狭而民众者，民胜其地。地广而民少者，地胜其民。民胜其地者务开，地胜其民者事徕"。指的就是人口数量超过土地供养范围和土地面积超过民众所能耕种范围这种情况。到《吕氏春秋》著作的时代，君主为民众寻找土地开垦和农民提高土壤耕作质量已是迫切需要解决的实践与理论观念问题。

《吕氏春秋》"任地篇"提出"上田弃亩，下田弃畎，五耕五耨，必审以尽"数语。表明当时人们已知在有一定认识的基础上，充分发挥自己的劳动和智慧，能求得高处的田地不要将庄稼种在垄背上，低处田不要种在垄沟中，并做到精耕细锄以寻求最好的收益。同篇提到："凡耕之大方，力者欲柔，柔者欲力；息者欲劳，劳者欲息；棘者欲肥，肥者欲棘；急者欲缓，缓者欲急；湿者欲燥，燥者欲湿。"讲明了耕地作业的质量要求是：土壤质地坚硬的要使其变松软，松软的变坚实；休闲地要使用，使乏了的田地要休闲，瘠土要使变肥，过肥的土壤要变瘠些；耕性急的变缓些，耕性缓的使急些；过湿的要干爽些，干土要变湿润些。所述农业技术针对性强，构思富有辩证特点。尽管学者们对之解释有所歧异，但却引起更多人的研究兴趣。"任地篇"提出始耕期，可以菖蒲开始生长作为物候指标。在"辩土篇"提到：凡耕之道，必始于垆，为其寡泽而后枯，必厚其䦆，为其唯厚而及。夏纬瑛《〈吕氏春秋〉上农等四篇校释》中称，数语为述说以土的干湿安排耕地先后次序的，开始必定要先耕刚强的垆土，因为它已是水分少而表层干枯较厚了；必定要后耕软弱的䎱土，因为虽然后耕它，还是来得及的。20世纪50年代，在晋南临汾、洪洞一带，农民中对垆土认识有"脾气"急慢之分，当地尚保有犁耕地，间隔数年用锹深翻地的习惯，采用锹翻耕地称"䎱地"，仿比"纳鞋底"那样接连深刺之意。这种方法有利于蓄水保墒，表明"辩土篇""凡耕之道"数语不必易字，仍可做出解释。① 现今农民耕翻垆土地，把握耕时非常重要，农民常常带着耕具等候宜耕时间，各种地片宜耕时刻早晚长短差异明显，农民认为有一种垆土特别不能错过宜耕时刻，称其为"急燥"垆，这种垆土宜耕时间极短，农民要荷工具在田头等候，不可耽误片刻。

（3）"为之者人也"和"五耕五耨"深耕细作认识的形成

《吕氏春秋》"任地篇"开篇提出使下洼地高凸些、使高燥地湿润、使盐碱地浴洗、使土壤保持好墒情的问题。同篇概括为"上田弃亩、下

---

① 杨直民：《孙渠教授耕作学治学精神永远值得珍念》，载中国农业大学百年校庆丛书编委会《百年回眸》，中国农业大学出版社2005年版，第144—148页。

田弃畎"的基本构思。这样可以在作物播种时把握合适的深度，种子处于"阴土必得"的境地，取得"大草不生，又无螟蜮，今兹美禾，来兹美麦"，即少草少虫，今年谷物丰收明年小麦高产的喜悦。

"任地篇"对亩与畎有具体说明，"是以六尺之粗所以成亩也，其博八寸所以成畎也"。成亩，指的是沮濡下湿地筑台田，田面宽 6 尺，台田间有 8 寸水沟。讲"耨柄尺，此其度也，其博六寸，所以间稼也"，指用耨柄作行距的量度，用 6 寸宽的锄刃锄地去草。"辩土篇""上田则被其处"，指耕后必定耰摩使之像盖一层被那样达到保持土壤良好墒情。耰在春秋时期即已应用，到战国时期已是成熟技术。农家将旱地通过五耕五耰，使土壤表面构成疏松的保水层，是耕作技术保墒观念的重要发展。

4. 建立去除"三盗"的耕种作业体系

"辩土篇"强调"无与三盗任地"。文中认为，大畎小亩，垄台像青鱼背，庄稼长得像鬌毛那样，是"地窃"，丢掉了可以利用的土地面积；播种不成行，没有行距，植株长不起来，是"苗相窃"；不锄地就成草荒，一锄地就见不到苗，则是"草窃"。《吕氏春秋》四篇农文，在种植技术与理论观念上指明了"三盗"对农业生产的危害。

（1）防"地窃"，形成合理整地的理念。

"辩土篇"提出"亩欲广以平，畎欲小以深，下得阴，上得阳，然后咸生"。讲修成的台田田面要宽些，平整些，下接阴湿潮气，上面疏松接受日光温暖，有利于作物生长。种植作物，土壤要上虚，"欲生于尘"；下实，"殖于坚者"。修成的田面过高，坡度过大，容易跑墒，难以壅培，经不起风吹雨淋，受不得骤冷骤热。这种不良的整地思想，会落得"营而无获者"的下场。

（2）防"草窃"，提出杂草锄治的构思。

"辩土篇"认为农夫不能"不知其稼居地之虚"。通过合理整地，引致农田环境起变化，创造一个不利于杂草种子生存、发芽、开花、结实的条件，使杂草不易滋生；通过精细播种，使作物种子处于良好萌生处所。文中称"慎其种，勿使数，亦无使疏，于其施土，无使不足，亦无使有余"。种植活动中贯穿作物种植疏密相当，覆土不多也不少的要求，再加上多次锄地去草，可以有效地防治草荒。若不加人为控制，则会杂草繁茂，向着天然演替方向变化，与作物争夺生长空间和养分水分。由于耕作除草这类人为活动，才使农田杂草群落的演替方向从天然演替倒转回来，不致对作物生长发育构成危害。"不屈"篇还指出："螣螟，农夫得而杀之，奚故？为其害稼也。"对危害农作物的害虫，主张除杀。

（3）防"苗相窃"，形成作物田间管理调控的认识。

"辩土篇"认为庄稼生长要成行，"横行必得，纵行必术"，保持横的行距和纵的株距，使田间通风透气好。幼苗时行株距大，长大后禾苗相互支持，每穴禾苗、豆苗是成簇的。文中论述了间苗、留苗，特别提到肥沃地与瘠薄地的间苗、留苗与耘锄的要领。指出"不知稼者，其耨也，去其兄而养其弟，不收其粟而收其秕"。不懂种庄稼的人，把生长好的禾苗去掉而留弱苗、小苗，其结果自然是收不到谷粒而收糠秕。

防"地窃"、防"草窃"、防"苗相窃"这些"去三盗"认识，蕴蓄着完善的耕种作业体系。"辩土篇"认为"去此三盗者，而后粟可多也"。因为"地窃"，耕作不良、地力低下、畎亩失当会造成歉收恶果；"苗相窃"，植株间没有合适行株距，生长发育要受影响；"草窃"，苗间杂草丛生、草与苗争夺营养与生存空间。三大弊害克服了，还可引申为其他灾害的防除。这些历来是作物种植中着力要研究解决的问题，不过在不同社会经济条件制约下，不同科学技术水平影响下，有不同的内容就是了。应该说《吕氏春秋》几篇农论中，关键性农业技术叙说得相当具体，理论阐述也发挥到相当高的水平。《吕氏春秋》四篇农论作为中国古代农学奠基之作是当之无愧的，在古代农学认识论、方法论的历史发展上也是影响深远的经典作品。

5. 《吕氏春秋》中农学论说的评析

应该提到，《吕氏春秋》四篇农学文论，所叙多属种植业，并且只是大田作物的种植。文中虽提到蚕桑和"六畜"，但并未详论栽桑养蚕和养畜的方法。植树造林和水产养殖，则更少涉及。王毓瑚在《先秦农家言四篇别释》中曾作分析，指出原因未必全是限于篇幅，或者是对所根据的农学家的原作有所取舍，而应该说四篇农论如实地反映了那个时代农业生产结构的现实。王毓瑚认为，当时黄河流域中下游的农业已经形成了一种以种植业为主的类型，在这种类型的农业中，几乎完全没有以供应乳、肉以及皮毛为主的养畜业，农家饲养牲口是用作牵引动力，养猪主要是为了积肥，饲养鸡、鸭、鹅等，不过是自家食用，采桑育蚕主要是妇女操持的家庭副业。园圃也附属于大田作业。种植业几乎成了农业的同义语。中国农业方面的这一特点在四篇农论中已有较强反映。对于中国农区畜牧业比例偏低，林业只占很小的份额，是许久以来学术界甚为关注的热点问题。在世界范围，谷物究竟是直接加工食用，还是先用来养畜，变成畜产品再供人消费，也是人们经常争论的题材。直接食用谷物，或是转化成畜产品，再供人消费，主要取决于粮食供应的情况。《畜牧科学概论》一书提到"一人一年吃 400 磅谷类（玉米、小麦、大米、大豆等）就可维持生命，但为了供应足够一个人的畜产食品，则一年需要 2000 磅精料，要多 4 倍"[①]。从较长时期的历史上看，中等肥沃程度的谷田为人类生产的食物，比最上等同面积牧场所生产的多得多。耕作谷田，虽需大得多的劳动量，但在收回种子和扣除一切劳动维持费用以后所剩余的食物量，也多很多。[②] 以上原因，加上中国作物中豆类提供蛋白质营养的较大潜力，可为农区人多地少地带种植业几乎成为农业同义语增加一种解释。从农学发展看，在某些区域或某一历史阶段，偏于种植业并不是最佳构思，但却是事实，是不得已而为之的。

第四节　北方旱区精耕细作农学体系的构建

一　土地连种促进旱区农田垦辟与改进种植技艺认识的提高

中国自战国时期，畜引铁制耕犁开始出现并逐步加以推广应用，农业生产水平也不断提高。到西汉时期，农、林、牧、手工业、矿冶等都有较快的发展。公元前 2 世纪，司马迁著《史记》撰有"货殖列传"，文中记叙了中国当时不同地域农业生产及社会经济生活发展不平衡的情况，它从另一个侧面反映了发展农业、活跃经济必须遵循的因地制宜原则。"货殖列传"中，肯定农业生产的首要地位，又大力强调商品经济的自由发展，认为从事农工商等业的人们为的是"求富益货"。全篇还对当时疆域内的北方和南方、旱地与水田、农业与牧业的地理区划及农产与土特产品等情况作了概括的描述，提倡较大规模经营农林渔牧业，叙述大群牧养马、牛、羊、猪，养鱼、营林，提到不同地区千章之材，千树枣、千树栗、千

---

　　① ［美］M. E. 恩斯明格：《畜牧科学概论》，郑丕留等译，科学出版社 1983 年版，第 17 页。
　　② ［英］A. 斯密：《国民财富的性质和原因的研究》，郭大力等译，商务印书馆 1972 年版，第 141 页。

树橘、千树萩、千亩漆、千亩桑麻、千亩竹、千亩栀茜以及千畦姜韭等，说这些农牧业经营者，其富"皆与千户侯等"。

农田的产量增加，种植的作物种类渐多，特别是经济收益高的农产品形成产区和达到较大经营规模，土地的价值会有所变化，耕地利用系数需要提高。在广阔范围推广土地连年种植、开发新田地、改进种植技艺，已势在必行。

1. 提高土地利用效率"代田法"的出现

在早期的作物种植中，农田开辟出来，头几年还可取得较好的收成，待地力耗竭，就放弃种植，使之休闲，恢复地力；另开农田，安排种植。为解决土地连年使用，又取得土地休闲的一定效果，"代田法"作为土地合理使用的方法就被创造出来了。

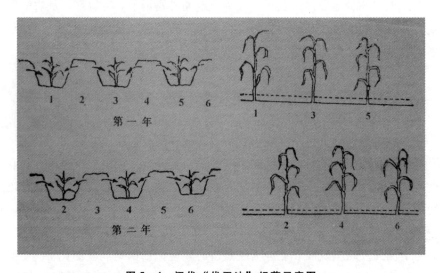

图 5 - 4　汉代"代田法"经营示意图

资料来源：引自梁家勉主编《中国农业科技史稿》。

据《汉书·食货志》载，公元前 89 年（西汉武帝征和四年），主管农业的官员赵过倡行了"代田法"，这是一种中国古代北方干旱地区在田间做出垄沟垄背，次年垄沟垄背互换位置的土地利用方式。其技术特点是田面开垄沟，把种子播种在沟里，由于沟里能保持较多水分，有利于出苗整齐，生长健壮。到中耕除草时，用锄将垄上的土培壅在作物根部，多次培壅直到成为垄背为止。这种方法不仅使作物根部可以吸收更多养料和水分，还可以防止倒伏。这种着眼于使作物根深叶茂的思维方式和耕作方法，和缦田方式不开沟、作物种子撒播、着根浅、易受旱风影响的情形相比，确实有明显的增产作用。另一点是"岁代处"，就是沟、垄的轮换利用。第一年用以播种作物种子的沟，第二年改做垄。依次轮换使用土地。既可连续在同一田块上种植作物，又可通过沟垄互换，使地力得到一定的恢复。

《汉书·食货志》在叙述赵过曾提倡"代田法"的同时，提到赵过召集工巧奴制作田器。研制的耕耘下种田器皆有便巧。所用耦犁（耧），二牛三人，一岁之收，常过缦田亩一斛以上，善者倍之。到东汉崔寔（公元100—170年）撰写《政论》时，也提到赵过教民耕植，说：其法，三犁共一牛（牛拉耧），一人将之，下种挽耧，皆取备焉。日种一顷，至今三辅，尤赖其利。

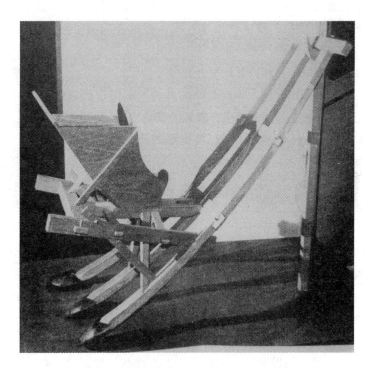

图 5 – 5　中国农业博物馆陈列的古代耧车复原模型

资料来源：引自王潮生《农业文明寻迹》。

耧是由开沟、播种两种工具结合创制出来的复式机具。由耧架、种子箱、输种管、开沟铧等几部分构成。木制耧架，便于固定装置部件和人扶畜曳。由于各种农作物播种幅宽不同，播行也不一样。后世播种，耧分单腿耧、二腿耧、三腿耧以至七腿耧等不同种类，比较通用的是三腿耧。

用耧车播种时，一人扶耧，一畜牵耧，种子盛在种子箱，种子箱有通道拨板与前室连通，前室拨板与柔韧的竹制或革（或筋）制编绳系结，编绳中间夹悬着一石片或铁木楔。架耧人抓住把手使耧轻微摇晃时，石片或铁木楔带动编绳来回摆动，制动拨板（可据种子籽粒大小调整分寸），这样排种孔有塞有通，种子从种子箱交互进入输种管，将种子播入土中。中国公元前1世纪创制的播种机具耧，经过不断改进，现今仍在农业生产中广泛应用。

2. "区田"作为土地利用佳法的认识论意义

为适应北方旱源各种复杂地形，公元前1世纪有"区田法"的创造。区田为田间开出小区，集中使用水、肥，种植作物。《氾胜之书》里面讲："区田，不耕旁地，庶尽地力。""区田，以粪气为美，非必须良地也。诸山、陵、近邑高危、倾坡及丘城上，皆可为区田。"这是充分发挥人的作用，深耕细作、用地养地、争取高产的办法。中国古代农学中因时、因地制宜，充分发挥人力作用等特点，在地力维持方面表现得颇为明显。

《吕氏春秋·任地篇》中讲，要把刚硬的土壤处理得松软些，要使松散的土壤变得坚实些，要使贫瘠的土壤肥沃些，但又不让土壤过肥。《氾胜之书》里面记载了"强土弱之""弱土强之"的办法，并且规定了宜耕期的物候指标。《氾胜之书》中测定春天地气通达的办法简便易行：入冬，砍一个1尺2寸长的木棒，埋下1尺，地面露出2寸，立春之后，土块松散，把露出的2寸木橛涌没，去年作物的陈根也可以随手拔出来，这时就是宜耕的节令。过于坚硬的土壤（强土），可以在开春时犁过，然后再耙，等上面草长起来，再翻一遍，下过小雨之后，又再犁过，使土里不见硬块为止，这样使强土弱化。较为松散的土壤（弱土）要在杏树一开花时就犁，杏花落时再犁一遍，每犁一次就滚压一次，等上面草长起来，再犁、再压。过于松散的土可使牛羊在上面践踏，使这类土壤质地也变得坚硬一些。

3. 巧妙的管水构思

《氾胜之书》已记载有稻田水层管理的科学方法。书中说："始种，稻欲温，温者缺其塍，令水道直；夏至后，大热，令水道错。"讲的是水稻生长初期，田间水温需要提高些，就把田埂的进水口和出水口开对直，使田块大片水层保持稳定，水温容易上升；至夏至以后，天气炎热，稻田水温过高，不利于水稻的生长，这时把进水口和出水口错开，使稻田水层全面流动，避免水温过高的危害。这种根据水稻生长发育需要来制定的调整稻田水温的灌溉方法，蕴含着深刻的科学道理。它反映人们认识稻田水流、水温、水稻生长发育的需求加以人工调控的巧妙构思。

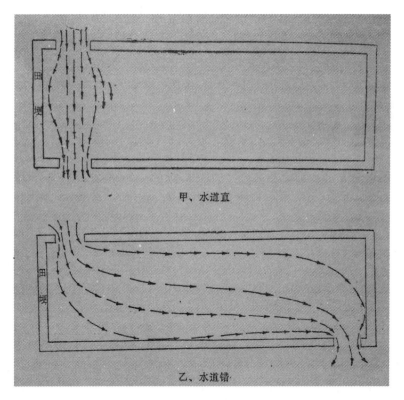

图 5 – 6　汉代《氾胜之书》中稻田调控水温方法示意图

资料来源：引自梁家勉主编《中国农业科技史稿》。

《氾胜之书》里面还提到一种引人兴趣的埋瓮灌溉法。它与旱区的渗灌有相似的地方。办法是以三斗瓦瓮埋下去，让瓮上口与地平，瓮中灌满水，在瓮四面各种一穴瓜。瓮口用瓦盖上，水少了就添加，经常让水满瓮。这种埋瓮供水的办法，在两千年前西汉时期能否推广是另一回事，而在干旱缺雨的地区，它却不失为一种节水保收的精巧技艺。

二　王充著作中的农学认识论内涵

1. 提出"勉致人功以助地力"的主张

汉代，炼金术、冶金、机械、犁壁、耧车等方面的发明创造也已接连出现，但是，由于董仲舒的主张流传，思想界却显得沉闷枯寂。在生物进化方面，董仲舒在《春秋繁露》中把天人关系说成是目的论的关系，所谓"天者，万物之祖，万物非天不生"，"天之生人也，使之生义与利，利以养其体，义以养其心"。认为天是有目的、有意识产生万物和人类的主宰，不仅如此，他还认为天授命于帝王君主，统驭人民，倡行所谓"君权神授"之说。董仲舒认为，人们若是违背了天意，就会遭到天的谴责，有所谓之"天人感应"。这种认识对农学发展和抗御灾害有负面的影响。

公元 1 世纪，东汉王充在所撰《论衡》中，提出和董仲舒天造万物、天人感应等见解相对立的学说。[①] 王充认为"气"是天地万物的本原，自然界的生物是由原始物质基础"气"产生的。王充在《论衡·谈天篇》中明确地指出："天地，含气之自然也。"并在"论死篇"借喻说："气之生人，犹水之为冰也。水凝为冰，气凝为人。"王充不仅认为"气"是天地万物的本原，就是人也是由物质的"气"组成的。王充还进一步指出原始物质基础"气"是无限的，没有终结，所以天地也是没有限度的，不生不灭。王充认为，天地造化力量之所以伟大，就在于它是无意志的，自然界万事万物的发生、发展，都在于它自身的原因。自然现象如树木的枝叶，鸟兽的毛羽，万物春生秋成，都是自然界本身的客观发展规律在起作用，不能看成是天地有意识地制作的结果。

王充在维持增进地力的思想方面有重要推进。在《论衡·率性篇》中说："夫肥沃贫瘠，土地之本性也。肥而沃者性美，树稼丰茂。硗而埆者性恶，深耕细锄，厚加粪壤，勉致人功，以助地力，其树稼与彼肥沃者相似类也。""效力篇"还说："地力盛者，草木畅茂，一亩之收，当中田五亩之分。""苗田，人知出谷多者地力盛。"书中认为对肥力瘠薄的土壤，只要深耕细锄，多加粪土，借人力帮助、干预，可以增加土壤肥力，所种的庄稼可以生长得和肥沃土壤中一样。

---

① 张湘琴：《论王充的生物进化思想》，《北京农业大学学报》1980 年第 3 期。

　　王充还根据所种庄稼的优劣多少来评价农业生产的优劣。在"别通篇"中说："耕夫多殖嘉谷，谓之上农夫；其少者，谓之下农夫。"在"须颂篇"中又说："农无强夫，谷粟不登。"可见，王充坚持了唯物主义的观点作为评定农业生产优劣的标准。至今脍炙人口的战国时代寓言"揠苗助长"，在客观规律和人的主观能动性的关系上应该说是精辟的喻例。王充在《论衡》中曾加以引证发挥来说明人们对自然的作用。他在"自然篇"中说："耒耜耕耘，因春播种者，人为之也；及谷入地，日夜长大，人不能为也。或为之者，败之道也。宋人有悯其苗之不长者，就而揠之，明日枯死。夫欲为自然者，宋人之徒也。"从文中可以看出王充已认识到人们在耕耙耘锄等方面是可以利用自然规律，有所作为的；但一旦作物播种下去之后，在作物自然生长方面，人们是不能随便乱加干涉的；倘若违反自然规律，拔苗助长，只能导致失败。

　　对于动植物的遗传繁殖这些生命现象，《吕氏春秋·离俗览·用民》曾说："夫种麦而得麦，种稷而得稷，人不怪也。"反映人们对农作物的遗传已当成常事，就是这种人不为怪的遗传现象，到了董仲舒那里，竟然也变成天造地设。王充以许多事例说明生物有其自身的遗传和繁殖的自然属性，因此物种和品种能够保持其相对稳定的"种性"。王充在"奇怪篇"中指出："万物生于土，各似本种，不类土者，生不出于土，土徒养育之也。……物生自类本种。"他在书中明确地提出了"种"的概念，而且指出生物的繁殖，都产生与亲代相似的后代。这样王充就把生物的遗传现象与繁殖现象联系起来加以考虑。接着，他用动物异种之间一般不可能发生杂交的现象来说明动物界如何保持种的相对稳定性。"且夫含血之类，相与为牝牡；牝牡之会，皆见同类之物。精感欲动，乃能授施。若夫牡马见雌牛，雄雀见牝鸡，不相与合者，异类故也。"王充关于物种交合和遗传的说法虽然还谈不上是系统的科学知识，但他的观察是很真切的，而且提出的思想也是很宝贵的。王充在《论衡·物势篇》中关于"种"的问题有一段总结性的看法："因气而生，种类相产，万物生天地之间，皆一实也。"王充认为生物是自然界物质即"气"运动而产生的，生物的种是能遗传的，万物的产生，都是通过"实"即种子或类似种子的"实"来繁殖传递下去。可以说，"因气而生"是王充的生命发展论，"种类相产"是王充的生物遗传观。

　　王充在《论衡·初禀篇》中对植物的遗传有一段简短而明确的描述：

"草木生于实核，出土为栽蘖，稍生茎叶，成为长短巨细，皆由实核。"王充在这里指出了植物的个体发育是从"实核"即种子开始的，种子萌发以后，生长茎叶，表现为各种性状，这些都是由"实核"决定的。也就是说，后代的性状是由前一代的植株通过种子传递到后代的。王充对当时的自然科学知识非常重视，不仅细致观察了各种自然现象，而且提出了自己的独立见解。

2. "种类无常"说的阐释

王充在承认"种类相产"的同时，也承认自然界的生物具有种类的多样性和变异性，在"讲瑞篇"中提出了"无常本根""种类无常"的见解。

王充在《论衡·道虚篇》中提到："万物变化，无复还者。复育化为蝉，羽翼既成，不能复化为复育。能升之物，皆有羽翼，升而复降，羽翼如故。"王充在这里对生物个体发育的特点，作了清楚的叙述，并且认为生物个体的生长发育过程不可能倒转。不仅如此，王充还看到了由于不同的地理、气候等条件的影响，使生物具有种类的多样性和变异性，而且还进一步观察到，有的变异能够遗传，有的变异则不能遗传。如在《论衡·讲瑞篇》中多处提到："种类无常"，"物随气变，不可谓无"，"无常本根"，并对自然界出现的"嘉禾""符瑞"作了唯物主义的分析。当时唯心主义者对"嘉禾""朱草"等"瑞物"的出现，认为是帝王的"受命之符"，把帝王之家说成是得天独厚，生而有异，与众不同，或者比附太平盛世或衰乱之世等，来宣扬"君权神授"观点。

王充列举农业生产和植物、动物生长发育的具体事例，针对董仲舒"万物非天不生"的唯心主义虚妄言论进行了驳辩，指出了自然界万事万物的生成死灭有其自身的变化规律，在"变动篇"中提出必须"达物气之理"，即要认识自然界变化的规律。还在"偶会篇"中生动地描绘了一年生植物的生活规律，"夫物以春生夏长，秋而熟老，适自枯死，阴气适盛，与之会遇"。当时王充已能从事物矛盾上来看待生物的荣枯现象。在"异虚篇"中说："夫阴阳和则谷稼成，不则被灾害。阴阳和者，谷之道也。"王充对植物的生长规律及其生活习性观察得很仔细，曾在《论衡》全书中多处进行描述。在"状留篇"中有"枫桐之树，生而速长，故其皮肌不能坚刚。树檀以五月生叶，后彼春荣之木，其材强劲，车以为轴"的叙述。王充对植物各器官之间的相互关系以及与生活环境的关系也进行了观察。在"超奇篇"中说："根茎众多，则华叶繁茂"，"有根株于下，有荣叶于上；有实核于内，有皮壳于外"。在"道虚篇"中指出："犹草木生以土为气矣。拔草木之根，使之离土，则枯而蚤死。"王充对动物的生活规律及习性也有不少论述。"变动篇"中有"故天且雨，蝼蚁徙，蚯蚓出……此物为天所运之验也。故天且风，巢居之虫动；且雨，穴处之物拢；风雨之气感虫物也"，对飞鸟、蝼蚁、蚯蚓因天气将要变化而受到惊动的观察、描述，生动地说明了植物、动物生长习性有其自身发展的规律性。王充力图揭开"嘉禾""符瑞"的真相，他说："嘉禾生于禾中，与禾中异穗，谓之嘉禾。"《论衡·讲瑞篇》说它们"无常本根，暂时产出，旬月枯折，故谓之瑞"。王充看到了"嘉禾""符瑞"只不过是自然界出现的变异现象，与社会的治乱兴衰并不相干。王充还看到了用"嘉禾"的种子播下去，后代不一定能获得同样好的性状，"试种嘉禾之实，不能得嘉禾"。王充在这方面的观察和判断，和今天作物遗传育种工作中所遇到的有些畸变不能遗传的情形是相一致的。但是，限于当时自然科学发展的水平，王充对于这种物种变异，还无法做出科学的解释，只是笼统归结为"和气而生"。

三 趋利避害说与水稻移栽认识的呈现

1. 提出趋利避害的见解

农业生产中受自然因素和社会经济技术条件多方制约，如何认识客观规律，采取合宜的农业技术措施，是很重要的。《汉书·食货志》载："种谷必杂五种，以备灾害。"认为农田种植安排必须考虑到遭遇各种灾害的可能。《淮南子·说山》中曾就农业生产和经营问题提出过"于利之中则争取大，于害之中则争取小"的主张，这种趋利避害的见解，在中国古代农学中是精淘细筛、深入人心的卓越认识。

2. 水稻移栽认识的呈现

公元 2 世纪汉代崔寔（约 100—170 年）《四民月令》书中曾记载水稻移栽技术。书里写有："三月可种粳稻……五月可别稻及蓝，尽夏至后二十日止。"所用"别"，为移栽的意思，别稻，指的是栽插稻秧。为中国历史文献上栽插水稻的最早记录。公元 6 世纪南北朝后魏贾思勰所撰《齐民要术》书中，其"水稻第十一"里面提到北土高原种稻，有"既生七、八寸，拔而栽之"的语句。小注写明，既非岁易，草、稗俱生，芟亦不死，故须栽而薅之。所讲也是水稻移栽。同书"旱稻第十二"，提到旱稻棵大、稠密者，可在五、六月份下雨时拔而栽之。具体提到这种稻移栽要浅，让根须四散，是迄今所知叙述水稻（旱稻移植也可包括在内）栽插原因的最早文字叙述。

四 相马法的发展和铜马模式出现的方法论意义

1. 相马法的继承和发展

中国在先秦就曾有相畜说的发展。曾出现过伯乐等相畜的专家。到公元 1 世纪东汉马援（公元前 14—公元 49 年）曾发明铸制铜马模式的相马法。马援为著名武将，公元 35 年任陇西太守，41 年任伏波将军。《后汉书·马援传》说："援好骑，善别名马，于交趾得骆越铜鼓，乃铸为马式。还上之，因上表曰：夫行天莫为龙，行地莫如马，马者甲兵之本，国之大用，安宁则以别尊卑之序，有变则以济远近之难。昔有骐骥，一日千里，伯乐见之，昭然不惑。近世有西河子舆亦明相法，子舆传西河仪长孺，长孺传茂陵丁君都，君都传成纪杨子阿。援首尝师子阿，受相马骨法，考之于行事，辄有验效。"

2. 铜马模式出现的方法论意义

马援曾在西北养马，继承了前代名师的相马经验和理论，并有所发展，著有铜马相法，约于公元 45 年，主持铸立高 3.5 尺、围 4.4 尺的铜马于洛阳宫中。马援主张用模型的形象阐释马匹优劣，他说："视景不如察形，今欲形之于生马，则骨法难备具，又不可传之于后。"而熔铸铜马，则可长期供人们比较参看。此一铜马模式是根据马援加上其以前相马诸家理论的综合表现，上面刻有铜马相法。马援把铜马模式和铜马相法结合起来，是中国相畜方法上的重要发展。在此以前，公元前 105 年西汉武帝时得大宛马，曾仿其形态铸造铜马。马援在上奏表章时也称："孝武皇帝时善相马者东门京，铸铜马法献之。有诏立马于鲁班门外，则更名鲁班门曰金马门。"表明西汉时期，曾有相马技术的丰富创造，至东汉马援又将其显著向前推展。

铜马模式类似近世马匹外形学研究上的良马标准模型。谢成侠《中国养马史》书中称：就目前考知，像这类金属的相马模型，在西方各国只有在 18 世纪以来才有所闻（并不指西方在艺术方面的铜马像），因为良马的理想标准西方晚至 1787 年由法国人布尔纠勒德创作了马匹外形学一书以后才见问世。① 而要研究马匹外形学方面的历史，中国古代文献中可以找出较多材料。

五　《齐民要术》——北方旱地精耕细作农学体系建立的代表作

中国科学院南京地质古生物研究所、南京地理与湖泊研究所专家以植物孢粉的土壤保存年代，测定中国北方黄土高原在 4.6 万年的历史中，有约一多半时间是森林和草原成分相互消长的时期。经历自然演变、人类活动的影响，从局部地区或个别年份罹发干旱，发展到连接成大片干旱地区。特别是古代农业集中分布的高原、平川、河谷，年降水量仅为 500 毫米上下。有的地方甚至只有 300 毫米上下。而年气候蒸发量却在 1000—2000 毫米。6 月、7 月、8 月、9 月的雨量占全年的 70%—80%。在春季作物播种、种子萌发及出苗的关键时节，却干旱多风，气温回升迅速，蒸发量远远超过降水量。春季频繁干旱，常会出现禾苗不长、赤地千里的局面。为了抗御干旱，远古的人们即在濒水临泉的地方开拓零星的水浇田地。史书曾记载商汤时期曾接连 7 年大旱。当时北方气温、湿度总体尚较湿暖。遭遇旱情，宰相伊尹教导民众"负水浇稼"，采用提水浇灌的措施，成为迄今流传的佳话。在大片旱区已经形成不可逆转的格局下，作为基本手段的则是发展各种抗旱、耐旱耕作技术。在气候干旱的情况下，设法保蓄土壤水分，不使绝种失收。在自然条件极其不利的情况下，逐渐积累起成套的防旱保收措施，建立起北方旱地精耕细作体系。这方面的代表著述为公元 6 世纪贾思勰撰著的《齐民要术》。该书共 10 卷 92 篇，含大字 7 万余字，小字夹注 4 万字左右。是中国现存最早、最完整、承前启后、继往开来的农学巨著。

1. 深化旱区特点认识，阐释配套农具运用和强调秋耕的意义

中国北方处东亚季风区，季风强弱、地形高下、风暴径路直接影响大片地区雨量的分布和多寡。春多风旱，夏季高温多雨，年度与地区差异极大。抵御干旱一直是人们不懈求解的难题。旱区是不断延拓、旱情是不断发展的。《管子·水地》大体反映公元前 5—前 4 世纪曾流行的看法。其中说："水者，地之血气，如筋脉之流通者也"，《管子·度地》指明"旱"为五害之一。3 世纪晋代傅玄曾称："陆田者，命悬于天，人力虽

---

① 谢成侠：《中国养马史》，科学出版社 1959 年版，第 53 页。

修，水旱不时，则一年弃矣：水田制之由人，人力修，则地利可尽。"面对水旱不时、十年九旱的严峻局面，可供灌溉的水源和适宜灌溉的田地又很有限，深入探索旱区特点，创出带有普遍意义的技术思路，就有重大价值。《齐民要术》总结出采取耕、耙、耱等耕种管理举措对付苦旱，就顺应了这种需求。

图 5 - 7　甘肃嘉峪关出土魏晋墓室壁画中的耕地、耙地、耱地图像

资料来源：引自甘肃省文物队等《嘉峪关壁画墓发掘报告》。

耕、耙、耱农具配套应用，在中国文字记载中首见于《齐民要术》。但从考古发掘来看，时间还要向前推移。从 1949 年到 1959 年，即在 8 个省、自治区、直辖市范围内发现战国时期的铁农具出土，其中几处见到犁铧。在山东、河南、陕西都曾出土了汉代的犁壁。汉代还曾推广使用耧播种。1972 年甘肃省嘉峪关市文物清理小组从发掘的古墓群中，发现有魏晋墓室壁画，考古工作者对壁画的研究表明：那时犁地时不仅有双套牛，而且由于改进了犁铧而使用着单套牛，壁画中的耙和耱，是迄今发现的这两种农具的最早形象资料。发展到公元 6 世纪，《齐民要术》对土壤耕作技术已作较全面的科学论述，所述耕、耙、耱、锄、压等旱地耕作措施密切配合，至今仍有实际意义。

书中数处提到春既多风，四月亢旱，春雨难期。为了蓄水保墒，特别强调秋耕。耕垦之后，要一遍两遍耙地，耱耢地要与之密切配合。指明：秋耕地要待"白背劳"，春耕则要"寻手劳"，原因是："春既多风，若不寻劳，地必虚燥。"书中给出"白背"的语汇，待"白背劳"即秋耕后待地皮发干时再劳，使地表成为疏松的土层，可以取得保墒的效果。把雨季收墒，耕作保墒，秋雨春用看作是取得天旱地不旱、播种保收的重要途径。

2. 提出"顺天时，量地利，则用力少而成功多"的农学哲理名句

贾思勰的《齐民要术》在积累总结农业生产经验、阐发农学理论、研创农事技艺和农学方法上的成就明显。在"种谷第三"中提出的"顺天时，量地利，则用力少而成功多；任情返道，劳而无获，入泉伐木，登山求鱼，手必虚；迎风散水，逆坂走丸，其势难"，是《齐民要术》镌刻在农学典籍中的不朽哲理名句。

贾思勰强调顺应天时，因为水旱风雹等因素，人们还不能完全认识和控制；要量度地利，因为人们对土壤的认识、利用、改良可以有较多的把握和调节；关键是人们想成功多、收益大，必须注意与自然的协调，不能随意处置，做违背事物发生发展的道理的事。在书中，作者反复阐释：不得像到水泉里伐木，到山上求鱼，迎着风散水，逆着坡推球那样处置农业生产和农业事项。若是那样随意行事，是不会有什么收获的。《齐民要术》作为一部农业科学技术名著，经历约1500年的时间，仍被人们奉作农学的经典著作。农史学家称颂《齐民要术》中旱地农耕作业的精湛技艺和高度理论概括，为中国农学构建北方旱地精耕细作体系做出了贡献。经济史学家认为应将《齐民要术》看作是封建地主经济的经营指南。提出，应该称它为全世界最早、最完整的封建地主的家庭经济学。从事农产加工、酿造、烹调、果蔬储藏的技术工作者都可以从书中找到古老的配方与技法，因而食品科学史学家对《齐民要术》也颇为珍视。

在农学理论方面，贾思勰认真吸收前代典籍和农书中的精华，搜罗大量农谚歌谣，还很注重考察和汇集同时代老农的农事经验。强调亲自观察实践。他在书中提出"采捃经传，爰及歌谣，询之老成，验之行事"的原则，几乎成为其后中国古代农学家共同遵循的认识论、方法论守则。就是现今，农学家们也不能对之稍有轻忽。

贾思勰在《齐民要术》"序"中指明，学习古圣先贤的教导，其根本目的是"要在安民，富而教之"。即如何让民众生活安定，使他们富足和得到教养。对待历代人们提出的兴农主张和具体措施，他总是给予很高评价，称之为"益国利民，不朽之术"。所以，他写作的《齐民要术》是"起自耕农，终于醯醢，资生之业，靡不毕书"。"齐民"，指平民；"要术"，为从事生产生活重要事项的技艺。《齐民要术》许多卷篇都有相当分量的前代文献引述，对后世农书撰写有很大影响。

3. 对以实用为特点的农学类目做出了合理的划分

《齐民要术》全书结构严谨，从开荒到耕种；从生产前的准备到生产后的农产加工、酿造与利用；从种植业、林业到畜禽饲养业、水产养殖业，论述全面，脉络清楚。在学科类目划分上，书中依据每个项目在当时农业生产、民众生活中所占的比例和轻重位置来安排顺序。

图 5-8 6 世纪北魏贾思勰塑像及其著作《齐民要术》图示

资料来源：引自王潮生《农业文明寻迹》。

把土壤耕作与种子选留项目列于首位。在栽培植物方面，对农田主要禾谷类作物作重点叙述，豆类、瓜类、蔬菜、果树、药用染料作物、竹木以及植桑等也给予应有的位置。在饲育动物方面，先讲马、牛，接着叙述羊、猪、禽类，多是各按相法、饲养、繁衍、疾病医治等项进行阐说。叙述的农业技术内容重点突出，主次分明，详略适宜。对当时后魏疆域以外地区的植物，也曾广泛搜集材料。缺乏素材，则保留名目，申明："种莳之法，盖无闻焉。"这种注重种植业、养畜业、林业、水产业、加工业间密切联系，叙述所处疆域兼及其境外农产的结构体系，在中国农业科学技术史上具有首创的意义。《齐民要术》以后，元代的《农桑辑要》《王祯农书》，明代的《农政全书》，以及清代的《授时通考》等全国性大型农书多取法《齐民要术》。书中所载的种植、养殖技术原理原则，许多至今仍有重要的参考借鉴作用。

4. 提出"墒"的概念和建立保墒技术体系

在中国旱作农业历史上，"保墒"是一项重要技术创造。公元前 3 世纪《吕氏春秋·辩土》讲到垆土"寡泽而后枯"、起垄"高而危则泽夺"，其中的"泽"字包含墒的意思。公元前 1 世纪《氾胜之书》"务粪泽""膏泽""雨泽"里的"泽"都和"墒"有关，而"令可居泽""不保泽""立春保泽"则指"蓄墒""跑墒""保墒"。《齐民要术》除多处讲"泽多""泽少"，种黍稷曾提"燥湿候黄墒"、高田种旱稻"至春黄墒纳种"、种蒜"黄墒时以耧耩逐垄手下之"，书中提到"場"，连接上下文，应即为"墒"。由《齐民要术》发展、完善起来的"墒"的概念影响深远。后世农学古籍中与墒字有关的"看墒大小""得墒""等墒""有墒""微有黄墒""墒饱""收墒"等词语不断出现。采用相应旱地保墒的技术，在古代经济、技术水平较低的情况下，灵活操用几种工具就可以收到较好的效果。

5. 给出"底"（茬）的概念构建轮作换茬技术体系

《齐民要术》把作物前后种植中的关系提到重要位置。该书称前茬为"底"。如说，谷田"必须岁易"，稻"唯岁易为良"，如果不这样，则"草稗俱生"，"故须栽而薅之"。麻"欲得良田，不用故墟"，若是重茬，会"有点叶夭折之病"。开垦荒地后，宜"漫掷黍稷"，因为它们与杂草竞争的能力较强。绿豆等是几种作物的好前茬。用作美田之法，多是五、六月撒播绿豆，七、八月翻压，次年种谷，可以收到与施用蚕矢熟粪相同的功效。指明前后作物之间，有茬口合宜与不宜的区分。书中将不同作物的前茬分为上、中、下三类。讲到谷田，说，"凡谷田，绿豆、小豆底为上，麻、黍、胡麻次之，芜菁、大豆为下"，"常见瓜底，不减绿豆"。书中列举了一些作物，特别是禾谷类与豆类、浅根性与深根性作物间的最好前后茬关系。对绿肥作物的种植方法、翻压时间、肥效高低、增产效果给出评定。说种植翻压绿肥的田可"亩收十石，其美与蚕矢熟粪同"。仅从

《齐民要术》书中列举的几种作物的最适宜茬口关系，就可以安排出十几种轮作、复种方式。如谷子和绿豆、小豆、大豆和麦等。把豆科作物和禾谷类作物，深根作物和浅根作物搭配起来，形成合理的复种、轮作制。保证主茬作物，调协不同作物的养分供应，有利于用地养地。

《齐民要术》一书载有不少作物、树木间相互关系的叙述。"种桑柘第四十五"说，栽桑，五尺株距，"其下常斫掘种菉豆、小豆"，认为"二豆良美，润泽益桑"。过两年移栽，株距要十步，不要离得太近，"荫相接者，则妨禾豆"。又一方法是每年绕树一步，撒芜菁子，收获之后，"放猪啖之，其地柔软，有胜耕者"，文中讲，种禾豆"欲得逼树"，这样，"不失地利，田又调熟"。这是以间种禾豆、芜菁的办法，使桑田地力得到增进，空间得到充分利用。

6. 把"种"提到重要位置

《齐民要术》把"收种"列为专篇，放到重要位置。"收种篇"是《氾胜之书》选种技术的直接继承和发展，由田间穗选、单收、单打、单藏发展成为连续穗选、种种子田，形成一套比较科学的选种、留种和良种繁育的技术体系，这在中国古代农学史上是一个大的进步。

不重视种子的选留会是怎样呢？《齐民要术》中的认识是："种杂者，禾则早晚不均，舂，复减而难熟，粜卖，以杂糅见疵，炊爨，失生熟之节"，"所以特宜存意，不可徒然"，历数了种子不纯的弊病，要人们特别经心。"粟、黍、穄、粱、秫，常岁岁别收，选好穗纯色者，刈刈，高悬之。"选择穗头好、色泽纯正一致的，年年单选单收藏，种子田精心管理，收下的种子，周密存放，用原脱下粒的穰草蔽盖，一环环扣紧，保证良种纯净。

3世纪西晋《广志》记载，谷子品种有 11 个。《齐民要术》则叙述了 86 个谷子品种。把这些品种按成熟早晚、耐旱性强弱，抗虫抗雀啄与否，舂米难易、品味好坏，耐风耐水力的差异等进行分类。其中早熟、耐旱、抗虫的有 14 个，穗有毛、耐风、免雀暴的有 24 个，中熟大粒的有 38 个，由于品种渐繁，在给予名称上提出"今世粟名多以人姓字为名目，亦有观形立名，亦有会义为称"的命名原则，即是除以外形、特点命名，还以良种的选育者姓氏给品种取名，如"朱谷""有起妇黄""奴子黄""都奴赤""乐婢青"等，有的还可推知妇女在选种方面的功绩。

《齐民要术》记载种种子田的意义重大。书中说：粟、黍、穄、粱、秫，选好穗纯色者留作种子，"至春，治取别种，以拟明年种子"，"其别种种子，常须加锄"，"先治而别埋，还以所治襄草蔽窖"，单另种种子田，种子田更精细管理锄治，年年单收、单选，优中选优，严格防杂。这与《氾胜之书》相比，在选种技术上是一个飞跃。种子田的出现，显示《齐民要术》中蕴蓄着一个"养种"概念。"种韭篇"讲韭"一岁之中，不过五剪"，每剪过之后，耙搂、浇水、加粪；而"收子者，一剪即留之"，目的是以此保证种子的质量。"种苜蓿篇"讲苜蓿，"一年三刈；留子者，一刈便止"。种胡荽，"取子者，仍留根，间拔令稀"。"种葵篇"讲："春葵，子熟不均，故需留中辈。"韭、苜蓿少剪割，少留瓜，葵留中辈，主要为的是集中营养，以利于收取优质种子。

《齐民要术》书中注意到了作物品种越来越多样。人们日常遇到的品种更是形形色色、成千上万，这样丰富繁多的品种是怎么形成的？怎样解释呢？《齐民要术》用种性作了解释，用种性和习以性成回答了问题。书中提到："今青州有蜀椒种，本商人居椒为业，见椒中黑实，遂生意种之，凡种数千枚，只有一根生。数岁之后，便结子，实芬芳，香、形、色与蜀椒不殊，气势微弱耳，遂分布栽种，略遍州境也。"这一载叙把现代遗传学中常提到的遗传性、变异性、人工选择等几项原理都涉及了。不同作物不同品种，引向不同纬度和海拔高度的地区，生长发育表现不同。古代这种精细的观察是人们认识遗传性和变异性辩证关系的历史借鉴，农学史和生物学史可以从这方面探索的内容是不少的，"种性"是中国古代农书中流传下来的重要概念。《齐民要术》是用"性"或"天性"来表达的，它大体相当于现今遗传性的概念。"种性"是怎样形成的？《齐民要术》"种椒篇"说："所谓习以性成，一木之性，寒暑异容；若朱兰之染，能不易质？"指明习惯成本性的道理。从该书其他篇节也可以看出在"种性"方面，强调风土环境的影响和作用。就种子和种子萌发的特点，《齐民要术》也使用"质性""性"的概念。"种葱篇"讲，收葱子，必薄布阴干，勿令浥郁，有"此葱性热，多喜浥郁，浥郁则不生"；"葱子性涩，不以谷和，下不调匀"等。"性热"指葱种子吸水性强，容易受湿酿热，"性涩"指种子表皮粗皱，播种时不易分开。"种大豆篇"讲："必须搂下，种欲深故"，接着有"豆性强，苗深，则及泽"，还有"大豆性雨"，收获以后要赶快耕地，说"秋不耕，则无泽也"。"性强"指大豆萌发顶土力强，"性雨"说种过大豆的土地水分消耗大，要秋耕收墒才行。作物生长发育期的表现，今天已用各种术语表达。从历史发展上看，公元6世纪，"种性""习以性成"这种认识，确实是值得称颂的。《齐民要术》对种子的休眠、后熟有了一定的认识；对于种子新陈的鉴别也十分留意。谷物是磨面、制淀粉、酿酒和畜牧业等的原料，作为种子，它又是自身生产的原料。种子不只是作为消费对象加以贮藏，同时因播种这一农事活动与季节密切相关。种子收获后，必须保存一段时间，本身不断在进行着生理活动与生物化学的变化。在贮藏期间，由于贮藏方法是否适当和时间长短的不同而影响其发芽能力。在没有科学仪器的条件下，古代人们是通过长期的实践达到有所认识的。

《齐民要术》"种栗篇"说："栗，种而不栽"，又说："栗初熟，出壳，即于屋里埋著湿土中。埋必须深，勿令冻彻，若路远者，以苇囊盛之，停二日以上及见风日者，则不复生矣．至春二月，悉芽生，出而种之。"还有："藏生栗法，著器中，晒细沙可燥，以盆覆之，至后年二月，皆生芽而不虫者也。"人们知道，栗子种子不易保存，现代科学试验证明，壳斗科的橡子对水分含量极为敏感，属于壳斗科的栗子也不耐干，种子含水量有一个严格的范围，达不到要求就失去发芽能力。所以《齐民要术》中有"出壳，即于屋里埋著湿土中"，"若路远者，以苇囊盛之"这样的表述。第一，保持必要的水分含量，第二，深埋沙藏，完成生理后熟和进行催芽。有的果树种子，在采收时，胚的外形好像成熟了，但是生理上还未完全成熟，必须经过后熟作用，使种子内贮藏的营养物质在酶的作用下，转变成可以被胚利用的物质，才更有利于发芽。这些种子在秋季播种，一般可以在自然条件下通过后熟变化，不必进行特殊处理，春季即可发芽。但是，如果在春季播种，就必须在播种前一定时期进行层积处理，使种子后熟；否则，出苗不齐，难以管理。

早在《齐民要术》以前，文献上就有种子鉴别的记载。但是以器械试验分辨种子的新陈，仍以《齐民要术》居先。"种韭篇"讲，市上买韭子，要试验，方法是："以铜铛盛水，于火上微煮韭子，须臾芽生者好，芽不生者，是浥郁矣。"20世纪50年代有关单位曾做过试验，肯定"微煮韭子"这一技术的应用价值。判断韭子新陈的经验，在农学史、生物学史上曾占有一定地位。

7. 种子处理思路多所添增

公元前 1 世纪，《氾胜之书》讲：取麦种"爆使极燥，无令有白鱼，有辄扬治之"，晾晒，不要有颖壳（白鱼）等杂质，有，就利用风选，过风扬治。《齐民要术》讲，稻："将种前二十许日，开出，水淘（淘去其浮者）即晒令燥，种之"；茄："熟时摘取，擘破，水淘子，取沉者速曝干"；种葵："临种必晒曝种子"，因为"湿种者疥而不肥也"。现在人们把播前晒种也看成是一种经济有效的增产措施，因为晒种可以增加种皮的透气性，降低种子的含水量，提高细胞液的浓度，从而提高种子下种后的吸水力，促使发芽整齐，有利于全苗。同时，阳光中的紫外线对附着在种子上的病菌也有一定的杀菌效用，特别是水浸以后再晒，效果更好。

有些作物种皮过于厚实，使水分和氧气难以透进种子内部，发芽率低，《齐民要术》提出搓破的办法，种胡荽："先燥晒，欲种时，布子于坚地，一升子与一掬湿土和之，以脚搓令破作两段"，其直接效果是使种子易于吸胀萌发，出苗快而整齐。莲子外种皮坚厚，把莲子头在瓦上磨薄，也可以收到加快萌发的效果。

《齐民要术》提到大麦、小麦、水稻、麻、胡荽等多种作物的浸种技术。《齐民要术》"种胡荽篇"说："凡种菜，子难生者，皆水沃令芽生，无不即生矣。"浸泡种子，使它萌动、发芽，结合适当的播种方法，加速顶土出苗的过程，可以看出，浸种催芽，完全根据种子萌发特点和气候土壤条件，确定技术细节。

不同作物种子萌发特点不同，反映在播种技术，如播种期、播种量、播种方式、播种工具使用及其他技术要求上，更是千差万别。到《齐民要术》已积有丰富的内容，该书对谷、黍、稷、大豆、小豆、麻、麻子、大麦、小麦、旱稻、胡麻、瓜等不少种作物，提出播种的"上时""中时""下时"，确定播种时期的物候指标也不断完备起来。这种播种技术创造，把时宜、地宜、物宜有机地结合在一起，不是简单的机械划分，体现了中国古代农学的智慧与力量。

为了适应各种作物的特点，针对不同的墒情，利用犁、耧、耙、磱等工具的性能，《齐民要术》中关于播种方法和工具操作使用也多样化了。书中讲到属于撒播的有："漫掷""耧耩漫掷""逐犁漫掷"；属于条播的有："耧种""垄种""耧头中下之"；属于点播的有："穊种""逐犁掩种"等。播种后，有的要镇压，有的不要镇压。但是，书中明确指出耧种的好处。"凡耧种者，匪直土浅易生，然于锋耩亦便"，讲耧种的好处不只是复土浅而均匀，容易出苗，也便于中耕锄草和培土。

8. 重视多种植物生长发育及有关农业技术观察材料的载叙

《齐民要术》"种韭第二十二"中提到"韭性内生，不向外长"，"种梨第三十七"中提到梨树嫁接、接穗，"用根蒂小枝，树形可喜，五年方结子；鸠脚老枝，三年即结子而树丑"。"种椒第四十三"里面讲述椒的移栽称："此物性不耐寒，阳中之树，冬须草裹，其生小阴中者，少禀寒气，则不用裹。"这些都是很有启发意义的观察记载材料，得到后世农学家的重视。

9. 动物养殖技术丰富多样

《齐民要术》有 6 篇分别叙述养牛马驴骡、养羊、养猪、养鸡、养鹅鸭、养鱼。役畜使用强调量其力能，饮饲冷暖要求适其天性，总结出"食有三刍，饮有三时"的成熟经验。养猪部分载有给小猪补饲粟、豆的措施。书中已注意到饲育畜禽等在群体中要保持合理的雌雄比例。《齐民要术》载述了多种畜病的病象、致病原因和治疗方法。在"养牛马驴骡第五十六"中提到"马久步即生筋劳"，"久立则发骨劳"，"久汗不干则生皮劳"，"汗未善燥而饲饮之则生气劳"，"驱驰无节则生血劳"，并给出何以察五劳的方法。书中给出治牛马病疫气、治马中水、治马被刺脚、治马大小便不通、治牛腹胀、治牛虱、治羊疥等数十种药方。"养羊第五十七"里面记叙养羊一千口者，"三四月中种大豆一顷，杂谷并草留之，不须锄治"，"八、九月中刈作青茭"。若不种豆谷者，也要"初草实成时，收刈杂草，薄铺使干，勿令郁浥"。为的是寒冬多风霜的季节不宜出放时饲用。这些都是从实际经验积累而得到的符合科学规律性的认识。

10. 农产品加工、酿造、贮藏技术在《齐民要术》中占显著地位

酒、酱、醋等可能发明很早，但详细严谨揭示其制作过程，以《齐民要术》为最著名。在"作酱法第七十"中，首先叙述用豆作的酱，但也记载了肉酱、鱼酱、榆子酱、虾酱等的制作方法。书中的"养羊第五十七"载叙了"作酪法"，是畜中奶制品经灭菌、接种、培养作酪的虽然简单却是完整的描述。① 在"作菹藏生菜法第八十八"中提到藏生菜法："九月、十月中，于墙南日阳中掘作坑，深四、五尺。取杂菜种别布之，

---

① 顾佳升：《古籍中的"酪"字含义辨析》，《中国农史》2007 年第 3 期。

一行菜一行土，去坎一尺许便止，以穰厚覆之，得经冬，须即取，粲然与夏菜不殊。"这一鲜菜冬季贮藏方法与现今的"假植贮藏"措施基本相同。

六　贾思勰农学认识论、方法论的影响

从研究贾思勰农学所触及的观点和素材中，人们不能不叹服《齐民要术》在旱地农业技术和农学理论方面做出的贡献。尽管《齐民要术》序中写有"故商贾之事，阙而不录"的话，反映作者受当时崇本抑末、非议经商的思想影响较深。但在全书中，如栽种蔬菜瓜果、植树营林、养鱼、农产酿造制作等篇，却详细描述了怎样进行多样经营，如何去市场售卖，怎样多层次利用农产品等有关经济效益的活动。继续梳理、分析《齐民要术》中丰富的内容，农学认识论、方法论研究方面是有很多工作可做的。

非常值得珍视的是，《齐民要术》这部农学巨著，在北宋年间第一次刊刻前，于9世纪在日本即有记载。日本宽平年间（公元889—897年）学者藤原佐世编著的《日本国见在书目》，其中就收录有《齐民要术》，说明日本宽平年间相当中国唐代昭宗龙纪、乾宁年间，这部农书在日本已受到相当重视。在我们国内久已湮没的北宋崇文院《齐民要术》原刻本，在日本高山寺藏有其第五、第八两残卷，虽不完整，却已是难得的珍籍。

日本学者天野元之助、西山武一、熊代幸雄等人于20世纪40年代致力于中国农史研究。西山曾提出要像《说文解字》之为"许学"，《水经注》之为"郦学"那样，把《齐民要术》作为"贾学"发展起来。日本学者重视《齐民要术》，其重要目的是要从中深入探讨东方农业技术类型的特点。

为什么已经实现工农业现代化的日本，今天仍很重视《齐民要术》等中国农学古籍的研究？回答是：它们中间蕴含着深湛的科学内容。日本学者神谷庆治在西山武一、熊代幸雄《译注校订齐民要术》一书序文中就说《齐民要术》至今仍有惊人的实用科学价值。提到"即使用现代科学的成就来衡量，在《齐民要术》这样雄浑有力的科学论述面前，人们也不得不折服"，在日本旱地农业技术中，也碰到春旱、夏季多雨这样的问题，而现在所采取的最先进的技术理论和对策，和《齐民要术》中讲述的农学原理，却几乎完全一致，如出一辙。日本学者研究中国农书，从

中深入探讨东方农业技术类型的特点。他们给予《齐民要术》以高度评价，认为是把握住了旱地保墒农业技术的精髓。其耕作技术完整成套，卓有成效。熊代幸雄教授曾把《齐民要术》中旱地耕、耙、播种、锄治等项技术，与西欧、美洲、澳大利亚、俄罗斯伏尔加河下游等地的农业措施作过具体比较，肯定《齐民要术》旱地农业技术理论和技术措施在今天仍有实际意义。[①]

第五节　南方水田精耕细作农学思想体系认识的形成

一　从世界北纬30度线附近沙漠多现看中国广阔的水田区

从浙江余姚河姆渡新石器时期农业遗址和江西、湖南、湖北等地的考古发掘看，中国南方农耕起源很早，距今已有 6000—10000 年的历史。由于生产工具与技术水平的限制以及食物供求的特点，到公元前 2 世纪司马迁撰写《史记·货殖列传》仍称楚越之地"地广人稀，饭稻羹鱼，或火耕而水耨"，那里地势饶食，无饥馑之患，无冻饿之人，亦无千金之家。及至两晋、隋唐，江南人口增加，经济发展趋于兴盛，水田耕种技术体系逐步定型化。到宋代，水田精耕细作农学体系日臻完善，为中国南方农业的发展开拓奠定了基础。从世界历史的演进看，地处全球北纬 30 度左右的中国南方、古印度、古巴比伦、古埃及产生和发展了人类早期文明，但由于人类活动却使其大片土地沙漠化，只有中国在此一区域保持、发展起连片水田。除了地理、气候等原因外，林地广阔和农地的合理利用，特别是田塘配套，是维持、拓展中国南方大面积水田的重要因素。

二　《陈旉农书》种植、养畜、蚕桑的论述，构成水田区精耕细作的运作体系

1. 田塘配套系统

中国南方水田精耕细作农学认识体系，在宋代《陈旉农书》中得到详尽的阐述。《陈旉农书·地势之宜篇第二》指出，应根据山川原隰、江湖薮泽的特点，考虑种植安排。特别提到丘陵地区应"量其所用而凿为

---

① 杨直民：《从几部农书的传承看中日两国人民间悠久的文化技术交流》，《世界农业》1980 年第 10—11 期。

坡塘，约十亩田，即损二三亩以储蓄水"。认为水田区需普遍建构与田地相依连的小型塘坡配套工程。书中提出田塘面积应是按约十亩田，即用二三亩辟为水塘以储蓄水的适宜比例。这种田塘配套的构思，不仅收到旱时得汲水以灌溉，潦即不至于弥漫而害稼的功效，对南方水田的维持与发展也具有深远意义。对水田土壤耕作、水稻秧田整治、育秧、栽插、烤田、水田旱地多熟种植安排等，书中也都有精要的论述。

陈旉（1076年—?），长年生活在今江苏的北方人。平生读书，留心农事，不求仕进，种药治圃以自给。于南宋高宗绍兴十九年（1149年）74岁时写成农书。陈旉在书的序中指出，这部书，非苟知之，盖尝允蹈之，确乎能其事，乃敢著其说以示人。说明所撰内容是经过实践证明最有效的理论。全书分三卷，上卷讲农业经营原则及作物栽培，中卷讲牛的饲育使役，下卷讲蚕桑。书中把"财力之宜"列为首篇，反映土地所有权日益集中、土地使用更加分散的情况下，农家从事小规模农业经营要瞻前顾后、精细计划的情形。书中主张从事农业生产应"量力而为"，要视"财足以赡、力足以给"的具体条件来安排。书中主张"多虚不如少实，广种不如狭收"，认为"农之治国，不在连阡跨陌之多，唯其财力相称，则丰穰可期"。阐明资财、人物力与农业丰歉的相互关系。主张农业经营要顾及长久，不能"见小近而不虑久远"。书中记叙内容已反映出当时长江下游水田地区的小规模农业经营和精耕细作特点。

2. 南方水田耕作栽培技术调控认识向精细化发展

（1）耕、耙、耖等工具的配套应用和提高整地质量的意义

从唐代陆龟蒙《耒耜经》所记江东犁的形制及其部件看，到了唐代，中国南方水田耕作技术已经具有相当水平。宋代已出现耖，南宋楼璹《耕织图》有耖图及"脱裤下田中，盘浆着膝尾，巡行遍畦畛，扶耖均泥滓"的诗句，表明耖在当时已得到普遍应用。

耖是在犁耕、耙以后耖平田面、疏通田泥、拌匀肥料、熟化土壤的农具。比耙地松碎土块、平整田面更为细致。耕、耙、耖农具的配套应用和整地工具的改进、稻麦两熟种植的发展，表明中国南方耕作技术更趋精细。《宋会要辑稿·食货六三》里载有"闻之老农，耕不再，则苗不盛，耘不再，则穗不实"的看法。由于犁的耕地效率高，在地多人少的区域得以迅速普及，但它耕地深度有所局限，所以镢和四齿耙等人力操作的农具，在精耕区域更受重视。南宋陆九渊说过的一段话，多少可

以反映南方耕作技术发展的这种情形。他说："吾家治田，每用长大镢头，两次锄至二尺许，深一尺半许，外方容秧一头，久旱时，田沟内深，独得不旱。以他处禾穗数之，每穗谷多不过八、九十粒，少者三、五十粒而已。以此中禾穗数之，每穗少者尚有百二十粒，多者至二百余粒，每一亩所收，比他处一亩，不啻数倍。盖深耕易耨之法如此。"[1] 短短数语，把所用工具、锄治要求、地力状况、穗粒数目、每亩产量都有所提及。那时提高产量，最为关键的乃是投放更多的劳动和具备精巧的技艺。

（2）秧田的整治放在突出位置

水田整地作业越来越精细，根据不同的需求，已可分出秧田整治、冬作田整治、冬闲田整治等不同的类型。其中，秧田的整治放在突出位置。《陈旉农书·善其根苗篇》说："今夫种谷，必先修治秧田，于秋冬即再三深耕之，俾霜雪冻冱、土壤酥碎，又积腐藁败叶，划薙枯朽根荄、遍铺烧治，即土暖且爽，于始春，又再三耕耙转，以粪壅之。田精熟了，乃下糠粪，踏入泥中，荡平田面，乃可撒谷种。"在秧田整治方面，强调秋冬再三深耕，使土壤经过一冬冻冱和第二年春天的反复晾晒翻动，变得细碎，促使有效养分的分解。秧田整治过程中，又施用当时所能取得的腐枝败叶等做肥料，力求使肥土相融、增高土温，土壤质地疏爽。强调把秧田整治精熟，使田面平整，才可以撒播种子。这些论述在中国农学史乃至世界农学史上是关于水稻秧田整治的最早记载。

冬作田整治方面，《陈旉农书·耕耨之宜篇》讲："夫耕耨之先后迟速，各有宜也，早田获刈才毕，随即耕治晒暴，加粪壅培，而种豆、麦、蔬茹。因以熟土壤而肥沃之，以省来岁功役。"这里所说早田，是指早、中稻田，也包括一些其他早秋作物。南方一年两熟地区的冬作物，一般以小麦、大麦、豆类为主，也种一部分蔬菜。冬作田的耕作质量，对于冬作物的生长发育和下一年的水稻生产，都有直接影响，因为要争取农时季节，利用两茬作物之间的空隙，细致整地施肥，所以很强调早田收获后，随即耕治、晒垡、用粪。只有这样及时精细地耕作，添加肥料，才能保证多收一季作物，又有利于持久地维持地力。《陈旉农书·六种之宜篇》里面讲，"七月治地，屡加粪锄转，八月社前，即可种麦，宜屡

---

[1]　（宋）陆九渊：《象山先生全集》卷三十四。

耘而屡粪，麦经两社即倍收而子颗坚实"。说明当时比较重视夏收后的耕耘，并且要多次施肥。把原来冬季休闲的田地利用起来，必须掌握好农时节令，进行整地施肥。这种种植技术虽不自宋代开始，但宋代这种技术发展较快，并已在江南一些地区形成稳定的复种多熟种植体系是无可怀疑的。

关于冬闲田的整治，《陈旉农书·耕耨之宜篇》说："晚田宜待春乃耕，为其薆秸柔韧，必待其朽腐，易为牛力，山川原隰多寒，经冬深耕，放水干涸，雪霜冻冱，土壤酥碎，当始春，又遍布朽薙腐草败叶，以烧治之，则土暖而苗易发作，寒泉虽洌，不能害也。……平陂易野，平耕而深，浸即草不生，而水亦积肥矣，俚谚有之曰，春浊不如冬清。"书中所指晚田，是说的一般晚秋田，由于收获后已来不及再种一季作物，或地寒水冷不能保证冬作正常生长，就采取冬季休闲的办法。从农业技术把握上又根据具体情况把冬闲田分为冬干田与冬水田。冬干田主要在山区，土性阴冷的地区，平川地地势较低、排水不畅，或近水临泉、土温偏低的地区也有冬干田的安排。这种田，秋后需要深耕，采取有效措施排水，使土壤经过翻耕晾晒，冬季冻融，变得酥碎，第二年春天，又在地面遍铺腐草败叶，点燃浇治，意图是提高土温，使将来禾苗容易生发，土壤于水稻生长季节浸水数月后，把水放干，深耕细耙，有利于土壤结构的合理组成、有效养分的较多分解，于长年的地力维持和增产稳产有利。冬水田，多在平川地区，收获秋稼后深耕，田间浸水，残根败叶在土中沤烂，杂草亦不易生长。对这种田地，宋代已认识到春耕不如冬耕。南宋末年黄震在"劝农文"中就曾提到："浙间秋收后，便耕田，春二月又再耕，曰耖田。抚州收稻了，田便荒板，去年见五月间方有人耕荒田，尽被荒草抽了地力。"文中把当时耕作精细的两浙和耕作粗放的江西抚州作了比较，指出抚州至次年五月，田地仍未耕治，长满荒草于农业生产不利。黄震的主张是在江西抚州地方进行秋季深耕，可以使土脉虚松，也免得杂草丛生、抽拔，损失了地力。

3. 强调培育壮秧

《陈旉农书·善其根苗篇》中提出，凡种植先治其根苗，以善其本，本不善而末善者鲜矣。书中极为重视培育壮秧、抓住根苗这个水稻生产的关键环节。认为要使根苗壮好，必须"种之以时，择地得宜，用粪得理"，掌握住播种适期，选好秧田，合理施用肥料，再加上辛勤管理，避免水潦干旱及虫兽危害，就可使秧苗生长发育良好。这种技术道理不仅合适于秧田，就是对大田也颇为切宜。《陈旉农书》对秧苗强弱给大田水稻的生长发育影响有深刻的观察和形象的描述。说秧苗健壮，移栽得宜，结实必将丰硕；反之，秧苗瘦弱，如同小孩降生就胎里带来疾病，气血枯瘁，其后花多大辛苦，也难于挽救，要这样的禾苗达到高产，那是非常困难的。

（1）浸种因品种而异

宋代水稻浸种技术已很细致，对不同品种的浸种、催芽、播撒，已在时间及技术细节上做记叙述。嘉泰《会稽志》提到一个中稻"便撩撒"品种，这个品种种子只浸一夕便可撒播，书中讲："他谷，浸近兼旬，芽而后撒，此一种，但浸一夕，遽撒之也。"① 南宋朱熹《漳州劝农文》中主张紧抓农时而且要趁早，文中说："浸种下秧，深耕浅种，趁时早者，所得宜早，用力多者，所收亦多。"强调及时播种管理，投入较多劳动是多获收成的关键。

（2）恰当地把握播种时间

《陈旉农书·善其根苗篇》对播种时间掌握方面，有很重要的叙述。它要人们根据这一年具体的气候条件、季节早晚来决定，即所谓"又先看其年气候早晚、寒暖之宜乃下种，即万不失一"。书中认为，如已届常年的播种节气，但气温还低，就从容地整治秧田，等待天气转暖再播。这样选择播种日期，得其时宜，秧苗会生长良好。书中对于忽视具体情况的做法，严格指明其弊害。说"多见人才暖便下种，不测其节候尚寒，忽为暴雨所折，芽蘖冻烂瓮臭，其苗田已不复可下种，乃始别择白田，以为秧地，未免忽略"。书中特别指出人们年年容易在这一关键环节上出问题而不省悟。说"如此失者，十常三四，间岁如此，终不自省"。这里提到因时间掌握不好，经常有十分之三、四遭到失败，情况确实很为严重。在春寒多雨的江南地区，气温极不稳定，如果在水稻播种以后，突然遭受寒潮侵袭，秧苗活动强度就要减弱，此种情况下，秧田管理工作再跟不上去，必定造成秧苗的大量死亡，或增加烂秧的机会。待到烂秧情况发生，新秧田也来不及准备，仓促再将白地作为秧田，这样做既浪费了种子，又误了农时，不只育不成壮苗，还要影响收成。

---

① （宋）嘉泰：《会稽志》卷十七，草木虫鱼鸟兽部。

（3）灵活调控秧田水层

第一，要供给来往活水，在《陈旉农书》中，已有"大抵秧田爱往来活水，怕冷浆死水，青苔薄附，即不长茂"的精细观察。水稻生长期间需要大量水分，且根部要较长时间浸水，但水稻并不完全具备水生植物的特性，它的根部要从水中吸取氧，所以喜欢来往的流水，害怕冷浆死水。冷浆死水供氧不足，又长些青苔水藻，虚耗养分，缠附秧苗，对幼株生长是不利的。这就要求从技术上供给来往活水以解决供水的质量问题。第二，要使秧田田面水层保持深浅均匀。《陈旉农书》里面，记有把稍大面积秧田中间做埂设障，以保持水层深浅均匀的措施，指出田面过大、水层深浅不一，不利于秧田管理；而秧田管理中，控制水层是很关键的环节。第三，遇风雨要采取紧急措施，逢暴风，则急速放干秧田水，以免风吹水面，种子随风浪淘荡积聚在一起，影响正常萌发生长。如果大雨来临，则要加深水层，不使雨点直接冲击种子、幼苗，致使谷根浮起。第四，要视天气阴晴冷暖调控水层深浅。天晴日暖，可留浅水，利于晒暖，特别秧针出水后，控制水层深浅更为重要。《陈旉农书》中已经说明"浅不可太浅，太浅即泥皮干坚，深不可太深，深即浸没沁心而萎黄矣，惟浅深得宜乃善"。这个深浅得宜，掌握适度，确实反映了人们的精到认识和积累起来深湛经验的种植技艺水平。要根据秧苗、水层、气温的变化情况，灵活处置。天晴要浅水提温，促使种子扎根发芽生长；天阴就要深水保温，不使幼苗受损。约一千年以前的宋代，水稻播种育秧，其技术确已达到较高的水平。

4. 精到的插秧、耘田和烤田技术

（1）掌握适宜秧龄的栽插技艺

农民群众已积累有相当丰富的水稻栽插经验。宋代诗人苏轼路过庐陵（今江西吉安）曾作《秧马歌》，称："春云濛濛雨凄凄，春秧欲老翠剡齐，嗟我父子行水泥，朝分一垄暮千畦。"讲述拔秧、插秧的劳苦与功效。苏轼曾在武昌见农人在秧田使用"秧马"，主张将其推广。宋代诗人杨万里的诗中也曾这样写道："水满平田无处无，一张雪纸眼中铺，新秧乱插成井字，却道山农不解书。"说明当时农民群众有着丰富的插秧实践经验。把水稻栽插得成井成方，具有相当高的技艺水平。宋代的插秧经验在元代农学著作中得到流传和发展。元代《王祯农书》提及北方水稻是"既生七、八寸，拔而栽之"。南方要早些，"候苗生五、六寸，拔而栽之，今江南皆用此法"。书中根据南北气候条件的不同，分别提出五六寸或七八寸的秧苗栽插标准，基本上与南北方不同地域育成壮秧的标准相符。现今，中国南方一些地区也是以秧苗高 15—20 厘米为大致的标准，北方则以不超过 25 厘米为原则，与《王祯农书》里面所载的南方五六寸，北方七八寸的栽插要求相近。

（2）提炼出自下而上的耘田、烤田理念

随着丘陵坡地利用的发展，农田用水量的增加，古老的耘田烤田技术也有新的变化。早在公元 6 世纪《齐民要术·水稻第十一》中就载有："稻苗长七八寸，陈草复起，以镰浸水芟之，草悉脓死。稻苗渐长，须复薅，薅讫，决去水，曝根令坚，量时水旱而溉之。"述及烤田曝根令坚的内容，但过于简单。《陈旉农书·薅耘之宜篇第八》则提出旋干旋耘的耘田烤田方法，要求耘田"必先审度形势，自下及上，旋干旋耘"。具体措施为：①先于最上处收蓄水，不让水走失；②接着自下而上、边放干边耘田，不管有草无草，必须遍地耘薅。稻根旁也要侍弄得很精细；③耘过的田块，要把水撤出，使田面晒得极干；④晒田之后，接连灌水，干燥的泥土很快就会酥碎，三五天稻株就会缓转过来。这里除细致耘田、结合烤田、使田干水暖、草死土肥，又要设法预先于顶部蓄水，再使田面水导入深沟，使水不白白走失。这是蓄水、撤水、晒田、灌水最合理的用水方略。《陈旉农书》中特别指明"今见农者不先自上蓄水，自下耘上，乃顿然放令干。务令速了，及工夫不逮，恐泥干坚难耘，漉则必率略……土未及干，草未及死，而水已走失矣，不幸无雨。因循干甚，欲水灌溉，已不可得，遂致干涸焦枯，无所措手，如是失者，十常八九"。书中既提到技术要领，也述及工作方法。而且讲明因为方法不对头而遭到失败，十之八九是由于违反这种方略而酿成的。

5. "地力常新壮""用粪犹用药"的农学认识层次

唐宋时期，江南水田技术发展迅速，在施肥方面表现尤为显著，北宋秦观曾指出：今天下之田称沃衍者，莫如吴、越、闽、蜀，地狭人众，培粪灌溉之功至也。在《陈旉农书·粪田之宜篇》中，针对"凡田土种三五年，其力已乏"的流行说法，提出了"地力常新壮"的见解。指出"土敝气衰"论者"是未深思也"，"若能时加新沃之土壤，以粪治之，则益精熟肥美，其力当常新壮矣，抑何敝何衰之有？"《陈旉农书》里面，对瘠薄土地，主张应"皆相视其土之性类，以所宜粪而粪之，是得其理也"。又指出土壤也不能过肥，"然肥沃之过，或苗茂而实不坚"，"当取生新之土，以解利之"。把施肥改土技术系统深化，提到理论高度，是该书的一大贡献。书中第一次记载了"用粪犹用药"的精湛理论。称："俚谚谓之粪药，以言用粪犹用药也。"把农田施肥和看病服药相提并论。要求根据不同土质、不同作物、不同肥料，采取不同的处置。这种"对症下药"的办法，在农田施肥方面使用，比笼统讲给田地上粪肥，在质量、时间上要经济、合理得多。《陈旉农书》对人粪尿的存储已很注意。提出："凡农居之侧，必置粪屋。"这种粪屋，屋檐门槛要低矮些，避免风雨飘浸，减少裸露机会，防止肥分损失。此外，还写有"凿为深池，甃以砖甓，勿使渗漏"。这种置屋凿池，是保存粪肥的简便有效措施。

《陈旉农书》指出，"切勿用大粪，以其瓮腐芽蘖，又损人脚手成疮痍难疗"，"若不得已而用大粪，必先以火粪久窖罨及可用"。该书中还特别说到不能用生尿浇灌，"多见人用小便生浇灌，立见损坏"。从这些记载上已可推知，当时粪尿已在分别积贮使用，并且区别开生粪尿和腐熟粪尿的不同特性。《陈旉农书》曾说："若用麻枯尤善，但麻枯难使，须细杵碎和火粪窖罨，如作曲样，候其发热，生鼠毛，即摊开中间热者置四旁，收敛四傍冷者置中间，又堆窖罨，如此三四次，直待不发热乃可用，不然即烧杀物矣。"

《陈旉农书》中还提到："凡扫除之土，烧燃之灰，簸扬之糠秕，断藁落叶，积而焚之，沃以粪汁。"不过这种积贮肥料的办法，虽在历史上起过作用，但并不十分合理；把灰肥和粪汁合在一起，虽说"积之既久，不觉其多"，但实际上有效的肥分在耗损。

第六节　元代以后"南北贯通"阶段农学认识的提高

一　王祯《农书》中"农桑通诀""谷谱""农器图谱"的认识论意义

公元前 3 世纪，《吕氏春秋》四篇农论问世，传统农学思想奠基。至公元 6 世纪，贾思勰《齐民要术》成书，标志北方旱地农学思想体系的形成。唐代虽然疆域广阔，经济发展，在农学著作方面未能留下深具影响力的典籍。到公元 12 世纪，以《陈旉农书》为代表的书册，反映了南方水田精耕细作的农学认识达到了较高水平。而将中国北方和南方农学进行贯通，并将农学认识进一步向前推展的，应属元代司农司编撰的《农桑辑要》和王祯的《农书》。由于《农桑辑要》是官撰、辑录性质，1313年王祯撰成的《农书》，就显得占有更为突出的位置。①

王祯生长在北方农牧桑麻兴盛的齐鲁之乡，熟谙北方农业生产技术，后又在南方多年为官，很留心南方农事技艺。《元帝刻行王祯农书诏书抄白》里面说，王祯"东鲁名儒，年高学博，南北游宦，涉历有年。尝著《农桑通诀》《农器图谱》及《谷谱》等书，考究精详，训释明白，备古今圣经贤传之所载，合南北地利人事之所宜，下可以为田里之法程，上可以赞官府之劝课"。王祯在《农书》"甜瓜"条写有"又尝见浙间一种谓之'阴瓜'"，"沙田"条写有"愚尝客居江淮，目击其事"，"灌溉门·高转筒车"条写有"今平江虎丘寺剑池，亦类此制"等语，参照当时官员任用制度，《山东古代三大农学家》②一书推测，王祯曾是元朝江南诸道行御史台或行大司农司等衙门的属官。元代曾实行"择通晓农事者充随处劝农官"的办法。后来，减掉劝农使，把责任交给地方官，元虞集《道园学古录》称："今桑麻之效遍天下，齐鲁尤盛，其后功成，省专使之任，以归宪司，宪司置四金事，其二则劝农之所分也。至今耕桑之事，宪司犹上之大农，天下守令，皆以农事系衔矣。"可见元代州县守令曾兼管农事。在县级地方官员遴选中，王祯有通晓农事的条件，任用为县尹，王祯又极其重视农业，并且成绩卓著，这是他身为地方官，又在农业科学技术与农具整理研究上做出成就的一定社会基础。

1. 给出"授时指掌"和土壤异宜"地域"图式

在时宜、地宜认识和把握方面，王祯《农书》中有不少超过前人的内容。书的"农桑通诀·授时篇第一"前，对周年农事编制出"授时指掌活法之图"，以交立春节为正月，交立夏节为四月，交立秋节为七月，交立冬节为十月，每月三旬，三个月为一季，按四季、十二月份、二十四节气、七十二候，排列农事活动，这样月份、节气及农事活动比较容易掌握。王

---

① 杨直民：《王祯》，载金秋鹏主编《中国科学技术史·人物卷》，科学出版社 1998 年版，第 493—500 页；郭文韬：《王祯农学思想略论》，《古今农业》1997 年第 3 期。

② 中国科学院山东分院历史研究所编：《山东古代三大农学家》，山东人民出版社 1962 年版。

祯说，这种图"如环之循，如轮之转，农桑之节，以此占之"。用这种"授时指掌活法图"和所编月历结合起来，具有"授时历每岁一新，授时图常行不易"的应用特点，他要求农家应当每家置一本，"考历推图，以定种艺"。王祯很欣赏授时图和月历相结合的作用，提至"非历无以起图，非图无以行历，表里相合，转运无停"。但他指出，按月授时，只是取"天地南北之中气"做标准，还要人们注意远近、寒暖的差别，谆谆提示人们应当"推测晷度，斟酌先后"。根据当地实际情况作出校正，才不致出现差谬。

王祯很为注意中国广大地域"南北高下相半"所宜作物不同的特点，指出"南北渐远，寒暖殊别"，所种作物有宜早宜晚的差别。他也提到"东西寒暖稍平，所种杂错，然亦有南北高下之分"。指明农业生产应据各地情况作相应的安排。王祯曾编绘出"地域图"，标示各地土壤异宜，用以指导安排种植。在书中指明"是图之成，非独使民视为训则，抑亦望当世之在民上者，按图考传，随地所在，悉知风土所别，种艺所宜，虽万里而遥，四海之广，举在目前，如指掌上，庶乎得天下农种之总要、国家教民之先务"。该图惜已失传，但用图标示农时、作业、土宜等，王祯在农书著作中应是首开范例的。

2. 旱地、水田精耕细作农学思想体系的交融与增新

（1）纲提目举的农学结构见解

王祯《农书》分"农桑通诀""百谷谱""农器图谱"三大部分。"农桑通诀"从总体上阐说当时农业生产科学技术的各个方面。首先对农事、牛耕、蚕桑、授时、地利等作约略的表述。接着详论了"垦耕""耙耢""播种""锄治""粪壤""灌溉""收获""种植""蚕缫"等方面的看法，具有通论性质。王祯的同时代人戴表元在阅读他的"农器图谱""农桑通诀"稿本后，说此书"纲提目举，华搴实聚，顾旧农书有南北异宜而古今异制者，此书历历可以贯通"。书中把农事各个专项内容彼此衔接、联系起来，读后不使人产生内容割裂、掺混的感觉。"百谷谱"把栽种的植物先列出"谷属""蓏属""蔬属""果属"及竹木、杂类、饮食等类，属（类）下一位再划开目，具体叙述某种或几种栽培植物。在科学史上，对应用性学科农学的分类体系的建立，王祯也做出了值得称道的贡献。农业科学技术每发展到一定阶段，往往需要适合当时研究探讨与阐释问题的体系例则与划类分级，它和以后的专项研究、深入考察关系至密。王祯《农书》中"农器图谱"很能引人产生兴趣，那里面

介绍了 20 门 261 目，其中不少是中国至今仍在广泛使用的农具，有若干门，如田制门、舟车门等，人们并不习惯把当中包含的类目看成农具内容，但这些材料对研究农业科学技术的历史发展，则颇有横向参考的价值。

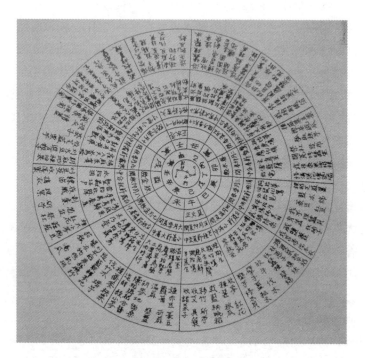

图 5 - 9　元代王祯制出的授时指掌活法之图

资料来源：引自王祯《农书》。

（2）采用比较方法，使南北农业科学技术构思互相"通知"

王祯自幼熟悉北方农业情况，长期在南方指导农业生产，在元朝南北统一的历史条件下，人员以及农业生产技术和各种产品有了广泛交流的可能。王祯留心南北农业技术进行比较，这是以前农学家们颇难做到，也缺少条件做到的。公元 6 世纪的《齐民要术》虽然论及广泛的农学课题，但其重点为北方旱地种植技术。公元 12 世纪的《陈旉农书》曾对农学做出较为系统的阐发，但也局限于南方水田范围。20 世纪 50 年代以来，中国农业科学技术史的研究论著，比较一致的看法是：从全国范围对农业作系统性、兼及南北论说的，在中国古代农书中，王祯的《农书》是第一部。与元代戴表元"王伯善农书序"中讲的"顾旧农书有南北异宜而古今异制者，此书历历可以通贯"的提法，颇为一致。王祯《农书》中贯穿着南北农业技术比较的方法，书中直接对比南北农业技术的段落有20余处。该书"垦耕篇第四"曾详述北方南方耕垦的特点，并说："自北至南，习俗不同，曰垦曰耕，作事亦异。""耙耢篇第五"叙说耙耢之后，附讲用挞，提到"然南人未尝识此，盖南北习俗不同，故不知用挞之功。至于北方，远近之间亦有不同，有用耙而不知耢，有用耢而不知耙，亦有不知用挞者"，王祯《农书》中常把不同农具的使用方法或若干种植技艺南北并述，便于人们比较、采用，有所谓"今并载之，使南北通知，随宜所用，使无偏废，然后治田之法，可得论其全功也"。"锄治篇第七"末了讲"今采掇南北耘薅之法，备载于篇，庶善稼者，相其土宜，择而用之"等，都体现了当时南北水旱田种植技术的广泛交流和灵活运用的指导思想。

（3）倡导种植棉花等作物和批判"唯风土说"

作为论述全国农业生产技术经验的著作，王祯《农书》高度评价棉花推广种植以至纺织加工方面的突出作用。棉花在中国海南岛以及西南、西北一些边远地域于隋唐时期即有种植，但在元代才在东部、中部得到较快推广。王祯《农书》"木绵序"中曾讲"至南北混一之后，商贩于北，服被渐广"，指的就是这一迅速普及种植的过程。"百谷谱木绵"条中也讲到棉花有着"不蚕而绵""不麻而布""又兼代毡毯之用"的特点。

王祯认为棉花产品"适用"、种植加工"省便"，提到它的种植推广，是边疆少数民族和中原民众互通有无、南方与北方广泛交流的综合结果。书中提到种植棉花是"华夏兼蛮夷之利""兼南北之利"的事情。王祯《农书》指明由于棉花的推广种植、制造，中国衣被原料才开始进入了新的阶段。他深刻地总结说："农务助桑麻之用，华夏兼蛮夷之利，将自此始矣。"正是由于王祯对棉花推广种植非常重视，所以他对那时引种新作物中一味强调风土的看法，很难接受。他曾引叙棉花从海南传到福建、江南、陕西等区域生长良好的事实，据理加以驳辩。王祯的见解是：总的看，因地域广阔，风土等条件确有很多不同；具体看，一州一地，也有各种各样的土质，作为一个重视科学技术的人，他并不否定风土条件的作用。他对《农桑辑要》中批评唯风土说"虽托之风土，种艺不谨者有之，种艺虽谨不得其法者有之"的观点很赞成。他实事求是又认真对待开拓棉花种植推广事业，表现了一个农业科学家可贵的进取精神。

（4）提出"器非田不作"，"田非器不成"的见解

①"农器图谱"的农学历史地位

在中国悠长的农业历史中，使用农具多种多样，但叙述农具的著作却很稀少。唐代陆龟蒙《耒耜经》主要谈犁的部件、功用；宋曾之谨曾撰《农器谱》，惜已失传。王祯花了巨大精力，广泛搜集农器材料，或造谷食以代人畜之劳；或导沟渠，集云雨之效，分类整理，撰写绘制"农器图谱"，他对农器与农田作业的关系有深刻认识，他的见解是："盖器非田不作，田非器不成。"图谱中对当时主要农具（甚至包括不少种土地利用方式、交通运输、纺织器具等项目）分作：田制、耒耜、镢锸、钱镈、铚艾、耙扒、蓑笠、薅簣、杵臼、仓廪、鼎釜、舟车、灌溉、利用、麦、蚕缫、蚕桑、织纴、纩絮、麻纻20个门类，在农具方面，几乎包括了中国传统人畜力农具的各个种类，并绘有二百余幅插图，是中国传统农具集大成的典籍。书中第一次记载了下种粪耧，这种耧斗后放筛过的细粪或拌蚕沙，播种时，随种将粪施下，覆在种子上，非常巧便。书中第一次出现劚刀的图形，描述它是开荒犁地的有力配套工具。书中对当时江浙间出现的耘荡，北方新推广使用的耧锄，都颇为留意。14世纪初，王祯在农具方面作出如此大量细致的搜集、整理、推广、介绍工作，被尊称为古代农具专家应是当之无愧的。

②阐发"随宜以制物"的水利工具与设施开发认识

14世纪初，中国在农田开发上出现田尽而地、地尽而山的千方百计找地种的局面，同时在种植领域，开拓、应用合适的水利器械设施，获得人能胜天的功效方面也是不遗余力的。王祯在"农器图谱"中对土地利用方式、提水工具、水利设施叙述颇详。反映作者很注意南方农业生产更趋精细、土地利用更为多样的情况。他记叙了圩田、柜田、涂田、沙田、架田。在"梯田"条中，具体道出了"盖田尽而地、地尽而山、山乡细民、必求垦佃，犹胜不稼"，民众千方百计找地种的原委。

王祯在《农书》中对耕、种、收、打等各种农具，耕槃、耕索、牛衣、牛轭等使役牲畜的工具，农田水利工具器械，等等，都详为列出。驾犁"耕槃"条提到耕槃旧制稍短，槃与犁相连。王祯在书中已指出，"今各处用犁不同，或三牛、四牛，其槃以直木，长可五尺，中置钩环"。指明那一时期，已从耕槃与犁相连，向着槃与犁不是一体发展，操犁转动已

颇自由了。

王祯在书中用较多篇幅叙述了提水工具和水利设施。清代《四库全书提要》称其书"图谱中所载水器，尤于实用有裨"。作者是特意多方搜摘水利灌溉设施及提水工具资料的。"既述旧以增新，复随宜以制物"，既重视历史上的文献，又留意现实中新的创造，因地制宜处理技术问题。他认为水利工具器械甚多，在农书中，唯关于农事，系于食物者录之。省功力的机械要提倡使用，挑挖疏浚沟渠陂塘的农田基本建设项目也安排，水利设施则讲究"用水有法"。王祯不满一些人拘于常见、不能通变、不悉功力、不懂器具作用的因循思想，曾高度评价人民群众在农田水利方面的创造能力。他设法使人们明了农田水利的好处，又能取得合用的器具，认为借助人们的智慧和劳动，在农田水利上取得的功效可以是："大可下润于千顷，高可飞流于百尺，架之则远达，穴之则潜通，世间无不救之田，地上有可兴之雨。"王祯的"救田""兴雨"思想是极为重要的农学进展。

③重视蚕桑麻纻棉纺器械、设施的更新与去短从长

王祯认为，农桑是衣食之本，不可偏废。所以，他倾注了很多心血，搜集蚕麻农具纺织器械，描绘图案，叙述使用方法。在"农器图谱集之十六·蚕簇"一条，王祯曾具体探讨南北蚕簇的短长，说南簇规制狭小，获利亦薄；北簇积叠覆压，还有翻倒之虞。还指出蚕簇间高下、稀密、寒暖不宜，是发生蚕病、茧少的重要原因。王祯很留心新的创造，曾写"今闻善蚕者一法"，具体方法是在院内搭屋，蚕老时，将蚕簇放入，适当加温。这样，上有覆盖，下不潮湿，簇架宽平，总簇用火，便于照料。王祯认为这种办法好，"南北之间，去短就长，制此良法，皆宜用之"。

作为一位农业科学技术家，王祯颇为注视人们技术水平的差距，"蚕桑门"中就蚕之用桑说，"然远近之间，习俗不通，故其制度巧拙绝异"。所以，王祯特别重视收集整理不同技术方法，使人们"去短从长，使知所择"。在"麻纻门"中，王祯指出南方人不了解刈麻，北方人不熟悉治苎的情况，以致沤浸掌握不好"生熟"火候，他悉心地把应该怎样做的办法加以记载，便于民众比较参用，"庶使南北互相为法"。书中"南北互相为法""冀南北通用"的语句是频出的。

二　农业资本主义萌芽阶段农学哲理著述的出现

中国明代后期，农业生产和科学技术有所发展，在资本主义萌芽，部分农村劳动力离开垄亩，民多逐末的阶段，马一龙撰写了《农说》，是以《周易》"一元之气""精气""阴阳转化"学说为基础，总结、阐释哲理性很强、风格独具的一部中国农学著作。

马一龙的《农说》继承了中国古代农学思想中天时、地利、人力的"三才"理论，并在人力作用方面有所发展。他说："然时，言天时；土，言地脉；所宜，主稼穑。""故知时为上，知土次之，知其所宜，用其不可弃。知其所宜，避其不可为，力足以胜天矣。"而后强调，"知不逾力者，劳而无功"。他认为农业生产者体力和智力都是重要的，仅有体力，而乏于智力，是不会成功的。而且，还把智力放在优先的位置。书中称："合天时、地脉、物性之宜，而无所差失，则事半而功倍矣，知其可不先乎？""故儒者之学，亦必先于致知，否则发不中节，其谬千里。"认为从事农业生产、治学问，都要先重视智力、掌握知识，否则抓不到关键环节，出现差之毫厘、谬之千里的失误。所以他提出："上农，深于农理，勤于农事者也"，"上农者，智、力兼至"，认为上等的农事活动是深明农事道理，又勤于尽力操作管理下取得的，最好的农民要兼有智力和体力。这种提法在中国农学认识的发展上是重要的推进。

马一龙的《农说》，对中国传统思想中的"元气""阴阳""五行"等学说及其与农学的关系作了概括性的总结，提出了一些新的概念。他从"气"的征象阴阳转化又推演了水稻种子处理的一些技术方法，虽独出心裁，却未必经得住实践的检验。他从一个角度上反映中国农学领域以"气""阴阳"转化推导来阐述的情形。石声汉认为马一龙《农说》全书只就水稻栽培过程作了记载，大部系当时江南泽农的经验。其中许多经验和措施，均极实用，值得参考；但所做的解释，系以唯心的理学立论，用词也充满方士习气，不可置信。[①] 马一龙的《农说》在明末曾受到学术界重视，徐光启在撰写《农政全书》时，将其收入"农本·诸家杂论下"里面。徐光启在农学范围则侧重研究具体事物，把中国古代农学认识推向

---

① 石声汉：《农政全书校注》，上海古籍出版社 1979 年版，第 59 页。

新的发展阶段。

三　徐光启在古代农学中引入重视实验、观察等因素

1. 中国传统科学文化和西方科学文化的最早沟通

徐光启（1562—1633 年）是中国明末时期的一位政府官员，在当时社会动荡、宦官权臣当道之际，他备受旧势力的排挤，在政治上并不得意。但他毕生致力于天文、历法、水利、农学等科学技术的研究，造诣极深，并有许多译著。他热爱科学，治学严谨，注重实际，在农学方面做出许多贡献，汇聚在《农政全书》里。《农政全书》是徐光启生前撰写的稿本，在他死后 6 年（1639 年），由应天府巡抚张国维授命陈子龙整理后刊印。全书共 60 卷，分为农本、田制、农事、水利、农器、树艺、蚕桑、蚕桑广类、种植、牧养、制造、荒政 12 个部分。作者除对前人的农书和有关文献进行系统摘编，并加添评语，还将自己在农业、水利、救荒等方面的实际体验分别载入各卷。通过对历代农业生产状况、农业政策、土地制度等概略的评述，详尽阐发了以"农本"为中心的重农思想。徐光启的重农思想与以前的重农思想不同之处为：①他所理解的农业范围较为广阔，包括树艺、蚕桑、牲畜以及农家家庭手工业的生产，不像以往农书专重谷类和五谷桑麻的生产；②以往重农思想家一般均轻视工商为末业，而徐光启则认为"末富，未害也"，充分体现了他所处时代农、工、商经济均有相当发展的特征。③徐光启的重农思想与其同时代西欧重农主义亦不相同。西欧重农学派所代表的是资本主义租地农业家的利益，而徐光启向往的却是在他的时代新出现的经营地主。徐光启认为"农者生财者也"，同意贸易于农隙的观点。一切均以农业为核心，强调农业是财富所出的根本原理。徐光启力主开辟西北水利，减少东南漕运，缓和南粮北调粮食供应的紧张形势。徐光启在《农政全书》中以较多篇幅着力记述了农业生产技术知识。对当时在北方推广中的棉花和引进不久的甘薯等作物，精心总结栽植经验，倡导推广。书中还收录了《泰西水法》和大量救荒植物材料。《农政全书》是从政多年、科学造诣很深、忧国忧民的学者为当时发展农业生产而编撰的农学巨著，刊印流行颇广，至今犹有重要参考价值。这部书在中国农学方面的重要性，大体和李时珍的《本草纲目》在医药学方面的重要性相似。这两部书都是既总结了前人的研究成果，又阐

述了作者自己的实地经验和创见的巨著。①

2. 在农学发展中重视试验

中国北方种水稻历史很久，但由于受"风土论"的影响，北方种稻并不普遍。徐光启从国计民生出发，也为减轻"南粮北运"的负担，从万历四十一年（1613 年）在北京以东倡行垦田，在前人种植水稻的基础上，多次在天津郊区开辟水田，进行"南种北引"，试种水稻。由于采用南方种稻方法，第一年种稻没有收成，遭到失败；第二年经过总结经验，改进种植技术和灌溉方法，取得"每亩收米一石五斗"的成果，在天津种水稻，"三年大获其利"。徐光启在京东垦田和在天津种稻，曾著有《垦田疏》《北耕录》等。②

徐光启自己进行农业生产试验的记载，不但在《农政全书》中可以找到，在他留下的一些奏疏和家信里，也有关于这方面的文字。他在天津时，就做过小型水利试验。《农政全书·水利疏》中提到：用水之术不越五法，尽此五法，加以智者神而明之，变而通之，田之不得水者寡矣，水之不为田用者亦寡矣。所讲用水五法有：①用水之源，指水泉；②用水之流，指江河港汊；③用水之潴，指湖荡淀泊；④用水之委，指海的潮汐、岛屿沙洲；⑤作原作潴以用水，指井或池塘水库。这在农田水利灌溉方面，是深入调查汇聚丰富经验的成果。他在家信里教家人种葡萄的方法很仔细，也是确有根据的经验之谈。

从《农政全书》中还可以看出，徐光启特别重视新作物的推广工作。甘薯原产美洲，经 16 世纪中期从菲律宾等地传入中国。明万历三十六年（1608 年）江南大水成灾，庄稼失收，出现严重饥荒。当时徐光启因丧父守墓在家。他想试栽在福建、浙江种植卓有成效的高产作物甘薯，因其产量高也可用作救荒粮食，于是便委托他在福建莆田的学生"三致其种"，在上海择地试种，结果长得很好，和福建生长的并没有两样。徐光启后来写成《甘薯疏》，总结出甘薯的"十三胜"即十三大优点，提倡推广种植。

3. 深排"风土"之说

徐光启重视汲取历史经验，撰写《农政全书》征引文献共有 225 种

---

① 袁翰青：《晚明杰出的一位科学工作组织者、宣传者兼实践者》，《人民日报》1962 年 4 月 24 日。

② 胡道静：《徐光启农学著述考》，《图书馆》1962 年第 9 期。

之多，其中一部分原书已散佚，依靠该书的征引才得以保存片段。徐光启重视前人经验，但对前人经验并不迷信，对其中可质疑的就进行科学试验加以验证。《唐本草》有芜菁南移变菘的说法，徐光启经过亲自在家试种芜菁数年，取得的结果并不像《唐本草》中说的那样，他认为品种所以发生变化是因为"人力未至"造成的。

农业生产受地域、气候等自然条件的影响，在农学历史上有"风土决定论"的看法流行，在《农政全书·农本》"诸家杂论下"论及土宜的部分，徐光启指出："若谓土地所宜，一定不易，此则必无之理。"元代的《农桑辑要》、王祯《农书》都有较多篇幅论述作物引种中的风土宜与不宜。"唯风土论"者认为南方作物不能在北方种植，北方作物也不宜移到南方。徐光启反对这种唯环境条件决定的主张，坚持人定胜天的思想，力排"唯风土论"，在扩展水稻、棉花种植中曾批驳"土地不宜"的思想。他不仅"深排风土之论"，"且多方购得诸种，即手自树艺，试有成效，乃广播之"。他根据试验结果，决定取舍，成功的加以推广传播。他对"唯风土说"的驳辩，是深入、具体、充分讲道理的。他认为按照"唯风土论"去办，"立论若斯，固后世惰窳之吏、游闲之民，喻不事事者之口实耳"。指出"唯风土论"只会给惰吏、闲民、不求进取的人找借口。他举出事实为佐证，提到：古来蔬果，如颇棱、安石榴、海棠、蒜之属，自外国来者多矣。今姜、荸荠之属，移栽北方，其种特盛，亦向时所谓土地不宜者也。凡地方所无，皆是昔无此种，或有之，或偶绝。若果尽力树艺，殆无不可宜者。就令不宜，或是天时未合，人力未至耳。试为之，无事空言抵捍也。他不否认个别作物有不宜骤改水土的情形，第其中亦有不宜者，则是寒暖相违，天气所绝，无关于地。"若荔枝龙眼，不能逾岭，橙橘柚柑不能过淮，他若兰、茉莉之类"，不过那只是"千百中之一二"。

4. 重视调查访问和实地观察

徐光启在《农政全书》中，对于农业科学的历史文献，也不是简单的辑录，而是在选辑当中有所选择。他在引用王祯《农书》中"地利篇"文字后说："此书载二十八宿周天经度甚无谓。吾意欲载南北纬度，如云某地北极出地若干度，令知寒暖之宜，以辨土物，以兴树艺，庶为得之。"他将纬度概念引入所撰书中，也是合乎科学原理的。

徐光启注意向群众学习，"遇一人辄问，至一地辄问，问则随问随笔，一事一物不穷其极不已"，将不少农民群众的创见汇聚于《农政全书》之中。在卷三十八"种植"部分"臼树"条，书中说："臼树不须接博，但于春间将树枝一一捩转，碎其心而无伤其肤，既生子，与接博者同。余试之良然。若地远无从取佳种者，宜用此法。"还说："此法农书未载，农家未闻，恐他树木亦然，宜逐一试之。"这是徐光启从栽植的实际观察和科学试验积累、检验知识的基本方法。徐光启对明代朱橚的《救荒本草》中所列举的可食植物，也尽量找来亲口试食。《农政全书·荒政》记载了很多野生可食植物，是救荒活民的代食品。徐光启载入书中还要亲自尝过，许多植物后面附有玄扈先生曰"尝过"字样，即是亲自做过试食实验的。在卷二十五"树艺"部分也有一段："余所经尝者：木皮，独榆可食；枯木叶，独槐可食，且嘉味。在下地，则燕薁、铁荸荠皆甘可食。在水中，则藕、菰米；在山间，则黄精、山茨菰、蕨、苎、薯、萱之属尤众。草实则野稗、黄蓝、蓬蒿、苍耳，皆谷类也。又南北山中，橡实甚多，可淘粉食，能厚肠胃。"由此可见，徐光启是一位富于科学实验精神的学者。他通过亲口尝试，确定哪些植物可食以及相应的食用方法。另外，他又新发现一些可食植物，从而更加丰富了《救荒本草》的内容。徐光启还曾引种女贞树"数百本"，在树上试养白蜡虫，并记载了收蜡的两种方法。

徐光启对蝗虫发生有详细的观察，在《农政全书》卷四十四"荒政"，部分收有他的《除蝗疏》，徐光启详细描述了蝗虫的出现与"涸泽"密切相关，但他独断虾与蝗蝻随大泽苇地水深为虾、水浅为蝗蝻的看法，受前人"丰年则蝗变为虾"说法的影响，是错误的。他对蝗的生长习性观察是准确的。他说："蝗初生如粟米，数日旋大如蝇，能跳跃群行，是名为蝻。又数日即群飞，是名为蝗。所止之处，喙不停啮。""又数日孕子于地矣。地下之子，十八日复为蝻，蝻复为蝗。"这是中国早期关于蝗虫繁衍、迁飞知识的记录。

5. 重视吸收同时期国外农学及其他科学成果

徐光启先后在上海、广东、广西等地教书，后又到北京任政府官员。他"少小游学，经行万里"，从南而北，阅历很广，有机会和农民、手工业者接触，具有一定的实践经验。中年以后，又与具有近代科学知识的欧洲天主教传教士利玛窦、熊三拔等人结识，1607 年，他与利玛窦合译了《几何原本》前六卷，1612 年他又与熊三拔合译了《泰西水法》，广泛接触西方自然科学，使他非常重视经世致用的学问。徐光启撰写了技术体系完善的《农政全书》，他努力吸收同期国外农业科学技术成果。在所撰的《农政全书》中，收进了介绍欧洲取水、蓄水、用水技术和器械的《泰西水法》，其卷首题泰西熊三拔（Sabbathino de Ursis，1575—1620 年）撰，吴淞徐光启笔记。《徐光启集》"书牍二"还载有徐光启采用西洋方法栽插、修剪葡萄，取得良好效果的内容。

徐光启在一些函牍和序文里，也经常宣扬科学的作用。他在《泰西水法》序里说："更有一种格物穷理之学，凡世间世外，万事万物之理，叩之无不河悬响答，丝分理解。""至其他有形有质之物，有度有数之事，无不赖以为用，用之无不尽巧极妙者。"① 徐光启所称"格物穷理之学"就是科学原理和方法。在《几何原本杂议》中，他提到教授形式逻辑思维的《几何原本》，"能令学理者祛其浮气，练其精心；学事者资其定法，发其巧思"。认为它是举世无一人不当学的好书。并说此书可以有教人植桑饲蚕的启迪作用。

6. 徐光启著作对国外的重要影响

1639 年《农政全书》刻印后，不久传到日本，当即受到日本学者的重视。距《农政全书》第一次刻印不到 60 年，日本有宫崎安贞的名著《农业全书》问世。宫崎氏在书的序文中指明，他写作是参考中国农书，结合本国土宜、农事特点。所引中国农书首推《农政全书》，兼及若干种本草名著。对中国农法中凡是于日本有用者，都已给予关注。宫崎安贞《农业全书》在日本被评价为第一部重要的"百姓"农书，日本东山天皇元禄十年（1697 年，相当我国康熙三十六年）成书。当时书中凡例已提到"此书是本邦农书的权舆"。日本著名学者贝原益轩在书的序中曾写有"窃谓此书之于本邦也，古来绝无而初有者也"。古岛教授《日本农学史》第六章讲《农业全书》的农学，其中第三节专门讨论《农政全书》的影响。② 熊代幸雄教授等说徐光启《农政全书》堪称中国农书的决定版，它给日本宫崎安贞《农业全书》以强烈影响，后者甚至可以看成是《农政全书》精练化了的日

---

① 徐光启：《泰西水法·序》，《徐光启集》卷二，王重民辑校，上海古籍出版社 1984 年版，第 66—68 页。

② 参见［日］古岛敏雄《日本农学史》，东京大学出版会 1975 年版，第 403—444 页。

本版①，可见，徐光启《农政全书》在国外声誉卓著。

四 《天工开物》从时代技术总体发展上观察农学认知的变化

《天工开物》是中国明代末年一部讲述农业、手工业、生产技艺的百科全书式的著作。书的特点是从农业、手工业、矿业、冶铸、车船等行业的排列、比较中，突出农业科学技术的作用。作者宋应星（1587—约1666年），江西奉新人，曾任江西分宜县教谕。全书共 18 卷，其中"乃粒"卷集中叙说作物种植，"乃服"卷讲到蚕桑，"粹精"卷涉及米粮加工，"甘嗜"卷讲到种蔗、制糖和养蜂，"彰施"卷载有制造植物性染料的内容，"膏液"卷记榨油，"曲蘗"卷论述制曲酿酒等。书中阐发人依靠五谷为生，五谷不能自生，而要人来种植，所以要重视农业技术的道理。宋应星著作保存下来的还有《野议》《论气第八种》《谈天第九种》《思怜诗》等。宋应星在《论气》中主张"天地间非形即气，非气即形""由气而化形，形复反于气"，认为宇宙是气形的不断相互转化过程。称颂"人为万物之灵"，人类生产劳动创造的"智""巧"。他在农学思想发展上，强调："土脉历时代而异，种性随水土而分。"认为土壤随着时代变迁而改良，作物的种类、性状也不断出现变化。宋应星所处的明代末期，棉花已"种遍天下"，甘蔗、油料、染料的生产和加工制作也有迅速发展。《天工开物》反映了明末商品经济发展和手工业生产对原料的需要，促进农产品向商品化转变寻求变革的情况，在中国学术思想发展历史上开了从生产技艺总体水平观察农学体系演进的新风。②

1. 农学认识发展中注意数量概念和量测

（1）关注农事事项数量的概念

《天工开物》不少卷册把农学认识推进到计量测定范围，说明在西方实验科学兴起的同时，中国一些先知先觉之士也注意到实验和量测方面的探究。前面提到的农学、天文历法、水利科学领域的巨匠徐光启也很重视实验。在其《农政全书》叙及作物推广种植时就有"即手自树艺，试有

---

① 参见浅见与七等监修《体系农业百科事典》第五卷，农政调查委员会刊行，1966 年版，第 58 页。

② 杨直民：《〈天工开物〉中卓越的农学思想》，载《农史研究》第 10 辑，农业出版社1990 年版，第 136—142 页。

成效，乃广播之"的主张。徐氏在汲取西方科学成果方面也很用心。在《几何原本杂议》文中曾高度评价推演形式逻辑思维的《几何原本》，指明这书可以教学"植桑饲蚕"，强调"能精此书者，无一事不可精"。表明17世纪中国农学确实已挨近实验科学的门槛。

（2）注意到各种作物种植和在民食比例中的变化

《天工开物》"乃粒"卷"总名"节讲，先前人们叙说五谷为麻、豆、麦、稷、黍，不包括稻，是因为著书立说的人多来自西北的缘故。到《天工开物》著作的年代，则是"今天下育民人者，稻居什七，而来牟黍稷居什三"，"麻、菽二者，功用已全入蔬饵膏馔之中"，"四海之内，燕秦晋豫齐鲁诸道，烝民粒食，小麦居半，而黍稷稻粱仅居半"。从川、云到闽、浙的广大地区，"种小麦者二十分之一"，"种余麦者五十分之一"。今天看来，这种估计的比例数字过于概略。但当时仅凭个人努力，给出这种作物种植或总产的数量比例关系，是要作广泛调查访问，耗费许多心血的事。"种稻"一节提到："凡秧田一亩，所生秧供移植二十五亩。""稻灾"一节载有："凡苗自函活以至颖粟，早者食水三斗，晚者食水五斗，失水即枯。""麦灾"一节则讲："麦性食水甚少"，还曾引用扬州"寸麦不怕尺水""尺麦只怕寸水"的农谚。在"稻宜"一节，谈到施用饼粕，书中对各种饼粕作了比较，说："胡麻、莱菔子为上，芸苔薹次之，大眼桐又次之，柏、棉花又次之。"这个顺序与现代农学方法对芝麻饼粕、菜籽饼粕和桐籽饼、棉籽饼、柏籽饼、乌桕枯饼等饼粕的分析结果较为接近。另外，书中称"豆贱之时，撒黄豆于田，一粒烂土方三寸，得谷之息倍焉"，也是颇有意思的。在作物抗灾和用工方面，《天工开物》中也载有值得重视的内容，"麦灾"一节称："凡麦妨患，抵稻三分之一。"在用工方面，"麦工"一节叙述说："凡麦与稻，初耕垦土则同，播种之后，耘籽诸勤苦皆属稻，麦惟施耨而已。"

2. 提倡"智""巧"与"幻出嘉种"

《天工开物》中，很多方面叙及"智""巧"的发挥，在"种稻"一节提到："汲灌之智，人巧已无余矣。""粹精"卷曾讲："江南信郡，水碓之法巧绝。"另提到："又有一举而三用者，激水转轮头，一节转磨成面，二节运碓成米，三节引水灌于稻田，此心计无遗者之所为也。""膏液"卷讲到通过蒸气加温后榨油的技术细节，说操作纯熟的工匠注意快倒、快裹、快榨，说明"得油之多，诀由于此"。"黄金"一节，书有

"人巧造成异物"的见解。《天工开物》还重视复种栽培、选择良种和桑蚕的种间杂交。"乃粒"卷中讲南方平原，田多一岁两栽两获者，其晚造水稻，多属晚糯。书中还提到："幻出旱稻一种，粳而不粘者。"这种特殊稻种适合高山栽插。"乃服"卷讲桑蚕品种类别，叙及茧色有黄白两种。川、陕、晋、豫有黄色茧没有白色茧的蚕种，嘉兴、湖州却相反，只有白色茧的蚕种，提出用白色茧的雄蛾与黄色茧的雌蛾交配，可产生褐色茧的后代。书中另外叙述有"今寒家有将早雄配晚雌者，幻出嘉种，一异也"，在中国最早记载了家蚕的杂交育种。

3. 重视经济作物和因土施肥

《天工开物》书中重视经济价值高的作物。宋应星讲到棉花"种遍天下"，花有白、紫二色，"种者白居十九，紫居十一"，提到麻"无土不生"，有撒子、分头两种繁殖办法，有的每年刈收两次，有的三次。《天工开物》书中对植物性天然染料颇为注意，叙述了蓝、红花的种植管理，说蓝有五种，茶蓝用扦插方法繁殖；蓼蓝、马蓝、吴蓝等需播撒种子。书中提到"近又出蓼蓝小叶者，俗名苋蓝，种更佳"。红花播种要适时，过早播种易罹虫害；若种在肥沃土地上，待苗高二三尺时，则要沿行打橛，缚绳拦扶，以免遭风折。收花分药用、染用，有不同处理方法。"若入染家用者，必以法成饼然后用，则黄汁净尽，而真红乃现也"。书中对甘蔗繁殖栽培叙述颇详，谈到种糖蔗，入冬砍伐种蔗，去根梢掩埋土中，第二年雨水前五六天掘出，去外面叶鞘，砍断为约五六寸长、两个节的小段。栽植要求：①密布地上，稍加土覆盖。②节段头尾相枕，如鱼鳞状，两芽平放。③芽长一二寸，不断用清粪水浇洒，待长到六七寸，锄起分栽。④栽蔗要严格选择土壤，用掘深坑将沙土入口尝味的方法"试验土色"。⑤蔗畦、栽深、株距要保持一定尺寸，便于锄耨、壅培、浇粪、灌水、断旁根和秋冬掩土护根。书中载叙的甘蔗育苗移栽方法，在不少蔗区仍是有利于早植、高产、省种、调节劳力的行之有效的技术措施。书中对作物生产中添加与产出的关系，对食物链中初级、次级产物间的关系作了精辟的阐述。《天工开物》里曾讲："生人不能久生，而五谷生之。五谷不能自生，而生人生之。土脉历时代而异，种性随水土而分。"论说了食物与人生、人的生产劳动与五谷以及作物与土壤环境相互关系及发展变化的情形。在水利灌溉、土壤耕作、作物品种提高到一定技术水平时，肥料的合理添加就显得格外重要。在"乃粒"卷"稻宜"节提到"勤农粪田，多方以助之，人畜秽遗、榨油枯饼、草皮、木叶以佐生机。普天之所同也"。同节还提到磨绿豆粉的溲浆做肥，黄豆做肥、冷浆田要以骨灰蘸秧根、酸性土施用石灰，稻田土质硬要叠块熏烧等。"稻工"节提到施肥时机掌握问题，防备干撒稀施遇雨肥质漂损。书中强调借重经验，"谨视天时，在老农心计也"。宋应星对生物界中几级产物间的关系也有可贵的见解。《论气》"形气"中曾讲："草木有灰也，人兽骨肉借草木而生，即虎狼生而不食草木者，所食禽兽又皆食草木而生者"，"故骨肉与草木同其气类也，即水中鱼虾所食滓沫，究其源流，亦草木所为也"。他的论断是："其质有灰者，非地气蒸混，必无由化。"作者已初步触及各物类相互关系及其与土壤环境生灭转化间的物质基础，可惜没有得到进一步的试验探索。

4. 把农作物的收割和采收后加工放到重要位置

《天工开物》书中根据制糖的要求，提出开榨和收榨必须掌握适期，过于提早或后拖，甘蔗所含糖分和纯度都较低，"甘嗜"卷中曾提到蔗浆"老""嫩"的概念。书中对蔗质转化颇为留意，提到"凡蔗性至秋渐转红黑色，冬至以后由红转褐以成至白"。栽种甘蔗、刈收与榨制工艺密切结合、连贯叙述，这在其他农书中是较为鲜见的。水稻刈割后，要及时收、打、簸、扬。留种用的，恐磨去谷尖，减削生机，"故南方多种之家，场禾多借牛力，而来年作种者，宁向石板击取也"。稻、麦要用杵臼、砻、碾、磨、水碓、扇车、箩、筛等器具加工成米、面；菜籽、豆、芝麻等要压榨成油，还要测试其出油率；甘蔗要制成糖；靛蓝、红花要作成染料，棉要弹成花絮，麻要渍沤剥脱，最终织成布匹。作物收刈后的制作加工在产品增值方面有不容忽视的作用。可惜，后来的农书在农作物收获后的深度加工方面未能进行应有的拓展。

《天工开物》中各类科学技术之所以能达到较高水平，内容阐说得颇为生动具体，如"乃服"卷"裘"一节对貂、狐、羊、麂等上百种价格等级的裘皮，道出其出产、制作、品评的细节，可以看出，是作者在大量访求、调查的基础上写就的。在"膏液"卷"油品"一节，叙说了各类油脂的食用品质，十几种植物种子每石的出油斤数，有的还提到土质肥沃、榨油得法，可有较高的出油量。书中载有"其他未穷究试验，与夫一方、已试而他方未知者，尚有待云"数语，可以使人们了解，作者颇为注意试验，也重视别地别人的试验。不妨认为，累积大量试验材料，是《天工开物》取得较高学术成就的关键。作者主张人们彼此互通有无，密切交流，认为各守一方、老死不相往来的局面，不成其为人类社会。"舟车"卷即称："人群分而物异产，来往贸迁，以成宇宙。若各居而老死，何藉有群类哉。"《天工开物》叙述各类技艺，内容精湛，各卷各节，长短得体，颇具特色，反映作者广博专精、思路开阔，和这种力主交往的主张不无关系。

与叙述碾米、磨粉、榨油、出米率、出面率、出油率的周详程度，较之金箔打造的重量、箔面积计量和红铜炼成可以锤锻的黄铜的各种配料比例相比，《天工开物》有关农事的数量概念显得粗疏浅薄，但这些材料却是人们分析 17 世纪前半叶中国农业科学技术和当时农业发展状况的重要依据。

《天工开物》在农学及其他多种生产技艺领域，给时代添加了夺目的光辉，它以科学技术的里程碑留传百世。但是，时代给予作者的却是重重的困难。《天工开物》卷序里写得清清楚楚："年来著书一种，名曰《天工开物》卷，伤哉贫也！欲购奇考证，而乏洛下之资；欲招致同人、商略赝真，而缺陈思之馆；随其孤陋见闻，藏诸方寸而写之，岂有当哉！"作为一位科学技术专家，作者没有钱财上的应有支持，不能购买新颖书籍、添置新奇器物供作参证，不能邀集志趣相同的人磋商研讨，鉴别真伪，就连招待客人的饭舍都没有，作者依靠自己的所见所闻，凭借心记手写，来完成《天工开物》这部划时代的巨著，是贯穿着勤苦奋发、不懈追求的科学献身精神的。限于作者财力微薄和诸种困难条件制约，致使作者在不少科学技术领域未能过细追索或向深层次拓展，或者未能免除一些失误，如芝麻蒴果依不同品种本有四棱、八棱之分，而作者归结为"皆因肥瘠所致，非种性也"。这种情形也是较易为人们所理解的。

五　多劳多肥和营养转化认识的发展

17 世纪以后，欧洲近代实验科学有较快的发展，而在中国，则处于与实验科学较长时期隔绝的境地。即便这样，从中国古代农书中仍可找到一些精湛的技术措施和发人深省的思想内容。17 世纪的《国脉民天》中关于"亲田"的记载即为一例。书中说"亲田云者，言将地偏爱偏重"，"其耕种、耙耢、上粪，俱加数倍，务要耙得土细如面，抟土块可以八日不干方妙"。这样每年处置五分之一，五年把所有耕地轮亲细耕一遍。亲田法的特点是限地精耕，着眼于培养提高地力。

1. 多劳多肥观念的建立

随着人口的增加，多熟种植在一些地方有着较快的发展。明末《沈氏农书》所载"斫稻"，水稻收割后，"垦麦棱"进行翻耕整地以备种麦（或种大麦、油菜等），表明 17 世纪后期，江浙一些地区，稻麦两熟制已稳定发展。书中还载有因部分菜、麦生育季节长，采用早育苗以备移栽的办法，书里说："若八月初先下麦种，候冬垦田移种，每颗十五六根，照式浇两次，又撒牛壅，锹沟盖之，则干壮麦粗，倍获厚收。"在当时的杭嘉湖地区，就有限的品种、肥料条件，采取精到的栽麦，可以取得成倍的收获。

《沈氏农书》是中国明朝末年撰著的一部农书。作者沈姓，名不详，浙江湖州人。书写于明崇祯十三年（1640 年）前后，是反映明末浙西地区农业资本主义萌芽和地区农业生产状况的代表性著作。书由 4 部分 52 条编成。实质上是一篇农家月令提纲。第二部分"运田地法"，讲农田种植技术和经营管理，提出"凡种田总不出'粪多力勤'四字，而垫底尤为紧要"，主张给农田添加粪肥，多投劳力，建立起"多劳多肥"的概念。书中反复强调：盖田上生活，百凡容易，只有接力（追肥）一壅须相其时候，察其颜色，为农家最要紧机关。书中具体阐述产量和"功力""钱粮""地本"的相互关系。认为宜少种多收，以二亩之壅力，合并于一亩，也可取得事半功倍、"一亩兼二亩之息"的效果。书中提出，经营者要熟悉田地、肥源、工价，注意农桑、养畜及其他事项的有机配合，合理地利用人力、物力等。书的内容以水稻生产为主，兼及种桑等。该书由清初张履祥（1611—1674 年）亲加校定，并把张履祥本人获致的经验写成《补农书》。两书合在一起，于顺治十三年（1658 年）刊印。《补农书》突出讲"桐乡田地相匹，蚕桑利厚"农产中商品比重加大获利丰厚的情形。从《沈氏农书》所述以水稻生产为主而兼及种桑，到《补农书》中重视蚕桑而兼及水稻生产，反映着明清之际江浙间、特别是桐乡一带从粮食生产重点转向蚕桑生产为主的深刻变化。是农业中资本主义因素急剧增长的一种表现。这也引发农学思想往多种经营，提高产品质量，追逐效益方向转变。1834 年成书的《江南催耕课稻编》里面曾提到："台湾百余年前，种稻岁只一熟，自民食日众，地利日兴，今则三种三收矣。"该书中称作物从一年一熟到一年两熟、三熟，这种发展是：尽人力以补天时地利之偏。

　　不只南方，中国清代北方也出现"一岁数收"的记载。18世纪，清代杨屾《修齐直指》载有"一岁数收之法"，其弟子注中提到：冬天将白地一亩，上油渣200斤，再上5车粪，治熟，春二月种大兰，苗长四五寸，套栽小兰，挑去大兰，再上油渣一百五六十斤，等小兰一尺多高，在空行种粟谷，割去小兰，谷苗长四五寸高，黄瘦，经风吹、灌水，粟苗暴长，秋收之后，又种小麦，次年麦收复栽小兰，小兰收，复种粟谷，待春种大兰。书中称：这种两年6收办法"地力并不衰乏，而获利甚多"。书中还说，人多地少，不足岁计者，更有"二年收十三料"的方式。实际也还是二年六种，加收一次蒜薹。这种安排不能说不精细，该书曾就此夸说"乃人多地少，救贫济急之要法"。杨屾另一部著述《知本提纲》"农则"部分虽主要讲旱地农业技术，但对栽插也很注意。书中说：物性各有所宜，有的适合燥栽，如麦苗、小兰、莴苣、韭菜、瓜苗之类，适宜先栽后浇，如果放在水中栽，就不发旺，长不好；而有的合适于水中栽，像稻秧、粟苗、茄苗之类，随水栽，栽后第二天再浇，隔一天又浇，三天才能生根，要是先栽后浇，生长不好。这些都是复种多熟发展中积累的经验。

　　2. "同类相求，仍培禾身"认识的呈现

　　人们从长期体验中，也认识到种庄稼的土壤不能过肥。"肥沃之过，或苗茂而实不坚"（《陈旉农书》），造成"枝多穗晚，有稻无谷"（《沈氏农书》），《知本提纲》就关中一带农业技术特点也曾述及耕作施肥处理得好，可以收到"一载之间，即可数收，而地力新壮，究不减少"的功效。

　　传统的精耕细作农业技术中，"变臭为奇、化恶为美"，还有一层物质循环的意思。明代论述南方水田耕种技术的《沈氏农书》中，就有这样一段："种田地利最薄，然能化无用为有用；不种田地力最省，然必至化有用为无用。何以言之？人畜之粪与灶灰脚泥，无用也；一入田地，便将化为布帛菽粟。"这里的"化"字，包含着复杂的技术内容和精湛的科学道理。《知本提纲》一书再三强调粪壤的好处，认为合理施用肥料，"田得膏润而生息，变臭为奇，化恶为美，丝谷倍收，蔬果倍茂"。书中更有所阐发，说"粪壤之类甚多，要皆余气相培"，并比喻说，如同人们吃米、肉、菜、果等，消化吸收一部分，另有部分作为粪便排泄出来，施到田间，沃土肥苗，认为这样是"同类相求，仍培禾身，自能强大壮盛"。把取自食物中不被吸收的东西，还给土地禾苗，供给禾苗生长发育所必需的养料。作者讲之所以反复叙说此一内容，为的是"以明地力可补，乃耕道之所重也"。对人的干预、培肥地力、提高产量的关系，该书作了一个很好的概括："人有加倍之功，地有加倍之力，成熟之日亦必有加倍之收矣。"人们从长期经验中认识到作物需要的肥分各有所异，

　　3. "桑基鱼塘"系统的发明

　　前人在水土资源的利用方面，非常重视充分利用，同时又坚持因地制宜的两大原则。相传早在神农氏开始教民播种五谷的时候，就十分注意"相土地之宜，燥湿、肥硗、高下，尝百草之滋味，水泉之甘苦，令民知所避就"（《淮南子·修务训》）。教导人们因地制宜。据明邵圭洁《北虞先生遗文·卷四·谈参传》介绍了明朝嘉靖年间江苏常熟一个叫谈参的人的多种经营："居湖乡，田多洼芜，乡之民逃农而渔，田之弃弗辟者以万计。参薄其直收之，佣饥者，给之粟，凿其最洼者池焉，周为高塍，可备坊泄，辟而耕之，岁之入视平壤三倍。池以百计，皆蓄鱼，池之上为梁为茇舍，皆蓄豕。谓豕凉处，而鱼食豕下，又易肥也。塍之平阜植果属，其污泽植菰属，可畦者植蔬属，皆以千计。鸟凫昆虫之属悉罗取，法而售之，亦以千计。"该文具体描述的是一种基塘种养结合的系统。

　　17世纪中叶成书的张履祥《补农书》"附录"中，载有"策邬氏生业""策溇上生业"（撰于1662年）两文，是其为朋友提出的农业生产"经画""规划"意见。这是中国关于"培基"农桑果渔牧多种经营的较早而详细的文字记载。"策邬氏生业"中，以10亩瘠田为对象，认为自耕只可供3—4口人一家之食，若是雇人代耕，所收会更少。张履祥为之"经画"的是：将3亩种桑，桑下冬可种菜，四旁可种豆、芋；3亩种豆，豆收种麦，最好种麻，为了省劳力不安排种稻；2亩种竹，竹有大小，笋有迟早，要交错栽植，可以卖出换米；2亩栽果木，梅、李、枣、橘，都可以换米；水塘养鱼，塘中肥土可以肥竹地，培壅桑树，鱼终年可以换米；养羊5—6头，以为树桑之本，桑树长成可育蚕，小羊也可以换米，羊可吃杂草、桑树老叶。结合《农政全书·牧养》等书扫畜粪饲鱼的记载，可知这是多种经营、物质循环利用的颇好安排。"策溇上生业"也称，"凿池之土，可以培基"，"取池之水，足以灌禾"，"池中淤泥，每岁起之以培桑竹，则桑竹茂，而池益深矣"。据陈恒力、王达《补农书校译》注释中称，从明代起（1368年明王朝始建）当地（浙江桐乡）即培桑地基，表明《补农书》所载的种养结构已是此一地区较为成熟的农学

成果。① 实施何种种养结构，要依具体情况而定，张履祥自己也说，余谓土壤不同，事力各异。他认为农桑之务，用天之道，资人之力，兴地之利，最是至诚无伪。他倡行物质循环转化利用，他说种田地利最薄，然能化无用为有用；不种田地力最省，然必至化有用为无用。并且申论说：人畜之粪与灶灰脚泥，无用也；一入田地，便将化为布帛菽粟。即细而桑钉稻稳，无非家所必需之物，残羹剩饭，以至米汁酒脚，上以食人，下以食畜，莫不各有生息。他反复强调种田要靠良农，规划安排当量力而行。

根据低洼地区的自然条件特点，我国古代农民首创了水陆相互促进、立体种养的基塘系统。由于蚕桑生产自明末清初起在太湖流域及杭、嘉、湖平原迅速发展，上述系统中塍之上植物很快都换成了桑。于是，一种全新的物质循环利用的"桑基鱼塘"成型。正如清代广东《高明县志·物产》卷二（1894 年）所记载的那样，"基六塘四，基种桑，塘蓄鱼，桑叶饲蚕，蚕矢饲鱼，两利俱全，十倍禾稼"。在珠江三角洲，到 16 世纪初就已经形成了果基、蔗基、花基、草基鱼塘（统称"基塘系统"）等多种类型。类似的立体种养、多级利用的基塘系统还扩展到其他地区。至今仍在生产实践中发挥重要作用，甚至还传到了国外某些地区。

4. 天、地、水、火、气五行说的出现

中国古代常用"道"表示理论、原则、规律等意。1747 年（乾隆十二年）刻刷的杨屾《知本提纲》，其中的"修业章"有一部分专讲农业生产科学技术，前有总论，以下分别论述耕稼、园圃、桑蚕、树艺、畜牧的方法，最后是结论。书中系统总结了陕西关中地区农业生产技术和作者多年的耕种经验，王毓瑚在《中国农学书录》中称其论述"非常精彩，确可视为出色的农学著作"。《知本提纲》中提到："重大无过于农道，性命攸关，推求必要于亲理，士民不分。"表明探讨农业理论、原则这种重大问题，知识分子要与农民不分彼此、共同推求。《知本提纲》受古人"元气""五行"说的影响很深，称"盖人以五行著体，日用消耗，元元之气宜继；物以五行备用，谷稟中和，生生之助为首"。该书"凡例"中称："此书有五行之说，与古人五行之说名同而实异。古人言五行，原以金、木、水、火、土为民生日用之需；此书言五行，则以天、地、水、火、气

---

① 陈恒力校释，王达参校增订：《补农书》校释（增订本），农业出版社 1983 年版，第 177—180 页。

为生人造物之材。"天、地、水、火为"四精"，气为"精之会"。书中解释说：气为四精之会，统合成体，半阴半阳，不轻不重，居于四者之中，相连一气，和畅流通，自能著体成形，化生万物。书中重视元元之气的培养，说若不培养，立见毁坏，故又以五行造化万物，同类补添，以继其元元之气。但物类甚繁，且各禀备用之偏，认为不同物类有不同的功能和作用。

《知本提纲》中阐释耕道，强调"相土""观候"，"人当趋（天）时尽（地）利以奏其功，此为耕道大法"。书中认为调控天地贯通水火升降，"损其有余，益其不足，更需人道以裁成"。犁耕整地，要各随其方土，相宜而耕，不可执一而论。作物田间管理求其：风动以培其天，日暄以培其火，粪壤以培其土，雨雪以培其水。将阳光、空气、温热、养分、水分的作用协调起来，在陕西关中旱地农业区域特别需要应时灌溉，不懈其力，则不假天工而五行均培。选留种子，更要精当，要求"种取佳穗，穗而佳粒"，进行穗选粒选。各个年份，由于风旱无常，要求经雨之后，用锄松土，起到"遮护地阴，使湿不散耗，根深本固"的保墒壮苗作用。书中备讲"农道""耕道""播种之道""锄的深浅之法""化土渐渍之法""酿造粪壤的大法""桑蚕之道""织道""树艺之法""畜牧大法"。该书"树艺"部分的阐发中述及：唯贵相土制宜，以收树艺之利，方为大法。对畜牧的解释中称："夫畜牧之道，虽云多端，其要实不越乎'身测寒热、腹量饥饱、时食节力、期孕护胎'一十六字而已。"书中重视土、物"各含自然之种"，耕者"先当察其宜"，做事先的了解、观察、分析，"先明物性之至理，斯有触类之深识"。更强调：人有加倍之功，地有加倍之力，成熟之日亦必有加倍之收。在丰富经验基础上，对于耕种作业的把握与宏观调控上，《知本提纲》对18世纪以至当代关中的耕作技术，有一定的指导和借鉴意义。它的天、地、水、火四精合一气、五行流动而不息说，特别是其与具体耕种结合，以重视技术环节寻求自然因素与人力作用给出的解释，可以看出其理论、原则、规律的深邃。书中对单体作物的观察、分析，则嫌不足。书中的解释说："生有定曰植物，头向地曰倒生。人物之形，皆本五行而生，各不相同。……鸟兽横生，能通阴阳之气，故有知觉。惟草木倒生，阴多阳少，故植而无觉；而其长养之盛衰，全视地力之肥硗。"指出植物着生于土壤，不能移动，其生长发育主要受地力肥瘠影响，仍是宏观运思的阐说，没有深入作物底里。这表明，此一时期的中国传统农学思想，在世界农学思想发展的潮流中已显得停滞不前。①

六　近现代中国传统农学与西方实验农学的交汇与发展

1. 中国传统农学与西方实验农学比较是严峻的

与《沈氏农书》及杨屾《知本提纲》著书相近时期的欧洲，1665年，英国博物学家 R. 胡克（R. Hooke）用显微镜观察多种动物、植物，写出《显微图谱》，发现了"细胞"。1694 年，德国 R. J. 卡默拉留斯（R. J. Camerarius）以实验论证植物有性繁殖，揭示了去除雄蕊则不能结实的现象。1719 年，英国 T. 费尔柴尔德（T. Fairchild）开展植物杂交，首次获得人工杂交种。1773 年，荷兰学者 J. 英根豪茨（J. Ingen-housz）用实验证实植物更新空气的能力是植物绿色部分在阳光下共同作用的结果。与农学密切相关的生物学科在迅速发展。1804 年，德国 A. 泰伊尔（A. Thaer）在符里茨恩的墨哥林创办农学院，进行实践的农业和科学的论证相结合的教学。到 1840 年，德国 J. 李比希（J. Liebig）撰出《化学在农业和生理学上的应用》，提出植物营养元素归还说和矿质营养理论，建立了农业化学学科。相比之下，中国的传统农学思想未见起色。中国清代包世臣早年在家种过菜园，对农业生产技术有较系统的研究，1801 年所写《齐民四术》（1844 年刊行）的农业科学技术内容，划为辨谷、任土、养种、作物、蚕桑、树植、畜牧 7 个部分，仍停留在经验和古籍的引述范围。清李彦章《江南催耕课稻编》（1834 年刊行）一书中劝人种早稻，阐述种早晚两熟稻之法，力陈"昔无今有之物，无不随时可种，随时可移"的道理，但在近现代农学思想发展上却没有能够给予新的添加。

2. 国外学者对中国古代农学的评价

（1）深切感到中国古代农学的影响力

前面章节已有叙述。日本科学家薮内清（1906—2000 年）在所著《中国·科学·文明》一书"前言"中称："……虽然丝绸之路的遗迹对于身处科学技术先进国的日本来说，具有浓厚的罗曼蒂克色彩，然而日本人却忘记了中国曾经在科学技术方面取得过无数创造性的成就，并一直对世界文明有所贡献这一历史事实。"薮内清强调："我们的祖先在科学技

---

① 杨直民：《中国传统农学与实验农学的重要交汇》，《农业考古》1984 年第 1 期。

术方面一直蒙受中国的恩惠。直到最近几年，日本在农业生产技术方面继续沿用中国技术的现象还到处可见。如果追溯至江户时代的话，则可以说日本的科学技术几乎都是从中国引进的。所以，了解中国科学技术的发展过程，既可以帮助我们重新深入了解中国，也可以帮助我们了解过去的日本。"① 中国古代农学多载述于农书典籍之中，日本学者坂本尚在日本《现代农业》杂志发表文章讲："时代将由人类依靠科学控制自然的西方思想阶段向追求人与自然协调发展的东洋思想阶段转变。其带头人要由中国来担当。除了近代历史的一段时期以外，中国自古以来就是东亚各国影响力较大的国家。中国的古农书不但是韩国、日本、越南，也是整个东亚各国共同的'古代科学'之书。在天文数学、医学、农学三大科学方面一直是中国走在前面。在日本以中国的古农书为基础积累成为'日本农书全集72卷'，形成了日本的农书体系。只有以东亚共同的古代农业为基础来打开现代科学僵局，才是21世纪的亚洲在国际上应该发挥的作用。"② 日本流通经济大学教授原宗子以《管子·地员篇》研究为中心，著书探讨古代中国的开发和环境，③ 还曾来中国的大西北作学术考察。

（2）高度评价中国古代动植物品种选育的成就

古代欧洲，人们知道中国是一个东方大国，物产丰盈，技艺精湛，他们不断以官方或民间的方式，与中国进行商业贸易和友好往来。明末清初，西方商人和官方使臣来中国显著增多。这时，他们的主要目的是为他们的商品找出路，葡萄牙人到澳门和英国派使臣来华都对此不加隐讳。欧洲基督教传教士来华是农学交流的一个渠道。欧洲传教士来中国，不仅是宣扬教义，发展教徒，传播西方科学技术知识，他们还把中国丰富的科学技术创造以及文化典籍带到西方。包括各种植物、动物、农具、丝、茶制作技术等。德国学者莱布尼兹（Leibniz, Gottfried Wilhelm, 1646—1716年）1707年写给北京传教团的信中甚至建议把他们所写的关于中国工农业的记述以及中国的动物、机器、模型和学者一起送到欧洲。莱布尼兹在

①　[日]薮内清：《中国·科学·文明》，梁策、赵炜宏译，中国社会科学出版社1987年版，第1页。

②　[日]坂本尚：《21世纪亚洲农业的发展方向》，《现代农业》2004年第1期。

③　[日]原宗子：《古代中国的开发与环境》，研文出版，1994年版。

给耶稣会会士格里玛迪（Grimadi，Philippe Marie，1639—1712 年）的信中说："我恳求格里玛迪不要为了把欧洲的东西传给中国人而过于操心，而要操心把中国的非凡的发明带给我们。否则，在中国的传道活动就得不到什么益处了。"①

在西方各国对中国动植物资源考察、收集、研究和中外动植物种类、品种交流方面，中国学术界已见专著面世。②

C. 达尔文（C. Darwin，1809—1882 年）是创立生物进化学说的学者，在农学方面也做出不少贡献。他在《物种起源》（1859 年）、《动物和植物在家养下的变异》（1868 年）、《人的由来及性选择》（1871 年）三部代表性著作中，曾大量引述中国古代农学中的材料。在《动物和植物在家养下的变异》中写有："在上世纪耶稣会士们出版了一部有关中国的巨著，主要是根据古代中国百科全书编成的，关于绵羊，据说'改良其品种在于特别细心选择预定作繁殖之用的羊羔，对之善加饲养，保持羊群隔离'，中国人对于各种植物和果树也应用了同样原理。"同书"自然选择"章节，达尔文还述及中国清代康熙皇帝选择"御稻"的事项。③ 中国科学史学者潘吉星在评说达尔文引述中国古代农学成就时说："当他谈到中国和中国事物时，常用美好词句，表明他对中国的敬意和好感。他是近代西方科学界中认真钻研中国科学并从中吸取思想养料的代表性人物。"

（3）认为中国古代在地力维持增进方面特点显著

19 世纪中叶，德国化学家、农业化学的奠基人 J. 李比希在所著《化学在农业和生理学上的应用》一书"绪论·农作学及其历史"中指出："观察和经验使中国和日本的农民在农业上具有独特的经营方法。这种方法可以使国家长期保持土壤肥力，并不断提高土壤的生产力以满足人口增长的需要。"④ 书中说："中国和日本的农业是建立在这样一个原则上的，即从土壤中取出多少植物营养分，又以农业品残余部分的形式全部归还给土壤。"

---

① 杨直民：《中国传统农学与实验农学的重要交汇》，《农业考古》1984 年第 1 期。

② 罗桂环：《近代西方识华生物史》，山东教育出版社 2005 年版。

③ 潘吉星：《达尔文涉猎中国古代科学著作考》，载《科学技术史研究五十年》，中国科学院自然科学史研究所编印，2007 年，第 670—680 页。

④ ［德］李比希：《化学在农业和生理学上的应用》，刘更另译，农业出版社 1983 年版，第 43、218—219 页。

　　李比希在该书的"植物营养的化学过程"篇谈及肥料问题时，多方引述文献，阐释对中国古代农学中维持并增进地力的看法。书中说："精耕细作要求精肥。施用这种肥料应该提高我们土地的生产力，应该扩大谷物和牲畜的输出。精耕细作的扩大，受到肥料不足的限制，所以应当引导农民把劲儿用在尽量避免肥料损失上面。""我们不能像中国人那样努力收集人粪尿。他们把人粪尿当作土壤的汁液。按照他们的观点，自己的生产力和他田里的土壤肥力主要是与这强有力的因素联系在一起。""在中国，在面包和小麦商品后面，任何一个商品也没有像肥料商品那样扩散得如此广泛。""中国人把来源于植物和动物的各种物质都仔细收集起来沤制成肥料。"

　　20 世纪初，当美国中西部农田的土壤肥力在土地开垦不到 200 余年即出现衰退现象的情况露头后，曾任美国农业部土壤管理局局长的 F. H. King，对以中国等东亚国家为代表的东方农业进行了详细的考察，希望能找到为何在无化肥可言的情况下，同一块土地耕种了几千年而地力能够维持不衰；以及如何用不到 2 英亩（折 12 亩，1 亩 ≈ 666. 7 平方米）土地养活 12—15 口之家的秘密。在其回国后于 1911 年出版的《四千年的农民——中国、朝鲜和日本的恒久农业》一书中，将这三个国家农业持续了四千多年的秘诀，归结为由于实施了"无废弃物的农业"原则。将人畜粪便作为"农业的血液"；不惜繁重和长时间劳动，对一切形式的废弃物进行收集—加工—施用循环，以及种植豆科作物（绿肥）方面劳力高度集约的投入，以换取植物养分的循环利用和土壤有机物含量——氮素的增加。这些被 F. H. King 称作"东方古代农业的黄金法则"。其次，他对中国在人口负担相对较重的情况下，充分运用勤劳和智慧的优势，开发茶叶和丝绸这两项劳动力加技能密集型高价值农产品，并长期占领国际市场，为国家换取大量的黄金和白银收入的情况给予了高度评价。值得注意的是，该书名在西方首次采用了"恒久农业"（permanent agriculture）的提法。比"可持续农业"（sustainable agriculture）一词的出现早了至少 70 年。按照评论这本著作的 L. 贝莱（L. H. Bailey）在前言中的解释，所谓"恒久农业"思想，就是寻找一种能够"不但使我们这一代人在地球上生存，而且保持土壤的生产力以养活所有后代人"的农作方式；认为 F. H. King 提出这一思想并创造"恒久农业"这个词，是对农业和农村事务的一大贡献。实际上，"恒久农业"思想已经涉及处理好代际公平这一可持续发展的核心，而且是从古代东方特别是中国传统农业中汲取了丰富营养的产物。L. 贝莱称《四千年的农民——中国、朝鲜和日本的恒久农业》"这是一部足以改变你的思维的书，不管你是否拥有一块地，或是否决定在地里实践本书所介绍的东方农艺"①。

结　语

第一，中国古代农学是从农业肇始，经约7000年农业生产技术经验积累的背景下，于约3000年前构建、发展起来的。其发生、演进越来越显现出其土地连种、旱地和水田精耕细作形成体系，与西方土地带休闲的耕作体制相异的特点。中国在公元前3世纪古代农学奠基之时，主要的栽培植物、饲养动物已经驯化完成，土地开发从点、片逐渐向更大面积延拓。农田的扩大是以森林、草原面积的缩小为代价的。生态环境的自然演替一部分一部分地为"人工自然"所取代。开田辟地增加农产收获，养育了不断增加的人口，为文明的演进提供了条件。负面作用是不合理的开垦导致水土流失、水旱灾害增多。在古代，农业是全社会的主要生产项目。早在春秋战国时诸子百家即竞相探讨农业，出现影响深远的农学文论；也提出过在许多鸟兽鱼鳖、草木生长繁衍时节加以保护，维持人与自然和谐发展的主张。

从认识论和方法论角度，可以看出中国古代农学基本上是根据日月星辰移动、草木荣枯的体验观察取得的。对动植物在春、夏、秋、冬的形态或行为的变化，对土壤分类、分级，对生产生活中的各种事物由简单的识别到多因素联想、定性描述、归纳、演绎，提炼出规律性的认识，并在实践中不断积累、增新。到明清之际，中国古代农学虽然有些项目已挨近计量、探微的门槛，但终是乏于科学实验的支持。中国近、现代农业科学是在1900年前后，在与以实验为基础的西方农学交汇中迈出步伐的。

第二，中国古代农学取得过辉煌的成就。它和中国的土地开发、人口繁衍、农牧消长、社会经济与文明的演进相适应。应该说，中国古代农学是在相对困难的情况下发展的。中国属东亚季风区。秦汉时期，北方春旱

---

①　程序主编：《中国农业与可持续发展》，科学出版社2007年版，第3—10页。

秋涝；南方风雨频发，作物种植面临春季雨水稀缺、夏末秋初雨水集中的格局。其后，旱地水田精耕细作体系形成甚为不易。它的精髓是北方保持天旱地不旱，秋雨春用；南方是田塘配套，保证庄稼生长成熟。中国古代农学是在依据农业生产四季变化明显、作物生长期雨热同季的优势，又针对遭遇到的困难，在不同主张的争辩中向前推进的。"地久耕则耗"和"地力常新壮"的驳论即是一例。2001年以来，对中国传统农学的精耕细作理论和技术经验，也出现精耕细作"违背科学"，"造成了多少水土流失"，"使土地大片干旱、荒漠"① 的评价，从农学史的角度看，不同主张的讨论有助于农学实验、探索的发展。

第三，国外学者对中国古代农学给予高度评价者有之。有的动植物学家、探险者从务实出发，来华搜集大量动植物品种材料。对中国古代农学成就有异议者也不能低估。E. 布瑞士奈德（Emil Bretschneider, 1833—1901年）《中国植物学文献评论》② 中即有："就事实言，中国人观察天然之才能不显，探求真理之热心亦不著；斯二者为博物学家所必具，而中国人皆阙焉。又中国文体，不甚正确，恒至模棱两可，而中国人士，又夙倾向炫奇，所抱见解，往往极不成熟。"

20世纪中国农学是发展变化极其巨大、深刻的时期。中国农学从1900年前后由原来的"学者不农，农者不学"，开始提倡"行西国农学所得之新法"，努力①20世纪初的倡导、启蒙新农学，创办农科大学和农事试验场，②20—30年代为农学若干分支科学奠定基础，③50—60年代承上启下缩短与世界先进农学的差距，④从80年代开始与世界农学发展同步几个发展阶段，由几代学人不断求新的探求，到2000年前后，建立起较系统的现代型农业教育体系、农业科研体系，为推进全国农业生产从传统农业全面向现代型农业转变，做出了坚韧的努力，取得了重大的成绩。人们认识到：农学是研究农林渔牧生产中植物、动物、微生物的形态、性状、生长、发育、遗传、繁衍变化过程和规律，探讨生物体与环境间、生物体与生物体之间的各种关系，通过调控手段和管理方式的变化，不断取

---

① 参见《文汇报》2001年9月5日；人民网，2001年8月22日；中国"三农"论坛，农业机械，2007年11月等。

② ［德］布瑞士奈德：《中国植物学文献评论》，石声汉译，商务印书馆1957年版，第27页。

得高额、优质、低耗产品，为民众提供主要衣食来源和宜居环境的多层次的政治、经济、科学技术等多方面的制约，其涵盖的范围和主要内容呈现明显的时代属性和地域特征，农学发展显示出历史的继承性和表现的地区性。农学发展和农业生产问题阐释、解决有密切的互动关系。农学及各分支学科从动植物微生物个体研究，从微观向细胞学研究水平、分子生物学研究水平不断推进，从宏观向系统、遥感方向延拓，借助不断添新的观测、运算、模拟、调控、分析等技术手段，中国农学研究已大大缩短了与世界先进水平的差距，在不少方面已跻身于世界领先位置。[①] 从农学国际学术交流和一些学科发展来看我们应加强的方面还有很多。

至 21 世纪初，中国从欧美日引进农学论著，每年十数部，而将中国农学著作推至国外者尚属寥寥。从认识论、方法论、价值观角度阐释中国古代农学成就的论著为数很少，从这种视点述说中国近、现代农学贡献的文论更其鲜见。

---

① 杨直民：《20 世纪的中国农学》，载石元春主编《20 世纪中国知名科学家学术成就概览·农学卷》第一分册（2011 年版），第二分册（2012 年版），第三、四分册（2013 年版），科学出版社，各分册第 1—67 页。

第六章

中国古代医学的认识论、方法论和价值取向

中国中医科学院　　张志斌　　郑金生　　张洪林

引　言

中医学能自立于世界医学之林，除了它极为丰富的临床实践经验和切实的疗效之外，一个很重要的条件是它很早就具有一整套体系独特的医学理论。没有理论的经验，是一盘散珠。经过理论这根链把散珠串联起来，才更加璀璨夺目。然而理论更重要的是其对实践的指导作用，在这个意义上来说，中医理论又好比是将散光聚焦而成的一盏探路灯，它的光亮可以引导实践继续前进。

中医理论体系形成的时间很早，早在医、巫分道扬镳的春秋战国时期，医学理论就成为迅速摆脱巫术影响的利器。中医理论形成之初，由于汲取了春秋战国诸子百家的哲理思想，从而使中医理论一开始就具有相当的高度。中医的核心理论（如阴阳五行说、藏象学说、整体观、病因说等），都形成于中医理论草创之时。

两千多年间形成并逐步丰富的中医理论体系并非铁板一块、一成不变。不同时代的思潮、科技条件等，都会影响当时的中医理论内容。各个朝代的中医理论发展又是不均衡的。中医各科理论的发展也不同步，有的先行，有的滞后。现代通行的中医理论，实际上与古代的中医理论已经在很多地方有了差别。因为历史上出现过的中医理论种类很多，有的从隐到显，有的从盛到衰，甚至还有很多被扬弃、被遗忘的理论。因此，中医理

论的渊源和发展，可以说是头绪纷繁。

　　要探索中国古代医学的认识论、方法论与价值观，不妨先对中医理论发展的整个历史做一系统的回顾，分析中医理论发展的主要脉络，以及相关的时代背景和产生理论的条件。然后就中医理论中的重要内容"阴阳五行""藏象与解剖""辨证论治""五运六气"进行重点剖析，以求对当今的科学发展有所启迪。

图 6 - 1　神农采药图（传说神农氏是中医药的发明者）

第一节　医学理论发展历史的系统回顾

　　医学发展的早期，巫和医曾经并存了 2000 多年。在巫风盛行的蒙昧时期，巫家的鬼神病因虽然荒诞舛谬，但它毕竟是一种最原始的理论解释。而那时的医药水平，还不到足以产生理论解释的阶段。即便在春秋战国时期，医家所掌握的医药实践知识仍然有限。因此，那时的医家要全靠自身零散的经验、朴素的认识，去和占据社会显要位置的巫觋抗争，几乎没有胜算。

　　时代发展给了医学一个难得的机遇。春秋战国时期，诸子蜂起，百家争鸣，中国早期哲学思想在这段时间神速地发展。医家在对人体、疾病认识的基础上，充分汲取了当时老庄学派、阴阳家、儒家、杂家等多方面的哲学思想，再加上社会学、天文、历算、钟律、气候等知识，构建了最初的医学理论体系。

一　理论体系初成

　　先秦的文献中，已经出现了借医喻政、医术与医家的零散记载。春秋战国诸子的言论，也有一些与《黄帝内经》所载相近似。战国时期的文献中，已经可见阴阳五行说用于医学。但对后世医学影响最大的还是《黄帝内经》，该书几乎囊括早期中医全部的理论精华。

图 6 - 2　《黄帝内经》

《黄帝内经》是一部汇集战国、秦汉间不同学派观点的理论著作，是中医最早的理论经典，包括《素问》和《灵枢经》两部分。因此书中不同类型的理论，很可能形成于不同的时间，不能一概视为先秦之作。但对于后世医家而言，该书不同内容形成时间的早晚并不重要，重要的是哪些理论有益于中医临证。

1. 养生与"治未病"

人到底能活多长时间？是古人久久思索的一个问题。《素问·上古天真论》中理想的寿数是"春秋皆度百年"。而要做到这一点，必须遵"道"而行："法于阴阳，和于术数。食饮有节，起居有常，不妄劳作。"避免疾病的方法是："虚邪贼风，避之有时。恬淡虚无，真气从之。精神内守，病安从来？"中医养生的特色是"志闲而少欲，形劳而不倦"。也就是养形（形体运动）与养神（心志修养）并重。所谓"志闲少欲"，就是"美其食、任其服，乐其俗，高下不相慕"。这与《老子》说的"甘其食，美其服，安其居，乐其俗"极为相似。该篇列举了真人、至人、圣人、贤人养生的方法，亦见于《庄子》。《素问》中有大量的精神修养、顺应四时、五味调理、适时起居等养生方法，强调顺应自然，这明显受老子、庄子思想的影响。

《素问》提出了中医一个很重要的预防思想："不治已病治未病。"这一思想和治理社会"不治已乱治未乱"的思想是相通的。如果病已成再用药，就好像动乱起来再去治理，"譬犹渴而穿井，斗而铸兵，不亦晚乎？"这一比喻也可见于《晏子春秋》："临难而遽铸兵，噎而遽掘井。"等到乱已成需战斗再去铸造兵器，等到口渴或干物噎喉再去挖井，自然是太晚了。《鹖冠子》有一则故事：魏文王问扁鹊："你兄弟三人，谁最善于治病？"扁鹊说："长兄最善，二兄次之，我最差。"魏文王说："说来听听吧！"扁鹊说："长兄望神色察病，未等病成形就给消除了，所以他的医名不出家庭之外。二兄治病，病在毫毛之外就消除了，所以他的医名不出里巷之外。像我这样，放血、投药，治病入肌肤，所以我名闻诸侯。"

怎样的疾病防治是最成功的呢？战国时有种说法是："不病病，治之无名，使之无形，至功之成。"这段话的意思是：不等到病成为病，在它无名无形的时候就消除它，那才是最大的功劳。"良医化之，拙医败之。"化解疾病的是好医生，等病都严重了再治的是差医生。以上的话原用于借医讽政，但也反映"治未病"的思想广为人知。汉刘向《淮南子》说："良医常治无病之病，故无病。"也是这个意思。

2. 阴阳五行

这是古代朴素的唯物主义与辩证法的自然观。西周末伯阳父曾用阴阳说来解释地震，认为是"阳伏而不能出，阴迫而不能烝，于是有地震"。五行说就是用金、木、水、火、土五种物质来说明万物的起源和变化。春秋之时，五行说已经成形。战国时期提倡阴阳五行说的学派又叫阴阳家或阴阳五行家，是诸子百家中很有影响的一个学派。该派的代表人物邹衍、邹奭将阴阳五行说神秘化，用来附会社会历史，认为王朝的更替要依照五行相胜秩序转移。阴阳五行同时也被老庄学派、儒家、兵家等吸收。医家自然也不甘落后，把阴阳五行引进到医学，和医学的许多现象联系起来，于是有五脏、五腑、五官、五体、五志、五液等方面的归纳，又和外界的五方、五气、五味等相对应。《黄帝内经》在脏腑理论中运用五行生克，为后世治疗脏腑病提供了理论依据。阴阳五行说在《黄帝内经》中几乎贯串始终，应用于人体，解释部位、预防和治疗疾病等。鉴于本章还有专节讨论《黄帝内经》中的阴阳五行及其在医学史上的运用，本处从略。

3. 藏象理论

这也是中医的核心理论之一。藏象今也写作"脏象"，是研究体内的脏腑及其外部表象的一种理论。中医早期的脏腑理论以解剖所得的脏腑实体知识为基础，再汲取了阴阳五行说、社会学等方面的观点，把解剖所得的脏腑知识串联起来，于是建立了独特的中医藏象理论。

《黄帝内经》中的藏象理论内容非常丰富，除了五脏六腑的划分，脏腑阴阳对应关系，脏腑和体表的五官、五体、九窍等的关联，以及脏腑生克规律等内容之外，对每一脏、每一腑的具体功能也有详细的论述。除此以外，中医的大气、水谷代谢，津液营血生成等也是脏腑功能的体现。这些内容反映了当时中医认识人体的水平，同时也为此后中医的"辨证论治"打下了基础。

4. 经络学说

这也是中医独特的理论之一。经络是《黄帝内经》中的一个重要内容。尤其是在《灵枢经》中，有关经络的记载尤其丰富。

中医经络系统发展到《黄帝内经》之时，已经基本定型。《灵枢·海论》认为："夫十二经脉者，内属于五脏，外络于肢节。"可见经络是联系脏腑和肢节的一个网络系统。它的内联外络作用，在于它能"行血气而营阴阳，濡筋骨，利关节"。因此，通过经络可以诊断和治疗疾病，调整人的虚实状态。

《黄帝内经》建立的经络系统，主要由"经"和"络"组成。"经"是主干，它深藏在肌肉中，无法用肉眼看见。但"络"却浮在体表，肉眼可见，乃身体表层的血管。人身有十二条大经脉，其中手经六条、足经六条。手、足经又各分成三阴经、三阳经，每一条经脉都和某脏腑相连。于是就形成了手太阴肺经、手少阴心经、手厥阴心包经（以上手三阴经）；手太阳小肠经、手少阳三焦经、手阳明大肠经（以上手三阳经）；足太阴脾经、足少阴肾经、足厥阴肝经（以上足三阴经）；足太阳膀胱经、足少阳胆经、足阳明胃经（以上足三阳经）。这是人身上最重要的大经，故又称之为"十二正经"。除此而外，从十二正经另分出的经脉叫"十二经别"，还是隶属于十二正经。《灵枢》中详细记载了这些正经循行的路线及其体表标志。正经以外，还有奇经八脉，这八脉中又以督脉、任脉最有临床价值。督脉行于背，为"诸阳之海"；任脉行于腹，为"诸阴之海"。所以这两条奇经又和十二经总称为十四经脉。元代医学家滑寿有一书就叫《十四经发挥》。

在人体经脉网络中，如果以水网做比喻，则"经"是大江大河，"络"则是港汊沟渠。它们入里出外，遍布全身，因此它既能供观察体内脏器情况，又能供治疗所需。中医的诊断，以及疗法中的针刺、灸疗，都离不开经络。

5. 天人相应与整体观

天、人是古代哲学的一对范畴，在中医理论中主要是指人与自然息息相关。

《黄帝内经》（以下简称《内经》）有关"人与天地相应"的内容十分广泛。最让现代读者不能理解的是古人将人的形体，乃至声音、喜怒，都和天地挂钩。例如："天圆地方，人头圆、足方以应之。天有日月，人有两目。地有九州，人有九窍。天有雷电，人有音声。天有四时，人有四肢。天有五音，人有五藏……"诸如此类。甚至人的左右耳目、手足功能的差异，也会与天地相联系。《素问·阴阳应象大论》说："天不足西北，故西北方阴也，而人右耳目不如左明也。地不满东南，故东南方属阳，而人左手足不如右强也。"一般人习惯用右手，所有右手确实比左手来得有力。但这和天地怎么能连起来呢？

中国的地理形势就是西北高、东南低，为此古代有神话解释：共工与颛顼争帝，怒触不周之山，把撑天的柱子顶折了，于是"天倾西北，日月星辰移焉；地不满东南，故水潦尘埃归焉"。这样的天地形势，按天人相应观，也是能和人体扯上关系的。古代的方向感是上南下北，左东右西。人面南而立，左东右西。东南属阳，人的阳精也跟着往上走，这样上面就旺盛了，下面就空虚，因此左边的耳目好使而手足不强壮了。西方属阴，阴精也跟着往下走，下面旺盛了，上面空虚，这样右边的耳目不聪明而手足则很方便。

上述的"人与天地相应"，当然难以为现代人信服。但这毕竟是原始的医学天人相应观的组成部分之一，无须藏藏掖掖。大部分的医学"天人相应"观并非如此牵强。中医理论之中，举凡脉诊、养生、气血、脏腑辨证、治法、药理等，都不同程度地受"天人相应"观的影响。

一日之中，只有平旦（清早）是"阴气未动，阳气未散"，人与天地都一样。因此，诊脉最好是在平旦，这样能真实地反映脉的情况。一年四季，气候变化，温度不同，脉象随之有所不同。只有了解四季的正常脉，才能准确把握四时的病脉。

养生更要顺应天地。所以《素问·四气调神大论》根据天地万物的生长规律，制定了四季养生的注意事项，甚至包括起床和睡眠的时间都要根据四季来确定。古人认为"四时阴阳者，万物之根本也。所以圣人春夏养阳，秋冬养阴，以从其根"。就是说春夏阳气旺的时候，要注意养阳；秋冬阴气盛的时候，要注意养阴。后世根据"春夏养阳"原则，在三伏天最热、阳气最旺的时候，用热药外敷背部的穴位，借以驱除体内沉痼之寒，治疗哮喘等疾病。

天地的态势是清轻者上浮为天，重浊者下降为地。"地气上为云，天气下为雨。雨出地气，云出天气。故（人体）清阳出上窍，浊阴出下窍；清阳发腠理，浊阴走五脏；清阳实四肢，浊阴归六腑。"这就把天地的物质循环与人体内的物质循环联系起来。人体的上下、表里，也和天地一样，有升有降，有挥发，有积淀。后世把这些理论落到实处，例如脾胃之气宜升，肺气宜降。金元医家则把药物气味的清、浊与药物作用的趋势联系起来。质轻、气清的药物用于发腠理，气浊、味重的药物用于走下窍、归脏腑等。

在辨证论治的时候，天人相应的整体观运用得更多。因为在中医看来，人体的五脏六腑不仅和体表器官相通，也和外界的四季、五方、日之运行、月之盈亏等息息相通。天地大宇宙，人身小宇宙。《灵枢·本藏》说："五脏者，所以参天地，副阴阳而连四时、化五节也。"指的就是这个道理。中医辨证论治，就必须有整体观念，要把人体和天地联系，同时又要把人体内部作为一个整体来对待，绝不是头痛医头，脚痛医脚。

6. 人体发育与体质

人有生老病死。如果无病，人从生到老到死、所谓"尽其天年"有什么规律呢？这是医学必须回答的问题。《灵枢·天年》以十岁为一个阶段，总结人到百岁的规律（姑且名为"百岁十阶"）：10 岁五脏始定、血气已通，气在下，故好跑；20 岁血气始盛，肌肉方长，还能快走；30 岁五脏大定，肌肉坚固，血脉盛满，步子就安稳了；40 岁腠理开始疏松，头发斑白，好坐；50 岁肝气始衰，胆汁始减，眼开始花；60 岁心气始衰，血气懈惰，好躺着；70 岁脾气虚，皮肤不再润泽；80 岁肺气衰，魄离，说话常错；90 岁血脉已空；100 岁五脏皆虚，差不多神气都没了，就剩个人形了。

　　至于人的生长发育规律，则有男女之别。女尽七七，男尽八八。也就是说女子以七年、男子以八年为一个变化周期。其规律是：女子 7 岁换牙，14 岁来月经，可以具备生育能力，但到 21 岁才长成熟。28 岁身体盛壮，35 岁面色已不那么滋润，开始掉头发了，42 岁头发开始发白，49 岁绝经了，再也不能生育。男子 8 岁换牙，16 岁遗精，有生育能力，但要到 24 岁才长成熟，32 岁肌肉满壮，40 岁开始掉头发，牙也不好了，48 岁脸起皱纹、头发斑白，56 岁"精"少了，形体老化了，64 岁掉牙脱发。但如果保养得好，也还能延缓生育的能力。

　　以上这些规律，基本上是医家自己的观察总结，并不需要借助外来的思想拔高认识水平。古人既注意到人生发育、衰老的共性规律，也注意到人的多方面的个体差异。《内经》列举人的差异主要表现在人的体格（骨骼肌肉），对疼痛、疾病与毒性的耐受力，长相，皮肤颜色，性格，处世态度等。古人在这方面的认识有可圈可点之处，但也有荒谬不经之说。

　　古人能认识到人的身体状态与其筋骨肌肉的强弱有关，还能把忍痛、耐毒能力与个人性格区分开来。例如，"人之忍痛与不忍痛者，非勇怯之分也"。在阴阳五行学说的指导下，《内经》把人分成了五态（太阴、少阴、太阳、少阳、阴阳平和）、五形（金形、木形、水形、火形、土形），并认为应该依据不同人的类型来施治。这些认识都具有积极意义，指导着中医治疗要充分顾及不同人的体质禀赋、性格出身。

　　但在这部分内容中，《内经》又把人的性格、贵贱、邪正善恶，都与脏腑形状联系起来，所谓"五脏皆端正者，和利得人心；五脏皆偏倾者，邪心而善盗"。这就把人心之善、恶这一后天的社会问题，归结于先天的脏腑实质。此外又据面部形状来臆测脏腑的好恶与形态。例如鼻道长的，可以推测大肠状况；嘴唇厚、人中长的可供推测小肠的状态。"目下果大，其胆乃横；鼻孔在外，膀胱泄露。"因此就形成了看相定脏腑，凭脏腑定尊卑善恶的怪圈。汉代朝廷用人，也要用类似看相的技术去挑选。《内经》在这方面可能是受其影响。但后世中医已经将这部分内容打入冷宫，并不用在临床医学上。

　　7. 病因

　　疾病是怎样引起来的？这是任何一种医学都必须回答的问题。在巫觋控制医疗的蒙昧时期，鬼神是疾病的唯一原因。孔子、孟子将个人命运归于"天命"。孔子说："生死者，命也。"虽然孔子也曾将"死于疾"列为死于"非命"的三种情况之一，但是当他的学生伯牛有病的时候，孔子从窗户握着他的手说："要死了，这是命啊！"汉高祖刘邦就是笃信生死有命的人，有病也不治。但在早期医学经典《黄帝内经》中，彻底摒弃了疾病的鬼神论、天命论。

《素问·五脏别论》明确地指出："拘于鬼神者，不可与言至德。"就是说信鬼神的人，别和他谈道理。中医自古相信，人只要了解养生之道，就可以"形与神俱，而尽终其天年"。所以中医不信鬼、不信命，而是从内外两方面来考虑疾病的成因。

按《素问·调经论》的认识，病起于邪。"夫邪之生也，或生于阴，或生于阳。其生于阳者，得之风雨寒暑；其生于阴者，得之饮食、居处、阴阳、喜怒。"这里的"生于阴"指病生在人的内部，"生于阳"指感受外部的邪气。

人如果不能适应外部气候变化，那么，四季就会出现某些特有的疾病。例如春伤于风，乃生"洞泻"（水泻）；夏伤于暑，到秋天就会得疟疾；秋伤于湿，就会气逆咳嗽，甚至出现"痿厥"；冬伤于寒，春天会得温病。外邪入侵可以即感即发，也能潜伏到下一个季节发病，这就为后世的"伏气"论提供了理论依据。在外邪之中，又将风作为"百病之始"，同时认识到伤于寒，就可以"病热"（引起发热性的疾病）。《内经》时代，对风、寒、暑、湿、燥引起的疾病症状特点已有详细的描述，这就为后世的辨证施治提供了理论依据。

由于《内经》时代地广人稀，疫病难以大规模流行，所以当时对外邪的认识还是比较有限的。但是对病的内因（自身不谨所致）的认识却十分全面。

首先是饮食，吃得太饱、太好、太偏，都会引起疾病。"饮食自倍，肠胃乃伤。"吃过量就要伤脾胃。"膏粱之变，足生大丁。"说的是肉食、美食，容易引起疔疮。按《内经》的观点，五味（辛甘酸苦咸）入胃，能分别进入它们相应的五脏。任何一个味道的东西吃多了，都会伤到它所进入的内脏，影响它的功能。例如"多食甘，则骨痛而发落；多食辛，则筋急而爪枯"等。这些理论一直被后世奉行。

居处环境也是疾病形成的一个重要的原因。大到五方之域，小到居室地势，都与疾病相关。例如居住在西方，地高气冷，人民居住在野地里，以牛羊奶为食，因此容易内脏有寒，肚腹出现满病。南方地势低，水土弱，雾露聚集，因此人们多风湿痹病。

《内经》时代，房事过度被认为是重要的病因。《素问·痿论》指出："思想无穷，所愿不得，意淫于外，入房太甚，宗筋弛缓，发为筋痿，及为白淫。"就是说无论是过多思想男女之事，或者是房事过度，都会产生疾病，男的出现阳痿，女的出现白带过多等疾病。房事时最忌讳的是"醉以入房，汗出当风"。这样做会竭尽其精，并且伤肾伤脾。西汉名医淳于意治疗过的病例中，"得之好内""饮酒且内""盛怒接内"的就有4人。其中的"内"，代表房事。就是说房事过度、借酒房事或大怒行房，都被认为是造成疾病的重要原因之一。

"喜怒不节则伤藏"，指的是过度情绪变化，可引起内脏受损。《素问·玉机真藏论》说："悲哀愁忧则心动，心动则五藏六府皆摇。"心为君主之官，情绪变化过度，心脏动摇则其他脏腑也随之动摇。具体来说暴喜伤阳，令人气缓；暴怒伤阴、伤肝；忧愁伤脾伤肺；过思伤脾，大悲气消，大惊则心无所倚，心神不定。

8. 诊法

现代诊断依靠的是精确的解剖知识和各种先进的透视设备和技术。古人靠什么来窥知内脏的变化呢？

毋庸讳言，古人也曾梦寐以求能直接看到脏腑、打开内脏去清洗。所以在2000多年以前，就传说扁鹊喝了"上池之水"，能看见墙那边的人，因此看病时"尽见五藏症结"。还传说上古之时的神医俞跗能"割皮解肌"，清洁洗涤内脏。传说总归是传说，那是一种美好向往驱使下编造出来的神话。现实中的医学，在不能透视内脏的情况下，只能根据"有诸内必形诸外"的思维信念，依据内脏各种功能及其与体表的联系，去想方设法观察体表变化，"从外知内"，推测体内的疾病。在这方面，可以说先医们的智慧几乎发挥到了极致。

概而言之，凡是内脏通过气血运行在皮肤、血管的表现（皮肤的颜色、温度、脉搏的变化等），情志（精神状态），五官九窍的功能（视、听、嗅、声、气味、各种动作）与排泄物（大小便、汗、月经、白带等），以及各种欲望（饮食、好恶等），都成为早期医学诊断疾病、搜寻证据的途径。

在《黄帝内经》中，上述途径的诊察方法差不多都已经出现。虽然其中有些具体诊断方法已被淘汰或失传，但该书确立的几大基本方法，至今没有改变。《灵枢·邪气藏府病形》里，将见色知病"命曰明"，按脉知病"命曰神"，问病知病"命曰工"，这里就包括望色、切脉、问病三大诊法。至于"明""神""工"，则代表不同的水平。后来《难经》归纳为四诊："《经》曰望而知之谓之神，闻而知之谓之圣，问而知之谓之工，切而知之谓之巧。"这就是中医四诊（望、闻、问、切）的由来。能将四诊达到"神圣工巧"的水平，就能诊断疾病。

望诊在现代中医诊断中似乎地位不高，但在《内经》时代，各种诊法它排第一。著名的扁鹊望齐桓公疾，就是靠望诊了解疾病深入到哪个层次。当然，这是历史故事，不免有些神化。望诊的原理之一就是观察气血透过浅表血管反映出来的皮肤色、温变化。另外就是观察宏观的"形""神"的异常反应。"得神者昌，失神者亡。"《内经》中望面色还分不同部位，例如"肾热病者颧先赤，脾热病者鼻先赤"之类。也可通过望脸、眼两个部分的色，综合判断疾病的预后。人的肤色各有不同，但不管何种肤色，最重要的是看有无光泽。如果"赤如鸡冠"，"白如豕膏"（"豕膏"指猪脂肪），说明有光泽，当生。如果赤如瘀血、白如枯骨，那就要死了。后世的望诊，扩大到望指纹（多用于小儿）、望舌等，大大丰富了望诊的内容。

闻诊在《内经》中还没有见这个名字，但具体方法还是有，包括听声音、闻气息等。声音语言不仅可以反映发音器官的疾病，也是人气力强弱、精神是否正常的依据。内脏有病，也可诊察皮肤、九窍发散出异常气味。

问诊也是《内经》时代的重要诊断法。为了使病人能全部说出病情和自身感受，医家可以闭门关窗，把病人留在里面反复地询问，以求符合病情。问诊的内容包括出身贵贱、饮食居处、情绪变化等。

切诊在《内经》等早期诊法中所占的篇幅最大。两物相磨谓之"切"，所以广义的中医切诊，包括所有用手接触病人躯体的诊法。后世为区别起见，多把按摸肌肤称为触诊，而把切诊专用于按摸脉搏。

《内经》中触摸"尺肤"以诊断疾病的内容很丰富。所谓"尺肤"，是指小臂从肘到腕的肌肤。触摸尺肤，感受其冷热、肥瘦、疏密、滑泽粗涩，来判断热病、寒病、风病、水病等。这古老的"尺肤"诊法后来渐次湮没，到现代已经不大用了。但《内经》有"按其手足上，窅（yǎo）而不起者，风水肤胀也"的诊法，就是按病人的手足，一按一个坑，老恢复不了原状，这就是水肿。类似这样的许多简易按肌肤诊断疾病的方法，则流传至今。

脉诊在《内经》中的记载更加丰富。这是因为"脉者血之府也"，是气血运行的通道，气血是否充盈，血行是否顺畅等，都可通过脉管形状和脉搏跳动反映出来。所以只要脉管接近体表、能用手按到的地方，都曾经是古人诊脉之处。《内经》所用脉诊法是古老的"三部九候"法，即把全身脉搏跳动都纳进去了的一种遍身脉诊法。"三部"指上部的人迎脉（颈动脉）、中部寸口脉（桡动脉）、下部趺阳脉（胫前动脉），这三部脉分别反映人的上部头面，中部心肺，下部肝、脾、肾的疾病。"九候"是在人的上部头面、中部手下端、下部大腿以下再各取三处有动脉跳动的地方，来诊察不同脏器和经络的疾病。这样的诊脉法，是通过不同地方的脉搏，来测知相近或相应脏器、部位的疾病，比较复杂，所以到汉代就被"独取寸口"法取代了。

《内经》中的脉法与后世相比，要复杂得多。这是因为其指导思想就是前面提到的"天人相应"、人身一个小宇宙。在古人看来，尺肤、寸口脉搏虽然是小小的局部，却可以反映全体的疾病。这小小的部分，就是一个缩小了的完整人体的反映。这很类似现代有人提倡的"全息"论。因此《内经》中的尺肤、脉搏又可以分上下内外，来对应诊察人体的疾病，从而为汉、晋将"寸口"脉（桡动脉）分六部诊察五脏疾病提供了理论依据。

脉法除分部以外，还涉及它跳动的脉速、脉状、脉位、脉势等，后世统称为脉象。古代没有钟表，就用正常呼吸来确定正常人的脉速。《素问》认为"人一呼脉再动，一吸脉亦再动，呼吸定息脉五动，闰以太息，命曰平人"。也就是说一呼一吸脉跳在 5 次左右就是正常的。太快为"数"（shuò）脉，太慢的叫"迟"脉。但《内经》中的具体脉象名称很多（如浮、沉、滑、涩、缓、急、小、大、钩、毛、弦、石等）。不同的脉象代表不同的疾病，如"长则气治，短则气弱，数则烦心，短则气病……"上述内容与后世脉法相比，有同有异，变化较大。

在《内经》脉法中，脉象会随季节更替而有所差别，脏腑之脉又按五行规律对应于四时脉。脉有胃气则生，无胃气则死。这种"胃气"指脉象透发出来的一种雍容和缓之象。与它对应的是真脏脉，或曰死脉。古人用了很多比喻来形容四时脉、五脏脉有胃气的脉和死脉。以肝脉为例，肝属木，对应于春，正常脉微弦，摸起来像触到长竹竿的末梢，按之软弱而有弹性。如果是肝的死脉，摸起来就像按在刚张好的弓弦上，绷紧强劲。四时脉在后世已经不大讲究，但脉有胃气和真脏脉，却被后世作为预测生死的重要方法。

《内经》中的脉法甚多，还有脉、色合参等内容，更加复杂。本节仅述其要。由于时代的久远，《内经》诊法虽然为后世提供了许多原则，但后世的具体诊法却改变很大，也丰富实际得多。

9. 治法

《内经》是一部基础理论著作，其中涉及药物治疗的内容很少，针刺疗法比较多。但该书为后世留下的许多重要治疗原则，却被各种疗法所遵循。这些治疗原则（后世简称"治则"或"治法"）将理论与临床联系起来，使医学摆脱单个治疗经验的束缚。

"治病必求其本"，是中医的金科玉律。《内经》所说的"本"，有不同层次的含义。最高层次的"本"就是"阴阳"。所谓"审其阴阳，以别柔刚。阳病治阴，阴病治阳。定其血气，各守其乡"，就是说要区分疾病的本质（阴阳柔刚），采用针对性的方法来治疗它，使人的血气恢复平衡。后世中医秉承这一原则，又根据不同的疾病，演化出许多治本的方法。

"本"的原义是树根，"标"的原义是树梢。疾病的表现多端，所以治病首先要分清谁是标、谁是本。《素问·标本病传论》说："治标本者，万举万当；不知标本，是谓妄行。"从医、病关系来说，病情为本，医家的认识为标（"病为本，工为标"）。临床治疗要随时根据病情调整辨证思路，不能固执医家个人偏见。从疾病本身来看，正气为本，邪气为标；病因为本，见证为标；先病、旧病、痼疾为本，后病、续病、新病为标；病在内为本，在外为标。所以《素问·标本病传论》出示了很多在不同情况下的标本治法。例如"先寒而后生病者，治其本；先病而后生寒者，治其本"就是说因为受寒而生病，那寒就是本，其他病状是标。治则先散其寒，其他病状就没有了；如果是先有病，而后产生寒象，那病是本，寒是标，所以要先治病，寒就没有了。又如："小大不利治其标，小大利治其本。"就是说大小便都不通了，先解决这个问题，是治标之法。若大小便通畅，则要治疾病的根本原因。这就是"急则治其标，缓则治其本"。当然也可以根据病情，标本兼治。治标、治本，现在已经成了社会学经常借用的名词，但在医学上，它关系到用药矛头所指，是治疗时首先必须明确的问题。

中医治疗另一个极为重要的原则，就是"救其萌芽"。前面提到的"不治已病治未病"是预防疾病原则，而"救其萌芽"，就是要在疾病刚冒头时消灭它。《素问·八正神明论》说："善治者治皮毛，其次治肌肤，其次治筋脉，其次治六腑，其次治五脏。治五脏者，半死半生也。"这和扁鹊规劝齐桓公，提醒他有病早治的精神是一致的。

此外，《内经》对疾病的具体治法也很丰富。"体若燔炭，汗出而散""其在皮者，汗而发之"，是利用发汗解除在肌表之邪引起发热的方法。"其高者因而越之"，是治疗病位在上（如在胸脘上部）的吐法。"其下者，引而竭之"，是治疗病位在下（如肠间有积滞淤塞）的下法，也就是通大便。"实者泻之，虚者补之"，既可用于针刺，也可用于药疗。补虚是中医很早就采用的方法，具体来说，"形不足者，温之以气；精不足者，补之以味"。也就是说形体机能不足（如怕冷、倦怠等）可以用些温热药振奋一下。若是体内的精（包括血液、精液、津液等）不足，就要用一些滋味浓厚的药物去填补它。

上述具体治法体现在《神农本草经》中，则是"疗寒以热药，疗热以寒药，饮食不消以吐、下药"，这都属于兵来将挡、水来土掩的针对病因的治法。此外，《内经》中还有独特的"从阴引阳，从阳引阴，以右治左，以左治右"的方法。此法最初只用在针刺，左病刺右，右病刺左。但后世也引申运用到药物，上病下取，下病上取。泄肺热通大便，泻心火利小便等。

《内经》的治法还直接借鉴了当时的兵法。兵法说："无迎蓬蓬之气，无击堂堂之阵"，就是不要去攻打士气高昂、严阵以待的军队。刺法则变化为"无刺熇熇之热，无刺漉漉之汗，无刺浑浑之脉"，也是同样的意思，不要企图在病势最强盛的时候去拦击它。《内经》的治法朴素无华，但又简捷实用。唐王冰补入《内经》的"运气七大论"，其中的治法更加丰富多彩。但因它不属于《内经》时代的思想和医疗实际的产物，因此将在下文予以介绍。

以上粗略地介绍了《内经》时代建立起来的中医理论体系的主要方

面。其中的养生原则，"治未病"的预防思想，阴阳五行学说、脏象理论，诊法与治法等，对后世医学产生了深刻的影响，并一直指导着中医的发展。

综上所述，中医能在 2000 多年前，就引进哲理，并结合当时其他自然科学成就及医学本身的实践积累，建立了自己的一套理论体系，然后不断地检验、完善，并加以改进，用以指导临床。从这个角度来看，中医是幸运的！否则她很有可能像世界许多国家的传统医学一样，至今停留在经验医学的阶段，形不成理、验俱富的中医特色。

1972 年长沙马王堆出土的汉墓医书中展示的医疗技术还相当简陋，巫术仍然混杂其中。与《黄帝内经》丰富的理论知识相比，西汉初的医疗实践实在是落后了。因此，建立在哲理基础上的医学理论的高度，已大大超越了当时的实际医术水平。在与巫医的竞争中，有了系统理论的医学占尽先机，得以逐渐摆脱巫医的羁绊。尽管早期中医理论不尽完善，但阴阳对立统一的普遍规律，以及五行学说中所包含的朴素唯物论和自发的辩证法因素，决定了它们进入医学之后，对促进中医发展产生了巨大的推动作用。

早期中医理论高度超越实际医术水平的特殊历史现象，决定了中医发展需要一个很长的历史时期，来实现《内经》中的理论下移，而医家的实际医疗经验上承，从而水乳交融。

二　理、验交融历千年

消除理论与经验脱节状况，中医用了一千多年！从汉到唐的一千多年间，中医的临证医学有了长足的发展。相对来说，基础理论却无突破性的进展。这是因为战国时期百家争鸣的风气早已成为过去。政治家们忙于从百家之中选择最适合统治者的学说。汉武帝罢黜百家、独尊儒术之时，中医的基本理论也已基本定型。随之而来的问题是如何使建立起来的医学理论与医疗实践逐步交融。

差距在于医疗实践的落后！《褚氏遗书》（托名之书，约成于宋代）提到"由汉而上，有说无方。由汉而下，有方无说。说不乖理，方不违义"。就是说汉代以前，有理论论说但没有实用方剂配合；汉代以后，有方剂但又没有理论解说。论说很有理论，方剂也很合适，但两者之间似乎联系不大。明代的韩懋也注意到：秦汉以前，有说无方。《内经》诸书的理论，并没有多少同时代的方剂可资印证。因此其理论论说虽然也很严肃细腻，但也有不少附会窜杂的言论。① 这说明即便在古代，医家们也已注意到秦汉以前，高高在上的中医理论，水平低下的临床诊治，其中存在很大的差距。

"汉建安以前，苦于无方"（清罗美《古今名医方论》），因此，从汉到唐，医家们忙于经验积累，使得汉、唐之间的方剂数量猛增到数万。积累经验的过程，是中医理论与临床实际拉近距离的必要阶段。在这一过程中，中医理论不断下渗到临床治疗之中，发挥指导作用，并接受实践的检验。临床实践也不断提供印证或修正中医理论的素材，以便向上与理论承接。

汉代留下来的医学史料不是很多。将这些史料串联拼凑起来，就可以知道早期医学理论确实在不断地渗透到临床医药学中并发挥了重要的指导作用。

西汉初淳于意的《诊籍》，以及药学经典《神农本草经》中已经运用了阴阳五行学说。《难经》中的脉学知识，始终贯穿了阴阳学说。东汉末，张仲景直接运用了《素问》《九卷》中的理论，建立了其六经辨证治疗伤寒的理论体系。以张仲景医书为标志，中医理论指导下的辨证论治已经初步形成。这一次划时代的进步，由于时代条件的限制，在很长的历史时期内并没有快速广泛地对中医临床产生影响，更谈不上占据权威地位。唐代的南方医家仍然把张仲景医书作为秘籍珍藏起来。直到唐孙思邈《千金翼方》，才收录了张仲景医书的部分内容。汉代中医理论与临床实践相融合的第一个典范，实际上晚到几乎 800 年以后的北宋，才开始真正发挥它指导医学界将理论与临床相结合的巨大作用。

晋代及六朝时期，最早从《内经》理论中脱胎而出的是脉学理论的进展。其标志性著作是晋代王叔和的《脉经》，以及从诸多普及性脉学歌赋中脱颖而出的《脉诀》。

1. 实用脉理

《内经》中的早期脉学理论虽然内容丰富，但其中有多种学说，非常繁复。仅脉诊部位就有"三部九候"法、人迎气口法、寸口法等多种。

_____

① 《韩氏医通》，人民卫生出版社 1989 年版，第 2 页（"秦汉以前，有说无方，故《内经》诸书，郑重靦缕，亦多累世附会窜杂之言"）。

基于天人相应的四时脉法，又难以切合临床诊疾实用。从《内经》、淳于意《诊籍》到张仲景《伤寒杂病论》，各种脉法及其名称很不统一。因此要使脉诊理论转化为临床实用的诊法，必须有一番整理取舍的工夫。

晋王叔和《脉经》完成了这一历史使命。他汇辑众多前人脉学资料，结合张仲景医书的脉学实践，遵《难经》"独取寸口"脉法，选定了 24 种脉（浮、芤、洪、滑、数、促、弦、紧、沉、伏、革、实、微、涩、细、软、弱、虚、散、缓、迟、结、代、动），规范其名称和形状（脉象）。《脉经》选录的《脉法赞》，将左右手的寸关尺三部脉分属脏腑，是《内经》尺肤诊分部察病的新发展。经过六朝人伪撰的《王叔和脉诀》进一步改造，最终形成"左心、小肠、肝、胆、肾、右肺、大肠、脾、胃、命"的分部诊察脏腑的格局，并一直沿用至今。尽管后世在脉象分类及纲领等方面继续有新的发展，但独取寸口、规范脉象、确定寸口分部对应脏腑等理论，使脉理脱胎换骨，成为指导此后中医诊断的实用理论。

2. 养生理论

从魏晋到隋唐，养生理论得到了极大的丰富和发展。

《内经》虽然有老、庄思想影响下的养生思想，但缺乏具体的养生方法。东汉末道教形成之后，其"我命在我不在天"的思想，成为道教人士追求长生不老的精神支柱。由此形成了以吐纳导引、烧丹炼药、房中辟谷等一系列的修炼方法。医书中每多汲取道教养生法中的吐纳导引法及其理论，因为这部分内容最适合普通百姓养生兼医疗。隋巢元方《诸病源候论》不录药物、针灸疗法，但唯独采纳导引疗法。唐孙思邈《千金方》也多载吐纳与导引。道教的养生目的与中医不同，中医重在"治未病"，道教旨在长生不老，因此道教的养生法与中医不能等同。受道教炼丹及社会服石的影响，从南北朝到唐代，社会上出现了金石药毒害的新疾病，使医学界面临一个全新的人为病种。

饮食养生在唐代上升为专门学问。唐孙思邈《千金要方》卷二十六"食治"（后世简称《千金·食治》）不仅第一次将前代本草及食经类文献汇合，而且在此卷前辑录了许多食疗理论论说。其中提到："夫为医者，当须先洞晓病源，知其所犯，以食治之。食疗不愈，然后命药"。"若能用食平疴，释情遣疾者，可谓良工。"这是《内经》所不曾明确的治疗层次，也是对食疗重要作用的阐发。孙思邈弟子孟诜以食疗物为单元，选择本草治疗类的"食宜"内容（药性、功效、主治、反畏等），食经类的"食忌"内容（食物本身以及配合使用的禁忌），以及由食物为主组成的食疗方剂，撰成《补养方》。后经张鼎增补而成《食疗本草》。在以脏补脏理论指导下，该书多运用动物脏器疗法治病。"海族之流，皆下丹石"的经验总结，扩大了海洋植物在中医食疗中的运用。此外，唐代及其以前关于饮食时间、方法、禁忌等方面的内容和理论论说也被《医心方》采纳。因此，中医的食疗理论与实践到唐代已经融合，成为此后中医养生理论的重要组成部分。

3. 疾病理论

隋唐时期，先后有隋全元起、唐王冰注解《黄帝内经·素问》。由于他们的努力，中医经典医学理论著作得到了整理，并被保存下来。但王冰的《黄帝内经·素问》注解，基本上是解释词句的意义、校勘文字等，并没有提出足以称得上创新的见解。从汉到南北朝，虽有可能出现阐释《内经》理论的著作，但目前所能见到的，只有隋巢元方的《诸病源候论》全面接受《内经》理论，并广泛用于解释疾病机理。

《诸病源候论》（610 年）论各科疾病 1726 种。此为官修医书，故资料采集有充分的保证。巢氏是现知用《内经》理论全面阐释疾病病源的第一人。他不仅直接引用了《内经》论病之文，而且综合运用阴阳五行、藏象病机等来解释病源，这就将《内经》论病与后世发展起来的诸多疾病认识熔为一炉。例如"水肿候"，巢氏引录了《灵枢·水胀》中诊断水病的所有主症。更可贵的是他运用《内经》脏腑、阴阳五行理论，对水肿的成因进行了全面的解释：

> 肾者主水，脾胃俱主土，土性克水。脾与胃合，相为表里。胃为水谷之海，今胃虚不能传化水气，使水气渗液经络，浸渍脏腑。脾得水湿之气，加之则病。脾病则不能制水，故水气独归于肾。三焦不写，经脉闭塞，故水气溢于皮肤而令肿也。①

这段解释中的理论，无一不源自《内经》。他运用得如此娴熟准确，说明其时《内经》的基础理论已经被医家广泛运用于认识病症。该书论

---

① （隋）巢元方：《诸病源候论》卷二十一。

病的内容，被唐王焘《外台秘要》、宋王怀隐《太平圣惠方》等书中转录于各病方药之前。北宋时《诸病源候论》被整理刊行（1026年），并作为医学校的"小经"课程的教材。因此巢氏用《内经》理论解释疾病的尝试，成为此后医家认识疾病的桥梁。

4. 病机治法

隋唐间对《内经》基础理论的重大补充，首推"运气七大论"。一般认为这七大论是王冰采集补入《素问》的，因此可将该书作为唐代的论著。

"运气七大论"对后世医学影响最大的不是其中的运气内容，而是病机与治法。《至真要大论》有后世称作"病机十九条"的论说。这19条病机有同样的论述格式："诸风掉眩，皆属于肝。诸寒收引，皆属于肾，诸气膹郁，皆属于肺。诸湿肿满，皆属于脾……"所谓"病机"，就是疾病的关键、枢要。"病机十九条"采用"诸（病）……皆属于……"的句式，是对某一类疾病根本原因的概括，发挥着提纲挈领、指示病变关键所在的作用。这样的概括，只能发生在对疾病认识已趋繁复，需要简约的历史时期。它是对《内经》"治病必求其本"的具体补充。

王冰注《素问》在北宋刊行以后，病机的内容广为人知。金刘完素在对"病机十九条"进行归纳分析之后，认为病由火、热者居多，因此提出了他的"火热论"，掀起了金元医学争鸣的第一波。

《内经》的治法，奠定了中医治法的基础。但在具体治法方面，《内经》侧重针刺法。"运气七大论"中极为丰富的药物治疗方法是对《内经》治法的增补。其中有几个非常重要的创新治法。第一是"反治法"（反常的治法）：一般正治法是"寒者热之，热者寒之"。但反治则不然：热因热用，寒因寒用。塞因塞用，通因通用。这是针对临床上表现出假象的一类疾病采用的治法。所以一定要找出疾病根本的原因（所谓"必伏其所主，而先其所因"），所谓假象，例如宿食积聚、留滞肠胃，产生泻利，从表面看来是泻利（通），但其本质是因肠胃有积滞引起，因此还要用"通"便的方法去治疗，而不能强行止泻。

另一个创新，是以治疗做出新诊断的依据，进而采用新的治法。这是从临床实践总结出来的诊断经验。《素问·至真要大论》提出这么一个问题："有病热者，寒之而热；有病寒者，热之而寒。"也就是说，采用了完全对头的治法，却收到正相反的效果。对此怎么治？方法是："诸寒之而热者，取之阴；诸热之而寒者，取之阳。"例如，肾阴虚，虚火潮热，用苦寒药会更热（诸寒之而热），那么就要从阴虚考虑，采用滋阴法，所谓"壮水之主，以制阳光"，虚热自平。又如，真阳不足，肢冷畏寒，用辛热散外寒的药之后会更寒（诸热之而寒），这就要从阳虚考虑，用温阳壮火法，"益火之源，以消阴翳"，内寒自除。

对药性峻烈的药物及毒药的运用，"运气七大论"也有独特的见解。例如怀孕妇女，有病如何用药？"有故无殒，亦无殒也。"就是说真有大病，该用药还是照用，不会有伤害的。但使用毒药需要注意，"衰其大半而止，过者死"。用药过头就要伤到人体。又如，季节用药法："用寒远寒，用热远热"；方剂的君臣佐使配合法，"主病之谓君，佐君之谓臣，应臣之谓使"。这和道家按药物养生性质分君、臣有本质的区别。

"运气七大论"对治法的论述还有很多，它实际上成了后世药物治法的总汇。但这些治法却没有在唐代流传。直到北宋校订了《素问》之后，它的内容才广为人知，极大地丰富了临床理论用药的内容。北宋之时，医书的校订，医学教育的推行，儒家格物穷理的学风等多方面的因素，合为一股力量，把曾经高高在上的中医理论，与宋以前积累的医疗经验相磨合。中医的发展，从此理、验并进，还进一步出现了学术门户之争。

三　医理探讨与医之门户

"儒之门户分于宋，医之门户分于金元。"这是《四库全书提要》对儒、医发展总态势的评价。战国、秦汉时期，中医的理论体系得益于杂取诸家之长。自汉武帝罢黜百家、独尊儒术以后，占据社会主流的儒家思想对医学理论的影响逐步加深。虽然魏晋南北朝时，道教的养生法之类还经常影响到医学。但到北宋之时，道教影响式微，对中医影响最大的首推儒学。但在发展时间的节拍上，医术往往落后于儒术半拍。

1. 北宋医理探究之风

北宋是中国文化与科技史上一个非常关键的历史时期，因此也是医学发展的历史转折点。印刷技术的发达、校正医书局的努力，使中医的重要理论著作得以广泛传播。北宋新儒学（理学）的兴起，又直接影响到中医理论的探讨，促进了中医理论与实践的结合。临床医学需要理论的解释和支撑，中医理论需要临床实践的注脚和检验。从北宋开始，中医理论进入了一个与医疗实践结合的新发展时期。

　　儒学的复兴得益于北宋初期先驱人物开办的教育。庆历四年（1044年），朝廷诏各州县设立儒学校，并在京师建太学。① 北宋帝王对医药的兴趣，使之决定兴办医学（校），"教养上医"。朝廷在国子监仿儒学、武学之例，成立医学。学业有成，可以为官。② 北宋的医学校初隶太常寺（掌宗庙礼仪），元丰间（1078—1085 年）开始置提举判局。至崇宁间（1102—1106 年）改隶国子监。11 世纪中朝廷陆续组织力量校正医书，为医学教育提供了教本，进一步促进了医学教育和理论探讨。③ 北宋的医学校初分三科（方脉科、针科、疡科），但不论哪一科，其 3 门大经课（相当于现代的主课或者必修课）中，都包括了《黄帝内经·素问》。北宋理学奠基人周敦颐（1017—1073 年）的《太极图说》，与《素问》中用以解释天理、医理的阴阳五行以及宇宙生成的论说，有许多相合之处。《黄帝内经》在北宋末甚至也被作为道教经典之一，在太学、辟雍专设博士二员，讲授《黄帝内经》④。因此，《黄帝内经》不仅对北宋医学，而且对整个北宋文化发展发挥了一定的作用。

　　经过北宋校正医书局整理的《黄帝内经·素问》，是以唐王冰注本为底本。其中包括了王冰补入的"运气七大论"。运气学说不见于唐以前的医学，直到北宋初才逐渐广为人知。其中复杂而又新奇的理论，随着对《黄帝内经·素问》研究的深入，很快流传开来，并成为国家医学考试必设的一个内容。运气学说经过朝廷的提倡，成为一门显学，也成为北宋乃至于此后金元医学创立新理论的有力武器。

　　医学教育的导向往往会影响到整个医学界的学风。因此到北宋后期，医学理论的研究风气越来越浓厚。儿科学家钱乙，把脏腑辨证理论与临床

---

　　① 《欧阳文忠公集·胡先生墓表》："庆历四年天子开天章阁，与大臣讲天下事，始慨然诏州县皆立学。于是建太学于京师，而有司请下湖州取先生之法以为太学法，至今为著令。"

　　② （宋）陈言：《三因极一病证方论》，《四库全书》本，卷二 "大医习业"。

　　③ 《太医局诸科程文》四库提要：考《宋史》医学初隶太常寺，元丰间（1078—1085 年）开始置提举判局，设三科……迨崇宁间（1102—1106 年）改隶国子监，分上舍、内舍、外舍……盖有宋一代于医学最为留意。自皇祐中（1049—1053 年）于古来经方脉论，皆命孙兆林亿高保衡等校刊颁行，垂为程式。故学者沿波讨流，各得以专门名家。

　　④ 羊化荣：《佞道昏君宋徽宗》，见《道教与传统文化》，中华书局 1992 年版，第 274 页。"政和、宣和年间，徽宗……命各州县仿照儒学形式设立道学，学习《黄帝内经》《道德经》《庄子》《列子》等书，并诏太学、辟雍各置《黄帝内经》《道德经》《庄子》《列子》博士二员，讲授道经。"

用药相结合，为此后中医的脏腑辨证别开生面（参本章"辨证论治"）。由宋徽宗领衔的《圣济经》就是一部理论著作，对当时比较热门的中医理论几个方面进行了探讨。药学家寇宗奭《本草衍义》前三卷"序例"中也有很多医理的探讨，其中提出的"医学八要"，已很接近后世所谓八纲辨证。

但就在北宋医理研究不断深入的时候，金兵灭宋，北宋的文化中心地区被纳入金国版图。朝代的更迭阻断不了文化发展的惯性。留在北方金国的医学家们继续探究医学理论，各倡一说，导致在金、元时期形成了医学门户之争。清代学者在讨论金元医学大家迭出的历史原因时，充分肯定了北宋医学教育的巨大作用。医学的门户争鸣，终于继儒学门户分立之后，在金元之时兴起。

2. 金元医学争鸣

金元的医学大家，主要集中在北方的河北、河南一带。刘完素倡导"火热论"，信奉这一学说的学者为"河间学派"；张元素强调"养正去邪"，他这一派叫"易水学派"。"河间学派"中的张子和治病主张排邪为主，倡导攻邪，成为"攻下派"大家。"易水学派"的传人李东垣重视脾胃，主张甘温补脾，被作为"补土派"大家。元代统一以后，北方医学理论南传，又产生了"滋阴派"的朱丹溪（以上五人均参"医家·名医举要"）。这些不同的学术见解通过争鸣，使中医理论探讨进入新境界。

这次的医学理论争鸣，是《内经》中医理论体系初成后的第一次大争鸣。很有意思的是，金末元初开始的这场争鸣，其中心人物的活动地区和年代都非常接近，这说明他们所见的疾病也都差不多。他们赖以建立新说的理论源泉，都是来自同一部《黄帝内经》，并非各承家技的门户之争。他们共同的做法都是将早期中医理论在临床实践中加以锤炼，赋予更多的医学实践内容。不论何种理论学说的建立，都必须有相应的一套治法方药相配合。这和《内经》时代直接汲取诸子百家的理论大不相同。因此，从北宋、金元以后，中医理论的发展再也没有出现理论与实践脱节的现象。

金元理论的争鸣，焦点是疾病的病机和治法。对同地区、同时代的同一类疾病，刘完素从分析"病机十九条"入手，得出病机多属于"火"，"六气皆从火化"的结论，所以在治疗上，好用苦寒之药。而李东垣根据他的医疗实践，则认为饮食不节、劳倦过度、七情所伤等都能损伤脾胃。

他从《内经》寻找依据，认为"内伤脾胃，百病由生"，因此重视用甘温益气法来培补脾胃。张子和为了扭转世俗好补畏攻的时弊，倡导"先论攻其邪，邪去而元气自复也"，主张以排邪为主，用汗吐下三法为主驱除表、里的邪气。他们的学术见解和用药方法看起来差别很大，实际上是从不同的角度发展了中医病机说，丰富了临床治法。金元北地的医学在理论上明显超过了同时期南宋的医学水平。

3. 南宋医学的简约思维

南宋虽然没有掀起医学理论探讨热潮，但在理论上也并非一无建树。这一时期最重要的理论进展就是调整思维方法，由博返约，把握医学的精粹与根本。这一风气的形成与南宋理学的朱（熹）、陆（九渊）之学有关。朱熹（1130—1200 年）的思维方法是"先博而后约"，使学问不杂乱、不简陋；陆九渊则把《易传》中的"易简"与孟子的"先立其大"方法结合起来，抓住道理的根本。陆九渊的名言是"学苟知本，六经皆我注脚"。虽然朱、陆两家在如何简约方面有很大的分歧，但在追求简约方面却是一致的。

南宋医书未见直接引录朱、陆之说，而简约医理却是顺应时代潮流。其中影响最大的是南宋医家陈言（无择）的《三因极一病证方论》（1174年）。陈氏把前人1800 多种疾病之源分为内因、外因、不内外因三种。在脉学上，他主张"博则二十四字（脉象），不滥丝毫；约则浮沉迟数，总括纲纪"。他把医学内容总为"四科"：脉、因、证、治。药学则归纳为"名、体、德、用"四字。陈言处处讲究由博返约，与朱熹的"先博而后约"一脉相承。

南宋崔嘉彦建立"浮沉迟数"四脉为纲说，每一脉统领三脉，建立了一个简洁明了的 16 脉体系，并在宋元间形成了"西原脉派"。明李时珍《濒湖脉学》即受此学派的影响，最终取代了曾经风行数百年、以七表八里九道归类脉象的《王叔和脉诀》，成为当今脉学的主流。崔嘉彦与朱熹交往甚密，在他之前陈言又有四脉为纲之说，最终促成了脉象分类的一次大变革。而从南宋《纂类本草》开始，本草也一反过去层层加注的编纂方式，以"名、体、性、用"分项说药。后来李时珍《本草纲目》将药物内容分八项解说，即源于南宋。以上这些简约方式，看似非关理论，但思维方法的调整，对归纳中医越来越多的内容至关重要。在具体的医学理论探讨方面，南宋时因《和剂局方》盛行，不大讲究辨证施治。

直到蒙古灭亡南宋，北方医学的新理论才逐渐南传，并在南方由朱丹溪建立了新的理论。

4. 南北医理交融

随着元代国家的统一，南宋、金元长达百余年的南北医学交流隔绝的局面被打破。北方兴起的医学新说对惯用《和剂局方》香燥之药的南方医学来说是一个巨大的冲击。接受北方医学思想的南方医家朱丹溪，运用他理学出身的格物功底，结合南方地理气候特征及他个人的医疗实践，提出了"阳有余而阴不足"的观点，主张用地黄、龟板、鳖甲等滋阴，用知母、黄柏等泻火，形成了历史上影响极大的"滋阴派"。该派的学术主张与用药方式有力地扭转了南宋沿袭下来的不讲辨证、好用香燥之药的流弊。朱丹溪之学既受刘完素"火热论"的影响，又兼收张元素、李东垣、钱乙等人治疗内伤的某些经验和用药法，立足滋补肝肾之阴，因此其说风靡元代后期及明代。

与此同时，北方医学中李东垣的"补土（脾）派"影响也很大。李氏弟子罗天益、王好古对弘扬李东垣的学术主张不遗余力。罗天益对河间学派的好用凉药及汗吐下等法予以批评。王好古则收集整理易水学派的一些著作，在药性理论的总结方面卓有成效。金元医学中虽有四大家（刘完素、张子和、李东垣、朱丹溪），但到元末明初，影响最大的还是李东垣与朱丹溪两家。这两家用药一偏甘温、一偏苦寒。因此到明、清之时，两家的信奉者还在不断地展开论争。整个中医理论则在融贯诸家之长中不断得到发展。

四　明清医理的传承与创新

明、清之时，中国步入了封建社会的后期，并在 1840 年沦为半殖民地半封建的国家。这一时期的中医理论起伏变化很大，尤其是在清末西医进入中国以后，对中医理论的冲击很大。但近现代的中医，是明清医学的延续。因此，明、清中医理论的发展直接影响到当代的中医。

1. 温补派

明代初期，医学发展的总态势，还是继续完成元代延续下来的中国南北医学的交融。金元医学争鸣的余波，表现为围绕临床用药的补偏救弊展开的争议。

元末明初，在金元四大家中殿后的朱丹溪影响最大。其"阳常有余，阴常不足"之说，成为此后社会"喜用寒凉、畏投温热"用药风尚的理论依凭。明、清中国人口增长很快，医疗市场的竞争，也促使某些医家为加大保险系数而多用清润寒凉的药物，因为此类药物的副作用不易立即发作，不像用温热药稍有不当就可能出现明显失误。为纠正好用寒药的时弊，明代形成了史家所称的"温补学派"。

"温补学派"在学术渊源上与李东垣"补土派"一脉相承。他们的理论见解虽然五花八门，但其理论的共同落脚点却是顾护阳气，用药偏于温补。其中汪机（1463—1539 年）好用人参、黄芪，甚至把参、芪说成是阴、阳皆补之药。薛己（1488—1558 年）则在继承李东垣重视补脾胃之气的基础上，进一步发展到力主用六味湾补益肾之真阴、八味丸急补命门相火不足。其用药偏于温补，对其后的赵献可影响很大。赵献可反对丹溪之说，竭力阐发"命门"之说，将命门之火说成是先天之火，强调温养，且不分内伤、外感，都用六味丸、八味丸去补益。张景岳（1563—1640 年）是明后期著名中医理论家，针对丹溪之论，他提出"阳非有余，阴常不足"。他强调真阳的作用，反对滥用苦寒之药戕害真阳。所以后世有人把温补派称之为"薛（己）、张（景岳）之学"。实际上张氏临床用药并不偏颇，他把人参、附子、熟地、大黄作为药中的"四维"，既重温补，亦不轻视滋阴。经上述温补大家的倡导，医家好用苦寒药之风得到了抑制。但温补派的某些主张，也与明嘉靖、万历间在封建帝王及士大夫之间流行"以人补人"的用药风潮互相呼应，又促成世俗好用温补之风。

2. 尊经与叛经

温补派的补偏救弊体现在用药方面。但为了纠正学风上的偏颇，明、清又出现了一股强烈的尊经复古之风。这股风尚的表现形式是借医学经典著作的研究来阐发他们的学术观点，其矛头直指金元医学的某些弊病，如用药不遵古方，好立繁杂新方；立说偏颇，不能全面领会经典医著的含义等。这股风气大大促进了医学界对《内经》《伤寒论》《神农本草经》等经典著作的系统研究。

在《内经》的整理方面，明朝张景岳《类经》、李中梓《内经知要》都将《内经》原文分类编纂。其中《类经》分类细致，内容丰富，并附有阐释。《内经知要》节要分类更为简洁，成为学习《内经》流行最广的入门读物。16、17 世纪间，江南医家吴昆、马莳、张志聪等，又分别对《内经》进行校订注疏。与唐代王冰注《素问》相比，他们的注释更贴近中医临床治疗，因此对后世的影响也更大。

明清间对《伤寒论》的注释研究最为热烈和深入。和前人同类相比，这一时期的研究特点是针对某些共性问题展开了针锋相对的学术论争，甚至形成了伤寒学说研究中的小派别。其中错简派的研究重点是《伤寒论》原文的编排形式，提出今存本有"错简"现象，并借移整条文为名阐发伤寒研究的新见解。其代表作有方有执的《伤寒论条辨》（1589 年）。清初喻嘉言对错简说极力推崇，清代黄元御等一批医学家起而响应，按各人的观点重新整理张仲景医书，并阐发对伤寒治法的许多新观点。在《伤寒论》权威地位十分稳固的情况下，错简不失为一个对《伤寒论》原文提出疑义、阐发新见的正当理由。

《伤寒论》研究还有与错简派针锋相对的一个学派，他们认为《伤寒论》通行本"至当不移"，坚持认为其原文编排完全没有错误，问题是后人不善读而已。明末清初著名医家张遂辰（约 1589—1668 年，字卿子）是这一派的带头人。他注解的《伤寒论》多结合治疗心得，不拘于以经解经的注释法，这对学习理解张仲景医书很有裨益。张遂辰的弟子张志聪、钱塘医家张锡驹、名医陈修园等都属于这一派。

此外，在归纳整理《伤寒论》方面还有多种不同的治学方法。例如清初医家柯琴（字韵伯）著《伤寒来苏集》，注重辨证，以方为纲，归类脉证，甚有益于临床运用。名医徐大椿是以方类证的拥护者，他认为不必讲究《伤寒论》原文次序，"不类经而类方"，也就是不重视《伤寒论》六经分类，而强调据方分证。又如尤怡（在泾）《伤寒贯珠集》（1810年）强调以法类证。陈修园等医家则主张分经审证。围绕《伤寒论》整理研究的不同学术见解，反映了明清医家从不同的角度阐发张仲景辨证论治的精髓，充分发掘该书对伤寒甚至杂病辨证治疗的指导作用。

《神农本草经》（以下简称《本经》）是中国药学的经典名著，文辞既不十分古奥，条文也无错乱一说。但在金元药学中，药物功能主治的确定多根据医家自己的归纳，讲究归经引经，对《本经》的药物功效并没有给予足够的重视。明末缪希雍（仲淳）开明清研究《本经》功效药理的风气之先。他在《神农本草经疏》中对《本经》记载的药性功效逐一进行理论解释。在他以后，张志聪的《本草崇原》、张璐的《本经逢原》、姚球的《本草经解要》、徐大椿的《神农本草经百种录》、陈修园的《本草经读》等书，结合各人的用药经验，对《本经》药物功效分别进行了理论阐释，使《本经》记载的许多经验药效更受后世的重视。

除以上三种中医经典外，明清医家也曾对《难经》予以注释，但最受医学界重视的还是这三种书。清黄元御甚至有"理必《内经》，法必仲景，药必《本经》"的说法。对经典著作的研究看似尊经复古，但其积极的一面是能深入发掘早期医学经典中朴素的医疗经验，并给予一定的理论解释。

明清之时尊经复古在学术上占了主流，但与此同时，也出现了一些叛经的人物。这是因为明代后期，随着社会商品经济的发展，科技和人文方面也出现了一些新的变化，在学术上出现不同观点不足为奇。明代的赵继宗写了一本《儒医精要》（1528 年），就对当时医界视为权威人物的张仲景、王叔和、张洁古、朱丹溪等人的某些观点直言不讳地提出批评。据赵继宗自序说：他的书曾经得到许多官僚们的赞许，"咸曰俱至理，发前人之所未发"。但也得到了明朝俞弁《续医说》的强烈反对。《儒医精要》清代在中国绝迹，反而在日本多次重印，可能与作者公开指名道姓批评医学圣贤有关。

清初的陈士铎《石室秘录》则属于另一种形式的叛经。在形式上，他托称遇到异人传授，反而把他的书说成是岐伯所传，张机华佗等所发明，雷公所增补，实际内容则与传统的医学不大相同，对属于实际经验类的"《青囊》《肘后》阐发尤多"。他借异人来表述自己与众不同的学术见解，虽说玩了一些噱头，但这本身是对明后期以来"家执一言，人持一见，纷然杂然"的学界风气的一种反叛。但因为书中新奇疗法有较好效果，所以清代顾世澄《疡医大全》、沈金鳌《沈氏尊生书》都"广引其方论，信服其新奇"。而有的学者则认为陈氏欺世污圣，怪妄作伪。这类叛经学者在古代占的比例很小，市场也不大。

3. 温病理论

明末清初在医学理论方面有所创新的是温病理论。这一理论虽然有漫长的积累酝酿过程，但催生这一理论是明末疫病大流行。

公元 1642 年前后，江苏吴县一带连年大疫。当时的医家用治疗伤寒法无法取效，致使疫病肆虐，生灵涂炭。经过抗击疫病的洗礼，具有创新精神的医家吴有性（字又可）意识到"守古法则不合今病"，撰成了温病史上具有划时代意义的《温疫论》（1642 年）。该书旗帜鲜明地提出伤寒与瘟疫有天壤之别，指出两者在病因、感邪途径、发病方式、传染与否、初起症状、传变方式、发汗与初起治疗效果等多方面的不同。他最著名的观点是疫病由于"戾气"说。"戾气"与传统的伤寒等外感病不同，它非风、非寒、非暑、非湿、非暖、非凉，而是肉眼难见，但却是物质性的致病之气。不同的温疫有不同的"戾气"，① 他甚至设想如果能找到制服"戾气"的药物，那么一病只要一药就行了，不需要费神去调配方剂②。吴氏说的"戾气"实际上是传染病的病源。吴有性所处的时代无法测知"戾气"的微观状态，其时也还没有抗生素问世，但他却提出有一药制服一种"戾气"的可能，这堪称天才的、超前的科学猜想。

"戾气"说带动了对温疫的全新认识。它不同于伤寒之邪从皮肤毫毛侵入人体，而是从口鼻进入人体；它能通过"天受"（空间传播）、"传染"（患者间传播）。吴氏提出的温疫治疗方法也大不同于张仲景的伤寒治法。他以溃邪、逐邪外出为主，用达原饮疏利溃散蓄积在膜原之邪，用承气汤逐除有形之邪。承气汤虽然最早见于《伤寒论》，但吴氏对该方的用法、用量有全新的解释。他认为用承气汤不是为了硬结的燥屎，而是为了排除在里的热结之邪。在温疫之邪进入人体后的传变途径，吴氏提出了"表里九传"辨证法。这种辨证法过于繁复，因此未能被后世医家采用，最终被后起的温病"卫气营血辨证""三焦辨证"取代。

"卫气营血辨证"见于清叶天士《温热论》（1746 年）。叶天士是清代著名的医学家，他在治疗温病的过程中，继承前人温病研究的成果，又更进一步提出他的温病 12 字纲领："温邪上受，首先犯肺，逆传心包。"明确了病因、感邪途径和传变规律。叶天士创建了新的温病"卫气营血"辨证体系，由浅而深地将温病分为卫分、气分、营分、血分四个病机层次，并运用和发展出了一系列行之有效的诊断与治法。其中诊断法有察舌、望齿、辨癍等；治疗则用辛凉轻极，或透热转气法、甘寒清胃养阴法、通阳利尿法等。叶天士的温病论说对其后温病学说发展产生了重要影响，他的治疗经验至今仍有重要借鉴价值。

---

① （清）吴有性：《温疫论》卷下"杂气论"，康熙三十三年甲戌（1694 年）葆真堂本（张以增本）。

② （清）吴有性：《温疫论》卷下"论气所伤不同"，康熙三十三年甲戌（1694 年）葆真堂本（张以增本）。

与叶氏同时代的薛雪（生白）所著《湿热论》（1756 年），对温病中的湿热症又出创新理论。湿热病是一类比较特殊的病症，其病因是"湿、热交蒸"，合而为病。湿为阴邪，热为阳邪，这两者胶黏在一起，用一般的寒药清热则不利于去湿，用一般燥湿的药物又容易助热，治疗起来比较困难，病程往往迁延日久。薛雪揭示了湿热病的辨别主症是"始恶寒，后但热不寒，汗出，胸痞，舌白或黄，口渴不引饮"①。针对该病症的湿、热交蒸，湿性重着趋下的特点，提出了从上而下发展的三焦辨证法雏形。但薛氏没有明确三焦传变的纲领，因此其辨证方法显得繁芜。其后的吴瑭（鞠通）才明确而完整地建立了三焦辨证体系。

吴鞠通的新理论见于其所著《温病条辨》（1798 年）。该书最大的成就是建立了三焦辨证纲领，由上及下、由浅入深地辨证。这一辨证方法与张仲景伤寒六经辨证、叶天士温热卫气营血辨证理论互为羽翼，成为温病的重要创新理论之一。此外，吴氏明确了温病的范围与病种数（九种）。又以温邪易耗阴液，故倡导养阴保液之法。并据临床实践，提炼叶天士医案温病治法，化裁处方，以切实用，如分出清络、清营、育阴多种治法；又以银翘散为辛凉平剂，桑菊饮作辛凉轻剂，白虎汤为辛凉重剂，使温病治法用方层次清晰，切合临床实用。

清代的温病新理论还有多种，但其成就都不如上述诸家。为了将清代及其以前的温热病理论熔于一炉，清末王士雄（孟英）纂《温热经纬》（1852 年），"以轩岐仲景之文为经，叶薛诸家之辨为纬"，系统地整理汇集了此前的温病论说，并依据他自己的临证经验，作了某些补充发挥。因此，王氏书基本反映了清末以前温病学说发展的水平，是后人了解温病学演变概况及深入探讨温热病理法方药的重要著作。

经过医家们在长达 300 余年间的不懈努力，温病学终于建立了一个独立的理验俱富的学科体系，为抗击越来越猖獗的传染病做出了巨大的贡献。

五　中西医并存条件下的中医理论

西方文艺复兴以后的医学，在 16 世纪后半期通过传教士传入中国。但最初传入的西医知识并不系统，也没有西方职业医生入华与中医争夺医

---

① （清）薛雪：《湿热论》第一条，见徐行《医学蒙求》，清嘉庆十四年（1809 年）五柳居刊本。

疗市场。因此，能接触到部分西医知识的中医对其全新的理论感到惊奇，甚至在书中加以引用（如清初王宏翰《医学原始》等书），但其时西医理论并未能形成对中医传统理论的冲击。18 世纪下半叶，随着西医入华速度加快，许多高水平的西方职业医生（或具传教士身份）将西医基础理论知识大量翻译成中文。直观而且具有实验为证的说理方式，使西医在中国的影响越来越大，致使有些不抱偏见、敢于正视现实的中医开始认真比较和研究中西医理的不同。

　　清末民国初，在中医队伍中出现了中西医汇通派。他们不同程度地学习了西医，认真去比较中西医理论的短长，并试图用改良的方法，沟通中西医学。其最初的方法是将两种医学理论互相印证，试图证实两种医学殊途同归或者异曲同工，希望取长补短，折中归一。例如唐宗海说："西医亦有所长，中医岂无所短？……不存疆域异同之见，但求折衷归于一是。"他撰了《中西汇通医经精义》等书，后人辑为《中西医汇通五种》。深入学习过西医的朱沛文，深切认识到中医解剖的不足，因此主张学习西医的解剖知识，撰成了《华洋脏象约纂》（1892 年）。他意识到中西医理论的巨大差距，中医"精于穷理"，西医"专于格物"。因此只求"通其可通，存其可异"，并不指望熔中西医学于一炉。张锡纯更热衷的是如何汲取西医有效的治法来补充中医临床之不足。所以他主张"采西人之所长，以补吾人之所短"，为此他著有《医学衷中参西录》。恽铁樵学贯中西，他认识到"居今日而言医学改革，苟非与西洋医学相周旋，更无第二途径"。因此他主张取西医之长，"与之化合，以产生新中医"。民国间的名医祝味菊，精通中西医学，立志融会中西，推行中医革新。近代的中西医汇通派当然不止以上几位名家，但这几位名家的汇通思想，足以证明他们在西医面前能正视中西医互有短长的事实，并有着维护中医、取西医之长以发展中医的良好愿望。

　　中西医汇通思想受时代与个人条件局限，未能使中西医真正汇通。近百年间，如何对待中西医理论的差异，始终是在不断探索着的问题。西医进入之初，中西医理论冲突并不很激烈。但随着中国本土西医人员增多，医疗市场的竞争，未来医学发展的走向等原因，中西医之间由摩擦发生碰撞。东邻日本在明治维新（1868—1911 年）时，舍汉就洋、取缔汉医。20 世纪初期，受此影响的某些归国西医留学生，步日本明治扼杀汉医的后尘，利用行政权力，斥中医为旧医，并企图通过法令废止中医。饱含中医理论的《内经》成了废止中医人物攻击的直接对象。中医理论在这场争论中和不断的医疗实践中得到考验并逐步完善。随着中医教育的不断发展，新型的中医教材把中医理论和实践紧密地构成一个整体，使中医药学成为一个具有内在逻辑联系的学科体系。

1949 年以后，中医发展有了良好的外部条件。1955 年，中医研究院举办了第一期西医学习中医离职班，从此掀开了西医学习中医的序幕，也从此出现了中国特有的中西医结合。中西医结合研究队伍不同于近代的中西医汇通派，其成员以西医为主体。中西医结合研究队伍的出现，使中医研究不再单纯是中医的事，也有热衷发掘中医药宝库的西医人士参与其中，这对中医理论和发展具有重要意义。

50 余年间，在近代中医理论研究发展的基础上，中医药基础理论体系得到了前所未有的全面系统的整理和完善。中医理论研究注意从多学科、多角度、多层次来探讨中医理论。在研究中注意将现代科学技术（包括西医现有研究方法）与人文学科相结合。动物实验和现代临床研究从新的角度为阐释、运用、发展中医理论提供了更有力的依据。近年来在活血化瘀、络病学说、疫病理论等方面研究取得的成果，进一步验证和发展了中医的相关理论。

2000 多年来，中医最初借助哲学等多种理论建立起来的理论体系，经过长期的临床实践检验与磨砺，已经有了很大的变化与进展。必须看到的是，中医理论发展时期主要是在封建社会，因此不免要受封建社会时期科技、人文条件的影响与约束。在当今社会的科技与人文条件下，中医理论必然与时俱进，还会有更多新的发展。

第二节　阴阳五行

中医到现代还在运用阴阳五行作为其基础理论之一。相比之下，生物科学到现在已经发展到了分子水平，且 1869 年前后门捷列夫就已经发现了元素周期律。为什么中医至今还在运用宏观无比的阴阳、粗糙至极的五行作为它的理论基础？

因为这古老的哲理，曾经帮助中医构建了最初的理论，使之得以摆脱巫医的羁绊；也因为中医经过 2000 多年的医学实践，借助阴阳五行哲理的帮助，熔铸了许多凭借医疗经验升华出来的、已经超越单纯哲理意义的医学理论。科学再发达，也得遵循辩证法中对立统一的普遍规律。以对立统一规律为核心，又经过医疗实践锤炼的中医阴阳五行理论，早已经不空虚，也并不粗糙。这一理论在现代固然也要与时俱进，但却丢弃不了中医千百年医学实践中借此领悟出来的真知灼见。

不妨回首看看来自战国秦汉间的阴阳五行学说是怎样进入中医，又是怎样被医疗实践验证、充实、改造、扬弃、提高，成为一种确实能指导中医临床治疗的基础理论的。尽管阴阳五行经常交织在一起，但为了叙述的方便，本节还是先后予以介绍。

一 阴阳

一般来说，一门自然科学要发展到相当高的程度，才有可能提升到哲学高度，但中国的医学却是先把哲理引进为医理，再不断应用、验证，在实践中修正、发展并提高。"阴阳"这古代中国哲学的一对范畴，反映了事物具有对立统一的辩证思想。阴阳最初的意义，不过就是指日光的向背。向日为阳，背日为阴。《老子》说："万物负阴而抱阳。"就是说万物都存在阴阳这一对矛盾。从西周之时就开始出现的阴阳说，曾经被用于解释地震。战国中期以后的阴阳家将阴阳说体系化、神秘化，而中医却有选择地将阴阳引为重要的医理。

图 6-3 阴阳图

1.《内经》中的阴阳说

早期中医引进阴阳，立即如鱼得水，因为医学中太多可以用阴阳来归纳或演绎的事例。翻开中医最古老的理论著作《黄帝内经·素问》，单讨论阴阳的专篇就有《阴阳应象大论》《阴阳离合论》《阴阳别论》《阴阳类论》等，其内容大至宇宙气候，小至脏腑疾病、食物气味，几乎无处不在。

《黄帝内经·素问》借黄帝之名宣称："生之本，本于阴阳。"其意义在于："阴阳者，天地之道也，万物之纲纪，变化之父母，生杀之本始，神明之府也。治病必求于本。"① 这个"本"，就是阴阳。"积阳为天，积阴为地"，这是将阴阳用于解释天、地。"阴静、阳躁"，这是阴阳的根本属性。"阳生阴长，阳杀阴藏"；"孤阴不生，独阳不长"，揭示了阴阳互相依存、互相促进的密切关系。"阳化气，阴成形"，指的是阳能化生出功能，而阴能构成形体。"寒极生热，热极生寒"，是气候、人体疾病演变的规律，也是"重阴必阳，重阳必阴"这一哲理的具体表现。

黄帝用了很多不同的说法，来突出阴阳在养生、观察宇宙、探讨人生中的意义。例如"其知道者，法于阴阳"；而凡是长寿的人，都能"把握阴阳""和于阴阳""逆从阴阳"；"生之本，本于阴阳"。阴阳的适应范围太广了，"阴阳者，数之可十，推之可百，数之可千，推之可万"。

将阴阳应用于人体："则外为阳，内为阴。言人身之阴阳，则背为阳，腹为阴。言人身之脏府中阴阳，则脏者为阴，府者为阳。肝、心、脾、肺、肾，五脏皆为阴；胆、胃、大肠、小肠、膀胱、三焦，六府皆为阳。"阴阳之中，还可以再细分阴阳："背为阳，阳中之阳，心也；背为阳，阳中之阴，肺也；腹为阴，阴中之阴，肾也；腹为阴，阴中之阳，肝也；腹为阴，阴中之至阴，脾也。"阴阳可以互根，也可以互相转换。

《内经》谈到生理功能，则有："阴者，藏精而起亟也；阳者，卫外而为固也。"谈疾病发生，则有："阴不胜其阳，则脉流薄疾，并乃狂；阳不胜其阴，则五脏气争，九窍不通。"谈医学对人体的疾病观，则有："一阴一阳之谓道，偏阴偏阳之谓疾"；"阴平阳秘，精神乃治；阴阳离

---

① 见《素问·阴阳应象大论》。

决，精神乃绝！"① 中医治疗讲究调整人体的阴阳平衡，这一特点就是建立在阴阳学说的基础之上。

结合阴阳的中医理论，其内容已经有了许多新的变化。阴阳结合春夏秋冬四时，就可以分出阴阳的多少，于是出现了少阴、太阴、少阳、太阳，是为四象。在四象基础上加上厥阴、阳明，就成了三阴三阳。由三阴三阳命名的六经，又成了《素问·热论》诊治热病的最初辨证纲领。六经再分手经、足经，就成了十二经，所以经络也不离阴阳。四象也被用于归纳不同类型的人群。《灵枢·通天》将人分为"五态"：太阴、少阴、太阳、少阳、阴阳平和。虽然形式上是五数，但却以阴阳立论。这五态之人既有体质禀赋的区别，也有性格和品德的差异。

无法细列《黄帝内经》充斥全书的阴阳论说。这些医学阴阳论说在现代人读起来，可能觉得还是过于虚飘，但在 2000 多年前，与巫术单一的疾病鬼神说相比，这可是最先进的医学理论。

2. 阴阳理论的临床运用

医学中的阴阳学说并不是空洞的理论，它发挥着指导辨证治疗的作用。《史记》所载春秋时期扁鹊救虢太子的故事就是一个例证。

当扁鹊请求为暴厥的虢太子看病的时候，懂点医学的中庶子搬出了传说中的上古神医俞跗，说你除非有俞跗打开肚子洗涤肠胃五脏的本事，否则你是救不活太子的。而扁鹊只听了中庶子描述的虢太子病情，就敢说自己能"闻病之阳，论得其阴；闻病之阴，论得其阳"。而且说你要是不信，就请去再看看太子，一定是耳鸣而鼻张，"循其两股以至于阴，当尚温也"。这般谈阴论阳的功夫和预见，让中庶子目瞪口呆。等救活了虢太子，扁鹊又说了一番阴阳的道理："是以阳脉下遂，阴脉上争……上有绝阳之路，下有破阴之纽。破阴绝阳，色废脉乱，故形静如死状。"这些理论，可能为当时的人闻所未闻，所以司马迁把它详细记入了《史记》。

由此可见，阴阳理论从春秋战国开始，就已经和当时粗浅的医学知识相结合，用于归纳医学方方面面的问题，并进而演绎发展，指导临床诊治。到了西汉初时，淳于意《诊籍》中也已经较多地运用了阴阳学说，其中脉诊运用阴阳的地方特别多（如脉分少阳、阳明等）。如判断疾病性质："周身热、脉盛者，为重阳。"判断疾病预后："《脉法》云：热病阴

---

① 见《素问·生气通天论》。

阳交者死。"此外也见于经络知识等方面。

在淳于意《诊籍》中还有《神农本草经》没有记载的药学理论。如"扁鹊曰：阴石以治阴病，阳石以治阳病"。"阳疾处内，阴形应外者，不加悍药及石"。由此可见，汉代及其以前，渗透了阴阳理论的药学知识已切实应用于临床治疗。大致成书于汉的药学经典《神农本草经》中，也可见到阴阳理论的渗透。其总论提到"药有阴阳配合"，药物的"寒热温凉四气"，也贯穿了阴阳学说。

早期的脉学知识中，阴阳始终贯穿其中。《难经》中涉及脉学的内容非常多。《素问》记载："善诊者，察色按脉，先别阴阳。"也就是以辨别阴阳作为诊脉辨证的首要之事。《难经》更把阴阳用于具体脉象："浮者阳也，沉者阴也，故曰阴阳也。"公元3世纪出现的《辨脉法》（存于《伤寒论》篇首）指出："凡脉，大、浮、数、动、滑，此名阳也。脉沉、涩、弱、弦、微，此名阴也。"这就是早期脉象的阴阳归类法，是为后世各种脉象分类法的滥觞。晋代王叔和《脉经》，总结了前代以及张仲景的脉学知识，他确定了24脉作为常用脉，其中有很多是后世所谓"偶脉"或"对待脉"，即两种属性正好相反的脉象（如浮、沉，迟、数等）。这样的"偶脉"就是阴阳在脉学中的具体体现。

汉末张仲景《伤寒论》是中医理论指导下的辨证论治体系初步形成的标志。张仲景的六经辨证，从六经的名目到具体的辨证，经常要用到阴阳。尤其是辨证和脉象，最多用阴阳来进行归类和说理。例如在太阳病火劫发汗后的分析中，张仲景提到"两阳相熏灼，其身发黄。阳盛则欲衄，阴虚小便难"。这里的阴阳已经是结合疾病过程，用于特指病因（两阳为邪风与火热）和人体病理状况（阳盛、阴虚）的名词。

在整个封建社会中，儒、道、佛三教无不运用阴阳说。中医的阴阳与此历史背景相适应，故而很容易被社会接受。在北宋勃兴的医学教育中，阴阳属于当时医学校考试时的"大义"（基础理论）范围。考试阴阳的题目如："问：清阳发腠理，浊阴走五脏。清阳实四肢，浊阴归六腑"；又，"问：重阳者狂，重阴者癫"，等等。这些阴阳的问题显然都已经结合了医疗实际，要求考生用阴阳理论来阐释人体的生理和病理。但是，真正围绕阴阳学说在人体的表现展开的论争，始于元代的朱丹溪。

3. 阳有余、阴不足

宋金元以后，在阴阳学说方面有许许多多的新进展，无法尽述。这里只讲述围绕着阴阳有余、不足开展的大辩论，以及这些辩论对临床治疗的实际意义。

研习理学出身的朱丹溪率先挑起了"阳有余，阴不足"的论题。朱丹溪是南方人，那里曾是南宋统治了一百多年的地方。南方的医学学风迥然不同于地处金元的北方。固守成方、滥用香燥的《和剂局方》，在南方已使"官府守之以为法，医门传之以为业，病者恃之以立命"。百年积习，使老百姓把香燥药组成的汤茶，看成是保健饮料，每天饮用，而且用来迎朋待客。所谓"奉养之家，闲佚之际，主者以此为礼，宾朋以此取快"。但是没有想到香辛升气，积温成热，渐至郁火，造成"阳亢于上，阴微于下"的弊病。[①] 南方滥用温热香燥药，助火耗阴的世风，很让朱氏忧心："俗人喜温，迷而不返。被此祸者，滔滔皆是。"因此，医学需要一个具有高度的理论，去扭转滥用温热香燥药、造成阴血损耗的流弊。

朱丹溪从几个方面来阐释"阳有余，阴不足"。首先，他从自然现象引起话题。天大为阳，地居天之中，靠天之大气举着，故为阴。日"实"（充满）属阳，月"缺"属阴，得靠太阳之光才能明亮。不言而喻，天和太阳是"有余"的，地和月是"不足"的。接着，他从人生来寻求例证。他列举男女成人（"阴气之成"），到衰老，"阴气"只能供给30多年的活动健旺期，所以他得出结论：阴"难成、易亏"。朱氏说的"阴气"，主要是指生理机能强盛，能供成人嫁娶生育的物质基础，也就是中医说的精与血。因此，保持人的健康和长寿，最关键的问题就是要维护"难成、易亏"的阴气。

精血藏于肝、肾两脏。按朱丹溪的"相火"论，肝、肾两脏都有"相火"。"相火"要受"君火"（藏于心）的影响。因此，心动相火就动，相火一动，阴精就自走。所以嗜欲、情欲越多，相火越旺，就要煎熬人身的阴精。若嗜欲无穷，则"相火"炽烈，出现"阳有余"的表象。而滥用香燥药，则直接煎熬损耗人的阴气。所以，朱氏打出"阳有余，阴不足"的警示牌，为他采用寒凉的滋补肝肾药来补阴"不足"，采用苦寒药来抑制、消除腾腾的相火"有余"，取得了理论依据。朱丹溪所说的阴阳，是人体机能活动和物质基础的代名词。"阳有余，阴不足"，是人们的生命活动过度和能量来源不足的一组矛盾。朱丹溪适应"阳有余，

---

① （元）朱丹溪：《局方发挥》，载《丹溪医集》，人民卫生出版社1993年版，第64页。

阴不足"观点的具体治法，就是使用滋阴清火的药物（知母、黄檗、龟板、鳖甲、地黄、玄参等）。

理论的力量是强大的。朱丹溪的雄辩，让许多医家折服。"滋阴派"从此流行于社会，滥用香燥药的歪风终于冷却下来。但是视丹溪学说为时髦，跟风用药的后世医家，又开始举着"阳有余，阴不足"旗号滥用苦寒之药。阴阳理论需要重新考量。反对朱丹溪"阳有余，阴不足"最得力的是明代的张景岳，他的观点是要顾护元阳。

4. 元阳、元阴

张景岳（1563—1640 年）是一位具有临床功底的理论大家，对阴阳的研究非常深入。他为了纠正当时滥用寒凉之弊，也祭起了阴阳学说的大旗，高唱"阳常不足，阴常有余"的反调。[①]

张景岳同样从自然界谈起："天地阴阳之道，本贵和平"，阴阳和则万物生。然后他提出新的命题，即人身有"后天"和"先天"两种阴阳。气血、脏腑、寒热是后天有形之阴阳，"先天"阴阳就是"元阴""元阳"。"元阳"是无形之火，具有"以生以化"的神机；"元阴"是无形之水，是"以长以立"的"天癸"。用现代的话来说，"元阳"就是人生命产生和变化的原动力，管着人的生死，所以叫"元气"。而"元阴"是人成长壮大的精微物质基础，决定人的强弱，所以叫"元精"。人就靠这"元阴""元阳"来维持生命、保持健康。

他认为，元阴、元阳都是属于精气，互以为根，密不可分。"精血之阴阳，言禀赋之元气也；寒热之阴阳，言病治之药饵也。"不能把疾病寒热的阴阳，和人体包括精血在内的元阴、元阳混淆起来。"凡精血之生皆为阳"，这种"阳"，也叫"神气"，是有生命的标志。和人的躯体相比，那有形的躯体是阴，神气是阳。人死了，"神气去而形（躯壳）犹存"，这不说明人生最终还是阳常不足吗？

他进而批评当时的人，只会用后天的"劳欲"（过度的嗜欲）去戕害先天的元气元精；而当时的医生，又只知道攻击有形的邪气，不知道维护无形的元气。于是医生们在治疗时滥用苦寒之物，以黄柏、知母这样苦寒的药为主，去泻火清热。结果看起来清了温热的外邪，实际上也伤了人的

---

① （明）张景岳：《景岳全书·传忠录·阳不足再辨》，人民卫生出版社 1991 年版，第 49页。

温暖的元阳之气。元阳之气岂是能伤害的吗？张景岳搬出了《内经》中的话："阳气者若天与日，失其所则折寿而不彰，故天运当以日光明。"也就是说人的元阳好比是天和太阳，没有太阳的天还能光明吗？"阳来则生，阳去则死"，就像万物生长靠太阳一样，没有太阳，天地虽大也是一个寒冷的死物。"人是小乾坤，得阳则生，失阳则死。"所以张氏呼喊："人之大宝，只此一息真阳！"人就这点生命的原动力，怎么能说"阳常有余"，就用苦寒之药去克伐这阳气呢？张氏把元阳、元阴落实到"命门"。清代顾松园把张氏的观点化为一句话："天之大宝，只此一丸红日；人之大宝，只此一息真阳。"① 死生之本，全在阳气。故欲固其阳，须培根本。也就是要用温补真阳的药物。

金元以后的中医理论争鸣不同于战国时期最重要的一点，就是任何的新观点，都必须拿出治疗用的方法来，而且这方法必须经过临床的验证。张景岳当然也不例外。他为了补养元阳、元阴，制定了左归丸（壮水）、右归丸（益火）。但无论左归、右归，都以熟地为主药，认为熟地大补气血、阴中有阳。也正因为他的嗜好，他得到了一个绰号"张熟地"。张景岳认为苦寒之物，绝对没有升腾生气之作用，所以他主张用甘平之剂补真阴，以温润之物补真阳，常用的药物有熟地、肉苁蓉、枸杞、菟丝、五味、山萸、人胞、鹿角胶，羊肉之属，并非附子、肉桂纯阳大热之品。

明代"滋阴"和"温补"两派争论不绝，一直延续到清末民初，对阴阳还各有新的发挥。可能在现代的某些人看来，这一场阴阳之争，纯粹是在玩文字游戏。其实不然，中医阴阳之争的最终目的是正确用药；争论的结果，是怎样在治好病的同时，减少药物对人的伤害。这样的问题，难道不也是现代医学正在不断探讨的吗？

5. 阴阳与临证

历史上关于阴阳的探讨当然远不止上述阴阳有余、不足之争。宋代以后的一千多年间，《内经》中建立的中医阴阳学说体系，已经被中医临床实践充实起来。后世医书谈到的阴阳，不再仅停留在理论原则水平，而是化为或大或小的医药学中的问题，阴阳在临床诊治中的每一个联系，都有其医学的特定意义。

例如汉代张仲景《金匮要略》中将黄疸分为五疸，并无阴阳之分，

---

① 《顾松园医镜》卷五《乐集·论治》。

因此其用药主要以经验为主，以利小便，清郁热为法，多用栀子、茵陈、大黄等。从汉到唐，对黄疸病的观察日益细致，但病名不规范（多达 70 多个），缺乏高级的理性认识。直到北宋的韩祇和《伤寒微旨论》（1086 年），才第一次将黄疸分为阳黄、阴黄。韩氏的创举是建立在临床观察基础上的。阳黄取效，可用大黄、栀子、檗皮、黄连、茵陈之类的苦寒清利湿热药；阴黄取效，则使用茵陈附子汤、茵陈茯苓汤、茵陈四逆汤等方剂。黄疸分阴阳，是运用阴阳这一对立统一规律的典型例证。区分黄疸的阴阳，决定了用药的寒热，这已经成为后世中医诊治黄疸的常识。

其他如药物学从简单的寒热温凉四气，到将气味厚薄作为划分更深层的阴阳，都意味着对药物属性认识的进展。阴阳学说在方剂组方原则方面，也发挥着积极的作用。例如著名的当归补血汤，它的组成就只有两味药，其中补气的黄芪 5 份，补血的当归 1 份。这样组成，其含义就是阳生则阴长，有形之血（阴）不能速生，无形之气所当急固。经验证明这样的处方是行之有效的。考虑到气与血这一对矛盾的关系，所以活血化瘀方中，也要配伍行气的药物，庶几可使气血流通。类似这样的阴阳互动思想用于组方的例子很多，足见中医临床的处方用药，和气血阴阳有很大的关系。

类似的阴阳在中医学中的运用之例，不胜枚举。由此可以看到，中医的阴阳学说，早已经脱离了 2000 多年前哲理初进医学的阶段。无数切实的医疗经验，使中医的阴阳学说成为医家随时用对立统一规律思考医学问题的一门学问，从而不断提高中医临床的疗效。

二　五行

五行就是五种物质：水、火、木、金、土。古代的思想家从世间万物抽提出这五行，作为构成万物的基本元素，借以说明万物的起源和多样性的统一。五行的出现和阴阳并不同步，至于两者的结合，那又更要晚了。《尚书·洪范》给了五行不同的性质：“水曰润下，火曰炎上，木曰曲直，金曰从革，土爰稼穑。”这五种性质又和五种味道联系起来：“润下作咸，炎上作苦，曲直作酸，从革作辛，稼穑作甘。”多么简单直观的归纳，多么贴近人生的联想！五行这一哲学概念很快在当时成为一种理论，被天文、历数、医学，包括社会学等许多方面引用。

阴阳虽然能用来概括对立统一的许多事物，但是在早期的医学中，脏

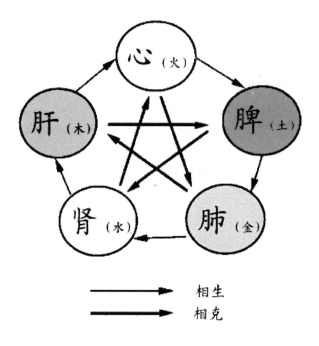

图 6-4 五行图

腑、肢体、体液、情志、感官……太多的内容需要将它们归类并寻求其中的联系，就像散布的多彩珍珠，需要用线穿起来，才能形成串、做成链，才能付诸使用。在当时，这归纳各类医学事物的链和纽带就是五行。据先秦文献记载，大约在战国时期，医家已经开始将五行学说付诸实用。《周礼·天官》记载当时的疾医"以五味、五谷、五药养其病，以五气、五声、五色，视其生死"；疡医疗疡，则"以五毒攻之，以五气养之，以五药疗之，以五味节之"。不同味的药物，作用也不一样："凡药之酸养骨，以辛养筋，以咸养脉，以苦养气，以甘养肉，以滑养窍。"但是记载五行内容最多的，还是《黄帝内经》。

1.《黄帝内经》中的五行说

《黄帝内经》有关医学内容的五行归类最为丰富，而且形成了体系。例如五脏（肝、心、脾、肺、肾）、五腑（胆、小肠、胃、大肠、膀胱）、五官（目、舌、口、鼻、耳）、五体（筋、血脉、肉、皮毛、骨髓）、五志（怒、喜、思、悲、恐）、五液（泪、汗、涎、涕、唾）、五脉（弦、洪、缓、浮、沉）……这些体内各部分又和外界的五方（东、南、中、西、北）、五气（风、暑、湿、燥、寒）、五味（酸、苦、甘、辛、咸）、五臭（臊、焦、香、腥、腐）、五色（青、赤、黄、白、黑）、五季（春、夏、长夏、秋、冬）、五化（生、长、化、收、藏）、五音（宫、商、角、徵、羽），甚至与星宿、数字、五谷、五畜等对应联系起来（见《素问》"阴阳应象大论""金匮真言论"等）。形成了一个中医内部的五行体系。

表6-1 人与自然五行对应关系

五行	五脏	五色	五气	五季	五方	五味	五腑	五体	五感	五官	五液	五脉
木	肝	青	风	春	东	酸	胆	筋	怒	目	泪	弦
火	心	赤	暑	夏	南	苦	小肠	血脉	喜	舌	汗	洪
土	脾	黄	湿	长夏	中	甘	胃	肉	思	口	涎	缓
金	肺	白	燥	秋	西	辛	大肠	皮毛	悲	鼻	涕	浮
水	肾	黑	寒	冬	北	咸	膀胱	骨髓	恐	耳	唾	沉

　　五行在医学中形成的对应搭配，其原始依据究竟是什么，已经很难了解。但从其内容来看，似乎既有哲学模式的推导，也有当时医疗实践提供的依据。例如五脏和五官的对应关系中，肺主鼻、脾主口大概不需要用五行去推导。上述人体器官和体表及外界事物之间的五行关系的确定，成为此后中医辨证、预防与治疗疾病的重要理论依据。正是因为有了五行，原本同类的事物有了归属，原本不同类的事物开始有了联系。这在2000多年的中国，实在是一件大事。

　　光有归类和联系，还没有使五行学说灵动起来。春秋时期，五行学说出现了五行相胜理论。《孙子·虚实》说："五行无常胜。"战国时期，又发展出五行相生理论。相克（相胜）指五行之间的特定次序的递相克制、压抑、制约的关系。《内经》中所谓"木得金而伐，火得水而灭，土得木而达，金得火而缺，水得土而绝"[1] 就是相克关系。相生指五行之间存在的有序的递相资生、促进和助成关系（木生火、火生土、土生金、金生水、水生木）。五行相生相克，周而复始、循环不息。《黄帝内经》在五

————————————
① 《素问·宝命全形论第二十五》，人民卫生出版社1963年版，第160页。

脏关系中经常使用五行生克："五脏受气于其所生，传之于其所胜。""五脏相通，移皆有次。五脏有病，则各传其所胜。"这就为后世探讨脏腑之间的关系提供了理论依据。

2. 五行异见

和中医阴阳学说相比，五行学说对古代医学的影响显然要小得多。阴阳进入医学没有什么曲折，五行则不然。战国邹衍（约前305—前240年）提出"五德终始"说，认为历代兴衰是按照土、木、金、火、水五行相克规律循环。受此影响，汉代的五德迁移说认为，周朝属木，秦朝属金，故秦取周而代之。而汉朝属火，为"火德"，故汉又能灭秦。受"五德终始"说影响，五行的配置则与社会政治相关。例如《黄帝内经》中的五行，心属火，据说这是西汉今文经学的配属法。但《管子》中的五脏与五味、五体的配属完全不同于《内经》。《管子》以甘属心，则心属土。西汉末兴起的古文经学也认为心属土，或属水，甚至有说属金的。[1]汉《五行志》记载心属土，理由是心星起于牵牛，牛属土[2]。可见战国末到汉代，脏腑五行的配属带有很大的主观性，甚至带有政治色彩。医家的五行配置及生克以《黄帝内经》为代表，但要精确地说出其中哪些配属内容来自医学实践，哪些是哲理推导，看来还比较困难。

对五行学说，自古就存在种种非议，到清代反对者的态度更加激烈。例如清初的王昆绳（1648—1710年）就抨击五行生克"牵扭可笑"。他说：金生水，那江河井泉都是金里流出来的？用金石也能取火，哪里就是木能取火？说金克木，其实火未尝不克木？等等。他认为："天地无不生，无不克。万物消长乎阴阳也，若五行生克，谬矣哉！"[3] 清代阮葵生也是五行生克的坚决反对者。他列举了许多五行生克的纰缪之处，认为天地五行变化规律是非常精细的，不能用人世间的攻取恩怨的"凡情"去推测。他认为医家拘泥于五行说，认定"脾强则妨肾，心强则妨肺，肺强则妨肝，肝强则妨脾"。难道人的脏腑会天天在胸中争斗，得势就互相欺凌吗？所以他特别指出：五行生克"尤不可用之于医，自速其死！"他

---

① 范行准：《中国医学史略》，中医古籍出版社1986年版，第23页。

② （明）陆树声：《耄余杂识》，转引自陶御风《笔记杂著医事别录》，人民卫生出版社2006年版，第248页。

③ 查王源（王崑绳）《平书》《居业堂文集》。

还指出五行配五味的荒诞无稽："金何尝辛？土何尝甘？木兼五味，黄帝尝之稔矣，岂止酸乎？"他尤其厌恶某些牵强的五行解释，例如有人解释木与酸对应、金与辛对应时说："两木相摩则齿酸，金伤肌则辛痛"，他感到特别不能理解：用口尝味不够，而要求之于耳闻，还要求之肤肉，岂不是更荒诞了吗？[①] 民国时期，主张取消中医者更是把阴阳五行学说作为中医必须取消的证据。

五行学说中的配属以及生克关系确实有其局限。问题是，中医是如何将五行学说运用于临床治疗的？是生搬硬套，还是另有方法？

3. 五行理论的临床运用

《黄帝内经》中的五行学说，乃哲理引进医学的初级阶段，与临床治疗的联系比较少。汉代以后，五行学说逐渐有选择地被用来总结医疗经验。建立在医疗实践基础上的医学五行说，和原始的哲理五行说有本质的区别。

从汉到唐的千年间，五行学说的应用，散见于本草、医书。西汉初淳于意曾将五行学说用于望诊。淳于意《诊籍》中的望舍人奴病案，舍人奴并无任何症状，但淳于意望其面色"杀然黄，察之如死青之兹"，断为"伤脾之色"，预告其春病而夏死。其理论解释是："伤脾，所以至春死病者，胃气黄，黄者土气也。土不胜木，故至春死……"这和《内经》中的五脏五色理论基本一致。《神农本草经》中的"药有酸咸甘苦辛五味"是五行说进入药物学的核心理论的表现。此外，具体药物有五色石脂、五色芝，也明显是受五行的影响。

张仲景医书对五行说的运用主要见于《金匮要略》。该书开篇就指出："见肝之病，知肝传脾，当先实脾"，把五行理论部分落实到脏腑治疗之中。这一原则一直指导着中医临床。此外，《金匮要略》还提到"五脏病各有得者愈。五脏病各有所恶，各随其所不喜者为病"。这明显与《素问·脏气法时论》等篇的五脏病之喜恶有密切的关系。但是，张仲景在临床中，又没有被五行所束缚。例如按五行学说，五色和五脏是有对立

---

① 阮葵生：《茶余客话》下卷十五："至医家泥于其说，遂谓脾强则妨肾，心强则妨肺，肺强则妨肝，肝强则妨脾。岂人之脏腑，日构衅争斗于胸中，得势以骄而即相凌夺乎？"所以他特别指出：五行生克"尤不可用之于医，自速其死！""噫！口中求味不得，而转求之耳闻，又求之肤肉，不愈诞乎？"

关系的。张仲景据实际观察，指出面部五色，鼻头色青，腹中痛、苦冷者死。鼻头色微黑，有水气；色黄者，胸上有寒。色白者，失血。"又色青为痛，色黑为劳，色赤为风，色黄者便难，色鲜明者有留饮"。其中五色与疾病的关系完全是根据临床实际，并没有套用五行五色的成说。

隋代的《诸病源候论》（610 年）运用《内经》中的阴阳五行、藏象病机等来全面阐释疾病病源，使五行说与临床辨证治疗结合得更紧密。宋代以后，医学理论探讨之风渐盛。五行成为当时兴起的运气学说中的核心内容之一。时至宋代，脏腑理论中的五脏五行配属早已固定，成为常识。因此，要看这以后五行学说对中医的影响，不能光引证其书中摘抄的前人论述，必须从五行生克在脏腑疾病诊治中的运用入手。只有从这个角度，我们才能看到一个重要的历史事实：宋以后医家很少照搬《内经》的五脏与五行关系的成说，而是通过临床实践，有选择地将五行生克运用于解释或探求脏腑疾病的治法。

例如五志之间的生克关系中，有悲胜怒、恐胜喜、怒胜思、喜胜忧、思胜恐。这是后世中医情志（精神）疗法最重要的理论依据。尽管五志相胜理论产生时，医学并不能提供足够的临床治疗案例作为依凭，但在以后的医疗实践中，发现可以利用某些情志之间的关系来进行治疗。广为人知的"范进中举"的故事，就是利用情志相克进行治疗的典型案例。当范进久考不中而突然中了举人之后，大喜伤心，使他乐疯了，到处呼喊"我中了！"直到他平素就畏惧的屠夫岳父给范进一巴掌，才把他吓清醒了。这就是"恐胜喜"的具体用途。

金元以后的某些中医文献中，确实存在侈谈五行生克的现象。尤其是一些儒生出身的医家，更是卖弄文才，咬文嚼字，为古人粉饰圆说，借以显示自己的理论高明。但这并不是中医学的主流。历代医家在临床实践中，对五行说采取了实用主义的态度。有必要用就用，没有必要或者说不通的地方就不用。

例如宋代开始出现补肾、补脾之争。北宋孙兆主张"补肾不如补脾"，南宋严用和主张"补脾不如补肾"。严氏在"补真丸"条下阐释了他的理论依据。他认为凡是不进饮食，用调脾胃的药治疗无效的人，多属于房劳过度，真阳衰虚。属于"坎火不温，不能上蒸脾土"。如果用补肾阳的补真丸："壮丹田火，经上蒸脾土，脾土温和，中焦自治，膈开能食矣。"后世把这类的治法称为"补火生土法"。

再如在肝肾两脏中，肝属木，肾属水，这两者有"水生木"的相生关系。按照元代朱丹溪的相火理论，相火是寄托于肝肾两脏的。相火只要妄动，就会煎熬真阴。因此他倡导"滋阴泻火"。这种相火又经常表现出肝阳上亢，眩晕烦劳。如果单纯补肝，效果不如同时补肾。肾水充足，就能更好地补充肝阴，从而达到消除肝经火热的目的。后世把这样的方法称为"滋水涵木"。

至于肝和脾的关系，早在汉张仲景《金匮要略》中就已经提到了"见肝之病，知肝传脾，当先实脾"。肝（木）旺、脾（土）弱，可称之为"木横克土"。治疗方法叫作"抑木扶土"，也就是使用疏肝理气法为主，结合健脾和胃法。正常情况下，肝（木）能帮助脾（土）发挥功能，此所谓"木能疏土"。张锡纯认为这是因为肝胆能助肠胃化食，胆汁能助小肠化食。张氏的解释未必符合古人原意，但说明古代医家早已在临床中发现肝和脾胃有密切关系。中医临床治疗中，还有很多以五行内容为题的治疗方法（如金水相生、敦土利水、佐金平木等）。这些方法行之有效。虽然这些治法借用了五行理论，但其核心内容是医家的医疗观察和治疗经验。

中医有选择地将五行生克用于脏腑理论，很少有医家将连环套似的五行生克直接用于脏腑关系。这就是古代中医的高明之处。实际上从宋以后至今，中医对五行学说采取的态度是非常实用功利的。用得有效、说得通顺，就予以采用，否则就置之不理。医学实践已将哲理很浓的五行学说，逐渐转化为能付诸实用的医学理论。某些中医术语中的五行之名，不过是代名词而已。

因此，即便未来的中医理论不再用五行的语言来代称某些医家的实践所总结的规律，这些规律却是不容丢弃的。

第三节　藏象与解剖

藏（今写作"脏"，音 zàng），指脏腑；象，指形象。明张景岳解释说："藏居于内，形见于外，故曰藏象。"意思是，人体内部的脏腑，以及通过脏腑功能见于体外的表象，就叫"藏象"。这是中医一个特有的名词。它的内容不仅涉及脏腑形态，也包括脏腑功能。或者说，"藏象"就是中医对人体及其生命活动的认识。

至于"解剖"，是一个很古老的词。《灵枢·经水》记载："若夫八尺之士，皮肉在此，外可度量切循而得之，其死可解剖而视之。"也就是说，至少在我国医学理论初步形成的战国时期，已经有了人体解剖的活动。《史记》在讲述扁鹊救虢太子的故事时，通过中庶子的口，介绍了一位传说中的上古神医俞跗。据说这位神医擅长外科手术，能割开人体，把里面的脉和筋理顺，还能解决脑髓和腹腔内部的疾病，清洗肠胃和五藏。俞跗是否真有这么神？连扁鹊都说他没这本事，恐怕只是传说而已。但《史记》绘声绘色描写这手术的场面，至少说明当时的人们相信，人体是可以解剖的。只有解剖了人体，才能见到筋脉内脏。

那么，中医早期对脏腑的认识，与解剖有关系吗？当然有。早期中医对人体主要脏器的了解，与解剖有很大的关系。

一 藏府名实

华夏文明 5000 年，而中医脏腑理论形成不过 2000 多年。在此以前数千年中，先民们在捕猎宰杀动物、战争杀戮等过程中，得以了解动物和人体内部的脏器大致情况。自古以来，人们对动物和人的相同脏器并没有使用不同的名称。所以，凡是人体通过解剖能轻易观察到的心、肝、脾、肺、肾、膀胱、胃、大小肠、胆等，都应该来源于实际形态。

早期医学著作《灵枢·经水》提到解剖需要观察的内容："其藏（脏）之坚脆，腑之大小，谷之多少，脉之长短，血之清浊……皆有大数。"《灵枢·肠胃》介绍得更为详细，甚至记载了肠胃的大小长短、能容纳多少食物。其测量从嘴唇开始，经过齿、会厌、咽门、胃、小肠、回肠到广肠，逐一说明其长度尺寸、容纳食物的体积，曲折回环的次数等。其中记载咽门至胃（食道）长一尺六寸，小肠三丈二尺，回肠二丈一尺，广肠二尺八寸。古今尺度不一，但据现代学者研究，古人测量的食道与肠的比例为 1:35.5，与现代解剖学测得的比例（1:37）相差无几。这说明《灵枢》时代不仅有解剖，而且已经具有一定水平。

据《汉书·王莽传》记载，汉代王莽（前 45—前 23 年当政）诛杀翟义等人时，"使太医尚方与巧屠共刳剥之。度量五脏，以竹筵导其脉，知其终始，云可以治病"。这是一次医家与屠夫共同操作的解剖，显然是为了医学目的而进行的。这次解剖的记录是否载入医书，还没有证据。但这一事实说明，早期医学并不轻视解剖，也希望通过对人体内脏的了解，获得对医学治疗有用的知识。《素问·刺禁论》记载，"脏有要害，不可不察"。因此针刺必须注意禁忌。如果误刺中心、肝、肾、肺、脾、胆，在一定的日期内会导致死亡。这又从另一个角度证明，早期医学中的脏器，的确是客观的实体。

认识人身主要的实体脏腑，并不是很困难。但要认识各脏器的作用，并建立起脏腑理论，却不那么容易。古人面临的一个首要问题是：在能见到的脏器中，哪些是能收藏精微物质，提供人生命活动能源的脏（古代称之为"藏"）器呢？据现有的史料表明，春秋战国时曾有过多种"藏"的归类法。《周礼》有九藏①，《庄子》中有五藏、六藏②之分；《黄帝内经·素问》则有五藏③、九藏、十一藏、④ 十二藏⑤等说法。方士甚至"或以脑、髓为藏，或以肠、胃为藏，或以为府"。可见初期的对"藏"的概念非常混乱。

在阴阳学说的影响下，《素问·五藏别论》开始出现"藏府"两个对立而又统一的概念。其划分的标准是根据它们最明显的功能区别加以归类："所谓五藏者，藏精气而不泻也，故满而不能实；六府者，传化物而不藏，故实而不能满也。"意思是：五藏的作用是贮藏"精气"（一种变化吸收了的精微物质），这样的精气是不能让它们"泻"（排放）出去的，所以五藏能被精气充满，但不能直接接受水谷的充填。六府的作用正相反，它们能接受水谷实物，并传导和消化这些水谷，但不能把这些实物始终保持在内。例如水谷入口，到胃则胃实，但同时肠是虚的；等胃发挥了"传化物"的作用后，食物入肠，肠道充实起来，而胃又空虚了。所以"府"的作用就是在"传化物"的过程中交替被充实、排空，但始终不能被任何外来物充满。用一个比喻，"藏"好比是宝物成品收藏处，"府"则是来料加工场。后世为了体现这两个概念属于人体医学，加上"肉（月）"字旁，就形成了"脏腑"二字。

在2000多年前，就能把脏器划分为传导消化、吸收精微物质的系统（腑），接受收藏精微物质、提供人们生命活动能源的系统（脏），应该说

---

① 《周礼·天官·冢宰》"两之以九窍之变，参之以九藏之动"。
② 《庄子》"骈拇"篇为五藏；"齐物论"为六藏。
③ 《素问·五脏别论》，人民卫生出版社1963年版，第77页。
④ 《素问·六节藏象论》，人民卫生出版社1963年版，第60页。
⑤ 《素问·灵兰秘典论》，人民卫生出版社1963年版，第58页。

是一个飞跃性的进步。但要具体确定哪些是脏、哪些是腑，却也出现过一些不同的意见。例如在提出"五藏""六府"划分标准的《素问·五藏别论》中，就找不到"六府"具体所指，只有"五府"（胃、大肠、小肠、三焦、膀胱），又称作"传化之府"。该篇同时又另出了一个"奇恒之府"（脑、髓、骨、脉、胆、女子胞）。它才有六个"府"，但却有"藏而不泻"这本属于"藏"的功能，所以叫它"奇恒之府"。"六府"的具体内容见于《灵枢·本输》，包括大肠、小肠、胃、膀胱、三焦、胆。古人认识脏腑有一个渐进过程。在最初对脏腑进行归类时，出现不同的划分法是毫不奇怪的。

早期中医能认识主要脏腑的实体形态，但完整脏腑体系的建立，却不可能建立在当时初级的解剖基础之上，主要得益于"近取诸身，远取诸物"的"援物比类"思维方式，借助哲理（阴阳五行）的引进、社会结构与自然事物的启发与联想，终于在《黄帝内经》中建立了系统的脏腑学说。

二　脏腑体系与藏象

《黄帝内经》在很多篇章中提到了脏腑体系和藏象（"脏象"），各篇甚至有矛盾之处。这是因为《黄帝内经》一书本身就是早期不同观点和派别的论著汇编。但正因为该书能反映战国乃至秦汉不同派别对脏腑的认识，才使后人能从不同的角度领略古人组织建立的脏腑体系。后世医家从《黄帝内经》一书中汲取其能自圆其说的理论，弥补其自相矛盾处，最后形成比较统一的中医脏腑学说。

1. 脏腑官能

如此众多的脏腑，是怎样在体内形成一个整体，各司其职的呢？凭当时的科技水平，自然无法通过解剖、实验等方法去详细探究。古人于是联想到社会结构，推测人体内部肯定也存在一个"相使、贵贱"（有相互作用、有等级）的结构。于是在《素问·灵兰秘典论》中建立了脏腑"十二官"制度。

君主是社会结构的顶峰，在人体，心为"君主之官"，聪明才智都从这里出。社会有左丞右相，文官武将，人体结构中，肺就是"相傅之官"（宰相），负责管理节制；肝是"将军之官"，深谋远虑。社会需要"中正之官"，决断事理，胆就是人体的这个官。膻中位于心的外周，作为"臣使之官",负责传达心君的喜乐情绪。社会有粮仓国库,脾和胃就是人的"仓廪之官",饮食五味都从这里出。社会物质要流通,人体的"传道之官"就是大肠;小肠接受这些物质进行处理,是为"受盛之官"。社会要有能工巧匠、制造器具,肾就是"作强之官",很多技巧从这里出来。人间的水处理很重要,三焦就是人体的"决渎之官",负责水道流通;水流至下,膀胱作为"州都之官"来进行处理。这就是人体的"十二官"制。"十二官"中最重要的是心,"主明则下安""主不明则十二官危"。十二官要配合协调,"不得相失",以此养生就会长寿。

从社会结构联想出来的等级官制,虽然有不少牵强之处,但在当时能把散乱的脏器模仿社会制度组织起来,已经是一个进步。而且该制度涉及了人体的精神活动,食物的贮存、传导、消化、吸收,水分的吸收流动和处理过程。脏器位置的高下也与其功能基本符合,心在最上、膀胱在最下。有了这一上下结构,进而推求藏象,就要直观得多。

2. 脏腑阴阳

《素问·五藏别论》虽然提出了划分"五藏""六府"的标准,但没有进一步建立脏和腑之间的联系。《素问·灵兰秘典论》建立了脏腑等级与上下结构体系,但也没有涉及脏腑两两之间的对应关系。在阴阳学说的影响下,《灵枢·本输篇》建立了脏腑之间的阴阳联系,形成了互为表里的关系。

最早的脏腑配合关系是:肺合(对应)大肠,大肠是"传道之府";心合小肠,小肠是"受盛之府";肝合胆,胆是"中精之府";脾合胃,胃是"五谷之府";肾合膀胱,膀胱是"津液之府"。剩下一个三焦,没有脏和它对应,形成了"孤府"。但它的功能是"中渎之府",和膀胱一样,是行水之道。

六府之中,出了一个没有办法配合阴阳的三焦,从理论上说是一个缺陷。因此后世或将"心包络"(十二官称之为"膻中")拉来与三焦相配。三焦是中医认识人体的一个独有之脏器,关于它的争议下文还要提及。

脏腑阴阳的配合,依据是什么?《黄帝内经》没有详细解释。从功能及解剖位置上来说,脾合胃,肝合胆,肾合膀胱,都好理解。唯独心合小肠、肺合大肠,按现代人的眼光,这些解剖位置相隔甚远、功能又大不相同的脏腑形成表里阴阳关系,似乎难以理喻。明代张景岳也只有从五行的属性去解释。尽管如此，脏腑阴阳的配合，却成为后世中医治疗中最常见的理论依据之一。例如心热，可以通过利小便、清小肠之热的办法来治疗。因为心与小肠相表里，心热移于小肠，利尿则导热于体外。著名的"导赤散"（地黄、甘草、木通）就是根据这一理论创制的。同样，肺的某些实证，也可以通利大肠。其他脏腑的配合也都应用于临床治疗。中医根据脏腑阴阳的配合施行的疗法是卓有成效的，也是颇有特色的治疗思维。其中的道理还有待于深入发掘与研究。

3. 藏与象

这是中医认识人体最重要的一个内容，也是先医们智慧大展示的一个亮点。

在2000多年前，尽管有初步的解剖，但当时的解剖技术根本无法了解脏腑内部各种功能。为什么人体靠着饮食产生的"精气"，就能维持人的生命，并能活动劳作、精神思维、生育繁衍？体内的脏腑对这些生命活动有没有分工？当内脏出现毛病的时候，怎样才能不打开胸腹，就能探知其中的变化？

这样复杂的问题，《素问·六节藏象论》竟然只用了不到200个字就勾画出了大体的轮廓！以下以《六节藏象论》为主，结合《素问》其他篇章，简述藏象的主要内容。

"藏象"包括脏腑共同的功能。前面提到，脏和腑的分工是：五脏"藏精气而不泻"，六府"传化物而不藏"。也就是说，六腑负责把外界的"水谷"经过传道、消化，达到"化糟粕""转味"的目的。"转味"就是化物，也就是汲取水谷中的营养，成为五脏贮藏的"精气"。然后再把消化剩下的糟粕排出体外。据《素问·六节藏象论》的记载，负责这一过程的脏器有"脾、胃、大肠、小肠、三焦、膀胱"。它们是人体的"仓廪之本，营之居也，名曰器"。也就是说，这些内脏是人体的粮仓，是营养之气来源之地，也是人体受纳处理食品的器具。这一特定意义的"器"，和前面提到的脏腑十二"官"，就构成了后世多用的"器官"一词。

五脏贮藏了六腑"化物""转味"而来的精气，就成了人体生命活动的基础。《素问·六节藏象论》介绍的五脏根本作用是："心者，生之本"，也就是整个生命的根本。有心跳人就还活着。"肺者，气之本"。肺既和外界交换气体，也接受胃提供的"清气"，主管人一身的气。"肾者，主蛰封藏之本。"它的精气藏得很深，是生殖之精的处所。"肝者，罢极之本"，罢（同疲）极，代表活动的极限耐力，也就是说，肝关系到人的肢体筋骨的活动劳作。而脾则会同胃、大肠、小肠、三焦、膀胱，共同成为前面提到的"仓廪之本"。这样一来，五脏就成为人体最基本功能的根本所在。

那么，五脏之本又是通过什么途径把自己所藏的精气输送出去、供给生命活动所需的呢？心，"其充在血脉"，也就是心的精气通过血脉供应发挥生命活动，心停止跳动就无法供应血液了。肺，"其充在皮"，依靠肺的精气，皮肤才能温暖，抵抗外邪。肾，"其充在骨"，肾强则骨髓充满、骨骼坚强。肝，"其充在筋"，肝盛则筋强力壮，肢体矫健。脾，"其充在肌"，脾气健旺，则肌肉充盈。这筋、血脉、肌、皮、骨就叫作"五体"。

五脏是人躯体活动的基地，也是人"精气神"的基础。人没有精气神，就成行尸走肉了。精气神又分属于哪些脏器管辖呢？心，"神之变也"，也就是"神明"（精神思维）变化都出于心。"神气舍心，魂魄毕具，乃成为人。"① 神魂具备，才是一个活人。肾，"精之处也"，也就是脏腑之精贮藏的地方。"两精相搏谓之神"②，父母之精结合，就产生了新的生命。可见精神对于人体之可贵！肺，"魄之处也"。肝，"魂之居也"。什么是魂魄？"随神往来者谓之魂，并精而出入者谓之魄"③。也就是说，魂魄在正常情况下和神、精相呼应。神清则魂宁，形强则魄壮。只有严重病态下才会"魂魄飞扬、志意恍乱"④。脾和它"仓廪之本"的相关脏器是"营之居也"。营就是营气，是水谷消化而被摄取的具有营养作用的精气，人就是靠精气补养生命的活力。所以精、气、神是人身的三宝。

怎样从体外看出内脏的病变呢？前面提到的"五体"和精气神的变化是一个方面。例如筋病在肝、脉病在心、肉病在脾、皮病在肺、骨病在肾⑤。还有一个简捷的方法，是从五脏表现在外的华彩来由表知里。心之华在面，看脸色有无神采，知血脉是否旺盛；肺之华在毛，毛焦发悴，肺

---

① 《灵枢·天年》。

② 《灵枢·本神》。

③ 同上。

④ 同上。

⑤ 《素问·金匮真言论》。

气不足；肾之华在发，发枯鬓衰，肾精不足；肝之华在爪，爪甲薄脆，肝气不足。脾之华在唇，嘴唇红润，脾胃健旺。这里的"华"，也称作"外荣"。例如肺"其荣毛也"，肝"其荣爪也"，[①] 依次类推。

在《素问·金匮真言论》里，藏象的另一个体现是五脏和九窍（耳目口鼻七窍，加前阴、后阴）的关系，"窍"是五脏和外界通气的窍道，也叫"苗窍"。用个"苗"字，形象地比喻"窍"好像脏腑（根本）露头于地表的"苗"。肝开窍于目，"肝和则目能辨五色"。眼目昏花，乃肝血不足；心开窍于舌[②]（一说心开窍于耳），"心和则舌能知五味"。心火旺则舌尖红烂；脾开窍于口，"脾和则口能知五谷"。口气、口味、口津、舌象等，都可以反映脾胃的变化；肺开窍于鼻，"肺和则鼻能知香臭"。鼻塞鼻燥，和肺有关；肾开窍于二阴，大小便，乃至生殖的孔道，都与肾有关。一说肾开窍于耳，"肾和则耳能闻五音"[③]。耳鸣耳聋，乃肾之病。民间俗语"不开窍"，是形容"实心眼""死心眼"。正常人的五脏，都能开窍，以便接触外界，同时也让外界通过窍道的情况窥探脏器内部的毛病。

以上就是中医藏象最主要的内容。具体到每一脏腑，还有更为细致的内外联系，这里就不一一介绍。在这一体系中，六腑将外界水谷消化后，传输精气至五脏贮藏。五脏之精气充盈，供养人体的筋、血脉、肌、皮、骨，同时又使人具有精气神。人们可通过五脏在体表的华彩和苗窍的情况，推测体内脏腑的变化。这些内容，成为此后中医诊察辨证乃至临床治疗的重要理论根据。藏象理论在《内经》以后的医疗实践中不断完善，并发挥着重要的指导作用。

必须注意的是，中医的藏象已经融入了阴阳五行、社会结构、自然事物的影响，从中抽象出藏象理论。源于实体的脏腑，至此已经功能化了。而功能化以后的脏腑，已经不能等同于肉眼观察到的脏腑实体，更不能用现代解剖学中的脏腑去衡量。例如肾，这一现代医学中的造尿器官，在中医却是贮藏生殖之精的重要脏器，为先天之本。又如脾胃，构成了中医消化系统的核心，属于后天之本。但现代医学里，即便切除患病的脾胃，人

---

① 《素问·五藏生成论》，人民卫生出版社 1963 年版，第 70 页。

② 《素问·阴阳应象大论》，人民卫生出版社 1963 年版，第 31 页。

③ 《灵枢·脉度》。

也可以继续生存。中医五脏，每一脏都和人的精神活动有关，但在现代医学，这些都是脑的功能。

中国的先医们在解剖学尚未达到应有高度的时候，就创立了一套能解释人各方面功能与活动的藏象理论，并能切实地应用于临床，应该说是一个奇迹。但必须看到，这一理论体系并非尽善尽美。且不说藏象理论的粗糙，就是自圆其说，也未曾全做到。例如十二官里的"中正之官"的胆，在藏象中似乎没有作用，闲置在外。古人也发觉了这一点，给了它一个虚位置："凡十一藏，取决于胆也。"究竟怎么个取决法，历代众说纷纭。古人可以通过解剖得知分泌苦汁的胆，但却没有条件知道胆汁的消化功能，于是只好草率处理了。

早期中医理论解释了腹腔内的脏腑功能及其与体表组织的关系，但还需要有解释人体几个基本的新陈代谢的理论，其中包括水液代谢、气体代谢、血液生成等。

三　新陈代谢

人体和外界交换的物质，主要是空气和饮食。五气入鼻，五味入口。相比之下，中医对空气的论述要少得多。

1. 大气

按脏腑理论，五气入鼻，藏于心肺。心肺有病，鼻子也会表现出不利。[①] 虽然《素问·阴阳应象大论》提到"天气通于肺"，但这个意义的"天气"，是自然界的一种气，和地气、风气、雷气、谷气、雨气相对应的，并非专指空气。真正的空气，叫"大气"，这是"天地之精气"。它"出于肺，循喉咽，故呼则出，吸则入"。入则抟结胸中，形成"气海"。

一般所说的肺气，指经胃输送到肺的"清气"（具有营养作用的精微之气）。这种气通过呼吸运行，"一呼脉再动，一息脉亦再动。呼吸不已，故（脉）动而不止"[②]。所以中医认为脉动是由于气，即可以推动脉运行的"肺气"，也就是肺功能的体现。但外界的气也会和体内的谷气结合，所谓"真气者，所受于天，与谷气并而充身也"[③]。古人认为外界"大

---

① 《素问·五藏别论》，人民卫生出版社 1963 年版，第 77 页。

② 《灵枢·动输》。

③ 《灵枢·刺节真邪》。

气"进出人体的比例是"出三入一"，也就是说吸入的空气少，不够用，必须靠肺内的"清气"补充肺气的不足。"清气"来源于饮食精微，所以人要是不吃饭，"半日则气衰，一日则气少"。可见古代中医理论中的气交换，既有空气，也含有依靠营养精微物质支撑的生命功能。

道家的"食气"功法，充分注意到吐故纳新对养生的作用，但又过度夸大了外界"气"的作用，认为"食气"可以"辟谷"（不食谷物），以取代饮食。这与中医观点不全相同。

必须一提的是，中医对空气在人发声过程的作用的确认识得很精细。《灵枢·忧恚无言》提到，喉咙供给气上下出入。在会厌、口唇、舌、悬雍垂、颃（gāng）颡（咽上上腭与鼻相通的部位）等共同的努力下，才能发出声音。这些部位任何一处出现问题，都会影响发声。

2. 水谷

中医对"水谷"（一切饮食物的总称）运化（新陈代谢）过程非常重视。通过解剖，古人能正确地知道食物从口到肛门所经过的一系列管腔。但限于条件，古人却无法精确了解食物怎样被取其精华、弃其糟粕的具体过程。因此，这一过程经常用"气化""变化""蒸"等词含混过去。

在水谷运化过程中，最重要的脏器是胃。胃被称作是"水谷之海，六府之大源"。输送到其他"府（腑）"的饮食都要从这里经过。但在许多描述中，胃似乎又成了整个"仓廪之本"（含脾、胃、大肠、小肠、三焦、膀胱）的代称，而非解剖所见的胃实体了。这个意义的胃，可以产生五脏所需的精气。至于其输送的途径，在《内经》不同的篇章有精粗不一的描述。

途径之一：胃将所受的水谷，"泌糟粕，蒸津液，化其精微，上注于肺脉，乃化为血，以奉生身"[1]。也就是经过消化，把蒸化所得的精微，上输到肺脉里，成为血液，供养全身。

途径之二："食气"入胃，既可把精微散布入肝以养筋，同时精气中可以化生血液的"浊气"被输送到心，再进入脉，脉气流经，经气归于肺。因为肺有主管百脉的作用，因此通过肺把精微物质发送到皮毛。[2] 这

---

[1] 《灵枢·营卫生会》。

[2] 《素问·经脉别论》，人民卫生出版社 1963 年版，第 138 页。

个途径主要是消化食物，必须经过心再到肺，再到全身。

途径之三：饮（各种液体物质）入于胃，"游溢精气"（把精微物质提取出来），上输到脾。又经过脾的功能散布精微，使之上归于肺，通过肺发送精气。① 其他非营养水液或废物，则经过水道的输送，进入膀胱。

途径之四：谷物进入胃，其精微物质，先从胃里提取出来，"之两焦，以溉五藏"，也就是送到上、中两焦，再进而灌溉其他脏器。②

这样的水谷代谢过程，自然大不同于现代医学。尤其是"肺"这个呼吸器官，在人体水谷代谢中居然担任了这样重要的责任，这是现代人所难以理解的。但在古人看来，却顺理成章。因为只有肺的位置最高，形成了心的"华盖"。联想自然界"雾露之溉"，都是从上而降下。肺又被赋予了百脉来朝的功能，而且随呼吸运动，脉搏跳动，因此古人将代谢中间环节上归于肺。尤其是在水的代谢过程中，肺是作为"水之上源"，肾和膀胱才是"水之下源"。这一思想对中医临床治疗水病具有重要意义。

但无论是哪一种途径，它不变的是水谷要经过胃（整个消化系统）的变化，游溢出精气，再通过其他脏器和管道输布全身。

那么，这些所谓"精气"输送到全身以后，它们用什么样的形式表现出来呢？

比较简单的是"五液"（尿气汗泣唾）：水谷入口，输于肠胃之后，如果遇到天寒衣薄之时，人的尿量就要增多，同时身上就要蒸腾热气以抗寒。而天热衣厚的时候，就要出汗以散热。悲哀的时候就成了哭泣的眼泪，受热、胃弛缓，就要分泌唾液。可见人身不同时候与境遇排出的体液，都是从水谷转化而来的。

更多的生命活动所需要的液体物质，也都来源于水谷之气。据《灵枢·决气》篇的归纳，人的精、气、津、液、血、脉都来源于五谷与胃的大海。但在不同的时候，表现为不同的形式。例如，两个生命结合，形成新的形体，依靠比形体更早存在的物质"精"。五谷的精微物质经由上焦作用，像散布雾露一样，灌溉全身，温暖肌肤，润泽皮毛，这就叫

---

① 《素问·经脉别论》。义，《灵枢·营气》："营气之道，内谷为宝，谷入于胃，乃传之肺，流溢于中，布散于外，精专者行于经隧，常营无已，终而复始。"

② 《灵枢·五味》："营卫之行奈何？……谷始入胃，其精微者，先出于胃，之两焦，以溉五藏，别出两行，营卫之道。"

"气"。当人的腠理汗出溱溱，那汗就是"津"。食物精气充盈，就可以提供润滑骨节的液体，使肢体自由屈伸，还可补益脑髓、滋润皮肤，这就是"液"。依靠中焦吸取的食物精气，经变化后成红色，就叫"血"。把包括血液在内的其他精微物质组成的营气约束起来的管道就叫"脉"。

除上述精、气、津、液、血、脉之外，早期中医理论中还有两个重要的概念：营与卫。

营、卫似乎来源于军阵术语，一个是屯兵之所，另一个为防御功能。当它们用于医学的时候，是指同样来源于水谷之气的精微物质。不同的是："清者为营，浊者为卫。营行脉内，卫行脉外，荣周不休。"[1] 所谓"清者"，是精微物质的精纯部分，它运行于经脉（概念比一般血管要广）内，这就是"营"；而"浊者"指一种悍气，运行在经脉之外。二者都在人体四周运行不休。

"营"与"血"似乎很接近。因为营气如果再将它的"津液"分泌出来，注入血管，就化成为"血"，而血可直接灌注到五脏六腑。[2] 因此作为全身的营养物质，"营"的量更大，囤积了化血的"津液"，成为化血的原料库。

与"血"对应的是"气"。而"营"对应的是"卫"。它们同样都来源于水谷之精微。但"卫"更多显现它的彪悍卫外的功能，它不入经脉，但循着体表、四肢的皮肤肌肉，还可以散布在胸腹腔内，发挥着温暖肌肉、润泽肌肤、使腠理致密的作用。这样的作用对防御外邪的侵入具有重要意义，故名为"卫"。

这些理论在此后的中医发展中，发挥了指导临床的积极作用。那么，在《黄帝内经》以后，脏腑理论有哪些发展呢？

四　脏腑新说

中医脏腑理论在《黄帝内经》之后，其主体内容没有太大的变化。和其他中医理论一样，对脏腑学说的研究主要还是在宋代以后。综观宋代至今的 1000 多年间，对中医脏腑的主体研究，多见的是强调某脏对临床治疗的重要作用。例如元代李东垣重视脾胃，称其为后天之本，并发展了

----

① 《灵枢·营卫生会》。
② 《灵枢·邪客》。

一系列的补中益气的方剂。然而在脏腑实体研究中，焦点却集中在《内经》时代没有记载或者没有说清楚的脏器。例如三焦、命门、心包络等，后世对它们的实质与功能进行了热烈的讨论。今重点介绍三焦和命门。

1. 三焦

这是"六腑"之一。前面在"脏腑阴阳"中提到，五脏和六腑在阴阳搭配的时候，唯独三焦无脏可配，故称之为"孤府"。《内经》中多处提到了三焦的位置，却从来没有描述它的形态，只是明确记载了三焦的功能。三焦是《素问》"十二官"之一，乃"决渎之官，水道出焉"。也就是管理体内水液代谢的一个器官。此外，根据《内经》①《难经》② 的记载，上焦的位置是在胃上口到舌下这个范围，相当于胸腔和胃上脘。这一范围有心、肺两个重要的脏器。中焦的位置是在上焦之下的胃中脘。这个部位主要脏器为脾和胃。下焦的位置是下腹腔到二阴，这一部分的脏器有肾、大肠、小肠、膀胱等。所以三焦合起来，其位置中已经包括了所有的脏腑。

三焦把人上从舌下，至二阴，分成了上中下三截。这三焦又各有功能：上焦"主纳不主出"，中焦"主腐熟水谷"，下焦"分别清浊，主出不主纳"。《灵枢·营卫生会》用 12 个字来概括三焦的不同作用："上焦如雾，中焦如沤，下焦如渎。"意思是水谷精微经上焦宣发，蒸腾弥漫，如云雾般润泽全身。中焦腐熟水谷，这一过程很像是"沤"物。下焦主排泄水谷的糟粕，如同沟渎。这样宽泛的功能，其实也可以视为三焦范围内各脏腑的功能。那么，到底三焦是单独一个脏，还是集合了各种范围脏腑功能的一个名称？

《难经》首先提出三焦"有名而无形"。③ 但是十二官里绝大多数是有实体的脏器，如何能容下一个无形的脏器？所以从宋、金、元以后，医家开始有不同的看法。南宋陈言认为"三焦者，有脂膜如掌大"。④ 巴掌大的一块油膜，能成为统领周身的三焦？信者似乎不多。明虞抟认为三焦

---

① 《灵枢·营卫生会》："上焦出于胃上口，并咽以上贯膈而布胸中。"
② 《难经·三十一难》："上焦者，在心下下膈，在胃上口，主纳不主出。"
③ 《难经·三十八难》："所以腑有六者，谓三焦也。有原气之别焉。主持诸气，有名而无形。其经属手少阳，此外府也。"《难经·二十五难》："心主与三焦为表里，俱有名而无形。"
④ （宋）陈言：《三因极一方论》。

"指腔子而言……其体有脂膜"。① 这个"腔子"说倒是有许多人响应。明张景岳也认为三焦是一个"藏府之外，躯体之内，包罗诸藏，一腔之大府也"。他甚至嘲笑《难经》的三焦无形说，是在口袋中算东西，却忘记了口袋也是个东西。② 明末李中梓把三焦说得更大："肌肤之内，脏腑之外，为三焦也。"③ 这比腔子说还要笼统。清代丁锦的说法类似张景岳，说三焦是托住内脏、保护脏腑外围的一个大口袋。④ 清末受西学影响的唐宗海，将三焦作为以体腔内连网油膜为三焦。直到当代，三焦为何物，还在研究之中。近人廖育群认为"三焦"古作"三膲"，并设想古代医家察看胸腹腔内构造时所能见的东西，应该包括大量的"膲"（"肉空而不实"之义），因此推考三焦是腹腔内的腹膜脏层包裹脏器外组织所形成的各个部分，部位在膈下。⑤

　　然而无论三焦实质是什么，似乎都影响不了中医对三焦功能的理解和运用。历史上也没有几个人注意到三焦的古代写法是"三膲"。甚至有人循名责义，把"焦"字理解为"热"，认为是三焦从命门获取热源。⑥ 但在清代临床医学中，三焦出现的地方越来越多。辨证论治纲领有"三焦辨证"，治法中有"三焦分消"等，都是从三焦的部位、所含脏器及其功能入手。也正由于有三焦各部分所包括的脏腑为基础，所以无论是辨证纲领还是临床治法，都能把三焦病证落到脏腑的实处，并取得一定的疗效。

　　2. 命门

　　《内经》以后的脏腑理论发展，最红火的莫过命门。《灵枢经》关于命门的唯一记载是："太阳根于至阴，结于命门。命门者，目也。"也就是说，最早的命门，不过就指靠近眼睛的地方，现在称之为睛明穴。但在明清之时，命门几乎成了凌驾一切之上的一个脏器。

　　最先将命门作为脏器的是《难经·三十六难》。问题的提起是：五脏

　　① （明）虞抟：《医学正传》。

　　② （明）张景岳：《类经·藏象类》，人民卫生出版社 1965 年版，第 30 页，"探囊以计物，而忘其囊之为物耳"。

　　③ （明）李中梓：《医宗必读》。

　　④ （清）丁锦：《古本难经阐义》（1738 年）："三焦者，托于内而护于外之一大囊也。"

　　⑤ 廖育群：《岐黄医道》，辽宁教育出版社 1991 年版，第 113—115 页。

　　⑥ 赵棻：《中医基础理论详解》，福建科学技术出版社 1981 年版，第 70 页。

都只有一个，为什么肾有两个？回答也很离奇：两个肾并不都是肾，左边的才叫肾，右边的叫命门。"命门者，诸神精之所舍，原气之所系也。故男子以藏精，女子以系胞。"也就是说，《难经》把右边的肾叫命门，并把它的作用说得似乎比心脏还要重要，成了精神、元气的根本所在，也担负着男女繁衍后代的重要责任。为什么命门有如此重要的作用？《难经》并没有进一步的解释。

最早将命门推广使用的领域是脉学。命门为将寸口脉划分对应脏腑提供了方便。如果没有命门，寸口脉分三部，势必出现两手尺部都是同样的肾。大约成书于晋以前的《脉法赞》首先利用肾、命来区分脉的部位："肝心出左，脾肺出右。肾与命门，俱出尺部。"[①] 这里虽未明说谁左谁右，但从行文先左后右来看，应该是左肾、右命门。六朝人伪撰的《王叔和脉诀》中，因袭了左肾、右命门的尺部脉划分法，于是千余年来，学医者都习诵这句脉歌："左心、小肠、肝、胆、肾，右肺、大肠、脾、胃、命。"于是左肾、右命门也就广为人知了。

尽管如此，到明代以前，命门并没有受到医家足够的重视。元代朱丹溪提出"相火论"，提倡用"滋阴降火"之法，于是后世学得丹溪皮毛的医家，滥用知母、黄柏等苦寒之药。为补偏救弊，明代兴起了"温补派"。该派的学术核心是重视人的阳气，而且把这阳气落实到命门为元阳之所。明代赵献可《医贯》（1617 年）竭尽全力发挥"命门"说，以保养"命门之火"贯串于养生、疾病诊疗等一切问题，故书名《医贯》。他继承了《难经》的传统，把命门说成是性命之门，十二经之主，已高于心。他还把人体生命活动比喻成"走马灯"，命门就是推动走马灯运动的中间那烛火。有火则灯转，火旺则灯转得更快。

和赵献可同时，但未尝与赵氏谋面的张景岳（1562—1639 年），也是命门的极力倡导者。但他不强调命门的实体，也不把右肾作为命门。他认为命门"居于两肾之中，即人身之太极"。命门和肾的关系是"一以统两，两以包一"（一指命门，两指两肾），命门之火，谓之元阳（真阳）；命门之水，谓之元阴（真阴）。命门就是人的生气来源。所以他强调临床治疗不能滥用寒凉，戕害元阳。

历史上强调命门作用的医家，无人能超过赵献可、张景岳。在他们的

---

① （晋）王叔和：《脉经》卷一。

命门说中，命门固然有位置，但却不去顾及命门的实体形态。命门，不过成了温补派反对滥用寒凉、强调卫护人身生发的阳气的核心脏器。经过他们的渲染，命门才最终从《难经》中的孤单一言，变为后世医家创立脏腑功能新说的依托之物。清代及以后，还有不少医家企图从古典医籍的记载中给命门寻找出一个实体。例如有人拉扯上《素问·刺禁》的一句话："七节之傍，中有小心。"认为"小心"就是"命门"。但这样的努力，不过是徒劳的一厢情愿。

综观宋元以后的脏腑新说，多以探讨功能为主。虽然也偶尔涉及一点形态，但多为主观的推断，不曾运用来自解剖实践的新知识。那么是否自汉代以后，中国就没有解剖活动了呢？不然，中国古代的解剖活动从来就没有停止过。儒家讲究的"身体发肤，受之父母，不敢损伤"，并没有完全束缚住古代解剖的进行。因为失去生存权利的因犯，当他们在刑场被活剐生割的时候，有人想起来顺便利用他们来了解人体的脏腑。

3. 解剖

自汉代王莽时代解剖刑犯翟义以后，利用死囚来进行活体解剖的记载不止一次。最著名的一次解剖死囚发生在北宋庆历年间（1041—1048年）。大臣杜杞利用金帛、官爵招降，将广南造反的欧希范及其首领们骗到酒席宴上，用曼陀罗酒麻醉，乘人昏醉，尽杀之。① 次日全都绑上刑场，由州吏吴简负责行刑。② 吴简下令将欧希范等人全都剖胸开腹，刳其肾、肠。并派了医家与画工，一一探索，绘以为图。此图就是著名的《欧希范五脏图》。这次的活体解剖一共进行了2天，解剖了56人。③ 历史上极不人道的大规模活体解剖，给医学留下了什么资料呢？据说其中详载了人的喉咙、肺、心、罗膈（横隔膜）、胃、肝、小肠、大肠、膀胱等的位置、走向等资料。④

《欧希范五脏图》应该说是完全根据解剖得到的图谱，是由专门的医家和专业画家共同完成的，但其质量却不敢恭维。北宋的沈括是一位大科

---

① （宋）司马光：《涑水记闻》，学津讨原本，卷四（另司马光《资治通鉴》亦载此事）；又宋叶梦得《岩下放言》亦详细载有此事。

② （宋）杨介：《存真图》序。

③ （宋）赵与时：《宾退录》载："庆历间，广西戮欧希范及其党，凡二日，剖五十有六腹……为图以传于世。"

④ 《古今图书集成·艺术典》引章演语。

学家，他就指出过此图谱的明显错误："又言人有水喉、食喉、气喉，亦谬说也。世传《欧希范真五脏图》，亦画三喉，盖当时验之不审耳。水与食同咽，岂能就口中遂分入二喉？"[①] 这是从常识去批驳该书的谬误。但也有人从以往的记载去判断此图的完善与否。例如北宋的医家杨介说："或以书考之，则未完。"一次切实的人体活体解剖，却要希望它与过去的书籍处处相符，则未免失去解剖的意义。

北宋的解剖还不止庆历间这一次。崇宁间（1102—1106 年）泗州（今江苏盱眙西北）再次活剐贼人。郡守李夷行派遣了医家和画家前去观察。这次据说"决膜摘膏，曲折画之，得尽纤悉"。当地的名医杨介取图校对："其自喉咽而下，心、肺、肝、脾、胆、胃之系属，小肠、大肠、腰肾、膀胱之营垒，其中经络联附，水谷泌别，精血运输，源委流达，悉如古书，无少异者。"[②] 这部经杨介校订过的解剖图谱叫作《存真图》。历史上又一次残忍的活体解剖结果如何？杨介认为这次的记录很成功，可是只要看他说"悉如古书，无少异者"，就知道这是一次完全失败的解剖记录，毫无创新。以古书记载来衡量新的解剖实践，而不是用新的实践更新古书记载，这就是中国古代虽有解剖实践而缺少创新的根本原因之一。

我国古代的脏腑图谱不可谓不多。除前述的《欧希范五脏图》《存真图》（均佚）以外，现存的脏腑图谱还有原题（汉）华佗撰《华佗玄门脉诀内照图》、明朝张景岳《类经图翼》、明朝施沛《脏腑指掌图》、明朝王思义编《身体图会》、清朝尤乘《藏腑性鉴》（1668 年）、清朝汪启贤《藏腑辨论》（1696 年）、清朝顾松园《内景图解》（1722 年）等数十种。这足以证明，古代中医不是不想要解剖学。但这些脏腑解剖图多数是尊经崇古，根据古籍文字记载，加上想象绘成。真正的解剖实录并没有出现，更谈不上对中医脏腑理论发展带来影响。直到清末，王清任用 40 年时间考察真实脏腑，写成了现存中国古代最高水平的解剖专著《医林改错》（1830 年）。

历史上除正式的人体解剖之外，还有一些医学或非医学活动可以证明，古代的中国曾经有过不错的解剖知识。2000 多年前的汉代，古人就知道阉割牛和人的准确有效方法。司马迁被施以腐刑，历代宫廷曾经大量

---

① （宋）沈括《梦溪笔谈》卷二十六。
② 《史记标注》引杨介存真图序。

存在过的太监，都显示古人其实非常了解睾丸在人的性与生殖活动中的作用。中医古代外科和骨伤科，曾有过许多辉煌的临床治疗记载。且不说失传的华佗用麻沸散进行的腹腔手术，只从唐代及其以后历代流传不绝的眼科金针拨内障手术，就可证明古人曾经非常熟悉眼球的解剖结构。古代的针灸术，在精确确定穴位、避开重要脏器方面，需要必要的人体深层结构解剖和表面解剖知识。

但古代临床治疗必须熟悉的某些解剖知识，似乎游离于《内经》等书的脏腑理论之外。中医内科治疗，还是崇奉"肾藏精"理论，根本无视睾丸的存在。眼科理论中，还是停留在五轮八廓的眼部外部分区对应脏腑的水平。建立在实体基础上的中医早期脏腑知识，在结合哲理等多方面的理论之后，形成功能化的脏腑学说。这样的脏腑学说容不下新的解剖发现，但却特别适合具有儒学基础的初学者学习。他们只需要足够的古文水平就可以理解古典著作中的脏腑学说，然后结合临床实际去选择运用。所以，不但清代王清任所得的解剖知识未能融入正统的中医基础理论书中，就是当今精确的现代生理解剖知识，也无法渗入或改变中医传统的脏腑学说。

中医功能化的脏腑理论自成体系，它与中医疾病诊治、处方用药构成一个比较稳定的内系统。实践证明运用这一系统的理论知识，也能取得某些良好的治疗效果。但这个封闭式的系统却只适合药物或针灸等疗法。需要精确解剖知识的中医外科手术，在古代始终未能得到应有的发展。进入近现代以后的中医脏腑理论，不能总是停留在功能、文字、哲理层次上的探讨。现代的中医骨伤科、眼科等分支学科已经开始运用现代解剖知识，因为不如此就无法提高疗效。那么中医内科所用的传统脏腑理论该如何与时俱进，是摆在当代中医面前的一个重要问题。

第四节　辨证论治

辨证论治就是分析辨识疾病的证候、确立治疗原则，这是中医学的基本特色之一。

有病治病，还需要辨证吗？不讲辨证，势必头痛医头，脚痛医脚，那叫对症治疗。就说头痛吧，有素养的中医立刻就要思考这头痛之病在表还是在里？是因寒还是因热？是属虚还是属实？等等。为了做出准确判断，于是就要尽可能多地收集患者头痛之外的证候，还要诊脉、看舌、问病史等，然后按中医理论去辨析所得到的证候，才能判断这头疼的症结在哪里，最后确定治疗原则。

同样的证候，辨证结论不同，治法就不相同。《史记》记载了名医淳于意许多"病名多同而诊异"的治疗病案。其中有一个王府的侍女，腰背痛、发烧恶寒。多数医生认为这是受寒发热，但淳于意通过诊脉，并考虑到她的特殊处境，认为这是内寒、闭经，病因是"欲男子而不可得也"，也就是正常的男女情欲被压抑引起的疾病，结果用通经泻下的药治好了这个病。① 如何辨析证候，历史上出现了多种辨证论治理论。

一　早期辨证

经过 2000 多年的磨炼，中医讲究辨证论治，已形成了多角度的辨证论治理论。在中医发展初期，医家也只知道头痛医头，脚痛医脚，什么症状给什么药，哪里有痛苦就治哪里。现在有的民间草药医还是这样看病的。但随着医学的发展，认识疾病不断深入，才知道同一症可能有不同的病因。于是最初的辨证就开始了。

公元前 7 世纪，扁鹊通过望诊，在齐桓侯自己还不觉察有病的时候，准确地判断其病在腠理、血脉、肠胃、骨髓，并指出病在前三个层次的治疗方法。扁鹊抢救虢太子尸厥，声称能"闻病之阳，论得其阴；闻病之阴，论得其阳"。这说明他对辨证求因的运用已经很娴熟。公元前 6 世纪秦国的医缓为晋侯诊病，说病在膏之上、肓之下，就是通过辨证判断出病位。稍后数十年，秦国又派医和去给晋侯看病，医和也是通过辨证，说出病因是沉溺女色，因犯了六淫中的晦淫，这也属于辨证求因。上述记载散见于早期文史类著作，可能来自传闻，也可能有粉饰，但起码说明当时医家已能辨证，并具有初步的理论，超越了经验阶段。

更大量的辨证见于中医现存最早的经典著作《黄帝内经·素问》，其中提道："善诊者，察色按脉，先别阴阳。"也就是善于诊病的人，可以通过望色、诊脉，先区别这病是属阴还是阳。当时的中医，汲取了早期的哲学理论，运用阴阳学说来粗线条地归纳疾病的属性，例如《素问》说："阳胜则身热，阴盛则身寒"，并列举一系列症状来支持这一辨证。书中

---

① （汉）司马迁：《史记》。

也用阴阳来判断疾病的位置，如"阳受之则入六腑，阴受之则入五脏"。[①]（详参"阴阳五行"）。除阴阳外，书中还有从医学实践中归纳出来的一些辨证规律，如"伤于风者，上先受之；伤于湿者，下先受之"，等等。《素问》中类似这样判别疾病属性的记载很多。但最能说明其辨证论治水平的是该书的《热论篇》。

《素问·热论篇》讨论的是对一类"热病"（也就是后来的伤寒病）的辨证论治全过程。该篇把伤寒按日区分为巨阳（即太阳）、阳明、少阳、太阴、少阴、厥阴六经受病，依据是出现了该经的主证。例如"伤寒一日，巨阳受之，故头项痛、腰脊强"。然后提出他们的治法和预后。治法总则是"各通其脏脉"。具体来说是三日之内，三阳经受病，但未入脏，所以可发汗而愈；满三天以后，可以泻下而愈。此外该篇还对"两感于寒"的重证进行了讨论，并介绍了病后的保养。该篇对"热病"的论说，已经初具辨证论治规模，可惜没有处方用药跟随其后。但一般认为，正是此篇的论说，以及东汉末伤寒病流行造成的惨重伤亡，催生了张仲景《伤寒论》系统的六经辨证论治法。

二 六经辨证

东汉建安纪年（196 年）以后的十年间，张仲景宗族 200 多人，因病死了三分之二，其中死于伤寒的占了十分之七。伤寒的肆虐，使张仲景发奋寻找治疗伤寒的良法。他"勤求古训，博采众方"，参考了《素问》等许多书籍，又总结了汉代伤寒病的治疗进展，结合其个人的临床实践，撰写了《伤寒杂病论》。书中创立了六经辨证法诊治伤寒病。这六经是太阳、阳明、少阳、太阴、少阴、厥阴。该书每篇的题目格式相同，如"辨太阳病脉证并治""辨阳明病脉证并治"等。后世从其篇名提炼出"辨证论治"四字，来概括对某一类或某一种疾病的认知和治疗过程。将中医理论和治疗方药如此紧密结合，这还是中医历史上的第一次。

张仲景"六经辨证"法虽然使用了《热论篇》的六经名称和部分内容，但他的六经病证实际上已经超出了单纯经络病证的范围，具有张仲景开创的辨析伤寒病证特定内涵。

六经辨证展示了伤寒病病位的深浅和疾病发展的趋势，是对伤寒病全

---

① 《素问·太阴阳明论篇第二十九》。

过程的动态观察和辨析。如三阳经：太阳病，寒邪在表（皮毛腠理）；阳明病，病邪入里，热结肠胃；少阳病，邪在半表半里。三阴病证则已入里。六经各有各的主证，界限分明。例如："太阳之为病，脉浮，头项强痛而恶寒"；阳明病，"身热，汗自出，不恶寒，反恶热"；少阳病，"口苦，咽干，目眩"；等等。在各经辨证总纲之下，又将所见病证进行更细致的辨证，甚至对每一个主方，都有严格而明确的辨证要点。例如具备太阳病的条件，再加上无汗而喘，头身痛，这属于使用麻黄汤的辨证要点。因为无汗、头身痛，是寒邪外束体表，必须发汗驱除；如果太阳病，再加上自汗、鼻鸣干呕，这是桂枝汤的主证。该方与麻黄汤辨证要点的区别主要在于无汗和自汗，这反映了外邪与人体自身的不同状态。张仲景的辨证立法大多如此。他在辨析杂病病证（见《金匮要略》）时虽然没有使用六经为纲领，但同样辨证入微。因此，张仲景医书中的辨证论治，使之赢得了"众法之宗，群方之祖"的美誉。

伤寒六经辨证是最早的一种系统辨证法，虽然它使用了六经名称，但其精髓来自临床实践的严密精细的辨证，以及根据辨证确立的治法方药。所以尽管后世医家将《伤寒论》的条文用多种方式重新排列（或以方类证，或以法类证，或以证统方，等等），但对张仲景的具体的辨证用方，都不敢妄动。伤寒作为一类外感疾病，到明清已经影响很小。明吴又可甚至认为："临证悉见温疫，求其真伤寒百无一二。"但是，张仲景的辨证方法以及其经方的缜密辨证，却一直被后世医家奉为圭臬。

随着对外感热病认识的进展，以明末吴又可《温疫论》为标志，温病学说兴起，伤寒学日见式微。此后，温病学辨证出现了"卫气营血辨证"和"三焦辨证"体系。

三 脏腑辨证

这是中医很常用的辨证论治法，自古至今沿用不替。所谓脏腑辨证，主要是依据脏腑的生理功能、病理表现来辨析一些脏腑疾病的方法。追溯脏腑辨证法的源头，还是要归到《黄帝内经》。

脏腑在里，因此其辨证的关键在于明辨其虚实、寒热，以及脏腑各自功能变化、各脏腑之间的关系等。《黄帝内经·素问》里关于脏腑病证的记载很多，其中《玉机真脏论》所论更多。该篇涉及脏腑之间的关系，所谓"五脏相通，移皆有次。五脏有病，则各传其所胜"。这是五行生克在脏腑关系中的体现。该篇还提到了脏腑的五虚五实："脉盛、皮热、腹胀、前后不通、闷瞀，此谓五实；脉细、皮寒、气少、泄利前后，饮食不入，此谓五虚。"《宣明五气篇》则系统地罗列了五脏相应的生理和病理等情况，成为后世脏腑辨证的重要理论依据。《内经》脏腑辨证相关内容散在于各篇，至隋代《诸病源候论》"五脏六腑病诸候"，才将其按脏腑为纲集中起来。但在《黄帝内经》中还没有把脏腑辨证和具体治疗相联系。

张仲景《金匮要略方论》是脏腑辨证法理论与临床实践相结合的开山之作。该书首篇即为"脏腑经络先后病脉证"，反映了汉末脏腑辨证的水平。"治未病"本来是《内经》未病先防的一个基本观点，但该书从脏腑关系角度提出了新的解释："夫治未病者，见肝之病，知肝传脾，当先实脾。"按五行学说，肝属木，脾属土，肝有病，就会影响脾脏，所以要先让脾脏健旺。张仲景认为那些"见肝之病，不解实脾，惟治肝也"的医家，只能算是"中工"（一般的医生）。张仲景把"经络受邪入脏腑"归于内所因，还在各病证中零散地提出了一些脏腑辨证要点和治疗大法。但该书毕竟没有以五脏为纲分类各病，更没有像《伤寒论》那样创立严密的辨证体系。只有一篇"五脏风寒积聚病脉证并治"，以五脏为纲，罗列五脏风寒证候、真脏脉象、相关疾病。该篇内容过于程式化，缺乏有效方药。所以除了肝着（治以旋复花汤）、肾着（治以甘草干姜茯苓白术汤）二病比较有影响外，其他内容平平。

《金匮要略方论》在后世流传较少，一直到北宋才被发现而单行流传。所以该书的脏腑辨证远不如六经辨证那样受人关注和崇奉。魏晋六朝数百年间，医学界忙于治疗经验积累，在中医理论方面的建树很少。隋唐一统以后，医药文献的汇集整理卓有成效。但隋朝巢元方《诸病源候论》50卷，只有卷十五谈"五脏风寒积聚病脉证并治"。另卷二十一是"脾胃病诸候"。其中的脏腑病名目虽多，一则有论无方，二则脏腑不过是作为归纳各种疾病的名目，并非旨在倡导脏腑辨证，完全没有中医脏腑辨证论治的鲜活灵巧之气。唐代孙思邈《千金要方》仿《诸病源候论》，从卷十一开始到卷二十，依次列肝、胆、心、小肠、脾、胃、肺、大肠、肾、膀胱十个脏腑的脉论、虚实。但是其论说还是抄录前代的为多。各脏腑虚实下也只简单地论说，然后罗列方剂。其他如北宋的《太平圣惠方》《圣济总录》等大型方书，也多模仿孙思邈之书，虽有脏腑病证专卷，但也只是综述本脏生理、病理、脉证、治法及各种病证。看似突出了脏腑病证，但终究算不上是真正的脏腑辨证论治。

真正把脏腑辨证运用于临床并卓有成效的医家，是北宋的儿科名医钱乙。他的《小儿药证直诀》强调脏腑辨证论治，并指出小儿脏腑柔弱，"易虚易实，易寒易热"，抓住了儿科脏腑辨证论治的核心。该书一开始就介绍"五脏所主""五脏病"，但这绝不是抄录前人书，而是根据自己的临床经验归纳出来的辨证要点。例如五脏皆有虚实证，唯独说"肾主虚，无实也。惟疮疹，肾实则变黑陷"。可见他没有照搬凡脏腑皆一律分虚实的机械套路。

钱乙脏腑辨证最可贵的是，他不仅抓住脏腑寒热虚实辨证要点，而且创制了一系列针对性的方剂，使其辨证与论治紧密结合起来。其意义正如张仲景创立六经辨证，都有来自实践的经验效方，把辨证落实到论治之中。例如钱氏泻肝热有泻青丸，泻肺虚热有泻白散，泻心热用导赤散，补脾胃虚弱及治脾疳、腹大、身瘦有益黄散，治脾热弄舌有泻黄散，等等。上述泻青丸、泻白散、泻黄散、益黄散、导赤散等针对脏腑寒热虚实的方剂，都是钱乙首创，至今还是常用的方剂。钱氏还化裁张仲景的八味肾气丸，去附子、肉桂，改为地黄丸，用来补虚。从此六味地黄丸也成了补肾的经典方。所以，真正切实做到从脏腑的虚实寒热入手辨证论治，应当首推钱乙。他的儿科脏腑辨证经验，成为此后儿科脏腑辨证的典范。明代万全《万氏家传幼科发挥》则将五脏辨证作为他全书的纲领，每一脏都有主病、兼证、所生病。更重要的是，钱乙的脏腑辨证推动了中医对脏腑辨证的重视。金元以后，脏腑辨证进入了对某一脏腑深入研究的阶段。

金元四大家中，有两家在脏腑辨证方面做出了突出贡献。一是元代李东垣的脾胃论，二是朱丹溪的相火论。李东垣运用脏腑辨证理论，突出了脾胃在脏腑中的重要地位。他以《内经》论脾胃作为依据，悟出人的"元气之充足，皆由脾胃之气无所伤，而后能滋养元气"。他认为"诸病从脾胃而生"，探讨补养脾胃对治疗各种疾病的意义，并创制了补中益气、升阳益气等一系列的方剂，把脾胃辨证落实到临床论治。李东垣的脾胃论，打破了以往五脏辨证无主无次的局面，从而挑起了后世对脏腑论治的兴奋点。

朱丹溪所说的相火，是寄托于肝肾两脏的。他认为"阳有余而阴不足"，人身之阴，难成易亏。相火妄动，就会煎熬真阴。从这个角度立论，他对维护肝、肾之阴特别重视，倡导滋阴泻火。在朱丹溪以前，养老多主张用《局方》乌附丹剂等热药来温补下焦。朱丹溪坚决反对，认为肾恶燥，阴难成，不能用温热药补肾。对老人虚弱，"补肾不如补脾"。脾得温则易化，依靠饮食可以发挥补益作用。其实关于补脾还是补肾的争议，延续了近千年。北宋孙兆主张"补肾不如补脾"，南宋严用和主张"补脾不如补肾"。后世医家依然围绕这个问题争论不休，甚至出现了先天（肾）、后天（脾）之争，都反映了对脾、肾两脏的重视。

明清以后，关于脏腑的辨证论治讨论就愈加热烈。医家们纷纷提出自己对脏腑作用的新认识，有时甚至看起来比较偏颇，但客观上丰富了脏腑辨证的内容，使人们对各脏腑疾病的认识更加深化。例如明代的赵献可，就是一个狂热的"命门"倡导者，他认为"命门"是"十二经之主"。主张用八味丸治命门真阳火衰，用六味丸治肾水之衰。而清代的温病学家叶天士，则又发展了滋养胃阴之法，这对李东垣的补脾胃之阳，朱丹溪的滋肝肾之阴，又是一个从理论到治疗的进步。从宋代以后，建立在脏腑辨证基础上的治法越来越精细，所用有效方剂也越来越多。脏腑辨证再结合其他辨证法（如气、血、痰、郁等），又出现了另一些治法方剂。脏腑和经络、三焦、气血都有密切的联系，因此，无论中医历史上出现的哪一种辨证方法，实际上都含有脏腑的内容。时至现代，脏腑辨证已经成了中医辨证论治中的主要方法之一，不断地与时俱进。

四 八纲辨证

八纲辨证也是当今中医最常用的辨证论治方法之一。所谓"八纲"，就是把各种证候分成阴、阳、表、里、寒、热、虚、实八类。八纲包括了疾病的部位（表里）、性质（寒热）、邪正消长的状态（虚实），而阴阳既可以说是其他六纲的总纲领，同时也可以指一些局部疾病的性质（如亡阴、亡阳等）。这八纲既不是一类疾病的辨证法，也不是根据人体脏腑经络等病位来确定，它是各种辨证法的高度抽提以后的总结。

"八纲辨证"四个字一直到近代，才由名医祝味菊开始使用，但是这八纲辨证的实际内容，却肇始于两千多年前。《国语·晋语》提到"偏而在外，犹可救也；疾自中起，是难"。这就区分了疾病的外（表）、中

（里）。①《黄帝内经·素问》里已经有很多辨别寒热、虚实、内外、阴阳的论说。例如该书的《通评虚实论篇》对虚实的定义是："邪气盛则实，精气夺则虚。"然后还有更细致的虚实辨证。用寒热来辨别具体的病症，可见于《厥论篇》："阳气衰于下，则为寒厥；阴气衰于上，则为热厥。"其下还有辨别热厥、寒厥的具体症状和方法。《玉机真脏论篇》根据脉气来去的盛衰，来判断病在外还是病在中，也就是后世所说的表和里。《难经》凭脉辨寒热："数则为热，迟则为寒。"类似这样的记载，在《素问》《灵枢》《难经》等早期理论著作中常可见到。

汉代张仲景创立六经辨证法，以六经作为辨证纲领，但六经辨证之中，也经常提到疾病的表里、寒热、虚实。张仲景的《金匮要略》中，更多使用后世所说的八纲内容进行辨证。如谓"腹满时减，复如故，此为寒"；"黄疸腹满，小便不利而赤，自汗出，此为表和、里实，当下之"。至于"虚实"，则主要存在于脏腑辨证之中。唐代孙思邈《千金要方》的脏腑辨证，每一脏都要分虚实寒热。可以说，类似这样的实际八纲辨证之例，在宋代以前的医书中不胜枚举。但是在很长的历史时期内，这些辨证方法淹没混杂在各种辨证、辨病法之中。

前面已经提到，《黄帝内经·素问》已经提道："善诊者，察色按脉，先别阴阳。"但是光有阴阳还是太粗略、抽象，还应该有更为具体但又易于掌握的辨证纲领，才能较好地指导临床。最早提出一种"八要"辨证方案的是北宋的寇宗奭。他在《本草衍义·序例》里明确地提出："治病有八要。八要不审，病不能去。非病不去，无可去之术也。"所谓八要，即虚、实、冷、热、邪、正、内、外，即四组内涵对立的证候。所谓邪、正，"邪，非脏腑正病也；正，非外邪所中也"。意思是要判断疾病是由外"邪"引起，还是由脏腑自己产生的"正"病。其他六要的意思都很明确，反映疾病的性质和部位。其中内、外即表、里，冷、热即寒、热。寇氏认为只要掌握八要，"岂有不可治之疾也夫"！

但是寇氏的"八要"辨证，其中的邪、正、内、外，还是有互相交叉之处，所以未能得到医家的响应。明清之时，脏腑辨证发展迅速，医家们又纷纷提出自己的辨证纲领。明代王执中在《东垣先生伤寒正脉》（1477 年）中提出："治病八字：虚实阴阳表里寒热。八字不分，杀人反

---

① 转引自《医馀》卷十九。

掌。"这就较寇氏的八要更为严密。王氏的书流传不是很广，故他的八字纲领是否广为人知，已不可考。但随后明朝方隅《医林绳墨》（1584 年）中又根据他研究张仲景治伤寒法，提出与王执中同样的八字大要："虽后世千方万论，终难违越矩度。然究其大要，无出乎表、里、虚、实、阴、阳、寒、热八者而已。"明代医家张三锡也殊途同归地在他的《医学六要》（1609 年）中表述了他的治病八大法："锡家世业医，致志三十余年，仅得古人治病大法有八：曰阴、曰阳、曰表、曰里、曰寒、曰热、曰虚、曰实，而气血痰火，尽该于中。"以上三位医家都同样认为这八个纲领是治病必须明确的大要。但是这八字之中还是有层次的。明朝张景岳《景岳全书·传忠录》对这八字进行了一番分析。他把阴阳称为"医道之纲领"，把表里虚实寒热称为"六变"，认为"是即医中之关键。明此六变，万病皆指诸掌矣"。又说："阴阳既明，则表与里对，虚与实对，寒与热对。明此六变，明此阴阳，则天下之病，固不能出此八者。"他这样的分析自然更为妥帖。张氏书中对这八个字进行了深入的分析，明确了其辨证的内容。张景岳的书影响比较大，因此入清以后这八字纲领的内容也就知之甚众了。

清代对八纲辨证倡导最力的是程钟龄。他在《医学心悟》中专设"寒热虚实表里阴阳辨"一节，开宗明义地提出："病有总要，寒、热、虚、实、表、里、阴、阳八字而已。病情既不外此，则辨证之法，亦不出此。"随后他对表与里、寒与热、虚与实的辨证法予以鉴别区分，极为详尽。更可贵的是，他在辨证之后，也随之提出了治法。用"汗、吐、下、和、消、清、温、补"八字来归纳治疗大法。近代名医祝味菊在《伤寒质难》（1950 年刊）中正式使用了"八纲"来命名这一辨证法："所谓八纲者，阴阳表里寒热虚实是也。"这一提法于是固定下来，并进入现代中医教科书中。

八纲辨证以其简洁明了、易于界定、适应面广等优势，成为现代初学中医者必须掌握的基本辨证论治法。但是对于一些特殊类型的病种，尤其是病情发展迅速、变化多端的传染病，光靠八纲辨证的几个要领，显然是无法指导治疗的全过程。明清之间，瘟疫发生频繁。在抗击各种疫病的过程中，催生了中医的温病学。为了适应新学说的辨证论治需要。清代医家发展出了两种新型的辨证论治法，其一为卫气营血辨证，其二为三焦辨证。

五　卫气营血辨证

明代末期，社会动荡，疫病流行猖獗。吴有性《温疫论》（1642 年）的问世，标志着不同于伤寒学的温病学说卓然独立。他非常明确地从多方面将伤寒与时疫（属于温病范围）加以区别。

吴有性首先指出伤寒、时疫的病因根本不同："伤寒感天地之正气，时疫感天地之戾气。"外邪进入人体的途径也不同："伤寒之邪，自毫窍而入；时疫之邪，自口鼻入。"两者具备不同的症状：伤寒"四肢拘急，恶风恶寒，然后头疼身痛，发热恶寒，脉浮而数"；温疫"忽觉凛凛，以后但热而不恶寒"。治疗伤寒的方法无法用于时疫："伤寒投剂，一汗而解；时疫发散，虽汗不解。"因此，传统的伤寒六经辨证法无法用于时疫。为此，吴有性提出了他的九传辨证论治法。所谓"九传"（但表不里，表而又表，但里不表，里而又里，表里分传，表里分传再分传，表里偏胜，先表后里，先里后表），其实不外表里。疫邪进入人体后，要么"出表"（从体表经发汗而出），要么"入里"（内传于胃，可泻下而解），也可能既出表也走里。这就是民间某些知识层对吴有性最直接的了解。

但"九传"辨证法虽属新创，却未能抓住疫邪侵犯的关键，仅忙于判断错综复杂、范围过泛的病位（仅表、里二途），缺乏与辨证紧密相扣的治法和方药。因此，他的"九传"辨证法未能得到后世医家的积极响应。直到清代叶天士（1667—1746 年）在他的《温热论》中创立卫气营血辨证法，才使温病的辨证论治进入了一个新的阶段。

叶天士与吴有性在对温病病因（温邪）、感邪途径（上受，从口鼻而入）、治法（与伤寒大异）等方面，是一脉相承的。但是叶天士用更为简洁的 12 个字（"温邪上受，首先犯肺，逆传心包"），概括了外感温邪的侵入途径和深入后的变化。然后他把温邪在人体内的传变过程，用卫分、气分、营分、血分四个由浅而深的层次来予以概括。这就是叶天士的"卫气营血"辨证法。

按"卫气营血"辨证法，这四个层次的次序是："卫之后，方言气；营之后，方言血。"卫气营血各有各的主证。邪在"卫分"，还属初期表证。进入"气分"，已属里热，热盛烁津，邪正剧烈相争。到了"营分"，邪热已经迫及血液，血热则心神不安。温邪如果能到"血分"这最后一个阶段，那么就会"耗血动血"（如吐血、衄血、尿血、便血），扰乱心神（身热烦躁，神昏谵语），并出现瘀血癍疹等血分证。

叶天士是一位十分杰出的临床医学家，他是在精熟的温病治疗实践中总结出来"卫气营血"辨证法，是温病辨证的一个创新。该辨证法简洁明了、逻辑严密，抓住了温热病发展的几个关键性环节，且各阶段主证清晰，界定方便。与此同时，叶氏还规定了"卫气营血"各阶段的治疗原则是："在卫汗之可也，到气才宜清气。乍入营分犹可透热，仍转气分而解（如犀角、元参、羚羊等物是也）。至入于血，则恐耗血动血，直须凉血散血（如生地、丹皮、阿胶、赤芍等物是也）。"其论治与辨证一环扣一环，因此既方便临床医生学习使用，又能有效地适用于临床。

"卫气营血"辨证法在清代治疗温病过程中发挥了非常积极的作用。即便是近现代，这一辨证论治法仍然受到临床医家的重视。但是温病的种类很多，不同种类的温病，辨证时需要充分考虑其特点。因此，在叶天士之后，又出现了另一种三焦辨证法。

六　三焦辨证

前面提到吴有性对温病采用的是"九传"辨证法，重视疫邪的由表入里。叶天士创立卫气营血，重视的是温邪的由浅入深。这两种辨证法都倾向于横向观察温邪入侵途径。

历史上一种新的辨证论治法产生，既要实用简便有效，也取决于所诊治疾病的性质。和叶天士同时的另一名温病学家薛雪（生白）擅长治疗湿热病，因湿性重着趋下，因此薛氏在他的《湿热论》中实施了一种从上到下、纵向观察的三焦辨证法。

湿热病是温病里比较特殊的一类疾病。薛氏认为："湿热之病不独与伤寒不同，且与温病大异。"其病因是"湿热交蒸"，湿为阴邪，热为阳邪，合而为病，胶黏难解。他认为湿热之邪，从表伤者十之一二，由口鼻入者十之八九。湿热之邪主要见于中焦（脾胃），感邪重者，或者正气已伤，就会波于下焦，见肝肾之证。感邪极重时，湿热浊邪会充斥三焦。薛氏草创的这种辨证法，企图熔表里、经络、脏腑辨证法于一炉，因此存在和吴有性"九传"法同样的烦琐、纷乱的弊病，临床实用性不是很强，因此没有很大的影响。虽然薛氏尝试用三焦来观察辨析湿热病，但最终被中医界认可的是后来吴鞠通建立的温病三焦辨证论治体系。

吴瑭（鞠通）在他的《温病条辨》（1798 年）中明确建立了三焦辨

证纲领。其书卷 1—3 分上、中、下三焦设立篇目，分别论述三焦温病，并出示治法。吴氏书中的第一条，就明确指出："温病者，有风温，有温热，有温疫，有温毒，有暑温，有秋燥，有冬温，有温疟。"因此，他所讨论的温病有九类之多，已经不像吴有性那样局限于时疫。为此，他集思广益，结合自己的临床经验，把温病的传变过程由浅入深、从上到下，分成三个层次：上焦——心肺；中焦——脾胃；下焦——肝肾。

三焦辨证法的特点是把温病的发生发展过程紧扣相关脏腑。吴氏提出："温病由口鼻而入，鼻气通于肺，口气通于胃，肺病逆传则为心包；上焦病不治，则传中焦，胃与脾也；中焦不治，即传下焦，肝与肾也。始上焦，终下焦。"很清晰地描绘了温邪进入途径、侵犯的脏腑、发展的路线。在整个传变过程中，吴氏强调个体正气的抗邪能力，认为温邪不一定三焦传遍，如治疗得当，不令伤阴，可中道而愈。该法将温病动态的发展过程与脏腑相联系，易于为广大临床医家理解并掌握。

为了配合其建立的这一套辨证方法，他又在治疗方面提出了一系列的对应措施。例如以银翘散为辛凉平剂，桑菊饮作辛凉轻剂，白虎汤为辛凉重剂。考虑到温邪易耗阴液，故倡导养阴保液之法。此外，该书还分出了清络、清营、育阴多种治法，从而使温病立法、用方，层次清晰。该辨证体系适应面广，不仅适用于湿热病，也适用于风温、温热、温疫、温毒、冬温、暑温及秋燥等各种温热性疾病。

所以，吴鞠通的三焦辨证纲领，由上及下、由浅入深，将辨证与论治紧密结合。该辨证体系说理明晰、辨证简洁、实用方便，因此被后人作为与张仲景伤寒六经辨证、叶天士温热卫气营血辨证理论互为羽翼的一种温病创新理论，广泛传播运用。

第五节　五运六气

兴盛于北宋、金元，波及明清医学的"五运六气"（简称"运气"）学说，深刻地影响了中医学术。从本质上来说，运气学说是研究气候变化与疾病关系的一套理论系统，其作用可供预测每一年各季的气候和可能发生的疾病，因此有学者称之为"预测的病因学"①。政和年间（1111—

---

① 范行准：《中国医学史略》，中医古籍出版社 1986 年版，第 126—134 页。

1117 年），好道的宋徽宗颁布过"运历"，来预测下一年的疾病，提醒人们事先准备这年该用的药物（所谓"司岁备物"）。但运气说的某些内容也被金元医学引为创立新说的依据。当时流行的一句话是："不明脏腑经络，开口动手便错；不明五运六气，遍检方书何济？"似乎运气学说成了指导用药的基本理论。此外，运气学说给百姓日常生活也留下了深深的印记。"运气"已成了后世汉语的常用词，有机遇、命运的意思。口语常说"碰碰运气""好运气""撞大运""走运"，等等。甚至"气象"这个词，也是从运气学说中脱胎而来。

为什么"运气"需要去碰、去撞，而不能去找、去求？了解了运气学说，就知道"运气"这东西确实是它不来你求不到，来了你也挡不住，去了你也拽不回。这样的一种学说，曾是由北宋朝廷下命令推行的显学，国家医学考试列为必考的内容。但从它在医学界流行之日起，反对的医家就连绵不断，以至于到明清以后，运气说就逐渐破败，成为一种衰亡的理论。时至今日，尽管还有人去研究甚至希望弘扬，但世道不同，运气不佳，逝者不可追了。

既然这一学说行过时、走过运，那就有必要简要地介绍它的内容与兴衰起伏。

一　运气内容

"运"就是"五运"，也就是五行（土金水木火）之气的运动变化。"气"就是"六气"，指三阳（太阳、阳明、少阳）、三阴（少阴、太阴、厥阴）之气。六气属天，五运属地，合为天地之道。

五运六气一旦和纪年的干支搭配，就被作为推算不同干支的年份有不同气候变化规律的工具。那么，五运六气怎样和纪年的干支搭配呢？简而言之，五运与天干搭配，六气与地支搭配。

1. 十干化运

即十天干与五运（按相生关系依次为土、金、水、木、火）的搭配。

表 6-2　　　　　　　　　十干化运搭配

天干	甲	乙	丙	丁	戊	己	庚	辛	壬	癸
五运	土	金	水	木	火	土	金	水	木	火

天干与五运搭配之后，五运与天干就有如下关系：甲己（土）、乙庚（金）、丙辛（水）、丁壬（木）、戊癸（火）。必须注意的是，运气学说中，十干又分阴阳，凡是奇数天干（甲丙戊庚壬）属于"阳干"，凡是偶数天干（乙丁己辛癸）属于"阴干"。

这样一来，每一年就被赋予了一"运"，叫作"岁运"。因其作用重大，又叫"大运"。也就是说，在 60 年内，凡是纪年以甲、己开头的（如甲子、己巳……），都属于"土运"，依此类推。其中凡是"阳干"之年（甲丙戊庚壬）的岁运为太过；"阴干"（乙丁己辛癸）的岁运为不及。

什么叫岁运"太过""不及"？有什么表现？仍以"甲己"年（土运之年）为例：甲属阳干，凡干支纪年带"甲"字的岁运就是"岁土太过"，与土相对应的气候是湿，因此这一年总的气候是"雨湿流行"，所引起的疾病也是以水湿病或脾胃为多。"己"属阴干，如果是纪年带"己"字的岁运就是"岁土不及"。那么这一年的气候特点不仅是水湿之气少，更主要的是因土不及、木来克，故其气候反而显示出岁运为木的气候特征："风乃大行"。

如此看来，岁运不是太过，就是不及，简直没有气候好的年份了？也有，这就要碰运气，要看那一年的地支与"六气"搭配的结果了。

2. 十二支化气

即地支与六气（按阴阳多少，依次为：太阳、阳明、少阳、少阴、太阴、厥阴）的搭配，地支与六气的搭配比较复杂。五运中一年只有一运；六气中却一年有六气，而且六气分主气、客气。

首先，"六气"的名称本来是指六种气候。但在运气学说中，具体的六种气候（寒暑湿燥风火）略加变化，与五行（木火土金水）、三阴三阳结合以后形成了以下的"六气"关系。如果按五行相生的顺序排列成的模式如下。

表 6－3　　　　　　　　　　　　十二支主气

六气	厥阴风木	少阴君火	少阳相火	太阴湿土	阳明燥金	太阳寒水
顺序	初之气	二之气	三之气	四之气	五之气	六之气

这样排列的"六气"（分作"六步"）就叫"主气"。"主气"反映一

年中春夏秋冬气候的规律变化，而且它排列的顺序是固定不变的，因此它不能反映异常的气候变化。值得注意的是，《素问·六微旨大论》为了使五行与六气相配，将五行中的"火"分作"君火""相火"。与六气搭配后为"少阴君火""少阳相火"。在六气的主气中，少阴君火、少阳相火对应于春末与夏季的炎热气候。

只有客气年年变化，所以它能代表每年气候的异常变化。客气的六气（六步）各名称和主气完全相同，不同的是它排列时按阴阳多少为顺序，差别就在少阳相火与太阴湿土换个位置。

表 6 - 4　　　　　　　　　　十二表客气

六气	厥阴风木	少阴君火	太阴湿土	少阳相火	阳明燥金	太阳寒水
顺序	一阴	二阴	三阴	一阳	二阳	三阳

把客气（六气）与十二地支搭配起来，又形成了另一种推算年份气候的方法。具体搭配规律如下。

表 6 - 5　　　　　　　　　年支对应司天之气

地支	子	丑	寅	卯	辰	巳	午	未	申	酉	戌	亥
司天之气	少阴	太阴	少阳	阳明	太阳	厥阴	少阴	太阴	少阳	阳明	太阳	厥阴

每年年支对应的三阴三阳中的一气，就是主管一年天气的"司天"之气。

经过"十二支化气"以后，每一年的纪年所用干、支，就都和运、气挂上钩了："干"主"岁运"，"支"主"客气"（或"司天"之气）。

前面已经讲了"岁运"与气候变化的关系，那么"客气"又如何反映气候变化呢？

应该说每年总的气候特点主要取决于"客气"中的司天之气，而一年之内的气候又和"客气"六步紧密相关。从全年的气候来说，"六气"的属性是什么，气候就偏于什么。例如"厥阴司天"之年，风淫太胜，在气候变化为寒冬会有春天气息，流水也不结冰了。百姓多得的疾病是胃口痛、上支两胁、膈咽呕食、冷泄腹痛之类，依此类推。

但实际上由于"岁运"与"客气"都确定之后，一年的气候变化就要考虑客气对岁运的影响了。纪年的干支排列组合的结果，会造成"客气"和"岁运"或互补，或互相抑制，或加剧异常气候。

例如丙子年，"丙"为阳干，属水运太过之年，本来气候应该偏寒；但"子"是少阴君火司天，按五行生克，火克水，可以抑制其气候偏向，因此这一年就是"平气"之年。碰上这么好运气的年份，叫作"岁会"。

但也有糟糕的运气。例如丙辰年、丙戌年，"丙"属水运太过之年，本来就气候偏寒，又碰上"辰""戌"都是太阳寒水司天，那这一年的寒冷就可想而知了。这样的年份就叫"天符"。

"客气"中的"司天"之气可管一年气候，但因为一年之中有六气，所以在一年里，"司天"之气又另有主上半年气候的职责。下半年气候则由"在泉"之气负责。"司天"之气年年不同，则一年中的"客气"就会影响到"主气"的六步，因此经常出现季节气候异常，例如春应温而反寒，夏应热而反凉等。凡是这样的异常天气都可能引起疾病。

运气学说介绍到这里，已经可以查找60年的气候变化了。只要知道一年的干支纪年，就能知道"干"代表什么样的"岁运"，"支"代表什么样的"客气"。气候变化最主要受"岁运"和"客气"影响。而"岁运"和"客气"实际上都与五行有关。根据它们各自的五行属性及对应的气候，再考虑它们相互作用后的结果，就知道该年的气候大致是什么。如果"岁运"太过、不及，没有"客气"的调节，气候必有异常变化，就会出现相应的疾病，应该早做治疗的准备。因此，五运、六气与纪年干支结合，就演化出一个解释和预测自然界气候、物候和疾病发生规律的理论体系，这就是运气学说的本质内容。

那么，推算每年的运气岂不是太困难了吗？其实根本就不需要推算。《黄帝内经素问·六元正纪大论》中已经列出了两张大表，这里姑且称之为"六气司天表""五运气行主岁表"（古书没有画成表，但却有着表格的规律）。这两张大表中已把60年一周期的运气变化情况悉数按"六气"或者按"干支"为序罗列。读者只要知道某年的干支，就可以查出此年的运、气、气候变化及疾病。北宋《圣济总录》开头就用两卷篇幅，逐年详细介绍了每年的运气，以及相关的气候、物候、疾病，应该使用的药物等，查找更为方便。所以，运气看似复杂，但因它60年一循环，故只要了解纪年的干支，查找对应年份的气候就易如反掌了。

当然，以上只是说运气学说的主要内容和使用方法。其实五运、六气之间的相互作用，是很复杂的过程。那么这样的一种学说，它到底产生于何时？有没有实践基础与实用意义？这是后世学者争论最多的问题。

二　起源与初兴

运气学说起源于何时？学术界至今争论不休。但无可争议的是，至今最能反映中医运气学说全貌的就是《黄帝内经·素问》中的七篇"大论"（每一篇的名字都以"大论"两字结尾，故简称为"运气七大论"）。但这"运气七大论"并不是《黄帝内经·素问》的原帙。《黄帝内经·素问》九卷，到唐代就缺了第八卷。唐王冰注释《黄帝内经·素问》时（762 年），才补上了他所得到的"运气七大论"。"运气七大论"的篇幅占了全书的三分之一强，而且内容文风与其他 8 卷大不相同，所以一般认为这是唐代的伪作。

当然，这样复杂庞大的运气学说，不可能突然形成体系，也不可能空中楼阁，凭空捏造，它也有其源头和逐步演化成形的过程。我国古代很早就注意到气候对生物、疾病的影响。《吕氏春秋·月令》就提到某时令异常，就可能产生某灾异。《礼记》也提到："孟春行秋令，则其民大疫；季春行夏令，则民多疾疫……仲冬行春令，则民多疥疠；季冬行春令，则民多固疾"。这说的也是季节反常可以引起疾病。汉代兴盛的谶纬之说中，含有预测未来吉凶、灾异的记载。例如《易纬》就记载："冬至晷长一丈三尺，当至不至则旱，多温病；未当至而至，则多病暴逆心痛，应在夏至。"[1] 说明当时已注意到气候异常就可以引起疾病。这样的记载也多见于汉代的《易纬通卦验》等书中。东汉末张仲景《金匮要略方论》第一篇[2]也谈了和时令相关的"未至而至，至而不至，至而不去，至而太过"的现象，其结果是时令会变得早温、大寒不解或天温太过。可见，气候异常变化，早在汉代及其以前就和各种灾异（包括疾病）联系起来。希望能推算预测气候的变化，是古人的一种追求。汉代的纬书与医书结

---

① 　见范行准《五运六气说的来源》引《后汉书·律历志》刘昭补注所引《易纬》，《医史杂志》创刊号，第 1 期。

② 　（东汉）张仲景：《金匮要略方论·藏府经络先后病脉证第一》。

合，可能是运气学说形成的源头。

包括五运、六气两个部分的运气学说在隋唐之际还没有产生。隋萧吉《五行大义》，上自经传，下至阴阳医卜之书，凡是谈到五行的，都网罗搜集，就是没有五运六气。因此一般认为完整的运气说不会早于隋唐。即便认为是唐代王冰最早把"七大论"补入《素问》的学者，也注意到唐代并没有人提到或运用过这一学说。① 还有的学者坚持认为"运气七大论"不是唐王冰补入的，真正的伪造者是五代时许寂（855—935 年）之流。② 事实是运气学说完整露面，是在北宋初年。其时已经出现少量的运气著作，但关注它的人很少。连宋初大型方书《太平圣惠方》也不曾提到它。北宋初虽然在某些医家著作中零散提到运气内容，但直到北宋林亿校正王冰注的《黄帝内经素问》（1026 年刊行）以后，其中的"运气七大论"才广为人知。

运气学说复杂而又比较新奇的理论，加之又附在经典著作《黄帝内经·素问》之中，因此在刻本问世以后，其学说很快流传开来。当时国家的医学教育和考试，专设有"运气"试题。《太医局诸科程文格》是流存到今的宋代医学考试答案集，其中就有许多运气考题。例如题目："问：丙辰年，五运六气所在、所宜处方为对。"标准答案很长，中心是要答出丙辰年是太阳寒水司天（气），水运太过（运），因此属于"天符"之年，"其候凝肃，其令寒，其脏肾，其病厥"，气候寒冷，因此"宜用燥热之药"。然后继续分析一年之内的六气（六步）气候变化、相应疾病及用药法，最后还要列举方剂。这就是当时要求学生掌握的运气说内容。

北宋道君皇帝徽宗赵佶，更是醉心于推广运气学说。在他领衔的《圣济经》《圣济总录》中，运气学说成了显要的内容。前已提到，《圣济总录》第 1、2 卷就是六十年一甲子的运气详细内容。徽宗在位的政和七年（1117 年），向全国颁布"运历"，预载了次年的气候变化及该准备的药物等。北宋末，运气学说被推到了一个高峰。但很快北宋灭亡，宋徽宗被金兵俘房，《圣济总录》等书也一起被掳掠归金国。金国统治的北方中原及周边地，是原北宋文化兴盛的地区。受北宋医学教育的影响，运气说在金、元之地盛行并继续流传，日渐成为医学说理的工具。

---

① ［日］丹波元简：《医賸》，《皇汉医学丛书》，第 15 页。
② 范行准：《五运六气说的来源》，《医史杂志》创刊号。

三 运气说的蜕变

运气学说本来是一个解释和预测自然界气候、物候和疾病发生规律的理论，这是其本质。但是到了金、元时期，从这方面研究运气学说的人是少而又少，代之而起的是借运气之论，谈其他中医理论。换言之，对金、元医学影响最大的不是运气学说的本质部分，而是《素问》"运气七大论"的其他与预测气候无关的内容。所以乍看起来，金元医家高谈运气，但实际却"蝉蜕龙变"，偏离了其本质。

《金史》里记载了金代名医张元素的一句名言："运气不齐，古今异轨。古方新病，不相能也。"[①] 这句话曾经被作为张元素"自为家法"、具有改革思想的依据。但是运气学说是气候六十年一循环，周而复始。无论古今，都是按干支推导，气候变化一样，哪来的"古今异轨"？可见"运气不齐"只是一种托词。

另一位金代医学大家刘完素，他创立的"火热论"，主要依据《素问·至真要大论》中的病机十九条，而这十九条病机与运气说本质毫无联系。刘完素在《病机气宜保命集》中解释病机时大引运气术语。例如他在谈"诸风掉眩，皆属于肝"时，最后来了一句："故此藏（肝）气平则敷和，太过则发生，不及则委和。"可是所谓的"气平则敷和，太过则发生，不及则委和"完全是运气中"岁运"气候变化的术语，和脏腑之气何干？从表面上看，刘氏书中满纸运气，实际已将运气中气候术语移花接木，来阐述脏腑生理机能。一个是外界气候，一个是内脏机能，运气说在这里被派上了新的用场。

借运气术语谈脏腑，不止刘完素一人。同属河间学派的元代朱丹溪更是青出于蓝而胜于蓝。朱氏在创立滋阴泻火说时，大谈"君火""相火"。他把"君火"称为"人火"，"相火"称为"天火"。其实君火、相火，不过是运气说中五行与六气难以相配时，强行把五行的"火"分为"少阴君火""少阳相火"。它们在季节上都是属于火热，在六气位置中却有所不同，可是都不涉及脏腑。朱氏却把"相火"在人体的作用提到了相当的高度。他认为人之有生命活动，"皆相火之助也"；且认定相火寄于肝肾之间，相火易动，动则煎熬真阴。从而为他的滋阴泻火说建立了理论

[①] 《金史》卷一百三十一，列传六十九。

基础。但他这种相火已经脱离了运气说。所以当时就有人指出："《内经》言火者非一，往往于六气中见之，而言脏腑者，未知有也！"① 类似朱丹溪这样将运气名目蜕变为人体生理机能或病机的做法，是金元医家研究运气的一个特点。金元医家不在乎运气学说预测气候疾病，他们喜欢的是"运气七大论"中某些新奇的内容，借此与临床实践结合，创立他们的新学说。

"运气七大论"中有大量的治法和五味阴阳等论说，这些论说虽然无关运气学说预测气候疾病的宏旨，但却最能为临床治疗和药理增加新内容。《素问·至真要大论》中的"辛甘发散为阳，酸苦涌泄为阴""气味有厚薄，性用有躁静"等理论，成为金元本草中新兴的药学理论最重要的依据。所以从金元以后，药物的气味开始分厚薄阴阳，从而使药物性味理论跳出了四气五味简单组合，又增添了许多新的层次。

《素问·至真要大论》在治疗六气胜负时，都要列举药物的气味作用，如："诸气在泉，风淫于内，治以辛凉，佐以苦，以甘缓之，以辛散之；热淫于内，治以咸寒，佐以甘苦，以酸收之，以苦发之……"这些药物性味理论被后世作为某些方剂配伍的原则。该论中还提到许多治法，如反治法，热因热用，寒因寒用，塞因塞用，通因通用，"必伏其所主，而先其所因"等论，也成为此后中医立法处方的重要内容。

借运气术语来解释人体现象，最典型的一个事例是对"亢则害，承乃制"的阐发。"亢则害，承乃制"见于《素问·六微旨大论》，这本来是黄帝、岐伯讨论五行与六气关系的一段文字。按五行生克的关系，如果六气中一种气候太亢盛，就会形成祸害。那么原本与其有相克关系的另一气候就会起来克制这样的亢盛。也就是说，如果气候过热（火亢），那么寒气（水承）就会来克制它。自然界的气候，不可能没有亢盛，也不可能没有节制，就是在这样亢害承制、保持平衡的反复过程中，万物生生而变化无穷。

对这样一句属于运气学说的话，元末明初医家王履读了以后，大为感慨地说："至矣哉，其造化之枢纽乎！"称赞"亢则害、承乃制"是自然界创生化育的关键。于是他联想到人体，五脏之间也是这样互相保持平

---

① 《丹溪先生墓志》，转引自何时希《中国历代医家传录》上，人民卫生出版社1991年版，第251页。

衡。"姑以心火而言，其不亢，则肾水虽心火之所畏，亦不过防之而已；一或有亢，即起而克胜之矣。馀脏皆然。"按五行生克关系，水克火，心火受制于肾水，只要心火不亢盛，肾水只是处于防备状态，如果心火亢盛，那么肾水就起而克制，故后世治疗心火亢盛多用滋养肾水法。亢害承制也成为辨析脏腑生克关系的常用术语。

"运气七大论"的内容促进了宋金元以后的许多方面的理论探讨。其中的某些术语已为当今中医所习用。例如"六淫"一词，虽然见于宋代①，但早在《左传》医和诊晋侯，就有"淫生六疾"之说，分为阴淫、阳淫、风淫、雨淫、晦淫、明淫。这里的"淫"指"淫欲"，说的是在六种时候近女色会得疾病。但运气说中经常会出现"风淫、热淫、湿淫、火淫、燥淫、寒淫"，总为六淫，其中的"淫"是六气"太过""淫滥"的意思。因此六淫就是能引起疾病的六种太过的气候。只有了解"六淫"来源于运气说，才能理解其真正含义。

金元时期对运气学说的研究是比较深入广泛的，也取得了许多新的进展。但用运气推算预测来指导临床，则几乎未见成效。元泰定（1324—1327年）间程德斋作《伤寒钤法》，其中以生病之日为司天来推算疾病，遭到后世医家的强烈反对，认为此书"误人多矣"（万全），"不徒无益，反而加害"（徐春甫），② 故其书极少流传。

运气说对中医影响如此之大，为什么后来这门学说又几近消亡呢？可以说，就是在运气学说盛行、医家趋之若鹜的古代，也存在强烈的反对意见。反对派矛头所指，正是运气学说最本质的东西，即其预测气候以定治疗的弊病。

四　运气说的局限与衰落

运气学说内容很丰富，推算也很严密，而且它致力于预测气候与疾病、先期准备药物的意愿也很好，但是它的实用性始终遭到古代有识之士的质疑。

首先，运气学说想用固定的模式，套在地域如此广大的中国，这就注

---

① （宋）何光远：《鉴戒录》，转引自陶御风《笔记杂著医事别录》，人民卫生出版社2006年版，第149页。

② 转引自［日］丹波元胤《中国医籍考》，人民卫生出版社1986年版。

定了它的局限性。因为地有南北之分、高下之势。纬度和海拔不同，物候也就不同，岂能凭全国都一样的纪年干支来推导气候演变呢？唐代诗人白居易登庐山写了一首著名的"大林寺桃花"诗：

> 人间四月芳菲尽，山寺桃花始盛开。长恨春归无觅处，不知转入此中来。

说的就是海拔高度在 1100—1200 米间的庐山大林寺，它的桃花开放的时间就要晚于平地。

北宋科学家沈括，他是比较推崇运气的。但他注意到当时的医家用运气去占候寒暑风雨、人之众疾，"其术皆不验"。因为就是一个城市，也有晴、雨的不同。不可能在同一时刻，普天之下都是同一种天气，同样的疾病。所以要套用运气的推算，"欲无不谬，不可得也"！① 沈括把当时医家不能取验的弊病归结于他们"胶于定法"。而他自己据说用运气正确预报了数日间的晴雨。其实，运气学说就是要求大家"胶于定法"，否则就不用朝廷来颁布"运历"了。而沈括预报数日之间晴雨的做法，在《素问》"运气七大论"是找不到的。那种临时天气预报的才能，有经验的老农也能做到，其实用不上烦琐的运气学说。

那么有没有医家能用运气占候气候与疾病，取得效验的呢？据说北宋有一位名医郝允，"岁常测天地六元五运，考四方之病，前以告人，亦无失"②。但这也仅是传闻。北宋时另一名医杨介（吉老）则说："五运六气，视岁气而为药石，虽仲景犹病之。"③ 他认为就是张仲景，也不会按每年的运气去用药。南宋时出现的托名南齐褚澄所撰的《褚氏遗书》中，借尹彦成之问，提出反对意见："天地五行，寒暑风雨，仓卒而变。人婴所气，疾作于人。气难预期，故疾难预定。气非人为，故疾难预测。推验多舛，拯救易误。俞、扁弗议，淳、华未稽，吾未见其是也。"这段话明确地指出，气候经常突变，人受侵袭就会生病。气候不是人可以控制和预

---

① （宋）沈括：《梦溪笔谈》。

② （宋）邵博：《河南邵氏闻见后录》卷二十九，转引自陶御风《笔记杂著医事别录》，人民卫生出版社 2006 年版，第 153 页。

③ ［日］丹波元胤：《中国医籍考》，人民卫生出版社 1986 年版。

测的，所以疾病也难以预定。推算经常出错，用此来救治疾病就容易犯错误。五运六气，上古的名医俞跗、扁鹊没有讨论过，仓公淳于意、华佗也没有记载过，所以难以令人相信。由此可见，运气学说受到反对，不是因为反对者不承认气候对疾病的影响，而是反对不分地区、按运气模式机械地去预测气候和疾病。

明清时期，运气学说的热度较之金元已经大大降低，但时不时有人会撰写运气方面的书籍，并不厌其烦地画图列表、排列组合。但和金、元一样，明代持运气说预测疾病的人则很少见到。明代大臣何瑭（1474—1543年，字粹夫，号柏斋），学究天人。他的许多见解载于《医学管见》中①。其中专设有一节来批评五运六气的荒诞。他认为年岁之干支，天下皆同，且四季不变。所以"天气之温暑寒凉，民病之虚实衰旺，东西南北之殊方，春秋冬夏之异候，岂有皆同之理？"他尤其严厉地批评了元代程德斋《伤寒钤法》，认为此书以得病之日的干支来推算疾病，"决不可用"！但何氏并不反对治疗疾病要注意气候变化，只反对运气的机械滥用。明代临床医家韩懋对运气说也是反对的。他认为用运气去推导节令气候，久了就会有差异。"一日之间，四序实寓，学者善识天时，则一时有一时之运气，岂惟岁哉？"②意思是一天之中，都会有冷热变化。如果真是善于懂得天气，那么一时就有一时的运气，哪里仅仅是以年来推算呢？

明代另一位名医缪希雍（仲淳），更是五运六气的坚定反对者。他的好朋友王肯堂是运气的信服者，见无法说服他，无可奈何地说："余友缪仲淳，高明善医，至排斥五运六气之谬不容口！"缪氏在所撰《神农本草经疏》中，专设"论五运六气之谬"一节。他认为运气说"无益于治疗，而有误乎来学"。他批评那些"学无原本，不明所自，侈口而谈，莫不动云五运六气"的医师。他把运气说比作算命，并不实在可靠。"殊不知五运六气者，虚位也。岁有是气至则算，无气至则不算。既无其气，焉得有其药乎？一言可竟已！"就是说，五运六气本是虚的，气候到了才能算数，否则不算。没有那个气来临，怎么能去套用那些药呢？

从此以往，清代侈谈运气学说的人还是不少，但都给不出令人信服的

实际预测效果。相反，清代瘟疫连绵，许多新的传染病进入中国，运气学说中连这些病都没有记载，更不要说能预测到了。所以运气学说入清以后，逐渐衰微。进入近现代以后，运气学说虽然在中医基础理论教材或书籍中还可见到，但很少见凭运气预测气候并指导用药者。不过现代对"运气七大论"丰富的治疗内容研究颇深，成果斐然。

综上所述，运气学说作为一种研究气候变化与疾病关系的理论，在古代已经流行了千余年。其中涉及的气候变化可产生相应的疾病及其治法，具有一定的医疗实践基础。此理论凭一年的干支去推算预测未来的气候和疾病，古今罕有获得预期效果者。金元以来很多研究运气说的学者，实际上是从"运气七大论"中汲取新的理论思想，创立新说，或应用于临床组方用药，或借用运气术语用以解释阐发人体脏腑之间的关系。作为疾病预测学问的运气学说在发展过程中，其根本作用已经衰落，但"运气七大论"的有关病机、治法等方面的知识至今仍具有活力，并有效地指导临床。

第 七 章

中国古代工程技术的认识论、
方法论和价值观研究

中国科学院大学　李伯聪

第一节　概论

　　中国古代在工程技术领域取得了光辉的成就。如果说今日国人引为自豪的"四大发明"——造纸、印刷术、火药、指南针——全都是技术成就，那么，国人引为自豪的长城、都江堰（见图 7－1）、隋朝大运河（见图 7－2）、故宫、敦煌石窟、平遥古城（见图 7－3）、赵州桥（见图 7－4）、明清民居、铜绿山矿山遗址等则突出地显示了我国古代的工程成就。

　　与无目的的自然过程不同，技术发明和工程建造活动是有目的的人类活动。马克思说："蜘蛛的活动与织工的活动相似，蜜蜂建筑蜂房的本领使人间的许多建筑师感到惭愧。但是，最蹩脚的建筑师从一开始就比最灵巧的蜜蜂高明的地方，是他在用蜂蜡建筑蜂房以前，已经在自己的头脑中把它建成了。劳动过程结束时得到的结果，在这个过程开始时就已经在劳动者的表象中存在着，即已经观念地存在着。他不仅使自然物发生形式变化，同时他还在自然物中实现自己的目的，这个目的是他所知道的，是作为规律决定着他的活动的方式和方法的，他必须使他的意志服从这个目的。"[1]

---

① 　马克思：《资本论》第 1 卷，人民出版社 1972 年版，第 202 页。

图7-1　都江堰

资料来源：百度图片。

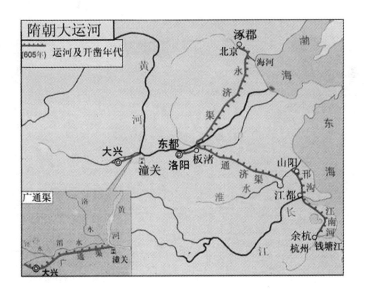

图7-2　隋朝大运河

资料来源：百度图片。

图 7 - 3 平遥古城

资料来源：百度图片。

图 7 - 4 赵州桥

资料来源：百度图片。

工程是直接生产力，工程活动是社会存在和发展的物质基础。一方面，工程发展影响到社会生活的各个方面，包括思想观念、认识水平和社会的价值观；另一方面，时代的思想、理念、认识论、方法论、价值观又深刻地渗透到工程活动的进程之中，在工程技术中深刻地留下了时代的认识论、方法论、价值观的烙印。

分析和研究中国古代工程技术的认识论、方法论和价值观问题，不但具有重要的历史意义，而且具有重要的现实意义。

第二节　中国古代社会和古代工程技术

中国有引为自豪的光辉、悠久的历史。

任何文明都是精神文明和物质文明的统一，古代中国文明也不例外。中国的古代文明不但表现为哲学思想、历史思想、伦理思想、经济思想、政治思想、军事思想、诗词歌赋、绘画雕刻、文学艺术等，而且表现为宫阙楼阁、南北园林、村庄院落、道路桥梁、运河水渠、长城栈道、服装饰物、矿山冶炼、钟鼎彝器、陶瓷器具等。

虽然作为时间和历史概念的"古代"已经逝去，可是，不但产生于古代的许多思想观念至今仍然通过思想传统而影响今天的现实和社会生活，而且许多古代工程的物质遗存——长城、故宫、都江堰、新疆坎儿井（见图 7 - 5）、铜绿山矿山遗址都是典型事例——至今仍赫然存在。

精神文明和物质文明是互相渗透、互相作用的，而不是互不相关

图 7 - 5　新疆坎儿井

资料来源：百度图片。

的。恩格斯说："马克思发现了人类历史的发展规律，既历来为繁茂芜杂的意识形态所掩盖着的一个简单事实：人们首先必须吃、喝、住、穿，然后才能从事政治、科学、艺术、宗教等等"。① 工程技术是直接生产力。通过工程技术方式进行物质生产所创造的物质文明不但是任何一个社会存在的前提和基础，而且物质文明发展的进程还成为社会发展的基本内容和基本标志。

在世界历史进入近现代时期之前，古代中国在社会生产、经济发展方面所取得的成就曾经令世人瞩目。中国古代经济在汉唐时期、宋明时期都一直居于世界领先水平，其经济发展和工程技术成就令当时的欧洲人羡慕不已。作为中国古代经济发展水平的一个"积累性"和标志性结果，在1820年，中国国内生产总值（GDP）占世界 GDP 的 32.9%，大大高于欧洲 GDP 所占 26.6%、日本 GDP 所占 3.0% 和美国 GDP 所占 1.8% 的份额。②

中国古代经济之所以能够在古代长期占据世界领先水平的直接原因正是由于中国古代在工程技术领域取得了巨大的成就。当欧洲由于第一次工业革命而在工程技术领域超过中国后，中国经济的相对水平以及绝对水平便一落千丈了。

一般地说，任何社会的一般状况都与当时的工程技术的状况有着非常密切的联系；特殊地说，中国古代社会与中国古代工程技术的密切联系又有其自身的特点。一方面，我们必须从中国古代社会的"大系统"中认识中国古代工程技术的具体特征和取得辉煌成就的原因；另一方面，如果不能真切地认识中国古代工程技术的状况和特征，我们也不可能对中国古代社会有真正深切的认识和把握。

第三节　工匠、国工、工师的地位、作用和传统

工程技术活动的基本参与者和实践者是广大的工匠。由于工程活动是规模较大甚至是特大规模的技术、经济、社会活动，工程活动离不开工程管理，工程管理者在工程活动中必然也要发挥重要的作用。

《考工记》是一部光辉的经典著作，它在中国工程技术史上占有和发

---

① 《马克思恩格斯选集》第 3 卷，人民出版社 1972 年版，第 574 页。
② ［英］麦迪森：《中国经济的长期表现：公元 960—2030 年》（修订版），上海人民出版社 2011 年版，第 39 页。

挥了某种可以与中国诗歌史上的《诗经》相类似的地位和作用。

《考工记》一书原为先秦单行之著作，在经历了秦始皇焚书的劫难后在汉代复出。因在汉代"复出"的《周礼》中缺"冬官"部分，不得已而"取《考工记》以补之"，于是《考工记》就成为儒家"十三经"中《周礼》的一个组成部分。

《考工记》是我国先秦时期最重要的工程技术典籍，它"上承我国古代奴隶社会青铜文化之遗绪，下开封建时代手工业技术之先河"①，对于认识我国古代工程技术传统和历史成就具有十分重要的地位和作用。

《考工记》的基本内容是对先秦工匠技术知识和成就的记录和总结，这就使它成为我国罕见的"先秦之百科全书"②，更准确地说，这是一部"先秦工程技术百科全书"。

《考工记》中比较详细具体地记载了"攻木之工、攻金之工、攻皮之工、设色之工、刮磨之工、抟埴之工"和玉人（玉石工匠）、栉人（阙）、雕人（阙）、磬氏、矢人、陶人、旊人、梓人、庐人、匠人、车人、弓人等数十种工匠的工程技术知识。

对于《考工记》一书中所记载的我国古代工程技术成就——例如"金有六齐""凫氏为钟""匠人营国"等——所达到的水平及其历史影响，现代学者已经有许多研究，这里不再复述。

《考工记》值得我们特别重视之处，不但在于它记载了我国先秦工程技术的光辉成就，而且在于它提出和反映了一种具有重要历史地位和历史影响的工程技术观。

《考工记》一开头就说："国有六职，百工与居一焉。"所谓"国有六职"就是说当时社会上有六个主要的社会阶层："王公""士大夫""百工""农夫""商旅"和"妇功"（按：女功，指染织、缝纫等③）。"六职"（六个主要社会阶层）的社会功能、工作特征和地位各有不同。《考工记》云："审曲面势，以饬五材，以辨民器，谓之百工"，这就明确地肯定了"百工"的基本工作特征及社会功能是"制造各种器具——生产工具和生活用具"。

---

① 闻人军：《考工记导读》，巴蜀书社1996年版，第5页。
② 钱临照为闻人军著《考工记导读》（巴蜀书社1996年版）所写的题词。
③ 此处及以下《考工记》之注解主要据闻人军《考工记导读》（巴蜀书社1996年版）。

《考工记》关于百工是"六职"之一的论断和《春秋穀梁传·成公元年》关于工为"四民"（士、商、农、工）之一的论断，一致肯定百工是一个基本的社会阶层，具有重要的社会作用，这种观点和认识在我国历史上产生了重要影响。

《考工记》还特别指出，在某些地区和某些具体的社会环境中，某些手工工作不但是世传的工匠之事，而且是广大民众普遍掌握的技艺。

《考工记》云："粤无镈（镈，一种农具），燕无函（函，皮甲，铠甲），秦无庐（庐：戈、戟等长兵器之竹、木柄），胡无弓车。粤之无镈也，非无镈也，夫人而能为镈也。燕之无函也，非无函也，夫人而能为函也。秦之无庐也，非无庐也，夫人而能为庐。胡之无弓车也，非无弓车也，夫人而能为弓车也。"意思是说，在南粤人人能制镈，在燕地人人能制铠甲，在秦地人人能制作庐，在胡地人人能制作弓车。由此可见，在农业社会中，许多手工艺之事，不但是"职业手工业者"的事情，而且往往也是广大普通农民所具有的能力和所从事的劳动和工作。

《考工记》中对于百工的社会地位、作用和功能给予了高度的评价，代表和反映了一种进步的工程技术观。《考工记》说："知者创物，巧者述之，守之世，谓之工。百工之事，皆圣人之作也。烁金以为刃，凝土以为器，作车以行陆，作舟以行水，此皆圣人之所作也。"在这段阐述中，明确地把首先发明制陶、冶金、车、船等工具器物的人称为圣人，认为百工所传承的技艺都是圣人的创作，应该承认这确实是对于百工的职业性质和社会作用的相当高的评价。

《考工记》明确地把"百工之事"提高到"圣人之作"的地位，这就同"儒家主流""鄙视体力劳动"、主张"劳心者治人，劳力者治于人"的观点形成了尖锐的对比。

应该强调指出：在体力劳动受到严重贬低和普遍鄙视的古代社会中，《考工记》能够对百工的职业性质和社会作用给出这样高的评价，这是很不容易的，这种认识和评价产生了重要的历史影响，对于我国古代在工程技术领域持续取得重大成就发挥了积极的作用。

正像政治、军事、科学活动需要有领军人物一样，工程技术活动也需要有自己的卓越人才和领军人物。《考工记》把那些卓越的工匠称为"国工"，对其给予了高度评价。

在我国历史上，历朝历代都有技艺超群的"国工"，由于鄙视劳动者的偏见的影响，除其中极少数人留下了姓名外，他们中的绝大多数都姓名不传了。

"国工"是国家的栋梁。"国工"和广大的"众工"一起，对于国家的强盛、经济的发展、技术的进步、工程奇迹的创造发挥了基础性的作用。

对于工程技术和工程活动的管理，《荀子·王制》"序官"云："论百工，审时事，辨功苦，尚完利，便备用，使雕琢文采不敢专造于家，工师之事也。"此之所谓"工师"，就是管理工程技术活动的官员。

在我国历代封建王朝中，都有管理官营工程技术工作的官吏。宋代李诫曾任"将作少监"等不同官职，是彪炳千秋的著作《营造法式》的作者。"其迁奉议郎，以尚书省（由于建造尚书省官衙的成绩而升迁为奉议郎）；其迁承议郎，以龙德宫、棣华宅（由于建造龙德宫、棣华宅的成绩而升迁为承议郎）；其迁朝奉郎赐五品服，以朱雀门；其迁朝奉大夫，以景龙门、九成殿；其迁朝散大夫，以开封府廨；其迁右朝议大夫郎赐三品服，以修奉太庙；其迁中散大夫，以钦慈太后佛寺成。大抵自承务郎至中散大夫凡十六等，其以吏部年格迁者，七官而已。"[①] 李诫在建筑工程实践的基础上，"考究群书，并询将工"，著成《营造法式》一书。我国现代建筑大师、中国营造学社创始人朱启钤先生说："我国一千年前有此杰作，足可为吾族文化之光宠，而亦有大造于寰宇之营造界也；嘉惠艺林，宁有既极。"[②] 如李诫其人，实在可以算得上是一位古代"工师"的典型、杰出的代表了。

第四节　中国古代的工程技术观

广义地说，工程技术观是关于工程技术的认识论、方法论、价值观等多方面内容的集中概括。

工程技术观与科学观相比，二者既有一定的共同之点和相通之处，同时又有许多重要的差别。

---

① 《李诫墓志铭》，载朱启钤辑、杨永生编《哲匠录》，中国建筑工业出版社2005年版，第93页。

② 朱启钤辑、杨永生编：《哲匠录》，中国建筑工业出版社2005年版，第92页。

工程技术观与科学观的不同突出表现在以下两个方面。①工程技术观以价值追求为灵魂，而科学观以追求真理为灵魂。②在工程技术观与科学观中都包含认识论和方法论方面的内容，但认识论和方法论在工程技术观与科学观中的表现形式、存在特点和具体内容有许多重要的差别。

所谓认识论和方法论，其基本对象和基本内容就是要对"什么是问题""问题如何提出"及"问题如何解决"进行理论分析和思考。从这个角度进行分析和考察，容易发现，在科学研究和科学思维中，所提出和需要回答的都是"科学问题"，其基本的认识论和方法论方面的特征是关于"是什么"及"原因和结果如何"类型的问题；而在工程技术活动和工程技术思维中，所提出和需要回答的都是"工程技术问题"，其认识论和方法论方面特征是关于"做什么""怎么做""目的和理由是什么"类型的问题。

中国古代无论在科学、技术、工程实践方面还是在科学观和工程技术观方面都取得了光辉的成就。

在谈到中国古代的工程技术观时，我们完全承认中国古代的工程技术观中不可避免地存在许多消极、错误的东西，特别是在古代社会中，那种轻视甚至鄙视工程技术活动和劳动工匠的观点和意识形态总体而言是占据主导地位的，可是，在此，我们却不以批判古代工程技术观中的错误、消极内容为重点，而是把重点放在了对我国古代工程技术观"正面内容"的分析和阐述上面，因为这个方面虽然在古代备受压制，但仍然顽强地存在并不断地有所发展，并且通过我国古代工程技术实践的成就表现出了自己的强大生命力。

从我国古代工程技术观的积极方面看问题，我们认为，中国古代工程技术观的基本内容和基本特点是：在古代实践和经验的基础上形成了以强国富民为基本社会价值追求，以道技器统一、法术式统一、天地人合一为基本内容和基本文化特色的工程技术观。这种工程技术观不但对于引导和推动我国古代工程技术实践的发展发挥了重要作用，而且对于现代工程技术的发展和实践也仍然有重要的参考和借鉴意义。

第五节　中国古代工程技术的认识论、方法论和价值观

在工程技术观中，认识论、方法论和价值观的内容是相互作用、相互渗透的，其中又以价值观为灵魂和导向。在我国古代工程技术观中，以下几个方面的内容是最基本和最重要的。

一　强国富民的价值追求

工程技术是直接生产力，是任何社会存在和发展的基础。但这个论点并不等于承认工程技术在不同国家、不同地区、不同时期的发展进步情况就没有区别了，相反，在不同国家、不同地区、不同时期，其工程技术发展状况是有可能出现很大差别的。

在我国历史上，不但各派思想家大都明确提出和赞成强国富民的价值追求，而且明君贤相也都支持和赞成这个强国富民的价值追求。

由于在中国古代思想和文化传统中，对"强国"的阐述和论证从理论上看不是一个有特别困难的问题，以下就着重对我国古代的"富民"思想进行一些简要的介绍和阐述。

孔子是儒家的创始人，他的思想对中国历史产生了最大的思想和文化影响。在孔子的思想体系和思想遗产中，经济思想都是最重要的内容之一。

《论语·子路》云："子适卫，冉有仆。子曰：'庶矣哉'冉有曰：'既庶矣，又何加焉？'曰：'富之。'曰：'既富矣，又何加焉？'曰：'教之。'"这段记载中反映和表现了孔子的极重要的经济思想。康有为《论语注》评论说："孔子虽重教化，而以富民为先。管子所谓治国之道，必先富民，此与宋儒徒陈高义，但言饿死事小，失节事大者亦异矣。宋后之治法，薄为俸禄，而责吏之廉，未尝养民而期俗之善。……盖未富而言教，悖乎公理，紊乎行序也。"[①] 这就把孔子的富民思想讲得更清楚了。

在孔子的经济思想中，"'因民之所利而利之'和'废山泽之禁'的

---

① 转引自李泽厚《论语今读》，安徽文艺出版社1998年版，第307—308页。

思想，也是一个很值得注意的经济思想"①。这个"因民之所利而利之"和"废山泽之禁"的思想正是一种要求"富民"的思想。

丁文辉说："长期以来，我国学术界对孔子以及他的经济思想的评价有分歧"，"不少同志在叙述孔子的经济思想时都从所谓'义利观'谈起，说'义利观'是孔子经济思想的核心，孔子代表了腐朽没落的领主阶级的利益"。丁文辉不同意这种观点，他认为"'富民'思想是孔子经济思想的'核心'"。

从富民思想出发，孔子力主"薄赋敛"，"'薄赋敛'和'富民'思想为后世历代儒者所继承，与主张加重赋税以图'富君'的思想相对立"②。

在"富民"和"富君"的问题上，儒学大师荀子明确指出："王者（实行王政的国君）富民，霸者富士，仅存之国富大夫，亡国（败亡之君）富筐箧，实府库。筐箧已富，府库已实，而百姓贫，夫是之谓上溢而下漏。入不可以守，出不可以战，则倾覆灭亡可立而待也。"（《荀子·王制》）在《富国》篇中，荀子说："足（足：使富足）国之道，节用（按：主要指公室节约）裕民"，"节用以礼，裕民以政"，"裕民则民富"。

在战国时期，儒墨并称显学。儒墨两家在许多问题上的观点都是对立的，可是，在应该富民这一点上，两家不约而同地有了共同的认识。《墨子·天志上》云："天下有义则生，无义则死；有义则富，无义则贫；有义则治，无义则乱。然则天欲其生而恶其死，欲其富而恶其贫，欲其治而恶其乱，此我所以知天欲义而恶不义也。"可以看出，墨子实际上是以尊天的方式，表达了"富民"的愿望。

道家是主张"无为"的，"无为"和"富民"有什么关系呢？

《老子》第五十七章云："圣人云：我无为而民自化，我好静而民自正，我无事而民自富，我无欲而民自朴。"由此来看，道家也是主张"富民"的。

---

① 朱家桢：《孔子经济思想研究》，载中国经济史学会《集雨窖文丛》，北京大学出版社2000年版，第103、109页。

② 丁文辉：《孔子的"富民"思想和"薄赋敛"原则》，载中国经济史学会《集雨窖文丛》，北京大学出版社2000年版，第121、125页。

在先秦时期，《管子》是一本流传广泛和产生了重大影响的著作。《韩非子·五蠹》云："今境内之民皆言治，藏商、管之法者家有之。"在经济问题上，《管子·治国篇》云："凡治国之道，必先富民。"《管子·霸言篇》云："以天下之财，利天下之民"，《管子·版法篇解》云："与天下同利者，天下持之；擅天下之利者，天下谋之。"很明显，《管子》也是主张"富民"的。

从以上引证的材料中可以看出，富民思想确实是我国古代许多思想家的共同思想。尽管对于这种富民思想的实际效果，我们不宜过分夸大，但这种富民思想作为一种"理念"确实不但存在于先秦时期，而且在整个中国古代历史上都是一种强大的思想潮流，这种富民思想对于我国古代的经济社会发展和工程技术进步无疑地发挥了积极作用和促进作用。

应该强调指出：在整个中国古代历史中，强国富民的价值追求不但是经济政治领域的基本观念和基本价值导向，而且也是总体性的工程技术思想和政策导向，它对我国古代工程技术的发展发挥了重要的促进作用。

正是在这种强国富民价值追求的影响下，在古代世界史上，我国在很长一段历史时间中，一直占据"同时期"世界经济社会发展最高水平的位置，多次出现了令"同时期"其他国家——如果那里的人民知道的话——"羡慕不已"的经济社会高度繁荣的状况。

例如，宋代就是一个工程技术成就异常丰硕、生产力发展水平居当时世界最前列、经济非常繁荣的时期。现代许多学者都赞同陈寅恪关于我国古代历史发展"造极赵宋"的论断。

对于北宋首都汴梁经济文化繁荣的情况，孟元老在《东京梦华录》中曾有生动的记叙，该书序言中说："举目则青楼画阁，绣户朱帘。雕车竞驻于天街，宝马争驰于御路。金翠耀目，罗绮飘香。""八荒争凑，万国咸通。集四海之珍奇，皆归市易；会寰区之异味，悉在庖厨。花光满路，何限春游；箫鼓喧空，几家夜宴。""修造则创建明堂，冶铸则立成鼎鼐。"从名画《清明上河图》和当时的许多文献记载以及后代的有关考古发现中，人们确实一而再、再而三地印证了"造极赵宋"的论断。

尽管"强国富民"绝不仅仅是工程技术领域的价值追求，而是一个国家的整体性的政治经济领域的价值追求，但我们完全有理由把它看作是工程技术观的一项首要内容，这个"强国富民"的基本价值导向和价值追求广泛、深刻地影响了我国古代工程技术的发展。

二　"道技器统一观"——探求工程技术之道、掌握工程技术方法和制造工程技术器物的统一

在中国古代思想体系和哲学理论中，道和器是两个基本概念，道器关系是中国哲学的一个基本问题。

在中国哲学史上，老子首先把"道"奠定为一个最基本的哲学范畴。同时，《老子》一书中也多次谈到了"器"，例如"埏埴以为器，当其无有器之用"（《老子》第 11 章），"璞散则为器"（《老子》第 28 章），"兵者不祥之器"（《老子》第 31 章），"国之利器，不可以示人"（《老子》第 36 章），"大器晚成"（《老子》第 41 章），"民多利器"（《老子》第 57 章），"小国寡民，使民有什伯之器而不用"（《老子》第 80 章）。可是，如果仔细分析这些"器"的含义，可以看出老子还没有把"器"当作一个哲学范畴来提出和使用，从而老子也就还没有提出"道器关系"这个中国哲学的重大问题。

在中国哲学史上，《周易大传·系辞上》中首先明确提出"器"也是一个基本的哲学范畴。《周易大传·系辞上》云："形而上者谓之道，形而下者谓之器。"这就不但明确地把"器"奠定为一个重要的哲学范畴，而且明确地提出了"道器关系"是中国哲学的一个基本问题。

《周易大传》在对器的认识上提出了两个很重要的观点。一是把在历史上首先制器的人——用现代的话来说就是古代的发明家——尊为圣人；二是提出了"观象制器"说，认为网罟、耒耜、舟楫、臼杵、弧矢、宫室、棺椁等都是圣人"观象制器"的结果。虽然从技术史的角度来看"观象制器"说并不是技术史的事实，但此说肯定了"圣人"是由"道"而制器的，肯定了制器"由道"和制器"有道"，这都是很有价值的思想。[①]

在道器关系问题上，许多中国古代的哲学家都主张道器统一论，这是一个很有价值的观念和思想。

从工程技术创造过程和技术哲学、工程哲学的观点来看，"器"不是天然的存在物，而是人类工程技术创造活动的产物。

制器的过程就是运用相应技术的过程。如果没有一定的技术方法和技

---

① 李伯聪：《工程哲学引论》，大象出版社 2002 年版，第 431—433 页。

术手段，任何"器"都不可能创造出来。在分析和研究制器过程和制器活动时，不但必须研究"道器关系"问题，而且必须研究"道"和"技"的关系，研究"技"和"器"的关系问题。

在道和技的关系问题上，虽然那种"贬低技术"的观念和认为"技术害道"的思想在中国古代也有巨大的影响，但中国古代哲学家确实也提出了关于"由技入道"和"道技统一"的思想。在《庄子》一书中有许多生动的有关高超技艺的寓言故事，例如"庖丁解牛""佝偻承蜩""吕梁丈夫"等，这些为后人津津乐道的寓言故事所体现出来的哲学思想实质上正是"道技统一"的思想。

总而言之，在中国古代哲学思想中，存在一种肯定"道技器统一"的思想观念，这是一种很宝贵的、值得我们特别重视的哲学思想和工程技术观。

三　"工欲善其事必先利其器"——重视工具的作用

在工程技术活动中，工具发挥了非常重要的作用，富兰克林甚至把人定义为制造工具的动物。由于人不但制造工具而且使用工具，于是就又有技术哲学家提出人是使用工具的动物，把这两个观点结合起来，人就可以被定义为"制造和使用工具的动物"。

中国古代有许多思想家都注意到了工具的重要性，他们提出了许多与工具的制造和使用有关的重要思想和观点。

在谈到工匠和工具的关系时，许多中国人大概都会信口吟出"工欲善其事必先利其器"这个"格言"。

"工欲善其事必先利其器"出自《论语》。孔子说，"吾少也贱，故多能鄙事"，由此可以推断孔子在少年时期也曾经从事或参与过工匠性质的劳动，有一定的关于工匠工作的实践经验。至于"工欲善其事必先利其器"这个格言，是孔子本人首先总结出来的还是当时已经流行于民间而仅由孔子转述出来，这就不可能有明确的答案了。

除孔子之外，以先秦时期为例，还有许多哲学家、思想家都强调了工具的重要性。

《荀子·劝学》云："假舆马者，非利足也，而致千里；假舟楫者，非能水也，而绝（横渡）江河。君子生（生，同性，生性）非异也，善假于物也。"荀子以舆马和舟楫为例说明君子的特点是"善假于物"，更明确、更具体地说，就是要善于制造和使用各种工具。

我国古代学者——荀子、韩非、何休等——还明确地把应该善于利用工具的思想观点概括和表达为一种"檃栝之道"（檃栝：正曲木之木）。

《荀子·性恶》云："枸木必将待檃栝烝矫然后直。"

《韩非子·显学》云："夫必恃自直之箭，百世无矢；恃自圜之木，千世无轮矣。自直之箭、自圜之木，百世无有一，然而世皆乘车射禽者何也？檃栝之道用也。"《韩非子·难势》云："弃檃栝之法，去度量之数，使奚仲为车（让奚仲那样最著名的造车能手来造车），不能成一轮。"这就不但从"正面"而且从"反面"——总而言之是正反两个方面——强调了"檃栝之道"的重要性。

孙膑是我国先秦时期的著名军事家。《孙膑兵法》云："圣人以万物之胜胜万物。"孙膑的这个观点使我们情不自禁地联想到了黑格尔关于"理性的狡猾"的观点。黑格尔说："理性何等强大，就何等狡猾。理性的狡猾总是在于它的间接活动，这种间接活动让对象按照它们本身的性质互相影响，互相作用，它自己并不直接参与这个过程，而只是实现自己的目的。"马克思很欣赏黑格尔的这个观点，他在《资本论》中引用了黑格尔的这段话。[①]

马克思指出："各种经济时代的区别，不在于生产什么，而在于怎样生产，用什么劳动资料生产。"[②]

各种工具的发明、推广和改进是工程技术发展史的最重要的内容之一。我国古代的思想家和工匠十分重视工具的使用和工具的作用，这个思想和观念对于促进我国古代工程技术的发展发挥了重要作用和影响。

四　工程技术的"术"和"式"——工程技术中的操作和操作的程序化

与"纯思维"——尤其是形形色色的想象——不同，工程技术活动是脚踏实地的实践活动。

思维是人类不同于动物的最重要特征之一。思维有许多不同的方式和

---

① 马克思：《资本论》第 1 卷，人民出版社 1975 年版，第 202 页。
② 同上书，第 204 页。

类型，例如形象思维和逻辑思维就是两种不同的思维方式。

如果说逻辑思维的最基本的"建筑元素"是"概念"，语言表达和交流的最基本的"建筑元素"是"单词"，那么，工程技术活动最基本的"建筑元素"就是"操作"了。

布里奇曼是 20 世纪的著名实验物理学家，1946 年诺贝尔物理学奖获得者，他还担任过美国物理学会的主席。但现在看来，就布里奇曼的一生而言，他在哲学领域的贡献可能还要更加重要一些，因为他开创了一个新的哲学流派——操作主义。

在哲学史上，众多哲学家几乎无例外地都把哲学关注的焦点放在了"沉思"上面，而布里奇曼一反哲学潮流，把哲学关注的焦点放在了"操作"上面，把"操作"看作是最重要、最基本的哲学范畴，开创了操作主义这个独树一帜的哲学流派。

令人遗憾的是，布里奇曼关于特别重视研究"操作"问题的思想在西方哲学界没有能够获得较大反响和呼应，以至于在西方哲学界中，特别重视研究操作问题的哲学家至今仍然寥寥无几。

应该指出，这个轻视研究"操作"问题的倾向在古今中外的哲学界是普遍存在的。

由于实践以"操作"为基本"建筑元素"，离开"操作"就不可能有具体的实践活动，这就使"实践者"绝不可能轻视或忽视操作问题了。

如果说哲学家轻视研究操作问题是普遍现象，那么对于发明家、工程家和广大的工匠来说，他们就必须把自己所从事的工程技术领域的工程技术的"操作"和"操作程序"问题放在首要地位了。在中国古代工程技术史上，各种具体的"技术""医术""算术""方术""方技""方法""法式""技艺"等构成了工程技术史的基本内容。容易看出，形形色色的各种"术"和"式"实质上所阐述的正是科学技术工程领域的各种操作方法和操作程序。

为了论述的方便，我们权且把"术"和"式"当作表示操作和操作程序的"代表性术语"。

我国现存最古老最完整的农书是北魏贾思勰的《齐民要术》，书中对我国古代的"农业技术"进行了系统的总结和记录。容易看出，《齐民要术》这个书名的实际含义就是要总结和记录农业领域的各种操作和各种操作程序。

　　《九章算术》及"刘徽注"是我国数学领域的经典著作。《九章算术》的基本著作格式是先举出一个具体例题，然后给出例题的答案，最后再给出解题之"术"。例如，"问曰：句三尺，股四尺，问为弦几何"——这是一个具体的例题。接下去，"答曰：五尺"——这是直接给出的答案。最后，"句股术曰：句股各自乘，并而开方除之，即弦"——这就给出了一个在已知句和股长度的条件下求弦长的普遍算法，即一般性的数学操作程序。在《九章算术》中，各种"算术"的实质就是要给出一种普遍的解题程序或数学算法。

　　如果说，中国古代数学史的基本内容是研究各种"算术"和"算法"，那么，中国工程技术史的基本内容就是在工程技术领域发明、改进、推广和应用机械操作方法和操作程序、纺织操作方法和操作程序、水利操作方法和操作程序、陶瓷操作方法和操作程序，如此等等。

　　我国古代工程技术的丰富内容和高度成就，如果用我国古代习惯使用的术语来说，就是对工程技术领域中各种"术"和"式"的发明和改进，如果使用现代术语来说，就是对工程技术中的各种操作和操作程序的发明和改进。

　　由于任何实践的工程技术都是"常道"和"技术"的统一，这就决定了在一种比较平衡的工程技术观中必须既包括重视"常道"的方面又包括重视"技术"的方面。如果说，我国古代哲学家对于发挥和阐述我国古代工程技术观的"常道"方面发挥了特别重要和突出的作用，那么，我国古代的"工程家""技术专家"和"天才工匠"就对于发挥和阐述我国古代工程技术观的"技""术""式"的方面发挥了特别重要和突出的作用。如果没有这后一个方面的"平衡力量"，我国古代的工程技术观就难免要成为一个"头重脚轻"的工程技术观。

五　工程技术之"法"——工程技术的标准与规范

　　在汉语中，"技""术""方""法""式"都是多义词，其含义和用法有许多重叠、交叉、可以相互替换之处。由于现代学术语言要求专门术语在含义和用法上应该尽量明确和确定，尽可能地消除一词多义和多词同义的现象，以上我们已经把"术""式"的含义分别相对固定地解释为"工程技术操作"和"工程技术操作程序"，这里我们再把"法"的含义相对固定地解释为"工程技术标准和规范"。

由于工程技术是社会性很强的活动，在工程技术的发展中，工程技术规范和标准的制定就具有了非常重要的作用。

工程技术的规范和标准可以粗略地划分为两个类型：一是技术性标准和规范，二是管理性标准和规范。这两个方面或两个类型的界限常常不是绝对分明的，而是不可避免地要互相渗透的。一般地说，技术性标准和规范在执行中必然带有一定的"管理规范"的性质，管理性标准和规范的内容也常常与技术性内容和技术性要求密切相关。尽管技术性标准和规范与管理性标准和规范存在密切联系与相互渗透，但这并不妨碍我们承认二者之间存在相对的区别和界限。

《墨子·节用中》云："古者圣王制为节葬之法曰：冬三领，足以朽肉，棺三寸，足以朽骸，掘穴深不通于泉，流不发泄则止。"可以认为，墨子这里所说的"节葬之法"实际上就是"墨子所设计的"对于寿衣和墓穴的一种"技术标准"或"技术规范"。

《考工记·轮人为轮》规定"六分其轮崇，以其一为之牙围，三分其牙围而漆其二"，《考工记·轮人为盖》规定"达常围三寸。桯围倍之，六寸"，如此之类，都属于技术性标准和规范。

在工程管理的标准、制度和规范方面，最广为人知的制度大概要算我国古代关于"物勒工名"的制度了。

在考古发掘出土的陶器、兵器等器物上，往往可以发现刻有工匠——甚至包括主管官吏——的名字，例如，"在出土的'吕不韦戈'上，有铭文'诏事图，丞戴，工寅'，即刻有掌管铸造的长官图，其副职戴，铸工寅三个人的名字"[1]，从这个制度规定及其执行情况来看，我国古代在工程技术的管理方面早就有了比较严密的制度和规范。

在我国古代的工程技术活动中，特别是对于像长城、秦直道、大运河、紫禁城等特大型的工程活动，往往要动员和组织数万人甚至数十万人投入工程修建活动中，而广大农民和工匠往往并没有使用十分复杂的工具或机械，在这种情况下，对于该项工程活动的成败来说，我们完全可以说，管理制度、标准和规范甚至不可避免地要成为比技术能力更重要、更关键的因素。

---

[1]　转引自王前等《中国科技伦理史纲》，人民出版社2006年版，第50页。

六　警惕异化

在《庄子·天地》中有一个关于"汉阴丈人"的寓言故事："子贡南游于楚，反于晋，过汉阴，见一丈人方将为圃畦，凿隧而入井，抱瓮而出灌，搰搰然用力甚多而见功寡。"子贡问汉阴丈人为什么不使用先进的、效率高的机械桔槔，汉阴丈人说，他完全知道桔槔这种效率高的机械，可是，"吾闻之吾师，有机械者必有机事，有机事者必有机心。机心存于心中，则纯白不备，纯白不备，则神生不定；神生不定者，道之所不载也。吾非不知，羞而不为也"。

对于这个故事的寓意，古今学者有许多不同的解读和评论。现代学者中，有人认为，这个故事反映了道家"反对技术进步"和"反智主义"的思想倾向，但也有人认为这个故事反映了道家对异化现象的警觉和警惕。李泽厚于1985年撰文评论了庄子在这个方面的思想和观点，他认为，庄子很可能是世界思想史上最早的反异化的哲学家[①]。

在现代哲学、社会学、心理学中，异化是一个重要范畴。彼德罗维奇在为美国《哲学百科全书》写的"异化"条目中说："'异化'一词在日常生活、科学和哲学中有许多不同的意义，其中大部分可以认为是从这个词的词源与词法所启示的一般意义演变而来的。异化是某物或某人离异（或外在）于某物或某人的行为，或者这种行为的结果。""异化概念最初是黑格尔在哲学上加以发挥的。""看来已可确证，黑格尔、费尔巴哈和马克思是最初明确论述异化问题的三位思想家，他们的解释构成了当代哲学、社会学和心理学界关于异化问题的一切讨论的出发点。"[②]

工程技术活动是人类有目的的活动，可是，有目的的活动并不能保证所有的活动必定达到原先的目的，不但那种"搬起石头砸自己的脚"的异化现象经常出现，而且，"异化的人"为了达到"异化形态的目的"而妄行蛮干的现象也是经常可以见到的。

如果依据现代思想和观念进行"文本解读"，可以认为，《庄子·天地》的上述寓言中确实蕴含着某种程度或某种色彩的对异化保持警惕的

---

① 李泽厚：《漫述庄禅》，《中国社会科学》1985年第1期。

② 燕宏远：《综述格外学者关于异化的研究和争论》，载陆梅林、程代熙编选《异化问题》（下），文化艺术出版社1986年版，第554页。

萌芽性思想。

如果说在生产力不发达的古代，异化现象还不是一个特别突出的问题，那么，在工程技术已经高度发展、工程技术的可以预见的负面效果和不可预见的负面效果愈来愈突出的情况下，对异化的警惕和防范就成为愈来愈突出和必须给予空前重视的问题了。在这种情况和条件下，庄子哲学中关于应该警惕异化现象的萌芽思想就成为一种特别值得重视的中国古代工程技术观的思想遗产了。

七　天地人合一的理念

在最近几十年中，中国传统文化中关于天人合一的思想受到了愈来愈多学者的推崇。国学大师钱穆在他生前所写的最后一篇文章中说："中国文化中，'天人合一'观，虽是我早年已屡次讲到，惟到最近始彻悟此一观念实是整个中国传统文化思想之归宿处"，"我深信中国文化对世界人类未来求生存在之贡献，主要亦即在此。"季羡林先生也认为"'天人合一'命题正是东方综合思维模式的最高最完整的体现"。[①]

在现代的西方学者中，海德格尔是一位有原创性的哲学家，他提出了一种关于"天地神人四位一体"的思想，受到了许多学者的关注。本章无意具体分析和评论海德格尔的这个思想，这里只想指出，海德格尔关于天地神人四位一体的思想和中国古代关于天人合一的思想之间颇有某些相通之处。

与"天人合一"和"天地神人四位一体"互相呼应，中国古代还有另外一个经典命题——"天地人合一"。

中国古代经典《易传》曾经屡屡谈到天道、地道和人道，影响深远。现代著名学者庞朴认为"天地人这三极，按中国传统的说法，处于一种叫参赞化育的关系之中。具体地说，天的作用在'化'，地的作用在'育'，人的作用在'赞'，三者互相为用，是为'叁'"。庞朴先生还认为，"西方辩证法是一分为二的，中国辩证法是一分为三的"[②]。

"天地人合一"比"天人合一""多"出来一个"地"，比"天地神

---

① 季羡林：《"天人合一"新解》，《传统文化与现代化》1993 年第 1 期。钱穆的看法转引自此文。

② 庞朴：《一分为三》，海天出版社 1995 年版，第 87—98 页、"自序"第 2 页。

人四位一体""少"了一个"神"。由于"地"是必不可少的，而对于"无神论者"来说"神"是不必要的，这就使我们更赞赏中国古代关于"天地人合一"的理念。①

"天地人合一"是一种倡导人与自然和谐，追求崇高的人生、社会和宇宙境界的观点、思想和理念。

中国哲学以"安身立命"为最基本和最根本的问题。

人在"何处""安身"呢？

人不能"安身"在虚无缥缈的"天上"，人只能生活在"大地"之上。

人不是在旷野中盲目地四处奔走的野兽，人需要通过工程技术活动建设起自己的"家园"。有了这个"人工建设"起来的"家园"，人就不再是没有"家园"四处"游走"、四处"流浪"的"野兽"。

马克思说："可以根据意识、宗教或随便别的什么来区别人和动物。一当人们自己开始**生产**他们所必需的生活资料的时候（这一步是由他们的肉体组织所决定的），他们就开始把自己和动物区别开来。"② 人类通过工程技术活动建造起家园，改变大地的状态，建设起了自己的"家园"。现代的家园不同于古代人的家园。现代人拥有了一个有房屋、有剧院、有飞机、有高速公路、有电视机、有宇宙飞船的"人类家园"。

在运用工程技术手段改变自然、建设"家园"的过程中，由于缺乏合理的理念，人类曾经犯过"蛮干""妄想征服大地"的错误。

"妄想征服大地"的结果是人类发现"自己的家园"愈来愈"不像"一个"家园"了。

人类应该建设一个"理想的家园"，这个家园应该是具有某种"超越性"的"家园"，如果使用宗教性的语言或传统文化所熟悉的语言，这"应该"是一个具有某种"超越性"的"家园"，换言之，"应该"是具有某种"神性"或可以与"天上的家园"形成某种"映射关系"的"家园"。这就是说，"理想"的"地上""家园"同时也"应该是"可以从"大地""升华到""天上"的"家园"。

在工程技术不断发展的过程中，在人类精神不断反思的过程中，在人

---

① 李伯聪：《工程哲学引论》，大象出版社 2002 年版，第 443—452 页。

② 《马克思恩格斯选集》第 1 卷，人民出版社 1972 年版，第 24—25 页。

类社会不断发展的过程中，人类愈来愈深刻地认识到人类绝不能"堕落"为"仅仅"是一种"物质性的存在"，人类必须具有一定的"超越性"。

人类应该在建设物质家园的同时有对"超越性境界"的追求。在历史上，古人曾经以"原始宗教思维"或"类宗教性思维"的方式把对"超越性境界"的追求说成是对"天"的追求。现代科学已经否定了人格化的"天"，可是，现代思维仍然承认对"超越性境界"的追求，在这个意义上，我们完全可以说，人类对"天"的追求绝不是什么虚妄的追求，其本质就是对"超越性境界"的追求。

总而言之，"天地人合一"不但是一种中国古代的工程技术观，而且是一种"安身立命"的思想理念。

历史经验、现实状况和未来憧憬都在启示我们：中国自古以来就长期存在的关于"天地人合一"的工程技术观和"安身立命"的思想理念是一种极有价值的观点、思想和理念，是古人留给我们的宝贵的思想遗产，我们应该努力在新的形势和新的条件下努力把它发扬光大，为"天地人合一"的理念在新时期充实崭新的内容，使之在新时期发出灿烂的新光辉。

参考文献

绪　论

［法］保尔：《十八世纪产业革命》，商务印书馆 1983 年版。

［美］爱德华·麦克诺尔·伯恩斯、菲利普·李·拉尔夫：《世界文明史》（第 1—4 卷），商务印书馆 1987 年版。

［美］罗伊·T. 马修斯、德维特·普拉特：《西方人文读本》，东方出版社 2007 年版。

［英］克里斯·弗里曼、弗朗西斯科·卢桑：《光阴似箭（从工业革命到信息革命)》，沈宏亮译，中国人民大学出版社 2007 年版。

［英］李约瑟：《中国科学技术史》，科学出版社 1975 年版，1990 年全译本。

［英］斯蒂芬·F. 梅森：《自然科学史》，上海人民出版社 1977 年版。

［英］亚·沃尔夫：《十八世纪科学、技术和哲学史》（上、下册），商务印书馆 1997 年版。

范文澜：《中国通史》，人民出版社 1965 年版。

卢嘉锡总主编：《中国科学技术史》（年表卷），科学出版社 2006 年版。

吕思勉：《白话本国史》，中国友谊出版公司 2009 年版。

郑师渠总主编：《中国文化通史》，北京师范大学出版社 2009 年版。

第一章

［德］卡西勒：《人论》，甘阳译，上海译文出版社 2004 年版 ［Ernst Cassirer, *An Essay on Man—An Introduction to a Philosophy of Human Culture*

（《人论——人文哲学导论》），Yale University Press 1962，1944]。

［德］雅斯贝斯：《历史的起源与目标》，魏楚雄、俞新天译（Karl Jaspers, *Vom Ursprung und Ziel der Geschichte*, Piper Verlag GmbH, 1949）。

［法］彭加勒：《科学的价值》，李醒民译，商务印书馆 2010 年版（Jules Henri Poincaré, *La valeur de la science*, 1905）。

［美］Eric Voegelin, *Order and History*, University of Missouri Press, 1956 – 1985。

［美］Florence Kluckhohn, Fred Strodtbeck：*Variations in Value Orientations*（《价值的变奏》），Greenwood Press, 1973。

［美］Fritjof Capra, *The Turning Point——Science, Society and the Rising Culture*（《转折点——科学、社会和兴起的文化》），Bantam Books, 1988。

［美］萨顿：《科学史和新人文主义》，陈恒六等译，上海交通大学大出版社 2007 年版（George Sarton, *The History of Science and the New Humanism*, 1935）。

［英］丹皮尔：《科学史及其与哲学和宗教的关系》，李珩译，商务印书馆 1975 年版（W. C. Dampier, *A History of Science and Its Relation with Philosophy and Religion*, Cambridge University Press, 1948）。

［英］李约瑟：《中国科学技术史》（七卷），卢嘉锡主持翻译，科学出版社 2004 迄今；Joseph Needham, *Science and Civilization in China*, Cambridge University Press, 1954—）。

Jan van der Straet, *Nova Reperta—erfindungen und Entdeckungen des Mittelalters und der Renaissance in Kupferstichen des Ausgehenden 16 Jahrhunderts*（《新发现——十六世纪的版画中的中世纪和文艺复兴时期的发明和发现》）。

董光璧：《传统与后现代——科学与中国文化》，山东教育出版社 1996 年版。

董光璧：《格致经世——中国科技》，北京教育出版社 2013 年版。

董光璧：《易学科学史纲》，武汉出版社 1993 年版。

钱穆：《国史大纲》，商务印书馆 1940 年版。

席文：《为什么中国没有发生科学革命或者它真的没有发生吗?》，《科学与哲学》1984 年第 1 期。

第二章

（东汉）班固：《汉书》，中华书局 1962 年版。

（南宋）朱熹：《四书章句集注》，中华书局 1983 年版。

（清）陈立：《白虎通疏证》，中华书局 1994 年版。

（清）苏舆：《春秋繁露义证》，中华书局 1992 年版。

（清）王先谦：《荀子集解》，中华书局 1988 年版。

（清）王先慎：《韩非子集解》，中华书局 1998 年版。

（西汉）司马迁：《史记》（修订本），中华书局 2013 年版。

［美］郝大维、安乐哲：《汉哲学思维的文化探源》，施忠连译，江苏人民
　　出版社 1999 年版。

［日］井上聪：《先秦阴阳五行》，湖北教育出版社 1997 年版。

陈鼓应：《老子注译及评介》，中华书局 1984 年版。

陈鼓应：《庄子今注今译》，中华书局 1983 年版。

陈来：《古代宗教与伦理——儒家思想的根源》，生活·读书·新知三联
　　书店 1996 年版。

陈梦家：《殷虚卜辞综述》，中华书局 1988 年版。

陈奇猷：《吕氏春秋校释》，学林出版社 1984 年版。

代钦：《儒家思想与中国传统数学》，商务印书馆 2003 年版。

丁山：《中国古代宗教与神话》，上海文艺出版社 1988 年版。

方立天：《中国古代哲学问题发展史》，中华书局 1990 年版。

顾颉刚：《古史辨》（第五册），上海古籍出版社 1982 年版。

李存山：《中国气论探源与发微》，中国社会科学出版社 1990 年版。

李零：《中国方术考》（修订本），东方出版社 2000 年版。

李学勤：《周易经传溯源》，长春出版社 1992 年版。

李曰刚等：《三礼论文集》，（台北）黎明文化事业股份有限公司 1982
　　年版。

李泽厚：《中国古代思想史论》，人民出版社 1986 年版。

刘长林：《中国系统思维》，中国社会科学出版社 1990 年版。

刘文典：《淮南鸿烈集解》，中华书局 1989 年版。

刘泽华：《中国政治思想史》，浙江人民出版社 1996 年版。

任继愈主编：《中国哲学发展史》（先秦），人民出版社 1983 年版。

孙希旦：《礼记集解》，中华书局 1989 年版。

杨伯峻：《春秋左传注》（修订本），中华书局 1990 年版。

杨伯峻：《论语译注》，中华书局 1980 年版。

杨伯峻：《孟子译注》，中华书局 2012 年版。

杨宽：《古史新探》，中华书局 1965 年版。

杨向奎：《中国古代社会与古代思想研究》，上海人民出版社 1960 年版。

张岱年：《中国哲学大纲》，中国社会科学出版社 1982 年版。

张光直：《中国青铜时代》，生活·读书·新知三联书店 1983 年版。

邹昌林：《中国礼文化》，社会科学文献出版社 2000 年版。

第三章

（东汉）班固：《汉书·律历志上》卷二十一上，中华书局 1975 年版。

（晋）《孙子算经》，郭书春点校，见郭书春、刘顿点校《算经十书》，辽宁教育出版社 1998 年版。又，繁体字修订本，（台北）九章出版社 2001 年版。

（明）《永乐大典》卷 16344，见郭书春主编《中国科学技术典籍通汇·数学卷》第一册，河南教育出版社 1993 年版。

（南宋）秦九韶：《数书九章·序》，《宜稼堂丛书》本。

（秦）《数》，肖灿整理，见朱汉民、陈松长主编《岳麓书院藏秦简（贰）》，上海辞书出版社 2011 年版。

（唐）李淳风：《隋书·律历志》，见（唐）魏徵等：《隋书》卷十六，中华书局 1973 年版。

（唐）佚名：《夏侯阳算经》，郭书春点校，见郭书春、刘顿点校《算经十书》，辽宁教育出版社 1998 年版。又繁体字修订本，（台北）九章出版社 2001 年版。

（西汉）《九章算术》，郭书春汇校，辽宁教育出版社 1990 年版。

（西汉）《算数书》，见《江陵张家山汉简》整理小组，《江陵张家山汉简〈算数书〉释文》，《文物》2000 年第 9 期。

（西汉）《周髀算经》，赵爽注，刘钝、郭书春点校，见郭书春、刘钝点校《算经十书》，辽宁教育出版社（修订本），（台北）九章出版社 2001

年版。

（元）李冶：《测圆海镜》，见郭书春主编《中国科学技术典籍通汇·数学卷》第 1 册，河南教育出版社 1993 年版。

（元）朱世杰：《四元玉鉴》，影印收入郭书春主编《中国科学技术典籍通汇·数学卷》第 1 册，河南教育出版社 1993 年版。

（周）《周礼·夏官·合方氏》，《十三经注疏》，中华书局 1980 年版。

（周）《周易·系辞下》，《十三经注疏》，中华书局 1980 年版。

［德］希尔波特（David Hilbert）：《数学问题——在 1900 年巴黎国际数学家大会上的讲演》，李文林、袁向东译，载《数学史译文集》，上海科学技术出版社 1981 年版。

［德］恩格斯：《反杜林论》，人民出版社 1956 年版。

［美］ M. 克莱因：《古今数学思想》，上海科学技术出版社 1979 年版。

［美］波耶：《微积分概念史》，上海人民出版社 1977 年版。

［日］三上义夫（Mikami, Y.）：*The Development of Mathematics in China and Japan*（《中国和日本数学之发展》），Teubner, Leipzig, 1913。

［英］李约瑟：《中国科学技术史》，第 3 卷，科学出版社 1978 年版。

［英］斯科特：《数学史》，商务印书馆 1981 年版。

《汇校九章算术》（增补版），郭书春汇校，辽宁教育出版社，（台北）九章出版社 2004 年版。

《九章算术新校》，郭书春汇校，中国科学技术大学出版社 2013 年版。

《李俨钱宝琮科学史全集》第 5 卷，辽宁教育出版社 1998 年版。

《左传》，阮元校《十三经注疏》，中华书局 1982 年版。

冯友兰：《中国哲学史简编》第 4 册，人民出版社 1986 年版。

郭庆藩：《庄子集释》，中华书局 1982 年版。

郭书春：《〈算数书〉校勘》，《中国科技史料》第 22 卷第 3 期。

郭书春：《古代世界数学泰斗刘徽》，山东科学技术出版社 1992 年版。又，繁体字修订本，台湾明文书局 1995 年版。再修订本，山东科学技术出版社 2013 年版。

郭书春：《关于〈算经十书〉》，见郭书春、刘钝点校《算经十书》，（台北）九章出版社 2001 年版。

郭书春：《九章算术译注》，上海古籍出版社 2009 年、2010 年、2013 年 2014 年、2015 年版。

郭书春：《刘徽〈九章算术注〉中的定义及演绎逻辑试析》，《自然科学史研究》第 2 卷第 3 期（1983.7）。

郭书春：《刘徽的体积理论》，《科学史集刊》第 11 集，地质出版社 1984 年版。

郭书春：《略谈世界数学重心的三次大转移》，《科学技术与辩证法》1986 年第 1 期。

郭书春：《秦九韶〈数书九章序〉注释》，《湖州师范学院学报》第 26 卷第 1 期（2004 年）。

郭书春：《校点〈算经十书〉说明》，见《算经十书》（一），辽宁教育出版社 1998 年版。

郭书春：《中国古代数学与封建社会刍议》，《科学技术与辩证法》1985 年第 2 期。又见《中国改革开放二十年》（下），中央文献出版社 1999 年版。

郭书春译注：《九章算术》，辽宁教育出版社 1998 年版。

郭书春主编：《中国科学技术典籍通汇·数学卷》第 1 册，河南教育出版社 1993 年版。

郭书春主编：《中国科学技术史·数学卷》，科学出版社 2010 年版。

李文林：《数学史教程》，高等教育出版社 2000 年版。

梅荣照：《李冶及其数学著作》，载钱宝琮等《宋元数学史论文集》，科学出版社 1966 年版。

钱宝琮主编：《中国数学史》，科学出版社 1964 年版。

吴文俊：《吴文俊论数学机械化》，山东教育出版社 1995 年版。

英汉对照《四元玉鉴》（*Jade Mirror of the Four Unknowns*），朱世杰著，郭书春今译，陈在新英译，辽宁教育出版社 2006 年版。

浙江书局辑：《二十二子》，上海古籍出版社 1985 年版。

G. Lloyd，Préface pour *LES NEUF CHAPITRES*：*Le Classique mathématique de la Chine ancienne et ses commentaries*（K. Chemla et Guo Shuchun）. 2004，2005，DUNOD Editeur.

Smith，E. D.，*History of Mathematics*，Vol. 2，1925，Ginn，New York.

第四章

（北宋）王溥：《唐会要上下》，中文出版社 1978 年版。

（明）徐光启撰，王重民辑校：《徐光启集》，上海古籍出版社 1984年版。

（元）许谦：《读书丛说》，中华书局 1985 年版。

［奥］雷立柏（Leopold Leeb）：《张衡，科学与宗教》，社会科学文献出版社 2000 年版。

［美］戴维·林德伯格：《西方科学的起源》，王珺等译，中国对外翻译出版公司 2001 年版。

［美］亨佩尔（Hempel，C. G.）：《自然科学的哲学》，陈维抗译，上海科学技术出版社 1986 年版。

《中国天文学史》整理研究小组编著：《中国天文学史》，科学出版社 1981 年版。

薄树人：《薄树人文集》，中国科学技术大学出版社 2003 年版。

陈美东：《郭守敬评传》，南京大学出版社 2003 年版。

陈美东：《中国科学技术史·天文学卷》，科学出版社 2003 年版。

林金水：《利玛窦输入地圆说的意义与影响》，《文史哲》1985 年第 5 期。

刘金沂、赵澄秋：《中国古代天文学史略》，河北科学技术出版社 1990年版。

宁晓玉：《〈新法算书〉中的日月五星运动理论及清初历算家的研究》，中国科学院研究生院（国家授时中心）2007 年。

宁晓玉：《试论王锡阐宇宙模型的特征》，《中国科技史杂志》2007 年第 2 期。

宁晓玉：《王锡阐与第谷体系》，《自然辩证法通讯》2013 年第 3 期。

武家璧、陈美东、刘次沅：《陶寺观象台遗址的天文功能与年代》，《中国科学：物理学力学天文学》2008 年第 9 期。

席泽宗：《"气"的思想对中国早期天文学的影响》，《科学史十论》，复旦大学出版社 2003 年版。

席泽宗：《科学史八讲》，联经出版事业公司 1994 年版。

席泽宗：《欧几里得〈几何原本〉的中译及其意义》，《科学文化评论》2008 年第 2 期。

肖文强：《"欧先生"来华四百年》，《科学文化评论》2007 年第 6 期。

袁江洋：《牛顿炼金术手稿的历史境遇》，《自然辩证法通讯》2012 年第 6 期。

郑文光：《中国天文学源流》，科学出版社 1979 年版。

郑文光、席泽宗：《中国历史上的宇宙理论》，人民出版社 1975 年版。

中国科学院自然辩证法通讯杂志社编：《科学传统与文化中国近代科学落后的原因》，陕西科学技术出版社 1983 年版。

朱文鑫：《历代日食考》，商务印书馆 1934 年版。

庄威凤主编：《中国古代天象记录的研究与应用》，中国科学技术出版社 2009 年版。

第五章

[日] 天野元之助：『中国农业史研究』（增补版），御茶の水书房，1979 年。

陈文华：《中国古代农业文明史》，江西科学技术出版社 2005 年版。

董恺忱、范楚玉主编：《中国科学技术史·农学卷》，科学出版社 2000 年版。

郭文韬：《中国传统农业思想研究》，中国农业科技出版社 2001 年版。

金善宝、沈其益、陈华癸主编：《农业哲学基础》，科学出版社 1991 年版。

梁家勉主编：《中国农业科技史稿》，农业出版社 1989 年版。

南京农业大学、中国农科院农业遗产研究室：《中国农学史》（上卷），科学出版社，1959、1984 重印；下卷，1984。

杨直民：《农学思想史》，湖南教育出版社 2006 年版，

游修龄主编：《中国农业百科全书·农史卷》，中国农业出版社 1995 年版。

于光远等主编：《中国自然辩证法百科全书·农业科学哲学》，中国大百科全书出版社 1994 年版。

Francesca Bray, *Agriculture*, edited by Joseph Needham, Science and civilization in China, Volum 6, Combridge Univ. Press, 1984.

第六章

（东汉）张仲景：《金匮要略方论·藏府经络先后病脉证第一》。

（晋）王叔和：《脉经》卷一。

（明）韩懋：《韩氏医通》卷上，人民卫生出版社 1989 年版。

（明）李中梓：《医宗必读》。

（明）陆树声《耄余杂识》，转引自陶御风《笔记杂著医事别录》，人民卫生出版社 2006 年版。

（明）虞抟：《医学正传》。

（明）张景岳：《景岳全书·传忠录·阳不足再辨》，人民卫生出版社 1991 年版。

（明）张景岳：《类经·藏象类》，人民卫生出版社 1965 年版。

（清）丁锦：《古本难经阐义》（1738 年）。

（清）吴有性：《温疫论》卷下，康熙三十三年甲戌（1694 年）葆真堂本（张以增本）。

（清）薛雪：《湿热论》第一条，见徐行《医学蒙求》，清嘉庆十四年（1809 年）五柳居刊本。

（宋）陈言：《三因极一方论》。

（宋）陈言《三因极一病证方论》，《四库全书》本。

（宋）何光远：《鉴戒录》，转引自陶御风《笔记杂著医事别录》，人民卫生出版社 2006 年版。

（宋）邵博：《河南邵氏闻见后录》卷二十九，转引自陶御风《笔记杂著医事别录》，人民卫生出版社 2006 年版。

（宋）沈括：《梦溪笔谈》。

（宋）司马光：《涑水记闻》，学津讨原本，卷四。

（宋）杨介：《存真图》序。

（宋）赵与时：《宾退录》载："庆历间，广西戮欧希范及其党，凡二日，剖五十有六腹……为图以传于世。"

（隋）巢元方：《诸病源候论》卷二十一。

（元）朱丹溪：《局方发挥》，载《丹溪医集》，人民卫生出版社 1993 年版。

［日］丹波元胤：《中国医籍考》，人民卫生出版社 1986 年版。

［日］丹波元简：《医賸》，《皇汉医学丛书》。

《丹溪先生墓志》，转引自何时希《中国历代医家传录》上，人民卫生出版社 1991 年版。

《古今图书集成·艺术典》引章潢语。

《顾松园医镜》卷五《乐集·论治》。

《韩氏医通》，人民卫生出版社 1989 年版。

《金史》卷一百三十一，列传六十九。

《灵枢·本神》。

《灵枢·刺节真邪》。

《灵枢·动输》。

《灵枢·脉度》。

《灵枢·天年》。

《灵枢·五味》。

《灵枢·邪客》。

《灵枢·营卫生会》。

《难经·三十八难》。

《难经·三十一难》。

《欧阳文忠公集·胡先生墓表》。

《史记标注》引杨介存真图序。

《素问·宝命全形论第二十五》，人民卫生出版社 1963 年版。

《素问·金匮真言论》。

《素问·经脉别论》，人民卫生出版社 1963 年版。

《素问·灵兰秘典论》，人民卫生出版社 1963 年版。

《素问·六节藏象论》，人民卫生出版社 1963 年版。

《素问·太阴阳明论篇第二十九》。

《素问·五藏别论》，人民卫生出版社 1963 年版。

《素问·五藏生成论》，人民卫生出版社 1963 年版。

《素问·阴阳应象大论》，人民卫生出版社 1963 年版。

《太医局诸科程文》四库提要。

《医馀》卷十九。

《周礼·天官·冢宰》。

《庄子》。

查王源（王崐绳）《平书》《居业堂文集》。

范行准：《五运六气说的来源》，《医史杂志》创刊号。

范行准：《中国医学史略》，中医古籍出版社1986年版。

何瑭：《医学管见》，《海外回归中医善本古籍丛书》第12册。

《素问·生气通天论》。

范行准《五运六气说的来源》引《后汉书·律历志》刘昭补注所引《易纬》，《医史杂志》创刊号，第1期。

廖育群：《岐黄医道》，辽宁教育出版社1991年版。

阮葵生：《茶余客话》下卷十五。

司马迁：《史记》。

羊化荣：《佞道昏君宋徽宗》，见《道教与传统文化》，中华书局1992年版。

赵棻：《中医基础理论详解》，福建科学技术出版社1981年版。

第七章

［英］麦迪森：《中国经济的长期表现：公元960—2030年》（修订版），上海人民出版社2011年版。

《李诫墓志铭》，载朱启钤辑、杨永生编《哲匠录》，中国建筑工业出版社2005年版。

《马克思恩格斯选集》第1卷，人民出版社1972年版。

《马克思恩格斯选集》第3卷，人民出版社1972年版。

丁文辉：《孔子的"富民"思想和"薄赋敛"原则》，载中国经济史学会《集雨窖文丛》，北京大学出版社2000年版。

季羡林：《"天人合一"新解》，《传统文化与现代化》1993年第1期。

李伯聪：《工程哲学引论》，大象出版社2002年版。

李泽厚：《漫述庄禅》，《中国社会科学》1985年第1期。

马克思：《资本论》第1卷，人民出版社1972年版。

庞朴：《一分为三》，海天出版社1995年版。

王前等：《中国科技伦理史纲》，人民出版社2006年版。

闻人军：《考工记导读》，巴蜀书社1996年版。

燕宏远：《综述格外学者关于异化的研究和争论》，载陆梅林、程代熙编选《异化问题》（下），文化艺术出版社1986年版。

朱家桢：《孔子经济思想研究》，载中国经济史学会《集雨窖文丛》，北京大学出版社 2000 年版。

朱启钤辑、杨永生编:《哲匠录》,中国建筑工业出版社 2005 年版。

转引自李泽厚《论语今读》,安徽文艺出版社 1998 年版。

国家出版基金项目
NATIONAL PUBLICATION FOUNDATION

中国古代科技文化
及其现代启示

（下册）

汝信 李惠国 主编

中国社会科学出版社

目　录

下　册

第十章　儒家文化与科学技术

厦门大学哲学系　乐爱国（583）

第十一章　道教文化与科学技术

四川大学道教与宗教文化研究所　盖建民　孙伟杰（634）

第十二章　佛教文化与科学技术

上海师范大学　李申（693）

第十三章　中国古代的科学政策

第十四章　中外文化交流与科学技术的发展

第 八 章

中国古代名辩学奠定了
科学发展的逻辑基础

中国社会科学院哲学研究所　刘培育

引　言

　　科学是人对自然、社会以及思维奥秘的探究，是寻求其本质和规律性。科学的产生与发展，和诸多因素有关。有社会因素，包括社会对科学的需求，社会经济发展状况和社会政治环境等；也有科学人自身的因素，包括科学人的社会文化背景、思维方式等。科学离不开人理性的思考、有效的推论、严谨的求证。一句话，离不开逻辑。

　　我国春秋战国时期，社会发生大变动，造成名实悖谬的现象。许多思想家认为，名实相悖和社会乱而不治有因果关系。有的思想家甚至认为，名实悖谬是社会动乱的根本原因。于是乎，就有一些思想家着力探讨和实的关系，寻找名实不符的原因以及解决名实相悖的方法。这就是古代所谓的"正名"问题。我们从先秦文献中可以看出，不管是哪家、哪派的思想家，都程度不同地关注过正名问题，讨论过名实相符的问题。不同阶级的阶层、不同学派的思想家对社会动乱问题的看法是不同的，甚至是根本对立的。观点的分歧，意见的纷争，形成了百家争鸣的局面。在论辩的过程中，各家进行思想交锋，要确立自己的观点，也要驳斥别人的观点。要使论辩、交锋能有效地进行，获得积极的结果，就必然要总结论辩的经验和教训，探讨思维和论辩的原则、理论和方法。于是，中华民族汇集各家的智慧，创立了一门有相对完整体系的学问——

名辩学。

中国古代名辩学以《墨经》和《荀子·正名》为代表，明确阐述了名辩的作用，名、辞、说、辩诸思维形态的性质，正名、立辞、明说、辩当的理论、方法和规则，容易发生的谬误及解决办法，等等。名辩学的核心是逻辑学。经过中国学界百年来的持续研讨，名辩学的基本内容已经被揭示和阐释。目前，国内外逻辑学界有影响力的学者共同认可：中国名辩学、印度因明和西方逻辑并称为世界三大逻辑传统。

探讨中国科学和名辩学的发展历史，我们要特别关注的是名辩学和中国科学的关系。本章包括三部分内容，即名辩学及其发展，名辩学的认识论思想，名辩学与科学。

第一节　什么是名辩学

名辩学是中国古代的一门学问。它以名、辞、说、辩为研究对象，是关于正名、立辞、明说、辩当的理论、方法和规则的科学，其核心是逻辑学。

《墨经·小取》和《荀子·正名》为我们描述了中国古代名辩学的大纲。以往虽有学人指出了这一点，但鲜有人为我们真真切切地描述出大纲的"真面貌"。然而，指出中国古代名辩学的"真面貌"是非常重要的。这里引录两篇古籍的原文，做适当的提示和简要的点评。

一　《墨经·小取》描述的名辩学大纲

夫辩者，将以明是非之分，审治乱之纪，明同异之处，察名实之理，处利害，决嫌疑。焉摹略万物之然，论求群言之比。

按，以上阐述了名辩学的作用，包括直接作用和间接作用。总起来说，名辩学的作用是两个方面：一是认识事物，"摹略万物之然"；二是判定论辩各方面的对错，"论求群言之比"。

以名举实，以辞抒意，以说出故。以类取，以类予。有诸己不非诸人，无诸己不求诸人。

按，以上阐述了名辩学的对象。名、辞、说大体相当于概念、判断、推理。"以名举实，以辞抒意，以说出故"是分别对概念、判断、推理的界说。

或也者，不尽也。假者，今不然也。效者，为之法也。所效者，所以为之法也。故中效，则是也；不中效，则非也。此效也。辞也者，举他物而以明之也。侔也者，比辞而俱行也。援也者，曰："子然，我奚独不可以然也。"推也者，以其所不取之同于其所取者，予之也。"是犹谓"也者。同也。"吾岂谓"也者，异也。

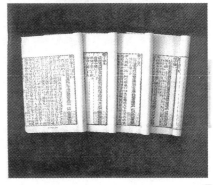

图 8 - 1　墨子与《墨子》

按，以上阐述了"或""假""效""辟""侔""援""推"七种推理、论证方式，或简称七种论式。《小取》集中一段专门讨论不同的论式，说明墨家对推论方式的重视。

夫物有以同而不率遂同。辞之侔也，有所至而正。其然也，有所以然也；其然也同，其所以然不必同。其取之也，有所以取之；其取之也同，其所以取之不必同。是故辟、侔、援、推之辞，行而异，转而危，远而失，流而离本，不可不审也，不可常用也。故言多方，殊类，异故，则不可偏观也。夫物或乃是而然，或是而不然；或一周而一不周，或一是而一不是也。

按，以上指出运用各种论式可能发生的谬误以及造成谬误的原因。告诫人们，运用各种论式要慎之又慎，既不可片面地看，也不能死板地用。

白马，马也；乘白马，乘马也。骊马，马也；乘骊马，乘马也。

获，人也；爱获，爱人也。臧，人也；爱臧，爱人也。此乃是而然者也。

获之亲，人也；获事其亲，非事人也。其弟，美人也；爱弟，非爱美人也。车，木也；乘车，非乘木也。船，木也；入船，非入木也。盗，人也；多盗，非多人也；无盗，非无人也。奚以明之？恶多盗，非恶多人也；欲无盗，非欲无人也。世相与共之。若是，则虽盗，人也；爱盗，非爱人也；不爱盗，非不爱人也；杀盗，非杀人也；无难矣。此与彼同类，世有彼而不自非也。墨者有此而非之，无他故焉。所谓内胶外闭，与心毋空乎。内胶而不解也。此乃是而不然者也。

夫且读书，非好书也；好读书，好书也。且斗鸡，非好鸡也；好斗鸡，好鸡也。且入井，非入井也；止且入井，止入井也。且出门，非出门也；止且出门，止出门也。若是，且夭，非夭也；寿夭，夭也。有命，非命也；非执有命，非命也。无难矣。此与彼同类，世有彼而不自非也。墨者有此而非之，无他故焉，所谓内胶外闭，与心毋空乎？内胶而不解也。此乃不是而然者也。

爱人，待周爱人而后为爱人。不爱人，不待周不爱人；不周爱，因为不爱人矣。乘马不待周乘马然后为乘马也。有乘于马，因为乘马矣；逮至不乘马，待周不乘马而后为不乘马。此一周而一不周者也。

居于国，则为居国；有一宅于国，而不为有国。桃之实，桃也；棘之实，非棘也。问人之病，问人也；恶人之病，非恶人也。人之鬼，非人也；兄之鬼，兄也。祭人之鬼，非祭人也；祭兄之鬼，乃祭兄也。之马之马眇，则谓之马眇；之马之目大，而不谓马大。之牛之毛黄，则谓牛之黄；之牛之毛众，而不谓之牛众。一马，马也；二马，马也。马或白者，二马而或白也，非一马而或白也。此乃一是而一非者也。

按，以上通过举例的方式，具体说明了"是而不然""不是而然""一周而一不周""一是而一非"诸种不同的情形，告诉人们在运用侔式推论时要避免僵化（"常用"）和片面（"偏观"）。

以上五段是《小取》的全部文字。《小取》从辩入手，十分明确地阐述了名辩学的作用和目标、对象和主要内容，特别是总结出人们常用的各种推论模式，说明了推论的规则和常见的谬误，指出了发生错误的原因，并举例说明之，可谓简明而系统。

二　《荀子·正名》描述的名辩学大纲

……王者之制名，名定而实辨，道行而志通，则慎率民而一焉。故析辞擅作名以乱正名，使民疑惑，人多辩讼，则谓之大奸，其罪犹为符节度量之罪也，故其民莫敢讬为奇辞以乱正名。……故壹于道法，而谨于循令矣，如是则其迹长矣。迹长功成，治之极也，是谨于守名约之功也。今圣王没，名守慢，奇辞起，名实乱，是非之形不明，则虽守法之吏、诵数之儒，亦皆乱也。

按，以上说明正名的重要性。"名定而实辨，道行而志通"，进而达到"治之极"。

若有王者起，必将有循于旧名，有作于新名。然则所为有名，与所缘以同异，与制名之枢要，不可不察也。

按，以上说明，要制新名，必须弄明白"所为有名""所缘以同异"和"制名之枢要"三个问题，以下分别说明之。

图 8 – 2　荀子与《荀子》

异形离心交喻，异物名实玄纽。贵贱不明，同异不别，如是则志必有不喻之患；而事必有困废之祸。故知者为之分别制名以指实，上以明贵贱，下以辨同异。贵贱明，同异别，如是则志无不喻之患，事无困废之祸。此所为有名也。

按，以上回答了"所为有名"的道理。万事万物是否有名，关系到一个人的思想表达能否让人明白、做事是否困废的大问题。

然则何缘而以同异？曰缘天官。凡同类同情者，其天官之意物也同，故比方之疑似而通，是所以共其约名以相期也。形体色理以目异，声音清浊、调竽奇声以耳异，甘苦咸淡辛酸奇味以口异，香臭芬郁腥臊酒酸奇臭以鼻异，疾养沧热滑铍轻重以形体异，说故喜怒哀乐爱恶欲以心异。心有征知，征知则缘耳而知声可也，缘目而知形可也。然而征知必将待天官之当簿其类然后可也。五官簿之而不知，心征之而无说，则人莫不然谓之不知。此所缘而以同异也。

按，以上回答了"所缘以同异"的道理。人是靠目、耳、口、鼻、体和心这些"天官"与外界事物接触而感知事物之同异的。不同的人，其"天官"的功能是相同的，所以能对相同的事物有相同的感知。

然后，随而命之，同则同之，异则异之，单足以喻则单，单不足以喻则兼，单与兼无所相避则共，虽共不为害矣。知异实者异名也，故使异实者莫不异名也，不可乱也。犹使同实者莫不同名也。故万物虽众，有时而欲遍举之，故谓之物。物也者，大共名也。推而共之，共则有共，至于无共然后止。有时而欲偏举之，故谓之鸟兽。鸟兽也者，大别名也。推而别之，别则有别，至于无别然后止。名无固宜，约之以命，约定俗成谓之宜，异于约谓之不宜。名无固实，约之以命实，约定俗成谓之实名。名有固善，径易而不拂谓之善名。物有同状而异所者，有异状而同所者，可别也。状同而为异所者，虽可合谓之二实；状变而实无别而为异者，谓之化；有化而无别，谓之一实。此事之所以稽实定数也，此制名之枢要也。后王之成名，不可不察也。

按，以上回答了"制名之枢要"，即制名的原则和方法。具体来说，包括同实者同名、异实者异名、约定俗成、径易不拂、稽实定数等。并且对名做了分类，指出了共名和别名之间的关系。

> 见侮不辱，圣人不爱己，杀盗非杀人也，此惑于用名以乱名者也。之所以为有名，而观其孰行，则能禁之矣。
>
> 山渊平，情欲寡，刍豢不加甘，大钟不加乐，此惑于用实以乱名者也。验之所缘以同异，而观其孰调，则能禁之矣。
>
> 非而谒楹，有牛马非马也，此惑于用名以乱实者也。验之名约，以其所受悖其所辞，则能禁之矣。
>
> 凡邪说辟言之离正道而擅作者，无不类于三惑者矣。故明君知其分而不与辩也。

按，以上举例说明，凡邪说辟言者，无不类乎"三惑"，即"惑于用名以乱名""惑于用实以乱名""惑于用名以乱实"，并分别说明禁"惑"的办法。

> 夫民易一以道，而不可与共故。故明君临之以势，道之以道，申之以命，章之以论，禁之以刑，故其民之化道也如神，辩势恶用矣哉。今圣王没，天下乱，奸言起，君子无势以临之，无刑以禁之，故辩说也。

按，以上从正、反两方面说明辩说产生的原因。

> 实不喻然后命，命不喻然后期，期不喻然后说，说不喻然后辩。故期命辩说也者，用之大文也，而王业之始也。名闻而实喻，名之用也。累而成文，名之丽也。用丽俱得，谓之知名。名也者，所以期累实也。辞也者，兼异实之名以论一意也。辩说也者，不异实名以喻动静之道也。期命也者，辩说之用也。辩说也者，心之象道也。心也者，道之工宰也。道也者，治之经理也。心合于道，说合于心，辞合于说。正名而期，质情而喻，辩异而不过，推类而不悖，听则合文，辩则尽故，以正道而辨奸，犹引绳以持曲直，是故邪说不能乱，百家无所窜。

按，以上文字明确提出命、期、说、辩四种思维活动，和名、辞、说、辩四种思维形态，给出了各种思维活动和思维形态的定义或界说，并且说明了它们各自的作用以及相互之间的联系。

> 有兼听之明，而无奋矜之容；有兼复之厚，而无伐德之色；说行则天下正，说不行则白道而冥穷，是圣人之辩说也。……
>
> 辞让之节得矣，长少之理顺矣。忌讳不称，祆辞不出。以仁心说，以学心听，以公心辩。不动乎众人之非誉，不治观者之耳目，不赂贵者之权势，不利传辟者之辞。故能处道而不贰，吐而不夺，利而不流，贵公正而贱鄙争，是士君子之辩说也。……君子之言，涉然而精，俛然而类，差差然而齐。彼正其名，当其辞，以务白其志义者也。彼名辞也者，志义之使也，足以相通；则舍之矣，苟之，奸也。故名足以指实，辞足以见极。……
>
> 愚者之言，茖然而粗，啧然而不类，諓諓然而沸。彼诱其名，眩其辞，而无深于其志义者也。故穷藉而无极，甚劳而无功，贪而无名。
>
> 故知者之言也，虑之易知也，行之易安也，持之易立也，成则必得其所好，而不通其所恶焉。而愚者反是。

按，以上几段把辩说分为圣人之辩、君子（智者）之辩和愚者之辩（《荀子·非相》篇称为"小人之辩"），并且指出三种辩说的区别。既有道德标准、实践标准，也有名辞标准。

以上就是《正名》篇的主要文字。《正名》从名入手，阐述了正名的作用和意义，接着具体说明事物为什么要"有名"，为什么能够"制名"，以及制名的原则和方法；进而总结出人们交往中常见的混淆名实关系的三种类型（"三惑"），并且提出了解决这些谬误和诡辩的具体办法。《正名》从名导出辩，进而揭示出命、期、说、辩各种思维活动和名、辞、说、辩各种思维形态。最后，把辩分为圣人之辩、君子之辩、小人之辩（参见《荀子·非相》篇），并且分别评论之。

第二节　名辩学的发展历程

一　春秋战国时期

春秋战国时期，是中国名辩学萌发、创立和繁荣的时期。这个时期名辩学的主要逻辑成果是：明确地提出名、辞、说辩各种思维形态，并且具体阐述了各种思维形态的性质、规则和谬误表现。

（一）名

《墨经》提出："以名举实。"（《小取》）"所以谓，名也。所谓，实也。"（《经上》）《荀子》提出："名也者，所以期累实也。"（《正名》）墨荀明确指出，名与实相对，名是反映实、指谓实的。这里所说的名，既有概念的意味，也有名称的意味。荀子说，通过"分别制名以指实"，达到"名闻而实喻"（《正名》）。肯定了形成概念（名）的逻辑意义。

1．"明分"

先秦的名辩学家们，提出了"明分以辨类"（《韩非子》）的思想，即通过划分把认识对象分为不同的类。他们还提出了"偏有偏无有"的划分原则。所谓"偏有偏无有"，是指一类对象都有，而另一类对象都没有的属性，用这样的属性才能把诸多认识对象区分为不同的类。

《公孙龙子·通变论》说："羊牛有角，马无角；马有尾，牛羊无尾，故曰羊合牛非马也。"公孙龙就是用"有角"、"无角"和"有尾"（这里的"尾"指长尾）、"无尾"把羊牛和马区分开来。这说明，他已经运用了"偏有偏无有"原则。《墨经》对此有更明确、更深刻的说明：

> 牛与马惟异，以牛有齿，马有尾，说牛之非马也，不可。是俱有，不偏有偏无有。曰："牛与马不类，用牛有角，马无角，是类不同也！若举牛有角，马无角，以是为类之不同也，是狂举也。犹牛有齿，马有尾。"（《经说下》）

墨家认为，以"牛有齿""马有尾"作为划分牛和马的标准，是不正确的。因为"齿"和"尾"对于牛与马来说，是"俱有"，不是"偏有偏无有"。以"牛有角""马无角"作为划分牛和马的标准，看似符合了

"偏有偏无有"的原则，但也不正确（"狂举"），犹如"牛有齿""马有尾"一样，都是一些表面现象的不同。这说明，墨家有可能认识到要用事物本质上的不同去作为区分不同事物的标准。

名是反映实的。先秦名辩学家在关注对事物（"实"）进行分类的同时，也对名进行了分类。

（1）达名、类名和私名

> 名：达、类、私。（《墨经·经上》）
>
> 物，达也，有实必待之名也命之。马，类也，若实也者，必以是名也命之。臧，私也，是名也止于是实也。（《墨经·经说上》）

达名是外延最大的名，如"物"，宇宙间的任何事物，都可以用它来命名。类名是指一类事物的名，如"马"，凡是具有马的性质（属性）的动物都可以用"马"这个名来称谓它。私名是指称特定对象的名，如"臧"（一个奴隶的名字），它仅仅指称臧这个人。可见，达名相当于范畴，类名相当于一般的普遍概念，私名相当于单独概念。

（2）形貌之名、非形貌之名

> 以形貌命者，必知是之某也，焉知某也。不以形貌命者，虽不知是之某也，知某可也。（《墨经·大取》）
>
> 诸以形貌命者，若山、丘、室、庙者皆是也。（《墨经·大取》）

就是说，依据对象的形貌特征所命的名，可称之为形貌之名，如山、丘、室、庙等；而不依据对象的形貌特征所命的名，换句话说，依据对象的非形貌特征所命的名，可称之为非形貌之名，如好坏、软硬等。形貌之名有些类似于实体概念或具体概念，非形貌之名有些类似于属性概念或抽象概念。墨家为什么要对名做上述区分？有什么意义吗？《墨经》作者指出，形貌之名是依据对象的形貌特征而命名的，如果对象的形貌相同就可以命以同一名，比如"长人之与短人之同，其貌同者也"，就可以同命之为"人"；如果对象形貌不同就要命不同的名，比如"（男女）人之体非一貌者也"，就要分别命之为"男人"或"女人"。非形貌之名则不然，"苟是石也白，败是石也尽与白同"，一块白色的石头，不论其为整体还是打成碎块，仍命之为"白"，它不随对象形貌的变化而改变。可见，对形貌之名和非形貌之名的区分，有助于人们正确地制作名和运用名。

（3）共名与别名

> 故万物虽众，有时而欲遍举之，故谓之物。物也者，大共名也。推而共之，共则有共，至于无共然后止。有时而欲偏举之，故谓之鸟兽。鸟兽也者，大别名也。推而别之，别则有别，至于无别然后止。（《荀子·正名》）

仔细体会荀子的思想，可以看出，他是从外延上把名分为共名和别名。遍举一类事物的全部，用共名，如"马"；只举一类事物的部分对象，用别名，如"白马"。共名和别名的划分是相对的。荀子说"推而共之，共则有共，至于无共然后止"，"推而别之，别则有别，至于无别然后止"，就是说，共名沿着共的方向推演，在共名之上，还有外延更大的共名；别名沿着别的方向推演，在别名之下，也有外延更小的别名。一个共名相对于比它外延更大的共名来说，是别名；一个别名相对于比它外延更小的别名来说，是共名。但是，这种推演都不是无止境的。共名沿着共的方向推演到大共名，即"无共"，如"物"，就停止了。"物"是大共名，相当于墨家所说的"达名"。别名沿着别的方向推演到"无别"，也就停止了，至于荀子所说的"无别"是否相当于墨家所说的私名，尚不敢肯定，因为荀子心目中的名是反映（指称）一类对象的（"所以期累实也"）。他是否认为一个对象也是一类，从文献中看不出来。值得我们重视的是，荀子关于共名和别名相互推演的阐述，揭示了逻辑学关于概念的概括和限制的思想。

这里，我们再补充一个资料。公孙龙有一个著名的命题叫"白马非马"，中国哲学史界对此有不同的理解。有人把"白马非马"解释为"白马不是马"，因此大骂公孙龙搞诡辩；有人把"白马非马"解释为"白马"这个概念不同于"马"这个概念，因此肯定公孙龙这个命题说出了概念关系的一个性质。我赞成后者，因为公孙龙在书中有明确的表述：

> 求马，黄、黑马皆可致；求白马，黄、黑名不可致。（《公孙龙子·白马论》）

　　　　马者，无去取于色……白马者，有去取于色……无去者非有去
　　也，故曰白马非马。（《公孙龙子·白马论》）

　　前一句，是说"马"与"白马"这两个概念的外延大小不同。"马"的外延包括黄马、黑马，而"白马"的外延不包括黄马、黑马。后一句是说"马"与"白马"两个概念的内涵不同，"马"的内涵没有颜色元素，而"白马"的内涵里有颜色元素。既然"马"与"白马"这两个概念在外延和内涵两个方面都不同，所以说"白马"不同于"马"是说得通的。如果说得再细致一点，就是"白马"的外延比"马"的外延小（前者不包括黄马、黑马……），"白马"的内涵比"马"的内涵多（前者多了一个白色）。从中可以看出，具有属种关系的两个概念在内涵和外延上具有反变关系。遗憾的是，公孙龙没有直接说出这个结论，也许他对概念的属种关系问题并没有自觉的认识，他只是强调"马"与"白马"这两个概念不同。

　　（4）兼名与单名

　　兼名和单名相对而言，是荀子提出来的。荀子在讲命名的方法时说："……单足以喻则单，单不足以喻则兼；单与兼无所相避则共，虽共不为害矣。"（《荀子·正名》）荀子在这里将"兼"与"单"对举，但没有具体揭示兼与单的含义，也没有举例，因此造成后人有不同的解释。比如，有人说"单"就是由一个字表示的名，如"牛""马"，而"兼"是两个以上字表示的名，如"牛马""白马""楚人""大公鸡"……也有人说，单名如"牛""马""兄""弟""夫""妻"，而兼名就是"牛马""兄弟""夫妻"一类的名。《墨经》对"兼"有进一步的说明：

　　　　牛马之非牛与可之同，说在兼。（《墨经·经下》）
　　　　……且牛不二，马不二，而牛马二。则牛不非牛，马不非马，而牛马非牛非马，无难。（《墨经·经说下》）

　　在墨家看来，"牛不二，马不二，而牛马二"。"牛马"这个概念所反映的对象是由牛和马这两种动物组成的整体，牛马作为一个整体，它的性质既不同于牛的性质，也不同于马的性质，所以，《墨经》说："牛马非

牛非马，无难。"逻辑学讲集合概念，指出"集合概念"是反映一类事物集合体的性质的，而一类事物集合体的性质与组成这个集合体的分子的性质不一定相同。《墨经》作者似乎看到了集合概念与非集合概念的区别。

我们还可以从集合论的角度来考察"兼名"。集合概念通常是把一类相同的事物作为一个整体来反映，如许多树的集合是森林，许多花的集合是花卉，等等。集合论的集合是可以把一些不同的事物作为一个整体来考虑的。从这个角度看，把"牛马""兄弟""夫妻"一类兼名作为集合论意义上的集合来思考也许更贴切一些。牛马非牛，"说在兼"，就是说"牛马"这个集合包含有牛和马两种元素，而"牛"（或"马"）这个集合只包含牛（或马）一种元素。因为两个集合里的元素不同，所以两个集合不同。

《墨经》中还有两个条目：

> 彼此彼此与彼此同，说在异。（《墨经·经下》）
> 正名者，彼此彼此可彼彼止于彼，此此止于此。彼此不可彼且此。彼此亦可彼此止于彼此。（《墨经·经说下》）

如果用集合论来解说，"彼此彼此与彼此同"，即

$$\{彼此，彼此\} = \{彼此\}$$

"彼此彼此可彼彼止于彼，此此止于此。"即

$$\{彼此，彼此\} = \{彼彼，此此\}（集合元素的无序性）$$

$$\{彼彼，此此\} = \{彼，此\}（集合元素的不重复性）$$

"彼此亦可彼此止于彼此"，即

$$\{彼此\} = \{彼此\}$$

"彼此不可彼且此。"即

$$\{彼此\} \neq \{彼\}$$

$$\{彼此\} \neq \{此\}$$

如果，我们把"彼此"看作"牛马"的代号，那么，$\{彼此\} \neq \{彼\}$ 或 $\{彼此\} \neq \{此\}$，就和"牛马非牛"或"牛马非马"是一回事了。

我们用集合论理论来解说《墨经》对"兼名"的阐述，不是说《墨经》作者在两千多年前已经有了系统集合论思想。但是，我们应该肯定，

《墨经》的作者已经看到了兼名与普通类名、共名的不同，并且在分析兼名与类名、共名的差异时发现了兼名的某些特殊性质。值得注意的是，在《公孙龙子》一书中有下面一段话：

> 其名正，则唯乎其彼此焉。谓彼而彼不唯乎彼，则彼谓不行。谓此而此不唯乎此，则此谓不行。其以当，不当也。不当而当，乱也。故彼彼当乎彼，则唯乎彼，是谓行彼。此此当乎此，则唯乎此，其谓行此。以其当，而当也。以当而当，正也。故彼彼止于彼，此此止于此，可。彼此而彼且此，此彼而此且彼，不可。（《名实篇》）

从上面这段话中可以看到，《公孙龙子》作者在讨论正名时，也说到"彼彼止于彼，此此止于此，可。彼此而彼且此，此彼而此且彼，不可"。这同上面《墨经》的话，几乎是一样的，其意思也当相同。由此可见，早在战国时期，名辩家们已经思考了关于集合的一些理论问题。

2．"正名"

中国古代名辩家最重视正名。最早提出正名的是孔子，他认为"为政"必须"正名"，"名不正则言不顺；言不顺则事不成"。

（1）"名正，则唯乎其彼此焉"

所谓正名，就是名要副实，要有确定性。公孙龙在《名实论》中讲了两段非常重要的话。第一段是：

> 天地与其所产焉，物也。物以物其所物而不过焉，实也。实以实其所实而不旷焉，位也。出其所位，非位。位其所位焉，正也。以其所正，正其所不正；不以其所不正，疑其所正。其正者，正其所实也；正其所实者，正其名也。

公孙龙在这里先对物、实、位、正诸范畴作了明确的规定。"物"与"实"对举，实是物自身存在的根据。"位"是"实"的界限。"正"是对"位"的规定。正名包括正"其所实"（即它所反映对象的内在根据）和正"其所位"（即"其所实"的存在界限），相当于从内涵和外延两个方面去正名。

第二段话是：

　　　　其名正，则唯乎其彼此焉。谓彼而彼不唯乎彼，则彼谓不行。谓
　　此而此不唯乎此，则此不行。其以当，不当也。不当而当，乱也。

　　上文中的"唯乎"是唯一的意思。正名，就是要让名具有确定性，
"彼"之名专指彼之实，"此"之名专指此之实。否则，其名就是不正。
学术界习惯于把公孙龙的上述思想称为正名的"唯谓"理论。这种理论
完全摆脱了儒家正名的政治伦理背景，比较自觉地从逻辑立场上讨论了正
名的原则和方法。

　　荀子在《正名》篇提出，要根据事物的同异"分别制名以指实"。相
同的实，其名也同；不同的实，其名也异，做到"同实者莫不同名"，
"异实者莫不异名"。他还提出"径易而不拂"的原则，就是说，一个好
的名（"善名"）应该满足好说、易懂、不发生歧义、不被人误解等要求。
这种好的名（"善名"），就是有确定性的名，就是正确的名。

　　（2）定义

　　《墨经》包含丰富而深刻的科学思想，涉及数学、物理（力学、光
学）、心理学等多个学科。墨家提出了诸多重要的科学概念，并且给出了
定义。以数学为例，就有：

　　　　中，同长也；
　　　　圆，一中同长也；
　　　　方，柱隅四讙也；
　　　　端，体之无序而最前者也；
　　　　盈，莫不有也；
　　　　撄，相得也，等等。

　　有些概念是通过说明彼此的关系来揭示其内涵的。比如："体，分于
兼"，揭示了"体"与"兼"的内涵；"或不容尺，有穷；莫不容尺，无
穷"，揭示了"有穷"和"无穷"的内涵。《墨经》并没有对定义提出具
体规则，却相当准确地定义了诸多科学概念。

　　（3）"三惑"说

　　中国古代名辩家，不仅从正面阐述了正名的原则、要求和方法，也总

结出"名实相悖"的种种情形，最具代表性的是荀子提出的"三惑"说。所谓"三惑"，即"用名以乱名者"，"用实以乱名者"，"用名以乱实者"。

> "见侮不辱"，"圣人不爱己"，"杀盗非杀人也"，此惑于用名以乱名者也。（《荀子·正名》）

"见侮不辱"，是宋钘的学说。荀子认为，"辱"这个共名可以分为"义辱"和"势辱"两个别名，如果"见侮不辱"指的是"势辱"，还可以说得通；如果指的是"义辱"，就一定是把名弄混乱了。在荀子看来，宋钘是用"辱"这个共名混淆或抹杀了"义辱"和"势辱"两个别名的区别，因此是"用名以乱名"。

"圣人不爱己"是庄子对墨家思想的判断。《庄子·天下》篇说，墨家"以自苦为极"，"以此教人，恐不爱己；以此自行，因不爱己"（按：《庄子》的说法，并不符合墨家思想，《墨经·大取》篇明明白白地说："爱人不外己，己在所爱之中。"）。荀子针对《庄子》的说法，认为"人"是共名，"己"是别名，当说"爱人"的时候，"己"已经包括在其中了，因此"圣人不爱己"的说法是"用名以乱名"。

"杀盗非杀人"是墨家的命题，意思是杀盗不等于杀人。换句话说，杀盗不犯杀人之罪。荀子可能把墨家的命题理解为"杀盗不是杀人"了，于是他认为"人"是共名，"盗"是"别名"，盗在"人"的外延之中，说"杀盗非杀人"也是"用名以乱名"。

综上，所谓"用名以乱名"，从逻辑学角度看，主要是模糊了共名和别名的属种关系，或者是用共名抹杀了别名之间的区别，或者是用共名与别名之间的区别否定别名在共名的外延之中。

> "山渊平"，"情欲寡"，"刍豢不加甘"，"大钟不加乐"，此惑于用实以乱名者也。（《荀子·正名》）

"山渊平"是惠施的命题。由于惠施著作不传，我们现在无法从文献中确知"山与渊平"的真正意思。据猜测，惠施说的可能是在某种特殊条件下，山和渊是同高的。而荀子认为，山是地面上隆起的高耸之物，渊是地面上凹陷低下之物，二者截然不同。"名也者，所以期累实也。"名是反映某类事物的共同性质的，不能用特殊的实去乱反映一类事物共性的名。

"情欲寡"是宋钘的命题。荀子认为，"情欲多"是人的共性，人只在特殊情况下，比如生病才可能情欲寡。因此主张"情欲寡"的人，也是用特殊的实去错误反映一类事物共性的名。

"刍豢不加甘"，"大钟不加乐"，可能是墨子的思想。荀子认为，刍豢甘、大钟乐是一般人的感受，只有在特殊情况下，比如人生病或心情不好时，才会感到肉不甜美、钟乐不能给人带来喜悦。

综上，荀子所谓"用实以乱名者"，是反对用特殊的实去错误反映事物共性的名。

> "非则谒楹"，"有牛马非马也"，此惑于用名以乱实者也。（《荀子·正名》）

"非而谒楹"，可能字有错落，不必强解。"牛马非牛"是墨家的命题，我们在前面已经讲过，它是个正确的命题。荀子有可能把"牛马非马"误解为"牛马不包括马"了，所以他批评这一命题是用"牛马"之名去乱牛马之实。

综观荀子论"三惑"，虽有不准确的地方，但他批评名实相悖，揭示名实相悖的类型，是很有意义的。

（二）辞

"辞"，即语句或命题，是中国古代名辩学研究的重要内容之一。

在中国古代汉语中，"辞"的本义是诉讼，有论断或断定的意思。《说文》云："辞，讼也。从辛，犹理辜也。乱，理也。"《周礼·秋官》有"听其狱讼，察其辞"的说法。

"辞"作为名辩学的研究内容，最早是孔子提出来的。他说："辞，达而已矣。"（《论语·卫灵公》）就是说，辞是通达某种思想的。孟子说："不以文害辞，不以辞害志。"也说的是用辞表达思想。

从逻辑角度对辞作出规定的是墨家和荀子。《墨经·小取》提出"以辞抒意"。辞，是由名构成的语句或命题；意，是一定的思想内容，也就是判断。"以辞抒意"，就是用一定的语句或命题来表达某种判断。荀子也给"辞"下了定义。他说："辞也者，兼异实之名以论一意也。"（《荀子·正名》）这句话的意思就是：辞是连属不同的名以说明一定思想内容的思维形态。荀子为"辞"下的定义，揭示了辞的两个重要性质：其一，辞是在名的基础之上产生的，是由反映不同对象的名连属而成的语句或命题。其二，辞的作用与名不同，它不是指称某事物，而是表达一定的思想内容，形成判断。

1. 辞类

中国古代名辩学总结出了辞的一些类型，论述了有关量词、模态等问题。

（1）尽与或

> 尽，莫不然也。（《墨经·经上》）
> 或也者，不尽也。（《墨经·小取》）

"尽"是全称量词，指的是一类对象都具有或都不具有某种属性，如"越国之宝尽在此"（《墨经·兼爱中》）。在《墨经》中表达全称量词的语词还有"俱""莫不""周""遍"等。含有全称量词的命题是全称命题。

"或"在《墨经》这里不是"或者"，是"不尽"，是对全称量词的否定，是特称量词。比如，"马或白者，二马而或白，非一马而或白"。就是说，只能在有两匹马或两匹以上马的场合，才能说"马或白"，而在只有一匹马的场合就不能说"马或白"。可见，"马或白"是说"有马是白色"，"或"是特称量词。名辩学的"或"不同于传统逻辑的特称量词。后者是存在的意思，在数量上是"至少有一个，可以多到一类对象的全部"。前者却是排斥全称的，这是自然语言中的用法。表达特称量词的语词还有"体""特""偏"等。含有特称量词的命题是特称命题。

值得注意的是，《墨经》已经分辨出全称命题和特称命题、肯定命题和否定命题。

> 尺与尺俱不尽。端与端俱尽。尺与端，或尽或不尽。（《墨经·经说上》）

这条"经说"是对《经上》"撄，相得也"条的解释。"撄"，是接触的意思。"尺"指一条直线。"端"指一个点。"端与端俱尽"是全称肯定命题，"尺与尺俱不尽"是全称否定命题，"尺与端或尽"是特称肯定命题，"尺与端或不尽"是特称否定命题。

（2）小故与大故

> 小故，有之不必然，无之必不然。体也，若有端。大故，有之必然，若见之成见也。（《墨经·经说上》）

这条"经说"是对《经上》"故，所得而后成也"条的解释。"故"是事物之所以能生成的原因或条件，也是论题之所以能成立的论据和理由。

如果我们把原因或条件、论据或理由称为前件，把结果或论题（结论）称为后件，"小故"说的是有前件，未必就有后件；无前件，必定无后件。也就是说，前件是后件的必要而不充分的条件。这就是"有之不必然，无之必不然"。比如，端点和直线的关系。有端点未必就有一尺长的直线，但没有端点肯定没有一尺长的直线，所以有端点是有一尺长直线的必要条件，而不是充分条件。

"大故"说的是有前件必有后件。也就是说，前件是后件的充分条件，这就是"有之必然"。比如，人的视力、光线、无障碍、某对象和人的适当距离这些条件（统称为"前件"），跟人类看见该对象（称为"后件"）就是充分的条件关系。也就是说，只要前件那些条件都具备，某人就一定能看见该对象。

中国古代的名辩学家们，在两千多年前能够正确区分充分条件和必要条件两种不同的条件联系，并且巧妙地用自然语言准确地表述出来，是很了不起的。在西方传统逻辑中，对上述两种条件联系是不做区分的。我国著名逻辑学家金岳霖在20世纪30年代讲授逻辑时，第一次明确提出必要条件假言命题和必要条件假言推理的形式。他说："普通的'如果……则'的命题是表示充分条件的命题，而寻常语言中的'除非……不'表示必要条件的假言命题。"① 在当代中国高等院校里，逻辑教师讲授假言命题时，经常用"有之必然"说明充分条件假言命题前件和后件的联系，用"无之必不然"说明必要条件假言命题前件和后件的联系。学生普遍反映这样的表述好懂又好记。

（3）必与不必

> 必，不已也。（《墨经·经上》）
> 必：谓壹执者也，若兄弟。一然者一不然者，必"不必"也，是非必也。（《墨经·经说上》）
> 必也者，可勿疑。（《墨经·经说上》）

墨家提出"必"与"不必"。"必"是定然的，不可改变的，不可怀疑的。含有"必"的命题是必然命题。

对"必"的否定是"不必""非必"，又称"弗必"（《墨经·经下》："无说而惧，说在弗必"），而且是"必'不必'"。具有"不必"的命题，是"必'不必'"命题，或不必然命题。墨家曾用"必"和"不必"来说明"使"。

> 使：谓，故。（《墨经·经上》）
> 令，谓也，不必成。湿，故也，必待所为之成也。（《墨经·经说上》）

"使"可分为"谓使"和"故使"两种不同的情况。"谓"是"令"，"谓使"是令别人做什么，"不必成"。比如，"父令子读书"，儿子是否真的读书，不一定。所以墨家说："令，不惟所作也。"（《墨经·经上》）"故使"则不然。这里所说的"故"是"大故"，"故使"是有充分条件"使"某种现象发生，是必然的。比如"天下雨故地湿"，天下雨了，地一定湿。所以说，"湿，故也，必待所为之成也"。这说明，墨家对"必"和"不必"两种模态是有深切认识的。前面讲到的"小故"和"大故"，也是建立在墨家对"必"和"非必"深切认识的基

---

① 金岳霖：《逻辑》，生活·读书·新知三联书店 1961 年版，第 50 页。

础之上的。

（4）且与已

> 且，言然也。（《墨经·经上》）
> 自前曰且，自后曰已，方然曰且。（《墨经·经说上》）
> 已然，则尝然，不可无也。（《墨经·经说下》）

在这里，"且"和"已"都是时间模态词。"且"有二义。一是"自前曰且"，即"且"是表示将来的模态词，是未完成时。墨家举例说："且入井，非入井也"，"且出门非出门也"（《墨经·小取》）。前者说，将要入井，还没有入井。后者说，将要出门，还没有出门。二是"方然曰且"，"方"训为"开始""正在"，即"且"又是表示现在的模态词。"已"在这里只有一个意思，"自后曰已"，是说已经发生的事情，就是曾经发生的事情，不能说没有发生过，即"已"是表示过去的模态词，是完成时。

墨家又把"已"分为两种不同的情形：

> 已：成，亡。（《墨经·经上》）
> 为衣，成也；治病，已也。（《墨经·经说上》）

就是说，过去了的事情，可以是建设性的，如做成一件衣服；也可以是破坏性的，如人死了。但不论是"成"还是"亡"，都是过去了的事情，都是"已"。

以上说明，古代名辩家们已经认识到将来、现在和过去三种时态的不同，因而不能混淆。

2. 辞当

中国古代名辩学认为，正确的思维不仅要名正，还要辞当。荀子说，君子之言，"彼正其名，当其辞"（《荀子·正名》）。

辞当的最根本要求，是辞意相合、辞实相符。辞的作用是"抒意"，恰当的辞一定是和它所表达的意（判断）相合的。同时，辞还要和实相符。墨家精彩地阐述了言（辞）、意、实三者的关系。

> 信，言合于意也。（《墨经·经上》）
>
> 信，不以其言之当也。使人视城得金。（《墨经·经说上》）

意思是说，言（辞）合于意，为信。意，合于实，为真（或当）。若言合于意，意又合于实，为信而当。若言合于意，意不合于实，为信而不当。若言不合于意，意也不合于实，为不信且不当。但也有言不合于意，意不合于实，却为不信而当的情形。比如，甲和乙开玩笑，想让乙枉跑一段路，就骗乙说："城门内藏有金子。"乙去一看，果然发现了金子。这就是不信而当。① 仅此而言，古人思维之邃密，亦令人拍案！

古代名辩学还要求辞在表达意的时候要语言晓畅，让人一看就明白。《墨经》说："执所言而意得见"，"循所闻而得其意"（《墨经·经上》）。就是这个意思。《荀子》也说，恰当的辞"务以白其志义者也"。"白其志义"，就是表述思想明明白白。反之，如果"诱其名，眩其辞，而无深义于其志义者也"（《荀子·正名》），为愚者之言。

3. 辞悖

中国古代名辩家对辞的谬误有所总结，特别是对自相矛盾的命题有深刻的阐释。

（1）"以言为尽悖，悖"

> 以言为尽悖，悖。说在其言。（《墨经·经下》）
>
> 悖，不可也。之人之言可，是不悖，则是有可也。之人之言不可，以当，必不当。（《墨经·经说下》）

墨家明确指出，"一切言论都是错误的"（"言尽悖"），这个命题是错误的（"悖"）。因为，倘若说"言尽悖"这句话正确，那么就是说至少有这一句话是正确的，因此并非"言尽悖"。倘若说，"言尽悖"这句话不正确，那么你主张"言尽悖"就是错误的。这里，墨家用极为精练的语言，准确地揭示了"言尽悖"这个命题含有矛盾，并且明确地指出了这句话的错误根源是涉及自身（"说在其言"）。

有趣的是，在世界文明古国古印度和古希腊也有类似的命题。印度新

---

① 参见沈有鼎《墨经的逻辑学》，中国社会科学出版社 1980 年版，第 29 页。

因明的开创者陈那（公元 5 世纪）在《因明正理门论》中指出，"一切言皆妄"这句话犯了"自语相违"（即该语句自身含有矛盾）的过失。在古希腊逻辑中列举了如下两句话：

> 一个克里特人说："所有克里特人说的话都是谎话。"
> 克拉底鲁说："一切命题都是假的。"

很显然，上面两句话也犯有"自语相连"的错误。同古印度和古希腊相比，《墨经》对"言尽悖"错误的揭示，不仅时间早，而且更为深刻。

（2）"非诽者，悖"

> 非诽者，悖。说在弗非。（《墨经·经下》）
> 非诽，非己之诽也。不非诽，非可非也。不可非也，是不非诽也。（《墨经·经说下》）

"诽"是揭露别人的错误。《经上》说："诽，明恶也。"那么"非诽"，就是反对揭露别人的错误。墨家指出，主张"非诽"的人，他这主张本身也是一诽。他若非诽，就把自己主张的这一诽也非了。如果他认为自己的"非诽"这一诽是对的，那么他就该承认诽是合理的，也就不能反对别人之诽。简言之，主张"非诽"的人，是把自己的主张也非了（"非己之诽"）；而他不承认非了自己的主张（"说在弗非"），所以"非诽者，悖"。

（3）"学无益，悖"

> 学之益也，说在诽者。（《墨经·经下》）
> 以为不知学之无益也，故告之。是使知学无益也，是教也。以学为无益也教，悖。（《墨经·经说下》）

墨家认为，"学无益"这个主张是不对的。你以为别人不知道"学无益"，因此告诉人家"学无益"，这件事本身是一种教，也就是让别人学你这个主张。你既然认为"学无益"，又让别人学你的"学无益"，这就自相矛盾了。我们从"学无益"的批评中倒可以反过来证明学是有益的（"学之益也，说在诽者"）。

（4）"知知之否之足用也，悖。"

> 知知之否之足用也，悖。说在无以也。（《墨经·经下》）
>
> 论之非知，无以也。（《墨经·经说下》）

有人说，一个人对任何事物只要知道自己是知还是不知，就足够了。墨家认为这种说法不对。假如一个人真的对任何事物只知道自己知之与否就足够了，那么你为什么还要让别人知道你的"知知之否之足用也"这个道理呢？此举岂不是无谓（"无以"）吗？可见，"知知之否之足用也"这个说法含有矛盾，不正确。

以上四个命题有一个共同点，即都含有矛盾。墨家对上述命题中的矛盾的分析，反映出古代名辩家的思维智慧和逻辑能力。

（三）说辩

1. 对"说辩"的界说

"说"的本义是说明、谈话、告知、讲述、解释等。"辩"的本义指古代法律诉讼活动中当事人之间的辩驳，由此引申为不同观点之间的争论，如辩论或论辩。墨子把"谈辩"列为一个专门的工作，也是一项专门的学问。在中国古代名辩学中"说辩"有两个含义：其一，"说"与"辩"连读，如"说辩"或"辩说"，统指推理和论证，可简称推论。其二，"说"与"辩"分读，"说"主要指推理，"辩"主要指论辩或论证。

> 知：闻，说，亲。（《墨经·经上》）
>
> 传受之，闻也。方不彰，说也。身观焉，亲也。（《墨经·经说上》）

墨家指出，知识从来源或获得途径分，有闻知、说知、亲知三类。闻知，是他人传授的知识。说知，是由推测而得到的知识。亲知，是自身感知的知识。根据沈有鼎先生的解释，"方"训作比方，推测；"彰"原为

"瘴"，"方不彰"就是由已知去推测不彰的未知。① 因此，说知是推理之知。《墨经》举例说：

> 闻所不知若所知，则两知之。说在告。（《墨经·经下》）
>
> 在外者，所知也。在室者，所不知也。或曰："在室者之色若是其色。"是所不知若所知也。……是若其色也，若白者必白。今也知其知之若白也，故知其白也。夫名以所明正所不知，不以所不知疑所明。若以尺度所不知长。外，亲知也。室中，说知也。（《墨经·经说下》）

就是说，有个人（甲）站在室外，亲眼看见室外之物是白色的，但不知室内物是什么颜色。有个人（乙）告诉甲："室内之物的颜色与室外之物相同。"于是，甲也知道"室内之物是白色的"。《墨经》指出，对于甲来说，"室外之物是白色的"，是亲知；"室内之物的颜色与室外之物相同"，是闻知；而"室内之物是白色的"，就是说知。很显然，"室内之物是白色的"，这个知识是从两个已知的前提中推出来的，因此"说知"是推理之知，"说"也就指推理了。推理的过程是从已知到未知、将未知变成已知（"以所明正所不知"）的过程，就像人们用尺量物，尺的长短是已知的，物的长短是未知的，用尺子去量物，则物的长短也就知道了。

《墨经》里还有几条直接解释"说"的：

> 以说出故。（《墨经·小取》）
>
> 说，所以明也。（《墨经·经上》）
>
> 服，执说。（《墨经·经上》）

"故"是根据、原因，也可以是论据、理由或前提。"说"就是指出一个"辞"成立的根据和理由，也就是从一定的前提推出结论来。由此，使人明白一个"辞"成立的根据或理由，这样也就可以说服人了。

综上可见，古代名辩学的"说"揭示出了推理的两个根本性质：一是从前提到结论，二是由已知到未知。

---

① 参见沈有鼎《墨经的逻辑学》，中国社会科学出版社 1980 年版，第 7 页。

墨家对"辩"也有明确的规定。

> 辩，争攸也。（《墨经·经上》）
> 或谓之牛，或谓之非牛，是争攸也。（《墨经·经说上》）

墨家指出，辩是争攸。"攸"，是论辩双方争论的焦点，比如，甲、乙二人看见远处有个动物，甲说"那是牛"，乙说"那不是牛"，这就是"争攸"。

> 攸，不可两不可也。（《墨经·经上》）
> 辩胜，当也。（《墨经·经上》）
> ……是不俱当，不俱当必或不当。不当若犬。（《墨经·经说上》）
> 谓辩无胜必不当，说在辩。（《墨经·经下》）
> 所谓非同也，则异也。同则或谓之狗，其或谓之犬也。异则或谓之牛，其或谓之马也。俱不胜，是不辩也。辩也者，或谓之是，或谓之非，当者胜也。（《墨经·经说下》）

墨家进一步指出，"攸"是一对矛盾命题，不可能两者都正确，也不可能两者都不正确，只能一真一假。[1]

墨家对"攸"（辩题）的规定和对"辩"的定义，明确指出了辩的作用是分辨是非，即论证真理和驳斥谬误，同时也揭示了逻辑矛盾律和排中律的本质。

荀子对"说"和"辩"也有揭示：

> ……期不喻然后说，说不喻然后辩。（《荀子·正名》）
> 辩说也者，不异实名以喻动静之道也。（《荀子·正名》）

从思维活动上看，说和辩是两种不同的形态。"说不喻然后辩"，说

---

① 沈有鼎先生在《墨经的逻辑学》中把"攸，不可两不可"训为"攸，不两可两不可"。中国社会科学出版社 1980 年版，第 13 页。

接近于印度因明的自悟推理活动，辩则相当于因明的悟他推理论证活动。但从思维形式上看，说和辩没有本质上的不同，所以荀子常把二者合起称为"辩说"或"说辩"。"辩说也者，不异实名以喻动静之道也"，就是说，辩说是针对同一对象（"不异实名"）的不同说法以辨明是非（"动静"）的思维过程。

2. 论式

《墨经》书中专门有一段讨论论式的。书中列举了七种论式，即或、假、效、辟、侔、援、推。

（1）或

　　或也者，不尽也。（《墨经·小取》）

在《小取》中，只说"或也者，不尽也"，没有进一步展开。也就是说，它只是指出"或"是"不尽"，不是全部。那么，"或"在这里是存在判断。由"不尽"也可能引申出"或者"（如说，"有的是……，有的不是……"；转而说，"或者是……或者不是……"）。如《墨经》说：

　　方尽类，俱有法而异。或木或石，不害其方之相合也。尽类，犹方也。物俱然。（《墨经·经说下》）

这里的"或木或石"，就是"或者木或者石"的意思。由此，我们猜测，《小取》的"或"有可能是某种选言推理或者选言论证。因为"或"是放在论式里说的。

（2）假

　　假者，今不然也。（《墨经·小取》）

与前面讨论"或"类似，在《小取》中，只说"假者，今不然也"，也没有进一步展开。它只是规定了什么是假的判断，假的判断是说它所判定的内容在现实中不存在。但是，我们可以假设一种情况，进而从这种假设出发，推出一些结论来。比如，《墨子》书中有这样一段话：

彭轻生子曰："往者可知，来者不可知。"子墨子曰："藉设而亲在百里之外，则遇难焉，期以一日也及之则生，不及则死。今有固车良马于此，又有驽四隅之轮于此，使子择焉，子将何乘？"对曰："乘良马固车，可以速至"。子墨子曰："焉在不知来？"（《墨经·鲁问篇》）

以上，就是借假设来论证（说明）"来者"并非"不可知"，而是可知的。由此，《小取》中的"假"可以看作一种用假设来推论的论式，或者看作由假言判断作为前提的假言推理和论证。《墨经》明确地阐述了"小故"和"大故"，正确地区分了必要条件和充分条件的不同，这就为墨家运用假言推理和论证提供了坚实的理论基础。

（3）效

效者，为之法也。所效者，所以为之法也。故中效者则是也，不中效者则非也。（《墨经·小取》）

"效"是法，是标准。"效"之论式是：在论辩时先提供一个双方共同认可的标准，然后看所要立之"辞"是否符合这个标准，符合标准的，即谓"中效"，就是"是"；不符合标准的，即谓"不中效"，就是"非"。可见"效"之论式是以"效"为大前提的一种演绎推理或演绎论证。

墨子说："言必立仪，言而无仪，譬犹运钧之而立朝夕者也，是非利害之辩，不可得而明知也。"（《墨经·非命上》）荀子说："凡议必将立隆正，然后可也。无隆正，则是非不分而辩讼不决。"（《荀子·正论》）这里，墨子所说的"仪"和荀子所说的"隆正"，也就是《墨经》所说的"效"。

（4）辟

辟也者，举他物而以明之。（《墨经·小取》）

"辟"是"举他物"而明此理的推论方式。说得具体点，就是用已知的某种具体事物（"他物"）作比较，来推知某个未知论点的推论方式。

"辟"与"譬"古通。惠施曾对"譬"有过说明：

夫说者固以其所知谕其所不知而使人知之。①

就是说，"譬"是由已知进到未知而使人获得新知的一种推论方式。在中国文化发展史上，"譬"即譬喻，有两种类型：一是打比方，有明显的修辞效果；二是由已知推论未知，有明显的推理意味，这就是譬喻推理，也就是《墨经》中所说的"辟"。荀子说"譬称以喻之"，"辩说譬喻"，明确地把"譬"看作"谈说之术"。②

（5）侔

侔也者，比辞而俱行也。（《墨经·小取》）

什么是"侔"？"侔，齐等也。"（《说文》）"比辞而俱行"，是指在作为前提判断的主谓项的前面增加相同的概念，进而得出一个新的判断的推论形式。《墨经》对"侔"之论式只说了前面引的那一句话，没有做进一步明确的阐述。但是，《小取》篇给出了若干种侔式推论的实例，让我们可以认识到侔式推论的具体形式。

《墨经·小取》把侔式推论分为四种类型：

一曰"是而然"。如：

白马，马也；乘白马，乘马也。

"白马，马也"是前提。在"白马"和"马"的前面同时增加"乘"（骑），就得到"乘白马，乘马也"这个新的判断。《墨经》指出，如果"白马，马也"是正确的，那么"乘白马，乘马也"也是正确的，这就是"是而然"，即肯定前面的判断必然要肯定后面的判断。为什么呢？因为"乘白马"和"乘马"中的"乘"是相同的概念。

二曰"是而不然"。如：

---

① 刘向：《说苑·善说》。
② 参见《荀子·非相》《荀子·非十二子》。

　　　　弟，美人也；爱弟，非爱美人也。

　　"弟，美人也"，是前提。在"弟"和"美人"的前面同时增加"爱"，就得到"爱弟，爱美人也"这个新的判断。《墨经》指出，"弟，美人也"是正确的判断，而"爱弟，爱美人也"却是不正确的。就是说，弟弟是个美人，但我爱弟弟并不是爱美人。遇到这种情况，肯定前提的判断，就要否定后面的结论，这就是所谓的"是而不然"。为什么会出现这种情况呢？因为"爱弟"和"爱美人"中的"爱"字相同、义不同。"爱弟"的"爱"是手足之爱，而"爱美人"的"爱"是异性之爱。

　　三曰"不是而然"。比如：

　　　　读书，非书也；好读书，好书也。

　　"读书，非书也"是前提。在"读书"和"书"的前面同时增加"好"，得出的结论不是"好读书，非好书"，而是"好读书，好书也"。这就是"不是而然"，即前提是否定判断而结论是肯定判断。

　　四曰"不是而不然"。比如：

　　　　马非牛；乘马非乘牛。

　　"马非牛"是前提，在"马"和"牛"前同时增加"乘"字，就得出"乘马非乘牛"的新判断。这是"不是而不然"，即前提是否定判断，后面的结论也是否定判断。很显然，"乘马"和"乘牛"中的"乘"是同义的。

　　从《墨经》列举的"侔"的各种不同类型，可以看出"侔"是一种复杂概念推论式。运用"侔"式推论，一定要注意分清在前提判断的主谓项前面增加的相同的字词是否表达同一概念。如果是同一概念，那么前提是肯定判断，结论也是肯定判断；前提是否定判断，结论也是否定判断。否则就可能出现"是而不然"或"不是而然"的情况。这也可以看出，墨家对"侔"的研究是很精细的。

（6）援

援也者，曰："子然，我奚独不可以然也。"（《墨经·小取》）

"援"是援引对方的观点，说明它和自己的观点是一致的，以此说明自己的观点也是正确的。既然你说你的观点是正确的（"子然"），为什么唯独我这么说就是不正确的呢（"我奚独不可以然也"）？这是在论辩中反驳对方批评、为自己的论点进行辩护的一种方法。《公孙龙子》记载的公孙龙反驳孔穿的故事，就是用的典型的"援"式推论。

龙与穿会于赵平原君家。穿曰："素闻先生高谊，愿为弟子久，但不取先生以白马为非马耳！"龙曰："……仲尼异楚人于所谓人，而非龙异白马于所谓马，悖。"孔穿无以应。

孔穿说不赞成公孙龙的"白马非马"说。公孙龙反驳说，他主张的"异白马于所谓马"与孔子主张的"异楚人于所谓人"是同样的命题，而孔穿作为孔子的后代赞成孔子的"异楚人于所谓人"而反对（"非"）他的"异白马于所谓马"，显然是错误的（"悖"）。于是，孔穿无言以对（"无以应"）。

援式推论是以类同为前提，从个别推出个别的类比推理。正因为它是以"类同"为前提，所以其结论是可靠的。

（7）推

推也者，以其所不取之同于其所取者予之也。"是犹谓"也者，同也。"吾岂谓"也者，异也。（《墨经·小取》）

就是说，如果对方提出一个观点你不赞成，你可以选择一个与对方论点同类、又是对方不能接受的论点提给对方，使对方陷入自相矛盾的境地，从而否定对方提出的观点。可见，"推"是一种反驳的论式。《墨子》书中记载了墨子对公孟子的一个反驳：

公孟子曰："无鬼神。"又曰："君子必学祭祀。"子墨子曰："执无鬼神而学祭礼，是犹无客而学客礼也，是犹无鱼而为鱼罟也。"
（《墨子·公孟》）

公孟子主张"无鬼神"，又主张"君子必学祭礼"。墨子反驳说，主
张"无鬼神而学祭礼"跟"无客而学客礼""无鱼而为鱼罟"是同类的
命题，你不赞成"无客而学客礼""无鱼而为鱼罟"，却主张"无鬼神而
学祭礼"，显然自相矛盾。由此得出，主张"无鬼神而学祭礼"是不
对的。

"推"式的要点是：正确选择一个论点，它既为对方所不许，又与对
方所赞成的论点是同类。由此，使对方陷入自相矛盾。

（8）止

"止"，不在《墨经·小取》列举的七种论式之中，是沈有鼎先生在
《墨经的逻辑学》一书中提出来的。

止，因以别道。（《墨经·经上》）

彼举然者，以为此其然也，则举不然者而问之。（《墨经·经说
上》）

止，类以行之。（《墨经·经下》）

彼以此其然也，说是其然也。我以此其不然也，疑是其然也。
（《墨经·经说下》）

如果有人（"彼"）举出一个或一些肯定的例证（"彼举然也"，"彼
以此其然也"），就以为该类所有的事物都是如此（"以为此其然也"，
"说是其然也"）；我只要举出一个反例来问难（"举不然者而问之"，"我
以此其不然也"），就可以使人怀疑对方的普遍性结论（"疑是其然也"）；
进而让对方修正其论点，即把它限制在一个恰当的论域里（"因以别
道"）。值得注意的是，我举的反例一定要与对方的例证是同类的（"类以
行之，说在同"），否则，这种反驳就是不正确的。比如，《墨经》曾举
例说：

以人之有黑者有不黑者，止"黑人"。（《墨经·经上》）

就是说，如果对方只根据他所见到的人都是黑的，就得出"人都是黑的"的结论，我就举出"有不黑"的反例来加之反驳，就可以使对方将"所有人都是黑的"的结论限制为"人之有黑者有不黑者"。这就是"止"。

"止"式推论既包含从个别事例推出一般性结论的归纳过程，也有性质判断对当关系推理。"止"式的重点，是用一个反例去推翻一个全称判断。这种反驳是很有力量的。

（9）连珠

连珠，又称连珠体、演连珠，是后人对古代一种文体，也是一种推论形式的称谓。如：

> 众端参观。观听不参则诚不闻，听有门户则臣壅塞。其说在侏儒之梦见灶，哀之称莫众而迷。故齐人见河伯，与惠子之言亡其半也。其患在竖牛之饿叔孙，而江乙之说荆俗也。嗣公欲治不知，故使有敌。是以明主推积铁之类而察一市之患。（《韩非子·内储说上》）

"众端参观"是论题。接着从反面提出两个判断："观听不参则诚不闻，听有门户则臣壅塞"作为前提；再举若干正反故事（用"其说在"与"其患在"相区别）做例证，说明上述前提；最后得出结论："明主推积铁之类而察一市之患。"（用"是以"连接上下文）结论是用具体事例说明论题。这则论式，前提（论据）与论题是演绎关系，例证与前提是归纳关系，例证与结论是类比关系。

值得注意的是，《韩非子》内外《储说》六篇有 33 则论式，与上述格式大体相同。每则论式都有明确的论题和论据，或前提和结论，"互相发明"，有相当的说服力。西汉至魏晋南北朝，这种论式更趋成熟。

3. "三物"

春秋战国时期的名辩家们总结百家论争的经验，提出了一些推理论辩的原则和要求。

墨家指出，在论辩中，要确立一个论题，应该具备故、理、类三个条件，也就是所谓的立辞"三物"。

> 三物必具，然后辞足以生……夫辞以故生，以理长，以类行者

也。（《墨经·大取》）

（1）辞"以故生"

即立论要有根据。"故"可以是事物产生或存在的原因，也可以是论题赖以成立的论据或理由。相反，如果"立辞而不明于其故所生，妄也"（《墨经·大取》）。就是说，如果立论没有根据，那么它就很可能是假的。荀子也主张立论有故，并且进一步强调"辩则尽故"（《荀子·正名》）。一个立论如果能做到"持之有故""辩则尽故"，那么它一定是正确的主张。

（2）辞"以理长"

即论辩要运用正确的论式。《墨经》说："今人非道无所行，虽有股肱而不明于其道，其困也可立而待也。"（《墨经·大取》）"理"就像道路，是立辞的途径，可引申为推论的方式或论式。立辞要运用正确的推理方式或论式，否则就无法达到预定的目标，其"困"则即刻可见。

（3）辞"以类行"

即推理论证都要符合同类相推的原则。《墨经》提出"以类取""以类予"，荀子提出"以类度类""推类而不悖"，都是强调论辩要"知类""明类"。如果以同类为异类，或者以异类为同类，那么推理论证就不可能是正确的。所以《墨经》说："立辞而不明于其类，则必困矣。"（《墨经·大取》）

综上，从中华文化传统看，"三物"讲的是立论的基本原则。辞"以故生"，是要求立论要"持之有故"；辞"以理长"，是立论要"言之有理"；辞"以类行"，是立论要同类相推，"异类不比"。

此外，名辩家们还提出一些论辩的具体规则。

比如，"通意后对"："通意后对，说在不知其谁谓也。"（《墨经·经下》）就是说，在论辩中必须先弄明白双方论题的意思，双方争论的焦点所在，然后才能做到有针对性地作答。

比如，"贵有符验"："凡论者，贵其有辩合，有符验。"（《荀子·性恶》）就是说，立论要经得起实践的检验，能在现实中得到验证。荀子说"坐而言之，起而可设，张而可施行"（《荀子·性恶》）就是这个意思。墨子提出"三表"说：

何谓三表？子墨子言曰：有本之者，有原之者，有用之者。于何本之？上本之于古者圣王之事。于何原之？下原察百姓耳目之实。于何用之？发以为刑政，观其中国家百姓人民之利。（《墨子·非命上》）

"三表"说提出要"原察百姓耳目之实"，"发以为刑政，观其中国家百姓人民之利"，也是强调立论要符合效验。

韩非提出"参伍之验"说。

偶参伍之验，以责陈言之实。（《韩非子·备内》）
循名实而定是非，因参验而审言辞。（《韩非子·奸劫弑臣》）
无参验而必者，愚也。（《韩非子·显学》）

"参伍之验"简称"参验"。韩非主张从多方面、多角度取得证验，以审言辞之真伪。如果有人相信无验证的言辞，那么他肯定不是个聪明人。

又比如，"有所至而正"。

辞之侔也，有所至而正。（《墨经·小取》）

"有所至而正"，主要是对侔式推论的要求。是说侔式推论形式是有条件的，相对的。如果超出它的适用范围，结论就不可靠了。因此，侔式推论有"是而然""是而不然""不是而然""不是而不然"等多种情形。

4. 谬误

先秦名辩家总结出一些推理论证的谬误，摘其要者列出以下几点。

（1）"行而异，转而危，远而失，流而离本"

是故辟、侔、援、推之辞，行而异，转而危，远而失，流而离本，则不可不审也，不可常用也。故言多方，殊类，异故，则不可偏观也。（《墨经·小取》）

这段话，主要说的是辟、侔、援、推四种推论常见的谬误，以及发生谬误的原因。

"行而异"是辟式推论的一种谬误。"辟"，是"举他物而以明之"。其所以能借他物而明此物，就在于二者是同类。类同是"有以同"，而"不率遂同"，就是说，同类的两物只在有些方面同而不是在所有属性方面都同。然而两物有相同的地方，不见得是本质相同，如果人们把两物某些现象相同当成本质相同，就会误把异类当作同类。《墨经》说辞"以类行"。如果在"以类行"的过程中误入异类（"行而异"），就会造成推论的失误。

"转而危"是侔式推论的一种谬误。"侔"是"比辞而俱行"。但"辞之侔也，有所至而正"，即只在一定范围内它才是正确的、有效的。如果超出一定范围，在任意一个命题的主项和谓项前面增加一个相同的辞而转换成另一个命题，就可能发生错误。

"远而失"是援式推论的一种谬误。"援"是说"子然，而我奚独不可以然也？"即在论辩中通过援引对方的话，来证明自己的话也正确。前提条件是：援引对方的话必须和自己的话具有相同性质，是同类。然而事物的情况极为复杂，"其然也同，其所以然也不必同"。有时仅仅从"然"上看，双方的命题是同类，若进一步从"所以然"去看，你自己的主张与援引对方的主张有可能并不相类，甚至相差得很远，因此造成失误。

"流而离本"是推式推论的一种谬误。"推"是"以其所不取之同于其所取者予之也"。有时你所提出的"其所不取之"与其"所取者"之"同"只是表面的，而其"所以取之"与其"所以不取之"的原因或根据并非相同，或者其"所以取"之故并不成立。如果离开了事物的本质，只抓住某种表面现象之"同"去反驳对方的主张，就会出现"流而离本"的谬误。

《墨经》进而对产生谬误的深层次原因做了分析，指出除了有推论方式本身的局限性外，还有语言歧义（"言多方"）、事物分类的复杂性（"殊类"）和因果关系的复杂性（"异故"）等问题。因此，墨家强调运用各种推论方式时，一定要审慎（"不可不审"）、不可僵化（"不可常用"）、不可片面（"不可偏观"）。

（2）"矛盾之说"

韩非最早提出"矛盾之说"，揭示论辩中自相矛盾的谬误。

> 楚人有鬻盾与矛者，誉之曰："吾盾之坚，莫能陷也。"又誉其矛曰："吾矛之利，于物无不陷也。"或曰："以子之矛陷子之盾何如？"其人弗能应也。（《韩非子·难一》）

韩非评论说：

> 夫不可陷之盾与无不陷之矛，不可同世而立。（《韩非子·难一》）

在《韩非子·难势》篇，韩非再次引述上面的故事，并且再次评论说：

> 夫以为不可陷之盾与无不陷之矛，为名不可两立也。

韩非用具体事例阐述了"吾盾之坚，莫能陷也"与"吾矛之利，于物无不陷也"两个关系判断不能同真（"不可同世而立"或"为名不可两立也"），却可能同假的逻辑关系，揭示了鬻盾与矛者的自相矛盾。

值得注意的是，韩非的"矛盾之说"十分巧妙地表述了逻辑学矛盾律的精神实质，并且把矛盾律应用到两个关系命题中去。在我国，是韩非最早使用了"矛盾"这一形象而精当的语词，他的"矛盾之说"长期在广大人民中流传，这不能不说是韩非对中国古代名辩学和中国文化的一个宝贵贡献。

二　秦后八百年

西晋名辩学家鲁胜作《墨辩注》和《刑名》两篇，提出"自邓析至秦时，见名家者世有篇籍，率颇难知，后学莫复传习，于今五百余岁，遂亡绝"。鲁胜的名学"亡绝"说对后世影响很大，至今仍有学者沿用此说。但是，仔细研究秦后800年的重要文献，我们发现，名辩学走了一条曲折的发展道路，其间有高潮，也有低潮，却没有"亡绝"。秦后800年虽然没有产生新的名辩学著作，但在有些问题上的贡献也是值得重视的。

（一）丰富了先秦名的理论

1. 名与号

> 名众于号，号其大全。名也者，名其别离分散也。号凡而略，名详而目。目者，遍辨其事也。凡者，独举其大也。……物莫不有凡号，号莫不有散名，如是。（《春秋繁露·深察名号》）

西汉董仲舒极为重视名号问题，阐述了名与号之间的关系。名和号都可以看作概念。号相对于名来说，是大概念；名相对于号来说，是小概念。比如他举例说："享鬼神者号一，曰祭。祭之散名：春曰祠，夏曰礿，秋曰尝，冬曰烝。猎禽兽者号一，曰田。田之散名：春苗，秋蒐，冬狩，夏狝。"（《春秋繁露·深察名号》）祭是号，祠、礿、尝、烝是散名。田是号，苗、蒐、狩、狝是散名。可见，号是大概念，名是小概念。董仲舒指出："物莫不有凡号，号莫不有散名。"号指称一大类对象（"号其大全"），名则命分散具体之物（"名其别离分散也"），因此就数量而言，"名众于号"。号和名相比，其外延较大，而内涵较少（"号凡而略"）；名和号相比，则其外延较小，而内涵较多（"名详而目"）。从这些分析来看，董仲舒似乎已经看到属种概念之间外延和内涵的反变关系。如果这一分析可以成立的话，那么，董仲舒就比公孙龙在"白马非马"中所揭示的属种概念之间的关系，前进了一大步。

2. 名与称

三国魏王弼对名与称有专门的阐述。

> 名也者，定彼者也；称也者，从谓者也。名生乎彼，称生乎我。……名号生乎形状，称谓出乎涉求。名号不虚生，称谓不虚出。故名号则大失其旨，称谓则未尽其极。（《老子指略》）

"彼"指的是有具体情状的外界事物，"我"指的是人的主观意愿和观点。王弼认为，名是依据外界事物而生的（"名生乎彼"），名的作用是区别和确定事物的（"名也者，定彼者也"）。称则不同，它是人们主观给予的（"称也者，从谓者也"），是出于主观的追求（"称谓出乎涉求"）。

从这里可以看出，王弼所说的名是概念；他所说的称是称呼或某种专有名词。名（号）不关注人的主观目的（"名号大失其旨"），称则不一定反映事物的本质（"称谓则未尽其极"）。因此，名反映事物，具有确定性。称因人而异，具有某种随意性。王弼早在一千七百多年前就能如此深刻地揭示出名和称的区别，是了不起的。

3. 名与物

西晋欧阳建主张"言尽意论"。他在立论中阐述了名和物的关系。

> 夫天不言，而四时行焉；圣人不言，而鉴识存焉。形不待名而方圆已著；色不俟称而黑白以彰。然则名之于物，无施者也；言之于理，无为者也。（《言尽意论》）

以上是说，物是独立于名而存在的。在这个意义上说，名之于物"无施者也"。

> 而古今务于正名，圣贤不能去言，其故何也？诚以理得于心，非言不畅；物定于彼，非名不辨。言不畅志，则无以相接；名不辨物，则鉴识不显。（《言尽意论》）

以上是说，事物虽是客观存在的，但要把不同事物区别开来，就需要对它们命名，否则就无法分辨不同事物。在这个意义上说，名又是不可缺少的。

> 名逐物而迁，言因理而变。此犹声发响应，形存影附，不得相与为二矣。（《言尽意论》）

以上是说，名随实而变，物要发生变化，其名也要跟着变化。就像"声发响应，形存影附"那么自然而必然。

综上，欧阳建既肯定了物（和物之理）是独立于名（和言）客观存在的，又肯定了名（对于物、言对于理）是不可缺少的，进而揭示了名和物（言和理）在变化中的对应和统一。这是他对古代名辩学的一个贡献。

（二）在推论方面的贡献

1. 譬喻

秦后 800 年，有多位思想家讨论譬喻，给我们留下很多启示。

> 假象取耦，以相譬喻。（《淮南子·要略》）
> 知大略而不知譬喻，则无以推明事。（《淮南子·要略》）

上面的《淮南子》两句话提出了关于譬喻的两个重要思想：其一，譬喻需要"假象"，即借用某种有具体形象的事物做比较。其二，譬喻是一种推理，并且是人们认识事物不可缺少的一种推理形式。"不知譬喻，则无以推明事。"比如说："言天地四时而不引譬援类，则不知精微。"（《淮南子·要略》）这与惠施所说的"无譬，则不可"基本上是一致的。

> 比不应事，未可谓喻。（《论衡·物势》）
> 说家以为譬喻增饰，使事失正是，灭而不存；曲折失意，使伪说传而不绝。（《论衡·正说》）

上面两段引自东汉王充的《论衡》一书。《论衡》的主旨是"正真是""疾虚妄"，即证明正确的论点、批驳虚假错误的观点。王充论譬喻，把着重点放在用譬失误方面。其一，他强调打比方要与被比的事物相吻合，否则，"比不应事"，不可谓譬，也不可能起到喻的作用。其二，拿来作譬的东西不能多于或强于被譬的东西（"增饰"），否则就会使真理丧失，而使伪说流传。王充的这些论述，在一定意义上加深了对譬喻推理的认识。

> 夫譬喻也者，生于直告之不明，故假物之然否以彰之，物之有然否也，非以其文也，必以其真也。（《潜夫论·释难》）

以上引自东汉末思想家王符的《潜夫论》。这段话是专门论譬喻的，颇有新意。其一，用"生于直告之不明"几个字准确地说明了譬喻推理的认识基础和交际功能。其二，提出譬喻是"假物之然否以彰之"。"然否"指两个事物共有（"然"）与共无（"否"）的性质，这就发展了《墨经》以来的同类相推、异类不比的思想。其三，王符讨论了"然""否"与"文""真"的关系。"文"是事物的表面现象。相对于思想内容来说，言辞也是文。"真"是事物的内在性质。王符明确提出，两物相譬，不论是共"然"，还是共"否"，都应该是在本质上的相同，而不是表面现象的相同。

刘勰《文心雕龙·比兴》有下面几句话：

> 比者，附也。
> 附理者，切类以指事。
> 盖写物以附意，飏言以切事者也。
> 比类虽繁，以切至为贵。

都是讨论作为修辞手法"比"的。"比"也是一种比喻，有的"比"具有推理意味。刘勰强调"比"要"切"，很有理论意义。"切"是切合、恰当，"比类虽繁，以切至为贵"，就是说，相比的两个事物（或事理），从整体看，可以差别很大，但在相比之点上必须是同类、相通、切合，并且提出"切至为贵"！

综合上面各家对譬喻的论述，可以看出譬喻是古人常用的一种修辞手段或推理方式。作为推理方式，它已经有了相对定型的格式和比较明确的推理要求。

2. "类不可必推"

《吕氏春秋》的作者十分关注推理，并把着眼点放到推类所发生的错误方面。举两例：

> 夫草有莘有藟，独食之则杀人，合食之则益寿。……漆淖水淖，合两淖则为蹇，湿之则为乾。金柔锡柔，合两柔则为刚，燔之则为淖。或湿或乾，或燔或淖，类同不必可推知也。小方，大方之类也；小马，大马之类也；小智，非大智之类也。（《吕氏春秋·别类》）
>
> 相剑者曰："白，所以为坚也；黄，所以为韧也。黄白杂，则坚且韧，良剑也。"难者曰："白，所以不韧也；黄，所以不坚也。黄白杂，则不坚且不韧也。又柔则锩，坚则折，剑折且锩，焉得为利剑？"（《吕氏春秋·别类》）

上例说的是事物的复杂性，"物多类然而不然"，造成人们在分辨同异上发生错误。下例说的是人们认识上的片面性，"相剑者"和"难者"各抓住事情的一个方面，因此造成推理失误，得出不正确的结论。由此，《吕氏春秋》提出"类同不必可推知"的重要结论。顺着这个思路，《吕氏春秋》指出："凡物之然必有故，而不知其故，虽当与无知同，其率必困。"（《吕氏春秋·审己》）它在一定程度上推动了人们对事物因果联系的探求和认知。

3. "得事之所由"

西汉淮南王刘安主持编写的《淮南子》一书，继《吕氏春秋》之后，对推类可能发生的错误给予了更多的关注，通过对大量实例的分析，认为"物类之相摩近而异门户者，众而难识也"，"物类相似若然而不可从外论者，众而难识"（《淮南子·人间训》）。就是说，事物的同异关系极为复杂，如果只是简单地从表现形式上去推论，很容易发生错误，所以《淮南子》作者多次明确提出"类可推，不可必推"的判断。如何解决推类可能发生的错误？《淮南子》进而提出要探究"事之所由"和"事之所适"（《淮南子·说山训》）。也就是强调要探求事物产生的具体原因，找出事物的因果联系，把握事物发展的规律性。

> 铅之与丹，异类殊色，而可以为丹者，得其数也。故繁称文辞，无益于说，审其所由而已矣。（《淮南子·人间训》）
> 得隋侯之珠，不若得事之所由。（《淮南子·说山训》）

可见，《淮南子》把探求事物的因果联系提到了十分重要的程度，推动了中国古代归纳逻辑的发展。

4. 连珠

连珠作为一种推理形式源于先秦韩非，而其发展高峰在两晋。陆机和葛洪是制作连珠的两位巨擘。

据梁萧统编的《文选》检查，共收录陆机的连珠50首，其中二段连珠42首，三段连珠8首。葛洪著《抱朴子》，其《广譬篇》和《博喻篇》共收连珠182首。兹举陆机两首予以解说。

臣闻：春风朝煦，萧艾蒙其温；秋霜宵坠，芝蕙被其凉。是故：威以齐物为肃，德以普济为弘。

这是一个二段连珠。意思是说，春风朝拂，恶草也能得到温暖；秋霜夜降，芳草同样要受其凉。所以，施威救德都应该一视同仁。"是故"前面的话是前提，后面的话是结论。前提是从两种同类的自然现象归纳出一般性认识（省略），结论是通过与前提事件的类比得到的。

臣闻：音以比耳为美，色以悦目为欢。是以众听所倾，非假百里之操；万夫婉娈，非俟西施之颜。故圣人随世以擢佐，明主因时而命官。

这是一首以"是以"和"故"连接起来的三段连珠。意思是说，音乐以适应于人的耳闻为动听，容颜以悦人之目为姣好。因此，众人爱听的不限于百里奚演奏的音乐，大家爱慕的也绝非仅仅是西施的美貌。所以，圣人能随社会的变迁而识拔人才，英明的君主能根据当代需要而任命官吏。一段、二段是演绎，省略了"不同人的耳目各殊"的前提。一段、三段具有类比的意味。

综观陆机和葛洪的连珠，有以下两个特点：

其一，连珠有大体整齐的格式，一般分为二段或三段，都有前提和结论，并用相应的逻辑连接词（如"是以""故"）显示各段之间的推论关系。

其二，连珠表现为多种推理形式的综合运用。其中类比或譬喻往往不可缺失，既可以充分发挥类比或譬喻的形象、生动、易懂的特点，又可以在一定程度上增强类比或譬喻的可靠性。

陆机和葛洪的连珠较韩非的连珠更趋成熟，更凸显了推理的意味。

5. "论说辩然否"

东汉王充是一位富有战斗精神的思想家，他的重要著作《论衡》对论证理论有精彩的阐述。

论说辩然否。（《论衡·自纪》）

讼必有曲直，论必有是非。非而曲者为负，是而直者为

胜。（《论衡·物势》）

王充指出，论断必然有是非，辩论必然有胜负。论说就是分辨论断真伪、决定辩论双方谁胜谁负的思维过程。一个论断，只有当它是真的（"是"），并且论说的方式是正确的（"直"），才能被确立（"胜"）。论说的根本作用就是确立真理（"正真是"）和批驳谬误（"疾虚妄"）。王充的这些说法，与传统逻辑关于论证的界说是很接近的。

　　事莫明于有效，论莫定于有证。空言虚词，虽得道心，人犹不信。（《论衡·薄葬》）
　　凡论事者，违实不引效验，则虽甘义繁说，众不见信。（《论衡·知实》）

"事莫明于有效。"王充认为，凡事有"效验"，有证据，才可信。"事有证验，以效实然。"（《论衡·知实》）"明事以验证，故人然其文"。（《论衡·奇怪》）

"论莫定于有证。"王充认为，一个论断要有好的证明，才能确立（"定"）。

王充总结了论说的种种谬误，其中最重要的有两条：

一是"失对上之指，违道理之实"（《论衡·刺孟篇》）。王充举例说，孟子见梁惠王。惠王问孟子："将何以利吾国乎？"孟子没有问清"何谓利吾国"就径直回答："仁义而已，何必曰利？"其实，"利"有货财之利和安吉之利，如果惠王问的是安吉之利，而孟子"答以货财之利"，就是"失对上之指，递道理之实也"。正确的做法，应该针对真问题回答。

二是"上下多相违"，"前后多相伐"（《论衡·问孔篇》）。"相违""相伐"，均指自相矛盾。如果在论说中出现自相矛盾，就肯定有错，"首尾相违，故以为非"（《论衡·薄葬篇》）。

王充的这些见解，反映出他对逻辑同一律和矛盾律的深刻认识。如何排除论说中出现的这些错误呢？

　　世有是非错谬之言，亦有审误纷乱之事。决错谬之言，定纷乱之

事，唯圣贤之人为能任之。圣心明而不暗，贤心理而不乱。用明察非，非无不见；用理诠疑，疑无不定。（《论衡·定贤》）

王充强调要"用明察非""用理诠疑"，就是告诉人们要懂得论证的知识，用论证的理论去分辨"是非错谬之言"和"审误纷乱之事"。

综上，王充已经初步建立了一个论证体系，《论衡》是中国历史上最早的一部关于论证的著作。

东汉末思想家徐干著《中论》，对辩作了较为详细的分析。他指出，

辩之为言别也，为其善分别事类而明处之也。（《中论·核辩》）

认为辩的实质就是分析，就是正确地分别事物的不同类别而对争论双方做出明确的论断。这是从一个新的角度对辩所下的定义。

三国魏刘劭对辩也有深入的研究。他提出：

论辩理绎，能在释结。（《人物志·体别》）

意思是说，论辩的目的在于解开双方争论的症结，消除意见分歧，而达到理通。刘劭把为求理通而辩称为"理胜之辩"。他说：

理胜者，正白黑以广论，释微妙而通之。（《人物志·材理》）

这段话包含三层意思：第一，论辩的目的是辩别是非（"正白黑"）；第二，运用推理，举一反三（"以广论"）；第三，通幽阐微释疑（"释微妙"），消除分歧而取得共识（"通之"）。刘劭对论辩的阐释精彩地表达了论证的真谛。

南朝刘勰对中国古代名辩学和印度因明都有所研究。他在《文心雕龙·论说》中对论说提出了自己的看法。他说：

论者，伦也。
论也者，弥纶群言，而研精一理者也。
原夫论之为体，所以辨证然否。穷于有数，究于无形，钻坚求

通，钩深取极。乃百虑之筌蹄，万事之权衡也。

论说是一种有条理的思想活动。它是在对有关某一问题的各种观点进行全面深入的思索之后，提出自己的见解，并对自己的见解进行精细地论述。"弥纶群言"是"研精一理"的前提，只有对诸多不同观点进行深入的思考之后，才能把某一问题搞明白。论说是"辨证然否"的，通过艰苦的思维过程而成为人们思维的有效工具和衡量各种事理的标准。

6. "秦赵相让"的启示

《吕氏春秋》讲了下面一个故事：

> 空雄之遇，秦赵相与约。约曰："自今以来，秦之所欲为，赵助之；赵之所欲为，秦助之。"居无几何，秦兴兵攻魏，赵欲救之。秦王不悦，使人让赵曰："约曰：'秦之所欲为，赵助之；赵之所欲为，秦助之。'今秦欲攻魏，而赵因欲救之，此非约也。"赵王以告平原君。平原君以告公孙龙。公孙龙曰："亦可以发使而让秦王曰：赵欲救之，今秦王独不助赵，此非约也。"（《吕氏春秋·淫辞》）

《吕氏春秋》的作者站在秦国立场上，说公孙龙搞诡辩，"淫辞"也。如果从论证的角度看，我们倒觉得公孙龙的反驳是理直气壮的。

秦指责赵违约和公孙龙代表赵指责秦违约，所用的论据是同一条约："秦之所欲为，赵助之；赵之所欲为，秦助之。"也就是说，这个论据对秦赵双方立论具有同等的作用。因此，秦用条约指责赵，同样赵也可以用此条约指责秦。

"秦赵相让"的故事给予我们的启示是：在论证时，不能使用对立敌双方有同等作用的理由做论据。印度因明有一种过失叫"平衡理由"，说的是立敌双方各有足够的理由论证自己的论题成立。"平衡理由"与"秦赵相让"所发生的论据错误有相似之处。

（三）名辩史之肇端

西晋鲁胜"悯周秦名家之绝传，慨然有绍述之志"，[①] 一生用很多精力研究先秦名辩学，撰写了《墨辩注》和《刑名》两部著作。惜"遭乱

---

① 伍非百：《中国古名家言》，中国社会科学出版社1983年版，第23页。

遗失"（《晋书·隐逸传》），今仅存《墨辩注叙》三百言（保存在《晋书·隐逸传》中）。《墨辩注叙》是中国历史上最早的一篇名辩史文献。

1. 描述了先秦名辩思想之演变

鲁胜在《墨辩注叙》中系统地阐述了先秦名辩思想发展的历史进程和名辩学的师承关系。他说：

> 自邓析至秦时，名家者世有篇籍……
>
> 孔子曰："必也正名，名不正则事不成。"墨子著书，作辩经以立名本。惠施、公孙龙祖述其学，以正形名显于世。孟子非墨子，其辩言正辞则与墨同。荀卿、庄周等皆非毁名家，而不能易其论。

鲁胜认为，邓析、孔子、墨子是名辩学的启蒙者，肯定先秦"名家者世有篇籍"，《墨经》立名学之本，是先秦名辩学的最高水平，这是符合历史事实的。但鲁胜说墨子本人作《辩经》，惠施、公孙龙祖述其学，并非完全准确。后世研究表明，《辩经》（或《墨经》）是后期墨家所作。施龙与墨家"相訾相应"。此外，鲁胜忽略了荀子对名辩学的贡献。

2. 总结了先秦各家名辩之论争

鲁胜的《墨辩注叙》总结了先秦各家关于名辩的论争。他说：

> 名必有形，察形莫如别色，故有坚白之辩。名必有分明，分明莫如有无，故有无厚之辩。是有不是，可有不可，是名两可。同而有异，异而有同，是之谓辩同异。至同无不同，至异无不异，是谓辩同辩异。同异生是非，是非生吉凶。

鲁胜一口气指出先秦六大论辩，即形名之辩、坚白之辩、有厚无厚之辩、两可之辩、同异之辩和是非之辩。后世研究表明，形名之辩即名实之辩，是中国名辩史上争论时间最早、延续时间最长的一个问题，儒、墨、名、法诸家都参加了论争。名实之争的核心问题是名实关系和正名问题。坚白之辩表现为"坚白离"与"坚白盈"两种主张的争论。鲁胜说："名必有形，察形莫如别色，故有坚白之辩。"似乎发现了坚白与名实之间的某种关系。有厚无厚之辩，最早见于邓析。刘向的《邓析书录》云："其论'无厚'者，言之异同，与公孙龙同类。"可为证。继之，惠施、公孙龙、庄子、墨家、荀子都讨论过有厚无厚问题。两可之辩也是邓析首倡，刘向《别录》和《列子·力命》都明确说"邓析操两可之说"。其说向被指责为"是非无度"的诡辩，然而从逻辑角度看，也给人们带来了有益的思考。同异之辩，在先秦参加者很多，其中有代表性的是惠施从抽象的层面上提出了"大同异"与"小同异"、"毕同"与"毕异"的思想，墨子后学则对事物的同异做了许多具体的分析和规定。是非之辩涉及人对事物的认识，谁也回避不了。辩的目的就是分辨是非，获得真理，破除谬误。唯有庄子主张"两行为是""不遣是非"，因此惹来一大堆的批评。

鲁胜对先秦名辩学争论的若干问题所做的概括，基本上是符合历史事实的。值得注意的是，从《墨辩注叙》的行文分析，鲁胜似乎在思考六个争辩问题的内在联系。

3. 阐述了研究名辩学史的目的、原则和方法

鲁胜在《墨辩注叙》中明确地说，先秦名家典籍"于今五百余岁，遂亡绝"。他注《墨辩》、编《刑名》是"以俟君子，其或兴微继绝者亦有乐乎此也"。可见，"兴微继绝"，推动名辩学的发展，是鲁胜研究名辩学史的根本目的。

鲁胜规定了研究名辩学史的基本原则。首先是取材范围，既下功夫原原本本地研究先秦最重要的名辩学著作《墨辩》，为之作注；也搜集散见在各种著作中的名辩学说和思想，汇编成《刑名》一部。其次是撰写方法，作《墨辩注》采取"引说就经，各附其章，疑者阙之"；集《刑名》则"采集众杂，略解指归"。这些原则，在今天看来也是十分正确的。再次，鲁胜研究先秦名辩史，没有停留在对历史上具体名辩知识的了解上，而是比较自觉地梳理先秦名辩思想发展的脉络，探寻其规律性。而这才是研究名辩学史的根本任务。

鲁胜是中国历史上第一位名辩史家。他的《墨辩注叙》不仅是我们研究先秦以及魏晋名辩思想的重要参考文献，而且它对当代中国逻辑史研究的方法论问题也有一定的借鉴作用。

三　隋唐至明清时期

隋唐至明清1300年，中国名辩学处于低潮，虽然有些思想家也说到名辩，但在理论上没有什么重要贡献。从逻辑角度看，最值得关注的成果是朱熹的推理思想。

朱熹（1130—1200 年）是宋明理学集大成者，是中国历史上有重要建树的哲学家。他在讲治学时，明确地说："大凡为学有两样，一者是自下面做上去，一者是自上面做下来。"（《语类》卷一百一十四）"自下面做上去"和"自上面做下来"两种方法，包含朱熹对归纳推理和演绎推理的深刻认识。

1. "自下面做上去"

> 自下面做上者，便是就事上旋寻个道理凑合将去，得到上面极处亦只一理。（《语类》卷一百一十四）

朱熹认为，一物有一物之理，一类事物有一类事物共理。我们要认识事物的共理，就要一物一物地去究其理，待认识到一定数量的物之理，就可以得到关于事物的一般性认识，也就是一类事物的共理，即"得到上面极处"的那"一理"。朱熹的这些说法，描述出了归纳推理从个别到一般的认识过程。

那么，要认识多少事物才能得到"极处"那"一理"呢？对此朱熹有两种说法：

其一，穷尽事物之理。

> 格物者，格尽也，须是穷尽事物之理。若穷得二三分，便未是格物；须是穷尽得到十分，方是格物。（《语类》卷十五）

就是说，要通过一物一物地去认识事物之理，当"穷尽"了一类的所有事物之理，"穷尽"得到"十分"，便可以获及一类事物的共同之理。这里说的是完全归纳推理。完全归纳推理的结论是"可靠的"，"物理皆尽，则吾之知识廓然贯通，无所蔽碍"（《文集》卷四十四）。

其二，非尽穷事物之理。

> 穷理者非谓必尽穷天下之理，又非谓止穷得一理便到，但积累多后自当脱然有悟处。（《语类》卷十八）

就是说，不必对一类事物的每一物都去认识，不必"尽穷"一类事物的每一物之理，就可以获得关于一类事物的共同之理。这里说的是不完全归纳推理。

对于不完全归纳推理，到底要认识一类事物中的多少"数量"，才能够归纳出一般性的结论呢？朱熹对此也有个大体上的规定：

> 如十事已穷得八九分，则其一二虽未穷得，将来凑合都自得见。（《语类》卷十八）
>
> 如一百件事，理会得五六十件了，这三四十件虽未理会，也大概是如此。（《语类》卷十八）
>
> ……若穷得二三分，便未是格物。（《语类》卷十五）
>
> 格物所以致知，于这一物上穷得一分之理，即我之知亦知得一分；于物之理穷二分，即我之知亦知得二分；与物之理穷得愈多，则我之知愈广。（《语类》卷十八）

在朱熹看来，十分之事，如果只"格"一分不行，"格"二三分也不可；而"格"八九分最好，"格"五六分也可。就是说，在朱熹心目中，十分之事，"格物"至少要超过半数，这样才有可能避免轻率概括的错误；但是，这样获得的结论（共同的理），也只能是"大概如此"。这说明，不完全归纳推理的前提和结论之间的联系是或然的，不是必然的。

2. "自上面做下来"

> 自上面做下者，先见得个大体，却自此而观事物，见其莫不有个当然之理，此所谓自大本而推之达道也。（《语类》卷一百一十四）

所谓"自上面做下来"，是先得到对事物的"大体"和"大本"的认识，先认识一类事物的共性和本质，然后依据这种认识往下推知该类中的每个事物的"当然之理"。很显然，这里描述的是依据一般认识推知个别认识的过程。朱熹指出，这种从"一般"到"个别"的推知，其结论是可靠的、"当然"的。很显然，这种"自上面做下来"的推论方法是演绎推理，或称演绎法。

朱熹告诉人们"大凡为学"的方法只有"自下面做上去"和"自上面做下来"两种。那么，二者的关系如何呢？他说：

格物是物物上穷理至理，致知是吾心无所不知。格物是零细说，致知则是推得渐广。（《语类》卷十五）

致知是自我而言，格物是就物而言，若不格物，何缘得知？（《语类》卷十五）

上面的引文是说"格物致知"的。"格物致知"与"自下面做上去"和"自上面做下来"并不等同，但从上面的引文中却可以看出，朱熹强调一件一件格物是人获得知识的基础与前提。换句话说，没有一件一件格物，人们就不会有关于一般的知识；没有关于一般的知识，也就没有"自上面做下来"的认知途径了。

与此同时，朱熹在说明"自上面做下来"是"自大本而推之达道"的方法时又说：

"若会做工夫者，须从大本上理会将去便好。"（《语类》卷一百一十四）

朱熹认为，对于人们的认识来说，"自上面做下来"的方法比"自下面做上去"的方法更为重要，所以"会做工夫"的人，将会更关注"自上面做下来"，用演绎推理而获得知识。

综上，"自下面做上去"和"自上面做下来"两种为学方法，体现了朱熹对于归纳推理和演绎推理的本质和相互关系的深刻认识。

第三节　名辩学的特点

中国先哲早在战国时期就建构了体系比较完整的古代名辩学，与西方亚里士多德逻辑学和古印度因明合称为世界逻辑史上三大逻辑传统。那么，与亚氏逻辑学、古印度因明相比，中国古代名辩学有着怎样的特点呢？

一　名辩学特别关注正名问题

在先秦，不论是儒家、法家，还是名家、墨家，都十分关注名的问题，包括名的方方面面。

孔子在我国历史上最早提出"正名"主张。他说："名不正，则言不顺；言不顺，则事不成；言不成，则礼乐不兴；礼乐不兴，则刑罚不中；刑罚不中，则民无所措不足。"孔子把"正名"看作"正政"的前提和第一要义，因此，"必也正名乎！"（《论语·子路》）"名不正，则言不顺"，道出了名和言的关系。名有名称、概念、名分等义，言有语句、命题、判断等义。从逻辑角度看，"名不正，则言不顺"，说明命题、判断的正确性依赖于概念的正确性。正确概念的标准，就是名要正，要符合实，要明确。儒家集大成者荀子著有《正名》篇，深入考察了名的本质：制名的认识根据、制名的原则和方法，提出"名也者，所以期累实也"；制名要"缘天官"，靠心之"征知"。特别是荀子提出"制名之枢要"，阐述同实同名、异实异名，"单足以喻则单，单不足以喻则兼"，以及共名、别名，"约定俗成"和"稽实定数"等一系列有关制名的理论问题。（参见《荀子·正名》）

法家韩非也关注名的问题。他说："圣人之所以为治道者三：一曰利，二曰成，三曰名。"（《韩非子·诡使》）"用一之道，以名为首。"《韩非子·杨权》）把名看作治国之道中最为重要的一种手段。他进而提出"审名以定位，明分以辨类"（《韩非子·杨权》）的思想。这里的"审名"和"明分"主要是为君王提供用人的辨察方术，也具有一定的逻辑意义，值得深思。

名家是战国时期的一个重要学派。名家学者也被称为辩者或辩士，同逻辑关系十分密切。名家的名辩思想有一个显明的特点，就是重视对名的分析和对名实关系的考察。名家创始人邓析提出了"循名责实""按实定名"的思想。他说："循名责实，实之极也；按实定名，名之极也。参以相平，转而相成，故得之形名。"（《邓析子·转辞》）名实相互参验，就可以形成与实相符的名。尹文提出"名以检形，形以定名；名以定事，事以检名"（《尹文子·大道上》）。同样肯定形名相互检验之功。他还考察了社会生活中名实相违的各种情形，如"悦名而丧失""违名而得实""得名而失实""同名不同实"，等等。尹文对名之理论的另一贡献，是他根据名指称对象的不同，把名分为"命物之名""毁誉之名"和"况谓之名"三类，并在此基础之上提出"正名分"和"定名分"的主张，认为"大要在乎先正名分"，"定此名分，则万事不乱也"（以上均见《尹文子·大道上》）。公孙龙集名家之大成，著《名实论》，阐述了正名的基本原则、标准和方法。他说：

> 其名正，则唯乎其彼此焉。
>
> 谓彼而彼不唯乎彼，则彼谓不行。谓此而此不唯乎此，则此谓不行。其以当不当也。不当而当，乱也。
>
> 故彼彼当乎彼，则唯乎彼，其谓行彼。此此当乎此，则唯乎此，其谓行此。其以当而当也。以当而当，正也。

就是说，一个名是正还是不正，要看它所指谓的实是否唯一。如果一个名它所指谓的实是唯一的，这个名就是正的、当的；否则就是不正、不当的。人们创造一个新名要遵循上述的原则和标准，在特定语境中运用一个名也要遵循上述的原则和标准。遵循这个原则和标准，也就保证了名的确定性。公孙龙还提出正名的具体方法：

> 其正者，正其所实也；正其所实者，正其名也。
>
> 以其所正，正其所不正；以其所不正，疑其所正。

就是说，正名是拿名和实相比较，名就是用来正其所实的。如果一个名正其所实了，它就是正确的名。如果发生了名不正的情况，要用正确的名去纠正不正确的名，或者用不正确的名去检验正确的名。此外，公孙龙还在《通变论》中讨论了有关分类的原则问题。

　　前面已经说过，墨家总结了先秦诸子百家关于名的各种言说，提出了一整套名的理论，包括名的界说、名的种类、正名的原则、有悖正名的"狂举"，等等。特别是《墨经》记录了百条定义实例，在今天看来，绝大多数都是十分科学、准确的。这说明墨家已经掌握了定义的规则和各种定义的方法。

　　综上，可以看出，中国古代名辩学关注正名问题，关于名的理论是很突出的。

　　中国古代名辩学之所以如此关注正名的问题，一是出于论辩的需要。春秋战国时期，百家争鸣之风甚盛。要论辩，首先必须明确概念。只有概念明确，论辩双方才能形成鲜明的辩论焦点，才能明白阐述各自的观点，否则将会不知所云。古代名辩学如此关注正名的问题，还有一个原因，就是春秋战国时期，社会发生大变动，造成严重的名实悖谬问题。一些思想家，包括名辩家认为，名实相悖是社会动乱的重要原因，因此把正名问题看作解决社会由乱到治的重要举措。

二 推类（或类推）是名辩学的推理特色

"类"是中国古代名辩学最基本的范畴之一。《墨经·大取》用"辞以故生，以理长，以类行"十个字对墨家名辩学作了经典性的概括。后人也经常称谓墨家名辩学为"故、理、类""三物"逻辑。"类"是什么？类和事物的同异有关。相同的事物为一类，或者说具有相同的属性的事物为一类；倒过来也可以说同类的事物具有相同的属性。墨家有"类同"和"不类之异"的说法。孟子说："凡同类者，举相似也。"（《孟子·告子上》）荀子则说："类不悖，虽久同理。"（《荀子·非相》）这一点，对于人们分辨事物和进行推理都十分重要。因此，古代的名辩学家们强调要"知类""明类"，把知类、明类看作推理的根据。《淮南子》强调知类，知类便可以"以类而取之"（《说林训》），以"类之推者也"（《说山训》）。墨家《小取》则把人们论辩过程中的证明和反驳明确地叫作"以类取，以类予"。诸子百家把推理称为"推类"或"类推"。比如墨家说："推类之难，说在有大小。"（《经下》）

推类的基本原则，是同类相推，"异类不比"。同类相推，即推理以类同（或同类）为前提。同类的事物具有共同的本质，因此可以相推。荀子说："以类度类。"（《荀子·非相》）《吕氏春秋》提出"类同相召"（《吕氏春秋·召类》），都是说的同类相推。墨家提出"异类不比"作为推理的一条原则，是从反面肯定了同类相推。

> 异类不比，说在量。（《墨经·经下》）
> 异：木与夜孰长？智与粟孰多？爵、亲、行、贾四者孰贵？麋与霍孰高？蚓与瑟孰悲？（《墨经·经说下》）

很显然，不同类的事物由于它们的本质各异，量度不同，因此无法进行比较，也无法做推论。以爵、亲、行、贾四者为例，爵位的贵贱用官阶显示，亲属的贵贱用情意体现，行为的贵贱用道德评价，商品的贵贱用价格衡量。不是同类的事物不能用同一量度去衡量，因此也无法进行比较和推论。

　　古代名辩家不仅提出同类相推、异类不比，还进一步认识到，同类相推中有许多特殊情况，不可不察。翻阅先秦两汉典籍，不少名辩家都注意到这个问题，而说得最为明确的，当属《吕氏春秋》和《淮南子》的作者们。他们提出两个类似的命题。

　　　　　　类同不必可推知也。（《吕氏春秋·别类》）
　　　　　　类可推而不可必推。（《淮南子·说山训》）

他们都不否定同类相推，但是他们确实认识到在有些情况下，同类相推不一定能得出真的结论。尽管他们没有总结出在哪种情况下同类相推能够得出真的结论，在哪种情况下同类相推不能得出真的结论，但是他们看到了同类相推会有上述两种不同的情况，是有意义的。

　　综合古代名辩学家们对推类（或类推）的阐释和对具体例证的分析，我们可以得到如下几点认识：

　　第一，推类（或类推）是古代名辩学家们对推理的统称，包含诸多类型，内容十分丰富。

　　古代人在认可类同理同的前提下，可以从一类事物具有某种属性，推知该类中个别事物也具有同种属性；可以从一些事物都具有某种属性，推类事物都具有同种属性；更多的是，当获知 A、B 是同类事物，又知 A 具有某种属性，就推知 B 也具有相同的属性。由此可见，中国古代的推类（或类推）包括普通逻辑里讲的归纳推理、演绎推理和类比推理。但是，中国古代的类比推理跟普通逻辑里讲的类比推理又有所不同。中国古代的类比推理虽然是从个别事物（A）具有某种属性，推出个别事物（B）也具有同种属性；但它是先肯定两个个别事物（A，B）属于同一类，因此，这种类比推理的可靠性就更大一些。

　　第二，古代名辩学家喜欢用譬（或辟、喻、譬喻），其中很多譬不仅仅是修辞手法，而且常常具有一种推理意味。

　　比如，惠施"善譬"，他认为"譬"是"说者固以其所知谕其所不知而使人知之"（《说苑·善说》）。墨家明确把"辟"（同譬）看作一种论式，认为"辟也者，举他物而以明之"（《墨经·小取》）。和"侔""援""推"等论式并列。《淮南子》的作者指出："知大略而不知譬喻，则无以推明事。"（《淮南子·要略》）又说："言天地四时而不引譬援类，则不知精微。"（《淮南子·要略》）不仅把譬看作一种推知形式，而且把譬看作一种极为重要的、不可或缺的推知形式。东汉末王符对譬作了专门的阐述。他说：

> 夫譬喻也者，生于直告之不明，故假物之然否以彰之。物之有然否也，非以其文，必以其真也。（《潜夫论·释难》）

王符首先指出，譬喻"生于直告之不明"，一语道明譬喻的认识论基础和交际功能。其次，王符肯定譬喻的形式是"假物之然否而彰之"，不单单指明譬喻是举他物而明此理，进而用"然""否"两个字说明两个事物共有或共无某种属性都可以看作同类。再次，王符指出"物之有然否也，非以其文，必以其真也"。"文"是事物的表面现象，"真"是事物的内在性质，就是说，两物相譬，不论是"然"、是"否"，在本质上都应该是相同的，否则譬喻就要发生错误。

具有推理意味的譬，今人又称为譬喻推理。古代譬喻推理的基本特征是：有明显的前提和结论，从已知到未知；前提是具有鲜明形象的具体事物的判断，结论一般是抽象的事理。它主要运用于论证之中，其作用是"为他"，不是"为自"；使用譬喻推理的人，一定会先了解作比者与被比者之间的一致性，因此其结论有较大的可靠性。譬喻推理是中华民族推理思维的一个特点。这与中国古人喜欢直观、形象地看事物也许有关系。

三 中国名辩学是非形式的逻辑

逻辑学是个大家族，既有形式逻辑，也有非形式的逻辑（亦称"非形式逻辑"）。非形式的逻辑相对形式逻辑有两个显著的特点：一是与自然语言结合得非常紧密，不注重逻辑形式；二是与现实问题结合得非常紧密，实用性强。从具体内容上看，更多地关注清晰的表达，关注语言的意义问题、语词与语句的明晰和准确；更多地关注论证和反驳的说服力，揭露论辩中的谬误和诡辩。

名辩学以名、辞、说、辩为研究对象，恰恰是对名和辩最为关注。前文关于名辩学的特点重点叙述了名辩学特别关注正名问题。

（一）正名问题实质上是关于语词的意义问题

古人讨论"名正"和"名不正"，就是在强调语词、概念要明晰和准确，不能含混不清。为了明晰语词的意义和概念的内涵，名辩学讨论了有关定义和分类问题。《墨经》可以说是一部定义集，运用了多种定义方法。如"圆：一中同长也"，是性质定义；"圆：规交也"，是发生定义；"说：所以明也"，是功能定义；"平：同高也"，是关系定义；"诺：超、诚、圆、止"，是外延定义，等等。中国古人很早就有分类的思想，《周易》明确提出"方以来聚，物以群分"。《墨经》和《荀子·正名》都对名做了分类，不仅如此，《墨经》还提出了"偏有偏无有"的分类原则。这些对语词意义的明晰、对概念内涵的明确都是很有意义的。

（二）名辩学对辩的讨论非常之多，内容十分丰富。摘其要者：

1. 名辩学规定了辩的性质

《墨经》在批评庄子无辩的基础上，吸收前人的思想成果，对辩做了全面的论述，严格规定了辩题，深刻揭示了辩的本质。"辩，争彼也，辩胜，当也。"（《墨经·经上》）"彼"是论辩双方争论的焦点，是指一对具有相同主项和谓项的矛盾判断。"彼，不（两）可两不可也"（从沈有鼎校改）即是说，一对矛盾判断不能两者都正确，也不能两者都不正确，必然有一个正确、一个不正确，因此，论辩双方才有胜负。能分出胜负的辩，才是一个"当"的辩，否则就是"不当"之辩。

2. 指出辩的作用是分清是非、论证真理、驳斥谬误

东汉思想家王充集先秦两汉论辩思想之大成，著《论衡》。《论衡》就是一部关于论辩的书。王充说："《论衡》者，论之平也。"（《自记》）又说："《论衡》者，所以铨轻重之言，立真伪之平。"（《对作》）"平"，即"衡"，亦即标准。这就是说，《论衡》是一部确立一个论断、论题真伪的标准的书。论辩，包括证明和反驳，证明是论证一个论断是真的，王充称为"正是"；反驳是论证一个论断是假的，王充称为"疾虚妄"。论辩的作用，就是对"世俗之书，订其真伪，辩其虚实"，"使后进晓见然否之分"（《对作》）。

3. 名辩学家总结出一些论辩的原则和方法

比如，墨家提出"三物"说，即立论要有根据（"辞以故生"），论辩要运用正确的论式（"以理长"），推理论证要符合推类的原则（"以类行"）。今人常说的立论要"持之有故"、"言之有理"（或"言之成理"）、

"同类相推"，就是对"三物"的运用。荀子提出"三辩"说，即把辩分为圣人之辩、君子之辩和小人之辩。

所谓圣人之辩，具有三个特点：一是"不先虑，不早谋，发之而当，成文而类，居错迁徙，应变无穷"（《荀子·非相》）。就是说，圣人有高超而纯熟的论辩技巧，论辩能自然合乎论辩的规则。二是"有兼听之明，而无奋矜之容；有兼覆之厚，而无伐德之色"（《荀子·正名》）。就是说，圣人之辩完全合乎礼仪的要求。三是圣人之辩的目的是"白道而冥穷"（《荀子·正名》），追求真理，明辨是非，如果用之社会，则"天下治"。

所谓君子之辩，也有三个特点：一是，需要经过"先虑之，早谋之"，方能做到"正其名，当其辞"（《荀子·正名》）。二是有"辞让"之德，顺"长少之理"；"以仁心说，以学心听，以公心辩"；"贵公正而贱鄙争"（《荀子·正名》）。三是自信真理在手，"不动乎众人之非誉，不治观者之耳目，不赂贵者之权势，不利便辟者之辞，故能处道而不贰"（《荀子·正名》）。不为众人毁誉、不畏外力胁迫而改变自己的主张。

所谓小人之辩，有两个特点：一是"诱其名，眩其辞"（《荀子·正名》），"辩而无统"（《荀子·非相》），完全不合乎辩学的要求。二是"上不足以顺明王，下不足以齐百姓"（《荀子·正名》），劳而无功，辩而无用，只图虚名。

荀子的"三辩"说指明了论辩的原则，这些原则包括功用原则、论辩规划，也包括道德要求。

曹魏时期的刘劭把论辩分为"理胜"和"辞胜"两大类。他说：

> 夫辩，有理胜，有辞胜。理胜者，正白黑，以广论，释微妙而通之。辞胜者，破正理以求异，求异则正失矣。（《人物志·材理》）

很显然，理胜之辩是以探求真理为目的，能够正确遵守名辩的规则，论辩的结果是分清是非，消除分歧，取得共识；辞胜之辩是以混淆是非为目的，标新立异只为求胜，其结果是破坏正理，宣扬谬误。应该说，刘劭对两种辩的区分是正确的。

名辩学还总结出一些具体的论辩要求和方法。比如"通意后对"。墨家说："通意后对，说在不知其谁谓也。"（《墨经·经下》）就是说，双方在论辩之前，先要弄明白对方论题的意思，然后才能作答。如果没弄明白对方论题的准确意思就作答，很可能造成"文不对题"之过。又如"贵有效验"。荀子提出："凡论者，贵有其辨合，有符验。"（《荀子·性恶》）就是说，立论或论据都要有事实根据，有验证。王充说："事莫明于有效，论莫定于有证。空言虚词，虽得道心，人犹不信。"（《论衡·薄葬》）王充有时说"效"或"效验"，有时说"证"或"证验"，也是说的立论要有可靠的根据和论据。再如，"偏是之议"，不能为是。三国魏嵇康说，某种现象的出现，往往不是单一原因引起的。如果只抓住一点而不虑其他（"偏是之议"），就常常会出现错误。如果论辩双方你讲这一面、他讲那一面，那么就没有共同语言了。因此，嵇康提出要"广求异端"，"兼而善之"。此外，名辩家们还提出论辩在语言和伦理方面的要求。比如，"辩言必约"（参见徐干《中论·核辩》），是强调论辩的语言要朴实、准确，要言不烦。又如"疾徐应节，不犯礼数"（参见徐干《中论·核辩》），是说论辩时要注意说话的速度、礼仪，要讲究风度，等等。刘劭提出论辩时要切忌"气构""怨构""忿构""怒构"（参见《人物志·材理》），不要犯诉诸情感的错误，等等。

综上所述，中国名辩学特别关注正名和论辩问题，关注日常思维中的定义和推理论证，关注名辩对社会治理和社会发展的作用。它不关注对推理、论证的形式处理，而常常用具体例证来代表一般公式。所以，我们称中国名辩学是非形式的逻辑，与印度因明有相似之处。

非形式的逻辑泛指用于评估和改进人们日常论辩中出现的非形式推理和论证的逻辑理论，20世纪六七十年代在欧美兴起，近三十多年得到很大的发展。在高等院校里，非形式的逻辑已经成为一门重要的课程，对于提高学生实际推理和论证能力很有帮助。

第四节　名辩学的认识论思想

中国名辩学有丰富的认识论思想，它是名辩学形成的认识基础，也对我国古代科学的发展产生深远影响。

一　人有认识能力

墨家认为，人是形体和认知能力的共同体。"生，刑与知处也。"（《墨经·经上》）这里的"刑"同"形"，"知"是认知能力。形体和认知能力共居一处，才是活生生的人。

> 知，材也。（《经上》）
> 知也者，所以知也，而不必知。若明。（《经说上》）
> 虑，求也。（《经上》）
> 虑，也者，以其知有求也，而不必得之。若睨。（《经说上》）

"知，材也"的"知"也是认识能力。"虑"是人认知能力求知的愿望和状态。人有认识能力，不必然就有知识，还要看你是不是去求知，是否具备相关的条件。比如，眼睛有看东西的能力，如果你在睡觉，就看不见外物；或者你想看东西，却在黑暗中，没有光亮，你也看不见东西；或者你想看东西，但你不好好去看，同样不能准确地看见东西。人有认识能力，又去追求知识，又具备相关的条件，才可能获得知识。

> 知，接也。（《经上》）
> 接也者，以其知过物而能貌之，若见。（《经说上》）

"接"是实际接触。具有认知能力的人，只有实实在在地与事物接触（"过物"），才能获得知识。

> 恕，明也。（《经上》）
> 恕也者，以其知论物而共知之也者。若明。（《经说上》）

"恕"，原作"恕"，从孙诒让校改。"恕"（在《墨经》中有时也作"知"），是人借比较等作用使知识更加明确，它比人的感官作用要进一步。用今天的话说，"知，接也"的知，是感官直接作用的知，是感性认识；而"恕，明也"的"恕"，是理性思维之产物。

二　认识有不同阶段

上面说到的知和恕，已经显示出认识有不同阶段了。《墨经》说到知识的分类：

　　知：闻、说、亲。《经上》

　　知：传受之，闻也，方不彰，说。自观焉，亲也。《经说上》

　　知识分为三类，即闻知、亲知和说知：某人不知室内之色，但他看见了室外之色（亲知），又听人说室内之色与室外同（闻知），于是他就是知道室内之色了（说知）。可见，亲知和闻知都是直接之知，而说知是由已知推出未知的间接之知。

　　荀子对认识阶段说得更为明确。首先，荀子肯定人有认识事物的能力，客观事物也是可以被正确认识的。"凡以知，人之性也；可以知，物之理也。"（《荀子·解蔽》）进而荀子指出，人的认识是一个过程，有不同的阶段。他在讨论正名的时候，指出制名和正名的意义在于"别同异""明贵贱"，即区分事物的同异，进而分辨认识上的是非；对于治理国家来说，要通过正名达到人之贵贱、尊卑等级分明。荀子又进一步从认识论层面提出人是依赖什么来区分事物的同异，以形成同异之名的。他自己提出问题，自己回答：

　　然则何缘而以同异？曰：缘天官。凡同类同情者，其天官之意物也同；故比方之疑似而通，是所以共其约名以相期也。形体、色、理，以目异；声音清浊、调竽奇声，以耳异；甘、苦、咸、淡、辛、酸、奇味，以口异；香、臭、芬、郁、腥、臊、漏、庮、奇臭，以鼻异；疾、养、沧、热、滑、铍、轻、重，以形体异；说、故、喜、怒、哀、乐、爱、恶、欲，以心异。心有征知。征知，则缘耳而知声可也，缘目而知形可也，然而征知必将待天官之当簿其类然后可也。五官簿之而不知，心征知而无说，则人莫不然谓之不知，此所缘而以同异也。（《荀子·正名》）

　　上面这段话，在回答人何以能区分事物的同异问题时，就明确地阐述了人的认识过程有不同的阶段。

　　1. "天官意物"

　　"何缘而以同异？曰：缘天官。"何谓"天官"？"耳、目、鼻、口、形，能各有所接而不相能，夫是之谓天官。"（《荀子·天论》）"天官"就是人的感觉器官。具体来说，就是耳、目、鼻、口、形（体）五官。

五官各有所能，而彼此不能替代和借用。形状、颜色、纹理，由眼睛来分辨；声音清浊、大小、好听不好听，由耳朵来分辨；甜、苦、咸、淡、辣、酸，由嘴（舌）来分辨；香、臭、腥、臊等，由鼻子来分辨；冷、热、滑、涩、轻、重，由身体（皮肤）来分辨。凡是正常的人，都具有五官。不同人的同一"天官"（如眼睛）的作用都是相同的，因此不同的人对同一现象（如颜色）的感觉也是相同的（"凡同类同情者，其天官之意物也同"）。人们用"天官"接触事物，感知事物的现象，获得感性认识，这是认识的第一个阶段。也可称为"天官意物"阶段。

荀子同时指出，"天官意物"常常会发生错误。《荀子·解蔽》举出很多例子。比如，"冥冥而行者，见寝石以为伏虎也"，是"冥冥蔽其明"；"醉者越百步之沟，以为跬步之浍也"，是"酒乱其神也"；"厌目而视者，视一以为两"，是"势乱其官也"；"从山上望牛者若羊"，是"远蔽其大也"；"从山下望木者，十仞之木若箸"，是"高蔽其长也"；"水动而景摇，人不以定美恶"，是"水势玄也"，等等。这就是说，人仅仅靠"天官意物"，当遇到一些特殊情况、复杂情况，往往会出现"观物有疑""未可定然否"的结果，甚至发生以石为虎、以牛为羊、以百步之宽的巨沟为田间小沟的错误。

2. "天君征知"

荀子说："心居中虚，能治五官，夫是之谓天君。"（《荀子·解蔽》）又说："说、故、喜、怒、哀、乐、爱、恶、欲，以心异。心有征知。"（《荀子·正名》）古之圣贤把心看作管理五官的天君，天君是在"天官意物"的基础之上，运用推理论证（"说"），寻找事物的因果关系（"故"），获得关于事物的本质的、抽象的认识（"喜、怒、哀、乐、爱、恶、欲"），也就是"征知"。"天君征知"可以纠正"天官意物"的失误，可以深化对事物的认识。

3. "天官意物"和"天君征知"是认识过程中彼此联系、互相依赖的两个阶段

"天官意物"，"五官簿之"要依赖于天君（心）。"心不使焉，则白黑在前而目不见，雷鼓在侧而耳不闻。""中心不定，则外物不清。吾虑不清，则未可定然否。"（《荀子·解蔽》）同时，"征知"的获得也离不开"五官簿之"，"征知必将待天官之当簿其类然后可也"。征知的辨别、分析、验证作用，必须等到天官同外物接触获得感性经验之后才能发挥出

来。荀子提出，要区别事物同异、分辨是非，必须"清其天君，正其天官"（《荀子·天论》）。即要"心定"，"虚壹而静"，又要正确发挥天官的作用。否则，"五官簿之而不知，心征之而无说，则人莫不然谓之不知"（《荀子·正名》）。

东汉王充提出"不徒耳目，必开心意"（《论衡·薄葬》）的主张。他不否认人们依靠感官可以认知事物，即"须任耳目以定情实"（《论衡·实知》）。但他强调光靠耳目是不够的，必须"开心意"。他说："信闻于外，不诠订于内，是用耳目论，不以心意议也。夫以耳目论，则以虚象为言；虚象效，则以实事为非。是故是非者，不徒耳目，必开心意。"（《论衡·薄葬》）意思是说，人们认识事物如果只凭感官，容易被"虚象"所迷惑，造成认识错误。只有不停留在感觉阶段，"开心意"做理性思考，才能在复杂情况下明辨实与虚、真与假、是与非。

中国先贤们还讨论了思和学的关系。孔子提出"学而不思则罔，思而不学则殆"（《论语·为政》）的重要命题。"学"包括"多闻""多见"，耳目所得；也包括从老师处和从书本上获得，这是获得知识的重要途径。"思"是思索、思考，属理性思维，也是获取知识的重要过程。孔子主张把学和思结合起来，互相促进，而不能偏废。他认为，如果在学习过程中不加思索，不进行分析、归纳、整理，其结果就会罔然而无所得。可见"思"在获取知识过程中的重要。但是，如果整天宅在屋里苦思冥想，而不去读书，不去实践感知验证，也不能得到正确的认识。孔子关于学与思关系的讨论，也在一定意义上说明了感性认识和理性认识的关系。

王充尖锐地反对所谓圣人"神而先知"的神秘先验论，强调"智能之士，不学不成，不问不知"；"知物由学，学之乃知，不问不识"（《论衡·实知》）。他进而提出的"不徒耳目，必开心意"，也是讨论了学与思的关系。

三　检验认识有标准

人不管是通过经验获得直接知识，还是通过推理获得间接知识，有了知识往往就要"立言"。立言或者指导自己的行为，或者指导别人的行为，都是一件重要的事情，因此古贤人强调"立言"要有根据。墨子说："（言）必立仪，言而毋仪，譬犹运钧之上，而立朝夕者也。是非利害之辩，不可得明知也。"（《墨子·非命上》）"仪"即标准，又称为"法"或法则。"言必立仪"就是说，要确立一个观点（"言"）一定要有个标准、有个法则，否则就无法辨明立论的对错和利害。墨子提出"三表"说：

> 故言必有三表。何谓三表？子墨子言曰：有本之者，有原之者，有用之者。于何本之？上本之于古者圣王之事。于何原之？下原察百姓耳目之实。于何用之？废（发）以为刑政，观其中国家百姓之利。此所谓言有三表也。（《墨子·非命上》）

"三表"就是"三仪"或"三法"，是立言、立论的根据和标准。

所谓"上本之于古者圣王之事"，是说"立言"要从古代圣王之言行记载中找根据，要和古代圣王之言行相符而不能相悖。这是把前人的间接经验作为检验认识真理性的标准。所谓"下原察百姓耳目之实"，是说"立言"要考察百姓的耳闻目见之实，以人民群众的直接经验作为检验立论真理性的标准。所谓"发（废）以为刑政，观其中国家百姓之利"，是说把立论的认识贯彻到国家和百姓的社会实践活动中去，以实践的效果作为检验认识真理性的标准。

墨子强调"立言"、立论要有根据和标准，表现出对认识的一种严肃态度和科学精神。他提出"三表"说，肯定了直接和间接知识的重要，肯定了实践效果对检验认识真理性的意义，是对古代认识理论的重要贡献。

古代名辩家大多主张立论要有效验。墨子"三表"说中的"原察百姓耳目之实"，"废以为刑政，观其中国家百姓之利"都是一种效验。荀子提出"符验"说："凡论者，贵其有辨合，有符验。"所谓"符验"是说，谈论古代的道理要在现今的事实上找到验证，谈论天道要在人事上得到验证。只有这样，才能够"坐而言之；起而可设，张而可施行"（《荀子·性恶》），达到知与行、名与实的统一。韩非提出"参验"说，"偶参伍之验，以责陈言之实"（《韩非子·备内》）。"循名实而定是非，因参验而审言辞"（《韩非子·奸劫弑臣》）。所谓"参验"，范围广泛，要求很高。"言会众端，必揆之以地，谋之以天，验之以物，参之以人。四征皆符，乃可观矣。"（《韩非子·八经》）韩非强调要从多方面得到验证，才能避免失误。东汉扬雄提出"言必有验"，他说："君子之言，幽必有验乎明，远必有验乎近，大必有验乎小，微必有验乎著，无验而言之谓妄。"（《法言·问神》）总而言之，要用人们容易看得见、把握得住的，去验证那些不容易看见或者不易把握的事情和道理。

王充发扬扬雄的思想提出"引证定论"的主张。他说："论则考之以心，效之以事。浮华之事，辄立证验"（《论衡·对作》）。"事莫明于有效，论莫定于有证，空言虚词，虽得道心，人犹不信"（《论衡·薄葬》）。"凡论事者，违实不引效验，则虽甘义繁说，众不见信"（《论衡·知实》）。通读《论衡》全书，他每提出一个论断，总是接着就问："何以效之？""何以验之？"然后一条条列举根据，进行论证。他肯定立论是个思维过程（"论则考之以心"），立论如果是关于事实的，必须摆出事实；如果是一个理论观点，必须做出有说服力的论证（"事莫明于有效，论莫定于有证"），概莫能外。相反，一切"违实不引效验"的"空言虚词"，不管你怎么去"繁说"，"人犹不信"。王充的求实求真精神，是值得后人发扬的。王充之后的徐干专门写了《贵验》篇，提出"事莫贵乎于有验，言莫弃于无证"，申明了有验之事可信、无证之言当弃的原则。

古代的名辩家们重视立言、立论的真实性，提出种种检验立言、立论真实性的标准和原则，概而言之就是两个方面：事实的验证和严密的论证。而严密的论证，正是名辩学的任务，古代名辩学奠定了科学发展的逻辑基础。

第五节　名辩学与科学

中国古代名辩学与科学有十分密切的关系。一方面，在名辩学中有丰富的科学思想；另一方面，在古代科学中凸显着名辩学的作用，古代名辩学奠定了科学发展的逻辑基础。

一　名辩学中的科学思想

1. "历物十事"和"辩者二十一事"

名家代表人物惠施一生对自然万物充满了研究的兴趣，多有所得，能"遍为万物说"。据《庄子·天下》记载，有一个叫黄缭的人向惠施请教天为什么不会塌，地为什么不会陷，风雨雷电都是怎么形成的？惠施不加思索，就滔滔不绝地予以回答，兴致甚浓。可惜他的著作已经散佚，只在《庄子·天下》保存着惠施的"历物十事"，即关于自然的十个判断：

至大无外，谓之大一；至小无内，谓之小一。

无厚，不可积之，其大千里。

天与地卑，山与泽平。

日方中方睨，物方生方死。

大同而与小同异，此之谓小同异；万物毕同毕异，此之谓大同异。

南方无穷而有穷。

今日适越而昔来。

连环可解也。

我知天下之中央，燕之北、越之南是也。

泛爱万物，天地一体也。

上面十个判断，涉及自然界在时间、空间上的诸多问题，其中有科学方面的问题，比如数学中的点、面、体，有限与无限，数量级等；更多的是对自然的哲学思考，比如有穷与无穷，统一与差别，相对与绝对，运动与变化，等等。历代学人对惠施的"历物十事"做出的种种解释，都只能是猜测，因为历史没有留下惠施自己对上述判断的说明。但是，上述判断不同于人们的常识，不是人们的实践经验，这是不争的。读"历物十事"，思"历物之意"，我们会清晰地感受到惠施的科学精神和理性之光！我们会从中得到启发。

公孙龙是先秦名家集大成者。《庄子·天下》记载辩者"二十一事"，一些研究者认为其中多数为公孙龙所提出，或者反映公孙龙的思想。"二十一事"是：

卵有毛。

鸡三足。

郢有天下。

犬可以为羊。

马有卵。

丁子有尾。

火不热。

山出口。

轮不碾地。

目不见。

指不至，至不绝。

龟长于蛇。

矩不方，规不可以为圆。

凿不围枘。

飞鸟之景未尝动也。

镞矢之疾，而有不行不止之时。

狗非犬。

黄马骊牛三。

白狗黑。

孤驹未尝有母。

一尺之棰，日取其半，万世不竭。

　　辩者"二十一事"与惠施"历物十事"有许多相通之处，都是战国时期"名家者流"相互论辩的一些命题，而且往往与人们的常识相违，甚至被一些人称为"奇辞""怪论"。同样，史料中也没有保留下当年对这些命题的解释和论证，因此在今天看来，有些命题近乎不可解。但是，其中有些命题还是闪烁着当时辩士们对自然界的理性思考和智慧之光。比如，"轮不碾地"，"飞鸟之景未尝动也"，"镞矢之疾，而有不行不止之时"，"一尺之棰，日取其半，万世不竭"等，让我们想到物体运动的行与止的关系，想到物体可以无限分割的性质，这些都是人们超越经验认识的理性思维，是对事物的本质和规律的把握。又如"卵有毛"，"丁子有尾"等命题，是否含有对自然界某些物种进化的猜测？再如"鸡三足"，"黄马骊牛三"，以及"犬可以为羊""狗非犬"等，能否是对实体和抽象名称、概念之关系的思考？对于辩士们的上述命题，不能简单地说成是"诡辩"，如果纯属诡辩，在当时的百家争鸣大氛围中怎么可能"胜人之口"呢?!

　　2. 墨家的科学思想和发明创造

　　墨家的《墨经》代表了中国古代名辩学的最高水平，它同样包含了极为丰富而深刻的科学思想，涉及数学、物理（力学、光学）、心理学等多个学科领域。

　　《墨经》关于数学的文字近 20 条，提出了"体"（"偏"）与"兼"、"尺"与"端"、"厚"与"无厚"、"有穷"与"无穷"、"同"与"异"、"圆"与"方"、"有间"与"无间"、"盈"与"无盈"、"尽"及"不尽"与"俱尽"、"相撄"与"不相撄"，以及"中""信""仳""建位"等一系列重要的数学概念。

　　令人称奇的是，《墨经》对上述概念大都给出了定义，有些定义相当准确。比如："中，同长也。""圆，一中同长也。""方，柱隅四讙也。""信，方二也。""端，体之无序而最前者也。""盈，莫不有也。""仳，两有端而后可。"

　　这些定义，就是在今天看来仍然是十分精准的。

　　《墨经》还注意到一些数学概念之间的关系，通过揭示它们之间的关系说明相关概念的内涵。比如，

　　　　体，分于兼。

通过揭示体与兼的关系，说明"体"与"兼"的内涵。

　　　　或不容尺，有穷；莫不容尺，无穷。

通过有穷与无穷的对比，说明"有穷"和"无穷"的内涵。

　　　　有间，中也。
　　　　有间，谓夹之者也。
　　　　间，谓夹者也。
　　　　间，不及旁也。
　　　　纑，间虚也。

通过对"有间""间""纑"的分析和论证，揭示了三个不同概念的内涵。

　　《墨经》关于物理学的文字有二三十条之多，提出并定义了"宇"与"宙"、"动"与"止"、"变"与"无变"、"力"与"奋"等一系列重要的物理学概念。尤为可贵的是，《墨经》还阐明了许多物理学原理。比

如，"负而不挠，说在胜"，"衡木加重焉而不挠，极胜重也。右校交绳，无加焉而挠，极不胜重也"。

"负"指水桶汲满了水，"挠"即翘。"极胜重"是指杠杆标端重力力矩能胜过本端与汲满水的水桶的重力合力距。这段话精彩地阐明了桔槔汲水的杠杆原理。又如：

> 奥而必正，说在得。
> 衡，加重于其一旁必捶。权重相若也，相衡，则本短标长，两加焉，重相若，则标必下，权得权也。

这段话阐明了中国秤的原理和功用。又如：

> 挈与收仮，说在薄。
> 挈，有力也。引，无力也。不必所挈。之止于施也。绳制挈之也，若以锥刺也。挈，长重者下，短轻者上；上者愈得，下者愈亡。绳直，权重相若，则止矣。收，上者愈丧，下者愈得；上者权重尽，则遂挈。

"挈"是提挈，指用力把重物向上提升。"收"是收取，指通过重力作用使被悬系的物体自动下降。"引"是重物被绳索悬系着，既不用力去提升，也不使它下降。这段话阐明了运用滑轮装置以升降重物的原理。又如：

> 倚者不可正，说在梯。
> 两轮高，两轮为轮，车梯也。重其前，弦其前，载弦其轱，而悬重于其前，是梯，挈且挈则行。凡重，上弗挈，下弗收，旁弗劫，则下直。斜，或害之也，流梯者不得下直也。今也废石于平地，重，不下，无旁也。若夫绳之引轱也，是犹自舟中引横也。倚：背、拒、牵、射，倚焉则不正。

《墨经》这里先具体说明一种叫车梯的器械的构造，再说明其运行方法。车梯运物，既非用上下垂直的力，也非用与地面平行的力，而是用一种特殊的力使重物从下面沿着斜坡向上运动。可贵的是，墨家通过与自由落体运动、平面运动的比较，阐明了斜面运动的原理。

《墨经》中有八条是讨论光的。比如：

> 景，不徙，说在改为。
> 光至，景亡；若在，尽古息。

它们说明了光和物影（"景"）之间的物理关系。光直接照射的地方，如果没有物体遮挡，那个地方就没有阴影（"景亡"），有物体遮挡就立即产生阴影。当光和物体都静止不动的时候，那么物影也永远停息（"尽古息"）；如果光源静止而物体移动，或物体静止而光源移动，就会让人感到物影也在移动（"徙"）。其实"景，不徙"，而是一个新影产生、旧影消亡（"改为"）的过程，只是由于这个变化过程很快，让人们感到是物影在移动罢了。又如：

> 景二，说在重。
> 二光夹一光，一光者景也。

此条说明重影现象以及重影产生的原因。又如：

> 景到，在午有端与景长，说在端。

此条说明针孔成像的现象及其原因。又如：

> 景迎日，说在转。
> 日之光反烛人，则景在日与人之间。

此条说明光的反射现象。当日光被一个平面反射镜所反射时，则影就在日光和人之间了。《墨经》还说明了凹面和凸面反射镜成像的现象及其原因。

综上可以看出，墨家对中国古代科学有深刻的思考和阐释，并且取得了重要的成果。

墨家为什么能对古代科学做出如此重要的贡献？

墨家是一个与人民有着血肉联系的、由"科学家"和"工程师"组成的团队。强烈的平民意识，使墨家关注自然、亲近自然、认识自然，让自然为平民造福。墨子及其弟子们熟悉各种工匠技艺，并且亲自动手，制造生产生活用具以及军事器械。据文献记载，墨子做过木鸢，飞"三日而不集"；做过车辖，被惠施称为"大巧"。在战争时期，他们还制作过守城的各种军事器械。这些，为墨家的科学研究提供了动力和实践条件。

同时，墨家又是当年百家争鸣中一支有重要影响力的思想家和论辩家团队，具有很强的批判精神。墨家总结科学成果和论辩经验，创造了名辩学体系。墨家的科学思想和名辩思想相互发明，相互促进。我们看到，墨家的科技思想大都是为阐述名辩学理论而出现在《墨经》之中的。反过来，墨家又用名辩学这个工具给各种科学概念下定义，阐述各种科学原理，论证各种科学命题。墨家用他们的科学理论、思想滋润着他们的名辩学，而他们的名辩学又助推着他们的科学理论的形成和发展。

二 古代科学中体现的名辩思想

这里只通过举例，说明名辩学在古代科学成就中的体现。

1. 刘徽《九章算术注》中的名辩思想

《九章算术》是中国古代最重要的数学著作。它系统地总结了先秦至西汉时期的数学成果，奠定了中国古代传统数学的基本框架，显示出以算法为主的特点。公元3世纪，我国大数学家刘徽作《九章算术注》，不仅对《九章算术》进行了准确的解读，还指出了《九章算术》若干不准确和错误之处，进而提出自己的一些新方法和新思路。有学者指出，是刘徽的《九章算术注》使中国古代数学有了理论体系。我们在此要强调的是，刘徽的注文鲜明地体现了古代名辩思想和方法，换言之，是刘徽运用名辩学使古代数学有了理论体系。

首先，《九章算术》原本只有问题与解题的方法和步骤，许多概念都没有界说，有的甚至模糊不清。刘徽的注文则运用多种方法给许多重要的数学概念下了定义。比如，

凡母互乘子，谓之齐。

就是说，分母与分子互乘，叫作"齐"。

> 开方，求幂之一面也。

就是说，由已知正方形的面积，求其一边之长，叫作"开方"。

> 豫张两面朱幂之袤，以待复除，故日定法。

就是说，开平方运算，求得初商之后，以除数的二倍作为试除其差的除数，这一除数叫作"定法"。

> 斜解立方得两堑堵。虽复椭方，亦为堑堵。

就是说，用一平面将一立方体斜截，分为相等的两部分，每一部分为一个堑堵。用一个平面将一个长方体斜截为两个相等的部分，每一部分也叫堑堵。这是借助于立方和椭方来阐释"堑堵"概念。

> 邪解堑堵，其一为阳马，一为鳖腋。阳马居二，鳖腋居一，不易之率也。

就是说，用平面斜截一堑堵，分为大、小两个部分，并且二者的体积恰好为二比一，则大的部分叫"阳马"，小的部分叫"鳖腋"。这是借助于堑堵来阐释"阳马"和"鳖腋"两个概念。

以上五例，或借助于数的运算，或借助于某种体积的形成过程或彼此关系，来阐明相应的概念。在《九章算术注》中，用各种方法定义的概念是很多的。

其次，在《九章算术注》中，刘徽运用了很多推理和证明方法，而且是非常自觉的。刘徽在《九章算术注·序》中说："事类相推，各有攸归，故枝条虽分而同本干者，知发其一端而已。"意思是说，丰富多彩的数学世界，看起来繁复纷杂，其实数学内容有本干和枝条之分，只要抓住根本，从基本概念、公理或基本关系出发，依类相推，就能寻其"攸归"，形成一定的数学系统。

在《九章算术注》中，运用归纳推理方法，使某些特殊的方法或命题得到了更为广泛的应用。比如，《九章算术·方程章》有一题为：

> 今有牛五、羊二，值金十两；牛二、羊五，值金八两。问牛羊各值金几何？答曰：牛一，值金一两二十一分两之十三；羊一，值金二十一分两之二十。术曰：如方程。

刘徽《九章算术注》对这一题的"注"是：

> 假令为同齐，头位为牛，当相乘左右定，更置右行牛十、羊四，值金二十两；左行牛十、羊二十五，值金四十两。牛数相同，金多二十两者，羊差二十一使之然。以少行减多行，则牛数尽，唯羊与值金之数见，可得而知也。以小推大，虽四、五行各不异也。

据我国数学家们的阐释，这是刘徽创造的"互乘对减消元法"，即加减消元法。这种解法是以二元线性方程组推广到任意元线性方程组。从逻辑角度看，实际上是一种归纳推广的方法。

在《九章算术注》中，刘徽也运用多种演绎推理形式严密地推出某种结论，其中有完整式，也有省略式。比如，《九章算术》"方田术"说：

> 广从步数相乘得积步。

刘徽的"注"说：

> 此积为田幂，凡广从相乘谓之幂。

刘徽加一个"凡"字，就使"注"文形成一个以"凡广从相乘谓之幂"为大前提的省略三段论推理。又如，刘徽给"羡除术"作"注"，说：

> 推此上连无成不方，故方锥与阳马同实。

这是运用假言推理推断同底高的方锥与阳马体积相等，而省略了作为前提的充分条件假言判断："若两锥体每一层都为相等方形，则其体积相等。"

刘徽受《墨经》逻辑思想的影响，重视"察故""知类""明理"，力求察故求理，依类相推，进行数学论证。他明确提出证明的两种方法：一是"析理以辞"的文字推理证明（包括反驳）；二是"解体用图"的直观性证明。他把这两种方法结合起来，"约而能周，通而不黩"，成为十分有效的推理论证方法，为我国古代数学研究做出了重要贡献。

2. 《黄帝内经》与古代名辩学

《黄帝内经》成书于战国、秦汉之际，是我国医学宝库中现存成书最早、有鲜明理论体系的中医典籍。"《黄帝内经》的成书问世，深受中国古代哲学、逻辑及科学方法的影响。"（张岱年语）

据有关学者的初步统计，《黄帝内经》定义的名称概念有一千多个，其中许多属中医理论体系中的基本概念。《黄帝内经》揭示概念内涵的基本方法是"以形正名"，比如肝、心、脾、肺、肾等基本概念，既揭示其关于内脏的形态、部位和功能，更是对其外在形象的体、华、窍、合、志、液、神等多方面认识的规范，与解剖实体有某种对应的关系。有些病名则根据病形，规定为一组症状群。比如，"病在少腹，腹痛不得大小便，病名曰疝"；"夫平心脉来，累累如连珠，如循琅玕，曰心平"；等等。有些概念则从一件事物的发生来规定它的内涵。比如，"阳加于阴，谓之汗"；"阴虚阳搏，谓之崩"；等等。《黄帝内经》明确概念的方法，不同于西方逻辑的概念定义方法，它主要不是运用"属加种差"，舍弃事物的形象，揭示事物的本质属性来定义的；而更多的是描述事物的形貌和产生过程。这正是中国人的思维特点。

《黄帝内经》的作者们自觉地运用逻辑推理和论证方法，为构造中医的理论体系服务。

古代名辩学强调立辞要有根据和规则，《墨经》提出"三物"说，即"辞以故生，以理长，以类行"。经查，在《黄帝内经》中涉及故、理、类甚多。关于"故"有七百多条，大体有三种用法：一是原因、根据之故；二是作为新旧（故）之故；三是直接表达推理、论证之故，其占绝大多数。其实，原因、根据之故，在一定程度上也与推理、论证有关。关于"理"，作为规律、规则的意义，成为《黄帝内经》各篇的宗旨。万物有"理"，要揭示出大量的关于生命运动、疾病变化的具体规律，就要"求理"。求理也要遵循求理的规则。关于"类"，有分类、比类、推类等义。《黄帝内经》运用分类来认识事物的本质，把握事物的特征。比如，对心痛病进行分类研究，区别同中之异，确立同病异治的理论；对于五脏的病变进行分类研究，把握五脏病变的规律等。《黄帝内经》中有重大科学价值的分类是阴阳分类法和四时分类法。中医引进阴阳二分法，把中国古代哲学的辩证思维植入理论体系里，成为理论之核心。四时分类法使中医学在诊断、治疗过程中考虑到四季节律性变化对人体的影响，成为优于其他医学理论的亮点。所谓比类，是确定两类事物之间的相同点和相异点的逻辑方法。《黄帝内经》以古今范畴为类，开展古今之间的系列比较，揭示古今之不同，进而提出不同对策。通过比类，也为准确分类提供了根据。有了分类、比类，就有了推类，或称类推。中医理论中的类推模式，是通过比较两类或多类事物之间的异同，由已知推求未知。在《黄帝内经》中，主要的类推模式是：阴阳类推，即根据阴阳之间的关系，类推人的生命状态；四时类推，即由四季节气变化之间的关系和人体疾病之联系而推知；脏象类推，即依据人体五脏和五大生理系统之间的关系而推知。《黄帝内经》说："五脏之象，可以类推。"

从《九章自述注》和《黄帝内经》可以看出，逻辑学助推科学的发展，科学的发展离不开逻辑学。

结　论

综上所述，本章得出三点结论：

一是，中华民族在春秋战国百家争鸣时期，集各家智慧，创立了体系相对完整的名辩学。名辩学以名、辞、说、辩为研究对象，阐释名辩的作用、理论、方法和规则。名辩学突出名与辩，联系思维内容，解决现实问题，而不重于对推理和证明的形式处理，近于非形式的逻辑类型。

二是，中国名辩学有丰富的认识论思想，肯定人有认识能力，主张认识有不同阶段，提出检验认识真理性（正确性）的标准。这些思想是创立名辩学的认识基础，对中国古代科学的产生和发展有深远影响。

三是，中国古代名辩学与古代科学有着十分密切的关系。一方面，在名辩学中有丰富的科学思想（可以《墨经》为代表）；另一方面，古代科学发展中凸显着名辩学的作用，中国古代名辩学奠定了中国古代科学发展的逻辑基础。

第 九 章

中国古代科技转型期

——明清时代的科学与哲学

中国科学院大学　尚智丛

明清时期，是西方近代科学高速发展的历史时期，也是中国科学接受并融合西方科学，为跨入近代科学发展阶段进行准备的重要历史时期。其时，中国资本主义生产已渐露端倪，社会变革成锐不可当之势；清人主中原，民族文化冲突激烈并进一步融合；理学发展至鼎盛，转而摆脱形而上的"道""理""心""性"玄论之窠臼，走向经世致用之实学；恰逢西方殖民扩张，中外哲学、宗教及科学与文化激烈碰撞。这个时代"天崩地析"，是社会剧烈变革的时代，也是创造了恢宏的科学与文化的时代。

第一节　明清科学发展的大环境

一　社会激变

1368 年，朱元璋建立大明王朝，结束中原地区的多年征战，休养生息，社会生产得以发展。至明晚期，中国已出现资本主义生产关系之雏形，江南富庶地区的手工业生产和商业贸易都达到相当规模，社会经济结构处于调整之中。

商品经济的发展，引起官僚地主对土地的疯狂掠夺与兼并，而农民生活则陷于极端贫困。明成祖以来形成的皇帝与擅权宦官专制则进一步加剧了土地集中。农民与中小地主纷纷破产，有些流入城市，加入手工业与商业生产行列；有些则无生路可寻，被迫起义。农民与封建地主的阶级矛盾由此激化。与此同时，工商业的发展进一步刺激了官僚地主的贪婪。明王朝经常借"采办"和"制造"来掠夺工商业。"采办"的范围非常广泛，从金银、珠宝到果品、海味、香蜡、药物，几乎无所不包；"制造"则掠夺当时两种主要的手工业：丝织品和瓷器。万历年（1573年— ）后，税监更以暴力、酷刑征税，结果导致工商业户日趋贫困，无法维持生产，更不能扩大生产。市民罢市与暴动时有发生，工商业者与官僚地主的矛盾日益尖锐。阶级矛盾的激化终于酿成明末白莲教、李自成、张献忠等大规模的农民起义。

在阶级矛盾激化的同时，民族矛盾也日益加剧。万历十一年（1583年），努尔哈赤率满洲贵族反叛明王朝，攻取附近建州诸部，势力日强。万历四十四年（1616年），努尔哈赤联合部分汉族地主势力建立后金政权，组建八旗军队，后改国号"清"。势力不断增强，迅速地向中原地区扩张。

连年的农民战争与清入侵使腐朽的明王朝政权迅速瓦解，但同时也造成经济的严重衰退。明末所潜伏的社会危机已为当时有识之士所认识，于是乎社会改革之呼声日高。其中尤以活跃于万历二十二年至天启六年（1594—1626年）的东林学派为代表。东林学派不但倡议而且积极实践社会改革。其社会改革主要针对当时的社会流弊展开。从根本上说，社会流弊由社会矛盾产生，在思想方面又得到王学末流之助长。

王守仁心学注重内心修养功夫，提倡通过内心的反省，发掘主体自觉性和内在的道德判断能力，认识先验的道德观念，再通过道德践履将之贯穿于社会生活之事事物物之中，这就是他所谓"格物"与"致知"。格物致知仅仅是将良知扩充到底的过程。[①] 王守仁由此提倡"知行合一"，强调道德践履与道德认识的一致。王守仁提倡"知行合一"，本意是想通过强化内心思辨，澄清道德认识，以便实现良好的道德践履，却不料给王学末流留下了疏于读书、怠于实践的借口。王学末流注重"封域于一己意识的功夫展开"，不问世间实务，其结果是空谈心性、流于虚无。

明末工商业者与官僚地主的阶级矛盾日益尖锐，新兴市民的自我意识随之逐渐增强，启蒙意识萌生。一种强调自我价值，对抗传统伦理道德观

---

① 张岱年：《中国古典哲学概念范畴要论》，载《张岱年全集》卷四，河北人民出版社1996年版，第661页。

念的意识日盛。王学末流之"封域于一己意识的功夫展开"，正迎合了这种启蒙意识，得以迅速蔓延。王学末流的泛滥，一方面，推动了明末社会对传统伦理道德观念的反叛；另一方面，则造成学风空疏玄虚。其结果是致社稷纲常、日用法度于荒废。"在政治上，只知空谈心性，什么国计民生、典章制度一概不讲，造成'天下无一办事之官，廊庙无一可恃之臣'。在经济上，鼓吹'重义轻利'之说，以理财治生为卑俗，造成无人理财，无人治生的局面；在学术上，'自文成而后，学者盛谈玄虚，遍天下皆禅学'。"①

二 王学批判与实学兴起

为克服心学流弊，当时的东林学派力求在两个重要方面加以改进：一个是道德践履，另一个是经世致用。在道德践履方面，东林学派抨击王学末流"封域于一己意识的功夫展开"的认识与实践方法，② 提倡不脱离事物的"实悟"与特重是非之分的"实修"，提倡传统伦理道德观念。③ 在经世致用方面，高攀龙等东林领袖"反虚归实"，提倡实学，以"治国平天下"之"有用之学"为之。高攀龙曾言：

> 事即是学，学即是事。无事外之学，学外之事也。然学者苟能随事察，明辨的确，处处事事合理，物物得所，便是尽性之学。若是个腐儒，不通事务，不谙时事，在一身而害一身，在一家而害一家，在一国而害一国，当天下之任而害天下。所以，《大学》之道，先致知格物，而后归结于治国平天下，然后始为有用之学也。不然单靠言欲说得何用？④

"治国平天下"之"有用之学"即为实学，因此，东林学派之实学有着强烈的功利主义色彩。但是，东林学派认为学问之能够有用就在于其属实之本性。学问之能实，必须在"格物致知"上下功夫。对此，东林领

---

① 葛荣晋主编：《中国实学思想史》中卷，首都师范大学出版社1994年版，第432页。
② 何俊：《西学与晚明思想裂变》，上海人民出版社1998年版，第7—20页。
③ 张岱年：《宋元明清哲学史提纲》，载《张岱年全集》卷三，第386页。
④ 《东林书院志》卷五《东林论学语》上，第2a页，康熙年间刻本。见《中国历代书院志》第7册，江苏教育出版社1995年版，第220页。

袖高攀龙作了两个方面的努力：首先，批判王守仁以"诚意""正心"代替"格物"的观点，认为这和《大学》"以三纲为本体、八目为功夫"的宗旨相违背。其次，推崇朱熹之格物致知，提倡反虚归实。他详细阐述朱学实而王学虚，认为：朱学实在于由格物而致知，王学虚在于由致知而格物。[①] 也就是说，朱学将认识论上的"心—物""知—理"统一于客观，因此属实；王学将"心—物""知—理"统一于主观，因此属虚。东林学派以"实"贯穿其学术、社会实践与道德践履，而其"实"的最终落脚之处就是认识上的"格物致知"。因此，只看到东林实学的功利性是远远不够的。从认识的根基上来求学问之实，才是东林实学的根本。

实学的基本内涵即在"实体达用"或"实理达用"。"实体"即世界本体为实。朱熹等理学家认为"理"是世界万物的"根实处"，同时也是寓于世界万物之中的实有之理。因此，"实理"便是"实体"。"达用"有两层含义：一曰"经世之学"，即用于经国济民的"经世实学"；二曰"质测之学"（亦称"质测之学"或"格物游艺之学"），即用于探索自然奥秘的自然科学。[②]"达用"的两层含义是相通的，"质测之学"即有其经世之用。"实学中的'实体'与'达用'，犹如鸟之两羽、车之两轮，密不可分。""在不同的历史时期、不同的学派和不同的学者那里，其实学思想或偏重于'实体'，或偏重于'达用'，或二者兼而有之，或偏重于二者之中的某些内容，情况虽有区别，但大体不会越出这个范围。"[③]东林实学注重经世致用，但同时也强调对实理的认识。

东林学派批判王学空疏，提倡经世致用，恢复传统纲常与日用法度。这成为当时占主导地位的学术思想。清入主中原之后，一方面利诱拉拢汉族地主势力，另一方面残酷镇压反对势力，极力缓和民族与阶级矛盾，致力于恢复经济。因而，经世致用的实学在清初也得到极力推崇。其时，明遗民不愿仕清，归隐山林，反思明朝灭亡之根由。他们将之归于王学末流之空疏玄虚。顾炎武（1613—1682 年）对此有痛切的认识：

---

① 侯外庐、邱汉生、张岂之主编：《宋明理学史》，人民出版社 1987 年版，第 597—598 页。

② 葛荣晋：《中国实学思想史》，"导论"，首都师范大学出版社 1994 年版，第 4 页。

③ 同上书，第 9、13 页。

　　昔之清谈，谈老、庄；今之清谈，谈孔、孟；未得其精而遗其粗，未究其本而先辞其末。不习六艺之文，不考百王之典，不综当代之务，举夫子论学论证之大端，一切不问，而曰"一贯"，曰"无言"，以明心见性之空言，代修己治人之实学。股肱惰而万事荒，爪牙亡而四国乱，神州荡覆，宗社丘墟。①

　　痛定思痛，东林以来的经世致用之实学便成为明遗民潜心钻研、以图复明的学术工具。清初，顾炎武、黄宗羲（1610—1695 年）、王夫之（1619—1692 年）等深刻地批判了王学末流之玄虚，重新认识理学。特别是在顾炎武的倡导之下，清初渐成朴学之风。这种学风注重调查研究，注重直接材料、广求证据，注重辨析源流正误、明辨古今、虚怀好学，注重用这些方法解决现实问题。

　　就是在这样一种背景下，明清时期的科学借中西学术会通之际发展起来。

三　西学东来

　　明清科学发展有一个重要的学术思想来源，即西欧的学术，当时所谓之"西学"。西学是随着 16—17 世纪欧洲列强的殖民侵略和教会的宗教扩张来到中国的。当时的西欧与中国同处于封建主义向资本主义转变的阶段。其时，欧洲文艺复兴蓬勃发展，民族国家兴起，教会势力衰退，宗教改革广泛展开，提倡人文主义文化，挑战中世纪以来的神文主义。但教会在社会生活与文化建设中仍然发挥着巨大作用。民族国家世俗政权与教会教宗明争暗斗，必要之时也相互勾结。当时各欧洲强国纷纷向外殖民扩张，疯狂地开辟和争夺海外市场，残酷剥削非洲、美洲各落后国家和地区。其利爪也伸到印度、中国和远东其他一些地方。它们一方面实行"炮舰政策"，直接出兵侵占、掠夺各落后国家的领土和人民；另一方面，通过教会进行思想文化的渗透。16 世纪 40 年代，欧洲列强势力出现在中国大陆周边，伴随贸易的进行，思想文化的交往也展开了。但直到 1582 年利玛窦等登上大陆，才开始了西方文化与中国主体文化的直接交流。

---

　　① （明）顾炎武：《日知录》卷七《夫子之言性与天道》，甘肃人民出版社 1997 年版，第 339 页。

当欧洲学术思想来到中国的时候，欧洲文艺复兴已在轰轰烈烈地展开，但主要局限在文学与艺术等方面，在哲学上占统治地位的仍然是中世纪的经院哲学。虽然哥白尼于 1543 年发表了《天体运行论》，"自然科学也发布了自己的独立宣言"①，但它对经院哲学的锐意挑战使它难以传播。1616 年红衣主教柏拉明（Bellarmine）宣布哥白尼学说是"错谬的和完全违背圣经的"，禁止伽利略传播该学说。1620 年以后，哥白尼学说仅仅被作为一种数学假设来讲授，1757 年禁令取消，但直到 1822 年，才被教廷正式裁可。②

虽然近代科学的基本观念和方法从哥白尼时代起就逐步形成，并用以认识自然界。但是，只有汇集了哈维（William Harvey，1578—1657 年）、吉尔伯特（William Gilbert，1540—1603 年）、培根（Francis Bacon，1561—1626 年）和开普勒（John Kepler，1571—1630 年）等人的不断贡献，直到伽利略（Galileo Galilei，1564—1642 年）才将这些观念与方法确立起来。

在方法上，"他把吉尔伯特的实验方法和（培根）归纳方法与数学的演绎方法结合起来，因而发现并建立了物理科学的真正方法"。

在观念上，伽利略反对知识或事实的意义来自一个自圆其说的知识体系的观念，强调"事实不再是从权威的和理性的综合中推演出来的了，也不必再符合这些权威的和理性的综合了，象在经院哲学中那样；事实甚至不再是靠这种综合来取得意义了，象在刻卜勒（开普勒）的头脑中那样。由观察和实验得来的每个事实及其直接的和不可避免的推论都照本来面目被人接受，不管人们怎样想把自然界一下子收服在理性的管辖之下。许多孤立的事实的协和是慢慢显露出来的，围绕着每个事实的狭小的知识范围，零散地发生接触，也许就融合成一个较大的范围。可是，要把所有

---

① 恩格斯：《自然辩证法》，中共中央马克思、恩格斯、列宁、斯大林著作编译局译，人民出版社 1971 年版，第 172 页。

② 哥白尼学说之所以构成对经院哲学的锐意挑战在于它教人用新的眼光去观察世界。"地球从宇宙的中心降到行星之一的较低地位。这样一个改变不一定意味着把人类从万物之灵的高傲地位贬降下来，但却肯定使人对那个信念的可靠性发生怀疑。因此，哥白尼的天文学不但把经院学派纳入自己体系内的托勒密的学说摧毁了，而且还在更重要的方面影响了人们的思想与信仰。"参见［英］W. C. 丹皮尔《科学史及其与哲学和宗教的关系》，李珩译，商务印书馆 1995 年版，第 174—175 页。

的科学的和哲学的知识融合成一个更高的、统摄一切的统一体，即使还不是绝对不可能的，也须推迟到遥远的将来"，因此，近代科学与经院哲学不同，不再追求知识的统一性。"中世纪经院哲学是理性的；近代科学在本质上则是经验的。"[①] 这些近代科学观念与方法在牛顿于 1687 年发表的《自然哲学的数学原理》中达到了相当完善的程度，成为近代科学的基本特征。可以说，在伽利略时代，近代科学脱胎于经院哲学，到了牛顿时代，近代科学则成长为一个健壮的"婴儿"了。

虽然有教会的阻挠，但近代科学的成就还是在不断地出现，特别是借着伽利略等人的影响和宣传，早期近代科学知识在教会学校和世俗学校都有一定的传播。1620—1687 年正是欧洲学术由中世纪经院哲学向近代学术转变的过程。1688 年以后来华的法国耶稣会传教士在欧洲接受了近代科学知识与近代科学观念和方法。他们在华的科学工作就放弃了追求统一知识体系的目标。[②] 可是在此之前来华的传教士接受的是亚里士多德经院哲学。亚里士多德经院哲学是经院哲学最完美的形式，是托马斯·阿奎那（Thomas Aquinum，1225—1274 年）与其导师大阿尔伯特（Albertus Magnus of Cologne，1206—1280 年）调和古希腊亚里士多德哲学与神学的产物，又称托马斯主义。

明清中西思想文化交流的主力军是来华传教的耶稣会。耶稣会于 1540 年在巴黎创建，1773 年被解散，后又重建。与其他教会相比较，耶稣会强调修士的思想陶冶，注重以知识引导人信仰上帝。去往海外传教的耶稣会士由里斯本启程之前都在欧洲各地的耶稣会学校中接受严格的经院哲学训练。1687 年以前，葡萄牙享有东方保教权，传教士搭乘葡萄牙商船东来。1688 年以后，法国也取得东方保教权，传教士由法国国王直接送到中国。由于 1687 年前后两个时期欧洲学术背景已发生巨大变化，传教士所受教育内容有显著不同，他们在华的学术工作也就发生了很大

---

① ［英］W. C. 丹皮尔：《科学史及其与哲学和宗教的关系》，李珩译，商务印书馆 1995 年版，第 195 页。

② 法国耶稣会传教团于 1688 年 2 月 7 日到达北京。他们的科学观念与以南怀仁为代表的中国耶稣会传教士和中国学者共同发展的科学传统有很大差别。参见 Catherine Jami，"The French Mission and Ferdinand Verbiest's Scientific Legacy"，in John W. Witek ed.，*Ferdinand Verbiest（1623 - 1688）Jesuit Missionary，Scientist，Engineer and Diplomat*，Nettetal：Steyler Verlag，1994，pp. 531 - 542。

变化。

1688 年法国耶稣会来华，直接进京服务于宫廷。他们进行过文学、历史、绘画、音乐、建筑、数学、天文历法、大地测量、机械制造等方面的工作，其中最突出的成就当数康熙四十六年至五十六年（1708—1717 年）的大地测量。这些科学工作已显示出近代特征。只可惜雍正二年（1724 年）雍正禁教，限制传教士在内地的活动。之后传教士的中西学术交流以及在此基础上的创造性工作日渐稀少。1773 年欧洲耶稣会被取缔。乾隆四十年（1775 年）中国耶稣会解散，中西学术交流中断。直到 1840 年鸦片战争后，西方学术随着坚船利炮、鸦片贸易和新教东传再次来到中国。近代科学成为此后中西学术交流的重点。

明清时期，作为经院哲学一部分的古典科学被传入中国，并与传统格致学说结合，其结果既不同于中国古代科学，又不同于 1840 年以后进入中国的近代科学，而具有自身特征。因此，这一时期是中国科学发展的一个独特时期。该时期的中国科学形态是独特的。

第二节　传统认识论观念与西方认识论观念的结合

明末开启中西学术会通，在知识与认识论观念两个层面上展开。客观而言，知识活动不能摆脱认识论观念而进行，两个层面的会通是同时进行并相互影响的。澄清后一个层面的会通是阐明明末中西会通的一个关键，特别是阐明明末中国科学发展与传统儒学和西方哲学在基本概念、理论和研究方法等方面相互衔接的至关重要的环节。在明末中西会通中，中西学者都采用了儒学格致学说中的基本概念"格物穷理"，并从认识论的角度来使用，形成格物穷理认识原则。

一　"格物穷理"源流

"格物穷理"来自"格物致知"（又称"格致"）。"格物致知"是儒学的核心概念，源于《大学·礼记》。就《大学》本意，"格物"与"致知"是同义，即"衡量事物的本末先后"①。"格物"和"致知"具有重

① 张岱年：《中国古典哲学概念范畴要论》，载《张岱年全集》第四卷，河北人民出版社 1996 年版，第 702 页。

要的理论意义，汉宋明清诸儒多提出各自的解释，影响广泛的是程朱理学与陆王心学的两种解释。

程颢、程颐阐发《大学》，提出"致知在格物"①，释格物为穷理，并以穷理之方法即通过读书、论古今人物或应接事物等学习、实践活动，经过日积月累而达到顿悟。这实际上是求助于直觉。朱熹发挥程颐观点，撰写《补格物传》，进一步分析"格物致知"。②他解释"格物"为"即物穷理"，将"格物"区分为"即物""穷理"两个环节，将"格物致知"解释为"即物穷理至知"。即物—穷理—至知是三个重要且分立的环节，具有逻辑的先后。这样，就出现了"格物穷理"概念，指直接探究事物，穷尽其中之"理"。穷理之后，便得到"知"。后来学者多以"格物穷理"等同"格物致知"。

在程朱理学的解释中出现了两对相对的概念，即"物—心"与"理—知"。

就"物—心"的解释，程朱承孟子的"心物对举"观念，来区分"心"和"物"。"心"作为人的思维，"物"则是思维对象，既包括具体实物，也包括其他各种事物，而其中最为重要的是人事。就"理—知"的解释，程朱以"理"为世界的最高本原，又强调万物都有理，且万物之理同一。程朱解释"知"即主体的认识能力，又是认识内容。而且，"知"是主体所固有的，不会因主体之外的"物"所改变，但却要通过"格物"来得到。

程朱理学之"格物致知"将"心—物""知—理"做了主客二分，强调主客体间的统一性。这实质上是认识论的基本要求。程朱理学以"理"为世界本原，因而就不得不将认识论上的主客统一建立在客观唯心主义的基础之上。欲"致知"，则必"穷理"，而"穷理"则必"格物"（也就是"即物"），形成"格物—穷理—致知"的认识链。这就为认识主体之外的客观世界打开了一扇窗口。虽然，在程朱理学中，"物"的重点是人事，"理"的重点相应为道德准则，"知"的重点也相应为道德认识，但程朱理学"格物致知"毕竟肯定了外在客观事物和物理以及相应

---

① （宋）程颢、程颐：《二程遗书》卷十八，第11b页，《文渊阁四库全书》本。
② （宋）朱熹：《大学章句·补格物传》，第5b—6a页，见《四书章句集注》，中华书局1983年版。

的"知"的存在（即"所以然"）。这就为徐光启区分事实认知与道德反思奠定了基础。

与程朱学说不同，陆王心学的"格物致知"学说从主观唯心主义的角度坚持"心—物""知—理"的对立统一。王守仁提出："致知"是致良知的过程；"格物"是事物得其理的过程；就逻辑上而言，"格物"在"致知"后。所以，王守仁认为格物仅仅是内心修养功夫；格物致知仅仅是将良知扩充到底的过程。王守仁以"良知"为"天理"，因而，与程朱恰恰相反，他将认识论中的主客统一的基础指向了主体，从而彻底关闭了程朱曾打开的认识外物的窗口。王守仁的"良知"是"无虑之知"，是先验的道德认识、主体自觉性和内在的道德判断能力，因此，王学"格物致知"就变成了伦理学上的道德修养与实践方法，从而大大降低了其认识论价值。

王学末流玄虚空疏，在明末即遭到东林学派等有识者批判。东林学派提倡经世致用之实学，提倡"反虚归实"，重扬程朱"格物致知"学说，提出"一草一木皆有理，不可不格"①。在这样的思想与学术背景下，徐光启与利玛窦等人在中西认识论观念上进行会通，提出格物穷理原则。

二　徐光启等提出的"格物穷理"原则

在《译〈几何原本〉引》中，徐光启、利玛窦阐述了其"格物穷理"见解。②

　　　　夫儒者之学，亟致其知；致其知，当由明达物理尔。
　　　　物理渺隐，人才玩昏，不因既明，类推其未明，吾知奚至哉。

前一句显然是取用程朱理学的"格物—穷理—致知"之说，强调认识由客观事物自身出发。其宗旨是通过实践经验达到顿悟，即"二程"所言"须是今日格一件，明日又格一件，然后脱然自有贯通处"③。

---

① 高攀龙：《答顾泾阳先生论格物》，《高子遗书》卷八上，第3a—3b页。见上海古籍出版社1993年影印本《四库明人文集丛刊》第1292册，第466页。

② （明）徐光启、利玛窦：《译〈几何言本〉引》，载徐宗泽编著《明清间耶稣会士译著提要》，中华书局1989年版，第259页。

③ （宋）程颢、程颐：《二程遗书》卷十八，第11b页，《文渊阁四库全书》本。

　　下一句提倡"因既明，类推其未明"的格致方法。这与程朱格致方法相去甚远，所提倡的是理论思维的推理方法。这种方法就是产生于古希腊时期，并在中世纪神哲学中广泛应用的三段论演绎推理。

　　上述两句简要地概括了"格物穷理"观念。其开首就说"夫儒者之学"，表明这两条认识原则是针对整个认识而言的，因为在古代中国，儒学就是一切知识的总和。既然是针对一般知识的取得而言，徐、利二人显然是将此观念作为一般的认识原则来使用了。前一原则对明末中国学者来说是不言而喻的，但后一条却是陌生的。这两条格物穷理原则与托马斯神哲学认识论也有差别。托马斯继承亚里士多德认识论，特别是继承了其中的演绎推理认识方法，并将之作为理论认识的重要工具。托马斯还继承了亚里士多德的"知识开始于感觉"的观点。① 这一观点与程朱"即物穷理"观点有相通之处。这正是利玛窦可以接受第一条格物穷理原则的根由。因此，此二条格物穷理原则对利玛窦等传教士来说，并不造成认识论上的较大冲突。② 然而，对徐光启等中国学者而言，则有着全新的意义。

　　徐光启接着就《几何原本》的具体应用详细阐述了后一原则。③

　　　　今详味其书，规模次第洵为奇矣。题论之首先表界说，次论公设、题论所具。次乃具题，题有本解，有作法，有推论。先之所征，必后之所恃。……一先不可后，一后不可先，累累交承，至终不绝也。初言实理，至易至明，渐次积累，终竟乃发奥微之义。若暂观后来一二题旨，即其所言，人所难测，亦所难信。及以前题为据，层层

---

　　① 赵敦华：《基督教哲学1500年》，人民出版社1994年版，第392—398页。

　　② 钟鸣旦曾比较分析了耶稣会与明末中国儒士的认识论观念，提出耶稣会采取"格物—穷理—知天"的认识模式。其认识目的是"知天"，这与中国儒士的"诚正修齐治平"的克己治世目的不同，但在"格物—穷理"的认识阶段却基本相同。他们对于"物"的认识都包括内外两个方面，即客观外物和人事，特别是更重视对客观外物的认识。就"理"的解释，自利玛窦起，耶稣会士将之解释为"理智"（ratio，即reason）和事物的"原理"（principle）。这种解释与王学的"理在人心"和朱学及实学的"理在事物"极为相近。但是，从亚里士多德哲学出发，利玛窦等耶稣会士认为"理"是"自立者"（substantia，今译为"实体"）的"依赖者"（accidens，今译为"依附体"）。这一点与理学不同。参见钟鸣旦《"格物穷理"：17世纪西方耶稣会士与中国学者间的讨论》，载魏若望编《传教士·科学家·工程师·外交家：南怀仁（1623—1688）》，社会科学文献出版社2001年版，第454—479页。

　　③ （明）徐光启、利玛窦：《译〈几何言本〉引》，载徐宗泽编著《明清间耶稣会士译著提要》，中华书局1989年版，第261页。

印证，重重开发，则义如列眉，往往释然而失笑矣。

"以前题为据，层层印证，重重开发"就是命题的演绎，是由前提推出结论。如此格致，便可以"发奥微之义"，且"义如列眉"般清晰。"义"是与格致相关的重要概念，并且与"理"是同一概念。① 因此，徐光启言"发奥微之义"是指阐发事物隐秘的理；"义如列眉"是指事事物物之理都一一清晰。在程朱格致学说中，"理"也指自然规律。徐光启即用此义。

关于这两条格物穷理原则的关系，徐光启与利玛窦二人在《译〈几何原本〉引》中做了如下阐述：②

> 彼士立论宗旨，惟尚理之所据，弗取人之所意，盖曰理之审，乃令我知，若夫人之意，又令我意耳。知之谓，谓无疑焉，而意犹兼疑也。然虚理隐理之论，虽具有真指，而释疑不尽者，尚可以他理驳焉；能引人以是之，而不能使人信其无或非也。独实理者明理者，剖散心疑，能强人不得不是之，不复有理以疵之，其所致之知且深且固，则无有若几何家矣。

提出"格物穷理"以实理为据，而非据虚理、隐理、人之所意。③ 他们认为认识是从事物实理入手，展开推理。也就是说，在认识过程中，前一原则的运用先于后一原则。徐光启与利玛窦等参与会通的中西学者并没有形成一种全新的完整的认识论学说，但这两条格物穷理原则无疑是对中

---

① 冯友兰解"义理"时说："义理可以说是理之义。理可以涵蕴许多别的理，即此理有许多义。例如人之理涵蕴动物之理、生物之理、理智之理、道德之理等。又例如几何学中所说关于圆之定义等，亦均是圆之理之义。理之义即是本然底义理。"参见冯友兰《新理学》，载《三松堂全集》，河南人民出版社 1986 年版，第 150 页。

② （明）徐光启、利玛窦：《译〈几何言本〉引》，载徐宗泽编著《明清间耶稣会士译著提要》，中华书局 1989 年版，第 261 页。

③ 实理、虚理、隐理之分显然是承东林学说而来。人之所意是指人的意志和意念。参见张岱年《中国古典哲学概念范畴要论》，载《张岱年全集》第四卷，河北人民出版社 1996 年版，第 657 页。

西哲学认识论会通之贡献。① 此二条原则的运用便转化为"格物穷理"方法。方法与原则是一致的。

查继佐评徐光启为学："求精责实四字，平平无奇。"② 其中"求精责实"恰当地反映了徐光启在治学活动中对上述格物穷理原则的贯彻。

三 "格物穷理"原则的局限与作用

徐光启、利玛窦的格物穷理原则存在明显的缺陷。近代以来的人类认识，特别是科学认识主要是借助归纳推理与演绎推理两种方法来实现。徐光启与利玛窦的后一原则强调了演绎推理，但其前一原则却与归纳推理无涉，只是重复了程朱格致学说的"即物穷理"。正如前边分析的，这一原则除了强调认识必须由躬行、实践开始以外，就是诉诸直觉，而没有给出任何由具体认识上升到一般认识的方法规则。然而，直觉是不常有的，且因人而异，不具有普遍性，因此，难以形成一般规则，难以在认识中加以利用。这样，两条格物穷理原则就呈现一明一晦、一兴一废的状况。一条原则清晰明了，容易运用，而另一原则隐晦不明，难以运用。事实上，在徐光启后半生的治学中，他推崇并着力实践的就是后一原则。他对前一原则的实践仅体现于他的农学与历法实践活动。但他在这些研究活动中的独创性理论见解是相当有限的。③ 这与前一原则隐晦不明所造成的限制有很大的关系。

对两条格物穷理原则，徐光启更推崇后者。徐光启曾明确阐述演绎推理在认识中的作用。

其一，演绎推理可以依据一定的格式（定法）进行推理，使思维严密。这对于认识任何事物都是重要的。他在《几何原本杂义》④中说：

> 下学功夫，有理有事。此书（指《几何原本》——引者）为益，

---

① 孙尚扬曾将后一原则概括为"几何精神"，并借用卡西勒的观点阐述该精神具有普遍性。参见孙尚扬《基督教与明末儒学》，东方出版社1995年版，第182—183页。

② 查继佐：《罪惟录》卷十一下，《徐光启传》，四部丛刊本。

③ 郭文韬：《试论徐光启在农学上的重要贡献》，《中国农史》1983年第3期。

④ （明）徐光启：《几何原本杂义》，载王重民编著《徐光启集》，上海人民出版社1981年版，第76—78页。

能令学理者怯其浮气，练其精心；学事者资其定法，发其巧思，故举世无一人不当学。……能精此书者，无一事不可精；好学此书者，无一事不可学。

其二，徐光启还认为，《几何原本》中的演绎推理可以提高人的认识能力，经世致用者应学此方法。他说过：

人具上资而意理疏莽，即上资无用；人具中材而心思缜密，即中材有用，能通几何之学，缜密甚矣！故率天下之人而归于实用者，是或其所由之道也。

其三，运用《几何原本》中的演绎推理可以发现"实理"，得到"真知"，反过来，则可以帮助人认识到"致知"上的虚妄。徐光启为此特别强调了四点：

几何之学，深有益于致知。明此，知向所揣摩造作，而自诡为工巧者皆非也。一也。明此，知我所已知不若吾所未知之多，而不可算计也。二也。明此，知向所想像之理，多虚浮而不可捉也。三也。明此，知向所立言之可得而迁徙移易也。四也。

"向所揣摩造作"之知和"向所想像之理"，经不住演绎推理的考证，因而"皆非也"，"虚浮而不可捉也"；演绎推理的结论都蕴含于前提之中，而前提提供的"知"是有限的，因此，"我所已知不若吾所未知之多"；"知向所立言之可得"非有推理而来，难以确定，"迁徙移易"。

徐光启对其在认识论上的这一重大发现，有着非常明确的自觉意识。这也正是他为何在其众多著译中唯独对《几何原本》极为赞赏的原因。他曾说：

此书为用至广，在此时尤所急须，余译竟，随偕同好者梓传之。利先生作叙，亦最喜其亟传也，意皆欲公诸人人，令当世亟习焉。而习者盖寡，窃意百年之后必人人习之，即又以为习之晚也。

　　果为其言中，后世学者不但从此书学习几何学，亦多从此书学习演绎推理和公理化方法。席泽宗先生在评价徐、利所译《几何原本》时说："他开辟了与历来传统大不相同的演绎推理的思维方式，与后来严复所介绍的归纳法相结合，成为马克思主义辩证法未来到中国以前的两种主要科学方法。"① 此评价肯定了引入演绎推理的积极意义。竺可桢先生对此也有敏锐的洞察："光启从事科学自几何着手，而几何学是很富有演绎性的。"②

　　两条格物穷理原则实为徐光启、利玛窦对中国哲学认识论的一大贡献。徐光启已深刻认识到演绎推理在认识中的重要作用，对其原则和方法给予明确阐述，并将之广泛运用于对事物的认识之中。格物穷理原则对后来的天文、数学、地理等学科的学者产生了广泛而深刻的影响。格物穷理原则还被徐光启等明代学者用于修身事天之学的会通。修身事天之学指伦理学、经济学、政治学与神学等。

　　利玛窦等耶稣会士所接受和传播的是中世纪正统天主教理论——托马斯主义。该理论是综合神学和亚里士多德哲学，运用三段论演绎推理构造成的严格唯理主义体系。③ 三段论演绎推理为天学提供了最重要的论证和阐述方法。徐光启对此有着明确的认识，因此，从其格物穷理原则出发，他肯定修身事天之学，并积极以之补益王化。徐光启在《辨学章疏》之中给出了论述：④

　　　　其说以昭事上帝为宗本，以保救身灵为切要，以忠小慈爱为功夫，以恰善改过为入门，以忏悔涤除为进修，以升天真福为作善之荣赏，以地狱永殃为作恶之苦报，一切戒训规条，悉皆天理人情之至。其法能令人为善必真，去恶必尽，盖其所言上主生育拯救之恩，赏善罚恶之理，明白真切，足以耸动人心，使其爱信畏惧，发于繇中

---

　　① 席泽宗、吴德铎主编：《徐光启研究论文集》，学林出版社1986年版，第3页。

　　② 竺可桢：《序言》，载中国科学院中国自然科学史研究室编《徐光启纪念论文集》，中华书局1963年版，第5页。

　　③ 全增嘏：《西方哲学史》上册，上海人民出版社1983年版，第319—320页。

　　④ （明）徐光启：《辨学章疏》，载王重民编《徐光启集》，上海人民出版社1981年版，第432页。

故也。

提出天学之上帝、神修、天堂地狱、灵魂得救等观念都是至上的天理，而对这些天理的认识就可以完善道德伦理。其根本在于"盖其所言上主生育拯救之恩，赏善罚恶之理，明白真切，足以耸动人心，使其爱信畏惧，发于繇中故也"。可见，天学所言之恩、之理的"明白真切"是其有此功效的来源。正如前述，托马斯神哲学通篇采用三段论的论证形式，而徐光启恰好对此方法极为赞赏，认为由此得出的"理"都是明白无误的"实理"。

明清时期，格物穷理原则会通了中西双方的认识论观念，其中不但包括中国传统格致要求——"即物穷理"以及诉诸直觉的认识方法，而且包括西方对于概念和命题的明晰准确的要求以及通过演绎推理获得含义明晰准确的概念与命题的方法。格物穷理原则是作为一般认识论观念而存在的，由之产生了直觉认识方法和演绎推理方法。在具体的运用中，前一方法不能形成具体规则，难以使用，而后一方法则被广泛使用。当时学者自觉地将格物穷理原则运用于具体领域的知识会通之中，格物穷理原则在当时的知识活动中发挥了重要的认识论指导作用。

第三节　明清中西科学会通重要人物及其贡献

明清中西科学会通是在多位中国学者与西方传教士的推动之下，借助朝廷的力量而进行的。其间，出现了许多重要人物，贡献巨大。

一　徐光启的贡献

徐光启，字子先，号玄扈，明嘉靖四十一年（1562 年）生于松江府上海县（今上海），明崇祯六年（1633 年）卒，出身于布衣家庭。万历三十二年（1604 年）中进士，累官礼部左侍郎（1623 年，天启三年）、太子太保礼部尚书兼文渊阁大学士（1633 年，崇祯六年），旋即又进光禄大夫左柱国太子太保文渊阁大学士（1633 年，崇祯六年）。1633 年去世后，追增少保（从一品）、追谥文定，后加增太保（正一品）。徐光启一生两度服官，虽然晚年官运亨通，死后荣享明廷恩典，荣耀有加，但在朝政腐败、宗派势力相互倾轧的明王朝末期，他实在难有作为。万历三十八年至天启元年（1610—1621 年）为官期间曾三次被迫离开北京去往天津屯田。天启五年至七年（1625—1627 年）则辞官归隐。崇祯元年（1628年）才再次奉旨服官。徐光启一生政绩平平，实难了却其"治国平天下"之心愿，遂将一生的绝大部分精力都倾注于学术建树之上。[①] 他与利玛窦、李之藻三人一同提出格物穷理原则，以《几何原本》的翻译和《崇祯历书》的编修开启明清中西科学的会通。

图 9 - 1   《崇祯历书》书影

万历三十二年（1604 年）徐光启中进士，并考进翰林院为庶吉士，来到北京，直到万历三十五年（1607 年）五月丁父忧，回乡守制。在北京翰林院的三年多时间里，徐光启与利玛窦多有交往，向其学习西方天文、历法、数学等方面的知识，并展开了《几何原本》的翻译工作。1604 年，李之藻也完成福建乡试副考官的差事返回北京。徐、李、利三人遂首聚北京，开始学术合作。至 1607 年徐光启丁父忧之前，已完成《几何原本》的校刻。在回乡守制的三年里，徐光启整理了利玛窦十年前

---

① 王重民：《徐光启》，上海人民出版社 1981 年版，第 140、174—184 页。

图 9 - 2　《几何原本》插图（徐光启与利玛窦）

的译稿——《测量法义》，并将《几何原本》《测量法义》的内容与中国数学典籍《周髀算经》和《九章算术》相比较、融合，写成《测量异同》和《句股义》。[①]《几何原本》于 1607 年刊刻。《测量法义》《测量异同》和《句股义》则于 1608 年刊刻。

万历三十八年（1610 年）12 月 10 日，徐光启守制期满回京续任翰林院检讨。其时，利玛窦已去世，但龙华民（字精华，Niccolo Longobardo，1565—1655 年，意大利人，耶稣会传教士）、庞迪我（字训阳，Diego de Pantoja，1571—1618 年，西班牙人，耶稣会传教士）、熊三拔（字有纲，Sabbathino de Urisis，1575—1620 年，意大利人，耶稣会传教士）等传教士和李之藻都在北京。这期间的主要工作是协助李之藻整理并定稿《同文算指》，与熊三拔合译《泰西水法》。《同文算指》的部分内容是李之藻与利玛窦所翻译的克拉维斯（P. C. Clavius，1537—1612 年）的《实

用算术纲要》（*Epitome Arithmeticae Practicae*，1585 年），但徐、李二人认为应当将此项西方算术内容与中国传统的算学会通，形成一个整体，因之加入"开方术""带纵开方法"等中国传统算学内容。《泰西水法》是有关西方农业水利机械和工程的著作。在此期间，徐光启迎合历法改革的呼声，与传教士及一些学者、官员译著了几部天文历法著作，并制作了一些天文图表和小仪器，伺机实施历法改革。万历三十九年（1611 年），他整理了熊三拔的旧稿《简平仪说》，又于万历四十三年（1615 年）同李之藻、周希令、孔贞时、王应熊、熊明过、许乐善、杨廷筠、徐光启、卓尔康等人同阅由阳玛诺、周希令、孔贞时和王应熊四人合译的《天问略》。①

　　然而，不幸的是万历四十四年五月（1616 年 7 月）沈㴶②掀起"南京教案"。当月，徐光启返回北京销假复职，旋即于 9 月（万历四十四年的七月）上《辨学章疏》，一方面为传教士辩解，另一方面阐述了他对天主教和西学的见解。③ 万历四十五年十二月二十八日（1617 年 2 月 4 日）万历皇帝降旨："著照沈㴶所请，将在北京之洋人庞迪峨（我）、熊三拔与在南京之王丰肃、谢务禄，一并押解出国，不准逗留内地，钦此。"④ 庞迪我、熊三拔、谢务禄（Alvaro de Semmedo，1586—1658 年，葡萄牙人，耶稣会传教士）、王丰肃（字一元，又字泰文，后改名高一志，字则圣，Alfonso Vagnoni，1566—1640 年，意大利人，耶稣会传教士）等离境，前二人死于澳门。龙华民、毕方济（字今梁，Francesco Sambiasi，1582—1649 年，意大利人）等受到徐光启等人的保护，留

---

　　① 王重民：《徐光启》，上海人民出版社 1981 年版，第 72 页。

　　② 沈㴶，字铭镇，浙江乌程人，嘉靖三十八年（1559 年）进士。万历四十四年（1616年）沈㴶任职南京礼部，于五月、八月、十二月三次上疏，称传教士之罪：（1）西士治历，以为将举尧舜以来中国传统之历法变乱之；（2）不祭祀祖宗，但侍奉天主，可以升天堂，免地狱。八月，受礼部尚书方从哲派遣，沈㴶发兵抓捕传教士王丰肃等。万历四十四年（1617 年）十二月二十八日，神宗降旨，遣返传教士。此为"南京教案"。天启元年（1621 年），方从哲为相，荐沈㴶为礼部尚书，兼文渊阁大学士。其时恰值白莲教案起，沈㴶诬蔑天主教为白莲教，再次打击在华传教士。但不久，沈㴶遭到时任首辅叶向高等人的弹劾，虽于天启三年（1623 年）致仕，但逾年亡。见《明史》，卷二百一十八，中华书局 1974 年版，第 5766 页；徐宗泽《中国天主教传教史概论》，上海书店 1990 年影印本，第 191—198 页。

　　③ 王重民：《徐光启》，上海人民出版社 1981 年版，第 178 页。

　　④ 《明神宗实录》卷五百五十二。

在内地。万历四十七年（1619 年）九月九日，徐光启升任詹事府少詹事兼河南道监察御史，奉旨管理练兵事务。至此，徐光启终于得到一次"治国、平天下"的实践机会。在此之前，1616 年努尔哈赤建立后金政权，并于 1618 年大举侵明，1619 年又大举击败明军主力杨镐部队。明朝野上下为之震动。在这种形势下，徐光启与其座师焦竑商讨演练新兵对策，提出："欲当事者大有振作，博求海内名工名技以为兵师，如甲胄、车仗、军火、器械之类，物究其极；然后选取材武之士，务求勇、力、捷、技冠绝侪辈者，三倍其糈，择名将定节制，日夜教习之。"① 他还三次上奏其练兵策略。明神宗与兵部正是看到徐光启有新方略，才命其演练新兵。然而，其时朝政腐败、部门相互掣肘，徐光启练兵举步维艰，"兵非臣之所谓兵，饷非臣之所谓饷，器甲非臣之所谓器甲也"②。天启元年（1621 年）2 月 26 日，他托病离开练兵职务，3 月 3 日则告假归乡。至此，徐光启第一次"治国、平天下"的实践失败了，也结束了第一个服官时期。③ 1619—1621 年，徐光启钻研火器、机械，写成《火炮要略》。

天启元年（1621 年）3 月，徐光启告假，来到天津屯田，继续农业研究与《农政全书》的写作，直到天启五年（1625 年）5 月受阉党迫害回乡"冠带闲住"。徐光启回到上海后，继续其农业研究与《农政全书》的写作，直到崇祯元年（1628 年）二月奉旨进京复职。1622—1627 年，徐光启完成了《农政全书》的绝大部分手稿，此后只作过少量修补。崇祯十二年（1639 年）该书由陈子龙等校刻并定名为《农政全书》。1624年，毕方济在上海刊刻天主教论灵魂的书籍《灵言蠡勺》二卷，署名毕方济口授、徐光启笔述，但实际上该书是毕、徐二人于 1608—1620 年毕方济在徐光启家中躲避教难时完成的。④《农政全书》是徐光启在这一时期的主要学术成就。《农政全书》共 60 卷，"杂采众家，兼出独见"（陈子龙语），共引用文献 225 种，其中包括徐光启与熊三拔合译的关于西方

① （明）徐光启：《复太史焦座师》，载王重民编《徐光启集》，上海古籍出版社 1984 年版，第 454 页。
② （明）徐光启：《剖析事理仍祈罢斥疏》，载王重民编《徐光启集》，上海古籍出版社 1984 年版，第 140 页。
③ 王重民：《徐光启》，上海人民出版社 1981 年版，第 83 页。
④ 同上书，第 88—105 页。

水利机械和工程的著作《泰西水法》。全书内容是徐光启应当时社会现实需要，在前人的基础上，经过自己多年的研究和试验总结而成的，《水利》和《荒政》两部分是全书的重点。[①] 可以说，《农政全书》是徐光启提倡经世致用之实学的一项完美成果，也是他会通中西科学的一项重要成果。

崇祯二年（1629 年），徐光启晋升礼部左侍郎，阴历七月二十六日，上《条议历法修正岁差疏》，提出历法修正十事、修历用人三事、急用仪象十事和度数旁通十事四项具体措施。在这四项具体措施中，徐光启详细阐述了其会通中西学术、修订历法、建立新的历算学的设想。阴历九月三十日，崇祯敕云："顷因日食不合，会议宜请更修，特允延推，命尔（徐光启）督领。"旋即就宣武门内首善书院旧址开设历局，是为西局。此前已有大统与回回两历局，《崇祯历书》的编修工作就此展开。至崇祯六年（1633 年）11 月 8 日，徐光启卒于任职，"历法修正告成，书器缮制有待"。李天经随即奉旨接任，督修历法。

1629 年以后，徐光启在督修历法的同时，从事的另一项重要工作是购买与铸造火铳，武装京城守军，并策划选练精兵、建立车营。1629 年12 月满清曾一度攻至北京德胜门，京城告急。崇祯帝两次召集平台会议，商讨对敌策略。后接受徐光启的建议，加强守军火器，固守京城。后清兵退却。这期间，徐光启一方面派人到澳门购买西洋大铳，另一方面在北京建了一个小兵工厂仿造西洋火铳。此时在历局效力的传教士龙华民、邓玉函、罗雅谷、汤若望，以及李之藻等都参与到铸铳的活动中来。历局也成了一个军工技术机构。

[①] 《农政全书》内容如下：（1）《农本》3 卷，卷 1—3，经史典故，诸家杂论，冯应京的《周朝重农考》；（2）《田制》2 卷，卷 4—5，徐光启自撰的《井田考》，田制篇；（3）《农事》6卷，卷 6—11，营治、开垦、授时、占候；（4）《水利》9 卷，卷 12—20，总论，西北水利，东南水利，水利策，水利疏，灌溉图谱，利用图谱，《泰西水法》；（5）《农器》4 卷，卷 21—24，据王桢《农书》中的图谱，稍删其繁；（6）《树艺》6 卷，卷 25—30，谷部，蓏部，蔬部，果部；（7）《蚕桑》4 卷，卷 31—34，总论，养蚕法，栽桑法，蚕事图谱，桑事图谱，织纴图谱；（8）《蚕桑广类》2 卷，卷 35—36，木棉，麻；（9）《种植》4 卷，卷 37—40，总论，木部杂种（竹、茶、花草、药草）；（10）《牧草》1 卷，卷 41，六畜，杂附；（11）《制造》1 卷，卷 42，食物，杂附；（12）《荒政》18 卷，卷 43—60，备荒总论，备荒考，《救荒本草》，《野菜谱》。参见王重民《徐光启》，第 106—107 页。

二　李之藻的贡献

李之藻，字振之，又字我存，号存园寄叟、凉庵居士，嘉靖四十四年（1565 年）生于杭州仁和，崇祯三年（1630 年）卒于北京。万历二十六年（1598 年）中进士，历任南京工部营缮司员外郎、工部分司、开州知府、南京太仆寺少卿、敕理河道工部郎中等职。1610 年由利玛窦施洗，成为天主教徒。

李之藻喜好传统历算和舆地学，且颇有研究。万历二十八年十二月二十一日（1601 年 1 月 24 日），利玛窦入京，三日后俱疏朝贡。随后在北京住下，与京中士大夫多有交往。当时李之藻也在北京，随同冯应景等人一起访问利玛窦。他看到利玛窦房中悬挂着 1594 年在肇庆刊刻的《山海舆地全图》，颇感惊奇。此后，他对利玛窦"间商以事，往往如其言则当，不如其言则悔，遂大倾服而问道焉"[①]。1602 年利玛窦第三次刊印其《山海舆地全图》，题名为《坤舆万国全图》，李之藻为之作跋。此间，李之藻、冯应景等人经常到利玛窦的住所谈论哲学与科学的问题。李之藻表现出众。万历三十一年（1603 年）七月初十，李之藻授福建学政，与翰林院编修陈之龙充任正副考官。在赴任与返京途中，他携带利玛窦所赠日晷等仪器，一路观测天象，"往返万里，测验无爽"[②]。1604 年，李之藻由福建返京候命，徐光启也来到北京。徐、利、李三人开始有学术交流与合作。一直到万历三十四年（1606 年），李之藻出任工部分司，往山东张秋治河。在治河期间，他完成了《浑盖通宪图说》，并于 1607 年由处州知州郑怀魁刊印。万历三十六年（1608 年）阴历十一月与利玛窦合译的《圆容较义》和《经天该》完成，随后赴任开州知州。同年，《圆容较义》由毕拱辰在北京刊刻。《经天该》大约亦同时刊刻。1608—1610 年，李之藻常往北京，与利玛窦论学。

万历三十九年（1611 年），李之藻丧父，回乡守制，带耶稣会士金尼阁、郭居静、修士钟明仁到杭州传教。守制期间，李之藻关心较多的是宗教、逻辑学和方法论、形而上学以及伦理道德问题，在杭州广泛传播利玛

---

① 陈垣：《浙西李之藻传》，载《陈垣学术论文集》，中华书局 1980 年版，第一册，第 71 页。

② 方豪：《李之藻先生简谱》，载《李之藻研究》，（台北）商务印书馆 1966 年版，第 20、193—211 页，以下李之藻事迹均参照该简谱。

窦的《天主实义》《畸人十篇》等。为此，佛门中人虞淳熙作《天主实义杀生辩》、朱宏和尚有《四天说》，诛伐杭州信仰天主教者。

图 9 - 3　《坤舆万国全图》

注：明万历三十六年（1608）由宫中太监摹绘利玛窦在中国传教所编绘的世界地图而成。原作 6 幅屏条，后缀连为一图。再后又重新装裱为横幅，遂成纵 192 厘米、横 380.2 厘米的整幅世界地图。

万历四十二年（1614 年），李之藻升任南京太仆寺少卿，进京候补。他积极响应当时之改历呼声，推荐传教士参加历法改革，积极引入西方天文、历法、数学等学术，改善中国传统学术。李之藻强调西学的特点在于：依赖演绎推理，使每条知识来源清楚，条理明晰，也就是他所说的"不徒论其度数而已，又能明其所以然之理"。他急切地期望能够通过翻译西书，将这一知识体系引入中国学术之中，以弥补其中的不足。万历四十三年（1615 年），李之藻往高邮任敕理河道工部郎中，在此任上一直到天启元年（1621 年）四月，应徐光启推荐任光禄寺少卿兼管工部都水清吏司郎中事。1616 年，南京教案起，李之藻与杨廷筠在朝廷外竭力保护，徐光启在朝内极力辩解，使龙华民、毕方济等人得以潜留在内地。

天启元年（1621 年）三月，沈、辽等地被清攻陷，京畿一带防务吃紧。其时徐光启督练新兵，遂举荐李之藻任光禄寺少卿兼管工部都水清吏司郎中事，参与购买和制造大铳。1623 年，李之藻回到杭州，与传教士傅泛际结庐隐居于灵隐、天竺间，开始翻译《寰有诠》，至 1625 年夏初完成。该书于崇祯元年（1628 年）在杭州刊印。天启七年（1627 年），开始与傅泛际翻译《名理探》。崇祯四年（1631 年），该书前五卷在杭州刊印。1629 年，李之藻在杭州汇刻《天学初函》，此为我国最早的天主教丛书，分为理器两编，其中收入一些科学著作。李之藻于崇祯三年（1630 年）五月六日入朝，协助徐光启督修历法。他与徐光启、罗雅谷共同完成《历指》1 卷、《测量全义》2 卷、《比例规解》1 卷、《日躔表》1 卷等。

三　利玛窦的贡献

利玛窦（Matteo Ricci），字西泰，意大利人，1552 年生于马切拉塔，万历三十八年（1610 年）逝世于北京，天主教耶稣会神父。利玛窦在中国推行"学术传教"，一方面，使得天主教在中国得以立足，另一方面，促进了明清时期中国科学的发展。

利玛窦于 1582 年到澳门，1583 年到肇庆，创建住院，开始在中国传播天主教，曾先后在韶州、南京、南昌传教。1601 年 1 月 24 日到达北京，开始他在北京的宗教与学术活动。入华后的二十多年时间里，利玛窦采用了耶稣会在欧洲和印度的传教经验和策略，争取社会上层与文化上层的皈依。在学习中文和中国典籍文献、与中国士大夫的广泛接触中，利玛窦充分认识到明末士绅文化对新思想的包容。诉诸理性很能配合当时的知识环境，也当然利于天主教的传播。[1] 利玛窦等传教士在华传播的是托马斯主义。利玛窦极力以其中的亚里士多德哲学吸引中国学者，以理性来认识上帝。利玛窦的主张影响到其他在华耶稣会士。明末清初一段时期内，传教士撰写的书籍中提到最多的人物是亚里士多德而不是托马斯。

利玛窦在华写过许多关于天主教教义和天主教伦理道德的书籍，在其中采用了诉诸理性的办法来说服阅读者和聆听者，例如，《畸人十篇》（1584 年刊刻于肇庆；又，附《西琴八曲》，1608 年刊刻于北京）、《天主实义》（1595 年刊刻于南昌，1601 年、1604 年刊刻于北京，1605 年刊刻于杭州，后多次重刻，收入《天学初函》，有李之藻、徐光启、冯应景序）、《交友论》1 卷（1595 年刊刻于南昌）、《二十五言》1 卷（1604 年刊刻于北京）和《辨学遗牍》（1609 年刊刻于北京），等等。在这期间，

---

① 卫思韩：《短暂的合流：从利玛窦到南怀仁看中国与天主教相遇的脉络变化与前景》，载魏若望编《南怀仁》，社会科学文献出版社 2001 年版，第 439—453 页。

利玛窦也写过一些关于语言的著作，如《西字奇迹》1卷（1605年刊刻于北京）、《西国记法》1卷（1595年刊刻于南昌）。同时，他还向中国学者展示一些科学仪器、图表、演算、书籍，诸如日晷、三棱镜、星盘等。其中最著名的就是他于万历十一年（1583年）在肇庆首次展出的《坤舆万国全图》。这幅地图在明末学者中引起轰动。当时的肇庆知府王泮要求利玛窦将其中的说明文字译为中文，将中国移到正中，重新标记经纬度，并将地图放大。一年后，即万历十二年（1584年），新地图在肇庆刻印，题名《山海舆地全图》。这幅地图在中国广为流传。万历十二年至万历三十六年间（1584—1608年）以各种题名刻印或摹绘达十二次之多。[1] 1595年，在肇庆刊刻《四元行论》，讲亚里士多德的四元素说。毫无疑问，这些人类理性的至上结晶最能引起明末士人的兴趣，吸引他们的关注。李之藻就因见到这幅地图而对利玛窦的学问大为敬佩，并因此建立了密切的联系。[2]

但利玛窦有意识地向中国学者系统传播西方理性知识，是在1604年与徐光启、李之藻会聚北京之后。在论及翻译《几何原本》之缘由时，徐光启曾讲道：

> 利先生少年时，论道之暇，留意艺学。且此业在彼中所谓师傅曹习者，其师丁氏，又绝代名家也，以故极精其说。而与不佞游久，讲谈余晷，时时及之，因请其象数诸书，更以华文。独此书未译，则他书俱不可得论，遂共翻其要。[3]

可见，翻译《几何原本》，是经过利、徐等人商议，精心策划，为建立一套新学说而将之作为基础著作首先加以翻译的。翻译采用的底本是利玛窦老师的，当时欧洲著名的数学家克拉维斯写的 *Euclidis Elementorum Libri* XV （《欧几里得几何原本》15卷，1591年，1603年）。

利玛窦同时开始翻译的另一部基础著作就是《同文算指》。这部书的

①　杨文衡：《利玛窦》，载杜石然主编《中国古代科学家传记》，科学出版社1992年版，第1295—1301页。

②　[意]利玛窦、金尼阁：《利玛窦札记》，何高济等译，中华书局1983年版，第347—356页。裴化行：《利玛窦神父传》，管震湖译，下册，商务印书馆1998年版，第561—564页。

③　（明）徐光启：《刻几何原本序》，载《徐光启集》，上海人民出版社1981年版，第75页。

底本采用了克拉维斯的 *Epitome Arithmeticae Practicae*（《实用算术纲要》，1585 年），与李之藻合译。翻译的时间在 1604—1610 年。这期间，在 1606—1608 年的一段时间里，李之藻出任工部分司，往山东张秋治河，离开了北京，翻译工作中断。到 1610 年利玛窦去世、徐光启返回北京之时，译稿已基本完成。其后徐、李二人共同修订译稿，参照程大位《算法统宗》，加入中算内容，以求会通中西算学。①

在北京期间，利玛窦还与李之藻译成《浑盖通宪图说》《经天该》《圆容较义》和《乾坤体义》。《浑盖通宪图说》刊刻于 1607 年，《经天该》和《圆容较义》刊刻于 1608 年。《同文算指》于万历四十二年（1614 年）在北京刊刻。《乾坤体义》到 1615 年才付梓。《圆容较义》是一部数学著作，讨论正多边形、多边形与圆、锥体与棱柱体、正多面体、浑圆与正多面体等之间的关系。这些几何学内容实际上是自古希腊到 16 世纪初西方学者讨论的几何学的重要问题。《经天该》和《浑盖通宪图说》讲述天体的构造，而《乾坤体义》则讲述日、地、月三者的关系。1609 年，利玛窦还在北京创建中国基督教历法，对日后徐光启等人的修历产生了影响。利玛窦的主要学术贡献就是与徐光启、李之藻合作，将西方古典学术中的基础部分——几何学、算术和天文学传入中国，以此形成一种新知识的基础。

四　李天经、汤若望与南怀仁的贡献

徐光启去世之后，李天经、汤若望与南怀仁先后于明、清两朝督修历法，在中西科学会通中做出了重要贡献。

李天经，字仁常，又字性参、长德，万历七年（1579 年）生于河北赵州吴桥，顺治十六年（1659 年）卒，万历四十一年（1613 年）中进士，曾历任山东济南知府、河南大梁道台、陕西按察使、山东右参政等职。李天经一向擅长历算学。"崇祯六年（1633 年），以山东右参政代徐光启督修新法。"崇祯七年（1634 年）七月、十二月，崇祯八年（1635 年）四月进《崇祯历书》多部，"事时，西法书器俱完"。崇祯九年（1636 年）晋升光禄寺卿，管理西局，至崇祯十七年（1644 年）。李天经曾领导历局推测崇祯九年（1636 年）正月十五日辛酉晓望月食，验合，而大统、回回和

---

① 王重民：《徐光启》，上海人民出版社 1981 年版，第 30—31、66 页。

魏文魁所推不合；又推测崇祯十年（1637 年）正月辛丑朔日食，独验。但是，管理另局的代州知州郭正中言中法不可尽废，西法不可专行。崇祯十一年（1638 年），诏示仍行大统，参考新法、回回。崇祯十四年十二月（1642 年初），天经言置闰之法，进崇祯十六年（1643 年）新历书，推测崇祯十七年（1644 年）三月乙丑朔日食，独验。八月，诏西法改为大统术法，通行天下，国变，未实施。1644 年，清军入京，李天经弃官归乡。同年，清廷将其召回，授通政使司通政使。但不久，李天经即辞职回家，1659 年终于乡里。① 李天经在督修《崇祯历书》期间，于 1634 年和 1635 年两次共进呈历书 22 部 61 卷，另仪器 1 部。② 《崇祯历书》编修完成之后，李天经领导历局官生完成并进呈《乙亥丙子七政行度》4 册，《参订历法条议二十六则》及《七政公说》（1635 年）、《浑仪书》4 卷一套，《运重图说》1 册和《节气图说》各 1 幅（1636 年），《黄赤全仪用法》1 册（1639 年），《坤舆格致》4 卷（1641 年），《经纬新历》6 册，《七政新历》6 册（1638—1644 年），另修造望远镜、地平日晷、浑仪等天文仪器。③

汤若望（Jean Adam Schall Von Bell），字道未，德国人，1591 年生于科隆，康熙五年（1666 年）卒于北京，耶稣会传教士，泰昌元年（1620 年）来华。他于 1620 年随金尼阁到澳门，旋即到浙江嘉兴学习汉语，1622 应诏进京，为明廷造炮，后到西安传教。崇祯三年（1630 年）五月十六日，徐光启上疏，推荐汤若望和罗雅谷入局修历。崇祯三年（1630 年）十月二日，应崇祯旨诏，汤若望入钦天监西洋历局效力，直至 1666 年逝世。汤若望曾作《主制群征》2 卷（1629 年刊刻于绛州）、《主教缘起》4 卷（1643 年刊刻于北京）等五部宗教著作。汤若望于崇祯三年至十七年（1631—1644 年）的十四年间在钦天监著译书籍，并指导监生推算历表，制造仪器，其中《崇祯历书》内有《测天约说》《大测》《远镜说》（1631—1634 年）等 18 部，另有《坤舆格致》（1639 年），以及《学历小辨》1 卷、《民历补注解惑》1 卷、《新历晓惑》1 卷、《火攻挈

---

① 阮元：《畴人传》卷三十三，中华书局 1991 年版，第 409—417 页。

② 《新法算书》卷三，第 14 页，"缘起三"；卷四，第 2b—3a 页，"缘起四"，《文渊阁四库全书》本。

③ 《新法算书》卷四，第 15—28 页，"缘起四"；卷五，第 5b—6a 页、24 页；卷七，第 10—28 页，"缘起七"，《文渊阁四库全书》本。

要》（与焦勖合著）等（均在1643年于北京刊刻），成绩卓著。与此同时，汤若望在钦天监内培养了大批可依新法进行推算的监生。加之依新法推算的结果往往与观测密合，远优于大统与回回历法。这使他在钦天监占据了显著地位。其成就使明廷对之深为信赖，名声扬于士大夫之间。崇祯十七年（1644）正月初四皇帝降旨，赐汤若望匾额"旌忠"。在明朝的最后几年里，汤若望积极为朝廷效力。此时的汤若望俨然是一名尽忠报国的贤臣。同年，明亡，清入主中原。清统治者沿袭明朝旧制，启用大批明廷官僚以维护社会统治。这其中包括已进入钦天监的传教士。自明末，多名传教士应征入钦天监历局修订历法。他们食皇家俸禄，为皇家做事，自称为"远臣"。他们已成为中国士大夫中的一员、明廷官僚的一分子。明清更朝之时，李天经弃官归里，汤若望即上疏朝廷，请用其历法。其所进即明朝编修的《崇祯历书》，又称为《西洋新法历书》，进呈清廷后改称为《新法算书》。清廷也迅速接受了汤若望。

图9-4　汤若望画像

南怀仁（Ferdinand Verbiest），字敦伯，比利时人，1623年生，1688年卒于北京，耶稣会传教士。南怀仁于康熙八年（1669年）奉旨，署理钦天监，并领导重建北京天文台，新制黄道经纬仪、赤道经纬仪、平纬仪、平经仪、纪限仪和天体仪六部天文仪器。在天文学方面，南怀仁还著有《历法不得已辩》1卷（1669年刊刻于北京），领导历局官生编撰成《仪象志》14卷和《仪象图》2卷（1674年刊刻于北京），并编成康熙十年至二十六年（1671—1687年）各年历书与天象研究著作多部。此外，南怀仁还用拉丁文写成《欧洲天文学》（Astronomia Europaea，1679年初到1680年初完成，1687于荷兰迪林根Dillingen出版），向欧洲介绍中国的天文学工作。地理学方面，南怀仁著有《御览西方要纪》1卷（1669年刊刻于北京）、《坤舆全图》《地球全图》和《坤舆图说》2卷（均于1674年刊刻于北京）、《坤舆外纪》1卷、《坤舆格致略说》1卷（1676年刊刻于北京）；数学方面有《几何原本》满文本（约17世纪70年代完成）；火器方面有《进呈铸炮术》（即《神武图说》）等。① 这一时期，南怀仁最重要的贡献就是发展了徐光启、利玛窦和李之藻等首倡的格物穷理原则和格物穷理之学，对自1582年以来的相关著作进行了大规模的整理，编撰完成集大成之作《穷理学》。

五 阳玛诺等人的贡献

阳玛诺（Emmanuel Diaz，字演西，1574—1659年），耶稣会传教士，曾撰写《经天该》。1612年，庞迪我与熊三拔按照万历皇帝旨意绘制《万国地海全图》，与孙元化合撰《日晷图法》。而金尼阁（Nicolas Trigault，字四表，1577—1628年，法国人，耶稣会传教士）出于相同原因，从欧洲带回七千部图书。此外有王征与邓玉函合译《远西奇器图说录最》、穆尼阁和薛凤祚合译《天步真原》等著作。《远西奇器图说录最》是一部重要的物理学（特别是力学）和工程机械学著作，详细阐述了以下三个方面的知识：①"力艺"，即力学，包括重（力）、重心、重容（比重）、比例及其他问题；②机械学基本原理，如秤、等子、杠杆、滑车、滑轮、螺丝等；③几十种机械的原理、结构和功能。该书的很多内容被后来的《穷理学》引用。王征还著有《诸器图说》1卷，同《远西奇器图说录

---

① 阮元：《畴人传》卷四十五，中华书局1991年版，第589—595页；[法] 费赖之：《在华耶稣会士列传及书目》，冯承钧译，中华书局1995年版，第340—359页；[法] 荣振华：《在华耶稣会士列传及书目补编》，耿昇译，中华书局1995年版，第716—721页。

最》一并于天启七年（1627 年）刊刻于北京。王征还写成《额辣济亚牖造诸器图说》，不知是否曾刊刻。

穆尼阁（Johannes Nikolaus Smogulecki，字如德，波兰人，1611—1656 年，耶稣会传教士）与薛凤祚译成《天步真原》（1648 年）、《人命部》（1652 年）、《天学会通》和《比例对数表》（1653 年）等。此外，他还著有《世界椭圆图》（约 1653 年）。[①] 高一志作有《空际格知》2 卷（1633 年刊刻），讲述天体论，是依据 *Coimbricenses edition of Aritotle's Meteorologica entitled In libros meteorum* 译撰的。该书被录于《四库全书》。另有《寰宇始末》2 卷（1637 年）和《斐禄彙答》2 卷。前者关于宇宙论，后者关于哲学，其中有逻辑学内容。[②] 金尼阁于 1625 年在陕西、山西两地之时，曾撰有《重学》1 卷，并由王征加以选编。该书内容关于力学。1664 年，薛凤祚编撰《历学会通》时收录该书。[③] 1626 年金尼阁写成《西儒耳目资》，王征为之校订并写序。这是一本拉丁语—汉语字典[④]。利类思（字再克，Louis Buglio，意大利人，1606—1682，耶稣会传教士）著有：《西方要纪》1 卷（1662 年，与安文思、南怀仁合撰），讲西方地理风貌；《狮子说》1 卷（1678 年）和《进呈鹰说》（1679 年），关于狮子和鹰的生物学著作；《西历年月》1 卷（1679 年），关于历法。

艾儒略作有《西学凡》1 卷，介绍西方古典学术的文、理、医、法、教（教律，伦理学）、道（神学）；《几何要法》4 卷，是《几何原本》内容的通俗读本；《职方外纪》5 卷，介绍世界各国地理风貌；《性学粗述》8 卷，关于人体结构、生长和感觉意识等内容。以上四部著作均于 1623

---

① 阮元：《畴人传》卷四十五，中华书局 1991 年版，第 595—596 页；［法］费赖之：《在华耶稣会士列传及书目》，冯承钧译，中华书局 1995 年版，第 266—270 页；［法］荣振华：《在华耶稣会士列传及书目补编》，耿昇译，中华书局 1995 年版，第 635—636 页。

② Willard J. Peterson, "Western Natura Philosophy Published in Late Ming China", *Proceedings of the American Philosophical Society*, 117 (4): 295–322 (esp. 298–307), August 1973. ［法］费赖之：《在华耶稣会士列传及书目》，冯承钧译，中华书局 1995 年版，第 88—97 页；［法］荣振华：《在华耶稣会士列传及书目补编》，耿昇译，中华书局 1995 年版，第 690—691 页。

③ 李迪：《中国算学书目汇编》，载吴文俊主编《中国数学史大系》附卷第二卷，北京师范大学出版社 2000 年版，第 109 页。

④ 方豪：《王征之事迹及其输入西洋学术之贡献》，载《方豪六十自定稿》，中华书局 1969 年版，第 319—378 页。

年刊刻于杭州。崇祯二年（1629 年）李之藻在北京汇刊《天学初函》时收《西学凡》和《职方外纪》入理编。①

邓玉函、罗雅谷和龙华民三人分别于 1629 年和 1630 年奉诏入局修历。邓玉函先后编撰《崇祯历书》中的 9 部，如《大测》2 卷、《测天约说》2 卷、《正球升度表》1 卷、《黄赤距度表》1 卷等。这些书于 1631 年由徐光启进呈崇祯。罗雅谷编撰《崇祯历书》中的 21 部，例如，《筹算》《比例规解》《测量全义》等。另外，邓玉函、罗雅谷二人合撰《泰西人身图说》2 卷（约于 1635 年刊刻）。在杭州期间，邓玉函写成《泰西人身说概》2 卷（1635 年刊刻）。龙华民先后编撰《崇祯历书》中各种天文历法数学书籍达 16 部，另撰有《地震解》1 卷，于 1624 年刊刻于北京。②

王应遴曾著有《乾象图说》1 卷、《中星图》1 卷，时间大约在 1629 年修订历法之前。③ 孙元化曾师从徐光启学习西方数学与火器，和毕方济等传教士多有交往，著有《几何体论》与《几何用法》各 1 卷（1608 年刊刻），另有《太西算要》（1620—1625 年完成）。前两书取材《几何原本》，后一著作力求会通中西开方法，是他的数学研究成果。④ 陈子龙整理了徐光启的《农政全书》60 卷，收入他编辑的《皇明经世文编》，刊

① 阮元：《畴人传》卷四十四，中华书局 1991 年版，第 576 页；［法］费赖之：《在华耶稣会士列传及书目》，第 132—142 页。

② 阮元：《畴人传》卷四十四，中华书局 1991 年版，第 576、578—580 页；［法］费赖之：《在华耶稣会士列传及书目》，冯承钧译，中华书局 1995 年版，第 158—163、192—197、64—71 页；［法］荣振华：《在华耶稣会士列传及书目补编》，耿昇译，中华书局 1995 年版，第 603—605、534—535、377—379 页。

③ 阮元：《畴人传》卷三十三，中华书局 1991 年版，第 417 页。

④ 孙元化，字初阳、火东，万历九年（1581 年）生于浙江嘉定，崇祯五年（1632 年）因部将孔有德兵变受牵累被明廷处斩。孙元化于 1618 年前皈依天主教，施洗神父不详。万历四十年（1612 年），孙元化中进士，曾任职方郎中、山东布政司参政、右佥都御史等职。崇祯初年，曾带领装备西洋火铳的部队在辽西抵御清军入侵。见 Huang Yi-Long, "Sun Yuanhua: A Christian Convert Who Put Xu Guangqi's Military Reform Policy into Practice", C. Jami, P. Engelfriet & G. Blue ed. , *Statecraft & Intellectual Renewal in Late Ming China: The Cross-Cultural Synthesis of Xu Guangqi (1562 - 1633)*, Brill 2001, pp. 225 - 259；［美］A. M. 恒慕义主编《清代名人传略》上册，中国人民大学清史研究所译，青海人民出版社 1990 年版，第 72—73 页；尚智丛：《〈太西算要〉发掘与探析》，载《中国科技史料》1998 年第 3 期，第 80—86 页。

刻于崇祯十一年（1638 年）。① 陈荩谟与徐光启有学术交往，对西方数学
有相当认识与研究，著有《度测》3 卷附《开方说》1 卷和《度算解》1
卷，原有崇祯庚辰（十五）年（1642 年）序，现不见该书。内容关于比
例规，存于梅文鼎《比例规解》中。② 孙兰曾向汤若望学习天文历法、数
学和地理学等，著有《理气象数辨疑纠谬》8 卷（顺治初年）、《格理》
《推事》《外方》《考证》《舆地隅说》4 卷、《山河大地图说》《禹徘淮泗
注江解》等著作。③ 焦勖于崇祯十六年（1643 年）向汤若望学习西方火
铳，并合著《火攻挈要》。④ 熊明遇曾任职（明）南京兵部尚书等，素喜
好天文、数学与地理学，与传教士阳玛诺讨论中西天文、数学和地理学的
同异，著有《格致草》（1648 年），力求会通中西。⑤ 郑洪猷著有《几何
要法》1 卷，是对《几何原本》内容的摘编。⑥

六　王锡阐的贡献

王锡阐，字寅旭，号晓庵，又字昭冥（肇敏），号余不，江苏吴江

① 陈子龙，初名介，字人种、懋中，又字卧子，号大樽、轶符，别号采山堂主人，自称于
陵孟公，万历三十六年（1608 年）生于松江青浦（今属上海），顺治四年（1647 年）卒，崇祯
十年（1637 年）中进士，曾任南明隆武朝兵部左侍郎等职。陈子龙是明末政坛与文坛上的活跃
人物，曾发起几社，一生诗稿汇集成《岳起堂稿》等十多部诗集。见杜石然《中国古代科学家
传记》，第 376—384 页；［美］A. M. 恒慕义主编《清代名人传略》上册，中国人民大学清史研
究所译，第 269—270 页。

② 陈荩谟，字献可，号肃庵，浙江嘉兴人，生卒年不详，学术活动时间约在崇祯十五年
（1642 年）前后，在格物穷理之学著作外，还有形而上学、语言学和文学著作《皇极图韵》《元
音统韵》《肃庵集》等。见阮元《畴人传》卷三十三，第 418—419 页；卷三十九，第 495 页。
李俨《明代算学书志》，载《李俨钱宝琮科学史全集》第 6 卷，辽宁教育出版社 199 年版，第
473—493 页。

③ 孙兰，字滋九，一名御寇，自号柳庭，晚年号德翁，扬州甘泉人，生卒年不详，在格物
穷理之学著作外，其文学著作收为《柳庭人纪》40 卷。见黄钟骏《畴人传四编》卷七，商务印
书馆 1955 年版，第 81—82 页；周骏富《清代传记丛刊索引·姓名索引》，（台北）明文书局
1986 年版，第 1491 页。

④ ［日］汤浅光朝：《解说科学文化史年表》，张利华译，科学普及出版社 1984 年版，第 232 页。

⑤ 熊明遇，字良孺，万历七年（1579 年）生，顺治六年（1649 年）卒，进士。见 Peter
M. Engelfriet, *Euclid in China*: *The Genesis of the First Translation of Euclid's Elements in 1607 & its Re-
ception up to 1723*, Brill, 1998, p. 353.

⑥ 郑洪猷，生卒年不详，曾向徐光启与西方传教士学习几何学。他曾说"余因晤西先生"，
但不知此"西先生"是何人。见黄钟骏《畴人传四编》卷六，商务印书馆 1955 年版，第 70—71
页。

人，崇祯元年（1628 年）生，康熙二十一年（1682 年）卒。王锡阐出生于读书人家庭，虽身为布衣，却有着强烈的民族情结。1644 年，清入京，明王朝灭亡。王锡阐自缢、投河、绝食，三度以死殉国，终未能成。自此之后，亡国之痛伴随其终生。王锡阐矢忠故国，决不苟同流俗，友人描述他："性狷介不与俗谐。著古衣冠独来独往。用篆体作楷书，人多不能识。"[①] "瘦面露齿，衣敝体，履决踵，性落落无所合。"[②] 王锡阐誓不仕清，遂加入明遗民圈子中，并逐步成为著名的学者。他曾与吕留良、张履祥等在江苏讲授濂洛之学，但其最重要的学术成就，也即最为后人称道的成就，则在天文历法和数学，当时称为"历算学"。王锡阐重要的天文历法著作有《晓庵新法》6 卷（1663 年）、《五星行度解》（1673 年）、《历说》5 篇（约 1659 年）、《历策》（约 1668 年）、《日月左右旋问答》（1673 年）、《推步交朔序》（1681 年）、《测日小记序》（1681 年）、《大统历法启蒙》（1663 年）、《历表》3 册、《西历启蒙》、《丁未历稿》、《三辰晷志》，后三部天文历法著作书失传；数学著作有《圜解》1 卷。

王锡阐的历算学研究是从批判明末清初引入的西方历算学开始的。其贡献主要在于：[③]

（1）王锡阐肯定新法对日月食的算法比中法高明，但也不是完全准确。但是，造成误差的原因很多，有些也非王锡阐当时所能指出。

（2）新法以为月亮在近地点时，视直径大，故月食食分小；月在远地点时，视直径小，故食分大。王锡阐指出这个论点是错误的，并给出详细分析。

（3）《西洋新法算书》成于众手，西士各有师承，学有新旧，托勒密、哥白尼、第谷、开普勒的数据同时采用，前后矛盾，相互抵触之处颇多。王锡阐指出多处这类错误，并认为数据的混乱降低了计算的精确性。

（4）汤若望推算戊戌岁四月戊辰（1658 年 5 月 3 日）、七月丙午（8

---

①　（清）潘耒：《晓庵遗书序》，见《遂初堂文集》卷六。见《四库全书存目丛书》，集 249 册，齐鲁书社 1997 年版，第 795 页。

②　王济：《王晓庵先生墓志》，见《松陵文录》卷十六。转引自江晓源《王锡阐及其〈晓庵新法〉》，载陈美东、沈荣法主编《王锡阐研究文集》，河北科学技术出版社 2000 年版，第 39—46 页。

③　席泽宗：《试论王锡阐的天文工作》，载陈美东、沈荣法主编《王锡阐研究文集》，河北科学技术出版社 2000 年版，第 1—20 页。

月9日）和十一月丁巳（12月18日）水星皆先过日，又历数时，而后顺（上）和；五月己丑（6月7日）水星现在日后，又历数时而后退（下）合。这个结果违反了内行星的上合是在日后，顺行而追及日；下合是星在日前，逆行而与日相遇的规律。王锡阐明确指出这一错误。

（5）新法以回归年与恒星年之较为岁差，并认为恒星年不变而回归年渐短。照理岁差应逐年增大。但新法以51秒为岁差常数。王锡阐指出这是自相矛盾。

（6）依据中法（即中国传统历法），在颁行的历书中采用平气，在计算日行度数和交会时刻时采用定气，两种制度并行。传教士误以为中法只知平气，不知定气，导致"中历节气，差至二日"。王锡阐对此给予了驳正："二日之异，乃分（春秋分）至（冬夏至）殊科（制度不同），非不知日行之　而至误也。"①

（7）新法分一日为二十四小时，一小时为六十分；中法分一日为十二时辰，又分一百刻，每刻分为一百分。新法分圆周为360度；中法分圆周为365又1/4度。新法批评中法的划分不好。王锡阐提出：这些划分只是人为的，并非自然所固有，无所谓是非，也不影响计算的精度。王锡阐在此否认新法划分在计算上的方便，有欠缺之处。但其所提以上七条却不无道理。

他赞成徐光启会通中西之法，即先翻译西法，然后与中法比较研究，最后再定出一套新的方法。但他却认为，徐光启之后，"继其事者仅能终翻译之绪，未遑及会通之法，至矜其师说，龃龉异己，廷议纷纷"，结果是"且译书之初本言取西历之材质，归大统之型模，不谓尽堕成宪而专用西法如今日者也"②。

事实上，我们知道，中法与西法，即中国传统历算学与西方历算学相比较，最大的缺陷就是"能言其法，不能言其义"，然而"法而系之义"③。所谓"法"，即指历算学中的推算方法；"义"即指事物的内在规律，如天体运行规律等。徐光启对中法的缺陷有着明确认识，其会通中西的根本措施就是以西法之"义"补中法之不足，而后会通中西推算之法，

---

① （明）王锡阐：《晓庵遗书自序》，见《丛书集成续编》第78册，（台北）新文丰出版公司1984年版，第635页。

② （明）王锡阐：《历说一》，见《畴人传》卷三十四，中华书局1991年版。

③ （明）徐光启：《题测量法义》，载王重民编《徐光启集》，上海古籍出版社1984年版，第82页。

形成一套历算体系。由于"法而系之义"，所以，最终形成的历算体系看起来总是有"专用西法"之嫌。应当说，徐光启的后继者并未曲解他的本意，而是贯彻了他的修历思想。所成之新法，所成之《崇祯历书》（或者说《西洋新法算书》）就是徐光启当初所预想之结果，也是按照其思想修订历法之唯一结果。1683 年，南怀仁再成《穷理学》，仍是贯彻徐光启会通中西之重要成就。只是，那时这样一种会通中西的思想已经不大为学者与朝廷认同了。王锡阐批评新法修订之路线错误只是出于其个人偏见而已。

王锡阐不取西法之义，便独创了一套宇宙模型，来进行天文历法推算。这首先体现在他的《五星行度解》中，主要观点是：

（1）金、水于本天右旋，土、木、火于本天左旋。这是取于传统中法的观念。

（2）虚设日星规代替第谷体系的太阳轨道，并在五星本天之外增设一个以地球为中心的圆，称为五星本天。王锡阐的太阳本天不同于五星本天。五星本天以太阳为中心，太阳本天以地为中心，稍偏其上。在具体的推算中，太阳本天并不起任何作用，起作用的是日星规，即第谷体系的太阳轨道。

（3）认为五星及太阳本天俱为实体而日行规为虚体。这与第谷体系中各天俱为虚体，仅为几何表示，有很大区别。王锡阐的观念可能来于《寰有诠》。

王锡阐的宇宙结构模式如图 9-5 所示。

王锡阐之宇宙结构模式确有很大的独创性。在其宇宙模式基础上，王锡阐完成了以下几项颇有意义的工作：[①]

（1）解释了行星在合和冲之后视行度的计算方法。

（2）解释了五星运行迟疾变化的原因，如"火星合伏后距地远，视行角小，故行甚疾"，"火星冲日后，去地甚近，视角大，故本天视行甚疾"。

（3）提出五星的本天运行是均匀的，但对于处在地球上的观察者而言，其运动则有迟疾，又由于五星的本天运行是偏心圆运动，便有盈缩现

---

① 详细分析见宁晓玉《〈五星行度解〉中的宇宙结构》，载陈美东、沈荣法主编《王锡阐研究文集》，河北科学技术出版社 2000 年版，第 85—97 页。

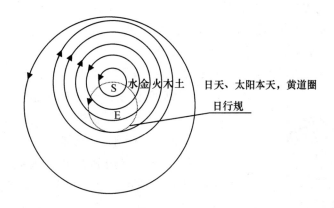

水金火木土　　日天、太阳本天，黄道圈

日行规

图 9 - 5　王锡阐的宇宙结构模式

象。对这种不均匀运动，王锡阐提出是由于宗动天与七政之间存在类似于磁力的力的作用。这是万有引力观念的先声。

在数学方面，他于《晓庵新法》一书中将圆周划分为 384（即 3×2^7）度，而非 360（$2^3 \times 3^2 \times 5$）度。他之所以采用这个数字的重要原因是《易经》中 64 卦的卦爻数就是 384（6×64）。他认为，这样就可以将天文学的量与传统思想中关于宇宙变化的起源联系起来，具有重要意义。[①] 可以说，徐光启所批判的"数有神理"的观念在王锡阐会通中西的工作中又得以抬头。后文将讲到梅文鼎和方以智也有相似的观念。另外，他还将正弦和余弦看成是正弧和余弧所对应的弦，而不是看成角的函数。在这套角和三角函数的处理中，王锡阐以中法为主会通中西的苦心显而易见。

此外，王锡阐在《圜解》中讲到一条定理：

圜中平行两弦，得皆不为圜径，不得皆为圜径。[②]

即认为：圆内平行的两弦，可以均非直径，但不可均为直径。在《几何原本》《崇祯历书》及当时的传播西方数学的著作中都没有讲到这条定理，因此，是王锡阐的个人独创。

---

①　Nathan Sivin, Wang His-Shan, in *Science in Ancient China V*, Variorum, 1995, p. 11.

②　（明）王锡阐：《圜解》第四章。转引自梅荣照《王锡阐的数学著作——〈圜解〉》，见陈美东、沈荣法主编《王锡阐研究文集》，河北科学技术出版社 2000 年版，第 144 页。

七　梅文鼎及宣城学派的贡献

　　梅文鼎，字定九，号勿庵，安徽宣城（今宣州）人，崇祯六年（1633 年）生于书香门第，康熙六十年（1721 年）卒于乡。梅文鼎年少时接受良好的启蒙教育，从其塾师罗王宾处接触到历算学，大感兴趣。但

他真正钻研历算学则始于倪观湖的教导。倪观湖是梅文鼎家乡的一位隐士，精通历算学。顺治十八年（1661 年），已是 29 岁的梅文鼎向倪老先生学习《通轨》和《大统历算交食法》，并带回家中与两位弟弟梅文藻、梅文鼐"依法推步，疑信相参，乃相与晨夕讨论"①，最终写成《历学骈支》2 卷。该书得到倪老先生的热情赞赏。由是，梅文鼎在历算学方面的兴趣一发而不可收。在此后的 60 年生涯中，梅文鼎遍览各家历算著作。这其中包括格物穷理学圈会通中西的著作，如《崇祯历书》、南

图 9-6　梅文鼎塑像

怀仁的《仪象志》和薛凤祚的《历学会通》等，也包括王锡阐独辟蹊径的会通之作。他融各家之说，慎思锤炼，成一家之言。

　　梅文鼎一生写成的历算著作有 100 部，但其中只有很少部分完成于 1689 年之前，如《历学骈支》2 卷（1661 年）、《方田通法》（1664 年）、《筹算》（1671 年）、《方程论》（1672 年）、《宁国府志分野稿》（1773 年年）、《历志赘言》（1679 年）、《四省表景立成》（1680 年）、《中西算学通》（1680—1689 年）、《弧三角举要》（1684 年）等。其余绝大部分完成于康熙二十九年（1690 年）之后，而其中大部分又完成于康熙三十二年（1693 年）他归乡安度晚年之后。②

　　康熙十二年（1673 年），梅文鼎刚到不惑之年，便已小有名气，经常与潜心历算的同道朋友相与拜访、书信笔谈。康熙十四年至康熙十九年

---

　　①　（清）梅文鼎：《历学骈支自叙》（1661 年），《历算全书》卷二十一，《文渊阁四库全书》本。

　　②　据李迪、郭世荣二人的统计。李迪、郭世荣：《梅文鼎》，上海科学技术出版社 1988 年版，第 51—58 页。

（1675—1680 年）在南京访书求学，结交黄虞稷、马德称、潘耒等，此后多年往返于宣城、南京和杭州，与李鼎征（字安卿，福建安溪人，曾任浙江嘉鱼县令，李光地之弟）、方以智学圈中的方氏父子和揭暄等面谋并有书信往来。康熙二十八年至三十二年（1689—1693 年），梅文鼎在北京李光地①家中教馆，与徐敬可（1634—1690 年）、万斯同（1638—1702年）、阎若璩（1636—1704 年）、黄宗羲（1610—1695 年）、朱彝尊（1629—1709 年）、刘继庄（1648—1695 年）等著名学者，以及在京的传教士安多②等有交往。但其为遗憾的是，梅文鼎虽然极为推崇薛凤祚、王锡阐和南怀仁的学问，但却未能与之谋面。梅文鼎于 1693 年归乡，潜心历算，子孙中多人从之学习，也接受了周围一些弟子，还有许多专心历算学的朋友拜访问学或书信交谈。于是，逐渐形成了一个以他为核心的历算学圈子。这就是科学史上所称的宣城学派。宣城学派的重要人物是梅文鼎和他的孙子梅毂成。

康熙五十一年（1712 年），清廷开设蒙养斋，纂修乐律算书，梅毂成应诏到斋修书。1713 年，梅毂成与何国宗（？—1766 年）任汇编官，开始《律历渊源》的纂修工程，至康熙六十年（1721 年）夏天完成并刊刻，雍正元年（1723 年）全部刊出。这是清朝大型学术工程之一，成为以后《四库全书》以及近代以来大型学术工程建设的基础。《律历渊源》共 100 卷，分为《历象考成》42 卷（关于天文历法）、《律吕正义》5 卷（关于乐律）和《数理精蕴》53 卷（关于数学）三个部分。梅毂成也因其突出的学术成就被赐予举人康熙五十二年（1713 年）和进士康熙五十四年（1715 年）。

梅文鼎一生历算著述达百部之多，堪称亘古绝后。梅毂成又承其家

---

① 李光地，字晋卿，一字厚庵，号榕村，1642—1718 年，福建安溪人，康熙九年（1670年）进士，官至大学士，在程朱理学与历算学方面都有造诣，著有《历象本要》《周易观象大指》《周易通论》《榕村全集》《榕村语录》《孝经全注》《中庸章段》《二程遗书》等二十余部著作，康熙四十一年（1702 年）荐梅文鼎书于朝廷。参见阮元《畴人传》卷四十，中华书局1991 年版，第 497—500 页；清史编委会《清代人物传稿》上编卷五，辽宁人民出版社 1995 年版，第 179—190 页；恒慕义（A. W. Hummel）主编《清代名人传略》上册，青海人民出版社1990 年版，第 602—605 页。

② 安多，字平施，Antoine Thomas，比利时人，1644—1709 年，耶稣会传教士，1685 年来华，卒于北京，有《数学概要》2 卷等科学著作，与徐日升合著《南先生行述》，见［法］费赖之《在华耶稣会士列传及书目》，冯承钧译，中华书局 1995 年版，第 403—412 页。

学，编纂《律历渊源》，辑入梅文鼎的历算学思想与成果。《律历渊源》以御制名义在清代广泛流传，前后有几十种版本。因为这两个原因，梅文鼎的历算学思想与成果在当时与其后产生了广泛而深刻的影响。他的著作成为历算学者广为搜求、精心阅读的书籍。钱宝琮先生评其："嘉惠后学，厥功甚伟。自来言历算者莫逮也。"①

梅文鼎之所以能够成为一代宗师就在于他能够融百家之言成一己之说。下边作一些分析。

（1）就历法而言，梅文鼎在《历学疑问》卷一中明确提出"古疏今密"的观点，认为，随着人们的不断观测、不断认识、不断修改，历法逐渐由疏至密。梅文鼎详细对比分析了古今中外的历法才得出这一结论，包括传统的《大统历》、西域的《回回历法》和《九执历》，以及反映西方历法的《崇祯历书》。他通过对《崇祯历书》的分析指出："多禄某之法至哥白尼而有所改订，哥白尼之法至地谷而大有变更，至第谷法略备矣。而远镜之制，又出其后，则其为累测益精，大略亦如中法。"② 梅文鼎这一观点的明确提出，指明了历法修订的方向，也彻底打破了株守成法的羁绊。

（2）梅文鼎精通中国传统天文历法七十余家之学说，熟悉产生于阿拉伯并在元代传入中国的《回回历法》，对格物穷理学圈引入的西方天文历法更是了如指掌。他对西方天文历法曾作过深入研究，著有《五星纪要》《火星本法》二书。他接受并详细阐述了托勒密宇宙体系。

（3）梅文鼎曾详细研究交食现象，对交食产生的原因和条件以及预测都有深入的分析和见解。中国传统天文学对日食有明确而正确的认识，但由于没有地球概念，无法解释是什么遮住了日光而产生月食，因此，以"暗虚"（"闇虚"）加以解释。梅文鼎接受西方天文学关于月食的解释，即"月食地影说"，做出了合理正确的解释。③

（4）对"数"的认识，梅文鼎提出："夫数学一也，分之则有度有

① 钱宝琮：《梅勿庵先生年谱》，载《李俨钱宝琮科学史全集》第9卷，辽宁教育出版社1998年版，第107—139页。

② （清）梅文鼎：《历学疑问一》，"论西历亦古疏今密"，《历算全书》卷一，《文渊阁四库全书》本，第15a—16a页。

③ 李迪、郭世荣：《梅文鼎》，上海科学技术出版社1988年版，第80—86页。

数。度者量法，数者算术，是两者皆由浅入深。"① 这种将"数"作"大小"与"多少"的划分，显然取自《几何原本》与《穷理学》中对"数"的认识。

（5）梅文鼎力求以中法为主会通中西数学。梅文鼎曾将中国传统的九数，即全部数学，分为量法与算术，而分别以句股和方程为其精要。他进一步将传入的西方数学也汇入这两个门类里。他著有《几何通解》和《句股举隅》二书，证明几何问题可以归结为句股互求，用句股可解《几何原本》中的一切问题。他又著有一系列三角学著作，以证明三角即句股。他举出各种算术问题来用方程解决，以证明方程是算术之要，并进一步认为方程还可以在一定程度上解决测量问题。

（6）梅文鼎的天文历法成就主要取得于他的学术生涯的前半期，后半期主要贡献给了会通中西数学的工作。他写成《笔算》《筹算》《度算释例》《西镜录订注》《比例数解》《数学星槎》《方程论》和《少广拾遗》等著作，将当时所知中西数学汇为一体。其中也不乏个人创造。他的主要成就有以下几项：②

（1）改进李之藻和利玛窦的《同文算指》介绍的笔算，简化其中除法和开方的算式，并使四则运算的算式更符合中国人的习惯，并且讨论了小数、分数、比例以及运算规则。

（2）将罗雅谷《筹算》中介绍的纳贝尔算筹由竖式改为横式，由方格改为圆格，以适合中文竖书的习惯。

（3）详细阐述了罗雅谷《比例规解》所介绍比例规的原理和用法。

（4）研究了《几何原本》和《测量全义》所介绍的平面几何与立体几何问题，改正了《测量全义》中正二十面体的计算错误。《测量全义》计算当边长为 100 时，正二十面体的体积为 523809，梅文鼎经过详细计

---

① （清）梅文鼎：《方程论》"发凡"，《历算全书》卷四十，《文渊阁四库全书》本，第2a—2b 页。

② 关于梅文鼎对笔算、筹算和比例规的研究的详细分析，见李迪、郭世荣《梅文鼎》，上海科学技术出版社 1988 年版，第 99—117 页。关于梅文鼎在几何学上的贡献及关于方灯和圆灯的研究，见刘钝《梅文鼎在几何学领域中的若干贡献》，载梅荣照主编《明清数学史论文集》，江苏教育出版社 1990 年版，第 182—218 页（第 193—209 页）。梅文鼎对球面三角的研究，见李迪、郭世荣《梅文鼎》，上海科学技术出版社 1988 年版，第 172—188 页；参见沈康身《球面三角形的梅文鼎图解法》，《数学通报》1965 年第 5 期。梅文鼎对方程的研究，见李迪、郭世荣《梅文鼎》，上海科学技术出版社 1988 年版，第 117—123 页。

算，改正为 2181693。他还计算了方灯和圆灯两种半正多面体的体积，并研究了它们的性质。方灯是由正六、正八面体"半其边，作斜线剖之"而得到的。圆灯是由正十二、正二十面体"半其边，作斜线剖之"而得到的。他得出的体积计算公式是：

当方灯内切于正六面体时，有：$a_{方} = \sqrt{2}/2a_6$，$V_6 : V_{方} = 6 : 5$。

当方灯内切于正八面体时，有：$a_{方} = 1/2a_8$，$V_8 : V_{方} = 8 : 5$。

（5）创立投影法证明球面三角公式，也就是通过投影方法把球面三角形及其他辅助弧线或线段投影到平面上，从而找出球面三角形的某些边角关系。

（6）在《方程论》一书中，将线性方程组中的方程按系数变号分为四类；在使用传统的互乘对减法解方程组时提出"变零从整""化整从零"和"附零附整"三种方法解系数有分数的方程组。梅文鼎的方程研究是对中国数学传统方程问题的深化，从格物穷理之学所得借鉴很少。

八　方以智及方氏学派的贡献

方氏学派是明清学术建设的一支重要力量，对当时及后来的中国学术发展产生了深远的影响。方氏学派的活动集中于 17 世纪（明万历三十年至清康熙四十年），活动范围主要在皖、赣、闽、粤一带，但影响波及中国主要地区。其领袖方以智开创了考证学风，曾被四库馆臣推崇为明后期唯一强调考证的学者，誉为"考证之先"。其学术之两大特点传至考证学：强调知识积累与反对内省方法。从方氏学派开始，一种强调原创、细致研究和以注释全面证实每条知识的考据学研究方式确立了下来。① 方氏学派与顾炎武（1613—1682 年）不同，不是将"物"强调为人事，而是强调为物质客体、技术和自然现象。他们关于此类"物"的研究，即"质测"，成为 17 世纪中国学术的独特建树，堪与其时欧洲自然哲学的研

---

① 参见冯锦荣《明末清初方氏学派之成立及其主张》，载山田庆儿主编《中国古代科学》，日本京教大学人文科学研究所 1989 年版，第 139—219 页。冯氏论文详细论证了明末清初方氏学派的存在、人员构成与学术和政治主张。本章直接采用"方氏学派"之称谓，肯定该学派的存在，并采用冯氏关于该学派主要成员身份的确认。

究相媲美。①

方氏学派以方以智为核心而形成，主要成员有家族成员、师友和学生，如方以智父亲方孔沼，子方中德、方中通和方中履，学生揭暄、游艺等。方氏学派在哲学、文学、音韵学、训诂、历史、天文、数学、医学、美术等方面都有建树。他们不但专注于生命的思考，更关注于事物度数的探讨。

方以智，字密之，号曼公，浮山愚者，自号宓山子。明亡后，他改称吴石公，别号甚多，隐居于岭南，称愚道人，出家后，名大智，号无可，又称弘智、药地等。万历三十九年（1611 年），方以智生于安徽桐城，康熙十年（1671 年）卒于岭南万安惶恐滩。崇祯十三年（1640 年），方以智中进士，授翰林院检讨，后任工部观政。清军入京，南明偏寓江南，方以智曾任定王和永王讲官。方以智一生以诗文学问会友，与毕方济、汤若望、梅文鼎等都有交往。他博采众长，精通天文历法、数学、地理、物理学、医学、语言、文学、历史等，著有《通雅》《物理小识》《医学会通》《药集》《史汉释诂》《东西均》《浮山文集前编》《浮山后集》《药地炮庄》和《青原志略》等多部著作。②

图 9 - 7　方以智画像

方氏学派其他成员的重要科学著作包括：方中通的《度数衍》24 卷、《揭方问答》1 卷；揭暄的《璇玑遗述》7 卷、《星图》、《星书》、《水注》、《火法》、《舆地图》、《揭子宣集》等；游艺

①　Willard Peterson，"Fang I-chih：Western Learning and the 'Investigation of Things'"，in Theodore de Bary ed.，*The Unfolding of Neo-Confucianism*，Columbia Univ. Press，1979，pp. 369 – 411.

②　黄钟骏：《畴人传四编》卷六，上海商务印书馆 1955 年版，第 74—75 页；杜石然：《中国古代科学家传记》，科学出版社 1993 年版，第 975—978 页；［美］A. M. 恒慕义主编：《清代名人传略》上册，中国人民大学清史研究所译，青海人民出版社 1990 年版，第 385—388 页；任道斌：《方以智年谱》，安徽教育出版社 1983 年版，第 2、292 页。

的《天经或问前集》4 卷、《天经或问后集》等。①

自 17 世纪 40 年代，方氏学派渐成声势，在政治上提倡民族主义，反对清统治；在学术上提倡质测通几之学。质测通几之学，其一是"言动象占，见其物宜"，即质测之学，是关于客观事物现象的认识；其二是"俯仰远近，极事通变"，即通几之学，是对事物本体的认识。质测通几之学形成了一套本体论和认识论。其科学认识建立于此基础之上。

方以智融合儒、释、道三家之说，提出其宇宙本体论，以气为本体演化万物，气的演化中贯穿着公因—正因—反因的终极规律。就本质而言，它继承了《易经》的宇宙观，认为万物生于太极，复归于太极，相互间存在相辅相成的有机联系。因此，从根本上来说，方氏学派的自然观是一种有机自然观。

方以智的认识论的核心内容是狭义而言的"质测通几"。狭义而言，"质测通几"是两种认识方法。方以智曾对此加以定义：

> 盈天地间皆物也。……器故物也，心一物也。……性命一物也。通观天地，天地一物也。推而至于不可知，转以可知者摄之以费知隐，重玄一实，是物物神神之深几也。寂感之蕴，深究其所自来，是曰通几。物有其故，实考究之，大而元会，小而草木虫蠕，类其性情，征其好恶，推其常变，是曰质测。质测即藏通几者也。②

因此，"质测"即是对"物故"的"实考究之"，也就是实测。"通几"则是"推而至于不可知，转以可知者摄之以费知隐"，从而发现"物物神神之深几"，"深究其所自来"。"以费知隐"是方氏易学继承和发展理学而形成的概念，指由事物的征象认识其内在"至理"。③

---

① 阮元：《畴人传》卷三十六，中华书局 1991 年版，第 453 页；冯锦荣：《明末清初方氏学派之成立及其主张》，载山田庆儿主编《中国古代科学》，日本京都大学人文科学研究所 1989 年版，第 216—217 页。

② （明）方以智：《物理小识·自序》，《文渊阁四库全书》本，第 1b 页。

③ 参见冯锦荣《明末清初方氏学派之成立及其主张》，载山田庆儿主编《中国古代科学》，日本京都大学人文科学研究所 1989 年，第 162—165 页。

"质测"是对"费"的认识手段，其目的是"征其端几"，即"通几"，达到对事物至理的认识。但如此所认识到的仅仅是"至理"的一种表现，即"物理"。概括而言，"物理"和"宰理"是"至理"在客观实物与人事两个方面的不同体现。就前者而言，它是"所以为物之理"，由象数、律历、声音、医药等方面的研究揭示出来；就后者而言，它是"所以为宰之理"，表现于人伦道德。从根本上来说，二者是统一的，因为它们均来于"至理"。儒学典籍《易》及其所有的注释文献都是讲述这一"至理"的，因此，又称之为"《易》理"。很明显，"至理""物理"和"宰理"三者的关系就是"公因""正因"和"反因"三者间的关系。方氏易学中"物理""宰理"和"至理"三者统一的观念实际上来源于儒学传统的"天人合一"观念。①

方以智认为，由"质测"而"通几"的关键在于把握事物之"象数"（又称"度数"）。方以智借用胡安国的话明确提出"象数者，天理也，非人之所能为也"，认为它是贯穿于天地万物及人身的通则；《易》已有关于"象数"之论述，而孔子则更为推崇，但后世学者却反轻于此；学者的真正工作就在于由"质测"而通此"象数"。也正因此，方氏学派探究数学与科学问题，成质测之学。

方氏学派的质测之学有一个显著的特点，即广泛采用实验来讨论和检验各种见解和观点。这种研究问题的方法与宋明理学之"立一理以究物"（即以理来阐明事物）的为学方法完全相反。这正是清代朴学推崇方以智为考据第一人的原因所在。王夫之评价方氏学派有言："密翁与其公子为质测之学，诚学思兼致之实功，盖格物者即物以穷

---

① 方以智曾解释道："天地生人，人有不以天地为征者乎？人本天地、地本乎天，以天为宗，此枢论也。"（方以智：《东西均·所以》，庞朴注释本，第217页。）方中通则做了具体的阐述，提出"人身一小天地也"，换句话说就是人身这一"小宇宙"是整个"大宇宙"的缩影。他说："天之有七政、交食、岁差也，何以使不齐者齐？历元万古可无改易乎？地之有山川万物，兀然浮空不坠也，何以使天地互测，遂知天无昼夜，地无上下，水无升降乎？此在天地之故，不可不知也。三部八脉十二经十五络，人身一小天地也。何以知腑盈之脏，经缺于胞，络荣之旋转，周身卫之不注涌泉乎？此在人之故，即天地之故，不可不知也。"（《古今释疑》方中通《序》，第2a—ab页，康熙己未年汗青阁刻本。）游艺也强调"以人事合天"，认为："人小天地也。"见游艺《天经或问·地》"人转世"，第45b—47b页，康熙年间松叶轩刻本。

理，惟质测为得之，若邵康节、蔡西山，则立一理以究物，非格物
也。"① 徐光启的"即物穷理"，或者说"致知由明达物理"，是格物穷
理的一条基本原则，也是格物穷理之学的基本研究方法。但是，这样一
种重要的为学方法对后世学术产生深刻影响却是通过方氏质测之学达
到的。

方氏学派吸收格物穷理之学，发展质测之学，发扬了"致知由明达
物理"的认识原则，为清初朴学开创了一种全新的研究路径。但是，其
通几之学对"至理""神几"的本质主义追求，大大降低了格物穷理之学
所提倡的经验现象研究的价值，从而，在一定程度上导致了清初经验主义
的夭折。就这一点而言，方氏质测通几之学对清代学术的影响就如同一把
双刃剑。通过质测通几之学，明末清初的格物穷理之学被嫁接于有机自然
观之上，关于自然事物的研究开始重新回到传统的研究模式之下，并借由
方氏学派之影响广泛传播开来。在 16—18 世纪的中国，虽然经过格物穷
理之学会通中西，提倡对客观事物现象规律的研究，但最终却未能自我发
展出机械论自然观下的近代科学。这可能是其中一个重要原因。李文森
（Joseph R. Levenson）在分析前清朴学对理学的批判时，认为朴学最推
崇方氏学派的质测通几，其基本观念与研究方法受方氏学派影响较多。
朴学坚持"气论"唯物主义，提出理贯穿于气，在认识论上提出心与
物的结合才能由心而产生认识，具有经验论色彩，但是，这样一种经验
论更类似于唯名论（nominalism），而与培根的唯物论和认识论则相去甚
远。唯名论认为世界是心智通过抽象而形成的，最终的实在是纯粹的理
念，强调抽象在宇宙存在和认识中的作用。在培根那里，现象界便是终
极的实在，而放弃纯粹理念界存在的形而上学设想；观察是认识的最终
手段，但观察是渗透着方法与目的的；方法就是归纳，目的则是提出一
般原理来将事实组织起来。朴学注重个别事物的观察、考证，采用经验
主义的研究方式，但朴学追求最终的"至理"，这使得其经验主义半途
夭折。②

---

① （明）王夫之：《船山全书》第十二册《搔首问》，岳麓书社 1992 年版，第 637 页。

② Joseph R. Levenson, "The Abortiveness of Empiricism in Early Ch'ing Thought", in *Confucian China and Its Modern Fate*, University of California Press, 1965, pp. 3 – 14.

第四节　明清中西科学会通的重大事件

一　《崇祯历书》的编修

编修《崇祯历书》是明清中西科学会通的重要环节。通过遍修历书，西方科学进入中国官方学术范围。修历期间先后征用的传教士有：龙华民、邓玉函、罗雅谷、汤若望四人。前三者于明末先后去世，只有汤若望等到了清入主中原，推行依新法而制定的《时宪历》。先后参与修历的重要官员有徐光启、李之藻、李天经、王应遴等。此外，修历时还征用了一些历局官生。

崇祯二年（1629 年）九月三十日，西法历局开局，徐光启以"礼部左侍郎"身份督领。徐光启的主导思想是以西方数学、天文历法，会通中国的大统历而修订历法，融合两家长处，弥补各自短处，达到"青出于蓝而胜于蓝"的效果。他说：

> 夫使分曹各治，事毕而止，大统即不能自异于前，西法又未必能为我用，亦犹二百年来，分科推步而已。臣等愚心以为，欲求超胜，必须会通，会通之前，必须翻译，盖大统书籍绝少，而西法至为详备，且又近今数十年间所定，其青于蓝，寒于水者，十倍前人，又皆随地异测，随地异用，故可为目前必验之法，又可为二百年不易之法，又可为二、三百年后测审差数。因而更改之法，又可令后之人循习晓畅，因而，求进当复更胜于今也。翻译既有端绪，然而令甄明大统，深知法义者，参详考定，熔彼方之材质，入大统之型模。……即尊制同文，合之双类，盛朝之巨典，可以远百王，垂贻永世。①

从其基本思想出发，徐光启提出了一个较为彻底的改历方案：②

> 今拟分节次六目，基本五目，一切翻译撰著，区分类别，以次属

---

① （明）徐光启：《历书总目表》，载王重民编《徐光启集》，上海古籍出版社 1984 年版，第 373—378 页。

② 同上书，第 373—378 页。

焉。谨条列如左：

节次六目：一曰日躔历、二曰恒星历、三曰月离历、四曰日月交会历、五曰五纬星历、六曰五星交会历；

基本五目：一曰法原、二曰法数、三曰法算、四曰法器、五曰会通。

有六节次，循序渐作，以前开后，以后承前，不能兼并，亦难凌越。五基本，则梓匠之规矩，渔猎之笙蹄，虽则浩繁，亦须随时并作，以周事用。

徐光启所言"法原"实即西方古典天文学与数学理论；"法数"即数学数表与天文数表；"法算"即数学计算方法；"法器"即天文仪器；"会通"即西方天文历法与大统历法会通。按照徐光启的方案，修订后的历法将基本上建立于西方天文学与数学基础之上，当然也吸收了中国传统的推算方法。事实上，《崇祯历书》也是按照这一方案完成的。徐光启生前于1631—1632年间分三次进呈历书共23部（种）76卷（时间分别是崇祯四年正月二十八日、八月初一和崇祯五年四月初四），李天经继任后，又分两次进呈历书22部（种）61卷（时间分别是崇祯七年七月十九日和十二月初三），共计45部（种）137卷。[①]

徐光启修历的目的并非仅仅是建立新的天文历法体系并依此编订年历。他曾明确讲道：

事竣历成，要求大备。一义一法，必深言其所以然之故，从流溯源，因支达干，不止集星历之大成，兼能为万务之根本。[②]

所谓"兼能为万务之根本"就是徐光启所言之"度数旁通十事"。这样，历算学就成为研究气象、测量、水利、音乐、军事、财政、建筑、物理、机械、地理、医学和计时等的基础。在这里，徐光启所看重的主要是历算学的"一义一法，必深言其所以然之故"，也就是历算学中的演绎逻

---

① 王重民：《徐光启》，上海人民出版社1981年版，第124—130页。

② （明）徐光启：《历书总目表》，载王重民编《徐光启集》，上海古籍出版社1984年版，第373—378页。

辑推理，而不是其度量特征。① 显然，徐光启希望通过对客观外物系统、细致地观察，加以演绎逻辑推理，建立一套与传统六艺不同的全新的知识。这就是他在翻译《几何原本》时就已提出的格物穷理之学。徐光启的思想得到格物穷理学圈的认同，并为后继者所贯彻。

《崇祯历书》的重要成就在于建立了一套全新的天文历法体系。与传统天文历法相比，这套体系具有如下九项优点：①提出"天有恒数而无齐数"，废弃以往的"整齐分秒"的做法，使数据一目了然；②采用第谷天体运动体系和几何学的计算系统；③引入"地球"概念及地理经纬度；④引入球面三角法，使计算简化并精确；⑤区分冬至点与日行最速点；⑥引入蒙气差校正；⑦采用以黄道圈为基本大圆的黄道坐标系统，并引入黄极和黄经圈概念；⑧在赤道坐标系中采用了十二宫制度；⑨采用欧洲通行的度量单位，即周天 360 度、一日 96 刻（24 小时），并采用 60 进位制。②

《崇祯历书》中的《大测》《测量全义》《割圆八线表》《八线表》《南北高弧表》和《高弧表》等引入平面三角学与球面三角学；《比例规解》和《筹算》则引入两种计算工具。③ 这些著作与以往的《几何原本》《通文算指》《圆容较义》等结合，已将西方古典数学中的几何学、算术、三角学和计算工具等基本内容传入中国。

二　《数理精蕴》与《四库全书》的编纂

自明末以来，西方数学知识传入中国，并形成较大的影响，但这些知识不够系统。又由于"译书者识有偏全，笔有工拙"，所译之书有难通之处。以徐光启和利玛窦合译的《几何原本》六卷来说，直到康熙晚年，百余年间没有后九卷的译本，清朝著名数学家梅文鼎认为"行文古奥多峭险，学者多畏之"。这些问题的存在，要求对已经传入的西方数学知识作一次全面的整理。正是在这种情况下，康熙帝接受了学者陈厚耀提出的

① 何兆武先生认为徐光启之"度数旁通十事"是提倡以数量化方法研究物理等学科，实有些拔得过高。参见何兆武《略论徐光启在中国思想史上的地位》，《哲学研究》1983 年第 7 期，第 54—60 页。

② 薄树人：《徐光启的天文工作》，载中国科学院自然科学史研究室编《徐光启纪念文集》，中华书局 1963 年版。

③ 吴文俊主编：《中国数学史大系》第七册，北京师范大学出版社 2000 年版，第 29—35 页。

"请定步算诸书以惠天下"的建议，康熙五十一年（1712 年）下诏开蒙养斋，编修律历算书《律历渊源》。《数理精蕴》是其中一种。

　　《数理精蕴》从康熙五十二年（1713 年）六月开始编写，康熙六十一年（1722 年）六月告成，雍正元年（1723 年）十月刻竣，历时十年之久。该书主编是梅文鼎的孙子梅瑴成（1681—1763 年）。梅瑴成，字玉汝，号循斋，又号柳下居士。自幼跟随其祖父，受到良好的数学教育。康熙五十一年（1712 年），三十二岁的梅瑴成入宫学习数学和天文学，次年任蒙养斋汇编官。

图 9 - 8　《数理精蕴》书影

　　《数理精蕴》共五十三卷，分为三部分。上编五卷，下编四十卷，附数学用表四种共八卷。在内容上，不止包括当时已经传入的西方数学知识，还包括一些中国学者在此基础上所做的研究工作。

　　从全书体例上来看，上编提出了指导全书的基本理论，即所谓"立纲明体"，主要是"几何原本"和"算法原本"两部分，系根据白晋等人编写的关于几何学和笔算的满文讲义翻译补充而成。因下编要运用上编的各定理，故称为"分条致用"，下编一开始的"首部"可以理解为预备知识，而后，大体上按照算术、平面几何与平面三角、立体几何、代数区分开来。这种体例开了中国数学按学科分类的先河。

《数理精蕴》中讲到了一些以前《崇祯历书》等著作中没有讲到的数学知识，例如，在下编卷十六中讲到了正十四边形、正十八边形的边长的求法。下编卷三十一至卷三十六讲"借根方比例"。借根方比例又称为借根方法。梅毂成说，是"译书者就其法而质言之"。当时西士称之为"阿尔热八达"。"阿尔热八达"是 algebra 的译音，即代数学。

该书中的借根方比例主要介绍了多项式的记法及四则运算，方程的列法和解法。书中的写法已较为先进，如：

"四$\dfrac{立}{方}$ + 三$\dfrac{平}{方}$ - 二根 + 五真数"

表示 $4x^3 + 3x^2 - 2x + 5$。

在运算中采用的是前一式子，该式读作"四立方多三平方少二根多五真数"。

至于解方程则采用了当时欧洲先进的牛顿—拉福森法（Neweton-Raphson）。

《数理精蕴》下编卷三十八详细地介绍了对数的求法和对数表的造法。该书介绍的对数求法有三种：中比例法、真数递次自乘法、递次开方法。根据上述求对数方法再结合一定的造表程序即可造出一张对数表。

《数理精蕴》自雍正元年（1723 年）刻成到 20 世纪 30 年代约两百年的时间里，据不完全统计有二十多个版本。还有一些书如《九数通考》《庄氏算学》《翠薇山房数学》《算迪》等主要或部分取材于《数理精蕴》。因该书有康熙御制之名，故流传很广，对 18—19 世纪中国数学的普及影响较大。但《数理精蕴》也存在一些缺陷，诸如对当时已经传入的一些优秀数学成果如手摇计算机、圆锥曲线、三角级数并未加以收入和介绍。此外，书中个别地方存在错误，如椭圆面积的求法。

乾隆年间，清政府开设四库全书馆，主编《四库全书》。在编纂《四库全书》时，一方面辑录明朝《永乐大典》中保存的佚书，另一方面还征集私家收藏的善本书籍，从而编辑《四库全书》三千五百零三

部，共七万九千三百三十七卷。每部书都由四库全书馆的馆员写一篇
《提要》，介绍作者的履历和著作的主要内容。这一编辑工作从乾隆三
十八年（1773 年）开始到五十二年（1787 年）结束，历时十四年。共
缮写了七个抄本，分别藏于北京、承德、沈阳、扬州、镇江、杭州等
处。现北京图书馆、甘肃图书馆（系由沈阳移来）、杭州浙江图书馆
（一说"浙本"似非原书，系抄补而成）和台北各存一部外，其余均遭
兵火毁灭或散佚。《四库全书》按"经、史、子、集"四部分类编辑，
其中"子部"收入"西洋新法算书"，以及上述另外两部丛书中的多种
书籍，还收入多种中国传统历算书籍。

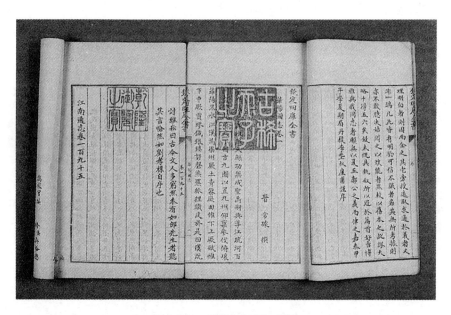

图 9－9　《四库全书》书影

　　《四库全书》在推进西学东渐中的另一个重要作用在于《四库全书》
的编纂推动了对中国传统数学和天文历法（即天算学）的发掘和研究。
四库馆员戴震、李潢、陈际新、沈钦裴等发掘、整理并研究了大批中国传
统天算学著作。在研究中，一定程度上与当时已经传入的西方数学、天文
历法作了比较，并有所借鉴。这为以后的中西数学、天文历法的融合奠定
了一定的基础。

三　清康熙帝的大地测量

康熙帝（爱新觉罗·玄烨，1654—1722 年）是明清时期的一位明君，在位 61 年，治国有方，同时勤学好问。他推崇程朱理学，对来自西方的数学与科学知识也非常感兴趣。他曾先后向传教士南怀仁、张诚、白晋学习几何学、天文、历法、物理学、地学等方面的知识。在位期间，他借助传教士技术手段完成了中国历史上第一次全国范围内的大地测量。

中俄《尼布楚条约》签订之后，康熙见到一幅亚洲地图，但上面对中国的记载很少，于是，就有了进行一次全国范围的大地测量并绘成地图的想法。后来，他到各地巡视之时，就命随行传教士测量绘图。在仔细核查了新绘制的京师附近地图之后，他认为新图远好于旧图，于是，命中国学者与传教士共同组成测量队，赴各地测量绘图。康熙四十七年（1708年），法国传教士白晋、雷孝思、杜德美率队出发，自长城测起，先是北直隶，而后满洲地区。1711 年，康熙命测量队增加人手，分两队测绘西南、西北地区，以加快进度。至 1718 年，一份西南至广西、四川、云南，西北至新疆哈密，西至西藏部分地区的全国地图《皇舆全览图》绘制完成。这在世界上第一张中国地图。

此次测量采用的是三角测量法，测定全国三角网，然后把详图和考察了解的情况附着上去。受当时使用的测量仪器的限制，经纬度测量较少，精度也有限。全图共测定了经纬点 630 个之多。此次测量在测绘史上还有两点重要贡献。其一，进行了尺度规定。在测量中使用统一尺度，规定200 里合地球经线 1 度，每里为 1800 尺，因此，每尺长度为经线的百分之一。这种以地球形体规定尺度的做法在世界上是最早的。法国在 18 世纪末才以赤道长度定米的长度。其二，发现地球经线一度的长距不等。康熙四十一年（1702 年）实测中经线上瀛州至交河直线距离，康熙四十九年（1710 年）又测满洲地区北纬 41°—北纬 47°每度直线距离，发现纬度越高，每度直线距离越长。尽管当时雷孝思等人坚信实测数据是准确的，但与法国科学院的观点不同，未敢断然下结论。其实，这一测量数据说明了地球是扁圆的。

乾隆年间，刘统勋、何国宗、明安图等人又测定了新疆哈密以西、天山南麓至中亚地区，再利用法国传教士宋君荣收集的资料，修订完成《乾隆内府舆图》。该图北至北冰洋，南至印度洋，西至红海、地中海与波罗的海，可以说是一幅亚洲地图了。当然，其中比较详细的部分还是采用了康熙时期的《皇舆全览图》。

第五节 其他思想家与科学家的贡献

明清的中西会通是促进科学与学术发展的重要因素。但在会通之前及会通之中，也有部分中国学者未参与其中，而是在中国传统哲学与科学方面做出了突出贡献。

一 李时珍《本草纲目》及陈第的《内经》音韵研究

李时珍（1518—1693年），字东璧，晚号濒湖山人，湖北蕲州（今蕲春县）人。李时珍生于医生世家，14岁考中秀才，后来连续三次参加乡试，均未中举，因此，放弃科举之途，专攻医药学。流传下来的著作有《本草纲目》《濒湖脉学》《脉诀考证》和《奇经八脉考》等。其中犹以《本草纲目》最为重要。李时珍在采药治病的过程中注意观察各种草药的属性、疗效，还进行药理学实验，逐年积累，最终完成了《本草纲目》。明嘉靖三十一年（1552年），李时珍着手写作《本草纲目》，先后在家乡、湖北武当山、江西庐山、江苏茅山、南京牛首山以及安徽、河南、河北等地，采集标本，收集单方，最终于明万历六年（1578年）完成这一部历史上的重要中草药典。《本草纲目》全书190万字，计52卷，分为16部（水、火、土、金石、草、谷、菜、果、木、服器、虫、鳞、介、禽、兽、人）62类，共收入药物1892种，附方11096则，插图1160幅。对每类药物分为若干种，系统分明，分类先进。详细记载了每类药物的名称、产地、形态、采集方法、药物性味和功用以及炮制过程，同时，还指出了以往一些著作中的错误。《本草纲目》于1596年在南京出版，此后辗转翻刻30余次，流传极广。万历年间，该书传入日本，被翻刻9次，后又传入朝鲜和越南等地。17—18世纪，该书传入欧洲，被译为德、法、英、拉丁、俄文字。达尔文《人类的由来》一书曾引用《本草纲目》中关于金鱼颜色形成的史料，以说明动物的人工选择。这部著作对世界医药学和生物学都做出了卓越贡献。

陈第（1541—1617年），明代哲学家、音韵学家，连江人，是我国古音学的开拓者与奠基人，著有《伏羲图赞》《毛诗古音考》《读诗拙言》

《屈宋古音义》。《伏羲图赞》是陈第阐述《易经》的图解与说明，上卷有十三幅图，每幅图后附有辨析文字；下卷为《图赞》二十三则，阐述作者所创图示的内涵意义。书后还附有《图问》和《杂卦传古音考》各一篇。前者为陈第答问之作，后者有关《杂卦传》的音韵问题。[①] 陈第对明代科学发展中的贡献在于对《内经》音韵的考证与研究。在《毛诗古音考》中，他提出"时有古今，地有南北，字有变革，音有转移"，明确古人对每一字必有固定的读音，而不是主观临时改读。他倡导并力行对《内经》音韵的考证。在他的影响下，明清时期的顾炎武、王念孙等人对《内经》音韵作了系统研究。在此基础上，后人校勘《内经》并对其成书年代作了有益探讨。[②]

二　宋应星的《天工开物》

宋应星，1587 年生，卒年不详（大约在清顺治朝末年或康熙朝初年），江西奉新人。宋应星 28 岁中举，却对八股不感兴趣，热心探究实用的生产技术问题，47 岁时着手编写《天工开物》，50 岁完稿。这一年是 1637 年。54 岁时，他改任安徽亳州知州，明亡后，归降隐居，专心学问。宋应星对生产技术、音律、天文以至哲学都有研究，还著有《谈天》《论气》《画音归正》《野议》《思怜诗》等多部著作。《天工开物》共 8 卷，包括了作物栽培、养蚕、纺织、染色、粮食加工、熬盐、制糖、酿酒、烧瓷、冶铸、锤锻、舟车制造、烧制石灰、榨油、造纸、采矿、兵器、颜料、珠玉采集等重要的农业和手工业部门的生产技术和过程。这是继《考工记》之后更为详细的一部农业与手工业技术著作。这部著作出版以后流传极广，很快就传到日本并被翻刻，1869 年出现法文摘译本，后又被译为德、日、英等多种文字。这部著作的出现与流传也反映了明后期资本主义萌芽的需要。

三　茅元仪的《武备志》

茅元仪（1594—1640 年），字止生，号石民，又号东海波臣、梦阁主人、半石址山公等，明归安（今浙江吴兴）人，明代杰出的军事学家与文学家。茅元仪出身书香门第，自幼好学，博览群书，尤好兵农之书。茅元仪青少年时期，恰值后金崛起，明廷衰败。他潜心钻研历代兵法韬略，分析明朝防御形势，历时 15 年，写成《武备志》，并于 1621 年刊刻。此后，他声名鹊起，以"知兵"之名被任为赞画，随大学士孙承宗督师辽东，抵御后金。茅元仪虽有文韬武略，但几次为权臣所构陷，壮士无用武之地，悲愤纵酒而亡。他一生著述丰厚，有《武备志》《督师纪略》等 60 余种，数百万言，但屡遭禁毁，多已散佚。《武备志》共分兵诀评、战略考、阵练制、军资乘、占度载五个部分。每部分先分大类，大类下分小类，记载古往今来的兵法、战略、阵法、军事装备、气象地理等知识。该书部头巨大，广收博采，辑录了历代重要的兵学资料，是一部难得的古代军事百科全书。

第六节　明清科学制度

明清时期，中国人还没有近代科学概念，但科学知识还在持续发展，这一方面仰赖汉唐以来的官学制度，另一方面仰赖民间学者的钻研与传承。在明清科学发展中发挥最大作用的官学制度即钦天监制度与钦敕丛书编纂制度。

自汉唐以来，历代皇朝禁止民间私习历算学，《唐律疏议》中便有明文规定。但是，到明末议论改历之时，即有所放松。当时，徐光启、李之藻等人就在钦天监外，与传教士研习天文、历法及数学等知识。崇祯二年（1629 年）七月十一日徐光启在"礼部为奉旨修改历法开列事宜乞裁疏"中提出[①]：

> 私习天文，律有明禁，而监官不知律意，往往以此沮人，是以世多不习，或习之而不肯自言耳。臣等考之周礼，则冯相与保章异职。稽之职掌，则天文与历法异科。盖天文占候之宜禁者，惧妄言祸福，惑世诬人也。若历法则止于敬授人时而已，岂律例所禁哉。

---

① 王重民编：《徐光启集》，上海古籍出版社 1984 年版，第 327 页。

他说明：第一，自古天文、历法有别，历代律令明禁的只是私习天文而非历法；第二，即便是天文占候，律例中所禁止的也只是据天文天象"妄言祸福，惑世诬人"的行为，而非天文天象的观测。这一观点为明廷所默认。后来的学者也多有研习历算的做法，如王锡阐、梅文鼎、方氏学派诸人。

但无论怎样，明清时期推进科学发展的最有力机构还是官方的钦天监。正是在钦天监的努力下，才促成了中西科学会通。钦天监是职司天学的官署，设有时宪、天文、漏刻三科。主要负责制历、观象、报时等事务，具有科学功能。此外，它们还分别职掌选定历注、出具占语、择地测日等事务。这是其非科学功能。实际上，明末以后的钦天监官生不只研习历算学，其范围扩展到地理、物理、化学及气象学等方面的知识。明清两朝对钦天监的日常工作及人员管理都有明确的规定。在工作方面，要求"详察明白"，"据实启奏"；还要求以钦定或御制的规范文本为根据，不得舛误。对有工作失误的人员进行罚俸、降级或革职处分。在人员管理方面，选拔聪明好学、懂得历算的年轻人入局做天文生，学业优秀者升任博士，再后任职官。如乾隆十年（1745年）规定，钦天监官生"三年考核一次，术业精通者，保题升用，不及者，停其升转，再加学习。如能黾勉供职，即予开复，仍不及者，降职一等，再令学习三年，能习熟者准予开复，仍不能者黜退"（《乾隆会典则例》卷一百五十八）[1]。从这一点上来说，钦天监还是专门人才的培养机构。特别是明代规定，钦天监官员不得致仕，其子孙也要以历算为业。

明清时期，以皇帝的名义敕修大型丛书是荣耀而宏大的学术工程。与科学相关的大型丛书，明代有《崇祯历书》，清代先后有《数理精蕴》《四库全书》等。这一修书制度成为明清时期整理科学成果、传世后人的重要制度。

综观明清科学发展，可以说这是中国科学发展史上的一个承前启后的阶段。这个时期，中国学者反思传统学术的成就与缺失，在深刻发掘"格物致知"认识论积极因素的基础上，将之与来自西方的认识观念会通，提出"格物穷理"原则。在这一原则之下，他们倡扬经验主义，积

---

[1]　史玉民：《清钦天监管理探赜》，《自然辩证法通讯》第24卷（2002年）第4期。

极尝试演绎推理的认识方法，吸收西方科学知识，创造了中国科学发展史上的一次高峰，为将来接受近代科学做出了铺垫。鸦片战争以后，李善兰、华蘅芳、徐寿等，恰恰是在发掘与延续明清数学与科学成果的基础上，开始了中国近代科学的发展。但是，我们也应当清醒地看到，此时的中国科学已开始落后于西方，且渐渐拉大距离。17 世纪欧洲发生科学革命，借助培根提倡的经验主义与归纳方法，结合蕴含于数学中的古典演绎方法和伽利略开创的实验方法，近代科学形成了一套方法论体系。同时，它在机械论基础之上确立起坚实的理论基础。正是在这样一个理论与方法论的基础上，西方近代科学迎来了快步启动、加速发展的阶段。而此时的中国科学还未建立起这样一个理论与方法论基础，在摸索中缓慢前进。

第 十 章

儒家文化与科学技术

厦门大学哲学系　乐爱国

中国传统文化主要由儒、释、道三家相互作用、相互融合而构成，尤以儒学为主干。虽然在中国历史上，儒学并非始终是占据主导地位的意识形态，但是，自西汉时期，汉武帝"罢黜百家，独尊儒术"，儒学成为官学之后，儒学对于佛学、道教的影响一直是儒、释、道三家关系的主要方面，尤其是南宋后期程朱理学被定为官学，继后，儒学在意识形态领域占统治地位达 700 年之久。

作为中国传统文化主干的儒学不仅影响着佛学、道教，而且影响着中国古代的政治、经济、道德、教育、文学艺术以及社会生活的方方面面，当然也对中国古代科技及其发展产生了重大影响。但是，在今天科学与文化相互割裂的背景下，人们往往看不到在中国古代科学与文化尚融合一体的背景下儒学与科学的真实关系，忽视儒学对于中国古代科技的影响，甚至片面强调儒学的负面作用。假如作为中国传统文化主干的儒学与科技是完全相对立的，那么在这样的背景下，又怎么可能会有高度发展的科技？反言之，在科技高度发展的中国古代社会中，与科技发展完全相对立的学说又如何能够成为文化的主干？

所以，要研究儒学对中国古代科技发展的影响，就必须回到科学与文化融合一体的中国古代，具体分析科技与儒学的相互关系，探讨在以儒学为主干的中国传统文化中古代科技的发生、发展以及衰落，进而就儒学对中国古代科技的作用做出合理的判断。

第一节　儒学的科技内涵

在中国古代，科学尚未从文化中分化出来，科学与文化融合一体，科学中有文化，文化中有科学。作为中国传统文化主干的儒学不仅仅有文化内涵，也有丰富的科技内涵；儒家经典不仅是文化的经典，也包含着丰富的科技知识，并在一定程度上成为科技的经典；儒家学者不仅是儒家文化的创造者和承载者，而且，其中不少学者因重视和研究科技，也成为科技的研究者和传播者。

一　儒学的特质与科技

要了解儒学的特质，可以先探究什么是"儒家"。关于"儒家"，有各种各样的定义和理解。司马迁《史记》所载司马谈《论六家之要指》指出："夫儒者以六艺为法。六艺经传以千万数，累世不能通其学，当年不能究其礼。……若夫列君臣父子之礼，序夫妇长幼之别，虽百家弗能易也。"①《汉书·艺文志》则对"儒家"作了更为全面的概述和界定，指出："儒家者流，盖出于司徒之官；助人君顺阴阳、明教化者也；游文于六经之中，留意于仁义之际，祖述尧、舜，宪章文、武，宗师仲尼，以重其言，于道最为高。"② 从这段总括性的论述中可以看出，儒家有三个主要的特点，即求道、为学、致用。这既是儒家的最高追求，也是儒学的基本特质。

首先，儒家重视求道，"于道最为高"。作为儒学的创始人，孔子一生致力于求道。他说："君子食无求饱，居无求安，敏于事而慎于言，就有道而正焉，可谓好学也已。"（《论语·学而》）又说："君子谋道不谋食；耕也，馁在其中矣；学也，禄在其中矣。"（《论语·卫灵公》）"朝闻道，夕死可矣。"（《论语·里仁》）显然，求道是孔子一生的追求。孔子的"道"主要讲的是为人处世之道，即"人道"。孔子说："君子道者三……仁者不忧；知者不惑；勇者不惧。"（《论语·宪问》）又说："有君子之道四焉：其行己也恭，其事上也敬，其养民也惠，其使民也义。"

---

① （汉）司马迁：《史记》（第十册）卷一百三十，中华书局1982年版，第3290页。
② （汉）班固：《汉书》（第六册）卷三十，中华书局1962年版，第1728页。

（《论语·公冶长》）但最重要的是"忠恕之道"。曾子曰："夫子之道，忠恕而已矣。"（《论语·里仁》）所谓"忠恕"，朱熹说："尽己之为忠，推己之为恕。"① 就是要"己欲立而立人，己欲达而达人"（《论语·雍也》）；"己所不欲，勿施于人"（《论语·卫灵公》）。孔子之道为思孟学派以及后来的《易传》所发挥，从而形成了儒家的"天人合一"之道。《中庸》曰："君子之道，造端乎夫妇；及其至也，察乎天地。"又说："唯天下至诚，为能尽其性；能尽其性，则能尽人之性；能尽人之性，则能尽物之性；能尽物之性，则可以赞天地之化育；可以赞天地之化育，则可以与天地参矣。"并且认为："仲尼祖述尧舜，宪章文武。上律天时，下袭水土。辟如天地之无不持载，无不覆帱。辟如四时之错行，如日月之代明。"孟子说："尽其心者，知其性也。知其性，则知天矣。"（《孟子·尽心上》）《易传》曰："夫大人者，与天地合其德，与日月合其明，与四时合其序，与鬼神合其吉凶。"（《周易·乾·文言》）并且明确提出天道、地道与人道统一的"三才之道"。正因为儒家讲的"道"是人道与天道的统一，是"天人合一"之道，所以，儒家又重视"天"，重视研究天地自然，重视自然知识。更为重要的是，儒家在研究天地自然的过程中，形成了儒家的天道观，即自然观。先秦儒家的自然观主要有思孟学派的阴阳五行自然观和《易传》的自然观，充分表明儒学融合了自然之道。先秦儒家的自然观在宋代理学那里得到了充分的发挥，形成理学自然观。虽然从现代科学的角度看，儒家的自然观并不能算作科学，但是在中国古代，包括阴阳五行自然观在内的儒家自然观一直是科技的思想基础，因而亦是中国古代科技的重要组成部分。

其次，儒家重视为学，"游文于六经之中"。孔子作为教育家，要求自己和学生有广博的知识。他说："君子博学于文，约之以礼。"（《论语·雍也》）孔子讲"博学"，主张"多闻，择其善者而从之，多见而识之"（《论语·述而》），具有知识论倾向。他不仅要求学习社会文化、伦理道德方面的知识，而且也要求学习自然方面的知识，从而使学生成为"志于道，据于德，依于仁，游于艺"（《论语·述而》）的君子。这里的"游于艺"，就是学习"六艺"，即礼、乐、射、御、书、数，其中的"数"实际上包括了古代的数学知识，因此，"仲尼之徒通六艺者七十余

---

① （宋）朱熹：《四书章句集注·论语集注》，上海书店1987年版，第23页。

人，未尝不以数学为儒者事"①。而且，孔子还要求学生"多识于鸟兽草木之名"（《论语·阳货》）。正因为儒家重视为学，也重视自然知识，先秦儒家自孔子开始就十分重视对古代科技著作的整理和研究。在他们所整理、研究并予以传注的著作中，《尧典》《禹贡》《夏小正》《月令》以及《诗经》《周礼》《易传》等都包含了丰富的科技知识。先秦儒家把科技知识包容于儒学之中，而这些科技著作以及科技知识事实上成为后世儒家学习和研究科技的知识基础。汉代儒家讲"圣人之于天下，耻一物之不知"②。宋代理学更是强调"博学于文"。朱熹说："上而无极、太极，下而至于一草、一木、一昆虫之微，亦各有理。一书不读，则阙了一书道理；一事不穷，则阙了一事道理；一物不格，则阙了一物道理。须著逐一件与他理会过。"③ 显然包含了研究天地自然的要求。

最后，儒家重视致用。孔子重人道、重学问，最后又落实到致用上。在为政方面，孔子讲"道之以德，齐之以礼"（《论语·为政》），讲道德教化；同时也讲"因民之所利而利之"（《论语·尧曰》），讲利民。孔子说："道千乘之国，敬事而信，节用而爱人，使民以时。"（《论语·学而》）这里所谓"使民以时"中的"时"指农时，即要求百姓按照农时从事农业生产。这一思想实际上成为后来孟子"仁政"思想的重要内容。孟子认为，施行仁政，首先要"制民之产"。他说："明君制民之产，必使仰足以事父母，俯足以畜妻子，乐岁终身饱，凶年免于死亡。然后驱而之善，故民之从之也轻。"（《孟子·梁惠王上》）因而要发展农业生产，要"不违农时"："不违农时，谷不可胜食也；数罟不入洿池，鱼鳖不可胜食也；斧斤以时入山林，材木不可胜用也；谷与鱼鳖不可胜食，材木不可胜用，是使民养生丧死无憾也。"（《孟子·梁惠王上》）在儒家看来，讲"仁政"，就要发展农业生产，当然也就离不开发展农业科技。儒家讲民本，最终又落实到发展农业、发展农业科技上；而要发展农业，还要研究天文学、地理学以及数学等。这表明儒家本身就具有发展科技的内在要求。在中国古代科技体系中，农业科技以及与之相关的实用科技发展较

---

① （明）朱载堉：《圣寿万年历·卷首》，《文渊阁四库全书·子部》。

② （汉）扬雄：《扬子法言》卷十二《君子》，四部丛刊初编·子部。

③ （宋）黎靖德：《朱子语类》（第一册）卷十五，中华书局1986年版，第295页。

快，其原因概在于此。明清之际，经世致用之学大兴。顾炎武讲"修己治人之实学"①，指出："君子博学于文，自身而至于家国天下，制之为度数，发之为音容，莫非文也。"② 显然，把科技知识也当作"实学"的重要内容。

儒家对于道、学、用的追求，构成了儒学的特质，使之具有了学习、研究和运用科技知识的要求；而这一要求又体现于儒家经典以及经学之中，体现于历代儒家对于科技的重视与研究中。

二 儒家经典中的科技知识

论及儒学，不能不讲儒家经典。据司马迁的《史记·孔子世家》记述，孔子所整理过的典籍主要有《诗》《书》《礼》《乐》《易》《春秋》。到了汉代，这些典籍除《乐经》亡佚外均被称为"经"，所谓"五经"，这就是儒家经典。值得注意的是，《诗经》、《尚书·尧典》和《尚书·禹贡》、《大戴礼记·夏小正》和《礼记·月令》、《周礼》及其中的《考工记》、《易传》等都包含着丰富的科技知识。

1.《诗经》中的科技知识

《诗经》主要是西周初年至春秋中期的诗作，其中不少诗篇反映了当时的科技知识，涉及物候知识、动植物知识、地学知识、天文知识、农业科技知识以及手工技术等，其中的《豳风·七月》被认为是一首物候诗。③ 该篇一些诗句反映了各个月份的物候现象和农事活动。比如：二月份，"春日载阳，有鸣仓庚"，"春日迟迟，采繁祁祁"；三月份，"蚕月条桑，取彼斧斨，以伐远扬"；四月份，"四月秀葽"；五月份，"五月鸣蜩"，"五月斯螽动股"；六月份，"六月莎鸡振羽"，"六月食郁及薁"；七月份，"七月流火"，"七月鸣鵙"，"七月亨葵及菽"，"七月食瓜"；八月份，"八月萑苇"，"八月载绩，载玄载黄"，"八月其获"，"八月剥枣"，"八月断壶"；九月份，"九月授衣"，"九月叔苴，采荼薪樗"，"九月筑场圃"，"九月肃霜"；十月份，"十月陨萚"，"十月蟋蟀入我床下"，

① （明）顾炎武：《日知录》卷七《夫子之言性与天道》，《文渊阁四库全书·子部》。
② （明）顾炎武：《日知录》卷七《博学于文》，《文渊阁四库全书·子部》。
③ 夏纬瑛等：《诗经中反映的周代农业生产和技术》，载李国豪等编《中国科技史探索》，上海古籍出版社1982年版，第643页。

"十月获稻"，"十月纳禾稼，黍稷重穋，禾麻菽麦"，"十月涤场"；
等等。

2.《尚书·尧典》中的天文学知识

《尧典》中有一段记载，叙述了帝尧当时制定历法的情况。其中说
道："（帝尧）乃命羲、和，钦若昊天，历象日月星辰，敬授民时。分命
羲仲，宅嵎夷，曰旸谷。寅宾出日，平秩东作。日中星鸟，以殷仲春。厥
民析，鸟兽孳尾。申命羲叔，宅南交，曰明都。平秩南讹，敬致。日永星
火，以正仲夏。厥民因，鸟兽希革。分命和仲，宅西，曰昧谷。寅饯纳
日，平秩西成。宵中星虚，以殷仲秋。厥民夷，鸟兽毛毨。申命和叔，宅
朔方，曰幽都。平在朔易。日短星昴，以正仲冬。厥民隩，鸟兽氄毛。帝
曰：'咨，汝羲暨和，朞三百有六旬有六日，以闰月定四时成岁。允厘百
工，庶绩咸熙。'"意思是，帝尧命令羲氏、和氏通过观测日月星辰的运
行，制定历法，告知百姓。具体的做法就是："日中星鸟，以殷仲春"，
"日永星火，以正仲夏"，"宵中星虚，以殷仲秋"，"日短星昴，以正仲
冬"。也就是说，昼夜等长的时候，当黄昏时见到鸟星升到中天，即为仲
春或春分；白昼最长的时候，见到大火星升到中天，即为仲夏或夏至；昼
夜又等长的时候，见到虚星升到中天，即为仲秋或秋分；白昼最短的时
候，见到昴星升到中天，即为仲冬或冬至。对于《尧典》的这一段叙述
在中国古代天文学上的意义，英国著名科技史家李约瑟曾给予高度的评
价，称它是"中国官方天文学的基本宪章"[①]。

3.《尚书·禹贡》中的地理知识

《禹贡》讲述的是夏禹治水之后，将全国分为九个区域，即冀、兖、
青、徐、扬、荆、豫、梁、雍九州，并且根据各州的自然条件，规定田赋
和进贡。该书涉及丰富的地理知识，包括各州的水利工程、河流、土壤、
植被以及贡品的进贡水路。比如："冀州：既载壶口，治梁及岐。既修太
原，至于岳阳。覃怀底绩，至于衡漳。厥土惟白壤，厥赋惟上上错，厥田
惟中中，恒卫既从，大陆既作。岛夷皮服。夹右碣石入于河。"除了描述
了九州的地理情况外，《禹贡》还有"导山"和"导水"两部分，叙述
了四条由西向东延伸的山列以及九条河流的来龙去脉，包括水源、流向、
流经地、所纳支流和河口等。在古代地理学的发展中，《禹贡》一直是古

---

①　[英] 李约瑟：《中国科学技术史》第四卷《天学》，科学出版社 1975 年版，第 42 页。

代地理学家所必读和必须尊崇的经典，对古代地理学的发展产生了重要的影响，因而被看作古代重要的地理著作，李约瑟称之为"中国历史上最早出现的自然地理考察著作"①。

4. 《大戴礼记·夏小正》中的物候知识

关于《夏小正》的来历，据《礼记·礼运》，"孔子曰：'我欲观夏道，是故之杞，而不足征也，吾得夏时焉。'"郑玄注："得夏四时之书也，其书存者有《小正》。"② 这就是《夏小正》。另外，《史记·夏本纪》说："孔子正夏时，学者多传《夏小正》。"③ 一般认为，现存的《夏小正》有经、传之分，其中的经为孔子所编订，传为其后学所撰著。

《夏小正》是我国现存最早的具有丰富的物候知识的著作。④ 该书按照一年中各月份的先后顺序，对各个月份的物候、气象、天象和农事活动分别作了记载，涉及天文、气象、动植物等多方面的知识。比如正月，物候：启蛰，雁北乡，雉震呴，鱼陟负冰，囿有见韭，田鼠出，獭祭鱼，鹰则为鸠，柳稊、梅、杏、杝桃则华，缇缟，鸡桴粥；气象：时有俊风，寒日涤冻涂；天象：鞠则见，初昏参中，斗柄县在下；农事活动：农纬厥耒，农率均田，采芸。

5. 《礼记·月令》中的物候知识与阴阳五行自然观

与《夏小正》相似，《月令》也是按照一年中季节的变化顺序，对各个季节、月份的天象、物候和农事活动等分别作了记载。与《夏小正》相比，《月令》中所记述的科学知识的内容明显有所增加，且更加丰富、更加完整，尤其是在天文方面，有了较大的进步。比如：孟春之月（正月），"日在营室，昏参中，旦尾中"；"东风解冻，蛰虫始振，鱼上冰，獭祭鱼，鸿雁来"；"天气下降，地气上腾，天地和同，草木萌动"；"王命布农事，命田舍东郊，皆修封疆，审端径术。善相丘陵阪险，原隰土地所宜，五谷所殖，以教道民"；"祀山林川泽，牺牲毋用牝。禁止伐木，毋覆巢，毋杀孩虫、胎夭飞鸟，毋麛毋卵。毋聚大众，毋置城郭"。需要指出的是，《月令》中所包含的这些天文知识、物候知识以及农业科技方

---

① ［英］李约瑟：《中国科学技术史》第五卷《地学》，科学出版社 1976 年版，第 14 页。

② 《礼记·礼运》，载（清）阮元《十三经注疏》（下册），中华书局 1980 年版，第 1415 页。

③ （汉）司马迁：《史记》（第一册）卷二，中华书局 1959 年版，第 89 页。

④ 杜石然等：《中国科学技术史稿》上册，科学出版社 1982 年版，第 73 页。

面的知识对古代天文学和农学的发展具有重要影响，一直是历代编制历法以及编撰农书时不可缺少的资料来源。

同时，《月令》还较为完整地建构了阴阳五行自然观。在《月令》中，按照五行，有对应的五季、五日、五帝、五神、五虫、五音、五数、五味、五臭、五祀、五祭、五居、五色、五食、五德，并且一一对应，形成了一个固定的框架。

6. 《周礼》中的科技知识

《周礼》有六篇，分《天官冢宰》《地官司徒》《春官宗伯》《夏官司马》《秋官司寇》《冬官司空》，综合了周王室和春秋战国时代各诸侯国的官制。从《周礼》所述及的各官员的职责来看，有一些官职是由具备一定科技知识的人所担任的，比如，地官司徒的职责包括："掌建邦之土地之图"；"以天下土地之图，周知九州之地域广轮之数"；"辨其山、林、川、泽、丘、陵、坟、衍、原、隰之名物"；"以土会之法辨五地之物生：一曰山林，其动物宜毛物，其植物宜皂物，其民毛而方；二曰川泽，其动物宜鳞物，其植物宜膏物，其民黑而津；三曰丘陵，其动物宜羽物，其植物宜核物，其民专而长；四曰坟衍，其动物宜介物，其植物宜荚物，其民晳而瘠；五曰原隰，其动物宜臝物，其植物宜丛物，其民丰肉而庳"；"以土宜之法辨十有二土之名物"；"辨十有二壤之物而知其种，以教稼穑树蓺"；"以土圭之法测土深，正日景以求地中，日南则景短，多暑；日北则景长，多寒；日东则景夕，多风；日西则景朝，多阴。日至之景，尺有五寸，谓之地中，天地之所合也，四时之所交也，风雨之所会也，阴阳之所和也"。显然，这里涉及地学、生物学、农学、天文学等方面的知识。除此之外，在述及其他一些官职时，《周礼》也涉及不少科技知识。

7. 《考工记》中的手工业生产技术

汉初河间献王得到《周礼》时，其中的《冬官司空》一篇就已亡佚，于是补以《考工记》，称为《冬官考工记》。《考工记》成书年代迄今仍有争议，一般认为，《考工记》为春秋时期齐国官书，是齐国官府制定的有关手工业生产的规范和制度。

《考工记》叙述了各种手工技术规范，涉及马车及其各个部件的制作、青铜器物的原料配比和制作、皮革及其制品的制作工艺、染色工艺、炼丝工艺、各种玉器的形状与规格、石磬各部分的比例要求、各种矢的制作技术、各种容器的容量和尺寸大小、乐器支架的造型与设计、饮用器具的制作、箭靶的规格、各种兵器的制作、建造城邑的规范、沟洫的修筑技术以及弓的制作工艺，等等。

《考工记》不仅涉及手工技术的许多领域，而且还包含了天文学、数学、物理学、化学、生物学等方面的科学知识。其中"金有六齐。六分其金而锡居一，谓之钟鼎之齐；五分其金而锡居一，谓之斧斤之齐；四分其金而锡居一，谓之戈戟之齐；参分其金而锡居一，谓之大刃之齐；五分其金而锡居二，谓之削杀矢之齐；金锡半，谓之鉴燧之齐"，被认为"大体上正确地反映了合金配比规律，是世界上最早的合金配比的经验性科学总结"①。

8. 《易传》的自然观

《易传》是儒家对《易》的诠释。从《易传》与古代科技的关系看，《易传》提出了几个有价值的思想：

第一，阴阳八卦与易数。《易传》认为，整个宇宙有一个发生发展的过程。《系辞上传》说："易有太极，是生两仪，两仪生四象，四象生八卦。"这里的八卦即天、地、雷、风、水、火、山、泽八种自然界的基本元素，而天地之间的万事万物都是由这八种自然界的基本元素相互作用而生成的。《说卦传》说："水火相逮，雷风不相悖，山泽通气，然后能变化，既成万物也。"《系辞上传》说："刚柔相摩，八卦相荡，鼓之以雷霆，润之以风雨，日月运行，一寒一暑。"《易传》不仅论述了宇宙万事万物的生成和自然界万事万物的变化，而且还进一步认为其变化是有规律的。这就是《系辞上传》所谓："形而上者谓之道；形而下者谓之器；化而裁之谓之变；推而行之谓之通。"认为事物变化之道存在于具体事物之上，也就是"一阴一阳之谓道"。除了讲阴阳，《易传》还通过易数阐释天地的阴阳变化，即《系辞上传》所说："天一，地二，天三，地四，天五，地六，天七，地八，天九，地十。天数五，地数五，五位相得，而各有合。天数二十有五，地数三十，凡天地之数五十有五，此所以成变化而行鬼神也。"并且还用揲蓍之法："大衍之数五十，其用四十有九。……"予以说明。

第二，"三才之道"。《易传》全面阐述了儒家的"天人合一"的思

---

① 杜石然等：《中国科学技术史稿》上册，科学出版社1982年版，第45页。

想，明确提出了天道、地道与人道相互统一的思想，即"三才之道"。《系辞下传》说道："《易》之为书也，广大悉备，有天道焉，有人道焉，有地道焉。兼三才而两之，故六；六者非它也，三才之道也。"所谓"三才"，就是天、地、人；在卦象的六爻中，上两爻为天道，下两爻为地道，中间两爻为人道。《说卦传》进一步说："昔者圣人之作《易》也，将以顺性命之理。是以立天之道，曰阴与阳；立地之道，曰柔与刚；立人之道，曰仁与义。兼三才而两之，故《易》六画而成卦。"《易传》认为，在《易》中，天道的阴与阳、地道的柔与刚和人道的仁与义都统一于六爻的卦象之中，天道、地道与人道是和谐统一的。

第三，科技文明观。《易传》的天道、地道与人道统一的"三才之道"，要求依据天地之道行事，从天地之道中去把握人道，这本身就意味着需要研究天地之道。《系辞下传》说："古者包牺氏之王天下也，仰则观象于天，俯则观法于地，观鸟兽之文，与地之宜，近取诸身，远取诸物，于是始作八卦，以通神明之德，以类万物之情。"认为八卦是伏羲氏研究自然界的事物而作出来的，而且其研究范围较广，天文、地理、动物均在研究之列。《易传》还认为，包括伏羲氏在内的圣人，曾效仿卦象发明各种技术，制作各种器物，推动人类的物质文明进步。《系辞下传》说："（包牺氏）作结绳而为罔罟，以佃以渔，盖取诸离。包牺氏没，神农氏作，斫木为耜，揉木为耒，耒耨之利以教天下，盖取诸益。日中为市，致天下之民，聚天下之货，交易而退，各得其所，盖取诸噬嗑。神农氏没，黄帝、尧、舜氏作，通其变，使民不倦，神而化之，使民宜之。易穷则变，变则通，通则久。是以自天佑之，吉无不利，黄帝、尧、舜，垂衣裳而天下治，盖取诸乾坤。刳木为舟，剡木为楫，舟楫之利，以济不通，致远以利天下，盖取诸涣。服牛乘马，引重致远，以利天下，盖取诸随。重门击柝，以待暴客，盖取诸豫。断木为杵，掘地为臼，臼杵之利，万民以济，盖取诸小过。弦木为弧，剡木为矢，弧矢之利，以威天下，盖取诸睽。上古穴居而野处，后世圣人易之以宫室，上栋下宇，以待风雨，盖取诸大壮。古之葬者，厚衣之以薪，葬之中野，不封不树，丧期无数，后世圣人易之以棺椁，盖取诸大过。上古结绳而治，后世圣人易之以书契，百官以治，万民以察，盖取诸夬。"这段论述认为，远古时期的许多技术发明，包括渔网、耒耜、市场、船、车、门、杵臼、弧矢、宫室、棺椁、书契11项，为当时圣人效法卦象所作，并且推动了科技文明。

儒家经典是儒学的根本。从今天的学科分类看，《诗》《书》《礼》《易》《春秋》"五经"不仅涉及政治学、伦理学知识，而且广泛涉及社会生活的许多其他方面的知识，也包括了科技知识。尤为重要的是，历代儒家在诠释经典中的科技知识时，必然要进一步研究科技，用新的科技知识予以丰富和发展。因此，当我们深入发掘儒学的内涵时，不可能不把科技包括于其中。

三 历代儒家对科技的重视与研究

1. 先秦儒家对科技的重视

孔子是重视科技的。如前所述，作为教育家，他要求学生"博学"，"多闻""多见"，"游于艺"，并且"多识于鸟兽草木之名"；他整理的古代典籍包含了丰富的科技知识，甚至有些属于古代科技典籍。

孔子的弟子中对科技最感兴趣的是曾子。[①] 据《大戴礼记·曾子天圆》记述，曾子曾经与学生讨论天圆地方的宇宙结构问题。曾子的学生问："天圆而地方者，诚有之乎？"曾子回答说："天之所生上首，地之所生下首，上首之谓圆，下首之谓方。如诚天圆而地方，则是四角不揜也。"[②] 在这里，曾子对早期的天圆地方的盖天说宇宙结构提出了责难和怀疑。同时，曾子又对"天圆地方"这一概念作了新的诠释。他说："参尝闻之夫子曰：'天道曰圆，地道曰方'。方曰幽而圆曰明。明者，吐气者也，是故外景；幽者，含气者也，是故内景。故火曰外景，而金、水内景。吐气者，施而含气者化，是以阳施而阴化也。阳之精气曰神，阴之精气曰灵；神灵者，品物之本也。"同时，曾子还阐述了天地阴阳之气相互作用而产生万物的思想，指出："阴阳之气，各尽其所，则静矣；偏则风，俱则雷，交则电，乱则雾，和则雨。阳气胜，则散为雨露；阴气胜，则凝为霜雪。阳之专气为雹，阴之专气为霰，霰雹者，一气之化也。毛虫，毛而后生；羽虫，羽而后生。毛羽之虫，阳气之所生也。介虫，介而后生；鳞虫，鳞而后生。介鳞之虫，阴气之所生也。唯人为倮匈而后生

① 李约瑟曾经说过："曾子和他的弟子们对自然现象和自然科学的发端的兴趣，比儒家任何其他派别都大。"参见［英］李约瑟《中国科学技术史》第二卷《科学思想史》，科学出版社等1990年版，第290页。

② （汉）戴德：《大戴礼记》卷五《曾子天圆》，四部丛刊初编·经部。

也，阴阳之精也。毛虫之精者曰麟，羽虫之精者曰凤，介虫之精者曰龟，鳞虫之精者曰龙，倮虫之精者曰圣人。"此外，曾子还说："圣人慎守日月之数，以察星辰之行，以序四时之顺逆，谓之历；载十二管，以宗八音之上下、清浊，谓之律也。律居阴而治阳，历居阳而治阴。律历迭相治也，其间不容发。"认为圣人应当依照日月运行规律，观测星辰的运行，推演四季天象的变化，制定历法，同时要制定音律，并且通过历法和音律的阴阳相互协调，以治理天下。

孟子非常重视农业科技。据《孟子·梁惠王上》记载，孟子曾经对梁惠王说："不违农时，谷不可胜食也；数罟不入洿池，鱼鳖不可胜食也；斧斤以时入山林，材木不可胜用也；谷与鱼鳖不可胜食，材木不可胜用，是使民养生丧死无憾也；养生丧死无憾，王道之始也。五亩之宅，树之以桑，五十者可以衣帛矣；鸡豚狗彘之畜，无失其时，七十者可以食肉矣；百亩之田，勿夺其时，数口之家可以无饥矣；谨庠序之教，申之以孝悌之义，颁白者不负戴于道路矣；七十者衣帛食肉，黎民不饥不寒；然而不王者，未之有也！"孟子认为，"不违农时"，就能使农业发展，百姓富裕，就能"使民养生丧死无憾"，而这正是"王道之始"，因此强调要"无失其时""勿夺其时"。从当时农业科技发展的水平看，农时本身就是农业科技的重要内容，重视农时在一定意义上可以被理解为就是对农业科技的重视。

2. 汉代儒家对科技的重视

汉代不少儒家学者对天文历法感兴趣。桓谭对天文学颇有研究，曾发现刻漏的度数随着环境的燥、湿、寒、温的变化而不同，因而在昏、明、昼、夜的不同时候，刻漏的度数也不同。[1] 在宇宙结构问题上，他反对盖天说，主张浑天说。扬雄对宇宙结构也很有兴趣。他起初相信盖天说，后多次受到桓谭的责难而发生改变，接受了浑天说，并且还提出"难盖天八事"[2]，对于后来浑天说取代盖天说起到了重要的作用。在历法上，刘歆修订《太初历》，后更名为《三统历》，实际上是用《周易》的数理解

---

[1]　桓谭在《新论·离事》中说："余前为郎，典刻漏，燥湿寒温辄异度，故有昏明昼夜。昼日参以晷景，夜分参以星宿，则得其正。"参见（汉）桓谭《新论》卷下《离事》，上海人民出版社1977年版，第44页。

[2]　（唐）魏徵等：《隋书》（第二册）卷十九，中华书局1982年版，第506页。

释历法，同时也包含了不少新的内容。《三统历》在中国古代历法的发展中具有很高的地位，被认为是"我国古代流传下来的一部完整的天文学著作"，"世界上最早的天文年历的雏形"①。此外，东汉的贾逵、蔡邕等对于天文历法也有所作为。

还需指出的是，汉代经学家在传注儒家经典中，对其中的科技知识作了发挥。崔寔撰著了一部在轮廓与内容的排列上与《月令》大致相同的农学著作《四民月令》，被认为是"中国古农书中'农家月令书'这一系统最早的代表作"②。孟喜把《周易》六十四卦与二十四节气以及《月令》有关物候的知识结合在一起，提出"卦气说"。陆机治《毛诗》，著《毛诗草木鸟兽虫鱼疏》，将《诗经》中所提到的动植物罗列出来，通过自己的实地观察，对动植物的形态、种群生态、地理分布等都作了翔实的描述，被认为是"一部古典博物学著作"③。此外，形成于汉代的释经之书《尔雅》，其后半部分的《释草》《释木》《释虫》《释鱼》《释鸟》《释兽》《释畜》包含了丰富的动植物分类的知识；东汉经学大师郑玄大量地运用汉代科技知识以及他本人的科技研究成果注释儒家经典中与科技有关的内容。这些都体现出汉代儒家学者对于科技的重视。

3. 宋代儒家对科技的重视

宋代儒家普遍对自然知识、科学感兴趣。在宋代儒家中，那些著名的大儒或儒家学派的领袖，从宋学的初创者范仲淹、胡瑗、欧阳修，到北宋儒家各主要学派的领袖王安石、司马光、苏轼、周敦颐、邵雍、张载、"二程"，再到南宋理学各学派的主要代表朱熹、陆九渊、吕祖谦，还有宋末的著名理学家真德秀、金履祥、许谦、王应麟等，大都对自然知识感兴趣，或对科学有所研究。

北宋儒家范仲淹非常重视医学，他说："夫能行救人利物之心者，莫如良医。果能为良医也，上以疗君亲之疾，下以救贫民之厄，中以保命长年。在下而能及小大生民者，舍夫良医，则未之有也。"④ 这段言论后来被概括为"不为良相，愿为良医"的口号而广泛流传。胡瑗主张学校要

①　陈遵妫：《中国天文学史》（第三册），上海人民出版社 1984 年版，第 1430 页。
②　杜石然：《中国古代科学家传记》上集"崔寔"，科学出版社 1992 年版，第 100 页。
③　杜石然：《中国古代科学家传记》上集"陆机"，科学出版社 1992 年版，第 183 页。
④　（宋）吴曾：《能改斋漫录》卷十三《文正公愿为良医》，《文渊阁四库全书·子部》。

教授实用的知识，包括治民、治兵、水利、历算等学科。① 欧阳修撰《洛阳牡丹记》，被认为是我国现存最早的牡丹专著，② 此外还撰有《砚谱》等科技类著作。王安石"自百家诸子之书，至于《难经》、《素问》、《本草》、诸小说，无所不读，农夫、女工，无所不问"③。司马光学问渊博，"于学无所不通，音乐、律历、天文、书数，皆极其妙"④，也撰写过科技类著作，有《历年图》七卷、《通历》八十卷、《游山行记》十二卷、《医问》七篇等。⑤ 苏轼对自然现象、科技知识有着广泛的兴趣。《苏轼文集》中收有《草木饮食》⑥，其中涉及不少自然知识和科技知识；此外，苏轼对医学、养生学也有着很大的兴趣。⑦ 周敦颐、邵雍、张载、二程则建构了各自不同的宇宙观，并对天文学有较多的研究。⑧

　　南宋理学家对自然科学最有研究者当属朱熹，李约瑟称他是"一位深入观察各种自然现象的人"⑨。朱熹从小就对天文感兴趣，并且很早就结合儒家经典的诠释进行天文观测，在天文学方面取得了不少科学成就，主要有三个方面：第一，提出了以"气"为起点的宇宙演化学说。朱熹曾经说："天地初间只是阴阳之气。这一个气运行，磨来磨去，磨得急了，便拶许多渣滓；里面无处出，便结成个地在中央。气之清者便为天，为日月，为星辰，只在外，常周环运转。地便只在中央不动，不是在下。"⑩ 这里描绘了一幅宇宙演化过程的图景。第二，提出了地以"气"悬空于宇宙之中的宇宙结构学说。朱熹不赞同早期浑天说所谓地载水而浮的说法，指出："天以气而依地之形，地以形而附天之气。天包乎地，地

---

　　① 参见乐爱国《宋代的儒学与科学》，中国科学技术出版社 2007 年版，第 13 页。

　　② 罗桂环、汪子春：《中国科学技术史·生物学卷》，科学出版社 2005 年版，第 212—213页。

　　③ （宋）王安石：《临川先生文集》卷七十三《答曾子固书》，四部丛刊初编·集部。

　　④ （宋）王称：《东都事略》卷八十七《司马光传下》，文渊阁四库全书·史部。

　　⑤ （清）黄宗羲、全祖望：《宋元学案》卷七《涑水学案上》，中华书局 1986 年版，第278—279 页。

　　⑥ 参见（宋）苏轼《苏轼文集》卷七十三《杂记·草木饮食》，中华书局 1986 年版，第2361—2373 页。

　　⑦ 参见乐爱国《宋代的儒学与科学》，中国科学技术出版社 2007 年版，第 35—36 页。

　　⑧ 同上书，第 37—48 页。

　　⑨ ［英］李约瑟：《雪花晶体的最早观察》，载《李约瑟文集》，辽宁科学技术出版社 1986年版，第 521 页。

　　⑩ （宋）黎靖德：《朱子语类》（第一册）卷一，中华书局 1986 年版，第 6 页。

特天中之一物尔。天以气而运乎外，故地摧在中间，隤然不动。"① 第三，提出了天有九重和天体运行轨道的思想。朱熹明确指出："自地之外，气之旋转，益远益大，益清益刚，究阳之数，而至于九，则极清极刚，而无复有涯矣。"② 朱熹门人在阐释所谓"天左旋，日月亦左旋"时说："此亦易见。如以一大轮在外，一小轮载日月在内，大轮转急，小轮转慢。虽都是左转，只有急有慢，便觉日月似右转了。"朱熹赞同此说。③ 对此，李约瑟说："这位哲学家曾谈到'大轮'和'小轮'，也就是日、月的小'轨道'以及行星和恒星的大'轨道'。"④ 除了天文学，朱熹对地表升降变化也颇有研究。他说："常见高山有螺蚌壳，或生石中，此石即旧日之土，螺蚌即水中之物。下者却变而为高，柔者变而为刚，此事思之至深，有可验者。"⑤ "今高山上多有石上蛎壳之类，是低处成高。又蛎须生于泥沙中，今乃在石上，则是柔化为刚。天地变迁，何常之有？"⑥ 李约瑟认为，这段话在地质学上具有重要意义。⑦ 此外，朱熹对沈括《梦溪笔谈》颇有研究，被认为是宋代"最最重视沈括著作的科学价值的唯一的学者"；是"宋代学者中最熟悉《笔谈》内容并能对其科学观点有所阐发的一人"⑧。

南宋理学家陆九渊对天文历法也有研究。他曾对天体结构作过详细的描述，并对唐代天文学家僧一行大为赞赏，指出："一行数妙甚，聪明之极，吾甚服之。"⑨ 同时，他还肯定历法的改制，指出："夫天左旋，日月星纬右转，日夜不止，岂可执一？故汉、唐之历屡变，本朝二百余年，历亦十二、三变。圣人作《易》，于《革卦》言：'治历明时'，观《革》之义，其不可执一明矣。"⑩ 吕祖谦也对自然事物有很大的兴趣，认为学

① （宋）黎靖德：《朱子语类》（第一册）卷一，中华书局 1986 年版，第 6 页。
② （宋）朱熹：《楚辞集注》卷三《天问》，上海古籍出版社 1979 年版，第 51 页。
③ （宋）黎靖德：《朱子语类》（第一册）卷二，中华书局 1986 年版，第 16 页。
④ ［英］李约瑟：《中国科学技术史》第四卷《天学》，科学出版社 1975 年版，第 547 页。
⑤ （宋）黎靖德：《朱子语类》（第六册）卷九十四，中华书局 1986 年版，第 2367 页。
⑥ 同上书，第 2369 页。
⑦ ［英］李约瑟：《中国科学技术史》第五卷《地学》，科学出版社 1976 年版，第 266 页。
⑧ 胡道静：《朱子对沈括科学学说的钻研与发展》，载武夷山朱熹研究中心《朱熹与中国文化》，学林出版社 1989 年版，第 40 页。
⑨ （宋）陆九渊：《陆九渊集》卷三十五《语录下》，中华书局 1980 年版，第 464 页。
⑩ 同上书，第 431 页。

者应当"仰则欲知天文，俯则欲知地理；大则欲知治乱兴衰之迹，小则欲知草木虫鱼之名"①。他的《庚子·辛丑日记》记录了淳熙七年（1180年）正月初一至淳熙八年（1181年）七月二十八日的所见，包括气候的变化、植物的生长、动物的活动等。有科学史家认为，这份日记"记有腊梅、樱桃、杏、桃、紫荆、李、海棠、梨、蔷薇、蜀葵、萱草、莲、芙蓉、菊等二十多种植物开花和第一次听到春禽、秋虫鸣叫的时间"，是世界现存最早的凭实际观测获得的物候记录。②

宋末理学家真德秀对医学、农学有过研究，撰《真西山先生卫生歌》一卷，③ 他的不少劝农文包含了丰富的农学知识和思想。金履祥"凡天文、地形、礼乐、田乘、兵谋、阴阳、律历之书，靡不毕究"④。许谦博学多识，"天文、地理、典章、制度、食货、刑法、字学、音韵、医经、术数之说，亦靡不该贯"⑤。王应麟著述宏富，其中《诗地理考》《通鉴地理考》《通鉴地理通释》《玉海》《六经天文编》等，包含了他对于天文学、地理学等方面的研究；蒙学读物《小学绀珠》也包含着丰富的科技知识，反映出王应麟的科技教育思想。

4. 明清儒家对科技的重视

明代阳明学兴盛时期，儒家研究科技的事例较少，但阳明后学罗洪先是一位有成就的地理学家。他"考图观史，自天文、地志、礼乐、典章、河渠、边塞、战阵攻守，下逮阴阳、算数、靡不精究"⑥，所编撰的《广舆图》被认为是"我国历史上第一部综合性地图集，在我国地图学发展史上起着承先启后的作用，在国内外都有很大影响"⑦。同时，与阳明学对立的儒家学者王廷相提出："天地之道，虽悠远高深，学者不可不求其

---

①　（宋）吕祖谦：《左氏博议》卷二，《文渊阁四库全书·经部》。

②　曹婉如：《中国古代的物候历和物候知识》，载自然科学史研究所《中国古代科技成就》，中国青年出版社 1978 年版。

③　（明）高濂：《遵生八笺》卷一《清修妙论笺上》"真西山先生卫生歌"，《文渊阁四库全书·子部》。

④　（明）宋濂等：《元史》（第十四册）卷一百八十九，中华书局 1976 年版，第 4316页。

⑤　同上书，第 4319 页。

⑥　（清）张廷玉等：《明史》（第二十四册）卷二百八十三，中华书局 1974 年版，第 7279页。

⑦　杜石然：《中国古代科学家传记》下集"罗洪先"，科学出版社 1993 年版，第 802 页。

实矣。"① 并且撰写了《岁差考》《夏小正集解》《律吕论》等科学著作。

　　明清之际的儒家学者顾炎武、黄宗羲、方以智、王夫之等，都十分重视科技。顾炎武的《日知录》三十余卷，其中"论天象数术"者，有《天文》《日食》《月食》《岁星》《五星聚》《百刻》《雨水》等；还有"论地理"，对一些地区的地理概貌进行了叙述。而且，他还编著了《肇域志》《北岳辨》《五台山记》等地理著作。黄宗羲撰写了不少科学著作，其中天文学、数学类著作有《授时历故》《大统历推法》《授时历法假如》《西历假如》《回历假如》《气运算法》《勾股图说》《开方命算》《测圆要义》等；② 地学类著作有《今水经》《四明山志》《台宕纪游》《匡庐游录》等；还有《律吕新义》等科学著作。方以智极力主张学习西方科技，认为应当像孔子问学于东夷的郯子③那样去接受西方的科技。他说："泰西质测颇精，通几未举，在神明之取郯子耳。"④ 他还认为，学问有"质测""宰理""通几"之分，⑤ 所谓"质测"就是要研究"物理"。⑥ 他还著有《物理小识》《通雅》等科学著作。王夫之推崇方以智的质测之学，指出："密翁（方以智）与其公子为质测之学，诚学思兼致之实功。盖格物者，即物以穷理，惟质测为得之。"⑦ 而且还对天文学有所研究。⑧ 此外，还有陆世仪主张"天文、地理、河渠、兵法之类，皆切于用世，不可不讲"⑨；张履祥撰《补农书》，总结了南方水稻种植和蚕桑

---

　　① （明）王廷相：《王氏家藏集》卷三十《策问》（十九），《王廷相集》（二），中华书局1989年版，第548页。

　　② （清）全祖望：《鲒埼亭集》卷十一《梨洲先生神道碑文》，《续修四库全书·集部》。

　　③ 据《春秋左氏传》记：鲁昭公十七年秋，有东夷人郯子朝鲁，并讲论自然知识。"仲尼闻之，见于郯子而学之。既而告人曰：'吾闻之，天子失官，官学在四夷，犹信。'"参见（清）阮元《十三经注疏》（下册），中华书局1980年版，第2084页。

　　④ （明）方以智：《通雅》卷首二《读书类略》，《文渊阁四库全书·子部》。

　　⑤ （明）方以智：《通雅》卷首三《文章薪火》，《文渊阁四库全书·子部》。

　　⑥ 方以智指出："物有其故，实考究之，大而元会，小而草木蠢蠕，类其性情，征其好恶，推其常变，是曰'质测'。"参见（明）方以智《物理小识·自序》，《文渊阁四库全书·子部》。

　　⑦ （明）王夫之：《搔首问》，载《船山全书》第十二册，岳麓书社1992年版，第637页。

　　⑧ （明）王夫之：《思问录外篇》，载《船山全书》第十二册，岳麓书社1992年版，第430页。

　　⑨ （明）陆世仪：《陆桴亭思辨录辑要》卷一《大学类》，商务印书馆1936年版，第13页。

以及其他农作物栽培等方面的经验。

　　清代的李光地、戴震、焦循、阮元等都是重视科技的儒家学者。李光地对天文历法作了深入的研究，撰有《历象要义》《历象合要》《历象本要》等，主编了《御定星历考原》《御定月令辑要》，还有科学论文《记太初历》《记四分历》《记浑仪》《算法》《历法》《西历》等。李光地还明确反对把西方人的科技视作"奇技淫巧"。他说："西洋人不可谓之奇技淫巧，盖皆有用之物，如仪器、佩觿、自鸣钟之类。《易经》自庖牺没，神农作；神农没，尧舜作，张大其词，却说及作舟车、耒耜、杵臼、弧矢之类，可见工之利用极大。"[①] 戴震"凡天文、历算、推步之法，测望之方，宫室衣服之制，鸟兽、虫鱼、草木之名状，音和、声限古今之殊，山川、疆域、州镇、郡县相沿改革之由，少广旁要之率，钟实、管律之术，靡不悉心讨索"[②]。并撰写了大量的科技著作，其中有天文历法类著作：《原象》《续天文略》《迎日推策记》《九道八行说》《周礼太史正岁年解》《周髀北极璇玑四游解》《记夏小正星象》《历问》《古历考》等；数学类著作：《勾股割圜记》《策算》等；地学类著作：《水地记》《直隶河渠书》《汾州府志》等；技术类著作：《嬴旋车记》《自转车记》《释车》《考工记图》等。焦循是清朝中期与汪莱、李锐齐名的重要数学家。他的数学著作有：《加减乘除释》《天元一释》《释弧》《释轮》《释椭》《开方通释》等；还有《禹贡郑注释》《毛诗地理释》《毛诗鸟兽草木虫鱼释》《李翁医记》等科学类著作。乾嘉学派集大成者阮元编写了《畴人传》，收入自黄帝至清代中期的两百多位天文学家和数学家，另附三十多位西方天文学家和数学家，而且还明确提出科学"乃儒流实事求是之学"[③]。

第二节　古代科技与儒学的关系

　　古代科技产生、发展于以儒学为主干的中国传统文化中，因而在许多方面都受到儒学的影响。古代科学家大都属于官吏科学家，其中有不少对

①　（清）李光地：《榕村语录》卷十四《三礼》，中华书局1995年版，第253页。
②　（清）洪榜：《戴先生行状》，《戴震文集》附录，中华书局1980年版，第253页。
③　（清）阮元：《畴人传·序》，商务印书馆1935年版，第2页。

儒学感兴趣，甚至有所研究，因此，儒学影响着科学家的科研动机、科技研究过程和科学思想，尤其是，古代科技与儒学具有同步发展的态势。

一　科学家与儒学

在中国古代社会，没有专门从事科学研究的职业科学家，科学技术事业大都是官办的，从事科技研究的大多数是官吏科学家。对此，有学者认为，在中国科技史上，"知名的科学家与技术发明家中，大多数是官吏或曾经做过官的，而且有不少是位秩甚高的大官。这一现象是举世无二的，唯中国所独有"①。如果以杜石然主编的《中国古代科学家传记》（上、下集，科学出版社1992年、1993年版）所选入的236位②中国古代科学家为研究对象，那么可以发现，官吏科学家占了相当大的比重。比如：东汉时期在造纸术的发明上起重要作用的宦官蔡伦；魏晋时期任太医令的医学家王叔和；三国时期在魏朝任给事中的发明家马钧；唐代曾任太子詹事之职的天文学家边冈；北宋时期官至吏部尚书的曾公亮（曾编纂《武经总要》）；北宋时期官至端明殿学士的蔡襄，他主持建造泉州洛阳桥；北宋时期官至右仆射兼中书侍郎的苏颂，他主持制造水运仪象台，并撰《新仪象法要》《本草图经》；北宋任将作监的李诫（曾编纂《营造法式》）；南宋时期一直担任刑狱官的宋慈（撰《洗冤集录》）；明成祖朱棣的弟弟朱橚（编纂《救荒本草》）；明代曾任福建盐运司同知的屠本畯（撰《闽中海错疏》）；清朝任钦天监监正的数学家明安图；清朝曾任礼部尚书并撰有《植物名实图考》的吴其濬；等等。在以儒学为主干的中国传统文化背景中，儒家经典是那些作为官吏的科学家所必须熟读的，儒家学说是他们所必须遵循的。

在中国古代科学家中，除了官吏科学家，还有一些是对科学技术有所研究的平民学者。作为学者，他们有着广泛的学术研究空间，也会涉猎科学技术。当然，他们有自己的学术倾向和生命依归，可以分别归属于儒家或道教、佛教，因此，他们首先是儒家学者，或是道教、佛教学者。在以儒学为主干的中国传统文化背景中，实际上有不少是作为儒家学者的科学

---

① 金秋鹏：《中国科学技术史·人物卷》"前言"，科学出版社1998年版，第5页。

② 杜石然的《中国古代科学家传记》收入传记249篇，共250位科学家，其中有长期在中国工作的外国人（主要是传教士）14位。

家。他们或精通儒学，撰有儒学研究著作，或推崇儒学思想，以儒学为依归。除了那些以儒学作为终身追求的儒者科学家，即使是作为道教、佛教学者的科学家，也有一些与儒学有着密切的联系，甚至在儒学上颇有造诣。

正因为如此，在中国科技史上，有不少科学家在儒学发展史上同样具有一定地位，或撰有儒学研究著作，或运用儒学思想和知识于科技研究。比如：

在汉代，班固因撰写《汉书·地理志》而被称为历史地理学家；《汉书·地理志》中辑录了《尚书·禹贡》的全文和《周礼·夏官司马·职方》的内容，其主体部分以儒家经典《诗》《书》以及《禹贡》《周礼》《春秋》中的地理知识为基础。天文学家张衡著《周官训诂》，并且曾"欲继孔子《易》说《彖》、《象》残缺者"①。崔寔撰农学著作《四民月令》而被列为科学家，他的《四民月令》袭取了《礼记·月令》的结构，而且，他曾"与诸儒博士共杂定五经"②。天文学家刘洪创《乾象历》，其理论依据来自《周易》。

魏晋南北朝时期，裴秀因其作《禹贡地域图》十八篇以及在该图序中提出"制图六体"而被列为地图学家，该图实际上是对《尚书·禹贡》的注释。著《毛诗草木鸟兽虫鱼疏》的博物学家陆机，也是治《毛诗》的经学家。郭璞因注儒家经典《尔雅》涉及动植物学知识而被列为博物学家。天文学家虞喜"专心经传，兼览谶纬，乃著《安天论》以难浑、盖，又释《毛诗略》，注《孝经》，为《志林》三十篇。凡所注述数十万言，行于世"③。天文学家何承天"幼渐训义，儒史百家，莫不该览"；"《礼论》有八百卷，承天删减合并，以类相从，凡为三百卷，并《前传》、《杂语》、《纂文论》并传于世"④。数学家、天文学家祖冲之"著《易》、《老》、《庄》义，释《论语》、《孝经》，注《九章》，造《缀术》数十篇"⑤。道教医学家陶弘景"九岁、十岁读《礼记》、《尚书》、《周易》、《春秋》、杂书等，颇以属文为意"，而且还研究儒家经典，"善稽

---

① （南朝宋）范晔：《后汉书》（第七册）卷五十九，中华书局1965年版，第1939页。

② （南朝宋）范晔：《后汉书》（第六册）卷五十二，中华书局1965年版，第1730页。

③ （唐）房玄龄等：《晋书》（第八册）卷九十一，中华书局1974年版，第2349页。

④ （梁）沈约：《宋书》（第六册）卷六十四，中华书局1974年版，第1701、1711页。

⑤ （唐）李延寿：《南史》《第六册》卷七十二，中华书局1975年版，第1774页。

古，训诂七经，大义备解"，并著有《孝经论语集注》《三礼序》《注尚书毛诗序》等。①

　　隋唐时期，天文学家刘焯"专以教授著述为务，孜孜不倦。贾（逵）、马（融）、王（肃）、郑（玄）所传章句，多所是非……著《稽极》十卷，《历书》十卷，《五经述义》，并行于世"②。天文学家僧一行以儒家经典《周易》的"大衍之数"编制《大衍历》。农学家韩鄂撰《四时纂要》，完全以《礼记·月令》的叙述方式，分四季十二月列举农家所应当做的农事及其他事项。撰《耒耜经》的农学家陆龟蒙，也是一位对儒学颇有研究的儒者，他"通六经大义，尤明《春秋》"③。

　　在宋代，著名科学家沈括撰写过不少儒学著作。据《宋史·艺文志》记载，沈括的著作中有"经类"：《易解》二卷、《丧服后传》《乐论》一卷、《乐器图》一卷、《三乐谱》一卷、《乐律》一卷、《春秋机括》一卷、《左氏记传》五十卷；"子类"：《孟子解》。动植物学家郑樵的经学著作有：《书考》《书辨讹》《诗传》《诗辨妄》《辨诗序妄》《原切广论》《春秋传》《春秋考》等，并被《宋史》列入"儒林"。天文学家、地理学家黄裳撰《王府春秋讲义》，他曾"作八图以献：曰太极，曰三才本性，曰皇帝王伯学术，曰九流学术，曰天文，曰地理，曰帝王绍运，以百官终焉，各述大旨陈之"④；他的天文图和地理图实际上是为讲授儒家经典而制作的教具。金元之际数学家李冶所撰笔记类著作《敬斋古今黈》，按经、史、子、集编目，其中的"经"类，是李冶研读《周易》《尚书》《诗经》《春秋》《礼记》等儒家经典以及各家传注的札记。

　　明清时期，编撰《广舆图》的地理学家罗洪先是阳明后学。科学家宋应星撰《谈天》《论气》。科学家方以智和农学家张履祥都是明清之际的儒家学者。王锡阐是明清之际的天文学家，同时，他"治《诗》、

　　① （宋）张君房：《云笈七签》卷一百零七《华阳隐居先生本起录》，载《道藏》第22册，文物出版社等1988年版，第731—733页。

　　② （唐）魏徵等：《隋书》（第六册）卷七十五，中华书局1982年版，第1718—1719页。

　　③ （宋）欧阳修等：《新唐书》（第十八册）卷一百九十六，中华书局1975年版，第5612页。

　　④ （元）脱脱等：《宋史》（第三十四册）卷三百九十三，中华书局1977年版，第12000页。

《易》、《春秋》，明律历象数"①，与诸多儒家学者有过交往，晚年又与吕留良、张履祥一起讲濂洛之学。② 清代科学家朱彝尊、戴震、阮元同时都是著名的经学家。清代的数学家汪莱撰有《十三经注疏正误》《说文声类》等经学著作。数学家李锐曾师从经学家钱大昕，还曾协助阮元校勘《周易》《穀梁》和《孟子》，并撰有《周易虞氏略例》等。

由此可见，在中国科技史上，大多数科学家都不同程度地与儒学有着密切的联系，有一些科学家还专门研究过儒学，甚至是重要的儒家学者，儒学思想实际上成为他们心灵、思想、学识、情感的不可分割的重要组成部分，因此，他们在进行科技研究时，不可避免地会受到儒学思想的影响。

二　科研动机与儒学的价值理念

儒学思想对于古代科学家从事科技研究的影响，首先表现为儒学的价值理念对于科研动机的影响。正是由于受到儒学的民本思想、仁爱思想和博学求道理念的影响，古代科学家从事科技研究的动机大致有三：其一，出于国计民生的需要；其二，出于"仁""孝"之德；其三，出于求道求理的目的。

古代科学家从事科技研究的动机首先出于国计民生的需要。北魏农学家贾思勰在其所著的《齐民要术》中对此有很好的论述。该书的《序》在阐述作者研究农学的目的时说："盖神农为耒耜，以利天下。尧命四子，敬授民时。舜命后稷，食为政首。禹制土地，万国作义。殷周之盛。《诗》、《书》所述，要在安民，富而教之。"这段论述源自《汉书·食货志》，其中吸收了《周易》《尚书》《诗经》等儒家经典中的民本思想；尤其是"《诗》、《书》所述，要在安民，富而教之"一句，实际上是把儒学与农学紧密地结合在了一起。贾思勰还举了许多例子："耿寿昌之常平仓，桑弘羊之均输法，益国利民，不朽之术也"；"任延、王景，乃令铸作田器，教之垦辟，岁岁开广，百姓充给"；"皇甫隆乃教作耧、犁，所省庸力过半，得谷加五"；"《书》曰：稼穑之艰难。《孝经》曰：用天之道，因地之利，谨身节用，以养父母。《论语》曰：百姓不足，君孰与

---

① （明）王锡阐：《天同一生传》，《松陵文录》卷十七，清同治十三年（1874 年）刻本。

② 参见（清）潘耒《遂初堂文集》卷六《晓庵遗书序》，《续修四库全书》集部。

足"。这些论述无非要说明他撰著《齐民要术》的目的在于"益国利民"，为的是国计民生。宋代农学家陈旉在《农书》的《自序》中认为，"生民之本，衣食为先，而王化之源，饱暖为务"，并且指出："务农桑，足衣食，此礼义之所以起，孝悌之所以生，教化之所以成，人情之所以固也。"而他撰《农书》的动机则在于"少裨吾圣君贤相财成之道，辅相之宜，以左右斯民"，以"有补于来世"。元代农学家王祯在所撰《农书》的《自序》中说："农，天下之大本也。一夫不耕，或授之饥；一女不织，或授之寒。古先圣哲，敬民事也，首重农，其教民耕织、种植、畜养，至纤至悉。"同一时期的农学家鲁明善在所撰《农桑衣食撮要》的《序》中也指出："农桑，衣食之本；务农桑，则衣食足；衣食足，则民可教以礼义；民可教以礼义，则家国天下可久安长治矣。"可见，他们撰著农书的目的都在于国计民生。

中国古代科技之所以在天文历法、数学、医学和农学方面较为发达，概由于当时这些学科与国计民生密切相关。数学以解决实际问题为基本框架和内容，其中所涉及的问题大都与国计民生有关；天文学讲"敬授民时"；医学讲治病救人；农学讲"益国利民"；都与国计民生相关联。

古代科学家从事科技研究的另一个重要动机是出于"仁""孝"之德。东汉时期的医学家张仲景研究医学，旨在"上以疗君亲之疾，下以救贫贱之厄，中以保身长全，以养其生"，在于"爱人知物""爱躬知己"[1]。这实际上包含着孔子"仁者爱人"的思想，而张仲景从事医学研究的动机也正在于此。魏晋时期的医学家皇甫谧在所著《针灸甲乙经》的《序》中说："若不精通于医道，虽有忠孝之心、仁慈之性，君父危困，赤子涂地，无以济之，此固圣贤所以精思极论尽其理也。"他研究医学的动机在于落实"忠孝之心、仁慈之性"。显然，这是把儒家的忠孝思想与医学的研究统一起来，把精通于医道看作落实儒家的忠孝之心的必要环节。唐朝的医学家孙思邈也在所著《备急千金要方》的《本序》中指出："君亲有疾不能疗之者，非忠孝也。"这里显然都包含了儒家的忠孝仁爱思想。宋代医药学家唐慎微撰《经史证类备急本草》，后修订为《政和新修经史证类备用本草》，其中有曹孝忠的《序》，云："成周六典，列医师于天官，聚毒药以共医事，盖虽治道绪余，仁民爱物之意寓焉，圣人

---

[1] 转引自（唐）孙思邈《备急千金要方·序》，人民卫生出版社 1956 年版，第 6 页。

有不能后也。"① 认为包括唐慎微的《经史证类备急本草》在内的"医事"是出于儒家的"仁民爱物之意"。金代医学家张从正更是明确地把自己的医学著作定名为《儒门事亲》，"以为惟儒者能明其理，而事亲者当知医也"②，表明他研究医学的动机在于"事亲"。

事实上，科技研究的动机出于国计民生的需要与出于"仁""孝"之德，这两者是一致的，关注国计民生是"仁""孝"之德的进一步推广；那些出于国计民生的需要而进行的科技研究同样也是出于"仁""孝"之德。王祯撰著《农书》的目的不止在于国计民生，他还提出"孝悌力田"，指出："孝悌为立身之本，力田为养身之本，二者可以相资而不可以相离也。""夫孝悌者，本性之所固有，力田者，本业之所当为，民失其业，且失其性者，岂其本然哉?"③ 这里把"孝悌"与"力田"联系起来，亦表明他撰著《农书》的动机除了在于国计民生，还在于落实儒家的"孝悌"。

古代科学家从事科技研究还有一个重要动机，这就是求道求理的动机。古代数学家大都把自己的数学研究与求道求理联系在一起。《九章算术》由与实际生活密切相关的应用题及其解法所构成，然而，刘徽则在《九章算术注·序》中说："昔在包牺氏始画八卦，以通神明之德，以类万物之情，作九九之数，以合六爻之变。暨于黄帝，神而化之，引而伸之，于是建历纪、协律吕，用稽道原，然后两仪四象精微之气可得而效焉。"认为数学可以"通神明之德""类万物之情"。《孙子算经·序》则认为，数学可以"观天道精微之兆基，察地理纵横之长短"，"穷道德之理，究性命之情"。唐代王孝通在《上缉古算经表》中也说："臣闻九畴载叙，纪法著于彝伦；六艺成功，数术参于造化。夫为君上者司牧黔首，有神道而设教，采能事而经纶，尽性穷源莫重于算。"认为他从事数学研究是为了"尽性穷源"。宋代秦九韶在《数书九章·序》中提出"数与道非二本"，并且认为，数学"大则可以通神明、顺性命，小则可以经世务、类万物"，而他撰《数书九章》的最终目的在于通过数学而"进之于

① （宋）曹孝忠：《政和新修经史证类备用本草序》，（宋）唐慎微《重修政和经史证类本草》，四部丛刊初编本·子部。

② （清）永瑢、纪昀等：《四库全书总目》卷一百零四《子部·医家类二·儒门事亲》，《文渊阁四库全书》本。

③ （明）王祯：《农书》，载王毓瑚校《王祯农书》，农业出版社1981年版，第17、19页。

道"。宋代之后的科学家较多地把科技研究与求"自然之理"联系在一起。金元之际数学家李冶在《测圆海镜·序》中说："夫昭昭者，其自然之数也；非自然之数，其自然之理也。数一出于自然，吾欲以力强穷之，使隶首复生，亦未知之何也已。苟能推自然之理，以明自然之数，则虽远而乾端坤倪，幽而神情鬼状，未有不合者矣。"① 可见，"推自然之理，以明自然之数"是他从事数学研究的动机。

除了数学家之外，宋代以及后来的一些医学家的医学研究动机也在于求得"医理"，而不只在于"仁""孝"之德。医学家寇宗奭在所著《本草衍义》的"总序"中说他"考诸家之说，参之实事，有未尽厥理者，衍之以臻其理"，并认为，药物"其物至微，其用至广，盖亦有理。若不推究厥理，治病徒费其功，终亦不能活人"②。《小儿卫生总微论方》说："凡为医之道，必先正己，然后正物。正己者，谓能明理以尽术也；正物者，谓能用药以对病也。如此，然后则事必济而功必著矣。"③

从根本上说，古代科学家从事科技研究的以上三种动机都是围绕着儒学的价值理念而展开的。出于国计民生的需要，就是为了落实儒学的民本思想；出于"仁""孝"之德，就是实践儒学的仁爱思想；出于求道求理的目的，就是要探索儒家的自然之道、自然之理。因此，古代许多科学家从事科技研究的动机最终都是源自儒学的价值理念。

三　科技研究与儒家经学

在中国古代，儒学对于科技的影响，不仅表现为儒学价值理念对于科研动机的影响，还表现为儒家经学对于科技研究过程的影响。这种影响主要有两个方面：

第一，儒家经典是古代科学家的重要知识来源。

科技研究需要有相当的知识基础和专业基础。在古代，由于科学还没有从一般的知识体系中分化出来，所以科学知识与一般的文化知识是一体的。在以儒学为主干的中国传统文化中，大多数科学家的基础知识甚至某

① （元）李冶：《测圆海镜·序》，载白尚恕《测圆海镜今译》，山东教育出版社 1985 年版，第 1 页。

② （宋）寇宗奭：《重修政和经史证类本草·新添本草衍义序》，《四部丛刊初编·子部》。

③ 《小儿卫生总微论方》卷一《医工论》，人民卫生出版社 1990 年版，第 1 页。

些专业基础知识最初是从儒家经典中获得的。如前所述，儒家经典中包含了丰富的科技知识，具备了古代科学家从事科技研究所需要的多方面的基础知识以及专业基础知识，儒家经典中的科技知识实际上成为许多科学家的知识背景，成为他们的知识结构中非常重要的组成部分。正是在从儒家经典中获得的科学知识的基础上，古代许多科学家经过自己的进一步研究、发挥和提高，在科学上做出了贡献。从一些科学家的科技研究过程以及他们所撰写的科学著作中可以发现，他们的科技研究与儒家经典中的科技知识密切相关，在一定程度上是对儒家经典中某方面知识的发挥和提高。

　　古代天文学家必定要以《尚书·尧典》为依据，同时结合《大戴礼记·夏小正》《礼记·月令》《诗经》《春秋》"经传"等儒家经典中有关天象的记录和天文知识进行研究，同时，古代天文学家在编制历法时还经常要运用《周易》中的易数概念，并采纳汉代易学家孟喜提出"卦气说"，将《周易》的六十四卦与二十四节气、七十二物候相配合。由于古代的天文历法研究，需要掌握以往的天象记录，因而需要涉猎大量的儒家经典，所以，在中国历史上，大多数天文历法家都是饱读儒家经典的儒者。从汉唐时期的张衡、虞喜、何承天、祖冲之、刘焯到宋元时期的苏颂、沈括、黄裳、郭守敬，这些著名的天文历法家都读过大量的儒家经典，他们所撰写的天文历法著作采用了儒家经典中大量的天文学知识。

　　古代数学家必定要讲《周易》。刘徽把数学与伏羲画八卦联系起来，把数学的起源归于《周易》。《数术记遗》中的"记数法"所列举的 14 种记法："其一积算，其一太乙，其一两仪，其一三才，其一五行，其一八卦，其一九宫，其一运算，其一了算，其一成数，其一把头，其一龟算，其一珠算，其一计数"，其中有不少是采用了《周易》中的一些重要概念。秦九韶在《数书九章·序》中说："周教六艺，数实成之。学士大夫，所从来尚矣。……爰自河图、洛书闿发秘奥，八卦、九畴错综精微，极而至于大衍、皇极之用，而人事之变无不该，鬼神之情莫能隐矣。"[①]认为数学的起源可以追溯到"河图洛书""八卦九畴"，仍然把数学的起

---

① （宋）秦九韶：《数书九章·序》（《数书九章》，又称《数学九章》），《文渊阁四库全书·子部》。

源归于《周易》。而且，他还对《周易》揲蓍之法中的数学问题进行研究，从而引申出一次同余组的解法，即"大衍求一术"。数学家杨辉对"洛书"的三阶纵横图进行研究，直至对十阶纵横图进行研究。朱世杰的《四元玉鉴》则根据《周易》的"易有太极，是生两仪，两仪生四象，四象生八卦"引申出"一气混元""两仪化元""三才运元""四象会元"的概念。① 除了《周易》，一些数学家还精通其他儒家经典。在中国数学史上，作为"算经十书"之一的《五经算术》，"举《尚书》《孝经》《诗》《易》《论语》《三礼》《春秋》之待算乃明者列之"②，并加以推算。

古代医学家必定要懂《周易》，即所谓医《易》同源、医《易》相通。金元之际医学家刘完素指出："《易》教体乎五行八卦，儒教存乎三纲五常，医教要乎五运六气，其门三，其道一，故相须以用而无相失，盖本教一而已矣。"③ 李杲也说："《易》曰：'两仪生四象。'乃天地气交，八卦是也。在人则清浊之气皆从脾胃出，荣气荣养周身，乃水谷之气味化之也。"④ 明代医学家张介宾更加明确地讲"医易"之学，指出："《易》者，易也，具阴阳动静之妙；医者，意也，合阴阳消长之机。虽阴阳已备于《内经》，而变化莫大乎《周易》。故曰天人一理者，一此阴阳也；医《易》同原者，同此变化也。岂非医《易》相通、理无二致，可以医而不知《易》乎？"⑤ 因此，古代有不少医学家实际上就是易学家。

在农学方面，以《礼记·月令》为基本框架的月令式农书是古代重要的农书类型，先是有东汉的崔寔撰《四民月令》，又有唐朝韩鄂撰《四时纂要》，后来还有元朝的鲁明善撰《农桑衣食撮要》，等等。而且，古代农书的编撰需要建立在博览群书的基础之上，必须从古代典籍中收集大

---

① （元）朱世杰：《四元玉鉴·卷首》，载《中国科学技术典籍通汇·数学卷（第一分册）》，河南教育出版社 1993 年版，第 1208 页。

② （清）永瑢、纪昀等：《四库全书总目》卷一百零七《子部·天文算法类·五经算术》，《文渊阁四库全书》本。

③ （金）刘完素：《素问玄机原病式·序》，人民卫生出版社 1983 年版，第 8 页。

④ （元）李杲：《脾胃论》卷下《阴阳升降论》，中华书局 1985 年版，第 53 页。

⑤ （明）张介宾：《类经图翼》附《类经附翼》，人民卫生出版社 1985 年版，第 390—391 页。

量的农学知识，而儒家经典中所包含的农学方面的内容往往成为最为重要的资料。因此，古代农书大都包含了大量从《诗经》《尚书》《周礼》《大戴礼记·夏小正》《礼记·月令》《尔雅》等儒家经典中引述而来的农学知识。

当然，作为科学家，他们不只是从儒家经典中获得科技知识，而且还需要从前人其他科技著作中获取知识，更重要的是他们必须依据自己的经验知识，并通过科技研究获得新的科技知识。但无论如何，在他们的知识结构中，从儒家经典中获得的知识是他们进行科技研究时最基础的同时也是最重要的知识。

第二，经学研究方法是古代科学家主要的科技研究方法。

在以儒学为主干的中国传统文化背景下，科学家在研究科学时，不仅研究动机与儒学有关，所运用的知识中包含着从儒家经典中获得的科技知识，而且在研究方法上也与儒学的经学研究方法相一致。

经学研究往往以研读儒家经典为起点，并且博览群书，这就是"博学以文"；在此基础上，运用亲身的经验知识以及其他可靠知识进行辩证，予以确定，这就是"实事求是"。与经学研究的程序相类似，中国古代科学家的科技研究也往往以读书为起点，要求广泛收集前人的著作，其中必然包括儒家经典，然后，用亲身的实践对前人的有关知识、观点和理论进行验证，并作适当的发挥、诠释和概括。贾思勰在《齐民要术·序》中对他的研究方法作了叙述："采捃经传，爰及歌谣，询之老成，验之行事，起自耕农，终于醯醢，资生之业，靡不毕书。"这里包括两个方面：其一为"采捃经传，爰及歌谣，询之老成"，广泛搜集前人的研究资料，这就是"博学以文"；其二为"验之行事"，通过亲身实践加以检验和提高，也就是"实事求是"。祖冲之在将所编制的《大明历》上表给孝武帝时说："臣博访前坟，远稽昔典，五帝躔次，三王交分，《春秋》朔气，《纪年》薄蚀，（司马）谈、（司马）迁载述，（班）彪、（班）固列志，魏世注历，晋代《起居》，探异今古，观要华戎。书契以降，二千余稔，日月离会之征，星度疏密之验，专功耽思，咸可得而言也。加以亲量圭尺，躬察仪漏，目尽毫厘，心穷筹策，考课推移，又曲备其详矣。"① 可见，祖冲之编制《大明历》也是遵循着"博学以文""实事求是"的

---

① （梁）萧子显：《南齐书》（第三册）卷五十二，中华书局 1972 年版，第 903—904 页。

路径。

由于与经学研究有许多相似之处，古代的科技研究大都是围绕着前人的著作而展开的，所以，一直有尊崇经典的传统。古代科学家首先必须尊崇儒家经典，尤其是那些包含科技知识的儒家经典，《诗经》《尚书·尧典》《尚书·禹贡》《大戴礼记·夏小正》《礼记·月令》《周礼》《周易》以及《春秋》"经传"等都是古代科学家所必须尊崇的经典。此外，科学中的各门学科也都有各自的经典：数学上有"算经十书"，包括《周髀算经》《九章算术》《海岛算经》《孙子算经》《夏侯阳算经》《张丘建算经》《缀术》《五曹算经》《五经算术》《缉古算经》；天文学上有《周髀算经》《甘石星经》等；地理学上有《山海经》《水经》等；医学上有《黄帝内经》《神农本草经》《难经》《脉经》《针灸甲乙经》等；农学上有《氾胜之书》《四民月令》《齐民要术》《耒耜经》《茶经》等。这些经典是各学科的科学家所必须尊崇的。

由于尊崇经典，所以，科技研究只是在经典所涉及的范围内展开，只是在对经典的诠释过程中有所发挥。与经学研究的传注传统相类似，在中国古代科技史上，先有《九章算术》，后有《九章算术注》；先有《水经》，后有《水经注》；先有《神农本草经》，后有《神农本草经集注》，诸如此类。由此可见，在中国古代，科技研究与儒家的经学研究在许多方面是相一致的。

四　科学思想与儒家自然观

如前所述，儒家讲究"天人合一"之道，重视研究天地自然，因而形成了儒家的自然观；同时，在中国科技史上，包括阴阳五行自然观在内的儒家自然观一直是科技的思想基础，并对中国古代科技产生重要的影响。以下分别阐述儒家的阴阳五行自然观、易学自然观以及理学自然观对于中国古代科技的影响：

第一，儒家的阴阳五行自然观对科技的影响。

先秦战国时期，阴阳五行说非常流行，讲阴阳五行的有许多家。《管子》、阴阳家、医家以及后来的《吕氏春秋》等都讲阴阳五行，这一时期的儒家也讲阴阳五行。据《大戴礼记·曾子天圆》记述，曾子说："圣人立五体以为民望，制五衰以别亲疏，和五声之乐以导民气，合五味之调已察民情，正五色之位成五谷之名，序五牲之先后贵贱。"思孟学派较为明确地讲阴阳五行。荀子曾指责子思、孟子"案往旧造说，谓之五行"①。《尚书·洪范》明确讲五行："一曰水，二曰火，三曰木，四曰金，五曰土。水曰润下，火曰炎上，木曰曲直，金曰从革，土爱稼穑。"《礼记·月令》则较为完整地构建了儒家的阴阳五行自然观。

汉代的董仲舒对儒家的阴阳五行说作了进一步发挥，指出："天地之气，合而为一，分为阴阳，判为四时，列为五行。行者，行也，其行不同，故谓之五行。五行者，五官也，比相生而间相胜也。"② 这里的"比相生而间相胜"，即按照木、火、土、金、水的次序，"比相生"：木生火，火生土，土生金，金生水，水生木；"间相胜"：金胜木，水胜火，木胜土，火胜金，土胜水。在以儒学为主干的中国传统文化背景下，董仲舒的表述实际上成为阴阳五行说的正统表述。

儒家的阴阳五行自然观对中国古代科技具有重要影响。《孙子算经·序》说："夫算者，天地之经纬，群生之元首，五常之本末，阴阳之父母，星辰之建号，三光之表里，五行之准平，四时之终始，万物之祖宗，六艺之纲纪；稽群伦之聚散，考二气之升降，推寒暑之迭运，步远近之殊同；观天道精微之兆基，察地理纵横之长短；采神祇之所在，极成败之符验；穷道德之理，究性命之情。"《孙子算经》认为数学是要解决天地间阴阳五行的问题，这就实际上是把阴阳五行说看作数学产生的根据。

阴阳五行说对于古代医药学的影响最为明显。这不仅是由于作为古代医学经典的《黄帝内经》以阴阳五行说为基础，而且还在于阴阳五行说是儒家的自然观。赵佶的《圣济经》说："声合五音，色合五行，脉合阴阳，孰为此者，理之自然也。玄牝赋形，既有自然之理。良工治疾，亦有自然之宜"；"达自然之理，以合自然之宜，故能优游于望闻问切之间，而坐收全功"③。《圣济经》还有"药理篇"一卷，其中说道："物各有性，性各有材，材各有用。圣人穷天地之妙，通万物之理，其于命药，不

①　王先谦：《荀子集解》卷三《非十二子篇》，中华书局1988年版，第94页。

②　（汉）董仲舒：《春秋繁露》第十三卷《五行相生》，上海古籍出版社1989年版，第76页。

③　（宋）赵佶：《圣济经》卷一《体真篇·通术循理章》，人民卫生出版社1990年版，第22、25页。

特察草石之寒温，顺阴阳之常性而已。"① 显然，这是把阴阳五行说贯穿于治病用药上。刘完素说："夫五行之理，阴中有阳，阳中有阴，孤阴不长，独阳不成。但有一物，全备五行，递相济养，是谓和平。交互克伐，是谓兴衰。变乱失常，灾害由生。是以水少火多，为阳实阴虚而病热也；水多火少，为阴实阳虚而病寒也。"② 李杲也说："夫圣人治病，必本四时升降浮沉之理，权变之宜，必先岁气，无伐天和，无胜无虚，遗人夭殃。无致邪，无失正，绝人长命。……大抵圣人立法，且如升阳或发散之剂，是助春夏之阳气，令其上升，乃泻秋冬收藏殒杀寒凉之气，此病是也。当用此法治之，升降浮沉之至理也。天地之气以升降浮沉，乃从四时，如治病，不可逆之。"③ 明确把阴阳五行之理看作医学的理论依据。

农学也讲阴阳五行。陈旉在《农书》的《天时之宜篇》中指出："四时八节之行，气候有盈缩愆赢之度。五运六气所主，阴阳消长有太过不及之差。其道甚微，其效甚着。盖万物因时受气，因气发生；其或气至而时未至，或时至而气未至，则造化发生之理因之也。若仲冬而李梅实，季秋而昆虫不蛰藏，类可见矣。天反时为灾，地反物为妖。灾妖之生，不虚其应者，气类召之也。阴阳一有愆忒，则四序乱而不能生成万物。寒暑一失代谢，即节候差而不能运转一气。在耕稼盗天地之时利，可不知耶？……然则顺天地时利之宜，识阴阳消长之理，则百谷之成，斯可必矣。"王祯则在《农书》的《农桑通诀·授时篇》中认为，从事农业生产，"不知阴阳有消长、气候有盈缩，冒昧以作事"，是难以成功的。徐光启的《农政全书·农本·诸家杂论下》引农学家马一龙《农说》："畜阳不极，发生乃微；凝阴在土，其气固啬。阳自下起，发其内之，一本以出于外，诸阴皆死者；阴自下起，敛其外之，散齐以入于内，诸阳皆生者。阳上而不抑，遂以精洗；阴下而不济，亦难以形坚。是故含生者，阳以阴化；达生者，阴以阳变。察阴阳之故，参变化之机，其知生物之功乎！"显然，这里是以阴阳学说阐述植物生长的原理，并以此作为农学的基础。

---

① （宋）赵佶：《圣济经》卷九《药理篇·权通意使章》，人民卫生出版社1990年版，第172—173页。

② （金）刘完素：《素问玄机原病式》，人民卫生出版社1983年版，第169页。

③ （元）李杲：《兰室秘藏》卷中《经漏不止有三论》，人民卫生出版社1985年版，第95—96页。

第二，易学自然观对科技的影响。

易学自然观，即《周易》所内含的包括阴阳、三才以及易数概念在内的自然观。由于汉代之后，《易经》为"五经"之首，易学自然观对于古代科技的影响也最为显著。

古代天文学家必定要讲易数。刘歆的《三统历》实际上就是用易数来解释历数，且对后世历法产生重要影响。刘洪的《乾象历》"推而上则合于古，引而下则应于今。其为之也，依《易》立数，遁行相号，潜处相求"①，这里所谓的"依《易》立数"，实际上就是根据易数来确定历数。僧一行的《大衍历》中的《历本议》说："《易》：'天数五，地数五，五位相得而各有合，所以成变化而行鬼神也。'天数始于一，地数始于二，合二始以位刚柔。天数终于九，地数终于十，合二终以纪闰余。天数中于五，地数中于六，合二中以通律历。……是以大衍为天地之枢，如环之无端，盖律历之大纪也。"② 在一行看来，《周易》的"大衍之数"是历法的基础和出发点。

古代数学家非常重视《周易》的阴阳思想。刘徽在所撰《九章算术注》的《序》中说："徽幼习《九章》，长再详览，观阴阳之割裂，总算术之根源。探赜之暇，遂悟其意。是以敢竭顽鲁，采其所见，为之作注。"也就是说，他是通过《周易》的阴阳之说"总算术之根源"，从而明白《九章算术》之意，并为《九章算术》作注的。宋代之后的数学家则非常重视《周易》中的"河图洛书"以及易数。明代数学家程大位的《算法统宗》"首篇"有：总说、河图、洛书、伏羲则图作易图、洛书释数、九宫八卦图、洛书易换数、黄钟万事根本图，并指出："数何肇？其肇自图、书乎！伏羲得之以画卦，大禹得之以序畴，列圣得之以开物成务。凡天官、地员、律历、兵赋以及纤悉秒忽，莫不有数，则莫不本于《易》、《范》。故今推明直指算法，辄揭河图、洛书于首，见数有原云。"以为数学源于《周易》的"河图洛书"。

古代医学家也非重视《周易》的阴阳思想。刘完素认为，医生治病应当知晓《周易》的阴阳之理。关于阴阳之理，他说："天地者，阴阳之本也；阴阳者，天地之道也，万物之纲纪，变化之父母，生杀之本始，神

①　（唐）房玄龄等：《晋书》（第二册）卷十七，中华书局1974年版，第498页。

②　（宋）欧阳修等：《新唐书》（第二册）卷二十七上，中华书局1975年版，第588页。

明之府也。故阴阳不测谓之神，神用无方谓之圣。……大哉乾元，万物资始，至哉坤元，万物资生。所以天为阳，地为阴；水为阴，火为阳。阴阳者，男女之血气；水火者，阴阳之征兆。惟水火既济，血气变革，然后刚柔有体，而形质立焉。"① 李杲也说："天地之间，六合之内，惟水与火耳。火者阳也，升浮之象也，在天为体，在地为用。水者阴土也，降沉之象也，在地为体，在天为殒杀收藏之用也。其气上下交，则以成八卦矣。以医书言之，则是升浮降沉温晾寒热四时也，以应八卦。若天火在上，地水在下，则是天地不交，阴阳不相辅也，是万物之道，大《易》之理绝灭矣。故《经》言独阳不生，独阴不长，天地阴阳何交会矣？故曰，阳本根于阴，阴本根于阳。若不明根源，是不明道。"② 这里运用《周易》的阴阳思想诠释《黄帝内经》的阴阳五行说。

《周易》的"三才之道"是古代农学研究的思想基础。贾思勰的《齐民要术》以"三才之道"为根本思想，《齐民要求·种谷第三》指出："凡谷，成熟有早晚，苗秆有高下，收实有多少，质性有强弱，米味有美恶，粒实有息耗。地势有良薄，山泽有异宜。顺天时，量地利，则用力少而成功多。任情返道，劳而无获。"要求遵循天时、地宜的自然规律，而不赞同仅凭主观而违反自然规律的"任情返道"，就是要实现天时、地利、人力的三者统一。这是对《周易》"三才之道"思想的具体运用。《齐民要术·种谷第三》还引《淮南子》曰："人君上因天时，下尽地利，中用人力，是以群生遂长，五谷蕃殖。教民养育六畜，以时种树，务修田畴，滋殖桑麻。肥硗高下，各因其宜。"陈旉《农书》的《天时之宜篇》指出："耕稼，盗天地之时利，可不知耶？传曰：不先时而起，不后时而缩。故农事必知天地时宜，则生之、蓄之、长之、育之、成之、熟之，无不遂矣。""万物之生各得其宜者，谓天地之间物物皆顺其理也。……顺天地时利之宜，识阴阳消长之理，则百谷之成，斯可必矣。"显然是运用了《周易》"三才之道"。王祯《农书》也以"三才之道"为基础。其《农桑通诀》在叙述了农事起本、牛耕起本、蚕事起本之后，便是《授时篇》《地

---

① （金）刘完素：《素问病机气宜保命集》卷上《阴阳论》，中华书局 1985 年版，第 7 页。

② （元）李杲：《内外伤辩惑论》卷下《重明木郁则达之之理》，人民卫生出版社 1959 年版，第 34 页。

利篇》《孝悌力田篇》；这实际上就是要以天、地、人"三才"理论作为整部《农书》的基础。而且《授时篇》还说："四时各有其务，十二月各有其宜。先时而种，则失之太早而不生；后时而艺，则失之太晚而不成。"《垦耕篇》说："天气有阴阳寒燠之异，地势有高下燥湿之别，顺天之时，因地之宜，存乎其人。"① 充分体现出《周易》的"三才"思想。

第三，理学自然观对科技的影响。

宋儒讲"理"，直到"二程"建立理学。"二程"说："离了阴阳更无道，所以阴阳者是道也。阴阳，气也。气是形而下者，道是形而上者。"② 就具体事物讲，"二程"讲的"理"就是物之理。"二程"说："天下物皆可以理照，有物必有则，一物须有一理。"③ "凡眼前无非是物，物物皆有理，如火之所以热，水之所以寒；至于君臣父子间皆是理。"④ 所以，"二程"的"理"也包括自然之理。"二程"说："穷物理者，穷其所以然也。天之高，地之厚，鬼神之幽显，必有所以然者"⑤；"一草一木皆有理，须是察"⑥；"'多识于鸟兽草木之名'，所以明理也"⑦。这就形成了理学自然观。后来的朱熹继承"二程"的思想，使理学自然观发扬光大。

宋代科学家沈括也讲自然之理。他说："大凡物有定形，形有真数。……非深知造算之理者，不能与其微也。"⑧ 在解释黄河中下游陕县以西黄土高原成因时，他说："今关、陕以西，水行地中，不减百余尺，

---

① （明）王祯：《农书》，载王毓瑚校《王祯农书》，农业出版社 1981 年版，第 22 页。

② （宋）程颢、程颐：《河南程氏遗书》卷十五，《二程集》（第一册），中华书局 1981 年版，第 162 页。

③ （宋）程颢、程颐：《河南程氏遗书》卷十八，《二程集》（第一册），中华书局 1981 年版，第 193 页。

④ （宋）程颢、程颐：《河南程氏遗书》卷十九，《二程集》（第一册），中华书局 1981 年版，第 247 页。

⑤ （宋）程颢、程颐：《河南程氏粹言》卷二，《二程集》（第四册），中华书局 1981 年版，第 1272 页。

⑥ （宋）程颢、程颐：《河南程氏遗书》卷十八，《二程集》（第一册），中华书局 1981 年版，第 193 页。

⑦ （宋）程颢、程颐：《河南程氏遗书》卷二十五，《二程集》（第一册），中华书局 1981 年版，第 323 页。

⑧ （宋）沈括：《梦溪笔谈》卷七《象数一》，载胡道静《梦溪笔谈校正》（上），上海古籍出版社 1987 年版，第 304—305 页。

其泥岁东流，皆为大陆之土，此理必然。"① 论及"五石散"，沈括说："'五石散'杂以众药，用石殊少，势不能蒸，须藉外物激之令发耳。如火少，必因风气所鼓而后发；火盛，则鼓之反为害，此自然之理也。"② 所以，他要"原其理"。他在考察了雁荡山奇特地貌后说："予观雁荡诸峰，皆峭拔险怪，上耸千尺，穿崖巨谷，不类他山，皆包在诸谷中。自岭外望之，都无所见；至谷中，则森然干霄。原其理，当是为谷中大水冲激，沙土尽去，唯巨石岿然挺立耳。"③ 他在解释透光镜正面面向太阳时镜背面的文字可以反射到墙壁上这一现象时说："人有原其理，以谓铸时薄处先冷，唯背文上差厚，后冷而铜缩多，文虽在背，而鉴面隐然有迹，所以于光中现。予观之，理诚如是。"④

陈旉在《农书》中也讲"理"，其中《天时之宜篇》认为，万物变化遵循"造化发生之理"，"天地之间，物物皆顺其理也"，并且还说："顺天地时利之宜，识阴阳消长之理，则百谷之成，斯可必矣。"《粪田之宜篇》要求"相视其土之性类，以所宜粪而粪之，斯得其理"。《善其根苗篇》则说："欲根苗壮好，在夫种之以时，择地得宜，用粪得理。"《薅耘之宜篇》还说："除草之法，亦自有理。"⑤

朱熹理学在宋末成为官学之后，理学自然观对科学发展产生了很大的影响。秦九韶讲"数与道非二本也"，李冶讲"推自然之理，以明自然之数"，明显都受到理学自然观的影响。朱世杰在《四元玉鉴·卷首》中说："凡习四元者，以明理为务；必达乘除升降进退之理，乃尽性穷神之学也。"⑥ 在他看来，数学之理与宋代理学家的"理"是同一的，可以通过研习数学之理达到"尽性"。这就是理学家所谓的"穷理尽性"。

① （宋）沈括：《梦溪笔谈》卷二十四《杂志一》，载胡道静《梦溪笔谈校正》（上），上海古籍出版社1987年版，第756页。

② （宋）沈括：《梦溪笔谈》卷十八《技艺》，载胡道静《梦溪笔谈校正》（上），上海古籍出版社1987年版，第614页。

③ （宋）沈括：《梦溪笔谈》卷二十四《杂志一》，载胡道静《梦溪笔谈校正》（上），上海古籍出版社1987年版，第762页。

④ （宋）沈括：《梦溪笔谈》卷十九《器用》，载胡道静《梦溪笔谈校正》（上），上海古籍出版社1987年版，第635页。

⑤ （宋）陈旉：《农书》卷上，《文渊阁四库全书·子部》。

⑥ （元）朱世杰：《四元玉鉴·卷首》，载《中国科学技术典籍通汇·数学卷（第一分册）》，河南教育出版社1993年版，第1208页。

元代天文学家郭守敬与王恂等人共同编制《授时历》。当时王恂认为，"历家知历数，而不知历理"，于是推荐理学家许衡参与主持编制历法。[①] 明代科学家朱载堉说："夫术士知数而未达其理，故失之浅；先儒明理而复善其数，故得之深。……天运无端，惟数可以测其机；天道至玄，因数可以见其妙。理由数显，数自理出，理数可相倚而不可相违，古之道也。"[②] 认为研究数学关键是要把握"理"，数与理是相辅相成的。王锡阐说："天学一家，有理而后有数，有数而后有法。然唯创法之人，必通于数之变，而穷于理之奥，至于法成数具，而理蕴于中。"[③] "欲求精密，则必以数推之，数非理也，而因理生数，即因数可以悟理。"[④] 清初数学家梅文鼎说："历也者，数也。数外无理，理外无数。数也者，理之分限节次也。"[⑤] "历生于数，数生于理，理与气偕其中。"[⑥] "夫治理者，以理为归；治数者，以数为断，数与理协，中西非殊。"[⑦] 显然，这里有关"历理""数理"的讨论受到了理学自然观的影响。

在天文学家、数学家讲"历理""数理"的同时，医学家则讲"医理"。刘完素在《素问玄机原病式·序》中反复讲到"自然之理"。他说："夫医教者，源自伏羲，流于神农，注于黄帝，行于万世，合于无穷，本乎大道，法乎自然之理。""夫圣人之所为，自然合于规矩，无不中其理者也。虽有贤哲而不得自然之理，亦岂能尽善而无失乎？"他还在所撰《素问病机气宜保命集·序》中说："夫医道者，以济世为良，以愈疾为善。盖济世者，凭乎术；愈疾者，仗乎法。……得其理者，用如神圣；失其理者，似隔水山。"这里讲的"理"明显是受到理学的影响。张介宾在其阐述中医理论的《景岳全书》的第一篇《明理》中说："万事不能外乎理，而医之于理为尤切。散之则理为万象，会之则理归一心。……故医之临证，必期以我之一心洞病者之一本；以我之一对彼之一；既得一真，万

① （明）宋濂等：《元史》（第十二册）卷一百五十八，中华书局1976年版，第3728页。

② （明）朱载堉：《圣寿万年历·卷首》，《文渊阁四库全书·子部》。

③ （清）阮元：《畴人传》卷三十五《王锡阐下》，商务印书馆1935年版，第441页。

④ （清）阮元：《畴人传》卷三十四《王锡阐上》，商务印书馆1935年版，第429页。

⑤ （清）梅文鼎：《历算全书》卷六《历学答问·学历说》，《文渊阁四库全书·子部》。

⑥ （清）梅文鼎：《历算全书》卷二十一《历学骈枝·释凡四则》，《文渊阁四库全书·子部》。

⑦ （清）梅文鼎：《历算全书》卷三十四《笔算·自序》，《文渊阁四库全书·子部》。

疑俱释，岂不甚易？一也者，理而已矣。苟吾心之理明，则阴者自阴，阳者自阳，焉能相混。阴阳既明，则表与里对，虚与实对，寒与热对。明此六变，明此阴阳，则天下之病固不能出此八者。"这里对"医理"的诠释明显受到理学自然观的影响。

程朱理学不仅讲"理"，而且讲"即物穷理"，这就是朱熹的"格物致知"。作为理学自然观的重要组成部分，朱熹的"格物致知"对后世科技的发展影响很大。朱震亨以"格物"为出发点，著《格致余论》，并有《序》云："古人以医为吾儒格物致知之一事。"① 朱橚的《普济方》指出："愿为良医力学者，当在乎致知，致知当在乎格物。物不格，则知不至。若曰只循世俗众人耳闻目见谓之知，君子谓之不知也。"② 李时珍在《本草纲目·凡例》中说："（本草）虽曰医家药品，其考释性理，实吾儒格物之学。"并且还说："医者，贵在格物也。"③ 明代科学家徐光启还提出了"格物穷理之学"的概念，指出：泰西"有一种格物穷理之学，凡世间世外、万事万物之理，叩之无不河悬响答，丝分理解；退而思之，穷年累月，愈见其说之必然而不可易也。格物穷理之中，又复旁出一种象数之学。象数之学，大者为历法，为律吕；至其它有形有质之物，有度有数之事，无不赖以为用，用之无不尽巧极妙者"④。把西方科技纳入理学的"格物致知"的框架之中。

五　科技与儒学同步发展

从中国古代科技与儒学的发展历程可以看出，中国古代科技经历了科技体系奠基的春秋战国时期、科技体系形成的汉代、科技持续发展的魏晋南北朝至隋唐时期、科技发展至高峰的宋元时期以及科技缓慢发展的明清时期这几个重要时期，其中汉代和宋元时期是古代科技发展较为迅速的时期；而儒学的发展也经历了春秋战国时期的创立、汉代经学、魏晋南北朝至隋唐时期的儒释道三足鼎立、宋代理学以及明清经世之学这几个重要阶

---

① （清）永瑢、纪昀等：《四库全书总目》卷一百零三《子部·医家类二·格致余论》，《文渊阁四库全书·子部》。

② （明）朱橚：《普济方》卷二百四十三《脚气门》，《文渊阁四库全书·子部》。

③ （明）李时珍：《本草纲目》卷十四《草之三·芎䓖》，《文渊阁四库全书·子部》。

④ （明）徐光启：《泰西水法序》，载《徐光启集》（上册）卷二，中华书局1963年版，第66页。

段，其中有两个阶段最值得注意，这就是汉代的经学和宋代的理学，这也是儒学作为主流文化较为繁荣的时期。如果将中国古代科技的发展与儒学的发展历程对应起来加以比较，便不难发现，儒学的发展与中国古代科技的发展是同步的。

春秋战国时期是儒学的创立时期，同时也是古代科技体系的奠基时期。这一时期，孔子创立了儒家，其后有思孟学派、荀子以及撰著《易传》的儒家学者继承和发展了孔子的学说，标志着儒家的创立。在科技方面，出现了以甘德的《天文星占》、石申的《天文》、《墨经》、《山海经》、《考工记》以及《禹贡》、《月令》等为代表的一批科技著作，标志着古代科技体系的奠基。

汉代是儒学上升为主流文化的时期，与之相对应的是古代科技的迅速发展、科技体系的形成。在这一时期，儒家被官方化，儒学在思想领域以及社会各个领域中占据了统治地位，而且在形态上表现为经学。在科技方面，中国古代的数学、天文学、医学和农学四大学科大致在汉代各自具有了自己的科学范式，基本形成了各自的体系。数学以《九章算术》为代表；天文学以《周髀算经》的盖天说、张衡的浑天说和宣夜说等宇宙结构理论以及汉代的历法为代表；医学以《黄帝内经》《神农本草经》以及张仲景的《伤寒杂病论》为代表，形成了完整的医药学体系；《氾胜之书》以及稍后的《齐民要术》则是古代农学体系形成的标志。

魏晋南北朝至隋唐时期，儒、释、道三足鼎立，儒学逐渐失去独尊的地位。这一时期的科技发展则是从前期的快速发展进入了平稳发展时期。数学上出现了"算经十书"。天文学上的成就侧重于天文观测方面，主要有：虞喜发现岁差并进行了测定，张子信发现了太阳视运动的不均匀性，僧一行、南宫说对子午线进行了实测。医学方面的主要著作有王叔和的《脉经》、皇甫谧的《针灸甲乙经》、葛洪的《肘后备急方》、陶弘景的《神农本草经集注》、巢元方的《诸病原候论》、孙思邈的《备急千金要方》、王焘的《外台秘要》，尤为重要的是，唐代颁布了国家药典《新修本草》。农学方面，出现了《四时纂要》《耒耜经》《茶经》等农学著作。

宋元时期，儒学进入了新的发展时期，古代科技则在这一时期发展至高峰。北宋时期，王安石的荆公新学占主导地位，又有司马光的温公之学、以苏轼为代表的苏氏蜀学、程颢和程颐的理学；到了南宋，朱熹理学占主导地位，还有张栻的湖湘学派、吕祖谦的东莱学派、陆九渊的象山学派等。在科技方面，"既有博闻强记、见多识广、兼擅众长的科学家沈括，又有专攻一门、具有世界先进水平的专业数学家朱世杰。既有以苏颂、韩公廉为首创造水运仪象台的科研集体，又有首创活字印刷术的伟大发明家平民毕昇。它如创造火箭的唐福、冯继昇，数学家贾宪、刘益、秦九韶、李冶、杨辉，天文学家郭守敬、杨忠辅、姚舜辅，地图学家朱思本，农学家陈旉、王祯，医学家刘完素、张从正、李杲、朱震亨、危亦林、滑寿、钱乙、宋慈，机械制造家燕肃、吴德仁，名锻工刘美，造炮工亦思马因，水工高超，木工喻皓，船工高宣，创造新船型的项绾、冯湛、秦世辅、马定远，发展海运的朱清、张瑄，殷明略，著《营造法式》的李诫，著《武经总要》的曾公亮、丁度，著《梓人遗制》的薛景石等等"①，将宋元时期的科学技术推进到高度发展的阶段。

明清之际，儒学开出经世之学，预示着新的发展。这一时期科技的发展在技术方面较为突出。李时珍的《本草纲目》、程大位的《算法统宗》、朱载堉的《律学新说》、徐光启的《农政全书》、徐霞客的《徐霞客游记》、张介宾的《景岳全书》、陈实功的《外科正宗》、宋应星的《天工开物》、王锡阐的《晓庵新法》和梅文鼎的《历算全书》等汇成了科技发展的一个小高潮。同时，这一时期的科技正处于向西方学习、由古代科技向近代科技转型的阶段，在会通中西的过程中逐步发展。当然，与当时迅速发展的西方科学相比，中国的科技发展较为缓慢，而清代中期以后，中国的科技发展明显落后于西方。

儒学发展与古代科技发展的同步性肯定不能简单地视为一种偶然现象，尤其是儒学发展的两个最重要的时期，即儒学成为主流文化的汉代与儒家以理学的形式再次占据主导地位的宋代，恰恰是古代科技发展的两个最重要的时期，即汉代是古代科技体系的形成时期，宋元时期是古代科技发展的高峰时期，这种吻合足以说明儒学发展与古代科技发展的同步性存在某种内在的联系和关联性。

当然，这种关联性的存在并不意味着古代科技的发展只是依赖于儒学的发展、儒学是古代科技发展的唯一动因。科技的发展有经济、政治以及文化等诸多方面的原因，而且，文化本身也最终取决于社会的经济、政治

---

① 杜石然等：《中国科学技术史稿》下册，科学出版社1982年版，第107—108页。

等因素。即使是从中国传统文化对古代科技的影响看，除儒学外，佛教，尤其是道家、道教，对古代科技的发展也起着重要的作用。

关于道家、道教对于古代科技的发展所起的重要作用，李约瑟曾经说过："道家对自然界的推究和洞察完全可与亚里士多德以前的希腊思想相媲美，而且成为整个中国科学的基础。"① "东亚的化学、矿物学、植物学、动物学和药物学都起源于道家。"② 李约瑟的评价虽有夸大之嫌，但道家、道教的确在化学、医药学以及天文学等诸多领域都有过重要的贡献。尤其是在魏晋南北朝时期，葛洪的《抱朴子内篇》在阐述炼丹术的基本原理和炼丹方法的同时，涉及了相当丰富的化学知识，他的《肘后备急方》以及陶弘景的《神农本草经集注》在中国医药学的发展中具有重要的地位。即使是在其他各个时期，甚至是在宋代之后儒学文化占主导地位的时期，道家、道教对于古代科技发展的积极影响也都是不可低估的。

佛教对于古代科技的发展也具有重要的作用。不少佛教僧人都曾在古代科技上有所作为。唐僧一行是历史上著名的天文学家。东晋名僧法显的《佛国记》以及唐僧玄奘的《大唐西域记》等都是历史上重要的地理学著作。此外，佛教在建筑学、医药学等领域也对古代科技的发展起过重要的作用。

中国古代科技是在中国传统文化的背景下产生和发展起来的，儒学、佛教、道家道教三大体系都对古代科技的发展产生着影响。但是，儒学作为中国传统文化的主干，其对古代科技的影响应当是首位的，从而成为古代科技发展的主要文化原因。同时，中国古代科技的发展与儒学发展的同步性也可以说明科技与文化二者具有一荣俱荣、一损俱损，休戚相关、兴衰与共的密切关系。

第三节　儒学对古代科技的作用

中国古代科技体系奠基于春秋战国时期，而形成于儒学开始作为中国

① ［英］李约瑟：《中国科学技术史》第二卷《科学思想史》，科学出版社、上海古籍出版社 1990 年版，第 1 页。

② 同上书，第 175 页。

传统文化主干的汉代。在后来的长期发展中，古代科技一直受到儒学的重要影响。正因为如此，中国古代科技的发展状况，无论是正面的，比如成长性、务实性，或是负面的，比如独立性的缺失、理论性的薄弱，都与儒学有着千丝万缕的联系。所以，从全面的观点看，儒学对古代科技的作用既有积极的也有消极的影响，而且积极作用与消极作用交织在一起。尤为重要的是，在中国古代，儒学实际上已经渗透到科技内部，科技已经成为儒学化的科技。

一　儒学与科技的成长性和独立性

中国古代科技形成、发展于以儒学为主干的中国传统文化背景中，并在这一文化背景中发展至高峰。就这一点而言，儒学对于古代科技的成长在很大程度上是起了积极作用的。与此同时，在这样的文化背景中成长起来的古代科技，在整体上始终处于儒学的统摄之下，而没有完全与文化脱离开来，缺乏独立性。

1. 儒学对科技成长性的促进作用

儒学不是科学技术，但是，儒学追求"天人合一"之道，因而重视天地之道，这就要求研究天地自然，尤其要求从形而上学的角度研究天地自然。于是，就形成了儒家的自然观。在儒学体系中，自然观虽然与人道观融合在一起，但其所包含的阴阳五行自然观、易学自然观以及宋之后的理学自然观对科技的发展产生了重要影响，并成为科技发展的思想基础，促进了古代科技的发展。作为知识体系，儒学不是自然知识或科技知识体系，但是，儒学讲"博学于文"，讲"耻一物之不知"，因而也包括了对于学习、研究自然知识、科技知识的要求。儒家对于自然知识、科技知识的学习、研究以及汲取和传播，对于古代科技的发展无疑起到了积极的作用。儒学是讲求致用的学问。虽然儒学所讲的致用主要落实于道德、政治，但是，为了真正实现儒家以民为本的政治构架，儒学也追求与实用相关的科学技术，并促进实用科技的发展。

儒家经典不是专门的科技经典，但是，儒家经典中包含了丰富的自然知识、科技知识，甚至也包含像《尧典》《禹贡》《夏小正》《月令》《考工记》这样的科技著作。儒家经典中所包含的自然知识、科技知识不仅是中国古代科技的重要组成部分，而且在历代儒家的诠释中，得到了丰富和发展。因此，儒家经学的发展，实际上也促进了古代科技的发展。宋代朱熹以《大学》《中庸》《论语》《孟子》"四书"为儒家经典，虽然科技内涵有所减少，但是，仍存在对于其中科技知识进行发挥的空间。朱熹在诠释《论语》"为政以德，譬如北辰"中的"北辰"时，认为"北辰"并不是指北极星，而是指天球北极，北极星位于其附近，并且有微微的转动。显然，朱熹的诠释包含了他对于古代天文学有关天球北极研究成果的吸取以及他运用浑仪对于天球北极的观测。① 儒家经典中所包含的自然知识、科技知识不仅促进了儒家学者对于科技的研究，而且还得到广泛的传播，甚至成为古代科学家的重要知识来源和科技研究的知识基础。

儒家学者不是专门的科学家，但是，他们重视自然知识、科技知识，或是从形而上学的角度，或是从知识学的角度，或是从实用的角度，研究天地自然，学习和传播自然知识、科技知识，因而有不少在科技方面颇有造诣，甚至成为重要的科学家。通过对中国古代科学家的研究可以明显看出，古代科学家也不是专门的职业科学家。从他们的学术兴趣和倾向看，他们首先是一般的文化学者，并且有不少是以儒学为生命依归的儒家学者。当然，作为科学家，他们对于科技有较大的兴趣并进行深入研究，或取得重要成就而成为科学家。由此可见，在中国古代科技史上，许多科学家实际上是从儒学的滋养中成长起来的儒家学者。

从今天的学科分类看，儒学与科学技术有着很大的差别，但在中国古代，科技形成、发展于以儒学为主干的中国传统文化背景中，并且在很大程度上可以说是从儒学中生长起来的，因而与儒学有着非常密切的联系。所以，当我们考察中国古代科技得以迅速成长的文化原因时，不能不考虑

---

① 在《朱子语类》卷二十三所记录的朱熹与其门人讨论《论语》"为政以德，譬如北辰"中，约有七次，近一半的篇幅，涉及"北辰"问题的讨论。其中之一是：安卿（陈淳）问北辰。朱熹曰："北辰是那中间无星处，这些子不动，是天之枢纽。北辰无星，缘是人要取此为极，不可无个记认，故就其傍取一小星谓之极星。这是天之枢纽，如那门笋子样，又似个轮藏心，藏在外面动，这里面心都不动。"义刚（黄义刚）问："极星动不动？"朱熹曰："极星也动。只是它近那辰后，虽动而不觉。如那射糖盘子样，那北辰便是中心桩子。极星便是近桩底点子，虽也随那盘子转，却近那桩子，转得不觉。今人以管去窥那极星，见其动来动去，只在管里面，不动出去。向来人说北极便是北辰，皆只说北极不动。至本朝人方去推得是北极只是北极头边，而极星依旧动。又一说，那空无星处皆谓之辰……"又曰："天转，也非东而西，也非循环磨转，却是侧转。"义刚言："楼上浑仪可见。"朱熹曰："是。"参见（宋）黎靖德《朱子语类》（第二册）卷二十三，中华书局1986年版，第534—535页。

儒学对于古代科技发展的促进作用。

2. 儒学与科技独立性的缺失

儒家重视科技，但是，这种重视是以儒学对于科技的统摄为前提的。孔子重视包括古代科技在内的"六艺"，讲"游于艺"，但是，《论语》引孔子的弟子子夏曰："虽小道，必有可观者焉；致远恐泥，是以君子不为也。"（《论语·子张》）这里的"小道"，是指"农圃、医卜之属"。在子夏看来，"农圃、医卜之属"虽是"小道"，但"必有可观者"，表明对于科技的重视，然而又反对走得太远。南北朝时期颜之推的《颜氏家训·杂艺》说："算术亦是六艺要事，自古儒士论天道、定律历者，皆学通之。然可以兼明，不可以专业。"以为数学是"六艺要事"，应当兼明，也表明对于科技的重视，但又认为"不可以专业"，不可以脱离儒学"大道"。北宋欧阳修说："草木虫鱼，《诗》家自为一学，博物尤难，然非学者本务。"[①] 认为草木虫鱼"自为一学"，显然不排斥对于自然的研究，但又认为博物"非学者本务"。朱熹重视科技。他的《论语集注·述而》在诠释孔子"游于艺"时指出："游者，玩物适情之谓。艺，则礼乐之文，射、御、书、数之法，皆至理所寓，而日用之不可阙者也。"《论语或问·述而》也说："名物度数，皆有至理存焉，又皆人所日用而不可无者。游心于此，则可以尽乎物理，周于世用。"后来朱熹又明确指出："小道不是异端，小道亦是道理，只是小。如农圃、医卜、百工之类，却有道理在。只一向上面求道理，便不通了。"[②] 朱熹认为农圃、医卜、百工之类"有道理在"，显然是对科技的重视，但是又认为，科技只是"小道"，必须从属于儒学"大道"。

儒学把科技纳入其中，反映出对于科技的重视。但是，儒家在把科技统一于儒学之中时，又往往用"大道"与"小道"来表明儒学与科技的主次地位关系，甚至用目的与手段（或工具）的关系来看待儒学与科技的关系，把科技看作实现儒家求道之目的的工具之一，混淆了科技作为学科与儒学的差异，混淆了科技与作为主流意识形态的儒学的差异，看不到二者的不可比性，实际上抹杀了科技的独立性。在中国古代，科技处于发

---

① （宋）欧阳修：《欧阳文忠公文集》卷一百二十九《笔说·博物说》，《四部丛刊初编·集部》。

② （宋）黎靖德：《朱子语类》（第四册）卷四十九，中华书局1986年版，第1200页。

展的初期，形成、发展于文化之中并且与文化尤其是与儒学有密切的联系，因而缺乏独立性，这是不可避免的。但是，历代儒家不断地把科技纳入儒学的体系中，在重视科技的同时，特别强调儒学对于科技的统摄作用，强调科技对于儒学的从属关系和科技的工具性，这实际上强化了科技对于儒学的依附性，并从文化上导致了科技独立性的缺失。

正因为如此，中国古代科技虽然在儒学的影响下能够得到很好的发展，但始终处于儒学的统摄之下，而没有能够获得真正的独立。所以，古代科学家的科研动机必然受儒学价值理念的影响；他们的科技研究必须从儒家经典中寻找依据，必须精通儒家经典，必须懂得阴阳五行、易数易理；他们的科技著作以及科学思想必须以儒学为基础，用儒学理论加以诠释；甚至他们的科学活动也往往需要有儒家学者参与或主持。

应当指出的是，在中国传统文化的语境中，强调儒学对于科技的统摄作用，并不意味着对于科技的轻视，相反，它不仅表明了儒学对于科技的重视，而且实际上在一定程度上促进了科技的发展。然而，这样的重视和促进是非常有限的，甚至只是停留于对科技作为工具的重视，这不仅在客观上导致了科技独立性的缺失，而且很可能对科技的进一步发展造成负面的影响。因此，在儒家那里，重视科技而促进科技的成长与强调儒学的统摄作用而导致科技独立性的缺失，这两个方面是交织在一起的。

明清之际，西方科技传入中国，不少儒家学者以及科学家以积极的态度学习和研究西方科技：徐光启把西方科技纳入理学的"格物致知"的框架；方以智主张学习西方科技，并提出要"借远西为郯子，申禹、周之矩积"①，形成"西学中源"思想；王锡阐主张"兼采中西，去其疵类"②；李光地反对把西方科技视作"奇技淫巧"；以著录儒家经典以及儒家学者的著作为主的《四库全书》也收入了西方科学著作；阮元讲"融会中西，归于一是"③。这些在很大程度上促进了西方科技的传入。然而，儒家学者对于西方科技的学习和研究，其目的在于把西方科技纳入儒学的统摄之下，在于把科技理解为手段和工具，在这种状况下，科技实际上仍

① （明）方以智：《物理小识·总论》，《文渊阁四库全书·子部》。

② （明）王锡阐：《晓庵新法·序》，《文渊阁四库全书·子部》。

③ （清）阮元：《畴人传·凡例》，商务印书馆1935年版，第4页。

没有获得真正的独立。

二　儒学与科技的务实性和理论性

中国古代科技讲求实用，在实用科技方面发展迅速，具有明显的务实性特征。这一特征的形成固然有诸多原因，却与儒学的务实精神密切相关。应当说，儒学的务实精神促进了中国古代实用科技的发展。与此同时，在以儒学为主干的中国传统文化背景中，儒学的务实精神又往往容易导致科技在理论方面的不足，造成科技理论性的薄弱。

1. 儒学对科技务实性的促进作用

儒学具有很强的务实精神。虽然孔子曾反对樊迟学稼，[①] 而主张学好道德，但是，孔子是非常重视农业生产在整个社会中的基础地位的，主张对百姓以先"富之"而后"教之"。[②] 孟子则要"制民之产"，要求百姓从事农业生产。因此，发展物质生产，让百姓富裕，一开始就是儒学致用特质的重要内容。宋代儒家具有普遍的济世精神。他们以天下为己任，从北宋范仲淹的"先天下之忧而忧，后天下之乐而乐"[③]，张载的"为天地立心，为生民立道，为去圣继绝学，为万世开太平"[④]，到南宋朱熹强调《大学》所谓"格物、致知、诚意、正心、修身、齐家、治国、平天下"[⑤]，把修身与"治国平天下"联系在一起，无不体现出宋儒的济世精神。明清时期的儒家强调经世致用之学，更是充分发挥了儒学的致用特质和务实精神。

在中国古代，由于科技在文化上处于儒学的统摄之下而缺乏独立性，科学家的科研活动必然要受到来自儒学的诸多方面的影响。因此，儒学的务实精神也必然要对古代科技产生影响。正是在儒学务实精神的影响下，古代科技形成了明显的务实性特征，主要表现为三个方面：

---

① 据《论语·子路》记载：樊迟请学稼。子曰："吾不如老农。"请学为圃。曰："吾不如老圃。"樊迟出。子曰："小人哉，樊须也！上好礼，则民莫敢不敬；上好义，则民莫敢不服；上好信，则民莫敢不用情。夫如是，则四方之民襁负其子而至矣；焉用稼！"

② 据《论语·子路》记载：子适卫。冉有仆。子曰："庶矣哉！"冉有曰："既庶矣，又何加焉？"曰："富之。"曰："既富矣，又何加焉？"曰："教之。"

③ （宋）范仲淹：《范文正公集》卷七《岳阳楼记》，《四部丛刊初编·集部》。

④ （宋）张载：《近思录拾遗》，载《张载集》，中华书局1978年版，第376页。

⑤ （宋）朱熹：《四书章句集注·大学章句》，上海书店1987年版，第2页。

第一，古代科学家从事科技研究的目的往往在于实用。如上所述，古代科学家从事科技研究的重要动机大致有三，即出于国计民生的需要，出于"仁""孝"之德，出于求道求理的目的。其中出于国计民生的需要，显然就是追求实用；而出于"仁""孝"之德，通过解决百姓的实际问题以体现儒家的"仁""孝"之德，实际上也是要追求实用。

第二，古代科技主要在实用科技方面得到迅速的发展。在中国古代科技体系中，以解决实际问题为主的天文历法、数学、医学和农学以及与之相关的实用科技发展较快，这是古代科技务实性特征的充分体现。

第三，古代科技著作的内容主要是实用科技知识。古代科技著作大都以解决实际问题为主要内容，并且主要叙述研究的结果，只告知如何做，省略了为阐述为什么是这种结果、为什么要这样做所必需的深奥而复杂的原理、定理、定律以及证明过程、推理过程和计算过程，因而往往成为实用科技知识的汇集。

在中国古代科技的发展中，虽然也曾有过一些科学家对纯科学的问题进行过研究，但是，大多数科学家都以追求实用为目的，以实用科技作为研究方向，以实用科技知识作为科技著作的主要内容，从而形成了明显的务实性特征。这种特征的形成，虽然可能有种种原因，可以从多方面加以研究，但不可否认，与儒学的务实精神有着密切的关系。

需要指出的是，在儒学务实精神影响下所形成的科技的务实性特征，对于古代科技的发展是具有积极意义的。它不仅通过促进实用科技的发展推动了整个科技的进步，而且还通过实用科技对于社会进步的推动作用体现了科技的社会价值。在明清儒家经世致用思想的影响下，科技的务实性特征更为明显，甚至不少儒家学者乃至科学家都从实用的角度来理解西方科技，如从魏源的"师夷长技以制夷"，到张之洞的"中学为体，西学为用"，但无论如何，都有力地促进了西方科技的传入。

2. 儒学与科技理论性的薄弱

尽管在儒学务实精神影响下所形成的科技的务实性特征对于古代科技的发展具有积极的意义，但是，科技不仅仅在于实用，科技理论的建构和进步往往在科技发展中起到关键性的作用。遗憾的是，中国古代科技虽具有明显的务实性特征，但科技的理论性却相对薄弱。

事实上，古代科学家的科技研究也不是仅仅停留于实用层面上，以恐背上"玩物丧志"之名。^① 在以儒学为主干的中国传统文化背景中，科学家除了研究实用科技，还试图把这样的研究与儒家的形而上之道联系起来，宋代之后，还与理学家的"理"联系起来，希望通过实用科技的研究而"进之于道"，把握普遍的"理"。这就是古代科学家从事科技研究的求道求理的目的。但是，古代科学家在求道求理的过程中，由于受到儒学的影响，尤其是在科技独立性缺失的情况下，往往热衷于运用某些现成的、普遍适用的儒家理论以及诸如"阴阳""五行""八卦""理""气""数"之类的形而上学概念，经过思维的加工和变换，对自然现象加以抽象的、思辨的解释。这样的研究尽管能够为科技提供普遍的形而上学基础，但对于具体的科技理论的建构却起不到作用。正因为如此，古代科技实际上是大量实用科技知识与思辨的形而上学所共同构成的体系，而较为缺乏从实用科技知识中通过逻辑方法抽象出来并作为其基础的科技理论。

科技发展有一个由浅入深的过程，在科技发展的初期，科技理论较为薄弱是理所当然的。但是，在中国古代科技的发展中，科技理论性的薄弱与儒学的影响有着一定的关系。首先，在儒学务实精神的影响下，古代科学家较多地追求科技的实用价值，而对于科技理论的兴趣相对较弱。其次，由于古代科技在文化上处于儒学的统摄之下而缺乏独立性，古代科学家热衷于并且不得不运用儒学理论建构科技的形而上学基础，从而造成科技理论的薄弱。最后，在儒学统摄之下而缺乏独立性的古代科技，甚至不可能出现有别于儒学理论的独立的科技理论。

宋代科学家讲"理"，既有科技发展由浅入深的需要，也受到宋代理学的影响。沈括讲自然事物之理，要求"原其理"，这里的"理"已具有具体事物之理的内涵。这种追求具体事物之理的旨趣，表明当时科技具备了提升科技理论性的动力。朱熹明确提出草木昆虫之理，名物度数之理，农圃、医卜、百工之理，并且还指出："如麻、麦、稻、粱，甚时种，甚时收，地之肥，地之硗，厚薄不同，此宜植某物，亦皆有理。"^② 这种对具体自然事物之理的认识，对于提升科技的理论性，无疑具有积极作用。

---

① 李冶在《测圆海镜·序》中说道："明道先生（程颢）以上蔡谢君（谢良佐）记诵为玩物丧志。夫文史尚矣，犹之为不足贵，况九九贱技能乎。"参见（元）李冶《测圆海镜·序》，载白尚恕《测圆海镜今译》，山东教育出版社1985年版，第1页。

② （宋）黎靖德：《朱子语类》（第二册）卷十八，中华书局1986年版，第420页。

但是，就总体而言，在宋代以及后来，无论是科学家还是理学家，实际上都没有能够找到如何探索具体自然事物之理的途径和方法，更不可能对自然事物之理做出更为深入的探索和论述。即使是朱熹的"格物致知"，实际上也只是理学家体认"天理"的一种方法，尽管这样的方法在一定程度上被后世一些科学家当作科技研究的方法，并对科技发展产生重要影响。

随着儒学主题的转向，尤其是明清儒家讲求经世致用，科学家对于自然之理的兴趣也相应减弱，而更多地从实用的层面研究科技。明清科技以实用科技最为突出，虽然也得到了较大的发展，但在科技理论方面却没有更多的建树。

三　儒学化的科技及其优势与缺陷

科技的形成和发展总是处于一定的文化背景之中，与文化有着非常密切的关系，并受到文化的影响。同时，科技与文化又有着明显的区别，二者不可混为一谈。然而，在中国古代，儒学不仅仅是作为科技发展的一种文化背景而外在地作用于科技的发展，而且实际上已经渗透到科技理论内部，成为科技不可分割的组成要素。当中国古代科学家把儒学的价值理念而不是把科学本身看作科技研究的最高追求、把儒学的形而上学概念而不是科学自身所必需的基本概念当作科学理论的基础、把科技研究等同于儒学的求道求理的过程并用儒学的"道""理"统摄科技而忽略了科技与文化的差别时，儒学已经成为科技的重要的内在构成因素，并决定着科技发展的方式和特征，科技成了儒学化的科技。

"儒学化的科技"这一概念，不仅是对中国传统文化背景下儒学与科技相互关系的一种表述，而且还有助于解决当今中国科技史研究所提出的一些重要问题：

其一，关于中国古代有没有科学的问题。这一争论至少可以追溯到20世纪初。1915年，在由留学美国的中国学生任鸿隽等人所主办的《科学》杂志的创刊号上，任鸿隽发表了《说中国无科学之原因》一文，明确指出中国自古以来就没有科学。1922年，在美国攻读哲学的冯友兰在《国际伦理学杂志》上发表了《为什么中国没有科学——对中国哲学的历史及其后果的一种解释》，从中国哲学的角度阐发了中国古代无科学的观点。与此相反，英国著名的中国科学史家李约瑟早在1944年所作《中国之科学与文化》的讲演中，批驳了"中国自来无科学"的论点，并且指出："古代之中国哲学颇合科学之理解，而后世继续发扬之技术上发明与创获，亦予举世文化以深切有力之影响。问题之症结乃为现代实验科学与科学之理论体系，何以发生于西方而不于中国也。"① 提出"儒学化的科技"这一概念，既不否定中国古代在整体上缺乏独立发展的以实验为基础的科学，又肯定了中国古代有着具备自己特色的儒学化的科学。

其二，关于"李约瑟问题"。李约瑟在 1954 年出版的《中国科学技术史》第一卷《总论》中指出：中国古代科技"远远超过同时代的欧洲，特别是在十五世纪之前更是如此"，但是，中国文明却没有能够产生出诞生于欧洲的现代科学。② 在 1964 年发表的《东西方的科学与社会》一文中，李约瑟又明确提出了阐述中国科学时存在的两个问题：第一，"现代科学（如我们所知自 17 世纪伽利略时代起）为什么不在中国文明（或印度文明）中间产生，而只在欧洲发达起来？"第二，"为什么在第一至第十五世纪，中国文明在把自然知识应用于人类实践需要方面，要比西方高明得多？"③ 这就是所谓的"李约瑟问题"。这个问题实际上是要回答中国社会，包括中国传统文化，对于古代科技发展的优势和对于近代科学发展所存在的不足。提出"儒学化的科技"这一概念，既肯定了儒学对于古代科技发展所具有的积极作用，又不否定儒学在促进科技发展的同时所具有的某些缺陷。

儒学以求道、为学、致用为基本特质。儒学重视为学乃至重视科技的博学精神，以及讲求致用的务实精神无疑促进了古代科技的发展，对于古代科技具有积极的作用。在这样的背景下所形成的儒学化的科技具有许多优势。首先，儒学化的科技吸取儒学的务实精神而具有的务实性，可以通过发展实用科技而推动整个科技的进步，这可能也是"李约瑟问题"所谓"在第一至第十五世纪，中国文明在把自然知识应用于人类实践需要方面，要比西方高明得多"的一个文化原因。其次，儒学化的科技吸取儒学的形而上学概念作为科学理论的基础，不仅可以为科技提供形上学的

---

① ［英］李约瑟：《中国之科学与文化》，《科学》1945 年第 1 期。

② ［英］李约瑟：《中国科学技术史》第一卷《总论》，科学出版社 1975 年版，第 3 页。

③ ［英］李约瑟：《东西方的科学与社会》，载［英］M. 戈德史密斯等主编《科学的科学——技术时代的社会》，科学出版社 1985 年版，第 148 页。

依据，而且可以在一定程度上为科技发展提供所需的理论完备性，使科技不只是停留于技术层面。最后，儒学化的科技把科技研究等同于儒学的求道求理的过程，实际上提升了科技研究的精神文化价值。儒学化的科技所具有的诸如此类的优势无疑是中国古代科技得以持续高度发展的文化原因之一。

当然，儒学化的科技既具有自身的优势，也存在自身难以克服的缺陷。首先，儒学化的科技过多地体现出科技对于儒学的依附性，势必造成科技独立性的缺失。其次，儒学化的科技过度强调发展实用科技，并以儒学的形而上学概念作为科学理论的基础，实际上造成了科技理论的薄弱。最后，儒学化的科技强调科技与儒学的一致性，忽略了科技与文化的差别，不利于科技从文化中独立出来。儒学化的科技所具有的诸如此类的缺陷，虽然并不影响中国古代科技持续高度的发展，但很有可能是"李约瑟问题"所谓"现代科学为什么不在中国文明中间产生"的文化原因之一。

儒学化的科技是在中国传统文化背景下儒学与科技相互作用而造成的，反映了儒学对于科技的重要影响。儒学化的科技所具有的优势，实际上就是儒学对于科技发展所产生的积极作用的一面；而儒学化的科技所具有的缺陷，则是儒学对于科技发展的消极作用的一面。所以，儒学化的科技所具有的优势和缺陷，同时也是儒学对于科技发展双重作用的体现。

结 论

在中国传统文化中，尤其是自汉代儒学成为中国传统文化主干、古代科技体系形成以来，科技与儒学就一直处于互相联系、互相作用的关系之中，一方面，儒学具有科技的内涵，儒学重视科技；另一方面，科技发展在以儒学为主干的中国传统文化背景下，受到儒学的诸多方面的影响，甚至具有了儒学化的特征。正是在科技与儒学的互动中，儒学既促进了古代科技的高度发展，培育出古代科技的务实性，体现出对于科技发展的积极作用；同时又在文化上将古代科技纳入儒学的统摄之下，造成了科技独立性的缺失，以至于科技的理论性薄弱，而对科技的进一步发展造成负面的作用，暴露出儒学在促进古代科技发展的同时所具有的某些缺陷与不足。

中国科技的近代化是在向西方学习的过程中实现的。在这一过程中，具有科技内涵的儒学，因其重视科技而发挥了积极的作用。同时，在西方科技的影响下，中国科技开始逐渐从儒学的统摄之下独立出来，逐渐建立起独立的知识体系和思想体系。当然，这种独立也造成了科技与儒学的分离，甚至对立。但无论如何，科技的独立对于其自身发展而言无疑是至关重要的。因此，在与科技的互动中，儒学只有既重视科技又不统摄科技，让科技从儒学的统摄之下完全独立出来，既从积极的方面推进科技的发展，又尊重科技独立发展的自身要求，才能真正起到促进科技发展的作用。

第十一章

道教文化与科学技术

四川大学道教与宗教文化研究所　　盖建民　　孙伟杰

引　言

道教是中华民族土生土长的民族宗教，它以"道"为根本信仰，产生于东汉中后期，距今已有数千年的悠久历史，对我国的政治、经济、军事乃至科学技术、伦理道德、民俗风尚等社会的方方面面都产生了深远的影响，因此鲁迅先生曾深刻地指出："中国文化的根柢全在道教。"

众所周知，我国古代科学技术十分发达，在公元 17 世纪之前，一直保持着令西方望尘莫及的水平。五千多年的中华文明孕育了极为宏富的传统科技体系，产生了农、医、天、算四大科学门类以及"四大发明"这样辉煌的古代科技成就。道教，作为中国文化的"根柢"，自然与传统科学技术存在不可分离的关系，甚言之，道教与我国古代科技关系是十分密切的。冯友兰先生在《中国哲学简史》一书中很早就洞察到这一现象，他认为："道家有征服自然的科学精神，对中国科技史有兴趣的人，可以从道士的著作中找到许多资料。"

这一观点深深地影响了英国皇家学会会员、著名科技史专家李约瑟博士，在李氏主编的受到国际学术界高度关注和好评的科技史巨著——《中国科学技术史》一书中，他在世界范围内第一次以令人信服的史实，系统地论述了中国科学技术和科学思想的发展历史，书中对道家①与科技

---

① 道家，英文中 Taoism 既可以代表先秦道家学派，也可以指汉代以后的道教。李氏这里是在广义上使用"道家"一词，显然包括道教在内。

的关系有这样一段精彩的评述：

> 道家哲学虽然含有政治集体主义、宗教神秘主义以及个人修炼成
> 仙的各种因素，但它却发展了科学态度的许多最重要的特点，因而对
> 中国科学史是有着头等重要性的。此外，道家又根据他们的原理而行
> 动，由此之故，东亚的化学、矿物学、植物学和药物学都起源于道
> 家，他们同希腊的前苏格拉底的和伊壁鸠鲁派的科学哲学家有很多相
> 似之处。……道家深刻地意识到变化和转化的普遍性，这是他们最深
> 刻的科学洞见之一。①

可以说，与世界上其他宗教相比，道教是最重视科学技术的。这当然
并不是空穴来风、夜郎自大，道教之所以会获此评价，其中有两大根本原
因不容忽视：首先，道教的母体——先秦道家、神仙家、医家、占卜家、
天文历法家本来就与古代科技关系密切，有的甚至就是古代科技实践活动
与理论创造的主力，道教不仅继承了他们的科技成就，而且在原有基础上
又加以创新，进而形成了丰富多彩的道教科技"大观园"。其次，道教注重
传统科技的应用与开发，这是由其基本宗旨所决定的。在道教以长生久视
为信仰核心的宗教义理体系中，蕴含有法"自然之道"、重"变化之术"的
崇尚科技元素。道教的最终目的是延年益寿、长生不老。从这个基本宗旨
出发，道门中人不仅注重探讨人体奥秘与机理，寻求治病养生的良药，而
且从生存的角度观察天体自然现象，趋吉避凶。虽然，宗教的氛围使道教
方术技艺活动披上了一层神秘的面纱，但对生命的关注则又推动着道门中
人去观察、探索与试验。这就是道教科技之所以能够绵延发展的内在动因。

道教作为中华本土宗教，其思想来源是多方面的，其神学理论内容也
是"杂而多端"的。但在道教庞大的教理教义体系中，始终贯穿着一根
主线——神仙信仰，即信奉神仙实有、神仙可学，相信人们通过自身努力
最终可以长生久视，成为逍遥自在、神通广大的"神仙"。著名道教学者
陈撄宁先生，对道教神仙方术中蕴含的科学思想极为推崇，指出："神仙
之术，首贵长生。惟讲现实，极与科学相接近。有科学思想、科学知识之

---

① ［英］李约瑟：《中国科学技术史》第二卷《科学思想史》，科学出版社、上海古籍出版
社 1990 年版，第 175—176 页。

人，学仙最易入门。"①

　　通过千百年来人们仰观天文、俯察地理、中究人事的修仙证道活动，"道家对自然界的推究和洞察完全可与亚里士多德以前的希腊思想相媲美，而且成为整个中国科学的基础"②。在庞大的道教科学技术体系中有相当一部分内容涉及古代天文、气象、地理、医学、药物学、化学、物理学、冶金学、动植物学、生态学乃至数学和农学等不同学科门类的科技知识。其中，道家外丹黄白术对中国古化学和冶金学有不菲的贡献；内丹学则在人体科学奥秘的探索，包括生理学、心理学、脑科学等领域有卓著成就。道家的服气、导引、存思、守一、服食、辟谷等道术在体育学、营养学、养生学等领域取得了极为独特的成就；道家医药学在中国传统医学史上有其不容忽视的地位，道家中的房中术亦包含有诸多性医学、性心理学的合理科学思想；道家在天文学、物理学、地理学、农学、博物学、矿物学、机械制造及生态学等多个领域也有突出贡献……

　　"每一时代的理论思维，从而我们时代的理论思维，都是一种历史的产物，在不同的时代具有非常不同的形式，并且具有非常不同的内容。"③因此，受条件所限及神学神秘主义的影响，道教虽然在许多领域取得了十分重要的成就，但是其对自然的认识和对自然规律的把握在很大程度上还停留在经验与玄想层次，缺乏十分严密的证验及系统性；其对天文地理、医药、化学、生命科学的思想认识与现代意义上的科学理论尚有很大距离，很多内容还只是零星思想火花或某种直观领悟，其话语系统亦非现代科学语言，而是采用"玄之又玄"的术语，乃至藏头露尾、秘母言子的隐语，还达不到"论"的高度。换句话说，其科学成就的严密性与系统性都还不高，对自然现象和规律的洞察描述，往往表现为原始质朴的思想萌芽。④

　　所以，我们在充分认识道教与古代科技的密切关系的同时，还必须清醒地意识到，道教徒对自然规律的探究和对自然变化之术的热衷，其出发

　　①　陈撄宁：《读〈化声自叙〉的感想（论动植物生理变化）》，载陈撄宁《道教与养生》，华文出版社 1989 年版，第 270 页。

　　②　［英］李约瑟：《中国科学技术史》第二卷《科学思想史》，科学出版社、上海古籍出版社 1990 年版，第 1 页。

　　③　恩格斯：《自然辩证法》，人民出版社 1984 年版，第 45—46 页。

　　④　参见盖建民《道教科学思想发凡》，社会科学文献出版社 2005 年版，第 8—19 页。

点和原动力是宗教神学意义上的，绝不能完全等同于近现代严格意义上的"纯"科学目的和动机。道教科技活动无一不深深烙印着道教的宗教神学印记，其内容和形式杂糅有大量神秘主义、巫术成分，正如李约瑟所指出的："道教十分独特而又有趣地糅合了哲学与宗教，以及原始科学与魔术。"[1]

道教科技的内容繁芜不一，其科学思想与神学思想时常交织在一起，在考察道教对传统科学技术发展的影响时，必须以历史的眼光，实事求是，既不拔高也不贬抑。因此，本章节的内容，我们决定遵从以下原则：

其一，从宏观角度把握道教思想与古代科技的关系，客观评价道教在中国古代科技思想文化史上的地位和影响，揭示道教思想有助于推动古代科技进步的积极因素，同时分析其不利于古代科技发展的消极因素；

其二，从微观角度入手，深入细致地分析、探讨道教科技的思想内涵、特征，挖掘道教科技原典，道教徒宗教实践活动中所蕴含的古化学、医药养生、天文历法、环境地理、数学等科技思想，对其中有现代价值的部分予以科学总结和诠释。客观、平实地评析道教思想对中国古代科技的影响与作用。

第一节 道教对古代天文历法的影响

顾炎武在《日知录》中曾说："三代以上，人人皆知天文。"中国古代天文学在世界处于领先地位，取得了一系列令人瞩目的科技成就，对中国传统文化产生了极为深刻的影响。道教出于自身的宗教需求，素有"夜观星象""随天立历"的传统，历代有许多高道都精通天文之学，如在中国天文学史上有相当影响和地位的李播、李淳风父子，元代道教天文学家赵友钦等，不胜枚举。因此，道教与古代天文历法的密切关系不言自明。

一 道教与古代天文历法的历史渊源

道教与古代天文历法有着深厚的历史渊源。道教重视天文星象的观

---

[1] ［英］李约瑟：《中国科学技术史》第二卷《科学思想史》，科学出版社、上海古籍出版社 1990 年版，第 33 页。

测，首先是受先秦道家遗风之影响。司马谈在《论六家要旨》中指出"道家者流，盖出于史官"，史官在古代负有执掌天文观测的职责。道教的直接思想源出道家，故对天道自然现象极有兴趣。

除此之外，更为重要的或者说更深层次的原因是出于道教自身发展的内在需要。这其中包含有"天人合一""身国同构"的思维模式，对天体的崇拜与敬畏，求真证道的内在需求三个方面。

第一，"天人合一""身国同构"的思维模式必然导致道教重视天文之学。道教在天人关系上主张天人合一、天人同构、天人相应。根据这一天人观，人的存在并非只是作为单个个体孤立生存，而是存在于相互依存、相互制约的"天—地—人"大系统中。"身国同构"是道教天人合一思想在社会政治领域的合理推衍。《太平经》便认为"天乃为人垂象作法，为帝王立教令，可仪以治，万不失一也"①。道教为实现其"佐国祐民""身国同构"的政治理想，必然对天文之学大加礼遇。

第二，对天体的崇拜与敬畏。道教神仙信仰认为仙真有五个层次，天仙是其中的最高等级，这一信仰源于原始社会古老的天体崇拜而有所赓续。道教认为天有日、月、星，人有精、气、神。元代道士陈致虚在注解《度人经》时曾说："凡有道之士，与天地合德，与日月合明，与造化同体。"② 道教徒对日月星辰充满着敬畏，认为有无数的天神飞行其间，肩负着赏善罚恶的职责。因此，道教神灵崇拜中专门有一大类型便是星辰和星君崇拜。

第三，求真证道的内在需求。道教以道为最高信仰，道门中人以求真证道为修行目标。在道门中人看来，天地造化产生了人与万物，而人通过修炼可以成神、成仙、成真，神道与天道、人道与天道是紧密联系在一起的，故神道、人道之理可通过对天道的探赜索隐而获取。道教认为"凡学无上之法，仰观天文俯察地理"③。道教神学理论体系的建构、道教内外丹养生方术的完善、道教斋醮科仪法事的实施，都需要道门中人掌握一定的天文学知识。④

---

① 王明：《太平经合校》，中华书局1960年版，第108页。
② 《太上洞玄灵宝无量度人上品妙经注》卷下，《道藏》第2册，第432页。
③ 《太上洞玄宝元上经》，《道藏》第6册，第254页。
④ 参见盖建民《道教科学思想发凡》，社会科学文献出版社2005年版，第58—72页。

总之，道门出于接续传统、完善自身的发展需求，仰观天文、俯察地理，从而形成了夜观星象、"随天立历"的传统。

二　《丹元子步天歌》与《革象新书》的天文学思想

1.《丹元子步天歌》的天文学思想

汉代以降，随着天文星象观测的深入，人们认识的星数和星官（星座）数剧增，需要有一种能够帮助辨认和记忆全天星官的工具，因此出现了许多星表和星图。三国陈卓曾把古代石氏、甘氏、巫咸三大星占家所占的星官，综合汇编成一个庞大的恒星星表，并绘制了星图。但是该星图复杂繁复难以记忆，于是人们便开始借用带有韵律的诗文、歌诀来描述全天星宿。在这方面，道教天文学家做出了突出贡献。

隋代道士李播（李淳风之父）曾创作出采用歌赋形式的天文歌诀——《天文大象赋》，他的这一尝试对于人们认识星空很有帮助，可惜流传不广。及至隋唐，出现了一部署名为《丹元子步天歌》的天文学著作，收录于明《正统道藏》，圆满地接续了这一工作。《丹元子步天歌》简称《步天歌》，大量证据表明《丹元子步天歌》是出自隋唐道徒之手，是道教天文学的珍贵文献。[①]

《丹元子步天歌》的最大特色在于以文辞浅近、带有韵律的歌诀把周天各星的步位，编成一篇七言长歌。其独特的天文学思想主要有以下两点：

（1）"步天识星"

《丹元子步天歌》在介绍陈卓所总结的庞大星官时采用了朗朗上口的歌诀形式，形象生动地记载了星官的名称、星数和位置。例如：

> 东方角宿
> 南北两星正真悬，中有平道上天田，总是黑星两相连。别有一乌名进贤。平道右畔独渊然，最上三星周鼎形，角下天门左平星，双双横于库楼上。库楼十星屈曲明，楼中五柱十五星，三二相著如鼎形。其中四星别名衡，南门楼外两星横。（文中加点的即为星名）

---

① 参见盖建民《道教科学思想发凡》，社会科学文献出版社 2005 年版，第 72—76 页。

从以上摘录的《丹元子步天歌》内容来看，歌谣条理分明，易于记忆。人们读着步天歌，如同沿着天上的星官，在繁星之间漫步。这一"步天识星"的思想十分便捷，一经问世，便大为流行，成为世人初习天文学的必读著作。宋代史学家郑樵就曾借助步天歌观测星斗，他曾言："一日得步天歌而诵之。时素秋无月，清天如水；长诵一句，凝目一星，不三数夜，一天星斗，尽在胸中矣！"①

宋代以降，《丹元子步天歌》被视为描述星象最权威的记录，元初在编修《宋史·天文志》时，便采用《丹元子步天歌》和《景祐乾象新书》作为校勘的文献依据。《丹元子步天歌》影响深远，直至清代依然保有影响，清代著名天算家梅文鼎曾高度赞扬《丹元子步天歌》是"句中有图，言下见象，或半或约，无余无失"②。

（2）"三垣二十八宿"星空划分法

在中国天文学史上，《丹元子步大歌》首创了采用三垣、二十八宿的星空划分法，即把北极附近的星象分为紫微、太微和天市三垣，其余分属于二十八宿，将全天的星空分为三十一大区。

中国古代天文学中二十八宿的起源很早，《周礼》中已有"二十有八星之位""二十有八星之号"的记载。但早期二十八宿名称仅仅是用来表明星座个体，而且二十八宿体系最初只是古人用来作为标志日、月、五星运动位置等的工具，真正把二十八宿作为星空分区的主体，则始于《丹元子步天歌》。二十八宿星空区域的划分，是以二十八宿星官为基础，把天空划分为二十八个区域。每个星宿内有一定的星座，以作为固定的标志，古人以此观测七政星座间的运行规律，测定岁时季节乃至丰歉、祸福。

《丹元子步天歌》还采用三垣来划分星空。三垣即紫微垣、太微垣和天市垣。作为星官来说，这些名称的起源或许很早。但在《丹元子步天歌》之前，人们并没有把它们直接作为划分天区的主体。只有在《丹元子步天歌》一书首次将三垣作为三个天区的主体，应用于星空分区。《续文献通考·象纬考》对这一天文学思想曾评述道：

① 《通志·天文略第一》，《通志二十略》，中华书局点校本，第4册，第450页。
② 转引自陈遵妫《中国天文学史》第3册，上海人民出版社1982年版，第406页。

《史记·天官书》、《汉书·天文志》恒星只分中宫、二十八宿及在二十八宿之外者。其中宫之星，凡三垣及二十八宿以上之列星近中宫者，皆属之。……隋丹元子《步天歌》始将恒星分属三垣二十八宿。三垣之星，固在中宫，其二十八宿之星，则不论近中宫与近地平，计星之经度，分属各宿。郑樵《天文略》宗之。①

由于这种星空划分方法较为合理且又十分形象，故一直被历代所沿用，直至近代仍不为人辍。

2. 《革象新书》的天文学思想

赵友钦是宋元时期金丹派的重要传人，也是著名的道教科技学者，其所著《革象新书》是一部古代科学专著，其中蕴含了丰富的天文物理学思想，将中国古代传统科学思想推向了一个新的发展水平。

《革象新书》共有 32 篇，论述了中国传统天文学中"天道左旋、日至之景、岁序终始、闰定四时、天周岁终……"等 32 个问题。综观全书，作者对前人天文学问题作了系统的总结和归纳，书中虽有错谬之处，例如把大地看作平面、使用勾股法测定天体的远近等，但瑕不掩瑜，"其覃思推究颇亦发前人所未发"②。

(1) "日之圆体大，月之圆体小"的思想

赵友钦对古代天文学的推进，首提他"日之圆体大，月之圆体小"的观测方法。中国古代传统天文观念一直认为日月等大，体积等同。然而这一观念在解释日月食问题上却与实际天文观测有所错差。经过长期的实景测验，赵友钦针对这一问题提出了"日虽与人相远，天去人为尤远，近视则小，犹大远视则虽广犹窄".的独到见解。他明确指出：

日之圆体大，月之圆体小。日道之周围亦大，月道之周围亦小。日道距天较近，月道距天较远。月道在日道内亦似小环在大环之中，周遭相距之数不殊。日月之体与所行之道虽周径有少广之差，然月与人相近，日与人相远，故月体因近视而可比日体之大，月道因近视而

---

① 《续文献通考·象纬考》。
② 《四库全书》第 786 册，第 223 页。

可比日道之广，亦犹日道之可比天道。①

这一论断解释了日月食的视差问题，是中国古代天文学史上的一个创新，推动了古代天文知识的发展。

（2）"同时参验"的恒星测量思想

赵友钦在恒星观测上颇有建树，曾绘制过大型星图，并勒石为碑。他在《革象新书》卷四"经星定躔"与"横度去极"中创造性地提出测定恒星入宿度和去极度的两种新方法，十分便利和科学。

中国传统天文学在测量天体的入宿去极时，离不开大型复杂的专业仪器。赵友钦经过实践探索，提出了两种新测量方法，即用漏壶定时刻，以时间差来测定经星的入宿度和立一四柱木架测经星的去极度。

赵友钦在卷四"经星定躔"中云："古者逐夜测验中星，遂知黄道各宿度数，又以浑仪比较而后定……今别作一术测之于地中，置立壶箭刻漏……此壶漏不常用，但以推测经星度数。"② 这一新方法实用又科学，对于民间天文爱好者而言十分方便。

为了提高观测精度和可靠性，赵友钦又提出用两架测经仪同时观测、彼此参验的观测方法。在此基础上，为了尽可能缩小观测误差，他认为还必须"再验三四夜，以审定焉"③，也就是以多次测量的平均值来计算恒星赤经差。这一立两架同时参验、多次观测以消除误差的观测思想充分显示了赵友钦作为一名实验科学家所具有的严谨。

此外，赵友钦在光学领域也做出了一流的贡献，其"小罅光景"的光学成就及其科学思想在中国科学思想史上独树一帜，有关这方面的内容详见下文，兹不细述。

三　道教学者的历法创见

古代天文学，重在历法。《易·革》："君子以治历明时。"孔颖达疏："天时改变，故须历数，所以君子观兹《革》象，修治历数，以明天时。"中国古代的历法学是在天文学与观象授时的密切配合下发展起来的，可以

---

① 《革象新书》卷三《日月薄食》，《四库全书》第786册，第246页。
② 《革象新书》卷四《经星定躔》，《四库全书》第786册，第257页。
③ 同上书，第258页。

说中国古代天文史也是一部历法史。

据司马迁《史记·历书》的记载，我国古代最早的历法始于道家所崇奉的黄帝。"太史公曰：神农以前尚矣，盖黄帝考定星历，建立五行；起消息，正闰余，于是有天地神祇物类之官，是谓五官。"①中国的历法是否始自黄帝，有待进一步考证，但道教重视历法，推动了我国古代制历技术的革新却是一个不争的事实。

1. 傅仁均《戊寅历》——定朔法的首次正式使用

傅仁均，滑州白马人（今河南滑县），东都道士，精于历算，撰成《戊寅历》。在《戊寅历》以前，我国的古历法都采用平朔法，或叫经朔法。但是由于日月运动的不均匀，采用平朔法进行历法编制，就会发生历面日期和月相盈亏不一致的情况，久而久之便会影响历法的准确性。《戊寅历》针对此问题，指出了定朔法的重要意义："月有三大、三小，则日蚀常在朔，月蚀常在望……立迟疾定朔，则月行晦不东见，朔不西朓。"②虽然定朔法在傅仁均之前便被发明，但由于当时定朔法的缺陷以及其他原因，并未能在社会中推行应用。因此可以说，傅仁均采用定朔法制定并被颁行的《戊寅历》是定朔法的首次正式使用，是我国官方历书用定朔思想编排历谱的开始，这一历法思想改革，对后世历法的制定有着重要指导意义。

2. 李淳风《麟德历》——唐代最好的历法

李淳风，岐州雍人（今陕西省宝鸡市岐山县），唐代天文学家、历算学家。李淳风出身于道士之家，先后担任太史丞、太史令等职，《晋书》《隋书》中的《天文志》《律历志》和《五行志》均出自其手。

李淳风所创制的《麟德历》被后世历法家公认为是唐代最好的历法。在具体制历技术上，《麟德历》主要有以下革新之处：

其一，进朔法的历法新思想。李淳风针对定朔法有时会造成连续三个或四个大小月的不足，提出"进朔"的思想，即朔的小余在日法的四分之三以上时，则以翌日为朔日。用这一进朔新思想来定朔，可以避免历法中连续四个大月或三个小月之情况，所制历法更精密。这一进朔新法为唐宋历代历法所遵用。

① 《史记》卷二十六《历书》，中华书局标点本第4册，第1256页。
② 《新唐书》卷二十五《历志》，中华书局标点本第2册，第534页。

其二，"总法为母"的历法计算新思想。在李淳风之前，历法中表示基本常数日数的奇零部分，都是采用不同的分母，李淳风引进共同分母的新思想，在历法计算中废除传统的章、蔀、纪、元之法。阮元《畴人传》对此记载说："古历有章、蔀、元、纪日分度分，参差不齐。李淳风为总法以一之，凡耆实朔实，及交转五星，并以总法为母。"①《麟德历》的回归年、朔望月和近点用的日数都以1340为分母，并且废除了闰周这一传统做法，完全依据观测和统计来求得回归年和朔望长度。此外，李淳风还在日食计算中提及蚀（食）差的校正方法问题。这些制历技术上的新思想使《麟德历》更加符合天象的实际变化。李淳风以"总法为母"的计算法为以后的历法所沿用，成为元代《授时历》以一万为小数记法的先声，推动了古代历法的发展。

值得一提的是，李淳风在天文观测仪器的制造上也有独创之处。《旧唐书·天文志》记载："贞观初，将仕郎直太史李淳风始上言灵台候仪是后魏遗范，法制疏略，难为占步。太宗因令淳风改造浑仪，铸铜为之，至七年造成。淳风因撰《法象志》七卷，以论前代浑仪得失之差，语在淳风传。其所造浑仪，太宗令置于凝晖阁以用测候。"② 李淳风设计制造的新浑仪，在设计制造技术上有很大创新。他在古浑仪的六合仪和四游之间，增加了一重具有黄道环、赤道环和白道环的三辰仪。经过这一创新所制造的新浑仪，测天功能大大增强，可"南北游，仰以观天之辰宿，下以识器之晷度"③，故"时称其妙"。唐以后所制造的浑仪，原理思想和基本结构都与李淳风的浑仪相似，只是把规环或其他零件、部件增减一些而已。

3. 道教《二十八宿旁通历》——历法中的"小九九"

道门中人根据宗教组织建设和修炼的需要，素有"随天立历"、自行编制历法的传统。《道藏》中有一部原题为"中华仙人李淳风注"的数术著作《金锁流珠引》，该书卷二十一《二十八宿旁通历仰视命星明暗扶衰度厄法》，前面有一道教历法"二十八宿旁通历"表。这是一种特殊的、在道门内部流通的历法。抛开此历法的道教神秘内容，其中包含有许多有

---

① 阮元《畴人传》卷十三，商务印书馆1955年版，第158页。

② 《历代天文律历志汇编》（三），中华书局1976年版，第655页。

③ 《旧唐书》卷七十九《李淳风传》，中华书局标点本第8册，第2718页。

价值的历法思想。今人李志超先生便认为将道教这一历法略作改进设计，就可成为一种方便人们记忆天文学内容的"天文教育历表"，非常有利于儿童的科学教育。[①]

"二十八宿旁通历"用二十八星宿注日，与《丹元子步天歌》采用歌诀形式记载星官的名称、星数和位置的做法十分类似，在传播普及天文知识方面有异曲同工之妙，其中蕴含了道教重视天文研习，借助历表普及天文知识，将历法与天文教育相结合的可贵思想。

第二节　道教对古代数学的影响

数学作为我国古代科学最为发达的四大学科之一，历来是中国科技史研究的重要领域。南宋著名数学家秦九韶很早就注意到自然界的数量关系与天地自然之道的本质联系："数与道非二本。"[②] 道门人士在积极探寻天地之道的实践活动中，不可避免地涉及自然之道的数量关系和空间形式，从而在数学领域取得了为世人瞩目的科技成就。例如何承天、成公兴、刘焯、李淳风、赵友钦、甄鸾等都在数学领域有所建树。其中，比较有代表性的道教学者的数学著述为《测圆海镜》等。另外，出自道教学者的"天元术""洞渊九容之说"对唐宋以来我国数学的发展也产生了重要影响。

一　道教与古代数学的内在联系

关于数及数学的起源，学术界目前有多种说法，一般认为，中国传统数学的起源和早期发展与古代占筮活动存有某种特殊关联，以至于在相当长的时期内，中国古代的数学是与术数纠葛在一起的。有学者对此总结到："数"是天神意志的表现形式，"术"是人们通过数探知未来的技术。[③] 道教虽然不专攻科技，但在道门典籍里保存有大量的术数学著作，这对于我们了解道教与传统数学的关系，厘清中国古代科学思想孕育发展

---

① 参见《旁通历——天文教育历》，载李志超《国学薪火——科学文化学与自然哲学论集》，中国科学技术大学出版社 2002 年版，第 197—202 页。

② （宋）秦九韶：《数书九章序》，《宜稼堂丛书》本，载任继愈主编《中国科学技术典籍通汇》数学卷一，河南教育出版社 1993 年版，第 439 页。

③ 参见俞晓群《数术探密》，生活·读书·新知三联书店 1994 年版。

的脉络，尤其是客观公允地把握道教与中国传统数学思想的渊源颇为重要。从更深层次讲，道教对于数学的关注是有其内在缘由的。

1. 道数一源

道教与传统数学的密切联系绝非偶然，两者的产生、演变有着共同的思想源头。两者都与易经术数学、道家哲学联系密切，可谓"道数一源"。

道教从其前身黄老道便与易经术数学结下了不解之缘，易经术数学的理论模型成为道教思想的基本思维模式，道教许多科技成就的思想根基都是渊源于易经术数。而数学与易经术数也存在源与流的密切关系，古代不少数学家在阐述其学术源流时，都将数学的产生追溯至易经术数。比如，著名数学家梅毂成就曾说："粤稽上古，河出图，洛出书。八卦是生，九畴是叙，数学亦于是乎肇焉。……溯其本原，加减实出于河图，乘除殆出于洛书。"①

而道家哲学作为两者的哲学数学基础也决定了两者的密切关系。大德年间临川前进士②莫若在《四元玉鉴前序》中云："数一而已，一者万物之所从始。故易一太极也，一而二，二而四，四而八，生生不穷，岂非自然而然之数邪？"③ 这一数学思想与老子"道生一，一生二，二生三，三生万物"的宇宙发生论有密切关系。④

易经术数、道家哲学作为道教与数学的共同思想源头，虽然对两者的发展不一定产生直接的显著推动，但是作为思想根基已经决定了两者的不可分离。

2. 道数互利

强调"经世致用"是中国传统数学的显著特点，数学家秦九韶在《数书九章》自序中曾明言：

---

① （清）梅毂成：《御制数理精蕴》，载任继愈主编《中国科学技术典籍通汇》数学卷三，河南教育出版社 1993 年版，第 12 页。

② 唐代士人应试进士科及第的称为"前进士"。

③ （清）莫若：《四元玉鉴前序》，载任继愈主编《中国科学技术典籍通汇》数学卷一，河南教育出版社 1993 年版，第 1205 页。

④ 参见邹大海《中国数学的兴起与先秦数学》，河北科学技术出版社 2001 年版，第 194 页。

周教六艺，数实成之学，士大夫所从来尚矣。其用本太虚。生一而周流无穷。大则可以通神明，顺性命；小则可以经世务，类万物。①

在古代，数是"六艺"之一，是天地之道和神明意志的体现，掌握数学，不仅可以上通神明，也可以下达人事，所以不可小觑数学的作用。而在道门之中，算术也是道人修行的重要手段和内容之一。

道教以尊道贵术为基本教义，强调道术合一，《上阳子金丹大要》言："形以道全，命以术延。……道与术二者不可得而离也。术以道为主，道以术为用。"② 因此道门中人对秦汉以来的包括算术在内的术数投入了极大的热情，继承并加以发挥，以至在道门内部还形成了以传习占验术数为主的道派。因此，道门中人虽不是出于钻研数学的直接目的，但是以术演道的修行实践也为我国古代数学的发展贡献了自己的一份力量，两者形成了良好的互利格局。

二　道教对古代数学的推动

道门中人与传统数学思想的互动颇为密切，例如元代高道赵友钦所著《革象新书》卷《乾象周髀》中，就论述了平面割圆术，③ 其中的数学思想便很值得重视。而散见在历代道教典籍和古代科学著作中的道教数学思想更远不止于此，需要我们细心地加以发掘、整理。

1. 道教"洞渊九容之说"与《测圆海镜》"天元术"

当代著名数学家吴文俊教授在其著作《近年来中国数学史的研究》一文中指出："宋元时期（十至十四世纪）最重要的数学成就就是天元概念的引进。"④ 李约瑟博士也认为充满道家神秘色彩的"元"概念对中国数学思想的发展有特殊意义：

关键在于，中国远在《孙子算经》（三世纪末）出现以前就已有

---

① 秦九韶：《数书九章》自序，《宜稼堂丛书》本，载任继愈主编《中国科学技术典籍通汇》数学卷一，河南教育出版社1993年版，第439页。

② 《上阳子金丹大要》卷十二，《道藏》第24册，第47页。

③ 参见李俨《中国数学大纲》上册，科学出版社1958年版，第283—285页。

④ 吴文俊主编：《中国数学史论文集》（三），山东教育出版社1987年版，第8页。

了一个基本上是十进制的位值体系。因此，道家神秘主义的"元"，对于发明 Sunya（即零）的记号所作的贡献，可能并不下于印度哲学的"空"。①

中国古代数学十分发达，天元术即是其中重要的成就。天元术以"立天元一"的"元"字代未知数。或以太极的"太"记绝对项，写在系数之旁，用以表明多次方程各项的地位。换句话说，天元术即现代代数学中一元高次方程，只不过表达形式不同。

中国现存最早的一部主要论述天元术的数学著作是成书于公元 1248 年的《测圆海镜》，作者为金末元初著名数学家李冶。天元术源起何时？囿于目前史料所限，至今未能定论，因此"天元术的起源"曾被数学史家李迪先生列为"中国数学史上未解决的问题"之一。② 受前辈学者的启发，盖建民《道教科学思想发凡》一书对此问题作了力所能及的解答，③我们认为李冶《测圆海镜》所记载的"天元术"与道教的"洞渊九容之说"大有渊源。

李冶《测圆海镜》十二卷，全书列有一百七十题，系统总结了天元术，对于高次方程的解法、各种勾股容圆、小数记法以及代数式的写法等有多方面的创新。李冶在继承洞渊天元术思想的基础上，对天元术进行了简化创新，取消了表示负幂的地元，只用一个"元"字表示未知数的一次幂，或用"太"表示常数项，其他幂次皆按位置值给出，进一步简化了天元术的表示和运算。他在《测圆海镜》中采取正幂在上，负幂在下的方式，后来他在另一部数学著作《益古演段》（成书于公元 1259 年）中则采取正幂在下、负幂在上的形式，为后世数学著作所沿用。

《测圆海镜》一书标志着天元术的成熟。李冶所发展的天元术理论和数学思想对宋元数学的长足进步有着重要意义。今人白尚恕先生归纳总结了李冶《测圆海镜》在数学方面的十大贡献，④ 有助于我们了解天元术思

---

① ［英］李约瑟：《中国科学技术史》第三卷《数学》，科学出版社 1975 年版，第 25—26 页。

② 李迪：《中国数学史中的未解决问题》，载吴文俊主编《中国数学史论文集》（三），山东教育出版社 1987 年版，第 17 页。

③ 参见盖建民《道教科学思想发凡》，社会科学文献出版社 2005 年版，第 122—128 页。

④ 白尚恕：《测圆海镜今译》之《前言》，山东教育出版社 1985 年版，第 3—4 页。

想的科学意义，兹录如下：

1. 一个文字按其不同位置及系数以表示未知数的各次项，使得由文词代数能顺利地演变成符号代数。

2. 对十进小数的表示法，与现今十进小数表示法，只差一个小数点。

3. 利用乘法消去分母，使分式化为整式。这方法与现今分式方程的解法相一致。

4. 利用乘方消去根号，使根式化为有理式。这方法与现今无理方程的解法相一致。

5. 创立升位法或降位法，对某些特殊方程在解法上提供了方便。

6. 在某种意义上，对正整指数幂与负整指数幂的理解，与现今的理解比较相近。

7. 在所列方程的次数上，比唐初、王孝通时代有显著的增高。

8. 所列方程突破了秦九韶"实常为负"的限制。

9. 对于筹式的写法，给四元术提供了有利条件。

10. 在书末出现了文词代数式的初步尝试。

李冶的天元术不仅直接渊源于洞渊九容之说，而且从科学思想方法上分析，其"立天元一"的代数思想得益于道教三元并列的思维模式。

根据李冶《敬斋古今注》，其本人曾得到一本神秘《算经》：

余至东平，得一《算经》，大概多明如积之术，以十九字志其上下层数曰：仙、明、霄、汉、垒、层、高、上、天；人；地、下、低、减、落、逝、泉、暗、鬼。此盖以人为太极，而以天、地各为元，而涉降之。①

李冶在东平得到的《算经》其独特的数学思想是以人表示常数项，居中；仙、明、霄、汉、垒、层、高、上、天表示未知数的9、8、7、6、…、2、1次幂，居人之上；地、下、低、减、落、逝、泉、暗、鬼表

---

① （元）李冶：《敬斋古今注》卷三，藕香零拾本。

示未之数的 -1、-2、-3、-4、…、-8、-9 次幂，居人之下。这里用仙、明、霄、汉等符号来表示天元，用逝、泉、暗、鬼等符号来代表地元的思想明显带有浓厚的道教色彩。

众所周知，"三元"是道教的一个重要术语和思想范畴。道教的三元思想渊源于《周易》的天、地、人三才说，道门人士将《周易》的三才引入道教，泛指三种相互关联且意义重大的事物，称三元。道教以三洞宗元为基本教义思想，道教的基本信仰和经教体系无不宗元于此。《云笈七签》卷三《道教本始部·道教所起》就认为："原夫道家由，肇起自无先垂迹应感生乎妙一，从乎妙一分为三元，又从三元变成三气，又从三气变生三才，三才既滋，万物斯备。"① 三元并列是道教构建其庞大教义理论的一个重要思维模式。这种三元并列的思维模式对传统数学代数式的写法和符号化曾起了积极作用。东平《算经》可以和"洞渊九容"互为印证，成为李冶天元术思想渊源丁道教的另一个有力证据。

李冶之后，天元术经二元术、三元术，到了元代朱世杰的《四元玉鉴》进一步发展为四元术，"其法以元气居中，立天元一于下，地元一于左，人元一于右，物元一于上"②，朱世杰分别将一元方程、二元方程、三元方程、四元方程称为"一气混元""两仪化元""三才运元""四象会元"，朱世杰汲取了"天元术"的思想内容，参照线性方程组用算筹摆出"矩阵"的运算方法，创造出以"天""地""人""物"表示四个不同的未知数的四元高次方程组的数值解法，成功地解决了四元高次方程组的建立和求解问题，达到了宋元数学的最高成就。

"天""地""人"三元与"物"并列，在道教典籍《阴符经》中有一个经典表达："天地，万物之盗；万物，人之盗；人，万物之盗。三盗既宜，三才既安。"③ 宋代理学家朱熹化名崆峒道士所著的《阴符经考异》认为天地人与万物之间存在相互"盗取"、互相依存的生态群落关系，强调要正确处理好天、地、人、万物之间的系统关系。虽然我们尚未发现朱世杰以"天""地""人""物"表示四个不同未知数的思想方法与道教

---

① 《云笈七签》卷三，《道藏》第 22 册，第 13 页。

② （清）莫若：《四元玉鉴前序》，《知不足斋丛书》本，载任继愈主编《中国科学技术典籍通汇》数学卷一，河南教育出版社 1993 年版，第 1205 页。

③ 《黄帝阴符经》，《道藏》第 1 册，第 821 页。

关联的直接史料证据，但前文已论述了天元术的思想渊源于道教，那么作为天元术发展高峰的四元术，朱世杰的《四元玉鉴》天、地、人与物并列的"四象会元"方法与道教思想的关系或可借此参测。

2. 李淳风注释"十部算经"——数学教材的订正普及

中国古代数学在秦汉时期已逐渐形成自己的体系，其标志是《九章算术》。《九章算术》以其独特的方式与方法，奠定了以算为主、以术为法的中国传统算法体系。经过魏晋南北朝刘徽、祖冲之等数学家的不断努力，到了隋唐时期，历经千余年的发展，中国古代数学日趋完备，形成了以十部古典数学著作为中心的数学体系。

这十部算经为《九章算术》《周髀算经》《海岛算经》《五曹算经》《孙子算经》《夏侯阳算经》《张丘建算经》《缀术》《辑古算经》，俗称算经十书。它们是唐代以前的主要数学著作，代表了中国古代数学的光辉成就。现今传本的算经十书每卷首页上都题有"唐朝议大夫、行太史令、上轻车都尉臣李淳风等奉敕注释"字样。经过李淳风等人注释后的"十部算经"被钦定为唐代国子监算学馆的数学教材。[①]

李淳风注释"十部算经"，首先对传本《周髀算经》的原文和注文进行了纠正，使这部算书趋近完美。在注释过程中他主要指出了其中的三点错误：一是《周髀算经》作者认为南北相去一千里，日中测量八尺高标杆的影子常相差一寸，并以此作为算法的根据，这是脱离实际的；二是赵爽用等差级数插值法，来推算二十四气的表影尺寸，不符合实际测量的结果；三是甄鸾对赵爽的"勾股圆方图说"有种种误解。李淳风对以上错误逐条加以校正，并提出了自己的正确见解。其次，在注释《九章算术》少广章开立圆术时，引用了祖暅（祖冲之之子）提出的"幂势既同，则积不容异"这一著名的"祖暅原理"，使得后人能够在《缀术》失传之后，依靠李淳风的征引，再次看到祖氏父子的这一研究成果，为保留传统珍贵数学资源做出了贡献。此外，在注释《海岛算经》时，针对原来复杂繁缛的公式模型列举出详细的演算步骤，从而给初学者打开了方便之

① "淳风复与国子监算学博士梁述、太学助教王真儒等受诏注《五曹》《孙子》十部算经。书成，高祖令国学行用。"《旧唐书》卷七十九《李淳风传》，中华书局标点本第 8 册，第 2719 页。

门，这些都是李淳风等人对"十部算经"的订正整理之功。

经过李淳风等人注释的"十部算经"对唐以后历代数学的发展产生了巨大的影响，特别是为宋元数学的高度发展创造了前提条件。在"十部算经"以后，唐朝的《韩延算术》、宋朝贾宪的《黄帝九章算法细草》、杨辉的《九章算术纂类》、秦九韶的《数书九章》等，都引用了"十部算经"中的问题，并在"十部算经"的基础上发展出新的数学理论和方法。因此，后人对李淳风编定和注释"十部算经"的功绩，给予了很高的评价，如英国的著名学者李约瑟博士就说过："他（李淳风）大概是整个中国历史上最伟大的数学著作注释家。"

第三节　道教对古代物理学的影响

"道法自然"是道教基本的修道法则，道门认为要达到"道法自然"这一目标，必须践行"无为"的修道方法，"无为而无不为"。此处的"无为"有其特定的思想内涵，体现了道教崇尚自然、尊重自然规律的科学精神。历代道门人士高扬"观天之道，执天之行"大旗，以"我命在我不在天"的积极探索精神，上观天文，下察地理，中究人情物理。因此，道教不但在天文、地理等诸多领域贡献颇丰，在物理学领域也有不凡的科学思想产生。其中尤为值得一提的是中文"物理"一词的典出与道家、道教有着直接的关联。

一　"物理"一词与道教的渊源

物理学，西文源出于希腊文 physis，本义为"自然"。在近代西方科学产生之前，古代欧洲社会一直将物理学一词视为"自然科学"的总称，其内容除了包括现今所说的"物理学"外，还包括宇宙学、化学、气象学、生物学、心理学等其他学科。近代意义上的物理学在内容上已发生了较大调整，研究范围也被限定在力学、流体动力学、流体静力学、声学、热学、光学、电磁学等领域；研究的重心也从以往主要是定性描述转到定量刻划，而且普遍采用了实验方法和数学方法相结合的研究手段。

在东方中国，"物理"一词和"物理学"名词也经历了一系列的演变。① 我们在这里特别需要强调和指出的是，在古代中国，"物理"一词最早典出先秦道家典籍，《鹖冠子·王斧第九》云："庞子曰：'愿闻其人情物理'，所以啬万物与天地总，与神明体正之道？"② 这是目前所能见到的"物理"一词的最早用法，原义是指事物的常理。鹖冠子首次将"物"与"理"连用，以"物理"一词来表示事物的常理即事理，这种将"物理"作物之理的用法，在以后的历代典籍中推广开来。

"物理"一词最早典出道家典籍这一事实值得人们深思和玩味，它从一个侧面说明道家、道教之道与科学之道并非在现代才发生义理上的共鸣，而是早在中国古代，二者已在某种形式上或者事实上产生共振，存在一种若明若暗的共鸣关系。

二　道教典籍中的物理学思想

道教物理学思想是道门中人在探索自然万物之理的活动中形成的，其内容广泛，涉及古代物理学的宇宙论、力、光、电、热学等领域。当然，道教物理学思想十分零散和质朴，散见于道教典籍和其他一些古籍中，尚未形成系统化的理论。但它们同样是人类科学思想的结晶，其涓涓细流汇入人类科学思想的大河，对中国传统科学思想的孕育和科学殿堂的建构曾起过点点滴滴或者说添砖加瓦的作用。

1. 张志和《玄真子外篇》

明版《正统道藏》收有道书《玄真子外篇》上、中、下三卷，题为"唐玄真子张志和撰"。张志和，道号玄真子，工于诗画，以《渔歌子》享誉文坛。今日小学语文中还收有这首脍炙人口的诗：

> 西塞山前白鹭飞，
> 桃花流水鳜鱼肥。
> 青箬笠，绿蓑衣，

---

① 参见张秉伦、胡化凯《中国古代"物理"一词的由来与词义演变》，《自然科学史研究》1998 年第 1 期；王冰《我国早期物理学名词的翻译与演变》，《自然科学史研究》1995 年第 3 期。

② 马振献译注：《鹖冠子·王斧第九》，时代文艺出版社 2003 年版，第 127 页。鹖冠子（约公元前 300—前 220 年），战国末期道家人物，楚国人。

斜风细雨不须归。

张志和不仅文采恣肆，而且对自然现象也怀有浓厚的研究兴趣，著有《太易》十五卷、《玄真子》十二卷等。《玄真子》今仅存《玄真子外篇》上、中、下三卷，作者在文中对一系列声、光、电等物理现象做出了应允的描绘和解释。

首先，作者注意到光的反散现象，对自然界常见的雨后虹霓景象有自己独到的认知。云："雨色映日为虹"[1]，即雨滴反射日光从而形成虹这一自然现象，准确解释了虹霓产生的物理原因。在此基础上，张志和还记载了人工造虹的试验方法："背日贯（喷）乎水成虹霓之状，而不可直者，齐乎影也。"[2] 即背向太阳喷出小水珠，就可产生类似虹霓的情景，这是中国科技史上第一次以实验的手段研究虹霓这一自然现象，也是首次进行的太阳光散射实验，这一人工制造虹霓实验是道教科技史上众多实验研究的一个典型案例，有力地凸显出道教科学家重视实验。

《玄真子外篇》中的物理学知识和思想远不止上述这些。其中关于潮汐、雷电自然现象的记述也显示出很高的科学思想水平：

> 吾观之太寰之内，似神而无者六：海波泝（溯）江而为涛，天文皎夜而为汉，炎光闪云而为电，雨色映日而为虹，阳气转空而为雷。[3]

上文中，张志和认为海涛、银河、闪电、雷雨这些自然现象并非神明作用，而是有其内在运行的自然之道，比如海涛形成的原因是"海波泝（溯）江"，也就是说海水逆行入江就形成了潮。而对于潮水的涨落周期，张志和也曾试图予以分析，云："若欲知涛之说者，观乎脉之血有往来之势，察乎槐之叶有开合之期，气之应也。"[4] 他用血液在脉里流动的"往来之势"来类比潮水形成的原因，用槐叶开合的周期性来说明潮水涨落的周期。张志和虽然受时代的局限，笼统地将这些自然现象发生的根本原

---

① 《玄真子外篇》卷下，《道藏》第 21 册，第 724 页。
② 同上书，第 725 页。
③ 同上书，第 724 页。
④ 同上。

因归予"气之应也",但他借用血脉、槐叶的实物模型来类比推理潮汐现象形成的机理,反映了张志和的科学素养,尽管这种思维还相当模糊和笼统。同样,张志和还指出,天文皎夜而为汉,炎光闪云而为电,雨色映日而为虹,阳气转空而为雷,这些认识也都在一定程度上揭示了银河、电、雷形成的原因。天上的银河是由日月星辰的分布、运行而成,云际间的火光闪烁形成电,雷则是"阳气"在空中激荡形成的。这种科学思想虽然稍显朴素,但在当时的历史条件下已是难能可贵。

《玄真子外篇》还记载了有关液体表面的张力现象,云:"荷水为珠,其圆也非规,而不可方者,离乎著也。"① 规即一种用以画圆的工具,著即附着。张志和认为荷叶上的水珠因为有离开荷叶而不附着在上面的趋势,所以水珠不用规也自成圆形,而不是方形。对于这一物理现象的观察记述,已有学者给予了充分的肯定:"一千二百多年前的张志和能对因液体的表面张力而形成的现象进行如此周密的观察和记载,并用水滴与荷叶的附着作用不大来解释水滴在荷叶上成圆珠形的原因,实在是难能可贵的。"②

此外,张志和在视觉考察方面也有独到见解,《玄真子外篇》云:

> 烬火为轮,其常也,非环而不可断者,疾乎连也。③
> 夫以百尺之竿戴乎盘,卧之立之,远近适等,而小大不同,信目之有夷险者矣。④

前一引文意思是说燃烧后带有星火的木炭,让它以一定速度旋转时呈轮状,而急速旋转时看起来像一个连续的环,其实它并不是环,只是烬火旋转速度太快而造成无间断的环状错觉。后一引文实际上是一个有关视觉现象的物理实验,其实验设计十分巧妙,有相当高明的实验物理思想:在长竿的一端放置一个盘,将竿横放或者竖放(做两次视觉观察对比实验),观察者距离盘的距离一样,但在观察者看起来,盘的大小却不同。张志和将这种视觉错觉称为"信目之有夷险者矣",表明他对视觉现象有

---

① 《玄真子外篇》卷下,《道藏》第 21 册,第 725 页。
② 杨樟能:《〈玄真子〉中的物理知识》,《中国科技史料》第 11 卷,1990 年第 4 期。
③ 《玄真子外篇》卷下,《道藏》第 21 册,第 725 页。
④ 同上书,第 724 页。

相当深的观察认识水平。上述物理知识很清楚地显示了道士张志和对自然万物之理探索的努力及其科学思想水平。

2. 道教的宇宙论思想

道教中包含有丰富的宇宙论思想，其渊源可追溯至道家老庄哲学。《道德经》第五章中暗含了宇宙无限的思想，其言曰："天地之间，其犹橐龠乎？虚而不屈，动而愈出。"《庄子·庚桑楚》更是首次将"宇"与"宙"并言，云："有实而无乎处者，宇也；有长而无本剽者，宙也。"老庄的这些思想为道教徒所发扬光大，成为道教建构宗教神学宇宙论的思想基础。

唐代道教学者李筌在疏解《阴符经》"观天之道，执天之行，尽矣"经文时，曾建构了一个宇宙演化动力模型，用以演示天地阴阳五行化生万物的生成过程：

> 疏曰：天者，阴阳之总名也。阳之精炁轻清，上浮为天；阴之精炁重浊，下沉为地，相连而不相离。……故知天地则阴阳之二炁，炁中有子，名曰五行。五行者天地阴阳之用也，万物从而生焉。万物则五行之子也。故使人观天地阴阳之道，执天五炁而行，则兴废可知，生死可察，除此之外无可观执，故言尽矣。①

这一宇宙万物演化动力模型，可简略图式为：元气运动→化生阴阳（分天分地）→阴阳交感→化生五行→五行运动→化生万物。关于这一宇宙演化思想，有学者已注意到并对此曾给予很高的评价："这样，就构成了一个完整的由元气到阴阳、到五行、到万物的宇宙演化理论。这一理论对后人影响很大，周敦颐从道教图箓中改装过来的太极图，对这套理论作了自己的图解；王安石的《洪范传》，对这一生化过程作了详细的论证；朱熹对此也进行过讨论。显示出这套理论在中国科学史和哲学史上具有极大的重要性。"②

道教宇宙学思想在元初道士林辕《谷神篇》中得到独特的系统阐发。他阐释的宇宙学思想成为道教宇宙论的经典表述。

---

① 李筌：《黄帝阴符经疏》，《道藏》第 2 册，第 737 页。
② 参见关增建《中国古代物理思想探索》，湖南教育出版社 1991 年版，第 20 页。

元气始生，犹一黍也，露珠也，水颗也。盖自无始，旷劫霾翳，搏聚之内，含凝一点之水质也，孕于其间，如筐载卵，自底而生，斯有矣。强名曰道曰灵宝。承阴而生，内白而外黑，玄精建武北斗之经是也。故内之白能化魄反属阴，外之黑能变魂反属阳，是阴含而阳抱也。其内之阴因阳之动而随出，出则为杳霭；外之阳俟阴之静而践入，入则肇氤孳。阴气始出，视之不见，是谓恍惚，如同烟雾生寒气也；阳气始入，听之不闻，是谓杳冥，乍若罔象，生温气也。既合矣，混质而成朴，积小而为大。内非纯阴外非纯阳，且阴气之为情好舒畅好缓散……其阳气之为性好涵养好圆融……外阴愈抟，内阳愈凝，结成混沌。[1]

林辕认为宇宙由元气经过一系列运动演化而成。原始宇宙从无到有，在特定情况下产生元气，所谓"旷劫霾翳，搏聚之内，含凝一点之水质也，孕于其间，如筐载卵，自底而生，斯有矣"。元气刚产生时，就像一粒黍米、一粒水珠，内白外黑，由阴阳二气制约，是一种云气弥漫物质。阴静阳动，内阴向外扩散，外阳向内凝结，构成阴阳二气的吸引和排斥的交相作用，"混质而成朴，积小而为大"，不断聚积变化，"外阴愈抟，内阳愈凝，结成混沌"，由阴阳二气相互作用最终形成气团，是为原始宇宙混沌状态。"混沌未破之时，大只百里也"[2]，后来混沌破开不断膨胀，形成天地、星辰、山川，"天高而愈远，地卑而愈厚，上有积而愈巍"[3]。

不难看出，林辕"元气说"所阐发的宇宙演化理论与西方著名的康德—拉普拉斯星云假说相类似。二者虽然在具体的表述上存有差异，但基本思想是彼此接近的，都认为宇宙论起源于某种原始云气物质，林辕称之为"霾翳""杳霭""氤孳"，依靠自身吸引和排斥的运动，"外阴愈抟，内阳愈凝"，"其穹窿聚气既久，质璞累重，亦稍下坠，其上幻生崆峒，则有虚空，故万物旦夕腾气为之，仰托于诸气焰炽之芒端，炎赫无影之气，灼入空廓，凝而曰神，万物之液气混合于其下而为星"[4]，最终从混

---

① 林辕：《谷神篇》，《道藏》第 4 册，第 544 页。
② 同上。
③ 同上书，第 546 页。
④ 同上书，第 545 页。

沌状态演化出天体星辰。林辕宇宙论思想是道教科学思想的又一精华，理应受到人们的珍视。

3. 谭峭《化书》的光学成就

五代道教学者谭峭所著《化书》，是一部重要的道教思想著作，虽然其关注的重点不在物理学，但其中涉及一系列的光学理论，对于我们了解道教与传统物理学的关系大有裨益。例如，卷一记载了"四镜"及其成像规律：

> 以一镜照形，以余镜照影。镜镜相照，影影相传，不变冠剑之状，不夺黼黻之色。①
>
> 小人常有四镜：一名璧（圭），一名珠，一名砥，一名盂。璧（圭）视者大，珠视者小，砥视者正，盂视者倒。观彼之器，察我之形。②

圭是双凹透镜，珠是双凸透镜，砥是平凹透镜，盂是平凸透镜。其中，双凹、平凹都是发散透镜，双凸、平凸乃会聚透镜。文中所说的大、小、正、倒的成像规律说明谭峭对光的折射、反射规律认识有一定的科学水平。关于四镜，目前学术界还有球面镜的另一种解释，也可说明四镜"小、大、正、倒"成像情况。

《化书》在镜的成像理论方面也有所探索，《道化·游云》云：

> 游云无质，故五色含焉；明镜无瑕，故万物象焉。谓水之含天也，必天之含水也。夫百步之外，镜则见人，人不见影，斯为验也。是知太虚之中无所不有，万耀之内无所不见。而世人且知心仰寥廓，而不知迹处虚空。寥廓无所间，神明且不远。是以君子常正其心，常俨其容。则可以游泳于寥廓，交友于神明而无咎也。③

对于镜子的成像理论，已有学者指出："就成像理论而言，中国古代

---

① 《化书》卷一，丁祯彦、李似珍点校，中华书局 1996 年版，第 5 页。
② 同上书，第 6—7 页。
③ 同上书，第 8 页。

对像信息在空间分布的特点有过独具特色的探讨，得到了富有启发性的认识。这就是像信息的弥散分布理论，认为所有物体的形象信息都弥散分布于空间之中，空间中任何一处接收到的形象信息都反映了所有物体的形状。"① 我们以为，上述所引《化书》文字可为这一观点提供有力的佐证，其中包含了道门中人对古代信息的弥散分布理论的可贵贡献。谭峭以"游云无质，故五色含焉""明镜无瑕，故万物象焉"形象生动地说明了虚能含物之理。换句话说，形象信息之所以能弥漫于空间，是由于空间的虚无性。所以谭峭进一步指出："太虚之中无所不有，万耀之内无所不见。"简明扼要地概括出了形象信息的弥散分布特征。

4. 赵友钦《革象新书》"小罅光景"实验

赵友钦，宋元时活跃于江浙湘闽一带道家金丹派的重要传人，我国古代卓越的科学家，在天文学、数学和光学等方面卓有成就。

我国古代很早就对光线直进、针孔成像等问题进行了研究，《墨经》《梦溪笔谈》中都有这方面的记录。然而在中国科技史上对光线直进、针孔成像与照度最有研究并最早进行大规模实验者当推赵友钦。

赵友钦曾在衢州龙游（今浙江）鸡鸣山构筑了一个观象台，夜观星象，并在其寓所地面下挖了两个圆井，精心设计了一个相当完备而又十分复杂的大型光学实验，这一实验载于其著《革象新书》卷五《小罅光景》中。《小罅光景》从内容上可分前后两大部分。前一部分主要是关于壁间小孔成像：

> 室有小罅，虽不皆圆而罅景所射未有不圆。及至日食则罅景亦如所食分数。罅虽宽窄不同，景却周径相等，但宽者浓而窄者淡。若以物障其所射之处，迎此景于障物上，则此景较狭而加浓。②

通过这一实验研究，赵友钦正确地得出了小孔成（倒）像的光学思想。同时赵友钦对大孔成（正）像（指明亮部分）、照度问题也有正确认识。他发现如果墙壁的孔相当大，则情况有所变化，像必随孔的方、圆、长短、尖和斜而与大孔的形状相类似，这是因为"罅大而可容日月之体

①　关增建：《中国古代物理思想探索》，湖南教育出版社1991年版，第183页。
②　《革象新书》卷五《小罅光景》，《四库全书》第786册，第263页。

也"。

由于《小罅光景》的前一部分实验是以日、月为光源，只能改变孔的大小、形状及像距，故实验研究的范围受到限制。为了克服这一局限性，赵友钦在《小罅光景》后一部分中又别出心裁地设计了一套小孔成像实验，这一大型的光学实验是全篇的重点内容。其实验装置原文如下：

> 假于两间，楼下各穿圆穽于当中，径皆四尺余，右穽深四尺，左穽深八尺，置桌案于左穽内，案高四尺，如此则虽深八尺只如右穽之浅。作两圆板，径广四尺，俱以蜡烛千余枝密插于上，放置穽内而燃之。比其形于日，更作两圆板径广五尺，覆于穽口，地上板心各开方穽。①

这个光学实验被公认为世界物理史上的一个独创，享有盛誉。通过上述一系列实验研究，赵友钦归纳出小孔成像的规律："景之远近在穽外，烛之远近在穽内。凡景近穽者狭，景远穽者广；烛远穽者景亦狭，烛近穽者景亦广。景广则淡，景狭则浓。烛虽近而光衰者，景亦淡；烛虽远而光盛者，景亦浓。由是察之，烛也、光也、穽也、景也四者消长胜负皆所当论者也。"这里，赵友钦通过实验实际上已经得出了光学的一个基本定律，即照度随光源的强度增大而增大，随距离的增大而减小。这一照度随距离成反比的光学思想早于西方科学四百年，这充分说明赵友钦在物理学领域内所具有的深邃而先进的科学思想。

关于赵友钦光学实验在科学思想史上的创新意义，为避免所谓的"道教情结"嫌疑，在这里仅援引杨仲耆、申先甲主编《物理学思想史》一书里的有关评论作为结语：赵友钦"是中国古代最接近现代物理实验思想的科学家。他实验目的明确，实验条件可控，实验步骤清晰，实验结果可靠。不足的是他还没有进行定量分析。如果赵友钦的实验思想有一小部分在中国得到发扬，中国明代以后的科学可能会有更加令人瞩目的成就"②。

---

① 《革象新书》卷五《小罅光景》，《四库全书》第786册，第263页。
② 杨仲耆、申先甲主编：《物理学思想史》，湖南教育出版社1993年版，第92页。

第四节　道教对古代化学的影响

外丹黄白术是道教的重要方术，与中国古代化学密切相关，从历史渊源上分析，外丹黄白术滥觞于春秋战国的神仙方士，道教创兴后，原始外丹黄白术为道教所承袭并加以发扬光大，成书于两汉之际的《黄帝九鼎神丹经》被认为是现存最早的丹经。经过魏晋南北的不断充实和发展，道教外丹黄白术在隋唐、北宋发展达到了鼎盛时期，出现了一批重要的外丹黄白术著作，外丹黄白术的理论与方法也随之日臻完善。从文献存录上看，道教外丹黄白术文献是道经文献中最重要的一类，也是历代编修《道藏》时收录最多的道教科技文献。

在道教外丹黄白术的理论体系中，阴阳五行说、万物自然嬗变论、物质性质转移与改性论、物质自然进化与人工调控论等金丹思想，就是以思辨的形式反映当时人们对自然界物质的基本组成、性质和相互变化结合方式的认识，这实际上就是中国古代化学思想的原始形式和朴素萌芽。

道教外丹黄白术在中国盛行两千余年，虽然最终未能达到预期的目的，但道教丹家生生不息的实践和探索活动，客观上却刺激、推动了中国古代化学的发展。综观整个世界化学发展史，正如在西方，在古希腊亚历山大里亚学派时期，"化学在炼金术的原始形式中出现了"[1] 一样，在东方，道教外丹黄白术孕育了中国灿烂的古代化学。我国著名的化学史专家袁翰青先生就认为："炼丹术是近代化学的先驱，它所用的实验器具和药物则成为化学发展初期所需要的物质准备。"[2]

一　外丹黄白术对古代化学技艺的贡献

1. 化学符号的萌芽

道教外丹黄白术在长期的实践活动中，对我国古代化学知识的产生、积累做出了不可磨灭的贡献，促进了我国古代化学的发展。金丹家在炼丹、炼金实践中使用了大量的无机药物和有机药物，初步掌握了一些元素和化合物的知识，产生了原始化学符号的萌芽。

①　恩格斯：《自然辩证法》，人民出版社 1984 年版，第 27 页。
②　袁翰青：《推进了炼丹术的葛洪和他的著作》，《化学通报》1954 年 5 月号。

在炼丹、炼金所使用的药物品种方面，据对历代外丹黄白术文献的不完全统计，金丹家采用了六十多种元素无机物和有机物作为原料：

元素：汞、硫、碳、锡、铅、铜、金等；

氯化物：盐（包括戎盐、冰石等，$NaCl$）、硇砂（NH_4Cl）、轻粉（Hg_2Cl_2）、水银霜（$HgCl_2$）、卤碱（$MgCl_2$）等；

硫酸盐：胆矾（$CuSO_4 \cdot 5H_2O$）、绿矾（$FeSO_4 \cdot 7H_2O$）、寒水石（$CaSO_4 \cdot 2H_2O$）、朴硝（$Na_2SO_4 \cdot 10H_2O$）、明矾石 $[K_2SO_4 \cdot Al_2(SO_4)_3 \cdot 2Al_2O_3 \cdot 6H_2O]$ 等；

合金：鍮石（铜锌合金）、白金（白铜、铜镍合金）、白镴（铅锡合金），各种金属的汞齐等；

......

化学元素的符号、名称、化学式等统称为化学符号系统。现代形式的化学符号系统是由瑞典著名化学家贝采里乌斯在 1813 年首创的，但其历史渊源则要追溯到古代的炼金术和炼丹术时期。在古代，人们往往根据物质的外观特征和某种属性以及产地来给它命名，例如汞像水一样可以流动，有银色光泽，所以称之为水银；孔雀石则以它鲜艳的色泽而得名等。然而在外丹黄白术时期，金丹家为了保密，防止天机泄露，在给物质命名和描述物质之间的化学变化时，往往更多地采用隐名和暗语以及一些象征性的符号来表达。如魏伯阳把水银叫作"河上姹女"，将其易挥发的物理性质描绘为："灵而最神，得火则飞，不见尘埃，鬼隐龙匿。"[1] 又如，把铅称为"北方河车"，其性质为"内怀金华，被褐怀玉，外为狂夫"[2]。而且由于金丹家之间极少交流，在药物的命名方面没有形成统一的规则，因此几乎每位金丹家都有自己的一套命名方法。唐代梅彪在《石药尔雅》"释诸药隐名"中就收集了当时常用药物的各种隐名和别名。

例如："丹砂，一名日精，一名真珠，一名仙砂，一名汞砂，一名赤帝，一名太阳，一名朱砂，一名朱鸟，一名降陵朱儿，一名降宫朱儿，一名赤帝精，一名赤帝髓，一名朱雀。"[3] 而金丹家最青睐的水银的隐名和别名竟多达二十多个，"水银，一名汞，一名铅精，一名神胶，一名姹

---

[1] 《周易参同契·中篇》。

[2] 《周易参同契·上篇》。

[3] 梅彪：《石药尔雅》，《道藏》第 19 册，第 62 页。

女，一名玄水，一名子明，一名流珠，一名玄珠，一名太阴流珠，一名白虎脑，一名长生子，一名玄水龙膏，一名阳明子，一名河上姹女，一名天生，一名玄女，一名青龙，一名神水，一名太阳，一名赤汞，一名沙汞。"[①]

这些物质的隐名和种种符号，虽然给我们今天研究、理解炼金术和炼丹术的内容及意义带来了许多困难，但它却可以看作近现代化学符号系统的萌芽和原始雏形。

道家外丹黄白术即便没有达到"长生不死"的目的，但在长期的金丹实验中，对上述不同药物的性质、用途和制备方法都积累了不少经验，尤其是对一些炼丹、炼金的常用原料诸如汞、铅、硫和砷等单质和化合物的认识较为深入。因此，道家外丹黄白术在汞化学、铅化学、坤化学和硫化学等方面取得了令人瞩目的成就。

2. 炼汞技术

（1）汞单质

据专家考证，我国在战国时期就已经知道从丹砂中烧炼水银，[②] 许多外丹黄白术著作中都记载了"丹砂化汞"的各种实验。在葛洪《抱朴子·内篇·金丹》中就谈到"丹砂烧之成水银"，但葛洪没有提到具体的实验操作方法。只是在唐人所辑的《黄帝九鼎神丹经诀》卷十一中对此方法才有简短的描述和记录："丹砂、水银二物等分作之，任人多少。（置）铁器中或坩埚中，于炭上煎之，候日光长一尺五寸许，水银即出，投著冷水盆中。然后以纸收取之。"这种方法基本上是低温焙烧法，化学反应缓慢并且反应过程中水银蒸气极易挥发，因此不仅汞的产量低，而且升炼时工匠常常会有中毒的危险。

东汉以后，金丹家发明了在密闭系统中加热分解丹砂，通过冷凝生产水银的工艺。及至唐代，这一方式便演进成上火下凝的所谓"未济炉"式，所用的升炼设备，也由最初简陋的"竹筒式"，改进为宋代时的"石榴瓶式"（记载于南宋道书《金华冲碧丹经秘旨》中），其后又专门设计制造了"未济式"铁质水火鼎。

---

① 梅彪：《石药尔雅》，《道藏》第19册，第62页。
② 参见赵匡华《我国古代"抽砂炼汞"的演进及其化学成就》，《自然科学史研究》1984年第1期。

一千多年来，在道教金丹家的不懈努力下，我国古代"抽砂炼汞"技术不断演进，日趋完善，可以说制汞技术的发明和改进是道教外丹黄白术对我国古代化学事业的一个突出贡献。

（2）升汞和甘汞

此外，关于升汞（$HgCl_2$也称粉霜）和甘汞（Hg_2Cl_2）的性质和制备方法，道教金丹家也很早便掌握了。金丹家利用水银（或丹砂）与戎盐、白矾或黄矾或另加硝石一起升炼，就可以得到这两种白色晶体。据文献考证结合模拟实验研究，我国约在东汉时便制得甘汞。[①] 在署名"长生阳真人"所撰的《太清金液神丹经》里的"作霜雪法"[②] 就是将水银、硫黄、盐等物一起升炼，得到甘汞。及至东晋时，金丹家已能够用水银、硫黄、盐、硝石为原料升炼得到升汞，丹经《神仙养生秘术》中对此方法保有记载。隋代以后炼丹家普遍把矾引入制取这两种汞制剂的配方。升汞和甘汞这两种丹药后来都成为重要的医疗药物，清代时把升汞定名为"白降丹"，成为广泛应用的疡科药，甘汞则仍称为轻粉，主要被用于泻下利尿及疡科。

（3）鎏金术

古代先民和金丹家还利用汞易与金属以任何比例互溶的特点，发明了新的合金"汞齐"，来给铜器和银器镀金。这种技术就是俗称的鎏金技术，此技术原是我国先秦时代金属工艺中的一项重大发明创造。这一技术的基本步骤就是把汞金合金（液态或泥膏状）涂抹于铜、银等器物表面，然后再加热烘烤，挥发掉其中的水银，这样就可以将器皿镀上金。鎏金术起源虽早，不过关于此技术的文字记载，最早则见于道教典籍《抱朴子神仙金汋经》中：

> 上黄金十二两，水银十二两。取金镥作屑，投水银中令和合。恐镥屑难煅铁质，煅金成薄如绢，铰刀剪之，令如韭叶许，以投水银中。此是世间以涂杖法。金得水银须臾皆化为泥，其金白，不复

---

① 参见赵匡华《关于中国炼丹术和医药化学中制轻粉、粉霜诸方的实验研究》，《自然科学史研究》1983 年第 3 期。

② 原文见《太清金液神丹经》卷中第四，《道藏》第 18 册，第 754 页。

黄色。①

到了南朝，陶弘景在《本草经集注》中明确指出金和银可与汞化合成汞齐，由此可以镀金镀银："今水银有生熟。……甚能消化金银，使成泥人以镀物是也。"②

3. 炼铅技术

铅及其化合物一直是炼丹、炼金的重要原料，道家金丹家在炼丹过程中对铅化学的研究积累了较多的经验知识。魏伯阳在《周易参同契》中说："胡粉投入火中，色坏还为铅。"葛洪在《抱朴子内篇》卷三《论仙》中也曾说："铅粉……化铅所作。"这说明汉晋之际对铅和铅粉（碱式碳酸铅）之间的互变关系已有了较多的认识。

在唐人所辑的《黄帝九鼎神丹经诀》卷十七中，收录有一则炼制铅霜（铅霜即醋酸铅，是制造铅粉的初级产品）的丹方，就是先将铅制成板状，用水银处理，使成汞齐，再用醋熏制。模拟实验研究表明，这样制铅霜较用纯铅快得多，其制备方法颇符现代电化学原理。

有唐一代，道家金丹家还发明了用硝石、硫黄与金属铅烧制铅丹的工艺，称为"硝黄法"，其优点是反应快，铅丹中 Pb_3O_4 成分高，色泽鲜艳。唐代丹经《铅汞甲庚至宝集成》《丹房镜原》及五代丹家独孤滔所撰《丹房鉴原》均对此工艺存有翔实记载。及至明代，又有用硝石、矾、铅烧制铅丹的新工艺面世，称为"硝矾法"。

4. 炼砷技术

由于道家金丹术在金丹实践中大量使用了雄黄（As_2S_2）、雌黄（As_2S_3）、矾石（$FeAsS$）、砒黄（不纯的砒石）和信石（As_2O_3）等作为炼丹炼金原料，因此，金丹家不仅在砷的各种化合物的产地、性质和用途方面积累了相当丰富的经验知识，而且在金丹实验活动中摸索并掌握了单质砷的制备方法，这是道家金丹术对中国古代化学的又一杰出贡献，在世界化学发展史上具有重要的意义。

早在东晋时期，葛洪在《抱朴子·内篇》仙药卷中就载有处理雄黄的六种方法：

---

① 《抱朴子神仙金汋经》，《道藏》第 19 册，第 204 页。
② 李时珍：《本草纲目·石部·水银条》。

又雄黄……饵服之法：或以蒸煮之，或以酒饵；或先以硝石化为水，乃凝之；或以玄胴肠裹蒸之于赤土下；或以松脂和之；或以三物炼之，引之如布，白如冰……①

及至唐代，孙思邈所撰的《太清丹经要诀》中记载有以熔化的金属锡与雄黄相互反应，然后升炼制取单质砷的方法：

雄黄十两，末之。锡三两。铛中合熔，出之，入皮袋中，揉使碎，入坩埚中，火之；其坩埚中安药了，以盖合之，密固，入风炉吹之，令埚同火色。寒之，开，其色似金。②

根据模拟实验研究表明，该法所得产物即是单质砷。

西方化学史家过去一般认为最早从化合物中分离出单质砷是 13 世纪德国的炼金家大阿尔伯特。但据近年来化学史专家的文献和模拟实验研究表明，我国古代的道教金丹家在 4—7 世纪已多次从雄黄中分离出单质砷，这比大阿尔伯特早 600—900 年。③

5. 炼矾技术

在矾化学方面，道教金丹术的重要成就首推东汉著名丹家狐刚子用干馏法从胆矾（石胆 $CuSO_4 \cdot 5H_2O$）中制取硫酸这一创举。④ 在唐初人所辑《黄帝九鼎神丹经诀》卷九中有狐刚子的"炼石胆取精华法"的记载：

以土墼（即砖坯）垒作两个方头炉，相去二尺，各表里精泥其间，其间旁开一孔，亦泥表里，使精薰，使干。一炉中着铜盘，使定，即密泥之；一炉中以炭烧石胆使作烟，以物扇之，其精华尽入铜

---

① 王明：《抱朴子内篇校释》，中华书局 1985 年版，第 203 页。

② 《太清丹经要诀》"伏雌雄二黄用锡法"，《道藏》第 22 册，第 500 页。

③ 王奎克等：《砷的历史在中国》，郑同等：《单质砷炼制史研究》，赵匡华等：《关于我国古代取得单质砷的进一步确证和实验研究》，载《中国古代化学史研究》，北京大学出版社 1985 年版。

④ 参见赵匡华《狐刚子及其对中国古代化学的卓越贡献》，《自然科学史研究》1984 年第 3 卷第 3 期。

盘。炉中却火待冷。开取任用。入万药，药皆神。①

这种"取精华法"实际上就是干馏石胆，取其升华部分即硫酸酐，其冷凝液就是硫酸。化学反应过程为：

干馏　$CuSO_4 \cdot 5H_2O \underline{\Delta 650℃} CuO + SO_3 \uparrow + 5H_2O \uparrow$

冷凝　$SO_3 + H_2O = H_2SO_4$

可以肯定，狐刚子的"炼石胆取精华法"是用干馏法制作硫酸的世界最早记录，这要比通常所说的公元 8 世纪阿拉伯炼金家贾比尔·伊本·海扬制取硫酸早好几百年。

二　道教外丹化学的世界级贡献——黑火药的发明

道教金丹家在长期的金丹活动中，对硝石、硫黄和木炭这三种炼丹原材料的性能积累了相当的认识，不仅掌握了许多单质和化合物的制备方法，而且还取得了一系列令人瞩目的科学认识和发明。其中最值得一提的是中国人引以为豪的四大发明之一——"黑火药"，它最初就是在唐代道教炼丹家"伏火"实验中孕育出来的。

至迟在唐代，金丹家已经发现如果在金丹实验操作中把硝石、雄黄、雌黄、硫黄和富含碳的有机药物混合起来加热，就会发生异常剧烈的燃烧现象。李约瑟博士曾说："在世界任何国家中最早提到火药的，是一部题为《真元妙道要略》的著作"。《真元妙道要略》，现收录于明代《正统道藏》，其中关于黑火药的配方及使用有明确记载：

> 有以硫磺、雄黄合硝石并蜜烧之，焰起烧手面及烬屋舍者。②
> 硝石宜佐诸药，多者败药。生者不可含三黄（即硫黄、雄黄、雌黄）等烧，立见祸事。③

---

① 《黄帝九鼎神丹经诀》卷九，《道藏》第 18 册，第 822 页。
② 《真元妙道要略》，《道藏》第 19 册，第 292 页。
③ 同上书，第 294 页。

这里雄黄成分为 As_2S_3，内含砷 75%、硫 24.9% 及其他少许杂质。蜜在燃烧后大部分碳化，可作为木炭的一个来源。因此，将硝石、雄黄和蜜共同燃烧，便构成原始火药的混合物，产生强烈的爆炸现象。因此后来金丹家在实践中非常注意研究防范措施，摸索出一些硝石、雄黄、硫黄的伏火法，使其不再具有爆燃的烈性。

唐代不少丹经中都载有各种伏火法。其中唐元和三年（808 年）清虚子撰的《铅汞甲庚至宝集成》卷二所载 "伏火矾法" 就是代表性的一例：

> 硫二两，硝二两，马兜铃三钱半。右为末拌匀，掘坑入药于罐内与地平。将热火一块弹子大，下放里面，烟渐起，以湿纸四五重盖，用方砖两片捺，以土冢之，候冷取出。①

金丹家之所以总结出各类 "伏火法"，其目的原本不是制造出具有爆炸性的火药，而是为了防止在炼丹过程中出现 "祸事"。但随着各种 "伏火" 实验的深入，金丹家逐步掌握了火药的配置，最终导致了原始火药的发明。大约到了晚唐，火药的配方由金丹家转入军事家手中，被军事家率先运用于战争中。

13 世纪，火药由商人经印度传入阿拉伯国家，最终走向了世界。恩格斯曾高度评价了中国在火药发明中的首创作用："现在已经毫无疑义地证实了，火药是从中国经过印度传给阿拉伯人，又由阿拉伯人和火药武器一道经过西班牙传入欧洲。"火药的发明是道教对于世界的贡献，大大推进了世界文明的历史进程。

第五节　道教对古代医学的影响

道教医学是道教徒围绕其宗教信仰，为了解决其生与死这类宗教基本问题，在与传统医学相互交融过程中逐步发展起来的一种特殊的医学体系。道教医学是一门带有鲜明道教色彩的中华传统医学流派，其医学模式是熔生理治疗、心理治疗、精神信仰治疗于一炉的综合性、多元化的医学模式。从宏观层面来说，道教医学强调理身、治心与医世的统一，与现代

---

① 《铅汞甲庚至宝集成》卷二，《道藏》第 19 册，第 256 页。

医学发展模式有某种共通之处；从微观层面来分析，道教医学的具体医学养生方术中蕴含着许多极有价值的思想成分，值得我们仔细研究学习。

一　医道同源的思想理路

道教与中国传统医学关系颇为密切，恰如葛洪所言："古之初为道者，莫不兼修医术"①，所以民间很早就有"医道通仙道""十道九医"的说法，它形象地浓缩了道教"尚医"的历史传统。在历次编修刊行的《道藏》中都收录有为数不少的医学论著和大量涉及医药养生内容的道经，道教医药学思想和养生学思想极大地丰富了中华传统医药科学思想宝库。

道教为何崇尚医药？首先，从历史和思想渊源上分析，医道两家具有"亲缘性"，这就势必为二者发生广泛而深刻的关联奠定基础；其次，医道两家在生死观上是相通的，以长生信仰为核心的道教义理体系中暗含有重视医药的逻辑因子，修"仙道"必须通"医道"；此外，道门奉行的"道人宁施人，勿为人所施"的祖训及"功行双全"的宗教伦理也是促成道教尚医的内在因素。

1. 历史渊源

道教作为中华民族的本土宗教之所以会和医学发生极为密切的联系并形成崇尚医药的传统，有其历史必然性。道教的创立与中国传统医学的起源、体系的建立有其共通之处。两者都汲取了先秦诸子的哲学思想，特别是易学思想和先秦道家思想；古代巫术、秦汉神仙方士的实践活动，都曾经为中国传统医学和道教的萌生、发展提供了肥沃的土壤。医、道两家这种历史和思想渊源上的"亲缘性"，为道教与传统医学发生广泛而深刻的关联奠定了坚实的基础。一方面，以《黄帝内经》为标志建立起来的中国传统医学理论体系，为汉末以来道教义理的建构、修仙方术的完善提供了较为直接的医学思想渊源和思维模式；另一方面，道教出于其宗教目的和广纳徒众的需要，自创立之日起就强调运用了以医传道这一手段。这种带有普遍性特征的医学创教模式的形成，密切了道教与传统医学的联系，开启了后世道门崇尚医药方技的先河。

2. 内在逻辑

道教之所以尚医，除了上述论述的历史原因和思想渊源之外，还有其

---

① 王明：《抱朴子内篇校释》，中华书局 1985 年版，第 271 页。

内在的逻辑因素。从宗教与医学关系的内在逻辑上分析，生与死是道教和医学所共同关心的一个课题，是医、道两家必须正视且要努力解决和超越的基本问题。医学的一个最重要的目标就是"维护生命"和"延长生命"，是一门以"延生"为首要任务的科学体系。而道教的一切宗教活动都是围绕修道成仙而展开的。对长生信仰的追求，道教形成了"生为第一"重生恶死的生死观，道门也素以"仙道贵生"来标榜自己。道教从这一立场出发，必然形成崇尚医药的传统。因此，修"仙道"必须通"医道"。从这个意义上说，在以长生信仰为核心的道教义理体系中暗含有重视医药的逻辑因子，这是道教区别于其他宗教的一个显著特征，它是道门形成崇尚医药之风的根本原因和内在逻辑基础。

3. 宗教伦理

道门奉行的"道人宁施人，勿为人所施"的祖训及"功行双全"的宗教伦理也是促成道教崇尚医药的重要因素。道教本着"内修金丹、外修道德"的宗教伦理实践要求，认为行医施药是一种济世利人的"上功"与"大德"，也是长生的一种先决条件。正是由于上述种种因素促使道徒崇尚医术方药，在修道致仙的宗教实践活动中自觉研习医术，将方药纳入道法之中，作为自救与救人济世的必要条件，从而达到"自医又复医人，医医不已，达道堪传妙道，道道皆通"① 的境界。

二　道教名医及其医学思想举例

道教医学在中国传统医学发展史上产生过重大影响，陈寅恪先生在《天师道与滨海地域之关系》一文中指出："医药学术之发达出于道教之贡献为多。"综观道教发展历史，历代兼通医术的道教名士层出不穷，同时在道教史和中国医学史这两个领域都享有盛誉的道教医家也不乏其人。除了大家所熟知的葛洪、陶弘景、孙思邈外，还有与华佗、张仲景齐名，被誉为"建安三神医"之一的董奉，中国医学史上第一位女针灸家鲍姑，中国医学史上第一部制药专书《雷公炮炙论》的作者雷敩，对《黄帝内经》校注功绩卓著的王冰、杨上善，金元四大家之首刘完素，主编官修医方书《太平圣惠方》的宋代道士王怀隐，脉学史上独树一帜的西原脉学始祖崔嘉彦等，不胜枚举。下面我们以陶弘景和孙思邈为例，以窥道教

---

① 《医道还原序》，清光绪二十年刻本。

医学之精深。

1. 陶弘景与《养性延命录》

魏晋南北朝时期，道教医家辈出，据统计分析，这一时期知名道教医家占同时代医家的比例高达 22.2%，表明魏晋南北朝时期道教医学蓬勃发展的态势。① 这一时期著名道教医学家首推陶弘景。

陶弘景是南朝齐梁时的著名道士、医药学家，其丰富的医药养生思想集中体现在《养性延命录》一书中。书中所总结、阐发的道教医学养生思想在道教医学史上起到了承上启下的积极作用。

（1）"我命在我不在天"的积极预防养生思想

陶弘景在《养性延命录》中还突出强调了"我命在我不在天"的积极预防养生思想。关于具体的预防疾病措施，陶弘景总结道：

> 若能游心虚静，息虑无为，服元气于子后时，导引于闲室，摄养无亏兼饵良药，则百年耆寿是常分也。②

陶弘景认为对疾病的预防要从身、心两个方面入手，综合采用存神服气、导引按摩、服饵、食疗、房中等手段。陶弘景所提炼出的这一整套养生理法，具有养神与炼形并重、形神兼养的特点，是对以往道教养生经验和思想的概括和总结，为道教最终形成性命双修、动静结合、合修众术的医学养生模式打下了理论基石。唐代著名道医孙思邈就将上述养生大要刊载于其不朽医著《备急千金要方》中，成为医道两家奉行的养生要则。

（2）"服气疗病"的自然疗法思想

服气，也称食气、行气，是道教徒常用的一种养生保健手段。在道教人体观看来，气对人体十分重要，"气者，体之充也"③。气是生命之本，人体所内蕴的生命之道也与气密切相关。这种服气疗病的思想首次在《养性延命录》中得到系统阐述。陶弘景在"服气疗病篇"中认为，服气内炼中要配合闭息运气来疏淤通滞，调畅气机，才能达到愈病效果。

---

① 参见盖建民《道教医学》，宗教文化出版社 2001 年版，第 338 页。
② 《养性延命录·序》，《道藏》第 18 册，第 474 页。
③ 《养性延命录》卷下，《道藏》第 18 册，第 481 页。

　　凡行气欲除百病，随所在作念之。头痛念头，足痛念足，和气往攻之。从时（疑为气——引者注）至时便自消矣。时气中冷可闭气以取汗，汗出辄周身则解矣。①

　　行气治病的关键一点是"以意领气"，即专意注念人体病灶，行气攻之。道教在长期的服气内炼实践活动中还总结归纳出一套行之有效的六字气治病法，这一简易有效的治病功法首载于《养性延命录·服气疗病篇》中。其具体方法是：

　　凡行气，以鼻纳气，以口吐气，微而引之，名曰长息。纳气有一，吐气有六。纳气一者谓吸也，吐气有六者谓吹、呼、唏、呵、嘘、呬，皆出气也。②

　　六字气治病法主要是采用默念六字字音进行呼吸练习，用以调整内脏功能和通经活络。这一养生治病方法为后世所重视，成为人们日常进行养生健体的一种有效手段。

　　道教徒在进行服气内炼过程中常常要配合以导引、按摩，故陶弘景在《养性延命录》中又别立"导引按摩篇"。陶弘景指出导引按摩能调利筋骨，流通营卫，宣导气血，扶正祛邪，故可消未起之患，灭未病之疾。特别值得大书一笔的是，《养性延命录》卷下首次完整记载了汉代方士华佗所创的五禽戏导引功，并指出五禽戏可以"消谷气，益气力，除百病，能存行之者，必得延年"。《养性延命录》所载五禽戏套路是目前社会上广为流传的五禽戏养生功的最初蓝本，意义非凡。

　　（3）"御女损益"的房中养生思想

　　性行为是人类生活的重要内容，《养性延命录》的"御女损益篇"就蕴含有丰富的道教性医学知识。道教从道法自然的角度出发，反对强行禁欲和过度纵欲，主张通过适度的房事生活来颐养生命。针对具体的性生活，陶弘景认为"凡养生要在于爱精，若能一月再施精，一岁二十四气

---

　　① 《养性延命录》卷下，《道藏》第 18 册，第 481 页。
　　② 同上书，第 481—482 页。

施精，皆得寿百二十岁"①。另外，性生活还要注意性卫生，讲求房中禁忌和方法。例如，房事生活要避开大寒、大热、大风等气候异常变化之日（天忌），不要在人的情绪沮丧、低落、恐惧之时进行（人忌），要选择环境优雅的场所（地忌），并讲求一定的房中技巧，等等。这些房事养生思想与现代性医学、性卫生学的基本观点不谋而合，② 值得认真研究整理，以造福人类社会。

2. "药王"孙思邈

隋唐至北宋，是道教医学养生思想蓬勃发展的兴盛时期。道教医家在传统医学的各个领域中都格外活跃，颇有建树，有着许多堪称一流的医学思想和医学创获，成为推动中国传统医学向前发展的一支重要力量；道教医学养生理论与方法时期已日趋丰富、完善，特别是随着道教内丹术的兴盛，更加密切了道教与医学的关系。③ 孙思邈就是这一时期道教医学的集大成者。

孙思邈一生著述甚丰，其中医药养生方面的著作有《备急千金要方》三十卷（简称《千金要方》）、《千金翼方》三十卷、《神枕方》一卷、《医家要妙》五卷、《千金髓方》二十卷，以及《孙真人摄养论》《枕中记》《保生铭》等。《千金要方》三十卷收入明《正统道藏》，总计232门，合方论5300首，包括了传统医学的内、外、妇、儿、五官各科及解毒、急救、食治、养性（包括居住法、按摩法、调气法、服食法、房中补益等）、脉学、针灸等内容，这是我国现存最早的一部临床医学百科全书。《千金翼方》是孙思邈晚年的著作，作为对《千金要方》的补充，内容涉及本草及临床各科，尤以本草、伤寒、中风、杂病、痈疽的论述最富特色。孙思邈作为一代道教医学大师，在广涉基础医学、临床医学和预防医学诸多领域都有许多独到的医学思想和成就。

（1）"备急、方便、实用"的临床治疗学思想

道教医家在治疗学思想上不仅承袭了《黄帝内经》中所奠定的一些传统治疗原则，诸如调整阴阳、扶正祛邪、因势利导和因时、因地、因人采取相应治疗措施的"三因制宜"原则，以及张仲景在《伤寒杂病论》

---

① 《养性延命录》卷下，《道藏》第18册，第484页。

② 参见盖建民《道教房中术的性医学思想及其现代意义》，《宗教学研究》1996年第1期。

③ 参见盖建民《道教医学》，宗教文化出版社2001年版，第106—123页。

中所确立、发展的"辨证论治"基本原则，而且在长期的济世行医的医疗实践中，形成了处方用药以"备急、方便、实用"为特色的临床治疗学思想。这一思想在孙思邈的《千金要方》中表达得尤为突出。

孙思邈在长期的行医济世实践活动中，深感过去的一些方药医书部帙浩博，分类也不太妥当，且医家处方用药也多用"贵价难得之药"，非一般庶民所能受用。因此，他在《千金要方》中特设《备急门》，专门记载治疗猝死、缢死、冻死，以及虫蛇咬伤、战伤、火伤之类的救急方药。孙思邈在方药的选取上也注意以价廉、实用的易得之药代替贵重药物，例如在《千金要方》卷十《寒伤下·伤寒杂治第一》中就以价贱易得但疗效显著的青葙、苦参代替价格昂贵且又难求的细辛、肉桂和人参来除热解毒。

为了便利医家临床治疗，孙思邈在《千金翼方》卷二至卷四"本草"部分中，对药物采取了按自然形态并结合药效进行分类的新方法，将药物分为玉石部、草部、人兽部、虫鱼部、果部、菜部、米谷部及有名未用、唐本退九部。孙思邈之所以采用按药物功效来对本草药物进行分类，其目的就是医家"临事（症）处方，可得依之取诀也"。由此可以看出《备急千金要方》处处贯穿了以"备急方便、实用"为特色的医学思想。

（2）"救疾济危"的化学制药思想

孙思邈明确提出炼丹目的在于"救疾济危"的化学制药思想，意义深远。历代道教金丹家在积极不懈地从事烧炼活动的同时，对所炼制的丹药的医疗作用也有所认识。例如葛洪在《抱朴子内篇·仙药》中、陶弘景在《肘后百一方》中都记载了一些金石类药物和合成丹药的临床医疗作用。但明确提出化学制药思想，并将金丹术从一个虚幻的目标引向制药的实用领域的当推孙思邈。孙思邈经过长期的炼丹实践，深深感受到"神仙之道难致，养性之术易崇"[①]。因此，孙思邈怀着医药家的强烈责任感，大胆提出炼丹不在于"趋利世间之意"，而是在于"救疾济危也"。他将炼丹术视为制造医用药物的一种重要手段，这是前无古人的科学思想。

孙思邈本人就运用炼丹技术炼制合成了许多治疗疑难杂症的医用丹药，至今仍散见于他传世的医学著作中。例如《千金要方》中载有一则以砒霜为主要成分的医用丹药——"太一神精丹"，这是孙思邈在峨眉山用丹砂、曾青、雄黄、磁石等为原料，历经艰辛炼出来的，主治"客忤

---

① 《千金翼方》卷十二《养性禁忌第一》。

霍乱、胀痛胀满，尸瘥恶风、癫狂鬼语、蛊毒妖魅、温疟"等症。所以，孙思邈在中医药学史上的又一个特殊贡献，就是把道教炼丹术从一个虚幻的目标引向制药的实用领域，促进了炼丹术与医药学的结合，加速了中国古代制药化学的形成和发展。

（3）"万物之中无一物而非药"的药物学思想

孙思邈在中国医学史上被尊奉为"药王"，这不仅是因为他在本草学领域有杰出的成就，更为重要的是他提出了许多深刻的药物学新思想。

在药与物的关系方面，孙思邈吸取了古印度"天下物类皆是灵药"的药学思想，认为"万物之中无一物而非药者"，冲破了过去狭隘的药物观念。对此，孙思邈在《千金翼方》中强调指出：

> 天竺大医耆婆云："天下物类皆是灵药。"万物之中无一物而非药者，斯乃大医也。故《神农本草》举其大纲，未尽其理。[1]

孙思邈赞同耆婆（古印度的"医王"）"天下万物皆是灵药"的观点，也主张万物之中无一物不是药。故孙思邈继《备急千金要方》之后，又专门撰写了《千金翼方》，其目的之一就在于"述灵药品名，欲令学徒知无物之非药耳"。孙思邈的《千金翼方》卷二、卷三、卷四为本草，共收录853种药物，比《神农本草经》多了488种，其中有些就是自海外输入的，如"庵摩勒""毗黎勒"等。可以看出，孙思邈的药物观在中医本草学史上具有深远的意义，它大大拓展了人们的视野，极大地促进了人们去寻找、开发新的药物品种和来源。

（4）"食药并举"的食疗学思想

道教自汉末创兴以来，道教医家在长期的济世行医活动中不仅发现一些食物具有治疗和预防疾病的作用，而且还有抗老延龄的特效。许多道教医家都对食疗学的发展着力甚多，其中贡献最大的当推孙思邈。他在《千金要方》卷二十六中特别列出"食治"一门，又在《千金翼方》卷十二"养性"中特辟"养老食疗"专论。

首先，孙思邈论述了食疗法的重要意义。他指出，食物是安身立命之本，通过饮食调养身体，不仅能有效地补充体内营养，而且能够达到调理

---

[1] 《千金翼方》卷一《药名第二》。

藏腑机能、增强体质、祛病去邪的医疗效果。

> 安身之本，必资于食。……是故食能排邪而安藏腑，悦神爽志以资血气，若能用食平疴，释情遣疾者，可谓良工。长年饵老之奇法，极养生之术也。①

其次，孙思邈认为对疾病的治疗应当药食并重，要把药疗与食疗结合起来，提倡"药食两攻"的方法，而且要优先考虑食疗：

> 夫为医者，当须先洞晓病源，知其所犯，以食治之；食疗不愈，然后命药。②

孙思邈这种"药食两攻"并优先考虑食疗的食疗学思想，从现代医学角度来看也是相当精辟的，值得提倡。

此外，孙思邈对食疗法的基本原则及饮食宜禁也都作了具体阐述。他将"饮食"列为养生十要的第六要，③并特别强调饮食有节：

> 凡常饮食，每令节俭。……夫在身所以多疾者，皆由春夏取冷太过，饮食不节也。④

孙思邈的上述食疗学思想具有很强的科学性，在中医史上具有重大历史意义，奠定了中国传统食疗学的理论基础，极大地促进了我国食疗学的形成与发展。继孙思邈之后，其弟子孟洗与道号为月吾玄子的道士张鼎撰写《食疗本草》一书，标志着中华传统食疗学的形成。⑤

（5）"人命至重，有贵千金"的医学伦理思想

对一个从业医生来说，是否具备高尚的医德和良好的医疗作风是至关

---

① 《备急千金要方》卷二十六《食治·序论第一》。

② 《备急千金要方》卷十二《食治·序论第一》。

③ "一曰啬神，二曰爱气，三曰养形，四曰导引，五曰言论，六曰饮食，七曰房室，八曰反俗，九曰医药，十曰禁忌。"《千金翼方》卷十二《养性》。

④ 《备急千金要方》卷二十六《食治·序论第一》。

⑤ 参见盖建民《道教医学》，宗教文化出版社2001年版，第152—154页。

重要的。以孙思邈为代表的道教医家在济世救人的医疗实践中，把医术视为"救生死之术"，强调医家要对患者生命健康高度负责，必须具备"人命至重"和"志存救济"的高尚医德和医疗行为准则，从而形成了极具现代意义的道教医学伦理思想。其医学伦理思想集中体现在《备急千金要方》卷一《大医习业第一》和《大医精诚第二》中。

其一，孙思邈认为一名医生要博通医学源流，这是成为一名良医的首要条件。孙思邈在《大医习业第一》中指出：

> 凡欲为大医，必须谙《素问》、《甲乙黄帝针经》、《明堂流注》、《十二经脉》、《三部九候》……等诸部经方……并经精熟如此，乃得为大医。……次须熟读此方，寻思妙理，留意钻研，始可与言于医道者矣。①

其二，孙思邈在《大医精诚第二》中明确提出医家要身怀"救济之志"，要有不为名不为利、扶危救急的高尚情操和伦理修养：

> 凡大医治病，必当安神定志，无欲无求，先发大慈恻隐之心，誓愿普救含灵之苦……无作功夫形迹之心，如此可为苍生大医。②

孙思邈在书中还特别对那些利欲熏心，借行医之便来"邀射名誉""专心经略财物"的不义之徒予以严厉斥责：

> 虽曰病宜速救，要须临事不惑，唯当审谛覃思，不得于性命之上，率尔自逞俊快，邀射名誉，甚不仁矣。……医人不得恃己所长，专心经略财物。③

上述文中反复强调：医家治病一定要认真负责，切不可粗枝大叶，更不能借行医之便，凭借一己之专长，邀功谋利。

---

① 《备急千金要方》卷一《序例·大医习业第一》。
② 《备急千金要方》卷一《序例·大医精诚第二》。
③ 同上。

其三，孙思邈认为作为一名医师还要具备谦逊的品质，不能医人相轻。他在《大医精诚第二》中云：

> 夫为医之法，不得多语调笑，谈谑喧哗，道说是非，议论人物，炫耀名声，訾毁诸医，自矜己德。偶然治差一病，则昂头戴面而有自许之貌，谓天下无双，此医生之膏肓也。①

其四，孙思邈根据自己一生济世行医经验，总结并提出了"胆欲大而心欲小，智欲圆而行欲方"的行医准则，并把"不为利回，不为义疚"作为医生道德行为规范的最高要求。据《旧唐书·孙思邈传》记载，孙思邈是这样概述他的行医准则和医德伦理规范的：

> 胆欲大而心欲小，智欲圆而行欲方。《诗曰》："如临深渊，如履薄冰"，谓小心也；"赳赳武夫，公侯干城"，谓大胆也；"不为利回，不为义疚"，行之方也；"见机而作，不俟终日"，智之圆也。②

通过上述分析，我们可以清楚地看到孙思邈堪称中国医学伦理思想的集大成者，其所著《大医习业》和《大医精诚》不愧是中国医学史上系统阐述医学伦理思想的经典著作，堪与古希腊的《希波克拉底誓言》相媲美，它奠定了中国医学伦理思想的基础。

第六节　道教对古代农学的影响

传统观念认为，道教注重个人修炼与解脱，似乎不大关心世俗社会"辟土殖谷"、畜牧、桑蚕之事，于农学无涉。但事实上却并非如此。道家以"贵生重生""生为第一"为基本教义，生命存在的基本前提是必须有足够的衣食保障。换句话说，道家"重生"逻辑上必然导致"贵农"。道教典籍中本身就有"农道"一词的专门用法，农耕之道是道门人士孜孜以求的自然之道的一个组成部分，历代农道合修的道门隐士层出不穷，

---

① 《备急千金要方》卷一《序例·大医精诚第二》。
② 《旧唐书》卷一百九十一《方伎·孙思邈传》，中华书局标点本第 16 册，第 5096 页。

农道合修业已成为一种修道证道、济世利物的道门风范，① 蔓延不绝，至今仍有余音。

一　道教农学思想的历史渊源

道教"上农"思想，考其源流，实发轫于老子。《道德经》从"小国寡人"的社会理想模型出发，崇尚自然无为的田园生活，主张"节欲"和"节育"，注重人口生产的生态平衡，我们以为应从现代生态学和人类永续发展的角度重新认识老子"小国寡人"的"道理"，老子实为提倡控制人类自身繁殖的第一位思想家。② 他还反对统治者无休止地向人民课税。《道德经》第七十五章云："民之饥，以其上食税之多，是以饥。"

《淮南子》也认为治之本在于安民、安民之本在于足用，即为百姓提供衣食的治国"道理"出发，强调务夺农时。卷十四《诠言训》云：

> 为治之本，务在于安民；安民之本，在于足用；足用之本，在于勿夺时；勿夺时之本，在于省事；省事之本在于节欲。③

勿夺农时对于发展农桑事业极为重要，是中国传统农学的一个宝贵的科学思想总结，这一农学思想在后来的道书中时有论述。《淮南子》中有关农学的思想还有不少，例如《淮南子》卷十一《齐俗训》引"神农之法"指出：

> 丈夫丁壮而不耕，天下有受其饥者。故身自耕，妻亲织，以为天下先。其导民也，不贵难得之货，不器无用之物。是故其耕不强者，无以养生，其织不强者，无以掩形。有余不足，各归其身。衣食饶溢，奸邪不生，安乐无事，天下均平。④

男耕女织是古代农业社会的传统，这一方面是保障天下万民不饥不寒

---

① 参见盖建民《道教"农道合修"思想考论》，《哲学研究》2010 年第 1 期。
② 参见卿希泰、盖建民《道教生育观考论》，《中国哲学史》1998 年第 2 期。
③ 《淮南子》卷十四《诠言训》，上海古籍出版社 1989 年版，第 152 页。
④ 《淮南子》卷十一《齐俗训》，上海古籍出版社 1989 年版，第 121 页。

的前提条件，"农事废，女工伤，则饥之本而寒之原也"①；另一方面也是以农立国的基础，"夫饥寒并至，能不犯法干诛者，古今之未闻也"②。因此，农业自古不可轻视。

《吕氏春秋》受道家影响很深，尤其是最后四篇《上农》《任地》《辨土》《审时》专论农事，有许多重视农业生产、适时垦殖的论述。早在20世纪，冯友兰先生曾就《吕氏春秋·上农》篇作了思想分析，他认为："从《吕氏春秋》的这种观察，我们看出中国思想的两个主要趋势道家和儒家的根源。它们是彼此不同的两极，但又是同一轴杆的两极。两者都表达了农的渴望和灵感，在方式上各有不同而已。"③ 例如，《上农》云：

> 古先圣王之所以导其民者，先务于农。民农非徒为地利也，贵其志也。民农则朴，朴则易用，易用则边境安，主位尊。民农则重，重则少私义，少私义则公法立，力专一。民农则其产复，其产复则重徙，重徙则死其处而无二虑。民舍本而事末则其产约，其产约则轻迁徙，轻迁徙则国家有患皆有远志，无有居心。民舍本而事末则号智，好智则多诈，多诈则巧法令，以是为非，以非为是。④

《上农》首先指出重农不只是获得土地生产之利，更重要的是可以使农民淳朴易用。重农有助于消除动乱，富国强兵。从这一认识出发，《上农》提出强本抑末、不违农时的重农思想。《吕氏春秋》在随后的《任地》《辨土》《审时》三篇中，集中论述了各种农业生产技术，包括根据不同土地选择不同的耕作时间，施用不同的耕作方法，要精耕细作，因地制宜等。

《道德经》《淮南子》《吕氏春秋》中所阐发的这些重农思想为后来的道教所汲取，成为道门"农耕之道"的思想渊源，为道教徒确立"农道合修"的修道思想奠定了基础。例如，唐代道经《洞灵真经》就别开

---

① 《淮南子》卷十一《齐俗训》，上海古籍出版社1989年版，第121页。
② 同上。
③ 冯友兰：《中国哲学简史》，北京大学出版社1996年版，第16—17页。
④ 张双棣等：《吕氏春秋译注》，吉林文史出版社1987年版，第915—916页。

生面地以《农道》为篇名，大量采撷《吕氏春秋》相关文字，系统论述了"农之道"。

二　道教典籍《太平经》的"重农"思想

道家的重农思想在早期道教经典《太平经》中得到充分发挥。《太平经》重农的言论很多，如"王者（居家）主修田野治生"[①]　"促佣者趣稼，布谷日日鸣之"[②]　等。对此，我们认为《太平经》的重农思想可以归结为以下几个方面：

其一，认为种植业是事关国家贫富、天下太平的大事。《太平经》卷五十四云：

> 天地之性，万物各自有宜。当任其所长，所能为，所不能为者，而不可强也……是以古者圣人明王之授事也，五土各取所宜，乃其物得好且善，而各畅茂，国家为其得富，令宗庙重味而食，天下安平，无所疾苦，恶气休止，不行为害。如人不卜相其地而种之，则万物不得成竟其天年，皆怀冤结不解；独上感动皇天，万物无可收得，则国家为其贫极，食不重味，宗庙饥渴，得天下愁苦，人民更相残贼，君臣更相欺诒，外内殊辞，咎正始于此。[③]

天地万物的生长有其自然规律，圣人明君应顺应天时，根据土地地力状况，选择适宜品种种植，让万物各得其适宜的土壤，从而使天下物产丰富。否则，"不卜相其地而种之，则万物不得成竟其天年"就会造成国贫民饥、社会动荡，引起天下大乱。

其二，反对酿酒狂饮、珍惜五谷粮食：

> 真人问曰："天下作酒以相饮，市道无据。凡人饮酒洽醉，狂咏便作，或即砍死，或则相伤贼害，或缘此奸淫，或缘兹高坠，被九之害，不可胜记。念四海之内有几何市，一日之间，消五谷数亿万斗，

---

① 《太平经合校》，第 228 页。
② 同上书，第 616 页。
③ 同上书，第 203—204 页。

复缘此致害，连及县官，或使子孙呼嗟，上感动皇天，祸乱阴阳，使四时五行之气乖反。如何故作狂药，以相饮食，可断之否？"神人曰："善哉！饮食，人命也。吾言或有可从或不可从，但使有德之君教敕言，从今以往，敢有无故饮酒一斗者，笞二十，二斗杖六十，三斗杖九十……以此为数，广令天下……愚人有犯即罚，作酒之家亦同饮者。"①

　　《太平经》作者在这里用真人与神人一问一答的形式明确表明其反对滥用粮食酿酒狂饮的立场。因为如果社会上纵酒成风，必然耗费大量粮食，引发诸多社会问题，不利天下安定。"盖无故发民令作酒，损废五谷，复致如此祸患。"② 因此，《太平经》主张用严刑峻法来制止这种"损废五谷"浪费粮食的行为。与《太平经》这一主张相呼应，张鲁的五斗米道则制定禁酒法令，"又依《月令》，春秋禁杀；又禁酒"③。当然，《太平经》也不是一概反对酿酒，如果是用来治病的药酒，则不在反对之例，故道经中有所谓"家有老疾，药酒可通"的说法。④

　　其三，"地主养"的土地观。《太平经》受《周易》天、地、人三才之道思想的影响，认为天属阳，主生，地属阴，主养。"天主生，地主养，人主成。一事失正，俱三邪。"⑤ 地属阴，养育万物，厚德载物，乃人类衣食父母，"育养万物而致太平"⑥。所以《太平经》十分关注地力问题，有许多这方面的论述。如云："地不以生养万物，为恶凶地也。"⑦《太平经》还认识到土地优劣与土壤品质有关，《太平经》称之为"地气"，地气充沛的称为良土，否则为薄土，"得良土即善，得薄土为恶"⑧。土地物产是否丰富除了与地力相关外，还与播种时间有密切关系。《太平经》指出要适时播种："比若春种于地也，十十相应和而生。其施不以其

---

① 《太平经合校》，第215—216页。
② 同上书，第215页。
③ 《三国志》卷八《张鲁传》注引《典略》，中华书局标点本第1册，第263页。
④ 《太平经合校》，第215—216页。
⑤ 同上书，第392页。
⑥ 同上书，第686页。
⑦ 同上书，第221页。
⑧ 同上书，第732页。

时，比若十月种物于地上，十十尽死，故无生者。"① 此外，《太平经》中还有许多禁烧山林，保护植被、水土资源，反对滥伐林木的思想等，这些思想为我们合理利用土地进行农业生产提供了深厚的思想根基，也为我国古代农学思想的发展做出了贡献。

三　"农道合修"的意义及现代余韵

道教之所以形成农道合修的传统，综上所述，主要原因可以归结为四点。第一，道教教义以"贵生重生""生为第一"为显著特点，生命的存在必须有足够的食物保障。所以从逻辑上分析，道教"重生"必然"贵农"。第二，道门奉行"道人宁施人，勿为人所施"的教戒，主张"我耕我食，我蚕我衣"②。以力耕自养、利物济世为修行规范，这一宗教伦理对于密切道教与农学的关系起到了积极推动作用。第三，出于扩大教团组织的需要，因为宗教的发展与宗教自身的寺院经济实力有密切关系。随着道教宫观制度的发展与完善，出家入道的道众数量猛增，维持宫观日常生活的开销也增大，单靠乞食化缘已难以为继。而力耕自养、农道合修则一方面可以解决道众的生计，另一方面可以通过农桑之业来扩大宫观经济实力，为道教实现济世度人的宗教关怀提供强有力的支持，进而为巩固发展教团组织提供恒久动力，即所谓"创立观院，垦田兴农，以为永久之基"③。第四，道教信徒多来自农家子弟，自幼对农桑之业耳熟能详，具备农道合修的基础和条件。正是由于上述原因，农道合修的传统在道门中一脉相承，时至今日，在一些宫观中仍有余韵，以致一些道门中人在农学领域还颇有研究和建树。

近现代以来，四川青城山道教就一直保持着农道合修的传统。青城山常道观救苦殿旁立有一块落款为"民国八年八月四川省长杨庶堪题颂"的"道在养生"碑，以表彰彭椿仙道士在战乱期间"植桑养蚕、种茶造林不辍"的农道合修精神。已故中国道教协会会长、全真龙门派大师父元天，在任四川灌县道教协会会长时，也继承了青城山道教农道合修的传

---

① 《太平经合校》，第733页。
② 丁祯彦、李似珍点校：《化书》卷六《俭化·悭号》，中华书局1996年标点本，第64页。
③ 《创立兴国观记》，载陈垣等《道家金石略》，文物出版社1998年版，第705页。

统。20 世纪五六十年代，傅元天任青城山道教生产队长，带领青城山道众发展农业生产，力耕自养。后来于 1982 年筹建道教乳酒厂，1983 年试产成功，获四川省重大科技成果奖；1985 年又建青龙岗茶厂，其生产的青城山道教乳酒和青城山茶，已成为青城著名特产，享誉海内外。由此可见，道教对农业的重视绵远悠长，绝非虚言。

第七节　道教对古代地理学的影响

"仰观天文，俯察地理"，地理学作为中国古老的一门科学，与道教关系十分密切，以致形成了一门可称为道教地理学的学科分支。从学科分类来看，道教地理学属于宗教地理学的范畴，是作为宗教的道教与作为科学的地理学相互交涉的产物。从历史上看，道教与地理相互结合是一种历史的必然，有其内在的契机和契理。道教神仙教义思想认为，洞天福地乃道教仙境在人间的具体投射和存在形式。洞天福地的选择及其体系的形成，浓缩了道门中人的独特环境地理与生态思想。

为了养性修真，道门中人积极寻找洞天福地，对神州大地进行了深入观察与了解，积累了相当丰富的地理资料，道教洞天福地的名山志和宫观志中也包含丰富的地理学知识。其中较重要的有唐代杜光庭编《洞天福地岳渎名山记》一卷、金代王处一编《西岳华山志》一卷、原题"上清嗣宗师刘大彬造"《茅山志》三十三卷、元代刘道明集《武当福地总真集》三卷、元代邓牧撰《大涤洞天记》三卷、明代查志隆编《岱史》十八卷等。

地图是表达地理知识的一种手段。道教出于自身修行的需要，绘制了大量刻画道家五岳名山地形地貌的山脉图。据《梁书》卷五十一《陶弘景传》记载，道教茅山宗的创始人陶弘景不但精于医术本草、炼丹和天文历算，而且通晓"山川地理方图产物"[①]。据考证，陶弘景在地理学方面也有著述，著有《古今州郡记》三卷，并曾造作《西域图》一张，惜失传。《道藏》中有各种各样的符图，十分丰富。道教的宗教宇宙观对传统地理学和制图学思想有着渗透和影响，隋唐时期所形成的道教制图学派，在中国地图绘制史上独树一帜。道门中人的堪舆活动对中国地理知识

---

① 《梁书》卷五十一《陶弘景传》，中华书局标点本第 3 册，第 743 页。

和地理思想的拓展也颇有发明和贡献，并对传统建筑思想有深刻的影响。《道藏》中的"五岳真形图""灵宝始青变化之图""碧落空歌之图""大浮黎土之图"等从一些侧面反映了道门地图学的重要成就。龙虎山道士朱思本所绘制的《舆地图》蕴含丰富的地理科学思想，对中国传统制图科学思想的发展做出了重大贡献。

此外，道教堪舆风水术中也包含有丰富的地理学知识，是我们认识道教地理学思想发展历程不可忽视的重要一环。

一　独树一帜的隋唐道家地图学派

"隋唐时期，在中国地图史上形成了一个独特的地图学派。即地图与天文道家历法相互渗透。"① 道家天文历法与地图学的相互结合，在中国地学史上形成了一个以李播、李淳风、李该家族为核心的特殊地图学派，表明道家在地图学方面形成了自己独特的思想与方法。

"地点的测定和地图的绘制是地理理解所必不可少的要求。"② 道教地图学派在地点测定上采用了一种先进的天文定点思想方法。天文定点是近代地理学广泛应用的地点测定方法，然而早在唐代，这一工作已由身兼天文学家和地理学家双重身份的道士尝试进行了。尽管这种尝试还不成熟，但其思想方法却值得称道。唐代李淳风把唐代的州县与天区相配合，试图以天象来固定各州县的位置。《旧唐书·天文志》记载："且悬象在天，终天不易，而郡国沿革名称屡迁，遂令后学难为凭准。贞观中，李淳风撰法象志，始以唐之州县配焉。至开元初，沙门一行，又增损其书，更为详密。"③ 由于历史上行政区划经常变动，各州县的地名也经常变更，名实不符现象时有发生，造成很多混乱。为了确定各州县的准确位置，李淳风等道教天文学家将天区分野与地面上的州县区划一一对应起来，通过天象来锁定各州县的位置。

据史料记载，李播、李淳风、李该祖孙三代对于地理学相当精通，曾撰写过《方志图》《地志图》等不同的地理学著作。尤其是李该所绘的

① 卢志良编：《中国地图学史》，测绘出版社1984年版，第71页。

② ［德］阿尔夫雷德·赫特纳：《地理学——它的历史、性质和方法》，王兰生译，商务印书馆1986年版，第188页。

③ 《旧唐书》卷三十六《天文志》，中华书局标点本第4册，第1311页。

《地志图》不仅用不同的颜色描绘山川海域、城邑，而且采用了分野图说，即地域划分与天文星象分野相对应的制图思想方法。

这些出自道教学者之手的《方志图》《地志图》《方舆图》是一种带有地志性质的特殊地图，其最大特点是将天文星象与地图所标示的各郡县地理位置匹配对应起来，即所谓"方寸之界，而上当乎分野，乾象坤势，炳焉可观"。这种将天文与地域联系起来绘制的地图虽然有很多不足，但其中蕴藏的思想方法却十分有科学价值。它表明唐代道士已试图通过天文星座的观测来确定地球地点的位置，以此来绘制较为精确的地图。这在一千多年前是一项了不起的地理科学思想。

二 道教符图与地图溯源

近代地理学区域学派创始人、德国地理学家阿尔夫雷德·赫特纳认为：地理学的知识是关于地表的空间的知识，人类的地理学活动可分成三种。"第一种活动是发现，即踏进某个地区，取得地区的粗略观感；这是每个普通旅行家在进入一个陌生地区时在主观方面都要重复的活动。第二种活动是确定这个地区的位置和空间情况。第三种活动是了解这个地区的内容，就是在这个地区或者在有关的地点里自然和居民构成的知识。"[1]换而言之，地理学可分为发现工作、确定地表的空间关系及认识地区和地点的内容这三大任务。在发现工作之后，地理研究的第二个任务就是空间定位工作，具体来说就是地点的测定和地图的绘制。当人们用符号或图形按一定的比例和方位关系表示地表的面貌、社会经济状况和行政区划时，就形成了地图。因此地图具有简明、形象的特点，有很强的实用性。

在现今道教典籍中，我们仍然可以看到大量的道教符图，例如《灵宝无量度人上经大法》卷二十一《五岳真形图》中就保存有"东岳真形图""南岳真形图""中央真形图""西岳真形图""北岳真形图"以及"青城山真形图""庐山真形图""霍山真形图""潜山真形图"等符图；宋代张君房所辑《云笈七签》卷七十九、卷八十《符图》分别记载了"五岳真形图序""五岳真形神仙图记""王母授汉五帝真形图""五岳真形图法并序""洞玄灵宝三部八景二十四住图""五称符二十四真图"

"人鸟山形图"等道教符图，这些山岳真形图的描绘手法皆与《五岳真形图》相近，有不少具有地图学价值，包含深刻的地图学思想。此外，道门中人也有许多的地图学专著存世，朱思本的《舆地图》就是其中的代表之一。

1. 《五岳真形图》与"等高线"制图

《五岳真形图》原是道士入山所持的一种入山符图，古代道士凭借实地的"圆山"经验，在绘制五岳进山地图时，将同一高度的山峰位置用相同的墨迹标明，便于道士绕山行走。早期的《五岳真形图》是彩绘的，与现存的黑白版不同。而且在每一岳真形图上都用文字标明南北方位、进山路口、山中的石室及各种芝草、仙药，有些还标明了水口位置。

曾有学者将《五岳真形图》中的"东岳真形图"与实地考察用等高线绘制的"泰山地形图"作了比较分析，得出一个惊人结论：二者极为相似。① 科技史专家李约瑟博士则认为《五岳真形图》乃"制作等高线图的早期尝试"②。更有学者直接认为"现存的古本五岳真形图，就其表现形式和内容来看，可以称之为具体山岳的平面示意图"③。

通观学术界对《五岳真形图》的研究，尽管评价不尽一致，但基本上都认为《五岳真形图》所绘制的山脉的高低起伏形状和走向，采用的是类似于现代等高线地图绘制的思想与方法。两者所遵循的思想方法是相近或者说是相通的。《五岳真形图》之所以能在人类地图学史上占有一席之地，也正是因为其蕴含有先进的地图绘制科学思想。

2. 朱思本与《舆地图》

朱思本是江西龙虎山道士，元代道教龙虎宗支派"玄教"的重要传人，也是元代著名道教地理学家，其以"计里画方"的绘图方法绘制而出的《舆地图》，蕴含丰富的地理科学思想，尤其是在地图图例方面，首创简洁明了的系统几何符号标示法，对中国传统制图思想的发展做出了重大贡献，成为元、明、清各代绘制全国总图的主要蓝本。朱思本被认为是中国地图史上继晋代裴秀、唐代贾耽之后又一位杰出地图学家。

---

① 小川琢治：《近世西洋交通以前的支那地图に就て》，《地学杂志》第 22 年第 258 号。

② ［英］李约瑟：《中国科学技术史》第五卷《地学》第一分册，科学出版社 1976 年版，第 130 页。

③ 曹婉如、郑锡煌：《试论道教五岳真形图》，《自然科学史研究》1987 年第 1 期。

　　朱思本的《舆地图》在中国传统地图史上具有承上启下的历史地位。对于道教地理学家朱思本的科学贡献，地理史界曾给予了高度评价。著名地理史家王庸先生指出："中国地图自裴秀以后，至贾耽而为之一振。……降及元代，乃有朱思本崛起，舆图之作，始又中兴。历明代以迄清初，多为朱思本之势力所笼罩，其影响之大，较元以前之贾图有过之而无不及。"[①] 中国科学院自然科学史研究所主编《中国古代地理学史》引用王庸先生的观点，指出："朱思本是继裴秀、贾耽等人之后，在我国地图学史上又一位划时代的人物。他绘制的《舆地图》经罗洪先增补为《广舆图》后，支配了中国地图 200 多年，影响之大前所罕见。"[②] 卢志良编的《中国地图学史》认为元、明两代是传统制图学的高峰，其思想渊源于朱思本的地图科学思想方法，"地图学方面，由于受朱思本地图的影响，出现了罗洪先、陈祖绶等著名的地图学家，并经过他们的努力，使我国传统制图学走上了成熟阶段"[③]。《舆地图》以其先进的地理思想和独到的制图科学方法，形成中国地图思想史上独有的"朱思本地图系统"，成为元、明、清各代绘制全国总图的主要蓝本。

三　《长春真人西游记》的地理学价值

　　《长春真人西游记》是记述丘处机西行朝觐成吉思汗长途跋涉经历的地理游记，其作者是随丘处机西行的十八弟子之一的李志常。《长春真人西游记》分上、下两卷。上卷记述丘处机西去的路线及沿途所见，下卷描述了丘处机觐见成吉思汗、东返、燕京传道及丘处机羽化前后一系列事迹。张星烺先生认为《长春真人西游记》记载详明，为研究中世纪中亚细亚史地者不可缺之书，其价值堪与《马可波罗游记》相媲美；同时《长春真人西游记》在科学史上也有很高的价值，尤其对于研究中国西北、中亚的历史地理和自然地理有不可替代的地理学价值。早在清代，就有学者对《长春真人西游记》中的地理气象记录进行过考证。

　　首先，丘处机西行的出发地是莱州，最远到达成吉思汗位于今阿富汗

---

　　① 王庸：《中国地理学史》，商务印书馆 1998 年版，第 86 页。

　　② 中国科学院自然科学史研究所地学史组主编：《中国古代地理学史》，科学出版社 1984 年版，第 313 页。

　　③ 卢志良编：《中国地图学史》，测绘出版社 1984 年版，第 99 页。

境内的大雪山行宫，前后历时四年。在地理学方面，丘处机的西行也有重要的科学价值。其旅行路线是沿着北纬的蒙古高原经新疆进入中亚地区，大部分线路是过去中土人士所未到过的。仅就路程而言，远远超过汉代的张骞；就《长春真人西游记》所描绘的具体地理线路而言，也有别于《法显传》和《大唐西域记》。因此，《长春真人西游记》的地理学价值弥足珍贵。

其次，《长春真人西游记》以精练的笔触描述了 13 世纪蒙古高原、西域及中亚一带的自然景观，包括沿途数万里的高山、峡谷、河流、湖泊、沙漠、森林、绿洲的气候植被和地质地貌，为后人留下了极为难得的自然地理学资料。如关于阿尔泰山附近的大峡谷的地理状况，就有这样精细的描述："其山高大，深谷长，板车不可行，三太子出军始辟其路，乃命百骑挽绳悬辕以上，缚轮以下。"①

最后，《长春真人西游记》中还详细记载了大量的人文地理信息，诸如沿途城乡的居民人口、民风民俗、宗教信仰、建筑、手工业生产状况等，有助于我们了解 13 世纪西域和中亚的人文地理及其变迁情况。如对贝加尔湖地区的地理状况和风土人情，《长春真人西游记》有这样的记述："其地凉而暮热，草多黄花，水流东北，两岸多高柳，蒙古人取之以造庐。"② 书中对中亚细亚各城市建筑、人口、行业的描写也十分生动。如对乌兹别克斯坦境内撒马尔干（《长春真人西游记》称邪米思干大城）有详尽的记述："由东北门入其城，因沟岸为之，秋夏常无雨，国人疏二河，入城分绕巷陌，比屋得用。方算端氏之未败也，城中常十万余户……"③这些有关城市建筑、器物制度、民风民俗的记录都是研究 13 世纪中亚地区历史、人文地理和中西交通的珍贵文献史料。

《长春真人西游记》的地理学价值远不止上述三个方面，其他诸如地质、气象、水文、物种、矿产方面的记录也屡见不鲜。如中亚地区古代是棉花（草棉）的原产地，书中就记载了阿里马城种植棉花的情况："其地出帛，目曰秃鹿麻，盖俗所谓种羊毛织成者，时得七束，为御寒衣。其毛

①　《长春真人西游记》卷上，《道藏》第 34 册，第 486 页。

②　同上书，第 484 页。

③　同上书，第 488 页。

类中国柳花，鲜洁细软，可为线、为帛、为棉。"①秃蓲麻即棉花。这段记载有助于我们了解棉花种植的历史。总而言之，散见在游记文字和诗词中的地理科学思想尤其值得认真挖掘和研究。

四　道教堪舆术中的地理学思想

"堪舆"是古人在趋吉避凶心理意识的支配下，为寻找理想居住环境而发展起来的关于建筑选址、布局的理论与技艺。堪舆原为天地总名，后来引申为相地术。堪舆家首重地气，而地气与宅院、墓葬的地理形势、周边环境特别是山脉水流走向密切相关。因此，堪舆不仅与古代的地理学密切相关，而且对中国古代建筑学思想的形成发展影响甚深。

堪舆术就是以地形的隆起和凹陷来预测吉凶的一种方术。《汉书·艺文志》载有《堪舆金匮》的风水专书，汉代还出现了以堪舆为职业的术士。民间常称以堪舆为职业的术士为地理先生，有许多堪舆著作也径直冠以"地理"之名，如萧克的《地理正宗》、李怀远的《地理原真》、徐善继等的《地理人子须知》、蒋平阶补传的《地理辨正注》、叶九升的《地理大成》等，这也说明堪舆与古代地理学有着密切关系。

"地理"一词很早便在古籍中出现。《周易·系词》云："仰以观于天文，俯以察于地理。"唐代孔颖达释云："天有悬象而成文章，故称文也；地有山川原隰，各有条理，故称理也。"《汉书·郊祀志》亦云："三光，天文也；三川，地理也。"《论衡·自纪篇》也称："天有日月星辰谓之文，地有山川陵谷谓之理。"由此可见，"地理"一词的原义是指山河大地及其形态的特点，也即地表的形态特征。地理后来也就进一步成为关于山川等地形方面知识的专有名词。而西方最早使用"地理"作为书名的著作，可追溯到公元前 2 世纪古希腊学者埃拉托色尼撰写了《地理学概论》一书，堪舆术士为了选择阳宅和阴宅的最佳风水环境，离不开对山形水势进行实地观测和研究，故将寻龙、察砂、观水、点穴、立向这五个基本风水方技称为"地理五诀"。清代范宜宾在注释郭璞《葬书》中"风水"一词时，就谈到风水与地学的关系：无水则风到而气散，有水则气止而风无，"故风水二字为地学最重"。因此，古人很自然地将堪舆活动视为地理研究的范畴。而在这其中道教风水罗盘的发明使用是道教堪舆术

---

① 《长春真人西游记》卷上，《道藏》第 34 册，第 487 页。

对地理学的重要贡献。

　　堪舆活动所使用的一些工具如罗盘对地理考察、地图绘制有重要作用。罗盘是道门中人根据黄帝时期的指南思想而发明的。罗盘在地图方位的测量方面发挥了重要作用。在长期实践过程中，道门中人对罗盘结构和技术颇有革新，如唐宋时期杨筠松所发明的天盘缝针、赖文俊所发明的人盘中针就是例证。

　　我国古罗盘指南针分为水罗盘、旱罗盘两大类。其中旱罗盘磁针指南技术的出现与道家有着极为密切的关系，道士很可能是现知最早的中国古代旱罗盘磁针指南技术的发明人或使用人。

　　1985 年 5 月江西临川县窑背山南宋朱济南墓出土了一件怀抱刻度分明的罗盘俑"张仙人"俑，这是现知的世界最早的罗盘指南针造型实物。

　　江西在宋代是道教正一派活动兴盛、集中的地区之一，据考古学家研究，朱济南墓的丧葬仪式受到道教的极大影响，出土了许多带有道教印记的随葬品。而出现以道教惯语题记的体现道士形象手抱旱罗盘的"张仙人"俑，是道教正一派在江西影响较大的具体体现之一，也是道士最早使用旱罗盘指南技术的重要实物证据。

小　结

　　科学的产生和发展由人类实践活动的一定规模和深度决定，同时也与这种实践活动水平决定的人类思维方式密切相关。在科学研究中，探索之成败，收获之多寡，不仅仅取决于探索者已有的知识储备之丰富程度，也不仅仅取决于他是否有献身科学的精神，且还取决于他在科学认识中是否具有先进、科学的思维方法和思维方式。思维方式是人们在一定的文化背景、知识结构、智力结构以及习惯和方法基础上所积淀、形成的思考问题的程式或模式。思维方式虽然是思维主体在认识、运算、判断和处理客观对象时的定型化的思想方法，但它同时是一种动态的思维结构。不存在超时代或一成不变的思维方式。道教科学思维方式深深地打上了时代和道教文化传统的烙印，带有鲜明的道教特色。道教对天地自然的态度和思维方式不仅有助于古代科学的发展，而且其精华也给现代人以许多启迪，可为现代人处理好自然、社会与人类的协调发展关系提供某种借鉴。特别是在人类已迈入 21 世纪，加强道教科学思维方法与思维方式研究，有利于弘扬中华优秀传统文化，推进现代科技与文明的永续发展。

　　道教科技的成就是多方面的，道教所内蕴的丰富科技思想和思维方式是其中一个重要内容。道门中人千百年来在其长生不死的宗教信仰驱动下，出于宗教修持和延年益寿的需要，仰观天文、俯察地理、中究人事，孜孜不倦地探索天地自然与人体生命之奥秘。在医学、药物学、养生学、天文历算学等领域都孕育并积累了丰富的科学思想。道教科学思维方式既是道教思想的一个不可或缺的组成部分，也是中国传统科学思想的一部分。对道教科学思维方式进行深入研究，不仅有助于推进道教学术研究，而且具有一定的现实意义。

　　道教科技涉及的学科领域和内容十分广泛，不仅许多具体科技成就至今仍有独特的实际应用价值，而且其中蕴含的丰富科学思想，也是中国传统科学思想不可或缺的部分。"道家思想乃是中国的科学和技术的根本。"系统研究道门中人对中国传统科学技术及其思想的贡献，挖掘道教科学思想的资源，梳理道教科学思想的发展脉络，探讨道教科学思想的现代价值，不仅有助于澄清科技史和科学思想史上的许多问题，解决科技文化史上存在的疑难，而且有利于深化和拓展道教文化史特别是道教思想史领域的学术研究，正确认识和弘扬中国传统优秀文化，为现代文明的合理永续发展，提供来自中华文化系统的有益启示。

第十二章

佛教文化与科学技术

上海师范大学　李申

佛教传入中国以后，经过魏晋南北朝时期的传播与消化，到隋唐时期，遂形成了具有中国特色的教义理论和宗教派别。因此，中国科学与佛教的关系，可以隋唐时期的佛教与科学为例。

佛教宣扬诸法皆空，从原则上，它对人生的一切都不感兴趣，因而可说是和科学绝缘的。但实际上，任何宗教都存在于人类社会中，和人类社会存在着割不断的种种联系，这也就决定了包括佛教在内的任何宗教，都无法脱离和科学的联系。这种联系的一般原则是，作为宗教，一方面并不主张科学的发展，另一方面又不得不利用科学来构造自己的教义、帮助自己传播。我们的论述，就首先从科学和佛学的一般关系谈起。

第一节　佛教教义的结论和指向导致对科学的冷漠和抵触

一　成佛的追求

佛教是在反对婆罗门教的斗争中产生出来的新宗教。婆罗门教的教义既是佛教反对的对象，也是佛教立论的前提。

婆罗门教的教义之一，就是轮回思想。佛教继承了这个教义，使之进一步完善为五道或六道轮回，作为自己教义的基础。五道或六道轮回的链条中，天、人、地狱或饿鬼、畜生是最重要的环节。在这些环节中，天，即生活于天上的"众生"，是最美好的一环。地狱，即生活于地狱中的众生，是最恶劣的一环。当然，畜生、饿鬼，也是非常恶劣的，是应该尽量

图 12 – 1 　《金刚经》

避免的结局。

作为人，在轮回的链条中本来就是一个比较好的位置。然而，人还应该争取更好的生活，即争取来世转生天上，成为生活于天上的一分子，而不要堕入地狱、饿鬼和畜生的队伍里去。佛经中所描写天上的生活，那些生活于天上的众生，他们都生得比人美好，德行也比人高尚，寿命比人要长得多，甚至可以达到多少万年之久。他们的吃穿住行，不仅非常富裕，而且非常轻松。他们性生活的方式也比人高尚，相互以爱慕和欣赏的眼光对视，就完成了性生活的过程。最高尚的，就不必有性生活。因为在佛教看来，性生活是一种不洁的行为。

要来世能够生活于天上，成为天众的一分子，需要的，就是今世的积德行善，做一个好人。而积德行善，是用不着科学的。也就是说，如果要求得来世有个幸福的生活，需要的不是去发展科学技术，而仅仅是做一个好人。

然而婆罗门教的最高追求，也不仅仅是在轮回的链条上有个好结局就满足了，而是要追求和"梵"合一。梵，或称梵天、大梵天，在婆罗门教中被认为是世界的创造者，它不生不灭，无始无终。人也是由梵而生，假如能和梵合一，就能摆脱轮回的链条，成为没有痛苦的不生不灭、无始无终者。

佛教继承了婆罗门教摆脱轮回、成为不生不灭者的教义，并且提出了自己如何摆脱轮回的主张。在初期的佛教中，积累功德、以求摆脱轮回的方法，有布施、持戒、坐禅等。当然，这一切手段，都要以承认和通晓佛教教义为基础。佛教后来传到中国，发展到隋唐时代，原来的布施、坐禅等手段逐渐集中到对佛教教义的理解上。

佛教的基本教义，一般认为就是佛祖释迦牟尼在菩提树下所悟得的那些道理。这些道理，主要是所谓"四谛说"。谛，真理的意思。四谛，也就是佛祖所悟得的四种真理。这四种真理是：苦、集、灭、道。

苦，是说人从生到死都是痛苦的过程，所以应该摆脱。

集，是说人包括世界万物都是诸种因素的集合。比如人体，是由色、受、想、行、识五种因素构成的，称为"五蕴"或"五阴"。用我们今天的话说，就是人体是由物质（色）和精神等因素构成的。而色，又是由地、火、水、风四种元素组成的。其他动物植物、山河大地等，都是诸种因素集合在一起形成的。既是由诸种因素构成的，所以它们都没有自我，没有自己的本性。比如说，人由五蕴构成，把这五蕴分解，人就不存在，所以人没有自我，没有自己的本性，而人生也就不值得留恋。不值得留恋，就应该追求解脱，即摆脱轮回的链条，达到寂灭的目的。所以第三种真理就是"灭"。然而灭不是消灭，是佛教追求的一种宗教目的。这个目的，又叫"涅槃"。涅槃，就是一种不生不死、无始无终的状态。到了这样一种状态，就没有了任何痛苦，佛教叫作"烦恼永尽"。没有烦恼，自然就是永远的幸福。

第四种真理就是道。道，是达到涅槃的方法。初期佛教认为这样的方法有八种，称为八正道，即正见、正志、正语、正业、正命、正方便、正念、正定。这八种正确的思想言行，后来被归结为正确的行为和正确的认识两个方面，三种做法，分别称戒、定、慧。戒就是初期的持戒，即遵守佛教所制订的各种行为规范；定就是思想专注，思想专注的方法之一，就是坐禅，所以后来一般就把定理解为禅定；慧，就是佛教的智慧，在佛教看来，世人的智慧都是虚妄的，只有佛教所教导人们的，才是正确的，佛教的智慧，就包括四谛、八正道等，也就是要精通佛教教义，认识佛教所说的真理。

隋唐时代，中国佛教逐渐形成了几个大的宗派。佛教传统的达到涅槃的手段不断得到改进和发展。在天台宗，把戒、定、慧简化为"定慧"二种，主张"定慧"双修。法相宗成佛的方式比较麻烦，有"十胜行"之说，即十条成佛的道路。这十条路又可归结为福、智两条。这两派都把精神佛教教义作为成佛的基本条件。而在华严宗，就仅仅把知道佛教的核心道理作为成佛的基本条件。而其中最简捷的方法是由禅宗提供的。按照禅宗的说法，只要"识心见性"，也就是明白了人的本性原来是清净或清静的，就可以立即成佛。

从早期佛教的八正道到禅宗的识心见性，成佛的途径和方法虽然日益被简化，甚至简化到一念之悟就可以成佛的程度，但是它们追求的基本目标没有改变。而追求这个目标，不论是早期的佛教还是隋唐时代的佛教诸宗派，都可以完全不理会科学的发展。而佛教，的确一向对科学的发展持漠视甚至极端轻视的态度。因为在佛教看来，科学所追求的知识，不过是世俗的真理。而世俗的真理，其基本特点就是要告诉人们，这"是什么""为什么"，然后告诉人们"怎么办"。在佛教看来，这些知识对于自己成佛的目的，是没有一点用处的，所以佛教完全不关心科学追求确切知识的活动。

隋唐佛教最重要的宗派禅宗，其北宗重要文献《观心论》一开头，就假托慧可发问："有人志求佛道，当求何法最为省要？"这个发问表明，禅宗的北宗和南宗一样，或者说，禅宗的目标，就是要为人们寻找一个方便快捷的成佛途径。而达摩的回答是："观心一法，总摄诸行，名为省要。"然而科学追求知识，则必须是向客观世界去追求，也就是佛教所说的向心外追求；但是科学的追求，对于佛教，是没有意义的。

禅宗南宗的基本著作《坛经》（宗宝本），叙述慧能在大梵寺初次说法，开宗明义就说："善知识，菩提自性，本来清净，但用此心，直了成佛。"所谓"但用此心"，就是要自己的心去觉悟佛教的真理。敦煌本《坛经》道："佛是自性作，莫向身求。自性迷，佛即是众生；自性悟，众生即是佛。"这样的觉悟，被称为"顿悟"。既然顿悟即可成佛，要科学的知识干什么呢！

和传统佛教相比，禅宗不仅给信仰佛教的人们提供了一个最高的追求目标，而且提供了一个最简捷的成佛的手段。和隋唐其他佛教宗派相比，禅宗的成佛途径也最为简捷。传统佛教认为，成佛的基本途径，首先是要懂得佛教的教义，四谛、八正道、五蕴、十二因缘等，这是一套非常复杂的也非常艰深的哲学思想。一个聪明人，即佛教所说的"利根"人，常常要终其一生来学习这些道理，也未必能够达到成佛的要求。至于一个愚笨的人，佛教称为"钝根"人，则终生努力也弄不懂。所以，传统佛教认为，佛祖以外，其他人能够成为一个阿罗汉，就是很不容易的了。要成佛，是没有可能的。大乘佛教给了每个人以成佛的可能，并且成佛的途径也要方便得多。比如隋唐时期的天台宗、华严宗等，它们要求信徒弄懂的佛理就要少得多也简便得多，但都不如禅宗简捷。在禅宗看来，甚至念诵、阅读佛经也是没有意义的，所以它不主张读经，也不主张坐禅，只要求信徒去领悟自心那本有的清净本性，这样就可以成佛。佛经都不必读、不必学，其他的知识，特别是世俗的科学知识在他们心目中的地位也就可想而知。

在世俗人的眼中，科学追求确切知识的活动，目的在于人们现世的幸福。然而在佛教看来，现世的人生都是痛苦的，科学的追求，不过是要用这痛苦增加一些新的痛苦罢了。所以佛教中人不断强调，他们说的真理才是真理，这个真理叫作"真谛"；世俗的真理，被他们称为"俗谛"。所谓俗谛，在佛教看来，根本就不是真理，是虚妄。科学活动是虚妄，科学所获得的知识也是虚妄，是他们所不关心的。

隋唐佛教各宗派中，还有一个净土宗，即以追求死后往生西方净土为目标的派别。在这一派看来，只要经常念诵接引世人进入西方净土的阿弥陀佛的佛号，就可能得到阿弥陀佛的接引，死后就能往生净土，求得一个永远幸福、断绝烦恼的结果。这一派在如何成佛方面的主张和禅宗不同，但在轻视一切知识、包括轻视佛教经典的知识方面，和禅宗是一样的。所以禅宗和净土宗在隋唐以后，都得到了大发展，成为中国佛教的两大派别。而其他派别则衰落下去。

这是隋唐佛教和科学的第一层关系，即佛教各宗派都把成佛作为自己的目标，不关心科学的活动，当然也不会去从事科学活动。

二　虚幻的世界

佛教把摆脱这个世界作为自己追求的目标，因为在他们看来：第一，这个世界和人生处处都是痛苦的；第二，这个痛苦的世界是虚幻不实的，因而不值得留恋。

认为世界是虚幻的，开始于佛祖在菩提树下悟得的"集谛"。集谛不仅认为人是五蕴的集合，一切物都是四大的集合，而且认为，诸因素的集合，是有一定原因的。这样一种学说，被称为"因缘"说。初期佛教所说因缘，共有十二项，叫作十二因缘。这十二因缘是：无明、行、识、名色、六入、触、受、爱、取、有、生、老死。其中前一项是后一项的原因，后一项是前一项的结果。依照这个学说，则人的老死，是由于人的出生（生），假如没有出生，也就不会有老死。人的出生，是由于有了

"有"；有，就是人的各种行为所造的业。有，是因为"取"，取，就是获取、索取、追求。索取、追求的原因，是因为有"爱"，即喜欢和欲望；喜欢和欲望是由于有了感受（受），感受是因为接触（触），接触是因为外界的刺激（六人）；刺激是因为各种精神和物质现象的存在（名色）；而这一切，其最后的根源是因为"无明"。无明，就是愚蠢、痴、傻。

在这些因素中，只是因为有了此，才有了彼；假如没有此，也就没有彼。推而广之，世界上的一切事物，都是某种因缘所产生的。所以都是无我、无自性，即没有自己，没有可以称其为"自己"的那个东西。既然自己都没有了，你对这个世界还留恋什么呀！这就是佛祖在菩提树下悟得的最重要的结论，也是佛教十二因缘说的基本内容。

到了后来，究竟某种事物或现象的存在是由于什么原因，佛教各派的看法并不一致。但是各种事物，包括精神现象，在佛教说来就是种种"法"，都是因缘所生，即由种种条件集合而产生的，则成为佛教各宗各派世界观的基础。

在隋唐时代，天台宗的实际创始人智颛在修习止观时，忽然对佛教的教义有了独特的领悟。在他领悟的真理里面，再次强调了一切法都是因缘所生的基本教义：

> 师又因读《中论》，至《四谛品》偈云："因缘所生法，我说即是空，亦为是假名，亦名中道义。"恍然大悟，顿了诸法无非因缘所生。而此因缘，有不定有，空不定空。空有不二，名为中道。（《佛祖统纪》卷六）

"因缘所生法，我说即是空，亦为是假名，亦名中道义。"这四句偈语，可以看作天台宗世界观的基础。依照这个世界观，则这个世界的一切，都是因缘所生，因而都是"空"。空，就是虚幻不实。这样的认识，才是"中道"，也就是正确的认识、真理性的认识。这个认识，正是佛教从初期到后来所坚持的基本原则。

依照佛教认为世界都是空，是虚幻不实的世界观，则不仅人生不值得留恋，世俗人所认真对待的事物，都是不值得认真对待的。世俗所说的真理，也都是虚妄的。科学是世俗真理，自然也是虚妄不实的东西。对于虚妄不实的东西，自然也就不值得追求。这样，从根本的世界观上，佛教就把科学工作以及由科学工作所获得的知识，置于与自己教义相对立的地位，置于应该排除的东西之列。

因缘所生的法，是虚幻的。十二因缘中的第一项，就是"无明"。无明之后，是行和识。行不仅指人体物质器官的动作，也指人的思维。识，原则上是指人对于世界的了解作用。简单地说，就是认识。这些因素被认为是"名色"即各种物质或精神现象的因。后来，就逐渐演变成"心生种种法生"，即人的念头产生一切，甚至产生整个世界。这样一种观念，在隋唐时期的佛教中得到了普遍响应。

在天台宗，一面承认一切法都是因缘和合，一面认为因缘所生的根源，乃是心生：

> 三界无别法，惟是一心作。心如工画师，造种种色。（《摩诃止观》）

这里的"色"，就是物质世界。心创造物质世界的方式，就是缘起，即因缘：

> 夫心不孤生，必托缘起。意根是因，法尘是缘。所起之心是所生法。（《摩诃止观》）
>
> 心与缘合，则三千世间，三千性相，皆由心造。（《摩诃止观》）

所谓三千世间、三千性相，就是指所有一切像我们这样的"世间"，都是由心所创造的。因缘，只是心创造世界的"托"，可以译为中介或条件。

天台宗创始人智𫖮反复阐明心的造作作用：

> 三界无别法，惟是一心作。心能地狱，心能天堂，心能凡夫，心能贤圣。（《法华玄义》）
>
> 此心幻师，于一日夜常造种种众生，种种五阴，种种国土。（《法华玄义》）

科学要获取知识，目的是要人掌握自然力，以便指导人们正确地作用于这个世界，创造自己富裕的物质生活。既然心能创造一切，也就是说想要什么，只要心中一想，就会有什么，那又何必辛辛苦苦从事认识和改造世界的活动呢！

在法相宗，心生种种法生被表述为一切由识产生。识，实际上就是心。但是法相宗把人的感觉和思维活动详细地分为八种因素：眼、耳、鼻、舌、身、意、末那、阿赖耶。前六识属于低级的认识作用，要受阿赖耶识的制约。而末那识，则是前六识与阿赖耶识的中介。法相宗认为，识不仅具有"了别"也就是认识的作用，而且还具有创生的作用。它们像种子产生植物那样，产生着整个世界。其中特别是第八阿赖耶识，因为含藏着所有为创生所需要的种子，所以它不仅产生其他识，而且产生整个物质世界：

> 阿赖耶识因缘力故，自体生时内变为种及有根身，外变为器。（《成唯识论》卷三）

生种，就是产生同类种子，或产生其他识种子。有根身，也就是人的身体。器，就是外在的客观世界。这就是说，世界上的一切，都是阿赖耶识所生。其他识，则只能在本识的范围内活动。如眼识可变眼和眼所看见的东西，耳识能变为耳和耳所听见的东西。阿赖耶识，则是世界之总根源。

阿赖耶识产生世界的过程，也就是心产生世界的过程：

> 色法，心之所变；真如，识之实性。（《成唯识论述记》卷三）

因此，在法相宗，把心生种种法生又称为"万法唯心，一切唯识"。

在隋唐时期以前，中国就流传着一部《大乘起信论》。该论是印度僧人所造还是中国僧人所造至今仍然难以确定，其中提出"心生种种法生"的命题，则影响深远：

> 是故三界虚伪，唯心所作。离心则无六尘境界。此义云何？以一切法皆从心起，妄念而生。……以心生则种种法生，心灭则种种法灭。

这样一种观念，成为隋唐时期各佛教宗派的共同主张。天台宗、法相宗是如此，华严宗、禅宗也是如此。华严宗实际创始人法藏论心道：

> 尘是心缘，心为尘因，因缘和合，幻相方生。（《华严经义海百门·缘生会寂门》）

法藏立即解释说，因为它们是因缘所生，所以它们必无自性。然后法藏又进一步说明道：

> 尘不自缘，必待于心；心不自心，亦待于缘。

所谓"心不自心，必待于缘"，只是第二位的，根本的原则是"尘不自缘，必待于心"，因为心是尘的"因"，即物质世界的原因。和天台宗一样，因缘生法，也被归结为心生种种法生。

把一切归结为心的创造最为彻底的是禅宗。北宗重要文献《观心论》假托禅宗初祖达摩说道：

> 心者，万法之根本也。一切诸法，唯心所生。若能了心，万行具备。

到了南宗，这个命题被用更彻底的方式表达出来。其典型的例子，就是"风动"还是"幡动"的争论。当风吹幡动的时候，禅宗六祖慧能认为，不是风动，也不是幡动，而且心动。这就彻底否认了客观世界的所有真实性，把心作为一切的总根源。不仅世俗所见的真实世界被认为不过是心的作用，传统佛教所认为真实存在的佛祖、天堂、地狱，在禅宗南宗看来，也不过是心的作用。敦煌《坛经》道：

> 迷人念佛生彼，悟者自净其心。所以佛言："随其心净，则佛土净。"使君，东方但净心，无罪；西方心不净，有衍。迷人愿生东方、西者，所在处并皆一种。心地但无不净，西方去此不远。心起不净之心，念佛往生难到。

西方净土是如此，成佛也是如此，天堂、地狱也是如此：

> 佛是自性作，莫向身求。自性迷，佛即是众生；自性悟，众生即
> 是佛。慈悲即是观音，喜舍名为势至，能净是释迦，平直即是弥勒，
> 人我即是须弥，邪心即是海水，烦恼即是波浪，毒心即是恶龙，尘劳
> 即是鱼鳖，虚妄即是鬼神，三毒即是地狱，愚痴即是畜生，十善即是
> 天堂。无我人，须弥自倒。除邪心，海水竭；烦恼无，波浪灭；毒害
> 除，鱼龙绝。自心地上觉性如来，施大智慧光明，照耀六门清净，照
> 破六欲诸天下，照三毒若除，地狱一时消灭，内外明彻，不异西方。
> 不作此修，如何到彼？

也就是说，什么佛，什么西方净土，什么天堂、地狱，全是心的作用，全决定于心的迷、悟。

至于被认为是虚幻不实的俗人世界，就更是如此。在心生种种法生的问题上，《坛经》表现了空前的彻底和一贯。

《大乘起信论》指出："是故三界虚伪，唯心所作。"也可以颠倒回来说，由于是唯心所作，所以世界是虚妄的。由于是因缘所生，所以诸法"无我"；由于是心所生，所以"三界虚妄"。对于这虚妄的世界，去认识它，是无益的，也是无用的。因为你从本来不真实的世界中得来的知识，也不可能是真实的。在佛教看来，世人所说的知识，就是把本来是虚妄的东西当成了真实。其所说世人的知识中，就包含着我们所说的科学。也就是说，在佛教看来，科学，乃是要去认识一个虚妄不实的世界，因而是没有意义的。

三　佛教与神通

佛教认为不必从事科学活动，还有一个重要原因，那就是他们认为，只要按照他们的方法修行，就能获得神通。神通，也就是超自然力。有了神通，就会想要什么就有什么，想让世界怎么样世界就会怎么样。因此，辛辛苦苦去认识世界、改造世界的行为，都是不必要的。

神通一般有六种，称"六神通"：神足通，天耳通，知他心通，宿命通，天眼通，漏尽通。如来佛，具足所有神通。《长阿含经》中反复

强调，如来所说的法，"此法无上，智慧无余，神通无余"。也就是说，在佛法之中，包括无穷无尽的神通。并且认为，婆罗门以及一般的沙门是做不到的："诸世间沙门、婆罗门无与如来等者。"他们都不能和佛祖相同。

不仅佛祖，一般的比丘，即普通僧人，如果认真学习佛法，也可以得大神通。这大神通能随意成就一切。《杂阿含经》卷十八载：

> 若有比丘得神通力，自在如意。欲令此树为水、火、风、金、银等物，悉皆成就不异。所以者何？谓此枯树有水界故。是故比丘禅思得神通力，自在如意。欲令枯树成金，实时成金不异。及余种种诸物，悉成不异。……比丘当知，比丘禅思神通境界不可思议。是故比丘，当勤禅思，学诸神通。

其卷三十八载，佛的弟子迦叶，就有大神通，可以"上升虚空，作四种神变。行、住、坐、卧，入火三昧，举身洞然。青、黄、赤、白、颇梨红色。身下出火还烧其身，身上出水以灌其身；或身上出火以烧其身，身下出水以灌其身"。

佛教传到中国，获得神通，仍然是僧人的重要目标之一，虽然不是主要目标。或者说，对于一个僧人，假如精通佛法，修成佛道，成为佛或者菩萨，神通也就会自然具有。在南朝梁代僧人慧皎所著的《高僧传》中，高僧们被分为译经、义解、神异、习禅、明律、亡身、诵经、兴福、经师、唱导十类。其中译经 35 人、义解 101 人，人数最多，也被认为是最重要的高僧。神异，也就是具有神通的僧人，20 人。兴福 14 人，也多有神通。虽然不及译经、义解人多而重要，但比其他类型的僧人，数量还是要多。也就是说，神通，对于中国的僧人，仍然是重要的目标。

唐代道宣著成的《续高僧传》，习禅、明律的地位上升，标志着隋唐佛教对于坐禅和戒律的重视程度有所增加。然而紧随其后的，就是"感通"类僧人。感通就是神异，地位略有下降，但人数比例则没有减少。译经 13 人，附见 35 人，共 48 人。义解 161 人，附见 77 人，共 238 人，人数最多。习禅共 117 人，明律共 54 人。而感通类 125 人。人数的比例并不减少。此外"护法"类有 20 人，都是有神通的高僧。两项加起来，其人数在高僧众类中，居第二位，足见神通在佛教中的地位。

宋代赞宁著成《宋高僧传》，所载多为隋唐僧人。其中感通类僧人111 人，在高僧中仍然是重要的一类。

这些有神通的高僧，或能预知吉凶祸福，或能用咒术医人疾病，或能役使鬼神，或能从虚无中创建富丽堂皇的宫殿，或能祈来雨水和晴朗，甚至能将自己的头割下后重新安上而不损伤。如果这些记载属实，则世俗根本不必发展科学技术。

比如《续高僧传》载，释法顺，隋朝初年人。曾劝庆州一家设会。预计五百人，结果来了上千人。供主担心饭不够吃。法顺说，不要紧，让每个人都吃饱。结果人人满足。清河一户张姓人家，养的牛马好踢人咬人，卖不出去。后来听法顺说法，心有善念，牛马的性情就变好了。法顺曾带领一批人到骊山种菜，因为蚂蚁多，怕伤害生灵。法顺看了一看，蚂蚁就都搬走了。法顺曾经生疮流脓，人们好心为他擦拭，疮就好了，所擦下来的不仅不脏，而且满是余香。武功县有毒龙害人，法顺到那里，对毒龙端坐，使毒龙放弃了害人行径。法顺有一次渡河，河水暴涨。法顺走进河中，河水就断流，法顺到达彼岸，河水就恢复了原状。

又如唐代嵩山闲居寺的僧人元珪，曾让嵩山神把北山上的树迁移到东山。南岳高僧明瓒，能预言李泌将做宰相，能搬动数百人搬不动的大石，能让老虎把自己叼去从而避免虎患但自己并无损伤。

具有神通的僧人被载入高僧传，说明佛教把神通行为看作自己教义的有机组成部分。而隋唐义解类的高僧，也承认神通的存在。其代表人物，可以天台宗的创始人智顗为例。

天台宗的主要经典《法华经·如来神力品》道，释迦佛现大神力："出广长舌，上至梵世，一切毛孔放于无量无数色光，皆悉遍照十方世界。"其他诸佛也是如此。收法时，"地皆六种震动"。其《观世音菩萨普门品》道，观世音菩萨有大神力。人们只要念诵观世音菩萨之名，可以使要加害你的刀杖立即段段毁坏；可以使种种恶鬼不敢以恶眼看你，更不必说加害于你；可以除去强加于你项上的枷锁；可以使冤家放弃仇恨；可以使人摆脱淫欲；可以使蠢人变得聪明；如此等等。菩萨尚且如此，佛就更不必说。《法华经·妙庄严王本事品》道，妙庄严王的两个儿子——净藏、净眼，由于修习佛道，也获得了大神力。为了让父亲相信佛道，他们跳上高空，做种种变化，如在平地；玩水弄火，不湿不燃。

依佛教所说，一切诸法皆心所造。佛的神力，归根结底，乃是佛的心力。智颉在主张"心造种种色""一念三千"的时候，也论述了心的威力。

智颉说，如同陶匠必须调泥、琴师必须调琴一样，修习佛道者在进入修习状态时也必须调整自己的身心，使之进入最佳状态。调整自己身心有五个方面。第一调食，不要过饱，也不要过少；第二调睡眠，不可睡眠过多，甚至为了"早求自度"，可以"勿睡眠"；第三调身，第四调息，第五调心，三者应当综合运用。首先是调整坐的姿势，全身要有轻微活动。其次是缓缓吐气，并吸入清气。要将呼吸调得既通畅又非常微细，使其"出入绵绵，若存若亡"。呼吸调适，心也容易安定。心要调得不浮躁，也不呆滞。

智颉同时指出，无论是入定还是出定，对于身心的调整都可能出偏。入定时若太急，容易发生胸痛；太缓，会发生懒散甚至口流涎水。此时需要通过意念进行调节。出定时若太急，会头痛、骨节僵硬如同风湿，以后再要入定，可能会心神不宁。

智颉所说调身、调息方法，类似今日所说的气功。然而气功之目的在健身，调身、调息的目的在调心，使人入定，好进行止观修习。而且智颉特别指出可能出现的偏差及其对身体的危害，却没有讲到调身、调息对身体有什么好处。因为佛教不讲健身，他们也不认为这样做对身体有什么好处。把佛教坐禅前的准备动作说成是佛教气功，实在是今日某些人的乱点鸳鸯。

但智颉认为，如果善于运用坐禅的办法，可以治疗疾病："夫坐禅之法，若能善用心者，则四百四病自然除差。"同时他也指出，若用不好，则会致病："若用心失所，则四百四病因之发生。"但是要用坐禅治病，需要明白病源。智颉首先分析了病相，即病的表现。他把病分为"四大增损"和"五脏生患"两种，并具体描述了各自的表现。并且指出，其得病原因，也有外、内两种："外伤寒冷风热，饮食不消。"内则由于"用心不调，观行违僻"，"或因定法发时，不知取与"（《修习止观坐禅法要》）。上述病相及病因，被智颉归为第一类。第二类病因，是"鬼神所作得病"；第三类，是"业报得病"。

明白了病因，下面论述治法。在智颉看来，治病的方法，虽有多途，但"不出止观二种方便"，即"但安心止在病处，即能治病"。其原因是："心是一期果报之主，譬如王有所止处，群贼迸散。"

　　用止观治疗的疾病，是第一类，即由于四大增损或五脏生患所得之病。至于第二、第三类疾病，智顗认为，鬼神所致疾病，应当在止观以外，再"强心加咒"以帮助治疗；如果是由于业报所致之病，需要"修福忏悔"才能治疗。这两条，也只适用于信仰鬼神或信仰佛教的人们。假如此举果然有效，则医学也就不必发展。

　　在有神的阵营中，巫术是原始宗教活动的主要内容，也是最低级的有神论。佛教的神通，就是巫术。巫术的特点，就是它和科学一样，目的都是要掌握自然力。科学掌握自然力，要靠人类的辛勤、严格的方法、认真的精神，一点点地积累。巫术则是依靠幻想甚至妄想的超自然能力。假如相信了巫术，就不可能去从事那需要艰苦劳动才能获得些许成果的科学，所以巫术和科学技术处于直接对立的地位。

　　继原始宗教之后的国家宗教和世界宗教，适应人类认识水平的提高，也都把反对巫术作为自己的教义原则，而把积累德行或者特殊的宗教修炼方法作为宗教活动的主要内容。然而希求超自然能力（也就是不久前中国大陆所说的"特异功能"），希望不费什么力气就能获得重大的成就，是人类一种本能性的冲动。这种冲动，至今仍然存在于许多人的意识或潜意识之中，一有机会，就可能滋长。宗教，包括佛教，所信仰的种种神祇，本身就是一种超自然能力的载体。所以宗教包括佛教，要彻底摆脱巫术这种低级的追求超自然力的形式，几乎是不可能的。而只要宗教包括佛教，不能摆脱巫术，那就一定会和科学处于完全对立的地位。隋唐时期的佛教中的这一部分活动内容，就和科学的发展处于绝对对立的地位。

第二节　佛教需要科学知识构造自己的教义

一　"无我"说与自然科学

　　佛教的教义一般被归结为"三法印"："何等是佛法印？答曰：佛法印有三种。一者一切有为法念念生灭皆无常，二者一切法无我，三者寂灭涅槃。"（《大智度论》卷二十二）简言之，即"一切无常，诸法无我，涅槃寂静"。所谓"无常"，就是一切事物都处在不断变化之中；所谓无我，就是一切事物都没有自我，因为都是诸种因素的集合，也就是四谛说中"集谛"所论述的内容。涅槃寂静则是由于前二者而延伸出来的修行目标。

为了鼓励信徒修炼佛道、追求涅槃寂静，就要说明为什么要追求解脱、追求涅槃寂静。佛教的回答是，第一，人生充满了苦难，这就是四谛说的苦谛。有人也把苦谛作为佛教法印之一，因而称四法印。第二，就是这个世界是虚幻不实的，不值得留恋。世界为什么是虚幻不实的？用佛教的术语说，就是为什么是"空"，需要讲出一番令人可信的道理。佛教在讲述这些道理的时候，就必须利用当时可能利用的哲学和科学知识。

比如论述"一切无常"。《长阿含经》卷三道：

> 佛告诸比丘曰：汝等且止，勿怀忧悲。天地人物，无生不终。欲使有为不变易者，无有是处。我亦先说恩爱无常，合会有离。身非己有，命不久存。

《杂阿含经》第七卷：

> 如无常。如是动摇、旋转、尪瘵、破坏、飘疾、朽败、危顿、不恒、不安、变易、恼苦、灾患……如沫、如泡、如芭蕉、如幻。……如触露、如淹水、如驶流……如是，比丘，乃至断过去、未来、现在无常，乃至灭没。当修止观。

这种对事物运动变化的描述，既是哲学的概括，也是科学的知识。认为事物处于不断变化之中，是符合客观实际的。

然而佛教从中做出结论说，事物是没有任何常住性的，甚至事物此一瞬间和下一瞬间就是不一样的，并且是不相连续的，因而都是虚幻不实的，则是从正确的事实出发，做出了错误的结论。佛教教义在与科学关系的问题上，大多都是这样的情况。

隋唐时期的佛教，也从事物的不断变化之中，得出了一切虚幻的结论。天台宗智𫖮传授、弟子灌顶所记录的《摩诃止观》卷九道：

> 初观三事皆融，证时三事皆一，故名如心觉。……觉五藏生五气……业行力故，自然能起一念思心感召其母，母便思青色呼声胶气酢味，因此念力生一毫气，气变为水，水变为血，血变为肉。母气出入，以相资润便得成肝藏。向上成眼，向下成手足大指。若思白色哭

声腥气辛味，便成肺藏。上向为鼻，下向为手足第二指。若思赤色语声焦气苦味，便成心藏。上向为口，下向为手足第三指。……觉身分细微，例皆如此。思惟大思惟者，即是思惟真俗也。观于心性者，即是空也。

从胎儿是某种物质在母体中逐渐形成的这一点来说，是正确的科学知识。然而由此做出心性皆空，则是由于思维片面否定了事物的常住性，因而得出了错误的结论。这个结论，是佛教教导人们追求解脱的基本根据：

佛告比丘，以是当知一切行无常。变易朽坏，不可恃怙。凡诸有为，甚可厌患，当求度世解脱之道。（《长阿含经》卷二十一）

这样的教导，在佛经中被数十、数百次地反复加以强调，成为佛教世界观的基础。

论证诸法无我的方式，也大体同于一切无常。《大智度论》卷三十一道：

如梁椽壁等和合故有屋法生，是名为外。是身法虽有别名亦不异足等。所以者何。若离足等身不可得故。屋亦如是。……身虽异于足等应当依于足住。如众缕和合而能生毡。是毡依缕而住。……又身是一法，所因者多。一不为多，多不为一。复次若除足等分别有身者，与一切世间皆相违背。以是故，身不得言即是诸分，亦不得言异于诸分。以是故则无身。身无，故足等亦无，如是等名为内空。房舍等外法，亦如是空，名为外空。……是内外法和合假有名字，亦如身如舍。

也就是说，屋子，是由梁、椽、墙壁等"和合"的；身体，是由足、头等和合而成的。离开了梁、椽等，就没有了屋子；离开了足、头等，就没有了身体。如果说有，那就违背了世俗的真理。由于它们都是因缘和合，所以它们是空。由屋子、身体的空推广到一切"内外法"，它们都是空，是"假有"，所以"无我"，也就是实际上没有这件事物本身。没有屋子，也没有人，没有你自己。那么，这个世界还有什么可留恋的呢！

在这里，佛教特意用"不违世间"作为论证的前提，也就是说，用了不违背真实的科学知识的方式，来证明自己的教义。科学知识，在这里成了其教义的支柱。

支持诸法无我的另一常用的论据，就是车的例子，并且由车推广到一切事物：

> 如车以辐辋辕毂众合为车。若离散各在一处，则失车名。五众和合因缘，故名为人。若别离五众，人不可得。问曰：若如是说，但破假名而不破色。亦如离散辐辋可破车名，不破辐辋。散空亦如是。但离散五众，可破人而不破色等五众。答曰：色等亦是假名破。所以者何？和合微尘假名为色故。问曰：我不受微尘，今以可见者为色。是实为有，云何散而为空。答曰：若除微尘，四大和合因缘生出可见色，亦是假名。如四方风和合扇水则生沫聚，四大和合成色亦如是。若离散四大，则无有色。复次，是色以香味触及四大和合故，有色可见。除诸香味触等，更无别色。以智分别，各各离散，色不可得。若色实有，舍此诸法应别有色，而更无别色。是故经言，所有色皆从四大和合有。和合有故，皆是假名。假名故可散。问曰：色假名故可散，四众无色，云何可散。答曰：四阴亦是假名。（《大智度论》卷三十一）

车子，是由车轮、车辕等组成，就像人是由五阴（五众）和合而成一样。假如让这些因素各各分散，就没有了车、没有了人。由此引出的问题是：和合成车的车轮、车辕，和合成人的色、受、想、行、识等五阴或称五众，是真实的吗？回答是：它们也不是真实的，因为它们是由四大微尘和合而成的。色由四大和合而成，所以也是空。其他四众，即受想行识，也是如此，也是由其他因素和合而成的，所以也是空。

这里没有具体论述受、想、行、识等由哪些因素组合而成，也没有提及四大是否为空。佛教后来的发展，不仅受、想、行、识也被分解为诸多因素的集合，四大也被说成是空。唯一不能是空的，就是佛和佛性本身。

在这种论证中，认为事物自身可以分解为诸多因素，也是符合世间认识的科学知识。车可以分解为车轮、车辕等，人可以分解为肉体、精神等。任何物质性的事物都可以分解为组成它们的元素。然而，事物可以分解，也可以集合。分解后的各种元素是真实存在，集合所成的新的物体也是真实存在的。片面地强调事物可以不断地分解，而故意回避诸因素的集合为真实，在思维方法上，是片面的；在最终的认知上，则违背了所谓"世间"。

这样一种思维方式传到中国，隋唐时期的佛教也用类似的方式论证其教义。华严宗的代表作《华严一乘教义分齐章》论述总相和别相的关系，运用屋子和椽子的关系道：

> 今且略就缘成舍辨。
>
> 问：何者是总相？答：舍是。
>
> 问：此但椽等诸缘，何者是舍耶？答：椽即是舍。何以故？为椽全自独能作舍故。若离于椽，舍即不成；若得椽时，即得舍矣。
>
> 问：若椽全自独作舍者，未有瓦等亦应作舍。答：未有瓦等时不是椽，故不作。非谓是椽而不能作。今言能作者，但论椽能作，不说非椽作。何以故？椽是因缘。由未成舍时无因缘故，非是缘也。若是椽者，其毕全成；若不全成，不名为椽。

华严宗要证明的结论，和初期佛教的不全相同。但是利用世俗的科学知识论证自己的教义，其思路是一样的。在这种论证中，科学知识或者被加以歪曲，比如这里说椽子"独能作舍"，所以"椽即是舍"。或者被片面加以利用，从中做出荒谬的结论，如屋由椽、瓦等构成，所以屋是虚幻等。在这里，科学，真正成了宗教教义的奴仆。

二　"解脱"说与自然科学

人生皆苦，世界空幻，不值得留恋，所以应该追求解脱。解脱的最高境界，是涅槃寂静，成就佛道。然而要成佛，需要有成佛的可能。传统的婆罗门教教导人们，不同种姓的人是由大梵的不同部位生成的，因此，低种姓的人在现实中无法获得高种姓的社会地位，而只能通过自己的努力，力求在轮回链条上获得一个稍好的结果，不可能达到解脱、与大梵合一的境界。初期的佛教，也不认为人人都能达到涅槃寂静的结果。至于那最坏的"一阐提人"，根本没有成佛的可能。大乘佛教兴起，《大般涅槃经》认为，人人皆有佛性，因此都有成佛的可能。那么，为什么说人人皆有佛性呢？佛教也用所谓世间的科学知识来论证自己的结论。《大般涅槃经》卷九载：

> 譬如众星，昼则不现，而人皆谓昼星灭没，其实不没。所以不现，日光映故。如来亦尔。声闻、缘觉不能得见，喻如世人不见昼星。复次善男子，譬如阴暗日月不现，愚夫谓言日月失没，而是日月实不失没。如来正法灭尽之时，三宝现没，亦复如是。非为永灭。是故当知如来常住，无有变易。

在这里，天气阴暗因而不见日月，还可以说是一般生活常识；白天众星由于受日光的掩盖因而不见，就在今天，也不是一般人都能了解的天文学知识。这样的知识，说明撰写佛经的人，有着相当的科学修养。然而，这些知识，则做了论证教义的素材。

既有佛性，就有成佛的可能。然而要成佛，必须经过修炼。那么，修炼的过程是什么样的过程呢？在佛教看来，修炼的过程就像冶炼黄金的过程：

> 一时，佛住王舍城金师住处。尔时，世尊告诸比丘：如铸金者，积聚沙土，置于槽中，然后以水灌之。粗上烦恼，刚石坚块，随水而去。犹有粗沙缠结，复以水灌。粗沙随水流出，然后生金。犹为细沙、黑土之所缠结，复以水灌。细沙、黑土随水流出。然后真金纯净无杂。犹有似金微垢，然后金师置于炉中，增火鼓韝，令其融液，垢秽悉除。然其生金犹故，不轻、不软、光明不发，屈伸则断。彼炼金师、炼金弟子复置炉中。增火鼓韝，转侧陶炼，然后生金轻软光泽，屈伸不断。随意所作钗、铛、镮、钏诸庄严具。如是净心进向，比丘粗烦恼缠、恶不善业、诸恶邪见，渐断令灭。如彼生金淘去刚石坚块。（《杂阿含经》卷四十七）

这里对炼金过程的描述，即在今天，也不是人人都能了解的，因此可以说是当时的科学知识。特别是把生金冶炼成轻软光泽的熟金过程，如果不是对炼金过程比较熟悉是写不出来的。此段文字后面，还有更加详细的描写：

以彼比丘随时思惟止相，随时思惟举相，随时思惟舍相故，心则正定，尽诸有漏。如巧金师、金师弟子以生金着于炉中增火，随时扇鞴，随时水洒，随时俱舍。若一向鼓鞴者，即于是处生金焦尽；一向水洒，则于是处生金坚强。若一向俱舍，则于是处生金不熟，则无所用。是故巧金师、金师弟子于彼生金随时鼓鞴，随时水洒，随时两舍。如是，生金得等调适，随事所用。如是，比丘，专心方便，时时思惟，忆念三相，乃至漏尽。（同上）

这里对炼金过程的描写更加完备而详细。这些知识，都做了鼓励僧人进行修炼的思想基础。

佛教还经常用大石山在狂风中岿然不动的例子，鼓励僧人专心修炼：

观察生灭。譬如村邑近大石山，不断、不坏、不穿，一向厚密。假使四方风吹，不能动摇．不能穿过。彼无学者亦复如是。（《杂阿含经》卷七）

譬如村邑近有大石山，不断、不坏、不穿、厚密。正使东方风来，不能令动，亦复不能过至西方。如是南、西、北方，四维风来，不能倾动，亦不能过。如是比丘心法，善修心者，离贪欲心，离瞋恚心，离愚痴心……（《杂阿含经》卷十八）

然而，这风吹不动的大石山，是否为空？是否虚幻不实？佛经没有讨论这样的问题。从有关的文字看来，佛教认为大石山的厚密、坚实、稳固，都是真实的。假如不是如此，就不能用做自己的比喻。认为诸法皆空的佛教，在需要坚实的时候，就完全离弃了自己的宗旨。

隋唐时期的佛教，也常常运用现实中的种种知识说明修炼问题。其中禅宗用擦拭镜子灰尘比喻去掉种种杂念的例子，为人们所熟知。华严宗，也利用镜子来说明其"一即一切""一切即一"的命题。

依《华严经》，佛的神通广大，佛"于一毛孔中，普入一切世界"，或普现一切世界。佛的毛孔是一，一切世界是多，是一切。这就是一即一切。倒过来说，就是一切即一。为说明这个道理，华严宗创始人法藏用金和金狮子的关系做比喻。金子可以做成金狮子，也可以做成诸多金器。这就是一即一切。反过来，金狮子和一切金器，也不过都是金的变化。所以一切即一。为形象地说明这个道理，法藏也使用了镜子：

> 为学不了者设巧便，取鉴十面，八方安排。上下各一，相去一丈余。面面相对，中安一佛像，燃一炬以照之，互影交光。学者因晓刹海涉入无尽之意。（《宋高僧传》卷五）

法藏就这样让一般学者理解了一切即一、一即一切的道理。在这样一个装置里，每一面镜子都显现着其他镜子中的佛像映像，也反映着该镜子中所映出的其他镜子中所呈现的映像。这种对于光学原理的运用，可以说是巧妙的。问题仅仅在于，镜子里的映像只是映像而已，而一切世界能否进入佛的一毛孔中，则是一个现实的问题，不仅仅是映像。不过对于佛教来说，其认为一切都是虚幻，所以一切也都可以看做映像。

在华严宗看来，只要明白了这个道理，就可以实现涅槃寂静的目标：

> 见师子与金，二相俱尽，烦恼不生。好丑现前，心安如海，妄想都尽，无诸逼迫。出缠离障，永离苦源，名为入涅槃。（《华严金师子章》）

这是华严宗的修炼方法。

法相宗论述自己的修行过程时，也多次运用现实的知识进行比喻。

法相宗认为，识不仅有了别作用，而且能够发生转变。而识的转变有两层意义：一是识转变成诸法，或者说，转变成普通人执着为实有的物；二是识自身的转变和互相影响。能够转变的原因，是因为识中存在着可以转变为诸法的种子。种子有染、净两种，叫作有漏种子（染污的、恶的）和无漏种子（至善的，一般的善仍是有漏种子）。无漏种子是本有的种子："由此等证，无漏种子，法尔本有，不从熏生。"（《成唯识论》卷二）有漏种子虽然也是"法尔有种"，但主要由熏染产生："有漏亦应法尔有种，由熏增长，不别熏生。如是建立，因果不乱。"（《成唯识论》卷二）修行的过程，就是把有漏种子变为无漏种子的过程。待到有漏种子都变成了无漏种子，就达到了涅槃寂静。

种子是一种比喻，并不是真有什么种子："外谷麦等识所变故，假立种名非实种子。"（《成唯识论》卷二）用种子做比喻，应当对于现实种子的生长过程有一定程度的了解。虽然这种了解在农业已经有相当发展的历史阶段，已经是一种常识，但也是正确的知识。

有漏种子转变成无漏种子的手段，是熏习。

> 内种必由熏习生长，亲能生果，是因缘性。（《成唯识论》卷三）

所谓熏习，就是使种子生长：

> 所熏、能熏各具四义，令种生长故名熏习。（《成唯识论》卷三）

能熏、所熏，不过都是识的作用，是识在互相熏习。而熏习的重要作用，就是能把有漏种子转变为无漏种子。

> 无漏种生，亦由熏习。（《成唯识论》卷二）

熏习，显然也是一种比喻。这种比喻的现实基础，当是从农业生产中对种子的处理过程中得来，也可能是由现实中衣物的熏香等实践中得来。不论得自何处，这都是一种当时人们所知的科学知识之一种。法相宗虽然和其他佛教宗派一样，认为诸法皆空、无我，但是他们用作比喻的种子及其熏习过程，则被他们认为是真实存在的过程。不然，这样的比喻就失去了意义。

一面要论证世界的虚幻性，一面又不得不承认用作比喻事件的真实性，构成了佛教教义中的基本矛盾之一，也是佛教和自然科学关系中的一个重要方面。

三　佛教对一般科学知识的探讨和使用

为了说明自己的教义，说明一切无常、诸法无我、世界都是虚幻的，佛教涉猎了自然、社会的各个方面，建立了一套完整的世界观。在建设这套世界观的过程中，也涉及种种自然科学问题。在对这些科学问题进行说明的时候，佛教或者利用已有的知识，或者自己进行了探讨。

佛教追求涅槃寂静，认为获得了涅槃寂静的人们，都生活在佛的国度里。而佛的国度，是一个美妙的国度。作为佛祖前身的大善见王的国度，被认为是佛国净土说的起源。据说，在他的国度里"其城七重。……金城银门，银城金门；琉璃城水精门，水精城瑠璃门"（《长阿含经》卷三）。类似的记载有："灌顶王法有八万四千四种宫殿。所谓金、银、琉璃、颇梨、摩尼琉璃。……"这里的"琉璃"、"水精"、"颇梨"和"摩尼琉璃"，定有一种是真正的玻璃。而当佛国净土的观念发展起来以后，玻璃就成为佛国净土中和金银同样贵重的、不可缺少的建筑材料：

> 其佛国土甚为清净，无有砾石、荆棘、秽浊之瑕，山陵溪涧。普大快乐。绀琉璃地，众宝为树，黄金为绳，连绵诸树。有八交道。诸宝树木常有华实，悉皆茂盛。（《法华经》卷三）

这里所说的"绀琉璃"，是一种深青带红的玻璃。在《华严经》中，提到了真正的玻璃：

> 譬如明净锭光金玻璃镜，与十世界等，于彼镜中见无量刹。（《六十华严》卷三十二）

法藏能够想到用镜子说明一即一切的道理，很可能就是受了该经的启发。

玻璃是人类的一项重大发明。至少公元前 3000 年埃及人就知道制造玻璃。公元前 2000—前 1000 年前后，叙利亚人或罗马人，已经用吹制的方法制造玻璃器皿。大约在佛教诞生的时候，这项技术已经传到印度，遂成为佛教用于构造佛国净土的建筑材料，用作说明教义的道具。

与此相关的是"金刚"。依佛经所说，金刚是一种不会朽坏且无比坚硬，能破坏其他一切物质而自身不能被破坏的宝物。这样的东西，可能是钻石，也可能是某种硬度较高的宝石。但是人类能够认识到这样一种物质的性质，也是一项重大的科学成就。佛教利用了这项成就，把修行成佛的佛身，说成是"金刚不坏之身"。以后又运用于护法的武器，称为"金刚杵"。甚至称护法的武士为"金刚"。四大金刚，一般是中国佛教寺院门前最普遍的守护者。

金刚守护寺院，只是一个小小的作用。更大的作用，是守护佛的国土。虽然原则上佛的国土是不必守护的。佛的国土上，也不只有玻璃地面或者玻璃城和城门。为了说明佛国的全面情况，而这一点对于说服人们信仰佛教是绝对必要的，佛教发展了自己的宇宙结构学说。《长阿含经》卷十八载：

> 佛告诸比丘：如一日月周行四天下，光明所照。如是千世界。千世界中有千日月，千须弥山王，四千天下，四千大天下。……是为小千世界。如一小千世界，尔所小千千世界，是为中千世界。如一中千世界，尔所中千千世界，是为三千大千世界。如是世界周匝成败。众生所居名一佛刹。

我们所在的世界是这样子的：

> 佛告比丘：今此大地深十六万八千由旬，其边无际。地止于水。水深三千三十由旬，其边无际。水止于风，风深六千四十由旬，其边无际。比丘，其大海水深八万四千由旬，其边无际。须弥山王入海水中八万四千由旬，出海水上高八万四千由旬。下根连地，多固地分。其山直上，无有阿曲，生种种树。树出众香，香遍山林，多诸贤圣。大神妙天之所居止。

在须弥山上，也有"水精墙琉璃门，琉璃墙水精门"等。

类似的说法很多，也不尽一致。而且从今天的眼光来看，这纯粹是想象的产物。然而古人对于宇宙结构的探索，也只能是根据自己视野所及进行推测和想象。就这一点而论，则佛教对于宇宙结构的探索，是有价值的。

与佛国相对的是地狱。佛教构想的地狱，也利用了当时的科学材料。《长阿含经》卷十九有《地狱品》。其中讲到，金刚山外有个第二大金刚山，两个金刚山中间，有个非常黑暗的地方，那里有八大地狱。每一大地狱又各有十六个小地狱。其中第一大地狱名叫"想地狱"。那里的众生：

> 手生铁爪，其爪长利。迭相瞋忿，怀毒害想。以爪相掴，应手肉堕。想为已死，冷风来吹，皮肉还生，寻活起立。

印度发明铁的时间，大约在公元前 800 年，稍早于中国。对于地狱的构想，显然利用了刚刚出现不久的铁的发明。

这样的宇宙如何生成？佛教坚决否认婆罗门教的梵天造世说。认为是众人的业力所造，并且也由于众生的业力，将使这个世界毁灭。而所有的世界就处于成、住、坏、空四个阶段的轮转之中。这种创世说带有明显的佛教色彩，是佛教轮回报应说中有关造业理论的延伸。但是它认为这个世界有生成也有毁灭，在古人只能凭想象来构造宇宙理论的时代，应该说是更加合理一些。

对于常常发生的地震，佛教也做出了自己的解释。佛教认为，地震的原因有八种，其中一种是风的作用：

> 佛告阿难：凡世地动，有八因缘。何等八？夫地在水上，水止于风，风止于空。空中大风有时自起，则大水扰。大水扰则普地动。是为一也。……（《长阿含经》卷二）

用物质的相互作用来解释地震的成因，无论对错，都是极宝贵的历史材料。

为了说明佛的全知全能，佛教把佛的知比作名医：

> 尔时，世尊告诸比丘，有四法成就。名曰大医王者，所应王之具、王之分。何等为四？一者善知病，二者善知病源，三者善知病对治，四者善知治病已，当来更不动发。云何名良医善知病？谓良医善知如是如是种种病，是名良医善知病。云何良医善知病源？谓良医善知此病因风起，癖阴起，涎唾起，众冷起，因现事起，时节起。是名良医善知病源。云何良医善知病对治？谓良医善知种种病，应涂药，应吐，应下，应灌鼻，应熏，应取汗。如是比种种对治，是名良医善知对治。云何良医善知治病已，于未来世永不动发。谓良医善治种种病，令究竟除，于未来世永不复起。是名良医善知治病，更不动发。
>
> 如来，应等正觉为大医王，成就四德。疗众生病，亦复如是。（《长阿含经》卷五）

这里对病因的描述，对治疗方法的描述，都可以代表印度当时最高的医疗水平。说明造经者本人曾对医学有过深入而细致的研究。

佛经中有关医学知识的运用，非常普遍：

> 譬如药师疗治众病，若鬼狂病，拔刀骂詈，不识好丑。医知鬼病，但为治之，而不瞋恚。菩萨若为众生瞋恼骂詈，知其为瞋恚者烦恼所病，狂心所使。方便治之，无所嫌责，亦复如是。（《大智度论》卷十四）

这是对精神疾病的正确认识，被用于说明菩萨的耐心。

> 譬如良医，能以妙药治诸盲人，令见日月星宿诸明一切色像。唯不能治生盲之人。（《大涅槃经》卷九）

这里对先天目盲和后天目盲的区别，也是正确的。

> 譬如长者身婴病苦，良医诊之，为合膏药。是时病者贪欲多服。医语之言，若能消者，则可多服。汝今体羸，不应多服。当知是膏，亦名甘露，亦名毒药。若多服不消，则名为毒。（《大涅槃经》卷十）
> 师子吼言。……尼拘陀子性能治冷，胡麻油者性能治风。善男子，譬如甘蔗，因缘故生石蜜、黑蜜。虽俱一缘，色貌各异。石蜜治热，黑蜜治冷。（《大涅槃经》卷二十八）

这里所谈的医药和服药的知识，即在今天，也不失它们的科学价值。

然而，佛教谈论科学知识、从事科学推测，目的都在于说明自己的教义，而不是为了增加人类的知识总量，提高人类的认识水平。这些知识或者推测，在当时可能是先进的知识，但是当科学的发展使人类的认识进一步提高以后，由于这些知识被载入经典，就被当作绝对真理，因而往往会阻碍新知识的诞生。基督教世界反对哥白尼学说，就是由于哥白尼的新发现和基督教所坚持的旧知识相抵触。佛教由于受具体的历史条件所限，未能像基督教那样迫害、压制新知识的发展，是佛教的幸运。

这些载入经典的知识传到中国，基本上没有什么发展。隋唐时代的中国佛教，都是大乘学派。他们关心的重点，进一步集中到如何成佛的问题上。连对于知识问题的类似关心也非常稀少了。

科学知识在经典中的地位，说明佛教构造自己的教义离不开科学知识。同样，佛教为了传播自己的教义，也离不开科学知识。所以在佛教传入中国的过程中，也往往伴随着印度的科学知识向中国的传播；而当佛教经由中国传入日本和其他国家，也往往伴随着科学知识的传播。而佛教的教义虽然在终极结论上是错误的，然而它对于世界诸多问题的思考，往往带有合理的认识成分。这些成分，有些也是科学的发展所可以借鉴和应用的。下面，我们就具体地论述这个问题。

第三节　佛教的传播和科技交流以及
佛教思维与科学的关系

一　佛教传播与中印科技交流

佛教对科学技术的一个贡献，就是随着佛教的传播，扩大了人们的视野，促进了科学技术的交流和传播。

汉代以来，印度僧人不断来华，中国内地的僧人也不断到西域、印度取经求法。最著名的是法显和玄奘。取经活动于地理学的贡献，首先是扩大了中国内地人的眼界，改变了传统的地理观念。

依传统地理学，大地有个中心，这个中心就在阳城，即今天河南登封市境内。传说周公曾在那里建立观测日影长短的标杆，后来元代就在那里建立了当时世界上最先进的天文台。与这个观念相关，是认为大地是西北高，东南低，所以水向东流。那时的中国人，把自己实践范围之内的地形，就当成整个大地的形状。然而取经的人们发现，葱岭以西，水不向东流，而是向西流。在那边看日月星辰，和在中国内地没有多少差别。从此以后，中国人开始逐渐改变了地中的观念，不再把阳城看作大地的中心。

取经的僧人把自己的见闻写出来，成为研究沿途历史、地理状况的宝贵资料。其中特别是玄奘的《大唐西域记》，被学界作为地理学著作。

在中印僧人的频繁往来中，中国内地的人们不仅知道了天地之大，而且知道了无奇不有。传说东汉时期，大将军梁冀有一件火浣布衣服。所谓火浣布，就是可用火洗涤的衣服。有一次，梁冀当众把衣服扔进火里，结果是污垢去除，衣服完好无损。但曹丕不信此事，他在自己的著作《典

论》中依据传统的五行思想，认为火性猛烈，金石都可烧化，布怎能不
被烧坏？曹丕的儿子魏明帝，认为他父亲的话是千古不变的真理，于是把
这些话刻在碑上，立在太学门口，和儒经并列在一起。魏明帝死，西域又
有人进献火烷布，在朝廷上当众试验，果然不怕火烧。这件事在当时的思
想界造成了巨大的震动。据说此后不久，刻有曹丕《典论》的石碑就被
推倒了。当时的人们相信，世界之大，无奇不有，什么奇怪的物和事都是
可能的，从而激起了一股好奇徇异的热潮。这一时期，出现了大量的博物
学著作。博物的结果，不仅大大扩大了人们的眼界，而且促进科学思想发
生了转变，五行思想不再被人们当作绝对真理。北魏时期，疏勒国又进献
所谓释迦牟尼佛袈裟一领。北魏高宗认为佛衣定有灵异，于是把它放在火
里烧，烧了一天也烧不着，看的人都非常惊奇。现在看来，这领袈裟就是
火烷布即石棉布所做。

　　随着佛教的传播，古印度的天文学、数学也传入了中国。据《隋
书·经籍志》记载，天文类书籍中有《婆罗门天文经》《婆罗门天文》
《婆罗门阴阳算历》等书。历算类书籍中有《婆罗门算法》《婆罗门算
经》等，说明在隋代之前，印度的天文、数学已经传入中国。可以想见，
传播这些知识的，一定有不少就是僧人。到了唐代，印度僧人就在唐朝政
府中任职，成为唐朝的正式官员。瞿昙罗、瞿昙悉达、瞿昙譔等印度僧
人，先后在唐朝天文机构内任职，甚至做到太史令，即天文机构中的最高
官员，并参与唐朝的制历改历工作。唐朝初年，李淳风制出了《麟德
历》。后来，瞿昙罗担任太史令，制成了《经纬历》。朝廷下令，和《麟
德历》参照执行。《麟德历》是当时比较先进的历法，《经纬历》能取得
如此地位，说明《经纬历》也具有相当水平。武则天做皇帝，又命令瞿
昙罗制成了《光宅历》，由于仍然沿用旧法，所以精度不高。瞿昙悉达继
瞿昙罗之后担任太史令，玄宗令他将印度的《九执历》译成汉文。九执
即九曜：日、月、五星加上罗睺、计都二曜。罗睺、计都是日行的黄道和
月行的白道的两个交点，印度天文学认为，这两个点上隐藏着两个发光的
星体，所以和日月五星一起被称为九曜。《九执历》说，它是梵天所造，
五通仙人承袭传授，因而渗透着印度宗教的精神。《九执历》译出以后，
当时在天文机构任职的瞿昙譔曾经用它和新制成的《大衍历》进行比较，
结果不如《大衍历》精确。但《九执历》没有中国历法的上元积年一项，
中国历法后来也取消了上元积年，当与受印度历法的影响有关。

随着佛教传入中国的还有印度的医学。《隋书·经籍志》载有《婆罗门诸仙药方》《婆罗门药方》等书，有的则直接以佛教的菩萨命名，如《龙树菩萨药方》《龙树菩萨和香法》等。在翻译过来的佛经中，也有许多医书，比如《人身四百四病经》《胞胎经》《五明论》《佛医经》等。据有人统计，佛教《大藏经》中，医书有二十多种，这也说明了佛教和医学的关系。

印度医学在中国的传播，一面是来华的印度或西域僧人所传，一面是到印度取经的僧人所带。到印度取经的僧人，不仅取佛经，而且学习印度文化，包括科学技术。玄奘的《大唐西域记》，讲到印度人吃饭以前必先洗手，有了病实行饥饿疗法，无效时才用医药。他说印度的医学，不仅有咒禁，而且有服药和针刺。玄奘之后，义净又到印度取经，他的《南海寄归内法传》不仅记载了印度的饥饿疗法，还介绍了印度的医疗情况，有针刺，有儿科，有疮疡科，有普通医，还有鬼病科、长生科和健身科，并且介绍了印度的一些药方和药物。印度医学在中国的传播，是佛教传播的副产品。

像我们古代用五行去说明疾病的发生发展一样，印度人用四大解释疾病的成因。四大说认为，人身由四大和合而成，疾病也与四大有关。《佛医经》把疾病按四大分类，认为四大的增多和减少都将导致疾病的发生。如风增多就起气病，火增多就生热病，水增多则起寒病，等等。四大所得的疾病，每一类有一百零一种，共四百零四种，称为四百四病。四大及百一病的说法曾为不少中国医学家所接受。陶弘景说，人由四大成身，每一大有一百零一种病。他还把葛洪的《肘后方》改为《肘后百一方》。唐代医学家孙思邈说，地火水风，和气成人，四气调和，人体健康，一气不调，百一病就发生；四气不调，四百四病就一起发生。

四大成病的理论，在隋唐时代的佛教中，是正式的病因论。天台宗领袖智颛详细描述了四大所增的病相。地大增者，肿结沉重，身体干瘦；水大增者，痰饮胀满，食饮不消，腹痛下痢；火大增者，畏寒发热，四肢疼痛，大便干结，小便不能；风大增者，头晕目眩，身如飘絮，等等。与此同时，他还谈到五脏病相，企图把印度医学和中国医学的理论结合起来。

由于印度医学并不比中国医学高明，所以流行了一段时间，大多就销声匿迹了，但是有一些医疗方法却保留了下来，这主要是金针拔障术。《大般涅槃经》记载，医生曾用金针打开了盲人的眼睛。南朝僧人慧龙，曾用金针治好了梁武帝弟弟萧恢的眼病。唐代的医学著作中，就正式记载了金针拔障术，这个手术，在今天的中医院中还在应用。此外，印度的一些药物、香料、药方，也都存留下来，汇入中国的医学。当然，僧人们相互往来，不仅把印度科学传入中国，也把中国科学传到了印度。比如义净，就向印度介绍过中国的医药。只是这方面材料不足，学界对此也研究不够，所以难知详情。

佛教从印度传到中国，又从中国传到日本、朝鲜等国，随着佛教由中国传向别国，中国的科学技术也随之得到了传播。

据日本史书记载，日本先后任命的"遣唐使"，共有十九次。这些遣唐使不是一般的使臣，而主要是来学习中国的文化。使者中有医师、天文学家，还有许多有学问的僧人。遣唐使往往一次数百人。据日本学者统计，到隋唐时期，中国天文学著作流往日本的有四百六十一卷，医学著作等一千三百零九卷，还有农学和其他科学技术书籍。其中最著名的有《周髀算经》《九章算术》《黄帝内经》《齐民要术》等。传入日本的中国历法，有何承天的《元嘉历》、李淳风的《麟德历》、一行的《大衍历》、徐昂的《宣明历》等。这些历法在日本沿用了一千多年。日本还仿照中国的教育制度，规定将来想担任医职的学生必须修习《内经素问》《甲乙经》《新修本草》等。日本的城市建筑及寺庙建筑，也都模仿唐代式样。天文仪器、造纸印刷术、陶瓷、冶炼等技术，也都传往日本。日本还曾发过一道诏令，命令按照唐代式样制造水车。在这些科学技术的传播中，僧人起了重要作用。比如日本高僧最澄把中国的茶种带回日本。中国僧人也前往日本，传播佛法，也传播科学技术，其中最著名的是鉴真和尚。

鉴真东渡，数次才获得成功。鉴真给日本带去了佛法，也带去了科学技术。鉴真和他的弟子们仿照唐代寺院，在日本奈良建造了唐招提寺，其台基、殿身、梁架、斗拱、屋顶及整体布局，都和唐代寺院一致。鉴真还精通医术，在日本行医治病。由于双眼失明，他能用鼻子辨别药物真伪。

和日本一样，朝鲜半岛诸国也大量向中国派遣留学生，学习中国文化，包括科学技术。也有许多僧人到中国求法。中国科学技术向朝鲜的传播，僧人也起了重要作用。宋代，朝鲜僧人到中国求法，宋朝送给朝鲜的书籍，不仅有佛经，还有历法及《圣惠方》、阴阳地理书。据说随着佛法传入朝鲜的，还有中医术和铸钱术。

明朝初年，据说日本曾派遣僧人如瑶率四百兵卒，以进贡名义帮助胡惟庸谋反。后来阴谋败露，发现这些日本兵卒不仅藏有刀剑，而且藏有火药，这说明火药在明代之前已经传入日本。火药东传，与僧人的往来也可能有关。

二　僧人和社会的实际需要与科学

处于寺院中过集体生活的僧人团体，本身也是一个小的社会。这个小的社会组织中，不仅需要认识文字以阅读佛经，也需要一般社会团体所需要的计算、医药知识，甚至专门的天文、历法知识，建筑、酿造等知识也往往必需而不可缺。所以虽然佛经没有说明，但是在佛教僧侣中逐渐形成了一种共识，即认为一般的科学知识也是他们所需要的，从而把学习这些知识作为他们的必修功课。据玄奘《大唐西域记》卷二载，印度当时的教育内容，一般有五项内容，称为"五明"：

> 而开蒙诱进，先导十二章。七岁之后，授五明大论。一曰声明，释诂训字，诠目流别；二工巧明，伎术机关，阴阳历数；三医方明，禁咒闲邪，药石针艾；四谓因明，考定正邪，研核真伪；五曰内明，究畅五乘因果妙理。

这五种学问，是一般社会生活所需要的，也是当时的印度教所需要的。至于佛教，则不需要这些，所以早期的佛经中，也不见有关于僧人应该或必须学习五明的记载。

到大乘佛教，五明的问题提出来了。其《菩萨地持经》道：

> 为教众生种种事业故，如是菩萨求五明处。（《菩萨地持经》卷三）

其异译本《菩萨善戒经》道：

> 菩萨何故求诸医方？为令众生离四百四病故，为怜愍故，为调伏众生故，为生信心故，生喜心故，是故菩萨求诸医方。（《菩萨善戒经》卷三）

其文字与《菩萨地持经》大体相同的《瑜伽师地论·菩萨地》诸品，也谈到了五明的意义：

> 若诸菩萨求医明时，为息众生种种疾病，为欲饶益一切大众。若诸菩萨求诸世间工业智处，为少功力多集珍财，为欲利益诸众生故。（《瑜伽师地论》卷三十八）

这些议论说明，五明知识进入佛教，乃是佛教在经过了长期的发展之后，所感觉到的实际需要。这需要，第一，是要传播自己的教义，使人们信服；第二，为解除所谓众生的苦难，也包括僧侣们自己的苦难。

五明知识和技术的具体内容，十分复杂，其中多有巫术的成分。这是一切古代科学技术常见的情形。至于其中确切的科学知识，以及对科学知识的掌握和探讨，则和今天的科学在原则上是一致的。

据高僧传，历代都有许多高僧通晓五明：

> （鸠摩罗什）又博览四围陀典及五明诸论，阴阳星算莫不必尽。（《梁高僧传》卷二）
>
> （昙无谶）初学小乘，兼览五明诸论。（同上）
>
> （求那跋陀罗）中天竺人……本婆罗门种。幼学五明诸论，天文、书算、医方、咒术，靡不该博。（同上，卷三）
>
> （菩提流支）译五明论，谓声医工术及符印等，并沙门智仙笔受。建武帝天和年，有摩勒国沙门达摩流支，周言法希，奉敕为大蒙宰晋阳公宇文护译《婆罗门天文》二十卷。（《续高僧传》卷一）

佛教传到中国，中国也产生了通晓五明或精通其中一明的高僧。据《世说新语·术解篇》载，于法开就是一个精通医术的高僧：

> 郄愔信道甚精勤，常患腹内恶，诸医不可疗。闻于法开有名，往迎之。既来，便脉云，君侯所患，正是精进太过所致耳。合一剂汤与之，一服即大下。去数段许纸，如拳大。剖看，乃先所服符也。

据当时某人所写的《晋书》，于法开还通晓妇科：

> 《晋书》曰：法开善医术，尝行暮投，主人妻产，而儿积日不堕。法开曰，此易治耳。杀一肥羊，食十余脔而针之，须臾儿下。羊胯裹儿出，其精妙如此。（刘孝标《世说新语注·术解》）

于法开治难产的事迹，还被载入《名医类案》。

于法开学医，据说是由于和支道林争高低不胜，才隐居学医。医并不是作为僧人的必要功课。但是到了隋代，中国僧人像印度僧人那样自觉通晓五明的人开始出现。据《续高僧传》，释慧命，"智涉五明，学兼三教"（《续高僧传》卷十七）。玄奘到印度取经，曾经"学通内外五明数术"（《续高僧传》卷四）。玄奘是中国法相宗创始人。玄奘的传承，可上溯到印度的瑜伽行派。关于五明的必要性，也主要出现在瑜伽行派的著作里。玄奘，自然成为在中国传播五明必要性的主要人物。而法相宗和其他宗派相比，对于五明的注意也较多。特别是因明，是法相宗的标志性学问之一。因明是一种逻辑学，然而其中往往涉及实际的知识，因而涉及科学的内容。

据《因明入正理论疏》，佛教需要因明的原因，是为了破除"邪论"："求因明者，为破邪论，安立正道。"（《因明入正理论疏》卷一）破邪立正的一次重大实践，就是在印度戒日王于曲女城设立的一切人均可参加的无遮大会上，玄奘曾立一"唯识比量"，即为"一切唯识"作论证而立的一个论式（比量），该论式道：

> 宗：真故极成色，不离于眼识。
> 因：自许初三摄，眼所不摄故。
> 喻：犹如眼识。

戒日王设这个大会的目的，是"命五印度能言之士，对众显之，使邪从正，舍小就大"。参加者有"沙门、婆罗门、一切异道"数万人，其中"能论义者数千人，各擅雄辩咸称克敌"。但玄奘的论式发出以后，"竟十八日无敢问者"，于是会众大声欢呼："佛法重兴"（道宣《玄奘传》）。这次大会复兴了佛法，也为玄奘赢得了崇高的荣誉，因明学也为佛教发挥了立正破邪的作用。

初期的因明论式有五项，称"五分作法"或"五支式"。公元5—6世纪，印度高僧陈那将五支式改进成"三支式"，是因明发展史上的划时代贡献。玄奘的"唯识比量"，就是新因明的三支式。

把因明的三支式和古希腊的三段论式相比较，则"宗"大体上相当于"结论"，"因"大体上相当于"小前提"，"喻"分"喻体"和"喻依"，而"喻体"大体上相当于"大前提"，至于"喻依"，即喻体的依靠，或者说是喻体成立的前提，则是三段论式所没有的。

相比之下，三段论则仅仅注意逻辑在形式上的无矛盾性，而因明则还要注意它的前提或结论是否能够成立。为此，因明学提出"不违世间"的原则，即以世俗的常识为根据，其实质也是以客观存在的事实为根据。《因明入正理论》列举了世间相违的几个事例道：

> 世间相违者，如说怀兔，非月有故。又如说言人顶骨净，众生分故，犹如螺贝。（《因明入正理论》卷五）

窥基的解释，把世间分为两种：一种是学者的世间，另一种是学者以外的世间，或者叫作"非学世间"。"怀兔非月"之所以犯了世间相违的错误，就是因为学者世间和非学世间"一切共知月有兔故"；"人顶骨净"之所以不能成立，是因为"世间共知死人顶骨为不净故"（《因明入正理论疏》卷五）。

如果把"怀兔非月"作成一个论式，则如下所示：

> 宗：怀兔非月。
> 因：以有体故。
> 喻：如日星等。

窥基批评说，这个论式，"虽因喻正，宗违世间，故名为过"（《因明入正理论疏》卷五）。也就是说，尽管这个论式在形式上完全符合要求，但是它的内容违背了普通人的常识，所以它是错误的，不能成立。在这里，逻辑能否成立不是以逻辑自身为依据，而是以客观事实为依据。最远离客观事实的佛教，在这里却采用了必须以事实为依据的论证方式。而采用这种方式，就不可避免地要涉猎种种科学问题，做出自己的回答。

然而佛教由于自己的实际需要所涉猎的科学内容，一般都限于当时的科学水平之内。科学进步本身一般都是由佛教以外的人们所做出的，要佛教自己去从事科学探讨，是非常罕见的，因为科学探讨不是佛教的目的。

唐代曾有一位高僧一行，他主持修订的大衍历，是当时水平极高、对后世也造成了重大影响的历法，在中国天文学史上做出了杰出的贡献。然而据《旧唐书·一行传》，其祖父张公谨，是在凌烟阁上立像留名的唐朝开国元勋。他"少聪敏，博览经史，尤精历象阴阳五行之学"。后来因为躲避武三思的迫害，才遁入空门，做了和尚。所以一行的从事天文学，和于法开从事医学一样，都是个人行为，不是教义所要求的。一行在成为僧人之前，曾师事道士尹崇和僧人普寂。然而二人是否通晓天文、数学，没有史料可证。

三　佛教思维与科学

佛教曾有许多美丽的幻想，其中最重要的是对佛国的幻想。据佛教经典说，佛国，或者说是西方净土，是一个非常美丽的地方。那里的殿堂楼阁，或是用金银制成，或是用琉璃、水晶建造，还装饰着各种珍宝。有美丽的花园，花园中布满了奇花异草，到处是花的芳香。美妙的音乐自然天成，鸟儿的叫声婉转动听。一切都应有尽有，想要什么，只要一想，就会到了跟前。比如想要洗澡，温水就到了跟前。你想要它热点儿就热点儿，想让它凉点儿就凉点儿。想让它没脚它就没脚，想让它齐腰它就齐腰，如此等等。至于想吃美味佳肴，想穿漂亮衣服，也是一想就来，连说话都不用。这是一个宗教的天国，同时也是人类美丽的幻想。所以在某种意义上，佛教和人类所追求的目标，是一致的。不同之处仅仅在于，佛教依靠幻想和不能实现的方式，比如信佛念佛、积德行善去实现这个目标，而科学则是靠现实的种种努力，一步一步地去实现它。而科学的发展，的确已经把佛教许多仅仅停留在幻想中的东西变成了现实。这是佛教应该感到欣慰和高兴的。

佛教和基督教不同。在基督教看来，世界上的事物在上帝创造以后就一成不变了，佛教认为一切都处在变化之中，人也可以通过某种方式使事物发生自己意愿中的变化。在这一点上，佛教的思想和科学又是相通的。不同的只是，佛教是通过所谓"神通"，实际上就是巫术，促使事物发生变化，而科学则要靠人类的艰苦努力。依靠艰苦努力的途径是比较缓慢的，甚至佛教在想象中顷刻就可以完成的事，科学往往要花数百年甚至上千年的时间。然而佛教所说的"完成"，却是如同他们所说的镜花水月。如果人类真的相信了这些镜花水月般的所谓"完成"，就永远不会有科学的发展，因而永远也不会有真正的完成。科学所说的完成虽然缓慢，但那是真正的完成。人类要追求自己的幸福，也只有经过科学这一条道路。

巫术这条道路，是人类为达到自己目的的一条错误的道路。然而隋唐时期的佛教高僧，几乎是人人相信巫术，虽然他们一面斥责道教和其他有神论者的巫术活动。天台宗高僧智顗与巫术的关系前面已经讲过，其他高僧，比如唯识宗大师玄奘，一向认为佛法清净，曾经痛斥道教讲叩齿咽液是小道巫术。然而他的弟子窥基，曾声称多次得遇文殊菩萨和诸位善神。窥基造弥勒像，诵《菩萨戒经》，佛像就通体发光。后来又造文殊菩萨像，写下《般若经》，菩萨像也发神光。华严宗大师法藏，在讲经时，感动致大地震动。著名律学大师道宣说，他常有鬼神服侍，有一次群龙化为男女人形来拜访他。他还挫败了胡僧的法术，救了当地龙王的命。

在佛教各宗派中，禅宗是最不重法术的宗派。但是其高僧也有许多灵异事迹。五祖弘忍的传记说，弘忍圆寂时，"是日氛雾冥暗，山石崩圮"。惠能辞世，"山石倾堕，川源息枯"（赞宁《宋高僧传》卷八），鸟鸣致哀，猿啼肠断。至少在观念上，禅宗也未能彻底断绝和巫术的关系。

其他宗派的高僧，更是和巫术关系密切。如以"译经"著名的金刚智，能用咒语让鬼送回唐玄宗第二十五公主的灵魂，能用菩萨法设坛使天降大雨。高僧不空曾和术士罗公远斗法取胜，又能对蛇说因果，使蛇损躯，为百姓除害；还能借来神兵解救被敌兵围困的西凉府。善无畏的传中，有一高僧，可在一顿饭之间，往来于印度和中国两地。善无畏可以腾空渡河，身体不怕刀剑。刀剑砍在身上，只听金属声响。在天文学上卓有贡献的一行，曾随善无畏学习，传说他能把北斗七星装进瓮中，然后再一个个放出。

金刚智、善无畏等是佛教密宗，向来以法术也就是巫术见称。但是信法术、会法术的并不只是密宗僧人。在这个问题上，佛教往往和科学发展处于直接对立的地位。甚至在今天，佛教中也常常有人参与算命、伪气功等巫术性质的活动。这不仅直接扰乱了人们的健康思想，而且也违背佛教的诸法无我、涅槃寂静的根本宗旨。

　　佛教的"集谛"或因缘说认为一切事物都是由种种原因造成的，这一条在哲学上是正确的，对于科学发展，也是有益的。在科学探索中要取得成功，就要考虑这种种原因。当该发生的事件没有发生的时候，当事者就应该考虑还缺了什么因素，并且加以弥补。为了要促成某种科学事件的发生，科学家所应该做的，只有一件事，就是一个个地去满足事件发生所要的条件。这是科学探索中不断发生的事情，但是最集中而大量地论述事物的发生发展是由种种原因造成的这样一种理论的，则是佛教。从这一方面说，科学，可以从佛教的思维方式中，学习自己所需要的东西。

　　区别在于，佛教囿于自己的宗教目的，把因缘说，也就是种种原因的起点，定于人类的世俗认识，认为这种认识是愚蠢的所谓"无明"，不遗余力地让人们相信其诸法空幻。所以科学家在注意吸取佛教思维的优点的时候，同时要注意排除那些消极的、错误的东西。

　　佛教为了达到自己的宗教目的，要求信仰者要排除原有的种种知识和认识，做到"心无执着"，而专心致志地追求涅槃寂静。从事科学探索不能追求涅槃寂静，但是心无执着、不带成见也是必要的前提。佛教为追求涅槃寂静，可以抛弃世俗的名利观念。科学探索为的是追求人类的普遍幸福，个人的名利应该尽量淡化。佛教的许多高僧为追求佛教的真理，可以历尽苦难，顽强追求，科学为追求自己的目的，也需要这样的精神。在这些问题上，只可以说，科学所需要的许多精神和佛教有某些相通，而不能说成是由佛教所提供的。因为客观的、不带成见的精神，顽强追求的精神，为真理而不惜献身的精神，从来就是科学自身所具备的，并且是由科学工作本身的性质所培养起来的精神。

第十三章

中国古代的科学政策

上海师范大学　李申

　　国家政权作为最重要的社会力量，其用力方向对于各种社会活动影响极大。科学作为一项社会活动，国家政权的支持与否，支持的方向和力度大小，将直接影响科学的发展速度和发展方向。

　　作为一个农业国家，唐以前的政权，可以说都是关心科学发展的。比如《尚书》上说尧命羲和，"钦若昊天，历象日月星辰，敬授人时"（《尚书·尧典》），成为后世国家政权设置天文官员的根据；舜命弃为后稷，"播时百谷"（《尚书·舜典》），成为后世国家政权设置农业官员的根据。至于兴修水利、进行手工业生产，也都有专门的官员。据《周礼》，国家还设有医官。然而一般来说，唐代以前，国家仅仅设置了这些官员，一般并不关心有关知识和技术的推广，也不关心他们接班人的培养。因此，科学技术官员接班人的培养，他们的科学著作的编写，都是私人的事情。

第一节　唐代的科学政策和对待外来科学的态度

　　从唐代开始，这些原本属于私人的事业开始得到国家政权的关注，并致力于将科技人才的培养，主要是算学和医学人才的培养，纳入国家教育系统，使这些事业变成国家政权的职责。

　　首先是天文算学。唐初，设置算学博士，隶属太史局。后来曾两度废兴。唐高宗龙朔二年，即公元 662 年，重新设置算学，和国子学、太学、四门学、律学、书学共称"六学"。算学设博士二人，学生三十人。六学之中，学科只有四个，国子学、太学和四门学的学习内容都是儒学，只是教育对象和学校级别不同。算学成为国家设置的正式学科，就使天文算学人才的培养和儒学的一样，走向正规化。

算学学习的内容，有《孙子算经》《五曹算经》《九章算术》《海岛算经》《张丘建算经》《夏侯阳算经》《周髀算经》《五经算术》《缀术》《缉古算经》《数术记遗》等，总共需要十多年时间。有放假制度，每旬一日。有考试制度：

> 前假，博士考试。读者千言试一帖，帖三言。讲者二千言，问大义一条，总三条。通二为第，不及者有罚。岁终通一年之业。口问大义十条，通八为上，六为中，五为下。（《新唐书·选举志》）

有处罚制度："（算学生）并三下，与在学九岁，律生六岁，不堪贡者，罢归。"（《新唐书·选举志》）

算学招收的对象，是"八品以下子及庶人之通其学者"（《新唐书·选举志》），年龄限制在十四岁到十九岁。学习成绩合格的，可以参加科举考试。考中以后的官职，秀才科，上上第为正八品上；其次是明经科，上上第从八品下；再次是进士和明法科，甲第，从九品上，乙第从九品下；书学、算学科，如果考中，同于进士乙第，从九品下。

从学校级别和录取后的级别看，算学的地位和儒学还有所差异，但这是国家正规培养天文历算人才的开始，具有重要的意义。

其次是医学。其地位似乎高于算学：

> 太医署令二人，从七品下。丞二人，医监四人，并从八品下。医正八人，从九品下。
>
> 令掌医疗之法，其属有四：一曰医师，二曰针师，三曰按摩师，四曰咒禁师。皆教以博士考试，登用如国子监。（《新唐书·百官志》）

太医署是国家的医疗机构，主要是为皇室服务，以前的国家都有这样的医官。但是设置医学博士，则是唐朝的创制：

> 贞观三年置医学，有医药博士及学生。开元元年改医药博士为医

学博士。诸州置助教，写《本草百一集验方》藏之。未几，医学博
士、学生皆省，僻州少医药者如故。二十七年，复置医学生，掌州境
巡疗。永泰元年，复置医学博士。三都、都督府、上州、中州，各有
助教一人。三都学生二十人，都督府、上州二十人，中州、下州十
人。（《新唐书·百官志》）

和算学学生不同，医学学生不能参加国家考试。但是学成行医，一样任国
家官吏。唐肃宗乾元年间规定，"医行入仕者，同明经例处分"（《唐会
要》卷八十二），其地位要高于算学博士。医学学生，也有自己的考试科
目和奖惩制度。这样，医学人才的培养，也纳入国家的教育系统。

国家政权关注算学和医学的第二项措施，就是由国家出面，组织编写
有关书籍：

先是太史监候王思辩表称，《五曹》《孙子》十部算经，理多舛
驳。淳风复与国子监算学博士梁述、太学助教王真儒等，受诏注
《五曹》《孙子》十部算经。书成，高祖令国学行用。（《旧唐书·李
淳风传》）

后来的贞观年间，才有奉诏撰写的《五经正义》和《晋书》、《隋书》等
史书。也就是说，由国家政权组织撰写书籍，在唐代，首先是从算学开
始的。

由国家支持编写医书，隋代已经有了先例。巢元方的《诸病源候
论》，就是奉诏撰写的医书。唐代显庆年间，朝廷下诏，由司空李勣监
修，由儒者和天文学家、医学家共二十多人参与，撰成《唐本草》，是唐
代国家组织撰写医书的开始。开元年间，下令每州要有一本《本草百一
集验方》，"与经史同贮"（《唐会要》卷八十二）。就在这一年，唐玄宗
亲自撰写《广济方》，颁布天下。贞元十二年，唐德宗又撰写《广利方》
五卷，颁布天下。

在天文算学和医学之外，一个农业国家最重要的就是农学。唐德宗贞
元年间，根据大臣李泌的建议，百官在中和节这一天，要向朝廷贡献农
书。这项措施，是古代国家直接参与农业科学工作的开始。

国家政权的参与，在一定程度上推动了相关科学的发展。唐代的做

法，也为后世仿效，给古代科学的发展，增添了新的动力。

从南北朝时期开始，随着佛教的传播日益广泛，天竺国天文学、医学的一些成果也传入了中国。武则天当政时，天竺天文学家瞿昙罗曾在唐代天文机构中任职，所造《光宅历》曾被唐代国家选用。继瞿昙罗之后的瞿昙譔，曾抨击《大衍历》准确度差。经过测验，证明了《大衍历》的优越，正确地解决了这次争端。这些典型事例说明，唐代政权欢迎外国的科学成果和科学人才，并能用正当的方式解决科学中的争端。

唐德宗贞元年间，曾下诏访求天文历算人才。称自古以来，"莫不仰稽次舍，俯察　祥。克穷盈缩之端，备极阴阳之际"。因为"虽天道难知，固以不言示教。而时君取戒，宁可遐弃"（《访习天文历算诏》，载《唐大诏令集》卷二百零二）。这就是说，国家访求的天文历算人才，为的是仰观天象，探察吉凶。

这样，天文学就担负着传达天意的任务。而天意如何，是当时国家的最高机密，所以唐代的天文机构一度曾称为"秘阁"。由于天文工作的性质，所以国家曾不止一次下令，禁止个人私自从事天文学的工作。

唐代初年，在唐太宗命房玄龄等撰定的《唐律》中有："私习天文者，并不在自首之例。"唐高宗时，由长孙无忌主持的《唐律疏义》解释道：

> 天文玄远，不得私习。从于人损伤以下，私习天文以上，俱不在自首之例。（《唐律疏义》卷五）

据《四库提要》，则《唐律》是在先秦以来历代法律的基础上加以增损而成的。因此，不许私习天文的规定，应该是历史悠久。

唐代宗大历三年，朝廷颁布《禁天文图谶诏》。其原因是，私习者往往妖言惑众：

> 敕：天文著象，职在于畴人。谶纬不经，蠹深于疑众。盖有国之禁，非私家所藏。虽神灶明徵，子产尚推之人事；王彤必验，景略犹置以典刑。况动皆论谬，率是矫诬者乎。故圣人以经籍之义，资理化之本。侧言曲学，实蠹大猷。去左道之乱政，俾彝伦而攸叙。四方多故，一纪于兹，或有妄庸，辄陈休咎，假造符命，私习星历，共肆

穷乡之辨，相传委巷之谈。作伪多端，顺非而泽，荧惑州县，诖误闾阎，坏纪挟邪，莫逾于此。（载《唐大诏令集》卷一百零九）

这件诏令，道出了古代天文学包括历法的重要功能乃是探测天意。而"动皆讹谬"一句，则道出了这种探测的荒谬性质。然而国家需要神学，只是不准私习。不过这道禁令似乎也仅限于纸上，唐代及其以后，私习天文者仍然是历代都有。禁令禁不住私习，更阻碍不了天文历算学的发展。

第二节 宋元国家与自然科学

从宋到元，国家权力干预、督促和参与科学技术发展的力度进一步加大。

北宋建国之初，太平兴国年间（976—984 年），"两京诸路许民共推练土地之宜、明树艺之法者一人，县补为农师"，其职责是"相视田亩肥瘠及五种所宜"（《宋史·食货志一》），并根据农民人口、耕牛状况，分配闲置土地，督促耕种。这相当于近代的农业技术员。为了抗御自然灾害，北宋国家曾在长江以北推广种稻，在长江以南推广五谷杂粮。对于传统农学的所谓"土宜"原则，也是一次重要的突破：

言者谓：江北之民杂植诸谷，江南专种秔稻。虽土风各有所宜，至于参植以防水旱，亦古之制。（《宋史·食货志一》）

由于战争和瘟疫，耕牛大量死亡。为了解决耕田问题，宋代国家曾经大力推广过一种"运以人力"的"踏犁"（《宋史·食货志一》）。由政府制造，送给农民。宋代国家还推广过一种高产、早熟、耐旱的稻种：占城稻。为了实验这个品种的优良，皇帝曾亲自在宫内种植，以为示范。

为了发展农业生产，宋代曾设置"劝农使者"，督促农业生产，并且兼有推广农学知识和农业技术的责任。为了使这些使者通晓农学，北宋时期，宋真宗曾下诏刻印《齐民要术》和唐代韩鄂所著农书《四时纂要》，发给他们。宋代的地方行政官员，也多有劝农的文字。

北宋时代，有以真宗名义颁发的《授时要录》，有说二十余卷，有说十余卷的。由于该书未能流传下来，内容难以知晓，从名称上判断，当是一部类似唐代武则天时《兆人本业》的著作。其中有泛讲天时地利，也有农业生产的知识和技能。无论其科学价值高低，都是国家权力干预和参与农业科学的开始。

到了元代，则由国家组织编纂农书。所编《农桑辑要》，虽然多是采集前人，然而其中因种植棉花等作物所引起的关于天时、土宜的议论，则是元代的新见，并且具有很高的科学价值。

自从隋唐把天文算学纳入国家教育体系以来，宋代有所继承并发扬光大。教授的内容，除传统的《九章算术》《周髀算经》等数学书籍外，还有"历算、三式、天文书"。历算就是各种历法，比如《大衍历》就是一种。天文书，不仅是《周髀算经》，也当包括《开元占经》之类的星占书。三式，则指太乙、六壬和遁甲三种占卜术。现存有唐王希明所著《太乙金镜式经》，其中推上元积年、积月、冬至等，是历法的基本内容。推太岁、太乙，计神等，就纯粹是神学占卜了。明程道生《遁甲演义》，则是用时日、干支、九宫等各种符号系统，排列成或方或圆的所谓"局"进行占卜。据说黄帝创立这种占卜术，最初有四千三百局，后来人们减少到一千八百局，其中最重要的有十八局等。无名氏的《六壬大全》，则记载的全是用五行、九宫和干支等符号系统排列，进行占卜的方法。这些占卜术都或多或少地要用到数学计算，却不能发展数学计算的方法，因而也是一个科学作神学奴婢的例子之一。算法教育中的这些内容，可以使我们看到古代数学的全貌和社会作用。

据《宋史·选举志》，宋代数学教育开始于崇宁三年（1104 年），此时宋徽宗当国，北宋已临近灭亡。算学学生起初是太学中一科，后来归太史局。南宋时期，数学教育被继承下来。直到理宗淳祐十二年（1252年），南宋灭亡前夕，朝廷上仍在讨论算学招生、考试等问题。也就是说，宋代的算学教育，从设置以后，一直坚持进行。学生以 120 人为限，在当时来说，应该是比较多的数量。

为了推动数学教育，宋徽宗在设置算学以后不久，又依照儒教祭祀系统，设立了算学祭祀系统。以黄帝为"先师"，风后等八人"配享"，巫咸等七十人"从祀"。从祀者，自然也包括刘徽、李淳风等人。仿照儒教，算学配享、从祀者也都被封以公、侯等爵位。

和算学同时，宋徽宗还建立了书（法）学、画学。宋徽宗本人，也是个优秀的画家和书法家。其算学造诣如何没有记载。杜甫诗说，"文章憎命达"，是说只有命运多舛的人诗文才写得好。而像宋徽宗这样在艺术上造诣很高的人物，却不是一个好皇帝。然而无论对于宋徽宗在其他方面如何评价，他举办算学教育，对于宋代的数学发展，是起了推动作用的。

"金承辽后，凡事欲轶辽世。故进士科目，兼采唐宋之法而增损之。"所以金代的教育也有算学一科，归司天台管辖。学生中，女真 26 人，汉人 50 人。每三年，"选草泽人试补"。这就更提高了民间钻研数学的兴趣。"其试之制，以宣明历试推步，及婚书、地理新书试合婚、安葬。并易筮法、六壬课三命、五星之术。"（《金史·选举志一》）其占卜的内容似乎更多了。

元代国家没有设置算学教育，而代之以"阴阳学"。选择那些"通晓阴阳之人"，即"术数精通者"，经过考试合格者，在司天台内任职。每路、府、州，各设教授一人，管辖这些"阴阳人"。也就是说，阴阳学，本质上和宋、金时代的算学一致，只是占卜的成分比例更大了。到了明代，府、州、县，都各有一位阴阳官员，"设官不给禄"（《明史·职官志四》），是元代教育制度的延续。

通观宋元时期的算学教育，可以看出，算学教育是适应制定历法需要而产生的。随着历法的进步，对算学生的需求也日益减弱。

北宋初年到中期，唐末、五代遗留的算学人才，以及他们的弟子，做了北宋历法领域的主要力量。北宋末年，当这批"遗产"被消耗殆尽的时候，国家感到了培养算学人才的必要。由于宋代的主流思想认为历法不断修改是天象的不断变化所引起，因而是正常的，所以对于相关人才的要求，也是不间断的。然而金代虽然学习宋代的教育制度，但是似乎认为自己沿用的历法，已经是优秀的历法，改进的动力不大，所以金代的算学教育，占卜的成分就逐渐增多了，用于民事的实际计算技巧，其地位就降低了。元朝建国不久，至元十七年（1280 年），就编制了授时历。这是一部超越历代的历法。十八年（1281 年），颁行天下。经过多年的运行，应该说，实践证明，这的确是一部优秀的历法。主持历法的许衡等儒者，又精通程朱理学，也深受朱熹历法思想的影响，即认为只要方法正确，历法就不必经常修改。现在，这样的历法被他们找到了。误差很小，可以满足农业生产和占卜天象的各种需要。改革历法的动力，几乎就不存在了。至元二十八年（1290 年），也就是授时历编制成功十年以后，国家设置了阴阳学。其中推步，或者说实际计算的内容就更加淡薄，占卜的成分更加浓厚，所以名称也发生了改变。因此，元朝中期以后，算学人才就日益枯竭，到明朝，传统数学的衰落就是必然的了。这里不单是国家是否重视和理学影响的问题，更重要的，是古代数学自身发展的规律。它依附于历法的需要而发展，也随着历法需要的衰落而衰落。如果要再有更大的发展，就需要有新的动力。

古代国家重视医学，因为人人都需要医疗。但是国家起初却未设置医学教育，医生们大多是师徒相传。其著述也多是私人的兴趣和爱好。隋代开始，由国家组织编制医书。唐代又设置医学教育，使医学人才的培养纳入国家教育的轨道。

宋代进行医学教育和选择医学人才，或归太常寺负责，和儒生科举一起进行，或设立专门的医学机构负责。起初考试医学知识，后来又增加了儒学内容，这大概是医学考试归太常寺负责的原因。医学学生有 300 人。归国子监负责的时候，也有 120 人。和儒学生一样，分为三舍。这种状况表明，医学教育在宋代的地位，似乎更高一些。

到了金代，按州分配人数。大兴府最多，30 人。京府 20 人。最小的州，10 人。每月都有考试。每三年由太医进行一次考试。只要具备相应的能力，不是医学学生，也可以参加医学的考试，合格者即可被国家录用。

元朝建立之初，从中央政府到各地方政府，都设立医学教育，也是每月进行考试。通过国家设置的医学教育机构考试录取的，也可做亲民的行政官员。医学出身的地位，显然又有所提高。

为了准确地传播医学知识，宋代国家曾经设立"校正医书局"，任务是整理校订传统医学名著。参与者不仅有著名的医生，也有著名的儒者。《黄帝内经》《神农本草》《诸病源候论》《千金要方》等，都是由这个机构校订的。到了元代，更是规定，太医院的医官和各地方的儒学学官，都有责任，也有义务，考校本朝名医的著作。对于药物的性味真伪，也有进行辨别的责任。

宋代国家还不止一次地组织相关机构，编制医方书籍。其中著名的有《太平惠民和剂局方》。其中所收，都是各地名医行之有效又经过太医院检验的配方，因而具有很高的科学价值，所以能够在宋元时期长期盛行。

农学、天文算学、医学，是古代科学几个主要的领域。从有文字记载的历史开始，到宋元时代，古代国家对它们的重视程度日益加深，说明它们在社会生活中的作用日益提高。国家的重视，是科学的发展为自身挣来的荣誉，也为自己的进一步发展创造了条件。发展中，会有曲折，也会有此消彼长的情况存在，但科学知识的积累是无法阻挡的。科学在社会生活中作用的增强，也是不可避免的。而这些知识和作用，也是一定要被人们认识的。科学的发展和人类自身的发展一样，都是一个不可避免的过程。

第三节　明代历法和明末争历

明朝的历法，两百多年中，一直沿用授时历，基本没有修订过。

洪武十七年（1384 年），元统根据授时历，"去其岁实消长之说，析其条例，得四卷。以洪武十七年甲子为历元，命曰《大统历法通轨》"。因为改历，元统做了钦天监主官。几年以后，监副李德芳认为元统的改革使历法发生了误差。朱元璋主张"验七政交会行度"（《明史·历志》），结果似乎并无大碍，所以大统历就一直沿用了下来。

这是明代初年关于历法改革的争议，也是明代的第一次争历。

这次争历五十多年后，正统、景泰交替之际（1449—1450 年），发生了第二次争历。内容是由于迁都北京，昼夜时刻和南京不一样，是否需要修改。经过争论，最后由景泰帝拍板，决定不改。

又多年后，成化年间（1465—1487 年），历官推算月食发生了误差，皇帝认为"天象微渺"，难以测度，没有怪罪。但是儒者俞正己上书，要求改历。礼部尚书周洪谟认为俞正己仅靠《皇极经世书》和历代的天文、历志进行推算，"又以己意创为八十七年约法，每月大小相间"，认为是轻率狂妄，应该治罪。于是俞正己被治罪。两年后，又有天文生要求改历，钦天监官员认为祖制不可改，没有同意。

这可算是第三次争历，未能改成，主要是改革者的历法未能超越大统历。就在这次改历二十多年前，月食推算的误差，是从卯正三刻到辰初初刻，相差不过一小时左右，而且未必是历法本身的错误。而俞正己所谓月"大小相间"，显然是取消了定朔。其错误不言自明。未被采纳，是正确的。

又过了几十年，正德末年到嘉靖初年（约 1518—1523 年），历法推算日食连续发生误差，关于是否改历又发生了争议。礼部员外郎郑善夫发现，日食的时刻，南方和北方不一样：

> 日月交食，日食最为难测。盖月食分数但论距交远近，别无四时加减。且月小暗虚大，八方所见皆同。若日为月所掩，则日大而月小，日上而月下，日远而月近。日行有四时之异，月行有九道之分。故南北殊观，时刻亦异。必须据地定表，因时求合。
>
> 如正德九年八月辛卯日食，历官报食八分六十七秒，而闽广之地遂至食既。时刻分秒安得而同。（《明史·历志》）

他要求"按交食以更历元，时刻分秒，必使奇零剖析详尽。"（《明史·历志》）他的建议没有得到回答。几年以后，主管历法的华湘要求改历，但也为主管的乐护反对。这次改历又中止了。

这可以算是明代的第四次争历。

七十多年以后，万历二十三年（1595 年），朱载堉献上"圣寿万年历"，认为当时的大统历法，误差有九刻之多，如果差在夜半时刻，也就会相差一日，如果这一日刚好在年月交替之际，就可能是相差一年。应该改革。但礼部尚书范谦认为，测验也有不准的。这九刻的误差，未必就能使历法相差一年：

> 岁差之法，自虞喜以来，代有差法之议，竟无画一之规。所以求之者，大约有三。考月令之中星，测二至之日景，验交食之分秒。考以衡管，策以臬表，验以漏刻，斯亦侥得之矣。历家以周天三百六十五度四分度之一纪七政之行，又析度为百分，分为百秒，可谓密矣。然浑象之体，盖仅数尺，布周天度，每度不及指许，安所置分秒哉。至于臬表之树，不过数尺。刻漏之筹，不越数寸。以天之高且广也，而以尺寸之物求之，欲其纤微不爽，不亦难乎？故方其差在分秒之间，无可易者。至逾一度，乃可以管窥耳。此所以穷古今之智巧，不能尽其变与。（《明史·历志》）

范谦这段话，实事求是地道出了古代测量工具和测量技术的局限，也是制约中国古代历法进一步精密的"瓶颈"。所以如果发生误差，就可能不仅是历法本身的错误；测量的精度，也是一个严重问题。范谦接着说道：

> 即如世子言，以大统、授时二历相较，考古则气差三日，推今则
> 时差九刻。夫时差九刻，在亥子之间，则移一日。在晦朔之交，则移
> 一月。此可验之于近也。设移而前，则生明在二日之昏。设移而后，
> 则生明在四日之夕矣。今似未至此也。
>
> 其书应发钦天监参订测验。世子留心历学，博通今古，宜赐敕奖
> 谕。（《明史·历志》）

朝廷采纳了范谦的意见，把朱载堉的成果纳入国家历法系统。

大约就在朱载堉上书之后不久，河南佥事邢云路上书，说他测量的结果显示当年的冬至与历法数据相差九刻，八月的日食，相差接近二刻。钦天监官员诬蔑邢云路"借妄惑世"。礼部尚书范谦则批评钦天监心怀嫉妒，认为官员有权力议论改历。他建议由邢云路主管钦天监，主持改历。建议未被通过。

这可算是明代的第五次争历。当时精通历法的，除朱载堉、邢云路以外，官员中，还有唐顺之、周述学、陈壤、袁黄、雷宗等人，并且都有专门著述。其中除朱载堉的《圣寿万年历》，最有名的就是邢云路所著《古今律历考》。邢云路在序言中说，他在山中发现了精通历法的"魏生文魁"，和他一起研究了古代的历法，并称赞魏是祖冲之一类的人物。因此，有人认为《古今律历考》是出于魏文魁之手。而魏文魁这个人，在明末的历法改革中，也扮演了重要的角色。

万历三十八年（1610 年）开始，钦天监推算日食又发生了误差。礼部官员要求推荐人才，修订历法。于是五官正周子德推荐了"大西洋归化远臣"庞迪我、熊三拔，礼部又推荐了邢云路、范守己和徐光启、李之藻。准备让徐、李二人与庞、熊共同翻译西洋历法，供邢云路等参考。三年以后，李之藻等译出西洋历法，上奏朝廷。并又推荐了龙华民和阳玛诺。但由于"时务因循，未暇开局"（《明史·历志》），制订新历的事被拖了下来。

此后数年之间，邢云路又屡次提出建议，这些建议也备受称赞，但是制订新历的事，却始终未能实行。因为这时已经是万历末年，数年之间，皇帝连续更换，政治不安，改历的事也就停了下来。

　　这一次改历不成，但没有竞争。只是为最后的竞争做了准备。

　　崇祯二年（1629 年）日食，徐光启的推算，比大统历和回回历都准确。于是由五官正戈丰年等建议，由徐光启等修订历法。徐光启先后又推荐了李之藻、龙华民、邓玉函和汤若望、罗雅谷等参与历事。这时，四川儒生冷守中送上自己所编的新历，遭到徐光启批驳。经过实测，否定了冷的历法。不久，满城布衣魏文魁，也就是曾经和邢云路合作过的"魏生"，著《历元》《历测》二书，并让自己的儿子把《历元》献给朝廷，又遭到徐光启批驳。魏文魁则努力辩护，与徐光启反复辩论。几年后徐光启病死，由李天经代替徐光启，魏文魁又抨击历官推算有误差，于是让魏文魁进京，和西洋历一样，也自设一局。加上钦天监和回回历，当时共设置了四家历法机构。"言人人殊，纷若聚讼焉。"（《明史·历志》）而李天经和魏文魁推算的五星运行状况进行了比较，结果是李天经正确。以后几年之间，关于日食月食、五星行度，又经过了多次的测验比较，都是李天经的正确。崇祯十六年（1643 年），终于决定使用李天经所制历法，并把他的历法命名为"大统历法"。然而不久，明朝就灭亡了，新制的历法没有来得及实行。

　　中国古代虽然是个传统社会，但在历法问题上，则从汉代制订太初历开始，就实行的是一套不成文的规则：谁的正确，就用谁的。即使隋代出现的政治权力严重干涉历法的事件，也是因为张胄玄的历法和刘焯历法的准确度相差不是太远。至于明代，虽然其间也有处置不恰当、当权者嫉贤妒能的情况发生，然而这些情况，可说是古今中外科学发展中都会有的情况，而且不算严重。其根本问题在于，国家值不值得为那二刻或九刻的误差，去投入很多的人力财力进行改历？而且即使如此做了，经过改进的历法是否就会比原来的优秀？直到明末，当确实看到了西洋历法的优秀，改历的事也终于实行，并且取得了成果。明末的改历，可说完全是在一种公平竞争的情况下进行的，无论参加者是官员还是平民，是中国人还是外国人。这种情况，是值得肯定的。如果在这里要强分保守还是开放，是没有意义的。

　　伴随明末的历法改革，是西方自然科学成果的传入。

第十四章

中外文化交流与科学技术的发展

中国社会科学院科研局　　孙晶

第一节　对中外科学文化交流的认识

一　阶段性特点

人类的任何一种文化，都是相对其他文化存在的。在某种意义上可以说，当今世上不同的文化传统和不同的思想学说，若不与其他文化发生联系，就不可能独自生存；一个民族的文化若不是与其他文化处于相互关系之中，也就谈不上这个民族有什么民族特色的文化。有文化，必有交流，正是由于文化的交流，才有引进消化吸收到再创新，才能不断保持本民族文化的生机与力量。科技文化是一种代表先进生产力的文化，它的发展进步的过程，也是不断吸收外来的进步的文化，达到综合融汇，不断走向持续的进步与繁荣的过程。

中国古代的科技文化是中国劳动人民长期生产实践的产物。中外文化交流始于何时，是一个很难确知的问题。但随着考古发掘文物的不断出土，我们发现中外科技文化交流的痕迹却是在不断前推。在印度河流域 Harappa（哈拉帕）和 Mohenjodaro – daro（摩亨佐—达罗）等地出土的彩陶，与中国甘肃出土的史前彩陶，有一些相似或共同之处。学者们推断，它们之间有传授或相互学习模仿的关系。季羡林先生更从汉文和梵文对照考证，二十八宿起源于中国，然后传入印度，时间大约是周初。因为就二十八宿这个分法的原有目的来说，它选择的应当近于月道，即应取黄道赤道附近的星象。然而，印度二十八宿却含有大角（Arcturus）、织女（Vega）、牵牛（Altair，中国名河鼓）。而这些星象距黄道赤道颇远。中国的二十八宿最初也包括这些星象，但后来可能经过一次整理，代之以黄道赤道附近的星象，就是以角代大角，并且以之为二十八宿的起点；以须女代织女；对于牵牛，把它的代用者改为牵牛，而把原有的牵牛改为河鼓。印度却把没有整理前的二十八宿输入本国，忘记了原来的意义，仅用于星占，所以北斗与牵牛、织女对于印度虽毫无意义，也被传入。①

中国几千年的文明史中，对外科技文化交流可以说始终未断。对不同国家、不同民族和区域交流的广度和深度当然也因时、因地而宜，但大致都可以从两汉算起，当然汉以前肯定也有，但在实证方面会显得稍微困难一些。魏晋南北朝一直到隋唐时期，中外文化交流都是逐渐发展与繁荣的。唐、宋、元、明时期，可以说是中华文明对外交流的鼎盛时期。唐朝历时289年，国力强盛，是当时世界上最强大的国家。唐帝国卓越的国际地位和高度的物质文明，吸引了亚、非、欧的一些国家争相与之交往，在当时世界三大主要文化交流中心印度、阿拉伯和中国中，中国俨然就是世界文化中心的中心。唐朝时期，中国和日本的友好往来和文化交流达到空前繁荣的时期。日本派出遣唐使共十三次，另有派到唐朝的"迎入唐使"和"送客唐使"共三次。日本当时实行全盘唐化，从政治、法律、农业、手工业、商业、文字、天文学、数学、医学、建筑等，都照搬唐朝。郭沫若说："把中国的文化，各种上层建筑的意识形态，差不多和盘地输运了去。"② 宋朝也是中国历史上科技最发达、文化最昌盛、人民生活水平最富裕的朝代之一。宋代是中国科学技术大发展的时期，航海、造船、医药、工艺、农技等技术都达到了前所未有的高度，中国历史上的重要发明一半以上都出现在宋朝。李约瑟指出，"中国的这些发明和发现往往超过同时代的欧洲，特别是15世纪之前更如此"③。宋朝也是对世界贡献最大的时期。指南针、印刷术、火药的发明、完善、应用以及广泛传播，都是在这一时期，而这些都推动了世界科技文明的进步，对世界人民的物质文化生活和社会发展做出了巨大的贡献。元朝共97年，历史虽短，但却建立了横跨欧亚两大陆、衔接三大洋（太平洋、印度洋和北冰洋）的超级帝国。这种疆域上的空前扩大，加上陆路完备的驿传制度和海运的发展，

---

① 季羡林：《中印文化交流史》，中国社会科学出版社2008年版，第6—8页。

② 郭沫若：《日本民族发展概况》，见《郭沫若文集》卷十二。

③ ［英］李约瑟：《中国科学技术史·序言》，上海古籍出版社1990年版，第1—2页。

使东西方交通更加便利，为文化交流范围的空前扩展打下了坚实的物质基础。元朝与亚、非、欧三大洲的各国建立了多种联系，与商人、教士和使节的往来更加频繁。马可·波罗的《马可·波罗游记》第一次比较全面地向欧洲人介绍了中国高度发达的物质文明和精神文明，开阔了中世纪欧洲人的地理视野，对欧洲编制地图、航海事业的发展和远航产生了很大影响。元朝的科学技术达到或取得很高的成就，其中天文学、数学，甚至医学居于当时世界先进地位。元朝时，中国的印刷术、火药等技术发明，先后辗转传入西欧，中医学及纸钞制度传入了中亚。明朝是一个比较特殊的朝代。明中前期，海上丝绸之路空前发达。这时的中外文化交流，影响最大的是历时 28 年的郑和下西洋。郑和下西洋的壮举，促进了中国同亚非各国的文化交流，包括物质文化、制度文化和精神文化的比较全面的交流，而这些都推动了中国与交流各国商业、宗教的发展，促进了当地经济文化的发展进步，同时对明朝社会经济文化的进步也有一定的推动作用。"他发现了许多中国人所不知道的世界，直接替中国人民在南洋一带开辟了一个新的世界；间接扩大了中国人的地理知识。"[①] 值得一提的是，明都北京城和明皇城的总设计师是安南建筑师阮安，这也是中国与东南亚国家文化交流的结晶与明证。中外几千年的文化交流史中，明清之际是一个巨大的转折期。

　　一般地讲，明末清初之前，中国对西方文化的主动吸收，是零碎的、间接的、无意识的。而明清之际，随着西方传教士的到来，西学包括西方科技，如天文学、数学、物理学、舆地学、采矿、语言，都比较具体而详细地输入中国。这一时期，是中国历史上中西文化交流的频繁期，中国对西方文化的介绍和引进，空前广泛而众多，而"公元 1800 年以前，中国给予欧洲的比它从欧洲所获得的要多得多"[②]。当然，此时中学中的伦理哲学、园林建筑艺术等亦传入西方，只是相比传入中国的西学来说，传往西方的中学则少得可怜了。

　　中外文化交流的发生、发展，由于精神文化和物质文化的差异，由于地理、交通环境的限制，由于交流国家、交流对象的多样等，呈现异常复

---

　　① 翦伯赞：《论明代海外贸易的发展》，《中国史论集》（第一辑），（上海）文风书局 1946 年版，第 166 页。

　　② 张芝联：《中法文化交流》，见周一良主编《中外文化交流史》，河南人民出版社 1987 年版，第 44—45 页。

杂的现象。因此，总结几千年文化交流的特点和规律，是一件比较困难和复杂的事情，一般是对不同时期、不同区域的交流。综观历史可能会找出一个一般的分期。如季羡林对中印文化交流的描述，分为滥觞（汉朝以前）、活跃（后汉三国，25—280 年）、鼎盛（两晋南北朝隋唐，265—907 年）、衰微（宋元，960—1368 年）、复苏（明，1368—1644 年）、大转变（明末清初）、涓涓细流（清代、近代、现代）。对中印文化交流时期的划分，不一定适合对日本、朝鲜和其他欧洲、非洲国家文化交流的分期特点。而对瓷器、丝绸、印刷术、火药等具体器物的交流，又分别有各自的规律和分期特点。思想文化的交流，更需在全面研究对比、分析之后才能有一个规律性的认识，而这里语言的困难、文献的考证等，都的确又是一个大工程了。当然，这不是说每个历史时期没有相对的总体特色，以上对历朝历代文化交流的综述，就是一个粗略的叙述。总之，鉴于诸种原因，笔者认为从历史分期来考察中外文化研究的史实，还是一个比较方便而实用的方式，否则就会陷入细碎、烦琐而不见整体的旋涡。

二　地理交通

地理环境是中国文明产生和发展的不可或缺因素，文化其实就是历史进程中人—地关系的物质和精神体现。地理环境对中国文化的影响是多方面的，地理环境参与了任何一种文化的塑造，它同时也是文化交流的前提和基础。文化的传播和交流必然要沿着一定的区域进行，也就是文化具有地理扩散的功能，文化的地理扩散表现为人员、物质交流和非物质文化的交流。地理环境中交通运输的能力决定了文化交流所能达到的最高“物质”极限和“技术”极限。不仅不同地理环境和物质基础会形成不同的生产方式和精神文化，而且不同区域的对外文化交流和受外来文化的影响也随地理环境的不同，呈现不同的面貌。古代希腊靠海、多群岛和岛屿的地理特征，影响了古代希腊人的经济结构、民族性格和文化特点，这些又进一步决定了他们的文化交流必然以四通八达的海上交通为依托。有人依据中国大陆疆土广袤和周围国家或沙漠或高山或大海隔离的地理特征，认为中国总体上形成的是一种封闭、自成一体的文化特点。其实这有意无意之间是受地理环境决定论的影响，因为首先绝对开放或封闭的地理环境是不存在的，其次在不同的生产力和生产方式下，地理环境所能起到的作用是不同的，最后地理环境不是决定经济、文化开放不开放的唯一条件，海洋型地理并不是形成开放的唯一途径，大陆型地理也并不是决定封闭的唯一因素。中国的文化交流与传播，不仅在不同时期，中国各民族内部的文化融合，以迁徙、聚合、贸易、战争为中介，一直交融共进，而且其对外交流，也因着同样的方式，一直未有中断。

中国的对外科技文化交流，丝绸之路是一条重要的地理路线和交流途径。我国和西亚、中亚、南亚以及欧洲的陆路交通，又叫沙漠之路、戈壁之路和绿洲之路。19世纪，德国人李希霍芬对中国地貌和地理、历史资料进行了规模宏大的综合考察后，在其著作《中国，亲身旅行和研究成果》中，把公元前114年到公元127年之间连接我国与中亚的阿姆河与锡尔河一带以及印度的丝绸贸易诸道路总称为"丝绸之路"。德国历史学家赫尔曼在1910年发表的《中国和叙利亚之间的古代丝绸之路》中认为应该把丝绸之路的范围扩大到叙利亚。经过他著书加以宣扬，丝绸之路渐为世人所熟知。当然，丝绸之路以"丝绸"命名，李希霍芬也认为当时所运输的物品主要是丝绸，但丝绸之路可以说是以运丝绸为主要代表，并不是说就完全是丝绸，而且这条路运送的物品也是双向交流的，外部的一些物品、文化也由此通道不断输送交流。它是东西方文明交流的动脉和桥梁。

丝绸之路并非指一条道路，不同历史时期丝绸之路的走向、走势也有变化。人们通常所说的丝绸之路，也是丝绸之路的主干线，又叫"西北丝绸之路"的是指西汉由张骞开辟的东起长安、西到东罗马帝国首都君士坦丁堡的大陆通道。它全长7000多公里，横贯欧亚大陆，在我国境内约有1700多公里。另外，人们通常又把丝绸之路分作三段。

东段从东汉长安或西汉洛阳出发，经陇西高原、河西走廊到玉门关、阳关，称为关陇河西道，又称河西路。河西路可分为陇右和河西两部分。陇右部分从长安起到甘肃中部地区的黄河，河西部分就是河西走廊一带。

中段地处欧亚大陆的中心，是中国历史地理上的西域地区，广义指古代玉门关、阳关以西到帕米尔和巴尔喀什湖以东以南地区，包括现今中亚国家和我国青海、西藏、甘肃、新疆等广大区域；狭义指历史上的新疆。中段又分西域南、中、北三道。南道是指从敦煌的阳关出发经过昆仑山（也称西域南山）北麓和塔克拉玛干沙漠南缘之间的大片荒漠、戈壁、沙漠地区的东西通道，也是西域自古以来的主要交通路线之一。这条通道东自阳关，西至帕米尔，中间经过的地区，由东往西，首先经罗布洼地荒漠南缘到达塔里木盆地东南缘的绿洲城郭小国鄯善（与今日的吐鲁番地区鄯善县不是一地）。中道，唐代的西域中道与汉晋时期的西域北道基本一致，指从敦煌经过天山南麓与塔克拉玛干大沙漠北缘之间地带通往西方的交通路线。从敦煌前往天山南麓自古以来主要有经过今哈密、吐鲁番地区或经过罗布泊地区的两个起始路线。前者自然条件较好，相对易行，为隋唐时期的主要通道；后者自然环境恶劣，是两汉魏晋至南北朝前期进入西域的主要通道。

北线，指沿天山北麓沟通西方的交通路线。隋朝时的大致路线是自哈密穿越天山，北抵巴里坤，然后向西经吉木萨尔、乌鲁木齐，进入伊犁河谷，再西行至锡尔河，最后到达东罗马帝国。西汉时北线出敦煌向西，过三龙沙（今疏勒河西端沙漠）北，穿越白龙堆（今罗布淖尔东北盐碛之地），经楼兰古城（今罗布淖尔西北岸），折向北至车师前国（今吐鲁番附近），再转向西南，顺天山南麓，沿孔雀河（塔里木河下游支流）北岸径直向西而去，至疏勒逾葱岭，出大宛、康居、奄蔡……①这条道也称旧北道，后不仅由于匈奴始终控制东天山北部地区，而且行旅艰险谓之"鬼魅碛"，此途并不畅通。西汉末东汉初，重开新北道，即出敦煌后，不经过三龙沙和白龙堆，而经横坑，出五船北抵车师前部（吐鲁番），再南至龟兹等；或经车师后部（今吉木萨尔）通乌孙赤谷城、康居。魏晋至前凉因楼兰道畅通，北道实际上远不如中道、南道利用率高，原因仍然在于未能够有效控制东天山北部地区。隋唐时期，这条交通路线有了更大的发展，与南道、中道一样成为丝绸之路西域路段的基本干线。②

西段丝绸之路是指从我国葱岭以西直到中亚、西亚、南亚和欧洲的路段。它的北、中、南三线分别与中段的三线有重复，亦相接对应。其中经里海到君士坦丁堡的路线是在唐朝中期开辟的。西线南道与西域（即中段）南道对接，越过葱岭后，西至大月氏国。西段北道的路线大致是翻越帕米尔高原，经瓦罕走廊，越过兴都库氏什山，到巴基斯坦的白沙瓦，由那里向东可以到罽宾，再向东南可以到印度各地，如果从瓦罕走廊东部南下，由今克什米尔沿印度河南下，可以直达阿拉伯湾，与水路通道相连。西段中道与中段中道相连接，越葱岭直到大宛。唐代曾设大宛都督府。从大宛西北可到康居，再行到波斯（伊朗，汉称安息）、罗马帝国（汉称大秦）。西段北道与西域北道相通。汉代，北道经

---

① 《汉书·西域传》；《三国志·魏志》引鱼豢《魏略·西戎传》。
② 巫新华：《驼铃悠悠　中国古代丝绸之路》，四川人民出版社 2004 年版，第 94—97 页。

过康居西行，唐代由碎叶城向西，经过里海北岸、黑海抵达欧洲。具体路线是从今伊塞克湖，经巴尔喀什湖、塔拉斯西北行，从咸海、黑海北岸抵达伊斯坦布尔（君士坦丁堡）。公元 6 世纪东罗马与西突厥使者、商旅往来都走这条路。[①]

近年来随着对三星堆文化的深入研究，西南丝绸之路的问题又提上日程。李学勤认为，在所有的丝绸之路的研究中，最值得进一步研究的就是西南丝绸之路。他甚至认为，在商代中国就有这么一条从西南通往国外的通道，这比西北陆上丝绸之路要早很多。[②] 1929 年，四川"三星堆"遗址被发现，出土了 1300 多件举世罕见的大小青铜文物，有大型青铜立人像、大型青铜面具、戴纯金面罩的古蜀王"直眼人"青铜人头像、三米多高的青铜神树，最为珍贵的是一柄金杖，而金杖象征王权。有人据此推断"三星堆"文明受到了西方特别是古埃及地域文化的影响，并认为这些文物很可能就是 3000 多年前东西方文化交流时的产物。一般来说，西南丝绸之路以成都平原为起点，经过云南进入缅甸再到印度，最后到达中亚及欧洲。它可分为川滇段、滇缅段、缅印段。川滇段又可分为两道。一为灵关道，即汉西夷道、唐清溪关道。该道由蜀（成都）经临邛（筇崃）、灵关（芦山）、笮都（汉源）、邛都（西昌）、青蛉（大姚）至大勃弄（祥云）、叶榆（大理）。二为五尺道，即古僰道、汉南夷道、隋唐石门道、朱提道。该道由蜀（成都）经僰道（宜宾）、朱提（昭通）、味县（曲靖）、滇（昆明）、安宁、楚雄到叶榆（大理）。滇缅段即从大理到缅甸的路途，汉时称为博南道、永昌道。由叶榆（大理）经博南山（永平），渡澜沧江，到达巂唐（保山），再渡过怒江（滇越地区）进入缅甸。缅印段即经缅甸至印度的道路，与滇缅段道路在唐时称为西洱、天竺道。[③]

另外一条丝绸之路，称为"海上丝绸之路"。海上丝绸之路的由来也堪为历史悠久。《汉书·地理志》载周武王封箕子于朝鲜时教其民"田蚕织作"，以及曾经在朝鲜平壤出土的汉墓中发现的丝织品，都可证明丝绸早在汉时就已越海传到朝鲜。李希霍芬提出陆路"丝绸之路"之名后，

---

① 巫新华：《驼铃悠悠　中国古代丝绸之路》，四川人民出版社 2004 年版，第 116—127 页。

② 李学勤：《三星堆文化与西南丝绸之路》，《文明》2007 年第 7 期。

③ 路义旭：《论西南丝绸之路的研究状况》，《西南民族大学学报》（人文社科版）2003 年第 11 期。

法国汉学家沙畹（Edouard Chavannes，1863—1918 年）在其所著《西突
厥史料》中称："丝路有陆、海二道，北道出康居，南道为通印度诸港之
海道。""海上丝绸之路"之称由此得名。据陈炎先生考证，海上丝绸之
路可分东海航线和南海航线。唐代以前为我国海上丝绸之路的形成时期，
东海航线主要至朝鲜、日本，早期以山东半岛的渤海湾内海海港为起航
线，后来自山东半岛成山角沿海岸线南下至扬州。东航日本主要以沿朝鲜
半岛海岸航行的北线为主。南海航线，最远能到印度半岛的东海岸，然后
从今天的斯里兰卡回航。唐、宋时期为我国海上丝绸之路的发展时期。这
个时期的南海航线又有扩展。唐贾耽的《广州通海夷道》记录了我国海船
从广州经南海至波斯湾头巴士拉港（Basrah）的航程。唐宋时的航线已发展
到亚丁至东非海岸，把印度的南亚、大食的阿拉伯和东南亚广大地区连通
起来。元、明、清为海上丝绸之路的极盛时期。这个时期无论是东线还是
南线，都大大超过以前。不仅新派生出从漳州起航通过马尼拉至拉丁美洲
的航线，标志着中国丝绸等物品已几乎遍及世界各地；而且海港也大大发
展了，介于东海和南海航线之间的泉州发展成为世界著名的贸易港口。①

　　丝绸之路的不同路线，也是不同文化传播、扩散和交流的大致路线。
这些连接世界的交通路线，其实就是文化交流的路线图。顺着这条路线，
我们可以看到移民、战争、领土扩张、商业贸易往来的情景，而所有这些情
景，又都必然带来不同文化的混合或替代，带来不同文化交流的路线和过程，
文化中心的变迁、文化传播的方式，甚至包括文化地理区的扩大和进退。

三　科技文化交流对社会经济发展的贡献

　　科学技术作为一种人类活动认识与改造自然界的活动，有其自身发展
的内在逻辑，它自然会和经济发展、社会建制产生互动。而作为人类文化
系统中核心的科技文化，其最重要的特点在于它不再是对自然的直观思辨
认识和运用原始技术直接加工自然物所得的零星人工制品等所构成的简单
文化因素，而是由器物层次、制度层次、行为规范层次和价值观层次所构
成的完整的社会亚文化系统。② 因此，科技文化的发展与传播，其器物、

――――――――――

　　① 陈炎：《略论海上丝绸之种》，载《海上丝绸之路与中外文化交流》，北京大学出版社
1996 年版。

　　② 何亚平：《科技文化——现代化社会的文化基础》，《科学学研究》1997 年第 4 期。

制度、价值观念层面的内容，必然会对生产力和生产关系处于不同发展阶段的社会产生不同的影响，改变不同社会体制下的物质生活与精神生活。

1. 器物交流，丰富文化生活，提高生活水平

早在远古时期，我国北方的龙山文化就传至朝鲜、日本甚至到了北美洲的阿拉斯加，这些地方据考证出土了具有龙山文化器型的有孔石刀、石斧和中国陶器等。河姆渡稻谷遗存的出土，改变了西方学者认为水稻种植源于印度的观点，并由此确认我国的水稻农业在 3000 多年前就已经北传朝鲜、日本，南传越南等东南亚各国。汉代，我国水稻种植传至菲律宾，后又经伊朗传至西亚、非洲、欧洲直至全世界。稻谷是人类的主要粮食来源之一，水稻的起源与传播，对人类改善生存状况的作用是不言而喻的。

河姆渡文化的典型器物——有段石锛，是新石器时代用来制作舟楫的先进生产工具。菲律宾考古学家拜耶（H. A. Beyer）认为菲律宾的有段石锛是由中国传去的，而后由菲律宾传入太平洋。荷兰考古学家卡伦费尔（S. Callenfil）依据在菲律宾的考古发掘，将之命名为"菲律宾石锛"或称"吕宋石锛"，并认为太平洋等地的有段石锛，都由菲律宾传播而来。河姆渡有段石锛的大量出土，更正了这一观点。目前，中外学者比较一致的观点是：有段石锛确定是在中国大陆东南沿海地区产生，然后传播到日本，向南传入中南半岛，以及中国台湾地区、菲律宾、苏拉威西和北婆罗洲，以至太平洋波利尼西亚群岛。我国学者林惠祥更认为：中国台湾地区的应是由闽粤传去，菲律宾的应是由台湾地区或广东沙群岛传去，苏拉威西和北婆罗洲的是由菲律宾传去，太平洋波利尼西亚群岛的也是由菲律宾传去。有段石锛对远古时期的航海、渔猎和改进造船技术都具有很大的影响，同时它对我国海上丝绸之路的开拓，促进中华文明同太平洋各地文化的交流往来，也具有不可磨灭的贡献。

新石器文化的另一个代表器物是发源于中国的无纺楮树皮布。树皮衣是一种非常古老的由树皮制成的服饰，它具有非常重要的历史价值，被誉为"服装活化石"。海南黎族先民用楮树等树皮经过烦琐的工序手工制成，主要用于遮羞、保暖，树皮衣是具有世界性影响的重大发明，在人类学及文化史上有着不可替代的特殊地位，是人类衣物从无纺布到有纺布发展过程的有力证明。考古学家通过对树皮布有关资料的考证研究，认为它正是通过中国的华东及华南地区，经中南半岛及马来半岛而达印度尼西亚群岛，向西渡印度洋经马达加斯加而抵非洲；向东入太平洋经美拉尼西亚

和波利尼西亚而达中南美洲，它主要分布在环太平洋地区。① 凌纯声先生还进一步认为，中国古代树皮布文化不仅影响了造纸术，同时亦可说与中国四大发明之一的另一发明印刷术有间接关系。

通过丝绸之路而进行的器物交流，更是数不胜数。我们主要来看看丝绸的情况。希腊文献中早已出现"赛里斯"（Seres），意为"中国人"。据公元前 4 世纪希腊人克泰夏斯（Ctesias）等的记载，这种称名就是起于"丝"（Ser）。可以肯定，这时我国的丝绸已经传入西方。据说公元前 1 世纪，罗马皇帝恺撒大帝已穿着中国丝袍去看戏；公元 4 世纪时，欧洲各国的贵族都已穿上来自中国的美丽丝绸服装。中国丝绸也传入了亚洲许多国家。据季羡林考证，可能产生于公元前 4 世纪的印度古书——《政事论》中有这么一句话："丝（㤭奢耶）及丝衣产生于支那国。"这说明，中国丝在很早的时代就已经传入印度。玄奘在《大唐西域记》中说："其所服者，谓㤭奢耶衣及氍布等。"可见，唐时中国丝衣已经在印度人民的服饰中占了重要的地位。② 公元前 3 世纪，传说徐福东渡日本为秦始皇求长生不老药时，就已在日本传播了养蚕技术，日本人民后来尊祀徐福为"蚕神"。据《日本书记》记载，仲哀天皇 8 年（199 年），有自称秦始皇后代的，把中国蚕种从朝鲜传到日本。这是我国养蚕织绸生产知识传入日本的最早文献记载。公元 3 世纪，中国丝织提花技术和刻版印花技术传入日本。隋代，中国的镂空版印花技术再次传到了日本。再看朝鲜，《尚书大传》《汉书》《史记》《三国遗事》等中朝两国的文献都有箕子"走之朝鲜""教其民以礼义田蚕"的传说。在朝鲜乐浪郡的考古发现中，有我国的绢、绫、罗等大量丝织品，这是丝绸在我国汉时就已传入朝鲜的历史见证。至于西亚阿拉伯地区，公元 1 世纪，我国的丝绸已传至叙利亚。在叙利亚东部沙漠中的绿洲国家帕米米拉境内出土的汉字纹锦，其纹样和所织汉字与 20 世纪初斯坦因在新疆楼兰等地发现的汉代的绫锦、彩缯相似，这是中国与阿拉伯地区器物交流的物证。和非洲的交流也是历史悠久，秦汉时期，中国丝绸已闻名于包括埃及在内的地中海地区。据记载，古埃及托勒密王朝的末代君主、女王克列奥帕特拉身上所穿丝袍，就是中国丝织

---

① 凌纯声：《树皮布印纹陶与造纸印刷术发明》，台湾"中央研究院"民族学研究所，1963 年印。

② 季羡林：《中印文化交流史》，中国社会科学出版社 2008 年版，第 13 页。

成的。考古发现，公元 4 世纪在埃及的卡乌有用中国丝织成的织物。公元 5 世纪后，埃及用华丝织成的丝织品有少量流回中国市场，被统称为"杂色绫"。① 另外，中国和美洲的丝绸交流是随着公元 1570 年西班牙占领菲律宾后，从马尼拉开辟通过太平洋通往西属美洲新航路开始的。当时，从马尼拉起航美洲的船载货物，90% 是中国货，而其中主要又是丝和丝织品，人称"丝绸之船"，其路线正是从我国福建月港运至马尼拉，再通过马尼拉大帆船运到墨西哥的阿卡普尔科。②

陶瓷也很早就传到国外。中国新石器时的几何形印纹陶，流传到马来西亚、菲律宾、印度尼西亚等东南亚及太平洋其他诸岛一带，"可能在殷商时代或稍后，我国烧制之印纹陶已在南洋交易"③。我国瓷器成熟于东汉晚期。初唐时，通过陆路和海路的"丝绸之路"，瓷器远传至西方。公元 8 世纪，我国瓷器已经传到阿拉伯、印度、波斯、埃及和地中海沿岸各国。印度尼西亚曾出土晚唐、五代的青瓷和三彩陶器。文莱发现过唐代黑釉、青釉瓷器。马来半岛发现过唐代的瓷器。五代时瓷器传到朝鲜，与此同时，制瓷技术也被引进。朝鲜工匠在学习中国技术的基础上制成了优美的"翠色"瓷器。唐代的陶瓷在日本出土的很多，南宋时期日本人加藤四郎、左卫门景正在福建学习制瓷，回国后建窑，烧制出黑釉等瓷器。11 世纪，我国造瓷技术传到波斯喇吉斯，后来又传到阿拉伯、土耳其和埃及等地。1405—1433 年，明朝郑和七下西洋。随同郑和的费信在《星槎胜览》中多次提到各国购买瓷器的情况，其中购买青花白瓷器的国家有暹罗（泰国）、柯枝［印度西南部的柯钦（Cochin）一带］、忽鲁谟斯［伊朗东南米纳布（Minab）附近］等。15 世纪后半叶，中国的造瓷技术传到意大利的威尼斯。18 世纪，在欧洲人的概念里，"瓷器"就是"中国"。从此，欧洲的造瓷技术便得到迅速发展。

指南针、造纸、印刷术、火药四大发明的交流与传播更是举世闻名。四大发明是中华民族奉献给世界的伟大技术成果，对世界历史的进程产生了巨大影响。先看造纸术，东汉时，蔡伦改进了造纸。从公元 6 世纪开

---

① 何芳川：《源远流长、前途似锦的中非文化交流》，载《中外文化交流史》，河南人民出版社 1987 年版，第 807 页。

② 陈炎：《海上丝绸之路与中、菲、拉美之间的文化交流》，载《海上丝绸之路与中外文化交流》，北京大学出版社 1996 年版，第 213 页。

③ 韩槐准：《南洋遗留的中国古外销陶瓷》，新加坡青年书局 1960 年版，第 52 页。

始，造纸术逐渐传往朝鲜、日本，以后又经阿拉伯、埃及、西班牙传到欧洲的希腊、意大利等地。1150 年，西班牙开始造纸，建立了欧洲第一家造纸厂。至于印刷术，隋唐时我国已有雕版印刷术的实践和作品。唐时的《金刚经》是目前世界上最早有确切日期的印刷品（868 年印）。宋代毕昇发明了泥活字印刷术。我国的活字印刷术于朝鲜高丽王朝统治时期传入朝鲜。雕版印刷大约在公元 8 世纪传到日本，16 世纪末日本开始使用活字印刷。越南黎朝（1428—1527 年）探花梁如鹄曾赴中国学习中国刻书法，后被尊奉为越南刻字行的祖先。菲律宾雕版印刷始于 1593 年，为中国刻工所创始。12 世纪左右，雕版印刷术传至埃及。13—14 世纪，印刷术通过西北丝绸之路传到西夏、畏兀尔、中亚、欧洲。14—15 世纪欧洲文艺复兴时期，欧洲开始流行中国印刷术。中国的雕版印刷术，比欧洲早约 800 年。由于雕版印刷不适用拼音文字，所以直到活字印刷发明后的 1450 年前后，德国人谷登堡受中国活字印刷影响，创制欧洲金属拼音文字的活字，欧洲的印刷术才迅速发展，但已比毕昇晚了 400 年。至于火药，宋朝以前的道士炼丹时已发明了火药，宋时火药已广泛用于军事。元时，元军在领土扩张和战争中，把中国的火器技术传播到高丽、日本、安南、爪哇。公元 8—9 世纪，中国的炼丹术传入阿拉伯，中国硝同时传入阿拉伯。1225—1248 年，硝被阿拉伯人用于燃烧，同时中国火药的制作方法传入阿拉伯。13 世纪，欧洲从阿拉伯文书籍里得到火药的知识。14 世纪初，火药和火器制造技术由阿拉伯传入欧洲。指南针，我国是最早发现磁石吸铁的国家，战国时就制成了最初的指南针——司南。北宋科学家沈括在其所著《梦溪笔谈》中，最早记载了指南针的制造和应用。宋代，指南针用于航海，它随着中国航船的航道所及，约在 12 世纪，由阿拉伯传入欧洲。大约 15 世纪，欧洲人才将指南针广泛用于航海活动。

以上所述是中国古代一些主要物品的交流传播。器物的交流当然是双向的，器物在外传时，中国同时也传入了许多外国器物。先秦中国丝绸之路初开辟时，通过西北丝绸之路的产品交流，盛产于西域的玉石、马、牛、羊等牲畜大批输入内地；通过西南丝绸之路，印度的棉花、缅甸的宝石以及泰国、印度等地的海贝等物品传入中国。汉代时，通过海上丝绸之路，东南亚等国家的香药、明珠、璧琉璃、奇石、犀、象、玳瑁、果布等传入我国。魏晋南北朝六朝，南洋各国的物产杂香、细葛、明珠、翡翠、玳瑁、象牙、金银宝器等传入我国。隋唐时，通过丝绸之路，东罗马于开元年间，遣使送来狮子、羚羊；西域传入中国的农产品有棉花、胡麻、蚕豆、西瓜、石榴、大蒜等；从中亚、西亚传入中国玻璃及其制造技术。宋元时，除了原有外来物品的交流外，阿拉伯的天文历法、医药、建筑、炮术、音乐亦对中国文化产生了深远影响。明清时，除了郑和下西洋带回大量外国物品外，16世纪开始，美洲的玉米、甘薯、花生、南瓜、番茄、烟草也由东南亚传入我国。16—18世纪，欧洲传教士把西学如数学、天文历法、西方火器等西方一些科技文化传至我国。

从物质文化的角度看，器物的传播交流，表面的结果就是丰富了人民的物质文化生活、改变民俗等，促进落后地区生产力的发展，进而引发生产关系、社会制度的改变；当然反过来对先进地区的生产发展，有时也会起到促进作用。

中国丝绸的外传，对东南亚、南亚人民的穿衣，丰富和美化当地人民的生活，改变日常生活、风俗习惯和社会风尚做出了贡献。如扶南国也是东南亚的著名文明古国，但其在我国三国时民众还是裸体，是中国丝绸改变了他们裸体的习俗；浡泥国（今天的加里曼丹岛北部文莱），宋代时"王之服色略仿中国"，到了明代，"君臣士民之服颇效中国"，"文莱国……土番亦无来由种类（即马来人），喜穿中国布帛"。可见，从宋至清，在衣着方面，中国服饰已从王室普及民间。而东南亚、南亚各国人民"以帛缠首"和阿拉伯人民以"白色帛缠首"也是由于中国丝绸外传得以如此。所有这些同时也大大改变了当地人民的生活风尚。[①] 丝绸未传入欧洲前，希腊罗马人缝制衣服的主要原料是羊毛和亚麻，可以想象精美的丝绸对古代西方人生活着装产生的重大影响。古罗马博物学家普林尼（Plinius Secundus，23—79年）在《自然史》中称：罗马帝国为购买丝绸、珍珠等奢侈品，每年约支出一亿赛斯太斯，占当时罗马帝国每年商品进口总额的一半，造成外贸入超的严重影响。希腊史学家马赛林勒斯说，到了公元4世纪，"罗马人不分男女都穿戴丝绸"。可见当时丝绸外流对古罗马的经济和社会影响何其巨大。

陶器瓷器等器皿的外传，也大大改变了传入地人民的日常生活习惯，改善了人们的生活条件，提高了传入地居民的生活质量。中国远古陶器的

---

① 陈炎：《略论海上丝绸之种》，载《海上丝绸之路与中外文化交流》，北京大学出版社1996年版，第52页；又见周一良主编《中外文化交流史》，河南人民出版社1987年版，第414—415页。

发明和外传，其意义和人类利用制造工具来改变生存状况是同等重要的，它改变了人类的饮食结构，为人类的定居、农业的发展、社会的进步等创造了有利的条件。中国是最早发明瓷器的国家，通过丝绸之路，瓷器传入阿拉伯国家，并继续由阿拉伯地区传到欧洲和非洲。据陈炎先生考证，瓷器在以下三个方面对伊斯兰的社会生活和宗教活动产生了巨大影响。一是中国瓷器除了改善当地人民的饮食用具，丰富他们的饮食文化外，还被用来作为伊斯兰教的宣传工具。如今出土的许多瓷器上面写有与伊斯兰教有关的波斯文和阿拉伯文。二是美化和丰富人民的生活，应用于伊斯兰教的建筑艺术。阿拉伯各地出土的中国古瓷，绘制了风景、人物、花鸟、历史故事、诗词书法等，反映了社会生活和时代风尚，给人以美的享受。阿拉伯人还把瓷器作为装饰品砌在墙壁上，如东非蒙巴萨基利菲清真寺的墙上镶嵌着中国青花瓷碗碟。三是产生了一些特殊的作用。中国瓷器融合进当地宗教活动，和阿拉伯地区的婚、丧、喜庆等社会生活发生了联系。如穆斯林地区的葬俗，有些就流行人死后用瓮葬。瓷器有时甚至可以在法庭上用来罚款、纳税和抵押贷款。另外，由瓷器传播在阿拉伯世界发生的效应，在其他国家产生的影响也便不难推测了。[①]

　　四大发明对人类文明的贡献之巨大是世人所公认的。马克思把印刷术、火药、指南针的发明的传播，称为"是资产阶级发展的必要前提"，是预告欧洲资产阶级社会到来的三项伟大发明，"火药把骑士阶层炸得粉碎，指南针打开了世界市场并建立了殖民地，而印刷术则变成新教的工具，总的来说变成科学复兴的手段，变成对精神发展创造必要前提的最大的杠杆"[②]。美国作家阿西莫夫高度评价中国印刷术的科学价值："印刷术虽然没有立即带来科学革命……但它必然导致这场革命。反过来看，如果没有印刷术，这场革命也许是不可能的。"[③] 的确，造纸和印刷术的发明，促进了文化传播、教育普及和知识的推广，影响着人们的世界观和人生观，加速了社会发展的进程，为现代社会的建立提供了必要的前提条件。欧洲宗教改革和文艺复兴运动都直接得益于中国造纸和印刷术的发明。中

---

　　① 陈炎：《阿拉伯世界在陆海丝绸之路中的特殊地位》，载《海上丝绸之路与中外文化交流》，北京大学出版社 1996 年版，第 143—149 页。

　　② 《马克思恩格斯全集》第 47 卷，人民出版社 2004 年版，第 427 页。

　　③ 郑延慧主编：《传播文明的使者》，河北少年儿童出版社 1994 年版。

国的火药和火器，不仅对欧洲的军事科技产生影响，使整个作战方法产生变革，而且改革了欧洲的历史。恩格斯说："火器一开始就是城市和以城市为依靠的新兴君主政体反对封建贵族的武器。以前一直攻不破的贵族城堡的石墙，抵挡不住市民的大炮；市民的枪弹射穿了骑士的盔甲。贵族的统治跟身穿铠甲的贵族骑兵同归于尽了。"指南针使航海获得全天航行的能力，使人们不断地开辟航线，不断地缩短航程，大大促进了人类航海事业的发展，有力地推动了欧洲正在酝酿的社会变革。可以说，没有中国指南针的发明和应用，就不会有世界近代发达的航海事业，就不会有哥伦布的发现美洲大陆、麦哲伦的环球航行和一系列的地理发现，就不会有各国之间大规模的经济文化交流和世界近代文明的突飞猛进。①

器物的交流是双向的。一些自外域传入的物品，也同样对我国经济、社会、文化风俗等产生了重大的影响。宋真宗时，从越南中部广南一带传入越南耐旱的"占城稻"。后来，江淮、两浙一带遇大旱，为应急，占城稻逐渐被推广。占城稻的传入和沿海对外贸易是密不可分的。美洲玉米、甘薯等农作物于明清时引入我国，引发了我国粮食生产的革命，对我国农耕文化、饮食文化产生了深刻的影响。它使得我国北部、西部不适合种植小麦等农作物的地区有了更多的食物来源，减轻了人口增长给社会带来的压力，使得一些人不必再进行必要的粮食生产，转而从事手工业、商业活动，进一步促进了商品经济的繁荣，推动了资本主义的萌芽。

原产于印度的亚洲棉，以及原产于非洲经中亚传入我国的非洲棉，在宋朝以前已传入我国南方边疆地区。宋元时期，棉花大量传入内地。棉花后来成为中国制衣做被的主要原料，改变了中国平民长期穿麻布的历史。棉花传入我国后，劳动人民又不断改进纺织工具和纺织技术。如宋代女纺织家黄道婆制造的三锭脚踏纺车，比英国哈格里夫斯创造的"珍妮机"早四百多年。

2. 科技交流，推进生产力和经济的发展，改变社会文化价值观

在某种意义上，器物是技术的成果。器物的传播和交流，在物质层面会丰富生活的内涵，致使物品多样化。而随着时间的流逝，还会慢慢改变社会风俗、生活习惯。正如季羡林先生所说："物质的东西，交流

---

①　王介南：《中外文化交流史》，书海出版社 2004 年版，第 225 页。

图 14 - 1　从越南引进的占城稻

注：占城稻又称早禾或占禾，属于早籼稻，原产越南中南部，北宋初年首先传入我国福建地区。占城稻耐旱、耐涝、生长期短，其引入我国与福建贾贩等往返越南占城等地贸易有关。

比较简单。比如动物、植物、矿物等，以及科技的制造与发明，就像中国的蚕、丝、纸、火药、罗盘针、印刷术，等等，别的国家和民族，一接触到这些东西，觉得很有用，很方便，用不着多少深思熟虑，也用不着什么探讨研究，立即加以引用，久而久之，仿佛就成了自己的东西，仿佛天造地设，有点数典忘祖了。"① 一般来讲，器物先于技术的传播，技术由于自然和社会环境的因素，会后于或慢于其成果的交流；器物可以采取拿来主义的态度，简单地应用和扩散，技术引进和推广，则要在不断提高知识水平的过程中慢慢吸收，而且还会受政治取向、经济发展程度、社会价值观取舍的影响。但技术的交流和广泛应用，却会比器物能

---

① 季羡林：《中印文化交流史》，中国社会科学出版社 2008 年版，第 3 页。

更直接和更广泛地推动生产力的发展，更猛烈地对社会文化产生甚大的影响。

科学技术是第一生产力。技术传播与交流，是内嵌于技术内部的知识之价值的体现，是技术本身进一步发展的需要，更是其作为潜在生产力转化为直接生产力的必要环节。通过技术的交流、沟通与分享，技术变革与创新必然会造成生产力的变革，进而引起经济关系的变化，造成上层建筑、思想观念、价值体系等社会各领域的变化。当然，技术和器物也并不必然是二分的，如我国的四大发明等。本节主要以冶铁等技术讨论生产技术层面的交流及其影响。

冶铁技术直接关系到农业、手工业、日常生活中生产工具的改进，铁器的使用还会直接提高生产力。我国封建社会较早出现，与我国春秋战国之际发达的冶铁技术促进生产力的高度发展，进而引起生产关系的变革以致较早诞生封建社会不无关系。比较早的冶铁方式是块炼法。块炼法是一种在比较低的温度下进行炼铁的方法，它通过加热使铁矿石直接还原成铁。块炼法炼成的铁质地疏松。生铁冶炼是在1200度左右的高温下，使固态铁因高温而熔化，可直接浇铸于模器内，这种铁又叫铸铁或生铁。铸铁比较坚硬，但韧性较差，易脆易折，铸造出来的农具、工具和兵器容易断裂。为弥补这一缺憾，在战国早期，我国就发明了铸铁柔化术，也就是通过热处理使铸铁脱碳的技术，经过这种技术处理的铸铁称之为锻铸铁。按照热处理条件的不同，铸铁柔化处理技术又可以分为两种工艺：一种是在氧化状态下对白口铸铁件进行退火脱碳处理，使之成为白心可锻铸铁；另一种是在中性或弱氧化气氛下，对白口铸铁件进行长时间高温退火处理，使之成为黑心可锻铸铁。

中国的冶炼技术远比西方发达。欧洲一些国家在3000年前就已可以生产块炼铁，这比中国要早几百年。但欧洲长期停留在块炼铁阶段。中国至迟到春秋晚期已发明生铁冶铸技术，这项技术发明比欧洲要早1900多年，欧洲直到封建社会中期即14世纪时才开始生产生铁。铸铁柔化术更是世界冶金史上的一项伟大成就，具有非常重要的意义。经过柔化处理的可锻铸铁，韧性和硬度都较高，有利于生铁工具的广泛推广和普遍应用，大大推动了社会生产力的发展。过去，人们一直认为白心可锻铸铁是法国人在1722年发明的，因而称之为"欧洲式可锻铸铁"；黑心可锻铸铁则被认为是 1826 年由美国人研制成功的，因而称之为"美洲式可锻铸铁"。① 其实，中国的可锻铸铁早在公元前 5 世纪左右就已经生产出来了，比欧洲早了 2400 年左右，欧洲要迟至封建社会末期即 18 世纪初叶才开始应用这种技术。河南洛阳水泥制品厂出土的战国早期的铁锛和铁铲，经金相检验表明，都是生铁铸件经柔化处理而得到的产物。其中，铁锛是白心可锻铸铁的初级阶段产品，铁铲也具有黑心可锻铸铁组织。这是世界上迄今所发现的最早的可锻铸铁实物。

汉代以后，中国的生铁冶炼技术逐渐向东亚、东南亚和中亚、西亚地区传播，使铸铁技术在世界各地先后得到普及。关于铁在欧洲的传播，季羡林认为："《史记·大宛传》说：'自大宛以西至安息……其他皆无丝漆，不知铸铁器。及汉使亡卒降，教铸作他兵器。'如果认为中国史籍权威性还不够，我再引用一本古代西方的著作，这就是 Secundus C. Plinius（23—79 年），所谓老 Pliny 的《博物志》（*Historial Naturalis*），其中讲到'中国的铁'（Serico ferro）。大家倾向于承认这可能是'钢'。不管怎样，在公元 1 世纪时，中国的钢铁已经传入罗马。这与《史记·大宛传》的记载是完全吻合的。中国的钢铁既然能传至大宛（Farghana，今天乌兹别克斯坦一带），传至罗马，那么传到印度去也是意中之事了。"在朝鲜半岛，考古发掘证明了中国铁和铁制技术在朝鲜的传播。在清川江以北、鸭绿江流域、图们江流域，发现早期铁器的遗址有龙渊洞遗址、细竹里遗址、虎谷洞遗址等。出土铁器中包括空首斧、横銎锛、竖銎锛、削刀、戈形器、刮刀、镰刀、铚刀、短刀、矛和三棱镞等。这些铁器的类型和结构与我国战国中晚期中原系统铁器的器类和器型是一致的，龙渊洞遗址出土的铁器与易县燕下都、唐山东欢地等地出土的战国晚期铁器完全相同，应该是从燕地传去的；虎谷洞出土铁器中包含有战国晚期铁器是可以肯定的。总之，朝鲜北部铁器开始出现和使用应当是在公元前 3 世纪，即战国晚期，而且是属于中原系统的铁器，应是燕国的铁器产品。我国先秦时期中原系统的铁器，通过朝鲜半岛又传到了日本。②

另外，通过西南丝绸之路，中国的铁器也传入了缅甸、印度尼西亚以

---

① 学界也有人说是英国于 1671 年发明了"白心可锻铸铁"，美国 1831 年出现了"黑心可锻铸铁"。

② 白云翔：《先秦两汉铁器的考古学研究》，科学出版社 2005 年版，第 367—372 页。

及罗马等东南亚、南亚、西亚和欧洲的许多国家。秦汉时期，中国的铁器
和农业生产技术传入越南，使其推广了铁犁和牛耕等农业生产技术。越南
人民喜欢用其土特产交换中国的铁制农具。公元前4世纪末，我国成都西
南的临邛（今天的邛崃市），已有相当高水平的冶铁铸造术，临邛当时有
"铁城"的美称。临邛又是成都南进第一站的"点"，在西南"丝绸之
路"具有重要的地位，其铁器也正从此丝路南进沿途许多国家。"铁器加
工技术从中国南部经过越南东京（河内）而传入印度尼西亚。"① "伊朗
在安息王朝（约前249—224年）时代就由中国输入钢铁，主要运输路线
是由四川经过云南，入缅甸和印度，又由印度西北入高附（今阿富汗的
喀布尔），即达安息东境。罗马史空普卢塔克称安息骑兵的武器为'木鹿
武器'。木鹿城在安息北部，是中国钢铁的集散地，而安息骑兵的刀剑是
用中国钢铁铸造，以犀利著名的。中国钢铁还能过安息而流入西方。"②

　　铁和冶铁技术的传播给传入国带来哪些变化呢？让我们举日本的例子。
在日本弥生时代（前3世纪—3世纪），中国的铁器已由朝鲜南部伴随着稻
作农耕技术一并传到了日本九州，并逐步扩展。考古发现，日本最早的铁
器，集中于九州熊本县玉田郡斋滕山贝丘遗址、福冈县系岛郡石崎曲田遗
址、北九州市长行遗址出土的空首斧等铁器残片。曲田遗址出土的铁片内
含杂物很少，是纯洁的钢制品，与当时中国的制铁技术一致。后来，日本
自己开始锻造铁制品，是由中国铸造铁器的技术传播的结果。这一时期，
青铜器如铜镜、铜剑、铜矛等铜制利器也开始传入日本，这样，日本在弥
生时代前期便开始出现了制铁等技术。后来，唐代的冶炼技术传入日本后，
被称作"唐锻冶"。以这种方法生产的各种工具的名称，都冠以唐字，如唐
镢、唐箕、唐摆、唐锄、唐锹等。掌握制铁术，使日本铁制农具迅速普及，
为农耕的发展创造了条件，大大促进了日本水稻农业的发展，以致日本快
速进入国家阶段。而对农耕文化做出改观的一个最基础条件，就是铸铁技
术从中国的引进和传播。以此技术交流为基础，铁制工具和制铁技术不仅
能够提高农业生产力，也大大改变了自然面貌、社会面貌。铁制工具可以
使人们开垦更多的土地，使大规模的水利灌溉、垦荒造田成为可能，增强

　　①　转引房仲甫《我国铜鼓之海外传播》，《思想战线》1984年第4期。
　　②　朱杰勤：《中国和伊朗历史上的友好关系》，载《中外关系史论文集》，河南人民出版社
1984年版，第90—91页。

了人们适应自然和改造自然的能力。日本古坟时代中后期，在河内平原及其他地区兴起的农田开垦和大规模水利灌溉设施的兴建，恰是发生在铁制工具在全国范围取代青铜和石制工具不久，便是一个明显的例子。①

铁本身就是财富，它既可以做成生产工具，也可以制成武器，装备军队，控制国家。制铁技术和对铁的控制对一国的社会政治制度会产生重大的影响。所以有关铁的交流有时就有非常重要的意义。铁的交流既有商品贸易的形式，也有战争掠夺等非贸易的形式。按照王巍先生的考证，由于本地冶铁业的出现较晚，大规模的冶铁业形成更晚，因而，日本弥生和古坟时代铁器的原材料，绝大部分依赖于朝鲜半岛。于是，控制由朝鲜半岛进口铁料的输送渠道，对于古代日本的王权来说，便是至关重要的了。也正因此，日本经常发生的对朝鲜南部的战争，其重要原因就是朝鲜半岛南部所产的铁坯料和铁器制成品，而铁原料和制成品正是大和政权赖以生存的重要基础。没有铁料的来源，其农业和手工业的生产将陷入困境，其赖以维持统治的军队，也将失去武器装备的来源。正是从这个意义上说，东亚地区古代铁器及冶铁术的传播和交流，对于促进各国王权的出现和强化，乃至于促进东亚历史的发展，都发挥着极为重要的作用，其历史意义是相当深远的。②

图 14 – 2 曜变天目茶碗

注："曜变"是指黑瓷器物在光照下，从器表的薄膜上散发出的彩光，变幻莫测，日本称其为"天目釉"。

---

① 王巍：《东亚地区古代铁器及冶铁术的传播与交流》，中国社会科学出版社 1999 年版，第 356 页。

② 同上书，第 358 页。

　　除了金属制作技术以外，日本还通过朝鲜等地或直接或间接地学会了中国的纺织、刺绣、制陶、绘画、农业土木等技术工艺，以及金工、鞣革、造船等技术。《日中友好史》记载：在4—5世纪，倭王曾三次遣使去南朝，由南朝带回所赠的汉织、吴织及衣缝兄缓、弟缓等长于纺织、缝纫的技术工人，促进了纺织、缝纫技术的发展，改变了《魏志·倭人传》中所说的用布一幅，中穿一洞，贯头其中的简陋衣着方式。这些技术的传播交流，都促使了日本社会迅速由蒙昧状态向文明社会的过渡。"中日两国间的文化交流，其年代之长，影响方面之广（几乎遍及物质文化与精神文化的各个领域），影响之深刻程度（对对方国家的社会面貌、生活习俗，甚至有时对国家命运都产生过影响），这在世界各国的文化交流史上也是罕见的……这种影响，从上层统治阶级逐步深入一般人民群众，从生产力、政治制度逐步深入精神生活、意识形态的各个领域。日本方面在接受中国文化之后，进行消化、吸收，同时根据本国实际情况有所损益，进行一番再创造，使它成为民族文化的一部分。在某些领域，反过来又对中国文化产生一定的影响。"[①]

　　中国古代先进的农业科技也对外产生了积极的交流和影响。秦时，通过战争、移民屯田、设郡置县、民间自由交往等途径，中国与越南、朝鲜、匈奴、印度以及西亚、欧洲等地区开展了包括农业物品、生产工具和农业技术等方面的交流。秦朝对南越的移民达百万之众，这些移民带去了中原地区先进的农业生产技术。南越国时，中原的铁器和牛耕技术传入南越交趾、九真二郡。九真太守任延曾下令教民铸造铁器，推广中原农耕技术，兴修水利，扩大耕地面积等，"教其耕稼，制为冠履，设为媒娉，始知姻娶，建立学校，尊之礼仪"。"九真俗以射猎为业，不知牛耕……延乃令铸作田器，教之垦辟，田畴岁岁开广，百姓充给。"[②]秦汉时，由于南越国等地直接被秦汉政府直接管理统治，与这些地区的农业科技文化交流，不可避免地要以秦汉王朝的管理机制和制度为基础，并在这种交流中，传播了秦汉的农业制度和农业文化，使这些地区产生了社会制度、价

　　① 夏应元：《相互影响两千年的中日文化交流》，载周一良主编《中外文化交流史》，河南人民出版社1987年版，第306页。

　　② 《后汉书》卷一百一十六《南蛮西南夷列传》，《后汉书》卷一百零六《循吏传》。

值观念方面的变化。

中印两国的农业交流也源远流长。印度的蚕以及养蚕术是由中国传入的，印度将桃称作"至那你"（Cīnanī，意为"中国传来的"），梨称作"至那罗阇弗呾逻"（Cīnarajaputra，意为"中国王子"），在印度，茶的印地文发音与汉语几乎相同。一般地推测，桃、梨和茶是由中国传入印度的，而郁金香、菩提树和菠菜是由印度传入中国的。另外，印度制糖技术的引进，是中印科技交流中的一件大事。我国大约在汉末用甘蔗汁制饴，但制作工艺比较落后。但约在西汉时，印度一带已有制蔗糖技术，也就是将甘蔗榨出甘蔗汁晒成糖浆，再用火煎煮，成为蔗糖块（梵文 sakara）。后来，印度的制糖技术进一步提高，可以制成淡黄色的沙糖。文献记载印度的"石糖"在汉代传入中国，汉代文献中的"石蜜""西极石蜜""西国石蜜"，指由西域入口的"石糖"；其中"西国""西极"正是梵文 sakara 的对音，而"石蜜"是梵文 sakara 的意译。中国真正派人前往印度学习制糖技术的事发生在唐代，当时唐太宗曾派人到印度去学习熬糖法。中国的制糖技艺在吸收印度制糖法的基础上，后来又有所创新，明代，中国人发明了红糖脱色技术，制造出了白糖，并将白糖制糖技术又复传回到了印度。① 据考证，在孟加拉语和几种印度语言中，白砂糖都叫 cini sakara，意为"中国糖"，可为中国制糖术传入印度的证明。

魏晋南北朝时，诸葛亮南征时曾在南中地区大力推广汉族先进的农业生产技术，并进一步把汉族的农耕技术传入了缅甸。《蛮书》卷七记载了滇中的耕田法："每耕田用三尺犁，格长丈余，两牛相去七八尺，一佃人前牵牛，一佃人按犁辕，一佃人秉耒。蛮治山田（梯田），殊为精好。"缅甸北部农民基本沿用云南农民的这种耕田方法：用三尺犁，两牛中间架一格，一人在前牵牛，一人扶犁，一人在后下种。时至今天，缅甸克钦族、佤族仍然坚信是诸葛亮教会他们种谷子，掸族说盖房子是"孔明老爹"给的图样。②

隋唐时期，唐代的水车及其制造方法传入日本。淳和天皇天长六年（829 年），令各地方仿制唐式手推、脚踏和牛拉各类型水车，用于农业生

_____

① 按照马可·波罗的记述，埃及人曾来中国传授炼糖的技术，推测元代中国人知道了制造白砂糖的技术。

② 王介南：《中外文化交流史》，书海出版社 2004 年版，第 113—114 页。

产，大大扩大了水稻种植面积和灌溉面积。隋唐以来，日本遣唐使把中国的一些著名农书如《齐民要术》等带回日本，并在明清时期进行了校录和翻译。日本的猪饲彦博就曾校录过《齐民要术》，中村亮平曾将清代沈秉成的《蚕桑缉要》翻译成日文，书名改为《蚕桑缉要和解》，以徐光启的《农政全书》为基础，宫崎安贞撰写了《农业全书》。这些著作，都力图通过注释和图解的形式，为普通百姓所接受；还有一些学者和官员以中国的农书为基础，再结合日本国情、地情，形成所谓的"学者农书"。

清代时，华人南下南洋，华侨对开发东南亚做出了不可磨灭的贡献，其中农业技术的带入起了关键性的作用。18 世纪马来西亚兴起种植的胡椒、甘蔗、丁香、咖啡、烟草、橡胶等热带农作物，基本上都是由华工开垦和种植的。泰国的第一个橡胶种植园也是由华侨开发建设的。华侨把中国的铁犁等农业、手工业技术传入菲律宾。以莫玖父子为首的柬埔寨华侨，17 世纪来到河仙地区（今天柬埔寨的柴末、白马、贡布、云壤等地）拓荒开垦，使之成为良田。胡椒种植是柬埔寨国民经济的主要支柱产业之一，而胡椒种植技术是 19 世纪中叶由中国海南人传入的。缅甸华侨将中国的芹菜、韭菜、油菜、藠头、蚕豆、荔枝等传入缅甸，丰富了缅甸的农作物种类和食品营养。[①]

建筑本身是社会生活的物化形态，民居建筑、官府衙署、寺庙殿堂等都能反映出一个民族一个地区的经济文化、风俗习惯和宗教信仰。我国古代的建筑，自两晋、南北朝后，建筑技艺与外邦不断进行着广泛的交流，出现了不少新的建筑类型，对人们的生活风俗产生了重要的影响。

两晋南北朝时，我国古代传统建筑发生的一个重要变化，就是佛教建筑这一新鲜血液的传入，出现了石窟寺、佛教塔等新的建筑类型。佛教石窟起源于印度，公元 3—4 世纪东传至中国。这一时期著名的石窟有新疆龟兹石窟、敦煌莫高窟、山西大同云冈石窟、甘肃永靖炳灵寺石窟、天水麦积山石窟、河南洛阳龙门石窟等。佛塔也是传自印度的一种建筑，中国古代的一些塔形大多由印度移植而来，如喇嘛塔、金刚宝座塔等。公元 7 世纪，伊斯兰教开始传入中国。同时，伊斯兰教建筑也伴随传入。唐宋时，许多阿拉伯、波斯商人长期居留中国，并在我国东南沿海的广州、泉州、杭州、扬州等地，兴建了许多清真寺，如建于广州的怀圣寺、泉州的圣友

---

① 王介南：《中外文化交流史》，书海出版社 2004 年版，第 322—330 页。

寺、扬州的仙鹤寺等。元代，仅大都就有清真寺35座。这些寺院将阿拉伯、

图 14 - 3　仙鹤寺

注：扬州仙鹤寺又名清白流芳礼拜寺，宋德祐元年（1275 年）由至圣穆罕默德十六世裔孙
西域先贤普哈丁创建，至今仍存有宋、元、明、清四代伊斯兰教文化遗迹。受到中外穆斯林的珍
视，在海内外享有盛誉。

图 14 - 4　圣友寺

注：泉州圣友寺，中国伊斯兰教古寺，为东南沿海地区四大名寺之一。据寺门楼北墙重修
该寺的阿拉伯文碑记载，该寺始建于伊斯兰历 400 年（1009—1010 年）。

图 14-5　怀圣光塔　卢秀宴画

注：怀圣寺光塔始建于唐初（一说始建于北宋），历代有修葺，保留了原来形制，为青砖砌筑圆柱体，是我国最早的伊斯兰教塔，中外交往的历史见证，全国重点文物保护单位。

西亚建筑形制与中国的建筑艺术经过长期的相互融合，出现了不少新的建筑形式，如礼拜殿、后窑殿、邦克楼（宣礼塔）、墓祠、经堂、讲堂等。不仅如此，忽必烈还命令著名的回回建筑师亦黑迭儿丁设计督建元大都京城。关于这一伟大的古代宫廷建筑，"中国古代关于帝都建筑的理想是这样的：正方形的大城，四面各三座城门，城内有笔直的通衢；大城的中心，前为朝廷宫阙，后为商业市场，左为祖庙，右为社稷坛，形成'前朝后市，左祖右社'的体制。亦黑迭儿丁设计的元大都，正体现了这种理想。它虽非绝对正方形，但对这种中国古都建筑体制绝无任何损害。钟鼓楼的安排，似乎与清真寺大殿后面建望月楼相一致；南北城门故意安排不同，也与阿拉伯风格清真寺故意不对称的格局相同。据此，我们有理由提出，亦黑迭儿丁设计大都时是否从阿拉伯地区清真寺建筑中受到一些启发？这种推测无论是否符合设计师的本意，有一点则是可以肯定的：亦黑迭儿丁这位穆斯林建筑设计大师，对中国传统的建筑体制没有生搬硬套和机械模仿，而是在继承中有发展，采纳中有创新，创造性地发展了中国古代城市建筑艺术"①。另外，明永乐年时，明都北京城和明皇城的总设计师和工程师，也是由安南天才建筑师阮安规划设计的，明成祖曾下令他全面负责建造北京城。至今依然巍然屹立的紫禁城正是中越建筑文化交流的结果。

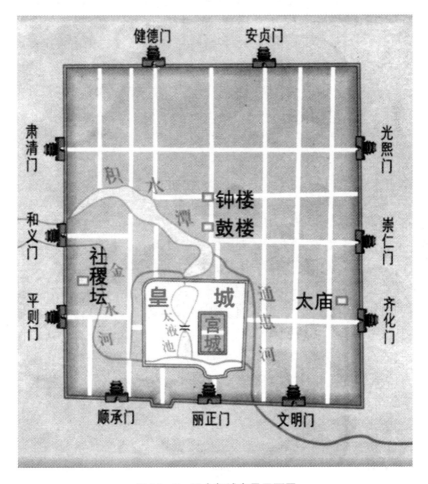

图 14 – 6　元大都城布局平面图

注：元大都城周长28.6千米，南北略长，有11座城门，其中东、南、西三面各有3门，北面有2门。城四隅建有高大的角楼，今天北京的古观象台是元大都城东南角楼所在地。

---

① 李兴华等：《中国伊斯兰教史》，中国社会科学出版社1998年版，第324页。

　　中国古代建筑受外来建筑风格的影响，同时也对邻国产生了影响。日本依照唐朝都城长安的样式，建造了平城京（今奈良）和平安京（今京都），成为奈良、平安时代的首都。在佛教建筑方面，日本多受北魏时佛教建寺的影响。公元8世纪，鉴真东渡时，在平京城建造的唐招提寺，与我国唐时佛殿的木构造型非常相似。南宋时期，日本僧人从中国福建等地引进了中国式建筑，称"大佛样"。随着禅宗传入日本，禅宗寺院也传入。一时间，禅院盛兴，在日本被誉为"禅宗样"。此后中国古建筑对日本建筑的影响几达千年。

　　在自然科学方面，天文学、数学、医学等中国的自然科学知识也对日本产生了较大的影响。我们以对日常生活影响较大的天文历法为例，论证中国天文学对日本传播及其对日本天文学的贡献。大约在东汉南北朝时期，中国的天文学和算学知识就一直在日本民间广泛应用着。公元554年，居住在朝鲜的中国人易博士王遂良、历博士王保孙等人到日本，将中国的天文历算知识传入日本。其中最重要的是将南朝何承天于公元443年制定的《元嘉历》传入日本。这是最早传入日本的中国首部历法，但并没有被马上推行。隋唐时期，日本向中国遣使达24次之多，再加上民间交往，日本天文学在中国天文学的影响下迅速建立起来。日本天文学界是完全仿照唐朝建立天文机构，造漏壶，筑观星台。这样，日本在我国隋唐时期首先是采用中国历法，不加改动地照搬达一千多年之久，具体事例有：从公元604年正月开始颁行《元嘉历》，这是日本朝廷正式颁布的第一部中国历法，这部历法使用到公元691年止；公元605年至公元697年将《元嘉历》与唐朝李淳风于公元665年制定的《麟德历》参照并用；公元764年日本停止使用《麟德历》，实行唐僧一行于公元727年制定的《大衍历》，这部优秀历法自此至公元857年，在日本共实行93年；公元780年，第15次遣唐录事羽栗臣翼带回唐朝郭献之于公元762年制定的《五纪历》，日本自公元858年将《五纪历》与《大衍历》并用，一直到使用唐朝《宣明历》为止；公元859年，朝鲜渤海大使马孝慎赴日本，将《宣明历》带到日本，从公元862年被实行。《宣明历》是唐朝徐昂制定的历法，与《大衍历》比较，具有先进的推算日月星辰位置的方法。这部历法实行至公元1684年，即日本保井春海根据中国元朝《授时历》编制的《贞享历》施行为止，实际实行了 823 年。①

中国的天文学知识无疑也受到了外来的影响。元初，曾征招扎马鲁丁"回回为星学者"，他们带来和翻译了托勒密的《天文大集》，伊本·优努斯（也译作尤尼）的《哈基姆星表》（也译作《哈基姆历数书》）等天文学著作，扎马鲁丁等人还传入中国《积尺诸家历》48 部、《速瓦里可瓦乞必星纂》4 部、《海牙剔穷历法段数》7 部等回回天文书。扎马鲁丁原是西域人波斯马拉加天文学家，宋末元初来到中国。忽必烈即位后，他任职于回回司天台，主持制定《万年历》。至 1267 年，他依据伊斯兰教历法撰著《万年历》，由忽必烈颁行天下。《万年历》是阿拉伯系统的天文历法，比郭守敬在 1289 年创制的《授时历》还早 22 年。自元到清初，回回历一直为人民所采用，先后达 400 多年之久。扎马鲁丁还先后制造了多环仪、方位仪、斜纬仪、天球仪、地球仪、观象仪等"西域仪象"（即阿拉伯天文仪器）。这些仪器，当时在世界上是罕见的，尤其是地球仪是球状的，体现了寰球这一科学概念与设想。这无疑是对中国传统的"天圆地方"观念的否定，意义非常深远。李约瑟说："除公元前 2 世纪马洛斯的克拉特斯古地球仪（已失传）外，没有比马廷·贝海姆 1492 年的纪录更早的人。"扎马鲁丁的地球仪诞生于 1267 年，比马廷·贝海姆的记录整整早了 225 年。

另外，扎马鲁丁等伊斯兰科学家传入中国的阿拉伯世界的学术文化也是广泛的，包括天文、数学、化学、力学、医药、地理、哲学等诸多方面。如《四劈算法段数》（数学书）、《忒毕医经》（医书）等，其中《四劈算法段数》15 部，据考证可能是欧几里得的《几何原本》15 卷的最早汉文译本，还有《诸般算法段目仪式》（即《几何学书》）等典籍的传入，这些都使中国数学在元代得以突飞猛进，填补了中国算学的一大空白。

五代、宋、元时期，中医与阿拉伯、波斯、蒙古等民族的医药文化形成了空前的大融合和大交流，我们可以几部医书为例。

《回回药方》由元末回回医生所著，全文基本上用汉文记述，并夹杂不少阿拉伯、波斯药物名称术语的原文和音译词，是一部包括内、外、

---

① 姚传森：《中国古代历法、天文仪器、天文机构对日本的影响》，《中国科技史料》1998年第 2 期。

妇、儿、骨伤、皮肤等科，内容丰富的中国回回医药之集成之著。从该书的内容和其思想体系看，不仅有阿拉伯医学的渊源，还借鉴中医传统医学的宝贵经验，并相互结合，东西合璧，是中国医药文化与阿拉伯医药文化交流融合的产物。

图 14 - 7　《回回药方》影印封面

注：《回回药方》是中国大型综合性回回医药学典籍（作者不详），原有 36 卷，少数残存本现可见于北京图书馆。该书多以汉语书写，同时夹杂许多阿拉伯语与波斯语医药术语及汉语音译。

《饮膳正要》由元代蒙古族医学家忽思慧撰，是中国第一部有关食物营养、疗效食品等方面的专著。初刻于至顺元年（1330 年）。早年传往日本，明、清两代曾多次翻印，广为流传。忽思慧是元代皇帝的饮膳太医，主管宫廷饮膳烹调之事。他继承整理古代医学理论，广泛收集蒙、回、维吾尔等民族的饮膳风俗和食疗方法，并根据自己的经验撰成此书。该书是汉、蒙、阿拉伯、波斯等诸种医药文化交流融合的例证。

《瑞竹堂经验方》由元回族医学家沙图穆苏撰。约刊于 1326 年。该书分为诸风、心气痛、疝气、积滞、痰饮、喘嗽、羡补、头面、口等共 15 门，采方 310 余首，选方较为精要。书中记载的悬吊小桶淋浴是回族自古以来独特的卫生传统习俗。另外有治急气疼方、治疗疮等方，其中 50% 的方用香药，且标有"海上方"等字样，说明这些方药是经海上丝绸之路传入中国的阿拉伯伊斯兰治方。此书是阿拉伯、波斯等香药、海药与汉方汉药相互借鉴交流的结果。

第二节 中外科技交流对我国古代科学思想发展的影响

一 农学

春秋战国时期，我国古代的农业科技已知轮作制、一般作物栽培原理和精耕细作提高单位面积产量等诸多技术措施。我国古代农业科技主要的耕作方式是铁犁牛耕，耕作技术以精耕细作为主。

从具体耕作方法上讲，春秋时期是垄作法，秦汉时期是代田法、区作法。从耕作技术上讲，春秋战国时出现牛耕，西汉赵过推行过耦犁（二牛抬杠），后来又出现可以翻土的、碎土的犁壁。赵过还发明了播种机械耧车。犁壁的使用比欧洲早了 1000 多年。东汉时出现了一牛挽犁。魏晋南北朝时我国出现了耕耙技术。唐代使用结构更合理的曲辕犁，可以调节耕地深浅，后来一直被使用。从农田水利灌溉角度，春秋时期淮河流域有芍陂；战国时有都江堰、郑国渠；秦时有灵渠；汉时黄河流域有六辅渠、白渠、龙首渠，西北有井渠；隋唐时兴建了大运河，北宋时王安石推行农田水利法，兴修水利工程 10000 多处；元时开通会通河和通惠河。灌溉工具方面，曹魏时有翻车，唐时出现筒车，宋朝时有高转筒车，明清时使用了风力水车。

从农学著作上看，战国时代的《吕氏春秋》专门分四篇讲述了农业政策、农业科技、土地利用以及天时把握等。秦汉魏晋南北朝时是我国传统农学臻于成熟的时期。西汉农学家氾胜之所著的《氾胜之书》，一般被认为是我国最早的一部农书。而代表当时中国和世界农学的经典著作《齐民要术》，是我国现存最早、最完整的一部农书，作者贾思勰对我国北方的旱农精耕细作经验进行了系统总结，对几乎所有的农业生产活动都做了比较详细的论述。隋唐宋元时期是我国传统农学继续向深度和广度扩展的时期。这一时期，南宋陈旉所著《农书》是我国有史以来第一部总结南方农业生产经验的农书，它全面总结了江南水稻栽培经验，对我国农业的发展做出了新贡献。元初大司农司编撰的《农桑辑要》，是我国现存最早的官修农书，它反映了北方时旱农技术的最新经验，包括了全国农业科技的精华元素，是一部实用性很强的农书。元代王祯所著《农书》是总结元代我国农业生产经验的一部农学著作，它从全国范围内对整个农业进行了系统研究。此书中的《农器图谱》部分占全书80％的篇幅，几乎包括了所有的传统农具和主要设施，后代农书中所述农具大多以此书为范本。明清时期是中国农学与西方农学相互交汇发展的时期。这一时期最重要的农学著作就是明朝徐光启所著的《农政全书》。它基本上囊括了古代农业生产和人民生活的各个方面，贯穿的一个基本思想，就是治国治民的"农政"思想，全书按内容大致上可分为农政措施和农业技术两部分。

从上文可以看出，中国的农业生产技术虽然诞生较早，也比较早地对周边甚至欧洲等遥远国度产生了较大影响，当然也受到过外来先进农业技术渗透，但真正农业科学思想方面的交流、融汇和促进中国传统农学思想发生深度变化的，还是在北魏以后的时期。因此，本节主要以这一时期的中外农业思想交流碰撞为例，说明中国传统农业科学思想在哪些方面影响了外邦，又在哪些方面受外来农业文明的影响，从而促进了我国农学思想的发展进步。

东魏时成书的《齐民要术》，于唐末传入日本，至今日本还藏有北宋最早刊印的残本。后来该书引起日本学者的重视。18世纪，贾思勰和《齐民要术》被译介到法国和德国；19世纪，《齐民要术》被传到欧洲。

元朝的《农桑缉要》刊行后，朝鲜曾采用书中所述的收谷种法、春夏两季种红花法，以及养蚕方等。1349年朝鲜的李岩随高丽忠定王到元朝，带回《农桑辑要》。后来朝鲜政府又命议政府舍人郭存中用俚语逐节夹注，"1414年这部农书被译成俚语，刊行于世"。由于《农桑缉要》是以我国北方农业为对象，讲述我国北方地区精耕细作和栽桑养蚕技术，它们和朝鲜高丽末期李朝的农情地利有较大差别，于是朝鲜李朝世宗王下令在三南各道进行农情调查，并根据调查报告命郑招和卞孝文编撰《农事直说》。

可以肯定地说，《农事直说》对《农桑缉要》的农学思想做了很多的借鉴和引用。根据朴延华同志的考证，《农桑缉要》和《农事直说》有三点相同之处，又有三点不同之处。相同点之一是，《农事直说》之书名直接借用了元朝所著农书喜用"直说"一词，如元朝的农书有《韩氏直说》《种莳直说》《农桑直说》等。相同点之二是，《农事直说》主要引用中国元朝的《农桑辑要》。在两书中的序文中可看到："披阅参考，祛其重点，取其切要，撰成一编目曰《农事直说》。""披阅参考，删其繁重，撮其切要，纂成一编目曰《农桑辑要》。"18 个字有 4 字不同，《农事直说》序文中用同义字替换了四个字，其意思完全相同。相同点之三是，在农业技术及其表现方法上相似，《农事直说》的备谷种、耕地、种稻、种大豆条与《农桑辑要》的收九谷种、耕地、水稻、种豆条相比较，其中有八条相类似，如在耕地方面，两部农书都谈了"秋深耕，春夏浅耕，初耕深，转耕浅。"两书的相异之点：一是《农桑缉要》内容更广泛，包括耕垦、播种、桑蚕、草药和畜牧业等，而《农事直说》内容和目的较单一，"农事之外，不杂他说"；二是《农桑缉要》比较重视桑蚕栽培技术，而《农事直说》更注重水稻栽培技术；三是《农桑缉要》提到了棉花栽培，而《农事直说》则没有。① 《农事直说》为朝鲜最早的农学著作，"为一部接受中国农业技术总结诸名著所传优良经验，检讨本国农业情况实际，或因或革，综贯成法者，宜其为朝鲜古典农学之杰撰"。②

明清时期，我国农学中对外影响最大的当数徐光启的《农政全书》。《农政全书》出版 60 年后，日本的宫崎安贞就以《农政全书》为蓝本，结合日本的农事经验，编写了日本农业史上最具代表性的农书——《农业全书》。日本儒医根据《本草纲目》《王祯农书》有关田制与农具的记述编撰了多识编（1613 年刻印），以供检索中国典籍名物之需。江户中期著名儒医贝原益轩被称为日本本草创始人，他所编撰的《大和本草》《菜谱》《花谱》《日本岁时记》等农书，受中国农书的影

---

① 朴延华：《朝鲜〈农事直说〉与中国〈农桑缉要〉之比较》，《延边大学学报》2001 年第 3 期。

② 胡道静：《农书·农史论集》，农业出版社 1985 年版，第 102 页。

图 14 - 8　《农政全书》影印页

　　注：《农政全书》成书于明朝万历年间，大致可分为农政措施和农业技术两部分，基本囊括了中国古代汉族农业生产和人民生活的各个方面，尤其是其中贯穿了作者治国治民的"农政"思想，为其他大型农书少有。

响较多，如《菜谱》所引中国《农政全书》《月令广义》《居家必用》为多。《本草纲目》对《大和本草》和野必大编撰的《本朝食鉴》有较大影响。①

　　《农业全书》是日本集大成的一部农书巨著，日本后世的农书或多或少地都受到了《农业全书》的影响，它还间接影响到了日本近世的变革。韩兴勇列举了受《农政全书》或《农业全书》影响的日本农书一览表，

---

　　① 参阅曾雄生《中国农学史》，福建人民出版社 2008 年版，第 721—722 页。

共有《耕作》《农业要集》《农业蒙训》《农业心得记》等近50部。这些农书促进了日本农业技术的普及，进而加快了农业商品化的道路。农民剩余农产品自由商品化的吁求和幕府垄断商品买卖权形成尖锐的矛盾，"终于在文政6年（1823年）爆发了由西日本地区1480余村的农民联合对幕府的上诉运动，日本史上称'国诉'事件。随之农民的反抗连绵不断，最终成为'倒幕'运动的一个因素，从而使日本走上明治维新的道路。从历史发展需各种因素促成的观点来看，《农政全书》不仅只是对日本近世农书、农业技术的提高和普及产生了巨大的影响，也是促成日本当时展开明治维新运动的一个远因"。①

《农政全书》的目录包括：凡例；卷一至卷三为农本；卷四、卷五为田制；卷六至卷十一为农事；卷十二至卷二十为水利；卷二十一至卷二十四为农器；卷二十五至卷三十为树艺；卷三十一至卷三十四为蚕桑；卷三十五、卷三十六为蚕桑广类；卷三十七至卷四十为种植；卷四十一为牧养；卷四十二为制造；卷四十三至卷六十为荒政。《农业全书》的目录包括：自序；凡例；卷一为农事总论；卷二为五谷之类；卷三、卷四为菜之类；卷五为山野菜之类；卷六为三草之类；卷七为四木之类；卷八为果木之类；卷九为诸木之类；卷十为生类养法、药种之类。

比较二书目录所包括的内容，《农业全书》更注重农业本身，注重推广传播农作知识、农业经验、农耕技术等能直接提高农业生产力方面的实际知识和经验，因此它构成农书的内容只限定在农事总论、五谷之类、菜之类、果木之类及药种、生类养法等，不包括水利、养蚕、农器等虽和农业有关，但和种植农业、单纯的种植农业技术没有直接联系的方面。这充分证明了《农业全书》以农事为本的农业思想。而《农政全书》则不同，从其书称，就可以看出它注重以农政为本。《农政全书》包括农政思想和农业技术两大方面，而农政思想占全书一半以上的篇幅；全书六十卷，三分之一写荒政。《农政全书》的农政思想主要体现在以下方面：用农业政策发展农业生产，提高农业生产力，从而使农民安居乐业，达到富国强兵、安抚百姓的目的；主要的措施就是用垦荒和开发水利的方法来发展北

---

① 韩兴勇：《〈农政全书〉在近世日本的影响和传播——中日农书的比较研究》，《农业考古》2003年第1期。

方的农业生产；重视备荒、救荒等荒政；进一步提高南方的旱作技术；推广甘薯种植，总结栽培经验；总结蝗虫灾害的发生规律和治蝗的方法。当然，由于两国国情、政情、农情、地情等方面的不同，可以说，《农政全书》与《农业全书》的最大区别在于是以"农政为本"还是以"农业为本"。《农政全书》更全面地包含了与农业有关的政策、制度、措施、工具、作物特性及技术等知识。尽管如此，《农业全书》在总论的十节中，"耕作与施肥所占篇幅近半，耕作的大部分是征引自《农政全书》，有关肥料的种类与施肥方法虽极富日本特色，但对于施肥的作用与功效则多据中国农书移译而成，其他有关田间耕耘过程也大多从中国农书转录移译而来。该书共收作物 109 种（较《农政全书》相对应的 88 种，多出 21种），虽然其中有些内容是依据日本情况撰写而成的，但也有更多的内容或多或少地，甚至全部引自《农政全书》"。另外，两书都借用了阴阳和合等学说和范畴。①

　　明清时期，从朝鲜徐有榘用汉文编著的《种薯谱》中，可看出中国农学思想对朝鲜的影响。徐光启撰著的《甘薯疏》是研究中国甘薯种植史的第一手资料，在中国国内已佚失，只有少量文章保存于《群芳谱》等书中，而《种薯谱》从《甘薯疏》原疏直接引用，几乎全部引用了《甘薯疏》的资料。《种薯谱》一书从叙源开始，接着是传种、种候、土宜、耕治、种栽、壅节、剪藤、收米、制造、切用、救荒，而以丽藻结束。全书所引文献共 17 种，其中以汉籍为多，共 9 种，朝鲜人所著书 6 种，日本文献 2 种。所征引的频率在 10 次以上者，依次分别为徐光启《甘薯疏》（31 次）、金氏《甘薯谱》（22 次）、王象晋《群芳谱》（11 次），姜氏《甘薯谱》（10 次）②。除《甘薯谱》外，朝鲜还有其他一些农书也是用汉文写作或大量引用中国文献资料。如李朝孝宗五年甲午与乙未间（1654—1655 年），即中国清代顺治十一至十二年间汇集的三部汉文农学著作的专业丛刊——《农家集成》中，除收录有《农事直说》《衿阳杂录》《四时纂要抄》三书外，还收录了朱熹的《劝农文》。《四时纂要抄》实为一广泛抄集之著述，其间引用的中国农学著作有宋代的《梦溪忘怀录》《琐碎录》《范石湖梅谱序》等，还有

---

① 曾雄生：《中国农学史》，福建人民出版社 2008 年版，第 721—722 页。
② 同上书，第 725—726 页。

元代的《农桑辑要》。① 据日本学者渡部武的研究，朝鲜和日本的"耕织图"也受到中国宋代楼璹之《耕织图》及清代焦秉贞所绘《耕织图》之影响。②

中国传统农学思想对西方农业思想的影响，也可以在欧洲的一些著作中得到反映。《本草纲目》是中国农学典籍中对国外影响较大的一部。17世纪时，出生于波兰的耶稣会士卜弥格（1612—1659 年）于 1656 年发表的《中国植物志》（法文译名为《中国植物志》，或《中国特产花果、植物及动物概述》），就是从《本草纲目》中选取 22 种植物用拉丁文写成的。它对标有中国名称的中国植物（和动物）的介绍及其中的 23 幅插图，是欧洲将近一百年来人们所知道的关于中国动植物的仅有的一份资料。③ 耶稣会士作家刘应在 1700 年左右，曾以拉丁文节译《本草纲目》，并由法国的杜赫德尔于 1735 年以《中国的药草志》为书名出版。杜赫德是以在《中华帝国通志》中以法文摘译的形式开始收入《本草纲目》，它将《本草纲目》前两卷所述的本草学史、用药理论以及一些药物的叙述都做了翻译。后来，《中华帝国通志》又相继被翻译成英、德、俄等语种，《本草纲目》也随之在欧洲得以广泛传播。另外，18 世纪法国出版的《中国纪要》也引用了《本草纲目》，如法国人韩国英写的论硼砂的论文就引用了《本草纲目》卷十一。19 世纪后，法国的勒牡萨（Abl, Remusat, 1788—1832 年，有人译雷慕沙）以关于《本草纲目》及中医药的研究论文获得巴黎大学医学博士。十一世纪后半期著名的《本草纲目》的研究者贝勒，是俄国驻北京使馆的医生。他一生在植物史方面的研究，如《中国植物志·中西典籍所见中国植物学随笔》《早期欧洲人对中国植物之研究》等，都与《本草纲目》有着重要的联系。

除了翻译介绍《本草纲目》，对中国本草学作文献研究、历史考证和植物名称鉴定外，欧洲医学家还借助化学实验和分析，对那些书中所载的

---

① 胡道静：《朝鲜汉文农学撰述的结集》，载《中国科技史探索》，上海古籍出版社 1986 年版，第 657 页。

② ［日］渡部武：《耕织图流传考》，曹幸穗译，《农业考古》1989 年第 1 期。

③ 但也有观点认为，《中国植物志》与《本草纲目》无关，书中所取动植物，皆是作者卜弥格在我国两广的见闻，这些动植物的汉语名称及所附插图虽然载入《本草纲目》，但并非取自此书。见潘吉星《中外科学之交流》，香港中文大学出版社 1993 年版，第 202 页。

中国的古老中药，如人参、当归、大黄、三七、冬虫夏草、五味子等进行分析，找出有效成分，再做药理学实验，或对植物进行分类研究，或进行药物栽培实验，将本草的研究推进到新的阶段。例如加里克（S. Garriques）从人参中提取有效成分人参素，其成果发表在柏林《化学及药物学年鉴》卷 90（1853 年），药理学证明人参是有特殊疗效的。1899 年默尔克（E. Merck）将妇科良药当归制成浸膏，向德国医药学界推荐，经试用，有较好效果。①

有人认为，英国学者达尔文在其名著《物种起源》和《动物和植物在家养下的变异》中曾提到的参阅的"一部中国古代百科全书"，有时即指《本草纲目》；达尔文还以这部书中的例子作为其进化论的例证。②

达尔文在其《物种起源》的第一章"家养条件下的变异"中写道："我看到一部中国古代的百科全书，清楚记载着选择原理。在前一世纪耶稣会会员们（Jesuies）出版了一部有关中国的巨大著作；这一著作主要是根据古代中国百科全书编成的，关于绵羊，据说'改良它们的品种在于特别细心的选择那些预定作为繁殖之用的羊羔，给予它们丰富的营养，保持羊群的隔离'。中国人对于各种植物和果树已应用了同样的原理。根据类推，以及根据农业著作，甚至古代的中国百科全书的不断忠告，说把动物从此地运往彼地时必须十分小心，我必须相信习性或习惯是有一些影响的。"

借助上述引文的例证，达尔文指出："要说这一原理是近代的发现，就未免与真实相距其远了。我可以引用古代著作中若干例证，来说明那时已经认识了这一原理的充分重要性。"根据中国的这一部百科全书，达尔文了解到"中国人对于各种植物和果树也就用了同样的（选择）原理"。在《动物和植物在家养下的变异》的第 24 章，标题也是"变异的法则——用进废退及其他"一节中，就同一问题而涉及植物时，达尔文说："农学者们的普通经验具有某种价值，他们常常提醒人们当把某一地方的产物，试在另一地方栽培时要慎重小心。中国古代的农书作者们建议应当

---

① 潘吉星：《中外科学之交流》，香港中文大学出版社 1993 年版，第 213—214 页。
② 此说历来有争论，也有人认为是《齐民要术》及中国其他一些农书。

栽培和保存各个地方特有的变种。"①

　　18 世纪根据欧洲耶稣会士通信，相继编纂出版了后来欧洲人得以全面了解中国的三部书刊：《耶稣会士书简集》（34 册）、《中华帝国全志》和《北京传教士所写的关于中国人之历史、科学、艺术、风俗习性的论考》（简称《中国杂纂》）。这些著作中或多或少都对中国的农业做了介绍，如"在《中国纪要》的二至五卷及十三卷中，包括了有关中国蚕、竹、蜂、杏、灌木等生物学资料，十一卷中则收有家畜，以及枣、竹、桃、牡丹等内容，它们主要是由韩国英（Pierre Marthial Gibot，1727—1780 年）及金济时（Jean – Paul – Louis Collas，1735—1781 年）神父搜集提供的。韩国英曾撰写《可能移植于法国的中国植物花木之观测》一文，首称誉中国农业，次言灌溉肥料，末列举法国可能移植之若干重要植物：产蜡树、产脂树、产漆树、桐树、椒树、樟脑、竹、柏香树"②。

　　除此之外，中国古代农业思想对外产生过比较重要影响的就是对法国重农学派。重农学派的代表人物魁奈（Francois Quesnay，1694—1774 年）和杜尔哥（Anne – Robert Jacques Turgot，1727—1781 年）肯定从在华耶稣会士对中国的介绍中，受到了中国重农思想的影响。将《中华帝国的专制制度》译成英文的马弗利克（L. A. Maverick）曾指出："尽管重农学派不知道徐光启其人，但徐光启在给予他们中国知识的传送链条中，仍是一个重要环节；因为他们特别是传教士从他那里获得了中国人对待农业态度的资料。"③ 谈敏先生在谈到法国重农学派的中国渊源时也说："重农学派尤其是魁奈赞扬和主张仿效中国重农思想的这些言论，表明他们从中国传统经济思想中所得到的绝不仅止于一般的影响，这种东方古代思想已经深深渗透于他们的重农理论之中。"④

　　自然秩序理论是法国重农学派的最高信仰和其整个学派得以形成的理论基础，而正是这种自然法则的观念，明显受到了中国古代哲学的深刻影响。我国古代哲学中道家的"道法自然"和儒家的"天行健"观念，都

　　① 董恺忱、范楚玉主编：《中国科学技术史农学卷》，科学出版社 2000 年版，第 815—816页。

　　② 曾雄生：《中国农学史》，福建人民出版社 2008 年版，第 727 页。

　　③ 参考［法］魁奈《中华帝国的专制制度》中译本序言，谈敏译，商务印书馆 1992 年版，第 5—6 页。

　　④ 谈敏：《法国重农学派学说的中国渊源》，上海人民出版社 1992 年版，第 282 页。

强调了对自然的敬畏和"天命不可违"，实际上是暗含着对自然秩序和社会规律的服从。我国古代传统重农思想中显然是强调发展农业是富国、富民、强兵的根基的，强调农业生产是创造财富的根本。这样，遵从自然秩序（包括社会秩序）——大力发展农业，重视农业是财富的唯一重要来源——就能达到国富民富的目的，这条线索正是我国传统农业思想中发展农业生产的一个重要逻辑。法国重农学派在建立重农学派理论体系的过程中受到了这一逻辑的重要影响。1769 年，魁奈出版了《中华帝国的专制制度》，该书的第八章标题即为"中国的法律同作为繁荣政府的基础的自然法则相比较"。魁奈将中国作为一个实行自然法则的理想国度，通过对中国的制度实践的考察，阐述了自由主义的经济学精神。

在《中华帝国的专制制度》第二章，魁奈指出其自然秩序和中国"天道"的相合之处，他说："据中国注疏家的解释，'天'是统辖苍穹的灵魂，他们又把苍穹看作大自然的造物主最为完美无瑕的杰作。……'天'这个词还被用来表示物质的'天'。……所有的经书，特别是一部被称为《尚书》的经书，把'天'描绘成现存万物的造物主，人类之父。"①

在《中华帝国的专制制度》第八章第六节，魁奈指出农民应服从自然秩序，他说："耕作者服从于自然秩序，因此只应遵守物质法则，以及物质法则为他们所规定的那些条件，而不应被迫遵守任何别的法则。而且，行政当局在整个社会统治中也应当受这些物质法则和这些条件的指导。"②

在《中华帝国的专制制度》第八章第十二节，魁奈指出服从了物质法则的民族，要建立起稳固和持久的国家，必须重视农业本身。他说："除了与其他民族为敌的掠夺性民族以外，所有类型的民族都是以农业作为共同的特征。如果没有农业，各种社会团体只能组成不完善的民族。只有从事农业的民族，才能够在一个综合的和稳定的政府统治之下，建立起稳固和持久的国家，直接服从于自然法则的不变秩序，因此，正是农业本身构成了这些国家的基础，并且规定和确立了它们的统治形式。因为农业是用来满足人民需要的财富的来源，又是因为农业的发展或衰落必然取决

---

① ［法］魁奈：《中华帝国的专制制度》，谈敏译，商务印书馆 1992 年版，第 49 页。
② 同上书，第 120 页。

于统治的形式。"①

在《中华帝国的专制制度》第八章结尾部分，魁奈说："中华帝国不正是由于遵守自然法则而得以年代绵长、疆土辽阔、繁荣不息吗？……由此可见，它的统治所以能够长久维持，绝不应当归因于特殊的环境条件，而应当归因于其内在的稳固秩序。"②

明清时，西方农学思想对中国的影响也主要是通过译介的形式，当然中西人员的交流（留学生、传教士等），仿自西方的农业机构、制度的建立等，也大大传播了西方的农学思想，但最直接、最基本的农学思想的碰撞和融汇，还是充分体现在具体出版物中。

较早与农学有关的西方著作有传教士熊三拔译著的《泰西水法》（1612 年），它是一部介绍西方水利科学的重要著作，记述了西方的汲水蓄水技术及灌溉机械。1627 年，由德国耶稣会士邓玉函（Johann Terrenz）口授、中国学者王徵译绘的《远西奇器图说录最》（《奇器图说》）刊印，它是近代中国学者认识西方力学和机械知识的主要文献，书中配有精刻的 53 种人力（或水力、风力等）运作机械绘图。

鸦片战争之后，1843—1860 年，传教士在广州出版的 13 种科学刊物中，和农学有关的仅有英国传教士合信编写的《博物新编》（1855 年）。《博物新编》共三集，内容涉及天文、气象、物理、动物等各个方面，其中第一集重点介绍了西方近代化学知识，第三集题为《鸟兽论略》，介绍了当时西方动物学界的研究情况以及动物分类方法等基础知识。在上海出版的与农学关系最为密切的是由英国传教士韦廉臣（Alexander Williamson，1829—1890 年）与我国学者李善兰根据英国植物学家林德利的《植物学基础》合译的《植物学》（1858 年）。这是我国第一部介绍西方近代植物科学的著作。全书共 8 卷，约 35000 字，有插图 200 多幅。书中主要介绍了植物学的基本理论知识，包括植物的地理分布、植物体的内部组织构造、植物体各器官的形态构造和功能以及植物的分类方法等。李善兰在书中创译了细胞、萼、瓣、心皮、子房、胎座、胚、胚乳等植物学专门术语。分类学中的"科"和伞形科、石榴科、菊科、唇形科、蔷薇科、豆科……许多科的名称均从他笔下首次出现。"植物学"一词也是他首次创

①　［法］魁奈：《中华帝国的专制制度》，谈敏译，商务印书馆 1992 年版，第 122—123 页。
②　同上书，第 137—138 页。

译的。这些名词都一直沿用至今。该书所讲述内容同中国传统植物学著作至少有三点明显不同之处：首次将细胞学说介绍到中国，第一次介绍了有关植物体各器官组织的生理功能，第一次介绍了近代科学的植物分类方法等。后来，19世纪后半叶傅兰雅又编译出《论植物》（1876年）、《植物须知》（1894年）及《植物图说》（1895年）三部有关植物学的中文译著。

　　1876年，英国人傅兰雅创办的《格致汇编》是中国近代最早的以传播西方科学知识为宗旨的科学杂志。其中收录的《农事略论》一文，首次系统地介绍了西方农学和农业的概况。《农事略论》简要介绍了英国农业情况与有关的农业知识，对英国的"农政公会"和与土壤肥料有关的

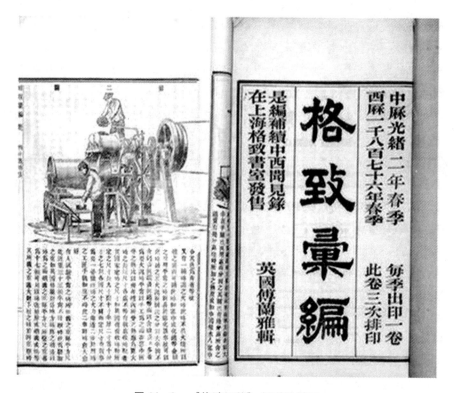

图 14 - 9　《格致汇编》创刊号封面

　　注：该刊清光绪二年正月（1876年2月）创刊于上海，前身为清同治十一年（1872年）在北京创刊的《中西闻见录》。1892年停刊，共出7卷60册。

农业化学动态进行了评介。书中有关新式农具的介绍，除马拉的畜力农具，还介绍了在英国使用的以蒸汽为动力的新农具。

19世纪70—90年代，江南制造局翻译馆正式开启了对西方实验农学著作的译介，共译出农学书九部：《农学初阶》1卷、《农学津梁》1卷、《农务全书》二编32卷、《农学理说》2卷、《农务化学问答》2卷、《农务化学乘法》3卷、《农务土质论》3卷、《意大利蚕书》1卷、《种葡萄法》12卷。其中，《农务化学问答》以问答的形式通俗地讲述了农业化学的基础原理和实际应用，首次将西方农业化学新成果及理论原理传入中国。

1895年，中日甲午战争后，以上海为开端在全国设立农学会。农学会最大的成绩就是译书出报，其中又以罗振玉等创办的我国第一份农业学术刊物——《农学报》最为有名。《农学报》的内容可分为四大栏：一是各省农政，即各级地方官员有关农业的奏折、公牍及各级官署拟订的章程等官方文件；二是各地农事动态及务农会经办事项；三是从国外农业报刊书籍上翻译过来的文章；四为辑佚的古农书和由当时人依据农事实践所总结撰著的部分传统农书。该刊到1906年共出版315期，发表了大量介绍国外农学及本国传统农学的文章。

依据《农学报》，罗振玉还主编了一套大型的《农学丛书》。《农学丛书》从1899年至1906年共出7集，累计82册（第1集20册、第4集12册，其余各集均为10册），共收入译著、传统农书及与农事有关的文章等计235种。译著占大部分，绝大多数译自日本农书，也有一些是欧美农书的日译本。这套丛书是中西农学交融的混合体，它大量收集翻译了当时西方先进的科学技术著作，内容涉及农学、化学、生物学等方面，尤其以农学为主。如作物栽培学，第2集中共译46书，其中有15篇是介绍稻、麦、粟、马铃薯、胡萝卜等农作物优良栽培品种的；土壤学，《农学初级》第18—30章专论泥土，《农学入门》第5章专讲土壤，对土质用化学的方法进行成分分析，叙述土地生物方面的原理；畜牧兽医学，第1集中有《山羊全书》，《农学丛书》卷三分专章介绍了马、牛、羊、猪、鸭、鸡、蜂、鱼、蚕的品种特性和饲养要领；农业生产工具，大量翻译介绍了有关西方先进生产工具方面的书，将各生产环节的工具一一介绍，分析其原理，介绍使用方法，并配以图形辨其优劣；园艺，翻译了《果树栽培总论》、《种树书》（部分内容涉及果树）、《蒲葵栽制法》、《谈芭蕉栽制法》、《葡萄新书》、《橘录》、《水蜜桃谱》、《甜菜栽培法》、《甘薯实验成绩》、《家菌长养法》、《种木蓄薯法》、《蔬菜栽培法》等；林学，《农学丛书》对有关西方林学著作的翻译也较多，从林学的基础知识，到林学理论，再到具体的造林技术、林业病虫害防治等方面都翻译成书，包括涉及园林花卉的。① 总之，《农学丛书》将中国农业经验和思想与西方新农学相互比照，并皆力寻找二者相通之处，表现了中国传统农学向近代农学的转型以及和西方实验农学的结合，在中国农学史上具有非常重要的意义。

二 数学

数学在中国古代称为算术，即算数之术，后来又称为算法、算学，至宋元时开始使用"数学"一词。

原始社会时期，人们先是用结绳即用不同形态和数量的绳结标记复杂的事件，后来又用书契即刻画符号来记数。在仰韶文化时期出土的陶器上面，发现了刻有表示1、2、3、4的符号。一般传统科学思想的观点是认为河图、洛书出现后才产生了数学，称洛书为"数之本原"。总之，我国在原始社会末期就已形成了十进制。

先秦时期，传说夏禹治水时已经开始使用规、矩、准、绳等作图与测量工具。《史记·夏本纪》："陆行乘车，水行乘舟，泥行乘撬，山行乘撵，左准绳，右规距，载四时，以开九州，通九道。"到了商代就已形成后世一直沿用的完整的十进制数字和记数法，商时人们用一、二、三、四、五、六、七、八、九、十、百、千、万这13个单字记10万以内的任何自然数。形成于西汉的、约公元前1世纪的《周髀算经》，在其第一章周公与商高的问答中（约发生于公元前1100年），商高提出了"勾三股四弦五"的勾股定理，并且提到大禹治水时就使用了有关勾股的数学知识。国外一般把公元前5世纪的古希腊数学家毕达哥拉斯看作勾股定理的发现者，但实际上"大禹是世界上有历史记载的第一个与勾股定理有关的人。这也是运用勾股定理于实践的最早记录"②。春秋战国之际，筹算已得到普遍的应用，筹算记数法已使用十进位值制，这种记数法对世界数

---

① 贾玮：《从农学丛书看近代西方农业科技的传入》，《安徽农业科学》2007年第19期。

② 郭金彬、孔国平：《中国传统数学思想史》，科学出版社2005年版，第30页。

学的发展具有划时代的意义。战国时期，百家争鸣，名家和墨家有关正名、有限和无限等有关数学定义和数学命题的争论，促进了中国古代数学理论的发展。《墨经》记录和解释了一些几何学定义、原则和定理，对圆、方、平、直、次（相切）、端（点）、面、体等提出明确的定义，对空间、时间概念，以及对必要条件和充分条件提出了独特的、有价值的看法。李约瑟博士认为，《墨经》中包含着中国理论几何学的某种萌芽，它有力地排除了任何一种认为中国古代缺乏几何思想的猜测，成书比欧几里得《几何原本》约还早 100 年的《墨经》，有力地说明古代中国研究几何学，"曾经完全不受西方的影响而独立地工作过"[1]。

　　秦汉时期，算术成为一个专门的学科，中国古代数学体系形成。这一时期的世界著名的数学代表作是《周髀算经》和《九章算术》，而尤以《九章算术》有名，它同时也是中国古代第一部数学专著，是算经十书中最重要的一种。《九章算术》集秦汉数学之大成，系统总结了战国、秦、汉时期的数学成就。《九章算术》的主要内容是：第一章"方田"：田亩面积计算；第二章"粟米"：谷物粮食的按比例折换；第三章"衰分"：比例分配问题；第四章"少广"：已知面积、体积，求其一边长和径长等；第五章"商功"：土石工程、体积计算；第六章"均输"：合理摊派赋税；第七章"盈不足"：即双设法问题；第八章"方程"：一次方程组问题；第九章"勾股"：利用勾股定理求解的各种问题。《九章算术》在数学上的独特贡献在于：在世界上最早系统叙述分数四则运算问题，也较早记录了盈不足等问题，"方程"章在世界数学史上首次引入了负数及其加减运算法则；其他如今有术（西方称三率法）、开平方与开立方（包括二次方程数值解法）、各种面积和体积公式、线性方程组解法、勾股形解法（特别是勾股定理和求勾股数的方法）等都显示了较高的水平；整本著作就其内容和特点来说，以算术、代数为主，算式又都以筹算记数法发展而来，很少涉及图形性质，重视解决实际问题的实践应用，这些都表明中国古代数学与希腊数学形成了完全不同的数学体系。《九章算术》唐、宋两代都由国家明令规定为教科书，1084 年北宋朝廷进行刊刻，成为世界上最早的印刷本数学书。隋唐时期，《九章算术》曾传到朝鲜、日本，

---

[1]　参见郭金彬、孔国平《中国传统数学思想史》，科学出版社 2005 年版，第 38 页。

并成为当时这些国家的数学教科书。它的一些成就如十进位值制、今有术、盈不足术等还传播至印度和阿拉伯，并通过这些地方远传到欧洲，促进了世界数学的发展。

魏晋南北朝时期，中国古代数学得到进一步发展。其中赵爽与刘徽的工作为中国古代数学体系奠定了理论基础，被认为是中国古代数学理论体系的开端。赵爽是三国时吴国的数学家，曾注《周髀算经》，他所作的《周髀算经注》补充的"勾股圆方图注"和"日高图及注"是非常重要的数学文献。这些注文简练地总结了东汉时期勾股算术的重要成果，提出用弦图证明勾股定理和解勾股形的五个公式、勾股弦三边及其和、差关系的二十多个命题，以及用图形面积证明汉代普遍应用的重差公式。他的这些工作是具有开创性的，并因此被认为是中国古代对数学定理和公式进行证明与推导的最早的数学家之一。刘徽是三国后期魏国人，是中国古代著名的数学家。刘徽得以成名的主要著作是《九章算术注》10 卷、《重差术》1 卷、《九章重差图》1 卷（后两种已失传）。他在数学上的贡献比较多，有"中国数学史上的牛顿"之称。刘徽的《九章算术注》对《九章算术》的方法、公式和定理进行了一般的解释和推导，从而厘清了中国古代数学体系并奠定了它的理论基础。他比较突出的数学成就表现在：创造割圆术，利用极限的思想证明圆的面积公式，并首次用理论的方法求得圆周率为 157/50 和 3927/1250，即 3.1416，后世称为"徽率"；刘徽原理，在《九章算术·阳马术》注中，他在用无限分割的方法解决锥体体积时，提出了关于多面体体积计算的刘徽原理；"牟合方盖"说，在《九章算术·开立圆术》注中，他指出了球体积公式 V = 9D3/16（D 为球直径）的不精确性，并引入了"牟合方盖"这一著名的几何模型；方程新术，在《九章算术·方程术》注中，他提出了解线性方程组的新方法，运用了比率算法的思想；重差术，在白撰《海岛算经》中，他提出了重差术，采用了重表、连索和累矩等测高、测远方法。他还运用"类推衍化"的方法，使重差术由两次测望，发展为"三望""四望"。而印度在公元 7 世纪，欧洲在 15—16 世纪才开始研究两次测望的问题。南北朝时期数学代表作有《孙子算经》《张丘建算经》和《夏侯阳算经》，其中前两部算经分别给出"物不知数"问题和引出三个未知数不定方程组的"百鸡问题"。另外，这一时期数学成绩最大的要数祖冲之父子了。以刘徽的割圆术为基础，祖冲之算出圆内接正 6144 边形和正 12288

边形的面积，推算出圆周率的值介于 3.1415926 和 3.1415927 之间，他也因此成为世界上第一位把圆周率的值计算准确至 7 位小数的人，比西方约领先了一千年。祖冲之之子祖暅也提出了著名的祖暅公理，从而解决了刘徽尚未解决的球体积公式。

隋唐时，注重算法的社会实用性和确立算学教育制度是这一时期的主要特色。唐初王孝通所撰的《缉古算经》，是中国现存最早解三次方程的著作，它集中体现了中国数学家在建立和求解三次方程等方面所取得的重要成就。西方一直到 13 世纪意大利数学家菲波那契才有了三次方程的数值解法，这比王孝通晚了六百多年。《缉古算经》的大量篇幅涉及修筑堤坝、开挖沟渠，筑建城市、长城，以及建造仓廪和地窖等土木和水利工程建设的实际计算问题，适应了当时社会建设发展的需要。这一时期推动中国古代数学发展的一项重大措施是在国子监设立算学馆。唐太史令李淳风等编纂注释《算经十书》，是国家正式统一编订的第一套数学教科书，成为算学馆学生用的课本，后来的科举明算科考试也以此书为标准。

宋元时期是我国古代数学发展高度繁荣的时期。这一时期，涌现了我国著名的数学四大家：秦九韶、李冶、杨辉和朱世杰，他们在数学上的成就诸如正负开方术、天元术、四元术、大衍求一术、垛积术和招差术都极具开创性，比西方类似成果早了数百年。当时比较著名的数学著作如贾宪的《黄帝九章算法细草》、刘益的《议古根源》、秦九韶的《数书九章》、李冶的《测圆海镜》和《益古演段》、杨辉的《详解九章算法》《日用算法》和《杨辉算法》、朱世杰的《算学启蒙》《四元玉鉴》等，其中的一些成就在同时期世界数学的研究中处于领先地位。一般认为，宋、元两代，最突出的数学创新是"天元术"和秦九韶的"大衍求一术"。天元术以高次方程求正根的增乘开方法的逐渐完备为基础，是把增乘开方法推广到任意次高次方程的方法，把它的原理广泛用于联立方程组，就产生了二元术、三元术、四元术。天元即未知数，相当于今天我们说的"设某某为 x"，它与我们列代数方程的方法是基本一样的。元时朱世杰的《四元玉鉴》对从天元术推广到二元、三元和四元的高次联立方程组进行了系统的论述。天元术在世界数学发展史上的贡献是非常巨大的，它代表了当时世界代数学的最高成就，使几何代数化得到了最新发展。吴文俊说："宋元时期创立了所谓天元术一类新的理论和方法，不仅可以用来解决新问题，对老的问题（所谓古问）也提供了新的有力工具，和老的方法（所谓古法）相比可以'省功数倍'，这些新理论新方法的实质在于几何的代数化。"[1] 秦九韶在其巨著《数书九章》中提出了乘率、定数、衍母、衍数等一系列数学概念，对"大衍求一术"（一次同余组解法）和"正负开方术"（高次方程的数值解法）等进行了深入的研究。《孙子算经》提出"物不知数"问题，"今有物，不知其数，三三数之剩二，五五数之剩三，七七数之剩二，问物几何？"这属于现代数论中求解一次同余式方程组的问题。"大衍求一术"正是对这一问题的解法的系统论述，它不仅在当时处于世界顶尖水平，而且在近代数学和现代电子计算设计中，也起到了重要作用，并在西方数学史著作中正式被称为"中国剩余定理"。1876年，德国人马蒂生指出，中国的这一解法与西方19世纪高斯《算术探究》中关于一次同余式组的解法完全一致。秦九韶所论的"正负开方术"，被称为"秦九韶程序"，同样对后世产生了广泛而深远的影响。

明清时期中国古代数学的发展，可分为明末前数学研究衰落、民间实用珠算广泛利用，以及明末以来的对西方数学的译介、传播和中西数学交融两个阶段。明末以前，有关古代数学发展值得一提的事件其一是《永乐大典》以抄本形式对古代种种算书的搜集与整理；其二是吴敬所编著的《九章算法比类大全》、王文素的《通证古今算学宝鉴》、唐顺之的《勾股六论》、顾应祥的《勾股算术》《测圆海镜分类释术》《弧矢算术》《测圆算术》等一些数学著作；其三是珠算代替筹算，并最终在民间广泛应用，以及珠算算法和口诀的完善与普及。这时期流传比较广泛的珠算书籍，以程大位的《算法统宗》最为著名，其他还有最早记述珠算并附有算盘插图的徐心鲁的刊本算书《盘珠算法》等。在珠算算术方面，比较突出的贡献有王文素和程大位增加并改善撞归、起一口诀；徐心鲁和程大位增添加、减口诀并在除法中广泛应用归除，从而实现了珠算四则运算的全部口诀化；朱载堉和程大位把筹算开平方和开立方的方法应用到珠算；程大位用珠算解数字二次、三次方程等。明末以来，随着西方传教士将西方科学知识带入中国，中国对西方的数学知识也进行了大范围的介绍、交流与融合。明末传入了欧几里得的几何学、算术笔算法和三角学。意大利传教士利玛窦先后与徐光启翻译了《几何原本》前6卷、《测量法义》1

---

① 吴文俊：《中国古代科技成就》，中国青年出版社1978年版，第99页。

卷，与李之藻编译《圜容较义》和《同文算指》。徐光启编译《崇祯历书》时，也同时介绍了欧洲的几何学、三角学，以及纳皮尔算筹、伽利略比例规等计算工具。清初，波兰传教士穆尼阁和中国学者薛凤祚共同传入了西方对数、三角学方面的知识。梅文鼎写了二十多种数学著作，对传统数学中的线性方程组解法、勾股形解法和高次幂求正根方法等进行了整理和研究。他是集中西数学之大成者，将中西方的数学进行了融会贯通，对清朝数学的发展起了推动作用。这一时期，由康熙亲自支持编写的御定53卷《数理精蕴》，是一部比较全面的初等数学百科全书，它全面介绍了明末以来传入的西方数学知识，对清代数学的研究、普及起到了较大的作用。清末鸦片战争后，英国人在上海设立的墨海书馆和"洋务运动"中都译介了许多近代西方数学书籍。

其中比较著名的有李善兰译的《几何原本》后九卷，李善兰与伟烈亚力翻译的《代数学》《代微积拾级》；华蘅芳与英人傅兰雅合译的《代数术》《微积溯源》《决疑数学》《三角数理》《代数难题解法》；邹立文与狄考文编译的《形学备旨》《代数备旨》《笔算数学》；谢洪赉与潘慎文合译的《代形合参》《八线备旨》等。同时，通过学习研究西方先进的数学知识，中国学者也独立发表了一些融会中西数学思想的著作，如李善兰的《尖锥变法解》《考数根法》；夏弯翔的《洞方术图解》《致曲术》《致曲图解》等。

我国古代传统数学以"算经十书"为代表，构成了独特的传统数学思想。春秋战国到西汉中期，是中国古代数学及数学思想确立体系的时期，一直到唐朝，基本上沿着《九章算术》这条主线进行发展创新。宋元时期，是我国传统数学达到鼎盛的时期，很多数学研究都立足于世界前列。从《九章算术》多元一次联立方程的解法，到天元术，再到朱世杰《四元玉鉴》四元高次方程组的解法；内插法从汉代的一次内插法，推进到等间距二次内插法、不等间距二次内插法、三次内插法；从《九章算术》的"五家共井"（不定方程）、《孙子算经》的"物不知数"（中国剩余定理），到秦九韶的"大衍求一术"（一次同余组）；后来，在高阶等差级数求和上，从"隙积术"，到"招差术"，再到"垛积术"，特别是"尖锥术"，都具有世界意义，这意味着"中国数学也将会通过自己特殊的途径，运用独特的思想方式达到微积分，从而完成从初等数学到高等数学的转变。实际上，在西方，牛顿和莱布尼茨也是通过各自不同的途径，几乎同时达到微积分的思想的"[①]。

1. 中外数学思想的交流

明末以前，中国与朝鲜、日本的数学交流可谓非常密切。从一般意义上讲，中国是数学知识和数学思想的产出方和输出方，朝鲜与日本是输入方和接收方，它们的教育制度和教科书基本上都是采用中国的；而作为交流的中介，朝鲜也向日本传输数学知识。交流比较频繁的时期，大概也以魏晋隋唐至宋为主。

据日本古文献《古事记》及《日本书纪》记载，公元3世纪起百济僧人王仁将中国文化带入日本，公元6世纪朝鲜的历博士固德王保孙与易博士施德王道良、药博士奈率王有凌陀，向日本输入了包括历算在内的中国各门学术。公元602年，百济僧人观勒携有关历法、天文、地理、遁甲、方术等方面的书籍来到日本。因此，早在秦汉时期，中算已流入朝鲜半岛和日本。公元7—9世纪，据元正天皇养老二年（718年）颁布的《养老令·学令》以及《养老令·令义解》（733年）记载，此时日本仿唐国庠算学制度，在大学寮中设定算学博士2人、学生30人，使用的算学教科书有源于中国的《九章算术》《周髀算经》《海岛算经》《孙子算经》《五曹算经》《缀术》《重差》等。除这些教科书之外，还有许多隋唐时代的算书传入。16—17世纪，元、明时期传入日本的算书有《算法统宗》《算学启蒙》《杨辉算法》《数学通轨》《算海说详》《桐陵九章捷径算法》《算学群奇》《详明算法》等。明代珠算于1570年前后传入。1622年，借鉴明代日用算学，日本毛利重著《割算书》；1627年以《算法统宗》为蓝本，吉田光编著《尘劫记》；1672年星野实的《新编算学启蒙注解》，以及1690年建部贤弘的《算学启蒙谚解大成》，都是对我国明时《算法统宗》的注释；1675年汤浅得之作《新编直指算法统宗训点》；1726年，建部贤弘、中根元圭对《历算全书》作翻译训点，此后三角函数和对数开始在日本传播。关孝和（1642—1708年）改进了我国元朝朱世杰的《算学启蒙》中的天元术算法，开创了和算独有的笔算代数，建立了行列式概念及其初步理论，完善了中国传入的数字方程的近似解法，发现方程正负根存在的条件等。正是从关孝和开始，日本和算家通过

---

① 参见郭金彬、孔国平《中国传统数学思想史》，科学出版社2005年版，第409页；又见杜石然等《中国科学技术史稿》下册，科学出版社1983年版，第253—254页。

对天元术、开方术、招差术等宋元数学内容与方法的接受与研究，从而形成了以所谓点窜术的文字代数方法为工具，以多项式方程消元与求解的代数化几何、围绕曲线度量的三角函数幂级数展开和积分法的圆理为中心内容，以匠作制与道艺化为特征的独特的算学体系，从中算中独立出来，并延续到明治维新时期。

公元 7 世纪，朝鲜新罗王朝于 682 年设立国学，中算书籍与算学制度开始进入朝鲜。新罗时期的数学教科书有从中国引进的《缀经》《三开》《九章》《六章》等，高丽时期又增加了《谢家》。其中《九章算经》和祖冲之的《缀术》是李淳风等编辑的《算经十书》的一部分，《六章》《三开》是六朝时期高允的著作，而《谢家》就是北宋（一说五代）时期谢察微的《谢察微算经》。《算学启蒙》也可能在高丽时期已在朝鲜半岛流传。李氏朝鲜时期，朝鲜于世宗六年（1424 年）获得了《大明历》《回回历》《授时历通规》及《算学启蒙》《杨辉算法》《捷用九章》等书，这些书应该是在此前传入的。[①] 现存最早的 17 世纪朝鲜算学《九数略》《筹算本原》《详明数诀》等书参考了中国的算书。

中印数学交流有许多问题今天还需继续考证。印度数学与天文学关系密切，而季羡林认为，我国唐代前期的许多历法，都明显地是从印度传过来的，或者受了印度历法极大的影响，因此可以肯定地推测，通过天文历算以及佛经的传入和翻译，中印两国的数学应产生过互相影响。古印度人很早就普遍使用十进位值记数法，后来用圆圈符号"0"表示零更是印度人的一项伟大发明。印度人创造的数字和位值记数法在 8 世纪时被阿拉伯人采用并改进。13 世纪初流传到欧洲，逐渐演变成今天广为利用的 1、2、3、4 等数字书写符号，称为印度—阿拉伯数码。而中国唐朝印度裔天文历学家瞿昙悉达于 718 年翻译印度历法《九执历》时，介绍了印度数字与零，可当时中国人因已有算筹而没有接受。季羡林认为，印度算术对中国影响最大的方面表现在数法方面。印度古代数法有十进、百进、倍进、百百千进诸法。翻译自印度佛典的《佛本行集经》卷十二介绍了印度的百进法。《大方广佛华严经》卷四十五、卷六十五说的"一百洛叉为一俱胝，俱胝俱胝为一阿庚多，阿庚多阿庚多为一那

---

① 郭世荣：《中国数学典籍在朝鲜半岛的流传与影响》，山东教育出版社 2009 年版，第 23 页。

由他，那由他那由他为一频波罗，频波罗频波罗为一矜羯罗……"这就是倍进法。这两种数法的影响，在许多中国数学典籍中都可以找到，《大唐内典录》卷五著录翻经学士泾阳刘凭撰《外内傍通比校数法》1卷，自序说书中以佛经中天竺的大数记数法和中国大数记法相比对。慧琳《一切经音义》也对天竺大数记法有所说解。另外，《数术遗记》、北周甄谜鸾的《五经算术》、《孙子算经》，这些书都是受到了佛典的影响而写成的。① 9世纪时，印度南部迈索尔人、耆那教教徒马哈维拉所著《计算精华》，可以说是印度第一本初具现代形式的数学教科书。据说书中其有很多问题和方法与中国《九章算术》相同或相近，有人认为可能受到过《九章算术》或中国其他算书的影响，尤其是在解一元二次方程和不定方程方面。中国数学对天竺的贡献，最早可能是筹算制度促进了天竺位值制的诞生。

中国与阿拉伯、欧洲的数学交流在元朝为盛。元宋时是我国数学发展的高潮时期。元初的李冶和宋末的秦九韶，与德国的内摩拉里、意大利的菲波纳西、摩洛哥的哈桑·马拉喀什，被称为13世纪的五大数学家。这时，中国的数学成就与吸收阿拉伯的代数、历算、几何和三角的一些知识也有很大关系。元代安西王府故宫殿遗址发现的五块铸铁阿拉伯数码幻方，表明这时阿拉伯数码已经传入中国。受中世纪初印度、阿拉伯数码用0表示空位的影响，宋元之际的中国数学家也使用零号表示空位，如李冶在所著的《测圆海镜》与《益古演段》里，就以0代替唐宋时用"口"位表示空位的办法。著作方面，元时古希腊数学家欧几里得的《几何原本》也通过阿拉伯算学著作传入中国。《多特蒙古史》和拉施特丁的《史集》有蒙哥关于欧几里得《几何原本》解说的若干图式，而蒙哥所依据的《几何原本》，可能是波斯天文学家纳速拉丁·杜西来华后修订的版本。元秘书监收藏的书籍中有《兀忽烈的四擘算法段数十五部》，而兀忽烈就是欧几里得的译写，四擘是阿拉伯文算学（Hisāb）之意。这是欧几里得的（几何原本）第一次传入我国，比1605年徐光启笔录的《几何原本》早了300年。除了《兀忽烈的四擘算法段数十五部》外，元秘书监还有摩洛哥数学家哈桑·马拉喀什所著的中世纪天文数学著作《罕里连

---

① 参见季羡林《中印智慧的交流》，载周一良主编《中外文化交流史》，河南人民出版社1987年版，第148页。

窟允解算法段目三部》、12 世纪希伯来天文学家阿拉伯罕·巴·海雅·哈·纳希所著的《撒唯那罕答昔牙诸般算法段目并仪式十七部》、公元 9 世纪阿拉伯数学家穆罕默德·伊本·穆萨·花刺子密的《呵些必牙诸般算法八部》（即其著名的《积分和方程计算法》的译著）。在具体历算方面，元代著名的天文学家郭守敬在计算编制《授时历》时，所应用的球面割圆术，以及在计算赤道积度和赤道内外度时所应用的对算弧三角法，都曾受到回回历算的启发和影响。[①]

　　中国数学自然也传入了阿拉伯世界。公元 9 世纪阿拉伯数学家阿尔·花刺子模的著作中有关于中国公元 1 世纪《九章算术》中的"盈不足"问题的论述，后来这种算法曾长期流传于阿拉伯数学界。阿拉伯著名的数学家阿尔·卡西的《算术之钥》中关于四则运算、开平方、开立方以及其介绍的开任意高次幂的方法，与宋元时期中国数学家秦九韶、朱世杰等人的论述非常相近，表明他对中国数学非常熟悉。另外，杨辉 1275 年著成的《续古摘奇算法》中，根据中国古代九宫纵横图，仿制成四行、五行、六行、七行、八行、九行、十行的纵横图，这些纵横图传入阿拉伯国家，经阿拉伯数学家改造发挥，发展成阿拉伯国家的"格子算"。[②]

　　中国古代传统数学思想的对外联系和交流，目前的研究还非常缺乏，但有关资料表明，这种交流是从来没有中断过的。苏联数学家柯尔莫哥罗夫指出："中国数学和希腊、罗马、印度、中亚细亚和中世纪（欧洲）的关系还很少研究。但是这种关系是存在着的：不少国家的数学手稿上，算题的数据恰恰都与中国的原著相同。"在意大利人梁纳多的《算盘书》上重现"孙子定理"，在阿拉伯文算书及其后的欧洲数学文献中都载有和"孙子定理"相类似的问题。

　　2. 数学思想交流的实例

　　下面我们以一些具体著作为实例，考察中外古代传统数学思想的交流融汇情况。

　　中朝两国很早就进行了数学思想的交流。朝鲜在三国时代就引进了中国的教育制度和科技知识，在其教育机构和科举考试中，我们可以看到中

---

① 参见云峰《中国元代科技史》，人民出版社 1994 年版，第 203—204 页。

② 同上书，第 204—205 页。

国的《算书十经》在朝鲜半岛的流传情况。据郭世荣考察，朝鲜新罗时代神文王二年的"国学"课程中，所使用的数学教材有《缀经》《三开》《九章》《六章》，也就是说，新罗国家教育所用的教科书都是中国的算书。因为一般认为，《缀经》和《九章》就是《缀术》（祖冲之）和《九章算术》，《六章》和《三开》是北朝数学家高允的著作。因此，根据当时中国与朝鲜半岛交流的一些情况推测，《算经十书》应该在唐代就已全部传到了朝鲜半岛，其中的一部分内容传入时间或许早至中国的南北朝时期。高丽时代光宗时仿效唐朝的科举考试，其中数学考试专科单列，有专门的算学科，合格者同样"赐出身"。从考试内容看，高丽数学教育中，《九章》所占的比重达到50%，《缀术》占20%，《三开》和《谢家》各占15%，《谢家》就是《谢察微算经》。高丽数学教育中用五代时期的晚近数学著作替代了早期的《六章》。后来，随着时代的发展，高丽时期的数学教材到了李朝时期，又进行了较大规模的调整，原来的《九章》等教科书又被《算学启蒙》《杨辉算法》和《详明算法》等取代。总之，朝鲜统一新罗时代和高丽时代的国家数学不仅所采用的教科书全为中国的数学著作，而且数学考试也仿唐宋制度建立，其中《算经十书》中的《九章》（可能还有《海岛算经》和《缀术》）等书一直是朝鲜数学教育的重点内容，被作为教科书达六七百年之久。与此同时，由于中国的《算书十经》影响广泛，后来朝鲜出现了一些对《算书十经》中的某些具体著作或具体问题进行研究的数学家，如黄胤锡的《畹田辨》，柳僖的《周髀经章名释》，南秉吉对《九章算术》的研究，以及南秉吉的《缉古演段》（1861年），这是在清代中期中国数学家影响之下完成的一部研究《缉古算经》的作品，等等。[①]

19世纪，在我国宋代秦九韶的《数书九章》流传到朝鲜后，南秉吉对《数书九章》做了研究，他的《测量图解》（1858年）和《算学正义》（1867年）两书中都有研究《数书九章》的内容，涉及大衍类和测望类问题。《测量图解》是研究中国古代测望理论的专著，由"九章重差""海岛算经"和"数书九章测望类"三部分组成，第一部分研究《九章算术》"勾股章"最后8题，第二部分研究《海岛算经》，第三部分研究秦

---

① 参阅郭世荣《中国数学典籍在朝鲜半岛的流传与影响》，山东教育出版社2009年版，第83—120页。

九韶《数书九章》测望类 9 问。在《测量图解》中，南秉吉首先全录秦
九韶原题、原术和原草（但不包括筹式算图），并对错误之处进行修正，
然后进行图解。南秉吉的工作可以概括为三个部分，即对原著错误的修
正、对原题解法的化简和为各题补出图解。在《算学正义》里，南秉吉
在朝鲜数学史上第一次对大衍术做了论述。他对秦九韶大衍术原术中的一
些模糊或烦琐的地方做了修正，如关于求定母步骤的改进，关于大衍求一
术的创新方法等。

我国金元之际李冶的《测圆海镜》（1248 年）和《益古演段》（1259
年）是我国古代数学史上的名著。这两部著作传入朝鲜后，也引起了朝
鲜数学家的关注和研究。李冶的数学著作在朝鲜半岛的流传较晚，但它们
对 19 世纪中期的数学家李尚爀和南秉吉、南秉哲兄弟的研究产生了重要
影响，成为这三位数学家学术研究的重点之一。李尚爀等人对借根方和天
元术的研究，不仅丰富了朝鲜的数学知识和内容，而且还提出一些新的创
见。他们对天元术与借根方关系的认识与理解，与中国一些数学家达到了
同样的高度，体现了相同的数学认知规律。19 世纪中期的李尚爀在著
《借根方蒙求》（1854 年）前曾用借根方演算过《测圆海镜》和《益古演
段》等书中的题目，南秉吉和南秉哲兄弟撰写的《无异解》和《海镜细
草解》也有一些相关问题的研究。《借根方蒙求》是李尚爀对借根方进行
诠释的一部著作。"《借根方蒙求》是李尚爀在'天元一即借根方解'的
认知下，用《数理精蕴》中的'借根方'来解'《测圆（海镜）》、《益古
（演段）》、《授时历草》等书'的'天元术'。在发觉'无不通释吻合'
后，想要将此一方法保存给后代学习，但'原书过于详核，览者反有支
离之虑'，故以'借根方比例'会通全书，而'以本法算线、面、体诸
部，若干条另为一部，且略其句读，令初学便览而易知'的原则下所编
写。"南秉吉的《海镜细草解》是专门研究李冶的《测圆海镜》的著作，
其研究重点是给《测圆海镜》的演草给予补充证明。南秉哲是最早对
《测圆海镜》170 问给出全部证明的数学家之一，这比我国一些清代数学
家对这些题目的演草的证明还要早。[①]

杨辉是我国南宋时期数学家，他在 1274—1275 年间撰写的七卷数学

---

① 参见郭世荣《中国数学典籍在朝鲜半岛的流传与影响》，山东教育出版社 2009 年版，第
137—162 页。

著作，就是著名的《杨辉算法》。《杨辉算法》的其中一个版本可能是早在高丽末的最后 10 年或朝鲜立国之初的 20 年间传入朝鲜的。《杨辉算法》在朝鲜影响甚大，它推动了朝鲜 17 世纪以来的数学发展，不仅形成了几乎所有的朝鲜数学家都研究、引用、学习它的高潮，同时，朝鲜国家考试中也一直把《杨辉算法》作为指定用书。金始振（1618—1667 年）是最早研究《杨辉算法》的朝鲜数学家之一；任濬（1608—1675 年）帮助金始振校刊了《算学启蒙》（《杨辉算法》当中的一卷）；庆善徵（1616 年—？）在其《嘿思集算法》中提到了杨辉；赵泰耇（1660—1723年）在其《筹书管见》中研究了望海岛公式的证明。而与《杨辉算法》关系最为密切的是黄胤锡（1729—1791 年）的《理薮新编》和崔锡鼎（1645—1715 年）的《九数略》。《理薮新编》共 23 卷，其卷二十一和卷二十二题《算学入门》，其中的《杨辉算法》由《乘除通变本末》、《田亩比类乘除捷法》和《续古摘奇算法》三部著作组成，这些是黄胤锡编写《算学入门》的重要参考书之一。《算学入门》还曾几十次提到杨辉和他的著作，大量征引了《杨辉算法》的内容。他在研究弧弦关系时，就曾参考过《杨辉算法》，曾给人解答学习《杨辉算法》所遇到的问题，在研究田税时参考《杨辉算法》中的"足钱展省"等，他还比较过《杨辉算法》和《算学启蒙》等书。崔锡鼎《九数略》"引用书籍"中有《乘除算》、《摘奇算法》和《田亩比类》，虽未注明作者，却无疑是指《杨辉算法》中的三部算书。他在《九数略》正文中多次提到杨辉的名字，并大量参考或引用《杨辉算法》中的内容。《杨辉算法》是崔锡鼎最重要的参考书之一。《九数略》的体例与《杨辉算法》不同，但其内容多有关联。《杨辉算法》中对各种乘除算法的讨论和纵横图等内容都在《九数略》中有一定的反映。[①]

和《杨辉算法》并列，元朱世杰的《算学启蒙》及元末的《详明算法》是对朝鲜数学影响最大的三部数学著作之二。《算学启蒙》传入早，在朝鲜流传的历史长，对朝鲜数学的发展影响也比较大。1458 年，朝鲜著名天文历法家和数学家李纯之（？—1465 年）与金石梯奉世宗大王命共同编写了《推步交食法》及"算法歌诗"。《推步交食法》以数学内容

---

① 参见郭世荣《中国数学典籍在朝鲜半岛的流传与影响》，山东教育出版社 2009 年版，第127—180 页。

开头，称为《算学发蒙》，"算法歌诗"就是指《算学发蒙》这部分内容，它不论是从命名还是从内容上，都与《算学启蒙》有深刻的联系，它所给出的题目多数是引录《算学启蒙》原题，或较原题目稍微改动。后来，金始振、庆善征、朴繘（著有《算学原本》）都对《算学启蒙》、黄胤锡进行过研究，而任濬1662年著成的《新编算学启蒙注解》是朝鲜第一部专门对《算学启蒙》进行研究的著作。据郭世荣考证，17世纪中期到18世纪前期，是朝鲜数学发展的一个相当重要的时期，这一时期朝鲜著名的数学家除了任濬、朴繘，还有庆善徽、崔锡鼎、赵泰耇、洪正夏（1684年—？）及其学生刘寿锡（生卒年不详）等，他们的工作真正拉开了东算发展的序幕，为后世留下了《嘿思集算法》（庆善徽）、《九数略》（崔锡鼎）、《筹书管见》（赵泰耇）、《东算抄》（洪正夏）和《九一集》（洪正夏）等重要数学著作。这些数学著作都与《算学启蒙》有密切的联系，受到它的重要影响。《嘿思集算法》《东算抄》和《九一集》三书与《算学启蒙》的关系主要表现在以下几个方面：这三部著作都采用了《算学启蒙》的编写体例；在预备知识方面反映出了《算学启蒙》的影响；在数学内容方面，这些著作也是在《算学启蒙》基础上展开的；这些著作都不同程度地引用了《算学启蒙》的一些原题。[①]

《详明算法》是比较浅显的入门数学著作，它对朝鲜的影响主要表现在教育功能方面，且在民间较为流行，对朝鲜数学的普及和传播起到了重要的作用。"《详明算法》的内容对朝鲜数学著作影响较大的还有以下三个方面：第一，《详明算法》在田亩面积计算方面涉及的图形比《算学启蒙》和《杨辉算法》多一些，有些田形为后二书所无，这些田形在朝鲜的多部数学著作中有反映；第二，《算学启蒙》有归除法，但未给出归除细草，而《详明算法》则详述归除作法并附细草，不少朝鲜数学著作有归除法及其详草，这显然与《详明算法》有密切关系；第三，《详明算法》给出完整的撞归口诀与演算过程，朝鲜数学家庆善徽、崔锡鼎、赵泰耇、黄胤锡和洪大容等人均在他们的著作中引用撞归法。"[②]

明清之际，以程大位的《算法统宗》、梅文鼎及其孙梅瑴成的著作影

---

① 参见郭世荣《中国数学典籍在朝鲜半岛的流传与影响》，山东教育出版社2009年版，第188—245页。

② 同上书，第245页。

响最为广大。崔锡鼎是最早研究《算法统宗》的数学家，《算法统宗》对其著作《九数略》影响较大。首先，《九数略》将河图洛书置于其篇首，这与《算法统宗》的影响非常密切；其次，《九数略》大量引用《算法统宗》的内容，并有所发挥，如"求一法""金蝉脱壳"等，这些大多属于《算法统宗》卷十七的杂法。崔锡鼎在对《算法统宗》进行引用的同时，在微观上对一些具体算法进行了修改和补充，在宏观上对各种算法进行了整体比较。另外，洪正夏（1684 年—?）的两部数学著作——《东算抄》和《九一集》，都是按照《算学启蒙》的体例编写并受其影响完成的；黄胤锡（1729—1791 年）在其著作《算学入门》中也大量引用了《算法统宗》；等等。梅氏祖孙的著作《梅氏丛书辑要》《勿庵历算书目》等在朝鲜也传播广泛，影响深远。1770 年朝鲜洪凤浩、李万运奉国王之命撰写的《文献备考》《增补文献备考》，对梅文鼎的历法著作有不少引录；南秉哲和南秉吉兄弟天文仪器方面的著作《仪器辑说》和《度量仪图说》，受梅文鼎著作的影响较大，特别是其在三角学的研究成果方面；李尚爀在其《翼算》上编"正负论"中对梅文鼎的《方程论》和《少广拾遗》的方程论等思想做过讨论。《赤水遗珍》是梅毂成的唯一数学著作，其主要内容是解读天元术和记录"杜氏三术"。李尚爀的《算术管见》（1855年）之"弧线求弦矢"和"弦矢求弧度"两节对"杜氏三术"做了研究；而李尚爀、南秉哲、南秉吉对《赤水遗珍》中关于借根方与天元术的解读，在朝鲜也有很大的影响。①

中国传统数学是在南北朝时期经过朝鲜传入日本的。在中国古代数学传入日本之前（约公元 8 世纪），日本本土数学发展很慢。中国数学传入日本，按时间分段，隋唐数学的传入为第一阶段，元明数学的传入为第二阶段。关于隋唐时期我国数学的传入，日本养老二年（718 年）公布的《养老令》及其释义书《令义解》（833 年）记载，可知当时所用教材有《孙子》《五曹》《九章》《海岛》《六章》《缀术》《三开》《重差》《周髀》《九司》十部算书，其中多数是唐《算经十书》中的算书著作。宽平年间（889—897 年）藤原佐世奉敕编撰《日本国见在书目》，记录了当时在日本可以见到的各种书籍。在其中的"历数家"一门中，除记载了

---

① 参见郭世荣《中国数学典籍在朝鲜半岛的流传与影响》，山东教育出版社 2009 年版，第 246—289 页。

《周髀》《九章》等秦汉以来的算书外，还记录了《六章》《三开》等见于朝鲜书目的算书。当时传入日本的元明数学书籍有：《杨辉算法》《算学启蒙》，何平子的《详明算法》，吴敬的《九章算法比类大全》，徐心鲁的《盘珠算法》，柯尚迁的《数学通轨》《铜陵算法》，程大位的《算法统宗》，等等。这些书都保存到现在。其中《铜陵算法》一书乃中国历代书目中都不曾载录的。隋唐数学的传入对日本数学的发展影响不如元明数学的传入更为重要。朱世杰的《算学启蒙》传入之后，1658年久田玄哲曾为之注解，写成《算学启蒙训点》。1672年星野实宣著《新编算学启蒙注解》，1696年建部贤弘著《算学启蒙谚解》。

与中国传统数学对朝鲜的影响大致相同，中国传统数学对日本数学的影响也主要体现在数学教育制度的模仿、中国历法和度量衡的使用三个方面。隋唐时期，日本派出大批遣唐使上千人次，其中很多人就是专门来学习中国的天文历算的。日本仿照唐制，在《养老令》中确立了《大学寮》的教育制度，设算学科，算博士二人，算生三十人。《养老令》还设定了算学学习和考试的基本要求，并规定了具体的实施方法。日本从692年到1685年大约一千年间一直采用中国的历法，直到贞享二年即1685年保井春海的《贞享历》问世，日本才有自己的历法。这基本上能证明，日本数学对中国数学的依赖程度，更重要的是，这些历法中所包含的数学方法加二次插值法等自然也相应地传入了日本。另外，与数学知识密切的度量衡的使用，日本也深受中国的影响，它们所使用的度（分、寸、尺）、量（合、升、斗）、衡（铢、两、斤）都采用了中国的计量单位。

表 14 – 1　　　　　　　　　中国历法在日本的使用情况

历法名称	制订年份	作者	在日本始行年	施用年数
元嘉历	443	何承天	604	88
麟德历	665	李淳风	692	73
大衍历	727	僧一行	764	94
五纪历	762	郭献之	858	5
宣明历	822	徐昂	862	823

在具体数学思想的影响上，中国传统数学对日本数学的影响是促进了日本和算数学的产生。日本数学一般分成三个发展时期，即和算之前数

学、和算和现代数学。和算之前的日本数学是对中国传统数学的直接模仿，基本上没有什么自己的创新。中国传统数学是和算的来源，日本的和算是在中国传统数学的直接影响下产生的。朱世杰的《算学启蒙》和程大位的《算法统宗》对和算产生了极大影响。吉田光由（1598—1672年）在学习《算法统宗》的基础上编写和算名著《尘劫记》（1627年），[①] 在宽永18年（1641年）的版本中初次提出12道"遗题"，开辟了和算之"遗题"传统的先河。关于《尘劫记》与《算法统宗》的关系，在宽永8年版的《尘劫记》的跋文中，吉田光由说："我难得有幸从师受汝思（程大位）之书，并以此书为指南，且略有心得。"从而明确指出《尘劫记》是以《算法统宗》为蓝本的。《尘劫记》对日本数学和算盘的普及起到了很大的作用，日本随后出现了上五下五的棱珠算盘，一直沿用至今。《算学启蒙》中的"天元术"为日本代数学奠定了基础。"天元术"的缺点在于方程的系数由算筹来表示，只能是整数，而且方程的次数只能限于正整数。为了摆脱这些局限，日本的泽口一之1671年著的《古今算法记》（七卷本）在充分理解吸收"天元术"的基础上，提出了"天元术"无法解决的有创新意义的15道"遗题"。以此为基础，关孝和其弟子建部弘在1685年发表《发微算法演段谚解》，这是日本笔算代数产生的标志。这种用笔算解题的新方法，被称为演段术或点窜。演段术是在继承和发展中国天元术基础上创造出的一种新的笔算代数，其间受中国算学思想的影响是很明显的。

在越南也受到了《算法统宗》的影响，越南算书《算学底蕴》的"算数首篇总说"中有"其数莫不本于易范，故今推明直指算法，辄揭河图洛书于首，见数有本原云"，这话与《算法统宗》完全一样。[②] 又越南潘辉框于明命元年（1820年）自序《指明立成算法》一册，序称："予姓潘，字辉框……力学算辨，粗得《统宗》，可不立成法训以示后人，使易精识，为自浅入深之学者乎。"书中附有算盘图"初学盘式"，亦来自《算法统宗》。事实说明，越南算书承袭了我国《九章算术》和《算法统

---

① 有人认为在日本最早研究和传授《算法统宗》的人是吉田宗恂，而《尘劫记》的作者吉田光由是师从宗恂父子开始学习此书的。参见冯立升《关于〈算法统宗〉的传日及其影响》，载《中国科技史料》2000年第21卷第2期。

② （明）程大位：《原本直指算法统宗》卷前"总说"。

宗》的传统。[①]

明末以前，中国古代传统数学对外有着一些零星的交流。但中国古代数学于 16 世纪末西方初等数学传入后，才开始了真正的对外交流期。当然，鸦片战争时期中国还主要是学习西方的近代数学，这时虽然也曾独立进行过一些数学研究，但直到 19 世纪末，中国的近代数学研究才真正开始。

明清时期，我国宋元时期高水平的数学著作几近失传，数学研究除珠算有较大发展与普及应用以外，近代数学水平和知识都已落后于西方。明末从西方传入中国的数学知识，主要是初等数学，算术方面主要包括笔算和计算工具等。而李之藻和利玛窦合译的《同文算指》以及徐光启与利玛窦合译的《几何原本》，是欧洲数学传入我国的开端，与《崇祯历书》一起，它们显示了明末中西数学思想会通的实际。

《同文算指》是介绍欧洲笔算的第一部著作。它主要是根据克拉维斯（Clavius）的《实用算术概论》（1585 年）和程大位的《算法统宗》（1592 年），合著编译的。《同文算指》分"前编"上下卷、"通编"八卷和"别编"一卷。"前编"主要论整数和分数的四则运算，其中加减法、乘法以及分数除法和今天的运算方法基本相同；"通编"的内容有比例、比例分配、盈不足问题、级数、多元一次方程组、开方与带从开平方等，其中开方包括开平方、开立方以及开多乘方。《同文算指·通编》第七卷"积较和开平方诸法第十四"和第八卷"带从诸变开平方第十五"是介绍一般二次方程解法的。这部分内容既不是出自克拉维斯（Clavius）的拉丁文原著，也与《算法统宗》有关内容相异。"一般二次方程解法是中国传统数学中一项重要的内容，周述学在《神道大编历宗算会》中对各种解法类型有完整的记录。李之藻在会通中西数学的思想指导下，以西方笔算为工具，以《神道大编历宗算会》相应内容为底本，重新演算了中国传统数学中各种类型的一般二次方程解法。"这表明李之藻随利玛窦学习和翻译《实用算术概论》，并不是单纯的翻译，而是在翻译中将流传的中国传统数学与西方数学进行了比较，试图会通中西数学。关于这点，徐光启在《刻〈同文算指〉序》中说："旋取旧术而共读之，共讲之，大率与

① 韩琦：《中越历史上天文学与数学之交流》，《中国科技史料》1991 年第 12 卷第 2 期。

西术合者，靡弗与理合也；与西术谬者，靡弗与理谬也。振之因取旧术，斟酌去取，用所译西术，骈付梓之，题曰《同文算指》，斯可谓网罗艺业之美，开廓著述之途，虽失十经，如弃敝履矣。"李之藻自己也说，在编纂的时候，首先是"荟辑所闻"，然后还"间取《九章》补缀"，最后成书三编。可见，《同文算指》的编纂是中西数学会通的结果，是和徐光启一起将中国传统数学与西方数学反复进行比较研究后译著成的一部中西合璧的成果。①

《几何原本》是古希腊数学家欧几里得的不朽之作，它集整个古希腊数学成果的精华于一身，对后世影响巨大。徐光启与利玛窦合译的《几何原本》全书共 15 卷，他们二人翻译了前 6 卷；清朝数学家李善兰和英国人伟烈亚力合作翻译了后 9 卷。《几何原本》对当时我国数学界的影响是比较深刻的。《几何原本》前 6 卷主要论述平面几何学，卷 1 包括几何概念的定义、公设、公理和命题；卷 2 利用几何的形式叙述代数问题；卷 3 讨论圆、弦、切线、圆周角、内接四边形及与圆有关的图形；卷 4 讨论圆内接与外切三角形、正方形、正多边形；卷 5 介绍数值比例算法；卷 6 为几何量的比例算法，处理相似直线形中的各种成比例的线段等。徐光启清醒地认识到《几何原本》有清晰、严谨的逻辑体系，其叙述方式与《九章算术》等中国传统数学完全不同，他曾在《几何原来杂议》中阐述数学的重要性，指出我国传统数学流传不再的遗憾，赞扬了欧氏几何的作用之大，"此书为益能令学理者祛其浮气，练其精心，学事者资其定法，发其巧思，故举世无一人不当学"。梁启超曾评价《几何原本》的翻译为："字字精金美玉，是千古不朽的著作。"总之，《几何原本》译本为我国创造了许多数学概念，如点、线、面、平面、曲线、曲面、直角、钝角、锐角、垂线、平行线、对角线、三角形、四边形、多边形、圆、圆心、平边三角形（等边三角形）、斜方形（菱形）、相似、外切、几何等。这些概念一直使用到今天。并且，它还改变了中国古代数学书籍的编写方式，引入了公理化方法，使用了证明等。

另外，《圜容较义》《测量法义》《欧罗巴西镜录》等也是明末翻译的西方数学著作。与此同时，徐光启、孙元化在翻译西方数学著作的基础

---

① 参见潘亦宁《中西数学会通的尝试——以〈同文算指〉（1614 年）的编纂为例》，《自然科学史研究》2006 年第 3 期。

上，也开始了一些初步的数学研究，如徐光启曾著《测量异同》《勾股义》。孙元化著有《泰西算要》，是中国人较早独立撰写有关西方数学研究的著作者。李笃培对西方数学也有研究，他曾著《中西数学图说》12 册，用中国传统数学方法研究西方数学，并纳入《九章算术》的体系中。

《崇祯历书》是明代末年政府为改革历法编纂的一部天文学巨著，徐光启、李之藻、龙华民、邓玉函、汤若望、罗雅谷等参与编译。《崇祯历书》分节次六目和基本五目。"节次六目"分别为日躔、恒星、月离、日月交合、五纬星和五星凌犯，"基本五目"分别为法原（天文学基础理论）、法数（天文用表）、法算（天文计算必备的数学知识）、法器（天文仪器及其使用方法）和会通（中西度量单位换算表）。其中以数学内容为主的著作主要有属于法原部分的《大测》（邓玉函撰，1631 年）、《测量全义》（罗雅谷撰，1631 年）和法器部分的《筹算》（罗雅谷撰，1628年）及《比例规解》（罗雅谷撰，1630 年）；主要介绍了平面及球面三角学和几何学等天文测量必需的数学知识，并且它还采用了一些西方通行的度量单位：一周天分为 360°；一昼夜分为 96 刻 24 小时；度、时以下采用 60 进位制等。其中《大测》和《测量全义》主要介绍了欧洲的三角学知识，这也是《崇祯历书》中最重要的数学知识，它们主要以——皮蒂斯楚斯（B. Pitiscus，1561—1613 年）的《三角学》（Trigonometriae，1595）、西蒙·斯蒂文（Simon Stevin，1548—1620 年）和《数学札记》（Hypomnemata Mathematica，1608 年）、克拉维斯的《实用几何学》（Geometria Practica）及阿基米德的《圆的测定》（Measurement of the Circle）和《圆球与圆柱》（The Sphere and the Cylinder）等书为基础。《崇祯历书》中与圆锥曲线相关的内容主要有求圆面积、椭圆面积、球体积与椭圆旋转体体积，德阿多西（Theodosius）在《圆球原本》中的球面几何，派帕司（Pappus）的求方曲线和海伦（Heron）的已知任意三角形三边长求三角形面积的海伦公式等中国传统数学中没有的知识。《筹算》和《比例规解》介绍了两种欧洲计算工具：纳皮尔算筹（Napier's Bones）和伽利略的比例规。此《筹算》并非介绍中国传统筹算方法的著作，书中引入了欧洲的纳皮尔算筹及利用其进行计算的方法。比例规为一种类似于现代圆规的计算工具，由伽利略发明，综合比例规两臂间的距离及其上所刻的数字，可以完成多种计算。该法后来被称为尺算。① 总之，《崇祯历书》是"西学东渐"的一大成就，其中的天文、数学知识的介绍和引进反映了"会通、超胜"的思想，是一部中西文化交流和古代科学技术发展的重要典籍。

清初，波兰耶稣会士穆尼阁和薛凤祚（1600—1680 年）在传播西方数学知识方面做出了比较大的贡献。穆尼阁引入的最重要的数学知识为对数和三角学知识，也是第一个在中国传播哥白尼《天体运行论》的人。薛凤祚以穆尼阁为师，学习西方数学、天文学知识，是我国较早向西方学习科学知识的先驱者。薛凤祚和穆尼阁曾合作编译《天步真原》，薛凤祚将其一生研著成果，汇集为《天学会通》80 卷刊行于世。康熙三年（1664 年）编成《历学会通》一书。《历学会通》有正集 12 卷、考验 28卷、致用 16 卷。《历学会通》主要介绍天文学和数学，数学部分主要是传自穆尼阁的《比例对数表》、《比例四线新表》和《三角算法》等各卷。《比例对数表》共 12 卷 42 页，首次介绍了对数的求法、原理，分别给出了 1—20000 的六位对数表。书中把"对数"称为"比例数"或"假数"，并简单解释了把乘除运算化为加减运算的道理。这是中国最早的一部"对数"专著，著名科学史家李约瑟称其书是"中国最早的对数表及其讨论"。《比例四线新表》是正弦、余弦、正切、余切四线的对数表。《三角算法》中所介绍的平面三角与球面三角法比《崇祯历书》介绍得更完整。如平面三角中包含有正弦定理、余弦定理、正切定理和半角定理等，且多是运用三角函数的对数进行计算。球面三角中增加了半角公式、半弧公式、达朗贝尔公式和纳皮尔公式等。除正弦、余弦定理外，还有半角公式、半弧公式等。《历学会通》是薛凤祚定位于会通中西的著作，但其最大成就仍是介绍了穆尼阁传入的对数方法，"而他所坚持的以中法十进位制取代西法弧度间六十进位制的会通方式并未得到后世数学家，包括以会通中西著名的王锡阐、梅文鼎及以提倡中学为标志的清乾嘉数学家的认同"②。

清代从 19 世纪中期至 1890 年，从西方传入的数学以高等古典数学为主，内容有解析几何、初等微积分、代数学、画法几何、概率论等。这一时期，在中西数学思想交流会通方面，李善兰的翻译和研究工作做出的贡

---

① 田森：《中国数学的西化历程》，山东教育出版社 2005 年版，第 48 页。

② 同上书，第 87—88 页。

献最大，主要表现为他与伟烈亚力合译的三部数学专著：《几何原本》（后9卷）、《代数学》、《代微积拾级》。《几何原本》（后9卷）所依据的是顺治十七年（1660年）版英文本，咸丰七年出版。后来，曾国藩于1865年间由金陵书局重刊15卷本《几何原本》。《代数学》共13卷，原著是英国数学家德·摩尔根（A. Demorgan，1806—1871年）1835年撰写的《初等代数学》（*Element of Algebra*，1835年）。《代数学》主要讲述了一次、二次方程，级数，二项式定理等，它是西方符号代数学产生以来中国第一部关于代数学的中文译本。《代微积拾级》共18卷，译自美国罗密士（E. Loomis，1811—1889年）的 *Analytical Geometry and Calculus*（1850年），是当时美国流行的数学教科书，主要介绍解析几何、微分学和积分学等高等数学知识。此书由上海墨海书馆于咸丰九年（1859年）出版，标志着解析几何学、微积分学等西方高等数学第一次系统地传入中国，也是我国正式拥有高等数学的开端。在这些译作中，有不少中文数学名词都是李善兰的创译，直到今天仍在应用，如代数学、系数、根、指数、多项式、方程式、函数、微分、积分、级数、切线、法线、渐近线、抛物线、双曲线等。这些中文译名大多非常贴切、准确，而且符合汉语语言习惯，乃至很多被日本采用至今。

李善兰之后，华蘅芳在江南制造局翻译馆翻译了较多的数学著作，涉及更广领域的数学知识，如《数学理》《三角数理》《运规约指》《代数术》《算式集要》《微积溯源》《决疑数学》等，这些多数是由英国人傅兰雅（John Fryer）口译，由华蘅芳笔述的。这些译著由于原著水平较高，再加上译文通俗流畅，总体水平在李善兰译著之上，因此影响也更大一些。在这些著作中，《代数术》共25卷，由英国华里司著，介绍代数、解析几何、微积分等知识，就代数来讲基本上包括伽罗华理论之前的全部成果，1873年译出；《微积溯源》8卷，1878年翻译，英国华里司著，内容主要是介绍微分法、积分法、微分方程以及它们的应用，它比李善兰所译《代微积拾级》所包含的高等数学内容更多、水平也更高；《决疑数学》10卷，1880年翻译，这是我国第一部介绍概率论的译著，1896年印行。书中介绍了概率论的历史，基本概念如决疑数、决疑率、原事（基本事件）、对立之事等，以及全概率公式、条件概率。书中还用到重积分，可以说介绍的概率论知识相当广泛，包括了直到19世纪40年代概率论所有的内容，同时它也是当时传入我国的西方数学中最为深奥的译著。

　　清末，许多出版机构也出版了一些数学书籍，传播了近代数学知识。如英国传教士楼伟亚力 1853 年用中文写成《数学启蒙》一书；徐建寅与傅兰雅合译《远规约指》三卷，于 1870 年由江南制造局出版；美国人狄考文与邹立文合编《笔算数学》三册、合译《代数备旨》13 卷及《形学备旨》13 卷等。这些数学书大多由积山书局、玑衡堂、善成堂（成都）、上海书局、大同书局、江苏书局（苏州）等出版。另外，一些数学学术团体和学术期刊也纷纷出现，如云间算学会、彭氏算学馆、知新算社、算学日新会、瑞安天算学社、《算学报》、《中外算报》等都在数学研究和中外数学交流方面做出了较大贡献。

三　天文学

　　中国的天文学发展较早，是中国起源很早的一门自然科学；就文献而言，它与数学并列，仅次于农学和医学，是中国古代最发达的四门自然科学之一。

　　就天文学史的分期来讲，中国古代天文学一般分为五个时期：从远古到西周末萌芽期，从春秋到秦汉（公元前 770—公元 220 年）为体系形成期，从公元 220 年到宋朝初年为体系发展期，从宋初到明末是由鼎盛到衰落时期，从明末到鸦片战争（1600—1840 年）为中西融合时期。

　　在出土的远古时期的陶器上，有许多有关天文景象的描绘。在河南大河村、在江苏连云港，以及山东莒县和诸城出土的距今 4000—6000 年前的陶器上，都画有日、月、星辰、云彩等纹饰，有的图形很像是银河星云，这些都反映了远古时期人们对天体天文的认识水平。我国古文献更是记载了许多天象观测等天文资料。《周易·系辞下》说上古羲氏"仰则观象于天，俯则观法于地"，《世本》说黄帝时就有羲和负责占卜太阳之运行；常仪负责占卜月亮之运行，后益负责占卜岁月之运行等；《尚书·尧典》说"乃命羲和，钦若昊天，历象日月星辰，敬授人时"，又说"分命羲仲，宅嵎夷，寅宾出日，平秩东作"，也即认为在传说中的帝尧时期，就有了天文职事的专职安排。另外，《尧典》还有"四仲中星"即分命羲仲、羲叔、和仲、和叔测定春分、夏至、秋分和冬至的传说，实际上是划分了四季。《尧典》里同时也有了一年长度分 366 天以及用闰月调整月份和季节等中国基本历法的最早雏形。至于夏、商、周三代，夏代《夏小正》记载一年有十二个月，除二月、十一月、十二月，每月都有典型的天象标志。夏代末年，已用十个天干作序数。从商代始，用干支记日、数字记月；月分大小，大月 30 天，小月 29 天；有连大月，有闰月，闰月置于年终，称为十三月；季节和月份大小有固定关系。另外，反映商代自然和社会情况的甲骨文还有对日食、月食、火、鸟、尾、毕、岁、斗、彗星的记载，而对闰月的设置，表示商代人们已经知道了大量月相的变化，知道了朔日，即知道日月相会是一月的新始；《诗经·小雅》有日食的记录，并且发明和使用了圭表和漏壶这些天文仪器。[①] 至西周末期，我国古代天文学已初具雏形。

春秋到秦汉，我国古代天文学处于从一般观察到量化观察的过渡阶段。星象观测方面，春秋时期已有确证史料对二十八宿星的观测，而全天的恒星观测及全天恒星图的绘测，比西方早了二百多年；对金、木、水、火、土的观测更为详细，观测到五星的运行轨道与恒星不同，且运行比恒星更复杂，其中战国楚人甘德在对木星的观测中，发现了木卫三星，比伽利略在 1610 年发现木卫三星早了 2000 年左右。春秋时期，也有有关日食的大量记录，以及关于流星雨和哈雷彗星的最早记录。《春秋》和《左传》中载，从鲁隐公元年（公元前 722 年）到鲁哀公 14 年（公元前 481 年）的 242 年中，记录了 37 次日食，现已证明其中 32 次是可靠的。鲁庄公七年（公元前 687 年）"夏四月辛卯夜，恒星不见。夜中，星陨如雨"，这是对天琴座流星雨的最早记载。鲁文公十四年（公元前 613 年）"秋七月，有星孛入于北斗"，这应该是关于哈雷彗星的最早记录。至于观测工具，春秋中叶我国已用土圭和土表来观测日影长短变化，以定冬至和夏至日期；最简单的浑仪可能也已出现，《尚书·尧典》里也有所谓"璇玑玉衡"的记载。当时的历法有因五星观测而来的"岁星纪年法"和"太岁纪年法"；有战国时期产生的"古六历"：黄帝历、颛顼历、夏历、殷历、周历、鲁历，但一般统称为"四分历"，即这些历法的回归年长度一年为三百六十五又四分之一日，而这也正是太阳在天球上移动一周所需的时间，所以称"四分历"。这个回归年的长度值，与现代理论值仅有 11 分 14 秒的误差，这比欧洲使用同样的长度值要早了一两百年的时间。除了天文观测、观测工具和天文历法外，春秋战国时期的天文理论也很发

---

①　圭表和漏壶具体产生的年代不详，有说圭表在原始社会末期就出现了，漏壶则产生于商代，这里借用一般的说法而认为是产生于周代。

达，主要关注的问题是宇宙的本原和结构问题。屈原的《天问》以及《管子》《老子》等都涉及宇宙的产生和本原问题，《淮南子》更明确提出天地的起源和演化问题，认为天地未分以前、混沌既分之后，轻清者上升为天，重浊者凝结为地；天为阳气，地为阴气，二气相互作用，产生万物。在宇宙结构方面，主要的理论是盖天说，认为天地是天圆地方的。

从秦到汉武帝时期使用统一的历法——颛顼历。颛顼历用夏正，以十月为岁首，岁终置闰，开始采用有利于农时的二十四节气，而回归年、闰周、朔望月长度等与四分历相同。公元前104年，汉武帝改用新历《太初历》。《太初历》具备了五星、交食周期、气朔、闰法等新内容，第一次提出135个朔望月中有23个食季的新见解，它开创了中国古代历法的内容与形式上的规制，不仅是我国第一部有完整文字记载的历法，也是当时世界上最先进的历法。东汉时期刘洪的《乾象历》是我国历法史上的一大突破。《乾象历》第一次把回归年的尾数降到1/4以下，成为365.2462日；确定了黄白交角和月球在一个近点月内每日的实行度数，使朔望和日月食的计算都前进了一大步。《乾象历》还是第一部传世的载有定朔算法的历法，并且由于它在月行研究与交食周期等方面的突破性发展，而被称为划时代的历法。两汉时期，主要的天文学理论有郗萌及其师提出的"宣夜说"和张衡提出的"浑天说"。"宣夜说"认为并没有一个硬壳式的天，宇宙是无限的，天只是无边无涯的气体，一切天体都漂浮在气中，它们的运动也是受气制约的。"浑天说"，主张"天圆如弹丸，地如卵中黄"，认为天不是一个半球形，而是一个圆球，地球在其中，就如鸡蛋黄在鸡蛋内部一样。不过，浑天说并不认为"天球"就是宇宙的界限，它认为"天球"之外还有别的世界。在天文仪器方面，傅安和贾逵对以前的浑仪加以改进，又增加了一圈固定的黄道环，张衡更据此增加了地平环与子午环，提高了确定天体位置的精确性。张衡还在耿寿昌所发明的浑象的基础上，制成漏水转浑天仪。两汉时期对天象的观测，也比前代更加精细。1973年在湖南长沙三号汉墓出土的帛书中有关于行星的《五星占》8000字和29幅彗星图。前者列有金星、木星和土星在70年间的位置，后者的画法显示了当时已观测到彗头、彗核和彗尾，而彗头和彗尾还有不同的类型。《汉书·五行志》记载征和四年（公元前89年）的日食，有太阳的视位置，有食分，有初亏和复圆时刻，有亏、复方位，非常具体；而河平元年（公元前28年）三月关于日面黑子的记载，则是全世界最早的记录。

　　魏晋南北朝至宋初，是我国古天文学体系的发展时期。从历法来说，三国时魏国杨伟创制《景初历》，发现黄白交点有移动：知交食之起不一定在交点，凡在食限以内都可以发生；又发明推算日月食食分和初亏方位角的方法。这些发现对于推算日月食有很大帮助。晋代时沿用《景初历》，后来改称"泰始历"。东晋时，后秦用三纪历，北凉用元始历。南北朝时历法较多，其中何承天的元嘉历与祖冲之的大明历最为突出。元嘉历重要的创新是"欲用定朔""考正冬至日度""春秋分晷影无长短之差"。大明历的主要贡献是引进了岁差，对闰周进行改革，发现了交点月，而对五大行星运行与会合周期的数值计算更加精确。隋朝初用开皇历，后改用大业历；刘焯更于公元604年完成《皇极历》，用等间距二次差内插法来处理日、月的不均匀运动，成为中国天文学的一个特点。唐李淳风在《皇极历》基础上制成《麟德历》，于唐高宗麟德二年（665年）颁行。《麟德历》采用定朔、定气、岁差安排日用历谱，而定气与定朔是最早在历法中付诸实用的。一行于公元727年制订新历大衍历，把刘焯的等间距二次内插法发展为不等间距内插法，使定气计算更为精确；指出了"食差"现象，对不同地点、不同季节分别创立计算公式，称为"九服食差"。唐代后期徐昂的《宣明历》在日食计算方面提出时差、气差、刻差三项改正，把因月亮周日视差而引起的改正项计算更向前推进了一步。五代曹士苟的《符天历》废除上元积年，以一万为天文数据奇零的分母，这两项改革大大简化了历法的计算步骤。这个历法在民间流传甚广。

　　魏晋南北朝时，天文学家制造了许多精致的天文仪器。十六国前赵的孔挺，于公元323年制成了第一架有明确历史记载的浑仪。后魏明元帝时，由晁崇与斛兰主持制造的一架铁制的浑仪，是我国古代唯一的一台铁制浑仪；浑仪底座成十字形，并刻有十字形槽，以作十字水平校正仪，构思奇妙。浑象的制作更多，吴国的陆绩、王蕃、葛衡，南北朝时的钱乐与陶弘景等都做过浑象。北魏的铁浑仪一直用到唐代，唐初的李淳风又在公元733年制成浑天黄道铜浑仪，标志着我国古代浑仪结构复杂到了顶点。后来，唐僧一行与梁令瓒主持制造了"黄道游仪""水运浑象"。

　　三国两晋陈卓的全天恒星图，是古代天文星图中最为突出的。阵卓根据战国时甘德、石申、巫咸三家的星经，制成的恒星图共计 283 星官、1464 星，并著录于图。这个星官体系沿用了一千多年，直到明末才有新的发展。除了天文仪器，东晋时的虞喜明确地指出冬至点的变化就是"岁差"现象，指出用节气点来判断一年的长度与太阳视运动的一周天的长度是不一样的。后来祖冲之又在大明历中应用了这一现象。除此之外，姜岌发现了大气消光现象，张子信发现了太阳视运动、五星运动的不均匀性，以及月亮视差现象等。

　　魏晋时期，六大宇宙结构理论全部奠定。除了以前产生的盖天说、浑天说、宣夜说以外，三国东吴姚信提出了"昕天论"（用人来比天地，认为人前后不一，天体也北高南低），晋代的虞耸提出"穹天论"（认为天与地不相接，则以海作为连接体，天是靠"气"充盈才不塌下来），晋代的虞喜提出"安天论"（是因人们对宣夜说的担心而提出的）。

　　宋金辽元时期是我国古代天文学发展的鼎盛时期，在天文仪器、历法上都有表现。两宋时期颁布的历法很多，如北宋颁行过纪元历、钦天历、应天历、乾元历等九部历法，南宋用过统元历、乾道历等十部历法。北宋姚舜辅的纪元历为最，不仅公式更方便精密，还创造了以金星定太阳位置的方法；南宋以杨忠辅的统天历为最，其回归年长度为 365.2425 日，并指出回归年长度是古大今小，这比欧洲早了半个多世纪。北宋的沈括更是提出了"十二月气历"，"直以立春之一日为孟春之一日，惊蛰为仲春之一日，大尽三十一日，小尽三十日；岁岁齐尽，永无闰月"①。这实际上是一种阳历，即以太阳的运行为基础的阳历月，但由于传统习惯，这个历法未能实行。这一时期，水平和成就最高的当属郭守敬的授时历。其法以365.2425 日为一岁，精度与今天的公历相当，但比西方早采用了三百多年；每月为 29.530593 日，以无中气之月为闰月。它打破了古代制历的习惯，是我国历法史上的第四次大改革。明初颁行的"大统历"基本上就是"授时历"，如把这两种历法看成一种，可以说是我国历史上实行最久的历法，达 364 年。

---

① （宋）沈括：《梦溪笔谈·补笔谈卷二》。

　　宋金辽元的天文仪器制作全面发展。在圭表制作上，沈括提出的二项改进措施，即突破旧的圭表高度与发明"景符"的方式，使影像测度更加清楚。宋朝的燕肃对漏壶加以改进，增加了分水壶，他也是最早发明使用分水壶的人。唐僧一行、梁令瓒与宋苏颂制造的水运浑象有了精妙的机械报时装置。以浑象为基础，郭守敬发明了大明殿灯漏，它是一个外形像

图 14 – 10　复制大明殿灯漏（郭守敬纪念馆）

　　注：1276 年，中国元代的郭守敬制成，用水力驱动，通过齿轮系及凸轮结构，带动木偶进行"一刻鸣钟、二刻鼓、三钲、四铙"的自动报时。这是世界上第一台大型机械自鸣钟。

灯笼球的用水力推动的机械报时器，上面还布置有能按时跳跃的动物模型，这同欧洲在机械钟表上附加的种种表演机械是一样性质的。浑仪的发展也是愈加复杂，测量也更加精准。沈括首先发明了白道环，标志着浑仪

制作的转折点，预示浑仪走向简捷的趋势。宋代有四大巨型浑仪，它们分别是：至道年间（995—997 年）韩显符主持制造的至道浑仪，皇祐年间（1049—1053 年）舒易简主持制造的皇祐浑仪，熙宁年间（1068—1077 年）沈括主持制造的熙宁浑仪，元祐年间苏颂主持制造的元祐浑仪。简仪是对浑仪进行革命性改革而成的，这时的简仪已不再使用传统的 365.25 度的分法，而采用 360 度分法，提高了计算精度。它的设计和制造水平比世界上其他地方早三百多年。郭守敬因此发明简仪而被称为"东方第谷"。与天文仪器的创制革新相伴随，在大中祥符三年（1010 年）到崇宁五年（1106 年）的近百年中，大规模的恒星观测有五次之多。元时郭守敬 1276 年的观测，观测到前人没有命名的恒星达 1000 多颗，精度提高了近一倍。元赵友钦在天象观测中，创造了一个确定恒星赤经差与去极度的新方法，其原理与现代的子午观测一致，非常出色。

和数学、农学等自然科学一样，明清时期也是我国天文学和西方天文学的大融合时期，但就中国古代天文学自己的发展道路而言，基本上是在延续宋元天文学余波，且自己创新不大，是我国古天文学发展的衰落时期。从历法来说，明代仍然使用大统历，清代使用时宪历，而时宪历基本沿用大统历，大统历又不过是元代授时历的改名。天文仪器的制作以宋、元复制品为主，创新不多。值得一提的有明邢云路建造的圭表，并测得我国古代最精确的回归年长度值。明初詹希元创造了"五轮沙漏"，以沙代水作为动力，解决了北方天寒冬天易结冰、漏斗无法使用的情况。其他有关中西交流的情况，下一节再详细叙述。

1. 中外天文学历史上的交流

中国古代天文学与西方天文学之间比较有规模、影响较大的思想交流，应当说也是始于明清时期，但这并不等于说，我国历史上不存在和外部有天文学交流的情况。一般认为，随着佛教东传的汉晋至唐宋时期，巴比伦、印度天文学和中国天文学的交流较频繁，也是第一次大规模的中外天文学交流；元时得益于横跨欧亚大陆的大帝国的建立，以及各民族的文化交流融合，元与伊斯兰天文学的交流接触，可谓第二次影响较大的中外天文学交流；第三次中外交流就是明末传教士西来带来了西方的天文历法知识，中国开始学习西方，中国古代天文学被西方天文学所取代。

中印两国的天文学交流，一般都要从巴比伦天文学对中国的传入说起。中国古天文学中的十二辰、十二次与西方黄道十二宫的关系，据郭沫若从文字、图形、语义、字源、发音等考证，认为十二辰本来就是黄道周天的十二宫，是由古巴比伦传来的。但无论如何，学界似乎基本同意巴比伦天文学与中国天文数理是两个独特的起源体系。比如，中国的十二辰是赤道系统，西方的十二宫是黄道系统，起始点和各宫界线相异，应该是相互独立的发现。

关于二十八星宿的起源问题，学界也是观点各异。郭沫若虽认为十二辰源自巴比伦，却不同意二十八宿亦起源于巴比伦。李约瑟先生认为二十八宿起源于巴比伦，竺可桢也最终倾向于接受巴比伦起源说。夏鼐坚决主张二十八宿起源于中国。有人认为，二十八宿可以上推到殷代，印度的天文学资料对其起源于印度不利，例如印度的二十七宿也分成四组，与印度将一年分为三季或六季的传统不合，因此，二十八宿起源于中国的可能性是较大的。大约在周代传入印度，公元以后再被阿拉伯人所吸收。①

南北朝时期，随着印度佛教的东传，西方十二宫和具有西方外来文明特征的七曜历的名称，在中国及一些佛经中出现。七曜历始于古代巴比伦（一说始于古代埃及）。我国公元 4 世纪时曾有此法。公元 8 世纪时摩尼教徒又由中亚康国传入我国。《新唐书·艺文志三》载有吴伯善《陈七曜历》五卷。敦煌发现的历书和占星术著作亦有用七曜历者。江晓原先生认为："在中国历史上，'七曜'、'七曜历'、'七曜术'、'七曜历术'等术语所指称的，却另有其特殊约定，专指一种异域输入的天学——主要来源于印度，但很可能在向东向北传播的过程中带上了中亚色彩的历法、星占及择吉推卜之术。"②

唐时，来自印度的瞿昙氏，从瞿昙罗至瞿昙晏先后有四代在皇家天文台任职，把印度的天文学和历法介绍到中国。其中瞿昙罗至瞿昙譔还曾先后担任过太史令、太史监或司天监经一百十年。因此，当时人们称瞿昙悉达为"瞿昙监"，称这一派的天竺历法为"瞿昙历"。瞿昙家族中，数瞿昙悉达成就最大。他曾亲自参加修理铁浑仪，并于玄宗开元六年（718年）奉诏翻译天竺《九执历》，后收于《开元占经》一书。

中印僧侣交流往来也相互传递了天文历算知识。《旧唐书》卷一百九十八记载天竺国："有文字，善天文算历之术"；又记开元七年（719

---

① 陈久金编：《天文学简史》，科学出版社 1985 年版，第 135 页。
② 江晓原：《天学真原》，辽宁教育出版社 2004 年版，第 266 页。

年），罽宾国遣使献天文经一夹；又记开元二十五年（737年），东天竺大德达摩战来献《占星记》梵本。另外，一些梵本经书文献中，也有不少有关天文历算的，如玄奘所译《俱舍论》、义净所译《佛说大孔雀咒王经》等。其中《宿曜经》详细介绍了古印度关于二十七宿、七曜、十二宫、星占等方面的知识。义海的《南海寄归内法传》记有印度那烂陀寺、大菩提寺和俱尸那寺以漏法计时的细节，还有日影测量、季节划分等。瞿昙罗的《光宅历》和僧一行制作的《大衍历》也都受到印度古天文历法的影响。

魏晋南北朝至隋唐，中日、中朝天文历法交流也比较频繁。中国古代历法、天文仪器，包括天文机构设置都对日本产生了较大影响。南北朝时，南朝何承天制定的《元嘉历》传入日本，是中国传入日本的第一部历法。唐时《麟德历》传入日本。《元嘉历》在日本使用93年，《麟德历》在日本使用71年。公元735年，日本留学生吉备真备将《大衍历》和测影铁尺、钢律管等仪器带回日本。公元763年，日本废除《麟德历》，改用《大衍历》；10世纪中叶后，又改用唐的《宣明历》，一直沿用了820年。日本古代的天文仪器如漏刻、浑仪、天体仪也多仿制中国，都受到了中国天文学的影响。至于天文机构，日本于公元674年建占星台，其天文仪器、天文台和天文机构都从中国输入。"占星台的主管部门称为阴阳寮（寮的含义是衙署），它的负责官员为阴阳头（头的含义是长官），相当于唐代的太史令。这是我国西周时期的习惯称谓。日本的天文机构以阴阳寮命名，采用的是西周的用语，又证明了日本天文学与我国天文学的关系。在阴阳寮里设有技术科，有阴阳、历、天文和漏刻。阴阳头掌管天文历法奏报灾祥吉凶，下有4名事务官。下面的技术官员有：阴阳师6人，掌管占筮、看风水等事宜；阴阳博士1人，掌管教育阴阳生等工作，下有阴阳生10人；历博士1人，掌管编历及教育历生等工作，下有历生10人；天文博士1人，掌管天文气色，有异常天象及时奏报，以及教育天文生等，下有天文生10人；漏刻博士2人，掌管守时及报时之事，下有守时丁20人；此外另有其他人员22人，总计88人。由此可见，当时的天文机构的规模是相当大的，这同《唐六典》内的我国天文机构组成相对应。再者在阴阳寮里学习的学生，有5门必修课，都是中国天文著作，其中有《史记·天官书》《汉书·天文志》《晋书·天文志》《韩杨天文要集》等。在公元757年还规定历科的学生必读《汉书·律历志》《九章算术》《周算经》《六章》《定天论》等书，这些书都是我国古代天文学、数学著作。从这一系列的组织制度及学术活动内容来看，日本天文机构完全与我国古代天文机构相似。"①

中国与朝鲜的天文学交流也较频繁。中朝两国古代星座恒星图，同属一个体系。"中朝两国古代天文学有着密切的关系。观测恒星及星座的命名与证认，很早就从中国传到朝鲜。就文献和星图进行考查和校勘，可知中国的三家星官和《步天歌》，在隋唐间即已传入朝鲜，而中国星图的东传同样极早。因而两国的星座同出一源，同属吴晋间的陈卓体系。但经唐至宋，中国的星图除描绘之误外，大致有三十多个星座，其形位发生了变化，一直流传到明末。至传教士西来，所制星图在实质上方有着极大的变动。而朝鲜星图仍保持着固有的原貌。"② 唐时朝鲜留学生是外国留学生中人数最多的，许多留学生把中国的天文学带回朝鲜。如新罗时朝鲜用中国盖图法绘星图，有将星图刻在石板上的做法。他们还仿照中国建立天台，保存至今的朝鲜庆州瞻星台就是新罗时期修建的，其台砖石结构，形如奶瓶，顶部有平台可置观测仪器，中部向北还开有观测窗口。朝鲜于公元 675 年采用唐历，其天象记录内容与中国一致。

元朝的科技水平较高，当时，汉民族外迁、边疆地区各民族内移中原与江南、契丹和女真融入中华民族，以及阿拉伯、汉斯等地的商人、科技精英的融入，再加上元朝帝国疆域的空前广阔，使这一时期的科技包括天文学交流非常活跃。

早在蒙古汉国时，蒙古著名的天文学家耶律楚材就善于吸收国外先进的天文学知识。他受回历中相互的地球经度概念的影响，发现了地上的距离与历法的推算有直接关系，进而创造"里差"概念，并以《大明历》为基础，结合里差法，以撒马尔罕为标准，编制了一部新历法——《西征庚午元历》。耶律楚材还曾将西域历法引进到中国，编《麻答巴历》。《麻答巴历》参考了欧麦·卡雅在内沙布尔天文台编制的哲拉里历，这种历法 5500 年才差一日，比格里高利历积 3330 年差一日更精确。③ 另外，元世祖中统年间，元统治者设置西域星历司。中统四年（1263 年），朝廷

---

① 姚传森：《中国古代历法、天文仪器、天文机构对日本的影响》，《中国科技史料》1998
年第 2 期。

② 潘鼐：《中国与朝鲜古代星座同异溯源》，《自然科学史研究》1996 年第 1 期。

③ 云峰：《中国元代科技》，人民出版社 1994 年版，第 199—200 页。

曾命回回爱薛（叙利亚人）掌西域星历、医药二司。史载爱薛"于西域诸国语、星历、医药无不研习"。

元朝对阿拉伯历法更是非常重视，元统治者曾下诏西域天文家来中国建立回回司天台，著名的西域天文家扎马鲁丁曾进南西域天文仪器七件，并主持回回天文台和主持制定《万年历》等。回回司天监存在的时期较长，直到明洪武年时，代表伊斯兰天文学的回回司天监仍与代表中国传统天学的司天监并存，三十年后才被撤销，但钦天监中的回回科则一直保持。清初也颁行过回回历。回回历法中的五星纬度是中国历法所没有的，所以受到明朝政府的重视。

元代先进的天文历法对阿拉伯诸国也产生了显著的影响。中亚马拉格天文台在编制《伊利汗天文表》时，由中国天文历算家与波斯、阿拉伯学者共同研讨制订。其中明显吸收了中国天文历法成就。曾主持撒马尔罕天文台的著名天文学家阿尔·卡西精通中国天文历法，他于15世纪编制的著名的《兀鲁伯星表》四卷，第一卷就是论述中国历法年置闰的原理。这本著作也曾广泛流传于亚欧等地，中国历法也随之远播。[①]

中西天文学的第三次大交流发生于明清时期。1382年，在明政府的命令下，吴伯宗、李肿、海达尔、阿答兀丁、马沙亦黑和马哈麻等人合译了波斯天文学家阔识牙的《天文宝书》。这本书第一次将西方星等概念传入中国，书中列出了12个星座共30颗星的星等和黄经，认为星分六体。1385年，天文学家元统与一些西域天文学家合译了《回回历》。1477年，贝琳整理出版《七政推步》。

《七政推步》是研究回历和阿拉伯天文学的重要资料，它系统介绍了以托勒密本轮、均轮体系推算太阳、月亮、五大行星运动及日月交食的方法；介绍了回历历日的计算方法，动的月（太阴月）和不动的月（太阳月）的意义，第一次从波斯文译出十二个月名，介绍了七天一周的计日方法，译出一周七天的名称；介绍了277颗恒星的黄经、黄纬和星等，为东西方天文学交流打下初步基础。这一时期，欧洲耶稣会传教士来到中国，他们和中国学者一起，翻译出版了许多介绍欧洲天文学知识的著作，为中西天文学融合做出了较大贡献。

---

① 云峰：《中国元代科技》，人民出版社1994年版，第202页。

2. 中外天文学思想交流的实例

本节主要结合中外古代天文史上的一些主要著作（以中国古代天文学著作为主），具体探讨中国古代中外天文学思想交流的情况。

中外古代天文学交流发生的较早时期，以中印天文学交流较为显著。印度天文学受巴比伦、希腊、阿拉伯天文学影响。因此，古代中印天文学交流，亦有古代天文学世界交流的意义。

按江晓原先生的考证，印度天文学随佛教传入我国，早在南北朝梁武帝时，梁武帝萧衍就意欲以印度佛家宗教神话之说中的宇宙模式，取代中国传统天文学中的浑天说宇宙模式。当然，宗教神话之宇宙观，并不包含数理天文学的成分，但可证明印度天文学东来中国之事。这就是《隋书·天文志》说梁武长春殿讲义事。六朝时印度天文学在中国的传播，有《释迦方志》载惠严日影之论，谓北回归线横贯印度中部，夏至时正午太阳恰位于天顶正中，故能照耀万物而无影。中国绝大部分领土皆在北回归线以北，一年中任何一天都不可能日中无影。惠严意图利用此论把印度说成"天地之中"，以提高其佛国地位。六朝时从印度传来的天文学著作，《隋书》著录有如下七种：《婆罗门天文经》二十一卷（原注：婆罗门舍仙人所说）；《婆罗门竭伽仙人天文说》三十卷；《婆罗门天文》一卷；《摩登伽经说星图》一卷；《婆罗门算法》三卷；《婆罗门阴阳算历》一卷；《婆罗门算经》三卷。南宋郑樵《通志》著录了"竺国天文"六种，前三种与隋志书目之前三种相同，第五种为今存之《宿曜经》，另两种为《西门俱摩罗秘术占》一卷及一行《大定露胆诀》一卷，都为星占学之作。[①]

南北朝何承天的《元嘉历》有很多革新的内容，主要表现为五点：以月食冲法定日所在；对"十九年七闰"提出怀疑，主张"随时迁革，以取其合"；以雨水为气初；以盈缩定其小余，以正朔望之日；为五星各立后元。何承天的这五项改革，大多可能是受到了印度天文历法的影响。如"月食冲法定日所在"，印度传入中国的天文历法知识，以推交食术为主。而以月食冲法定日正需要对交食术有好的掌握，尤其是对发生交食时日、月、地三者的几何关系要明确。何承天很可能从印度天文历法中获得了正确的交食知识，因而理解并使用了月食冲法定日所在。再如"以雨

---

① 江晓原：《六朝隋唐传入中土之印度天学》，（台北）《汉学研究》1992 年第 10 卷 2 期。

水为气初"。《元嘉历》以雨水为气初比较少见。在中国古代历法史上，《调元历》和《符天历》也以雨水为气初，且两部历法有承传关系。《符天历》与《七曜历》一样，无疑是从印度或受印度天文历法影响的西亚一带传入中国的。而何承天的《元嘉历》以雨水为气初，与传统习惯不符合，却与《符天历》《调元历》相呼应，"因此可以推断，特别重视雨水是像《符天历》这样的受印度影响的历法的共同特征。何承天的以雨水为气初这一项改革显然是他对所掌握的印度天文历法知识的应用"。总之，"《元嘉历》中五项新颖的改革极有可能是受印度天文历法影响的结果，其中以雨水为气初、为五星各立后元这二项改革在印度天文历法中可以找到明确的对应做法。以月食冲法定日所在、对待闰周的观点以及用大小余定朔望这三项改革逐渐被后世历法所接受"[①]。

至于唐朝，天文学界有"天竺三家"，一般对印度天文世家瞿昙氏知者较多，其实还另有迦叶氏与拘摩罗氏。按江晓原考察，迦叶氏天学似以推算交食见长。《旧唐书》述《麟德历》求交食之法时，附有"迦叶孝威等天竺法"之简述，共四百余字，"开首部分为迦叶氏推算交食之法。中间部分值得注意，从中可见迦叶氏所持印度天学中也有与中国传统星占学相似之军国星占（Judicial astrology）成分。最后部分为约二十种日、月食先兆（略去未引），显系为前两部分服务及提供补充手段者。由此法被附于《麟德历》交食术之末这一事实来看，迦叶氏之学确实是在皇家天学机构中与'大术'（中土传统天学体系及方法）相参使用的"。至于拘摩罗氏，"《大衍历》交食术中之附录：'按天竺僧俱摩罗所传断日蚀法，其蚀朔日度躔于郁车宫者，的蚀。诸断不得其蚀，据日所在之宫，有火星在前三后一之宫并伏在日下，并不蚀。若五星总出，井水见，又水在阴历，及三星已上同聚一宿，亦不蚀。凡星与日别宫或别宿则易断，若同宿则难断。更有诸断，理多烦碎，略陈梗概，不复具详者。其天竺所云十二宫，则中国之十二次也。日郁车宫者，即中国降娄之次也。'显然仅为俱摩罗氏所擅交食术之简介，其术也是'大术'相参使用的。此处还提到俱摩罗之身份为'天竺僧'。又前引《通志》'竺国天文'书目中有《西门俱

---

① 钮卫星：《西望梵天：汉译佛经中的天文学源流》，上海交通大学出版社 2004 年版，第149—156 页。

摩罗秘术占》一卷，或亦其人所撰"①。

　　玄奘在《大唐西域记》中更是详细介绍了印度当时所使用的阴阳合历。《大唐西域记》卷二《印度总述·岁时》记录："若乃阴阳历运，日月次舍，称谓虽列，时候无异，随其星建，以标月名。时极短者，谓刹那也，若乃阴阳历运日月次舍。称谓虽殊时候无异。随其星建以标月名。时极短者。谓刹那也。百二十刹那为一呾刹那。六十呾刹那为一腊缚。三十腊缚为一牟呼栗多。五牟呼栗多为一时。六时合成一日一夜（昼三夜三），居俗日夜分为八时（昼四夜四，于一时各有四分）月盈至满，谓之白分。月亏至晦谓之黑分。黑分或十四日、十五日。月有小大故也。黑前白后，合为一月。六月合为一行。日游在内，北行也。日游在外，南行也。总此二行，合为一岁。又分一岁以为六时。正月十六日至三月十五日。渐热也。三月十六日至五月十五日。盛热也。五月十六日至七月十五日。雨时也。七月十六日至九月十五日。茂时也。九月十六日至十一月十五日。渐寒也。十一月十六日至正月十五日。盛寒也……"也就是说，以时极短者叫刹那（ksana），120 刹那为一坦刹那（taksana），60 坦刹那为一腊缚（lava），30 腊缚为一牟呼栗多（muhurta），5 牟呼栗多为一时，6 时合成一日夜。月盈到满叫白分（又叫白半，白博叉 Sukla - Paksha），月亏到晦叫黑分（又叫黑半，黑博叉 krsna - paksa）。黑前白后，合为一月，12 个月为一岁。一年又分四季或六季，谓春、夏、秋、冬或渐热、盛热、雨、茂、渐寒、盛寒。

　　唐朝瞿昙悉达编译的《九执历》，以印度公元 6 世纪天文学家伐罗诃米希拉（varāhamihira）编译的《五大历数全书汇编》和婆罗摩笈多（bramhagupta）所著《历法甘露》为蓝本，同时融入了中国历法的特点。《九执历》介绍的是印度公元 7 世纪前后较为先进的历法，规定一恒星年为 365.2726 日（今测值为 365.25637 日），一朔望月为 29.530583 日（今测值为 29.530589 日），并采用 19 年 7 闰的置闰方法。这是典型的阴阳合历，表明印度的天文历法已经达到了相当高的水平。《九执历》引进中国的内容还有：日月运动和日月食计算法；周天为 360 度、一度为 60 分的圆弧量度制；以 30 度为一宫的黄道十二宫，称为"十二相"；用一点表

---

　　①　江晓原：《六朝隋唐传入中土之印度天学》，（台北）《汉学研究》1992 年第 10 卷第 2 期。

示十进位数字中的空位"零"；以两月为一季，一年分六季，称为"六时"的印度季节分法；三角术的正弦函数，等等。《九执历》中，也传入了印度正弘表，可以推定是否发生日月食，推算太阳、月亮在某日的真黄经等。

根据钮卫星的考证，汉译佛经如《长阿含经》《大智度经》《楞严经》《阿毗达磨俱舍释论》等，其中关于世界结构和日月运行的理论构成印度古代宇宙理论的主要内容。而中国古代最早对天地结构、日月运行等作出描述的宇宙学说是保存在《周髀算经》中的盖天说，以盖天说和古印度的宇宙学理论对比，可以得出五点非常相似的地方：其一为须弥山和"极下之地"。汉译佛经中的宇宙学和《周髀算经》都认为在天地的中央、北极的下面有高耸的山峰。在印度古代为高八万四千由旬的须弥山，在《周髀算经》中为高六万里的"极下之地"。其二为日月行道。汉译佛经中的宇宙学和《周髀算经》都用太阳在不同行道上的支行来解释昼夜长短等的周年变化。两种理论对各自的日道大小都给出了精致的定量描述。其三为日月平转。汉译佛经中的宇宙学和《周髀算经》都认为日月围绕转动轴作平转。在印度古代理论中，日月围绕须弥山之半而转，运行高度始终为四万二千旬。《周髀算经》认为日月在离地八万里的平面（天）上绕北极平转。其四为日照径度。汉译佛经中的宇宙学说和《周髀算经》都认为日照的范围是有限的，并以此解释昼夜的交替变化。《周髀算经》又将人眼所能望见的极限设定与日光照射之极限相同，这使解释昼夜交替更为严密。其五为径一周三。二者都以"径一周三"作为圆周率。圆周率作为一个数学常数，在天文计算中经常用到。汉译佛经从直径算周长时，圆周率都取为3，而《周髀算经》也同样如此。根据这五点的相似性，也许能推断中印古代天文学交流与传播的存在，但二者相互影响的关系以及具体的影响途径等问题，还有待进一步考证。[①]

另据对汉译佛经的考证，从东汉末到北宋初将近八百年，印度古代天文学几乎不间断地随佛经的汉译和其他途径传入我国。比较早的有三国吴时的《摩登伽经》，其中有相当丰富的天文学内容。西晋时期，若罗严的《时非时经》和竺法护的《舍头谏太子二十八宿经》是含有相当多天文学

---

① 钮卫星：《西望梵天：汉译佛经中的天文学源流》，上海交通大学出版社2004年版，第129—132页。

内容的汉译佛经，通过《摩登伽经》和《舍头谏太子二十八宿经》，印度的二十八宿体系被完整地介绍到了中土。公元 4 世纪末到 5 世纪中叶，徐广的《七曜历》和何承天的《元嘉历》，都受到印度传入的天文历法的影响。鸠摩罗什的《大智度论》卷四十八对四种月概念的区分和定义影响较显著。公元 6 世纪中期到 7 世纪初，南朝天竺僧人拘那罗陀翻译了有大量天文学内容的毗昙部经典《经世阿毗昙论》，北朝天街那连提耶舍译的《大方等大集经》和北天竺犍陀罗国人阇那崛多译的《起始经》也有相当多的天文学内容。而《婆罗门天文》二十卷是对印度天文历法较为全面的介绍。唐朝初年，主要是玄奘翻译的毗昙部经典中包含的对印度天地结构、日月运行等宇宙理论方面的天文学知识的介绍，中唐时有随密教经典传入的天文学内容。五代马重绩的《调元历》可以视为受大量流传于民间的印度天文历法影响的结果。佛经汉译，从唐宪宗元和六年（811 年）译成《本生心地观经》之后一度中断，宋太宗太平兴国七年（982 年）复兴，但宋朝以后译经较少，印度天文学也没什么传入了。①

　　除印度而外，中国与朝鲜的天文学交流，一般来说，起始于东晋，在隋唐时达到高潮。据考察，隋唐《步天歌》，在公元 8 世纪前期政府裁定后，一直到明末前，都是中国星座长期使用的范本。《步天歌》星象符合陈卓整理汇总石氏、甘氏、巫咸氏三家星经中的星官名，分为三垣二十八宿共三十一个天区。朝鲜的古代文献明抄本和韩国传刻本《天文类钞》，其上卷收《步天歌》附分区星图，下卷为星占。其底本应是公元 7 世纪中叶、我国隋唐之际的《步天歌》体系；对比中、朝两种文献，星象原属同一类型亦可作为佐证。另外，朝鲜的李朝太祖所刊星图《天象列次分野之图》原本为不迟于隋唐之际的中世纪早期的中国星图，朝鲜朴堧的《浑天图》等，与中国的敦煌星图 S3326、北宋苏颂的《新仪象法要》星图以及南宋苏州天文图互相甄核，对各星座逐一认证后可知，绝大部分星座的图形、星数及相对位置，均相类同或近似，并符合《玄象诗》和《步天歌》的描述。②

　　① 钮卫星：《西望梵天：汉译佛经中的天文学源流》，上海交通大学出版社 2004 年版，第188—194 页。

　　② 潘鼐：《中国与朝鲜古代星座同异溯源》，《自然科学史研究》1996 年第 15 卷第 1 期。

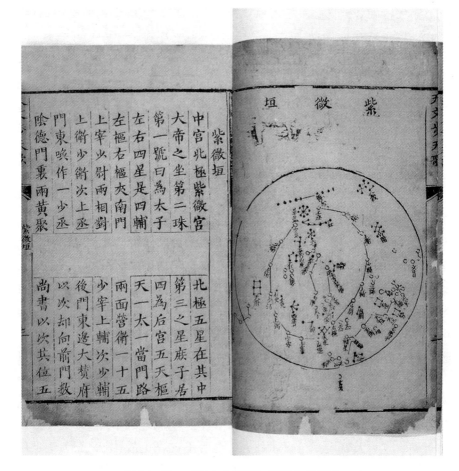

图 14 - 11　《天文步天歌》清刊本影印页

注：《步天歌》为一部以诗歌形式介绍中国古代全天星官的著作，现有多个版本传世；最早版本始于唐代，最广为人熟知的是郑樵《通志·天文略》版本，此版本称为《丹元子步天歌》。

元代是我国天文学体系形成的高峰时期。元秘书监中收藏的大批回回书中，北司天文台收藏的波斯文、阿拉伯文书籍总计有 23 种，其中天文、历法、算学、占星书 14 种。[①] 著名的天文学著作有《麦者思的造天仪式》与《积尺诸家历四十八部》。《麦者思的造天仪式》是希腊天文学家托雷

---

①　王士点、商企翁：《秘书监志》（卷九）。

美的名著《行星体系》的阿拉伯文节译本，《积尺诸家历四十八部》是波斯语《天文表》。从清初回族学者刘智（约 1644—1730 年）所著《天方至圣实录》中得知，元代宫廷收藏有许多伊斯兰天文学方面的资料，如该书卷二十《敕回回太师文》中记载："洪武初，大将入都，得图籍，文皆可考。惟秘藏之书数十百册，乃乾（天）方先圣之书，我中国无解其文者。闻尔某道学本宗，深通其理，命译之。今数月，所译之理知上下，察幽微，其测天之道，甚是精祥。"

另据《秘书监志·卷七》载："至元十年（1273 年）十月，北司天台（即上都回回司天台）申：本台合用文书，统计经书二百四十二部（相当于卷），本台合用经书一百五十九部。"并列出这 195 卷的书名。据马坚研究，这些图书中与天文历算有关的有：欧几里得（Euclid，约前330—前 275 年）《几何原本》15 卷、《知识与学问》3 卷（原书名为《解算法段目》）、《几何学》17 卷、托勒玫（C. ProIemaeus，约 100—约170 年）《天文学大成》15 卷、《诸星断诀》、《沙卜法》、《占卜必读》、《七洲形胜》7 卷（原书名为《历法段数》）、《算数》8 卷、《天文表》48 卷、《星象问答》4 卷、《仪器制造法》8 卷（原书名为《造浑仪、香漏》）、《机械制造法》2 卷（原书名为《造香漏并诸般机巧》），等等。这些图书均为阿拉伯文，应是爱薛、札马鲁丁等人从西域带来的。此中包括有欧几里得和托勒玫的天算名著，以及阿拉伯天文算表、星象和星占书，这些应就是回回司天监的天文学家们观象与推步所依循的基本理论和方法。[①]

阿拉伯天文历法书籍和天文历法学家进入中国，对中国天文历法也产生了较大的影响。郭守敬著《五星细行考》和编制《授时历》时，就吸收了回回历的五星纬度计算法；他在恒星观测方面开始编星表，也受到了撒马尔罕和马格拉天文台的启发；他制造的 13 种天文仪器，总数与功能上都与马拉格天文台的仪器相似。

明末，随着西方耶稣会士的大批来华，中国天文学界出版翻译了一批介绍欧洲天文学知识的著作。早期出版的著作有《浑盖通宪图说》（1607年）、《简平仪说》（1611 年）、《表度说》（1614 年）、《天问略》（1615年）、《远镜说》（1626 年）等。这些著作多数是介绍欧洲的天文仪器。其中《天问略》被认为是中国最早提到望远镜的历史文献，其中介绍了

---

① 陈东美：《中国科学技术史·天文学卷》，科学出版社 2003 年版，第 523—524 页。

托勒密地心体系的十二重天和伽利略用望远镜观测到的一些崭新结果。《远镜说》是中国第一部介绍西方望远镜知识的专著，书中附有大图多幅，扉页绘有望远镜的外形图。这本书比《天问略》更详细地介绍了伽利略式的望远镜。

明末清初，中西交流的结晶可谓《崇祯历书》的编撰了。《崇祯历书》由明政府成立历局、徐光启主持编写，参加翻译编写的四位耶稣会士有汤若望（日耳曼人）、罗雅谷（葡萄牙人）、邓玉函（瑞士人）、龙华民（意大利人）等。后来汤若望删改《崇祯历书》作成《西洋新法历书》。《崇祯历书》从多方面引进了欧洲的古典天文学知识，第一次真正介绍了托勒密天文学的内容，采用第谷创立的天体系统和几何学的计算方法，介绍了开普勒的天体引力思想等。康熙六十一年，清政府在《西洋新法历书》基础上，又修改并颁行《时宪历》，所用原理和数据全部依照第谷的地心行星体系和他所测定的天文数据，包括哥白尼《天体运行论》中的许多新知识。

明末清初，利玛窦和李之藻合译的《乾坤体义》（1605 年）是我国传入较早、影响较大的西方天文学著作，被《四库全书》编纂者称为"西学传入中国之始"。《乾坤体义》是摘译自利玛窦的老师丁先生（Christopher Clavius）于 1581 年出版的《〈天球论〉注解》。《天球论》是13 世纪数学家萨克罗波斯可（Joannis Sacrobosco）所著，主要讲述亚里士多德的宇宙学和托勒密天文学。《乾坤体义》共有三卷，卷上第一篇"天地浑仪说"，重点论述地圆说基本观念。第二篇介绍亚里士多德的同心固体水晶球宇宙体系，认为天有九层，包括一月亮、二水星、三金星、四太阳、五火星、六木星、七土星、八恒星、九宗动天，地球位居中心；还介绍了各层天球的半径、各天体相对地球的大小。第三篇"浑象图说"，主要结合西式浑象讲述天球各基本环圈，以及昼夜长短等天象。第四篇"四元行论"，介绍西方的水、火、土、气四元素，并对中国的五行进行批判。卷中介绍视差概念、月地距离计算、日月食、大气折射等天文知识。卷下从几何学上证明外周长相同的条件下，圆球体的体积最大。

葡萄牙耶稣会传教士阳玛诺撰写的《天问略》，也是西方传教士所著的最早介绍西方天文学知识的著作之一。《天问略》的翻译，发生于明末改历的背景下，万历三十八年（1610 年）日食预报的失败，激起修历的呼声。徐光启等以此认为这是借西洋天文学重修中国历法的契机，并因此产生翻译西方天文学书籍的高潮。1612 年左右，阳玛诺在中国学者周希令、孔贞时和王应熊的协助下撰写《天问略》。该书系统地阐述了西方天文学的基本思想和基本概念，它以问答形式，分 4 篇、25 个问题和 23 幅插图，介绍了托勒密体系的十二重天说，即介绍太阳黄道运动、节气和昼夜长短问题；解释月亮圆缺和交食等原因。《天问略》还首次介绍了伽利略望远镜，以及伽利略用望远镜观测到木星有 4 个卫星，银河可分解为许多星星，金星也有圆缺现象等。

汤若望和中国学者李祖白合译的《远镜说》是在中国出版的最早的一部介绍西方光学理论和望远镜技术的启蒙著作，在中国士人群体中产生了较大影响。该书是根据 1616 年德国法兰克福出版社出版的西尔图里（Girolamo Sirturi）的《望远镜，新方法，伽利略观察星际的仪器》翻译的。该书简明易懂，约 4500 言，分"利用""附分用之利""原繇""造法用法"四部分，介绍了伽利略望远镜的制作原理、功能、结构、使用方法等。《远镜说》介绍了用望远镜观天得到的一些新天文现象，如它刊出了伽利略于 1610 年左右用望远镜观测而绘制的新月与上弦月时的月面图，金星位相变化的图文，明确说明月亮表面凹凸是导致人们看到月亮亮度不一的原因，等等。

葡萄牙耶稣会士傅泛际和李之藻合译的《寰有诠》是传入较早、影响很大的一部有关西方古典宇宙理论的著作。该书是对亚里士多德《论天》一书的一个注释本的摘译本，其注释本是为科因布拉大学编撰的讲义。《寰有诠》介绍的是经院哲学的神学宇宙观，它本质是传教，但它也包括了傅泛际时代的一些天文学新知。其中有关天文学的内容有：卷五讨论了日月星辰的性质，包括发光机理、天体为球形、天体大小、运行周期、恒星、天体半径等；卷六讨论四大元素生灭、转换、轻重、贵贱等，论述地球静止不动，处于宇宙中心等，证明水、气、火、土四域及大地形成一个同心球系；阐明地圆说。地圆说等有关内容在中国的传播，对中国产生了巨大影响，如揭暄的有关论说就全部吸纳了《寰有诠》的某些论证并进一步发展。总之，"《寰有诠》比较全面地反映了亚里士多德在天文学方面的自然哲学思想体系，同时介绍了许多亚里士多德之后到新近的西方天文学的知识，这对中国知识分子了解西方古典天文学说的面貌以及随后的发展是大有裨益的"①。

1764 年，法国传教士蒋友仁向乾隆进献了《坤舆全图》，其文字和插图有很多地方涉及天文学。《坤舆全图》介绍了哥白尼日心说并非唯一正确、开普勒行星运动三定律，指出地球不是正圆球体的地圆说，以及太阳黑子、太阳自转、金星位相的知识；还介绍了五大洲观念、经纬度概念和测量方法、气候带的划分、地理大发现的最新成果、世界各地风土人情等知识。《坤舆全图》有"西学东渐经典之作"的美誉。

另外，传教士与中国学人合著和翻译的著作还有《经天该》，此著作开创了中西星名对照研究的先例；《日月星晷式》是当时最系统和详细介绍观测日月星的仪器、天球赤道坐标网在各类晷面上的投影的绘制方法、欧几里得作图法的著作；利玛窦与李之藻合作编译的《浑盖通宪图说》，介绍了西方古代测量仪器星盘原理的制作原理和方法，并由此介绍了西方画法几何知识，等等。

晚清时，外国翻译出版的较有影响的有关天文学的著作有葡萄牙汉学家玛吉士的《新释地理备考全书》、英国传教士合信编译的《博物新编》，以及李善兰与英国传教士伟烈亚力的《谈天》。《新释地理备考全书》共10 卷，主要介绍各国的地理状况，其中卷一主要论述关于地球与太阳系的知识，对哥白尼的日心地动说做了介绍，还有关于地球、木星和土星的卫星以及土星光环的结构与组成的论述，天王星和四颗小行星的发现，彗星和恒星的有关知识，等等。《博物新编》共三集，其中第二集是关于天文学的知识，所介绍的内容和《新释地理备考全书》大同小异，但突出了日心地动说的基本思想，对水星、金星、火星、木星、土星和天王星有专门论述，并增加了对它们物理性质的描述，其中有些知识比《新释地理备考全书》更为先进。《谈天》原名《天文学纲要》（*Outlines of Astronomy*），是英国著名天文学家约翰·赫歇尔（John Herschel，1791—1871年）1849 年出版的名著。此书在西方曾风行一时。它全面介绍了欧洲当时最新的天文学知识，对包括哥白尼学说在内的西方近代天文学知识进行了较全面的介绍，除了对太阳系的结构和行星运动作了比较详细的叙述外，还介绍了银河的奇观、星体的分布、变星、新星、双星、星团、星云、万有引力定律、光行差、太阳黑子理论、行星摄动的理论（包括其

---

① 参见陈东美《中国科学技术史天文学卷》，科学出版社 2003 年版，第 630 页。

轨道根数摄动的几何解等），在彗星轨道理论等方面也有所叙述。

除欧洲传教士在中西天文思想交流中所做出的成绩之外，我国本土的一些天文学家如徐光启、薛凤祚、王锡阐、梅文鼎等人也在中西天文学会通研究中做出了较大贡献。

徐光启在天文学上的成就主要是主持天文历法的修订和《崇祯历书》的编译工作。他不仅负责《崇祯历书》全书的总编工作，还亲自参加了《测天约说》《大测》《日缠历指》《测量全义》《日缠表》等书的具体编译工作。《崇祯历书》中他独自撰写的就有《历书总目》《历学小辩》等多卷。徐光启是"中西文化交流的第一人"。在修历中，他的中西会通思想是"欲求超胜，必须会通"，即要制订出一部世界先进的历法，必须择取中西之长，才能超过与胜出原来的历法。如何会通？他认为"会通之前，必须翻译，盖大统书籍绝少，而西法至为详备，且又近今数十年间所定，其青于蓝，寒于水者，十倍前人，又皆随地异测，随地异用，故可为目前必验之法，又可为二百年不易之法，又可为二三百年后测审差数。因而更改之法，又可令后之人循习晓畅，因而，求进当复更胜于今也。翻译既有端绪，然而令甄明大统，深知法义者，参详考定，溶彼方之材质，人大统之型模……即尊制同文，合之双类，盛朝之巨典，可以远百王，垂贻永世"。这种观点其实就是"西学中源"说，但毕竟还认为西法有优越中法之处，对西学的态度是学习和会通，以使中西结合互补，发扬中法长处，达到对原有中法的超越。

和徐光启齐名的李之藻，也是中西历法会通的坚定支持者。李之藻在天文学上的主要成就，是协助徐光启修订《大统历》，和徐光启一起督修《崇祯历书》，并且与利玛窦合译《乾坤体义》《浑盖通宪图说》《经天该》《圜容较义》，和徐光启、罗雅谷合译了《日躔表》1卷，编辑出版《天学初函》等。李之藻对西方天文历法的态度是西法之所以有效，并非无根无源，"想在彼国，亦有圣作明述，别自成家"，学习和引进西法"总皆有资实学，有稗世用"，西法"按其义理，与吾中国圣贤可以互相发明"，"或与旧法各有所长，亦宜责成诸臣细心斟酌，务使各尽所长，以成一代不刊灵宪"。李之藻认为西法中有"十四事"是中国大学圣贤没有研究到的，如有关宇宙论中的"天包地外，地在天中，其体皆圆"的思想，关于视差的有关理论，关于月亮与五星运行的均论、本轮体系，关于太阳运行的偏心轮理论，关于日月交食的多种计算方法等。

薛凤祚是清初著名的得西方天文历学之精要、学贯中西的天文学学者。他于 1664 年独立完成的《历学会通》共计 60 卷，以天文历法为主。天文部分有《太阳太阴诸行法原》《木星、火星、土星经行法原》《交蚀法原》《历年甲子》《求岁实》《五星高行》《交食表》《经侵行签》《西域回回术》《西域表》《今西法选要》《今法表》等。此著共收五种历法，旧中法为元代《授时历》和明代《大统历》；新中法学自魏文魁的东局历法；西域《回回历》；今西法选要选自《崇祯历书》；新西法选要学自穆尼阁的《天步真原》。《历学会通》可谓既翻译介绍西欧天文学和阿拉伯天文学，又希图将中外各法融汇。薛凤祚认为会通历是一部"皆熔各方之材质入吾学之型范"的历法。《历学会通》也正由此得名。《历学会通》修正了《崇祯历书》中所采用的过时和不够准确的理论，它与穆尼阁的《天步真原》一样，都是继《崇祯历书》以后出现的具有重大学术价值和历史意义的介绍西方天文学知识的著作。自《崇祯历书》和《历学会通》后，中国历法主流由传统的代数天文学体系向几何学天文学体系发生转变。

王锡阐是梅文鼎所认为的清初历学第一人，其所著《晓庵新法》《历说》和《五星行度解》，在中国近代天文学史上具有重要的地位。《晓庵新法》主要介绍天文计算所需要的三角学知识，推测朔望和节气的时刻和日、月及五大行星位置，探讨昼夜长短、晨昏蒙影，研讨交食等。其中提出的水星凌日的计算方法为世界首创。《晓庵新法》的写作目的就是试图以西方天文学的技术，构建中国完善的传统天文学的框架，因此"考古法之误而存其是，择西法之长而去其短"，其中借"割圜"和"勾股"的测量方法，创造了兼具中西之长，又有自己创新的新历法，而复圆方位角的计算方法及对行星运动轨道的原因解释亦有独到的见解。《五星行度解》是王锡阐一部讨论行星运动理论的著作。书中采用了第谷的模型，但稍有变化，并且与第谷体系行星绕日均自西向东不同，王锡阐认为金、水两星在自己的轨道上自西向东转，土、木、火三星则自东向西绕转。鉴于第谷体系没有统一的计算方法，王锡阐还在上述模型的基础上，导出了一组计算五星视行度的公式。这本书是王锡阐试图以西学为基础，对西方天文学进一步研究和发展的著作。

梁启超曾说："我国科学最昌明者，惟天文算法。至清而尤盛，凡治经者多兼通之，其开山之祖，则宣城梅文鼎也。"梅文鼎对中西天文学的研究造诣都很深，他一生所著有关天文学的著作有四十多种，大致可分为五类：一是对古代历算的考证和补订，二是将西方新法结合中国历法融会一起的阐述；三是回答他人的疑问和授课的讲稿；四是对天文仪器的考察和说明；五是对古代方志中天文知识的研究。梅文鼎的《古今历法通考》，专门探讨古代历法的源流得失，重点放在分析研究《授时历》和《大统历》上，他纠正了《大统历》在交食方面的数据错误，详细解释了《授时历》中的黄赤坐标换算法和招差法。他的《历学疑问》介绍了古典天文学的小轮学说和偏心圆理论，其著作《五星管见》提出"围日圆象"说，以期图调和托勒密和第谷体系，实现行星运动理论模型和谐自洽。在《恒星纪要》中，他整理了散见于诸书之中的西方星表。梅文鼎非常注重天象观测，创造了不少兼收中西方特色的天文仪器，主要有璇玑尺、侧望仪、月道仪、浑天新仪等。

此外，清代著名的会通中西思想的中国天文学家还有阮元、李锐、梅毂成、明安图、戴震等。其中，阮元开创性地主编了中国第一部科技史著作《畴人传》，记录了中国历代天文学家，也包括西洋天文学家、数学家和传教士 41 人。《畴人传》的列传后论"择取西说之长"，博采中西学的优点，表现出阮元中西汇通、开拓创新的胸怀。戴震也是清末通晓西方天文历法的天文学家，他撰《观象授时》14 卷，其中也包括《西洋新法算书》等，堪称古今中外天文历法分类集成之作。

除了西方对中国近代天文学的传入以外，欧洲天文学家也对中国传统天文学进行了研究。对中国古代天文学的介绍和传播，尤其是古代天象观测的记录，一开始也是通过耶稣会士之手来进行的。邓玉函在和欧洲数学家的通信中，参考《尚书》中的有关记载，介绍了中国的历法，包括上古尧时发生的日食，以及有关二十八宿、六十甲子纪年等问题。这些问题，后来引起了开普勒和莱布尼茨的兴趣及对中国古代天文学的评论。意大利耶稣会士闵明我于 1689 年也向莱布尼茨介绍了中国人观测、研究天体的一些情况。法国科学家卡西尼也曾对中国天文学史进行过详细研究，他曾在法国皇家科学院解读他的东方天文学理论，宣读过有关中国天文学的论文。他还曾结合中国古代历史纪年，详细考察过中国天象记录的可靠性。

法国耶稣会士宋君荣通过对中国天文学史中黄赤交角变化的研究，使欧洲天文学家对中国天文学有了更系统完整的认识，同时改变了欧洲学者

对中国天文学的看法，影响较大。宋君荣熟悉法国科学界和英国科学界对
黄赤交角的讨论，他通过对圭影观测记录的整理，对黄赤交角的变化规律
进行研究，在 1732 年左右，他已从中国古书的考证中得出黄赤交角变化
的结论。他还对中国古代二至日晷观测记录进行了系统研究。后来，法国
著名天文学家拉普拉斯、德朗布尔、毕奥等人，都对中国天文学史研究表
示出极大的兴致。其原因是中国两千多年的天象记录对当时天文学研究，
如黄赤交角的变化、彗星的回归周期、流星的观测等，都有实际的应用价
值，对古代观测记录的研究迎合了当时天文学发展的需要。后来，由于拉
普拉斯的重视和呼吁，宋君荣关于中国古代二至日晷影观测的手稿，以及
宋君荣关于唐史、年代学的手稿由德·萨西和阿伯尔于 1814 年出版。拉
普拉斯自己在其著作《宇宙体系论》中，也专门讨论过天文学史，对中
国古代的天文观测给予很高评价。此外，法国皇家科学院的通讯院士潘格
雷也保存整理了中国古代天象观测的记录，在其重要著作《彗星论》中，
他引用了大量古代的彗星记录，有许多是元代马端临的《文献通考》的
记载，还介绍了中国的六十甲子纪年、中国天文学和年代学的总概念、纪
元前彗星的历史、公元 16 世纪前的彗星史等。法国工程师和汉学家、法
兰西学院院士毕奥对中国历史和天文学史也有较多研读。1846 年，毕奥
出版《1230 年至 1640 年在中国观测的彗星表》，其关于彗星的记录，来
源于《宋史·天文志九》《元史·天文志》《明史·天文三》，作为补充，
他还翻译了 1376 年至 1609 年的客星记录，根据的是《明史·天文三》。
1846 年，毕奥出版了《根据中国记录编纂的公元前 7 世纪至 17 世纪中叶
这二千四百年来的中国观测的流星、星陨总表》，整理记录了中国文献记
载的流星出现的年月、日期和位置等。①

四　医学

1. 中国医学的发展史

中国是医药文化发祥最早、除西方之外有自己独立医学体系的国家之
一。我国远古时就有神农尝百草从而发现药物的传说，如：《世本》有
"神农和药济人"；《通鉴外记》有"民有疾病，未知药石，炎帝始味草木
之滋，尝一日而遇七十毒，神而化之，遂作方书，以疗民疾，而医道立

---

①　参见陈东美《中国科学技术史天文学卷》，科学出版社 2003 年版，第 723—731 页。

矣"；《史记补三皇本纪》也有"神农氏以赭鞭鞭草木，始尝百草，始有医药"的记载。

　　春秋战国时期，我国已经有了丰富的本草知识和出现了最初的方剂学知识。据考古发现，阜阳汉简《万物》所载药物有七十多种，包括了玉石类、木部类、兽部类、虫鱼部类、果部类、米谷部类、菜部类等；马王堆帛书《五十二病方》所载药物大约有 247 种，其中矿物药 21 种，草类药 51 种，菜类药 10 种，木类药 29 种，果类药 5 种，人部药 9 种，兽类药 23 种，鱼类药 3 种，虫类药 16 种，器物、物品类 30 种，泛称类药 10 种，待考药名 14 种；《山海经》《吕氏春秋》《管子》《离骚》《吕氏春秋》《礼记》《尔雅》等也对药物、药用植物从不同角度进行了论述。另外，阜阳汉简《万物》以及《五十二病方》等收载大量药剂复方，且剂型复杂多样，而《内经》对方剂理论和组方配伍原则做出了出色的归纳与总结，这些都标志着我国方剂学的最初萌芽。除药物学之外，春秋战国时期也形成了初具体系的中医学理论，如关于人体脏腑形态功能及其与人体其他组织器官相互关系的中医生理学说——脏象学说；关于人体生命物质的产生、分布、形态、运行及其机能等的气血精液学说，集中体现在《内经》一书中，而关于人体经络的循行分布规律及其功能的经络学说等也在《内经》中有较系统和全面的论述；关于人体疾病产生的原因和疾病发生、变化机理的病因病机学说；以及阴阳五行学说在医学中的应用等。

　　秦汉时期，我国医学在《内经》基本理论的基础上，更加重视医学理论和实践的结合，是我国医学史上承前启后、继往开来的时期。药物方剂进一步发展，初步奠定了药物方剂学体系。西汉初，以方剂治病成为主要的治病手段。《史记·扁鹊仓公列传》记载的许多方剂已有固定方名。东汉时设立了专门管方的机构，即"方丞"。临床医学突飞猛进，针灸术在秦汉时期已成为诊治疾病的常见手段而被广泛应用。淳于意、华佗、张仲景都是针、药并用的医生，华佗用麻沸散施行外科手术等，都表明这一时期临床医学的发展。秦汉时期还出现了医案，如西汉淳于意诊断疾病，注意详细记录病案，所诊治病人必详细列出病人姓名、身份、病因、脉证、诊断等。他还将一些典型病例进行整理，写出了我国医学史上第一部医案——《诊籍》。秦汉时期的主要医学理论更注重对病机病变方面，即对病征本质方面的探讨，从而确立了辨证论治的医学思想。经过多年的实践，以东汉张仲景的《伤寒杂病论》为标志，形成了一套理法方药结合的体系，确立了四诊、八纲、脏腑、经络等辨证论治的基本理论。从春秋战国到汉，经过我国医学家的不断总结经验、提升理论，形成了我国中医学的学术体系，其标志就是《黄帝内经》《黄帝八十一难经》《神农本草经》《伤寒杂病论》这四部医学著作。

三国两晋南北朝时期，由于战争、动荡、割据的局面，中医药学在脉学、针灸学、药物方剂、伤科、养生保健及中外交流方面都取得很大成绩，特别是在临床医学上发展迅速。这一时期问世的医方书籍近 200 种，尤其是对医学旧籍的整理研究，如对《内经》作了进一步的整理和研究，著名的有齐、梁年间医学家全元起的《素问训解》；而晋王叔和的《脉经》和魏晋间皇甫谧的《黄帝三部针灸甲乙经》，表明了诊断学和针灸学在基础理论和临证经验的规范化；张仲景撰《伤寒杂病论》，以及后来王叔和对《伤寒杂病论》整理编次，分成《伤寒论》和《金匮要论》等，都发展传播了仲景学说；北朝时陶弘景将前代本草学成就进行了较彻底的整理，又总结《本经》后数百年的新经验，参考《名医别录》和本人研究心得，写成《本草经集注》，从而开创了新的本草分类方法，影响颇大；雷敩所撰《雷公炮炙论》是我国现知药物炮炙的最早专著。除此之外，三国时期还建立了较完整的医官制度。魏承汉代医官制度，有太医令、丞、尚药监、药长寺人监、灵芝园监等官职。《太平御览》引《玉匮针经序》中有吴置太医令的记载。南北朝官方正式颁布医书，如刘宋时《宋建平王典术》120 卷，北魏时李修《药方》110 卷，王显《药方》35卷，均为临床方书，反映出当时临证医学的进步。这时期的医学教育大致分师徒传授、家世相传、官办医学几种形式，而卫生保健、养生学方面也较前朝有较快发展和较大进步。

隋唐五代时，国家统一，中医学得到全面发展，取得了突出的成就。主要表现：其一是医事制度的建立和医科划分的进一步完善。隋唐医事制度，主要建立有三个系统，一是为帝王服务的尚药局和食医；二是为太子服务的药藏局和掌医；三是百官医疗兼教育机构的太医署及地方医疗机构。在建立完善医事制度的同时，唐对医科也进行了科学的设置和划分，据《新唐书·百官志》："太医令掌医疗之法，次为丞。下设医、针、按摩、咒禁四科。"其二是颁布一些有关医药的律令。隋开皇元年（581 年）颁布有《开皇律》；《永徽律》在永徽四年（1653 年）曾由长孙无忌奉命

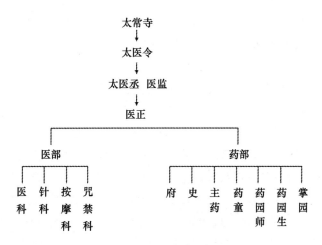

图 14 - 12　唐朝医官制度

注疏，名《唐律疏议》，是保存至今最早、最系统的古代成文法典。除医药方面的律令，还制定了一些有关饮食卫生、与囚犯有关的医药卫生律令等。其三是前朝医籍的整理和研究。隋朝杨上善编注的《黄帝内经太素》30 卷，是我国现存最早的《内经》注本。唐代医学家王冰是整理注释《内经》成绩比较突出的。他对《内经·素问》进行整理注释，撰注了《注黄帝素问》，对中医学的发展和后世医学理论研究及临床实践都有较大影响。对本草学著作的整理和充实，是这一时期的一大特色。唐朝政府主持修订并颁布的《新修本草》，修订了以前诸多本草著作的错误，标志着我国药物学更加规范，推动我国药物学的发展进入一个新的阶段。其四是医学教育的发展进步。隋唐时期是我国医学史上医学教育最为进步的时期之一。这时期的医学教育除了延续前朝的教育形式之外，更开创和发展了学校式的医学教育设置。隋统一全国后，在前代基础上，先后建立和完善了太医署，还设有医学教育和药学教育，医学教育设四个科系。唐朝无论中央还是地方，都有较完整的医学教育体系，促进了我国医学整体水平的发展。其五是对病因证候学进行了总结和发展。隋唐时期的医学家在病因学和证候学方面有了显著进步，其特点为：开展一个病一个证候的研究，注意客观证状的描述：以证候分类，注意同类间的鉴别；证候与病因结合、证候与脏腑联系；并注意预后的分析。隋代巢元方的《诸病源候论》，是我国第一部病因学的专著，包括乖戾之气学说、虫致病学说、体质差异学说等，把病源证候学的研究推向新的高度。除此之外，隋唐五代时中医学上的主要贡献还有医学家孙思邈的《备急千金要方》和《千金翼方》，在饮食卫生保健、养生、临床医学、藏医学的发展方面也都独具特色。

　　辽宋夏金元时期，民族大融合和手工业、商品经济的发展，为这一时期医学的发展创造了有利的条件。此一时期，设立了更加完善的医政、药政和医学教育，涌现了大量方书，本草、临床医学取得较大成就，医学理论取得进一步发展。宋代医政机构比较健全，开办了世界上最早的药局管理药事，包括和剂局拟定制剂规范（和剂局方）、药材所管理检验和鉴别药材、惠民局管理慈善等。元朝设立了中央医疗机构"太医院"，后又设立御药院。宋代还成立了世界最早的国家级卫生出版机构"校正医书局"，对以前的医书进行考证和校正，并刊行出版。宋代发明了世界最早的医学教学模型——针灸铜人。元代设立有专门管理医学教育的医学提举司，负责各地医生的考核、选拔等事宜。这一时期的方书、本草类著作分官修医著和民间医著两种。《太平圣惠方》《太平惠民和剂局方》《政和圣济总录》是当时著名的三部医官奉官府之命所著的"官书"。民间著作方面，有宋代最著名的药物学作品、唐慎微的《经史证类备急本草》，后来此书被官方多次修订，刊定为《政和（新修经史证类备用）本草》，它在500年间一直被作为本草学研究的范本。这时的临床实践医学在诊断内外科、妇儿科、针灸、解剖及法医学方面均取得了不同程度的进展。如宋代用烧烙断脐和烙脐饼子贴敷防止脐风，从人尿中提取秋石、用全兔脑制作药物催产。另外，宋代还产生了世界上最早的法医学著作《洗冤集录》。元代，在骨伤科和外科方面，我国发明了治疗脊椎骨折的悬吊复位法和外科缝合用的缝合曲针。在医学理论方面，对张仲景的《伤寒论》进行了重新研究，主要工作是在注解、整理和补充三个方面；对病因病机学的认识在广度和深度上都有拓展，如陈自明对妇科病的病因病机的论述，刘完素对火热病提出六气皆为火化的论点等；医学流派上产生了"金元四大家"，即金代的刘完素、李杲、张从正及金元朝代的朱震亨四人，他们创立了各具特色的理论学说，即刘完素的火热说、张从正的攻邪说、李杲的脾胃说和朱震亨的养阴说。这时还形成以刘完素为代表的河间学派和以张完素为代表的易水学派。同一时期，著名的医家还有庞安时，其著作主要有《伤寒总病论》；朱肱及其著作《南阳活人书》；许叔微及其著作《伤寒百证歌》、滑寿的《难经本义》、齐德之的《外科精义》等。

明清时期是中西医学交汇的时期，中医学理论综合汇编，传统医学得到深化和创新发展，临床辨证医学的理论和实践继续提高。从医学理论来说，明清医学的突出贡献就是温病学说体系的建立以及"温补学派"的兴起，这一学说丰富了中医理论，形成了一些新的治疗方法。吴有性于1642年著《温疫论》，提出"戾气"学说，对温病病因提出了自己的创见，是对传统的六气致病说的一个突破。明清时期的药物学数量之多超出历代，且内容丰富。本草学方面，有李时珍的《本草纲目》、缪希雍的《本草经疏》、李中立的《本草原始》、倪朱谟的《本草汇言》等。方剂学在理、法、方、药的研究上都有提高，论述了方剂的组成、功效、用法等，著名的有明初的《普剂方》《奇效良方》《医方考》等，而《炮炙大法》《雷公炮制药性解》都是专述药物炮制方法的医书。在经典医籍的研究和阐释上，从明末开始，医界兴起了强烈的尊经复古之风，表现为借助对历代经典医著的深入研究来反对和排斥金元以来的学说，如徐大椿、黄元御、陈修园等，都对金元以来的诸多学说进行了强烈批评。这一时期，对《内经》等经典的注释与研究进入了分类节纂和校订疏注阶段，如张介宾的《类经》和张中梓的《内经知要》是分类节纂最为流行之书，而吴昆、马莳、张志聪则在《内经》的注解校正方面影响最大。对《伤寒论》的注释、考证与争鸣，形成了《伤寒论》错简说、仲景旧本"至当不移"说，以及不拘编次、慎重辨证说等。在医学书籍的编纂整理上，全书、类书与丛书的编纂有《普济方》《证治准绳》《景岳全书》《古今图书集成·医部全录》，歌诀类书流行较广的有《药性赋》《汤头歌诀》《（王叔和）脉诀》，医案类书有《女医杂言》《石山医案》等。18世纪末，唐大烈编辑《吴医汇讲》，堪称我国最早的医学类刊物。在病症诊治上，李时珍是世界上第一个提出大脑负责精神感觉、发现胆结石病、利用冰敷替高热病人降温、发明消毒技术的医学家。明代还创造了人痘接种预防天花的技术。明清时期，中外医药的交流已遍布世界许多地方，这时西医东输，中医学受到巨大挑战，但中医仍在东西医学交融碰撞中互相影响、相互吸收、互惠发展。

2. 中医学与国外医学的普遍交流

中朝之间的医学交流在南北朝时期已经比较频繁。公元541年，梁武帝曾受朝鲜百济圣王之邀，派博士、工匠、画师等赴百济传播阴阳五行理论及药物学知识。公元 561 年，中国人知聪携内外典以及《本草经》《脉经》《明堂图》等赴日途经朝鲜，在朝鲜传授中医学一年之久，促进了朝鲜医学的发展。朝鲜接受中医的一个明证就是朝鲜医书如《百济新集方》中收载了中国《肘后方》的方剂，如治肺痈方和治丁肿方。在医事制度上，百济曾依照中国南北朝时期的医药分工，设置了医博士和采药师。隋唐时期，朝鲜派大批留学生来中国求学，这在《唐会要》《唐语林》中都有记载。这一时期，新罗依照唐医制度，设置医学博士二人，以中国医书《本草经》《甲乙经》《素问》《针经》《脉经》《明堂经》《难经》等科目教授学生。后来，一些中医典籍如《伤寒论》《诸病源候论》《千金方》等也先后传入新罗，尤其是唐政府颁行的普及型医著《广利方》在刊行七年后就很快被朝鲜专使带回。隋唐时，朝鲜药物如人参、牛黄和一些治疗脚气、膀胱结气病的验方也传入中国。宋朝时，中朝不仅医学书籍互赠，而且许多或官方或民间医生赴朝治病、教学等，这些都促进了朝鲜医学的发展。如宋真宗曾赠送《太平圣惠方》100 卷、宋徽宗曾赠送《太平御览》《神医普救方》各 100 卷于高丽使者。11 世纪中期，高丽翻刻的中国医书有《黄帝八十一难经》《川玉集》《伤寒论》《本草括要》等。宋金元时中朝医生的往来，有宋医江潮东旅居高丽从医，有开封人慎修及其子慎安在高丽从医并传授医学知识等事迹。元世祖还曾多次派遣医生去高丽宫廷诊病，朝鲜也曾派尚药侍医薛景成到元朝宫廷为元帝治病。医事制度方面，高丽曾仿宋制设"惠民局""典药监"等机构。宋时，中朝药材交流品种更多，数量更大。宋孝宗、宋真宗、宋仁宗时，均先后向朝鲜赐赠香药、犀角、象牙等，朝鲜输入中国的药材有香油、人参、枳子等。明代，由于朝鲜李朝对医学比较重视，促进朝医"乡药化"，以及举行中朝医药讨论会等，中朝医学交流达到高峰。这时，中朝两国医生被互派行医治病的事件更加频繁。明洪熙、宣德年间，明使节随员医生张立本、王贤、毛琰等曾入朝鲜宫廷治病和教授医学。朝鲜医生来明朝的也有朝鲜判典监事杨弘达、庾顺道等。明政府还多次赠书予朝鲜，如明政府曾赠《针灸铜人仰俯彩画》《新修本草》等，朝鲜亦翻刻刊行医书《黄帝内经素问》《灵枢》《八十一难经》等。在对中医书籍的研究整理方面，朝鲜医学家金礼蒙等于 1445 年辑录成《医方类聚》266 卷，收方 50000 余条，是古代国外医学家编纂的最大的中医方书。在医事制度方面，朝鲜将《素问》《张子和方》《小儿药证直诀》等中国医书作为医学取才课目。

清代，除医家、医书之交流，药材之贸易继续交流往来外，中国的人痘术传入朝鲜，朝鲜创立的四象医学传入中国。

中日之间的医学交流很早就发生了。秦朝时，就有秦始皇求仙药东渡日本的传说。在日本医学发展史上知名的丹波世家，也是汉人后裔。但无论如何，中医传播到日本，还主要是经由朝鲜半岛。公元 562 年，吴人知聪带《明堂图》及医书 164 卷到日本，是中国医学直接传入日本的开始。知聪及其子后来在日本行医，其子曾被日本孝德天皇赐以"和药使主"的称号，对中日间医学的交流做出了很大贡献。公元 608 年，日本小野妹子使隋，随行所带医师惠日和倭汉直福因，两位医师都在我国学医长达几十年，将中国医籍（如《诸病源候论》）、医术带回日本。日本的医制、医学教育、医官设置，完全模仿唐制，如医官职制，依唐制设置自己的"典医寮"；所用医学教材，如《针灸甲乙经》《脉经》《新修本草》等，都是中国的医学著作。日本的大批医师曾随日本遣唐使先后 12 次来到中国，除学习中医之外，还将大量的中国医学经典带回日本。公元 891 年完成的《日本国见在书目录》中记载的医书有 166 部，共 1309 卷，基本上都是中国隋唐以前的医学著作。唐宋年间，在中日两国佛教的传播中，一些僧人也对中医在日本的传播做出了贡献，著名的如鉴真等。明时，日本医生竹田昌庆、田代三喜、永田德本、坂静运、吉田宗桂都曾多次来中国学习中医，为日本医学的发展进步做出了重要的贡献。其中，田代三喜还首开日本医学流派的先河，创立"后世派"；永田德本创立"古方派"；吉田宗桂对中国本草学的研究和造诣深厚，被医界称誉"日本日华子"。明时的中国医家也东渡日本，如江西医生戴曼到日本传授人痘接种术，杭州医生陈振先到日本长崎行医看病，并撰写《药性功用》一书。通过学习中国医学，尤其是在学习明代李东垣（李杲）、朱丹溪等医家的基础上，日本形成了具有自身特点的"汉方医学体系"。清末，日本的汉方医学通过黄遵宪的《日本国志》和杨守敬的《古逸丛书》介绍到中国。汉方医学在某种程度上影响了我国研究中医的方法，如民国时陆渊雷的《伤寒论今释》《金匮要略今释》等，就引汉方医学的论点各 600 多处，共 40 家。以日本为媒介，西方的近代医学知识间接传入我国。西方医学的许多著作，通过日语本翻译过来的甚多。中国目前使用的许多医学名词、术语等，均来源于日语。

中印医学的相互交流影响非常广泛而又细微。首先，在古代印度代表

"生命科学"知识范畴意义上的"阿输吠陀"，其传世的三部早期著作《阇罗迦集》《妙闻集》和《八心集》，在汉、晋及南北朝时，曾被僧徒、方士陆续和零散传入中国，使中国逐渐了解了印度的医学理论、治疗方法和药物知识，对我国医学的发展起到了一定的推动作用。唐时的义净和尚，在印度 20 年求法学医，向印度介绍了中医的针灸等医术，同时也把印度的医学知识输入回国。其次，具体来讲，印度医学理论的"四大学说"，即认为地、火、水、风四大致病因，若"一大"不调，则即会产生一百零一种疾病，这种理论对中国医家影响甚多。如陶弘景在增补《肘后方》时采纳此说，而唐代孙思邈《千金要方》、王焘《外台秘要》也都引用此说，隋代巢元方甚至将其与五行学说结合了起来。另外，通过把中医眼科的"五轮说"与《妙闻集》眼科的论述对比等证据，认为"五轮说"也是源自印度眼科。中国藏医，由于地域的原因，也吸收了不少印度医学理论和实践的东西，如藏医宝典——《四部医典》中有些内容与阿输吠陀甚至存在"除个别字句外，基本相同"的现象。再次，印度方药也在中国流传甚广。南北朝隋唐时引载印度的方药，据考有 40 余首，保存在唐代《千金要方》《千金翼方》的有 10 余首，如耆婆万病丸、耆婆治恶病方、阿伽陀圆、服菖蒲方等；《外台秘要》载有 20 余首，如莲子草膏、酪酥煎丸、治肺病方等。《千金要方》记载有天竺国按摩法，《外台秘要》载有"天竺经论眼"，论述了金针拨障术。传入的印度药物最早见于医书的有《肘后方》之"药子"，婆罗门胡名称"船疏树子"。唐代贞观、开元年间，又从印度输入龙脑香、郁金香等。隋唐期间，尚有一些印度医生来华行医，其中以眼科医生为多，如《唐大和尚东征传》记载的为鉴真治眼疾的胡医，以及刘禹锡写诗所赠婆罗门眼医等。[①] 中医接受了印度的眼科针拨内障术，受其钩割刺烙等手术疗法的影响较大，从而对中医形成药物与手术并重的眼科诊疗方法均有直接的影响。最后，中医对印度医学也有影响。中国的药物通过西南丝绸之路，把我国的人参、茯苓、当归、远志、乌头、附子、麻黄等输入印度，被印度称为神州上药。中医的诊脉治疗也曾于 12 世纪左右传入印度，至今仍是印度阿输吠陀的重要诊断方法。

---

① 　常存库主编：《普通高等教育"十五"国家级规划教材新世纪全国高等中医药院校规划教材中国医学史（供中医药类专业用）》，中国中药出版社 2003 年版，第 79 页。

　　中国与缅甸、越南、印度尼西亚等东南亚国家之间的医药交流也比较多。宋朝时缅甸国王建立了以蒲甘为中心的蒲甘王朝。蒲甘同中央政权和中国大理地方政权的关系均较密切，据《南诏野史》："崇宁二年（1103年）使高泰运奉表入宋，求经籍得六十九家，药书六十二部。缅人（即蒲甘）、波斯（今缅甸勃生）、昆仑（今缅甸莫塔马）国进白象及香药至大理。"中越医学交流也源远流长。隋唐时，随着我国的许多文化名人如刘禹锡等南下越南，中国医学也在越南声名远播。当时越南中部的林邑国，曾多次与中国互换药材和医药。唐《新修本草》《本草拾遗》中记载了越南药物如丁香、诃黎勒、苏方木、白茅香等。明清时，据《大南会典》记载，中国的医书《医学入门》《景岳全书》等传入越南。当时有越南"医圣"之称的黎有卓以中医理论为基础，撰写了《海上医宗心领全帙》共 66 卷，从而创立了越南医、理、方药的完整体系。中国和印度尼西亚的医药交流在明代李时珍的《本草纲目》中可作一例。对比《东西洋考》《瀛涯胜览》等书，可考证《本草纲目》中开列了许多来自印度尼西亚等东南亚诸国的药物，如苏木、沉香、丁香、肉豆蔻、犀角、玳瑁、檀香、胡椒、珊瑚等，这说明印度尼西亚当地的一些许多名贵药材在中国已非常流行，丰富了中国的医药种类。同样，随着明清时中国的移民，许多华侨居住在巴达维亚（今雅加达），其中的中医也把中国的针灸等医术传入印度尼西亚。印度尼西亚民间草药后来也吸收了一些中药散、丸、片、剂和中草药的配制方法，乃至成为印度尼西亚草药必不可少的一部分。从 15 世纪郑和下西洋后，中国和马来西亚之间的贸易日益发展，药材贸易就是其中非常重要的一部分。据《东西洋考》记载，明代中国从马六甲、彭亨、柔佛等国输入的药材有乳香、片脑、苏合油、没药、沉香、降香、血竭、槟榔等。随着中国移民的涌入，中医药也传入了马来西亚。马来西亚人喜欢用中医治病，也喜欢中国的草药。有人计算，在马来西亚的中草药有 456 种。《马来西亚药书》开列的马来药方（配方）543项中，其中不少是用了中草药，如中国茄根、中国纸等。马来西亚民间还形成了把中草药和马来西亚草药混合在一起服用的习惯。

　　中国和泰国的医学交流开始时间也很早。阿瑜陀耶城始建时，华侨就把中医技术和中医药材带入泰国。史金纳《古代的暹罗华侨》中记载，阿瑜陀耶城最受尊敬的医师来自中国，国王御医是中国人。泰国医学吸收了中国的许多内容，如泰国医药药物中，中药占百分之三十；泰医亦采用中医的望、闻、问、切治疗技术。同样，中国也使用泰国药物，其历史可能有五百年之久。我国还把来自泰国的药物编写进中国的本草书和医方书中，从而丰富了我国医学的内容，推动了中医学的发展。

通过西段丝绸之路，中国同西亚、阿拉伯地区的国家的医药交流可能从公元 2 世纪时就从未停止过。两晋时，月氏国僧人竺法护译《胞胎经》，译述了胎儿发育周期等，并将国外医药介绍进中国。《魏书·西域传》记载波斯药材流通中国的情况，有诸如薰陆、郁金、苏木、荜茇、无食子、雌黄等药物。据伊朗医学史记载，早在公元 7 世纪伊朗萨珊王朝时，中国皇后生病，一位名为霍尔达特·巴尔恩席的伊朗医生曾前来中国，治好了连中国御医都束手无策的疾病。唐宋以来，很多波斯和阿拉伯药材流入中国。据统计，公元 651—789 年，大食遣唐使有 37 次之多，带来许多如龙脑香之类的大食药物。公元 647—762 年，波斯使节来中国达 28 次之多，也曾输入如中国本草类书（如《嘉祐本草》《图经本草》《证类本草》等）中记载的像密陀僧、绿盐、阿月浑子、无食子、阿魏、胡薄荷等药物。这时中国出现了一些波斯药铺，而且有些波斯药方在中国也流传较广，如"悖散汤"等。底也迦是复方丸剂的解毒剂，《旧唐书》载："（拂菻国）乾封二年（667 年）遣使献底也迦。"《千金翼方》也记载此药出自西戎，即欧洲。李约瑟在《中国科学技术史》第一卷记载，在中国唐末五代至宋初，有中国学者到巴格达，在阿拉伯名医拉齐处学习盖仑的工程著作，李约瑟认为这是中国学者直接学习西方医学著作的开始。元朝之前的蒙古汗国时，很多回回医生在汗廷中任职，如爱薛曾充当拖雷妻近侍，并担任教士和侍医职务。1263 年，元世祖忽必烈又命爱薛掌管星历、医药二司事。1270 年，元朝改置广惠寺"专掌修制御用回回药物及和剂"，合并爱薛所设"京师医学院"后，仍交由爱薛掌管。广惠寺任职的医官均为回回医生，他们治好了许多元代宫廷和民间的疑难杂症，医术高超。回回药物在元朝威信也较高，比如 1292 年，元政府太医院专设回回药方院和回回药物局，而忽思慧的《饮膳正要》和沙图穆苏的《瑞竹堂经验方》等书里也记载不少回回药物及方剂。回回医书在元代也传入中国。元秘书监所存《忒毕医经十三部》据考证疑是伊本·西拿的名著《医经》。元代流传下来的《回回药本》残本，是一部内容丰富的医学百科全书。中医同样在交流中影响了波斯和阿拉伯国家的医学。

公元 9 世纪时，阿拉伯从伊本·库达物拔（ibn – khurd cidhbih）著《省道记》，记载了中国产的药物肉桂，并称土茯苓为"中国根"，后来西方人曾用其治疗梅毒。公元 975 年，波斯人阿布·曼苏尔·穆瓦法克（Abu Mansur Muffaq）所著的《国药概要》一书，记载了中国药物肉桂、土茯苓、黄连、大黄、生姜等。伊本·西拿（或译阿维森纳）的《医经》曾广泛采用中国的脉学，书中记载的 48 种脉象，有 35 种与中国医学所述完全相同；记载了我国隋唐时用水蛭吸脓毒血、用烙铁烧灼狂犬病人的伤口等疗法。唐代孙思邈的《千金要方》也于元代译成波斯文。1313 年，波斯著名历史学家拉施特丁编纂《伊利汗的中国科学宝藏》，涉及中医的脉学、解剖学、胚胎学、妇科及药物等医学科目，是一部中国医学百科全书，据称中国晋代名医王叔和的《脉经》可能也全译收入此书。

明清时的传教士进入中国之前，虽然路途遥远，但中国和欧洲一些国家也存在一些药学交流的情况。中国与欧洲较早的医药接触，有考证说公元前 334 年亚历山大东征时，曾使吐蕃王臣服进贡麝香，以证明公元前 4 世纪欧洲就知道中药。[①] 汉时，通过丝绸之路，通过波斯和阿拉伯等国家，中国的药物主要是肉桂和大黄传入欧洲。而西藏的麝香，也辗转传入罗马帝国，后来印度、波斯和罗马的一些西方国家，都把它作为止血、镇痛、去痰和消毒的良药。隋唐两代，中国又一次实现大一统的局面，中国经济繁荣，许多城市成为陆路、海路贸易的国际贸易枢纽。一些操着阿拉伯语、波斯语、罗马语、法兰克语、安达卢西亚语、斯拉夫语的商人经陆路和海路来到中国，他们携带着中国麝香、沉香、樟脑、肉桂及其他各地的商货返回红海，然后将其带到君士坦丁堡或是带到法兰克王国去贩卖。广州是当时的一个重要对外贸易港口。从广州运出的货物主要为丝绸、麝香、芦荟、马鞍、瓷器、肉桂和良姜等。据《宋会要辑稿》记载，宋代经市舶司由大食商人外运的中国药材近 60 种，包括人参、茯苓、川芎、附子、肉桂等 47 种植物药及朱砂、雄黄等，很多曾被转运到欧洲各国。欧洲输往中国的药材主要有：苏合香、红珊瑚、骇鸡犀、底也伽、木香、郁金香、迷迭香、薰陆香等。《后汉书》记载："大秦国合诸香煎其汁，

---

① ［阿拉伯］伊本·胡尔达兹比赫：《道里邦国志》，宋岘译注，中华书局 1991 年版，第 280 页。

谓之苏合。"汉朝用其药用开窍醒脑，还把其作为上等的防腐剂。红珊瑚曾被古人当作药中珍品，认为其能逢凶化吉、祛邪避害。

宋元时欧洲有了对中药医学诊断技术的最早描述。法国方济各传教士卢白鲁克于 1253 年到达和林，并于 1254 年两次晋谒蒙可汗。他归国后撰写《纪行书》，对中医药进行了描述："过此有大契丹国，余意即古代赛里斯国也。契丹人身躯短小，言语中，鼻音甚多，两眼上下甚狭。东方之人，大概如是。精于各种工艺，医士深知本草性质，余亲见治病以按脉诊断，妙不可言。从不检验病人之尿，亦绝不知有其事。"[①] 马可·波罗对中医药的记载非常详细，对中药材的产生、产地、药性、药效和价格都有详细的记录。在《马可·波罗行记》中，他记载大黄产于肃州、苏州等地山中，而阿黑八里州（汉中府）、土番州等地麝香之兽甚众，所以产麝香甚多；对中国药酒有较多记录，在《马可·波罗行记》中，他写道："契丹省大部分居民饮用的酒，是米加上各种香料药材酿制成功的。这种饮料，或称为酒，十分醇美芳香。"据《饮膳正要》记载，元代有酿制的"枸杞酒""地黄酒""虎骨酒""茯苓酒""五加皮酒"等，即是以中药材枸杞、地黄、虎骨、茯苓等在酒中浸制而成的。直到今天，中国药酒仍受欢迎。香港《明报》发表的一篇题为《中国药膳，风行海外》的文章说："早在 700 多年前，意大利马可·波罗就已将中国的不少保健食品带往国外，其中有一部分至今仍在流行不衰……如盛行意大利的'大黄酒'，原配方见于唐代孙思邈的《千金方》，它由 10 多味中药调配而成，一杯就要数美元，它吸引了无数欧洲旅游者。这种含有大量中药的苦酒，饭前开胃，饭后消食，次日畅通。流行于欧美的'杜松子酒'，其主要成分实际上是中药柏子仁，原配方载于元代《世医得效方》，因其有良好的养心安神功效，而被欧美人称为'健酒'。"另外，13 世纪欧洲人约翰曾在元大都行医，并向中国介绍西洋医学；14 世纪，意大利方济各会士鄂多力克也曾在中国周游，后在《鄂多力克游录》中向欧洲人介绍了中国的药材等中医知识。[②]

3. 中外医学思想交流的实例

朝鲜的四大医书名著《乡药集成方》《医方类聚》《东医宝鉴》《寿

---

① 张星烺：《中西交通史料汇编》（第一册），中华书局 1977 年版，第 187—188 页。
② 参见冯立军《古代欧洲人对中医药的认识》，《史学集刊》2003 年第 4 期。

养丛书类聚》都是以中国医书为基础，结合朝鲜医书和医学经验编撰而成的。《乡药集成方》85 卷，出版于 1431—1433 年，凡 959 门，病源 931 种，载医方 10706 首，针灸法 1476 则，乡药 630 余种，其中引用中国书籍 212 种，朝鲜本土医书仅 10 种。此书有物有方，可谓熔中国传统医药与朝鲜医药本地经验于一炉。《医方类聚》由朝鲜金礼蒙等撰于 1443 年，成宗八年（1477 年）全书宣告校毕，方初次刊印，为中朝医方之集大成者，是为"医籍之冠、方术之大观"。该书全部有 266 卷，存世 262 卷，收藏中朝医方 5 万多个，它汇辑了 152 部中国唐、宋、元、明初的著名医书及一部朝鲜本国医书《御医撮要》，共计 153 部。此书也是中国明代以前医方的集大成著作，有较高的学术文献和临床参考价值。《东医宝鉴》是朝鲜古代药学史上的巨著，作者是朝鲜宣祖及光海君时代的许浚，于光海君二年（1610 年）撰成，三年后（光海君五年）（1613 年）正式刊行。此书共有 25 卷，25 册，选方 15 类，1400 多种药材，分内景篇（内科）、外形篇（外科）、杂病篇、汤液篇（药学）、针灸篇五大部分。它整理参考了中国医书如《素问》《灵枢》《伤寒论》《证类本草》《圣济总录》《直指方》《世医得效方》《医学正传》《古今医鉴》《医学入门》《万病回春》《医学纲目》等 83 种中国医书，以及像《乡药济生集成方》《御医撮要方》等三种朝鲜医书，其中针灸等大部分是继承、发展中国古代医学。《寿养丛书类聚》由朝鲜李昌廷依据中国《三元延寿书》《寿亲养老书》《食疗本草》《食忌》《食鉴》《养生月览》等书，加以整理而成，刊于 1620 年。中国古代医学和医书显然促进了朝鲜医学乡药化和医学思想的发展。

明朝时，随着郑和下西洋和海上贸易的发展，中国医书像李梃的《医学入门》、张介宾的《景岳全书》、冯兆张的《锦囊秘录》等传入越南，这些医书丰富了越南医学的内容，促进了越南医学理论和医学实践的进步。后来，越南在其本土医药基础上，结合中国医书，编成了许多医书。越南无名氏的《新方八阵国语》，就依托中国《景岳全书》写成，越南人藩孚仙的《本草植物纂要》，也多处列举中国出产的药物。明朝对越战争后，越南人陈元陶的《菊堂遗草》、阮之新的《药草新编》等，也随明军带回中国。清朝时，越南慧静所编《清义觉斯医书》二卷，共记载 630 种中国药品、13 种越南药品。1772 年，越南名医黎有卓的《海上医宗心领》66 卷，被视为越南第一部完全医书，用药则中国、越南各一半。①

唐朝时，公元 808 年，日本平城天皇下令向民间和贵族征集药方，又命待医云广贞、典药头安倍真等参考中国《黄帝内经》《针经》《甲乙经》《小品方》《新修本草》等书，编《大同类聚方》100 卷，但后来此书佚失。根据藤原佐世《日本国见在书目》（891 年），当时日本所存中国医书籍达 165 部、1309 卷。日本人丹波康赖（912—995 年）依据中国医书编撰的《医心方》，是中日医学交流史上的一座丰碑。《医心方》于日本永观二年即公元 984 年写成，共 30 卷，是日本现存最早的医书，融中日医学之精华，后来成为日本宫廷医学的秘典。此书除丹波康赖所加按语注释而外，基本上都是摘引中国古代医书的内容，如引用晋唐及以前中国典籍 204 种，其中医籍 150 种，共 7000 多条；其内容广泛涉及医学理论、针灸、医方、养生等，是日本医学发展史上的重要著作。公元 1303 年，日本天皇嘉元元年，梶原性全撰《顿医抄》50 卷，是根据中医医籍《诸病源候论》分门，以《和剂局方》《圣惠方》《三因方》为宗旨，和结合《千金方》《事证方》《济生方》等，再加个人经验撰成的。此书与其后来所撰《覆载万安方》及贞治年间（1362—1367 年）僧有邻所著《福田方》，称为镰仓时代至室町之初最具著名的医学三书，它们都吸收引进了宋以后中国的最新医学成果，包括宋代医学名著如《外科精义》《外科精要》《幼幼新书》《妇人大全良方》等都被吸收融合在其内。

安土桃山时期，日本引进宋元明时痘疹著作较多，江户时代儿科专著《武田法印秘传小儿方》（1665 年）、《保婴三方》（1694 年）等书，选录了中国王肯堂《幼科准绳》、薛铠《保婴全书》和万全的《细科发挥》。日本下泉寿的《古今幼科摘粹》更是引用中国医书 74 种。江户时代，中国医学和儒学两类书籍随江户商贸大量输入日本。据《赍来书目》，享保四年（1719 年）第二十九番南京船所载医学书籍有《本草汇言》5 部、《景岳全书》6 部、《伤寒直解》2 部、《医方集解》10 部、《本草纲目》5 部等。据真柳诚等《中国医籍渡来年代总目录（江户期）》一文，所列书名达 980 多种，"江户时期，来自中国的知识以各种书籍为媒介而传入，

① 参见廖育群、傅芳、郑金生《中国科学技术史·医学卷》，科学出版社 1998 年版，第439—441 页。

影响到日本文化的各方面，现称汉方针灸及东洋医学的日本传统医学，乃至本草、博物学概莫能外。其在江户时期的发展与深化，中国书实有不可等闲视之的作用"[①]。至于后来日本的汉方医学体系，其学者田代三喜的《金九集》《捷术大成印可集》《诸药势剪》《药种稳名》《医案口诀》《三喜十卷书》《直指篇》《夜读义》《当流和极集》等，都是在学习中国李朱（李东垣、朱丹溪）医学的基础上，汇集个人见解的日本医学名著，是李、朱学说在日本的开山之作。坂静运的《新椅方》《续添鸿宝秘要钞》等，则受《伤寒杂病论》等相关书籍影响较大，是日本医界介绍传播仲景学说的著作。1831 年，丹波元胤的《医籍考》，则收录先秦至清的中医药书籍 2876 种，分列九大类，为中医文献学、目录学的建立和发展做出了贡献。

中国与西方欧洲国家医学思想交流往来的医学著作，比较早期的著作是 10 世纪用回鹘文写就的《金钥匙》（《阿勒佟亚茹克》）。据考证，此书共 201 行，分为理论、疾病、治疗、药物四部分，主要以血液、胆液、黏液三种体液在风寒影响下造成各种疾病立论，还具体记述了创伤、皮肤、五官、呼吸、心脏、消化、泌尿生殖、神经、妇产、小儿及麻风、狂犬病、慢性发烧等病症，最多为动物药，其次为家畜家禽，少量为植物药，矿物药极少。其中的三种体液理论，大体等同西方的四种体液，或者也可能受印度"气、胆、痰"三种原质某种学说的影响，风寒又似为受汉族医学"风为百病之长"理论的影响。总之，此书无疑为中西、中印等医学思想交流汇聚的产物。

明朝早期来华传教士在向西方报告中国的有关情况时，在介绍中国的地理历史时，也零星向西方人介绍了一些中国的医学。如西班牙传教士马丁·德·拉达，他根据自己在中国一些地方的所见所闻，写成《中国报道》一书，除记载中国的版图、省份、城镇、人口以外，还记载了中国的医药。他回国时也携带了一些中国医书，并且特别推崇中国的本草医学，认为中国的医学可与西医相提并论。他著有拉丁文写出的《中国植物志》一书，据考证实际上是《本草纲目》的节译本，全书六部分，译有王叔和《脉诀》、中医舌诊和望诊，收集了近 300 味中药，有木版图

---

①　参见廖育群、傅芳、郑金生《中国科学技术史·医学卷》，科学出版社 1998 年版，第 448—449 页。

143 幅、铜版图 30 幅。另外一位西班牙传教士门多萨，根据大量历史文献和当时的一些记述，著成《中华大帝国史》，向欧洲人介绍了一些有关中国的医学史等，书中还对大黄、中国木（土茯苓）、肉豆蔻等中国草药的产量、价格等做了详细的记述。

明清时期，介绍和翻译的中医药学专著主要有：1658 年波兰传教士卜弥格的《中医津要》，内容包括翻译《脉经》和介绍中医的舌苔、气色诊病法，并列有中药 289 味，附有经络与脏腑插图 68 幅。另外，他所著的《中国诊脉秘法》等书与《中医津要》一起，较早向西方介绍了中医学说与实践。而法国耶稣会士哈尔文节译的王叔和的《脉经》，名曰《中国脉诀》。17 世纪末，英国医生弗洛伊尔（John Floyer）将卜弥格关于中医脉学的译述转译成英文，连同自己的著述合为《医生诊脉表》一书。弗洛伊尔是欧洲最早发明脉搏计数器的医生，他在其书《医生格尔福修诊脉表》中承认中医脉学的论述对他的发明有启发作用。

中国的针灸术，在 17 世纪介绍到了欧洲。1676 年在德国和英国有两本关于针灸术的书出版，前者的作者为格尔福修（B. W. Geilfusius），后者为巴斯切夫（H. S. Busschof）。有考证认为，荷兰人布绍夫所著、于 1676 年在伦敦出版的《痛风论集》，最早向西方介绍了中国的针灸。而 1683 年荷兰医生赖尼（William ten Rhyne）在伦敦出版了《论关节炎》，书内有一节为应用针刺治疗关节炎的内容，据考证被认为也是介绍中国针刺术到欧洲的最早期文献之一。1683 年格荷马（J. A. Gehema），在汉堡也出版了《应用中国灸术治疗痛风》一书，其中谈到中国灸术是当时治疗痛风的最优良、迅速、安全和合适的方法。其后，我国的针灸术曾流传到意大利、西班牙、比利时等国家。18 世纪以后欧洲人对针灸术认识渐多，出版介绍针灸的书约 50 种，德、法、英、瑞典、捷克等国均有介绍，爱尔兰出版了一本关于论述针灸术的生理作用的专书。法国从 1808 年到 1821 年的短短 20 年中，就出版专门论述灸术的书籍约八种。①

1735 年刊行于巴黎的杜赫德（Du Halde）所著的四卷本《中华帝国全志》（又称《中国及鞑靼中国地理、历史、王朝、政治情况全志》），第 3 卷是中医专辑，共译出《脉经》《脉诀》《本草纲目》《神农本草经》

---

① 参见武斌《中华文化海外传播史》（第三卷），陕西人民出版社 1908 年版，第 1751—1752 页。

《名医必录》《陶弘景本草》《西药汇录》等著作和中药医方。卷首为中医诊脉图，同册还撰有"中国医术"一文。书中介绍了阿胶、五倍子的用途，记述了人参、茶、海马、麝香、冬虫夏草以及云贵川的山芪、大黄、当归、白蜡虫、乌桕树等；第2卷也介绍了若干中药。这些都引起西方对中医的兴趣，并对欧洲近代医学的发展、药物学甚至进化论产生了深刻影响。

从1700年到1840年的140年中，西方出版的关于中医药的书籍共约60余种，计针灸方面47种（法22、德12、英8、爱尔兰1、捷克2、瑞典1、意大利1），脉学5种（法3、意1、英1），临床方面2种（法1、俄1），药学方面1种（法），医学史方面2种。1840—1949年间外国人译述的中医书籍有：《内经》《难经》《濒湖脉学》《脉经》《达生篇》《产育宝庆集》《卫生要旨》《遵生八笺》《医林改错》《寿世编》《针灸大成》《洗冤录》等。[①]

而较早向中国翻译介绍西方医学的是利玛窦。他于1595年撰写的《西国记法》被视为第一部传入中国的西医典籍。《西国记法》首次将西方的神经学和心理学介绍到中国。《西国记法》全书内容六篇：原本篇、明用篇、设位篇、立象篇、定识篇、广资篇。利玛窦利用西方记忆术（"地点法"）结合中国古代"六书"（象形、指示、会意、形声、假借、转注）的识字特点，介绍怎样识记中国文字的方法。其中所谓"记含有所在脑囊，盖颅囟后，枕骨下为记之室"，即认为记忆在脑的颅囟后枕骨下的部位的观点首次被介绍到中国，影响很大，后来方以智在《物理小识》中、清代汪昂在《本草备要》中都引用了这一观点。

意大利传教士高一志（P. Alphonsus Vagnoni, 1566—1640年）于1633年刊行的《空际格致》一书，讲解了希腊四元素说及一些解剖知识。而意大利传教士熊三拔（P. Sabbathinus de Urisis, 1575—1620年）所著《泰西水法》，除主要讲述西方水利学之外，还涉及消化生理学的内容，介绍了西方医学理论希波克拉底的四元素说："有始有之物为元行。元行四：一曰土，二曰水，三曰气，四曰火。……不依四行不能自存，不赖四行不能自养。"《泰西水法》还专有一节论述了《西洋炼制药露法》，讲述

---

① 参见李经纬、林昭庚《中国医学通史（古代卷）》，人民卫生出版社2000年版，第662页。

了药露剂的制法等。

意大利传教士艾儒略（P. Julius Aleni, 1582—1649 年）于 1623 年著成的《性学粗述》一书，又称《心理学简要》，述及生理学和病理学内容，此书被认为是西方传入中国的第一部心理学著作。全书 8 卷，采用问答体讲解一些心理学常识，使用了一些基础的生理学知识，较系统地描述了各种心理现象，包括感觉、知觉、表象、记忆、思维、言语、情欲、意志以及人的发育生长、睡眠、梦和死等。此书还介绍了一些血液循环、呼吸与循环、感觉系统的理论，并介绍了盖伦的灵气说，四德、四液与五脏、四季相配等的理论。

意大利传教士卫匡国（P. Martinus Mrtini, 1614—1661 年）的《真主灵性理论》和德国传教士汤若望（P. J. AdamSchall von Bell, 1591—1666 年）著的《主制群征》2 卷，都论及人体骨骼数目及其生理功能。《主制群征》是一本从哲学的角度论证天主确实存在的教理书，但它也介绍了一些人体解剖学上的知识，如讲述了人身骨骼数目和功用、肌肉数目、血液的生成等，介绍了静脉、肝静脉、肝门脉、心大动脉和心大静脉等。此书在西医东渐过程中，较早传递了西方医学的有关信息。

瑞士传教士邓玉函（P. Joannes Terrenz, 1576—1630 年）是欧洲名医，他翻译的瑞士包因（Gaspard Bauin, 1560—1624 年）教授的《解剖学论》（又称《泰西人身说概》），是这一时期较详细地介绍西方医学运动系统、肌肉系统、循环系统、神经系统、感觉系统的纯医学著作，其中较详细地描述了人体构造等解剖学方面的内容，对脑神经、脊神经以及脑的构造和功能亦有记述。整书医学理论之根据来源于希波克拉底和盖伦的医学理论。邓玉函校阅的《人身图说》更详细介绍了人体解剖学的知识，可谓第一部系统介绍西洋早期解剖学的译述作品。它主要介绍脏腑、腑潞、溺液、胚胎等内容，共 28 篇。相比《泰西人身说概》，它增加了对消化系统、排泄系统、生殖系统的介绍，对血液运行描述也更多，对神经系统则指出了迷走神经、喉返神经的分布，并增加了一些胎生学和生殖系统的内容。

据法国传教士南怀仁 1685 年对明清年间来华传教士携带的医书的统计，其中有医书四种：福斯特《医案》和《医案与治疗》、索伦那得著的《医疗顾问》、巴依尼的《解剖演习》等。

1847 年，英国人戴汶（T. T. Devan）编著了一本《初学者入门》

（*The Beginner's First Book*），其中收集解剖学名词，编列疾病与药物的对照表及一些相关医学术语，全书中英文对照，类似英汉医学词典。

毕业于伦敦大学医学院、英国皇家外科医学会会员的合信（Benjamin Hobson，1816—1873 年），从医学专业角度系统地翻译介绍了一些西医基础理论和临床诊治知识方面的书籍，如《全体新论》（*An Outline of Anatomy and Physiology*，*Canton*，1850 年）、《西医略论》（*First Lines of the Practice of Surgery in West*，Shanghai，1857 年）、《妇婴新说》（*Treatise on Midwifery and Diseases of Children*，1858 年）、《内科新说》（*Practice of Medicine and Materia Medica*，1858 年）、《医学新语》（*Medical Vocabulary*，1858 年）。《全体新论》是近代第一部介绍西方解剖学与生理学的书籍，全书分三卷三十九章，将人体的主要器官和系统，包括运动、消化、呼吸、循环、泌尿、内分泌、神经和生殖系统，都做了详细介绍，并附有人体解剖图和各种解剖图谱及说明。书中最早介绍了哈维的血循环理论，对肺的呼吸、血细胞的带氧功能和在肺部的二氧化碳交换过程做了解释。《全体新论》在医学术语上首次界定了西医的解剖名词，标明了西医的一些主要概念；并对中医术语按西医解剖的特点加以界定，成为汉译的西医术语。《全体新论》内容新鲜充实，对中国近代知识界、医学界影响甚大。另外，合信翻译的《西医略论》介绍西医外科临床经验、《内科新说》介绍内科临床与药物、《妇婴新说》介绍看护法与小儿病，这些都弥补了《全体新论》没有介绍西医方药治法的不足。1858 年合信编的《医学新语》一书，解决了翻译"西医五种"中出现的译名问题，将中西医专用术语对照解释，为中西医的了解与沟通提供了便利。

嘉约翰（1824—1901 年），原名 John Glasgow Kerr，美国长老会教徒，他也是最早来中国的著名传教医生之一。1859 年他在广州创办了中国最早的教会医院博济医院。嘉约翰主要从事医学教材的编写，在向中国人介绍西方医学和培养西医人才方面做出了伟大的贡献。他在中国共培养了150 名西医，编译医学书籍 34 种，涵盖西方医学的方方面面，对中国的西医教育体系起到了奠基的作用。他编著的影响较大的书籍有《化学初级》《西药略释》《皮肤新编》《内科阐微》《花柳指迷》《眼科撮要》等。1880 年嘉约翰又编辑出版了中国第一份西医杂志《西医新报》。

其他如英国人德贞也或编著或编译出版了《西医举隅》《解剖图谱》《全体通考》《医理杂说》等，英国人傅兰雅编辑出版了《儒门医学》

《西药大成》《西药大成药品中西名目表》《西药大成补编》等十几种医学著作，美国人柯为良编译了《全体阐微》，英国人梅藤编译了《西医外科理法》、惠特尼译了《西医产科新法》等。

种痘及接种，也是中外医学思想交流史上值得一书的大事。明代隆庆年间我国已发明了人痘接种法，明末到清代中叶，我国的人痘接种已普遍流行。我国的人痘接种法，曾于 1672 年左右通过切尔克西亚（Circassia）人传到君士坦丁堡。1688 年，俄国曾派人到我国学习此法，后又经俄国传到土耳其。住在君士坦丁堡的欧洲人已于 1706 年天花流行时，学到此法。1713 年 12 月意大利医生蒂蒙尼（Emanuel Timoni）向伦敦的伍德瓦尔德（Woodward）写信记述人痘接种法。1714 年，希腊医生皮拉瑞尼（J. Pylarini）在威尼斯出版谈人痘法的文章。英驻君士坦丁堡使节夫人蒙塔古（Montagae）于 1718 年在当地天花流行时，用人痘法为其子接种，并于 1721 年返回英国时，带回此法。此后，人痘法在欧洲和英国殖民地传播开来。人痘法是人工免疫法的先驱，英国人学得此法后，琴纳医生在此基础上于 1796 年发明牛痘接种法，于 1805 年又回传至我国。英国东印度公司外科医生皮尔逊对在中国传播种牛痘术起到了比较重要的作用。他除了在广东给人施种牛痘，还曾编著《种痘奇书》一卷，教人学习。另外皮尔逊还著有宣传接种牛痘的《英吉利国新出种痘奇书》小册子，内题为《新订种痘奇法详悉》。该书共有七页，每半页七行，每行 18 字，共 1764 字，有嘉庆年间的刻本，叙述了牛痘发明经过与接种法、接种的具体位置及传入中国的经过情况。中国传播牛痘的书籍主要有邱熺所写的《引痘略》，将上臂种痘部位定于手少阳三焦经的消泺、清冷渊二穴位，并以经络脏腑理论作诠解，大大扩大了中国人对牛痘接种的信任度。总之，中西种痘接种互传的历史，是中外医学思想在医学实践领域实现交流融通的又一有力实例。

参考文献

第八章

陈方正：《继承与叛逆——现代科学为何出现于西方》，生活·读书·新知三联书店 2009 年版。

刘培育、李建钊、蔡伯铭：《中国逻辑史》（两汉魏晋南北朝卷），甘肃人民出版社 1989 年版。

刘培育主编：《中国古代哲学精华》，甘肃人民出版社 1992 年版。

任秀玲：《中医理论范畴》，中医古籍出版社 2001 年版。

沈有鼎：《墨经的逻辑学》，中国社会科学出版社 1980 年版。

中国逻辑学会中国逻辑史专业委员会编：《回顾与前瞻——中国逻辑史研究 30 年》，中国社会科学出版社 2011 年版。

周云之、刘培育：《先秦逻辑史》，中国社会科学出版社 1984 年版。

第九章

（明）查继佐：《徐光启传》，《罪惟录》卷十一下，四部丛刊本。

（明）方以智：《物理小识》，《文渊阁四库全书》本。

（明）高攀龙：《高子遗书》，上海古籍出版社 1993 年影印本《四库明人文集丛刊》第 1292 册。

（明）王夫之：《船山全书》第十二册《搔首问》，岳麓书社 1992 年版。

（明）王锡阐：《晓庵遗书自序》，见《丛书集成续编》第 78 册。

（明）游艺：《天经或问·地》，康熙年间松叶轩刻本，藏北京大学图书馆。

（清）顾炎武：《日知录》，甘肃人民出版社 1997 年版。

（清）梅文鼎：《历算全书》，《文渊阁四库全书》本。

（清）潘耒：《晓庵遗书序》，见《遂初堂文集》卷六，见《四库全书存目丛书》，齐鲁书社 1997 年版。

（清）阮元：《畴人传》，中华书局 1991 年版，丛书集成初编本。

（宋）朱熹：《中庸章句》，见《四书章句集注》，中华书局 1983 年版。

〔比〕钟鸣旦：《“格物穷理”：17 世纪西方耶稣会士与中国学者间的讨论》，魏若望编《南怀仁》，社会科学文献出版社 2001 年版。

〔德〕恩格斯：《自然辩证法》，中共中央马克思、恩格斯、列宁、斯大林著作编译局译，人民出版社 1971 年版。

〔法〕费赖之：《在华耶稣会士列传及书目》，冯承钧译，中华书局 1995 年版。

〔法〕裴化行：《利玛窦神父传》，管震湖译，商务印书馆 1998 年版。(Henri Bernard, R. P., *Le Pere Marthieu Ricci Et La*, la Procure de la Mission de Sinhsien，1937.)

〔法〕荣振华：《在华耶稣会士列传及书目补编》，耿昇译，中华书局 1995 年版。

〔美〕恒慕义（A. W. Hummel）主编：《清代人物传略》（*Eminent Chinese of the Ching Period*，*1644 – 1912*），中国人民大学清史研究所译，青海人民出版社 1990 年版。

〔日〕汤浅光朝：《解说科学文化史年表》，张利华译，科学普及出版社 1984 年版。

〔意〕利玛窦、〔比〕金尼阁：《利玛窦中国札记》，何高济等译，中华书局 1983 年版。

〔英〕丹皮尔，W. C.：《科学史及其与哲学和宗教的关系》，李珩译，商务印书馆 1995 年版。

《东林书院志》，康熙年间刻本。见《中国历代书院志》第 7 册，江苏教育出版社 1995 年版。

《二程遗书》，《文渊阁四库全书》本。

《明神宗实录》卷五百五十二。

《明史》，中华书局 1974 年版。

《新法算书》，《文渊阁四库全书》本。

薄树人：《徐光启的天文工作》，中国科学院中国自然科学史研究室编：《徐光启纪念文集》，中华书局 1963 年版。

陈垣：《陈垣学术论文集》，中华书局 1980 年版。

杜石然主编：《中国古代科学家传记》，科学出版社 1992 年、1993 年版。

方豪：《方豪六十自定稿》，（台北）学生书局 1969 年版。

方豪：《李之藻研究》，（台北）商务印书馆 1966 年版。

冯锦荣：《明末清初方氏学派之成立及其主张》，［日］山田庆儿主编《中国古代科学》，［日］京都大学人文科学研究所 1989 年版。

冯友兰：《新理学》，《三松堂全集》，河南人民出版社 1986 年版。

葛荣晋主编：《中国实学思想史》，首都师范大学出版社 1994 年版。

郭文韬：《试论徐光启在农学上的重要贡献》，《中国农史》1983 年第 3 期。

何俊：《西学与晚明思想的裂变》，上海人民出版社 1998 年版。

何兆武：《略论徐光启在中国思想史上的地位》，《哲学研究》1983 年第 7 期。

侯外庐、邱汉生、张岂之主编：《宋明理学史》，人民出版社 1987 年版。

黄钟骏：《畴人传四编》，商务印书馆 1955 年版。

黄作阵：《明·陈第语音时空观在〈内经〉寓言研究中的作用和意义》，《北京中医药大学学报》第 24 卷（2001 年）第 6 期。

江晓源：《王锡阐及其〈晓庵新法〉》，陈美东、沈荣法主编《王锡阐研究文集》。

李迪、郭世荣：《梅文鼎》，上海科学技术文献出版社 1988 年版。

李迪主编：《中国算学书目汇编》，吴文俊主编《中国数学史大系》附卷第二卷，北京师范大学出版社 2000 年版。

李俨：《明代算学书志》，《李俨钱宝琮科学史全集》第 6 卷，辽宁教育出版社 1998 年版。

梅荣照：《王锡阐的数学著作——〈圜解〉》，陈美东、沈荣法主编《王锡阐研究文集》，河北科学技术出版社 2000 年版。

宁晓玉：《〈五星行度解〉中的宇宙结构》，陈美东、沈荣法主编《王锡阐研究文集》，河北科学技术出版社 2000 年版。

钱宝琮：《梅勿庵先生年谱》，《李俨钱宝琮科学史全集》第 9 卷，辽宁教育出版社 1998 年版。

清史编委会：《清代人物传稿》，中华书局、辽宁人民出版社 1995 年版。

全增嘏：《西方哲学史》，上海人民出版社 1983 年版。

任道斌：《方以智年谱》，安徽教育出版社 1983 年版。

尚智丛：《〈太西算要〉发掘与探析》，《中国科技史料》1998 年第 3 期。

尚智丛：《明末清初（1582—1687）的格物穷理之学》，四川教育出版社 2003 年版。

史玉民：《清钦天监管理探赜》，《自然辩证法通讯》第 24 卷（2002）第 4 期。

孙尚扬：《基督教与明末儒学》，东方出版社 1995 年版。

王重民编：《徐光启集》，上海古籍出版社 1984 年版。

卫思韩：《短暂的合流：从利玛窦到南怀仁看中国与天主教相遇的脉络变化与前景》，魏若望编《南怀仁》，社会科学文献出版社 2001 年版，第 439—453 页。

吴文俊主编：《中国数学史大系》第七册，北京师范大学出版社 2000 年版。

席泽宗：《试论王锡阐的天文工作》，陈美东、沈荣法主编《王锡阐研究文集》，河北科学技术出版社 2000 年版。

席泽宗、吴德铎主编：《徐光启研究论文集》，学林出版社 1986 年版。

徐宗泽编：《明清间耶稣会士译著提要》，中华书局 1989 年版。

张岱年：《宋元明清哲学史提纲》，《张岱年全集》第三卷，河北人民出版社 1996 年版。

张岱年：《中国古典哲学概念范畴要论》，《张岱年全集》第四卷，河北人民出版社 1996 年版。

张善文、黄黎星：《陈第〈伏羲图赞〉评要》，《周易研究》1992 年第 3 期。

赵敦华：《基督教哲学 1500 年》，人民出版社 1994 年版。

周骏富：《清代传记丛刊》，（台北）明文书局 1986 年版。

Engelfriet, Peter M. , *Euclid in China：The Genesis of the First Translation of Euclid' s Elements in 1607 & its Reception up to 1723*, Brill, 1998.

Huang Yi-Long, "Sun Yuanhua：A Christian Convert Who Put Xu Guangqi's Military Reform Policy into Practice", C. Jami, P. Engelfriet & G. Blue ed. , *Statecraft & Intellectual Renewal in Late Ming China：The Cross-Cultural*

Synthesis of Xu Guangqi (*1562 – 1633*).

Jami, Catherine, "The French Mission and Ferdinand Verbiest's Scientific Legacy", in John W. Witek ed., *Ferdinand Verbiest* (*1623 – 1688*) *Jesuit Missionary*, *Scientist*, *Engineer and Diplomat*, Nettetal: Steyler Verlag, 1994.

Levenson, Joseph R., *Confucian China and Its Modern Fate*, Berkeley: University of California Press, 1965.

Peterson, Willard J., "Fang I-chih: Western Learning and the Investigation of Things", in Theodore de bary ed., *The Unfolding of Neo-Confucianism*, New York: Columbia University Press, 1979.

Peterson, Willard J., "Western Natural Philosophy Published in Late Ming China", *Proceedings of the American Philosophical Society*, Vol. 17, No. 4 (*August 1973*).

Sivin, Nathan, "Wang His-shan", in N. Sivin, *Science in Ancient China*, V, Variorum, 1995.

第十章

（汉）班固：《汉书》，中华书局 1962 年版。

（汉）戴德：《大戴礼记》，四部丛刊初编·经部。

（汉）董仲舒：《春秋繁露》，上海古籍出版社 1989 年版。

（汉）桓谭：《新论》，上海人民出版社 1977 年版。

（汉）司马迁：《史记》，中华书局 1982 年版。

（汉）扬雄：《扬子法言》，四部丛刊初编·子部。

（金）刘完素：《素问病机气宜保命集》，中华书局 1985 年版。

（金）刘完素：《素问玄机原病式》，人民卫生出版社 1983 年版。

（梁）沈约：《宋书》，中华书局 1974 年版。

（梁）萧子显：《南齐书》，中华书局 1972 年版。

（明）方以智：《通雅》，《文渊阁四库全书·子部》。

（明）方以智：《物理小识》，《文渊阁四库全书·子部》。

（明）高濂：《遵生八笺》，《文渊阁四库全书·子部》。

（明）顾炎武：《日知录》，《文渊阁四库全书·子部》。

（明）李时珍：《本草纲目》，《文渊阁四库全书·子部》。

（明）陆世仪：《陆桴亭思辨录辑要》，商务印书馆 1936 年版。

（明）宋濂等：《元史》，中华书局 1976 年版。

（明）王夫之：《船山全书》第十二册，岳麓书社 1992 年版。

（明）王廷相：《王廷相集》，中华书局 1989 年版。

（明）王锡阐：《晓庵新法》，《文渊阁四库全书·子部》。

（明）徐光启：《徐光启集》，中华书局 1963 年版。

（明）张介宾：《类经图翼》，人民卫生出版社 1985 年版。

（明）朱橚：《普济方》，《文渊阁四库全书·子部》。

（明）朱载堉：《圣寿万年历》，《文渊阁四库全书·子部》。

（南朝宋）范晔：《后汉书》，中华书局 1965 年版。

（清）戴震：《戴震文集》，中华书局 1980 年版。

（清）黄宗羲、全祖望：《宋元学案》，中华书局 1986 年版。

（清）李光地：《榕村语录》，中华书局 1995 年版。

（清）凌淦：《松陵文录二十四卷》卷十七，清同治十三年（1874）凌氏
　　刻本。

（清）梅文鼎：《历算全书》，《文渊阁四库全书·子部》。

（清）潘耒：《遂初堂文集》，续修四库全书，1417. 集部。

（清）全祖望：《鲒埼亭集》，续修四库全书，1429. 集部。

（清）阮元：《畴人传》，商务印书馆 1935 年版。

（清）阮元：《十三经注疏》，中华书局 1980 年版。

（清）永瑢、纪昀等：《四库全书总目》，《文渊阁四库全书》。

（清）张廷玉等：《明史》，中华书局 1974 年版。

（宋）不著撰者：《小儿卫生总微论方》，人民卫生出版社 1990 年版。

（宋）陈旉：《农书》，《文渊阁四库全书·子部》。

（宋）程颢、程颐：《二程集》，中华书局 1981 年版。

（宋）范仲淹：《范文正公集》，《四部丛刊初编·集部》。

（宋）黎靖德：《朱子语类》，中华书局 1986 年版。

（宋）陆九渊：《陆九渊集》，中华书局 1980 年版。

（宋）吕祖谦：《左氏博议》，《文渊阁四库全书·经部》。

（宋）欧阳修：《欧阳文忠公文集》，《《四部丛刊初编·集部》。

（宋）欧阳修等：《新唐书》，中华书局 1975 年版。

（宋）秦九韶：《数学九章》，《文渊阁四库全书·子部》。

（宋）苏轼：《苏轼文集》，中华书局 1986 年版。

（宋）唐慎微：《重修政和经史证类本草》，《四部丛刊初编本·子部》。

（宋）王安石：《临川先生文集》，《四部丛刊初编·集部》。

（宋）王称：《东都事略》，《文渊阁四库全书·史部》。

（宋）吴曾：《能改斋漫录》，《文渊阁四库全书·子部》。

（宋）张君房：《云笈七签》，《道藏》第 22 册，文物出版社 1988 年版等。

（宋）赵佶：《圣济经》，人民卫生出版社 1990 年版。

（宋）朱熹：《楚辞集注》，上海古籍出版社 1979 年版。

（宋）朱熹：《四书章句集注》，上海书店出版社 1987 年版。

（唐）房玄龄等：《晋书》，中华书局 1974 年版。

（唐）李延寿：《南史》，中华书局 1975 年版。

（唐）孙思邈：《备急千金要方》，人民卫生出版社 1956 年版。

（唐）魏徵等：《隋书》，中华书局 1982 年版。

（元）李杲：《兰室秘藏》，人民卫生出版社 1985 年版。

（元）李杲：《内外伤辩惑论》，人民卫生出版社 1959 年版。

（元）李杲：《脾胃论》，中华书局 1985 年版。

（元）李冶：《测圆海镜》，白尚恕：《测圆海镜今译》，山东教育出版社 1985 年版。

（元）脱脱等：《宋史》，中华书局 1977 年版。

（元）朱世杰：《四元玉鉴》，《中国科学技术典籍通汇·数学卷（第一分册）》，河南教育出版社 1993 年版。

［英］M. 戈德史密斯等主编：《科学的科学——技术时代的社会》，科学出版社 1985 年版。

［英］《李约瑟文集》，辽宁科学技术出版社 1986 年版。

［英］李约瑟：《中国科学技术史》第二卷《科学思想史》，科学出版社 1990 年版等。

［英］李约瑟：《中国科学技术史》第四卷《天学》，科学出版社 1975 年版。

［英］李约瑟：《中国科学技术史》第五卷《地学》，科学出版社 1976 年版。

［英］李约瑟：《中国科学技术史》第一卷《总论》，科学出版社 1975

年版。

［英］李约瑟：《中国之科学与文化》，《科学》1945 年第 1 期。

《论语》《孟子》《诗经》《尚书》《礼记》《周礼》《周易》《荀子》

《王祯农书》，农业出版社 1981 年版。

《张载集》，中华书局 1978 年版。

陈遵妫：《中国天文学史》，上海人民出版社 1984 年版。

杜石然：《中国古代科学家传记》，科学出版社 1992、1993 年版。

杜石然等：《中国科学技术史稿》，科学出版社 1982 年版。

胡道静：《梦溪笔谈校正》，上海古籍出版社 1987 年版。

金秋鹏：《中国科学技术史·人物卷》，科学出版社 1998 年版。

乐爱国：《宋代的儒学与科学》，中国科学技术出版社 2007 年版。

李国豪等：《中国科技史探索》，上海古籍出版社 1982 年版。

罗桂环、汪子春：《中国科学技术史·生物学卷》，科学出版社 2005
  年版。

王先谦：《荀子集解》，中华书局 1988 年版。

武夷山朱熹研究中心：《朱熹与中国文化》，学林出版社 1989 年版。

自然科学史研究所：《中国古代科技成就》，中国青年出版社 1978 年版。

第十一章

（五代）谭峭：《化书》，丁祯彦、李似珍点校，中华书局 1996 年版。

［德］劳厄：《物理学史》，商务印书馆 1978 年版。

［法］弗朗索瓦·佩鲁：《新发展观》，华夏出版社 1987 年版。

［法］索安：《西方道教研究编年史》，吕鹏志等译，中华书局 2002 年版。

［美］M. 克来因：《古今数学思想》，上海科学技术出版社 1979 年版。

［美］席文：《为什么中国没有发生科学革命?》，《科学与哲学》1984 年
  第 1 期。

［日］吉元昭治：《道教与长寿不老医学》，成都出版社 1992 年版。

［日］薮内清：《中国·科学·文明》，梁策等译，中国社会科学出版社
  1987 年版。

［英］丹皮尔：《科学与科学思想发展史》译者序，商务印书馆印行 1946
  年中译本。

［英］李约瑟：《中国古代科学》，李彦译，上海书店出版社 2001 年版。

［英］李约瑟：《中国科学技术史》第二卷《科学思想史》，科学出版社、上海古籍出版社 1990 年版。

［英］李约瑟：《中国科学技术史》第三卷《数学》，科学出版社 1975 年版。

［英］李约瑟：《中国科学技术史》第四卷《物理学及其相关技术》，科学出版社 2003 年版。

［英］李约瑟：《中国科学技术史》第五卷《地学》第一分册，科学出版社 1976 年版。

［英］李约瑟：《中国科学技术史》第五卷《化学及相关技术》，科学出版社、上海古籍出版社 1990 年版。

《法国汉学》第六缉（科技史专号），中华书局 2002 年版。

《法国汉学》第七缉（宗教史专号），中华书局 2002 年版。

《旧唐书》卷七十九《李淳风传》，中华书局标点本。

曹婉如、郑锡煌：《试论道教五岳真形图》，《自然科学史研究》1987 年第 1 期。

陈国符：《陈国符道藏研究论文集》，上海古籍出版社 2004 年版。

陈国符：《道藏源流考》上下册，中华书局 1963 年版。

陈国符：《中国外丹黄白法考》，上海古籍出版社 1997 年版。

陈撄宁：《道教与养生》，华文出版社 1989 年版。

陈永志主编：《中国方术大辞典》，中山大学出版社 1991 年版。

陈垣：《南宋初河北新道教考》，中华书局 1962 年版。

陈垣等：《道家金石略》，文物出版社 1998 年版。

盖建民：《道教科学思想发凡》，社会科学文献出版社 2005 年版。

盖建民：《道教医学》，宗教文化出版社 2001 年版。

盖建民：《道教与科技研究百年回顾与展望》，《中国宗教研究年鉴》（1999—2000），宗教文化出版社 2001 年版。

盖建民：《全真子陈勇农学思想考论》，《宗教学研究》2000 年第 4 期。

关增建：《中国古代物理思想探索》，湖南教育出版社 1991 年版。

郭金彬：《中国传统科学思想史论》，知识出版社 1993 年版。

郭正谊：《从〈龙虎还丹诀〉看我国炼丹家对化学的贡献》，《自然科学史研究》1983 年第 2 卷第 2 期。

何兆清：《科学思想概论》，商务印书馆 1939 年版。

胡孚琛主编：《中华道教大辞典》，中国社会科学出版社 1995 年版。

华印椿编著：《中国珠算史稿》中国财政经济出版社 1987 年版。

金正耀：《道教与科学》，中国社会科学出版社 1991 年版。

李迪：《中国数学史中的未解决问题》，载《中国数学史论文集》（三），
　　山东教育出版社 1987 年版。

李零：《中国方术考》，东方出版社 2000 年版。

李零：《中国方术续考》，东方出版社 2001 年版。

李俨：《中国数学大纲》（上册），科学出版社 1958 年版。

李约瑟主编：《中国科学技术史》第三册，科学出版社 1974 年版。

刘俊文主编：《日本学者研究中国史论著选译》第七卷《思想宗教》，中
　　华书局 1993 年版。

刘仲宇：《道教法术》，上海文化出版社 2002 年版。

卢志良编：《中国地图学史》，测绘出版社 1984 年版。

梅荣照：《李冶及其数学著作》，《宋元数学史论文集》，科学出版社 1966
　　年版。

潘吉星主编：《李约瑟集》，天津人民出版社 1998 年版。

钱宝琮主编：《中国数学史》，科学出版社 1981 年版。

卿希泰：《续·中国道教思想史纲》，四川人民出版社 1999 年版。

卿希泰：《中国道教思想史纲》（第一、二卷），四川人民出版社 1980
　　年版。

卿希泰、盖建民：《道教生育观考论》，《中国哲学史》1998 年第 2 期。

卿希泰主编：《中国道教史》第 1—4 卷，四川人民出版社 1996 年修
　　订本。

卿希泰主编：《中国道教史》第二卷，四川人民出版社 1988 年版。

任继愈主编：《道藏提要》，中国社会科学出版社 1991 年版。

王冰：《我国早期物理学名词的翻译与演变》，《自然科学史研究》1995
　　年第 3 期。

王明：《抱朴子内篇校释》，中华书局 1985 年版。

王明：《道家与传统文化研究》，中国社会科学出版社 1995 年版。

吴国盛编：《科学思想史指南》，四川教育出版社 1994 年版。

席泽宗：《科学史十论》，复旦大学出版社 2003 年版。

席泽宗：《中国科学思想史的线索》，《中国科技史料》1982 年第 2 期。

席泽宗主编：《中国科学技术史：科学思想卷》，科学出版社 2001 年版。

杨樟能：《〈玄真子〉中的物理知识》，《中国科技史料》第 11 卷（1990）第 4 期。

俞晓群：《数术探密》，生活·读书·新知三联书店 1994 年版。

袁翰青：《从〈道藏〉里的几种书看我国的炼丹术》，载《中国化学史论文集》，生活·读书·新知三联书店 1956 年版。

袁翰青：《推进了炼丹术的葛洪和他的著作》，《化学通报》1954 年 5 月号。

袁运开、周瀚光主编：《中国科学思想史》上、中、下三卷，安徽科学技术出版社 2000 年版。

张秉伦、胡化凯：《中国古代“物理”一词的由来与词义演变》，《自然科学史研究》1998 年第 1 期。

张觉人：《中国炼丹术和丹药》，四川人民出版社 1981 年版。

张荣明：《方术与中国传统文化》，学林出版社 2000 年版。

赵匡华：《狐刚子及其对中国古代化学的卓越贡献》，《自然科学史研究》1984 年第 3 卷第 3 期。

赵匡华：《我国古代“抽砂炼汞”的演进及其化学成就》，《自然科学史研究》1984 年第 1 期。

赵匡华主编：《中国古代化学史研究》，北京大学出版社 1985 年版。

中国道教协会、苏州道教协会：《道教大辞典》，华夏出版社 1994 年版。

朱越利：《道藏分类解题》，华夏出版社 1996 年版。

朱越利、陈敏：《道教学》，当代世界出版社 2000 年版。

祝亚平：《道家文化与科学》，中国科学技术大学出版社 1995 年版。

第十二章

（北宋）赞宁：《宋高僧传》

（北魏）达摩：《观心论》

（东晋）葛洪：《肘后方》

（明）江瓘：《名医类案》

（南朝梁）慧皎：《高僧传》

（南朝梁）刘孝标：《世说新语注》

（南朝宋）刘义庆：《世说新语》

（南宋）志磐：《佛祖统纪》

（隋）智颛：《法华玄义》

（隋）智颛：《摩诃止观》

（隋）智颛：《修习止观坐禅法要》

（唐）道宣：《续高僧传》

（唐）道宣：《玄奘传》

（唐）法藏：《华严金狮子章》

（唐）法藏：《华严经义海百门》

（唐）法藏：《华严一乘教义分齐章》

（唐）慧能：《坛经》（宗宝本）（敦煌本）

（唐）窥基：《成唯识论述记》

（唐）窥基：《因明入正理论疏》

（唐）玄奘：《大唐西域记》

《长阿含经》

《成唯识论》

《大般涅槃经》

《大乘起信论》

《大智度论》

《法华经》

《佛医经》

《华严经》

《晋书》

《旧唐书》

《菩萨地持经》

《隋书》

《因明入正理论》

《瑜伽师地论》

《杂阿含经》

第十三章

《金史》

《明史》

《尚书》

《四库总目提要》

《宋史》

《唐大诏令集》

《唐会要》

《唐律疏义》

《新唐书》

《元史》

《周礼》

第十四章

［阿拉伯］伊本·胡尔达兹比赫：《道里邦国志》，宋岘译注，中华书局
　　1991 年版。

［法］魁奈：《中华帝国的专制制度》，谈敏译，商务印书馆 1992 年版。

［日］木宫泰彦：《日中文化交流史》，胡锡年译，商务印书馆 1980 年版。

［英］李约瑟：《中国科学技术史·序言》（中译本），上海古籍出版社
　　1990 年版。

［英］吴芳思（Frances Wood）：《丝绸之路 2000 年》，赵学工译，山东画
　　报出版社 2008 年版。

陈久金编：《天文学简史》，科学出版社 1985 年版。

陈美东：《中国科学技术史·天文卷》，科学出版社 2003 年版。

陈炎：《海上丝绸之路与中外文化交流》，北京大学出版社 1996 年版。

董粉和：《中国秦汉科技史》，人民出版社 1994 年版。

杜石然主编：《中国科学技术史·通史卷》，科学出版社 2003 年版。

冯天瑜、杨华：《中国文化发展轨迹》，上海人民出版社 2000 年版。

郭金彬、孔国平：《中国传统数学思想史》，科学出版社 2005 年版。

郭世荣：《中国数学典籍在朝鲜半岛的流传与影响》，山东教育出版社
　2009 年版。

郭志猛：《中国宋辽金夏科技史》，人民出版社 1994 年版。

胡道静：《农书·农史论集》，农业出版社 1985 年版。

季羡林：《中印文化交流史》，中国社会科学出版社 2008 年版。

翦伯赞：《论明代海外贸易的发展》，《中国史论集》（第一辑），文风书
　局（上海）1946 年版。

江晓原：《天学真原》，辽宁教育出版社 2004 年版。

李兴华等：《中国伊斯兰教史》，中国社会科学出版社 1998 年版。

廖育群等著：《中国科学技术史·医学卷》，科学出版社 1998 年版。

钮卫星：《西望梵天：汉译佛经中的天文学源流》，上海交通大学出版社
　2004 年版。

潘吉星：《中外科学之交流》，香港中文大学出版社 1993 年版。

邱若宏：《传播与启蒙：中国近代科学思潮研究》，湖南人民出版社 2004
　年版。

沈毅：《中国清代科技史》，人民出版社 1994 年版。

谈敏：《法国重农学派学说的中国渊源》，上海人民出版社 1992 年版。

唐锡仁、杨文衡主编：《中国科学技术史·地学卷》，科学出版社 2000 年版。

田淼：《中国数学的西化历程》，山东教育出版社 2005 年版。

汪前进：《中国明代科技史》，人民出版社 1994 年版。

王介南：《中外文化交流史》，书海出版社 2004 年版。

王巍：《东亚地区古代铁器及冶铁术的传播与交流》，中国社会科学出版
　社 1999 年版。

巫新华：《驼铃悠悠中国古代丝绸之路》，四川人民出版社 2004 年版。

吴文俊：《中国古代科技成就》，中国青年出版社 1978 年版。

邢兆良：《中国传统科学思想研究》，江西人民出版社 2001 年版。

云峰：《中国元代科技史》，人民出版社 1994 年版。

曾雄生：《中国农学史》，福建人民出版社 2008 年版。

张海林编著：《近代中外文化交流史》，南京大学出版社 2003 年版。

张奎元：《中国隋唐五代科技史》，人民出版社 1994 年版。

张星烺：《中西交通史料汇编》（第一册），中华书局 1977 年版。

周一良：《中外文化交流史》，河南人民出版社 1987 年版。